**Praxishandbuch der technischen Gebäudeausrüstung (TGA)
Band 2**

Jetzt diesen Titel zusätzlich als E-Book downloaden und 70 % sparen!

Als Käufer dieses Buchtitels haben Sie Anspruch auf ein besonderes Kombi-Angebot: Sie können den Titel zusätzlich zum Ihnen vorliegenden gedruckten Exemplar für nur 30 % des Normalpreises als E-Book beziehen.

Der BESONDERE VORTEIL: Im E-Book recherchieren Sie in Sekundenschnelle die gewünschten Themen und Textpassagen. Denn die E-Book-Variante ist mit einer komfortablen Volltextsuche ausgestattet!

Deshalb: Zögern Sie nicht. Laden Sie sich am besten gleich Ihre persönliche E-Book-Ausgabe dieses Titels herunter.

In 3 einfachen Schritten zum E-Book:

❶ Rufen Sie die Website **www.beuth.de/e-book** auf.

❷ Geben Sie hier Ihren persönlichen, nur einmal verwendbaren E-Book-Code ein:

    23965F26060B19K

❸ Klicken Sie das „Download-Feld" an und gehen dann weiter zum Warenkorb. Führen Sie den normalen Bestellprozess aus.

Hinweis: Der E-Book-Code wurde individuell für Sie als Erwerber dieses Buches erzeugt und darf nicht an Dritte weitergegeben werden. Mit Zurückziehung dieses Buches wird auch der damit verbundene E-Book-Code für den Download ungültig.

Praxishandbuch der technischen Gebäudeausrüstung (TGA) Band 2

uponor

Praxishandbuch der technischen Gebäudeausrüstung (TGA) Band 2

Gebäudezertifizierung, Raumluft- und Klimatechnik, Energiekonzepte mit thermisch aktiven Bauteilsystemen, geplante Trinkwasserhygiene

1. Auflage 2013

Beuth Verlag GmbH · Berlin · Wien · Zürich

Herausgeber: Uponor GmbH
Industriestraße 56
97437 Haßfurt

Koordination und Redaktion für dieses Projekt
besorgte Dr. Diethelm Krull, Monheim.

© 2013 Beuth Verlag GmbH
Berlin · Wien · Zürich
Am DIN-Platz
Burggrafenstraße 6
10787 Berlin

Telefon: +49 30 2601-0
Telefax: +49 30 2601-1260
Internet: www.beuth.de
E-Mail: info@beuth.de

Das Werk einschließlich aller seiner Teile ist urheberrechtlich geschützt. Jede Verwertung außerhalb der Grenzen des Urheberrechts ist ohne schriftliche Zustimmung des Verlages unzulässig und strafbar. Das gilt insbesondere für Vervielfältigungen, Übersetzungen, Mikroverfilmungen und die Einspeicherung in elektronischen Systemen.

© für DIN-Normen DIN Deutsches Institut für Normung e.V., Berlin.

Die im Werk enthaltenen Inhalte wurden vom Verfasser und Verlag sorgfältig erarbeitet und geprüft. Eine Gewährleistung für die Richtigkeit des Inhalts wird gleichwohl nicht übernommen. Der Verlag haftet nur für Schäden, die auf Vorsatz oder grobe Fahrlässigkeit seitens des Verlages zurückzuführen sind. Im Übrigen ist die Haftung ausgeschlossen.

Titelbild: Uponor GmbH, Haßfurt
Satz: L101 Mediengestaltung, Berlin
Druck: Bosch-Druck GmbH, Landshut
Gedruckt auf säurefreiem, alterungsbeständigem Papier nach DIN EN ISO 9706

ISBN 978-3-410-23965-9

Vorwort

Nach intensiver Vorarbeit mit namhaften Experten aus Forschung, Lehre und Praxis haben wir den zweiten Band des „Praxishandbuches der technischen Gebäudeausrüstung (TGA)" auf den Weg gebracht. Dabei war es unser Anspruch, Ihnen wieder einen hohen Praxisbezug, die neueste Rechts- bzw. Normenlage sowie den aktuellen und zukünftigen Stand der Technik zu vermitteln. Insbesondere erweitert der neue Band die erste Ausgabe um Themen wie Gebäudezertifizierung, Raumluft- und Klimatechnik, Energiekonzepte mit TABS sowie geplante Trinkwasserhygiene.

Das Beste, das Innovativste, das Profitabelste – draußen am Markt überschlagen sich die Superlative. Wir versuchen, uns auf das Wesentliche zu konzentrieren: darauf, Lebenswelten zum Wohlfühlen zu schaffen. Dazu bieten wir Lösungen, mit denen Sie bei Ihren Kunden für Energieeffizienz, Behaglichkeit und sauberes Trinkwasser sorgen. Entscheidend ist für uns aber nicht nur das perfekte Ergebnis, sondern auch der Weg dorthin. Denn Lebensqualität bedeutet für uns auch, Ihnen die Arbeit so einfach wie möglich zu machen. Egal, ob Sie als Fachhandwerker eine möglichst einfache Installationstechnik brauchen oder als TGA-Planer die Übersicht in komplexen Projekten behalten müssen: Uponor steht Ihnen als starker Partner zur Seite. Wir befassen uns tagtäglich mit den für Sie wichtigen Fragestellungen und arbeiten kontinuierlich daran, noch bessere Lösungen für Ihre Anforderungen zu entwickeln. Unser Know-how teilen wir gerne mit Ihnen – sei es über dieses Buch oder in einer der zahlreichen Schulungsveranstaltungen unserer Uponor Academy.

Der Herausgeber und die Autoren bedanken sich besonders bei unserem Kollegen Herrn Prof. Dr.-Ing. Michael Günther für die zahlreichen Anregungen, die akribische Durchsicht der Manuskripte sowie seine wertvolle fachliche Mitarbeit bei der Entstehung dieses Fachbuchs. Er hat es verstanden, die Autoren zu höchster inhaltlicher Qualität zu motivieren und mit unermüdlichem Engagement dafür zu sorgen, dass der Leser mit einem stringenten Inhalt umfassend informiert wird. Ein herzlicher Dank gilt darüber hinaus erneut dem Beuth Verlag und Herrn Dr. Krull als freiem Koordinator und Lektor für die Unterstützung dieses Buchprojekts. Erscheinungsbild und Integration in die Fachbuchreihe des Verlages werden dafür sorgen, dass Architekten, TGA-Fachplaner und Ausführende gleichermaßen angesprochen werden, sich mit dem Inhalt des Handbuchs auseinanderzusetzen.

In der Einleitung finden Sie den „roten Faden" durch das Buch und eine kurze Zusammenfassung, was Sie in den einzelnen Kapiteln erwartet. Wir wünschen Ihnen eine interessante Lektüre und viel Erfolg bei der Umsetzung!

Georg Goldbach
Vice President Sales and
Marketing Central Europe

Michael A. Heun
Leiter Uponor Academy
Central Europe

Inhaltsverzeichnis

		Seite
1	Einleitung. Energiewende in Bauwesen und TGA	1
2	Gebäudezertifizierung – Mit Uponor-Systemen zu DGNB Gold	11
2.1	Gebäudezertifizierung als Planungsinstrument	13
2.2	Zertifizierung von Gebäuden mit Thermisch Aktiven Bauteilsystemen (TABS)	19
2.3	Ausgewählte Aspekte der Detailbewertung	21
2.4	Zusammenfassung	72
2.5	Literatur	73
3	Sommerlicher Wärmeschutz und Nutzenergiebedarf von Gebäuden	79
3.1	Neufassung der DIN 4108-2	81
3.2	Heizwärme- und Kühlkältebedarf von Gebäuden gemäß DIN V 18599 – Grundlagen und Neuerungen	108
3.3	Energieeinsparverordnung und Effizienzhaus-Standards	126
3.4	Fazit	132
3.5	Literatur	134
4	Numerische Simulationsmethoden – Gebäude-, Anlagen- und Strömungssimulation	137
4.1	Einleitung	138
4.2	Theoretische Grundlagen	140
4.3	Randbedingungen	154
4.4	Pre- und Post-processing/Bewertungsmethoden	157
4.5	Anwendungsbeispiele	159
4.6	Gesamtfazit	182
4.7	Literatur	183
4.8	Symbolverzeichnis	185
4.9	Anhang 1	188
4.10	Anhang 2	190
4.11	Anmerkungen	191
5	Konzepte der Wärme- und Kälteerzeugung mit erneuerbaren Energien	193
5.1	TGA-Anlagenplanung im Einklang mit EnEV und EEWärmeG	195
5.2	Kälte-Wärme-Verbundsysteme für gewerblich genutzte Immobilien	229
5.3	Literatur	270
6	Energieeffiziente Raumluft- und Klimatechnik	273
6.1	Technische Voraussetzungen	275
6.2	Raum(luft)konditionierung	336

Seite

6.3	Lüftungsstrategien	355
6.4	Wohnungslüftung	355
6.5	Nichtwohngebäude	364
6.6	Lüftung und TABS (Thermoaktive Bauteilsysteme)	377
6.7	Schlussfolgerungen und Ausblick	382
6.8	Literatur	384
6.9	Anmerkungen	386

7 TABS Design – Technologie, Raumakustik und Gebäudeautomation 387

7.1	Einleitung	389
7.2	Raumakustische Maßnahmen und Auswirkungen auf die Leistung von TABS	394
7.3	Thermisch aktive Betonfertigteil- und Stahl-Flachdecken als Applikation der Betonkernaktivierung	416
7.4	Prädiktives Steuern und Regeln von TABS	433
7.5	Literatur	470

8 Einhaltung der Hygiene-Anforderungen in Trinkwasser-Installationen (TRWI) 473

8.1	Neuordnung der Technischen Regeln für Trinkwasser-Installationen – 10-2012 – Einhaltung der Hygiene in Trinkwasser-Installationen (TRWI)	478
8.2	Ermittlung der Rohrdurchmesser für Kalt- und Warmwasserleitungen nach DIN 1988-300	546
8.3	Literatur	595

9 Lebenszykluskostenanalyse von Gebäuden 601

9.1	Grundlagen der Lebenszykluskosten	603
9.2	Modell zur Berechnung der Lebenszykluskosten	612
9.3	Ermittlung der Errichtungskosten	618
9.4	Ermittlung der Nutzungskosten	619
9.5	Ermittlung der Sanierungskosten	629
9.6	Ermittlung der Verwertungskosten	631
9.7	Anwendungsbeispiele	632
9.8	Notwendige Organisation zur Berechnung der Lebenszykluskosten	640
9.9	Lebenszykluskostencontrolling in der Betriebsphase	641
9.10	Chancen/Risiken der Lebenszykluskostenberechnung	643
9.11	Handlungsempfehlungen	644
9.12	Kennzahlenübersicht	648
9.13	Ausblick	651
9.14	Literatur	652
9.15	Anmerkungen	654

		Seite
10	**Best Practice – AURON München mit DGNB Gold**	657
	10.1 Planungsziele und Realisierung	658
	10.2 DGNB-Gebäudezertifizierung: das Ergebnis für AURON München	659
	10.3 Ausgewählte DGNB-Einzelkriterien (Steckbriefe) und planerische Empfehlungen	661
	10.4 Literatur	675
11	**Ausblick**	677
12	**Anhang**	681
	Abbildungsnachweis	681
	Verzeichnis der Autoren nach Kapiteln	684
	Register	689

1 Einleitung

Energiewende in Bauwesen und TGA

Die energiepolitischen Ziele Deutschlands sind ehrgeizig. Die nachhaltige Energieversorgung in den Sektoren Strom, Wärme und Mobilität verlangt eine Strategie, die unter dem Begriff der Energiewende alle Bereiche des gesellschaftlichen Lebens erfasst (Bild 1). Die Energiewende, als Begriff um 1990 mit dem Ziel der Abkehr von der Kernenergie eingeführt, zielt auf den Klimaschutz und die Ressourcenschonung fossiler Energieträger. In diesem Zusammenhang sind Energieeinsparung, erneuerbare Energien und dezentrale, jedoch stark vernetzte Energieversorgungssysteme die tragenden Säulen eines Konzepts, das energiepolitische Ziele bis zum Jahr 2050 enthält ([1] bis [5]).

Neben den anspruchsvollen energiepolitischen Zielen der Energiewende sollen aber auch eine deutliche Kostenreduktion, eine höhere Versorgungssicherheit und die vollständige Wettbewerbsfähigkeit erreicht werden.

Der Stromverbrauch soll bis 2050 um 25 Prozent gegenüber 2008 sinken. Ein ambitioniertes Ziel ist außerdem, im Jahr 2050 Strom zu mindestens 80 Prozent aus erneuerbaren Energien zu gewinnen.

Im Verkehrsbereich wird ein um 40 Prozent reduzierter Endenergieverbrauch angestrebt. Das soll vor allem dadurch erreicht werden, dass sich der Anteil von Elektrofahrzeugen am Fahrzeugpark bis zum Jahr 2030 auf 60 Prozent erhöht – das entspricht fünf Millionen Fahrzeugen.

Die Wärmeerzeugung soll bis 2050 weitgehend auf fossile Energieträger verzichten. Der Primärenergieverbrauch soll dabei um 50 Prozent gesenkt werden. Der Anteil erneuerbarer Energien am Bruttoendenergieverbrauch soll mindestens 60 Prozent betragen. Mit diesen Maßnahmen wird eine Treibhausgasreduzierung um 80 bis 95 Prozent im Vergleich zum Jahr 1990 angestrebt.

Fast 40 Prozent des Endenergieverbrauchs entfallen auf den Gebäudebereich. Energieeffiziente Gebäude und technische Gebäudeausrüstungen müssen deshalb einen Beitrag zur Energiewende leisten, sodass sich der Primärenergieverbrauch um 50 Prozent gegenüber 2008 verringert. Es wird erwartet, dass sich der Wärmebedarf der Gebäude um 80 Prozent reduziert. Außerdem soll sich auch die jährliche Sanierungsrate des Gebäudebestands von gegenwärtig einem Prozent auf das Doppelte erhöhen.

Der Beitrag von Bauwesen und Technischer Gebäudeausrüstung zur Energiewende wird deutlich, wenn die Zielstellung zur Entwicklung der Raumwärmestruktur bis 2050 betrachtet wird (Bild 2). Voraussetzung für den deutlich verringerten Energiebedarf ist ein hoher baulicher Wärmeschutz, der ebenfalls die Voraussetzung für energieeffiziente Heiz- und Kühlsys-

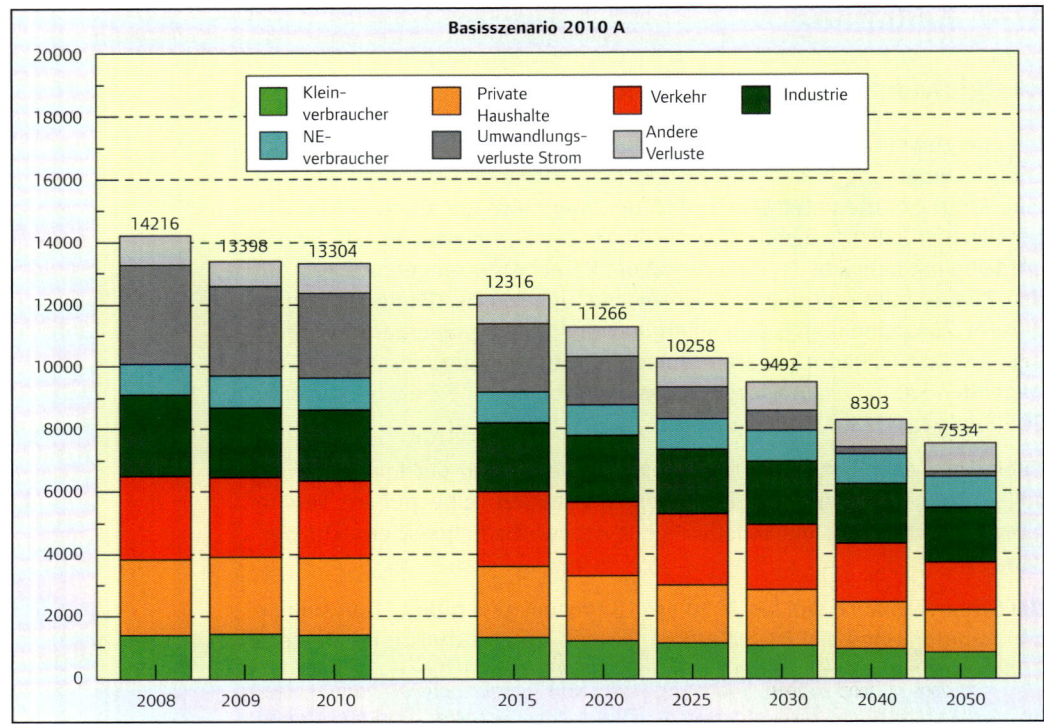

Bild 1
Entwicklung des End- und Primärenergieverbrauchs im Basisszenario 2010 A [1]

teme ist. Geringe Heiz- und Kühllasten der Gebäude ermöglichen technische Gebäudeausrüstungen, die mit raumtemperaturnahen Systemtemperaturen auskommen und das Nutzen erneuerbarer Energien und Abwärme erleichtern.

Das Anliegen dieses Fachbuchs

Das Uponor Praxishandbuch Band 2 widmet sich den aktuellen Entwicklungstendenzen der Energiewende am Gebäude, indem aus den energiepolitischen Anforderungen praxisorientierte Lösungen abgeleitet werden. Eingeschlossen sind dabei methodische Anleitungen ebenso wie Planungsempfehlungen für Baukonstruktion und TGA unter Berücksichtigung des Standes der Wissenschaft und der Technik.

Dieser Band schließt außerdem die Lücken, die Band 1 als Grundlagenwerk offen lassen musste, kann jedoch auch vollkommen für sich allein als Kompendium im Sinne eines „Praxistrendbuchs" genutzt werden. Es besteht nicht der Anspruch, andere renommierte Nachschlagewerke der TGA zu ersetzen. Wer jedoch wichtige Anregungen für Energiekonzepte sucht, die den Zielen der Energiewende entsprechen, wird im Uponor Praxishandbuch Band 2 zahlreiche Lösungsvorschläge und eben wertvolle Praxistipps finden.

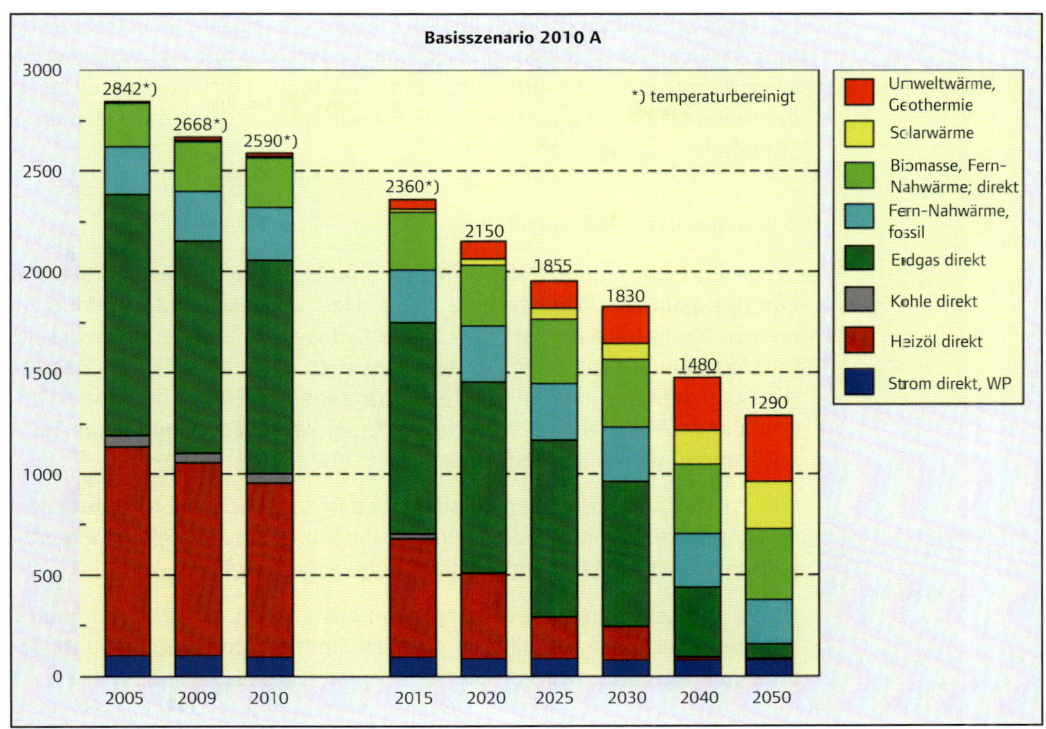

Bild 2
Endenergieeinsatz für Raumwärme im Basisszenario 2010 A (einschließlich Stromeinsatz für Wärme) [1]

Das Uponor Praxishandbuch Band 2 gibt Antworten auf Fragen, die sehr häufig an die namhaften Autoren der Kapitel gestellt werden. Der Leser sollte sich einmal selbst überprüfen, ob seine Auffassungen und Antworten dem aktuellen Wissensstand entsprechen.

Die Kapitel des Fachbuchs

2 Gebäudezertifizierung

Nachhaltig zu bauen heißt zunächst, das Planungsergebnis nach entsprechenden Kriterien bewerten zu können. **Gebäudezertifizierungen** spielen dabei eine wesentliche Rolle. Doch wie verhält es sich mit den Bewertungskriterien und den Wichtungen einzelner Aspekte bei einer komplexen Beurteilung, die einen überdachten Fahrradständer (DGNB-Steckbrief 30 bzw. SOC 2.3: Fahrradkomfort) ebenso erfasst wie die Wärmepumpenanlage mit Grundwassernutzung (Kriteriengruppe Nr. 11 – Gesamtenergiebedarf und Anteil erneuerbare Energie)?

Gebäude zu bewerten und zu zertifizieren heißt auch, das winterliche und sommerliche Raumklima zu analysieren. Thermisch aktive Bauteilsysteme (TABS) ermöglichen das sehr energieeffiziente Heizen und Kühlen über die Decke, jedoch begrenzen wärmephysiologische Randbedingungen die

Leistungen. Entsteht dadurch ein Nachteil für diese Systeme in der Bewertung? Welche Alternativen gibt es, Energieeffizienz mit höchster thermischer Behaglichkeit zu verbinden? Und wie erfolgt überhaupt der Nachweis der thermischen Behaglichkeit in der Entwurfsphase? Mehr dazu im Kapitel „Gebäudezertifizierung".

3 Sommerlicher Wärmeschutz

„Viel hilft nicht immer viel." – das ist eine bekannte Redewendung. Der **künftige bauliche Wärmeschutz** führe dazu, dass Gebäude überhitzen, meinen Gegner. Glaubt der Leser dieser Auffassung, oder besitzt er bereits fundierte Kenntnisse über den sommerlichen Wärmeschutz und Begriffe wie Sonnenlufttemperatur, Sonneneintragskennwert und Übertemperaturgradstunden? Wie wirken sich globale Erderwärmung, zunehmende Technisierung und höhere Komfortansprüche aus?

Wie ist dem zunehmenden Kühlkältebedarf von Nichtwohngebäuden in den kommenden Jahren zu begegnen, ohne dass die Zielstellung eines zu verringernden Primärenergiebedarfs aufgegeben wird?

Ist die Fensterlüftung eine Strategie von gestern? Ist die passive Kühlung über Sohlplatten von Gebäuden ein Gegenmittel? Antworten dazu im Kapitel „Sommerlicher Wärmeschutz".

4 Numerische Simulationsmethoden

Das Zeitalter der Überschlags- und Vorbemessungsverfahren, Abschätzungen und zeitlich eng begrenzter Betrachtungsweisen ist vorbei. Wirklich? Aber zugegeben, **numerische Simulationsmethoden** sind längst eingeführte und anerkannte Arbeitswerkzeuge des Architekten und TGA-Fachplaners. Systemuntersuchung mit TRNSYS, Wärme- und Stoffübertragung mit CFD, Feuchtetransport mit WUFI oder DELPHIN, EED und FEFLOW für das Planen erdgekoppelter Wärmepumpen respektive der Wärmequellen und -senken unter Berücksichtigung der Grundwasserdrift – die Bandbreite der Simulationsprogramme ist groß. Wo liegen aber die Möglichkeiten und Grenzen der Anwendungen, und wer sollte die Simulationen durchführen? Und wie muss man Ergebnisse interpretieren, wenn Flächenheiz- und -kühlsysteme mit alternativen Lösungen anhand von Simulationen verglichen werden sollen? Nach dem Lesen des Kapitels „Numerische Simulationsmethoden" ist der Leser in diesen Fragen bestens informiert.

5 Konzepte der Wärme- und Kälteerzeugung

E(n)E(V)WärmeG – was als zusammengehörig gelesen werden kann, muss in der Praxis noch lange nicht zueinander passen. Der gut gemeinte Ansatz, erneuerbare Energien durch das EEWärmeG zu fördern, kann allerdings durch zulässige Ersatzmaßnahmen umgangen werden. Führt dieses

Schlupfloch wirklich zu Wirtschaftlichkeit und Energieeffizienz? Ein Beispiel. Eine dezentrale Hallenheizung ist endenergiebezogen zunächst die Vorzugsvariante gegenüber einer zentralen Wärmerzeugung und dezentralen Wärmeübergabe in einer Industriehalle. Den Forderungen des EEWärmeG kann für die dezentrale Lösung allerdings nur entsprochen werden, indem als Ersatzmaßnahme sowohl der Jahres-Primärenergiebedarf als auch die Anforderung an den baulichen Wärmeschutz der EnEV-Referenz um jeweils 15 Prozent unterschritten werden muss. Überschreiten nun die erhöhten Kosten des baulichen Wärmeschutzes nicht den Betrag, um den die zentrale Wärmeerzeugung mittels Wärmepumpe einschließlich Industriefußbodenheizung gegenüber der dezentralen Lösung zunächst teurer war? Interessante Ergebnisse eines Vollkostenvergleichs beider Varianten enthält das Kapitel „Konzepte der Wärme- und Kälteerzeugung".

Ein zweiter Aspekt des Kapitels: Wir sind an überschaubare Einzellösungen gewöhnt und wenden diese gern an. Brennwerttechnik zum Heizen, Kompressionskälteerzeugung zum Kühlen. Als Umweltalibi noch etwas Solarthermie oder Photovoltaik auf das Dach. Alternativ wäre für die Technikinteressierten jedoch auch folgendes Szenario denkbar: PV-Strom dient dem Antrieb mehrerer elektrischer Wärmepumpen in Kaskade, die bivalent mit einem Spitzenlastkessel betrieben werden. Die Einkopplung von externer Wärme wird für die Absorptionskältemaschine (zur Raumkühlung) genutzt, deren Abwärme erneut als Wärmequelle für die Wärmepumpe einbezogen wird. Etwas undurchsichtig, oder? Überschaubarer ist dazu im Vergleich das **Konzept des Kälte-Wärme-Verbunds** am Beispiel von Lebensmittelmärkten mit gleichzeitigem Heiz- und Kühlbedarf auf unterschiedlichstem Temperaturniveau.

Wie die geothermische Großwärmepumpe mit Speichern und verschiedenen Flächenheiz- und Kühlsystemen harmoniert, wird ebenfalls in diesem Kapitel anhand von ausgewählten Praxisbeispielen besprochen.

6 Energieeffiziente Raumluft- und Klimatechnik

Ein energieeffizientes Gebäude hoher Luftdichtheit, ein TGA-Praxishandbuch ohne **Raumluft- und Klimatechnik**? Beides unvorstellbar. Dieses Kapitel ist eine wesentliche Ergänzung des ersten Bandes und enthält die Grundlagen dieses umfangreichen Fachgebiets der TGA. Ob vor dem Hintergrund von DIN 1946 eine Fensterlüftung ausreicht oder mechanische Lüftungsanlagen unumgänglich sind – beide Wirkprinzipien mit Auswirkungen auf die thermische und olfaktorische Behaglichkeit werden vorgestellt. Welche Funktion Speicher im Zusammenwirken mit RLT- und Klimaanlagen übernehmen, wird in einem weiteren Abschnitt dargelegt. Das Besprechen von VRF-Systemen als Wärmepumpe geht dann schon über die Vermittlung grundlegenden Wissens hinaus. Übrigens ist der Autor des Kapitels der humorigen Ansicht, dass der TGA-Fachplaner mit acht Grundgleichungen der Mathematik auskommt, um sein Fachgebiet zu beherrschen. Welche acht Gleichungen das sind, wird der Leser fragen. Nun, auch diese stehen im Kapitel „Energieeffiziente Raumluft- und Klimatechnik".

7 TABS-Design

Was verbirgt sich hinter der Abkürzung **TABS**? Sind damit Tabulatoren oder Tabletten gemeint? Oder steht TABS für Technische Ausrüstung spezieller Sonderbauten? Nein, es handelt sich um die Abkürzung eines inzwischen schon fast standardmäßig eingesetzten Heiz- und Kühlsystems in Nichtwohngebäuden. „Thermisch aktive Bauteilsysteme" steckt hinter der Abkürzung, dem Leser auch als Betonkern- oder Bauteilaktivierung längst vertraut. Was soll es da schon Neues geben, werden nicht wenige denken. Ist es aber wirklich schon Allgemeingut zu wissen, dass vorgefertigte, thermisch aktive Spannbetondecken eine wesentlich günstigere Umweltbilanz im Vergleich zu Ortbetondecken aufweisen? Und wie werden diese vorgefertigten Betonbauteile in das TGA-System integriert und betrieben? Was heißt es, diese Systeme zu „designen"?

TABS würde ich einsetzen, werden Architekten sagen, wenn da nicht die raumakustischen Nachteile unverkleideter schallharter Betonoberflächen wären. Dem kann mit betonintegrierten Streifenabsorbern begegnet werden, antworten die Autoren eines Abschnitts dieses Kapitels. Gibt es dazu überhaupt raumakustisch wirksame Alternativen? Aber ja, mehr dazu in diesem Kapitel.

TABS würde ich planen, werden TGA-Fachingenieure sagen, wenn nicht eingeschränkte Regelungsmöglichkeiten und unkontrollierte Betriebsführung den energieeffizienten Betrieb erschweren würden. Wetterprognose via Internet, Heiz- und Kühllastermittlung online, Fahrkurvenanpassung – so heißen neue Lösungsansätze für die Probleme. Oder eben „Prädiktive Steuerung von TABS", wie der Autor dieses Kapitels die Verfahrensweise beschreibt.

8 Hygiene-Anforderungen in Trinkwasser-Installationen (TRWI)

4000 Tote infolge Legionellose pro Jahr, 4000 Verkehrstote im selben Zeitraum. Verbieten wir deshalb den Straßenverkehr? Gibt es eine Legionellenhysterie? Wie zynisch. Jeder Tote ist zu viel und verlangt nach Maßnahmen, diese Zahl(en) zu verringern. Aber wie macht man das beim **Planen, Ausführen und Betreiben der Trinkwasserinstallation**? Vielleicht am einfachsten durch ein generelles Duschverbot, weil Legionellenbefall und schwere Erkrankung das Auftreten und Einatmen von Aerosolen voraussetzen?

Oder liegt die Lösung des Problems darin, speziell behandeltes Trinkwasser durch totraumarme Installationsräume mit einer so hohen Geschwindigkeit zu leiten, dass der Biofilm als Vermehrungsgrundlage für Krankheitserreger regelrecht abgetragen wird? Und wie sind kleine Rohrquerschnitte mit einer hohen Versorgungssicherheit in Vereinbarung zu bringen? Was tun, wenn in mehreren Bauabschnitten geplant wird, der Trinkwasserverteiler jedoch frühzeitig für das gesamte Großobjekt gebaut werden soll? Verteuern Ring- und Reihenleitungen gegenüber der klassischen T-Installation die Sanitärtechnik? Ist die T-Installation inzwischen verboten? Antworten geben die beiden Autoren des Kapitels „Geplante Trinkwasserhygiene".

Und der Leser fragt sich hierzu überhaupt, warum dieses Kapitel in das Leitthema Energiewende integriert wurde? Gesundheit geht vor Energieeffizienz. Beispielsweise die Warmwassertemperatur zu senken und auf Zirkulationssysteme zu verzichten – das würde zur Energieeinsparung beitragen. Die gesundheitlichen Risiken wären jedoch offensichtlich. Funktionalität und Sicherheit gelten weiterhin als oberstes Planungsziel, der Energiewende zum Trotz. Wie das realisiert werden muss, gibt das Kapitel „Geplante Trinkwasserhygiene" wieder.

9 Lebenszykluskostenanalyse von Gebäuden

Ein Architekt plant ein Bürogebäude und kann zwischen einer Lochfassade mit einem Fensterflächenanteil von 40 Prozent und einer voll verglasten Pfosten-Riegel-Fassade als Metallkonstruktion wählen. In welchem Verhältnis liegen die fassadenbedingten Gesamtkosten für Errichtung, Reinigung, Wartung und Energieverbrauch auf der Grundlage einer **Lebenszykluskostenbetrachtung** nach 50 Jahren? Für welche Variante müsste man sich logischerweise entscheiden? Die Antwort wird am Ende dieses Abschnitts gegeben, inzwischen darf der Leser schätzen.

Das Berechnen der Lebenszykluskosten (LZK bzw. LCC) von Gebäuden ist Bestandteil der DGNB-Gebäudezertifizierung. Mit diesem Kapitel schließt sich der inhaltliche Kreis des Fachbuchs, das mit dem Kapitel Gebäudezertifizierung begonnen hatte.

Wie verhält es sich aber nun mit dem finanzmathematischen Modell der LZK-Berechnung, welchen Einfluss haben Baukonstruktion und TGA? Welche Hilfsmittel wie Software und Datenbanken stehen gegenwärtig zur Verfügung, um eine derartige Betrachtung vornehmen zu können? Wie unterstützt die LZK-Berechnung den Planungsprozess? Verhilft die LZK-Betrachtung erneuerbaren Energien zu besserer Wettbewerbsfähigkeit im Vergleich zu vermeintlich billigeren Lösungen? Mehr dazu in diesem Kapitel.

Versprochen war noch die Lösung der Aufgabe, die zu Beginn des Abschnitts gestellt wurde. Das Kostenverhältnis liegt bei etwa 1 zu 4. Warum werden also immer noch zu viele Gebäude mit Vollverglasung und Pfosten-Riegel-Fassade ausgeführt?

10 Best Practice – AURON München mit DGNB Gold

Goethe wusste: „Es ist nicht genug, zu wissen, man muss auch anwenden; es ist nicht genug, zu wollen, man muss auch tun."

Das Uponor Praxishandbuch Band 2 schließt mit dem Beschreiben einer praktischen Umsetzung der besprochenen Themen. AURON München ist ein Bürogebäude hoher Energieeffizienz und sehr guten Komforts bei bester Funktionalität. Die Überlegungen, Planungen und Bauleistungen der Architekten, Ingenieure und Handwerker wurden mit der Vergabe der Gebäudezertifizierung „DGNB Gold" belohnt.

In einem abschließenden Kapitel werden baukonstruktive und technische Details besprochen und mit Alternativen verglichen, die sich nicht durchsetzen konnten. Der Leser erhält außerdem wichtige Informationen zur Betriebsführung unter Nutzungsbedingungen des Gebäudes mit dem Ziel, theoretische Vorgaben und Werte wie beispielsweise den Primärenergiebedarf in praxi zu erreichen.

Der rote Faden des Fachbuchs

Sicher hat der Leser den „roten Faden" des Fachbuchs inzwischen erkannt und kann den Intentionen der Herausgeber und Autoren folgen. Nachhaltige, energieeffiziente Gesamtlösungen verlangen klare Konzeptionen und eine gewissenhafte Detailarbeit. Diese betrifft den baulichen Wärmeschutz der Baukonstruktion ebenso wie die einzelnen Gewerke der TGA. Am Ende steht möglicherweise die Gebäudezertifizierung, deren Methodik jedoch bereits ganz am Anfang ein wichtiges Planungsinstrumentarium sein kann.

Es gibt aber noch einen „zweiten roten Faden", der sich durch das Fachbuch zieht. Es handelt sich dabei um Uponor Systeme und Produkte, mit deren Hilfe energieeffiziente Heiz- und Kühlsysteme ebenso realisiert werden wie hygienische Trinkwasserinstallationen. Dazu zählen die Energiezentrale von Zent-Frenger Energy Solutions, komplette Mehrschichtverbundrohrsysteme sowie TABS und Kühldecken von Uponor (Bild 3).

Bild 3
Zent-Frenger Geozent (Energiezentrale) (links), Uponor MLCP (Rohrsystem) (Mitte) und Contec ON (TABS) (rechts)

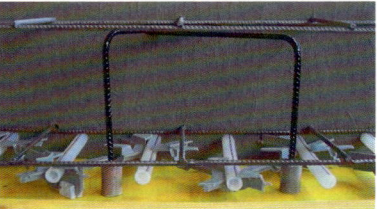

Literaturverzeichnis

[1] Langfristszenarien und Strategien für den Ausbau der erneuerbaren Energien in Deutschland bei Berücksichtigung der Entwicklung in Europa und global. „Leitstudie 2010". Schlussbericht. BMU – FKZ 03MAP146. Arbeitsgemeinschaft Deutsches Zentrum für Luft- und Raumfahrt (DLR), Stuttgart Institut für Technische Thermodynamik, Abt. Systemanalyse und Technikbewertung, Fraunhofer-Institut für Windenergie und Energiesystemtechnik (IWES), Kassel, Ingenieurbüro für neue Energien (IFNE), Teltow 2010

[2] Bericht der AG 3 Interaktion an den Steuerungskreis der Plattform Erneuerbare Energien, die Bundeskanzlerin und die Ministerpräsidentinnen und Ministerpräsidenten der Länder, 15.10.2012

[3] Volkswirtschaftliche Effekte der Energiewende: Erneuerbare Energien und Energieeffizienz. Gesellschaft für Wirtschaftliche Strukturforschung mbH. ifeu – Institut für Energie- und Umweltforschung Heidelberg, Osnabrück/Heidelberg 2012

[4] Modell Deutschland. Klimaschutz bis 2050: Vom Ziel her denken, WWF, Basel/Bern 2009

[5] Die Energiewende in Deutschland. Mit sicherer, bezahlbarer und umweltschonender Energie ins Jahr 2050, BMWi, Berlin 2012

2 Gebäudezertifizierung – Mit Uponor-Systemen zu DGNB Gold

		Seite
2.1	**Gebäudezertifizierung als Planungsinstrument**	13
2.1.1	Methodik, Kosten und Nutzen	13
2.1.2	Vergleich grundlegender Zertifizierungssysteme	15
2.2	**Zertifizierung von Gebäuden mit Thermisch Aktiven Bauteilsystemen (TABS)**	19
2.3	**Ausgewählte Aspekte der Detailbewertung**	21
2.3.1	Soziokulturelle und funktionale Qualität	21
2.3.1.1	Thermischer Komfort (Sommer und Winter)	21
2.3.1.2	TABS und akustischer Komfort	34
2.3.1.3	Einflussnahme des Nutzers	37
2.3.2	Ökonomische Qualität	39
2.3.2.1	Lebenszykluskosten	39
2.3.2.2	Fallbeispiel Geothermische Wärmepumpenanlagen mit TABS	44
2.3.3	Ökologische Qualität	51
2.3.3.1	Gesamtprimärenergiebedarf und Anteil erneuerbarer Energie	51
2.3.3.2	Ökobilanzierung (LCA)	53
2.3.3.3	Rückbau und Recycling	55
2.3.4	Prozessqualität	58
2.3.4.1	Projektqualität	58
2.3.4.2	Fallbeispiel Wärmequellenanlage (Geothermie)	59
2.4	**Zusammenfassung**	72
2.5	**Literatur**	73

DGNB
LEED
BREEAM

Funktionalität und Komfort, geringe Lebenszykluskosten und Nachhaltigkeit einschließlich positiver Ökobilanz von Produkten und Systemen geraten zunehmend in das Blickfeld der Gesellschaft und beeinflussen die Fachplanung von Gebäude und TGA. Diese Kriterien sind zum festen Bestandteil von Gebäudezertifizierungssystemen geworden, die das Vermarkten von Immobilien mit besonderen Qualitäten erleichtern sollen. Zertifizierungen von Gebäuden erleichtern außerdem die Kreditinanspruchnahme.

Traditionsreiche und international anerkannte Labels wie LEED, BREEAM, HQE, CASBEE und GREEN STAR als markanteste unter den weltweit existierenden 58 Zertifizierungssystemen beinhalten dementsprechende Bewertungen ebenso wie die in Deutschland favorisierten BNB- und DGNB-Bewertungssysteme, die weitgehend identisch sind.

Nachfolgend soll am Beispiel von Uponor-Systemen und -Produkten gezeigt werden, dass Flächenheiz- und -kühlsysteme einschließlich Thermisch Aktiver Bauteilsysteme (TABS) erheblich dazu beitragen können, die höchsten Bewertungen der genannten Zertifizierungssysteme zu erreichen. Dabei geht es sowohl um soziokulturelle und funktional hohe als auch um besondere ökonomische und ökologische Qualitäten. Es wird auch deutlich, dass nicht in jedem Fall ein hoher Technisierungsgrad beste Ergebnisse in allen Belangen garantiert.

TABS haben ihre Vorzüge im Zusammenwirken mit erneuerbaren Energien, zeichnen sich aber auch durch niedrige Investitionskosten und relativ einfache Regelung aus. Anfängliche Nachteile in der Leistung, der Betriebsführung und der Raumakustik sind infolge neuerer Produktentwicklungen überwunden.

Aus der Sicht der Primärenergieinanspruchnahme und der Forderung nach erneuerbaren Energien sind geothermische Wärmepumpenanlagen vorteilhaft. Es soll gezeigt werden, dass die zunächst hohen Investitionskosten durch niedrige Betriebskosten und die Langlebigkeit der Wärmequellenanlage im Lebenszyklus der Anlage mehr als kompensiert werden. Dass geologisch ausgerichtete Techniken nicht a priori umweltfreundlich und technisch beherrschbar sind, ist nach den Ereignissen in Staufen und Leonberg mit erheblichen Gebäude- und Imageschäden offensichtlich geworden. Am Beispiel des Qualitätsmanagements von der Fachplanung über die Produktwahl bis zu Ausführung und Monitoring wird vermittelt, dass eine hohe Planungs- und Betriebssicherheit besteht. Simulations- und Planungswerkzeuge wie EED und FEFLOW, nach dem Arbeitsblatt DVGW W 120 zertifizierte Bohrunternehmen und -geräte, das Thermal-Response-Test-Verfahren auch als Stresstest zum Nachweis fachgerecht verfüllter Bohrungen, umfangreiche MSR-Technik zur Kontrolle von Temperatur, Druck und Durchfluss stehen zur Verfügung, damit die Systeme wirklich nachhaltig sicher und energieeffizient betrieben werden können. Entscheidend ist also das Umsetzen der verfügbaren Möglichkeiten.

2.1 Gebäudezertifizierung als Planungsinstrument

2.1.1 Methodik, Kosten und Nutzen

Das integrale Planen von Gebäuden auf der Grundlage einer engen Zusammenarbeit zwischen Bauwerksplaner und Sonderfachmann für TGA ist über Jahrzehnte leider oftmals nur Wunschdenken geblieben. Das Neuentdecken des alten (forstwirtschaftlichen) Begriffes der Nachhaltigkeit und das Einführen des Wortes durch MUNRO im Jahre 1980 in die World Conservation Strategy und später die Agenda 21 führten zu einer Entwicklung, die auch neue und zugleich komplexe Bewertungsmaßstäbe für Gebäude hervorrief. Diese Bewertung schließt Verkehrswege und Fahrradständer (DGNB SB 30), aber auch die Energieeffizienz resp. die erneuerbaren Energien (DGNB SB 11) ein.

Seit 1990 haben sich Gebäudezertifizierungssysteme international etabliert ([1] bis [22]), die primär zwar mit dem Ziel eines besseren Vermarktens einer Immobilie eingeführt wurden, jedoch auch den Planungsprozess effektiver gestalten können. Damit sollten sich die baulichen Mehrkosten zertifizierter Gebäude, die in der Größenordnung von 0 bis 20 Prozent je nach Labelgüte angegeben werden, später kompensieren. Auch wenn im Ergebnis internationaler Recherchen nur in den USA bessere Vermarktungschancen für zertifizierte Gebäude bestehen (Vermietungsstand +9 Prozent, Verkauf +20 Prozent) – eine Anleitung zum strukturierten Bauherrengespräch und Planen bietet diese Methodik allemal.

Unter den gegenwärtig 58 international existierenden Bewertungssystemen ragen sicher BREEAM und LEED heraus. Sowohl das BNB- als auch das DGNB-Label unter Mitwirkung des BMVBS haben in Deutschland einiges in Bewegung gebracht, wobei alternative Bewertungssysteme und Streitigkeiten leider bisher einer umfangreicheren internationalen Anwendung des DGNB-Labels im Wege stehen.

Tabelle 1 vermittelt einen Eindruck über die Akzeptanz und Verbreitung der Label, wobei hinsichtlich der Zertifizierungs- und Registrierungsanzahl das Gründungsjahr und die Adressaten aus unterschiedlichen Nationen zu berücksichtigen sind.

Im Hinblick auf das Anwenden der Bewertungssysteme wird allgemein zwischen der Vorzertifizierung, der Zertifizierung innerhalb der Entwurfsphase und der Zertifizierung des fertig gestellten Gebäudes unterschieden. Bei BREEAM wird das Zertifikat für das Objekt nur in Verbindung mit dem Erstzertifikat für den Gebäudeentwurf vergeben.

Die Bewertungskriterien können durchaus objektbezogen von allgemeinen Vorgaben abweichen. Bei gleichbleibender Gewichtung eines Hauptkriteriums kann die zugrunde gelegte Punktanzahl z. B. dadurch variieren, dass einzelne Unterkriterien nicht in Anspruch genommen werden. Nicht jedes

Tab. 1
DGNB, LEED und BREEAM und deren Verbreitung in Deutschland

	DGNB	LEED	BREEAM
Gründung	2007	1998	1990
Anmeldungen	149	105	8
Zertifizierungen	171	9	6
international registriert zertifiziert		25.000 3.800	270.000 65.000
In Deutschland, Stand Mai 2011			

Gebäude benötigt einen Aufzug, nicht jedes Objekt muss über eine eigene große Parkplatzkapazität verfügen.

Die Zertifizierungssysteme werden sukzessive erweitert und beziehen sich auf verschiedene Nutzerprofile, worunter zunächst zwischen Neubau und Gebäudebestand unterschieden wird. Die Nutzerprofile werden außerdem nach der Nutzungsart des Gebäudes differenziert.

Je nach Label entstehen unterschiedliche Kosten, zu denen die bereits genannten Mehraufwendungen im Rahmen der Bauphase des zu zertifizierenden Gebäudes kommen (Tab. 2). Fast überall ist es Pflicht, einen zertifizierten Auditor in das Planungs- und Zertifizierungsteam zu integrieren. Weitere Spezialisten sind hinzuziehen, was insbesondere im Zusammenhang mit der Lebenszykluskostenanalyse (LCC – Life Cycle Costing) und Ökobilanzierung (LCA – Life Cycle Assessment) notwendig ist. Aber auch Experten der Bauphysik (Raumakustik und Schallschutz) und der numerischen (Gebäude-)Simulation werden oftmals mit Detailuntersuchungen und -planungen beauftragt.

Tab. 2 Kosten des Zertifizierens von Gebäuden

Label		Randbedigungen		
DGNB	BGF	< 1000m²	10000m²	>25000m²
Nichtmitglied	Vorzertifikat	4.000€	7.500€	10.000€
	Zertifikat	6.000€	15.000€	25.000€
LEED	combined design & construction review	< 5.000m²	5.000...50.000m²	>5.000m²
	members	1.750$	0,35$/m²	17.500$
	non-members	2.250$	0,45$/m²	22.500$
BREEAM		design & procurement	post construction revise	post construction assessment
		650 + 850 £	650 + 380 £	650 + 850 £
	Auditor (Deutschland)	2.600€ + 6.000€ p.a. (Lizenz)		

2.1.2 Vergleich grundlegender Zertifizierungssysteme

Sedlbauer [1] zeigt, dass das DGNB-Label insbesondere im Vergleich zu LEED, aber auch gegenüber BREEAM einige besondere Merkmale aufweist, die im Sinn der Nachhaltigkeit durchaus motivierender wirken. Außerdem werden anfängliche Unterschiede des Bewertens von Wohn- und Nichtwohngebäuden (LEED, BREEAM) gegenüber „Neubau Büro und Verwaltung Version 2009" (DGNB) ausgeglichen.

Ein Vergleich dieser Bewertungssysteme (z. B. [2] und [3]) zeigt dabei einige interessante Aspekte, somit aber auch Stärken und Schwächen der Labels:

- **DGNB**
  - vorteilhaftes Bewerten der Technischen Qualität von Gebäuden, insbesondere der TGA
  - primärenergetische Betrachtungsweise unter starker Berücksichtigung erneuerbarer Energien
  - deutlich bessere Abbildung ökonomischer und funktionaler Aspekte wie z. B. Flächennutzung und Umnutzungsfähigkeit gegenüber LEED und BREEAM
  - Bewerten von Wertstabilität und Lebenszyklusanalyse einschl. Ökobilanz und Betrachtung der Lebenszykluskosten
  - Übernahme der Methodik in ein FM-Benchmarking
  - Erweiterung auf den Gebäudebestand und Einbeziehen von Messkampagnen zur Datenaufnahme

- **LEED**
  - Erfassen regionaler und sozialer Aspekte (wie z.B. regionale Ressourceninanspruchnahme)
  - Konzipieren von Construction Waste Management (Abfallwirtschaft) und Erosion- & Sedimentation Control (Umweltbelastung)
  - Erarbeiten von Konzepten der Indoor Air Quality
  - Belohnung besonders kreativer Leistungen (Innovation in design)

- **BREEAM**
  - Differenzierung nach BREEAM U.K. und BREEAM International
  - ökologische Qualität im Fokus der Betrachtungsweise
  - relativ starke Berücksichtigung des Managements von Planung, Ausführung und Bauüberwachung (Commissioning)
  - CO_2 Bilanzierung im Rahmen des Kriteriums Energie

Folgende Hinweise sind hinsichtlich des Bewertens der Energieeffizienz und des Berücksichtigens erneuerbarer Energien für den TGA-Fachplaner relevant:

- Das Gewichten der genannten Faktoren erfolgt in den Labels unterschiedlich, wobei der exakte Vergleich durch verschiedene Bilanzkreise der Labels erschwert wird.
- Nachweise der (thermischen) Behaglichkeit und der Energieeffizienz erfordern Simulationen, wobei LEED Kenntnisse in der ASHRAE-Methodik und in CIBSE-Standards erfordert.
- Das aus dem Amerikanischen bekannte Commissioning, die externe Kontrolle der Planungs- und Bauablaufpflichten, hält Einzug in die Bewertungssysteme (LEED/DGNB).
- Raumluftqualität und Lüftungsstrategien gewinnen gegenüber dem bisher dominierenden Kriterium der thermischen Behaglichkeit an Bedeutung.
- Energieeffizienz und Umweltschutz erlangen eine zunehmend höhere Gewichtung (insbesondere bei Sanierungsmaßnahmen), was sich an der novellierten Methodik LEED NC-V3 zeigen lässt (Bild 1).

Obwohl die Betriebskosten im Rahmen der gesamten Nutzungskosten nur eine untergeordnete Rolle spielen, rückt die Energieeffizienz schon aus Gründen des Umweltschutzes in das Blickfeld. Die Bedeutung der Energieeffizienz zeigt sich international so auch am deutlich höheren Interesse von Bauherren an Gebäuden, die anstelle komplexer Bewertungsprädikate ausschließlich mit einem Energiebedarfsgütesiegel angeboten werden.

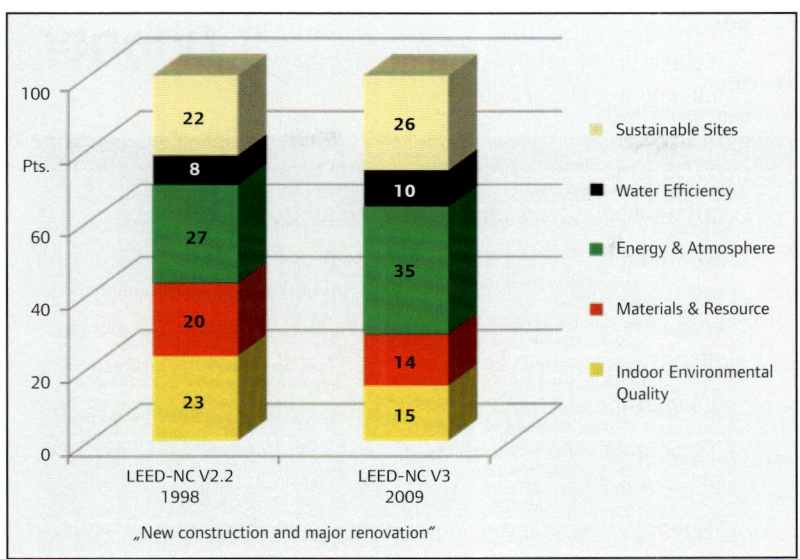

Bild 1
LEED-Bewertungskriterien und veränderte Gewichtung der Rubrik „Energy & Atmosphere"

Werden die Labels DGNB, LEED und BREEAM gemeinsam betrachtet, zeigt sich, dass energieeffiziente Systeme mit erneuerbaren Energien z. B. wie geothermische Wärmepumpenanlagen Vorteile sowohl in der ökonomischen Qualität als auch in der Nachhaltigkeit bieten. Sind die Niedertemperaturheizsysteme und Hochtemperaturkühlsysteme wie im Fall der Thermisch aktiven Bauteilsysteme (TABS) robust im Baukörper integriert, ist das ein weiterer Vorzug getreu der Regel, dass Technikfläche keine Mietfläche ist. Weisen die Bauteile wie Erdwärmesonden und Rohrregister eine Lebensdauer auf, die derjenigen des Bauteils des Gebäudes entspricht, kann von einem langen Lebenszyklus ohne Erneuerungen ausgegangen werden. Verfügen die Baustoffe wie PEX als Kunststoff über eine gute Ökobilanz und lassen sich ebenso wie Mehrschichtverbundrohre erfolgreich recyceln und nicht nur thermisch entsorgen, ist das ein weiterer Baustein zum Erreichen einer hohen Punktzahl im Rahmen der Gebäudezertifizierung.

Diesem Anliegen widmet sich Uponor mit der Produkt- und Systementwicklung. In zahlreichen Gebäuden mit DGNB-, LEED- und BREEAM-Zertifikaten finden sich die Systeme der Uponor-Flächenheizung und -kühlung (Bild 2 und Bild 3).

Die nachfolgenden Betrachtungen beziehen sich vorwiegend auf die DGNB-Zertifizierung im Zusammenhang mit geothermischen Wärmepumpenanlagen und TABS.

LEED® for Homes
Leadership in Energy and Environmental Design

Section	Credit	Description	Possible Points	Associated System
(SS) Sustainable Sites	6.1, 6.2 and 6.3	Compact Development	4	Uponor Fire Safety Systems
(WE) Water Efficiency	1.1 and 1.2	Water Reuse and Graywater Reuse System	5	Uponor AquaPEX® Reclaimed Water Tubing
(EA) Energy and Atmosphere	1.1 and 1.2	Optimized Energy Performance	34	Uponor Radiant Heating Systems
(EA) Energy and Atmosphere	5.1 and 5.2	Non-ducted Heating and Cooling Distribution System	3	Uponor Radiant Heating and Pre-insulated Pipe Systems
(EA) Energy and Atmosphere	6.1, 6.2 and 6.3	High-efficiency Space Heating and Cooling Equipment	4	Uponor Radiant Heating and Pre-insulated Pipe Systems
(EA) Energy and Atmosphere	7.1 and 7.2	Efficient Hot Water Distribution and Pipe Insulation	6	Uponor Logic Plumbing Systems, D'MAND® Hot Water Delivery System and Pre-insulated AquaPEX
(MR) Materials and Resources	3.2	Waste Management and Construction Waste Reduction	3	Uponor AquaPEX Tubing and Wirsbo hePEX™ Tubing
(EQ) Indoor Environmental Quality	6.1, 6.2 and 6.3	Distribution of Non-ducted Space Heating, HVAC Controls and Multiple Zones	3	Uponor Radiant Heating Systems and Climate Control™ Line
(EQ) Indoor Environmental Quality	10.1 and 10.2	Garage Pollutant Protection and Non-ducted HVAC in Garage	3	Uponor Radiant Heating Systems
(ID) Innovation and Design Process	1.2	Integrated Project Planning	4	Uponor Design and Support Services
(AE) Awareness and Education	1.1 iv, v and vi	Basic Operations Training	2	Uponor Technical Support Services
(AE) Awareness and Education	2 iv, v and vi	Education of the Building Manager	1	Uponor Technical Support Services

Note: In some cases, Uponor systems will need to integrate with other energy-efficient systems, such as condensing boilers and geothermal systems, to be eligible for LEED points. This chart is intended as a guide for LEED credits and points that may be applicable to our systems. Uponor does not guarantee any points under the LEED rating system.

Bild 2
LEED-Kriterien und Lösungen mit Uponor-Systemen und -Produkten

Bild 3
AURON München – DGNB Gold (Vorzertifikat) auch für die Thermisch Aktiven Bauteilsysteme von Uponor

2.2 Zertifizierung von Gebäuden mit Thermisch Aktiven Bauteilsystemen (TABS)

Die DGNB-Zertifizierung enthält 5 Hauptkriteriengruppen, die in Kriteriengruppen und Kriterien (SB-Steckbrief) unterteilt werden. Tabelle 3 enthält eine Übersicht der relevanten Kriterien, die für das Bewerten geothermischer Wärmepumpenanlagen mit TABS wichtig sind.

Hauptkriteriengruppe	Kriteriengruppe	SB	Kriterium	Uponor Lösung
Ökologische Qualität (ENV)	Wirkung auf die globale und lokale Umwelt	1	Treibhauspotenzial (GWP)	Produktentwicklung Produktherstellung und -deklaration Systemkonfiguration
		2	Ozonschichtabbaupotenzial (ODP)	
		3	Ozonbildungspotenzial (POCP)	
		4	Versauerungspotenzial (AP)	
		5	Überdüngungspotenzial (EP)	
		6	Risiken für die lokale Umwelt	
		8	Sonstige Wirkungen auf die lokale Umwelt	
		9	Mikroklima	
	Ressourceninanspruchnahme und Abfallaufkommen	10	Primärenergiebedarf nicht erneuerbare (PEne)	Energiekonzept Systemkonfiguration Niedertemperaturheizung Hochtemperaturkühlung Geothermische Wärmepumpanlage
		11	Gesamtenergiebedarf und Anteil erneuerbare Primärenergie	
Ökonomische Qualität (ECO)	Lebenszykluskosten	16	Gebäudebezogene Kosten im Lebenszyklus	Produktentwicklung
	Werteentwicklung	17	Wertstabilität	LCA für Produkte
Soziokulturelle und funktionale Qualität (SOC)	Gesundheit, Behaglichkeit und Nutzerzufriedenheit	18	Thermischer Komfort im Winter	Flächenheizsysteme in Varianten
		19	Thermischer Komfort im Sommer	Flächenkühlsysteme und TABS-Varianten
		21	Akustischer Komfort	Heiz-/Kühlpanels, Zubehör in Kooperation
		23	Einflussnahme des Nutzers	Zonierung, Einzelraumregelung, Systemerweiterung
		25	Sicherheit und Störfallrisiken	WPA-Fernüberwachung
	Funktionalität	27	Flächeneffizienz	Bauteilintegrierte Systeme, Zonierung, Rohsystemanlage
		28	Umnutzungsfähigkeit	

Tab. 3
Bewertungsmatrix und Uponor-Lösungsangebote für TABS

Hauptkriteriengruppe	Kriteriengruppe	SB	Kriterium	Uponor Lösung
Technische Qualität (TEC)	Qualität der technischen Ausführung	33	Brandschutz	Brandschutzzulassungen, Sonderlösungen
		34	Schallschutz	Trittschalldämmung der Fußbodensysteme
		38	Backupfähigkeit der TGA	Niedertemperaturheizung für späteren Wärmepumpembetrieb
		39	Dauerhaftigkeit / Anpassung der gewählten Bauprodukte, Systeme und Konstruktionen an die geplante Nutzungsdauer	Bauteilintegrierte Rohre mit Baulebensdauererwartung
		42	Rückbaubarkeit, Recyclingfreundlichkeit, Demontagefreundlichkeit	Recycling Verbund- und Kunststoffrohr
Prozessqualität (PRO)	Qualität der Planung	43	Qualität der Projektvorbereitung	Leistungsangebote vom Konzept bis zur CAD-Zeichnung
		44	Integrale Planung	Konsultationsangebote für alle Planbeteiligten
		45	Optimierung und Komplexität der Herangehensweise in der Planung	Kooperation mit wissenschaftlichen Einrichtungen und Instituten
		46	Nachweis der Nachhaltigkeitsaspekte in Ausschreibung und Vergabe	Produktdeklarationen
		47	Schaffung von Voraussetzungen für eine optimale Nutzung und Bewirtschaftung	Nutzerinstruktionen
		48	Baustelle / Bauprozess	Bauleiterbetreuung und Leitmontage
		49	Qualität der ausführenden Firmen	Seminare, baubegleitende Betreuung
		50	Qualitätssicherung der Bauausführung	Mitwirkung bis zur Abnahme (VDI 6031)
		51	Systematische Inbetriebnahme	Instruktionen, Mitwirkung auf Anforderung
		54	Systematische Inspektion, Wartung und Instandhaltung	Bauteilintegrierte, wartungsfreie Systeme

Tab. 3
(fortgesetzt)

2.3 Ausgewählte Aspekte der Detailbewertung

2.3.1 Soziokulturelle und funktionale Qualität

2.3.1.1 Thermischer Komfort (Sommer und Winter)

Das Planen der Flächenheizung und -kühlung bzw. TABS hat eine hohe thermische Behaglichkeit bei gleichzeitig niedrigem Energieverbrauch zum Ziel. Dabei bieten die raumtemperaturnahen Systemtemperaturen beste Voraussetzungen für eine hohe Energieeffizienz, begrenzen jedoch in Verbindung mit Behaglichkeitsanforderungen sowohl die Heiz- als auch die Kühlleistungen. Ein hoher thermischer Komfort ist also vom baulichen Wärmeschutz des Gebäudes auf der Grundlage der Mindestanforderungen von DIN 4108 und der Systemkonfiguration der Wärmeübergabe abhängig.

Die Anforderungen an die thermische Behaglichkeit enthalten im Wesentlichen DIN EN ISO 7730 und besonders DIN EN 15251. Folgende Kriterien sind zu berücksichtigen:

- Thermische Behaglichkeit in summa (Behaglichkeitsgleichung nach Fanger oder adaptives Raummodell)
- partikuläre thermische Behaglichkeitskriterien
  - operative Temperatur
  - Zugluft
  - Strahlungstemperaturasymmetrie
  - Temperatur der Raumumschließungsflächen
  - relative Luftfeuchte

Optimal- und Grenzwerte der Parameter leiten sich nach DIN EN 15251 aus vier grundlegenden Kategorien ab, die wie folgt beschrieben werden können:

- Kategorie 1: hohes Maß an Erwartungen; empfohlen für Räume, in denen sich sehr empfindliche und anfällige Personen mit besonderen Bedürfnissen aufhalten, z.B. Personen mit Behinderungen, Kranke, sehr kleine Kinder, ältere Personen
- Kategorie 2: normales Maß an Erwartungen; empfohlen für renovierte und neue Gebäude
- Kategorie 3: annehmbares moderates Maß an Erwartungen; kann bei bestehenden Gebäuden angenommen werden
- Kategorie 4: Werte außerhalb der oben genannten Kategorien. Diese Kategorie sollte nur für einen begrenzten Teil des Jahres angenommen werden.

DIN EN 15251 enthält die Optimal- und Grenzwerte der maßgeblichen Bewertungsgrößen, die an dieser Stelle nicht wiedergegeben werden sollen. Beispielhaft enthält jedoch Bild 4 eine qualitative Zuordnung von Uponor-Lösungen zu einigen Komfortklassen für Nichtwohngebäude mittlerer und hoher Kühllast.

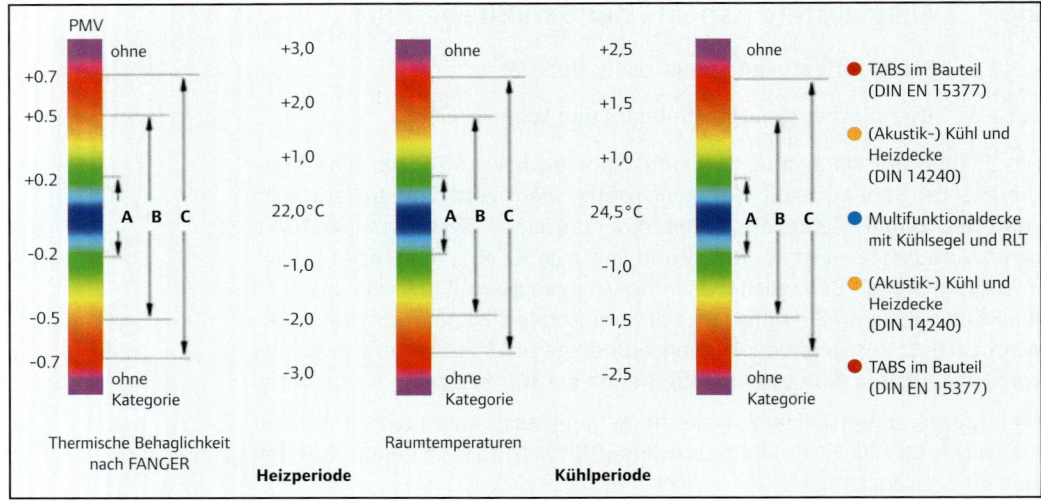

Bild 4
Komfortklassen des Raumklimas (A-B-C) nach DIN EN 15251 und zugeordnete technische Lösung

Innerhalb des Bewertens nach DIN EN 15251 wird zwischen maschinell geheizten bzw. gekühlten Gebäuden sowie nicht geheizten Gebäuden (Heizung außer Betrieb) bzw. solchen ohne Kühlung unterschieden. Daraus resultiert auch das Anwenden der Behaglichkeitsgleichung nach Fanger oder das Nutzen eines adaptiven Raummodells.

Im Zusammenhang mit dem Bewerten des winterlichen und sommerlichen Komforts sind die Überschreitungshäufigkeiten der Grenzwerte von Bedeutung. DIN EN 15251 enthält dazu im Anhang G Angaben zur zulässigen Dauer der Abweichungen, die sich für Nichtwohnbauten auf die Arbeitszeit beziehen (Tab. 4). Das adaptive Modell gilt allerdings nur für die „Nicht-Heizzeit", so dass in diesem Fall die zeitlichen Vorgaben relativiert werden müssen.

Die beschriebene Methodik des Bewertens nach DIN EN 15251 wurde für das FM-Benchmarking geprüft und adaptiert ([28]). Tabelle 5 vermittelt dazu einen Einblick.

Das Führen des Nachweises schließt ein, dass zunächst die Planungsvorgaben auf der Grundlage von Komfortkategorien und -klassen mit dem Auftraggeber besprochen, festgelegt und dokumentiert werden (Tab. 6). Diese vertraglich vereinbarten Zielstellungen des Planens sind mit geeigneten Nachweismethoden wie z. B. der numerischen Simulation nachzuweisen. Nach dem Fertigstellen des Gebäudes können Messungen, be-

3% bzw. 5% der Zeit	Täglich min	Wöchentlich Stunden	Monatlich Stunden	Jährlich Stunden
Arbeitsstunden	15/24	1/2	5/9	61/108
Stunden insgesamt	43/72	5/9	22/36	259/432

Tab. 4
Zulässige Dauer der Abweichungen von den Raumtemperatur-Grenzwerten nach DIN EN 15251 (Anhang G)

Tab. 5
Bewertung in Anlehnung an DIN EN 15251 im Rahmen des FM-Benchmarking nach Liese [28]

Thermischer Komfort			
1.	**Operative Temperatur im Winter**		
Anforderung	Nachweis der operativen Temperatur im Winter gemäß DIN EN 15251:2007-08:		
Auslegungsbedingung	Kategorie nach DIN EN 15251		beheizte Gebäude
	II		20 - 24 °C
	Thermischer Komfort im Winter		Punkte
Antwort	a) Thermische Gebäudesimulation: Einhaltung der Kriterien nach DIN EN 15251 Kategorie II und Dokumentation		10,0
	b) Dokumentation der Auslegungsbedingungen (untere Grenze Kategorie II nach DIN EN 15251) des Heizsystems		5,0
	c) Keine dokumentierte Auslegung		0,0
2.	**Operative Temperatur im Sommer**		
Anforderung	Nachweis der operativen Temperatur im Sommer gemäß DIN 4108-2:2003-07 und DIN EN 15251:2007-08:		
	Kategorie nach DIN EN 15251	maschinell geheizte und gekühlte Gebäude	Gebäude ohne Heizung (nicht in Betrieb) und ohne Kühlung
Auslegungsbedingung	II	23 - 26 °C	$\theta_i = 0{,}33\,\theta_{rm} + 18{,}8 \pm 3$
	III	22 - 27 °C	$\theta_i = 0{,}33\,\theta_{rm} + 18{,}8 \pm 4$
	Nach DIN EN 15251 ist zwischen maschinell geheizten uns gekühlten Gebäuden sowie Gebäuden ohne Heizung (nicht in Betrieb) und ohne Kühlung zu unterschreiden. Kriterien zur Feststellung gemäß DIN EN 15251.		
	Thermischer Komfort im Sommer		Punkte
Antwort	a) Einhaltung der DIN 4108-2 und thermische Gebäudesimulation: Einhaltung der Kriterien nach DIN EN 15251 Kategorie II, zulässige Überschreitungszeit 3% der Nutzungszeit		10,0
	b) Einhaltung der DIN 4108-2 und thermische Gebäudesimulation: Einhaltung der Kriterien nach DIN EN 15251 Kategorie II, zulässige Überschreitungszeit 6% der Nutzungszeit		7,5
	c) Einhaltung der DIN 4108-2 oder/und thermische Gebäudesimulation: Einhaltung der Kriterien nach DIN EN 15251 Kategorie III, zulässige Überschreitungszeit 10% der Nutzungszeit		5,0
	d) Keine Einhaltung der DIN 4108-2		0,0
4.	**Strahlungstemperaturasymmetrie und Fußbodentemperatur**		
Anforderung	Einhaltung der Anhaltswerte für die Oberflächentemperatur von großflächigen Bauteilen gemäß VDI 3804 (2009).		
	Bauteil	minimal	maximal
Ahaltswerte	Decke	16 °C	35 °C
	Glasflächen der Fassade/Wand	18 °C	35 °C
	Fußboden	19 °C	29 °C
	Bewertung		Punkte
Antwort	a) Eingehalten		10,0
	b) Nicht eingehalten		0,0

Punktebewertung: 10 Punkte – Zielwert (Bestwert), 5 Punkte – Referenzwert (bewährte Lösung), 1 Punkt – Grenzwert, 0 Punkte – Kriterium nicht erfüllt.

Tab. 6
Notwendige Eingangsinformationen (PreCheck) (Schneider [16]) für bauteilintegrierte Heiz- und Kühlsysteme

10	Ges.-Primärenergiebedarf und Anteil eneuerbarer (Pe_G, PE_e)	• $PE_{ne,Kref}$ (in kWh4-Äqu./m² NGF · a) • $PE_{ne,K}$ (in kWh4-Äqu./m² NGF · a) • $PE_{ne,Nref}$ (in kWh4-Äqu./m² NGF · a) • $PE_{ne,N}$ (in kWh4-Äqu./m² NGF · a) • Vereinfachtes/vollständiges Rechenverfahren
11	Nicht erneuerbarer Primärenergiebedarf (PE_{ne})	• $PE_{ne,Kref}$ (in %) • $PE_{ne,K}$ (in kWh4-Äqu./m² NGF · a) • $PE_{ne,Nref}$ (in kWh4-Äqu./m² NGF · a) • $PE_{ne,N}$ (in kWh4-Äqu./m² NGF · a) • $PE_{e,G}$ / $PE_{ges,G}$ (in %) • Vereinfachtes/vollständiges Rechenverfahren
18	Thermischer Komfort im Winter	• Operative Temperatur im Winter (in °C, Kategorie nach DIN EN 15251) • Zugluft (Herstellerangaben und Einhaltung Kategorie B der DIN EN ISO 7730) • Auslegungstemperaturen von großflächigen Bauteilen im Winter (in °C_{max} und °C_{min}) • Relative Luftfeuchte (nach DIN EN 15251 in %) und absoluter Feuchtgehalt (nach DIN EN 15251 in g/kg)
19	Thermischer Komfort im Sommer	• Operative Temperatur im Sommer (in °C, nach DIN 4108-2 [DIN 4108-2]) • Zugluft (Modell in DIN EN ISO 7370 mit Raumlufttemperatur, mittlere Luftgeschwindigkeit, Standardabweichung der Luftgeschwindigkeit [=Turbulenzgrad]) • Auslegungstemperaturen von großflächigen Bauteilen im Sommer (in °C_{max} und °C_{min}) • Relative Luftfeuchte (nach DIN EN 15251 in %) und absoluter Feuchtgehalt (in g/kg)
21	Akustischer Komfort (Teil 1)	• Einzelbüros und Mehrpersonenbüros: arithmischer Mittelwert der Nachhallzeit T (in s) im leeren, unmöblierten Zustand (Oktaivbänder 125 Hz bis 4000 Hz) • Besprechungsräume: arithmetischer Mittelwert der Nachhallzeit T (in s) im eingerichteten und zu 80% mit Personen besetzten Zustand (Oktavbänder 125 Hz bis 4000 Hz)

schrieben in DIN EN 15251, zum Funktionsnachweis herangezogen werden. Werden vereinbarte Zielstellungen nicht erreicht, kann von einem Mangel gesprochen werden.

Nachfolgend sollen beispielhaft die Voraussetzungen eines energieeffizienten **Heizbetriebes von TABS** mit hoher thermischer Behaglichkeit abgebildet werden (Trogisch/Günther [29]), sodass die Voraussetzungen für eine hohe DGNB-Punktbewertung erfüllt werden.

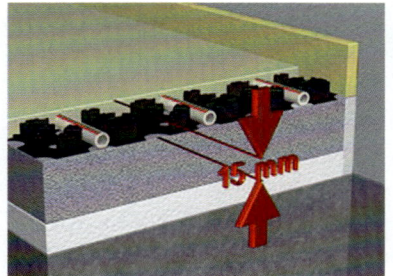

Bild 5
Dünnschichtige Fußbodenheizung Uponor Minitec (links) und klassische Betonkernaktivierung (Uponor Contec)

	Rohrabstand (mm)		
Leistungsdichte (W/m²)	< 50	85	170
Kühlen bei 8 K Untertemperatur	75	70	60
Heizen bei 10 K Übertemperatur	55	50	45

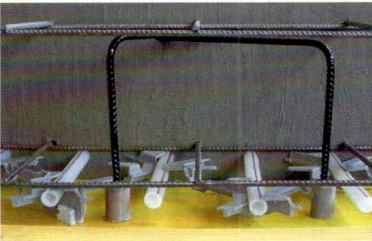

Bild 6
Richtwerte für die Leistungsdichte oberflächennaher TABS (Uponor Contec ON)

Die stationäre Heizwärmestromdichte von Flächenheizungen unterschiedlichster Bauarten (Bilder 5 und 6) lässt sich auf der Grundlage von DIN EN 1264 und DIN EN 15377 bestimmen. Werden Rohrregister in der Mitte einer Betondecke im Sinne einer Betonkernaktivierung platziert, reicht die stationäre Betrachtungsweise des Wärmetransports vom Rohrregister zur Bauteiloberfläche nicht aus. Zusätzlich sind dynamische Rechenmodelle anzuwenden, die hinsichtlich der zeitlich veränderlichen Heizleistung die Raumtemperaturschwankungen berücksichtigen. Hierzu wird besonders auf die Arbeiten von Glück [30] hingewiesen.

Eine Zwischenstellung nehmen TABS mit oberflächennahen Rohrregistern ein, jedoch wird auch hier empfohlen, das Planen und Bemessen mit thermischen Simulationen zu unterstützen.

Die deckenseitige Heizleistung wird einerseits auf der Grundlage des mittleren Wärmeübergangskoeffizienten von $\alpha_D = 6$ W/(m²·K) und der Differenz zwischen Raumtemperatur und mittlerer Oberflächentemperatur ermittelt. Letztere wird unter Berücksichtigung der zulässigen Strahlungstemperaturasymmetrie nach DIN EN ISO 7730 bestimmt. Dabei wird die behagliche, anstrengungslose Wärmeabgabe des Menschen im Zusammenhang mit den Temperaturen der Umschließungsflächen und deren geometrischer Zuordnung zum Menschen berücksichtigt.

Für Raumhöhen von 2,5 m führt das zu thermisch behaglichen Deckenoberflächentemperaturen von max. 28 °C. Diese Temperatur darf um ca. 2 K bis 4 K in einem Streifen von 2 m vor einem Außenfenster und natürlich bei höheren Räumen zunehmen, sodass dann höhere Heizleistungen ge-

Tab. 7
Richtwerte für die Heizwärmestromdichte von Deckenheizungen in W/m²

	2m Streifen vor dem Außenfenster	Aufenthaltszone
Deckenheizung	70	50
TABS (deckenmittige Rohrlage)	25	
TABS (oberflächennahe Rohrlage)	65	40

plant werden können. (Die zulässige Deckentemperatur wird im Zusammenhang mit der Gebäudezertifizierung mit 35 °C begrenzt.) Tabelle 7 enthält abschließend Richtwerte typischer Heizwärmestromdichten der Deckenunterseite.

Die planungsrelevante Heizleistung sollte andererseits auch die Regelfähigkeit des Systems berücksichtigen, damit beispielsweise ein Überheizen der Räume vermieden wird, wenn Lastsprünge auftreten. Diese Überhitzungen können bei TABS mit Rohrregistern in deckenmittiger Anordnung entstehen, wenn eine zu hohe Vorlauftemperatur gewählt wird. Das Abkühlen des überhitzten Raumes durch ein sog. Weglüften führt folglich zu einem erhöhten Heizwärmeverbrauch und Diskomfortzonen infolge geöffneter Fenster.

In Abhängigkeit der Fußbodenkonstruktion kann die Heizwärmestromdichte des Fußbodens zur Wärmeabgabe der Decke hinzukommen. Diese Heizleistung ist bei Verzicht auf einen schwimmenden Estrich durchaus relevant. Sollte der Estrich hinsichtlich des Trittschall- und/oder Wärmeschutzes schwimmend, d. h. mit Dämmstoffen, ausgeführt werden, ist die Heizleistung des Fußbodens vernachlässigbar (Bild 7).

TABS und fensternahe Arbeitsplätze

DIN EN 12792 benennt die Aufenthaltszone von Räumen, die allgemein in einem Abstand von 1 m zum Außenfenster beginnt. Werden fensternahe Arbeitsplätze geplant, sind Baukonstruktion, Mikroklima und Diskomfortzonen zu untersuchen. Sollte die bauphysikalische Einflussnahme mit dem Ziel des Vermeidens von Zugerscheinungen und Strahlungsasymmetrien nicht zum Ziel führen, muss über heizungsseitige Maßnahmen befunden werden. Diese können sowohl funktionell (z. B. Unterflurkonvektoren in einer Mensa) als auch bauphysikalisch (z. B. Heizkörper vor bodenreichenden Fenstern) unbefriedigend sein (Bild 8).

Zugerscheinungen entstehen durch Fallströmungen an Abkühlungsflächen. Diese Fallströmungen werden am Fußboden umgelenkt und erreichen in Abhängigkeit des Impulses bestimmte Eindringtiefen in den Raum. Dabei können hohe Luftgeschwindigkeiten in Verbindung mit niedrigen Lufttemperaturen eine thermische Diskomfortzone verursachen. Aus Bild 9 kann in Kenntnis des Wärmedurchgangskoeffizienten des Fensters U_w die Fensterhöhe abgelesen werden, die im Heizfall noch keine relevanten Luftströmungen resp. Zugerscheinungen verursacht. Als Kriterien gelten

GEBÄUDEZERTIFIZIERUNG

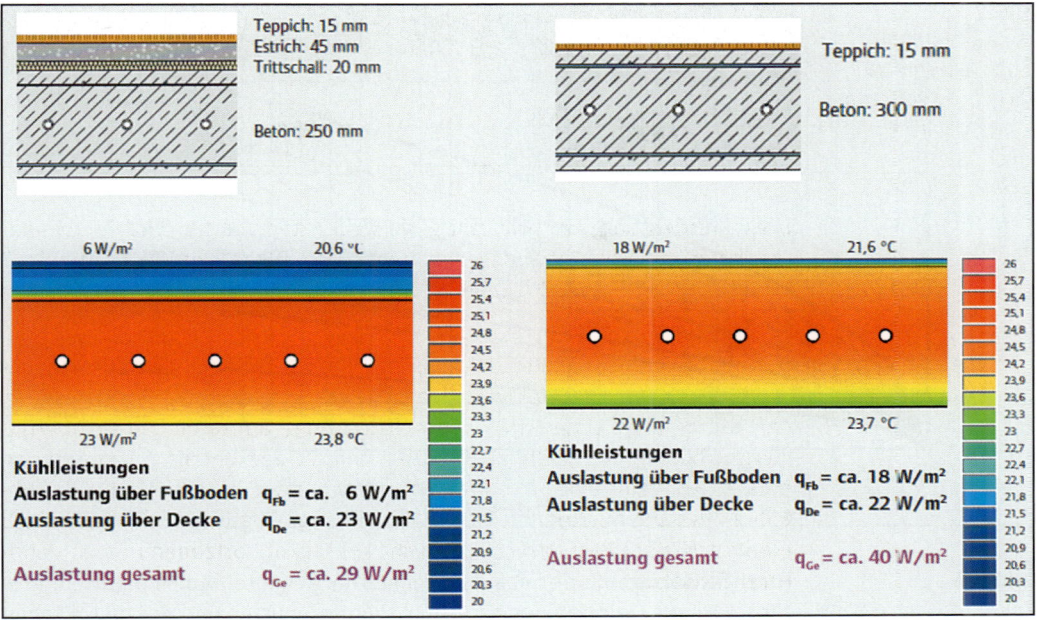

Bild 7
Heizwärmestromdichte der klassischen Betonkernaktivierung (links: Betondecke mit Oberbodenbelag; rechts: Betondecke und schwimmender Estrich)

Heizkörper verdeckt   ... ohne Worte...   Unterflurkonvektor und Hygiene

dabei mittlere und maximale Luftgeschwindigkeiten der Fallströmung (für turbulenzarme Luftströmungen infolge Strahlungsheizung und -kühlung ca. $w_{l,\,max}$ = 0,18 m/s), deren Grenzschichtdicke, die Umlenkung am Fußboden und die Lauflänge der umgelenkten Strömung.

Bild 8
Bauphysikalisch-funktional bedenkliches Anordnen freier Heizkörper

Neben Fallströmungen kann auch der Strahlungswärmeaustausch zwischen dem Menschen und Raumumschließungsflächen unangenehm als sog. Strahlungszug empfunden werden. Dabei wird von unzulässigen Strahlungstemperaturasymmetrien gesprochen.

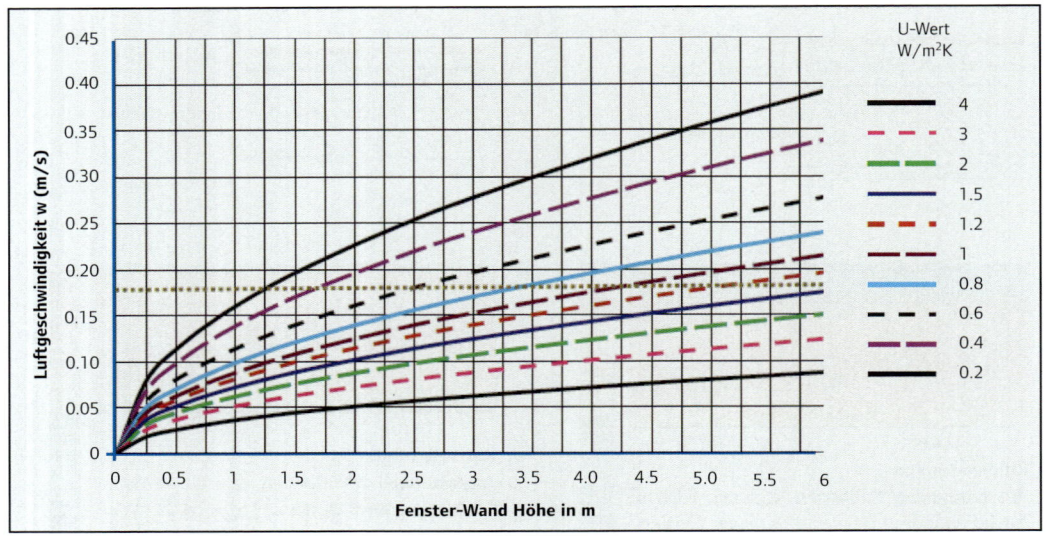

Bild 9
Zulässige Fensterhöhe für Räume ohne aktive Gegenmaßnahmen in Abhängigkeit maßgeblicher Einflussgrößen [32]

Für Nichtwohngebäude mit einem Fensterflächenanteil von mehr als 70 Prozent wird aus Gründen des baulichen Wärmeschutzes und der thermischen Behaglichkeit ein Wärmedurchgangskoeffizient des Fensterglases $U_g < 0{,}8$ W/(m² · K) gefordert. Beträgt der Fensterflächenanteil 40 bis 70 %, sollte ein Heizkörper unter dem Fenster ($U_g < 1{,}1$ W/(m² · K) platziert werden.

Entwicklungen von Fenstern zeigen jedoch, dass das Bauteil fast die Qualität des Wärmeschutzes opaker Bauteile erreicht hat. Vierfach-Verglasungen, Edelgasfüllungen oder Vakuum zwischen den Gläsern sowie gedämmte Rahmen sorgen bei einer weitgehend wärmebrückenfreien Konstruktion dafür, dass ein Wärmedurchgangskoeffizient von $U_w = 0{,}4$ W/(m² · K) erreicht werden kann. Allerdings sind diese Fenster dann deutlich teurer.

Feist [31] zeigt am Beispiel passivhausgeeigneter Fenster, dass das nur geringe Ungleichgewicht zwischen den sog. Halbraumtemperaturen (Außenwand mit Fenster gegenüber der Innenwand) nicht zu einer unzureichenden thermischen Behaglichkeit führt (Bild 10). Durch die Wahl eines Fensters mit einem niedrigen Wärmedurchgangskoeffizienten von $U_w < 1{,}0$ W/(m² · K) können also niedrige Oberflächentemperaturen und heizungstechnische Gegenmaßnahmen vermieden werden. Die Untertemperatur eines derartigen Fensters ist bereits in einem Abstand von 25 cm kaum noch spürbar.

Frühere Untersuchungen und Praxiserfahrungen im Rahmen der Betonkernaktivierung zeigten, dass bei einem mittleren Wärmedurchgangskoeffizienten der Fassade von $U_{Fa,m} = 1{,}0$ W/(m² · K) keine zusätzlichen Maßnahmen in Fensternähe erforderlich sind, damit Diskomfortzonen vermieden werden. Allerdings erfordern Eckräume mit zwei Außenfenstern weitergehende Betrachtungen und spezielle Lösungen. Die höhere Heiz-

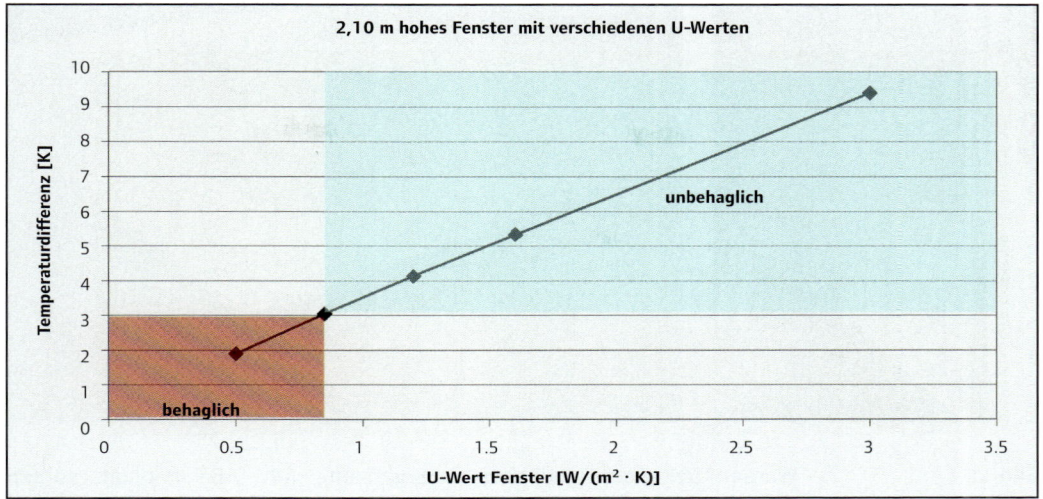

Bild 10
Thermische Fensterqualität und Diskomfortzonen (Feist [31])

und Kühllast ist bei dem Zonieren des Gebäudes und der Betriebsführung der HLK-Technik zu berücksichtigen.

Ist die Heizlast deutlich höher als die empfohlene maximale Heizleistung der TABS, ergänzen Sekundärheizflächen das System (Tab. 8). Sekundärheizflächen können auch vorgesehen werden, wenn die Raumtemperaturamplitude gedämpft werden soll. Das bessere Regelverhalten vermindert zumindest Überhitzungserscheinungen. Außerdem kann dieser Heizbetrieb sowohl am Wochenbeginn nach Abschaltzeiten als auch in Übergangszeiten bei milderen Außentemperaturen sinnvoll sein, in denen mit TABS weder geheizt noch gekühlt werden soll (sog. Totband). Unterschreitet die Raumtemperatur jedoch aus Witterungsgründen die untere zulässige Grenze, wird über die Sekundärheizflächen geheizt. Dabei empfehlen sich 3- und besonders 4-Leiter-Systeme, die einen von TABS unabhängigen Betrieb unter stabilen hydraulischen Randbedingungen zulassen.

Ein weiterer Vorteil ist die Einflussnahme des Nutzers auf die Raumtemperatur, was bei einer Gebäudezertifizierung (BNB/DGNB) durch die Vergabe eines Punktes belohnt wird.

	Systemtemperatur	Heizwärmestromdichte (Raumtemperatur 20 °C)
TABS (deckenmittige Lage)	28 °C / 26 °C	25 W/m²
Deckenheizung (sekundär)		
· bauteilintegriert/im Verbund	32 °C / 30 °C	50 W/m²
· Kühlsiegel in Heizfunktion (ohne/mit RLT)	30 °C / 28 °C	50 W/m² / 150 W/m²
Fußbodenheizung (sekundär)		
· Aufenthaltszone	35 °C / 28 °C	60 W/m²
· Randzone	45 °C / 38 °C	110 W/m²

Tab. 8
Richtwerte für die Heizwärmestromdichte von Sekundärheizflächen

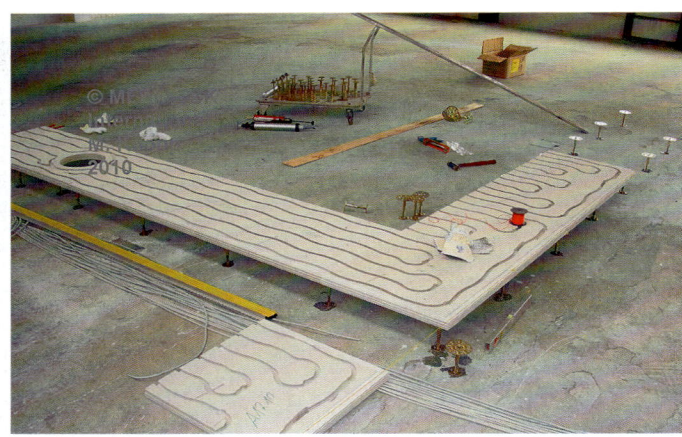

Bild 11
TABS-Randstreifenelement und thermisch aktiver Doppelboden (Uponor MERO)

Werden Sekundärheizflächen in Ergänzung von TABS geplant, sollten diese vorzugsweise bauteilintegriert sein [29, 32]. Heizkörper und Konvektoren haben hygienische Nachteile und verringern das nutzbare Raumvolumen. Nicht selten vermindern fensternahe Arbeitsplätze die Leistung der zunächst als frei bezeichneten Heizkörper. Schreibtische und Verkleidungen reduzieren den Strahlungsanteil an der Wärmeabgabe, und der konvektive Anteil kann sich ebenso verringern, falls Öffnungen in der Verkleidung fehlen. Nachteilig bzw. unmöglich ist außerdem der Kühlbetrieb.

Oberflächennahe Randstreifenelemente sind ebenso wie Randzonen bei Fußbodenheizungen vor der Fassade möglich, wobei die letztgenannte Variante auch bei Doppelböden angewendet werden kann (Bild 11).

Sollen zusätzliche Funktionen wie erhöhte Kühlleistung, Schallabsorption zum Verbessern der Raumakustik, effizientes Beleuchten der Arbeitsplätze und Realisieren bestimmter Lüftungskonzepte erfüllt werden, empfehlen sich Akustik-Kühlsegel, die dann auch Beleuchtungskörper und Luftauslässe enthalten können. Jedoch erhöhen sich die Investitionskosten mit einem Kalkulationsfaktor von etwa 3 bis 5 damit deutlich und liegen zwischen 250 bis 900 €/m².

Übrigens können diese Segel auch noch später über thermische Steckdosen angeschlossen werden, die ebenfalls bauteilintegriert auszuführen sind (Bild 12). Für den Heizbetrieb wird in Analogie zur Deckenheizung eine max. Heizwärmestromdichte von ca. 50 W/m², für Segel mit integrierter Lüftungsfunktion von ca. 150 W/m² empfohlen.

Bild 12
TABS-Ausbau mit Thermischer Steckdose und Akustik-Kühlsegel

TABS und die Betriebsführung

TABS wird im Heizbetrieb, wie allen Heizsystemen, eine grundlegende Heizkurve zugeordnet, die den Zusammenhang zwischen Außentemperatur und Vorlauftemperatur herstellt. Bild 13 zeigt jedoch, dass neben den fassadenabhängigen Transmissionsheizlasten die internen Wärmegewinne starken Einfluss auf eine momentan erforderliche Heizleistung nehmen. Die variable Belegungsdichte von Büros (Nutzfläche von 5 m²/Person bis 20 m²/Person bei einer trockenen Wärmeabgabe von 70 W/Person für sitzende Tätigkeit) und die unterschiedliche technische Ausstattung (ca. 50 W/Person bis 200 W/Person) gelten als Wärmegewinne und reduzieren die Heizlast deutlich. Hinzu kommt die thermische Belastung durch Kunstlicht. Nicht selten müssen deshalb Bürogebäude auch im Winter gekühlt werden.

Eine verbesserte Regelung der TABS ergibt sich bereits, wenn neben der Vorlauftemperatur zusätzlich die gemessene Raum- oder einfach die Rücklauftemperatur im Rahmen der Betriebsführung berücksichtigt wird.

Das Anpassen der voreingestellten Heizkurve an die spezifischen Erfordernisse des Objekts erfolgt mittels der Gebäudeautomation, die dann als adaptive Regelung betrieben werden kann. Prädiktive Steuerungen schließen Wetter- und Nutzungsprognosen ein.

Wird auf diese Gebäudeautomation verzichtet, sollte ein etwa dreijähriges Monitoring mit dem (manuellen) Anpassen der Heiz- und Kühlkurven und dem Festlegen eines Totbandes ohne aktives Heizen und Kühlen enden. Dafür stehen auch Arbeitshilfen zur Verfügung, die auf der Grundlage des Vorgebens bestimmter Nutzerprofile zum Bestimmen der Heiz- und Kühlkurven dienen.

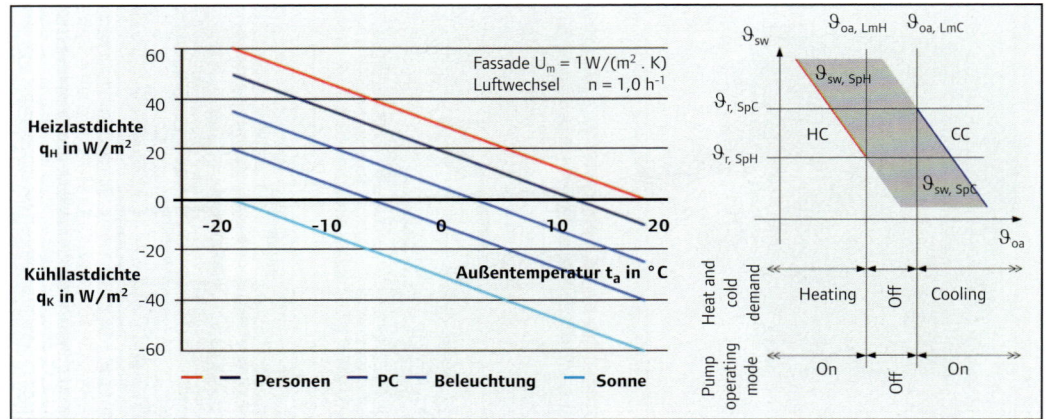

Bild 13
Transmissionsheizlast (links, rot), aktuelle Heizlast und adaptierte Heiz- und Kühlkurven einschl. Totband ohne TABS-Betrieb (SIEMENS Gebäudeautomation)

TABS und der energieeffiziente Heizbetrieb

Die Energieeffizienz der Flächenheizung, d. h. der typischen Systeme für Fußboden, Wand und Decke, wird in DIN V 18599-5 abgebildet. In diese Bewertung sind TABS eingeschlossen, wobei eine Forschungsarbeit unter Federführung des Fraunhofer-Instituts Bauphysik [33] die Grundlage einer präziseren Einschätzung sowohl des Heiz- als auch des Kühlbetriebes und zugehöriger Aufwandszahlen liefert.

Simulationen mit der Software IDA-ICE bzw. TRNSYS zeigen, dass TABS als Speichersysteme selbstverständlich Speicherverluste aufweisen, sodass die Aufwandszahlen (d. h. das Verhältnis zwischen Endenergie und Nutzenergie für die Wärmeübergabe) zunächst im Vergleich zu trägheitsarmen Systemen höher sind. Die Aufwandszahl nimmt bei höherem Nutzwärmeaufwand zu. Das Manko hoher Aufwandszahlen kann mehr als ausgeglichen werden, wenn TABS mit regenerativen Energien kombiniert werden.

Die Forschungsarbeit verdeutlicht in dem Zusammenhang auch, dass Zusatzheizsysteme die Raumtemperaturschwankungen ausgleichen und den Heizwärmeaufwand verringern können. Die Energieeffizienz kann dabei im Vergleich zu einem ausschließlichen TABS-Heizbetrieb (Deckungsrate Raumwärme von 100 Prozent) verbessert werden (Bild 14). Sollte TABS als Bestandteil geothermischer Wärmepumpenanlagen betrieben werden, empfehlen sich jedoch hohe Deckungsraten für dieses typische Niedertemperaturheizsystem, damit hohe Jahresarbeitszahlen erreicht werden können.

TABS im Heizbetrieb als Bestandteil geothermischer Wärmepumpenanlagen

Bekanntermaßen beeinflussen besonders die Heizsystemtemperaturen neben den Wärmequellentemperaturen die Energieeffizienz von Wärmepumpenanlagen. TABS werden für den Heizbetrieb meist auf Vor- und

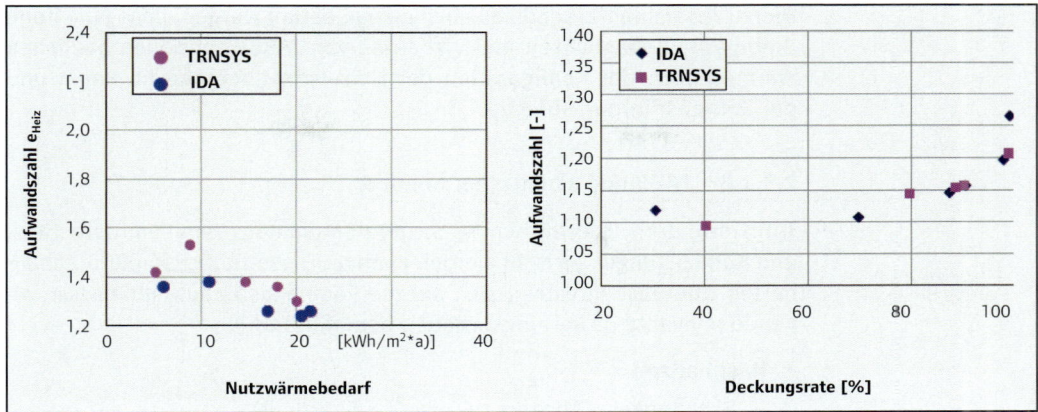

Rücklauftemperaturen von 28 °C und 26 °C ausgelegt, sodass mit Jahresarbeitszahlen größer 5 gerechnet werden kann (Tab. 9). Soll der Anteil des Freien Kühlbetriebes über Erdsonden- oder Energiepfähle an der Kühlarbeit möglichst groß sein, ist diese dafür geplante Wärmequellenanlage dann für den Heizbetrieb zwar überdimensioniert, führt aber infolge höherer Soletemperaturen zu verbesserten Jahresarbeitszahlen (Bild 15). Die Regeneration der Erdreichtemperatur wird außerdem im Sommer durch die Freie Kühlung besonders unterstützt.

Bild 14
Aufwandszahlen für das Heizen mit TABS in Abhängigkeit des Nutzwärmebedarfes und der Deckungsrate bei verwendeten Sekundärheizflächen [33]

	BAFA-Vorgabe	Fußbodenheizung		TABS
		50 °C / 43 °C	35 °C / 28 °C	28 °C / 26 °C
JAZ theoretisch	4,0	4,3	4,9	5,2
JAZ gemessen* *ausgewertete Feldtests			3,3 ... 5,1	3,7 ... 5,5

Tab. 9
Energieeffizienz geothermischer Wärmepumpenanlagen mit TABS (Heizbetrieb)

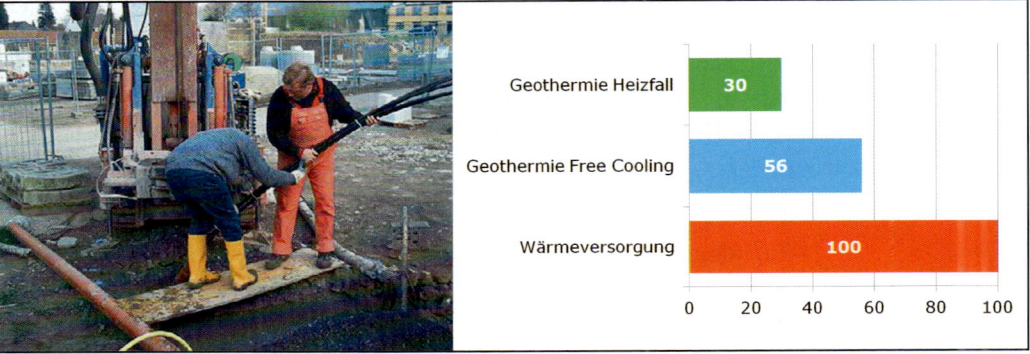

Bild 15
Kostenanteil (in %) einer geothermischen Wärmequellenanlage für ein Bürogebäude (BOB Aachen, VIKA Ing. Aachen [102]), Heizwärmebedarf ca. 40 kWh/(m² · K)

Hierzu zusammenfassend soll noch einmal betont werden, dass eine hohe thermische Behaglichkeit im Heizbetrieb von TABS vom hohen baulichen Wärmeschutz, der Konfiguration der Heizwärmeübergabe im Raum und der Betriebsführung abhängt.

2.3.1.2 TABS und akustischer Komfort

TABS erfordern Oberflächen in Sichtbetonqualität, damit mittlere Heiz- und Kühlleistungen erreicht werden können. Diese zunächst relativ schallharten Oberflächen wirken sich auf die Raumakustik aus, indem sie folgende relevante Bewertungskriterien beeinflussen:

- **Nachhallzeit**
  - Schallpegel – Abnahme 60 dB (T_{30} für 30 dB)
- **Übertragungsqualität**
  - Zeitliche „Verschmierung" des Signals
  - Deutlichkeit D_{50} oder Schwerpunktzeit T_S
  - Schallpegel
  - geringe Variation des Schallpegels über die Hörfläche
  - rasche Schallabnahme in Räumen mit Nahkommunikation
- **Raum – Eigenfrequenzen**
  - vielfache Reflexion
  - Eigenschwingungen in rechteckigen Räumen
  - Dämpfung tiefer Frequenzen in den Raumecken
- **Fokussierungen**
  - gekrümmte Raumumschließungsflächen
  - ungleichmäßige Verteilung der Schallenergie

Der Nachweis des akustischen Komforts erfolgt im Rahmen der DGNB-Zertifizierung anhand von Messungen der Nachhallzeiten (vgl. hierzu auch DIN 18041) in Einzel- und Mehrpersonenbüros im leeren, ungenutzten Zustand. Die Details enthält das DGNB-Handbuch. Es können maximal zehn Bewertungspunkte erreicht werden.

Tabelle 10 verdeutlicht Angaben zur empfohlenen Nachhallzeit und Bewertungsvorschläge über eine Kennzahlenbildung (Liese [28]).

Für Räume mit schallharten thermisch aktiven Betonoberflächen steht mittlerweile eine Vielzahl von raumakustisch wirksamen Lösungen zur Verfügung. Dazu zählen einbetonierte Schallabsorberstreifen, an der Deckenunterseite befestigte wärmeleitende Absorberflächenelemente, abgehängte Absorberelemente und Akustikkühlsegel und Akustikbaffeln ebenso wie akustisch wirksame Bespannungen (Microsorber) und Raumteiler. Näheres enthält dazu ein Abschnitt in diesem Band.

Nr.	Anforderung	Nachhallzeit	Punkte
1	Einzel- und Zweipersonenbüros	< 0,6 s	10
		< 0,8 s	5
		> 0,8 s	0
2	Großraumbüro	< 0,8 s	10
		< 1,0 s	5
		> 1,0 s	0
3	Versammlungsräume und Konferenzsäle	< 1,0 s	10
		< 1,2 s	5
		> 1,2 s	0

Tab. 10
Empfohlene Nachhallzeiten und Bewertung (Liese [28])

Fisch [34] veröffentlicht für ausgewählte raumakustische Maßnahmen die messtechnisch ermittelten Nachhallzeiten in Räumen eines Gebäudes in Betonbauweise und hebt hervor, dass mit diesen Maßnahmen nur geringe thermische Leistungsminderungen von TABS verbunden wären. Bild 16 benennt die Nachhallzeiten, die für weitere Planungen selbstverständlich fallbezogen ermittelt werden müssen. Forschungsarbeiten der Hochschule Rosenheim mit Müller-BBM führten zur Entwicklung tief abgehängter, konkav geformter Deckenabsorber mit optimaler Luftführung, geringer Blendgefahr und Empfehlungen zur optimalen Anordnung.

Ecophon solo
mittlere Nachhallzeiten T_m in Sekunden: 0,85 s

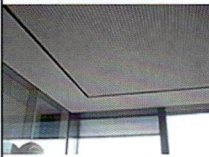

KaRo-Decke mit Akustikpanel
mittlere Nachhallzeiten T_m in Sekunden: 0,43 s

Akustikbaffel
mittlere Nachhallzeiten T_m in Sekunden: 0,60 s

Akustikwand
mittlere Nachhallzeiten T_m in Sekunden: 0,68 s

Bild 16
Ausgewählte raumakustische Maßnahmen für Gebäude in Betonbauweise (Fisch [34])

Tab. 11
Schallabsorptionsklassen und zugeordnete Kennwerte

Schallabsorptionsklasse	Schallabsorptionsgrad α_w
A	0,90; 0,95; 1,00
B	0,80; 0,95
C	0,60; 0,65; 0,70; 0,75
D	0,30; 0,35; 0,40; 0,45; 0,50; 0,55
E	0,25; 0,20; 0,15
Nicht klassifiziert	0,10; 0,05; 0,00

Tab. 12
Schallabsorptionsgrad von ausgewählten Materialien und Personen (nach Veith [35])

Material / Person	Frequenz in Hz					
	125	250	500	1000	2000	4000
Veloursteppich, 5 cm, Auslegware	0,04	0,07	0,12	0,44	0,40	0,64
Vorhangstoff, 300 g/m²	0,06	0,10	0,38	0,63	0,70	0,73
GKP (Gipskartonplatte), 12,5 mm	0,08	0,11	0,05	0,03	0,02	0,03
GKP, gelocht (20 % Lochanteil)	0,18	0,68	0,90	0,86	0,56	0,43
GKP, 10 cm Dämmstoff dahinter	0,30	0,12	0,08	0,06	0,06	0,05
Person sitzend auf einem Holzstuhl	0,15	0,30	0,44	0,45	0,46	0,46
Person sitzend auf weicher Bestuhlung	0,68	0,75	0,82	0,85	0,86	0,86
Holzpaneele	0,12	0,04	0,06	0,03	0,07	0,01
Isolierglasfenster	0,20	0,15	0,10	0,05	0,03	0,02

Werden nicht bauteilintegrierte Deckenheiz- und -kühlsysteme eingesetzt, ist deren Schallabsorption α ein Maß für den akustischen Komfort. Schallabsorptionsgrad α und Nachhallzeit T stehen im Zusammenhang, was das „Grundgesetz der Raum- und Bauakustik", die sog. Sabine'sche Nachhallgleichung, verdeutlicht. Tabelle 11 enthält die Schallabsorptionsklassen mit den zugeordneten Kennwerten, Tabelle 12 und Bild 17 geben ausgewählte Werte für Materialien und Personen wieder. Prinzipiell muss der Deckungsanteil raumakustisch wirksamer Ausbauten hinsichtlich der erreichbaren thermischen Leistungen beachtet werden.

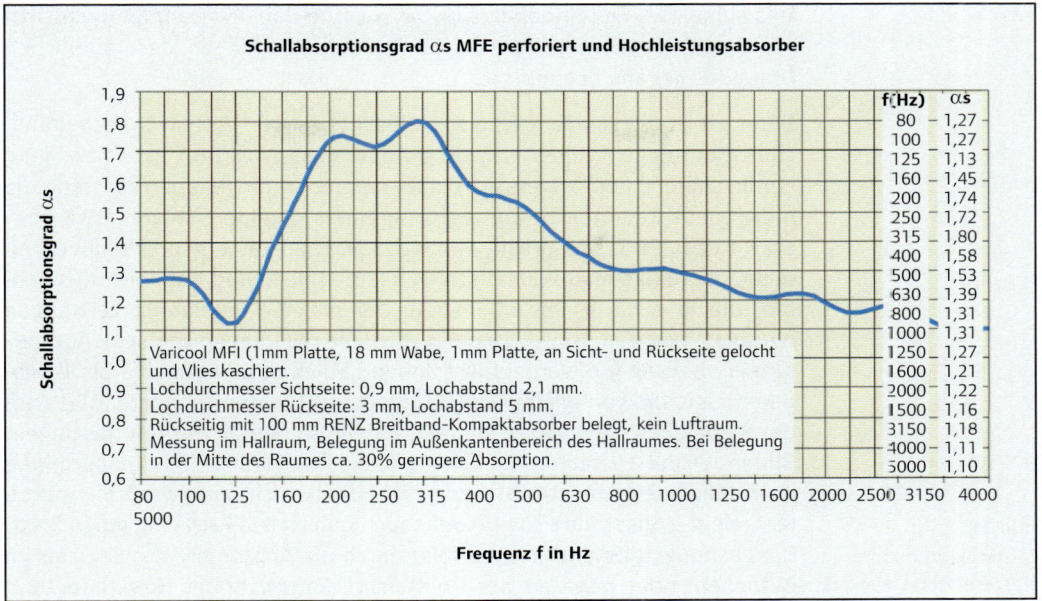

Bild 17
Schallabsorptionsgrad α_s des Multifunktionsdeckenelements
Uponor Zent-Frenger Varicool MFE

2.3.1.3 Einflussnahme des Nutzers

Die Einflussnahme des Nutzers auf die Arbeitsbedingungen in Nichtwohnbauten erhöhen das Wohlbefinden und damit die Arbeitsleistung. Im Zusammenhang mit der DGNB-Zertifizierung wird das berücksichtigt, indem dazu ein Bewertungskriterium aufgestellt wurde, das folgende Möglichkeiten des Nutzereinflusses einschließt:

- Lüftung (Fensterlüftung, Einflussnahme auf Zuluftvolumenstrom und -temperatur)
- Sonnenschutz (Verschattungseinrichtung)
- Blendschutz
- Raumtemperatur
  - während der Heizperiode
  - außerhalb der Heizperiode
- Steuerung des Tages- und Kunstlichts
- Nutzerbefragung

Zunächst muss gesagt werden, dass eine vollkommene und individuelle Einflussnahme des Nutzers auf die Behaglichkeit im Raum mit immensen Investitionen, Betriebs-, Wartungs- und Austauschaufwendungen verbunden wäre. Auch hat sich im Rahmen von Untersuchungen des Sick Building Syndroms (SBS) gezeigt, dass zahlreiche Beschwerden messtechnisch nicht verifiziert werden konnten.

Das subjektive Empfinden des Nutzers wurde dabei vorrangig durch soziale Umstände, weniger durch die Arbeitsbedingungen des räumlichen Umfeldes negativ beeinflusst.

Dennoch ist die sinnvolle Nutzereinflussnahme von Vorteil. Branchenübliche Bewertungen gehen z. B. davon aus, dass eine sehr gute bzw. gute Einflussnahme des Nutzers auf die Raumtemperatur gegeben ist, wenn die individuelle Raumtemperaturregelung einen Regelbereich von ± 3 K bzw. ± 2 K zulässt. Das entspricht, einmal abgesehen von entsprechender Kleidung, allerdings mikroklimatisch wirksamen Heiz- und Kühlleistungsdichten, die in etwa 30 bis 40 Prozent der maximal geplanten Leistungen betragen müssten. Hinzu kommen spezielle regelungstechnische Ausstattungen. Hellwig [36] verdeutlicht anhand eines Strukturgramms die Vorgehensweise, um von einem Gebäudetyp A mit (großem) Nutzereinfluss auf das Raumklima sprechen zu können, Tabelle 13 enthält die Anforderungen, Bilder 18 und 19 zeigen die Lösung. Zunächst wird die Modulanordnung in Abhängigkeit der Achsabstände unter Berücksichtigung der Trennwände festgelegt, sodass eine Zonen- oder auch raumweise Regelung möglich ist. Die Leistungsdifferenzierung erfolgt durch die Anordnung der Register im Betonkern oder nahe an der Oberfläche. Räume hoher Heiz- oder/und Kühllast werden mit thermisch aktiven Deckensegeln ausgestattet, die raumweise geregelt werden können.

Bild 18
Struktugramm zum Nutzereinfluss auf das Raumklima nach Hellwig [36]

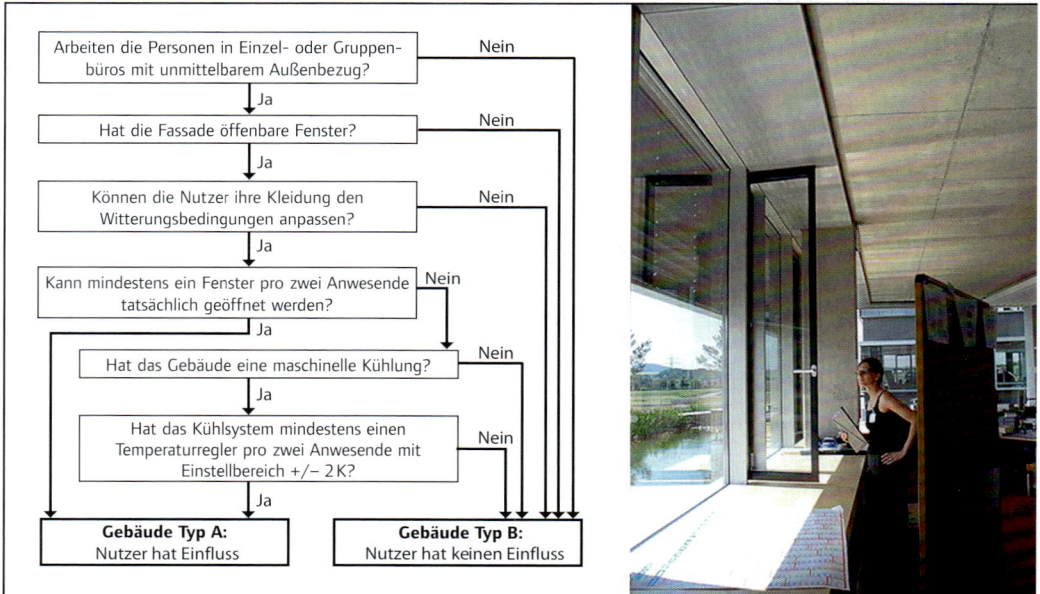

4.		Temperaturen in der Heizperiode	
Anforderung		Temperaturen innerhalb der Heizperiode	Punkte
Antwort	a)	Individuell (arbeitsplatzbezogen) einstellbare Temperatursollwerte	10,0
	b)	Bereichsweise einstellbare Temperatursollwerte	5,0
	c)	Temperatursollwerte nicht beeinflussbar	0,0
5.		Temperaturen außerhalb der Heizperiode	
Anforderung		Temperatur außerhalb der Heizperiode	Punkte
Antwort	a)	Individuell einstellbare Temperatursollwerte	10,0
	b)	Bereichsweise einstellbare Temperatursollwerte	7,5
	c)	Raumweise einstellbare Temperatursollwerte (gilt auch für nicht-klimatisierte Gebäudebereiche)	5,0
	d)	Temperatursollwerte nicht beeinflussbar	0,0

Tab. 13
Anforderungsprofil Raumnutzereinfluss

Bild 19
TABS-Konfiguration verschiedener Zonen in einem Gebäude (links – Uponor Contec im Betonkern und oberflächennahes System Contec ON, rechts zusätzliche regelbare Kühlsegel)

2.3.2 Ökonomische Qualität

2.3.2.1 Lebenszykluskosten

10-87-3. 10 Prozent der Gesamtkosten für das Planen und Errichten eines Gebäudes, 87 Prozent für das Nutzen bzw. Betreiben einschl. Wartung und Instandhaltung, 3 Prozent für den Rückbau und das Recycling. Nicht generell zutreffend, aber sehr häufig richtig (Bild 20). Lebenszykluskostenanalysen ([23] bis [53]) ergeben durchaus veränderte Rangfolgen im Bewerten von Varianten gegenüber konventionellen Wirtschaftlichkeitsbetrachtungen.

Warum erfolgt in Kenntnis dieser Zusammenhänge das kurzsichtige Kürzen der Ausgaben für ein frühzeitig integrales Planen? Liegt es nur an der „Investorenmentalität, billig zu bauen" (Zitat Glück)? Warum werden Lösungen der TGA negiert oder gekürzt, wenn der Kostenanteil der TGA an den Errichtungskosten eines Bürogebäudes nur etwa 25 Prozent beträgt?

Warum wird Geothermie als erneuerbare Energie kritisch betrachtet, wenn der Kostenanteil der Wärmequellenanlage an der Wärmeversorgung durch später sehr niedrige Betriebskosten bereits nach etwa 4 Jahren kompensiert ist?

Bild 20
Kosten für das Errichten und Nutzen von Gebäuden (Rotermund [37])

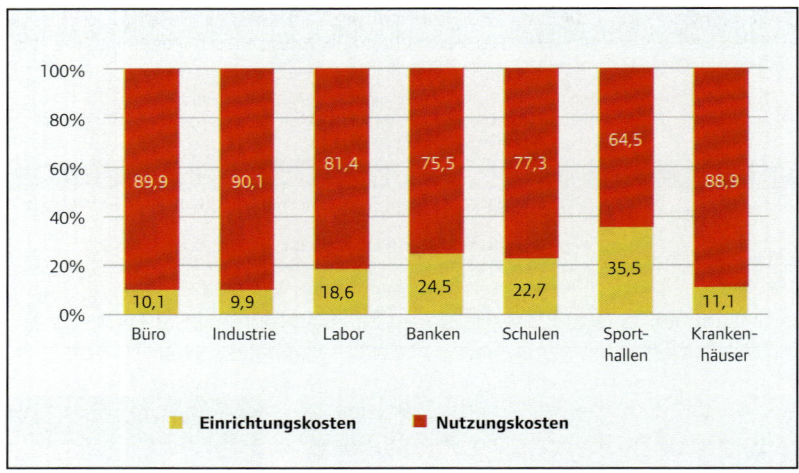

Und wie verhält es sich mit anfänglich höheren Investitionen in ein gutes Raumklima, wenn diese anfänglich höheren Kosten später über bessere Arbeitsleistungen einschl. des zusätzlichen Gewinns mehr als ausgeglichen werden?

Die Kostenanteile für Errichten und Betreiben sind in Abhängigkeit des Gebäudetyps und dessen Nutzung zwar verschieden, dennoch überwiegen immer die Nutzungskosten deutlich gegenüber den Errichtungskosten. Sporthallen, Schulen und Banken weisen im Vergleich zu anderen Nichtwohngebäuden dabei etwas höhere Errichtungskosten auf, die funktionale, insbesondere sicherheitstechnische Aspekte als Ursachen haben. Bild 21 zeigt qualitativ, dass sowohl integrale Planung als auch Gebäudezertifizierung die Betriebs- und damit die Lebenszykluskosten deutlich reduzieren können.

Bild 21
Kosten im Lebenszyklus eines Gebäudes

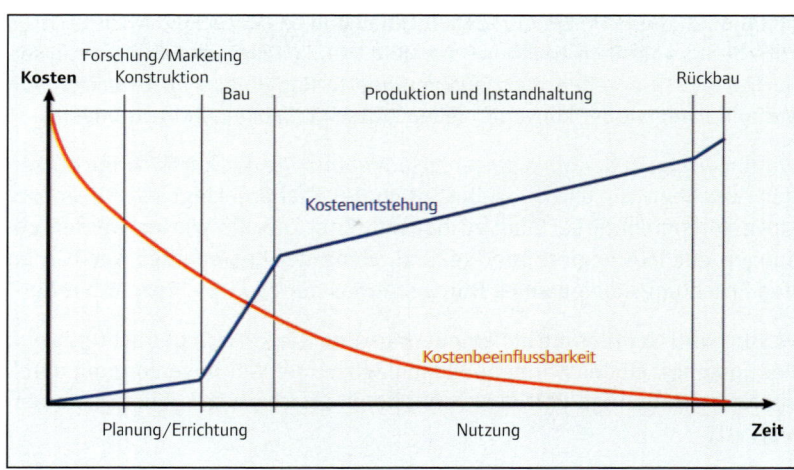

Kategorie	Dauer	Beschreibung und Beispiele
I	bis 5 Jahre	raumbildender Ausbau (Laden)
II	bis 15 Jahre	modernisierte ältere Gebäude, z.B. Wohnungen
II	bis 30 Jahre	Gewerbeobjekte, z.B. Möbelmärkte
IV	**bis 50 Jahre**	**Mehrzahl von Gebäuden, z.B. Bürobauten**
V	bis 80 Jahre und mehr	Gebäude mit hoher Nutzungsflexibilität

Tab. 14
Lebenszyklus von Gebäuden (Kalusche [24])

Im Zusammenhang mit Betrachtungen zur Nachhaltigkeit energieeffizienter Gebäude werden zunehmend Lebenszyklusanalysen und Ökobilanzen (LCA) von Baustoffen und Bauteilen vorgenommen. Es wird zunächst zwischen wirtschaftlicher und technischer Lebensdauer unterschieden. Das Zeitraster orientiert sich an der Lebensdauer von Gebäuden und deren Bestandteilen (Tab. 14 und 15). Wertermittlungsrichtlinien (WertR) basieren auf einem Betrachtungszeitraum von 60 Jahren.

Es wird schon hier offensichtlich, dass bauteilintegrierte oder im Erdreich eingebettete Systeme (z.B. Rohrregister und Erdwärmesonden) Vorteile bieten, da deren Lebenserwartung von etwa 60 Jahren der Standzeit von Gebäuden oder Bauteilen entspricht. Die Wirtschaftlichkeitsbetrachtung von Systemen des kombinierten Heizens und Kühlens von Gebäuden mit einem hohen Anteil erneuerbarer Energien liefert ein anderes Ergebnis, wenn anstelle des üblichen Betrachtungszeitraumes von 20 Jahren eine Lebenszyklusanalyse vorgenommen wird.

Tabelle 16 verdeutlicht, dass das Verhältnis zwischen Gebäude- und Anlagenanteil die wirtschaftliche Lebensdauer und die Höhe der Abschreibungen beeinflusst. Das spricht für unkomplizierte TGA-Systeme mit einer hohen Lebenserwartung und damit eben auch für geothermische Wärme-

	36. Heizungsanlagen	Jahre	Mittelwert
	Brennstoffbehälter	15 ... 30	20
	Brenner und Gebläse	10 ... 20	12
	Zentrale Wasserwärmer	15 ... 25	20
Installation und betriebstechnische Anlagen	Heizkessel	15 ... 25	20
	Erdwärmetauscher	**50 ... 80**	**60**
	Pumpen, Motoren	10 ... 15	12
	Heizleitungen	**30 ...50**	**40**
	Heizflächen und Armaturen	20 ... 30	25
	MSR-Anlagen	10 ... 15	12

Tab. 15
Nutzungsdauer ausgewählter TGA-Komponenten

Tab. 16
Die wirtschaftliche Nutzungsdauer von Gewerbebauten in Abhängigkeit vom Anteil technischer Anlagen nach Pfarr [26]

Gebäudeteil	Anlagenteil	angenommene wirtschaftliche Lebensdauer	Prozentwert vom abschreibungsfähigen Betrag
85	15	33	3,0
75	25	31	3,2
70	30	29	3,4
60	40	27	3,7
50	50	25	4,0
40	60	22	4,5
30	70	20	5,0

pumpenanlagen mit TABS im Baukörper. Diese Systemkonfiguration bietet auch hinsichtlich des Vermeidens einer Übertechnisierung Vorteile. Das FM-Benchmarking zeigt, dass die Betriebskosten zertifizierter Gebäude mit sehr umfangreicher TGA-Ausstattung annähernd auf dem gleichen Niveau nicht zertifizierter Gebäude minderer Ausstattung liegen. Komplexe Systeme bieten einfach auch höhere Fehlermöglichkeiten und erfordern kontinuierliches Monitoring und Wartungsaufwendungen.

Hierzu abschließend sollen noch folgende Aspekte aufgezeigt werden:

- Die Lebenszyklusanalyse kann, muss aber nicht die Aufwendungen für Rückbau und Recycling einschließen (z. B. Verzicht in der BNB-Variante).
- Methodisch wird bei der BNB-Bewertung die Barwertmethode angewendet.
- Die BNB-Bewertung kappt den Lebenszyklus bei 50 Jahren, liegt damit aber immer noch deutlich über dem Zeitraster von Wirtschaftlichkeitsbetrachtungen (VDI 2067 und VDI 6025).

Das Berechnen der Lebenszykluskosten ist ein wichtiger Bestandteil der Variantenvergleiche im Rahmen einer Lebenskostenanalyse. Lebenszykluskosten umfassen alle während der Lebensdauer anfallenden Kosten und werden in Form von durchschnittlichen, jährlichen LCC verglichen. Inhaltlich wird zwischen der einfachen Methode (wenige Eingangsdaten), der Bottom-up-Methode (Berücksichtigen der Zahlungsströme analog der klassischen Investitionsrechnung) und der Top-down-Methode (Vergleich der Annuität verschiedener Szenarien) unterschieden.

Der vereinfachte Berechnungsansatz für LCC lautet wie folgt:

$$LCC = I/n + u \tag{1}$$

mit I Investition
    n Lebensdauer
    u jährliche Unterhalts- und Betriebskosten

Die beispielsweise bei der BNB-Nachweisführung angewandte Barwertmethode (Gleichung 2) entstammt der Finanzmathematik und beinhaltet das Bestimmen des Gegenwartswertes künftiger Zahlungen. Des Weiteren wird zwischen statischer oder dynamischer Betrachtungsweise (Kapitalwert) unterschieden. Wieder eine andere Alternative bietet die moderne Methode des Vollständigen Finanzierungsplans, der den Endwert im Betrachtungszeitraum bestimmt.

$$C_0 = \sum_{t=0}^{T} C_t / (1+i)^t \qquad (2)$$

mit C_0 Barwert
C_t Summe der Zahlungen
t aktueller Zeitpunkt
T Betrachtungszeitraum
I Kalkulationszinssatz

Die LCC-Berechnung zur Gebäudezertifizierung nach DGNB/BNB ist ein relativ stark vereinfachtes Verfahren und erfolgt für einen Betrachtungszeitraum von 50 Jahren. Das Ergebnis wird als Barwert (netto) berechnet und auf die spezifische Bruttogeschossfläche (m² BGF) bezogen. Für die Barwertermittlung sind Zinssätze wie eine jährliche Preissteigerung von 2 Prozent und ein Kapitalzins von 5,5 Prozent festgelegt. Abweichend von der allgemeinen Teuerungsrate wird für Heiz- und Elektroenergie eine jährliche Preissteigerung von 4 Prozent angesetzt.

Lebenszykluskostenbetrachtungen sind in DGNB (SB 13 als Einzelkriterium der ökonomischen Qualität) und BREEAM (Man12 als Einzelkriterium des Managements) enthalten. LEED enthält wenige Betrachtungen zur Kostenanalyse, korrespondiert aber mit separaten LCC-Werkzeugen. Andere als direkt gebäudebezogene Kosten können bei der DGNB/BNB-Bewertung aus Gründen der Vergleichbarkeit nicht berücksichtigt werden. Eine individuelle Anpassung z. B. nach Regionalfaktoren oder eine Einbeziehung der Außenanlagen ist somit im Rahmen der Zertifizierung nicht möglich.

Im DGNB-Handbuch ist nachzulesen, dass eine LZK-Berechnung zur Zertifizierung sich von der Variabilität eines Planungsmodells entfernt:

„Möglicherweise wird ein Planer oder Investor, der die Folgekosten seiner Entscheidungen abbildet, zu anderen Kostengrößen kommen als in der Zertifizierung. Dies sollte man für eine korrekte Interpretation der Ergebnisse einer Lebenszykluskostenberechnung wissen."

Bild 22 verdeutlicht die BNB-Bewertung der Lebenszykluskosten, die sämtliche Kostenarten bis auf Rückbau und Recycling enthalten. Es wird zwischen Ziel- (10 Punkte), Referenz- (6 Punkte) und Grenzwert (0 Punkte) unterschieden. Die Punktvergabe erscheint in Kenntnis zahlreicher Auswertungen (FM-Benchmarking) als relativ großzügig.

Bild 22
BNB-Bewertung
Lebenszykluskosten
(Büro- und Verwaltungsgebäude) für
eine Betrachtungszeitraum von 50 Jahren
(Preisstand 2009)

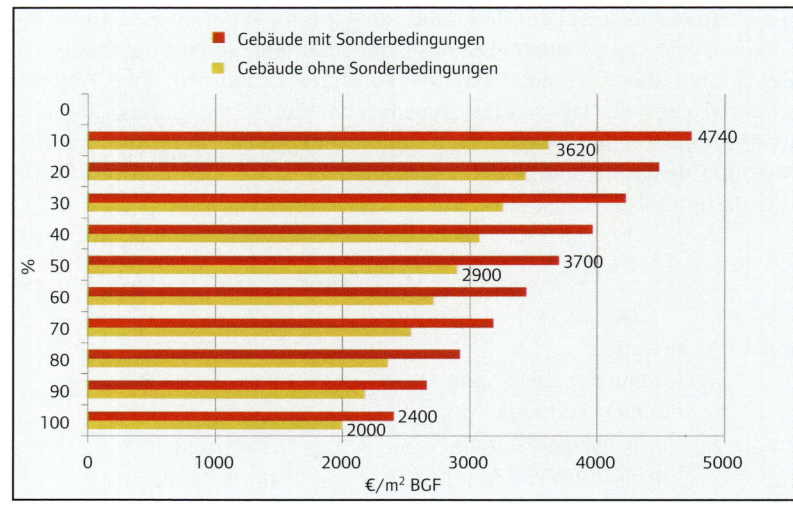

DIN 32736 beinhaltet etwa 75 Kostenarten, die neben den Investitionskosten die Lebenszykluskosten eines Gebäudes maßgeblich beeinflussen. In Dienstleistungsgebäuden beträgt dabei der Anteil der Energiekosten ca. 50 Prozent der gesamten Betriebskosten. Für das Heizen moderner Bürogebäude ergaben jüngst vorgelegte Benchmarking-Analysen im Mittel ca. 4,50 €/a · m^2_{BGF}, für den Stromverbrauch ca. 10,00 €/a · m^2_{BGF} (Rotermund [38]). Dabei wurden große Abweichungen von diesen Mittelwerten festgestellt, die mit den Erfahrungen aus Betriebsuntersuchungen (Fisch [106]) übereinstimmen.

2.3.2.2 Fallbeispiel Geothermische Wärmepumpenanlagen mit TABS

Ein Abschnitt dieses Bandes widmet sich im Detail den Grundlagen der Lebenszykluskostenanalyse. Nachfolgend sollen grundlegende Zusammenhänge stark vereinfacht am Beispiel geothermischer Wärmepumpenanlagen mit TABS abgebildet werden.

Errichtungskosten

Das Berechnen der Herstellungskosten erfolgt für DGNB und BNB (Version 1.2011) nach DIN 276 und schließt die Kostengruppen 300 und 400 ein.

Die Fachbuchreihe BKI „Baukosten für Gebäude, Bauelemente und weitere Positionen" ist eine weitere wichtige Datenbasis. Die 16 in das Baukosteninformationszentrum involvierten Landesarchitektenkammern liefern die Grundlagen für verlässliche Angaben über 72 verschiedene Gebäudearten.

Bild 23 zeigt beispielhaft für ein energieeffizientes Bürogebäude die Investitionskosteneinsparung gegenüber alternativen Systemen, wenn

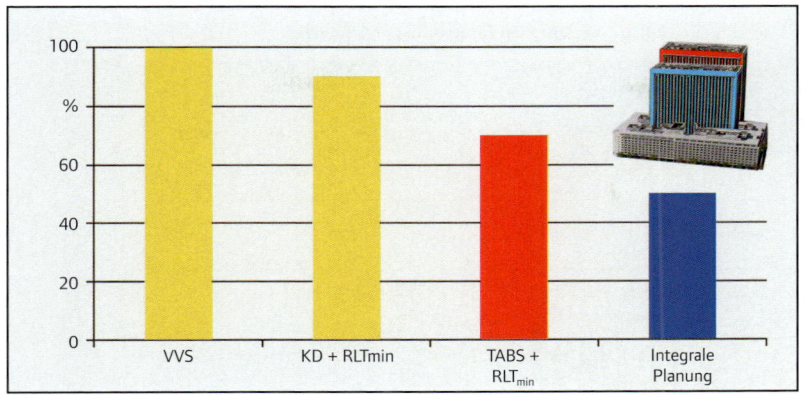

Bild 23
Investitionskostenreduzierung infolge integral geplanter TABS

Thermisch Aktive Bauteilsysteme (TABS) das Heizen und Kühlen (kleine Heiz- und mittlere Kühlleistung) übernehmen, die RLT-Anlage nach dem Kriterium der optimalen Raumluftqualität ausgelegt wird (1,5facher Luftwechsel) und das frühzeitige integrale Planen niedrige Geschosshöhen aufgrund bauteilintegrierter Rohrsysteme und kleinerer Lüftungsquerschnitte verursacht.

Sämtliche Varianten der Wärme- und Kälteversorgung mit erneuerbaren Energien sind zunächst mit relativ hohen Investitionskosten verbunden. Bilder 24 bis 27 sowie Tabelle 17 zeigen typische Brutto-Investitionskosten sowohl für Wärmepumpen als auch für geothermische Wärmequellenanlagen. Interessant ist in beiden Fällen die recht große Streubreite mit deutlichen „Ausreißern".

Bild 24
Investitionskosten von Wärmepumpen kleinerer Leistung (Ministerium für Umwelt, Klima und Energiewirtschaft Baden-Württemberg, 2011)

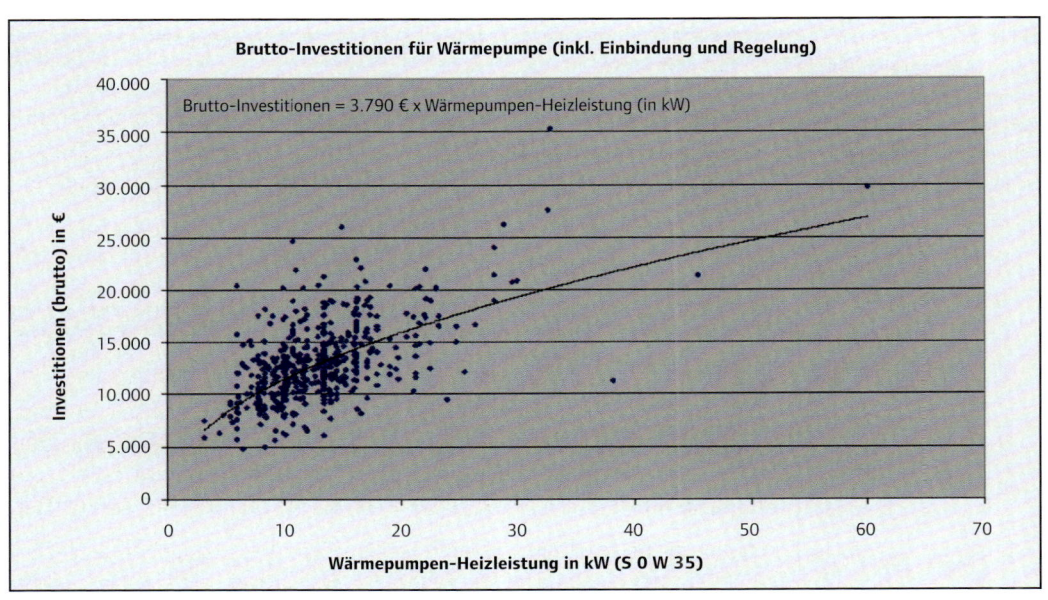

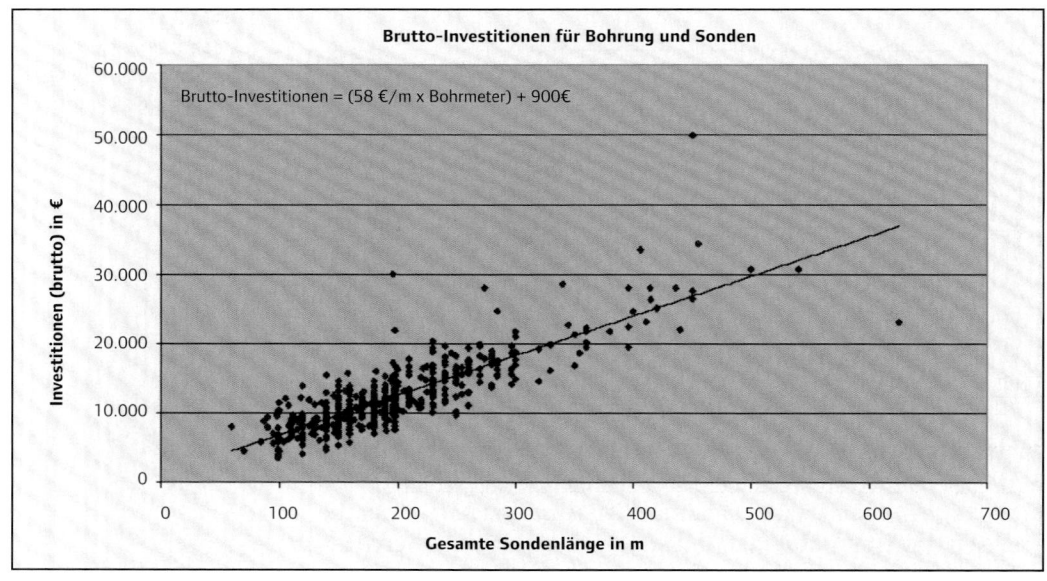

Bild 25
Investitionskosten von Erdwärmesonden (Ministerium für Umwelt, Klima und Energiewirtschaft Baden-Württemberg, 2011)

Betriebskosten

Die Nutzungskosten werden auf Grundlage der DIN 18960 berechnet. Darin sind auch die Betriebskosten für Energie und Wasser über die Kostengruppen K 311 bis 316, die Aufwendungen für Bedienung, Inspektion und Wartung der technischen Anlagen (KG 351) und deren Instandhaltung (KG 420) eingeschlossen. Für das Bewerten des Primärenergiebedarfes kann die DIN V 18599 herangezogen werden.

Tab. 17
Kalkulationspreise für Wärmepumpenanlagen (Fördergemeinschaft Wärmepumpen Schweiz FWS (2008))

Spezifische Kosten Wärmepumpe ohne bauseitige Arbeiten (Richtpreise)			
Nennheizleistung (kW)	Luft-Wasser (LW/W35) (Fr./kW)	Sole-Wasser (Erdsonde S0/W35) (Fr./kW)	Wasser-Wasser (Grundwasser W10/W35) (Fr./kW)
5 ... 10	1100 ... 2000	1000 ... 1800	900 ... 1700
10 ... 20	900 ... 1300	700 ... 1000	600 ... 900
21 ... 50	800 ... 1000	500 ... 800	400 ... 600
51 ... 100	750 ... 900	450 ... 600	350 ... 450
101 ... 200	650 ... 800	350 ... 450	250 ... 350
Erdwärmesonden inkl. Verbindungsleitungen			
Sondenlänge (m/kW)	spez. Kosten (Fr./m Sonde)	Kosten Kaltreis (Fr./m Sonde)	Total spez. Kosten (Fr./m Sonde)
ca. 15 ... 18	60 ... 80	40 ... 70	100 ... 150
Entnahme- und Rückgabebrunnen für Grundwasser			
Nennheizleistung (kW)	Brunnen Ø (mm)		Spez. Kosten (Fr./m)
bis 70	150		400 ... 500
71 ... 140	300		600 ... 800
141 ... 550	800		700 ... 1000

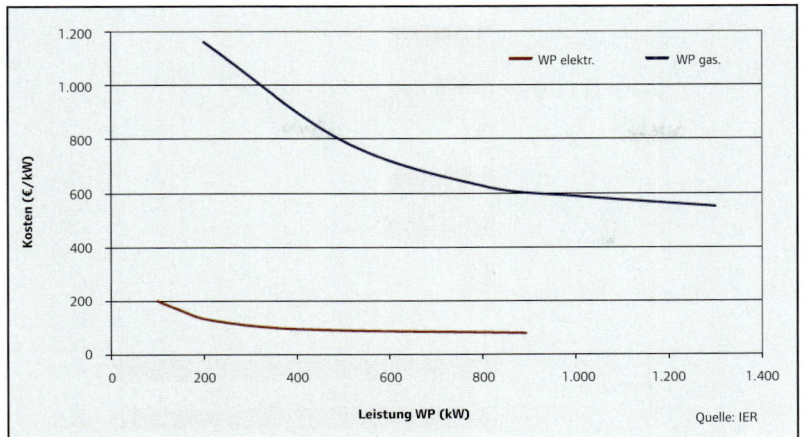

Bild 26
Investitionskosten für industrielle Großwärmepumpen (Lambauer et al. [99])

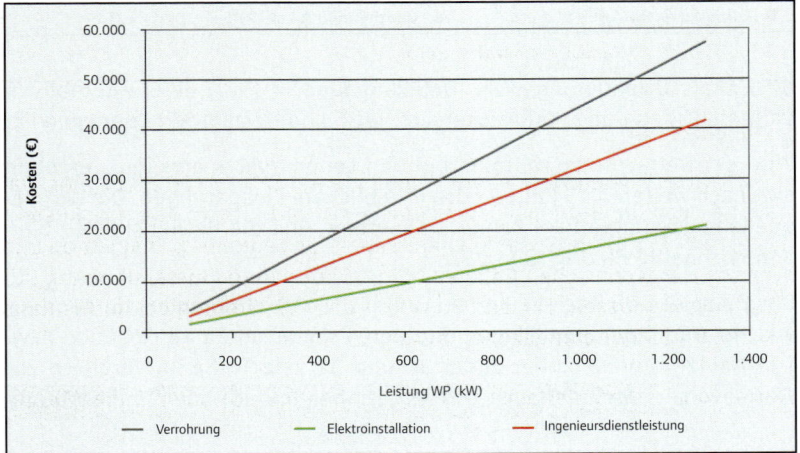

Bild 27
Installationskosten für industrielle Großwärmepumpen (Lambauer et al. [99])

Werden geothermische Wärmepumpanlagen zum Heizen und Kühlen von Bürogebäuden geplant, kompensieren niedrige Betriebskosten die anfänglichen Mehraufwendungen in einem vertretbaren Zeitraum. Die Amortisationszeiten werden im Vergleich zur Gasbrennwerttechnik und konventioneller Kompressionskälteerzeugung meist mit etwa sechs bis zehn Jahren, im Vergleich zu Ölbrennwerttechnik mit vier bis acht Jahren angegeben. Jedoch sind derartige Berechnungen auf Grund der Variantenvielfalt der Nichtwohngebäude mit unterschiedlichen Heiz- und Kühllasten immer Bauvorhaben-bezogen durchzuführen. Auch führt das Nutzen technologisch bedingter Abwärme zu weiteren zeitlichen Veränderungen resp. Vorteilen, wenn die Abwärme in den Wärmepumpenprozess eingebunden wird.

Bild 28 zeigt am Beispiel des Forschungsvorhabens INNOREG [105], dass eine geothermische Wärmepumpenanlage (18 Erdsonden mit je 55 m Teufe) einschl. TABS zum Heizen und Kühlen eines Bürogebäudes (Heizlast

Bild 28
Jahreskosten für 2 Varianten des Heizens und Kühlens eines Bürogebäudes (Forschungsvorhaben INNOREG [105])

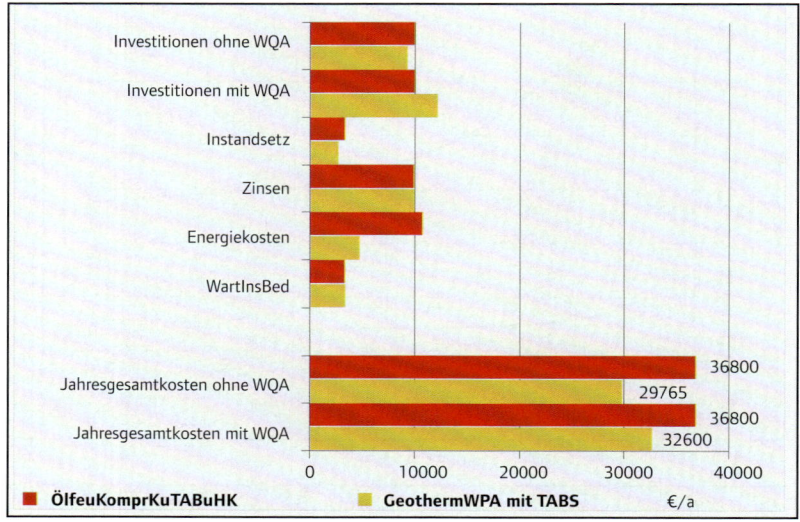

67 kW als Orientierungswert, Detailangaben in [98]) einer alternativen Variante (Ölfeuerung, Kaltwassersatz, TABS und Heizkörper) überlegen ist.

Wird der Betrachtungszeitraum auf den Lebenszyklus erweitert, ergeben sich nach weiteren 15 Jahren noch erheblichere Einsparungen. Die Wärmequellenanlage unterliegt keiner Erneuerung, und die Betriebskosten bleiben nachhaltig niedrig (Bild 29).

Das Beispiel BOB Aachen (Frohn [102] bis [104]) ist durchaus für geothermische Wärmepumpenanlagen und deren Kostenanteil an Gebäude bzw. TGA-Anlage repräsentativ. Bilder 30 und 31 zeigen die im Vergleich zur Wärmeversorgung oder auch TGA recht hohen Investitionen in die Wärme-

Bild 29
Abschätzung der Lebenszykluskosten (Heizen und Kühlen) für 30 Jahre (Variantenvergleich, basierend auf dem Forschungsvorhaben INNOREG [105])

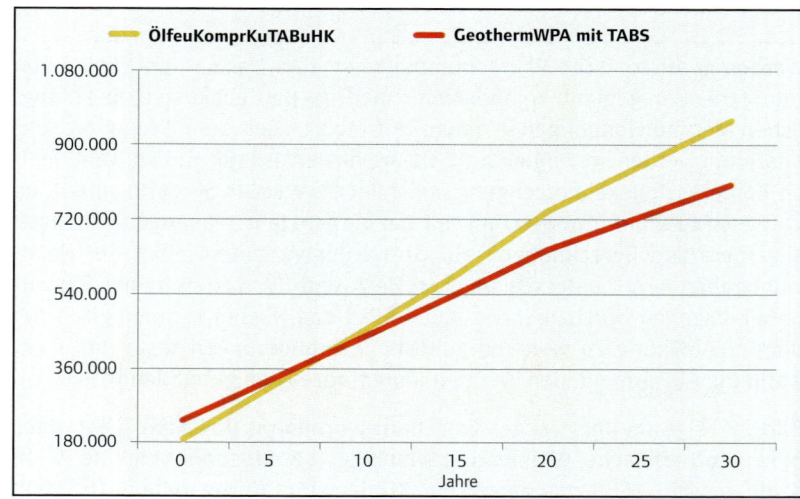

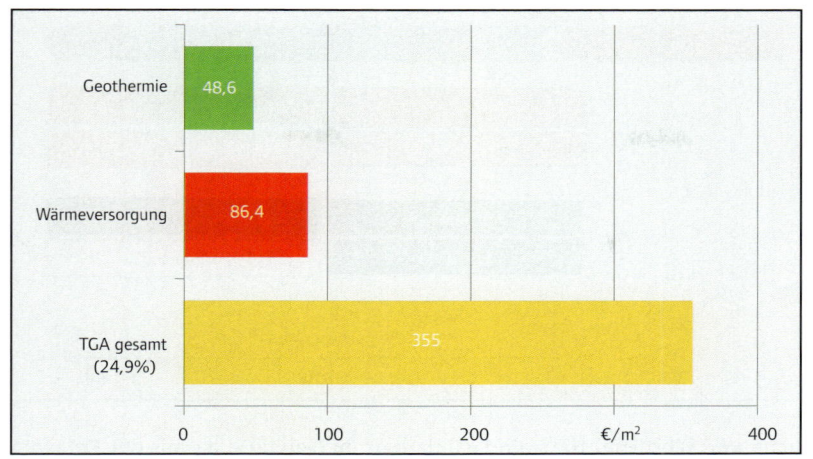

Bild 30
Kostenanteile von TGA, Wärmeversorgung und Geothermie an den Gesamtkosten des Gebäudes (BOB Aachen [102] bis [104])

quellenanlage. Würde das Gebäude aus statischen Gründen Gründungs- bzw. Verbaupfähle im Lockergestein benötigen, würde der baukonstruktive und damit investive Mehraufwand für Energiepfähle deutlich geringer ausfallen. Es ist zu fordern, dass Baugrundarretierungen grundsätzlich für das Wärmeerschließen heranzuziehen sind.

Prozentual liegen diese Aufwendungen für Erdsonden für den Wärmeentzug bei etwa 30 Prozent im Vergleich zur gesamten Wärmeversorgung. Dieser Kostenanteil kann 50 Prozent erreichen, wenn die Leistungsfähigkeit eines Erdsondenfeldes im Zusammenhang mit der freien Kühlung erhöht werden soll. Hierbei ist anhand einer Wirtschaftlichkeitsbetrachtung zu entscheiden, ob die anteilige Nutzung einer maschinellen Kälteerzeugung resp. das Betreiben einer reversiblen Wärmepumpe sinnvoll ist. Das muss in Kenntnis der Wärmetransportvorgänge in Erdreich und Grundwasser geschehen und setzt z. B. die Simulation der Solevorlauftemperaturen voraus. Die (monat-

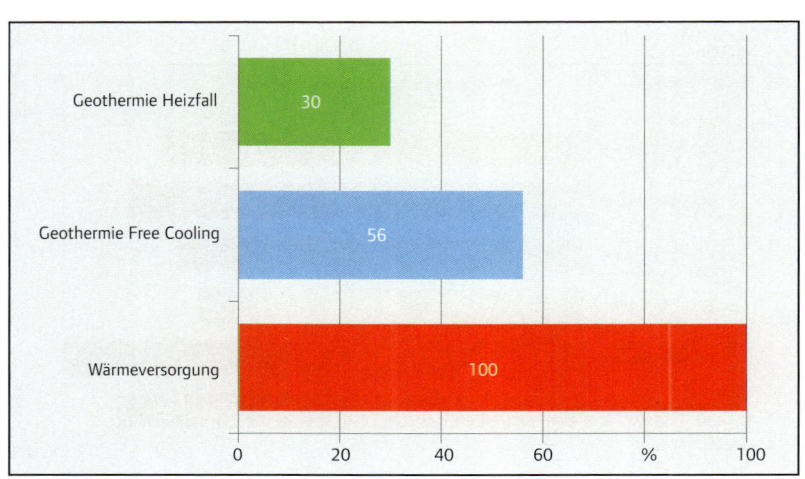

Bild 31
Relation zwischen den Kostengruppen Geothermie (Wärmequelle bzw. Wärmesenke – Free Cooling) und Wärmeversorgung (BOB Aachen [102] bis [104])

Bild 32
Lebenszyklus geothermischer Wärmepumpenanlagen im Vergleich zu konventioneller Wärme- und Kälteerzeugung

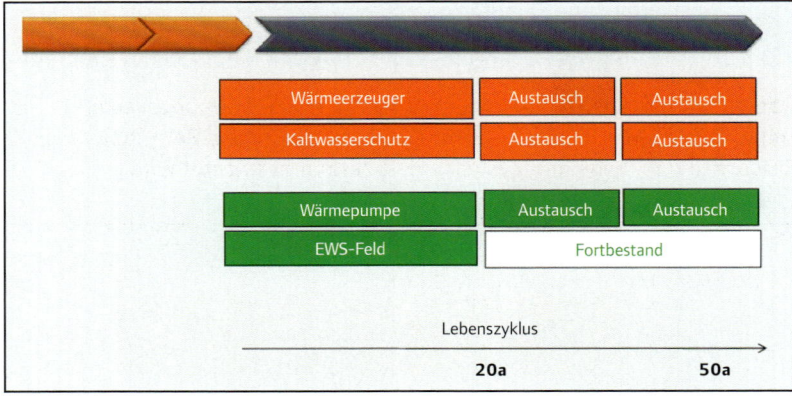

liche und jährliche) Heiz- und Kühlarbeit im Gebäude ist mit der Entzugs- und Eintragsarbeit der Wärmequellenanlage abzugleichen.

Und natürlich beeinflussen die Angebote zum Errichten von Erdsonden die Kostenrelationen. Hierbei bestehen recht große regionale sowie durch Angebot und Nachfrage zeitliche Unterschiede, die etwa 30 Prozent bezogen auf den Mittelwert betragen können.

Hierzu abschließend zeigt Bild 32 qualitativ die Lebenszyklen der Wärme- und Kälteerzeuger. Wie im folgenden Abschnitt gezeigt wird, haben Erdsonden, Erdsondenfelder oder Energiepfahlanlagen eine Lebenserwartung von mehr als 50 Jahren und müssen nach einem ersten Lebenszyklus konventioneller Wärme- und Kälteerzeuger von 15 bis 20 Jahren nicht erneuert werden.

Diese zunächst auf Nichtwohngebäude bezogenen Aussagen gelten auch für Wohngebäude (Bild 33). Die geothermische Wärmequellenanlage gilt durchaus als Wertanlage, was z. B. für Luft-Wasser-Wärmepumpensysteme nicht und für Wasser-Wasser-Wärmepumpenanlagen nur bedingt zutrifft. Wenn in wirtschaftlich unsicheren Zeiten schon Geld versenkt werden soll (sic!), dann bitte in das Erdreich.

Bild 33
Investitionskosten für Wärmepumpen-Geräte und Wärmequellenanlage für ein Wohngebäude im Vergleich

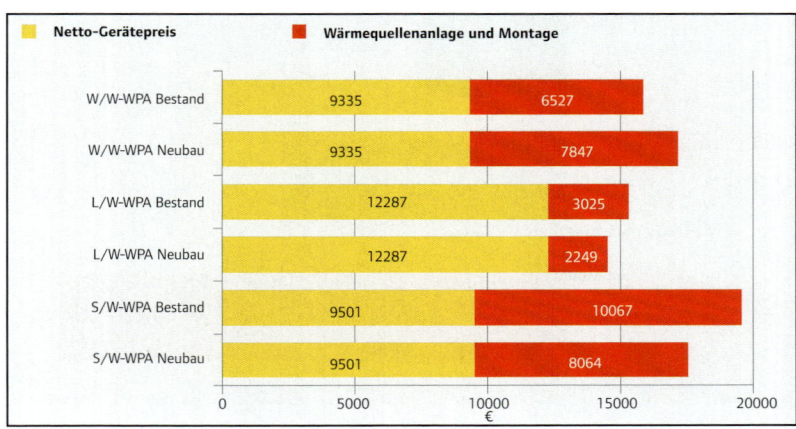

2.3.3 Ökologische Qualität

2.3.3.1 Gesamtprimärenergiebedarf und Anteil erneuerbarer Energie

Das Beurteilen der ökologischen Qualität eines Gebäudes schließt die Umweltwirkungen der Bauteile vom Errichten über das Betreiben bis zum Entsorgen ein, wobei ein Zyklus von 50 Jahren betrachtet wird.

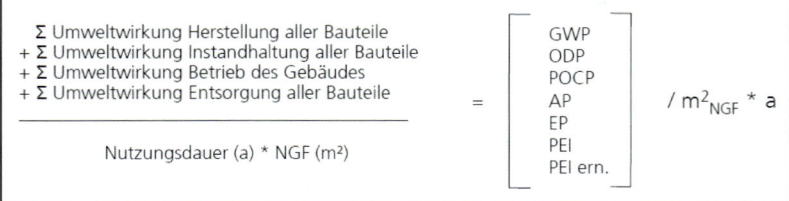

Das Bewerten von Primärenergiebedarf und Anteil erneuerbarer Energien für das Betreiben des Gebäudes als ein Bestandteil der ökologischen Bewertung basiert auf EnEV 2009 bzw. DIN V 18599. Das Bestimmen des Anteils erneuerbarer Energien am Heizwärmebedarf muss neben den genannten Werkzeugen das EEWärmeG berücksichtigen.

Allerdings existieren auch zahlreiche weitere Richtwerte für den Energiebedarf von Niedrigstenergiegebäuden bzw. Green Buildings (z. B. Tab. 18), die zum Festlegen des Zielwertes und der Bilanzierung herangezogen werden können.

Das BOB Aachen (Balanced Office Building) ist ein in der Fachliteratur vielfach zitiertes Objekt ([98] bis [100]), das von den Hahn-Helten-Archi-

Tab. 18 Richtwerte für den Energieaufwand im „Green Building" (Bürogebäude)

Energieaufwand „Green Building"	kWh/(m²·a)
Primärenergieaufwand Büro	100
Heizenergieaufwand	40
Kühlenergieaufwand	20
Stromaufwand für Lufttransport	7,5
Stromaufwand für Beleuchtung	> 10
Stromaufwand für Arbeitshilfen im Büro	25
Stromaufwand energieeffiziente Geräte	kWh/Gerät
PC mit Monitor	260
PC mit Flachbildschirm	140
Laserdrucker	70
Kopierer	260

tekten, VIKA-Ingenieuren (Leitung Dr. Frohn) unter Mitwirkung der Professoren Ranft und Sommer der FH Köln konzipiert, geplant und nach dem Bau im Sinne eines Monitorings betreut wird. Das Vorhaben wurde mit Mitteln des Bundesministeriums für Wirtschaft Technologie (BMWi) unter dem Förderkennzeichen 0335007N gefördert.

Das Gebäude erfüllte bereits im Planungszeitraum um 2002 die Anforderungen an die Energieeffizienz von Nichtwohngebäuden, die mit der EnEV 2012 vorgegeben werden. Der Jahresprimärverbrauch liegt bei ca. 84 kWh/($m^2 \cdot a$) und damit deutlich unter dem Zielwert der EnEV 2012 (Entwurf). Das Feld von 28 Erdsonden, jede auf 42 m abgeteuft, wird für die Freie Kühlung genutzt, sodass keine Kompressionskälte in Anspruch genommen werden muss. Die Uponor-Betonkernaktivierung erweist sich hinsichtlich der Nutzenübergabe im Raum als sehr geeignet. Die messtechnisch gewonnenen Werte der Raumtemperatur zeigen keine Überhitzungserscheinungen im Sommer.

Charakteristisch sind sowohl die niedrigen Baukosten (Bild 34) als auch die geringen Betriebskosten, die sich aus dem Primärenergiebedarf und -verbrauch (Bild 35) ableiten. Der Amortisationszeitraum der geothermischen Wärmepumpenanlage einschl. TABS wurde mit neun Jahren angegeben. Damit zählt dieses Gebäude in beiden Fällen zu den Musterbeispielen, die beweisen, dass nachhaltig energieeffizient betriebene Gebäude nicht a priori mit vergleichsweise hohen Investitionskosten verbunden sein müssen.

Bild 34
Baukostenanalyse energieeffizienter Bürogebäude ([104])

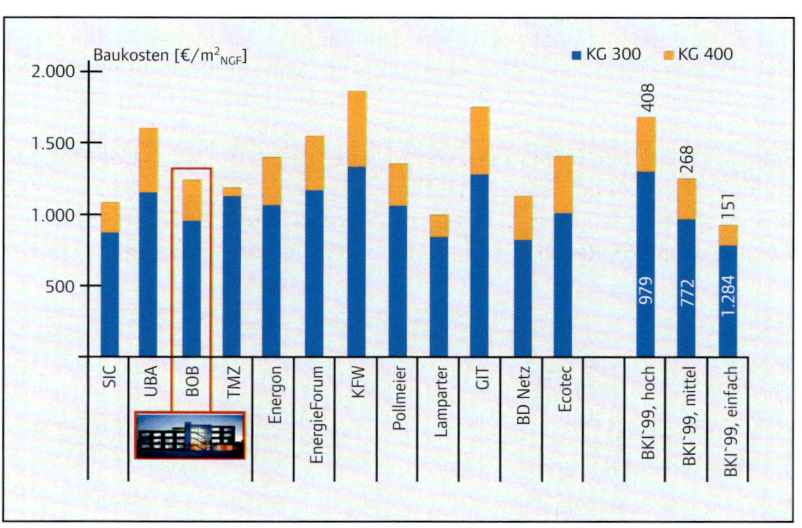

Gebäudezertifizierung

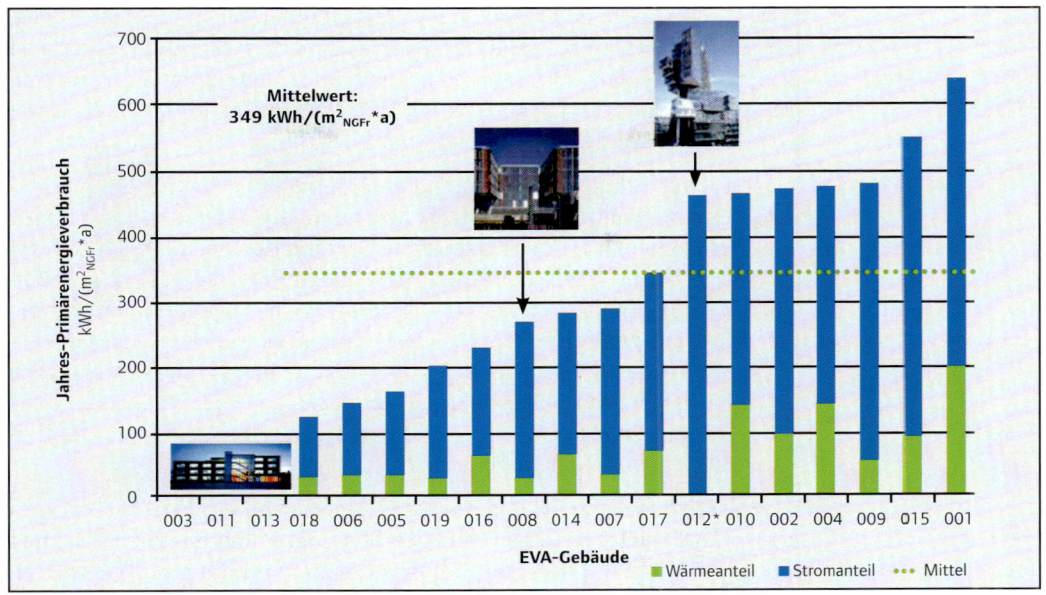

Bild 35
Jahresprimärenergieverbrauch ausgewählter Bürogebäude (Fisch [106]), BOB Aachen (links unten) mit 84 kWh/(m² · a)

2.3.3.2 Ökobilanzierung (LCA)

Unter LCA (Life Cycle Assessment) wird der gesamte Produktlebenszyklus einschließlich Entsorgung verstanden, wobei der Begriff der Ökobilanzierung als Synonym gilt ([54] bis [63]). Eine wesentliche Grundlage der Ökobilanzierung ist die DIN EN ISO 14040 bis 14044.

Umweltdeklarationen (EPD für Environmental Product Declaration) sind die logische Weiterentwicklung der klassischen Umweltlabel (z. B. Blauer Engel) und Selbstdeklarationen. Sie enthalten Angaben zur Herstellung, dem Transport und der Entsorgung (End-of-Life-Szenario) und werden im Zusammenhang mit der Gebäudezertifizierung genutzt, um die ökologischen und ökonomischen Auswirkungen der Baustoffe und -teile beurteilen zu können (Bild 36). Recherchen in Datenbanken ergaben zum Zeitpunkt des

Bild 36
Umwelt-Produktdeklaration (EPD) für Knauf Calciumsulfatestrich (links) in Kombination mit der Fußbodenheizung Uponor Tecto

Bild 37
Kumulierter Energieaufwand für Betondecken im Vergleich

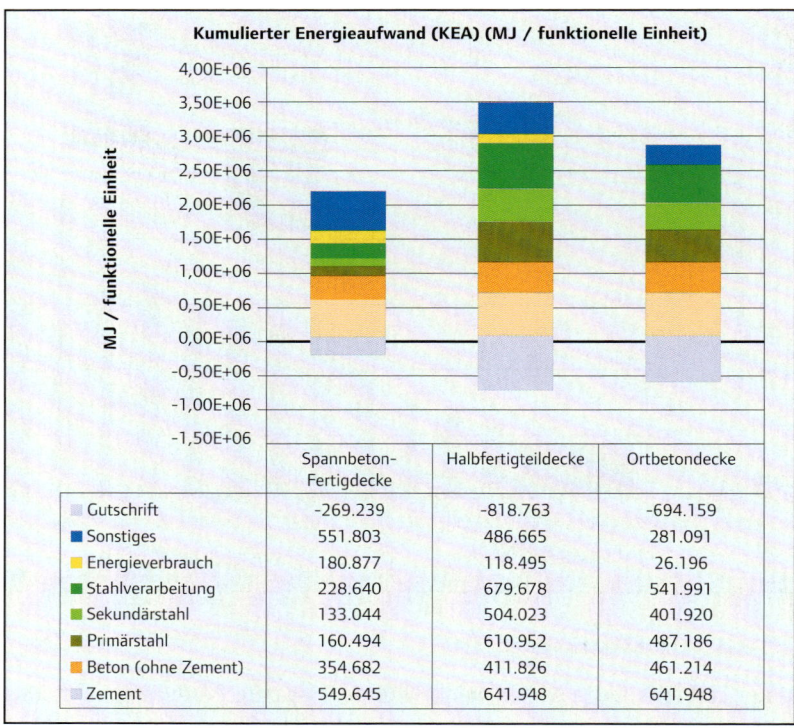

	Spannbeton-Fertigdecke	Halbfertigteildecke	Ortbetondecke
Gutschrift	-269.239	-818.763	-694.159
Sonstiges	551.803	486.665	281.091
Energieverbrauch	180.877	118.495	26.196
Stahlverarbeitung	228.640	679.678	541.991
Sekundärstahl	133.044	504.023	401.920
Primärstahl	160.494	610.952	487.186
Beton (ohne Zement)	354.682	411.826	461.214
Zement	549.645	641.948	641.948

Verfassens dieses Beitrages, dass nur sehr wenige EPDs für Komponenten der TGA im Vergleich zu Baustoffen und -elementen verfügbar sind.

Als maßgebliche Wirkungs- resp. Bewertungskategorien gelten Treibhaus-, Ozonabbau-, Versauerungs-, Eutrophierungs- (Überdüngung), Photooxidantienpotenzial, Human- und Ökotoxizität, Landschaftsverbrauch, Deponieraumbelegung und Arbeitsplatzbelastung. Methodisch schließt sich an eine Sachbilanzierung die Wirkungsabschätzung an. Hinzu kommen Analysen sowohl zum kumulierten Stoff- (KSA) und Energieaufwand (KEA), wobei dann der fossile und der erneuerbare Primärenergieaufwand von Bedeutung sind.

Bild 37 stellt den kumulierten Energieaufwand dar, der für verschiedene Deckenarten benötigt wird. Daraus kann geschlussfolgert werden, dass

Bild 38
Uni Bochum mit TABS-Spannbetondecken (DW Systembau und Uponor)

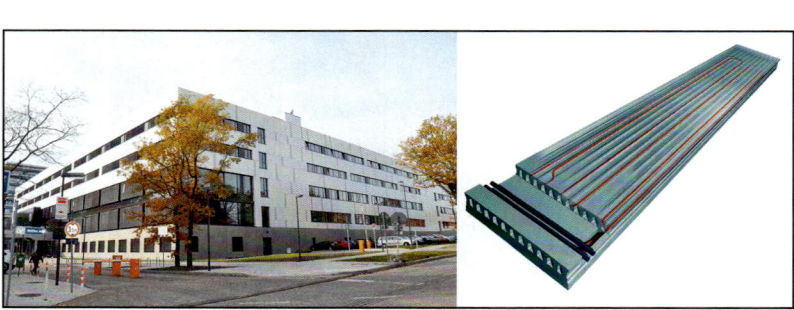

Gebäudezertifizierung

Impact category	Abiotic depletion	Acidification	Eutrophication	Global warming	Ozone layer depletion	Photo-chemical oxidation
Life cycle phases	kg Sb eq	kg SO2 eq	kg PO4— eq	kg CO2 eq	kg CFC-11 eq	kg C2H4 eq
Product stage						
Production raw materials for PEX pipes	0,00580	0,00114	0,00010	0,33595	0,0000000004	0,00011
Transport of raw materials for PEX pipe to converter	0,00006	0,00003	0,00001	0,00825	0,000000001	0,000001
Extrusion PEX (pipes)	0,00144	0,00086	0,00056	0,19284	0,00000001	0,000035
Production of PPSU fittings	0,00103	0,00041	0,00040	0,10527	0,00000005	0,00012
Production of brass fittings	0,00030	0,00148	0,00160	0,04336	0,000000003	0,00006
Construction process stage						
Transport of complete PEX pipe system to building site (apartment)	0,00067	0,00035	0,00010	0,09614	0,00000001	0,00002
Installation of PEX pipe system in apartment	0,00066	0,00031	0,00018	0,09915	0,000000004	0,00036
Use stage						
Operational use of PEX pipe system	0	0	0	0	0	0
Maintenance of PEX pipe system	0	0	0	0	0	0
End of life stage						
Transport of PEX pipe system to EoL (after 50 years of service life time apartment)	0,00004	0,00002	0,00001	0,00603	0,000000001	0,000001
EoL of PEX pipe system (after 50 years of service life time apartment)	-0,00025	-0,00011	-0,000094	0,05003	-0,000000001	-0,00001
Total	0,00976	0,00451	0,00286	0,93702	0,00000008	0,00037

A: contribution > 50 %: most important, significant influence
B: 25% < contribution ≤ 50%: very important, relevant influence
C: 10% < contribution ≤ 25%: fairly important, some influence

Tab. 19 Ökobilanzierung einer Trinkwasserinstallation mit PEX-Rohren [61]

unter diesem Aspekt TABS-Spannbeton-Fertigdecken im Vergleich zu Ortbetondecken hervorragend abschneiden (Bild 38).

Tabelle 19 verdeutlicht die Ergebnisse einer LCA für ein Trinkwasserinstallationssystem eines Wohngebäudes auf der Grundlage von PEX-Rohren, PPSU-Fittings und metallischen Komponenten [61]. Neben Vergleichsmöglichkeiten mit alternativen Installationssystemen sind die Abschnitte im Produktlebenszyklus erkennbar, die einen dominanten Einfluss auf ökologische Bewertungskriterien ausüben. Dadurch werden Ansatzpunkte zur Weiterentwicklung einzelner Systemkomponenten offensichtlich.

2.3.3.3 Rückbau und Recycling

Werden Rückbau und ggf. Recycling berücksichtigt, wird von Whole Life Cycle (WLC) gesprochen. In WLC sind jedoch auch Einnahmen und gebäudeunabhängige Kosten enthalten.

Innerhalb der DGNB-Bewertung ist im zu betrachtenden Zeitraum der Nutzung auch der Rückbau inbegriffen. Die BNB-Bewertung enthält demgegenüber keine Einschätzung der Kosten für Rückbau und Recycling, was aufgrund des geringen Anteils an den Gesamtkosten vertretbar ist. Recherchen z.B. im Internet-Baupreislexikon zu den Rückbaukosten ergeben, dass dieser Anteil an den gesamten Lebenszykluskosten eines Gebäudes mit etwa drei bis fünf Prozent relativ gering ausfällt.

Im Deutschen Abfallgesetz ist die Pflicht zur Abfallverwertung, das sogenannte Abfallverwertungsgebot, verankert. Demgemäß hat die Abfallverwertung, d.h. das Gewinnen von Stoffen oder Energie aus Abfällen, dann Vorrang vor der sonstigen Entsorgung, wenn die Verwertung technisch möglich ist, die hierbei entstehenden Mehrkosten im Vergleich zu anderen Verfahren nicht unzumutbar sind und für die gewonnenen Stoffe oder für die gewonnene Energie ein Markt vorhanden ist.

Bauteilintegrierte Uponor-Systeme der Flächenheizung und -kühlung enthalten vorrangig Rohrwerkstoffe aus Kunststoff (PEXa) oder der Kombination Kunststoff mit Aluminium (PE-Al-PE) sowie Dämmstoffe aus Polystyrol (EPS und XPS oder PUR) (Bild 39). Hinzu kommen für die Armaturen, Verteiler, Sammler und ggf. Schränke wiederum Kunststoffe (Polyamid) und Metalle (Blech, Edelstahl, Messing). Die MSR-Technik umfasst Elektrokabel und elektronische Bauteile. Werden diese Komponenten von Beton oder Estrich getrennt, können auch diese Baustoffe zumindest einer Teilaufbereitung unterzogen werden.

Für sämtliche Komponenten stehen unterschiedliche Möglichkeiten des Rückbaus, des Recycelns oder des Abfallwirtschaftens zu Verfügung. Hierzu wird beispielhaft Folgendes angeführt:

- PEXa und PE-Rohrwerkstoffe unterliegen dem Open-Loop-Recycling und können nicht im Sinne des Close-Loop-Recycling erneut als Rohrwerkstoffe genutzt werden.
- PEXa und PE-Rohrwerkstoffe können nach dem Schreddern für die Produktion von Behältern etc. als Füllstoff wiederverwendet oder thermisch entsorgt werden. Weitere Recycling-Verfahren befinden sich gegenwärtig in der Entwicklung.
- Die Bestandteile der Mehrschichtverbundrohre werden nach dem Zerkleinern mit einem Schneidrotor im Ultraschallbeschleunigerverfahren

Bild 39
Uponor-TABS mit PEXa-Modul, MLCP-Anschlussverrohrung und ökologisch vorteilhaftem Innenausbau (AURON München mit DGNB Gold)

separiert und anschließend getrennt den unterschiedlichen Recyclingverfahren zugeführt. Eine Nassaufbereitung unterstützt dabei die Verfahrensweise.

- Aluminium wird im Zusammenhang mit dem Bauwesen in einem Umfang von etwa 95 Prozent recycelt und der Wiederverarbeitung zugeführt (Bild 40).

- Die Schichtdicken des Aluminiums in den Mehrschichtverbundrohren liegen meist zwischen 0,2 und 0,5 mm. Perspektivisch könnte die Aluminiumschicht durch eine dünne Stahlschicht ersetzt werden, die in der Produktion einen geringeren Energieaufwand erfordert und auch kostenseitig vorteilhaft wäre.

- Dämmstoffe wie Polystyrol können neben der konventionellen thermischen Entsorgung nach Verfahren des Zerkleinerns und Extrudierens einem Spritzgießverfahren zugeführt werden (CREACYCLE). Alternativ werden gemahlene Partikel Betonbauteilen oder Poroton-Ziegeln beigemischt.

- Der Vergleich der Ökobilanzen für Dämmstoffe (z. B. über ÖKOBAUDAT) zeigt natürlich Unterschiede, wobei primäre Anwendungskriterien (z. B. Eignung für die Baukonstruktion) bei der Wahl des bestgeeigneten Dämmstoffes heranzuziehen sind.

- Trennschichten (Folien) aus Kunststoffen wie PE können rohstofflich (Synthesegas) oder werkstofflich (Verwertung des Granulats oder der Schmelze) recycelt werden.

- Sortenreine Betonreste können von den Leichtbetonherstellern zurückgenommen und wieder- bzw. weiterverwertet werden. Dies wird für Produktionsbruch bereits seit Jahrzehnten praktiziert. Dieses Material wird als Zuschlag bzw. Gesteinskörnung in der Produktion verwendet.

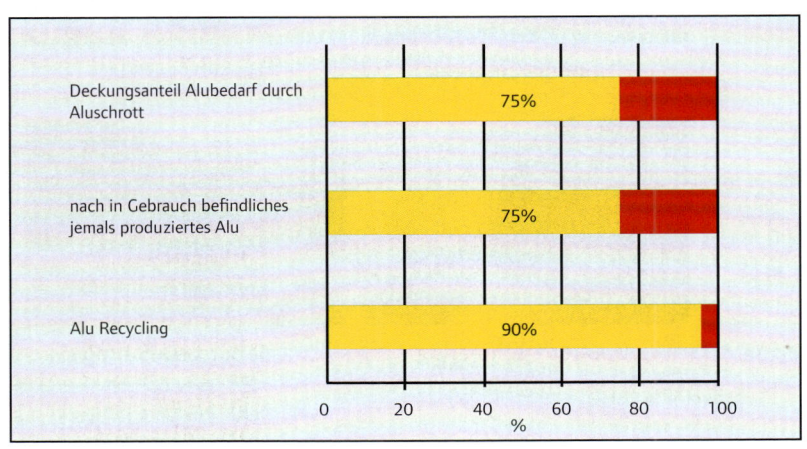

Bild 40
Aluminium-Recycling

Als kritisch und damit veränderungswürdig müssen gegenwärtig folgende Aspekte der Ökobilanzierung betrachtet werden:

- Der Abbau von Bauxit als Grundstoff für die Aluminiumproduktion erfolgt in Entwicklungsländern unter schlechten Bedingungen.
- Das Trennen unterschiedlicher (teilweise verklebter) Werkstoffe in Wärmedämmverbundsystemen ist mit hohen Aufwendungen verbunden.
- Als selbstständig abbaubar deklarierte Kunststoffe enthalten oft umweltgefährdende Additive.
- Verunreinigungen und nicht separierbare Rückstände erschweren das sortenreine Recyceln von Stoffen.

2.3.4 Prozessqualität

2.3.4.1 Projektqualität

Innerhalb dieser Kriteriengruppe werden Kriterien und Anforderungen unterschieden, die den Gesamtprozess des Planens von der Konzeptphase über die integrale Planung bis zur Vergabe, Ausführung/Bauleitung und Inbetriebnahme charakterisieren.

Nach dem prinzipiellen DGNB-Bewertungsprinzip werden Checklistenpunkte (CP) vergeben, die in eine Punktbewertung einfließen. Anschließend erfolgt die weitere Bewertung unter Berücksichtigung von Wichtungsfaktoren. Bild 41 und Tabelle 20 zeigen einige ausgewählte Uponor-Dienstleistungen im Rahmen der genannten Erfordernisse.

Bild 41 Uponor-Prozessqualität im Detail

Tab. 20 DGNB-Anforderung Prozessqualität und Uponor-Lösungsangebote

Hauptkriteriengruppe	Hauptkriterium	Zielstellung	Uponor-Leistungsangebote
PRO 1.1	Qualität der Projektvorbereitung	Einflussnahme auf den nutzerbedingten Energieaufwand	• Beratung/Konsultation • Heiz-/Kühllastberechnung • Thermische Simulation in Kooperation mit Partnern • Hydrogeologische Planung in Kooperation mit Partnern
PRO 1.3	Nachweis der Optimierung und Komplexität der Herangehensweise der Planung	Energiekonzept	• Energiekonzept (z.B. Kälte-Wärme-Verbund) • Systemkonfiguration • Kooperation (z.B. Stiebel Eltron, Knauf etc.) • Mess- und Monitoring nach Vereinbarung einschl. Fernüberwachung der WPA
PRO 1.5	Schaffung von Voraussetzungen für eine optimale Nutzung und Bewirtschaftung	Wartungs-, Inspektions-, Betriebs- und Pflegeanleitungen	• Anleitungen einschl. Videos • Montageeinweisung • 24h-Hotline
		Anpassung der Pläne, Berechnungen an das realisierte Gebäude	• Technische Nachberechnungen und CAD-Überarbeitung • Nutzerhandbuch
PRO 2.1	Qualitätssicherung der Bauausführung	Dokumentation der verwendeten Materialien, Hilfsstoffe und Sicherheitsdatenblätter	• Produktdeklarationen • DIN CERTCO und Zertifikate
		Messungen zur Qualitätskontrolle	• raumklimatische Messungen nach Vereinbarung
PRO 2.2	Geordnete Inbetriebnahme	Systematische Inbetriebnahme	• Bauausführung TABS nach VDI 6031

2.3.4.2 Fallbeispiel Wärmequellenanlage (Geothermie)

Was haben Theologe und Geologe gemeinsam? Der Erstere war nie oben, der Zweitgenannte nie unten ... Ein Aphorismus, der zum Ausdruck bringt, dass es auch in geothermischen Sachverhalten keine absolute Sicherheit gibt.

Das Bild der Geothermie ([64] bis [101]) hat in Deutschland nach Ereignissen in Kamen, Staufen und Leonberg Risse bekommen, und das im wahrsten Sinne des Wortes. Der Begriff der Nachhaltigkeit hat eine neue Bedeutung erlangt. Kostendruck mit Verzicht auf geothermische Fachplanungen, Planungsroutine mit unterschätzten Restrisiken sowie ruinöser Preiskampf im Bereich der Bohrverfahren und Komponenten sind nur einige der Ursachen, die zuletzt diese an sich zuverlässige Nutzung erneuerbarer Energien etwas in Misskredit gebracht haben.

Hebungserscheinungen von 1 cm je Monat als Folge des Wassereindringens aus dem Keuper in quellfähige (Gips-)Schichten sorgten in Staufen für Schäden an ca. 250 Häusern. Demgegenüber stehen über 600 schadensfreie Bohrungen in annähernd gleichartigen Bodenschichten. Daran zeigt sich die Komplexität von Vorgängen im Erdreich und möglichen Schadensursachen. Für Staufen gilt Folgendes als zumindest schadenbegünstigend:

- Bohrungen weichen von der Horizontalen ab;
- Zement entspricht nicht den Vorgaben;
- unzureichende Abdichtung des Ringraumes nur einer einzelnen Erdsonde;
- stratigraphische Zuteilung anhand des Schichtverzeichnisses unmöglich;
- komplizierte Tektonik.

Der Autor ist fest davon überzeugt, dass diese unerfreulichen und im Einzelfall durchaus tragischen Geschehnisse dennoch für verbesserte geothermische Wärmepumpenanlagen in Planung und Ausführung beitragen werden. Für den nachhaltig sicheren und energieeffizienten Betrieb geothermischer Wärmepumpenanlagen galten und gelten weiterhin folgende Grundsätze, die nach den erwähnten Ereignissen von Staufen und Leonberg jedoch ergänzt worden sind:

1. Fachlich fundierter Vorentscheid

    - Berücksichtigung aktuell gültiger nationaler und regionaler Leitlinien
    - Auswertung von Checklisten für Bauherren, Planer und Wasserbehörden
    - Machbarkeitsanalyse und Risikoabschätzung
    - Kontrolle der Unbedenklichkeit gegenüber Gewässerschutz, bergrechtlicher Belange und auch nachbarschaftlicher Rechte

2. Geologische unterstützte Konzeption

    - hydrogeologisches Gutachten einschl. Analyse des Schichtenprofils, der Grundwasserstockwerke und der Grundwasserdrift im Erdreich
    - Anwendung von Simulationsverfahren bei größeren Anlagen (VDI 4640)
    - Berücksichtigung eines angemessenen Prognosezeitraumes von zehn bzw. 30 Jahren (Betriebsführung) sowie 50 Jahren (Bauteillebenserwartung)

3. Fachlich kompetente Planung

    - Bemessungs- und Bewertungsverfahren nach den allgemein anerkannten Regeln der Technik (VDI 4640, VDI 4650, DIN EN 15316 etc.)

- Produktauswahl auf der Grundlage von Normen, Gütekriterien, Prüfungen und Zulassungen (DIN EN 255, DIN EN 14511, DIN EN 14522, D-A-CH-Gütesiegel für Wärmepumpen, SKZ-Zertifikate für Rohrsysteme, EWS-Gütesiegel für Erdsonden)
- Kontrolle der Systeme und Verfahren auf Bauvorhaben-spezifische Eignung (Größe und Gewicht der Bohrgeräte, Bohrverfahren, Bohrwasser- und Bohrschlammmanagement)
- Erarbeitung und Übergabe eines Nutzerhandbuchs

4. Sorgsame Ausführung einschl. Bauleitung und Dokumentation

- Ausführung der Bohrungen vorzugsweise bzw. ausschließlich durch zertifizierte Bohrunternehmen (DVGW Arbeitsblatt W 120; EWS-Gütesiegel Schweiz o. Ä.)
- Überprüfen der planerischen Randbedingungen und Leistungs- und Temperaturberechnungen (TRT Thermischer Response Test)
- Produktkontrolle (z. B. Erdsonden mit Manometer)
- werksseitig geschweißter Sondenfuß und Verzicht auf Sondenschweißen auf der Baustelle
- Druckhaltung der Erdsonden gewährleisten (keinesfalls Druckluftanwendungen oder „Auslitern" der Sonde zum Bestimmen der Sondenlänge)
- Mauerdurchführungen etc. mit wärmegedämmten Rohren zum Vermeiden von Feuchteschäden (Tauwasseraustritt) ausführen
- Eignungskontrolle des Erdsondenmediums (Sole oder Wasser; Frostschutzmittel nach Wassergefährdungsklassen WGK)
- Verfahrenskontrolle (Hinterfüllung mit gesetzter Verrohrung, während des Abteufens simultanes und nicht nachträgliches Hinterfüllen der Erdsonden)
- Kontrolle besonders sicherheitsrelevanter Arbeiten (Kontrolle des Verfüllens, auch durch K – TRT [80])
- fachgerechte Entsorgung des Bohrabwassers und -schlammes (vgl. Schweizer Empfehlungen nach SIA 431)
- Unternehmererklärung über die Durchführung des hydraulischen Abgleichs
- detaillierte Dokumentation der Anlage (Bohrunternehmen, Anzahl, Tiefe, Art der Sonden, Zuleitungslänge, Rohrdimension, Wärmeträger, Umwälzpumpe, Wärmepumpe, Berechnete Auslegeleistung der Erdwärmesonden, Bohr- und Abnahmeprotokoll)

5. Monitoring, ggf. Korrektur der Betriebsführung oder Systemveränderungen

- Druck-, Durchfluss- und Temperaturmessungen (bei Erdsonden auch mit Glasfaserkabel oder drahtloser Gamma-Gamma-Messsonde)
- Kontrolle des Betriebes und Verbrauches an Hilfsenergie für Pumpen (Drehzahl, Leistungsaufnahme)

Nachfolgend sollen, auch im Ergebnis der zitierten fehlerhaften Anlagen, einige relevante Grundlagen des nachhaltig sicheren und energieeffizienten Betriebs geothermischer Wärmepumpenanlagen aufgeführt werden.

Vorentscheid und Genehmigungen

Erdwärme gilt als bergfreier Bodenschatz. Das Zulassen von Nutzungsrechten obliegt allgemein dem Staat, jedoch nur solange die Erdwärme nicht für ein Gebäude auf dem gleichen Grundstück wie die Wärmequellenanlage genutzt wird. Diese Regelung ist im Lagerstättengesetz (LagerstG) § 4 getroffen worden. Beträgt die Bohrtiefe mehr als 100 m, muss im Sinn des § 127 BBergG die Bergbehörde zur Genehmigung der Sondenanlage eingeschaltet werden. Das gilt auch für grundstücksübergreifende Wärmeerschließungssysteme, unabhängig von der Sondenlänge. Anlagen mit Sondenlängen von mehr als 100 m können darüber hinaus als betriebsplanpflichtig eingestuft werden (§ 51 BBergG).

Als Prinzip gilt, dass der Grundwasserschutz Vorrang vor der Erdwärmenutzung hat. In jedem Falle muss bei der Unteren Wasserbehörde des Kreises eine wasserrechtliche Erlaubnis auf der Grundlage des Wasserhaushaltsgesetzes (WHG) beantragt werden. Einige Wasserbehörden verlangen nur eine Bohrungsanzeige, und in einigen Bundesländern (Baden-Württemberg, Hessen) sind für kleine Anlagen vereinfachte Verfahren möglich. Regional gültige Gesetze wie z.B. das Wassergesetz Baden-Württemberg (WG) sind also besonders zu berücksichtigen.

Die Schlussfolgerung, durch Sondenlängen von weniger als 100 Meter aufwändige Genehmigungsverfahren vermeiden zu können, ist nicht stichhaltig. Kompetente Fachplaner sind jederzeit in der Lage, beide Antrags- und Genehmigungsverfahren ohne relevante Unterschiede im Arbeitsaufwand durchführen zu können. Nicht zuletzt unterstützen Kooperationspartner aus der Industrie oder aus dem Handwerk dieses Procedere.

Von besonderer Bedeutung und deshalb seit Jahren geregelt sind prinzipielle Zulassungen, Bauvorhaben-bezogene Einschränkungen oder das generelle Verbot geothermischer Anlagen z.B. in Wasserschutzzonen. Deshalb sind in Trinkwasserschutzgebieten, in Heilquellenschutzgebieten und im engeren Zustromgebiet von Mineralwassernutzungen Bohrungen für

Erdwärmesonden nicht zulässig. In besonderen Fällen sind besondere Schutzvorkehrungen zu treffen.

Hierzu abschließend soll am Beispiel Baden-Württemberg dargestellt werden, dass jedes Vorhaben zur Erdwärmenutzung mittels Erdwärmesonden bei der Unteren Verwaltungsbehörde und dem RP Freiburg, Abt. 9, LGRB anzuzeigen ist. Üblicherweise muss auch dem zuständigen Geologischen Dienst bzw. der Geologischen Fachbehörde die Bohrung angezeigt werden. Baden-Württemberg verlangt gegenwärtig weitere Prüfungen, die über die früheren Anforderungen hinausgehen. Bei Sondenlängen von mehr als 150 Metern ist bezüglich Genehmigungsfähigkeit eine Einzelfallbetrachtung durchzuführen (Druckfestigkeit des vorgesehenen Materials).

Aber auch die Abstandsregelungen zu nachbarschaftlichen Grundstücken sind zu berücksichtigen. Diese Regelungen sind bundesweit durchaus nicht einheitlich vorgeschrieben. So heißt es in einer Leitlinie der Senatsverwaltung für Gesundheit, Umwelt und Verbraucherschutz Berlin für Erdwärmesonden- und Erdwärmekollektoranlagen bis 30 kW wie folgt:

4.2. Abstandsregelungen

Um eine gegenseitige Beeinträchtigung zu reduzieren, soll bei Erdwärmesonden mit einer Länge von 40 bis 50 Metern nach der VDI-Richtlinie 4640 der Mindestabstand zwischen den Sonden 5 Meter betragen und 6 Meter bei Sondenlängen > 50 bis < 100 Meter.

Zur Vermeidung einer nachhaltigen physikalischen Veränderung des Grundwassers dürfen die Abstände der Erdwärmesonden zu nächstgelegenen Erdwärmenutzungsanlagen (Bestandsanlagen) 10 Meter nicht unterschreiten.

Geologisch unterstützte Konzeption

Hydrogeologische Karten (z. B. für Nordrhein-Westfalen) und Geothermieatlanten (Sachsen) dienen der Orientierung, dem Standortcheck und der Vorplanung geothermischer Wärmepumpenanlagen (Bild 42). Als Hilfsmittel zwar geeignet, ersetzen diese jedoch in keinem Falle geowissenschaftliche Analysen und Eignungsprüfungen.

Neben dem Kartenwerk existieren umfangreiche Dateien der Handwerker, die bisher geothermische Wärmepumpenanlagen errichtet haben. Natürlich sind aus diesem Bestand kaum Veröffentlichungen mit dem Ziel einer allgemeinen Nutzung zu erwarten.

Bild 43 verdeutlicht Richtwerte für die Jahresentzugsarbeit in Abhängigkeit des Bodenprofils. Auch diese relativ verlässlichen Angaben ersetzen keine fachkundige Planung, sondern sind nur als Entscheidungsgrundlage für Konzeptbildung und Vorplanung geeignet.

Bild 42
Geothermisches
Kartenwerk Sachsen
mit Richtwerten zur
spezifischen Entzugsleistung von Erdsonden

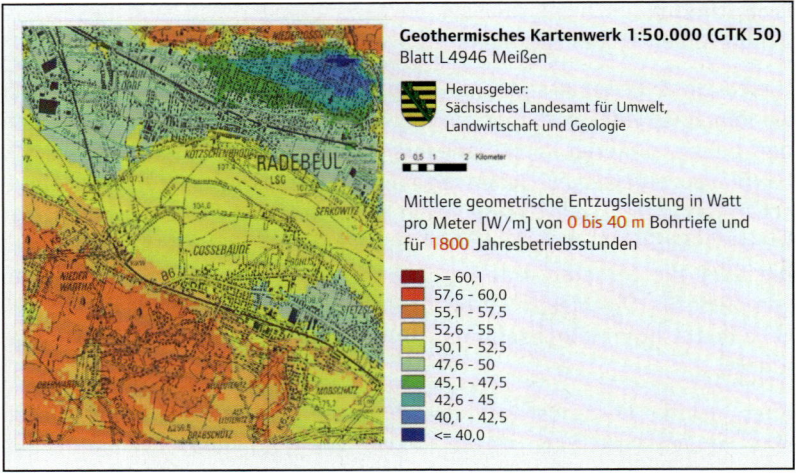

Die Angaben im Bild können wie folgt interpretiert werden:

- Standortbezogene Daten (Bodenprofil und Klimazone)
- erste Einschätzung von Georisiken (Gesteinsschichtenfolge)
- Grundwasserleiter (Anzahl und Lage)
- Vorbetrachtung der optimalen Erdsondenlänge und -anzahl
  - Schichtenprofil, Bohrverfahren und resultierende Bohrkosten
  - Schutzmaßnahmen wie z. B. Gewebepacker
  - Kühlung über Erdsonden mit Teufen von max. 100 m
- Betrachtung der Jahresentzugsarbeit (kWh/(m² · a)) anstelle der Spitzenwerte (W/m²)

Bild 43
Bodenprofil und
geothermische
Ergiebigkeit
(Geologischer Dienst
NRW)

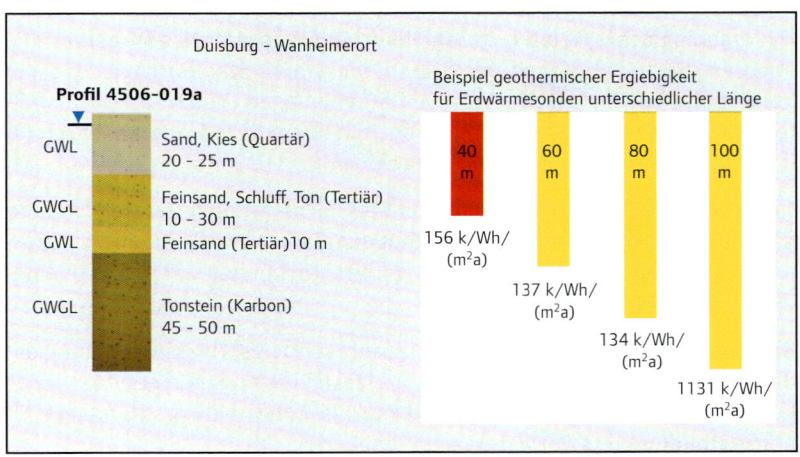

Fachplanung

Hinsichtlich der Fachplanung geothermischer Wärmepumpenanlagen soll kurz einerseits auf die umfangreicher gewordenen Pflichten im Rahmen von Genehmigungsverfahren, andererseits auf einige relevante technische Betrachtungen hingewiesen werden.

Genehmigungsverfahren sowie Zulassung bestimmter Verfahren und Systeme

- Anfrage bei der Wasserbehörde nach Georisiken (z. B. Gipshorizont, Karst, Zonen mit starker tektonischer Auflockerung, Schichtquellen usw.)
- Ausschreibung der Bohrarbeiten mit Hinweis auf mögliche geologische Bohrrisiken (z. B. Karstgebiet, Arteser, mehrere Grundwasserstockwerke, Georisiken) und Erschwernisse
- Erdwärmesonden mit speziellen Auflagen zulässig (z. B. Gewässerschutzbereich Karstgebiete, Grundwasserstockwerkbau, artesisch gespanntes Grundwasser, Gebirgsquellen, Subrosion usw.)

Technische Aspekte der Fachplanung

- Hinzunahme eines kompetenten Ingenieurbüros für hydrogeologische Fachplanungen zur Konzeption, Bewilligung/Genehmigung/Förderung und Vorplanung
- Konzept unter Berücksichtigung von Restriktionen (z. B. Wasser oder Sole)
- Berechnen der Heiz- und Kühllast unter Berücksichtigung des Nutzerverhaltens (z. B. Lüftungsgewohnheiten, angehobene Raumtemperatur, Einflussnahme auf die Verschattung, nutzbare Wärmegewinne durch Personenanzahl/Technisierung, Leerstand) und des Standortes
- Berechnen der monatlichen Heiz- und Kühlarbeit (Gebäude) und Abgleich mit dem geothermischen Potenzial (Simulation)
- Anwenden moderner Simulationsverfahren wie EED und FEFLOW für das Planen und Bemessen der Wärmequellenanlage
- Abschätzen des Einflusses baukonstruktiver Randbedingungen (z. B. Wärmeverluste langer Anschlussrohrleitungen) und von Unwägbarkeiten (z. B. Schichtenfolge in situ, Komponentenausfall, reale Erdreichregeneration, Grundwasserdrift) auf thermische Behaglichkeit und Energieeffizienz
- Kostenoptimierung im Zusammenhang Gebäudewärmeschutz – TABS-Geothermie

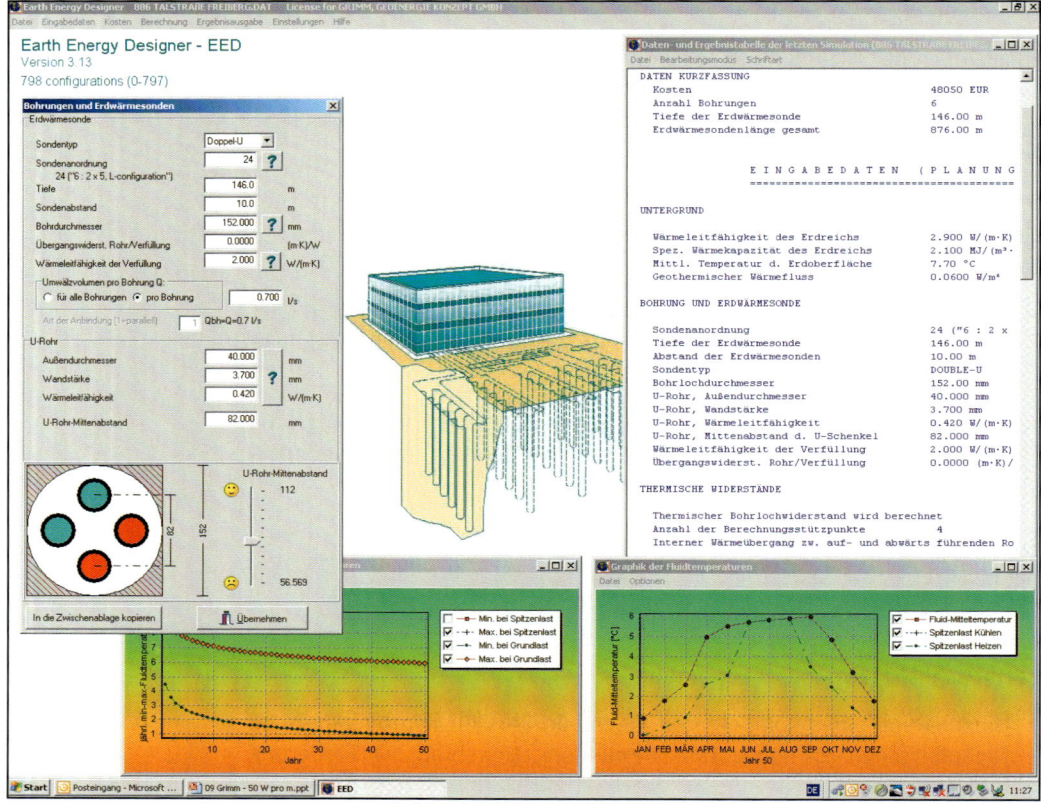

Bild 44
Simulationswerkzeug EED (Earth Energy Designer) zum Planen geothermischer Systeme (Grimm [97] und [98])

- Minimierung der Hilfsenergien (besonders Soleumwälzpumpe bzw. Grundwasserpumpe mit Frequenzumrichter)
- Synchronisation der Betriebsführung „Heizen und Kühlen des Gebäudes" mit der geothermischen Wärmepumpenanlage (Bild 44)
- Monitoring über drei Jahre mit Anpassung der Betriebsführung (Heiz- und Kühlkennlinien, Übergangszeiten ohne Heizen und Kühlen, Ausschluss des gleichzeitigen Heizens und Kühlens in Räumen oder Gebäudeabschnitten).

Produkt- und Systemwahl (Wärmequellenanlage)

Rohrwerkstoff

Hinsichtlich der Erdsonden und Kollektoren werden vorrangig PE-Rohre eingesetzt, deren Qualität sich über die Stufen PE 80 – PE 100 – PE 100 RC durchaus weiterentwickelt hat.

Als Alternative zu diesen Werkstoffen werden aber zunehmend auch Rohre aus vernetztem Polyethylen (PE-X) erfolgreich eingesetzt. Diese sind hinsichtlich der mechanischen Beanspruchung durch umgebende Erden und

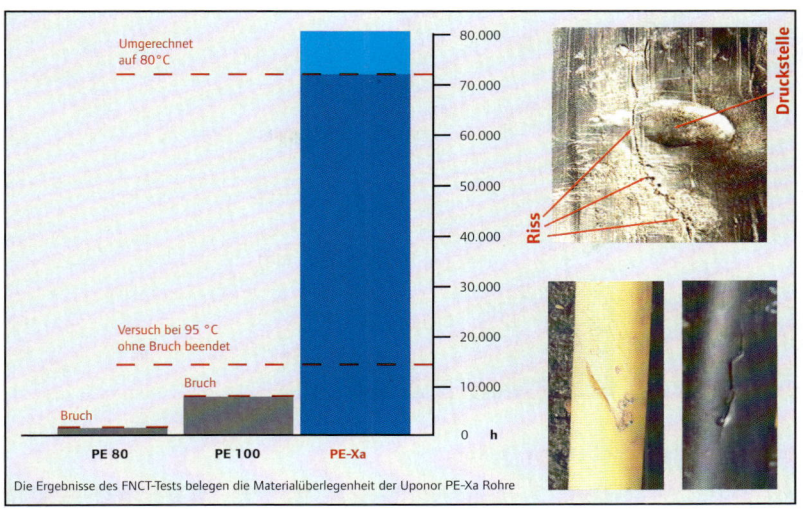

Bild 45
Bruch von PE bei mechanischer Belastung nach kurzer Beanspruchungsdauer (Abbruch des Versuchs bei PEX ohne Schädigung)

Zuschlagstoffe unterschiedlicher Korngröße und Baustoffe widerstandsfähiger, was frühere Tests zeigen. Bis heute sind PEX-Rohre als einzige für die sandbettfreie Verlegung im Erdreich zugelassen, was im Bereich der Medientransportrohrleitungen von Bedeutung ist. Dieser Vorzug kann aber auch bei geothermischen Anlagen genutzt werden (Bilder 45 bis 48).

Eine weitere Besonderheit ist die höhere Temperaturbelastbarkeit der PEX-Rohre gegenüber PE-Anlagen. Soll die Erdreichregeneration durch solare Gewinne einer Solarkollektoranlage unterstützt werden oder werden Rückkühler von Kältemaschinen mit der Wärmequellenanlage im Erdreich verbunden, sind PEX-Rohre nachhaltig sicherer.

Letztendlich soll darauf hingewiesen werden, dass die sandbettfreie Verlegung in Verbindung mit geringeren Erdarbeiten durchaus auch Investitionskostenvorteile bietet (Tab. 21).

Tab. 21
Kosten von Kies-Sand-Auflager für Leitungen gegenüber Schotter, Steinen und RCL-Material (Landesumweltamt NRW, 2005)

LB-AF Nr. Leistungsbereich						
30 00 00 Bodenaushub, Erdarbeit, Separierung						
OZ	Text	Einheit	Preis in € min	Preis in € max	Preis in € mittel	Datenanzahl
30 11 00	Liefern und Einbauen von Stoffen					
03	Kies-Sand 0/45 liefern und im Bereich von Leitungen als Auflager einbauen	m³	16,01	31,45	21,49	11
07	Schotter-Splitt-Brechsandgemisch 0/56, 0/45 liefern und einbauen	m³	9,46	16,39	12,01	7
08	Grobschotter oder Steine (56/150) liefern und lagenweise einbauen	m³	4,85	10,64	6,55	5
09	RCL-Material liefern und lagenweise verdichtet einbauen	m³	2,10	15,90	8,53	13

Bild 46
Anschlussverrohrung von Erdsonden im Sandbett mit PE-Rohren

Bild 47
Sandbettfreie Anschlussverrohrung von Erdsonden mit PEX-Rohren (links) mit der Uponor Q&E-Verbindungstechnik

Bild 48
Vorgedämmte Rohrsysteme (rechts Uponor Ecoflex Twin) – sinnvoll auch für lange Anbindungen von Erdsonden für die Freie Kühlung

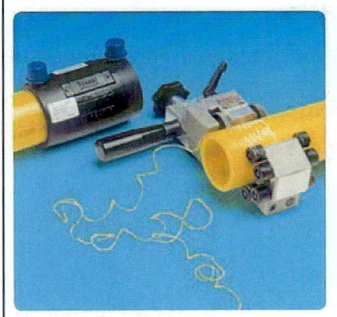
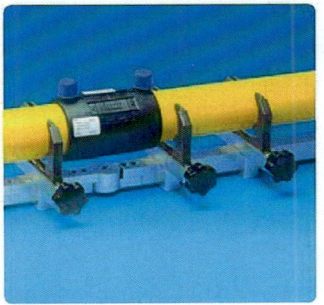

Die übliche Schweißvorbereitung von PE-Xa Rohren | Schweißen und Abkühlen | Die fertige Schweißverbindung

Rohrverbinder

Die Verbindung erdverlegter Rohrleitungen kann auf unterschiedliche Art und Weise erfolgen. Einerseits wird zum Verbinden geothermischer Rohrsysteme die sehr sichere Pressfittingtechnik empfohlen. Metallische Einbauten stehen jedoch im Widerspruch zur Forderung einer nachhaltig korrosionsfreien Installation. Bilder 49 und 50 zeigen typische Uponor-Verbindungstechniken für Kunststoffrohre unter weitgehendem Ausschluss (offen liegender) metallischer Einbauten.

Galten jahrelang nur PE-Rohre als schweißbar, können seit einiger Zeit auch PEX-Rohre mit dem Heizwendelschweißverfahren verbunden werden. Dabei werden die Rohrenden von Deckschichten befreit, in eine PE-Muffe gesteckt und anschließend verschweißt.

Für Uponor PEXa-Rohre kann auch auf die bewährte Q&E-Technologie mit dem mechanischen Aufweiten und selbstständigen Schrumpfen (Memory-Effekt) zurückgegriffen werden.

Bild 49
Heizwendelmuffenschweißen von Uponor PEXa-Rohren

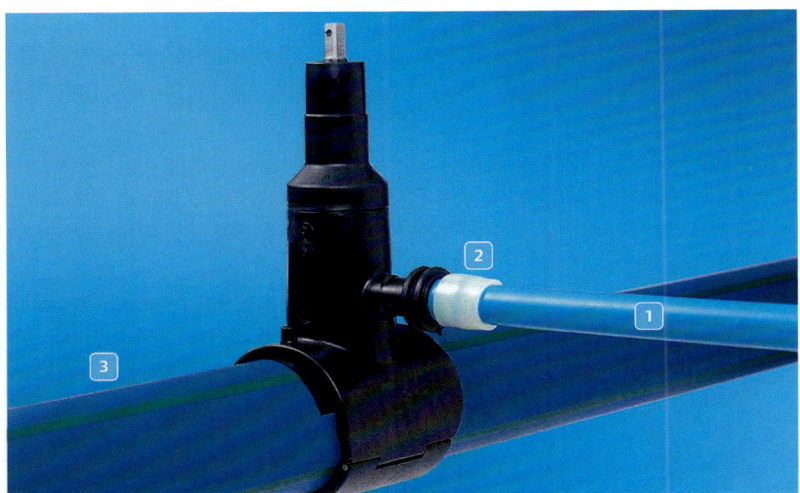

Bild 50
Verbindungstechnik verschiedener Kunststoffrohrleitungen (Uponor)

1 Uponor PEXa
2 Uponor Quick&Easy-Verbindungstechnik
3 PE 80 oder 100

Erdsonden

In der Schweiz verfügen etwa 83 Prozent der Einfamilienhäuser über eine Wärmepumpenanlage, die in vielen Fällen mit Erdsonden verbunden ist. Deshalb widmen sich Unterlagen wie BAFU-Praxishilfe und SIA Norm 384/6 der nachhaltigen Qualitätssicherung dieser Bauteile. Es heißt dazu bei Eugster [83] beispielsweise wie folgt:

- Erdwärmesonden sind in ihrer gesamten Länge inkl. Sondenfuß werkseitig herzustellen.

- Die erdverlegten Rohre müssen in dauerhaften und korrosionssicheren Ausführungen eingebaut werden. Der erdseitige Anlageteil muss für die auftretenden Drücke zugelassen sein und ist einer Druckprüfung zu unterziehen (nach SN EN 805).

- Tiefe, Anzahl und Abstand der Erdwärmesonden müssen so dimensioniert sein, dass die erforderlichen Leistungen und Energiemengen (Heizen und Kühlen) über die ganze Lebensdauer der Anlage (50 Jahre) bereitgestellt werden können.

Hinterfüllung und Schutz gegen Materialverlust

Fehlende Hinterfüllungen oder ungeeignetes Material führen sehr schnell zu schadensträchtigen Wärmeerschließungsanlagen und können in großem Umfang Folgeschäden zumindest begünstigen. Folgende Handlungsempfehlungen gelten als besonders wichtig:

- Die Erdwärmesonde ist ohne Verzug nach Einsetzen in das Bohrloch vom Bohrlochfuß her mit einer aushärtenden Suspension bis zur Oberfläche vollständig und lückenlos zu hinterfüllen.

- Die Hinterfüllung ist über ein beim Sondenfuß befestigtes, im Bohrloch verbleibendes zusätzliches Rohr vorzunehmen.

- Für die Suspension werden bestimmte Mindestanforderungen gestellt (Stabilität, Durchlässigkeitsbeiwert, Dichte, Dauerhaftigkeit, Anfangs- und Endfestigkeit usw.).

- Die Menge der Suspension ist zu erfassen. Übersteigt der Bedarf an Suspension das Zweifache des Bohrlochvolumens, so ist der Hinterfüllungsvorgang vorerst zu unterbrechen und die zuständige Behörde zu informieren.

- Permanente Verrohrung von Teilstrecken oder Einbringen von textilen Packern im Bereich der Lockergesteinsstrecke oder des ganzen Bohrloches bis in den Grundwasserstauer sind Schutzmaßnahmen, die eine wirksame Hinterfüllung sichern.

Bauüberwachung

Es empfiehlt sich, ähnlich wie beim Hausbau, einen externen und unabhängigen Sachverständigen mit der Bauüberwachung zu beauftragen. Dies könnte beispielsweise durch eine(n) Fachplaner(in) wahrgenommen werden, der die Erdsondenanlage dimensioniert und das wasserrechtliche Verfahren begleitet hat, oder durch eine(n) unabhängige(n) mit der örtlichen Geologie vertraute(n) Geologen(in) oder einen(r) Gutachter(in) mit gleichwertiger Qualifikation.

Funktionskontrolle, Performance-Messung und Monitoring

Die Funktionsfähigkeit des Druck-Strömungswächters bzw. die Dichtheit des Sondenkreislaufes und die Dichtheit des Wärmepumpenkreislaufs sind vom Betreiber monatlich zu kontrollieren. Wird eine Undichtigkeit festgestellt, ist ein eventuell vorhandenes Glykolgemisch aus dem Sondenkreislauf auszuspülen und ordnungsgemäß zu entsorgen. Das weitere Vorgehen ist mit der Unteren Verwaltungsbehörde abzustimmen

Für weiterführende Untersuchungen stehen faseroptische oder auch kabellose Sensoren für Temperaturmessungen in Erdsonden zur Verfügung.

Versicherungsschutz

Die Qualitätsstandards für den nachhaltig sicheren Betrieb geothermischer Wärmepumpenanlagen sind bereits sehr hoch. Dennoch verbleibt ein Restrisiko, wie die eingangs genannten Beispiele zeigen. In diesem Zusammenhang erlangt der Schutz der Beteiligten eine höhere Bedeutung als bisher. Der BWP Bundesverband Wärmepumpen e.V. erklärt den Versicherungsschutz für Erdsondenbohrungen, initiiert vom Umweltministerium Baden-Württemberg, wie folgt:

> *„Nur die Unternehmen, die einen solchen Versicherungsschutz mit einer Deckungssumme von mindestens 1 Mio. Euro nachweisen können, werden künftig die Freigabe für eine stockwerksübergreifende Bohrung erhalten. Wir wollen dafür sorgen, dass unbeteiligte Dritte möglichst schnell entschädigt werden und nicht erst nach einem langen Rechtsstreit."* (BWP)

Bohrunternehmen müssen zudem über eine Haftpflichtversicherung in Höhe von mindestens fünf Millionen Euro Deckungssumme verfügen. Ein entsprechendes Qualitätspaket hat inzwischen der Bundesverband Wärmepumpe (BWP) seinen Mitgliedern verordnet.

2.4 Zusammenfassung

Nachhaltigkeit und Ressourcenschonung, als Schlagwörter heute in jeder Unterlage zu finden, sind keine neuen Begriffe:

> *„Als Schöpfer des forstlichen Nachhaltigkeitsbegriffs gilt Hans Carl von Carlowitz, Oberberghauptmann am kursächsischen Hof in Freiberg (Sachsen). Um dauerhaft ausreichende Holzmengen für den Silberbergbau verfügbar zu haben, formulierte er 1713 mit seinem Werk ‚Sylvicultura oeconomica, oder haußwirthliche Nachricht und naturmäßige Anweisung zur wilden Baum-Zucht' als erster das Prinzip der Nachhaltigkeit. So sollte immer nur soviel Holz geschlagen werden, wie durch planmäßige Aufforstung durch Säen und Pflanzen nachwachsen konnte."*
>
> (Zitat unter: www.nachhaltigkeit.info).

Die Neuentdeckung des Begriffes der Nachhaltigkeit für das Errichten und Betreiben energieeffizienter Gebäude ist der richtige Weg, stoffliche und energiewirtschaftliche Ressourcen schonend einzusetzen. Leider haftet den damit verbundenen Techniken und Technologien der Makel an, dass sie mit hohen Investitionskosten verbunden sind.

Lebenszyklusanalysen und Lebenszykluskostenbetrachtungen eröffnen jedoch interessante Perspektiven, künftig geothermische Wärmepumpenanlagen in großer Vielzahl zu errichten. Allerdings nur unter der Voraussetzung, dass es allen Beteiligten ernst ist mit der Nachhaltigkeit, die sich letztendlich wieder auszahlen wird.

Unabhängig vom Eintreten oder Ausbleiben des gewünschten Vermarktungseffektes zertifizierter Gebäude bieten die unterschiedlichen Zertifizierungssysteme eine Anleitung des strukturierten und integralen Planens von Gebäude und TGA. Darin liegt wohl der eigentliche Wert dieser noch relativ neuen Bewertungsmethode, die strategisch eingesetzt Wirkungen zeigen wird.

Wenn neben dieser großen Strategie die Liebe zum Detail hinzukommt, können keine Risse (sic!) im Bild entstehen. Verantwortungsvolle Konzepte, akribische Fachplanung, solide Handwerkskunst und langfristiges Monitoring waren, sind und bleiben Erfolgsgaranten für nachhaltig vorteilhafte Lösungen. Möge dazu dieser einführende Abschnitt einen kleinen Beitrag leisten. Die folgenden Kapitel dieses Uponor-Praxishandbuches Band 2 werden zahlreiche Aussagen vertiefen.

2.5 Literatur

[1] Sedlbauer, K., Potenziale des Nachhaltigen Bauens in Deutschland – Nationale und internationale Chancen?, Uponor Kongress St. Christoph 2009

[2] Essig, N., Kosten und Nutzen der Bewertungssysteme: DGNB LEED BREEAM, Fraunhofer-Institut und TU München 2011

[3] Leitfaden Nachhaltiges Bauen, Bundesamt für Bauwesen und Raumordnung im Auftrag des Bundesministeriums für Verkehr, Bau- und Wohnungswesen 2001

[4] Bewertungssystem Nachhaltiges Bauen. Büro- und Verwaltung, BMVBS 2011

[5] Handbuch – Prüfungsunterlage für die Bewertung der Nachhaltigkeit von Gebäuden. Neubau Büro- und Verwaltungsgebäude. BMVBS. 2011

[6] Essig, N., Das deutsche Gütesiegel Nachhaltiges Bauen (DGNB), Bayerische Klimawoche, München 2009

[7] LEED 2009 RATING SYSTEM – Major differences between v2.2/v1.0 & LEED 2009, TECHNICAL BULLETIN No.17 – 071009, Revised 01/22/11

[8] Baumann, O., Grün ist nicht gleich Grün. Einblicke in das LEED-Zertifizierungssystem, 31. Jahrgang April 2009, Heft 2, S. 99-105

[9] BREEAM New Construction. Non-domestic Buildings, Technical Manual 2011

[10] BREEAM Education. Scoring and Rating section, BRE Global Ltd. 2008

[11] Wallbaum, H., Gebäudelabel International. Forum Energie Zürich – Energie Event. Zürich 2009

[12] Bötzel, B., Zertifizierung als Kostenfalle? Kostenmanagement als Steuerungstools. Consense, Internationaler Kongress und Fachmesse für Nachhaltiges Bauen 2010

[13] Kuhnke, H., Nachhaltigkeitsbetrachtung bei Büro- und Gewerbeimmobilien. Ist eine Zertifizierung notwendig?, iforum Nachhaltigkeit, TU Dresden 2010

[14] Dräger, S., Vergleich des Systems des DGNB mit internationalen Systemen. Forschungsprogramm Zukunft, Im Auftrag des BMVBS, BBSR und BBR, Berlin 2010

[15] Braune, A., Nachhaltigkeits-Zertifizierung 2.0. buildingSMART Forum, PE International Berlin 2011

[16] Schneider, C., Steuerung der Nachhaltigkeit im Planungs- und Realisierungsprozess von Büro- und Verwaltungsgebäuden, Diss. TU Darmstadt 2011

[17] Grün kommt! Europäische Nachhaltigkeitsstatistik., RICS, Frankfurt/M. 2011

[18] Lützkendorf, T., Ziele, Grundlagen und Hilfsmittel für die Bewertung von Gebäuden, Kongress des BMVBS, Berlin 2007

[19] Lützkendorf, T., Nachhaltige Gebäude beschreiben, beurteilen, bewerten. Die Situation in Deutschland, IBO 2009

[20] Lützkendorf, T., Nachhaltigkeit in der Wohnungswirtschaft. Anforderungen an Wohngebäude & Hinweise für Wohnungsunternehmen, Bad Saarow 2009

[21] Nachhaltigkeit von Investitionsentscheidungen in der Immobilien- und Wohnungswirtschaft, Workshop 2007, Institut für Landes- und Stadtentwicklungsforschung und Bauwesen des Landes Nordrhein-Westfalen (ILS NRW), Düsseldorf 2007

[22] Bauer, M. et al., Green building. Konzepte und Nachhaltige Architektur München 2009

[23] Lützkendorf, T., Lebenszyklusanalyse in der Gebäudeplanung: Grundlagen – Berechnung – Planungswerkzeuge Ins. F. Int. Architektur, Detail Green Books 2009

[24] Kalusche, W., Technische Lebensdauer von Bauteilen und wirtschaftliche Nutzungsdauer eines Gebäudes, BTU Cottbus 2004

[25] Kalusche, W., Lebenszykluskosten von Gebäuden – Grundlage ist die DIN 18960:2008-02, Nutzungskosten im Hochbau, Bauingenieur, Band 83, November 2008, Düsseldorf 2008

[26] Pfarr, K., Handbuch der kostenbewussten Bauplanung, Deutscher Consulting Verlag, Wuppertal 1976

[27] Ritter, F., Lebensdauer von Bauteilen und Bauelementen. Modellierung und praxisnahe Prognose, Diss. TU Darmstadt 2011

[28] Liese, S. et al., Kennzahlen der Nachhaltigkeit: Bewertung und Beurteilung der Zertifizierungskriterien des DGNB unter Benchmark-Aspekten, HTW Berlin, Berlin 2011

[29] Rrogisch, A./Günther, M., Planungshilfen bauteilintegrierte Heizung und Kühlung, VDE, Heidelberg 2008

[30] Glück, B., Dynamisches Raummodell zur wärmetechnischen und wärmephysiologischen Bewertung. Rud. Otto Meyer-Umwelt-Stiftung, Hamburg 2004, s. auch: www.berndglueck.de

[31] Feist, W., Hochwärmedämmende Fenstersysteme: Untersuchung und Optimierung im eingebauten Zustand, Passivhaus Institut Darmstadt 2003

[32] Praxishandbuch der technischen Gebäudeausrüstung (TGA) Berlin 2009

[33] Schalk, K. et al., Energetische Bewertung thermisch aktivierter Bauteile – dynamisch thermische Simulation, messtechnische Validation, vereinfachte Bewertungsansätze, Kassel 2008 darin: Günther, M., Abschnitt 2.5: Planung, Montage, Bauleitung und Abnahme: Zuverlässigkeit, Fehlerpotenzial, Wartung und Lebenszyklus-Betrachtung, Dresden 2008

[34] Fisch, N. M., Betonkernaktivierung. Was haben wir gelernt?, Vortragsmanuskript 2012

[35] Veith, I., Der Schallabsorptionsgrad α. TrockenbauAkustik 2/2007, 34

[36] Hellwig, R. T., Komfortforschung und Nutzerakzeptanz. Thermohygrischer, visueller und akustischer Komfort sowie Einflussnahme des Nutzers als Kriterien zur Nachhaltigkeitsbewertung von Bürogebäuden, Fraunhofer-Institut für Bauphysik 2008

[37] Rotermund, U., Erheblicher Anstieg der Nutzungskosten bei allen Gebäudetypen zu verzeichnen, BHKS Almanach 2011

[38] Rotermund, U., Bewertung von Lebenszykluskosten. Benchmarking in Kooperation mit GEFMA und RealFM, FH Münster 2011

[39] Rotermund, U., Kennzahlen Energieeffizienz im Facility Management. Consense, Internationaler Kongress und Fachmesse für Facility Management Stuttgart 2010

[40] Hülsmann, M., Planung effizienter Systeme unter Berücksichtigung der Lebenszykluskosten, BHKS – ish 2011

[41] Hülsmann, M., Optimierung von Immobilien Lebenszykluskosten, 10. VGIE Fachtagung 2011

[42] Flögl, H., Lebenszykluskosten, Krems 2010

[43] Geisler, S., Lebenszykluskosten Prognosemodell. Immobilien-Datenbank-Analysen zur Ableitung lebenszyklusorientierter Investitionsentscheidungen, BMVIT Wien 2010

[44] Hofer, G. et al., LCC-ECO. Ganzheitliche ökologische und energetische Sanierung von Dienstleistungsgebäuden, BMVIT Wien 2006

[45] Lebenszykluskostenberechnungen im Planungsprozess. Die Planung energieeffizienter Gebäude unter Berücksichtigung laufender Kosten, klima:aktiv, Ea – Österreichische Energieagentur Wien 2009

[46] Gegner, H.-D., Die neuen Gebäudestandards. EnEV 2009 und die Nachhaltigkeitszertifizierung, BMVBS 2009

[47] Bauen im Lebenszyklus, Info Band 3.2, BMVBS und IEMB, Bonn 2006

[48] Lebensdauer von Bauteilen, Info Band 4.2, BMVBS und IEMB, Bonn 2006

[49] Herzog, K., Lebenszykluskosten von Baukonstruktionen. Entwicklung eines Modells und einer Softwarekomponente zur ökonomischen Analyse und Nachhaltigkeitsbeurteilung von Gebäuden, Diss. TU Darmstadt 2005

[50] Schulz, W., Typische Klimasysteme im Lebenszyklus, Spektrum Gebäudetechnik, Heft 4, 2011, Küttigen 2011

[51] Thaler, A., Lebenszykluskosten von Wohnraumlüftungsanlagen im mehrgeschossigen Wohnbau, Diplomarbeit FH Kufstein 2010

[52] Kiesbauer, J., Lebenszykluskosten von Stellventilen. Neuer Ansatz zur Berechnung von Ventilauslegungen, SAMSON, Sonderdruck aus atp Edition 2011

[53] Leitfaden zur Beschaffung von Geräten, Beleuchtung und Strom nach den Kriterien Energieeffizienz und Klimaschutz. Modul 6: Beschaffung von effizienten Gebäudeteilen und -systemen, Berliner Energieagentur 2007

[54] Bossenmayer, H., Umweltdeklarationen für Bauprodukte – Beitrag der Hersteller zur Nachhaltigkeit von Bauwerken, DGNB Auftaktveranstaltung 2008

[55] Brauen, A., Anwendung von EPDs in der Gebäudezertifizierung. Consense, Internationaler Kongress und Fachmesse für Nachhaltiges Bauen Stuttgart 2010

[56] Adensham, A. et al., Studie zur Nutzbarkeit von Ökobilanzen für Prozess- und Produktvergleiche. Analyse von Methoden, Problemen und Forschungsbedarf, Österreichisches Ökologie Institut Wien 2000

[57] Obernosterer, R., Praxis-Leitfaden für nachhaltiges Sanieren und Modernisieren bei Hochbauvorhaben. Checkliste für eine zukunftsfähige Baumaterial-, Energieträger-, Entwurfs- und Konstruktionswahl, BMVIT Wien 2005

[58] Ökologisch Bauen. Merkblätter nach Baukostenplan BKB, eco-bau, Schweizerische Zentralstelle für Baurationalisierung Zürich 2005

[59] Umweltfreundliche Beschaffung. Ökologische und wirtschaftliche Potenziale zulässig nutzen. Ratgeber, Umweltbundesamt 2008

[60] Hüttenrauch, J., Untersuchung zur Abschätzung des Langzeitverhaltens und der Schadensprognose bei PE-Leitungsnetzen, Abschlussbericht, DBI GTI, 2008

[61] Life Cycle Assessment of a PEX pipe system for hot and cold water in the building (according to EN ISO 15875). Study accomplished under the authority of The European Plastic Pipes and Fittings Association – TEPPFA 2010/TEM/R/230. 2011

[62] Ressourceneffizienz von Aluminium. GDA – Gesamtverband der Aluminiumindustrie e.V. Düsseldorf 2010

[63] Materialien für Altlastensanierung und zum Bodenschutz (MALBO), Bd. 20, Landesumweltamt Nordrhein-Westfalen, Düsseldorf 2005

[64] Leitlinien Qualitätssicherung Erdwärmesonden (LQS EWS). Stand 01.10.2011, Ministerium für Umwelt, Klima und Energiewirtschaft Baden-Württemberg

[65] Qualitätsmanagement. Fehlervermeidung bei Wärmepumpen- und Erdsonden-Heizsystemen, Ministerium für Umwelt, Naturschutz und Verkehr Stuttgart 2010

[66] Abschlussbericht über die Risikoanalyse zum Deep Heat Mining Projekt Basel, Departement für Wirtschaft, Soziales und Umwelt Basel-Stadt 2010

[67] Hugenberger, P., Risikoorientierte Bewilligung von Erdwärmesonden, Amt für Umweltschutz und Energie Basel 2011

[68] Eugster, W., Qualitätssicherung Erdwärmesonden in der Schweiz, IWZ, Stuttgart 2011

[69] Wärmenutzung aus Boden und Untergrund. Vollzugshilfe für Behörden und Fachleute im Bereich Erdwärmenutzung, BAFU Schweiz 2010

[70] Gassner et al., Referenzunterlagen. Arbeitsfeld Energierecht und Klimaschutz. Geothermie, Referenzliste/Vorträge und Veröffentlichungen, Berlin 2008

[71] Bracke, R. et al., Analyse des deutschen Wärmepumpenmarktes. Bestandsaufnahme und Trends, Geothermie Zentrum Bochum GZB 2010

[72] Peht, U., Zertifizierung von Bohrfirmen nach W 120. Qualifikationsverfahren für Unternehmen im Brunnenbau und Geothermie, DVGW 2010

[73] Rohner, E., Lebensdauer von Erdwärmesonden in Bezug auf Druckverhältnisse und Hinterfüllung, Bundesamt für Energiewirtschaft Zürich 2001

[74] Ebert, H.-P. et al., Optimierung von Erdwärmesonden, Report ZAE Bayern 2000

[75] GRD. Intelligente Erdwärmegewinnung. Schräg statt horizontal oder vertikal, TT Tracto-Technik, Vortrag 2010

[76] Hermmann, R., Vergleich von vertikalen und radialen Erdwärmesonden, Institut für Geotechnik Universität Siegen, Fach-Journal 2010

[77] Huber, A., Hydraulische Auslegung von Erdwärmesondenkreisläufen, Schlussbericht, Bundesamt für Energie Ittigen/Bern 1999

[78] Afjei, T., Kälte aus Erdsonden, FHNW, Institut Energie am Bau, Muttenz IEBau, 2008

[79] Eberhard, M., Erdwärmesondenfeld Aarau. Heizen und Kühlen („Free-Cooling") eines großen Bürogebäudes mit teilweise wärmeisolierten Erdwärmesonden, Bundesamt für Energie Ittigen/Bern 2005

[80] Kühn, K. et al., Praxisanwendung der verteilten faseroptischen Temperaturmessung – GESO® LDS-R, die Lösung für Sicherheit an Rohrleitungen für Gas, Fernwärme und Gefahrstoffe. FITR Forschungsinstitut für Tief- und Rohrleitungsbau, Kongress Weimar 2008

[81] Küchenmeister, R., Sensordaten erfassen und auswerten, Energy 2.0, Ausg. 04,2010, München 2010

[82] SIA 384-6. Erdwärmesonden, Schweizer Norm 2010

[83] Eugster, W., BAFU-Praxishilfe „Wärmenutzung aus Boden und Untergrund" und SIA Norm 384/6 „Erdwärmesonden", FWS, 2008

[84] Kühl, T. et al., Responsetests zur Auslegung komplexer Systeme, GEOWATT AG Zürich 2009

[85] Popp, T., Verfüllbaustoff/Geothermie. Fischer Spezialbaustoffe, Vortrag Herrenberger Tiefbautag 2010

[86] GEOtight™ der Gewebepacker für das dauerhafte und sichere Abdichten von Erdwärmesonden-Bohrungen, Haka Gerodur Werksschrift

[87] Anbindung und Verteilung von Erdwärmesonden, BBR Sonderheft, Bonn 2010

[88] Lanz, V., Entsorgung von Bohrabwasser und Bohrschlamm, Neues Merkblatt AR – AI – SG. Departement Bau und Umwelt (DBU), Amt für Umwelt (AfU) St. Gallen 2011

[89] Colling, C., Die moderne Wärmepumpentechnik & Einsatz von modernen Kältemitteln in Wärmepumpenanlagen, TWK Karlsruhe, Vortrag VSHK Oberösterreich 2011

[90] Wang, S. et al., Digital Scroll Technology. Copeland Corporation Hong Kong 2008

[91] Swiercz, G., Scroll Compressor Technology,. Vortrag. Emerson – Copeland scroll 2011

[92] Scroll Verdichter für Klimaanwendungen ZR18K* bis ZR380K*, ZP24K* bis ZP485K*, Werksschrift. Emerson – Copeland scroll 2011

[93] Zufrieden mit Geothermie: Die Ergebnisse, EnBW Studie 2009

[94] Afjei, T., Heizen und Kühlen mit erdgekoppelten Wärmepumpen, Eidgenössisches Department für Umwelt, Verkehr, Energie und Kommunikation Bern 2007

[95] Miara, M. et al., Wärmepumpen Effizienz. Messtechnische Untersuchungen von Wärmepumpenanlagen zur Analyse und Bewertung der Effizienz im Betrieb, Fraunhofer-Institut für Solare Energiesysteme ISE 2010

[96] Feldmessung. Wärmepumpen im Gebäudebestand, Fraunhofer-Institut für Solare Energiesysteme ISE 2010

[97] Grimm, R., Einsatz großer Wärmepumpen im Industrie- und Gewerbebau, geoENERGIE Konzept GmbH, Vortrag Dresden 2010

[98] Grimm, R., Das Erdreich als Wärmequelle und -senke für komplexe Wärmepumpenanlagen, geoENERGIE Konzept GmbH, Seminarreihe Dresden-Leipzig-Erfurt-Berlin, Uponor Academy 2011/2012

[99] Lambauer, J. et al., Industrielle Großwärmepumpen – Potenziale, Hemmnisse und Best-Practice Beispiele, Institut für Energiewirtschaft und Rationelle Energieanwendung Stuttgart 2008

[100] Zimmermann, M., Handbuch der passiven Kühlung, EMPA Bern 1999

[101] Fisch, M. N. et al., Erdwärme für Bürogebäude nutzen, Fraunhofer IRB Verlag, Stuttgart 2011

[102] Frohn, B., Balanced Office Building – BOB. Bürogebäude mit optimierten Lebenszykluskosten als Produkt, Expertenforum Beton 2010 „Energiespeicher Beton", St. Pölten

[103] Frohn, B. et al., Neubau eines energetisch optimierten Bürogebäudes Bob – Balanced Office Building, Endbericht, Fachhochschule Köln, Institut für Technik und Ökologie 2007

[104] EnBau, Bürogebäude BOB – Balanced Office Building

[105] Schmidt, M. et al., INNOREG. Energiesparende Raumklimatechnik für die regenerative Wärme- und Kälteerzeugung, Abschlussbericht, DBU Osnabrück 2005

[106] Fisch, N. M., Effizient Planen, Bauen und Betreiben – der Weg zu mehr Effizienz, Uponor Kongress St. Christoph 2008

Internet-Links und weitere Arbeitshilfen enthalten in:

[107] Günther, M., Nachhaltigkeitszertifikate und Lebenszykluskostenanalyse, Kongressbroschüre, Uponor Kongress St. Christoph 2012.

3 Sommerlicher Wärmeschutz und Nutzenergiebedarf von Gebäuden

		Seite
3.1	Neufassung der DIN 4108-2	81
3.1.1	Neuerungen zum sommerlichen Wärmeschutz	81
3.1.2	Neue Klimadaten	82
3.1.3	Abstimmung Simulation und vereinfachtes Verfahren	86
3.1.4	Nachtlüftung	88
3.1.5	Passive Kühlung – Sohlplattenkühlung	90
3.1.5.1	Funktionsweise	90
3.1.5.2	Beispiel: Zentrum für Umweltbewusstes Bauen	91
3.1.6	Nachweisverfahren zum sommerlichen Wärmeschutz	94
3.1.6.1	Allgemeines	94
3.1.6.2	Nachweisführung	95
3.1.6.3	Verfahren Sonneneintragskennwerte	99
3.1.7	Simulation	106
3.1.8	Ausblick auf künftige Entwicklungen im Bereich des sommerlichen Wärmeschutzes	107
3.2	Heizwärme- und Kühlkältebedarf von Gebäuden gemäß DIN V 18599 – Grundlagen und Neuerungen	108
3.2.1	Einleitung	108
3.2.2	Übersicht über Neuerungen in DIN V 18599-2:2011-12	110
3.2.2.1	Transmissionswärmetransferkoeffizienten, Temperatur in angrenzenden Räumen und Temperatur-Korrekturfaktoren	110
3.2.2.2	Bestimmung des Infiltrationsluftwechsels	110
3.2.2.3	Fensterlüftung	111
3.2.2.4	Strahlungswärmequellen und -senken, interne Wärme- und Kältequellen	111
3.2.2.5	Spezifischer Transmissionswärmetransferkoeffizient	112
3.2.2.6	Heizlast	112
3.2.3	Saisonaler Luftwechsel bei Wohnnutzung	112
3.2.3.1	Hintergrund	112
3.2.3.2	Berechnungsansatz	114
3.2.3.3	Auswirkungen auf die Nutzenergiebedarfe für Heizen und Kühlen	116
3.2.4	Bedarfsgerechte Fensterlüftung bei Nichtwohnnutzungen	118
3.2.4.1	Hintergrund	118
3.2.4.2	Auswirkungen auf den Nutzenergiebedarf für Heizen und Kühlen	119

Seite

3.2.5	Einfluss der Gebäudeautomation	120
3.2.5.1	Berechnungsansatz	120
3.2.5.2	Auswirkungen auf den Nutzenergiebedarf für Heizen	121
3.2.6	Berücksichtigung neuer Klimadaten	122
3.2.6.1	Hintergrund	122
3.2.6.2	Auswirkungen auf den Nutzenergiebedarf für Heizen und Kühlen	124
3.2.7	Maximale Heizleistung	124
3.2.7.1	Hintergrund	124
3.2.7.2	Auswirkungen auf die maximale Heizleistung	126
3.3	**Energieeinsparverordnung und Effizienzhaus-Standards**	**126**
3.3.1	Das Referenzgebäudeverfahren	127
3.3.2	Nebenanforderung an den baulichen Wärmeschutz	129
3.3.3	KfW-Förderung	129
3.3.3.1	Grundlagen der Förderung	129
3.3.3.2	Entwicklung der KfW-Förderung bei neu errichteten Wohngebäuden	130
3.4	**Fazit**	**132**
3.5	**Literatur**	**134**

3.1 Neufassung der DIN 4108-2

Im Oktober 2011 wurde DIN 4108-2 „Wärmeschutz und Energie-Einsparung in Gebäuden – Teil 2: Mindestanforderungen" [1] als Entwurf in einer Neufassung veröffentlicht [2]. Die weiteren Ausführungen in diesem Kapitel behandeln den fortgeschriebenen Norm-Entwurf und damit die wesentlichen Eckpunkte der neuen Normenfassung, die als Weißdruck im Februar 2013 erschienen ist.

Neben einer klareren Formulierung des Anwendungsbereichs und der Einführung neuer Definitionen wurden schwerpunktmäßig folgende Änderungen vorgenommen:

- „Mindestwerte für Wärmedurchlasswiderstände von Bauteilen" wurden überarbeitet;
- ein Unbedenklichkeitskriterium hinsichtlich Schimmelbildung in Ecken wurde aufgenommen;
- Mindestanforderungen an den sommerlichen Wärmeschutz wurden an neue Klimadaten angepasst und in diesem Zusammenhang wurde eine neue Klimakarte erstellt;
- weiterhin wurde das Nachweisverfahren für den Wärmeschutz im Sommer überarbeitet.

3.1.1 Neuerungen zum sommerlichen Wärmeschutz

Bei der Errichtung von Neubauten fordert die Energieeinsparverordnung (EnEV) 2009 [3], dass die Anforderungen an den sommerlichen Wärmeschutz nach DIN 4108-2 einzuhalten sind. Bereits im Zuge der Vorbereitung der EnEV 2009 wurde festgestellt, dass dem Wärmeschutz im Sommer insbesondere bei Nichtwohngebäuden, in der Tendenz aber auch bei Wohngebäuden, eine wachsende Bedeutung zukommt. Es zeigte sich aber auch, dass das Regelwerk in Form der DIN 4108-2 aus dem Jahr 2003 nicht ausreichend ist,

- um den sich verändernden klimatischen Randbedingungen Rechnung zu tragen,
- um, vor diesem Hintergrund, den sommerlichen Wärmeschutz eines Gebäudes richtig auszulegen und
- um in der EnEV eindeutige Anforderungen an den sommerlichen Wärmeschutz zu formulieren.

Die Bedeutung des erstgenannten Punktes wird auch dadurch zum Ausdruck gebracht, dass die EnEV 2009 hinsichtlich des Nachweisverfahrens Folgendes vorgibt:

Wird zur Berechnung [...] ein ingenieurmäßiges Verfahren (Simulationsrechnung) angewendet, so sind abweichend von DIN 4108-2:2003-07

Randbedingungen zu beachten, die die aktuellen klimatischen Verhältnisse am Standort des Gebäudes hinreichend gut wiedergeben.

Im Rahmen eines Forschungsprojekts wurden die normativen Grundlagen überarbeitet und aktualisiert [4], um somit die Basis für eine Neufassung der DIN 4108-2 zu schaffen, welche von der künftigen Energieeinsparverordnung zum Nachweis in Bezug genommen wird. Hinsichtlich der Normüberarbeitung standen folgende Ziele im Vordergrund:

- Anpassung der Nachweisverfahren an aktuelle Klimarandbedingungen,

- verbesserter Abgleich zwischen vereinfachtem Verfahren und dynamisch-thermischer Simulation,

- Unterscheidung zwischen Wohn- und Nichtwohngebäuden, auch im vereinfachten Verfahren,

- Überprüfung und Erweiterung der Möglichkeiten zur Berücksichtigung von Nachtlüftung im Rahmen der Nachweisführung,

- Berücksichtigung passiver Kühlung.

In den folgenden Abschnitten werden die wesentlichen Änderungen hinsichtlich der Anforderungen an den sommerlichen Wärmeschutz und der Nachweismethodik näher erläutert.

3.1.2 Neue Klimadaten

Im Zuge der Überarbeitung der Anforderungen an den sommerlichen Wärmeschutz wurden vom Deutschen Wetterdienst (DWD) aus den klimatologischen Erkenntnissen der jüngsten Zeit zum einen mittlere, aber auch extreme Testreferenzjahr-Daten (TRY-Daten) entwickelt [5]. Zusätzlich zu diesen Datensätzen, die aktuelle klimatische Verhältnisse auf Basis von Klimadaten von 1988 bis 2007 beschreiben, sind auch in die Zukunft projizierte Klimadaten generiert worden, welche Auswirkungen des Klimawandels bis zum Jahr 2035 abschätzen sollen. Weiterhin ist im Rahmen der Neuerstellung von Klimadatensätzen ein Softwaretool entwickelt worden, durch welches klimatologische Effekte, die sich infolge innerstädtischer Bebauung ergeben, auf die sogenannten Normaldatensätze aufgeprägt werden können. Hierdurch soll eine überschlägige quantitative Abschätzung und Beschreibung des „Wärmeinseleffekts" in Städten ermöglicht werden.

Für die „Eingruppierung" der TRY-Zonen wurde die Auswertung der Übertemperaturgradstunden vorgenommen. Die Verwendung von Übertemperaturgradstunden anstelle von Überschreitungshäufigkeiten wurde gewählt, da hiermit nicht nur die Dauer, sondern auch die Höhe der Überschreitung der gewählten Grenztemperatur Berücksichtigung findet. Die Definition der Übertemperaturgradstunden lässt sich aus Bild 1 entnehmen. In dem eingetragenen Beispiel sind die Übertemperaturgradstunden auf der Basis einer Grenztemperatur von 26 °C eingetragen. Während die Norm in der Fassung von 2003 lediglich die Dauer der Überschreitung betrachtet hat (rot gekennzeichnete Bereiche), wird nun auch die Höhe der Temperaturüberschreitung (grau hinterlegte Flächen) in die Betrachtung mit einbezogen.

Den Berechnungen hinsichtlich der Eingruppierung von Klimazonen liegt eine typische Eckraum-Situation mit unterschiedlichen fassadenbezogenen Fensterflächenanteilen (Raum b in Bild 2) zugrunde.

In Tabelle 1 und Bild 3 sind die Übertemperaturgradstunden für den Eckraum mit einem Fensterflächenanteil von 50 Prozent und unterschiedlichen

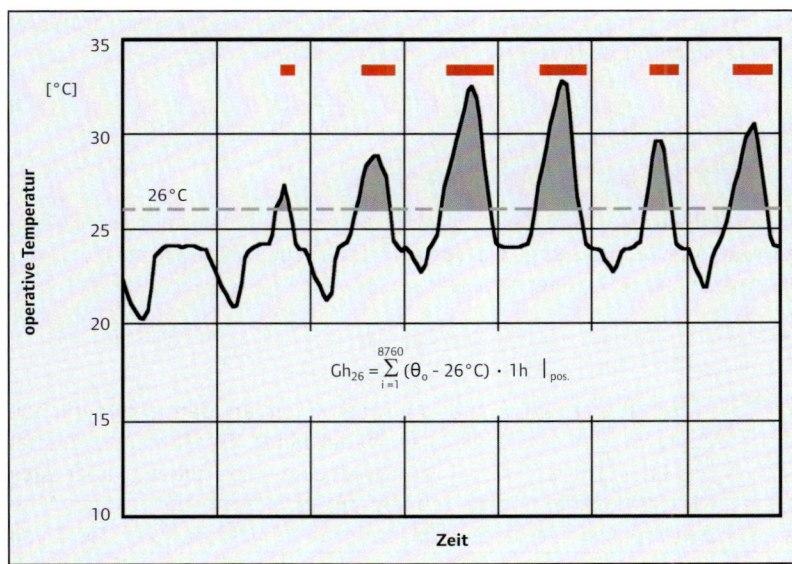

Bild 1
Definition der Größe „Übertemperaturgradstunden" am Beispiel der Bezugstemperatur 26 °C (Gh_{26}). Die rot gestrichelte Linie kennzeichnet die Überschreitungshäufigkeit; die grau gekennzeichneten Felder stellen die Übertemperaturgradstunden dar.

$$Gh_{26} = \sum_{i=1}^{8760} (\theta_o - 26\,°C) \cdot 1h \,|_{pos.}$$

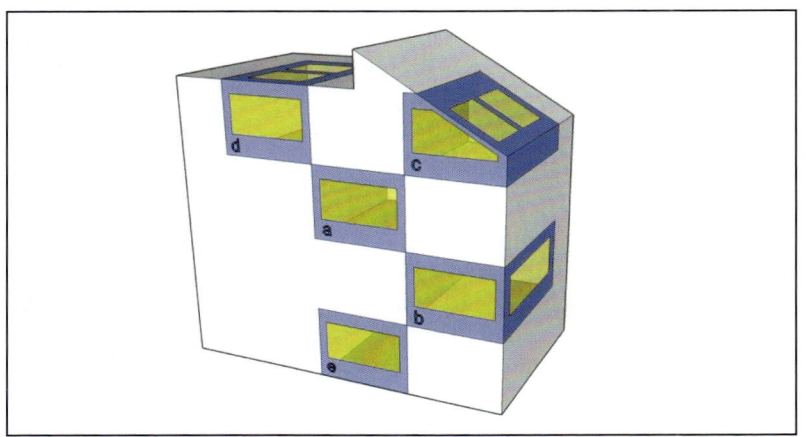

Bild 2
Prinzipskizze untersuchter Modellräume [27], [4]

internen Wärmequellen (120, 100, 50, 72 Wh/(m²d)) bezogen auf eine einheitliche Grenztemperatur von 26 °C aufgeführt. Tabelle 2 und Bild 4 zeigen die Ergebnisse für einen Fensterflächenanteil von 70 Prozent.

Die dargestellten Auswertungen zugrunde legend wurde die folgende Auswahl repräsentativer Datensätze getroffen.
- Klimaregion A: TRY 02 (Rostock)
- Klimaregion B: TRY 04 (Potsdam)
- Klimaregion C: TRY 12 (Mannheim)

Tab. 1 Übertemperaturgradstunden Gh_{26} für einen Eckraum mit 50 % Fensterflächenanteil und unterschiedlichen internen Wärmequellen (120, 100, 50, 72 Wh/(m²d)), Testreferenzjahre Ausgabe März 2011

f_w 50%	Übertemperaturgradstunden Gh_{26}							
	Wohnen 120 Wh(m²d)		Wohnen 100 Wh(m²d)		Wohnen 50 Wh(m²d)		Büro 72 Wh(m²d)	
	Gh_{26}	Rang	Gh_{26}	Rang	Gh_{26}	Rang	Gh_{26}	Rang
	[h]	[-]	[h]	[-]	[h]	[-]	[h]	[-]
TRY01 Bremerhaven	1266	6	1098	7	816	7	424	7
TRY02 Rostock	**792**	**12**	**631**	**13**	**445**	**13**	**332**	**12**
TRY03 Rostock	1252	7	1110	6	884	6	485	6
TRY04 Potsdam	**1911**	**3**	**1599**	**4**	**1241**	**5**	**746**	**3**
TRY05 Essen	1769	5	1562	5	1247	4	616	5
TRY06 Bad Marienburg	750	13	658	12	494	12	261	13
TRY07 Kassel	1862	4	1327	3	1282	3	673	4
TRY08 Braunlage	466	14	394	14	289	14	170	14
TRY09 Chemnitz	1130	8	973	8	730	8	400	8
TRY10 Hof	951	11	815	11	611	11	372	10
TRY11 Fichtelberg	41	15	31	15	20	15	6	15
TRY12 Mannheim	**3246**	**1**	**2785**	**1**	**2236**	**1**	**1331**	**1**
TRY13 Mühldorf	2218	2	1941	2	1560	2	890	2
TRY14 Stötten	1011	10	884	9	656	9	381	9
TRY15 Garmisch	1063	9	844	10	642	10	338	11

Bild 3 Übertemperaturgradstunden Gh_{26} für einen Eckraum mit 50 % Fensterflächenanteil und unterschiedlichen internen Wärmequellen (120, 100, 50, 72 Wh/(m²d)), Testreferenzjahre Ausgabe März 2011

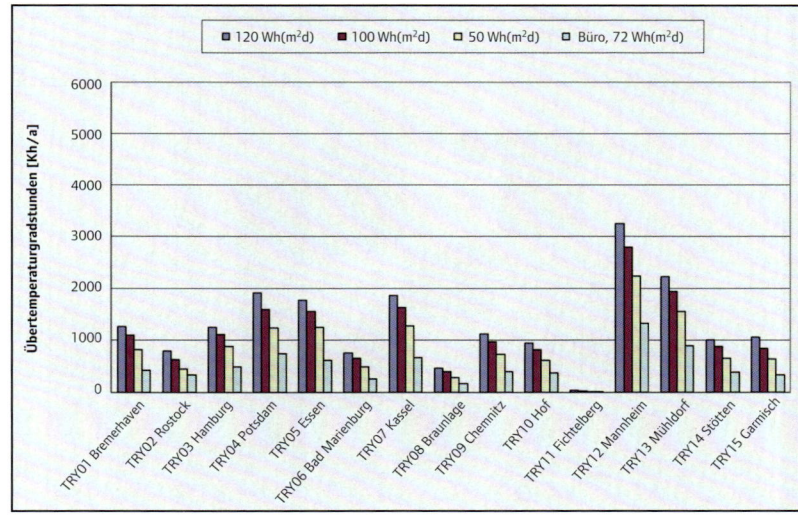

Diese Festlegung erfolgte insbesondere unter Berücksichtigung der Ergebnisse für den 70%igen Fensterflächenanteil, weil dieser Fall von den in [4] untersuchten den kritischsten darstellt.

An dieser Stelle sei bereits darauf hingewiesen, dass für die oben beschriebene Auswahlprozedur für alle drei Regionen eine einheitliche Grenztemperatur von 26 °C zugrunde gelegt wurde, um eine direkte Vergleichbarkeit der Klimaregionen untereinander zu ermöglichen. Im Rahmen des Nachweisverfahrens der Norm werden – wie bislang auch – unterschiedliche Grenztemperaturen berücksichtigt (s. Abschnitt 3.1.6).

f_w 70%	Übertemperaturgradstunden Gh_{26}							
	Wohnen 120 Wh(m²d)		Wohnen 100 Wh(m²d)		Wohnen 50 Wh(m²d)		Büro 72 Wh(m²d)	
	Gh_{26} [h]	Rang [-]	Gh_{26} [h]	Rang [-]	Gh_{26} [h]	Rang [-]	Gh_{26} [h]	Rang [-]
TRY01 Bremerhaven	3372	6	3117	6	2602	6	1330	6
TRY02 Rostock	2257	12	2031	12	1637	12	1041	12
TRY03 Rostock	2646	9	2439	9	2072	9	1127	7
TRY04 Potsdam	3977	4	3631	4	3092	4	1689	3
TRY05 Essen	3826	5	3553	5	3055	5	1543	5
TRY06 Bad Marienburg	2156	13	1961	13	1632	13	859	13
TRY07 Kassel	1099	3	3822	3	3297	3	1656	4
TRY08 Braunlage	1584	14	1421	14	1177	14	663	15
TRY09 Chemnitz	2771	7	2522	7	2094	8	1100	9
TRY10 Hof	2643	10	2407	11	2030	11	1098	10
TRY11 Fichtelberg	302	15	237	15	175	15	103	15
TRY12 Mannheim	5691	1	5318	1	4623	1	2468	1
TRY13 Mühldorf	4528	2	4201	2	3657	2	1921	2
TRY14 Stötten	2641	11	2422	10	2037	10	1107	8
TRY15 Garmisch	2749	8	2463	8	2096	7	1053	11

Tab. 2 Übertemperaturgradstunden Gh_{26} für einen Eckraum mit 70% Fensterflächenanteil und unterschiedlichen internen Wärmequellen (120, 100, 50, 72 Wh/(m²d)). Testreferenzjahre Ausgabe März 2011

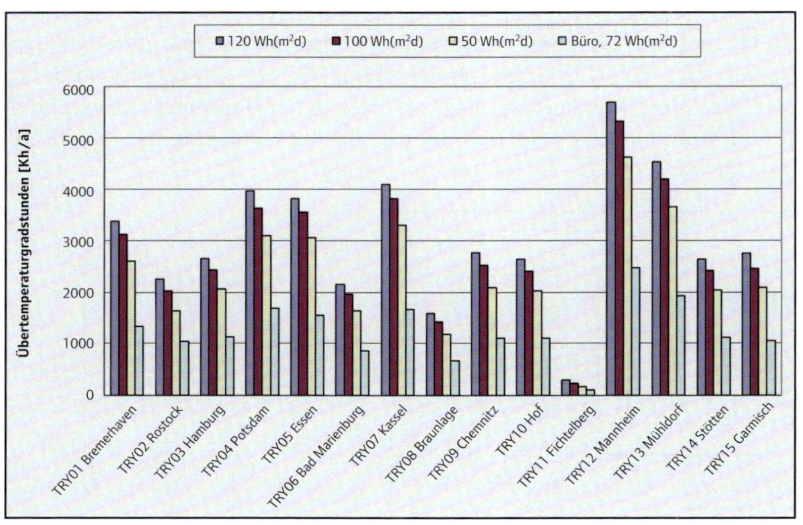

Bild 4 Übertemperaturgradstunden Gh_{26} für einen Eckraum mit 70% Fensterflächenanteil und unterschiedlichen internen Wärmequellen (120, 100, 50, 72 Wh/(m²d)). Testreferenzjahre Ausgabe März 2011

3.1.3 Abstimmung Simulation und vereinfachtes Verfahren

Ein wesentliches Ziel bei der Neufassung der DIN 4108-2 war die Verbesserung des Abgleichs zwischen den Ergebnissen aus dem Sonneneintragskennwert-Verfahren und der dynamisch-thermischen Simulation.

Die hierzu erforderlichen Untersuchungen wurden anhand eines Modellraumes gemäß Bild 5 durchgeführt. Hierbei wurde der dargestellte Zentralraum mit unterschiedlichem Fensterflächenanteil zugrunde gelegt. Weitere Randbedingungen der durchgeführten Berechnungen sind: mittlere Bauart, Klimaregion B (Klima Potsdam), g-Wert: 0,6, Ausrichtung: Ost, mit Nachtlüftung für die Wohnnutzung, ohne Nachtlüftung für die Nichtwohnnutzung.

Die Ausgangssituation und die Ergebnisse der Normenneufassung können aus Bild 6 und Bild 7 entnommen werden. Die beiden jeweils oben gezeigten Diagramme stellen die Ergebnisse gemäß der Normenfassung von 2003 dar. Links ist jeweils die Über- bzw. Unterschreitung des zulässigen Sonneneintragskennwertes dargestellt. Aufgetragen sind diese Über- bzw. Unterschreitungen über dem Kennwert der Sonnenschutzeinrichtung, dem F_C-Wert. Die Parameterkurven stellen unterschiedliche Fensterflächenanteile dar, die in den Stufen 30 Prozent, 50 Prozent, 70 Prozent und 100 Prozent variiert sind. Das Diagramm ist so zu lesen, dass alle Situationen unterhalb der farbig markierten Linie (bei dem Wert Null) zur Erfüllung der Anforderung führen; alle Werte oberhalb der Linie halten die Anforderung nicht ein. Somit lässt sich gemäß Bild 6 für das Verfahren Sonneneintragskennwerte in der Normenfassung 2003 feststellen, dass bei einem Fensterflächenanteil von 30 Prozent ein F_C-Wert von ca. 0,65 und bei einem Fensterflächenanteil von 100 Prozent ein F_C-Wert von rund 0,25 zur Erfüllung der Anforderung führt. Vergleicht man dies mit den Ergebnissen der dynamisch-thermischen Simulation, die rechts oben im Bild für den Fall 2003 dargestellt sind, ist erkennbar, dass für den Fensterflächenanteil von 30 Prozent kein Sonnenschutz erforderlich ist, um die Anforderung einzuhalten (bei einer Überschreitungshäufigkeit der Grenztemperatur zu 10 Prozent der Nutzungszeit liegt die Grenze der Übertemperaturstunden für die Wohnnutzung bei 876 h; für die Nichtwohnnutzung bei 270 h). Bei

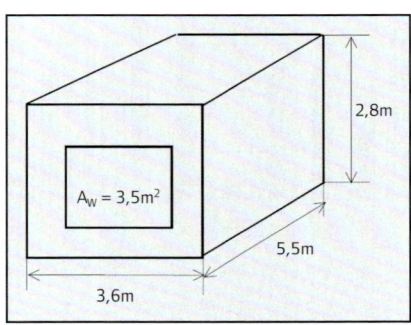

Bild 5
Geometrie des Einraummodells gemäß DIN EN ISO 13791

einem Fensterflächenanteil von 100 Prozent müsste der F_C-Wert < 0,2 betragen. Für das Beispiel in Bild 7 kann aus den beiden oben dargestellten Diagrammen abgelesen werden, dass mit dem Verfahren Sonneneintragskennwerte bei einem Fensterflächenanteil von 100 Prozent ein F_C-Wert von etwa 0,3 zur Erfüllung der Anforderung führt. Die Ergebnisse der Simulation zeigen jedoch, dass ein Fensterflächenanteil ab einer Größe von rund 50 Prozent mit den gewählten Randbedingungen praktisch (ohne Nachtlüftung) nicht umsetzbar ist.

Stellt man nun den Vergleich zwischen dem Verfahren der Sonneneintragskennwerte und dem Ergebnis der Simulation nach dem neuen Verfahren gegenüber, resultieren Ergebnisse, die jeweils den unteren Diagrammen von Bild 6 und Bild 7 zu entnehmen sind. Hierbei ist zunächst zu beachten, dass die Simulation nun als Zielwert nicht mehr Übertemperaturstunden, sondern Übertemperaturgradstunden ausweist. Vergleicht man die Ergebnisse zwischen den Verfahren in der Neufassung der Norm, wird deutlich, dass die Erfüllung der Anforderungen in beiden Verfahren zu etwa gleichen Ergebnissen führt. Das heißt, die Schnittpunkte der Kurven unterschiedlicher Fensterflächenanteile mit den Anforderungswerten (links der Wert 0,

Bild 6
Gegenüberstellung der Ergebnisse des vereinfachten Verfahrens der Sonneneintragskennwerte (links) gegenüber der dynamisch-thermischen Simulation (rechts) bei Wohnnutzung. Die Diagramme oben zeigen die Ergebnisse für die Normenfassung 2003, unten für die Neufassung der Norm.
Fensterflächenanteil:
· · · · · · · · · 30 %
– – – – – 50 %
–·–·–·– 70 %
———— 100 %

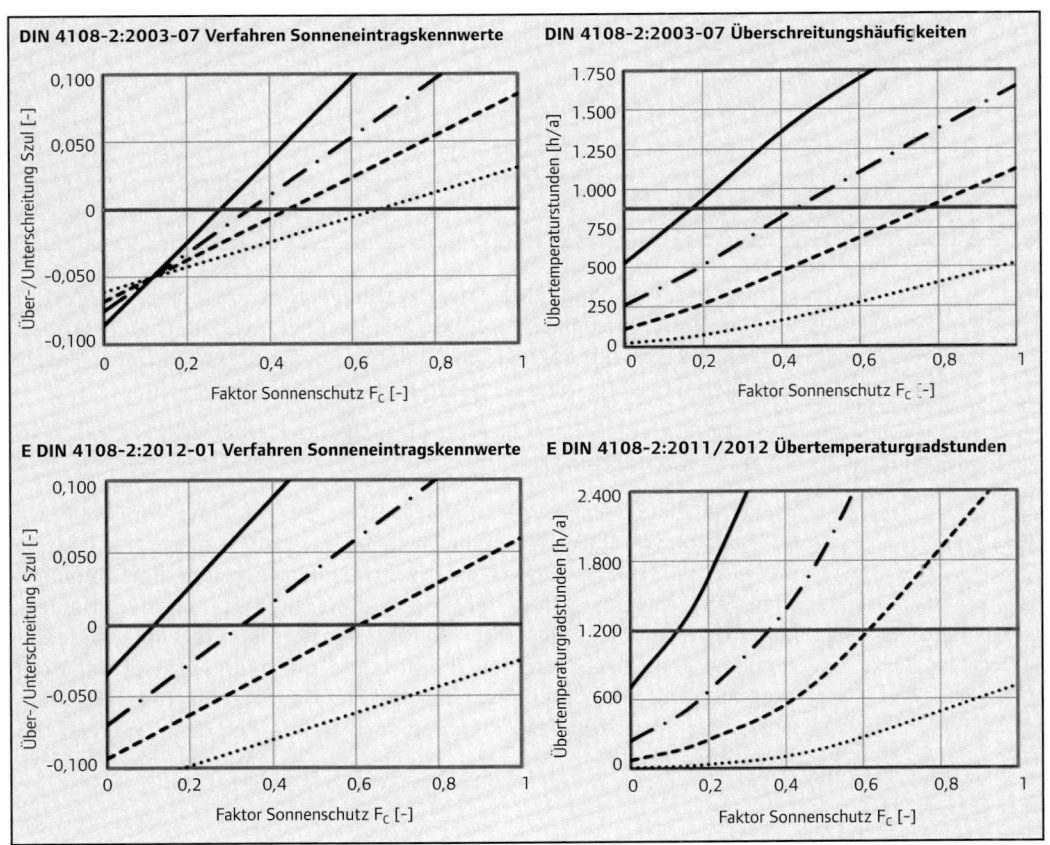

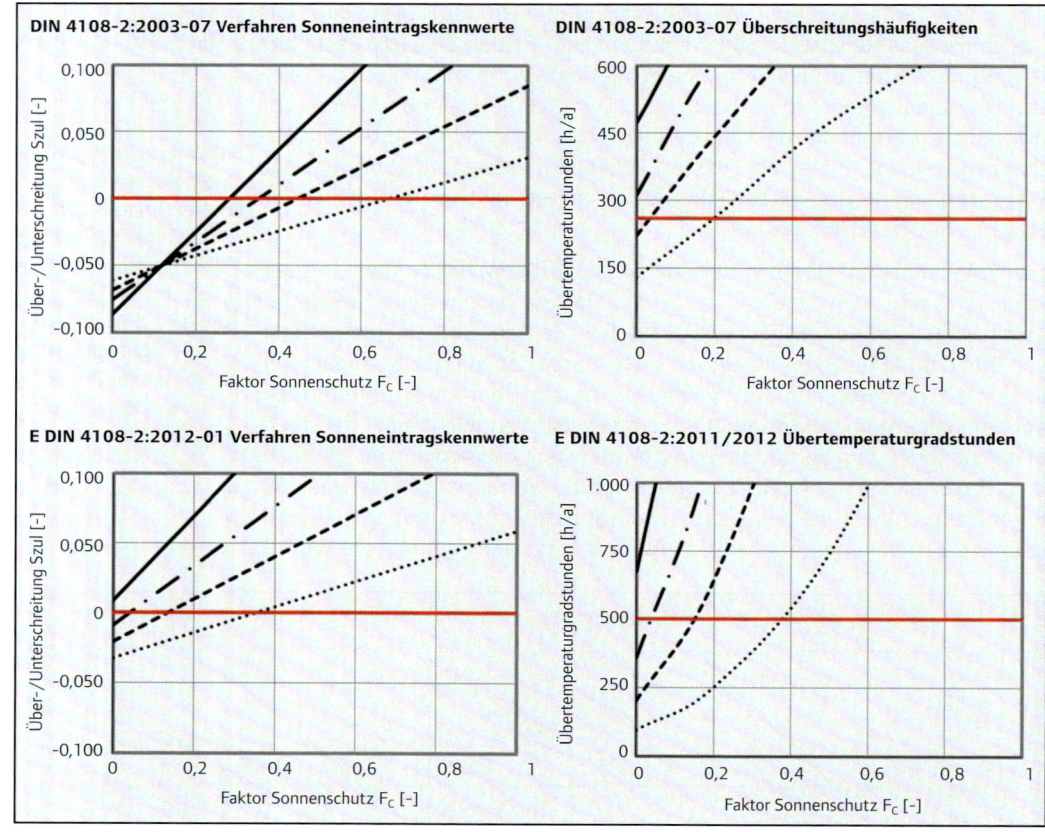

Bild 7
Gegenüberstellung der Ergebnisse des vereinfachten Verfahrens der Sonneneintragskennwerte (links) gegenüber der dynamisch-thermischen Simulation (rechts) bei Nichtwohnnutzung. Die Diagramme oben zeigen die Ergebnisse für die Normenfassung 2003, unten für die Neufassung der Norm.
Fensterflächenanteil:
········· 30 %
- - - - - 50 %
—·—·—·— 70 %
——————— 100 %

rechts der für die Wohnnutzung vorgesehene Wert 1200 bzw. der Wert für die Nichtwohnnutzung von 500 Kh/a) liegen bei etwa gleichen F_C-Werten. Tendenziell wird mit dem Verfahren der Sonneneintragskennwerte jeweils ein Ergebnis erzielt, welches auf der sicheren Seite liegt.

3.1.4 Nachtlüftung

Die Möglichkeit, höhere nächtliche Luftwechsel als durch DIN 4108-2 in der Fassung von 2003 mit einem Wert von $n = 2$ h^{-1} ansetzen zu können, war ein Ziel der Erweiterung der Nachweismöglichkeiten zum sommerlichen Wärmeschutz. Bild 8 stellt hierzu die Ergebnisse unter Zugrundelegung des in Bild 5 dargestellten Zentralraums mit 50 Prozent fassadenbezogenem Fensterflächenanteil die alte und die neue Fassung der Norm gegenüber. Die Randbedingungen der hierzu durchgeführten Berechnungen sind: mittlere Bauart, Klimaregion B (Klima Potsdam), g-Wert: 0,6, Ausrichtung: Ost.

Sommerlicher Wärmeschutz und Nutzenergiebedarf von Gebäuden

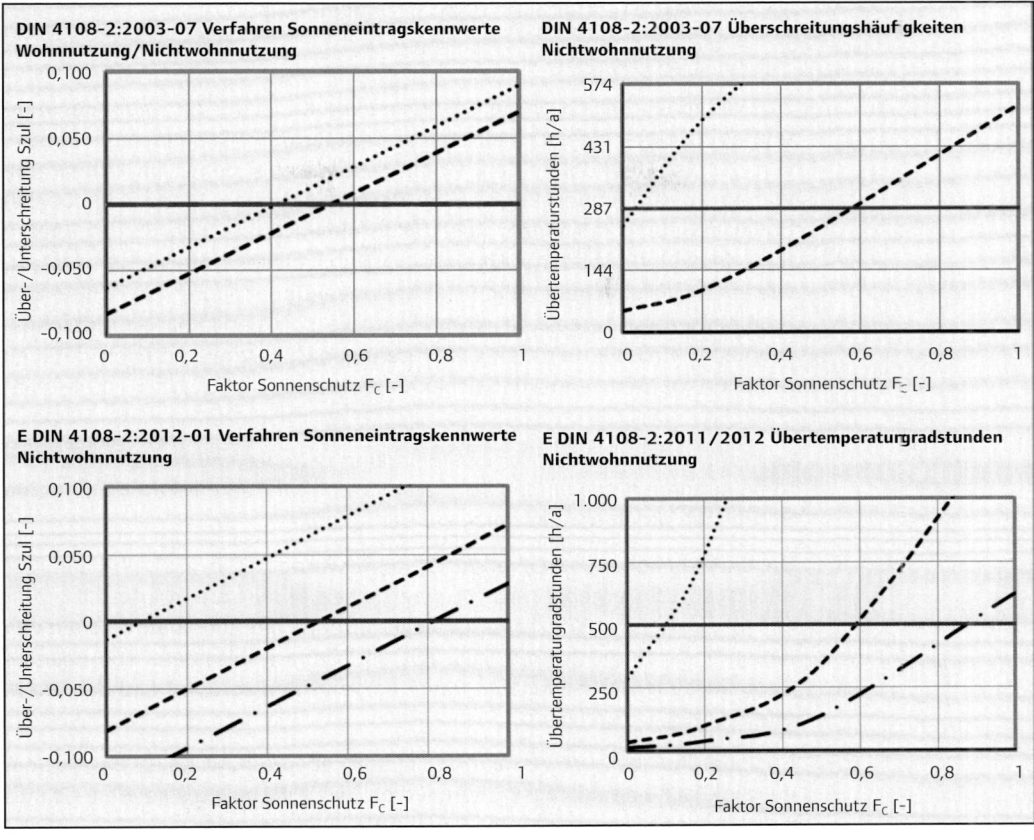

Während DIN 4108-2:2003-07 sowohl im vereinfachten Verfahren als auch in der Simulation nachweistechnisch nur zwischen „ohne Nachtlüftung" (nur Grundluftwechsel außerhalb der Anwesenheitszeit) und „erhöhter Nachtlüftung" ($n = 2$ h^{-1} außerhalb der Anwesenheitszeit) unterscheidet (vgl. Abbildungen oben links und oben rechts in Bild 8), kann nach Neufassung der Norm auch der Fall „hohe Nachtlüftung" ($n = 5$ h^{-1} außerhalb der Anwesenheitszeit, vgl. Abbildungen unten links und unten rechts in Bild 8) berücksichtigt werden. Der Ansatz „erhöhte Nachtlüftung" darf erfolgen, wenn für das zu bewertende Gebäude bzw. für den zu bewertenden Raum die Möglichkeit zur nächtlichen Fensterlüftung (es wird nicht zwischen einseitiger Fensterlüftung und Querlüftung unterschieden) besteht. Von „hoher Nachtlüftung" darf ausgegangen werden, wenn die Möglichkeit zur geschossübergreifenden Gebäudebelüftung (Atriumslüftung) unter Ausnutzung der thermischen Auftriebskraft besteht. Die Ansätze von Luftwechseln in Höhe von 2 h^{-1} und 5 h^{-1} liegen hierbei auf der sicheren Seite. In der Regel können unter realen Bedingungen teilweise noch deutlich höhere Luftwechsel erzielt werden, wie aus zahlreichen Veröffentlichungen (z. B. [30]) und eigenen Untersuchungen hervorgeht.

Bild 8
Nachtlüftungsklassen nach DIN 4108-2: 2003 und nach DIN 4108-2:2012. Auswertung für vereinfachtes Verfahren und Simulationsrechnung.

·········· ohne Nachtlüftung

– – – – – erhöhte Nachtlüftung

—·—·—·— hohe Nachtlüftung (nur für die Neufassung der Norm)

3.1.5 Passive Kühlung – Sohlplattenkühlung

3.1.5.1 Funktionsweise

Zur weitgehend passiven Bereitstellung von Kühlkälte zur Gebäudekonditionierung bietet sich bei kleineren bis mittelgroßen Gebäuden der Einsatz von „Sohlplattenkühlern" an, womit Systeme, bei denen im Kühlfall die Wärme übertragenden Register im Raum (Fußboden, Wand oder Decke) durch Kopplung mit einem Register in einem erdreichberührten Bauteil (hier der Kellerfußboden) gemeint sind. Durch dieses einfache Kühlsystem, wie es vom Prinzip her in Bild 9 mit der Gegenüberstellung von Winter- und Sommerbetrieb dargestellt ist, können die sommerlichen Überhitzungsprobleme in Gebäuden bei relativ geringen Zusatzinvestitionen deutlich reduziert werden, ohne dabei nennenswerte Betriebskosten zu verursachen.

Es steht bei einem solchen System keine beliebig anpassbare Kälteleistung, sondern eine von den Temperaturverhältnissen im Erdreich und den Betriebsparametern abhängige zur Verfügung.

Die Wirksamkeit entsprechender Systeme wurde z. B. in [25], [26] und [28] untersucht. So ergeben sich in einem nach Süden orientierten Raum in Leichtbauart die in Bild 10 dargestellten Überschreitungshäufigkeiten von Raumtemperaturen für die Fälle mit und ohne Kühlsystem. Die positive Beeinflussung der maximalen Raumtemperaturen wird anhand der Grafik offenkundig.

Noch deutlich bessere Verhältnisse sind zu erwarten, wenn für das System ein praktisch unendliches Kältereservoir, wie z. B. bei strömendem Grundwasser der Fall, angenommen werden kann.

Im Wohnungsbau liegen meist günstigere Verhältnisse zwischen den Flächen der Wärme abgebenden Sohlplatte und der Wärme aufnehmenden

Bild 9
Prinzipskizze einer Sohlplattenkühlung

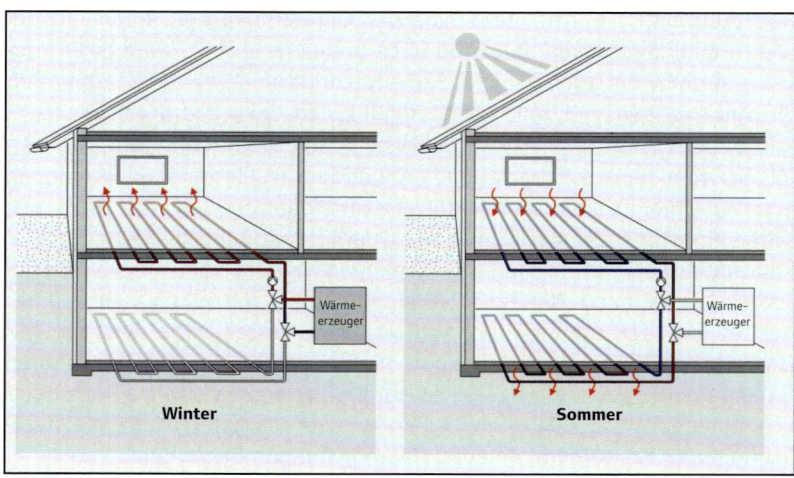

Geschossdecken (A_N/A_G) im Gebäude vor als bei mehrgeschossigen Bürobauten, wobei gerade dieses Verhältnis einen entscheidenden Parameter darstellt [28], vgl. Bild 11.

3.1.5.2 Beispiel: Zentrum für Umweltbewusstes Bauen

Das Zentrum für Umweltbewusstes Bauen (ZUB) wird zur Beheizung und Kühlung auf allen Geschossebenen über wasserdurchströmte Bauteile konditioniert. Die Rohre sind mit einem Verlegeabstand von – in der Regel

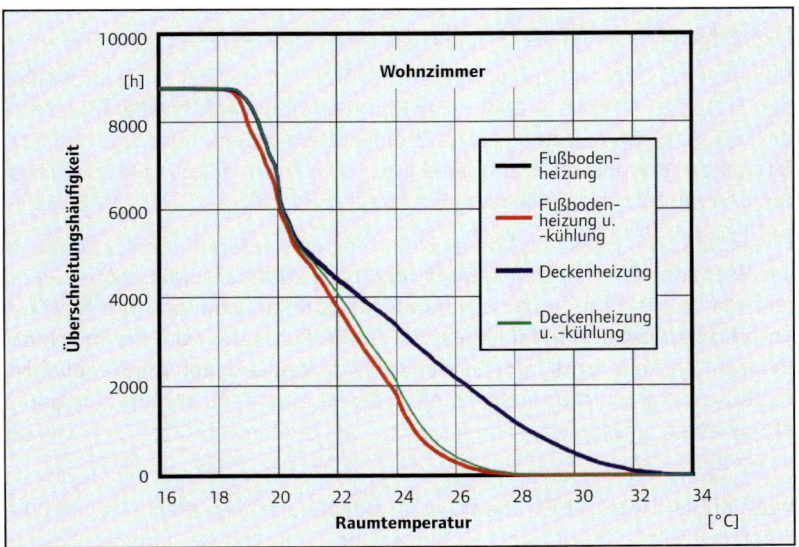

Bild 10
Überschreitungshäufigkeit der Raumtemperatur im Wohnzimmer eines Einfamilienhauses mit und ohne Sohlplattenkühler [28]

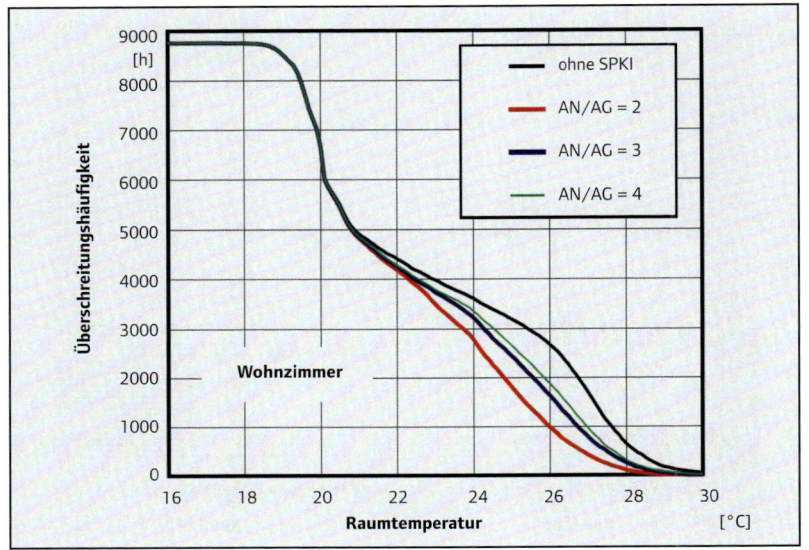

Bild 11
Überschreitungshäufigkeit der Raumtemperatur im Wohnzimmer eines Mehrfamilienhausmoduls bei variablem Verhältnis von Nutz- zu Sohlplattenfläche [28]

– 15 cm eingebracht. Dabei verfügt jeder Büroraum in der Decken- und in der Estrichebene über einen separat regelbaren Kreis, wobei jeweils immer zwei Räume an einen Heizkreisverteiler angeschlossen sind. Über die Regelung des Massenstroms kann die Energieabgabe an die einzelnen Räume gesteuert werden. Die Bereitstellung der Heizwärme erfolgt über einen Fernwärmeanschluss. Das Zentrum für Umweltbewusstes Bauen wird (als Forschungs- und Demonstrationsgebäude) sowohl über die thermisch aktivierte Betondeckenkonstruktion (ein träge arbeitendes System) als auch über ein eingebautes Fußbodensystem konditioniert. Letzteres befindet sich im schwimmenden Estrich und verfügt aufgrund seiner geringeren Masse über eine kürzere Reaktionszeit.

Bei einer maximalen Raumtemperatur von 26 °C kann der Kühlkältebedarf des ZUB rund 30 % über dem Heizwärmebedarf liegen. Um die Kühllasten decken zu können, kommt im ZUB ein Bodenplattenkühler zum Einsatz. Analog zur Bauteilaktivierung sind auch hier Rohrregister (d = 25 mm) in die Bodenplatte des Gebäudes eingebaut (Bild 12).

Wie in Bild 13 dargestellt, konnten während der Messperiode auf der Basis von Stundenwerten Heizleistungen von bis zu 80 W/m² und Kühlleistungen von bis zu 40 W/m² erreicht werden. Im Kühlfall konnten mit geringen Vorlauftemperaturen (minimal ca. 22 °C) die Büros über die thermisch aktivierten Bauteile trotz ihrer begrenzten Leistungsabgabe im Sommer gekühlt werden. Grundvoraussetzung dafür ist eine Reduzierung der Lasten durch einen effektiven Sonnenschutz wie hier im vorliegenden Objekt ausgeführt.

Wie bereits beschrieben, dient das Erdreich unter dem Gebäude als Wärmesenke. Die in den thermisch aktivierten Bauteilen gesammelte Wärme

Bild 12
Schematische Regelung der Heizkreise für den Heiz- sowie Kühlfall [30]

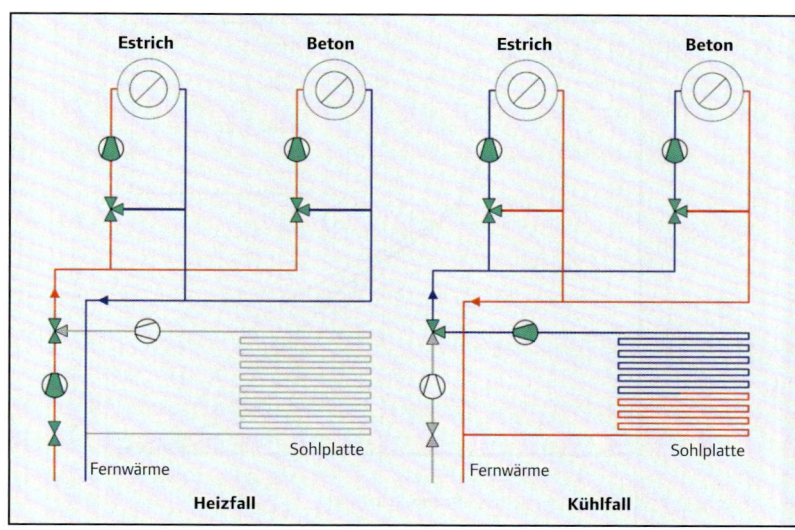

wird über den Sohlplattenkühler an das Erdreich abgegeben. Der thermische Kontakt mit dem Erdreich wird über in der Sohlplatte des Gebäudes angeordnete Rohrregister hergestellt. Bei diesem System entfällt die Rückkühlung wie durch z. B. Kühltürme, welche eine erhebliche Menge an elektrischer Antriebsenergie benötigen. Die Nutzung des Erdreichs zur Rückkühlung kann dagegen als weitestgehend regenerativ gesehen werden. Die Erwärmung des Erdreichs unterhalb des Gebäudes wird in Bild 14 und Bild 15 für die Kühlperioden 2002 und 2003 dargestellt.

Die Messungen zeigen erwartungsgemäß, dass die Veränderungen der Temperaturen nahe der Gebäudeunterseite (– 50 cm) größer sind als in einer größeren Tiefe von 3 m. Darüber hinaus wird deutlich, dass sich das Erdreich während der Winterperioden recht gut erholt, sodass in der nächsten Periode wieder Wärme eingelagert werden kann. Innerhalb einer Kühlperiode stellen sich – in einer typischen Woche – die Temperaturen folgendermaßen dar: Eine langsame Erwärmung des Erdreichs durch die Wärme aus dem Gebäude ist deutlich zu erkennen. Dennoch kann das System eine Rücklauftemperatur zu den thermisch aktivierten Systemen im Gebäude von etwas mehr als 21 °C gewährleisten. Die höheren Rücklauftemperaturen kommen durch Stillstandeffekte zustande. Nach [29] kann als Dauerleistung für die Sohlplattenrückkühlung von einem Wert von ca. 6,6 kW ausgegangen werden. Die mittlere Leistung der Rückkühlung konnte aufgrund der Messungen mit 2,96 kW (minimal 0,35 kW und maximal 16,9 kW) ermittelt werden. Insgesamt wurden 5760 kWh Wärme in der Kühlperiode 2002 und 5870 kWh Wärme in der Kühlperiode 2003 an das Erdreich unter dem ZUB abgegeben.

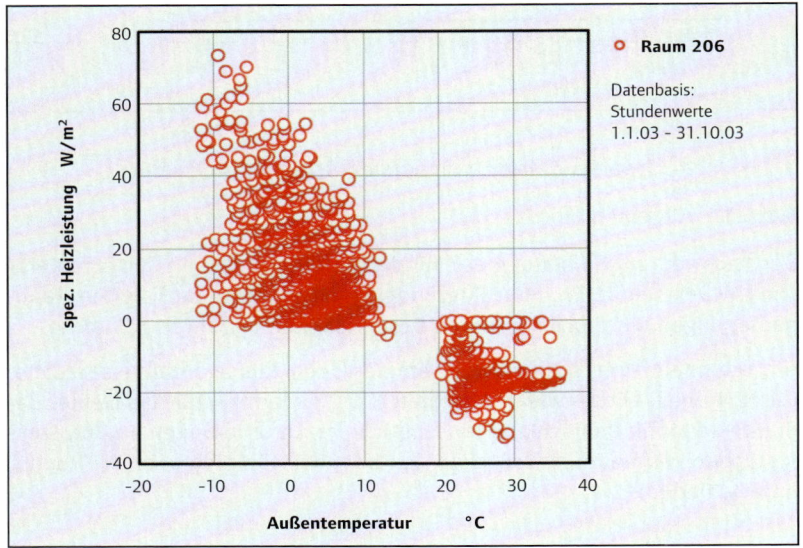

Bild 13
Spezifische Heiz- und Kühlleistung der thermisch aktivierten Bauteile im Messbüro R 2.06 auf der Basis von Stundenwerten. In der angegebenen Periode wurde mit dem Deckensystem gekühlt und dem Bodensystem geheizt [30].

Bild 14
Erdreichtemperaturen in unterschiedlichen Tiefen unter dem östlichen Teil des ZUB während des Monitorings

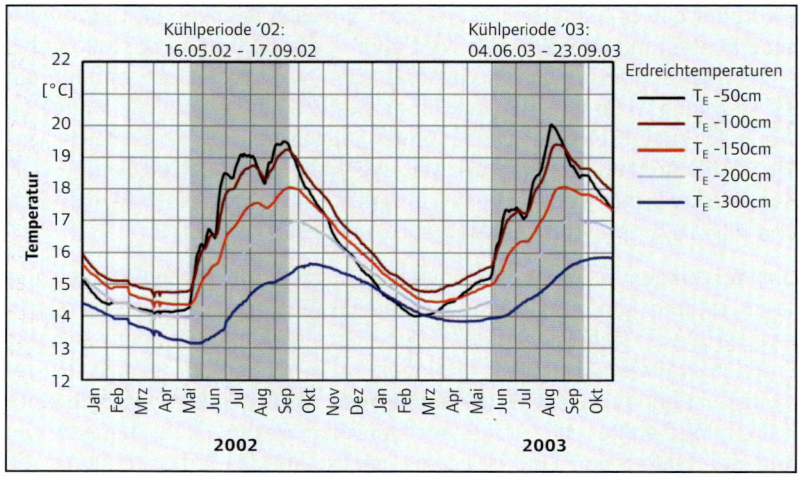

Bild 15
Erdreichtemperaturen in unterschiedlichen Tiefen unter dem westlichen Teil des ZUB während des Monitorings

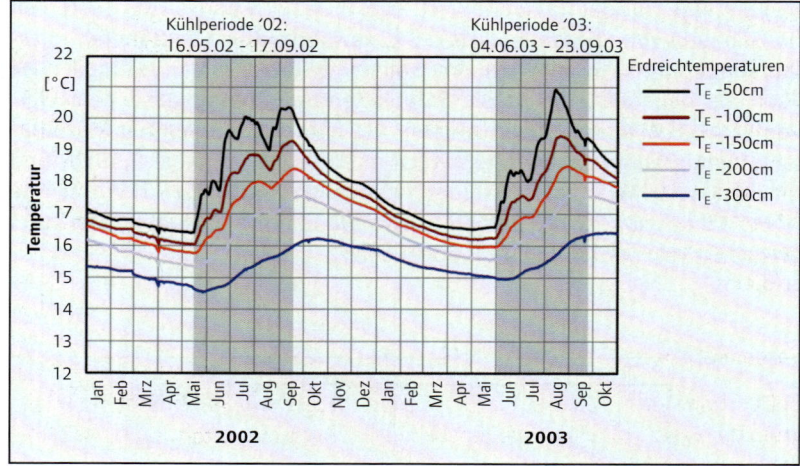

3.1.6 Nachweisverfahren zum sommerlichen Wärmeschutz

3.1.6.1 Allgemeines

Der Nachweis zur Einhaltung der Mindestanforderungen an den sommerlichen Wärmeschutz ist unter Zugrundelegung von standardisierten Randbedingungen mit den im Weiteren beschriebenen Verfahren zu führen.

Um regionale Unterschiede der sommerlichen Klimaverhältnisse zu berücksichtigen, wird – wie in Abschnitt 3.1.2 genannt – für das Gebiet der Bundesrepublik Deutschland hinsichtlich der Anforderungen an den sommerlichen Wärmeschutz zwischen den Sommer-Klimaregionen A, B und C unterschieden.

Die Zuordnung der Klimaregion zu dem individuellen Standort eines Gebäudes erfolgt gemäß Bild 16.

Lässt sich anhand von Bild 16 keine eindeutige Zuordnung zwischen den Sommer-Klimaregionen finden, ist
- zwischen A und B nach B,
- zwischen B und C nach C,
- zwischen A und C nach C

zuzuordnen.

Die Regionalisierung der Karte beruht auf dem Zusammenwirken der Einflussgrößen Lufttemperatur und solare Einstrahlung und dem daraus resultierenden sommerlichen Wärmeverhalten eines Gebäudes (s. Abschnitt 3.1.2).

3.1.6.2 Nachweisführung

Grundsätze der Nachweisführung und Nachweisverfahren

Der Nachweis zur Einhaltung der Anforderungen an den sommerlichen Wärmeschutz ist für „kritische" Räume bzw. Raumbereiche an der Außenfassade, die der Sonneneinstrahlung besonders ausgesetzt sind, durch Ermittlung des vorhandenen Sonneneintragskennwertes und den Nachweis der Einhaltung des zulässigen Sonneneintragskennwertes zu führen. Alternativ kann der Nachweis über die Einhaltung vorgegebener Übertemperaturgradstunden durch dynamisch-thermische Simulationsrechnungen erfolgen.

Voraussetzungen für den Verzicht auf einen Nachweis

Bei Vorhandensein kleiner Fensterflächenanteile allgemein sowie bei begrenzten Fensterflächenanteilen bei der Wohnnutzung werden Bagatellregelungen wie folgt formuliert.

a) Liegt der Fensterflächenanteil unter den in Tabelle 3 angegebenen Grenzen, so kann auf einen Nachweis verzichtet werden.

b) Bei Wohngebäuden sowie bei Gebäudeteilen zur Wohnnutzung, bei denen der kritische Raum einen grundflächenbezogenen Fensterflächenanteil von 35 Prozent nicht überschreitet und deren Fenster in Ost-, Süd- oder Westorientierung (inkl. derer eines Glasvorbaus) mit außen liegenden Sonnenschutzvorrichtungen mit einem Abminderungsfaktor $F_C \leq 0{,}30$ bei Glas mit $g > 0{,}40$ (Wärmedämmglas) bzw. $F_C \leq 0{,}35$ bei Glas mit $g \leq 0{,}40$ (Sonnenschutzglas) ausgestattet sind, kann auf einen Nachweis verzichtet werden. Ein Glasvorbau wird dabei nicht als kritischer Raum herangezogen.

96 Sommerlicher Wärmeschutz und Nutzenergiebedarf von Gebäuden

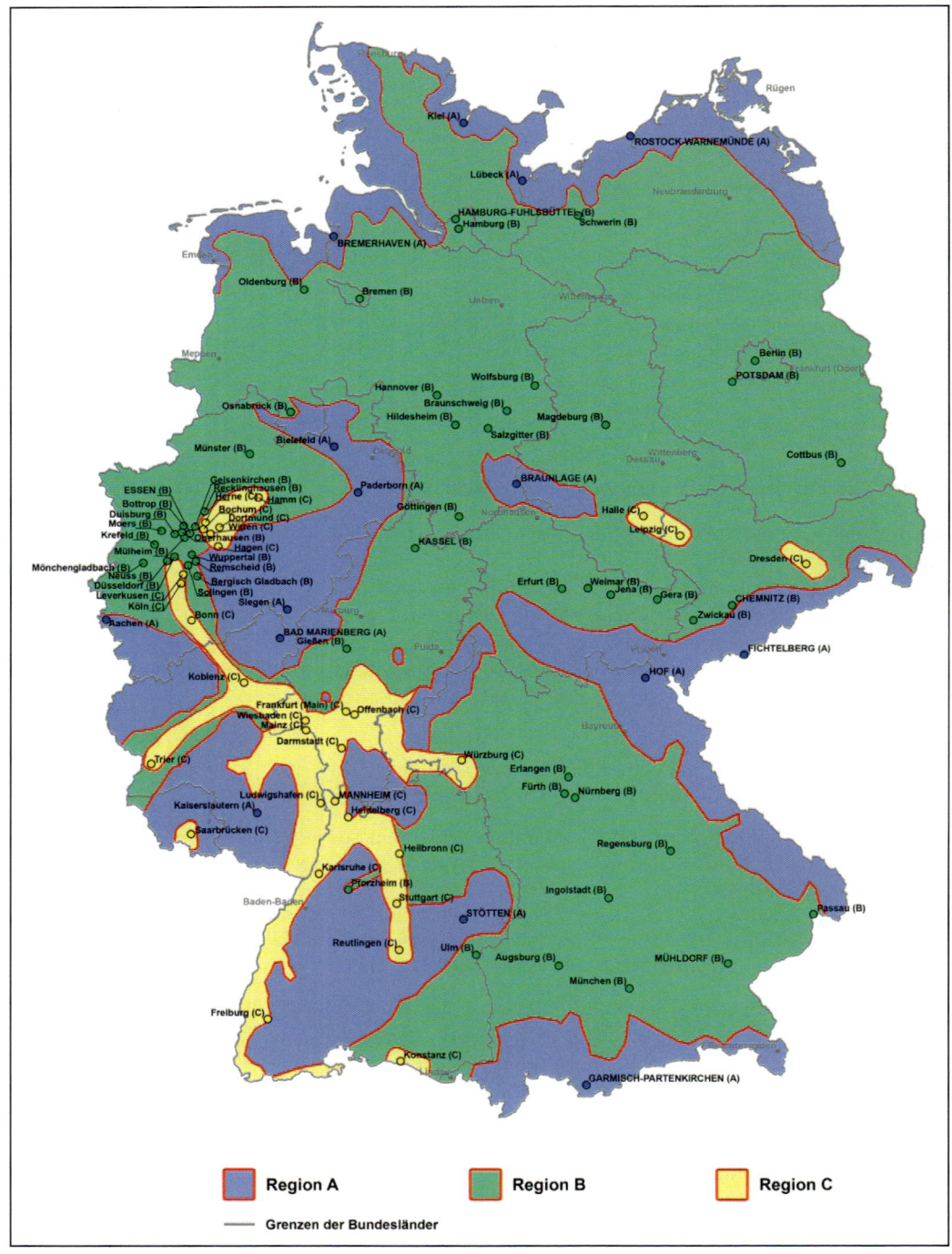

Bild 16
Sommer-Klimaregionen gemäß Neufassung der DIN 4108-2

Spalte	1	2	3
Zeile	Neigung der Fenster gegenüber der Horizontalen	Orientierung der Fenster[b]	grundflächenbezogener Fensterflächenanteil[a] f_{WG} [%]
1	über 60° bis 90°	Nord-West über Süd bis Nord-Ost	10
2		Alle anderen Nordorientierungen	15
3	von 0° bis 60°	Alle Orientierungen	7

Tab. 3 Zulässige Werte des auf die Grundfläche bezogenen Fensterflächenanteils, unterhalb dessen auf einen sommerlichen Wärmeschutznachweis verzichtet werden kann.

[a] Der Fensterflächenanteil f_{WG} ergibt sich aus dem Verhältnis der Fensterfläche zu der Grundfläche des betrachteten Raumes oder der Raumgruppe. Sind beim betrachteten Raum bzw. der Raumgruppe mehrere Fassaden oder z. B. Erker vorhanden, ist f_{WG} aus der Summe aller Fensterflächen zur Grundfläche zu berechnen.
[b] Sind beim betrachteten Raum mehrere Orientierungen mit Fenstern vorhanden, ist der kleinere Grenzwert für f_{WG} bestimmend.

Räume oder Raumbereiche in Verbindung mit unbeheizten Glasvorbauten

Grenzen zu betrachtende „kritische" Räume an unbeheizte Glasvorbauten, so sind bei der Nachweisführung in Abhängigkeit von der Art der Belüftung des Raumes folgende Fallunterscheidungen zu beachten:

1. Mit Belüftung **nur** über den unbeheizten Glasvorbau:

    a) Der Nachweis für den betrachteten Raum gilt als erfüllt, wenn der unbeheizte Glasvorbau einen Sonnenschutz mit einem Abminderungsfaktor $F_C \leq 0{,}35$ und Lüftungsöffnungen im obersten und untersten Glasbereich hat, die zusammen mindestens 10 Prozent der Glasfläche ausmachen.

    b) Ist a) nicht gegeben, ist der Nachweis über eine thermisch-dynamische Simulation zu führen; dabei ist die tatsächliche bauliche Ausführung inklusive des unbeheizten Glasvorbaus in der Berechnung nachzubilden.

2. Mit Belüftung **nicht oder nicht nur** über den unbeheizten Glasvorbau:

    a) Der Nachweis kann mit dem Sonneneintragskennwert-Verfahren geführt werden, als ob der unbeheizte Glasvorbau nicht vorhanden wäre.

    b) Bei einem Nachweis über eine thermisch-dynamische Simulation ist die tatsächliche bauliche Ausführung inklusive des unbeheizten Glasvorbaus in der Berechnung nachzubilden.

Allgemeine Berechnungsrandbedingungen

- Nettogrundfläche und Raumtiefe:

Die Nettogrundfläche A_G wird mit Hilfe der lichten Raummaße ermittelt. Bei sehr tiefen Räumen muss die für den Nachweis anzusetzende Raumtiefe begrenzt werden. Die größte anzusetzende Raumtiefe ist mit der dreifachen lichten Raumhöhe zu bestimmen. Bei Räumen mit gegenüberliegenden Fensterfassaden ergibt sich keine Begrenzung der anzusetzenden Raumtiefe, wenn der Fassadenabstand kleiner/gleich der sechsfachen lichten Raumhöhe ist. Ist der Fassadenabstand größer als die sechsfache lichte Raumhöhe, muss der Nachweis für die beiden der jeweiligen sich ergebenden fassadenorientierten Raumbereiche durchgeführt werden. Bei der Ermittlung der wirksamen Wärmespeicherfähigkeit sind die raumumschließenden Bauteile nur so weit zu berücksichtigen, wie sie das Volumen bestimmen, das aus der Nettogrundfläche A_G und lichter Raumhöhe gebildet wird.

- Fensterrahmenanteil und Fensterfläche:

Das vereinfachte Verfahren mittels des Sonneneintragskennwertes S ist für Fenster mit einem Rahmenanteil von 30 Prozent abgeleitet worden. Näherungsweise kann dieses Verfahren auch bei Gebäuden mit Fenstern angewendet werden, die einen Rahmenanteil ungleich 30 Prozent haben. Soll der Einfluss des Fensterrahmenanteils genauer berücksichtigt werden, muss auf dynamisch-thermische Simulationsrechnungen unter Berücksichtigung vorgegebener Randbedingungen zurückgegriffen werden.

Zur Bestimmung der Fensterfläche A_W wird das lichte Rohbaumaß verwendet, d. h. das Blendrahmenaußenmaß (einschließlich aller Rahmenaufdoppelungen) zuzüglich Einbaufuge oder Montagefuge (vgl. Bild 17). Dabei sind Putz und/oder ggf. vorhandene Bekleidungen nicht zu berücksichtigen.

Bei Dachflächenfenstern kann analog das Außenmaß des Blendrahmens als lichtes Rohbaumaß angenommen werden. Dies gilt unabhängig vom Glasanteil und der Rahmenausbildung.

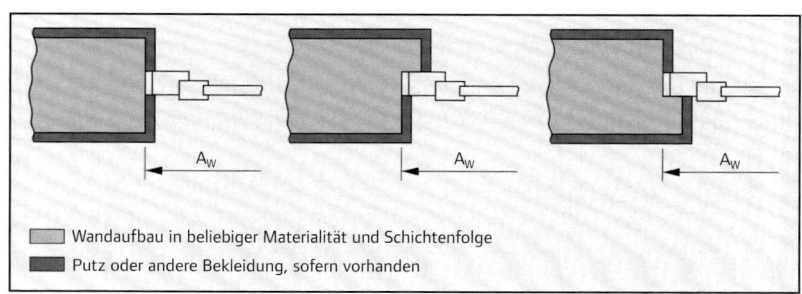

Bild 17
Beispiele zur Ermittlung des lichten Rohbaumaßes bei Fensteröffnungen

3.1.6.3 Verfahren Sonneneintragskennwerte

Das Sonneneintragskennwerte-Verfahren stellt ein vereinfachtes Verfahren zum Nachweis des sommerlichen Wärmeschutzes dar. Für den zu bewertenden Raum oder Raumbereich ist jeweils der vorhandene Sonneneintragskennwert zu bestimmen und dem maximal zulässigen Sonneneintragskennwert gegenüberzustellen.

Der Nachweis der Einhaltung der Anforderungen an den sommerlichen Wärmeschutz ist erbracht, wenn der vorhandene Sonneneintragskennwert den zulässigen Sonneneintragskennwert gemäß Gleichung 1 nicht übersteigt.

$$S_{vorh} \leq S_{zul} \tag{1}$$

Nicht geführt werden kann der Nachweis mit dem in diesem Abschnitt beschriebenen vereinfachten Verfahren, wenn die für den Nachweis in Frage kommenden Räume oder Raumbereiche in Verbindung mit folgenden baulichen Einrichtungen stehen:
- Doppelfassaden oder
- transparente Wärmedämmsysteme (TWD).

Bestimmung des vorhandenen Sonneneintragskennwertes

Für den zu untersuchenden Raum oder Raumbereich ist der vorhandene Sonneneintragskennwert S_{vorh} nach Gleichung 2 zu ermitteln.

$$S_{vorh} = \sum_j \frac{A_{w,j} \cdot g_{total,j}}{A_G} \tag{2}$$

Dabei ist

A_w die Fensterfläche in m²;

g_{total} der Gesamtenergiedurchlassgrad des Glases einschließlich Sonnenschutz, berechnet nach Gleichung 3 bzw. nach DIN EN 13363-1 [22], DIN EN 13363-2 [23] oder nach DIN EN 410 [24] bzw. zugesicherten Herstellerangaben;

A_G die Nettogrundfläche des Raumes oder des Raumbereichs in m².

Die Summe erstreckt sich über alle Fenster des Raumes oder des Raumbereiches.

Der Gesamtenergiedurchlassgrad des Glases einschließlich Sonnenschutz g_{total} kann vereinfacht nach Gleichung 3 berechnet werden. Alternativ kann das Berechnungsverfahren für g_{total} nach DIN V 4108-6, Anhang B verwendet werden.

Zeile	Sonnenschutzvorrichtung[a]	zweifach Sonnenschutzglas	dreifach Wärmedämmglas	zweifach Wärmedämmglas
1	ohne Sonnenschutzvorrichtung	1,00	1,00	1,00
2	**innen liegend oder zwischen den Scheiben**[b]			
2.1	weiß oder hochreflektierende Oberflächen mit geringer Transparenz[c]	0,65	0,70	0,65
2.2	helle Farben oder geringe Transparenz[d]	0,75	0,80	0,75
2.3	dunkle Farben oder höhere Transparenz	0,90	0,90	0,85
3	**außen liegend**			
3.1	Fensterläden, Rollläden			
3.1.1	Fensterläden, Rollläden, $^3/_4$ geschlossen	0,35	0,30	0,30
3.1.2	Fensterläden, Rollläden, geschlossen[e]	0,15	0,10	0,10
3.2	Jalousie und Raffstore; drehbare Lamellen			
3.2.1	Jalousie und Raffstore; drehbare Lamellen, 45° Lamellenstellung	0,30	0,25	0,25
3.2.2	Jalousie und Raffstore; drehbare Lamellen, 10° Lamellenstellung	0,20	0,15	0,15
3.3	Markise, parallel zur Verglasung	0,30	0,25	0,25
3.4	Vordächer, Markisen allgemein, freistehende Lamellen[f]	0,55	0,50	0,50

[a] Die Sonnenschutzvorrichtung muss fest installiert sein. Übliche dekorative Vorhänge gelten nicht als Sonnenschutzvorrichtung.
[b] Für innen liegende Sonnenschutzvorrichtungen ist eine genaue Ermittlung zu empfehlen.
[c] Hochreflektierende Oberflächen mit geringer Transparenz, Transparenz ≤ 10 %, Reflexion ≥ 60 %
[d] Geringe Transparenz, Transparenz < 15 %
[e] Durch den geschlossenen Sonnenschutz ist sehr geringer bis kein Einfall des natürlichen Tageslichts vorhanden.
[f] Bauliche Verschattungen durch eigene oder fremde Gebäude können geometrisch berücksichtigt werden.

Dabei muss näherungsweise sichergestellt sein, dass keine direkte Besonnung des Fensters erfolgt.

Dies ist der Fall, wenn
 · bei Südorientierung der Abdeckwinkel $\beta \geq 50°$ ist;
 · bei Ost- und Westorientierung der Abdeckwinkel $\beta \geq 85°$ und $\gamma \geq 115°$ ist

Der F_C-Wert darf auch für beschattete Teilflächen des Fensters angesetzt werden.
Zu den jeweiligen Orientierungen gehören Winkelbereiche von + 22,5°.
Bei Zwischenorientierung ist der Abdeckwinkel $\beta \geq 80°$ erforderlich.

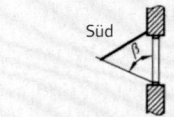

Vertikalschnitt durch Fassade
Süd

 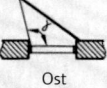

Horizontalschnitt durch Fassade
West   Ost

Tab. 4
Anhaltswerte für Abminderungsfaktoren F_C von fest installierten Sonnenschutzvorrichtungen in Abhängigkeit von der Glasart

$$g_{\text{total}} = g \cdot F_C \quad (3)$$

Dabei ist

g der Gesamtenergiedurchlassgrad des Glases für senkrechten Strahlungseinfall nach DIN EN 410;

F_C der Abminderungsfaktor für Sonnenschutzvorrichtungen nach Tabelle 4.

Sind für Glasflächen bauliche Verschattungen zu berücksichtigen, kann g_{total} in Gleichung 3 anhand der Teilbestrahlungsfaktoren F_S gemäß DIN V 18599-2, Anhang A.2 modifiziert werden. Es sind die jeweiligen Faktoren für den Sommerfall zu verwenden. Die Mehrfachberücksichtigung von einzelnen Einflüssen (insbes. Vordächer) ist hierbei ausgeschlossen.

Bestimmung des zulässigen Sonneneintragskennwertes

Der höchstens zulässige Sonneneintragskennwert S_{zul} ergibt sich aus Gleichung 4.

$$S_{\text{zul}} = \sum S_x \quad (4)$$

Dabei ist

S_x anteiliger Sonneneintragskennwert nach Tabelle 5.

Ergänzend zu den Angaben der Fußnote b in Tabelle 5 kann eine Einschätzung der Einstufung der Bauart anhand der schematischen Bauteildarstellungen in Bild 18 getroffen werden. Der Holzbau findet sich dabei üblicherweise in der Kategorie „leicht" wieder. Schwere Bauart liegt in der Regel bei reinen Beton- oder Kalksandsteinkonstruktionen vor. Bei Einsatz von Porenbetonbauteilen wird bei einer Rohdichte bis ca. 700 kg/m³ üblicherweise die mittlere Bauart vorliegen.

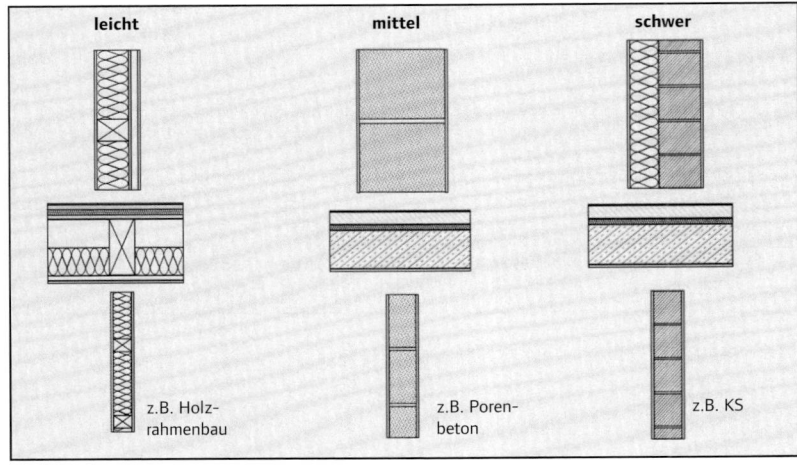

Bild 18
Einstufung der Bauart anhand der vorgesehenen Baukonstruktionen

Tab. 5
Anteilige Sonneneintragskennwerte zur Bestimmungen des zulässigen Sonneneintragskennwertes

Nutzung			Anteiliger Sonneneintragskennwert S_x					
			Wohngebäude			Nichtwohngebäude		
Klimaregion [a]			A	B	C	A	B	C
Nachtlüftung und Bauart								
S_1	Nachtlüftung	Bauart[b]						
	Ohne	leicht	0,071	0,056	0,041	0,013	0,007	0,000
		mittel	0,080	0,067	0,054	0,020	0,013	0,006
		schwer	0,087	0,074	0,061	0,025	0,018	0,011
	erhöhte Nachtlüftung[c] mit n ≥ 2h^{-1}	leicht	0,098	0,088	0,078	0,071	0,060	0,048
		mittel	0,114	0,103	0,092	0,089	0,081	0,072
		schwer	0,125	0,113	0,101	0,101	0,092	0,083
	hohe Nachtlüftung[d] mit n ≥ 5h^{-1}	leicht	0,128	0,117	0,105	0,090	0,082	0,074
		mittel	0,160	0,152	0,143	0,135	0,124	0,113
		schwer	0,181	0,171	0,160	0,170	0,158	0,145
Grundflächenbezogener Fensterflächenanteil f_{WG} [e]								
S_2	$S_2 = a - b \cdot f_{WG}$	a	0,060			0,030		
		b	0,231			0,115		
Sonnenschutzglas [f]								
S_3	Fenster mit Sonnenschutzglas mit g ≤ 0,4		0,03					
Fensterneigung [g]								
S_4	0° ≤ Neigung ≤ 60° (gegenüber der Horizontalen)		$-0{,}035 \, f_{neig}$ [g]					
Orientierung								
S_5	Nord-, Nordost- und Nordwest-orentierte Fenster, soweit die Neigung gegenüber der Horizontalen > 60° ist sowie Fenster, die dauernd vom Gebäude selbst verschattet sind.		$+0{,}10 \, f_{nord}$ [h]					
Einsatz passiver Kühlung[i]								
S_6		Bauart						
		leicht	0,02					
		mittel	0,04					
		schwer	0,06					

[a] Ermittlung der Klimaregion nach Bild 16

[b] Ohne Nachweis der wirksamen Wärmespeicherfähigkeit ist von leichter Bauart auszugehen, wenn keine der im Folgenden genannten Eigenschaften für mittlere oder schwere Bauart nachgewiesen sind. Vereinfachend kann von
 · mittlerer Bauart ausgegangen werden, wenn folgende Eigenschaften vorliegen:
  - Stahlbetondecke
  - massive Innen- und Außenbauteile (mittlere Rohdichte ≥ 600 kg/m³)
  - keine innen liegende Wärmedämmung an den Außenbauteilen
  - keine abgehängte oder thermisch abgedeckte Decke
  - keine hohen Räume (> 4,5 m) wie z. B. Turnhallen, Museen usw.

Tab. 5 (fortgesetzt)

- schwerer Bauart ausgegangen werden, wenn folgende Eigenschaften vorliegen:
  - Stahlbetondecke
  - massive Innen- und Außenbauteile (mittlere Rohdichte $\geq 1600\,kg/m^3$)
  - keine abgehängte oder thermisch abgedeckte Decke
  - keine hohen Räume (> 4 m) wie z. B. Turnhallen, Museen usw.

Die wirksame Wärmespeicherfähigkeit darf auch nach DIN EN ISO 13786 (Periodendauer 1d) für den betrachteten Raum bzw. Raumbereich bestimmt werden, um die Bauart einzuordnen; dabei ist folgende Einstufung vorzunehmen:
- leichte Bauart liegt vor, wenn $50\,Wh/(K \cdot m^2) \leq C_{wirk} / A_G \leq 130\,Wh/(K \cdot m^2)$.
- schwere Bauart liegt vor, wenn $C_{wirk} / A_G > 130\,Wh/(K \cdot m^2)$.

c Bei der Wohnnutzung kann in der Regel von der Möglichkeit zu erhöhter Nachtlüftung ausgegangen werden. Der Ansatz der erhöhten Nachtlüftung darf auch erfolgen, wenn durch eine Lüftungsanlage ein nächtlicher Luftwechsel von mindestens $n = 2\,h^{-1}$ sichergestellt werden kann.
Von hoher Nachtlüftung kann ausgegangen werden, wenn für den zu bewertenden Raum oder Raumbereich die Möglichkeit besteht, geschossübergreifende Nachtlüftung zu nutzen (z. B. über angeschlossenes Atrium, Treppenhaus oder Galerieebene).

d Der Ansatz der hohen Nachtlüftung darf auch erfolgen, wenn eine Lüftungsanlage so ausgelegt ist, dass durch die Lüftungsanlage ein natürlicher Luftwechseln von mindestens $n = 5\,h^{-1}$ sichergestellt wird.

e $f_{WG} = A_W / A_G$
mit A_W Fensterfläche
    A_G Nettogrundfläche

Hinweis: Die durch S_1 vorgegebenen anteiligen Sonneneintragskennwerte gelten für grundflächenbezogene Fensterflächenanteile von etwa 25 %. Durch den anteiligen Sonneneintragskennwert S_2 erfolgt eine Korrektur des S_1-Wertes in Abhängigkeit vom Fensterflächenanteil, wodurch die Anwendbarkeit des Verfahrens auf Räume mit grundflächenbezogenen Fensterflächenanteilen abweichend von 25 % gewährleistet wird. Für Fensterflächenanteile kleiner 25 % wird S_2 positiv, für Fensterflächenanteile größer 25 % wird S_2 negativ.

f Als gleichwertige Maßnahme gilt eine Sonnenschutzvorrichtung, welche die diffuse Strahlung nutzerunabhängig permanent reduziert und hierdurch ein $g_{tot} \leq 0,4$ erreicht wird. Bei Fensterflächen mit unterschiedlichem g_{tot} wird S_3 flächenanteilig gemittelt:

$S_3 = 0,03 \cdot A_{W,gtot \leq 0,4} / A_{W,gesamt}$

Dabei ist
$A_{W,gtot \leq 0,4}$ die geneigte Fensterfläche mit $g_{tot} \leq 0,4$;
$A_{W,gesamt}$ die gesamte Fensterfläche.

g $f_{neig} = A_{W,neig} / A_{W,gesamt}$

Dabei ist
$A_{W,neig}$ die geneigte Fensterfläche;
$A_{W,gesamt}$ die gesamte Fensterfläche.

h $f_{nord} = A_{W,nord} / A_{W,gesamt}$

Dabei ist
$A_{W,nord}$ die Nord-, Nordost- und Nordwest-orientierte Fensterfläche, soweit die Neigung gegenüber der Horizontalen > 60° ist sowie Fensterflächen, die dauernd vom Gebäude selbst verschattet sind;
$A_{W,gesamt}$ die gesamte Fensterfläche. Fenster, die dauernd vom Gebäude selbst verschattet werden: werden für die Verschattung F_S-Werte nach DIN V 18599-2:2011-12 verwendet, so ist für jene Fenster $S_5 = 0$ zu setzen.

i Gegebenenfalls flächenanteilig gemittelt zwischen der gesamten Fensterfläche und jener Fensterfläche, auf die diese Bedingung zutrifft.

Beispielrechnung zum Sonneneintragskennwerte-Verfahren

Bild 19
Geometrie des Beispielraums

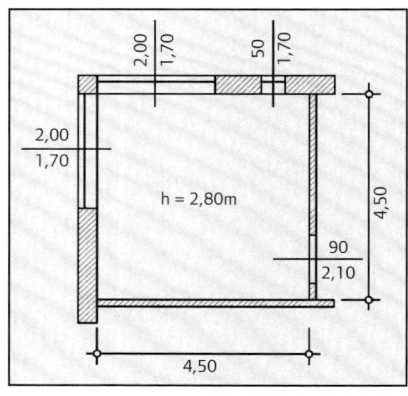

Randbedingungen:

Nutzung	Wohngebäude
Alle Fenster	$g = 0{,}58$
Kein Sonnenschutz	$F_C = 1$
Standort	Kassel

$A_W = 2 \cdot 2 \cdot 1{,}7 + 0{,}5 \cdot 1{,}7 = 7{,}65 \text{ m}^2$ und $A_G = 4{,}5 \cdot 4{,}5 = 20{,}25 \text{ m}^2$

Berechnung des vorhandenen Sonneneintragskennwertes

$$S_{vorh} = \frac{7{,}65 \cdot 0{,}58 \cdot 1}{20{,}25} = \mathbf{0{,}219}$$

Berechnung des zulässigen Sonneneintragskennwertes

Die anteiligen Sonneneintragskennwerte S_1 bis S_6 werden anhand von Tabelle 5 ermittelt.

Der erste anteilige Sonneneintragskennwert wird durch vier unterschiedliche Einflussfaktoren bestimmt:
- die Art der Nutzung,
- die Klimaregion,
- die Höhe der Nachtlüftung,
- sowie die Bauart (leicht, mittel oder schwer).

Das Wohngebäude soll in Kassel errichtet werden, dies entspricht Klimaregion B. Es wird angenommen, dass erhöhte Nachtlüftung mit einem Luftwechsel $\geq 2 \text{ h}^{-1}$ stattfinden kann. Um die Bauart zu ermitteln, muss die wirksame Wärmespeicherfähigkeit für den betrachteten Raum bestimmt werden.

Berechnung von C_{wirk}

$$C_{wirk} = \sum_i (c_i \cdot \rho_i \cdot d_i \cdot A_i)$$

mit:

c_i J/(kg·K) o. Wh/(kg·K) spezifische Wärmekapazität
ρ_i kg/m³ Rohdichte des jeweiligen Stoffes
d_i m Dicke des jeweiligen Stoffes
A_i m² Fläche des Bauteils

Aus der Berechnung in Tabelle 6 ergibt sich eine Einstufung der Bauart in die Kategorie „schwer".

Aus Tabelle 5 lässt sich der Sonneneintragskennwert ablesen:

$S_1 = 0{,}113$

Der zweite anteilige Sonneneintragskennwert ergibt sich aus dem grundflächenbezogenen Fensterflächenanteil f_{WG} und folgender Gleichung:

$\Delta S_2 = a - b \cdot f_{WG}$ mit $f_{WG} = A_W / A_G$

Die Werte für a und b lassen sich aus der Tabelle 5 ablesen, damit ergibt sich für den Raum:

$A_W = 7{,}65\,m^2$
$A_G = 20{,}25\,m^2$
$S_2 = 0{,}060 - 0{,}231 \cdot 7{,}65 / 20{,}25$
$S_2 = -0{,}0273$

Tab. 6
Zusammenstellung der Berechnungswerte für die wirksame Wärmespeicherfähigkeit

Bauteil	Baustoff	Spez. Wärmekapazität c [J/(kg·K)]	Dichte ρ [kg/m³]	Dicke d [m]	Fläche A [m²]	C_{wirk} [J/K]	C_{wirk} [Wh/K]
AW	Gipsputz	1000	1400	0,015	17,55	368.550	102,375
	KS MW	1000	1600	0,085	17,55	2.386.800	663
Decke	Kalkgipsputz	1000	1400	0,01	20,25	283.500	78,75
	Betondecke	1000	2400	0,09	20,25	4.374.000	1.215
Boden	Estrich	1000	2000	0,05	20,25	2.025.000	562,5
IW	Kalkgipsputz	1000	1400	0,01	23,31	326.340	90,65
	KS MW	1000	1600	0,058	23,31	2.163.168	600,88
Tür	Holz	1000	500	0,02	1,89	18.900	5,25
Summe							3318,4
C_{wirk} / A_G [Wh/(m²K)]							163,9

Da keine Sonnenschutzverglasung vorhanden ist, die Fensterneigung gegenüber der Horizontalen 90° (nicht unter 60°) beträgt, keine nach Norden orientierten Fenster vorhanden sind sowie keine passive Kühlung eingesetzt wird, sind alle weiteren Sonneneintragskennwerte S_3 bis S_6 mit 0 anzusetzen.

$S_{zul} = S_1 + S_2 + S_3 + S_4 + S_5 + S_6$

$S_{zul} = 0{,}113 - 0{,}0273 + 0 + 0 + 0 + 0$

$S_{zul} = \mathbf{0{,}0857}$

Nachweis

$S > S_{zul} \rightarrow$ Der Nachweis des sommerlichen Wärmeschutzes ohne Sonnenschutzvorrichtung wird nicht erfüllt!

Um den sommerlichen Wärmeschutz erfüllen zu können, kann eine außen liegende Sonnenschutzvorrichtung mit einem F_C-Wert von 0,25 eingesetzt werden.

Der Sonneneintragskennwert ergibt sich zu

$S = (7{,}65 \cdot 0{,}58 \cdot 0{,}25) / 20{,}25 = \mathbf{0{,}0548}$

$S_{zul} = \mathbf{0{,}0857}$

$S \leq S_{zul} \rightarrow$ Die Anforderung an den sommerlichen Wärmeschutz wird erfüllt!

3.1.7 Simulation

Kommt im Rahmen des Nachweises die dynamisch-thermische Gebäudesimulation zur Anwendung, sind Auswertungen hinsichtlich der resultierenden Übertemperaturgradstunden für den „kritischen" Raum vorzunehmen. Dabei ist der Bezugswert der Übertemperaturgradstunden je nach Klimaregion heranzuziehen. Die Bezugswerte und die je nach Nutzung einzuhaltenden Anforderungswerte sind in Tabelle 7 aufgenommen.

Die Bezugswerte der Innentemperatur variieren, wie auch in der bisherigen Normenfassung, je nach Sommer-Klimaregion. Grund hierfür ist zum einen, dass von einer Adaption des Menschen an das vorliegende Außenklima auszugehen ist. Zum anderen würde ein einheitlicher Bezugswert

Tab. 7 Zugrunde gelegte Bezugswerte der Innentemperaturen für die Sommer-Klimaregionen und Übertemperaturgradstunden-Anforderungswerte

Sommerklimaregion	Bezugswert $\Theta_{b,op}$ der Innentemperatur °C	Anforderungswert Übertemperaturgradstufen Kh/a	
		Wohngebäude	Nichtwohngebäude
A	25		
B	26	1200	500
C	27		

verhindern, dass in den wärmeren Klimaregionen eine ausreichende Tageslichtversorgung stattfinden kann, da die Anforderungen nur mit einem geringen Fensterflächenanteil erfüllt werden könnten. Weiterhin ist zu beachten, dass die angegebenen Bezugswerte der operativen Innentemperaturen nicht im Sinne von zulässigen Höchstwerten für Innentemperaturen zu verstehen sind. Sie dürfen nutzungsabhängig in dem durch die Übertemperaturgradstunden-Anforderungswerte vorgegebenen Maß überschritten werden. Insbesondere wegen standardisierter Randbedingungen erlauben die Berechnungsergebnisse nur bedingt Rückschlüsse auf tatsächliche Überschreitungswerte.

Die bisher gültige Fassung der DIN 4108-2 beinhaltet nur unzureichende Festlegung zu den Berechnungsrandbedingungen, die bei dynamisch-thermischen Simulationen heranzuziehen sind. Die Neufassung hingegen gibt alle wesentlichen Randbedingungen und zu dokumentierenden Angaben vor, um eine bessere Vergleichbarkeit zu ermöglichen. Dies sind die nachfolgend aufgelisteten Randbedingungen und Angaben

- Simulationsumgebung,
- Nutzungen/Nutzungszeiten,
- Klimadaten für die Berechnungen,
- Beginn der Simulationsrechnungen und Zeitraum für die Auswertung,
- interne Wärmeeinträge,
- Soll-Raumtemperatur für Heizzwecke (ohne Nachtabsenkung),
- Grundluftwechsel,
- erhöhter Tagluftwechsel,
- Nachtluftwechsel,
- Steuerung Sonnenschutz,
- Wärmeübergangswiderstände,
- bauliche Verschattung,
- passive Kühlung.

3.1.8 Ausblick auf künftige Entwicklungen im Bereich des sommerlichen Wärmeschutzes

Mit der Bereitstellung neuer Klimadaten des DWD im Jahr 2011 wurden auch Datensätze mit einem prognostizierten Klima für die Periode 2020 bis 2050 bereitgestellt. Zur Verdeutlichung der Klimasituation im Sommer sind in Bild 20 Auswertungen der unterschiedlichen Klimadaten gemäß den Testreferenzjahren 2004, 2011 (aktuell verwendete Klimadaten) und 2035 (Prognosedaten für den Zeitraum 2020 bis 2050) dargestellt. Ausgewertet ist hierbei die Überschreitungshäufigkeit einer Außentemperatur von 25 °C. Aus den Auftragungen lässt sich ablesen, dass eine Fortschreibung und Aktualisierung der Klimadaten dringend notwendig war, da die

Bild 20
Vergleich der Auswirkungen der Testreferenzjahre 2004, 2011 und 2035 auf die Überschreitungshäufigkeiten einer Außentemperatur von 25 °C

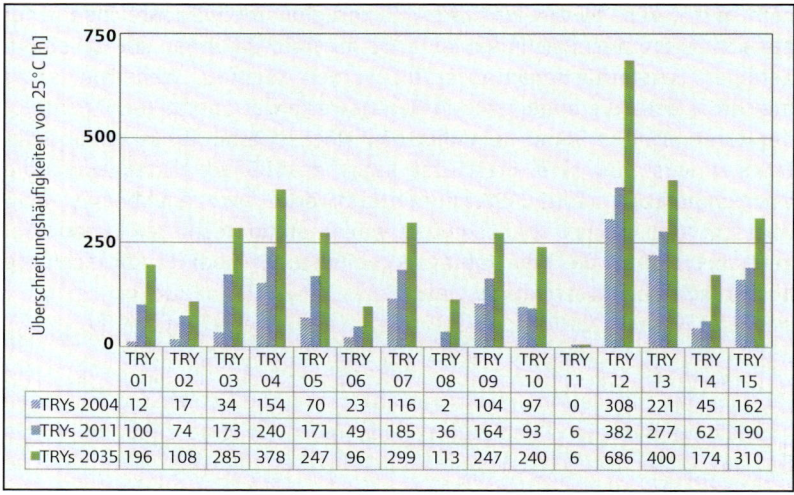

Daten der Testreferenzjahre 2004 aktuelle Klimaereignisse, die über die Testreferenzjahre 2011 abgebildet werden, in keiner Weise wiedergeben. Der in dem Diagramm jeweils in der Mitte dargestellte Balken repräsentiert die aktuelle Situation. Betrachtet man den farbig dargestellten Balken der prognostizierten Entwicklung, so wird deutlich, dass künftig weiterhin mit einem Anstieg sommerlicher Temperaturen zu rechnen ist. Aus der Erhöhung der Außentemperatur lässt sich darauf schließen, dass erhöhte Belastungen für Gebäude einhergehen und somit die Thematik des sommerlichen Wärmeschutzes zukünftig weiter an Bedeutung erlangen wird.

3.2 Heizwärme- und Kühlkältebedarf von Gebäuden gemäß DIN V 18599 – Grundlagen und Neuerungen

3.2.1 Einleitung

DIN V 18599-2 „Nutzenergiebedarf für Heizen und Kühlen von Gebäudezonen" bildet die Grundlage der Bilanzierung des Nutzenergiebedarfs für Heizen und Kühlen einer Gebäudezone (Heizwärme- und Kältebedarf). In einer Fortschreibung der Monatsbilanzierung des Heizwärmebedarfs nach DIN 4108-6 [8] bzw. DIN EN 832 [9] sind in DIN V 18599-2 Anpassungen im Hinblick auf die Einbeziehung des Kühlfalls und die besonderen Aspekte von Nichtwohngebäuden vorgenommen worden.

Die für DIN V 18599-2 entwickelte Methodik integriert die bestehenden Verfahren zur Ermittlung des Heizwärmebedarfs und erweitert diese um die Ermittlung des Kühlbedarfs und um den Einbezug von raumlufttechnischen Anlagen. Der Kühlbedarf wird aus dem Anteil der „für Heizzwecke nicht nutzbaren Wärmeeinträge" ermittelt. Für gekühlte Gebäude stellt dieser Teil der Wärmegewinne diejenige Wärmemenge dar, die durch die Kühlung abgeführt werden muss. Mit den Schnittstellen – Zulufttemperatur und Volumenstrom der mechanischen Lüftung – zu DIN V 18599-3, in der die Aufbereitung der Zuluft im Klimagerät bewertet wird, erfolgt die Einbeziehung raumlufttechnischer Anlagen in die energetische Bewertung der Gebäudezone. In der Bilanz der Gebäudezone nach DIN V 18599-2 wird die zentral auf ein vorgegebenes Temperaturniveau erwärmte oder gekühlte Zuluft als Wärmequelle oder Wärmesenke bei der Bilanzierung berücksichtigt. Der ermittelte Heizwärme- bzw. Kühlbedarf ist damit jeweils der in der Gebäudezone zusätzlich anfallende Bedarf, der beispielsweise über statische Heizsysteme, dezentrale Nacherwärmung oder Nachkühlung gedeckt werden kann. Die ungeregelten Wärmeeinträge des Heizsystems werden in Abhängigkeit vom bestehenden Bedarf und von der Systemauslastung berücksichtigt. Gleiches gilt für Kälteeinträge oder Wärmeeinträge aus dem Kühlsystem. Heizwärme- und Kühlbedarf werden zunächst ohne die Wärme- und Kälteeinträge des Heiz- und Kühlsystems in einer überschlägigen Bilanz ermittelt. Abhängig von der Belastung der Heiz- und Kühlkreise können hieraus in ausreichender Genauigkeit die Verluste aus Übergabe, Verteilung und Erzeugung ermittelt und der in der Gebäudezone wirksame Anteil ausgewiesen werden. Unter Berücksichtigung dieser Wärme- und Kälteeinträge werden anschließend der Ausnutzungsgrad, der Heizwärmebedarf und der Kühlbedarf endgültig bestimmt. Umfassende Darstellungen der Grundlagen des Berechnungsverfahrens von DIN V 18599-2 finden sich in [10] und [11].

Durch die Einbeziehung sowohl des Heizwärme- als auch des Kühlbedarfs in die Gesamtenergiebilanzierung ist es erforderlich, für die einzelnen Bilanzgrößen eine neue Nomenklatur zu etablieren. Bei der früheren ausschließlichen Betrachtung des Heizwärmebedarfs werden Begriffe wie Transmissionswärmeverlust oder solare Wärmegewinne benutzt. Überträgt man diese auf den Kühlfall, hätte die Möglichkeit bestanden, von negativen Transmissionswärmeverlusten oder negativen solaren Gewinnen zu sprechen. Da dies offensichtlich schwierig zu kommunizieren ist, wurden die Begriffe **Wärmesenke** und **Wärmequelle** eingeführt. Eine Wärmesenke stellt einen Wärmestrom dar, der aus der Bilanzzone heraustritt, bzw. Wärmeeinträge mit negativem Vorzeichen (Wärmeverluste oder Kälteeinträge). Eine Wärmequelle kennzeichnet in die bilanzierte Zone eintretende Wärmeströme (Wärmegewinne). In der Bilanz existieren somit Transmissionswärmesenken oder -wärmequellen, Lüftungswärmesenken oder -wärmequellen, solare Wärmequellen oder interne Wärme- oder Kältequellen. Die genannten Zusammenhänge führen weiter dazu, dass die bisher verwendeten Begriffe Transmissions- bzw. Lüftungswärmeverlust ebenfalls zu modifizieren sind. Ohne wertende Bezeichnungen wie Gewinn oder Verlust werden jetzt die Bezeichnung Transferkoeffizient bzw. speziell die Begriffe **Transmissionswärmetransferkoeffizient** und **Lüftungswärmetransferkoeffizient** eingeführt.

Die weiteren Ausführungen in diesem Kapitel sollen einen Überblick über Umfang und Anwendungsmöglichkeiten der DIN V 18599-2 geben. Neben dem Aufzeigen der wesentlichen Berechnungsgrundlagen stehen Erläuterungen zu den in der Bilanzierung anzusetzenden Raumtemperaturen und energetisch wirksamen Luftwechseln im Vordergrund. Hierbei wird insbesondere auf die Neuerungen, die mit der Normenfassung vom Dezember 2011 eingeführt wurden, eingegangen.

Berechnungsbeispiele zeigen auf, welche quantitativen Auswirkungen die veränderten Berechnungsansätze bzw. die veränderten Randbedingungen mit sich bringen.

3.2.2 Übersicht über Neuerungen in DIN V 18599-2:2011-12

In der Normenfassung vom Dezember 2011 wurden Neuerungen aufgenommen, die im Folgenden zunächst kurz im Überblick dargestellt werden. Auf einige für Berechnungsergebnisse bedeutsame Aspekte wird anschließend detaillierter eingegangen.

3.2.2.1 Transmissionswärmetransferkoeffizienten, Temperatur in angrenzenden Räumen und Temperatur-Korrekturfaktoren

Beim vereinfachten Ansatz zur Ermittlung der Temperatur in angrenzenden unbeheizten Zonen mittels F_x-Werten (Temperatur-Korrekturfaktoren) wurde eine Präzisierung hinsichtlich der anzusetzenden geometrischen Randbedingungen bei der Bestimmung des charakteristischen Bodenplattenmaßes aufgenommen.

Der Verweis auf DIN EN ISO 13370 erfolgt nun ohne Datierung, wodurch die aktuelle Ausgabe der Norm in Bezug genommen wird und einige Anpassungen an die Nomenklatur erfolgen.

Des Weiteren wurde der „konstruktive Wärmedurchgangskoeffizient" aus DIN V 4108-6 aufgenommen, der eine Regelungslücke hinsichtlich der Berechnung des U-Wertes an Erdreich grenzender Bauteile schließt.

3.2.2.2 Bestimmung des Infiltrationsluftwechsels

Bei der Bestimmung der Bemessungswerte für die Luftdichtheit ist nun bei Gebäuden mit einem Luftvolumen größer 1500 m³ der hüllflächenbezogene Wert q_{50} in Ansatz zu bringen, wodurch sich die Verhältnisse für große Gebäude besser abbilden lassen.

Die Überarbeitung der Bestimmung des Faktors zur Bewertung der Infiltration bei mechanischer Lüftung enthält eine rechnerische Berücksichtigung von Außenluftdurchlässen (ALD), Korrekturen bei nicht balancierten Systemen (Abluft- bzw. Zuluftüberschuss) sowie die Erweiterung auf Wohnungslüftungsanlagen.

3.2.2.3 Fensterlüftung

Der Berechnungsansatz zur Bestimmung des energetisch wirksamen Luftwechsels bei Fensterlüftung wurde überarbeitet, um den Effekt eines in Abhängigkeit von der Außenlufttemperatur beeinflussten Fensteröffnungsverhaltens und den daraus resultierenden Jahresgang für Wohngebäude abbilden zu können. Der saisonale Ansatz beruht darauf, den anzusetzenden Fensterluftwechsel n_{win} mit einem Jahresgang, also mit monatlich unterschiedlichen Werten zu versehen. Dafür wird ein Faktor eingeführt, welcher abhängig von der Außentemperatur eine saisonale Korrektur des Fensterluftwechsels erlaubt.

Bei einzelnen Nutzungen von Nichtwohngebäuden wird der personenabhängige Anteil des nutzungsbedingten Mindestaußenluftvolumenstroms bei Fensterlüftung analog zur Kategorie „Präsenzmelder" in DIN V 18599-7 durch einen Teilbetriebsfaktor korrigiert.

3.2.2.4 Strahlungswärmequellen und -senken, interne Wärme- und Kältequellen

Die Standardwerte bei den Kennwerten für Verglasungen und Sonnenschutzvorrichtungen in DIN V 18599-2 wurden unter Berücksichtigung der aktuellen Fassung der DIN EN 13363-1 [22] ermittelt. Darüber hinaus sind zusätzliche Kennwerte für Wärmeschutz- und Sonnenschutzgläser aufgenommen.

Hinsichtlich der Berechnung von Glasdoppelfassaden wurden Erweiterungen vorgenommen. Für Doppelfassaden, die einen Abstand der beiden Fassaden von mehr als 50 cm aufweisen, ist ein Berechnungsansatz für die Bestimmung des Lüftungswärmetransferkoeffizienten beschrieben.

Vor dem Hintergrund der Definition von Randbedingungen zur Berechnung des Kühlfalls auch für Wohngebäude können nun auch für Wohngebäude variable Sonnenschutzsysteme in Ansatz gebracht werden. Darüber hinaus können für Nichtwohngebäude Heiz- und Kühlfall mit unterschiedlichen Randbedingungen hinsichtlich der Ausführung und Steuerung des Sonnenschutzes gerechnet werden. Dies ist z. B. der Fall, wenn im Sommerhalbjahr ein außen liegender Sonnenschutz und im Winterhalbjahr nur ein innen liegender Blendschutz zum Einsatz kommt.

Eine neu aufgenommene Rechenprozedur regelt, wie Wärme- bzw. Kälteeinträge für Werk- und Wochenendtage aufgeteilt werden können.

Erweitert ist ebenso die Behandlung der wirksamen Wärmespeicherfähigkeit, die dahingehend präzisiert ist, dass Einrichtungsgegenstände anrechenbar und auch Hallengebäude mit einem Pauschalwert hinterlegt sind.

3.2.2.5 Spezifischer Transmissionswärmetransferkoeffizient

Ein neuer normativer Anhang des Teils 2 enthält eine Definition zur Bestimmung von H_T', welche aus der EnEV 2007 übernommen wurde.

3.2.2.6 Heizlast

In Anhang B werden die Gleichungen zur Bestimmung der maximalen Heizleistung modifiziert, um eine bessere Übereinstimmung mit den Berechnungsergebnissen nach DIN EN 12831 [13] zu erreichen.

3.2.3 Saisonaler Luftwechsel bei Wohnnutzung

Die Randbedingungen für den energetischen Luftwechsel, vor allem für Wohngebäude mit sehr geringem Energiebedarf wurden angepasst, um die Nutzung – also das Fensteröffnungsverhalten – und den Jahresgang besser abbilden zu können. Diese saisonale Änderung des Luftwechsels wurde auch in verschiedenen Forschungsprojekten beobachtet und belegt, jedoch nicht quantifiziert.

3.2.3.1 Hintergrund

Im Rahmen verschiedener Untersuchungen wurde beobachtet, dass – wie zu erwarten war – eine Abhängigkeit zwischen Fensteröffnungsdauer und Außenklima besteht.

Die Messergebnisse und Untersuchungen in [31] zeigen, dass die Außenlufttemperatur die ausschlaggebende Größe bezüglich der Erhöhung der Fensteröffnungszeit ist, demgegenüber sind die Abhängigkeiten bei der Globalstrahlung und der relativen Außenluftfeuchte nur gering, bei der Windgeschwindigkeit nicht besonders ausgeprägt, sie nehmen bis 10 m/s minimal zu. Die Ergebnisse treffen für Wohnungen mit und ohne Lüftungsanlagen zu. Messzeitraum war hierbei das Jahr 1985. Es ergeben sich für die Fensteröffnungszeiten Werte bis zu 30 Prozent bei etwa 25 °C Außenlufttemperatur, dies entspricht rd. 7,2 h/d.

In den Untersuchungen der Passivhäuser in [32] zeigt sich ein ähnlicher Zusammenhang (Messjahr 2001/2002). Bis etwa 5 °C verändern sich die Fensteröffnungsdauern kaum. Ab etwa 10 °C, die gleichzeitig auch etwa der Heizgrenze der Passivhäuser entsprechen, steigen die täglichen Fensteröffnungsdauern fast linear an. Über 18 °C ist kein weiterer Anstieg mehr festzustellen, die Messwerte streuen jedoch stark (Bild 21).

Bei einer weiteren Auswertung von Messwerten [33] zeigt sich ein Sprung in der Fensteröffnungsdauer bei 15 °C, welche der Heizgrenztemperatur der dort vermessenen Gebäude entspricht. Zudem wird eine räumliche Unterscheidung des Öffnungsverhaltens beobachtet, das heißt, bei geringeren Außenlufttemperaturen werden hauptsächlich Schlafzimmerfenster im Obergeschoss gekippt, bei mittleren Außenlufttemperaturen wird auch zusätzlich über Dachfenster und bei noch höheren Außentemperaturen in Wohnbereich und Küche gelüftet. Bei 15 °C zeigt sich der Sprung im Lüftungsverhalten sowohl bei den Kippfenstern als auch bei der Fensterstellung „weit geöffnet". Unterhalb der Heizgrenztemperatur wird nur in sehr geringem Maße über weit geöffnete Fenster gelüftet (Bild 22).

Bild 21
Zusammenhang zwischen Fensteröffnungsdauer und Außentemperatur [32]

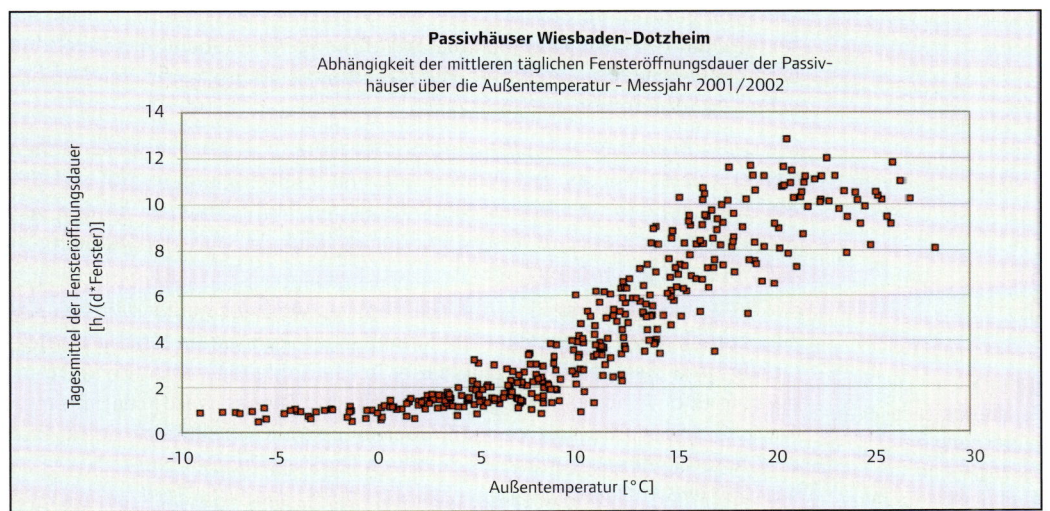

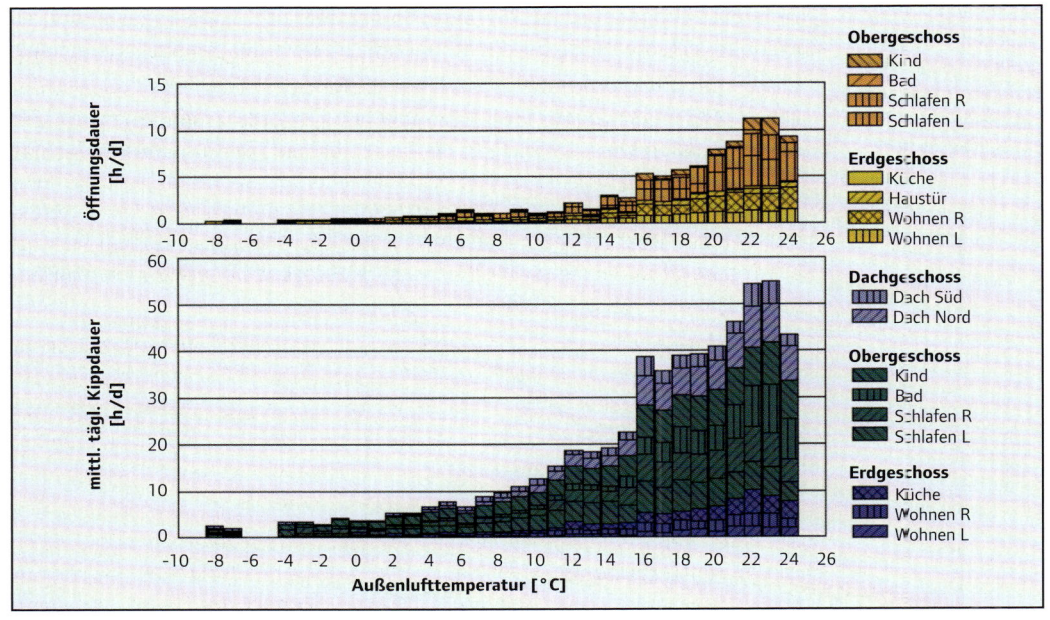

Bild 22
Mittlere tägliche Öffnungsdauer für gekippte und weit geöffnete Fenster in Abhängigkeit von der Außentemperatur. Datenbasis 22 Objekte, Zeitraum 1999–2000 [33]

3.2.3.2 Berechnungsansatz

Physikalischer Hintergrund der saisonalen Anpassung der Werte ist zunächst eine zu beobachtende Reduzierung der Fensteröffnungsdauer mit abnehmender Außenlufttemperatur, aber auch eine Erhöhung der zu erreichenden Volumenströme bei größeren Temperaturdifferenzen, also niedrigen Außenlufttemperaturen. Daher wird zunächst ein rechnerischer Ansatz für die Quantifizierung der maximalen Luftmenge untersucht. Anschließend wird die Fensteröffnungsdauer (Nutzereinfluss) abhängig von den klimatischen Randbedingungen überlagert.

Die Quantifizierung der Luftmenge erfolgt anhand des in [34] beschrieben Berechnungsansatzes. Bei Auswertung eines Jahresgangs ergibt sich für ein durchgehend geöffnetes Kippfenster ein Luftaustausch infolge von wirksamen Temperaturdifferenzen, der in Bild 23 mit „klimabedingter Luftwechsel" gekennzeichnet ist.

Für die Quantifizierung des Nutzereinflusses wird auf einen weiteren Ansatz zurückgegriffen, welcher die klimatischen Randbedingungen berücksichtigt und die Fensteröffnungsdauer in Abhängigkeit von Außenlufttemperatur und Windgeschwindigkeit bestimmt. Dieser wurde entnommen aus [36] und wurde dort von [37] übernommen. Es ergibt sich der in Bild 23 wiedergegebene Verlauf der relativen Fensteröffnungsdauer.

Zur Quantifizierung des resultierenden saisonalen Luftwechsels werden beide Modelle kombiniert. Werden die Ergebnisse des Modells für die Fensteröffnungsdauer auf die Berechnung der Luftmenge angewendet, so ergeben sich die Werte für die Monatsmittelwerte des Fensterluftwechsels in Bild 23, gekennzeichnet mit „resultierender Luftwechsel".

Unter Berücksichtigung des Jahresgangs „resultierender Luftwechsel" wurde eine Funktion entwickelt, die es ermöglicht, den Fensterluftwechsel

Bild 23
Fensterluftwechsel im Jahresgang bei durchgehend geöffnetem Kippfenster (klimabedingter Luftwechsel) und unter Berücksichtigung einer relativen Fensteröffnungsdauer (resultierender Luftwechsel) [35]

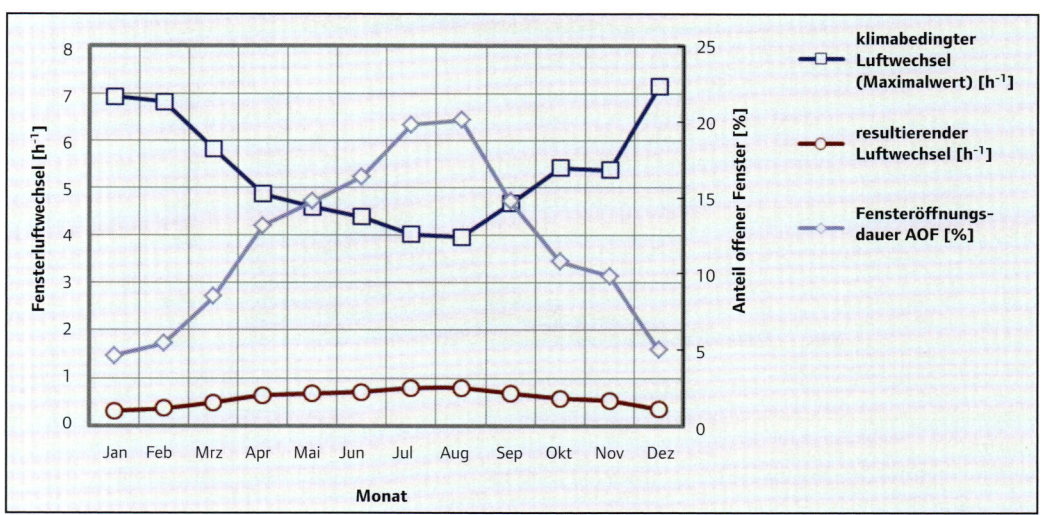

realistischer als mit einem festen Wert über die gesamte Heizzeit zu quantifizieren. Die abgeleitete, von der durchschnittlichen monatlichen Außentemperatur abhängige Größe $f_{win,seasonal}$ wird mit dem (konstanten) Fensterluftwechsel multipliziert und es resultiert ein monatlich unterschiedlicher Fensterluftwechsel $n_{win,mth}$ (Gleichung 5).

$$n_{win,mth} = n_{win} \, f_{win,\,seasonal} \tag{5}$$

mit

n_{win} der mittlere tägliche Fensterluftwechsel

$f_{win,seasonal}$ der Faktor für die saisonale Anpassung
$f_{win,seasonal} = 0{,}04 \, \theta_e + 0{,}8$

θ_e die durchschnittliche monatliche Außentemperatur

Für Wohngebäude ohne mechanische Lüftung werden zur Bestimmung der Wärmesenken und Wärmequellen – nicht zur Bestimmung der Zeitkonstante – damit nach Gleichung 6 monatlich unterschiedliche Werte des Wärmetransferkoeffizienten für Fensterlüftung in Ansatz gebracht

$$H_{V,win,mth} = n_{win,mth} \, V \, c_{p,a} \, \rho_a \tag{6}$$

mit

$n_{win,mth}$ der mittlere tägliche Fensterluftwechsel mit saisonaler Anpassung

V das Nettoraumvolumen

$c_{p,a}$ die spezifische Wärmekapazität von Luft

ρ_a die Dichte von Luft

Der Faktor $f_{win,seasonal}$ ist in Bild 24 für die Klimadaten des Referenzstandorts Potsdam nach DIN V 18599-10 abgebildet.

Bild 24
Faktor $f_{wia,seasonal}$ gemäß D N V 18599-2 für die Klimadaten des Referenzstandorts Potsdam nach DIN V 18599-10

3.2.3.3 Auswirkungen auf die Nutzenergiebedarfe für Heizen und Kühlen

Zur Einschätzung der quantitativen Auswirkungen auf die Bilanzierung des Nutzwärmebedarfs und des Nutzkältebedarfs gemäß DIN V 18599-2 erfolgen Beispielrechnungen für zwei verschiedene Wohngebäude, ein Einfamilienhaus (EFH) und ein Mehrfamilienhaus (MFH) gemäß Bild 25. Darüber hinaus werden diese Beispielgebäude jeweils mit unterschiedlichen Wärmeschutzniveaus nach Klassen versehen. Die Luftdichtheit wird entsprechend der Klasse variiert. Tabelle 8 gibt die angenommen Randbedingungen wieder.

Werden die Berechnungen auf beide Beispielgebäude und alle vier definierten Wärmeschutzniveaus angewendet, so ergeben sich die in Tabelle 9 und Tabelle 10 dargestellten Rechenwerte für den Heizfall und den Kühlfall, d. h. Jahressumme der Nutzenergie über die Heiz-/Kühlperiode sowie die Veränderung gemäß saisonalem Ansatz bezogen auf den konstanten Jahreswert.

Die Auswertungen für den Heizfall in Tabelle 9 zeigen, dass bei einem hohen Wärmeschutzniveau (2009++) der beabsichtigte Effekt auftritt – die Heizwärmebedarfswerte für das Einfamilien- und das Mehrfamilienhaus

Bild 25 Modellgebäude für Beispielberechnungen

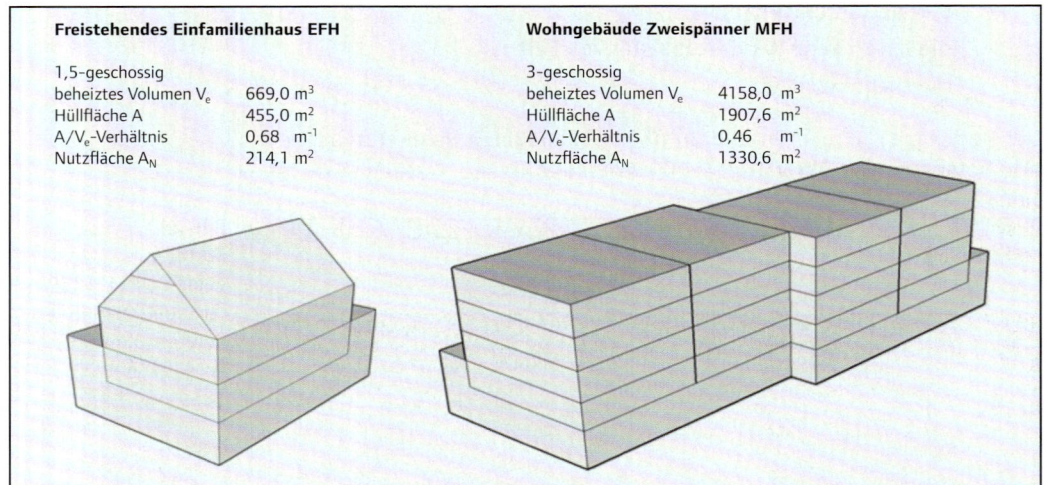

Tab. 8 Für die Beispielrechnungen angenommene Randbedingungen

Wärmeschutz-niveau	U_{AW}	U_D	U_G	U_{AT}	U_W	ΔU_{WB}	g	n_{50}
	[W/(m²K)]					[W/(m²K)]	[-]	[h⁻¹]
Bestand	1,4	0,68	0,93	3,0	2,9	0,10	0,8	6
2009	0,28	0,20	0,35	1,8	1,3	0,05	0,6	2
2009+	0,24	0,15	0,30	1,5	1,1	0,03	0,5	2
2009++	0,15	0,13	0,25	1,3	0,9	0,02	0,5	1

sinken zwischen rd. 4 und 7 Prozent. Die Heizzeit ist für dies Wärmeschutzniveau vergleichsweise kurz, es liegt in der Zeit eine reduzierte Fensterlüftung vor, und demgemäß resultiert auch ein entsprechend kleiner energetisch wirksamer Luftwechsel. Geringe Veränderungen (< 1 %) ergeben sich für das Bestands-Wärmeschutzniveau, für das der in bisherigen Berechnungsverfahren angesetzte mittlere energetische Luftwechsel die saisonalen Effekte hinreichend gut wiedergibt.

Tabelle 10 zeigt die Auswirkungen für den Nutzenergiebedarf Kühlen, der im Fall eines hohen Wärmeschutzniveaus vergleichsweise große Differenzen gegenüber dem konstanten Ansatz des Luftwechsels aufzeigt. Hierbei ist allerdings zu berücksichtigen, dass die absoluten Werte des Nutzenergiebedarfs Kühlen vergleichsweise gering sind. Weiter ist davon auszugehen, dass in der Regel keine (oder nur räumlich begrenzte) aktive Kühlung in Wohngebäuden vorzufinden ist.

Nutzenergie Wärme $Q_{h,b}$	Wärmeschutz-niveau	Ausgabe 2007 [kWh/(m²a)]	Ausgabe 2011 [kWh/(m²a)]	Differenz [kWh/(m²a)]	Differenz [%]
EFH	Bestand	185,8	185,0	−0,9	−0,5%
EFH	2009	72,5	70,9	−1,6	−2,3%
EFH	2009+	64,1	62,5	−1,6	−2,5%
EFH	2009++	50,5	48,5	−2,0	−3,9%
MFH	Bestand	172,8	171,6	−1,2	−0,7%
MFH	2009	58,9	56,4	−2,5	−4,2%
MFH	2009+	52,0	49,5	−2,5	−,48%
MFH	2009++	39,6	36,8	−2,8	−7,1%

Tab. 9
Auswirkungen der saisonalen Fensterlüftung auf den Nutzenergiebedarf Heizen für Nutzung Ein- und Mehrfamilienhaus

Nutzenergie Kühlen $Q_{c,b}$	Wärmeschutz-niveau	Ausgabe 2007 [kWh/(m²a)]	Ausgabe 2011 [kWh/(m²a)]	Differenz [kWh/(m²a)]	Differenz [%]
EFH	Bestand	8,5	7,8	−0,6	−7,6%
EFH	2009	6,9	5,2	−1,7	−24,7%
EFH	2009+	5,3	3,8	−1,5	−28,4%
EFH	2009++	6,6	4,6	−2,1	−31,2%
MFH	Bestand	15,8	14,6	−1,2	−7,6%
MFH	2009	16,9	13,8	−3,1	−18,1%
MFH	2009+	14,2	11,2	−3,0	−21,3%
MFH	2009++	16,8	13,0	−3,8	−22,6%

Tab. 10
Auswirkungen der saisonalen Fensterlüftung auf den Nutzenergiebedarf Kühlen für Nutzung Ein- und Mehrfamilienhaus

3.2.4 Bedarfsgerechte Fensterlüftung bei Nichtwohnnutzungen

In der Neufassung der Vornorm vom Dezember 2011 wurde für RLT-Anlagen gemäß DIN V 18599-7 eine bedarfsabhängige Volumenstromregelung für Lüftungs- und Klimaanlagen sowie für Fensterlüftung eingeführt. Die dafür notwendigen Größen $\dot{V}_{A,Geb}$ (flächenbezogener Mindestaußenluftvolumenstrom für Gebäude in m³/(hm²)) und F_{RLT} (Teilbetriebsfaktor der Gebäudebetriebszeit RLT) sind in DIN V 18599-10 je Nutzungsprofil definiert.

3.2.4.1 Hintergrund

Der nutzungsbedingte Mindestaußenluftwechsel muss durch den Fensterluftwechsel und/oder mechanische Belüftung gedeckt werden; er ist grundsätzlich nach Gleichung 7 zu bestimmen.

$$n_{nutz} = \frac{\dot{V}_A \, A_B}{V} \tag{7}$$

Dabei ist

$\dot{V}_A$ der flächenbezogene Mindestaußenluftvolumenstrom nach DIN V 18599-10, in m³/(hm²); bei Einsatz einer bedarfsabhängigen Luftvolumenstromregelung nach DIN V 18599-7 ist $\dot{V}_A = \dot{V}_{dc}$ zu setzen,

A_B die Bezugsfläche der Gebäudezone, in m²,

V das Nettoraumvolumen, in m³.

Für Nichtwohngebäude ohne mechanische Lüftung wird für den nutzungsbedingten Mindestaußenluftwechsel eine automatisierte, bedarfsgeregelte Fensterlüftung in Ansatz gebracht (Präsenzmelder nach DIN V 18599-7). Dabei wird der personenabhängige Teil des Außenluftvolumenstroms $(\dot{V}_A - \dot{V}_{A,Geb})$ mit dem Teilbetriebsfaktor F_{RLT} nach dem Nutzungsprofil nach DIN V 18599-10 beaufschlagt. Für diesen Fall gilt abweichend Gleichung (8).

$$n_{nutz} = \frac{\left(\dot{V}_{A,Geb} + (\dot{V}_A - \dot{V}_{A,Geb})F_{RLT}\right)A_B}{V} \tag{8}$$

Dabei ist

$\dot{V}_{A,Geb}$ der flächenbezogene Mindestaußenluftvolumenstrom für Gebäude nach DIN V 18599-10, in m³/(h m²);

F_{RLT} der Teilbetriebsfaktor der Gebäudebetriebszeit RLT nach DIN V 18599-10.

Dies betrifft die 13 Nutzungsprofile, welche in Bild 26 dargestellt sind. Dabei sind der flächenbezogene Mindestaußenluftvolumenstrom $\dot{V}_A$ sowie der resultierende Wert bei Berücksichtigung bedarfsgeregelter Fensterlüf-

Sommerlicher Wärmeschutz und Nutzenergiebedarf von Gebäuden

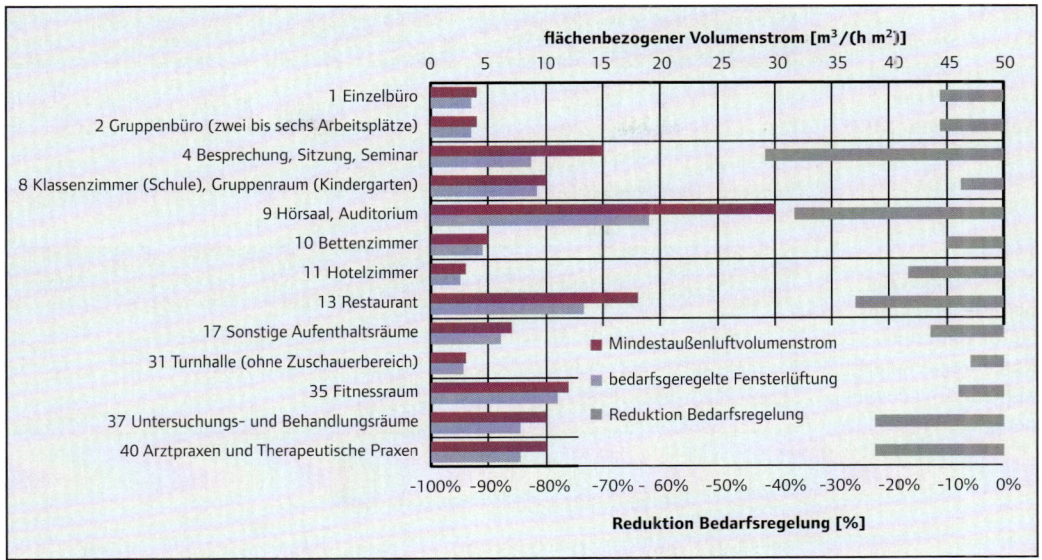

Bild 26
Einfluss der bedarfsgeregelten Fensterlüftung auf den flächenbezogenen Volumenstrom

tung $(\dot{V}_{A,Geb} + (\dot{V}_A - \dot{V}_{A,Geb})F_{RLT})$ aufgetragen. Beide Werte beziehen sich auf die im Diagramm oben angeordnete Abszisse. Die prozentuale Reduktion durch Bedarfsregelung ist rechts angeordnet und bezieht sich auf die Abszisse unten.

3.2.4.2 Auswirkungen auf den Nutzenergiebedarf für Heizen und Kühlen

Die Auswirkungen der bedarfsgerechten Lüftung auf den Nutzenergiebedarf Heizen und Kühlen werden anhand von drei Nutzungen – Büro, Schule und Hotel – dargestellt. Es erfolgt die Berechnung für ein Raummodul gem. Bild 5, wobei die Nutzungsrandbedingungen gem. den in DIN V 18599-10 aufgeführten Nutzungen

- Einzelbüro,
- Klassenzimmer,
- Hotelzimmer

zugrunde gelegt sind. Die Randbedingungen des baulichen Wärmeschutzes entsprechen dem Niveau der EnEV 2009.

Die Berechnungsergebnisse in Tabelle 11 zeigen für den Nutzenergiebedarf Heizen, dass die Bedarfswerte zwischen rund 5 und 9 Prozent abnehmen. Die entsprechenden Nutzenergiebedarfe Kühlen steigen jeweils um rund 4 bis 5 Prozent an (Tabelle 12).

Tab. 11
Auswirkungen der bedarfsgerechten Lüftung auf den Nutzenergiebedarf Heizen für verschiedene Nutzungen

Nutzenergie Wärme $Q_{h,b}$	Ausgabe 2007 [kWh/(m²a)]	Ausgabe 2011 [kWh/(m²a)]	Differenz [kWh/(m²a)]	Differenz [%]
Büro	66,9	63,4	-3,5	-5,2%
Schule	74,3	70,9	-3,5	-4,7%
Hotel	63,0	57,3	-5,7	-9,1%

Tab. 12
Auswirkungen der bedarfsgerechten Lüftung auf den Nutzenergiebedarf Kühlen für verschiedene Nutzungen

Nutzenergie Kälte $Q_{c,b}$	Ausgabe 2007 [kWh/(m²a)]	Ausgabe 2011 [kWh/(m²a)]	Differenz [kWh/(m²a)]	Differenz [%]
Büro	14,2	14,9	0,6	4,3%
Schule	12,0	12,5	0,5	4,0%
Hotel	29,4	30,8	1,4	4,8%

3.2.5 Einfluss der Gebäudeautomation

Mit Einführung von DIN V 18599-11 „Gebäudeautomation" werden „Güteklassen" der Gebäudeautomation eingeführt und in Form der vorgenannten Summanden bzw. Faktoren abgebildet. Die entsprechenden Zahlenwerte sind in DIN V 18599-10 aufgenommen. Die genannten Größen führen zu einer Beeinflussung der Bilanzinnentemperatur für den Heizfall.

3.2.5.1 Berechnungsansatz

In der zu bilanzierenden Zone ist ausgehend von einer Raum-Solltemperatur $\theta_{i,h,soll}$ (aus DIN V 18599-10) die Bilanz-Innentemperatur für den Heizfall $\theta_{i,h}$ unter Berücksichtigung von räumlich und/oder zeitlich eingeschränktem Heizbetrieb zu bestimmen. Bei zeitlich eingeschränktem Heizbetrieb (Nachtabsenkung bzw. -abschaltung) resultieren monatlich unterschiedliche Bilanz-Innentemperaturen. Ein räumlich eingeschränkter Heizbetrieb ist mit den Rechenansätzen in DIN V 18599-2 nur für Wohngebäude vorgesehen. Für Nichtwohngebäude ist eine räumliche Teilbeheizung über eine entsprechende Zonierung zu erfassen.

Für die Ermittlung der maximalen Heizleistung in der Gebäudezone (benötigt in DIN V 18599-5 bis DIN V 18599-9) wird die erforderliche Minimaltemperatur $\theta_{i,h,min}$ mit 20 °C festgelegt (aus DIN V 18599-10). Dieser Wert entspricht der Auslegungstemperatur (Norm-Innentemperatur) für Nichtwohngebäude – und den meisten Räumen bei Wohnnutzung – gemäß DIN EN 12831 [13].

Die Bilanz-Innentemperatur für Tage mit Nutzungszeit (Arbeitstage) ergibt sich monatsweise in Abhängigkeit von der Außentemperatur. Mindestens ist jedoch der zeitlich gewichtete Mittelwert der Temperatur bei Normalbetrieb und bei maximaler Temperaturabsenkung nachts mit $\Delta\theta_{i,NA}$ nach DIN V 18599-10 in die Bilanzgleichungen einzusetzen.

$$\theta_{i,h} = \max\left(\theta_{i,h,\text{soll}} + \Delta\theta_{EMS} - f_{NA}\left(\theta_{i,h,\text{soll}} - \theta_e\right), \theta_{i,h,\text{soll}} - \Delta\theta_{i,NA}\frac{t_{NA}}{24\,\text{h}}\right) \quad (9)$$

Dabei ist

f_{NA} der Korrekturfaktor für eingeschränkten Heizbetrieb während der Nacht nach Gleichung (28) bzw. (29) in DIN V 18599-2,

$\theta_{i,h,\text{soll}}$ die mittlere Innentemperatur nach DIN V 18599-10 im normalen Heizbetrieb,

θ_e der Monatsmittelwert der Außentemperatur,

$\Delta\theta_{i,NA}$ die zulässige Absenkung der Innentemperatur nach DIN V 18599-10 für den reduzierten Betrieb,

t_{NA} die tägliche Dauer im reduzierten Heizbetrieb (d. h., der Aufheizbetrieb zählt zur Betriebszeit) ($t_{NA} = 24\,\text{h} - t_{h,op,d}$; mit $t_{h,op,d}$ tägliche Betriebsdauer der Heizung nach DIN V 18599-10),

$\Delta\theta_{EMS}$ der Summand zur Berücksichtigung der Gebäudeautomation nach DIN V 18599-10.

Der Korrekturfaktor f_{NA} ist wie folgt zu berechnen:

1. Bei Absenkbetrieb:

$$f_{NA} = 0{,}13 \frac{t_{NA}}{24\,\text{h}} \exp\left(-\frac{\tau}{250\,\text{h}}\right) \cdot f_{adapt} \quad (10)$$

2. Bei Heizungsabschaltung:

$$f_{NA} = 0{,}26 \frac{t_{NA}}{24\,\text{h}} \exp\left(-\frac{\tau}{250\,\text{h}}\right) \cdot f_{adapt} \quad (11)$$

Dabei ist

τ die Auskühlzeitkonstante der Gebäudezone nach 6.7.2,

f_{adapt} der Faktor für adaptiven Betrieb (Gebäudeautomation) nach DIN V 18599-10.

3.2.5.2 Auswirkungen auf den Nutzenergiebedarf für Heizen

Die Auswirkungen der Gebäudeautomation auf den Nutzenergiebedarf Heizen werden anhand der zuvor behandelten Nutzungen Wohnen (Einfamilien- und Mehrfamilienhaus) und der drei beschriebenen Nutzungen der Nichtwohngebäude vorgenommen. Tabelle 13 zeigt die Berechnungsergebnisse wiederum in Form der Gegenüberstellung der unterschiedlichen Normenfassungen. Es wird deutlich, dass die Automationsklasse C zu keinen Veränderungen führt. Das heißt, mit der Klasse C wird der Automa-

Nutzenergie Wärme $Q_{h,b}$	Ausgabe 2007 [kWh/(m²a)]			Ausgabe 2011 [kWh/(m²a)]			Differenz [kWh/(m²a)]			Differenz [%]		
Klasse			C	B	A	C	B	A	C	B	A	
EFH	72,5			75,5	70,6	70,5	0	−1,9	−2,1	0%	−2,7%	−2,8%
MFH	58,9			58,9	55,4	54,9	0	−3,5	−4,0	0%	−6,0%	−6,9%
Büro	66,9			66,9	63,2	61,9	0	−3,7	−5,0	0%	−5,5%	−7,4%
Schule	74,3			74,3	69,7	67,8	0	−4,7	−6,6	0%	−6,3%	−8,8%
Hotel	63,0			63,0	63,0	63,0	0	0	0	0%	0%	0%

Tab. 13
Auswirkungen der Gebäudeautomation auf den Nutzenergiebedarf Heizen für unterschiedliche Nutzung und verschiedene Klassen der Gebäudeautomation

tionsgrad beschrieben, der in der Normenausgabe 2007 standardmäßig hinterlegt ist. Für die Automationsklassen B und A sind Reduktionen der Bedarfswerte zu verzeichnen, die zwischen etwa 3 und 9 Prozent liegen. Beim Nutzungstyp „Hotel" ist keine Reduktion des Nutzenergiebedarfs Heizen zu verzeichnen, da standardmäßig für diese Nutzungen kein Absenkbetrieb vorgesehen ist.

3.2.6 Berücksichtigung neuer Klimadaten

3.2.6.1 Hintergrund

Im März 2011 wurden vom Deutschen Wetterdienst (DWD) neue Testreferenzjahre für Deutschland bereitgestellt. Die aufgrund der sich verändernden klimatischen Verhältnisse erforderlichen Fortschreibungen sowie die Einführung weitere Funktionalitäten wie die Bewertung der städtischen Wärmeinsel und der Korrektur einer Höhenlage sind in die Überarbeitung eingeflossen. Vor dem Hintergrund der neu vorgelegten Testreferenzjahre war es erforderlich, eine Auswahl des neuen „Referenzstandortes Deutschland" zu treffen. Dies zum einen vor dem Hintergrund der geänderten Klimadaten und auch vor dem Hintergrund, dass der bisherige Referenzstandort Deutschland auf dem Testreferenzjahr „Würzburg" basierte, welches nun nicht mehr explizit (mit diesem Standort) in den Testreferenzjahren vertreten ist.

Die Untersuchung zur Auswahl eines geeigneten mittleren Testreferenzjahres erfolgte so, dass im Rahmen von thermischen Gebäudesimulationen die Werte des Nutzenergiebedarfs Heizen für einen Eckraum (Bild 2) in einem Gebäude mit Zugrundelegung unterschiedlicher Wärmequellen, die Wohn- und Büronutzungen repräsentieren, zugrunde gelegt wurden. Die Berechnungen fanden für die Fensterflächenanteile 50 und 70 Prozent statt (Fensterfläche bezogen auf die Fassadenfläche). Die Ergebnisse der Berechnungen sind in Tabelle 14 und Bild 27 aufgeführt. Das Testreferenzjahr 04 mit dem Referenzort „Potsdam" weist hinsichtlich der resultierenden Nutzenergiebedarfe für Heizen mittlere Verhältnisse auf, bezogen auf die untersuchten 15 Testreferenzjahre.

Sommerlicher Wärmeschutz und Nutzenergiebedarf von Gebäuden

In der Neufassung der DIN V 18599 mit Erscheinungsdatum Dezember 2011 wird der Referenzort Potsdam (Region 4) als Referenzklima vorgesehen.

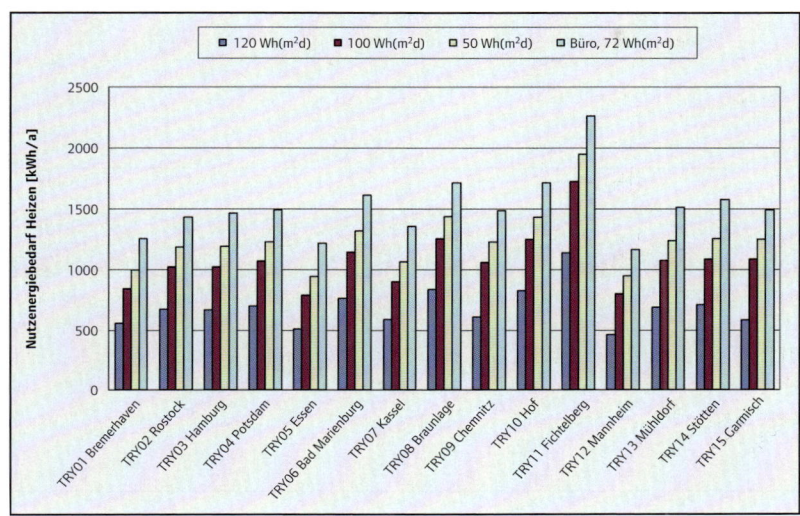

Bild 27
Nutzenergiebedarf Heizen für einen Eckraum mit 50 Prozent Fensterflächenanteil und unterschiedlichen internen Wärmequellen, Testreferenzjahre Ausgabe März 2011

f_w 50%	Nutzenergiebedarf Heizen HWB							
	Wohnen 120 Wh(m²d)		Wohnen 100 Wh(m²d)		Wohnen 50 Wh(m²d)		Büro 72 Wh(m²d)	
	HWB	Rang	HWB	Rang	HWB	Rang	HWB	Rang
	[kWh/a]	[-]	[kWh/a]	[-]	[kWh/a]	[-]	[kWh/a]	[-]
TRY01 Bremerhaven	560	13	846	13	999	13	1259	13
TRY02 Rostock	674	8	1025	10	1188	11	1434	11
TRY03 Hamburg	668	9	1025	10	1197	10	1465	10
TRY04 Potsdam	702	6	1071	8	1233	8	1493	7
TRY05 Essen	510	14	792	15	946	15	1219	14
TRY06 Bad Marienburg	767	4	1149	4	1321	4	1614	4
TRY07 Kassel	588	11	906	12	1067	12	1357	12
TRY08 Braunlage	842	2	1257	2	1440	2	1716	2
TRY09 Chemnitz	611	10	1061	9	1231	9	1484	9
TRY10 Hof	829	3	1251	3	1434	3	1712	3
TRY11 Fichtelberg	1143	1	1727	1	1948	1	2260	1
TRY12 Mannheim	462	15	800	14	950	14	1171	15
TRY13 Mühldorf	690	7	1081	7	1243	7	1513	6
TRY14 Stötten	712	5	1087	5	1257	5	1576	5
TRY15 Garmisch	585	12	1086	6	1253	6	1489	8

Tab. 14
Nutzenergiebedarf Heizen für einen Eckraum mit 50 Prozent Fensterflächenanteil und unterschiedlichen internen Wärmequellen, Testreferenzjahre Ausgabe März 2011

Tab. 15
Auswirkungen der neuen Klimadaten auf den Nutzenergiebedarf Heizen für unterschiedliche Nutzung

Nutzenergie Wärme $Q_{h,b}$	Ausgabe 2007 [kWh/(m²a)]	Ausgabe 2011 [kWh/(m²a)]	Differenz [kWh/(m²a)]	Differenz [%]
EFH	72,5	69,3	−3,2	−4,4%
MFH	58,9	56,7	−2,2	−3,7%
Büro	66,9	66,3	−0,6	−0,9%
Schule	74,3	73,3	−1,1	−1,4%
Hotel	63,0	62,0	−0,9	−1,5%

Tab. 16
Auswirkungen der neuen Klimadaten auf den Nutzenergiebedarf Kühlen für unterschiedliche Nutzung

Nutzenergie Kälte $Q_{c,b}$	Ausgabe 2007 [kWh/(m²a)]	Ausgabe 2011 [kWh/(m²a)]	Differenz [kWh/(m²a)]	Differenz [%]
EFH	6,9	7,2	0,3	4,8%
MFH	16,9	17,1	0,3	1,6%
Büro	14,2	13,2	−1,0	−7,3%
Schule	12,0	11,5	−0,5	−4,4%
Hotel	29,4	27,5	−1,9	−6,5%

3.2.6.2 Auswirkungen auf den Nutzenergiebedarf für Heizen und Kühlen

Die Auswirkungen der neuen Klimadaten auf den Nutzenergiebedarf Heizen zeigen, dass durchweg für alle betrachteten Gebäudenutzungen eine Reduktion des Energiebedarfs einhergeht (Tabelle 15). Diese liegen bei den Nutzungen der Nichtwohngebäude bei rund 1 Prozent und rund 4 Prozent bei den Wohnnutzungen. Die Nutzenergiebedarfe Kühlen sinken bei den Nichtwohnnutzungen um rund 4–7 Prozent und bei den Wohnnutzungen um rund 2 bis 5 Prozent (Tabelle 16).

3.2.7 Maximale Heizleistung

3.2.7.1 Hintergrund

Für die energetische Bewertung von Einrichtungen zum Heizen ist die Kenntnis der maximalen Heizleistung erforderlich. DIN V 4701-10 [16] hat die maximale Heizleistung mit einem einfachen Ansatz in Abhängigkeit von der Gebäudenutzfläche im Verfahren berücksichtigt. Vor dem Hintergrund, dass mit DIN V 18599 auch Nichtwohnnutzungen – mit z. T. anderen anlagentechnischen Systemen – behandelt werden, musste der Bewertungsansatz erweitert werden. Dies allerdings auch nicht so umfänglich, wie die Leistungsermittlung für den Auslegungsfall erfolgt.

In der aktuellen Fassung von DIN V 18599 werden die Gleichungen zur Bestimmung der maximalen Heizleistung in Anhang B modifiziert, um eine bessere Übereinstimmung mit den Berechnungsergebnissen nach DIN EN 12831 zu erreichen. Hierzu werden bei der Ermittlung der Leistung aufgrund von Transmission gegenüber dem bisherigen Ansatz Temperaturkorrekturfaktoren (F_x-Werte) berücksichtigt. Weiterhin erfolgt die Anrechnung der infolge der Gebäudelüftung anzusetzenden Heizleistung nur zur Hälfte (gegenüber der bisherigen Berechnung wird der Faktor 0,5 eingeführt).

Nachstehend sind die Neuerungen für den Fall der Berechnung der maximalen Heizleistung $\Phi_{h,\max}$ für den Auslegungstag (ohne mechanische Lüftung) aufgeführt.

$$\Phi_{h,\max} = \dot{Q}_{\text{sink},\max} = \dot{Q}_{T,\max} + \dot{Q}_{V,\max} \qquad (12)$$

$$\dot{Q}_{T,\max} = \sum_j H_{T,j} \left(\theta_{i,h,\min} - \theta_{j,h,\min}\right) F_x \qquad (13)$$

$$\dot{Q}_{V,\max} = 0{,}5 \sum_j H_{V,k} \left(\theta_{i,h,\min} - \theta_{k,h,\min}\right) \qquad (14)$$

Dabei ist

$H_{T,j}$ der Wärmetransferkoeffizient für Transmission zu einem angrenzenden Bereich j,

$H_{V,k}$ der Wärmetransferkoeffizient für Lüftungsart k,

$\theta_{i,h,\min}$ die Innentemperatur für die Auslegung im Heizfall nach DIN V 18599-10 (falls keine Angaben vorhanden sind, ist $\theta_{i,h,\min}$ = 20 °C zu setzen),

$\theta_{j,h,\min}$ bzw. $\theta_{k,h,\min}$ die Temperatur des angrenzenden Bereichs oder eines Luftstroms aus einem angrenzenden Bereich unter den Auslegungsbedingungen, z. B. $\theta_{e,\min}$ die Auslegungsaußentemperatur nach DIN V 18599-10,

$\theta_{z,\min}$ die Innentemperatur einer angrenzenden Zone für die Auslegung im Winterfall nach DIN V 18599-10,

$\theta_{u,h,\min}$ die Temperatur eines angrenzenden unbeheizten Bereichs mit $\theta_{e,\min}$ und $\Phi_u = 0$ (falls nicht vereinfacht über Temperatur-Korrekturfaktoren bewertet),

F_x Temperatur-Korrekturfaktor für die Berechnung der maximalen Heizleistung.
Wird bei der Berechnung des Heizwärmebedarfs die Temperatur einer angrenzenden unbeheizten Zone mit dem vereinfachten Ansatz bestimmt, ist für das Bauteil der gleiche Wert für F_x zu verwenden; ansonsten gilt:

$F_x = 1$ für direkte Transmission nach außen (Außenbauteile) und Transmission über Erdreich nach DIN EN ISO 13370,

$F_x = 0{,}5$ für alle anderen Bauteile.

Tab. 17
Auswirkungen auf die maximale Heizleistung für unterschiedliche Nutzungen

max. Heizleistung $\dot{Q}_{h,max}$	Ausgabe 2007 [W]	Ausgabe 2011 [W]	Differenz [W]	Differenz [%]
EFH	9,4	7,6	−1,8	−19,2%
MFH	49,2	38,4	−10,8	−22,0%
Büro	0,8	0,6	−0,2	−29,5%
Schule	1,1	0,7	−0,4	−34,3%
Hotel	0,8	0,6	−0,2	−27,2%

Die klimatischen Bedingungen ($\theta_{e,min}$) des Auslegungstages für den Heizfall gelten nach DIN V 18599-10; interne Wärmeeinträge und solare Wärmegewinne sind zu null zu setzen; reduzierter Heizbetrieb während der Nachtstunden ist nicht zu berücksichtigen; für die Luftvolumenströme (Infiltration und Fensterlüftung) sind die Werte während der Nutzungszeit (DIN V 18599-10) anzusetzen. Wärme- und Kälteeinträge durch die Wärme- und Kälteerzeugung, Speicherung und Verteilleitung sind nicht zu berücksichtigen.

3.2.7.2 Auswirkungen auf die maximale Heizleistung

Die zuvor beschriebenen Modifikationen des Berechnungsansatzes führen zu deutlichen Abnahmen der maximalen Heizleistungen für alle betrachteten Nutzungen (Tabelle 17). Die vergleichsweise kleinen, absoluten Werte bei den Nichtwohnnutzungen resultieren daraus, dass nur ein einzelner Modellraum für die Berechnungen herangezogen wurde.

3.3 Energieeinsparverordnung und Effizienzhaus-Standards

Die am 1.10.2009 in Kraft getretene Energieeinsparverordnung (EnEV 2009) ist ein zentrales Element der Energieeinsparpolitik der Bundesregierung im Gebäudebereich. Durch die Einführung der EnEV 2009 [3] wurden im Rahmen der wirtschaftlichen Vertretbarkeit insbesondere die energetischen Anforderungen an Neubauten und bei größeren Änderungen im Gebäudebestand um durchschnittlich 30 Prozent verschärft. Die Bundesregierung hat 2011 in ihren Eckpunkten zur Energiewende beschlossen, die Effizienzstandards von Gebäuden ambitioniert zu erhöhen, soweit dies im Rahmen einer ausgewogenen Gesamtbetrachtung unter Berücksichtigung der Belastungen der Eigentümer und Mieter wirtschaftlich vertretbar ist. Für eine Neufassung der Energieeinsparverordnung, die für 2013/2014 vorgesehen ist, ist somit mit einer Verschärfung der Anforderung zu rechnen. Weiterhin wird die Neufassung der Energieeinsparverordnung die Umsetzung der EU-Gebäuderichtlinie „Energieeffizienz bei Gebäuden" von 2010 vorsehen. Darüber hinaus werden in einer novellierten EnEV die Regelverweisungen aktualisiert. Dies sind insbesondere die Verweisungen auf die Neufassung der DIN V 18599 (Berechnungsverfahren End- und Primärenergiebedarf) und DIN 4108-2 (Sommerlicher Wärmeschutz). Auch werden zahlreiche Überarbeitungen, die durch Klärung von Auslegungsfragen resultieren, in einer künftigen Verordnung aufgegriffen.

Neben diesen aktuellen Anlässen sind für die kommenden Jahre weitere Neufassungen der Verordnung vorgesehen. Dies gilt insbesondere mit Blick auf die von der EU-Richtlinie geforderte Umsetzung von „Niedrigstenergiegebäuden" ab 2021 (öffentliche Gebäude bereits zwei Jahre früher). Die Richtlinie formuliert das Niedrigstenergiegebäude als ein Gebäude, das eine sehr hohe Gesamtenergieeffizienz aufweist. Der fast bei null liegende oder sehr geringe Energiebedarf sollte dabei zu einem ganz wesentlichen Teil durch Energie aus erneuerbaren Quellen gedeckt werden. Vor diesem Hintergrund sind also in den kommenden Jahren weitere Anpassungen der Energieeinsparverordnung vorgesehen, die einerseits zur Verbesserung der Energieeffizienz und andererseits zur Erhöhung des Einsatzes erneuerbarer Energien bei der Gebäudekonditionierung führen müssen. Ansätze, die ein künftiges energetisches Niveau darstellen, finden sich hierzu in den heute von der Kreditanstalt für Wiederaufbau (KfW) geförderten Gebäuden.

Weitere mögliche Entwicklungen lassen sich aus derzeit in Umsetzungsstudien untersuchten „Plusenergiehäusern" oder „Effizienzhäusern Plus" finden. Diese Gebäude werden heutzutage mit einem baulichen Wärmeschutz, der in etwa einem Effizienzhaus 40 bis 55 entspricht, zumeist mit einer Wärmepumpe (als Wärmequelle Luft oder Erdreich) in Verbindung mit einer Photovoltaikanlage umgesetzt.

3.3.1 Das Referenzgebäudeverfahren

Das Referenzgebäudeverfahren wurde in der EnEV 2007 erstmals für den Bereich der Nichtwohngebäude eingeführt. Aus der Notwendigkeit, Vorgaben für einen maximal zulässigen Jahres-Primärenergiebedarf formulieren zu müssen, die für die Vielzahl möglicher unterschiedlicher Nutzungen von Nichtwohngebäuden zielführend und ausgewogen sind, wurde der Ansatz gewählt. Auch mit Blick auf Erfahrungen in EU-Nachbarländern (z. B. Frankreich) erschien die Einführung des Verfahrens für Nichtwohngebäude nicht nur sinnvoll, sondern praktisch unumgänglich. Im Zuge einer Harmonisierung der Anforderungsmodelle wurde in der EnEV 2009 das Referenzgebäudeverfahren auch für Wohngebäude vorgegeben. Dies geschah insbesondere auch, um eine Möglichkeit zu schaffen, alternative Berechnungsverfahren für den Nachweis zuzulassen – DIN V 18599 [6] und DIN V 4108-6 [8] in Verbindung mit DIN V 4701-10 [16].

Die Vorgabe einer Referenzbautechnik in Verbindung mit einer Referenzanlagentechnik führt zu einem Referenzgebäude, aus dem der maximal zulässige Jahres-Primärenergiebedarf eines Gebäudes resultiert. Die Formulierung der Anforderungen über das Referenzgebäude-Verfahren geschieht wie folgt: Unter Zugrundelegung der geplanten Gebäudegeometrie (Gebäudevolumen und Hüllfläche), der vorgesehenen Gebäudeausrichtung und der Fenstergrößen wird die Gebäudehülle mit einer bestimmten

Ausführung des baulichen Wärmeschutzes und mit einer bestimmten vorgegebenen Anlagentechnik ausgestattet. Berechnet man den Jahres-Primärenergiebedarf dieses Gebäudes, so resultiert ein spezifischer Anforderungswert, der maximal zulässige Jahres-Primärenergiebedarf. Dieser zulässige Jahres-Primärenergiebedarf ist nun von dem tatsächlich zu errichtenden Gebäude mit der tatsächlich geplanten baulichen Ausführung und der tatsächlich geplanten Anlagentechnik einzuhalten bzw. zu unterschreiten. Der beschriebene Ablauf ist in Bild 28 schematisch dargestellt.

Eine grafische Darstellung aller wesentlichen Komponenten des Referenzgebäudes – auch die anlagentechnischen Elemente – zeigt Bild 29.

Bild 28
Das Referenzgebäudeverfahren – Schritte im Nachweisverfahren gemäß EnEV 2009

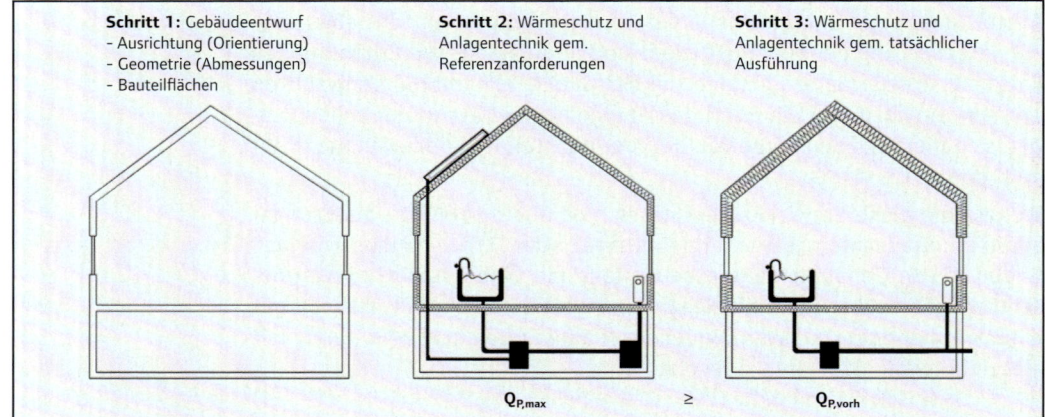

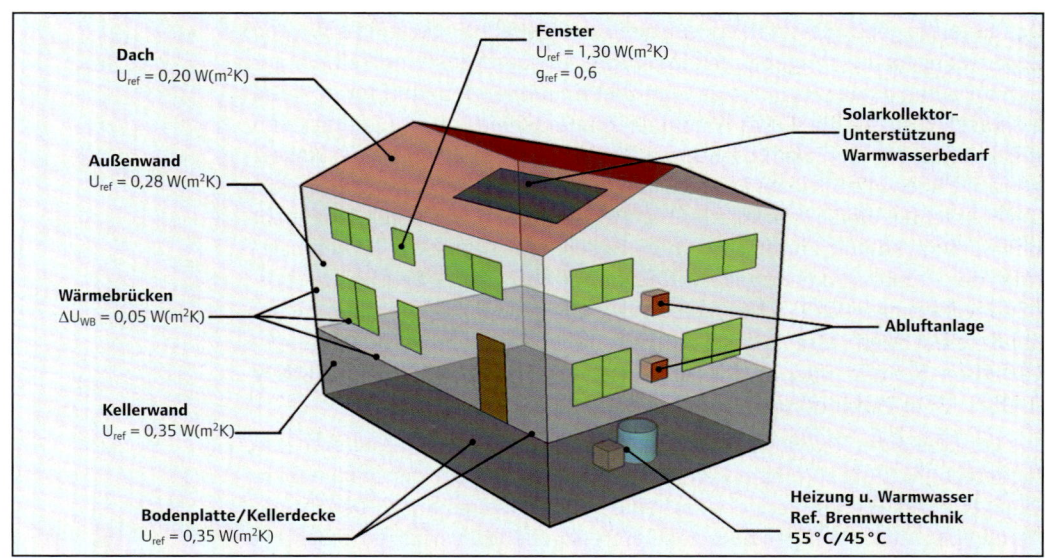

Bild 29
Schematische Darstellung der wesentlichen Komponenten der Referenzausführung für Wohngebäude (Bezugnahme EnEV 2009)

Zeile	Gebäudetyp		Höchstwert des spezifischen Transmissionswärmeverlusts
1	freistehendes Wohngebäude	mit $A_N \leq 350\,m^2$	$H_T' = 0{,}40\,W/(m^2 \cdot K)$
		mit $A_N > 350\,m^2$	$H_T' = 0{,}50\,W/(m^2 \cdot K)$
2	einseitig angebautes Wohngebäude (z.B. Reihenendhaus)		$H_T' = 0{,}45\,W/(m^2 \cdot K)$
3	alle anderen Wohngebäude (z.B. Reihenmittelhaus)		$H_T' = 0{,}65\,W/(m^2 \cdot K)$
4	Erweiterungen und Ausbauten von Wohngebäuden gemäß § 9 Abs. 5		$H_T' = 0{,}65\,W/(m^2 \cdot K)$

Tab. 18 Höchstwerte des spezifischen, auf die wärmeübertragende Umfassungsfläche bezogenen Transmissionswärmeverlusts gemäß EnEV 2009

3.3.2 Nebenanforderung an den baulichen Wärmeschutz

Zusätzlich zu den genannten Anforderungen an den Jahres-Primärenergiebedarf wird der spezifische Transmissionswärmeverlust H_T' begrenzt. Diese Größe, die eine Mindestqualität des baulichen Wärmeschutzes sicherstellen soll, wird abhängig von Gebäudetyp und -größe vorgegeben (s. Tabelle 18).

3.3.3 KfW-Förderung

3.3.3.1 Grundlagen der Förderung

Die Neufassung der Energieeinsparverordnung 2009 machte eine Überarbeitung der Förderbedingungen der KfW-Förderbank erforderlich. Dabei war sowohl das Anforderungsniveau als auch die Anforderungsmethodik betroffen. Insbesondere musste eine Anpassung an das neue „Referenzgebäudeverfahren" erfolgen.

Die Fördermethodik der KfW knüpft an dieses Referenzgebäudeverfahren nicht nur hinsichtlich der gestuften Anforderungen an den Primärenergiebedarf an, sondern – abweichend von der EnEV – auch hinsichtlich der gestellten Nebenanforderungen. Die EnEV selbst stellt, wie zuvor ausgeführt, diese Nebenanforderung an den spezifischen Transmissionswärmeverlust („durchschnittlicher U-Wert"), der bei aller Planungsflexibilität ein Mindestmaß an baulichem Wärmeschutz gewährleisten soll. Eine Übertragung dieses Ansatzes auf die Festlegung der Förderstufen hätte die einzelnen Gebäudetypen sehr unterschiedlich belastet und ggf. „Fehloptimierungen" hervorgerufen (indem z.B. der durchschnittliche U-Wert durch eine energetisch nicht sinnvolle Verringerung der Fensterflächen abgesenkt würde). Daher ergeben sich die Anforderungen an den verbesserten Wärmeschutz in den einzelnen Förderstufen der KfW-Effizienzhäuser als Prozentwerte im Vergleich zur Referenzausführung nach EnEV 2009.

Die Staffelung beginnt im Sanierungsfall mit dem Effizienzhaus 115 und reicht bis zum Effizienzhaus 40 für neue Gebäude. Dabei signalisieren die Zahlenwerte unmittelbar die Anforderungen für die Förderung in dieser

Tab. 19
Förderstufen der KfW-Förderbank (Stand Juli 2010). In der Tabelle nicht dargestellt sind die Förderstandards „KfW-Effizienzhaus Denkmal" und „Passivhaus".

	Bestand			Neubau		
KfW-Effizienzhaus (EH) Förderstandard	EH-115	EH-100	EH-85	EH-70	EH-55	EH-40
Qp Hauptanforderung	115%	100%	85%	70%	55%	40%
H_T' Hauptanforderung	130%	115%	100%	85%	70%	55%

Förderstufe: Es handelt sich um die Prozentwerte bezogen auf den maximal zulässigen Primärenergiebedarf neuer Wohngebäude nach Energieeinsparverordnung. Ein Effizienzhaus 100 darf also exakt den Primärenergiebedarf aufweisen wie ein vergleichbarer Neubau, ein Effizienzhaus 55 entsprechend nur 55 Prozent. Für die Förderung von neuen Gebäuden kommen nur die Stufen in Betracht, die unterhalb von 85 liegen. Die energetische Sanierung bestehender Wohngebäude kann dagegen in den Effizienzstufen KfW-115 bis KfW-85 gefördert werden (Tabelle 19).

Beispiel: Es werden der Primärenergiebedarf und der Transmissionswärmeverlust eines neu geplanten kleinen Einfamilienhauses berechnet, die sich bei einer Bauausführung sowie dem Einsatz der Anlagentechnik ergeben, wie sie in der EnEV 2009 als Referenz vorgegeben sind. Der sich ergebende Primärenergiebedarf entspricht dem maximal zulässigen Primärenergiebedarf für das konkrete Gebäude, ohne dass dadurch festgelegt wird, mit welcher Ausführung das Ziel erreicht wird. Die in Zeile 2 der Tabelle 19 angegebenen Prozentwerte beziehen sich auf diesen Wert. Der errechnete Transmissionswärmeverlust des Referenzgebäudes spielt als Anforderungswert in der EnEV selbst keine Rolle. Nach EnEV gilt – wie bei allen Einfamilienhäusern mit einer Gebäudenutzfläche < 350 m² – lediglich, dass ein Wert von 0,40 W/(m²K) nicht überschritten werden darf (s. Tabelle 19). Für die Förderstufen der KfW wird dagegen der errechnete Wert als Vergleichs- oder auch „Ankerwert" für die in der dritten Zeile der Tabelle 19 aufgeführten Prozentwerte herangezogen. Auch für bestehende Gebäude muss eine virtuelle Ausführung mit den Referenzwerten der EnEV berechnet werden, um sie für eine Förderung über die KfW einstufen zu können.

3.3.3.2 Entwicklung der KfW-Förderung bei neu errichteten Wohngebäuden

Die Anzahl der geförderten Wohneinheiten hat in den vergangenen Jahren bis 2010 sowohl absolut als auch relativ zugenommen. Der prozentuale Anteil der geförderten Wohneinheiten ist in Bild 30 für die Jahre 2006 bis 2011 dargestellt. In 2010 sind rund 60 Prozent aller neu errichteten Wohneinheiten mit Förderungen errichtet worden und erzielen somit ein gegenüber öffentlich-rechtlich geforderten Mindeststandards verbessertes Niveau. Der Anteil ist in 2011 auf rund 50 Prozent zurückgegangen.

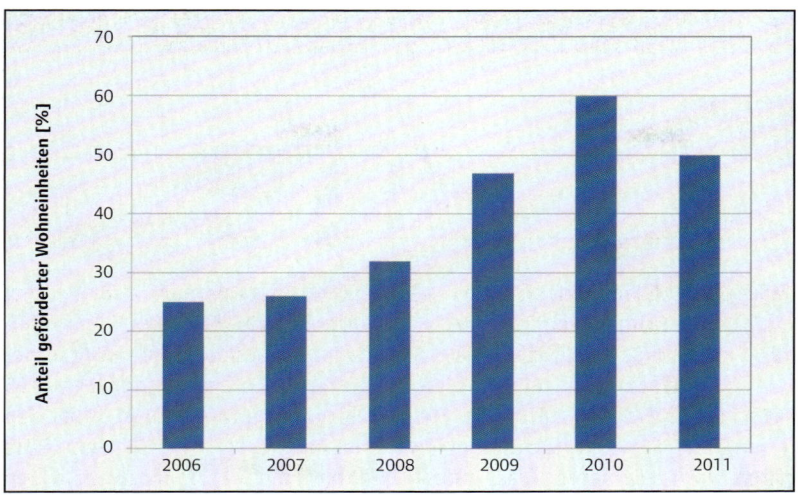

Bild 30
Anteil geförderter Wohneinheiten in den Jahren 2006 bis 2011 [20], [21].

Förderjahr	2011
Art der Förderung	Anzahl Wohneinheiten
KfW-Effizienzhaus 40 (inkl. Passivhaus)	8.418
KfW-Effizienzhaus 55 (inkl. Passivhaus)	18.803
KfW-Effizienzhaus 70 MFH	18.368
KfW-Effizienzhaus 70 EZFH	35.564
Summe	81.153

Tab. 20
KfW-Förderarten im Jahre 2010 und Zuordnung zu der Anzahl der geförderten Wohneinheiten [20]

Für das Förderjahr 2011 sind in Tabelle 20 die Arten der Förderung differenziert dargestellt. Das Niveau „Effizienzhaus 70" nimmt insgesamt einen Anteil von etwa 2/3 der geförderten Wohneinheiten ein. Hierbei sind die Angaben zu Ein-/Zweifamilienhäusern (EZFH) und Mehrfamilienhäusern (MFH) zusammengefasst. Bezogen auf die Gesamtzahl der in 2011 errichteten 161.186 Wohneinheiten werden bei etwa 33 Prozent der Wohneinheiten die EnEV-Anforderungen um mindestens 30 Prozent unterschritten.

Tabelle 21 zeigt eine Zusammenstellung von Wohngebäudeausführungen für die Erreichung zuvor genannter KfW-Effizienzhausstandards (Bezug EnEV 2009) und weist damit auf eine mögliche Gestaltung eines Gebäudes für die jeweiligen Niveaus hin. Mit Einhaltung bzw. Unterschreitung der angegebenen Wärmedurchgangskoeffizienten, der Planung und Umsetzung wärmebrückenarmer Bauteilanschlüsse und Dichtheitskonzepte sowie mit Einsatz verschiedener effizienter Anlagentechniken lassen sich die heute definierten Effizienzhausstandards erzielen. Die Ausführungsvarianten wurden anhand der in Bild 31 gezeigten Modellgebäude [38] auf Basis der Berechnungsverfahren nach DIN V 4108-6 in Verbindung mit DIN V 4701-10 ermittelt.

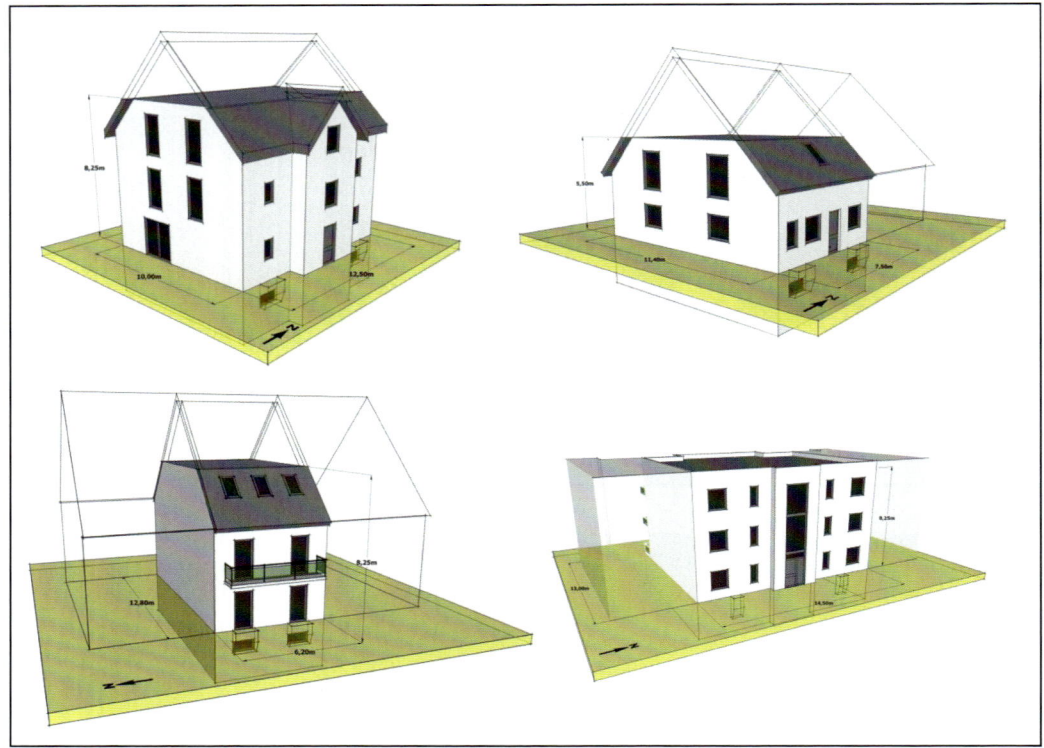

Bild 31
Schematische Darstellung der Gebäude, die den Angaben in Tabelle 21 zugrunde liegen.

3.4 Fazit

Das Thema Energieeffizienz wird das Bauen in den kommenden Jahren weiterhin stark prägen. Dies vor dem Hintergrund der politischen Festlegungen, national sowie international, und auch vor dem Hintergrund der nachzuvollziehenden Entwicklung im Baugeschehen der vergangenen Jahre. Dies betrifft sowohl in breiter Masse umgesetzte KfW-Effizienzhäuser als auch derzeit noch in geringen Stückzahlen realisierte Plus-Energiehäuser.

Gleichzeitig steigen die Ansprüche an den sommerlichen Wärmeschutz von Gebäuden, da infolge eines veränderten Klimas mit zunehmenden Hitzebelastungen im Sommer zu rechnen ist.

Hinsichtlich der Konsequenzen für Planung und Ausführung von Flächenheiz- und -kühlsystemen sowie thermisch aktivierten Bauteilen im künftigen Baugeschehen sind folgende Aspekte zu nennen:

- Fortschreibungen der Energieeinsparverordnung hin zu einem „Niedrigstenergiegebäude" und Umsetzungen von Plus-Energiehäusern werden auf einen verstärkten Einsatz von Wärmepumpensystemen zur Wärmebedarfsdeckung hinauslaufen. Dies gilt auch insbesondere vor dem Hintergrund der Nutzung von Strom aus erneuerbaren Quellen –

Sommerlicher Wärmeschutz und Nutzenergiebedarf von Gebäuden

	KfW-Effizienzhaus 70	KfW-Effizienzhaus 55	KfW-Effizienzhaus 40
Außenwand	$U \leq 0{,}16$ W/(m²K)	$U \leq 0{,}16$ W/(m²K)	$U \leq 0{,}12$ W/(m²K)
Bodenplatte/Decke zum unbeheizten Keller	$U \leq 0{,}24$ W/(m²K)	$U \leq 0{,}24$ W/(m²K)	$U \leq 0{,}18$ W/(m²K)
Kellerwand	$U \leq 0{,}24$ W/(m²K)	$U \leq 0{,}24$ W/(m²K)	$U \leq 0{,}18$ W/(m²K)
Dach	$U \leq 0{,}16$ W/(m²K)	$U \leq 0{,}16$ W/(m²K)	$U \leq 0{,}11$ W/(m²K)
Oberste Geschossdecke/ Kehlbalkenlage	$U \leq 0{,}16$ W/(m²K)	$U \leq 0{,}14$ W/(m²K)	$U \leq 0{,}11$ W/(m²K)
Fenster	$U_w \leq 1{,}1$ W/(m²K)/g $\geq 0{,}55$ Zweischeiben-Wärmedämmglas	$U_w \leq 0{,}95$ W/(m²K)/g $\geq 0{,}55$ Dreischeiben-Wärmedämmglas	$U_w \leq 0{,}8$ W/(m²K)/g $\geq 0{,}60$ Dreischeiben-Wärmedämmglas
Wärmebrücken	$\Delta U_{wB} \leq 0{,}025$ W/(m²K) detaillierter Wärmebrückennachweis	$\Delta U_{wB} \leq 0{,}025$ W/(m²K) detaillierter Wärmebrückennachweis	$\Delta U_{wB} \leq 0{,}025$ W/(m²K) detaillierter Wärmebrückennachweis
Luftdichtheit	$n \leq 0{,}6$ 1/h Nachweis der Luftdichtheit	$n \leq 0{,}6$ 1/h Nachweis der Luftdichtheit	$n \leq 0{,}6$ 1/h Nachweis der Luftdichtheit
Anlagenvarianten	• Brennwertkessel mit solarer Trinkwasser-Unterstützung **oder** • Wärmepumpe (Erdreich/Wasser) **oder** • Wärmepumpe (Luft/Wasser)	• Brennwertkessel mit solarer Trinkwasser-Unterstützung und Zu-/Abluftanlage mit Wärmerückgewinnung **oder** • Wärmepumpe (Erdreich/Wasser) mit solarer Trinkwasser-Unterstützung **oder** • Wärmepumpe (Luft/Wasser) mit solarer Trinkwarmwasserunterstützung **oder** • Wärmepumpe (Erdreich/Wasser) mit Zu-/Abluftanlage mit Wärmerückgewinnung	• Wärmepumpe (Erdreich/Wasser) mit solarer Trinkwasser-Unterstützung und Zu-/Abluftanlage mit Wärmerückgewinnung **oder** • Wärmepumpe (Luft/Wasser) mit solarer Trinkwarmwasser-Unterstützung und Zu-/Abluftanlage mit Wärmerückgewinnung

Tab. 21 Ausführungsvarianten für KfW-Effizienzhäuser verschiedener Standards

sowohl aus dem Stromnetz als auch durch die Eigenstromnutzung, meist aus Stromerzeugung mit PV-Anlagen. Flächenheizsysteme führen zu niedrigen Systemtemperaturen und damit hohen Arbeitszahlen der Wärmepumpensysteme.

- Infolge steigender Klimabelastungen im Sommer – auch infolge teilweise zu beobachtender Zunahme von internen Wärmelasten – werden aktive und passive Kühlsysteme in Zukunft an Bedeutung gewinnen. Flächenkühlsysteme in Verbindung mit Sohlplattenkühler sind zumindest für kleinere Gebäude eine interessante Option, da die erforderlichen Energieaufwendungen für den Betrieb vergleichsweise gering sind.

3.5 Literatur

[1] DIN 4108-2:2003-07: Wärmeschutz und Energieeinsparung in Gebäuden. Mindestanforderungen an den Wärmeschutz

[2] E DIN 4108-2:2011-09: Wärmeschutz und Energieeinsparung in Gebäuden. Mindestanforderungen an den Wärmeschutz

[3] Verordnung zur Änderung der Energieeinsparverordnung, 29.04.2009, Bundesgesetzblatt, Jahrgang 2009, Teil I, Nr. 23, Bundesanzeiger Verlag, 30. April 2009, S. 954 bis 989

[4] Schlitzberger, S., Kempkes, C., Maas, A., Ermittlung aktueller Randbedingungen für den sommerlichen Wärmeschutz und weiterer Gebäudeeigenschaften im Lichte des Klimawandels. Teil 2: Entwicklung eines Gesamtkonzepts für ein künftiges technisches Regelwerk zum Nachweis des sommerlichen Wärmeschutzes. Endbericht des IBH-Hauser, des FhG-IBP und des FhG-ISE vom 07.12.2011 für das BBR – Forschungsvorhaben Nr. 10.08.17.7-08.37.2

[5] Aktualisierte und erweitere Testreferenzjahre (TRY) von Deutschland für mittlere und extreme Witterungsverhältnisse. Bundesamt für Bauwesen und Raumordnung – BBR –, Forschungsinitiative Zukunft Bau, Bonn, 2011. www.dwd.de

[6] DIN V 18599-10:2007-02: Energetische Bewertung von Gebäuden – Berechnung des Nutz-, End- und Primärenergiebedarfs für Heizung, Kühlung, Lüftung, Trinkwarmwasser und Beleuchtung – Teil 10: Nutzungsrandbedingungen, Klimadaten

[7] DIN V 18599-2:2007-02: Energetische Bewertung von Gebäuden – Berechnung des Nutz-, End- und Primärenergiebedarfs für Heizung, Kühlung, Lüftung, Trinkwarmwasser und Beleuchtung – Teil 2: Nutzenergiebedarf für Heizen und Kühlen von Gebäudezonen

[8] DIN V 4108-6:2003-06: Wärmeschutz und Energieeinsparung in Gebäuden. Berechnung des Jahres-Heizwärme- und des Jahresheizenergiebedarfs

[9] DIN EN 832:2003-06: Wärmetechnisches Verhalten von Gebäuden – Berechnung des Heizenergiebedarfs; Wohngebäude. Deutsche Fassung EN 832

[10] David, R., de Boer, J., Erhorn, H., Reiß, J., Rouvel, L., Schiller, H., Weiß, N., Wenning, M., Heizen, Kühlen, Belüften & Beleuchten. Bilanzierungsgrundlagen nach DIN V 18599, Stuttgart 2006

[11] David, R., Rouvel, L., Wenning, M., Entwicklung eines Bewertungssystems für den Nutzenergiebedarf für klimatisierte Gebäude. Forschungsvorhaben SANIREV 2 „Energetische Bewertung von raumlufttechnischen Anlagen", Endbericht, München 2005

[12] DIN EN ISO 13786:2005-04: Wärmetechnisches Verhalten von Bauteilen – Dynamisch-thermische Kenngrößen – Berechnungsverfahren

[13] DIN EN 12831 Bbl. 1:2004-04: Heizsysteme in Gebäuden – Verfahren zur Berechnung der Norm-Heizlast – Nationaler Anhang NA

[14] DIN 4108-2:2003-07: Wärmeschutz und Energie-Einsparung in Gebäuden – Teil 2: Mindestanforderungen an den Wärmeschutz

[15] DIN EN ISO 13790:2005-07: Energieeffizienz von Gebäuden – Berechnung des Energiebedarfs für Heizung und Kühlung, Deutsche Fassung prEN ISO 13790, 2005

[16] DIN V 4701-10:2003-08: Energetische Bewertung heiz- und raumlufttechnischer Anlagen – Teil 10: Heizung, Trinkwassererwärmung, Lüftung

[17] Europäische Union: Richtlinie 2010/31/EU des Europäischen Parlaments und des Rates vom 19. Mai 2010 über die Gesamtenergieeffizienz von Gebäuden (EPBD). Amtsblatt der Europäischen Union, 53. Jahrgang, 18. Juni 2010, S. 13–35

[18] Bundesregierung: Verordnung zur Änderung der Energieeinsparverordnung (EnEV). Bundesgesetzblatt, Jahrgang 2009 Teil I Nr. 23, 30. April 2009, S. 954–989

[19] DIN V 18599: Energetische Bewertung von Gebäuden, Berlin 2011

[20] Diefenbach, N., Loga, T., Gabriel, J., Fette, M., Monitoring der KfW-Programme „Energieeffizient Sanieren" 2010 und „Ökologisch/Energieeffizient Bauen" 2006–2011. Institut Wohnen und Umwelt/Bremer Energie Institut, 30. August 2012

[21] Stat. Bundesamt: Fachserie 5, Reihe 1, 2011: Bautätigkeit und Wohnungen. Statistisches Bundesamt, Wiesbaden 2012

[22] DIN EN 13363-1:2007-09: Sonnenschutzeinrichtungen in Kombination mit Verglasungen. Berechnung der Solarstrahlung und des Lichttransmissionsgrades. Teil 1: Vereinfachtes Verfahren

[23] DIN EN 13363-2:2005-06: Sonnenschutzeinrichtungen in Kombination mit Verglasungen. Berechnung der Solarstrahlung und des Lichttransmissionsgrades. Teil 2: Detailliertes Berechnungsverfahren

[24] DIN EN 410:2011-04: Glas im Bauwesen – Bestimmung der lichttechnischen und strahlungsphysikalischen Kenngrößen von Verglasungen

[25] Hauser, G., Wasserdurchströmte Decken zur Raumkonditionierung. 20. Internationaler Velta Kongress '98, St. Christoph, S. 51–60; Sanitär + Heizungstechnik 63 (1998), H. 4, S. 90–99

[26] Hauser, G., Kempkes, C., Olesen, B., Computer Simulation of the Performance of a Hydronic Heating and Cooling System with Pipes embedded into the Concrete Slab between each Floor. ASHRAE TC 6.5 Symposium, Seattle (Juni 1999)

[27] Höttges, K. und Kempkes, C., Entwicklung einer Bewertungsmethodik für den sommerlichen Wärmeschutz auf der Basis des nach DIN V 18599 rechnerisch ermittelten Nutzkältebedarfs. IBP Bericht ES-343 01/2009, Bau- und Wohnforschung F 2555, Stuttgart 2010

[28] Ingenieurbüro Prof. Dr. Hauser GmbH: Abschlussbericht zum Aif-Forschungsvorhaben Nr. 12272 „Wasserdurchströmte Bauteile zur Kühlung von Holzhäusern – Entwicklung konstruktiver Lösungen und Quantifizierung ihrer Wirkung", Baunatal 2001

[29] Kempkes, C.: Abschlussbericht: Thermische Simulationsrechnungen zu dem Neubau des Zentrums für Umweltbewusstes Bauen. Baunatal, Ingenieurbüro Prof. Dr. Hauser GmbH, 2001

[30] Hauser, G., Kaiser, J., Rösler, M. und Schmidt, D., Energetische Optimierung, Vermessung und Dokumentation für das Demonstrationsgebäude des Zentrums für Umweltbewusstes Bauen. Abschlussbericht des BMWA-Forschungsvorhabens, Universität Kassel, Kassel 2004

[31] Erhorn, H., Reiß, J., Lüftungsverhalten in Wohnungen. EnEVaktuell (2010), Heft 2, Berlin 2010, S. 20–22

[32] Institut für Wohnen und Umwelt IWU: Wohnen in Passiv- und Niedrigenergiehäusern. Teilbericht Bauprojekt, messtechnische Auswertung, Energiebilanzen und Analyse des Nutzereinflusses, Darmstadt 2003

[33] Hausladen, G., Wimmer, A., Kaiser, J., Technikakzeptanz im Niedrigenergiehaus – Abschlussbericht, Universität Kassel 2002

[34] Maas, A., Experimentelle Quantifizierung des Luftwechsels bei Fensterlüftung. Diss. Universität Gesamthochschule Kassel, 1995

[35] Maas, A., Höttges, K., Klauß, S., Stiegel, H., Auswirkung des Einsatzes der DIN V 18599 auf die energetische Bewertung von Wohngebäuden – Reflexion der Berechnungsansätze. Abschlussbericht. Forschungsinitiative Zukunft Bau F 2817, Stuttgart 2012

[36] Hartmann, T. et al., Bedarfslüftung im Wohnungsbau. Abschlussbericht, Stuttgart 2001

[37] Haberda, F. und Trepte, L., Das Lüftungsverhalten der Bewohner von Wohngebäuden. Zusammenfassung der Ergebnisse des Projekts Annex 8, Stuttgart 1988

[38] Zentrum für umweltbewusstes Bauen e.V.: Entwicklung einer Datenbank mit Modellgebäuden für energiebezogene Untersuchungen, insbesondere der Wirtschaftlichkeit, Endbericht – Oktober 2010

4 Numerische Simulationsmethoden – Gebäude-, Anlagen- und Strömungssimulation

		Seite
4.1	**Einleitung**	138
4.2	**Theoretische Grundlagen**	140
4.2.1	Einleitung	140
4.2.2	Thermische Gebäudesimulation	141
4.2.3	Anlagensimulation	145
4.2.4	Strömungssimulation	150
4.2.5	Kopplungsmechanismen numerischer Simulationsprogramme	152
4.3	**Randbedingungen**	154
4.4	**Pre- und Post-processing/Bewertungsmethoden**	157
4.5	**Anwendungsbeispiele**	159
4.5.1	Numerische Analysen – Einzelraum (stationär)	159
4.5.2	Numerische Analysen – Einfamilienhaus (dynamisch)	164
4.5.3	Numerische Analysen – Hallenbauten (stationär)	166
4.5.3.1	Fußbodenheizung	169
4.5.3.2	Strahlplattenheizung	172
4.5.3.3	Luftheizung	175
4.5.3.4	Vergleichsbetrachtung	177
4.5.4	Numerische Analysen – Hallenbauten (dynamisch)	178
4.6	**Gesamtfazit**	182
4.7	**Literatur**	183
4.8	**Symbolverzeichnis**	185
4.9	**Anhang 1**	188
4.10	**Anhang 2**	190
4.11	**Anmerkungen**	191

4.1 Einleitung

Um die Komplexität von heizungstechnischen Anlagen in Gebäuden hinreichend genau beschreiben zu können, ist es notwendig, sämtliche relevanten Einflussgrößen auf das Betriebsverhalten zu erfassen. Bei Analysen müssen dabei neben den technischen Einflussfaktoren wie z.B. Wärmeerzeuger, Wärmeverteil- und Wärmeübergabesystem auch die Wechselwirkungen des Nutzers sowie der Umgebung mit einbezogen werden (s. Bild 1).

Grundsätzlich bieten sich hierfür die Messung am konkreten Objekt sowie die Nachbildung mittels einer thermischen Gebäude- und Anlagensimulation als Analysemethoden an. Das erstgenannte Verfahren hat den Vorteil, dass sämtliche Randbedingungen integral erfasst werden und die Aussagekraft der Ergebnisse lediglich durch die zur Verfügung stehende Messtechnik limitiert wird. Nachteil ist jedoch, dass eine derartige Untersuchung nur in Echtzeit vorgenommen werden kann, wodurch die Anzahl der Parameterstudien begrenzt ist.

Betrachtet man im Gegensatz dazu numerische Simulationsverfahren, so bieten diese den Vorteil, dass unter identischen Randbedingungen eine sehr große Anzahl von Einflussgrößen variiert werden kann, wodurch es möglich ist, Unterschiede zwischen Systemen und Systemkomponenten sehr genau zu detektieren. Des Weiteren besteht unzweifelhaft ein zeitli-

Bild 1
Schematische Darstellung der Wärmeströme in einem Gebäude nach [1]

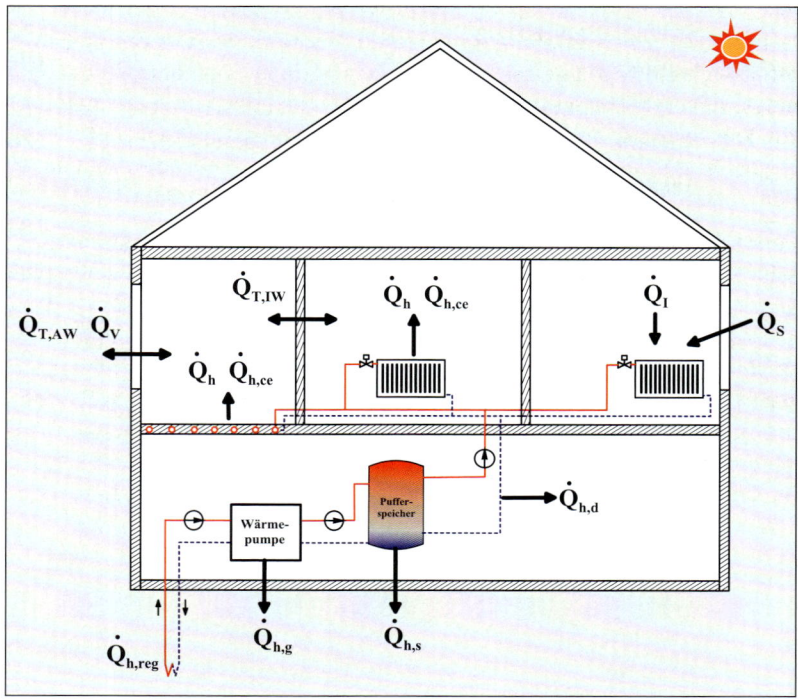

cher Vorteil, da die Rechengeschwindigkeit moderner Simulationswerkzeuge ein Vielfaches einer Echtzeitanalyse beträgt. Nachteilig an einer Analyse mittels numerischer Simulationsprogramme ist, dass die eingesetzten Verfahren immer Modelle der realen Gegebenheiten benötigen, wodurch nicht alle Einflussgrößen erfasst werden können.

In der Praxis werden numerische Simulationsverfahren heute umfassend zur Unterstützung des Planungsprozesses sowie zur Betriebsoptimierung eingesetzt. Häufig gestellte Anforderungen sind dabei:

- Ermittlung der Betriebs- und Investitionskosten schon im Stadium der Vorplanung von Gebäuden
- Optimierung der Betriebs- und Investitionskosten durch Variationsrechnungen hinsichtlich der Dämmung, der Betriebsweise der Anlage sowie der Raumnutzung
- Sicherstellung der Behaglichkeit (thermisch/hygienisch)
- Aufzeigen von Vor- und Nachteilen innovativer Gebäude- und Anlagentechnik
- Minimierung/Verhinderung von Planungsfehlern
- Sommerlicher Wärmeschutz (Ermittlung der solaren Einstrahlung durch opake Bauteile, Einfluss der Verschattung, Ermittlung des Kühlenergiebedarfes).

Speziell bei Fragen des Brandschutzes und der thermischen Behaglichkeit lösen komplexe, numerische Simulationsverfahren konventionelle vereinfachte Handrechenverfahren immer mehr ab, da in den genannten Fällen oftmals eine örtlich und zeitlich hohe Auflösung der Ergebnisse vorliegen muss. Aber auch in Fragen der Leistungsbestimmung von Systemen z. B. zur Wärmeübergabe im Raum oder zur energetischen Kennzahlbestimmung (Arbeitszahl von Wärmepumpen vgl. Abschnitt 2.3) finden detaillierte numerische Simulationsverfahren immer häufiger Anwendung.[1]

Innerhalb der weiteren Ausführungen dieses Buches sollen daher numerische Simulationsprogramme im Mittelpunkt der Betrachtungen stehen. Im ersten Teil wird auf aktuelle Berechnungsmethoden eingegangen. Unterschieden werden die Verfahren zur thermischen Gebäudesimulation, die Verfahren zur numerischen Anlagensimulation sowie die Verfahren zur Nachbildung der Strömungsverhältnisse in Gebäuden. Abgerundet werden die Ausführungen durch eine Anzahl von Ergebnissen aus aktuellen Forschungsarbeiten, wobei hier speziell die Ergebnisse von Gebäudeklassen im Einfamilienhaus sowie in Großräumen präsentiert werden sollen.

4.2 Theoretische Grundlagen

4.2.1 Einleitung

Betrachtet man die wichtigsten, zum heutigen Zeitpunkt zur Verfügung stehenden numerischen Gebäudesimulationsprogramme, die ausreichend validiert[2] sind, so kann eine umfangreiche Auswahl in [3] getroffen werden. Eine weite Verbreitung haben dabei die Programme

- DOE-2 [4], EnergyPlus [5],
- ESP [6], TRNSYS [7] sowie die Programmbibliotheken
- MATLAB [8], Modelica [9] sowie das
- Dynamische Raummodell [10]

erfahren. Tabelle 1 gibt einen Überblick über die Anwendungsgebiete der genannten Programme und ihrer Zugänglichkeit für den Nutzer.

Möglich ist es, ausgewählte Programme zusätzlich mit Modulen zur Berechnung der Raumluftströmung zu koppeln, wodurch eine noch realitätsnähere Abbildung erreicht werden kann. Dieser Weg wurde z.B. bei den Programmen ESP sowie TRNSYS zu Forschungszwecken beschritten, indem Strömungssimulationstools auf Basis der Navier-Stokes-Gleichungen implementiert wurden.

Nimmt man eine Einteilung der numerischen Verfahren zur Bestimmung des energetischen Verhaltens von Gebäuden inklusive einer Betrachtung der Anlagentechnik vor, so kann eine Strukturierung entsprechend Bild 2 erfolgen.

Die Verfahren zur thermischen Gebäudesimulation haben dabei den Fokus auf das Gebäude gerichtet. Mit ihnen kann das thermische Verhalten des Baukörpers stationär wie instationär bestimmt werden. Die Verfahren zur thermischen und hydraulischen Anlagensimulation hingegen befassen sich mit der im Gebäude vorhandenen Anlagentechnik. Die Verfahren zur Gebäudedurch-/-umströmung befassen sich mit den aerodynamischen Komponenten wie z.B. dem sich einstellenden Luftwechsel sowie den

Tab. 1
Hauptanwendung ausgewählter numerischer Simulationsprogramme

Programm	Hauptanwendung	Bemerkung
DOE-2 [4]	thermische Gebäude-Anlagensimulation	frei zugänglich
EnergyPlus [5]		frei zugänglich
ESP [6]		modularer Aufbau, frei zugänglich
TRNSYS [7]		modularer Aufbau, kommerziell
MATLAB [8]	universeller Simulationscode	kommerziell
Modelica [9]	universeller Simulationscode	kommerziell
Dynamisches Raummodell [10]	thermische Gebäudesimulation + Detailuntersuchungen	modularer Aufbau, frei zugänglich

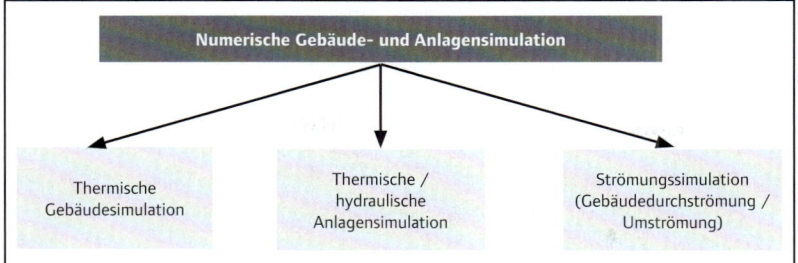

Bild 2
Einteilung der Simulationsverfahren zur numerischen Gebäude- und Anlagensimulation

äußeren Wärmeübergangskoeffizienten. Für alle genannten Teilgebiete gibt es ausreichend validierte, kommerziell verfügbare Programme.

Um jedoch eine detaillierte Aussage über das Gesamtverhalten eines Gebäudes vornehmen zu können, ist es notwendig, die in Bild 2 abgebildeten Teilbereiche miteinander zu verknüpfen. So besitzt z. B. die Anlagentechnik einen signifikanten Einfluss auf das thermische Verhalten der Gebäude, da entlang der Bedarfskette im Bereich der Erzeugung, Verteilung sowie Übergabe ein Wärmestrom in die jeweiligen Räume abgegeben wird. Weiterhin hat die Gebäudedurch- sowie die Gebäudeumströmung ebenfalls einen großen Einfluss auf die thermischen Verhältnisse des Gebäudes, da hierdurch der Luftwechsel sowie die äußeren Wärmeübergangskoeffizienten beeinflusst werden. Fortschrittliche Programme zur numerischen Gebäude- und Anlagensimulation können alle drei genannten Gruppen abbilden und miteinander verknüpfen.

In den nachfolgenden Abschnitten sollen die mathematischen-physikalischen Grundzüge der genannten Teilbereiche beschrieben werden.

4.2.2 Thermische Gebäudesimulation

Bei der thermischen Gebäudesimulation steht das thermische Verhalten des Gebäudes im Mittelpunkt der Betrachtungen. Grundsätzlich geht man bei der Betrachtung der thermischen Verhältnisse dabei immer vom Bauteil über den Raum zum Gebäude vor, wobei entsprechend den oben genannten Aussagen natürlich Kopplungsbeziehungen zur Anlagentechnik sowie zur Gebäudedurchströmung vorliegen.

Betrachtet man zunächst den Wärmeverlust eines Raumes, so hängt dieser zunächst vom Wärmestrom, der vom Heizsystem an die Umfassungskonstruktion abgestrahlt wird (Strahlungswärmestrom), und vom Raumtemperaturprofil (Konvektionswärmestrom) ab. In besonderem Maß ist dabei der Strahlungswärmestrom an die Umfassungsflächen vom Temperaturniveau, der Oberflächenbeschaffenheit sowie der lokalen Anordnung des Heiz- oder Kühlsystems im Raum abhängig. Zur detaillierten Bewertung der Transmissionswärmeverluste ist daher die Kenntnis der Oberflächen sowie Lufttemperaturverteilung unerlässlich. Für ein entsprechendes Bauele-

Bild 3
Wärmebilanz für ein
Flächenelement der
Außenkonstruktion
nach [12]

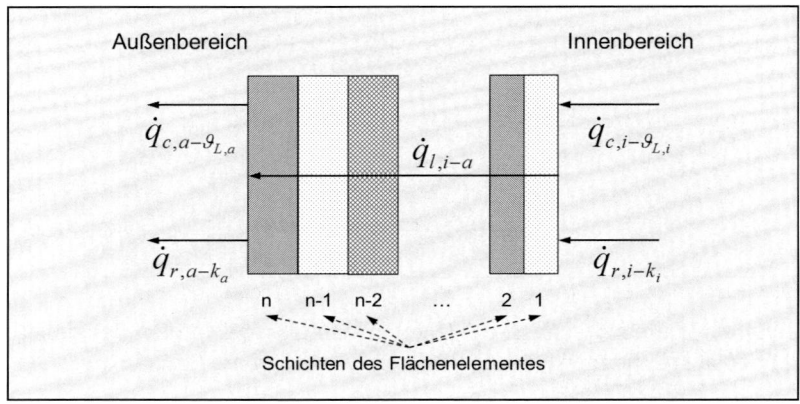

ment der Umfassungskonstruktion kann daher eine thermische Bilanz entsprechend Bild 3 aufgestellt werden.

Betrachtet man exemplarisch das in Bild 3 dokumentierte Flächenelement unter stationären Bedingungen, so kann eine Energiebilanz entsprechend Gleichung 1 aufgestellt werden.

$$\sum_{k=1}^{n} \dot{q}_{r,i-k_j} + \dot{q}_{c,i-\vartheta_{L,i}} + \dot{q}_{l,i-a} = 0 \qquad (1)$$

Hierbei stellen die Therme $\dot{q}_{r,i-k_j}$ den von den inneren Oberflächen übertragenen Strahlungswärmestrom, $\dot{q}_{c,i-\vartheta_{L,i}}$ den von der Raumluft übertragenen konvektiven Wärmestrom sowie $\dot{q}_{l,i-a}$ den Wärmestrom infolge von Wärmeleitung durch das Bauteil dar. Der Strahlungswärmestrom von der Betrachtungsfläche *i* zu einer beliebigen Teilfläche *k* des Raumes ist mittels der Gleichung 2 bestimmbar.

$$\dot{q}_{r,i-k_j} = h_{r,i-k_j} \cdot (\vartheta_i - \vartheta_{k_j}) \qquad (2)$$

mit

$$h_{r,i-k_j} = \frac{\sigma_S}{\frac{1}{\varepsilon_i} - 1 + \frac{1}{\phi_{i-k_j}} + \left(\frac{1}{\varepsilon_k} - 1\right) \cdot \frac{A_i}{A_{k_i}}} \cdot (T_i + T_{k_i}) \cdot (T_i^2 + T_{k_i}^2) \qquad (3)$$

In Gleichung 3 stellt der Parameter ϕ_{i-k_j} die Einstrahlzahl zwischen zwei Flächen dar. Sie definiert die Energie, die von der Fläche *i* ausgestrahlt wurde und auf der Fläche auftrifft. Zur Berechnung der Einstrahlzahlen gibt es unterschiedliche Methoden. Für ausgewählte geometrische Situationen existieren analytische Verfahren (rechtwinklige / parallele Flächen). Ist jedoch eine Teilfläche durch eine andere Teilfläche teilverschattet bzw. liegen die Flächen schiefwinklig zueinander, so muss die Einstrahlzahl mit numerischen Verfahren (z. B. Hemi-Cube-Verfahren) bestimmt werden. Ausführlich beschrieben ist dies in [13], sodass hier nicht weiter darauf eingegangen werden soll.

Für den konvektiven Wärmestrom an der Innenseite des Flächenelementes i kann eine Bilanz entsprechend der Gleichung 4 formuliert werden.[3]

$$\dot{q}_{c,i-\vartheta_L,i} = h_{c,i} \cdot (\vartheta_i - \vartheta_{L,i}) \qquad (4)$$

Für den Wärmestrom infolge von Wärmeleitung durch das Bauteil kann bei vereinfachter Annahme der eindimensionalen Wärmeleitung und n-Schichten eine Bestimmungsgleichung entsprechend der mathematischen Beziehung 5 aufgestellt werden.

$$\dot{q}_{l,i-a} = \frac{1}{\frac{1}{h_{c,a}+h_{r,a}} + \sum_{j=1}^{n}\left(\frac{\delta}{\lambda}\right)_j} \cdot (\vartheta_i - \vartheta_{L,a}) = \kappa_i \cdot (\vartheta_i - \vartheta_{L,a}) \qquad (5)$$

Fasst man die Gleichungen 3, 4 sowie 5 zusammen, so kann die Wärmebilanz für das Flächenelement wie folgt geschrieben werden:

$$h_{r,i} \cdot (\vartheta_i - \vartheta_U) + h_{c,i} \cdot (\vartheta_i - \vartheta_{L,i}) + \kappa_i \cdot (\vartheta_i - \vartheta_{L,a}) = 0 \qquad (6)$$

Für eine Anzahl von m Bauelementen im Raum ergeben sich somit m mathematische Beziehungen der Form von Gleichung 6. Durch die Kopplungsbilanz zur Raumluft erhält man eine weitere Gleichung der Form:

$$\sum_{i=1}^{m} A_i \cdot h_{c,i} \cdot (\vartheta_{L,i} - \vartheta_i) + \dot{V} \cdot \rho_L \cdot c_{p,L} \cdot (\vartheta_{L,a} - \vartheta_{L,i}) = 0 \qquad (7)$$

Die Gleichungen 6 und 7 ergeben bei ausführlicher Schreibweise ein Gleichungssystem für den zu betrachtenden Raum, in dem alle signifikanten physikalischen Transportmechanismen zu und in den Umfassungskonstruktionen berücksichtigt werden, wobei über den Lüftungswärmestrom $\dot{V}$ die aerodynamische Ankopplung erfolgt. Die Berücksichtigung aktiver Heiz- und Kühlsysteme kann bei exakter geometrischer Bilanzierung über die Eigenschaften der Oberflächen berücksichtigt werden.

Für die Lösung der gesamten Bilanzgleichung für den Raum ist es notwendig, weitere Therme in der Bilanzgleichung zu berücksichtigen, welche dazu dienen, die Raumtemperatur zu bestimmen. Alle hierfür relevanten Wärmeströme sind Bild 4 zu entnehmen.

Gleichung 8 dokumentiert die Wärmebilanz am Zonenluftknoten.

$$\dot{q}_i = \dot{q}_{c-\vartheta_L,i} + \dot{q}_{\inf} + \dot{q}_{vent} + \dot{q}_{cplg} + \dot{q}_{g,c-\vartheta_L,i} \qquad (8)$$

Bild 4
Konvektive Wärmebilanz am Zonenluftknoten nach [12]

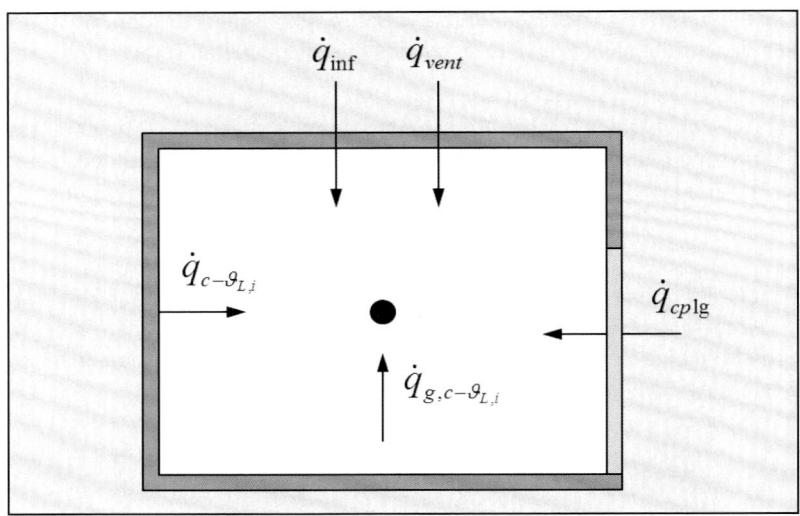

Die Therme $\dot{q}_{c-\vartheta_L,i}$ stellen die gesamten konvektiven Wärmeströme von den inneren Oberflächen dar. $\dot{q}_{inf}$, $\dot{q}_{vent}$ sind die konvektiven Wärmeströme in Folge von Infiltration sowie durch lüftungstechnische Anlagen. $\dot{q}_{cplg}$ steht für die lüftungstechnische Ankopplung der betrachteten Zonen untereinander, wohingegen $\dot{q}_{g,c-\vartheta_L,i}$ konvektive, thermische Gewinne darstellen.

Eine gewisse Sonderstellung nehmen solare Wärmegewinne sowie Wärmegewinne aus technischen Anlagen an der Oberfläche von Umfassungskonstruktionen ein. Für diese Art von Wärmegewinnen wird Gleichung 1 um einen zusätzlichen Term S_i ergänzt.

$$\sum_{k=1}^{n}\dot{q}_{r,i-k_j} + \dot{q}_{c,i-\vartheta_L,i} + \dot{q}_{l,i-a} + S_i = 0 \qquad (9)$$

Term S_i berücksichtigt dabei kurzwellige Strahlung (Solarstrahlung) sowie langwellige Strahlung verursacht durch innere Wärmequellen sowie technisch bedingte Wärmequellen direkt an der Oberfläche. Die Aufteilung der genannten Strahlungsarten kann dabei flächengemittelt erfolgen bzw. bei der direkten solaren Strahlung örtlich direkt.

Detailliert ist ein Verfahren zur Aufteilung der direkten solaren Strahlung in [12] beschrieben, sodass hier nicht weiter darauf eingegangen werden soll.

Mit den beschriebenen Bilanzgleichungen kann eine thermische Gebäudesimulation durchgeführt werden. Wichtig ist jedoch in diesem Zusammenhang, dass auch die Anlagentechnik zugleich Berücksichtigung findet. Dies soll im nächsten Abschnitt beschrieben werden.

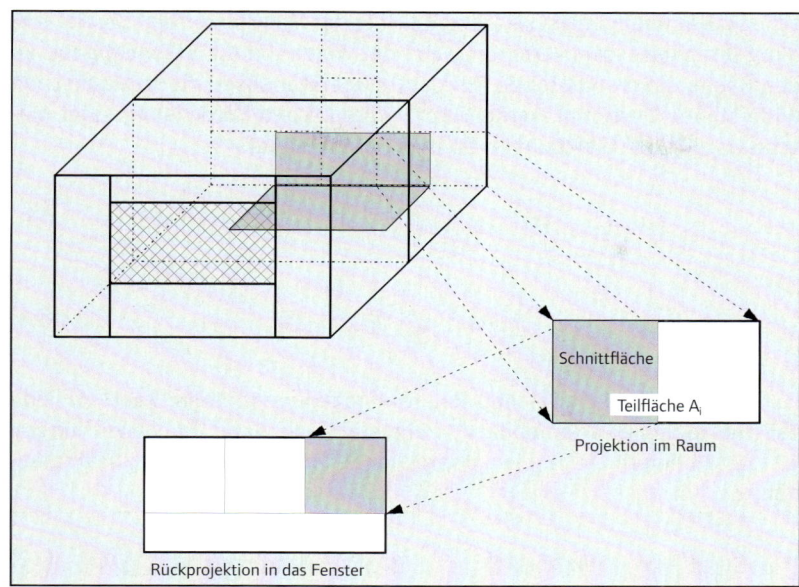

Bild 5
Aufteilung der direkten solaren Strahlung auf die Umfassungskonstruktion nach [12]

4.2.3 Anlagensimulation

Zur Nachbildung der signifikanten Aggregate, die als Anlagentechnik heute in Gebäuden eingesetzt werden, gibt es ganz unterschiedliche Modelle, welche sich in Hinblick auf ihre Detailstärke deutlich unterscheiden. Die nachfolgenden Ausführungen sollen daher einen kurzen Überblick über einzelne Modelle geben, die Grundlagencharakter besitzen. Hierbei muss zunächst unterschieden werden, für welchen Anwendungszweck die Modelle konzipiert sind. Möchte man eine numerische Anlagensimulation für die Heizperiode oder für die Kühlperiode durchführen, so ist es zweckmäßig, z. B. ein Modell einzusetzen, welches robust läuft und gleichzeitig akzeptable Rechenzeiten aufweist. Hinsichtlich der physikalischen Genauigkeit sind hier jedoch Kompromisse einzugehen. Im Gegensatz dazu ist bei der Weiterentwicklung von technischen Komponenten eher der Fokus auf die detaillierte Beschreibung von einzelnen Bauteilen gerichtet, was wiederum einen Kompromiss in Hinblick auf die Rechenzeit bedeutet.

Die meisten technischen Anlagen, speziell zur Gebäudebeheizung, basieren heutzutage auf wasserführenden Verteilsystemen, sodass der hydraulischen Nachbildung dieser Anlagen bei der thermischen Anlagensimulation eine Schlüsselrolle zukommt. Grundlegende Modellierungsansätze sind hierzu in [13] zu finden. Auch bei den meisten heute vorhandenen hydraulischen Berechnungsprogrammen erfolgt zunächst eine Diskretisierung. Typisch ist hierfür, dass die hydraulische Anlage in Knoten (K) und Teilstrecken (TS) unterteilt wird. Als Knoten werden geometrische Orte festgelegt, die durch Koordinaten charakterisiert sind. Teilstrecken stellen Verbindungen zwischen den Knoten dar, wobei die Teilstrecken zu Maschen zusammengefasst werden. Mit Hilfe der Maschen erfolgt die Berechnung der Massestromverteilung, aus der wiederum die Wärmeabgabe an den Raum, die resultierende Rücklauftemperatur sowie die hydraulischen Widerstände bestimmt werden. Zur hydraulischen Berechnung einer Masche werden die Gleichungen 10 und 11 verwendet.

$$\Delta p_{Pumpe} + \Delta p_{Umtriebsdruck} + \Delta p_{Pumpe,dezentral} = b \cdot \dot{m}^2 \qquad (10)$$

$$\sum_{i=1}^{n} \dot{m}_{ein,i} - \sum_{i=1}^{n} \dot{m}_{aus,i} = 0 \qquad (11)$$

Für die Ermittlung der in den Raum abgegebenen Wärme kann für jede Teilstrecke eine Wärmebilanz aufgestellt werden. Die Gleichungen 12/13/14 liefern hierzu die entsprechenden mathematischen Zusammenhänge.

$$(m_{TS} \cdot c_{p,TS} + m_W \cdot c_{p,W}) \frac{\partial \vartheta_m}{\partial \tau} = \dot{m}_W \cdot c_{p,W} \cdot (\vartheta_{V,i} - \vartheta_{R,i}) - \sum_{i=1}^{n} \dot{q}_{ab,i} \qquad (12)$$

mit

$$\dot{q}_{ab,i} = k_i \cdot (\vartheta_{m,i} - \vartheta_{L,i}) \qquad (13)$$

$$(\vartheta_{m,i} - \vartheta_{L,i}) = \Delta\vartheta_{\log} = \frac{\vartheta_{V,i} - \vartheta_{R,i}}{\ln \frac{\vartheta_{V,i} - \vartheta_{L,i}}{\vartheta_{R,i} - \vartheta_{L,i}}} \qquad (14)$$

Oftmals wird in numerischen Simulationsprogrammen die Diskretisierung dabei so umgesetzt, dass eine Teilstrecke nochmals in einzelne Teilelemente zerlegt wird. Bild 6 zeigt dies exemplarisch.

Mit den genannten Bilanzgleichungen kann die hydraulische Berechnung eines Verteilsystems inklusive der Ankopplung an die Räume vorgenom-

Bild 6
Wärmebilanz an einer Teilstrecke (Rohr, Heizfläche) des hydraulischen Netzes nach [13]

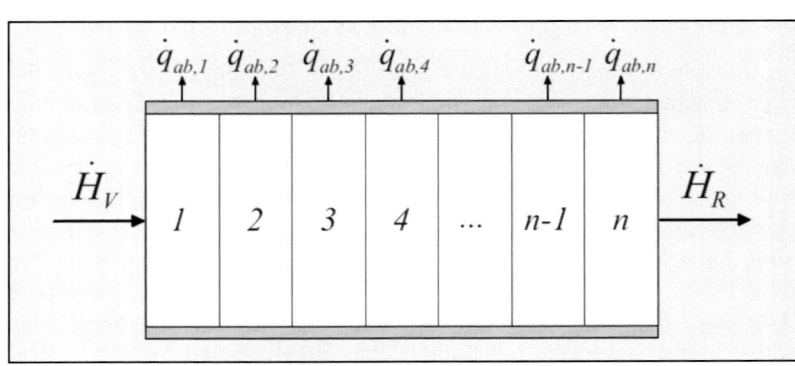

men werden. Für die Heizflächenmodellierung existieren unterschiedliche Verfahren. Prinzipiell kann eine Heizfläche identisch wie ein Rohr berechnet werden. Die Kopplung an die thermische Bilanz erfolgt dann mittels der Therme $\dot{q}_{g,c-\vartheta_L,i}$ sowie S_i entsprechend den Gleichungen 8 und 9. Die Modellierung wäre eine nichtgeometrische Nachbildung, wobei im Vorfeld der Berechnungen ein Faktor festgelegt wird, der die Aufteilung zwischen Konvektions- und Strahlungswärmeströmen festlegt. Eine alternative Modellierung stellt die vollständige geometrische Modellierung dar, wobei hier die Oberfläche der Heizfläche aufgrund der Wärmeabgabe erhöhte Temperaturen aufweist. Da bei der geometrischen Modellierung die Heizfläche exakt im Modell vorhanden ist, steht sie auch mit den anderen Teilflächen des Raumes im Strahlungsaustausch bzw. gibt einen Konvektionswärmestrom ab, wodurch eine Ankopplung an den Raum gegeben ist. Weitere Details zu dieser Art der nichtgeometrischen sowie geometrischen Modellierung sind in [13/14] und [15] zu finden.

Hinsichtlich der Modellierung der wichtigsten Erzeugungssysteme heizungstechnischer Anlagen sind umfassende Angaben in [1, 16, 17] sowie [18] zu finden. Auch bei den genannten Modellen wird oftmals ein Kompromiss zwischen physikalisch exakter Modellierung sowie zu erwartender Rechenzeit angestrebt. Diese als Kennlinienmodell bezeichnete physikalische Approximation basiert auf messtechnischen Untersuchungen. Für Wärmepumpensysteme kann das Betriebsverhalten z.B. entsprechend den Gleichungen 15/16 geschrieben werden.[4]

$$\dot{Q}_{WP} = a_1 + a_2 \cdot \vartheta_{Ver,ein} + a_3 \cdot \vartheta_{Kond,aus} + a_4 \cdot \vartheta_{Ver,ein} \cdot \vartheta_{Kond,aus} + \\ + a_5 \cdot \vartheta^2_{Ver,ein} + a_6 \cdot \vartheta^2_{Kond,aus} \quad (15)$$

$$P_V = b_1 + b_2 \cdot \vartheta_{Ver,ein} + b_3 \cdot \vartheta_{Kond,aus} + b_4 \cdot \vartheta_{Ver,ein} \cdot \vartheta_{Kond,aus} + \\ + b_5 \cdot \vartheta^2_{Ver,ein} + b_6 \cdot \vartheta^2_{Kond,aus} \quad (16)$$

Die Koeffizienten $a_1 - a_6$ sowie $b_1 - b_6$ müssen dabei für jedes zu untersuchende Wärmepumpenaggregat messtechnisch ermittelt werden.

Hinsichtlich der Beschreibung von Wärmepumpen ist es sinnvoll, für die Bilanzperiode geeignete Kenngrößen zu bilden. Die Gleichungen 17/18 und 19 zeigen dies exemplarisch am Beispiel der Arbeitszahl einer Wärmepumpe.

$$\beta_i = \frac{\int \dot{Q}_{WP} \, d\tau}{\int P_V \, d\tau} \quad (17)$$

$$\beta_a = \frac{\int \dot{Q}_{WP} \, d\tau}{\int (P_V + P_H + P_R) \, d\tau} \quad (18)$$

$$\beta_{sys} = \frac{\int (\dot{Q}_{WP} - \dot{Q}_{SP}) d\tau}{\int (P_V + P_H + P_R) d\tau} \qquad (19)$$

Die Gleichung 17 repräsentiert dabei die „innere Arbeitszahl", die den eigentlichen Wärmepumpenprozess beschreibt. Die Größe β_a beschreibt die „äußere Arbeitszahl", die die Leistungsaufnahme von Hilfsaggregaten sowie der Regelung mit berücksichtigt. Gleichung 19 steht für die „Systemarbeitszahl", bei der zusätzlich noch Verluste des Speichers (Pufferspeichers) Berücksichtigung finden.

Ähnlich wie bei Wärmepumpensystemen kann das Betriebsverhalten von Mikro-KWK-Systemen mittels unterschiedlicher biquadratischer Gleichungen approximiert werden. Die Gleichungen 20 und 21 dokumentieren einen Zusammenhang zwischen der elektrischen Leistung, dem Massestrom sowie der Rücklauftemperatur jeweils für den thermischen als auch für den elektrischen Wirkungsgrad[5] (vgl. Bild 7 und Bild 8).

$$\eta_{th} = b_0 + b_1 \cdot P^2 + b_2 \cdot P + b_3 \cdot \dot{m}^2 + b_4 \cdot \dot{m} + b_5 \cdot \vartheta_{RL}^2 + b_6 \cdot \vartheta_{RL} \qquad (20)$$

$$\eta_{el} = a_0 + a_1 \cdot P^2 + a_2 \cdot P + a_3 \cdot \dot{m}^2 + a_4 \cdot \dot{m} + a_5 \cdot \vartheta_{RL}^2 + a_6 \cdot \vartheta_{RL} \qquad (21)$$

Eine detaillierte Beschreibung zu numerischen Modellen für Mikro-BHKW-Systeme ist in [19] zu finden und soll hier nicht nochmals dokumentiert werden.

Bild 7
Gesamtwirkungsgrad eines motorischen BHKW-Systems in Abhängigkeit der Rücklauftemperatur sowie des Volumenstromes nach [19]

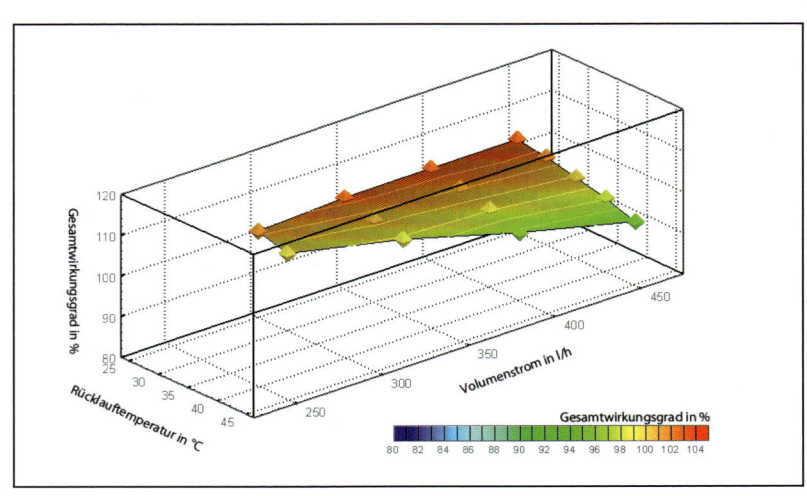

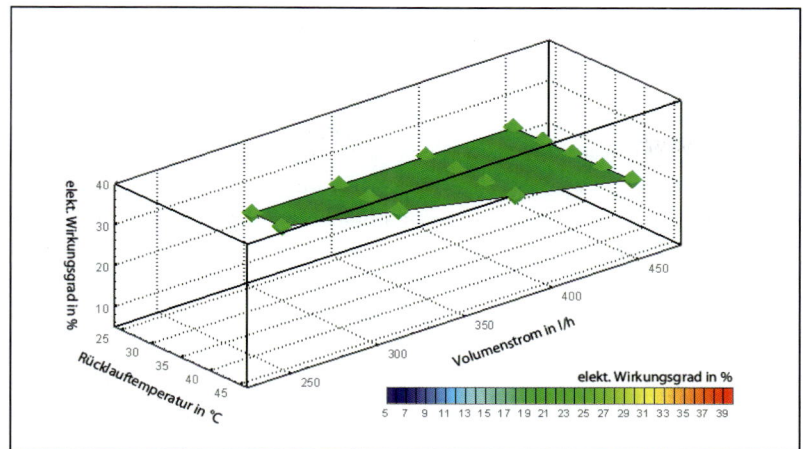

Bild 8
Elektrischer Wirkungsgrad eines motorischen BHKW-Systems in Abhängigkeit der Rücklauftemperatur sowie des Volumenstromes nach [19]

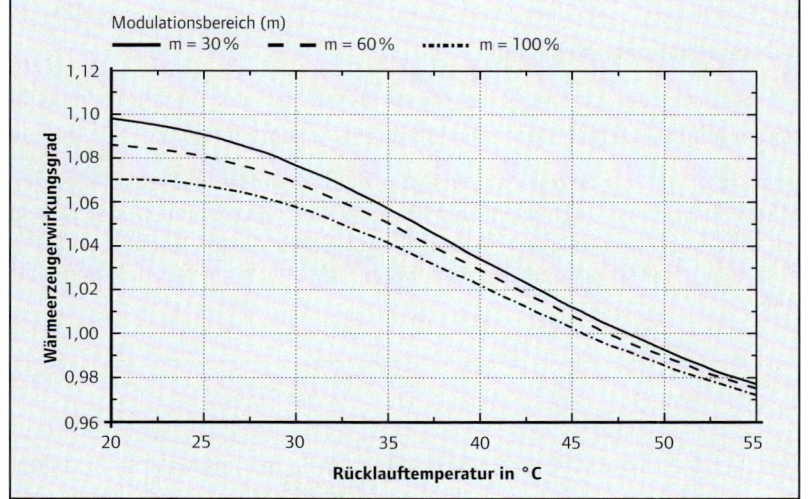

Bild 9
Wärmeerzeugerwirkungsgrad in Abhängigkeit der Rücklauftemperatur sowie des Modulationsbereiches (m) nach [18]

Für die Modellierung konventioneller Erzeuger auf Erdgasbasis, wie es z. B. Niedertemperatur- und Brennwertkessel darstellen, wurden umfassende Untersuchungen sowie Modellbeschreibungen in [18] vorgenommen. Charakteristisch für das in dieser Arbeit beschriebene Modell ist wiederum, dass es auf einem messtechnisch ermittelten Zusammenhang beruht und neben der Rücklauftemperatur auch den Belastungsgrad des Brenners mit berücksichtigt. Der prinzipiell umgesetzte Zusammenhang ist Bild 9 zu entnehmen.

4.2.4 Strömungssimulation

Neben der thermischen Gebäudesimulation sowie der Anlagensimulation ist es oftmals notwendig, auch die Raumluftströmung detailliert zu betrachten. Hierzu muss die Raumluftströmung mittels eines CFD-Programmes analysiert werden.[6] Kommerziell verfügbare Programme sind hierfür Fluent [20] sowie CFX [21]. Frei verfügbare Programme sind OpenFoam [22] sowie ParallelNS [23]. All den genannten Simulationsprogrammen ist gleich, dass sie den Strömungsverlauf über ein Bilanzgleichungssystem lösen, bestehend aus

- Massenerhaltungsgleichung,
- Impulserhaltungsgleichung sowie
- Energieerhaltungsgleichung.

In allgemeiner Form sollen die Bilanzgleichungen nachfolgend kurz charakterisiert werden. Für eine vollständige Herleitung sei auf die Ausführungen in [24] verwiesen.

Massenerhaltungsgleichung

Der Satz von der Erhaltung der Masse beruht auf der Annahme, dass in einem infinitiv kleinen Kontrollvolumen die Ansammlungsrate $\frac{\partial m}{\partial \tau}$ zu null wird, d. h. ein Gleichgewicht zwischen einfließenden und ausfließenden Masseströmen vorliegt. Weiterhin wird im Kontrollvolumen weder Masse zerstört noch angereichert (erzeugt). Auf Basis dieser Annahmen kann eine Bilanz entsprechend der nachfolgenden Gleichung geschrieben werden.

$$\frac{\partial \rho}{\partial \tau} + \frac{\partial(\rho u)}{\partial x} + \frac{\partial(\rho v)}{\partial y} + \frac{\partial(\rho w)}{\partial z} = 0 \qquad (22)$$

Gleichung 22 ist dabei für kompressible sowie inkompressible Strömungen anwendbar. Im Spezialfall der inkompressiblen Strömungen mit $\frac{\partial \rho}{\partial \tau} = 0$ vereinfacht sich Gleichung 22 zu Gleichung 23.

$$\frac{\partial u}{\partial x} + \frac{\partial v}{\partial y} + \frac{\partial w}{\partial z} = 0 \qquad (23)$$

Impulserhaltungsgleichung

Die physikalische Größe „Impuls" kann grundsätzlich als Koppelgröße von Masse und Geschwindigkeit interpretiert werden. Geht man wiederum von einem infinitiven kleinen Kontrollvolumen aus, so setzt sich die Impulserhaltungsgleichung aus dem Strömungs- sowie molekularen Transport in und aus dem Kontrollvolumen, den Flächenkräften am Kontrollvolumen sowie den Volumenkräften zusammen.

Die Gleichungen 24, 25, 26 stellen die unterschiedlichen Bilanzgleichungen für den x, y, z-Impuls dar.

$$\rho \cdot \left[\frac{\partial u}{\partial \tau} + u \cdot \frac{\partial u}{\partial x} + v \cdot \frac{\partial u}{\partial y} + w \cdot \frac{\partial u}{\partial z}\right] = \rho \cdot g_z - \frac{\partial p}{\partial x} + $$
$$+ \mu \cdot \left[\frac{\partial^2 u}{\partial x^2} + \frac{\partial^2 u}{\partial y^2} + \frac{\partial^2 u}{\partial z^2}\right] \quad (24)$$

$$\rho \cdot \left[\frac{\partial v}{\partial \tau} + u \cdot \frac{\partial v}{\partial x} + v \cdot \frac{\partial v}{\partial y} + w \cdot \frac{\partial v}{\partial z}\right] = \rho \cdot g_z - \frac{\partial p}{\partial x} + $$
$$+ \mu \cdot \left[\frac{\partial^2 v}{\partial x^2} + \frac{\partial^2 v}{\partial y^2} + \frac{\partial^2 v}{\partial z^2}\right] \quad (25)$$

$$\rho \cdot \left[\frac{\partial w}{\partial \tau} + u \cdot \frac{\partial w}{\partial x} + v \cdot \frac{\partial w}{\partial y} + w \cdot \frac{\partial w}{\partial z}\right] = \rho \cdot g_z - \frac{\partial p}{\partial x} + $$
$$+ \mu \cdot \left[\frac{\partial^2 w}{\partial x^2} + \frac{\partial^2 w}{\partial y^2} + \frac{\partial^2 w}{\partial z^2}\right] \quad (26)$$

Energieerhaltungsgleichung

Die Energieerhaltungsgleichung kann gleichfalls wie die Kontinuitätsgleichung unter Berücksichtigung des 1. Hauptsatzes der Thermodynamik abgeleitet werden. Eine mögliche, allgemeine Darstellungsform liefert Gleichung 27. Berücksichtigt man zusätzlich volumenspezifische Wärmequellen, so kann eine Schreibweise entsprechend der Gleichung 28 gefunden werden.

$$\rho \cdot c_p \left[\frac{\partial \vartheta}{\partial \tau} + u \cdot \frac{\partial \vartheta}{\partial x} + v \cdot \frac{\partial \vartheta}{\partial y} + w \cdot \frac{\partial \vartheta}{\partial z}\right] = \lambda \cdot \left[\frac{\partial^2 \vartheta}{\partial x^2} + \frac{\partial^2 \vartheta}{\partial y^2} + \frac{\partial^2 \vartheta}{\partial z^2}\right] \quad (27)$$

$$\left[\frac{\partial \vartheta}{\partial \tau} + u \cdot \frac{\partial \vartheta}{\partial x} + v \cdot \frac{\partial \vartheta}{\partial y} + w \cdot \frac{\partial \vartheta}{\partial z}\right] - a \cdot \left[\frac{\partial^2 \vartheta}{\partial x^2} + \frac{\partial^2 \vartheta}{\partial y^2} + \frac{\partial^2 \vartheta}{\partial z^2}\right] = \frac{\dot{q}^V}{\rho \cdot c_p} \quad (28)$$

All die genannten partiellen Differentialgleichungen für Masse, Impuls und Energie beschreiben ein inkompressibles, strömungsmechanisches Problem vollständig und gelten sowohl für laminare als auch turbulente Strömungen (vgl. Bild 10).

Die für die Raumluft charakteristischen Strömungen sind jedoch meist turbulent. Um diese Fluidbewegungen genau zu erfassen, ist es notwendig, das Berechnungsgebiet sowie das notwendige Gleichungssystem so zu wählen, dass alle turbulenten Bewegungen hinreichend genau erfasst werden. Für praxisrelevante Fragestellungen ist dies jedoch auch zum heutigen Zeitpunkt kaum möglich, da der notwendige Diskretisierungsaufwand und der daraus resultierende Berechnungsaufwand auch mit modernster Rechentechnik extrem hoch sind.

Bild 10
Laminare sowie turbulente Strömung eines Fluids in einem freien Bilanzgebiet nach [12]

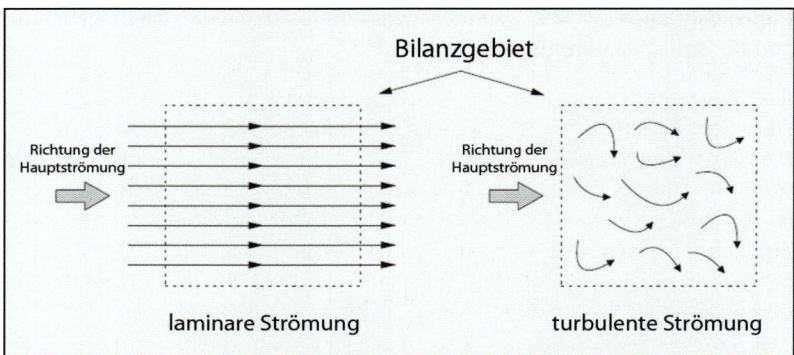

Aus dieser „Zwangslage" heraus entstand die Entwicklung von Turbulenzmodellen, die die Aufgaben haben, kleine Wirbelstrukturen in geeigneter Weise zu approximieren. Ausgangspunkt der Turbulenzmodellierung ist dabei, dass für technische Fragestellungen meist nur die mittleren Werte der Strömung bzw. Werte der Wandschubspannung sowie mittlere Werte für die Wärmeströme von Interesse sind. Aus diesem Grunde wurde erstmals von Reynolds eine Aufteilung der Größen u, v, w sowie ϑ in den Navier-Stokes-Gleichungen in einen Mittelwert und einen Schwankungsanteil vorgenommen, wobei angenommen wird, dass der zeitliche Mittelwert des Schwankungsanteils sich zu null ergibt. Durch die Einführung der Mittelwerte und Schwankungsgrößen treten weitere Unbekannte in der Impulsgleichung sowie in der Energiegleichung auf, die zum sogenannten Schließungsproblem der Turbulenz führen. Ziel der Turbulenzmodellierung ist es daher, die durch die Mittelung eingeführten Korrelationen durch zusätzliche, empirische sowie halbempirische Ansätze zu beschreiben und so das Schließungsproblem der Turbulenz zu beseitigen. Von besonderer Bedeutung bei den heutigen Strömungssimulationsprogrammen sind dabei die sogenannten Wirbelviskositätsmodelle. Als Vertreter dieser Modelle sei das $k-\varepsilon$-Modell, das $RNG\ k-\varepsilon$-Modell sowie das v'^2-f-Modell zu nennen. Detaillierte Herleitungen zu diesen Modellen sind in [20] sowie [21] zu finden, sodass diese hier nicht nochmals dokumentiert werden sollen.

4.2.5 Kopplungsmechanismen numerischer Simulationsprogramme

Abschließend zu den numerischen Strömungssimulationsprogrammen sei noch auf unterschiedliche Kopplungsmechanismen verwiesen. Grundsätzlich unterscheidet man bei der Kopplung von Simulationsprogrammen [25] zwischen nachfolgenden Verfahren:

1. Kopplung innerhalb eines Zeitschrittes
2. Kopplung innerhalb einer Simulation
3. Kopplung innerhalb einer Untersuchung.

Kopplung innerhalb eines Zeitschrittes

Die Kopplung innerhalb eines Zeitschrittes kann dabei weiter in eine iterative, allseitige Kopplung sowie eine sequenzielle Folgekopplung differenziert werden. Bei der erstgenannten Variante tauschen die gekoppelten Module so lange Daten untereinander aus, bis eine im Vorfeld definierte Toleranz nicht mehr überschritten wird. Vorteil dieses Verfahrens ist, dass es die umfänglichste Art des Randbedingungsaustausches darstellt, wodurch theoretisch eine vollständige Wiedergabe der realen Verhältnisse möglich ist. Nachteilig ist, dass es auch die aufwendigste Art des Randbedingungsaustausches bildet, wodurch lange Rechenzeiten generiert werden. Zusätzlich können Konvergenzschwierigkeiten auftreten.

Betrachtet man die sequenzielle Folgekopplung, so werden bei dieser Form zwischen den Modulen nacheinander Daten ausgetauscht. Eine Rückkopplung findet nicht statt. Vorteil dieses Verfahrens ist, dass keine Rückkopplung vorliegt, wodurch keine Konvergenz berücksichtigt werden muss. Die Rechenzeiten sind im Vergleich zur iterativen, allseitigen Kopplung deutlich kleiner. Nachteilig gestaltet sich jedoch, dass ohne die Rückkopplung bestimmte physikalische Effekte nicht genau erfasst werden können. Entscheidend dabei ist die Wahl der Zeitschrittweite. Sie muss klein genug sein, um auf die Rückkopplung verzichten zu können. In der Praxis ist dies stark von der gestellten Aufgabenstellung abhängig.

Kopplung innerhalb einer Simulation

Diese Art der Kopplung wird verwendet, wenn die Module unterschiedliche Zeitschrittweiten aufweisen. Speziell ist dies der Fall, wenn man Module aus dem „Makro-Bereich" mit Modulen aus dem „Mikro-Bereich" koppelt[7]. Je nach Aufgabenstellung muss dabei analysiert werden, wie oft und wie genau der Datenaustausch zwischen den fein strukturierten und den gröber strukturierten Modellen erfolgen muss. Des Weiteren bleibt zu klären, wann der Austausch erfolgen muss. Als praktisches Beispiel kann hierfür der Randbedingungsaustausch zwischen einem Raumluftströmungsprogramm, einem thermischen Gebäudesimulationsprogramm sowie einem Fluidströmungsprogramm (Wasserströmung) herangezogen werden. Eine Möglichkeit der zeitlichen Kopplung ist in Bild 11 zu erkennen.

Kopplung innerhalb einer Untersuchung

Signifikant für die Kopplung innerhalb einer Untersuchung ist, dass eine völlige Trennung zwischen den einzelnen Modulen vorliegt. Alle Module arbeiten separat. Die Simulationen werden nacheinander in einer vorgeschriebenen Art und Weise abgearbeitet. Die Ergebnisse der einzelnen Modelle können zwar untereinander über eine Datenbank o. Ä. genutzt werden, ersetzen jedoch die sequenzielle Folgekopplung nur bedingt bzw. die iterative allseitige Kopplung nicht. Der Vorteil der beschriebenen Kopplungsart liegt im Wesentlichen in der schnellstmöglichen Abarbeitung der Aufgabenstellung im Vergleich zu den im Vorangegangenen beschriebenen Kopplungsarten.

Bild 11
Kopplung zwischen Strömungssimulationsprogrammen und thermischer Gebäudesimulation nach [26]

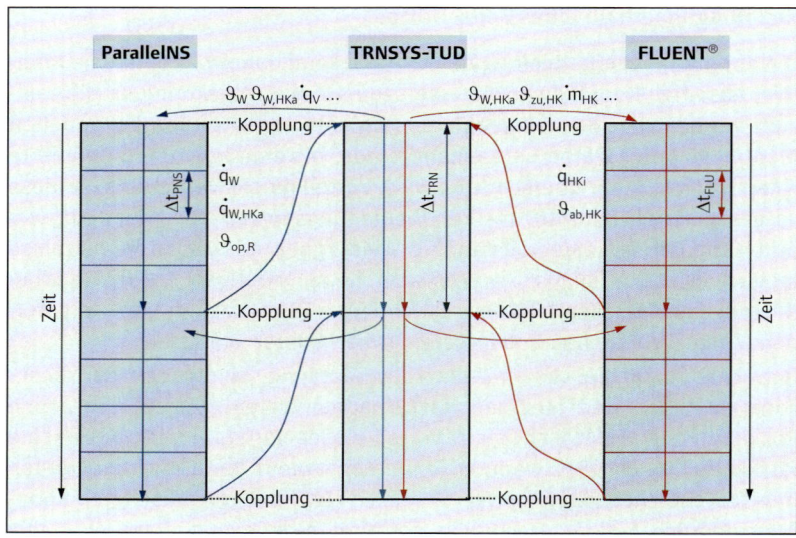

4.3 Randbedingungen

Neben detaillierten numerischen Modellen sind bei der numerischen Gebäude- und Anlagensimulation auch die verwendeten Randbedingungen von entscheidender Bedeutung. In erster Linie sind dies

- die äußeren meteorologischen Kenndaten,
- die inneren Wärmegewinne, die Infiltrations- und Lüftungswärmeverluste sowie
- die Randbedingungen des angrenzenden Erdreiches.

Die meteorologischen Randbedingungen können von Wetterstationen aus dem lokalen Umfeld verwendet werden. Möchte man allgemeingültigere Aussagen generieren, werden oftmals die Wetterdaten des Deutschen Wetterdienstes verwendet. Dieser hat Deutschland in Klimaregionen eingeteilt und für diese Klimaregionen mittlere Testreferenzjahre hinsichtlich der Wetterdaten ermittelt.[8] Darüber hinaus wurden durch den Deutschen Wetterdienst extreme Winter- und Sommerperioden bestimmt. Bild 12 zeigt die Aufteilung Deutschlands in die genannten 15 Klimaregionen.[9]

Abgespeichert sind in den Datensätzen folgende signifikante Parameter [27]:

- Regionskennung, Information, ob der Standort der Strahlungsmessstation mit dem Standort der Repräsentanzstation übereinstimmt oder differiert
- Monat, Tag, Stunde
- Bedeckungsgrad, Windrichtung, Windgeschwindigkeit, Lufttemperatur, Luftdruck

Numerische Simulationsmethoden

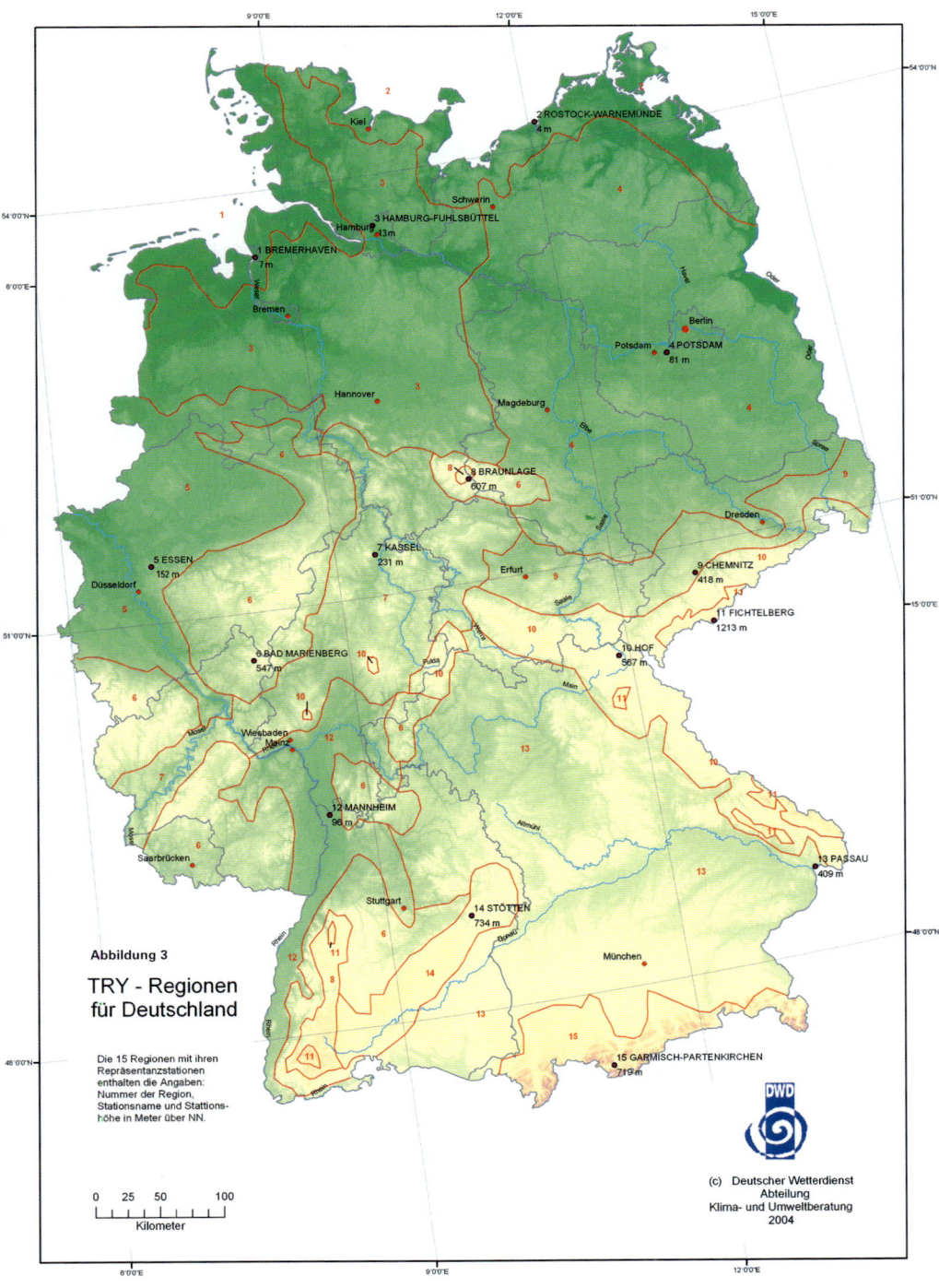

Bild 12
TRY – Regionen für Deutschland nach [27]

- Wasserdampfgehalt, relative Feuchte
- Wetterereignis der aktuellen Stunde
- direkte Sonnenbestrahlungsstärke bezogen auf die horizontale Fläche, diffuse Sonnenbestrahlungsstärke bezogen auf die horizontale Fläche
- Information, ob die direkten und/oder diffusen Bestrahlungsstärken Mess- oder Rechenwerte sind, Bestrahlungsstärke der atmosphärischen Wärmestrahlung bezogen auf die horizontale Fläche
- spezifische Ausstrahlung der Wärmestrahlung der Erdoberfläche
- Qualitätsbit für die langwelligen Strahlungsgrößen.

Die genannten Daten liegen als stündliche Werte vor, wobei sie auf Messdaten sowie auf rechnerisch ermittelten Daten beruhen. Während einer Überarbeitung im Jahre 2011 wurden die beschriebenen TRY-Datensätze um zusätzliche Funktionalitäten erweitert. In erster Linie sind hier der Stadteinfluss auf die Lufttemperatur sowie die Luftfeuchte zu nennen. Des Weiteren wurden Korrekturfunktionen zur Höhenlage erstellt. Die Datenbasis für den typischen Witterungsverlauf in den aktuellen Testreferenzjahren beruht auf dem Witterungsverlauf der Jahre 1988 bis 2007, wodurch im Vergleich zu den ursprünglichen Daten dem Lufttemperaturanstieg in den letzten Dekaden Rechnung getragen wurde.

Hinsichtlich der inneren Randbedingungen in Form von thermischen Lasten können keine allgemeingültigen Angaben gemacht werden, da diese stark von der Nutzung sowie der Art des Gebäudes (Wohnhaus, Geschäfts-, Bürogebäude, Werkhalle) abhängen.

Als Temperaturrandbedingungen für das Erdreich kann die nachstehende Gleichung herangezogen werden.

$$\vartheta_E(\tau) = \vartheta_{a,m} + (\vartheta_{a,\max} - \vartheta_{a,m}) \cdot e^{-n} \cdot \cos(2 \cdot \pi \cdot \frac{\tau}{\tau_0} - n) \quad (29)$$

$$n = l \cdot \sqrt{\frac{\pi \cdot \rho \cdot c_p}{\tau_0 \cdot \lambda}} \quad (30)$$

In Gleichung 29 stellt $\vartheta_{a,m}$ die Jahresmitteltemperatur der Außenluft, $\vartheta_{a,\max}$ den jährlichen maximalen Monatsmittelwert der Außenluft, τ_0 die Dauer des Jahres in Sekunden sowie τ die Zeit in Sekunden dar.[10] Bild 13 zeigt die Auswertung des dokumentierten Zusammenhangs für das Testreferenzjahr – 04 (TRY – Potsdam).

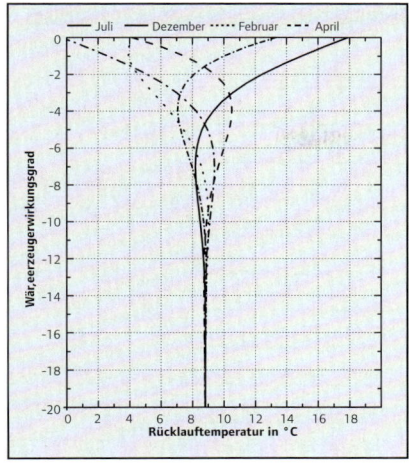

Bild 13
Temperatur des ungestörten Erdreiches (Randbedingungen nach TRY-04) nach [1]

4.4 Pre- und Post-processing/Bewertungsmethoden

Neben der eigentlichen Simulation stellen die Dateneingabe bzw. Datenaufbereitung (Pre-processing) sowie die Datenverarbeitung (Post-processing) ein wichtiges Kriterium für die Akzeptanz von numerischen Simulationsprogrammen in der Praxis dar. Alle Anbieter von numerischen Simulationsprogrammen sind dabei bestrebt, eine möglichst große Anzahl von Schnittstellen für die Kopplung zu Auslegungsprogrammen anzubieten (z. B. IFC-Schnittstelle). Weiterhin werden numerische Simulationsprogramme oft mit Stoffdatenbanken gekoppelt, um den Eingabeaufwand zu minimieren. Diese Stoffdatenbanken können fortlaufend ergänzt werden. Bild 14 zeigt eine derartige Eingabestruktur am Beispiel des Simulationsprogrammes TRNSYS-TUD [28].

Für Ergebnisaufbereitung gibt es ganz unterschiedliche Möglichkeiten. Alle numerischen Simulationsprogramme bieten zum heutigen Zeitpunkt Online-Darstellungen an, die es ermöglichen, schon während der Berechnung eine Bewertung der Ergebnisse vorzunehmen. Darüber hinaus besteht die Möglichkeit, alle Ergebnisse in Form von ASCI-Dateien abzuspeichern. Ausgewählte kommerzielle Anbieter bieten zusätzlich Programmmodule an, mit denen eine grafische Aufbereitung der Ergebnisse vorgenommen werden kann. Oftmals sind dabei in diesen Programmen auch umfängliche mathematische Berechnungsalgorithmen enthalten.

Das Post-processing ist für die Aufbereitung der Ergebnisse von numerischen Simulationen von entscheidender Bedeutung, da durch eine numerische Gebäude- und Anlagensimulation oftmals eine sehr große Datenmenge anfällt. Prinzipiell werden die klassischen Auswertungsgrößen

1. energetische Kenndaten (Energiebedarf) sowie
2. die Raumtemperaturen

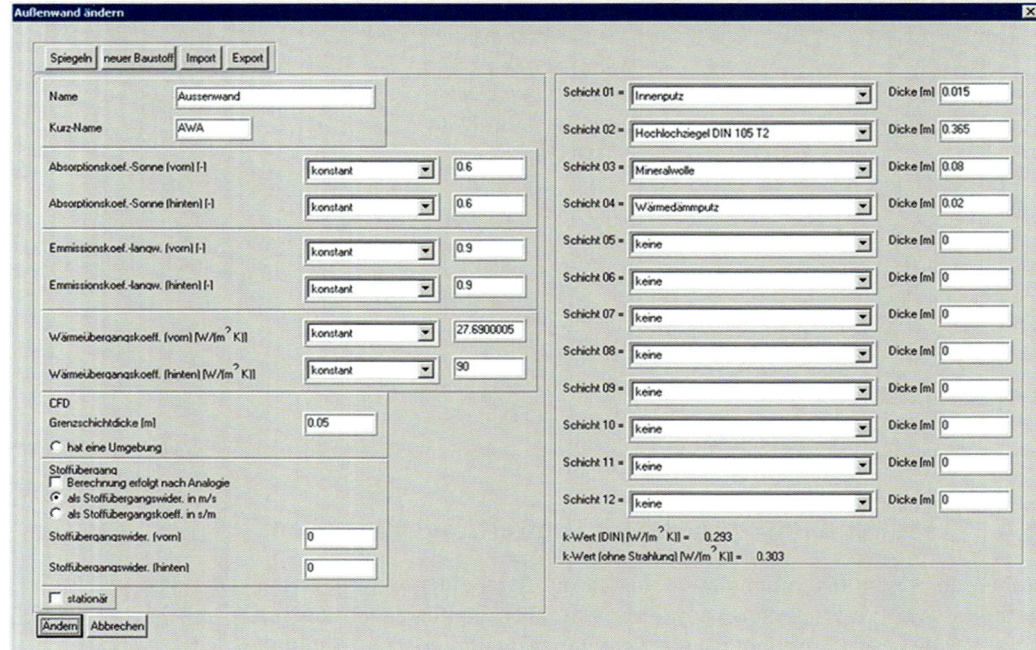

Bild 14
Dateneingabe am Beispiel des Simulationsprogrammes TRNSYS-TUD [28]

verwendet. Speziell bei der Auswertung der Raumtemperaturen (oftmals der operativen Raumtemperatur als Indikationsgröße für die thermische Behaglichkeit) hat es sich bewährt, Summenhäufigkeiten als Kriterium der Erfüllung der Heiz-/Kühlaufgabe zu verwenden (Gleichung 31).

$$F(\vartheta_{op}) = \frac{\int_{-\infty}^{\vartheta_{op}} f(\vartheta_{op}) d\vartheta_{op}}{\int_{-\infty}^{+\infty} f(\vartheta_{op}) d\vartheta_{op}} = \frac{\text{Zeit mit einer Temperatur} \leq \vartheta_{op}}{\text{Gesamtzeit}} \quad (31)$$

Die Summenhäufigkeit der operativen Raumtemperatur kann als Temperaturverteilung $f(\vartheta_{op})$ in x-Stunden (Bild 15 – linke Darstellung) oder als prozentualer Wert (Bild 15 – rechte Darstellung) verstanden werden. Die Summenhäufigkeit ermittelt sich dabei aus dem Integral der operativen Raumtemperaturen dividiert durch die Stunden der Heiz-/Kühlperiode, in denen die Sollwerte eingehalten werden sollen. Beide Darstellungen von Bild 15 sind gleichwertig, wobei die Darstellung als Summenhäufigkeit einen Vergleich von unterschiedlichen Systemen und deren thermischen Verhalten erleichtert.[11]

Neben den genannten energetischen sowie den wärmephysiologischen Kenndaten existieren noch gekoppelte Bewertungsmaßstäbe, die die beiden genannten Größen in einer Kenngröße vereinen. Ausführlich beschrie-

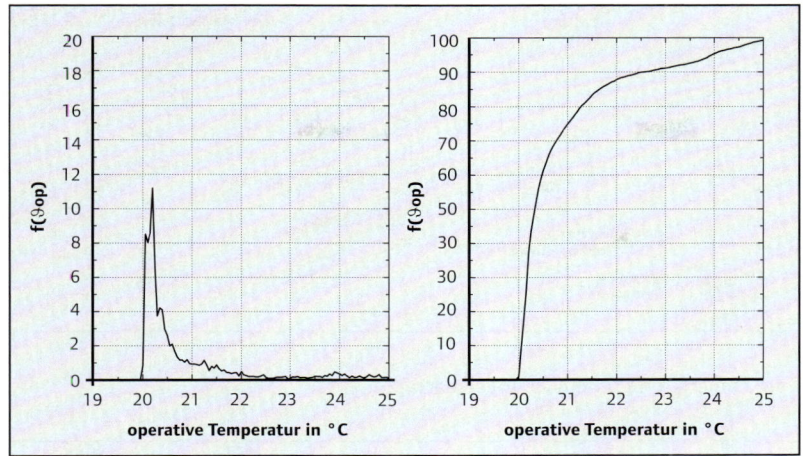

Bild 15
Temperaturverteilung (links) und Summenhäufigkeit von ϑ_{op} (rechts) nach [1]

ben sind derartige gekoppelte Bewertungsmaßstäbe in [12], sodass sie hier nicht nochmals dokumentiert werden sollen.

4.5 Anwendungsbeispiele

In den nachfolgenden Teilkapiteln sollen einige Anwendungsfälle von numerischen Simulationsprogrammen aufgezeigt werden. Unterschieden wird dabei in Anwendungsfälle im Einfamilienhaus sowie in Anwendungsfälle, bei denen Großräume im Fokus der Betrachtungen standen.

4.5.1 Numerische Analysen – Einzelraum (stationär)

Im Teilkapitel 5.1 sollen numerische Simulationsanalysen im Vordergrund stehen, die für einen repräsentativen Raum sowie für ein Einfamilienhaus vorgenommen wurden. Die Analysen erfolgten dabei mittels des an der Technischen Universität Dresden verwendeten numerischen Simulationsprogrammes TRNSYS-TUD [28] sowie des numerischen Strömungssimulationscodes ParallelNS [23]. Im Fokus der Analysen für einen Raum stand die Frage nach der Wirkung unterschiedlicher Heizungssysteme auf die Parameter der thermischen Behaglichkeit. Bild 16 zeigt die untersuchte Raumsituation.

Der Raum wurde entsprechend den Vorgaben der EnEV 2002 ausgestattet ($k_{AW} = 0{,}35\,\text{W}/(\text{m}^2\text{K})$, $k_F = 1{,}30\,\text{W}/(\text{m}^2\text{K})$). Die Untersuchungen für den Heizfall wurden für eine mittlere Außentemperatur von $\vartheta_a = -5\,°\text{C}$ durchgeführt.

Für eine Raumsituation gemäß der eines Niedrigenergiehauses mit einem $n = 0{,}25\,\text{h}^{-1}$-Luftwechsel über ein Außenluftdurchlasselement sind signifikante Parameter der stationären numerischen Untersuchungen den Bildern 17, 18 und 19 zu entnehmen.[12]

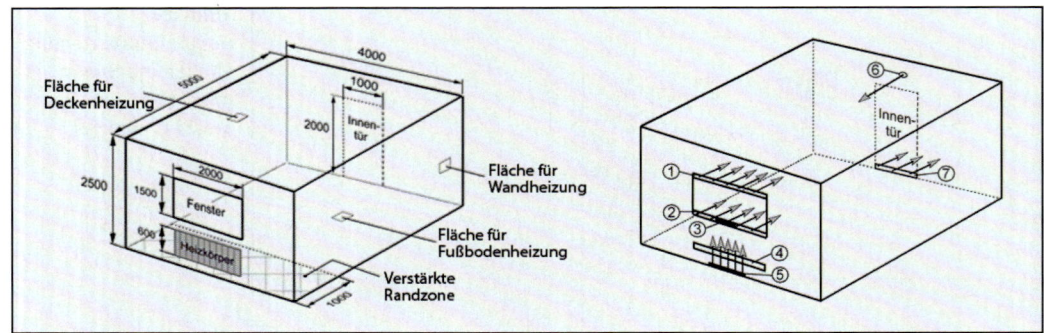

Bild 16
Geometrisches Modell für die numerischen Untersuchungen nach [29]

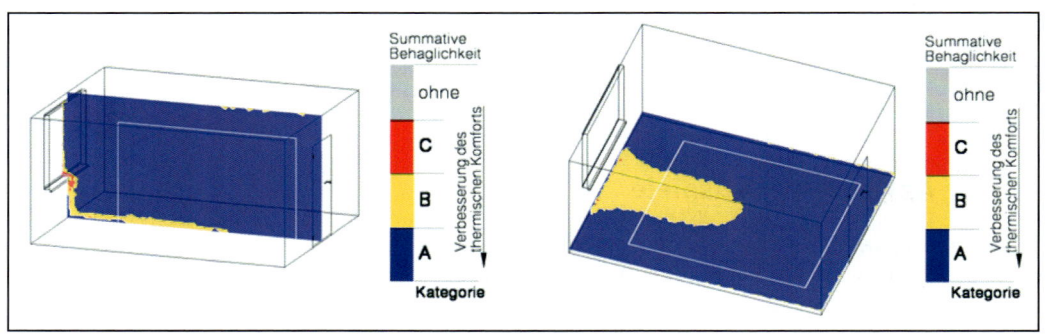

Bild 17
Summative thermische Behaglichkeit in einer vertikalen Ebene senkrecht zur Außenwand sowie in einer horizontalen Ebene ($z = 0,1$ m) nach [29] – Variante Fußbodenheizung, NEH, $n = 0,25\,h^{-1}$ über ein ALD[13]

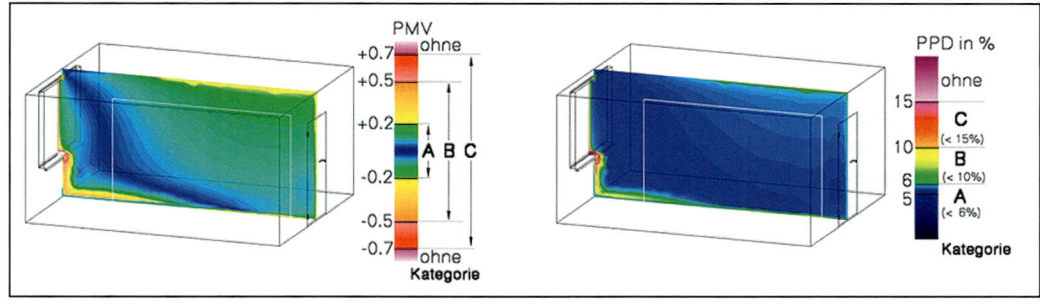

Bild 18
PMV und PPD-Index in einer vertikalen Ebene senkrecht zur Außenwand nach [29] – Variante Fußbodenheizung, NEH, $n = 0,25\,h^{-1}$ über ein ALD

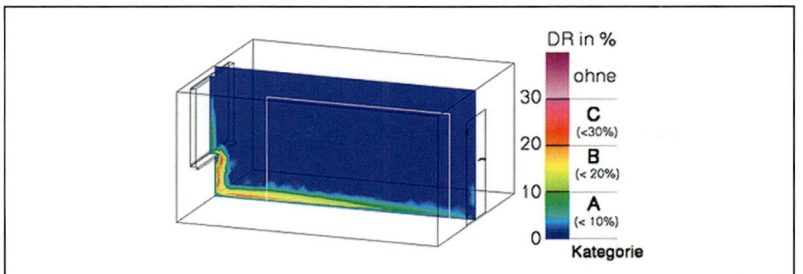

Bild 19
Zugluftrisiko in einer vertikalen Ebene senkrecht zur Außenwand nach [29]
– Variante Fußbodenheizung, NEH, $n = 0{,}25\,\text{h}^{-1}$ über ein ALD

Die dokumentierten Grafiken zeigen sehr gut, dass lokal große Unterschiede in den wärmphysiologischen Kriterien zu erwarten sind. Für die in der Praxis als typisch anzusehende Situation zeigen die Parameter sehr gute Werte für den PMV-, PPD-Index. Kritisch, speziell für Flächenheizsysteme, ist jedoch das Einbringen von Frischluft im Raum, wie aus dem Kriterium Zugluftrisiko hervorgeht. Im Bereich des Lufteintrittes kann es zu deutlichen Zugerscheinungen kommen, die sich auch im PMV-Index widerspiegeln.[14] Für eine Situation, bei der die Heizlast durch eine an der Außenwand montierte freie Heizfläche gedeckt wird, sind die entsprechenden Grafiken den Bildern 20, 21 und 22 zu entnehmen.

Für die Situation mit einer freien Heizfläche ergibt sich eine deutlich andere Situation als bei der bauteilintegrierten Fußbodenheizung. Durch die konvektive Auftriebsströmung am Heizkörper stellt sich eine Auftriebsströmung ein, wodurch die eintretende kalte Außenluft abgelenkt wird. In der Aufenthaltszone sind keine Beeinträchtigungen des thermischen Komforts zu verzeichnen. Bei Situationen, bei denen ein noch größerer Außenluftwechsel realisiert wird, kann es beim System mit freien Heizflächen, ähnlich dem Fußbodenheizungssystem, zu Zuglufterscheinungen kommen. Für diesen Fall bietet sich die Installation eines strömungstechnisch optimierten ALD an. Nähere Angaben sind hierzu in [29] zu finden.

Wie für die ausgewählten numerischen Ergebnisse des Heizfalles sollen nachfolgend auch einige Ergebnisse des sommerlichen Kühlfalles mit aufgezeigt werden. Wesentlicher Unterschied bei den Betrachtungen zum sommerlichen Kühlfall ist, dass hier eine gewisse Dynamik mit berücksichtigt werden muss. Dies betrifft vor allem die Parameter solare Strahlung, Bauschwere des Gebäudes sowie wechselnde innere Lasten. Im speziellen Fall wurde daher vor dem eigentlichen Auswertezeitraum eine mehrwöchige Einschwingphase vorgeschaltet, bei der die Außentemperatur zunächst über 14 Tage konstant blieb und in den letzten 5 Tagen kontinuierlich angehoben wurde. Ausgewertet wurde dann am Referenztag die Situation um 16 Uhr im beschriebenen Raum. Für weitere vertiefende Aussagen sei auf [30] verwiesen. Bild 23 und Bild 24 zeigen zwei unterschiedliche Situationen für einen sommerlichen Kühlbetrieb bei einem anlagentechnischen Fall mit Strahlungs-Kühldecke (vollflächige Temperierung der raumzugewandten Oberfläche) sowie Konvektions-Kühldecke (vereinfachte Modellierung als Dreiecksquerschnitt, der eine einheitliche Oberflächentemperaturrandbedingung zugewiesen wurde). Das Gebäude ist dabei in mittelschwerer Bauweise ausgeführt und besitzt eine Außenjalousie.

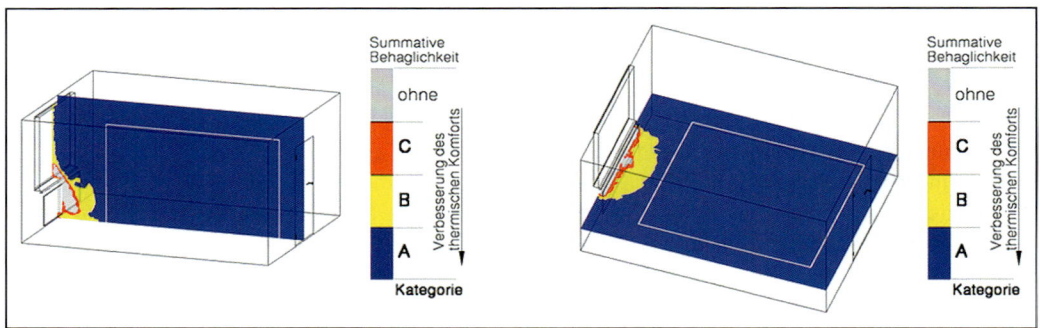

Bild 20
Summative thermische Behaglichkeit in einer vertikalen Ebene senkrecht zur Außenwand sowie in einer horizontalen Ebene ($z = 0,6$ m) nach [29] – Variante freie Heizfläche an der Außenwand, NEH, $n = 0,25\,\text{h}^{-1}$ über ein ALD

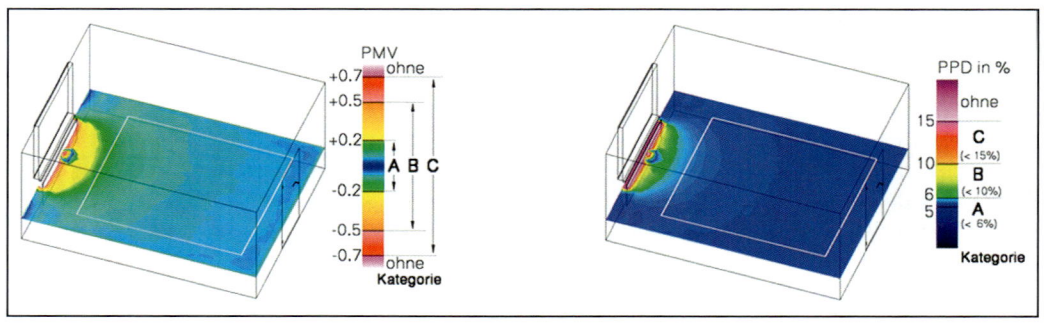

Bild 21
PMV- und PPD-Index in einer horizontalen Ebene ($z = 0,6$ m) nach [29] – Variante freie Heizfläche, NEH, $n = 0,25\,\text{h}^{-1}$ über ein ALD

Bild 22
Zugluftrisiko in einer vertikalen Ebene senkrecht zur Außenwand sowie in einer horizontalen Ebene ($z = 0,1$ m) nach [29] – Variante freie Heizfläche an der Außenwand, NEH, $n = 0,25\,\text{h}^{-1}$ über ein ALD

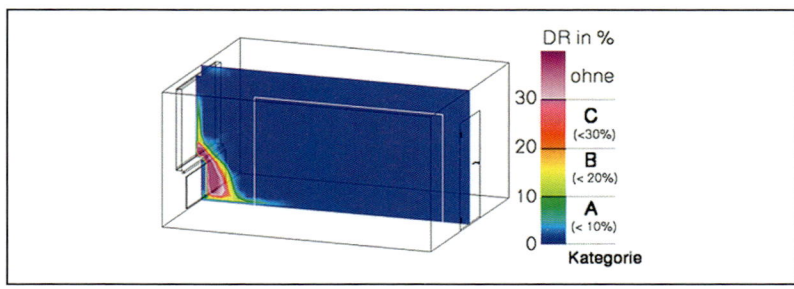

Die Grafiken zeigen, dass sich aufgrund der unterschiedlichen Wärmeübertragungsmechanismen ganz unterschiedliche Verhältnisse in den betrachteten Räumen einstellen. Analysiert man zuerst die Situation bei einer Strahlungs-Kühldecke (Bild 23), so kann festgestellt werden, dass sich sehr gleichmäßige Verhältnisse im Raum einstellen. Hinsichtlich des Zugluftrisikos stellen sich in den Raumecken erhöhte Werte ein, sodass die Kategorie A nicht mehr erreicht wird. Signifikant sind bei den Oberflächentemperaturen die erhöhten Werte auf dem Fußboden, die eine direkte Folge der einfallenden solaren Strahlung darstellen.

Betrachtet man die Situation bei einer Konvektions-Kühldecke entsprechend Bild 24, so sind zunächst die sehr niedrigen Oberflächentemperaturen der Kühlelemente zu erkennen. Hinsichtlich des Zugluftrisikos muss festgestellt werden, dass hier höhere Werte verzeichnet werden als bei der Variante mit Strahlungs-Kühldecke. Speziell in den Raumecken treten Fallströmungen auf, die zu höheren Luftgeschwindigkeiten führen.

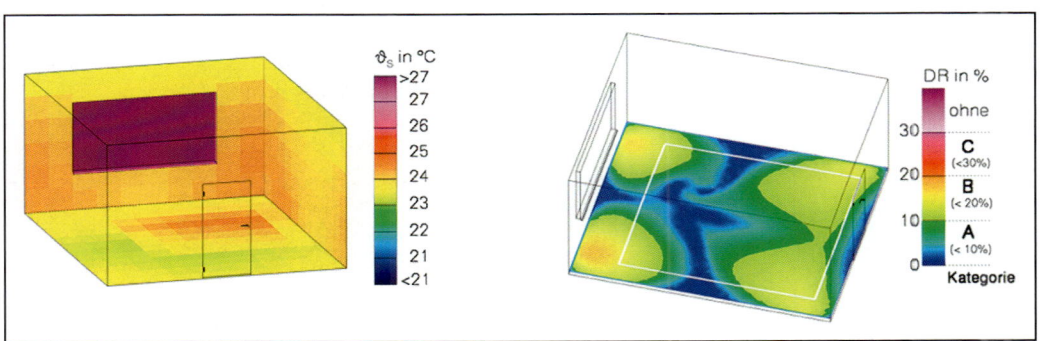

Bild 23
Oberflächentemperatur (links) sowie Zugluftrisiko in einer horizontalen Ebene ($z = 0,1$ m) nach [30] – Variante Strahlungs-Kühldecke, mittelschwere Bauweise, Außenjalousie

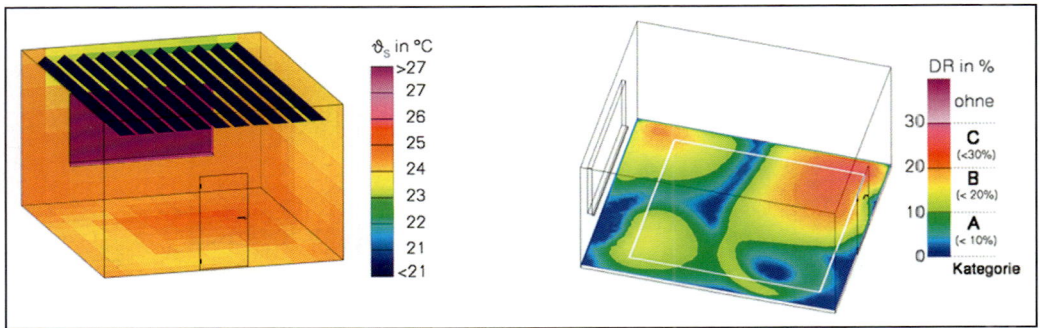

Bild 24
Oberflächentemperatur (links) sowie Zugluftrisiko in einer horizontalen Ebene ($z = 0,1$ m) nach [30] – Variante Konvektions-Kühldecke, mittelschwere Bauweise, Außenjalousie

4.5.2 Numerische Analysen – Einfamilienhaus (dynamisch)

Als weiteres Anwendungsbeispiel soll im Rahmen dieses Buches ein Einfamilienhaus betrachtet werden (Bild 25). Die nachfolgend dokumentierten Ergebnisse gehen dabei auf die Arbeiten in [1] zurück.

Betrachtet wird ein Gebäude, welches der EnEV 2004 [31] entspricht. Hinsichtlich der anlagentechnischen Ausstattung wird ein System mit Sole-Wasser Wärmepumpe betrachtet, wobei zum einen eine hydraulische Schaltung mittels eines Reihenpufferspeichers sowie zum anderen eine Schaltung mit einem Parallelpufferspeicher betrachtet wurde.[15] Bild 26 zeigt die entsprechende hydraulische Einbindung.

Bild 25
Statistisches Einfamilienhaus nach [1]

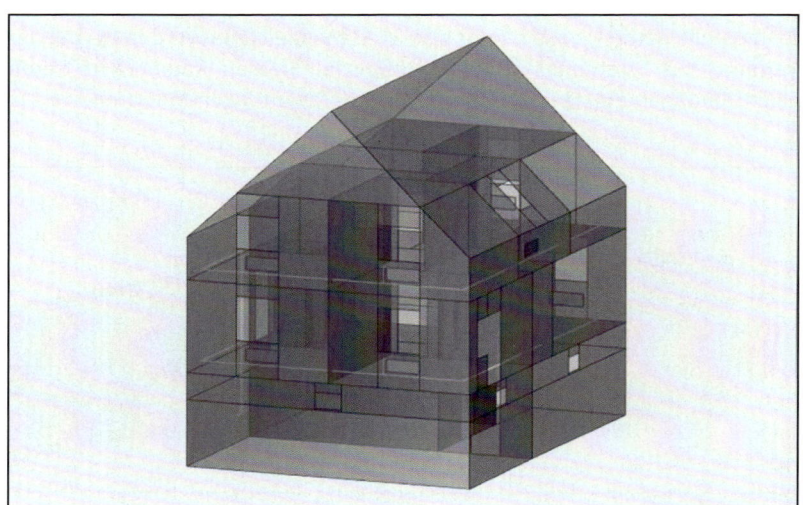

Bild 26
Hydraulische Einbindung der Wärmepumpe mittels Reihenpufferspeicher (links) sowie Parallelpufferspeicher (rechts) nach [1]

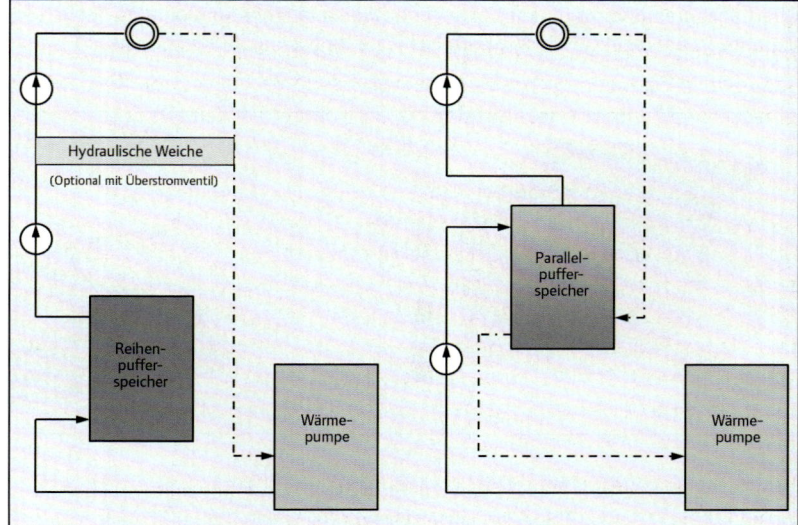

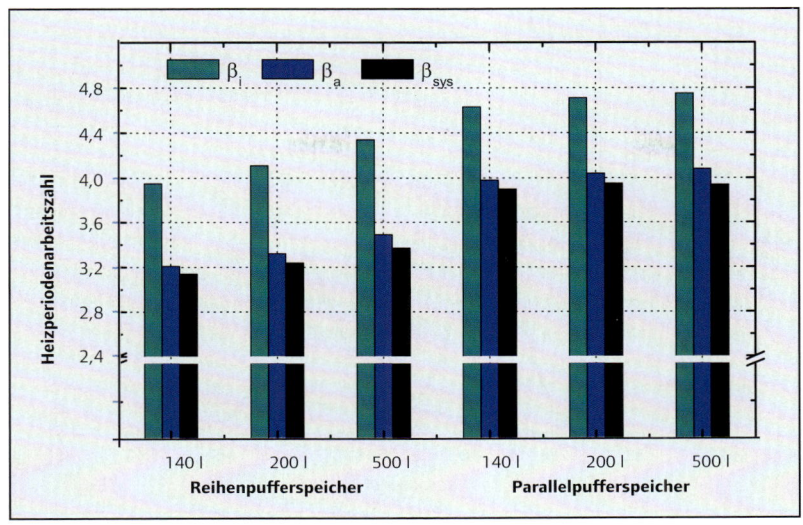

Bild 27
Heizperiodenarbeitszahlen für unterschiedliche hydraulische Einbindungen des Pufferspeichers sowie unterschiedliche Speichergrößen – System mit Fußbodenheizung nach [1]

Analysiert wurde eine gesamte Heizperiode unter den Bedingungen des Testreferenzjahres 2004 (Potsdam). Bild 27 zeigt unter diesen Bedingungen die Heizperiodenarbeitszahlen entsprechend der Definition nach Gleichungen 17/18/19 für die unterschiedlichen hydraulischen Schaltungen sowie die variierenden Speichergrößen.

Die Daten von Bild 27 zeigen, dass eine große Differenz zwischen den betrachteten hydraulischen Einbindungsvarianten existiert. Grundsätzlich kann festgestellt werden, dass mit größerem Pufferspeicher die Heizperiodenarbeitszahlen steigen. Zwischen Reihenpufferspeicher und Parallelpufferspeicher sind deutliche Differenzen hinsichtlich der Heizperiodenarbeitszahlen zu detektieren. Im vorliegenden Berechnungsfall unterscheiden sich die Heizperiodenarbeitszahlen im direkten Vergleich zwischen Reihenpufferspeicher und Parallelpufferspeicher um bis zu $\Delta\beta = 0{,}6$. Die Ursache für dieses unterschiedliche energetische Verhalten liegt in den sich ergebenden Temperaturen an der Wärmepumpe begründet. Bild 28 zeigt dies exemplarisch für ein System mit $V = 200$-l-Speicher.

Analysiert man Bild 28 und Bild 29 so ist zu erkennen, dass speziell die Rücklauftemperatur zum Wärmeerzeuger zwischen Reihenpufferspeicher und Parallelpufferspeicher deutlich verschieden ist. Beim Parallelpufferspeicher werden Rücklauftemperaturen ermittelt, die größtenteils in einem Bereich von $20\,°C \leq \vartheta_R \leq 30\,°C$ liegen, wohingegen bei einem System mit Reihenpufferspeicher die Rücklauftemperaturen im Bereich von $25\,°C \leq \vartheta_R \leq 35\,°C$ vorzufinden sind. Diese unterschiedlichen Rücklauftemperaturen bewirken die differierenden Heizperiodenarbeitszahlen, die in Bild 27 dokumentiert sind.

Die beschriebenen Unterschiede in Hinblick auf die Heizperiodenarbeitszahlen können natürlich durch eine Anpassung des Regelregimes der

Bild 28
Summenhäufigkeit der Kondensatoreintritts- und -austrittstemperatur für einen Reihenpufferspeicher mit $V = 200\,l$ Speichervolumen – Fußbodenheizung nach [1]

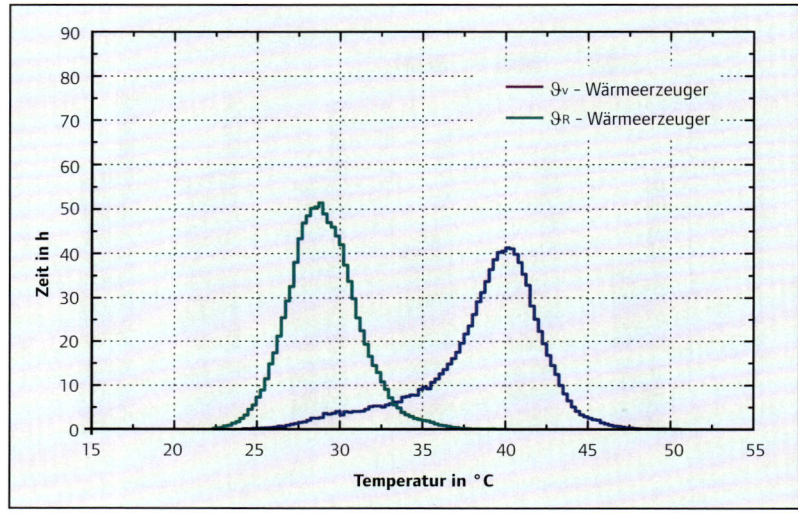

Bild 29
Summenhäufigkeit der Kondensatoreintritts- und -austrittstemperatur für einen Parallelpufferspeicher mit $V = 200\,l$ Speichervolumen – Fußbodenheizung nach [1]

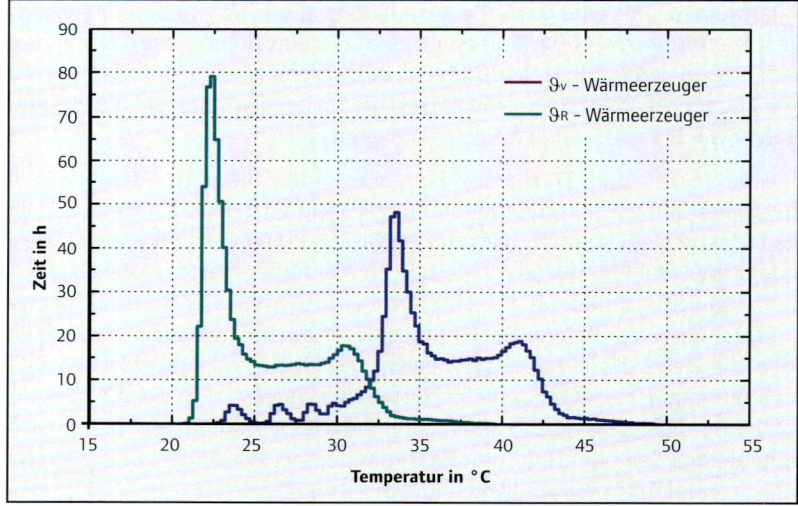

Wärmepumpe verkleinert werden. Ausführlich ist dies in [1] beschrieben, sodass hier nicht nochmals eine Dokumentation erfolgen soll.

4.5.3 Numerische Analysen – Hallenbauten (stationär)

Die vorangegangenen Ergebnisse aus numerischen Untersuchungen wurden in kleinen Räumen sowie in Einfamilienhäusern durchgeführt. Wesentlich schwieriger sind numerische Untersuchungen in Großräumen wie Hallenbauten, da hier die Raumluftströmungen wesentlich komplexer sind, woraus sich eine gewisse Schwierigkeit bei der Berechnung der Heizlast sowie bei der Ermittlung des Energiebedarfes ergibt.

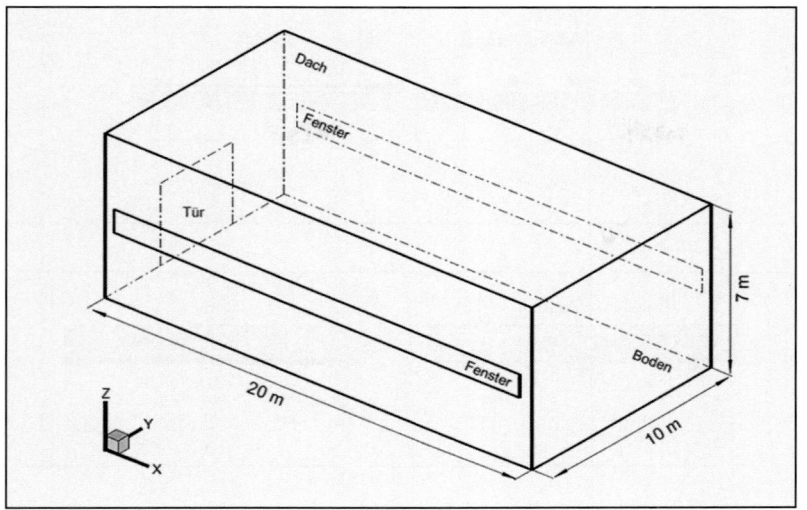

Bild 30
Äußere Abmessungen des Großraumes nach [32]

		Variante 1	Variante 2	Variante 3
Außenluftvolumenstrom	[m³/h]	0,0	350	700
res. Außenluftwechsel	[h⁻¹]	0,0	0,25	0,50
Lüftungswärmeverlust	[kW]	0,0	3,70	7,4
Transmissionswärmeverlust	[kW]	10,48	10,48	10,48
Gesamtheizlast	[kW]	10,48	14,18	17,88

Tab. 2
Heizlast n Abhängigkeit des Außenluftvolumenstromes/Außenluftwechsels für den betrachteten Großraum nach [32]

Nachfolgend sollen daher exemplarische Untersuchungen aus [32] präsentiert werden, bei denen ein Großraum entsprechend Bild 30 analysiert wurde. Die Abmessungen des Großraumes betragen $x = 20$ m/$y = 10$ m/$z = 7$ m.

Untersuchungsgegenstand bilden weiterhin unterschiedliche Außenluftwechselraten.[16] Tabelle 2 zeigt die entsprechenden Kenndaten im Überblick.

Als Heizsystem wurden in [32] eine Fußbodenheizung, eine Strahlplattenheizung sowie eine Luftheizung analysiert. Für die Nachbildung der Fußbodenheizung kam eine Approximation entsprechend Bild 31 zur Anwendung.

In analoger Weise wie bei der Fußbodenheizung wurde auch für die Analysen mit Strahlplatten eine numerisches Ersatzmodell entwickelt. Bild 32 zeigt die entsprechende Approximation.

Die Anordnung der Strahlplatten erfolgte entsprechend Bild 33.

Für die Einbringung des Außenluftvolumenstromes wurde bei den Untersuchungen zur Fußbodenheizung sowie bei den Strahlplattenheizungen eine Einbringung über Außenluftdurchlasselemente unterhalb der Fenster gewählt. Für die Varianten mit Luftheizung wurden zwei unterschiedliche

Bild 31
Produkt und Modell der analysierten Fußbodenheizung nach [32]

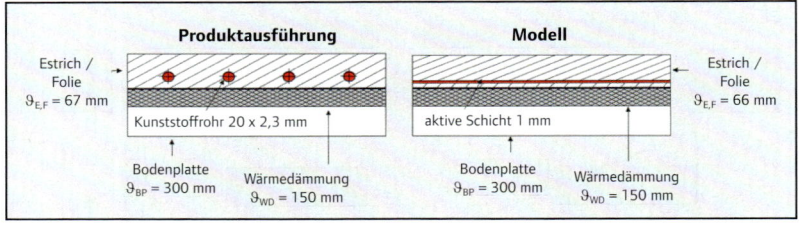

Bild 32
Produkt und Modell der analysierten Strahlplattenheizung nach [32]

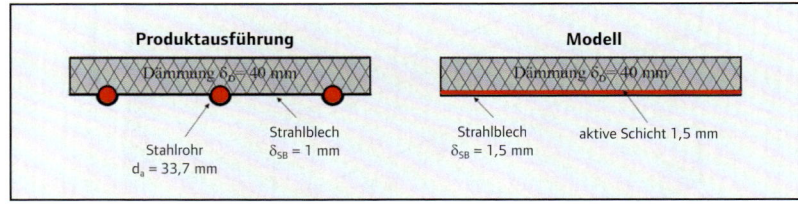

Bild 33
Strahlplattenverteilung im Großraum nach [32] – (Draufsicht)

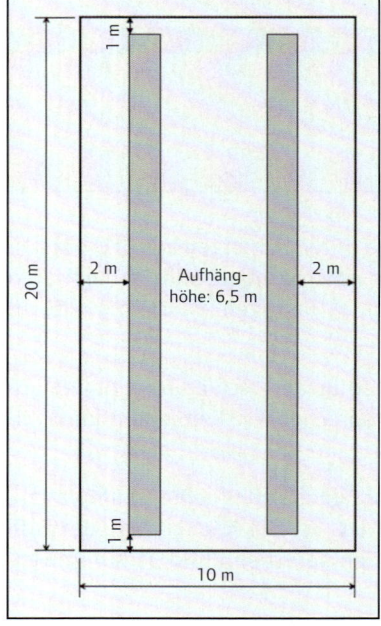

Konfigurationen analysiert, die sich hinsichtlich der Platzierung der Abluftöffnung unterscheiden. Bild 34 und Bild 35 zeigen die beiden Varianten.

In beiden Untersuchungsvarianten erfolgte die Einbringung der Zuluft über vier symmetrische in der Außenwand angeordnete Elemente, welche sich in $z = 1\,\text{m}$ Höhe befinden. Die Abluftelemente befinden sich je nach Variante in $h = 6\,\text{m}$ bzw. $h = 4\,\text{m}$. Für alle Untersuchungen wird eine konstante Erdreichtemperatur von $\vartheta_{Erde} = 8\,°\text{C}$ unterhalb der Bodenplatte angenommen. In der Praxis hängt dieser Wert jedoch stark von den Parametern Grundwasserströmung, Bebauungssituation (Versorgungsleitungen) sowie der Ausführung der Bodenplatte und der Betriebsführung der heizungstechnischen Anlage im Gebäude ab, sodass der genannte Temperaturwert des Erdreiches als durchschnittlicher Mittelwert zu verstehen ist.

Zu ergänzen ist noch, dass die Regelung der Systeme nach einer operativen Raumtemperatur erfolgte. Lokal sollte dabei im Schnittpunkt der Raumdiagonalen in jeweils $z = 1{,}1\,\text{m}$ Höhe eine operative Temperatur von $\vartheta_{op} = 18\,°\text{C}$ eingehalten werden.

4.5.3.1 Fußbodenheizung

Die energetischen Kenndaten für das betrachtete Fußbodenheizungssystem unter stationären Zuständen ist der Tabelle 3 zu entnehmen.

Analysiert man die Daten der Tabelle 3 und vergleicht man diese mit den Vergleichsheizlasten der Tabelle 2, so ist zu erkennen, dass bei $n = 0{,}0\,\text{h}^{-1}$ ein Leistungsmehrbedarf von 8,9 Prozent zu verzeichnen ist. Mit steigen-

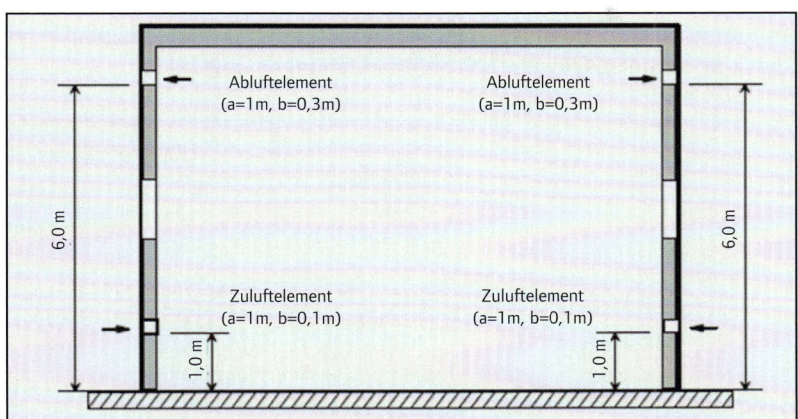

Bild 34
Modell 1 der Luftheizung (Schnittdarstellung) nach [32]

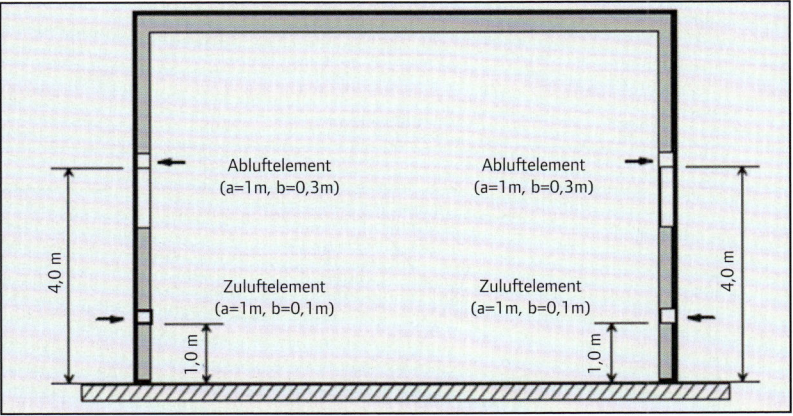

Bild 35
Modell 2 der Luftheizung (Schnittdarstellung) nach [32]

Größe		Variante		
		FBH$_{V1}$	FBH$_{V2}$	FBH$_{V3}$
Außenluftwechsel	[h^{-1}]	0,0	0,25	0,50
Lufttemperatur (Ref.-Punkt)	[°C]	17,55	16,70	16,86
Lufttemperatur (volumengemittelt)	[°C]	17,78	16,94	16,59
Strahlungstemperatur (Ref.-Punkt)	[°C]	18,67	19,30	19,71
Heizlast	[kW]	10,311	13,495	16,013
f$_{h,i}$-Faktor zur Vergleichsheizlast (Tab.1)		**1,089**	**1,025**	**0,949**

Tab. 3
Ausgewählte thermische Kenndaten sowie Leistungsdaten – Fußbodenheizung nach [32]

dem Außenluftwechsel sinkt dieser Mehrbedarf immer weiter ab und kehrt sich bei einem Außenluftwechsel von $n = 0{,}5\,\text{h}^{-1}$ in einen Minderbedarf von −5,1 Prozent um, bezogen auf die Vergleichsheizlast. Gut zu erklären ist diese Tendenz mittels der in Tabelle 3 angegebenen volumengemittelten Lufttemperatur. Mit höher werdendem Außenluftwechsel sinkt diese, was wiederum zu günstigeren relativen Verhältnissen führt.

Um die in Tabelle 3 dokumentierten energetischen Kenndaten weiter zu untermauern, sind in Bild 36 und 37 sowie Bild 38, 39 und 40 die sich im Großraum einstellenden thermischen Verhältnisse am Referenzpunkt der Regelung sowie ausgewählte Schnittdarstellungen abgebildet.

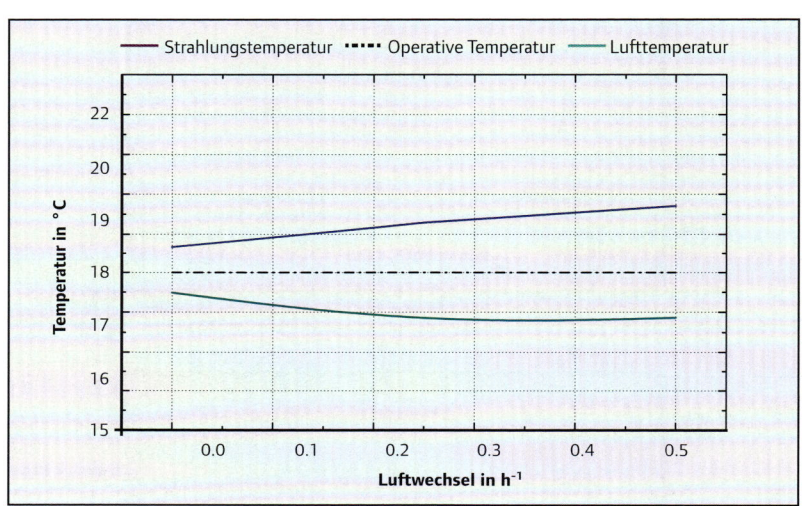

Bild 36
Lufttemperatur/Operative Temperatur sowie Strahlungstemperatur am Referenzpunkt der Regelung für unterschiedliche Außenluftwechselraten – Fußbodenheizung nach [32]

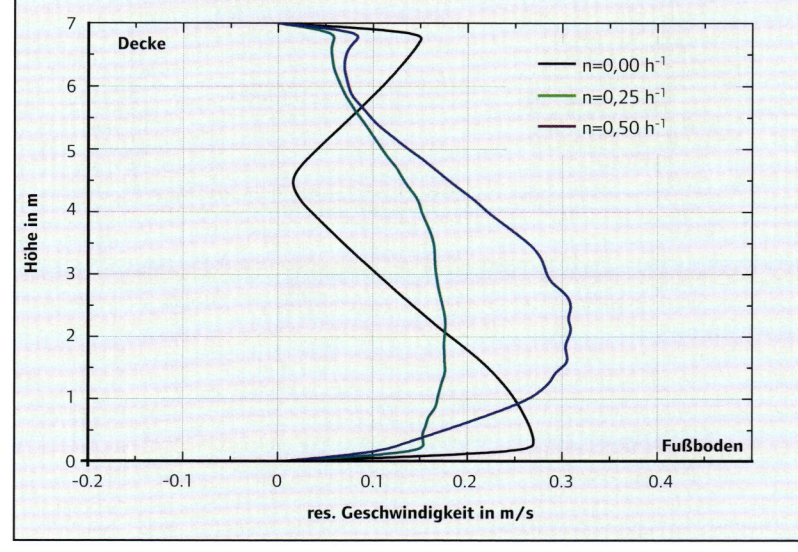

Bild 37
Resultierende mittlere Geschwindigkeit am Referenzpunkt der Regelung bei verschiedenen Außenluftwechselraten – Fußbodenheizung nach [32]

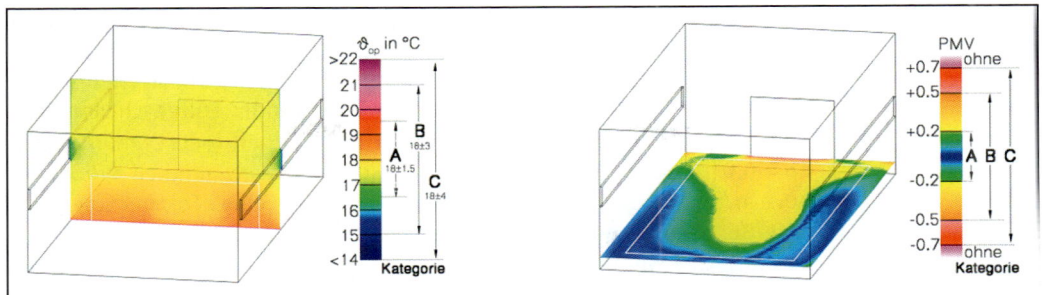

Bild 38
Operative Raumtemperatur sowie PMV-Index ($n = 0{,}0\,h^{-1}$, Fußbodenheizung) nach [32]

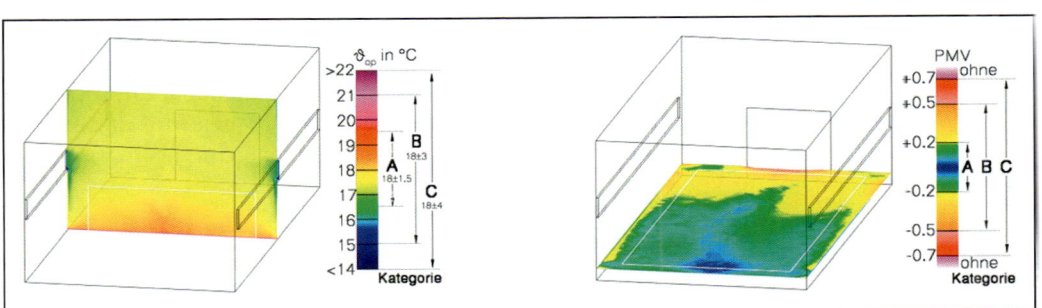

Bild 39
Operative Raumtemperatur sowie PMV-Index ($n = 0{,}25\,h^{-1}$, Fußbodenheizung) nach [32]

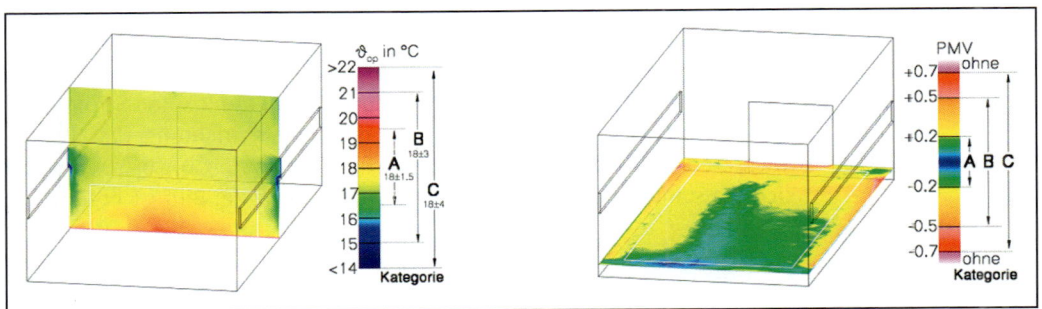

Bild 40
Operative Raumtemperatur sowie PMV-Index ($n = 0{,}50\,h^{-1}$, Fußbodenheizung) nach [32]

Analysiert man die dokumentierten Verläufe der Bilder 36 und 37 genauer, so ist auffällig, dass zur Aufrechterhaltung der operativen Raumtemperatur am Referenzpunkt der Regelung unterschiedliche Luft- und Strahlungstemperaturen notwendig sind, die je nach vorliegender Luftgeschwindigkeit unterschiedlich gewichtet werden. So liegt z. B. für die Varianten mit $n = 0,0\,h^{-1}$ sowie $n = 0,5\,h^{-1}$ eine lokale Luftgeschwindigkeit größer als 0,2 m/s vor, wodurch die Lufttemperatur mittels eines Faktors von 0,6 in die Berechnung der operativen Temperatur eingeht. Bei der Variante mit $n = 0,25\,h^{-1}$ werden lokale Luftgeschwindigkeiten von $w_{res} < 0,2\,m/s$ bestimmt, weshalb die Ermittlung der operativen Temperatur je zur Hälfte aus Luft- und Strahlungstemperatur erfolgt.

Analysiert man die Schnittdarstellungen der operativen Raumtemperatur sowie des PMV-Indexes für die dargestellten Ebenen, so ist zu erkennen, dass mit zunehmendem Luftwechsel innerhalb der Aufenthaltszone geringere operative Raumtemperaturen generiert werden. An den Seitenwänden stellt sich eine Fallluftströmung ein, die mit zunehmendem Luftwechsel in die gesamte Aufenthaltszone eindringt. Im PMV-Index wird diese durch den Bereich B bei zunehmendem Luftwechsel deutlich.

4.5.3.2 Strahlplattenheizung

Für die beschriebene Strahlplattenheizung mit zwei Bändern sind die entsprechenden Kennwerte in Tabelle 4 dokumentiert. Gegenüber der Heizlast nach Tabelle 2 wird bei einem Außenluftwechsel von $n = 0,0\,h^{-1}$ ein Mehraufwand von 4,4 Prozent sowie bei höheren Außenluftwechselraten ein Minderbedarf von bis zu 10,9 Prozent ermittelt.

In den Bildern 41 und 42 sowie 43, 44 und 45 sind in analoger Weise wie bei der Fußbodenheizung signifikante thermische Parameter dokumentiert. Im Unterschied zur Fußbodenheizung liegen die lokalen Strömungsgeschwindigkeiten am Referenzpunkt der Regeleinrichtung für alle betrachteten Strahlplattenvarianten unterhalb von $w_{res} < 0,2\,m/s$, wodurch sich die symmetrische Aufteilung von ϑ_{op} sowie ϑ_U in Bild 41 ergibt.

Tab. 4 Ausgewählte thermische Kenndaten sowie Leistungsdaten – Strahlplattenheizung nach [32]

Größe		Variante		
		FBH$_{V1}$	FBH$_{V2}$	FBH$_{V3}$
Außenluftwechsel	[h^{-1}]	0,0	0,25	0,50
Lufttemperatur (Ref.-Punkt)	[°C]	16,95	15,79	15,15
Lufttemperatur (vollumengemittelt)	[°C]	17,22	16,75	15,82
Strahlungstemperatur (Ref.-Punkt)	[°C]	19,05	20,21	20,92
Heizlast	[kW]	10,94	12,94	15,94
$f_{h,i}$ -Faktor zur Vergleichsheizlast (Tab. 2)		**1,044**	**0,912**	**0,891**

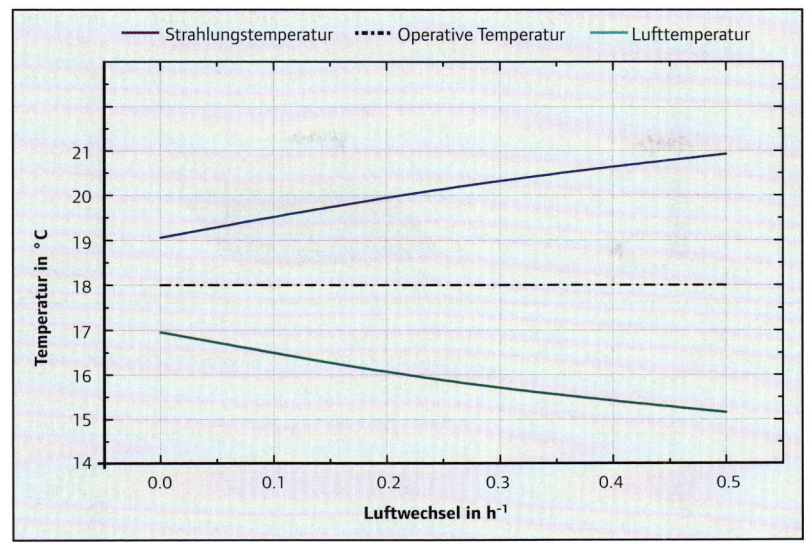

Bild 41
Lufttemperatur/Operative Temperatur sowie Strahlungstemperatur am Referenzpunkt der Regelung für unterschiedliche Außenluftwechselraten – Strahlplattenheizung (zwei Bänder) nach [32]

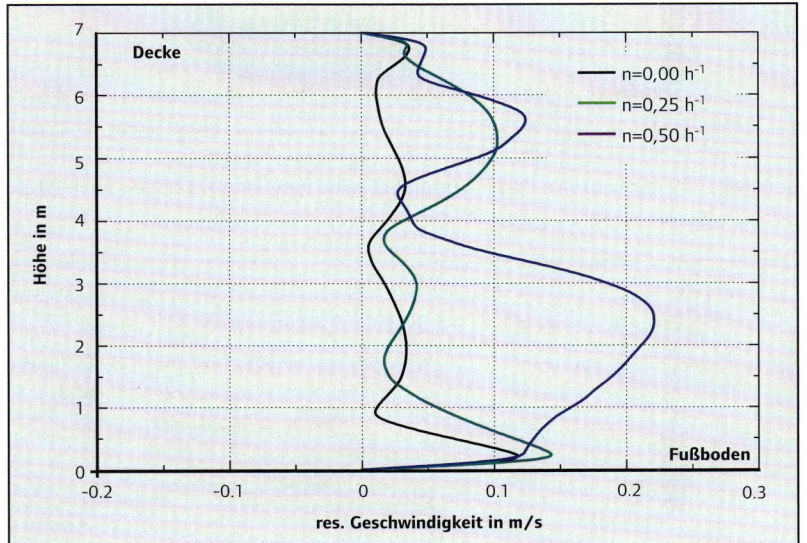

Bild 42
Resultierende mittlere Geschwindigkeit am Referenzpunkt der Regelung bei verschiedenen Außenluftwechselraten – Strahlplattenheizung (zwei Bänder) nach [32]

Betrachtet man darüber hinaus die unterschiedlichen Schnittdarstellungen, so muss aus wärmephysiologischer Sicht bemerkt werden, dass durch den höheren Luftwechsel die Werte für den PMV-Index negativ beeinflusst werden. Deutlich ist auch hier der Einfluss der kalten Fallströmung an den Umfassungskonstruktionen zu erkennen.

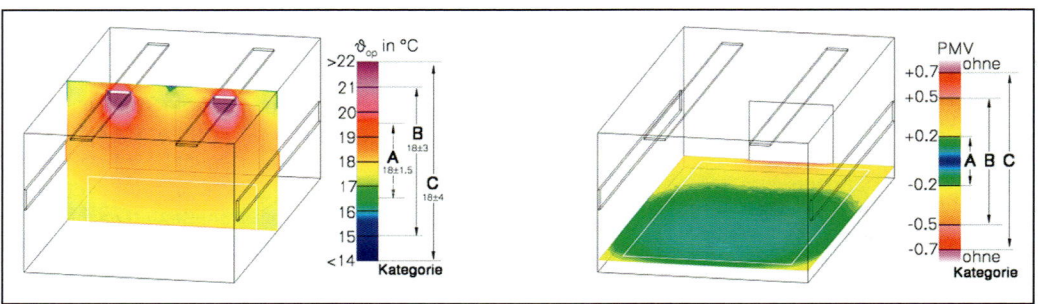

Bild 43
Operative Raumtemperatur sowie PMV-Index ($n = 0{,}0\,h^{-1}$, Strahlplattenheizung – zwei Bänder) nach [32]

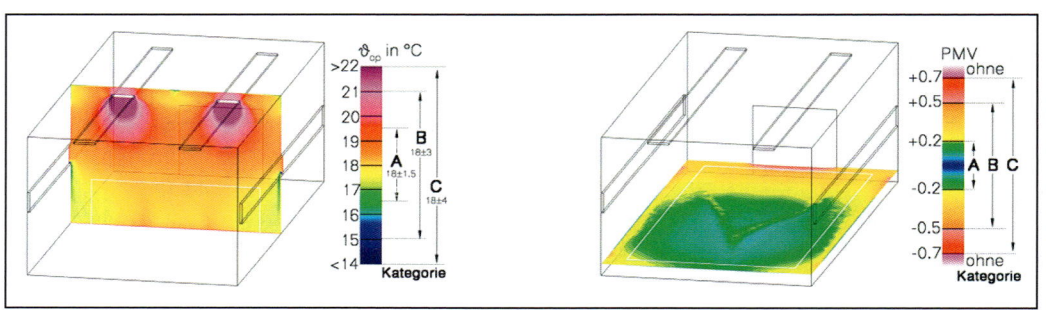

Bild 44
Operative Raumtemperatur sowie PMV-Index ($n = 0{,}25\,h^{-1}$, Strahlplattenheizung – zwei Bänder) nach [32]

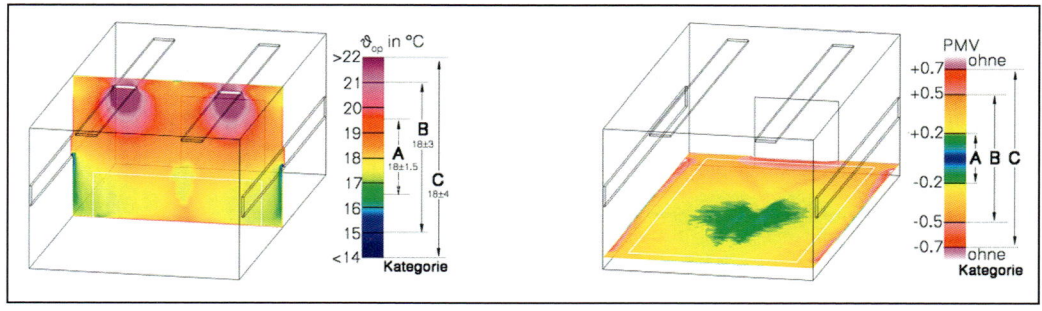

Bild 45
Operative Raumtemperatur sowie PMV-Index ($n = 0{,}50\,h^{-1}$, Strahlplattenheizung – zwei Bänder) nach [32]

4.5.3.3 Luftheizung

Für die Varianten mit Luftheizung sind die sich ergebenden energetischen Kennwerte der Tabelle 5 zu entnehmen.

Für die Varianten mit Luftheizung werden gegenüber der Vergleichsheizlast durchweg höhere energetische Kennwerte detektiert. Sie liegen in einem Bereich von 13,2 Prozent bis 13,9 Prozent. Die geometrische Positionierung der Abluftelemente hat dabei auf die energetischen Kenndaten keinen signifikanten Einfluss. Bilder 46 und 47 zeigen wie bei den vorangegangenen Untersuchungen weitere signifikante Parameter.[17]

Auffällig für dieses System ist, dass am Referenzpunkt der Regeleinrichtung sehr kleine Luftgeschwindigkeiten vorliegen. Dies ist zunächst verwunderlich, kann jedoch damit erklärt werden, dass der aufsteigende Zu-

Größe		Variante	
		LH_{V1}	LH_{V2}
Zuluftvolumenstrom	[m³/h]	2020	2020
Zulufttemperatur / Ablufttemperatur	[°C]	40,44 / 21,55	39,66 / 20,94
Operative Temperatur (Ref.-Punkt)	[°C]	18,0	18,0
Lufttemperatur (Ref.-Punkt)	[°C]	19,91	19,84
Lufttemperatur (volumengemittelt)	[°C]	20,87	20,75
Strahlungstemperatur (Ref.-Punkt)	[°C]	16,25	16,25
Transmissionswärmeverlust Fußboden	[W]	981,41	981,30
Heizlast	[kW]	11,94	11,87
$f_{h,i}$ -Faktor zur Vergleichsheizlast (Tab.1)		1,139	1,132

Tab. 5 Ausgewählte thermische Kenndaten sowie Leistungsdaten – Luftheizung (100 % – Umluftanteil) nach [32]

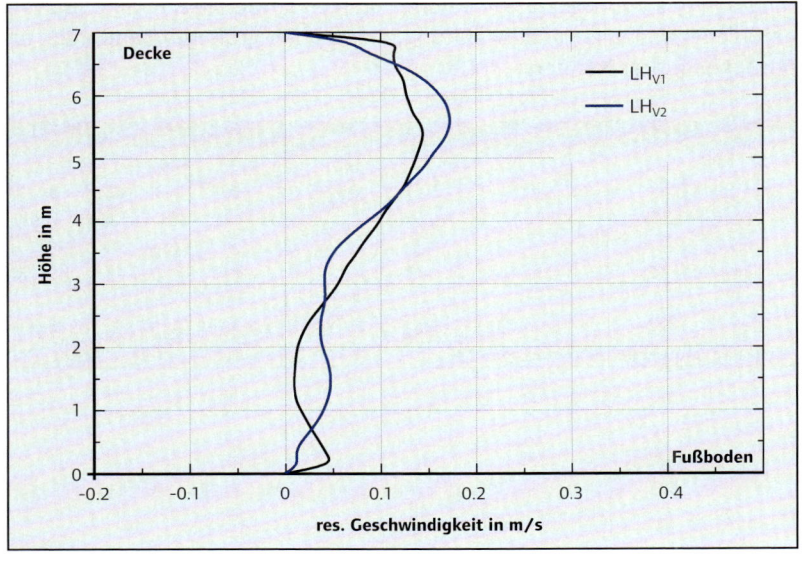

Bild 46 Operative Raumtemperatur sowie PMV-Index (Luftheizung V1/V2) nach [32]

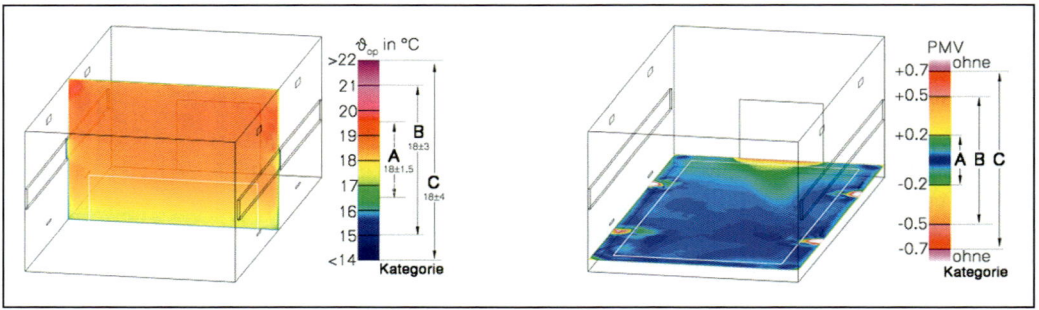

Bild 47
Operative Raumtemperatur sowie PMV-Index (Luftheizung V1/V2) nach [32]

luftvolumenstrom die Fallströmung an den Außenwänden kompensiert, was zu den sehr geringen Luftgeschwindigkeiten in der Aufenthaltszone führt. Für die Kriterien der Strahlungsasymmetrie sowie des PMV-Indexes werden in der gesamten Aufenthaltszone Werte der Kategorie A ermittelt.

Ergänzend zu diesen wärmephysiologischen Kenngrößen und Leistungsdaten sind in Tabelle 6 Faktoren zur Vergleichsheizlast dokumentiert, bei denen der Umluftanteil der Luftheizung kleiner als 100 Prozent ist, wobei der Zuluftvolumenstrom aus Vergleichsgründen konstant gehalten wurde.

Sie zeigen, dass lediglich eine kleine Abhängigkeit vom Außenluftwechsel bei der hier betrachteten technischen Anlage besteht. Zwischen den Anordnungsvarianten sind die Unterschiede gering.

An dieser Stelle sei jedoch erwähnt, dass in der Praxis bei Anlagen mit Luftheizung ein deutlich größeres Spektrum möglicher Betriebsbedingungen wie auch anlagentechnischer Varianten vorliegen kann, als im Rahmen dieses Buches behandelt wird. Speziell genannt seien hier die Positionierung und das Wirkprinzip von Zuluftöffnungen sowie die Kombination von natürlicher und maschineller Lüftung, die zu einer größeren Bandbreite an Aussagen führen können.

Tab. 6
Faktor zur Vergleichsheizlast bei unterschiedlichen Umluftanteilen – Luftheizung nach [32]

Größe		Variante					
		LH_{V1}			LH_{V2}		
Außenluftwechsel	[h^{-1}]	0,0	0,25	0,5	0,0	0,25	0,5
Außenluftvolumenstrom	[m^3/h]	0,0	350	700	0,0	350	700
Außenluftanteil am Zuluftvolumenstrom	[%]	0	16	32	0	16	32
Heizlast	[kW]	11,94	16,05	20,16	11,87	15,91	19,95
$f_{h,i}$ -Faktor zur Vergleichsheizlast (Tab.1)		1,139	1,131	1,127	1,132	1,122	1,116

4.5.3.4 Vergleichsbetrachtung

Abschließend zu den detaillierten Erläuterungen soll im Rahmen dieses Buches noch ein direkter Vergleich der betrachteten Systeme untereinander sowie in Kombination mit normativen Angaben vorgenommen werden.

Betrachtet man die in Bild 48 dargestellten Lufttemperaturen in Abhängigkeit der Raumhöhe am Referenzpunkt der Regeleinrichtung, so ist sehr gut zu erkennen, dass die Systeme Fußbodenheizung sowie Strahlplatte tendenziell gleiche Raumtemperaturprofile aufweisen. Im Bereich des Bodens sowie der Decke sind zwischen den Systemen kleinere Unterschiede bestimmbar, die zum einen aus der Fallströmung an der Außenfassade resultieren (nur Teilkompensation bei der Strahlplattenheizung). Zum anderen ist im Deckenbereich beim System Strahlplatte eine erhöhte Raumtemperatur bestimmbar, die aus den Auftriebsströmungen an der Strahlplatte herrührt. Deutlich verschieden zu diesen strahlungsdominierten Systemen ergeben sich die Verhältnisse beim System Luftheizung. Gegenüber der Fußbodenheizung sowie der Strahlplattenheizung wird eine Lufttemperaturzunahme von bis zu $\Delta\vartheta = 3{,}6\,\text{K}$ bestimmt.[18]

Um die Kurvenverläufe von Bild 48 besser einordnen zu können, ist in Tabelle 7 der vertikale Lufttemperaturanstieg dokumentiert, der in der aktuell gültigen Norm DIN V 18599 [37] zu finden ist. Tendenziell spiegeln sich die unterschiedlichen Temperaturprofile von Bild 48 auch in den Angaben der DIN V 18599 [37] wider. Die Fußbodenheizung besitzt den geringsten vertikalen Lufttemperaturanstieg, wohingegen die konvektionsdominierten Anlagen einen deutlich größeren Lufttemperaturanstieg zu verzeichnen

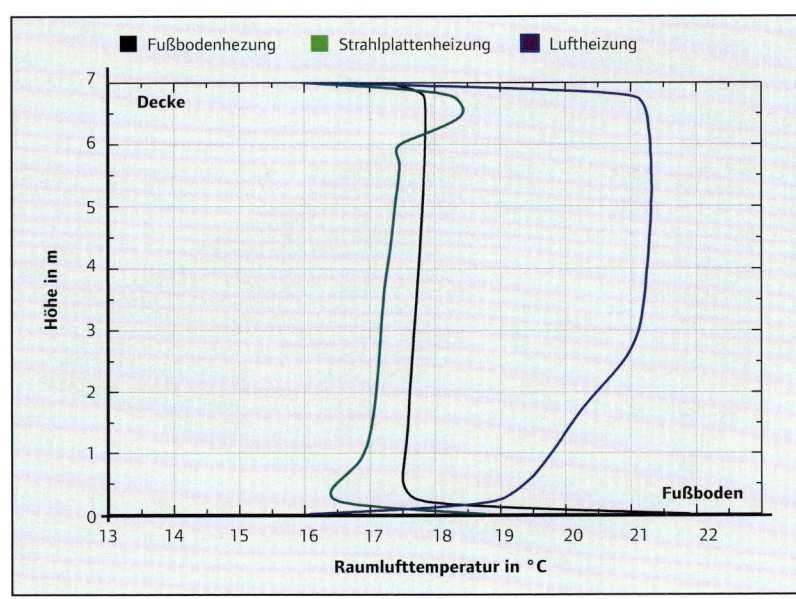

Bild 48
Temperaturprofil über der Raumhöhe für die betrachteten Heizsysteme (Außenluftwechsel $n = 0{,}0\,\text{h}^{-1}$) nach [32]

Tab. 7
Vertikale Lufttemperaturanstiege für ausgewählte Systeme nach [37]

System bei der Wärmeübergabe im Raum		Vertikaler Lufttemperaturanstieg in K/m
Warmluftheizung	ohne Warmluftrückführung	0,35 – 1,0
	mit Warmluftrückführung	0,25 – 0,60
Dunkelstrahler		0,2
Hellstrahler		0,2
Deckenstrahlplatten		0,30 – 0,40
Fußbodenheizung		0,1

haben. Betrachtet man jedoch die absoluten Werte, so hängen diese in hohem Maß von der baulichen Situation und den lokalen Randbedingungen ab. Die Angaben der DIN V 18599 [37] sind daher eher als durchschnittliche Werte zu betrachten.

4.5.4 Numerische Analysen – Hallenbauten (dynamisch)

Die bisherigen Analysen zu Großräumen basierten auf stationären Untersuchungen, bei denen die Raumluftströmung detailliert aufgelöst wurde. Hierdurch sind die Rechenzeiten jedoch stark limitiert, wodurch lediglich kleine Bilanzperioden betrachtet wurden. Für eine umfängliche energetische Bewertung der Systeme reichen diese Analysen nicht aus. Vielmehr muss versucht werden, mit numerischen Simulationsmethoden energetische Langzeitaussagen zu treffen. Dies bedeutet, dass die Systeme mindestens über die Heizperiode analysiert werden müssen. Im Forschungsvorhaben „Gesamtsystemanalyse Energieeffizienz von Hallengebäuden" [38] wurde dies im Jahre 2011 umfänglich vorgenommen.

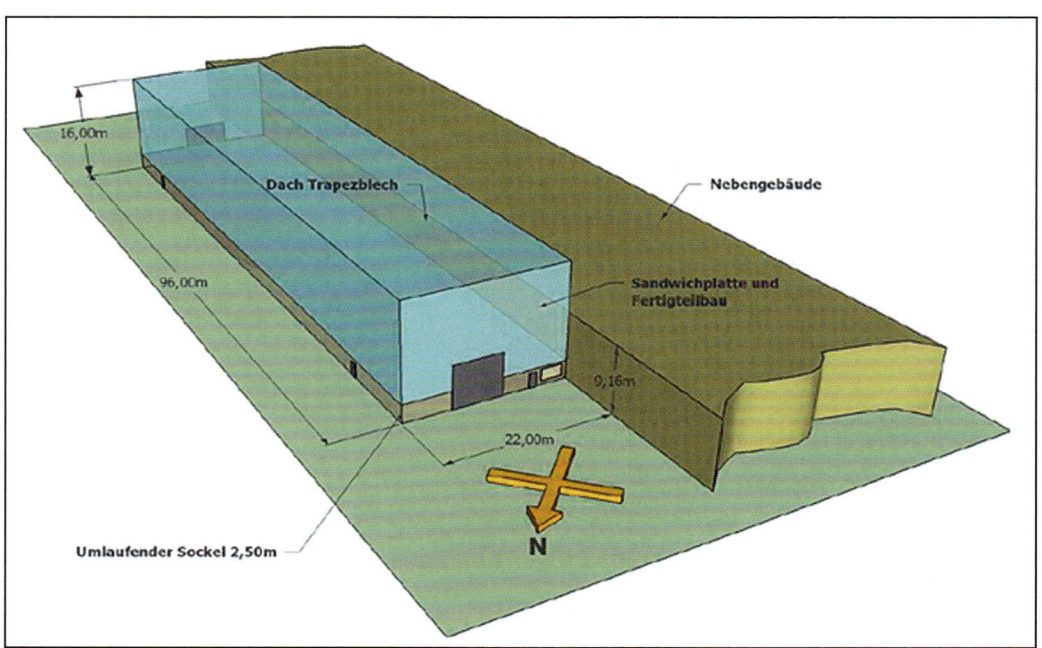

Bild 49
Beispiel für eine „hohe Halle" mit anschließendem Nachbargebäude entsprechend [38]

NUMERISCHE SIMULATIONSMETHODEN 179

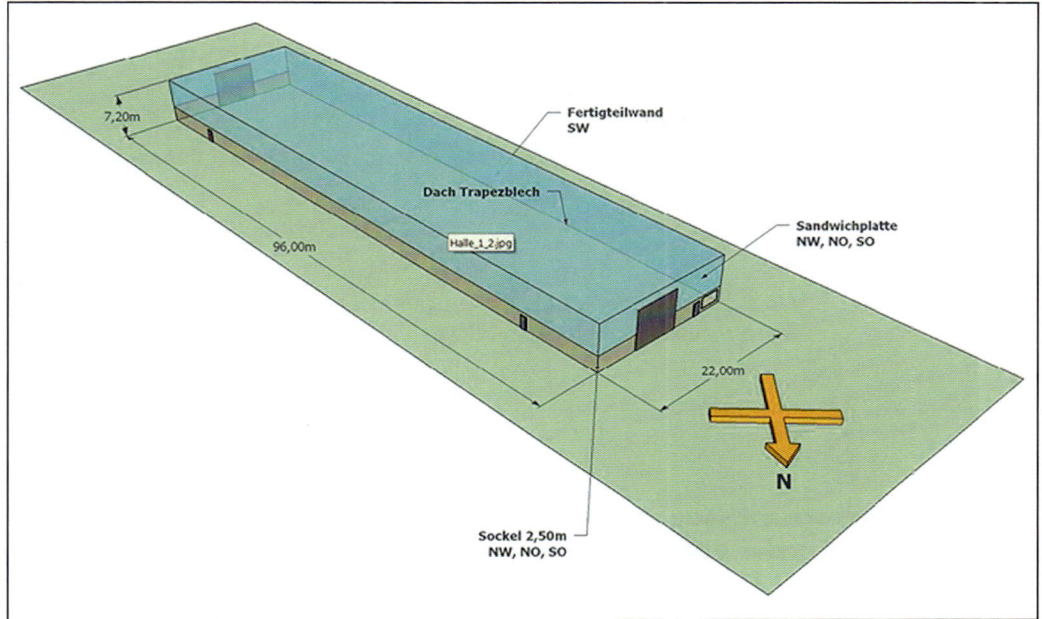

Bild 50
Beispiel für eine „niedrige Halle" entsprechend [38]

Untersuchungsgegenstand waren im genannten Forschungsvorhaben „hohe" (Bild 49) und „niedrige Hallen" (Bild 50), für die zunächst Messungen vorgenommen wurden. Diese Messungen wurden zur Validierung der numerischen Modelle verwendet. Als Simulationsprogramm kam das an der Technischen Universität Dresden verwendete Modul TRNSYS-TUD [28] zur Anwendung. Die Raumluftströmung wurde vereinfacht über ein Strömungsnetzwerk nachgebildet, wodurch das Hallenvolumen diskretisiert werden musste. Zwischen den einzelnen Teilvolumina wurden Austauschvorgänge modelliert, wodurch es möglich wurde, Lufttemperaturgradienten abzubilden. Eine ähnlich hohe räumliche Auflösung des Berechnungsgebietes sowie der physikalischen Parameter wie bei der reinen Strömungssimulation konnte durch diese Modellierung nicht erreicht werden.

Signifikant für beide Hallentypen ist, dass sie große Tore auf der Stirnseite aufweisen. Die Abmessungen der Hallen betrugen dabei:

- „hohe Halle": $x = 96\,m / y = 22\,m / z = 16\,m$
- „niedrige Halle": $x = 96\,m / y = 22\,m / z = 7,2\,m$

Für den zweiten Anwendungsfall ist weiterhin signifikant, dass die Nachbarbebauung nicht mit betrachtet wurde. Detailliert beschrieben sind in [38] die unterschiedlichen Randbedingungen für die numerischen Simulationen. Bei der Ermittlung wurde dabei darauf geachtet, dass praxisgerechte Annahmen getroffen wurden, die je nach Heizsystem unterschiedlich sind. Hinsichtlich der Modellierung der Heizsysteme wurden prinzipiell in Systeme

- mit Fußbodenheizung,
- mit Luftheizung sowie
- mit Warmwasser-Deckenstrahlplatten, Gasinfrarotstrahlern und Dunkelstrahlern

unterschieden. Bilder 51 bis 54 zeigen die unterschiedlichen Ausführungsvarianten.

Als Bilanzperiode wurde die gesamte Heizperiode betrachtet. Die sich hierfür einstellenden energetischen Kenngrößen sind der Tabelle 8 zu

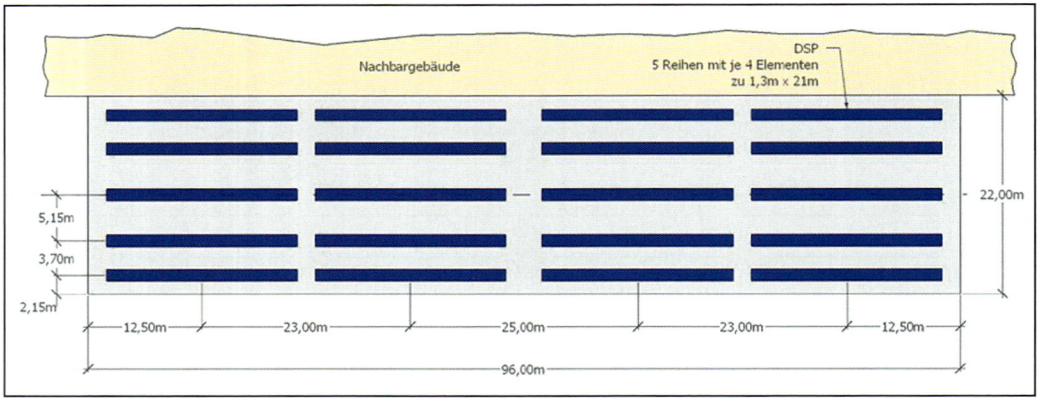

Bild 51
Anordnungsvariante Warmwasser-Deckenstrahlplatten „hohe Halle" nach [38]

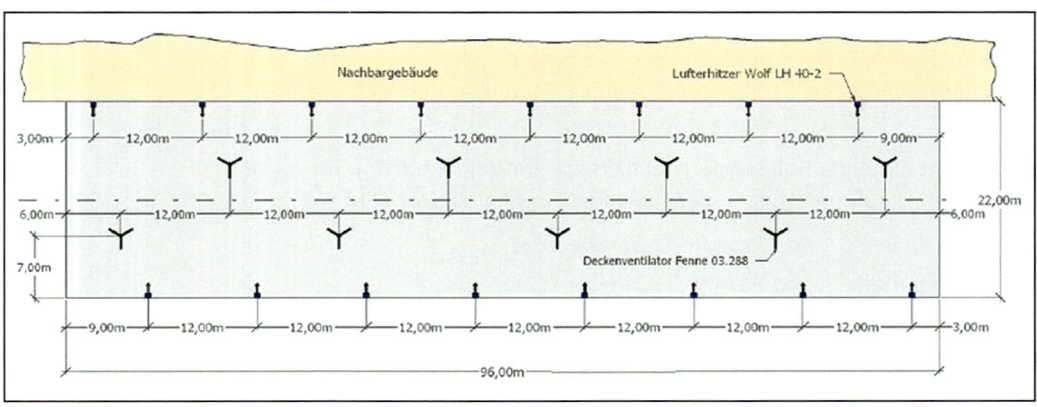

Bild 52
Anordnungsvariante indirekte Lufterhitzer – Wandmontage mit Deckenventilator „hohe Halle" nach [38]

entnehmen. Anzumerken ist, dass es sich für die in Tabelle 8 dokumentierten Daten um die energetischen Kennwerte bei der Wärmeübergabe im Raum handelt. Vorgelagerte Prozessketten sind hier nicht mit betrachtet.

Tendenziell kann aus den energetischen Ergebnissen der Tabelle 7 abgeleitet werden, dass zwischen den anlagentechnischen Varianten bei gedämmtem Fußboden nur geringe energetische Differenzen zu verzeichnen sind. Größere energetische Differenzen treten auf, wenn der Fußboden nicht gedämmt wird. Speziell benachteiligt eine derartige Betrachtungsweise Fußbodenheizungssysteme, die dann einen deutlich höheren energetischen Bedarfswert aufweisen. Hinsichtlich des Einflusses der Raumhöhe muss angemerkt werden, dass die Strahlungssysteme gegenüber

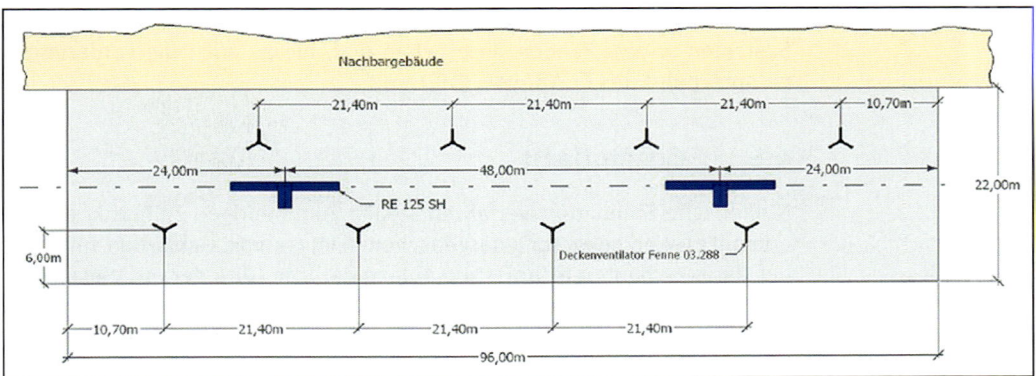

Bild 53
Anordnungsvariante direkt befeuerte Warmlufterzeuger – Deckenmontage mit Deckenventilator „hohe Halle" nach [38]

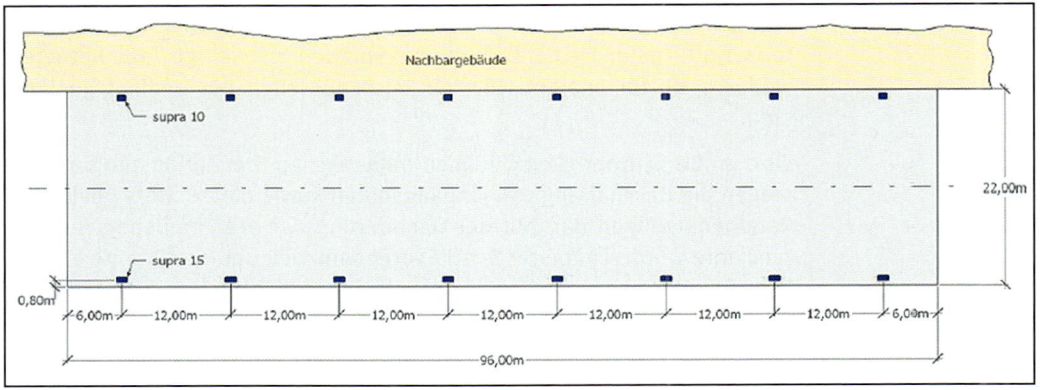

Bild 54
Anordnungsvariante Hellstrahler „hohe Halle" nach [38]

Tab. 8
Heizenergiebedarf im Raum („hohe Halle") für die unterschiedlichen anlagentechnischen Varianten entsprechend [38][19]

Anlage	Heizenergiebedarf „Raum" in kWh/(m²a)	
	Fußboden ungedämmt	Fußboden gedämmt
Hellstrahler	60,77	57,16
Fußbodenheizung	80,35	69,73
Luftheizung 1	59,57	57,24
Luftheizung 2	58,99	56,52
Deckenstrahlplatten	62,46	57,90

den konvektiven Systemen bei den in [38] betrachteten Gebäuden ähnliche energetische Verhältnisse aufweisen.

Angemerkt werden muss jedoch in Bezug auf Tabelle 8, dass es sich hierbei lediglich um die energetischen Kennwerte bei der Wärmeübergabe im Raum handelt. Betrachtet man die vorgelagerte Prozesskette der Wärmeerzeugung sowie der Wärmeverteilung mit, so können sich zwischen den Systemen andere Tendenzen ergeben (vgl. hierzu auch die Forderungen entsprechend des EEWärmeG [39]).

4.6 Gesamtfazit

Numerische Simulationsverfahren stellen zum heutigen Zeitpunkt ein anerkanntes Werkzeug zur energetischen Analyse von Gebäuden inklusive der darin verbauten technischen Anlage dar. Die Güte der mit diesen Programmen zu erzielenden Aussagen ist jedoch stark vom verwendeten physikalischen Modell abhängig. Thermische Gebäude- und Anlagensimulationsprogramme können derzeit gut für die Betrachtung von langen Bilanzperioden (Heizperiode/Jahresperiode) verwendet werden. Limitiert sind diese Programme jedoch oftmals hinsichtlich einer örtlichen Aussagekraft. Demgegenüber stehen die sogenannten Mikromodelle, bei denen die Wichtigsten die Strömungssimulationsprogramme darstellen. Mit ihnen ist es möglich, eine sehr hohe örtliche Datendichte zu generieren. Nachteilig ist jedoch, dass die zu betrachtenden Bilanzperioden auch bei fortschrittlichster Rechentechnik nur Stunden bis wenige Tage betragen, wodurch sie für energetische Vergleichsaussagen nur bedingt geeignet sind.

Eine große Schwierigkeit bei allen numerischen Simulationsprogrammen stellen die Beschaffung von Eingangsdaten sowie die Auswahl geeigneter Randbedingungen dar. Mit der Generierung der beschriebenen Testreferenzjahre wurde ein erster Schritt vorgenommen, um hierfür eine einheitliche Datenbasis zu schaffen. In Zukunft sind jedoch weitere Anstrengungen in Hinblick auf die Untersuchung von allgemeingültigen inneren Lasten, Erdreichtemperaturen sowie Luftwechsel vorzunehmen.

4.7 Literatur

[1] Seifert, J., Ein Beitrag zur Einschätzung der energetischen und exergetischen Einsparpotentiale von Regelverfahren in der Heizungstechnik, Dresden 2010

[2] ISO 11855-2: Heating systems in buildings – Design of embedded water based surface heating and cooling systems – Part 2: Determination of the design heating and cooling capacity, International Standardisation Organisation, 2012

[3] U.S. Department of Energy: Building Energy Software Tool Directory, http://apps1.eere.energy.gov; 10.09.2012

[4] Ellington, K., DOE-2 Building Energy Simulation; http://gundog.lbl.gov/dirsoft/d2whatis.html; Lawrence Berkeley National Laboratory, 10.09.2012

[5] U.S. Department of Energy: EnergyPlus – Energy Simulation Software: http://apps1.eere.energy.gov/buildings/energyplus/energyplus_features.cfm, 10.09.2012

[6] ESP: ESP-r Dynamische Gebäudesimulation; http://www.esru.strath.ac.uk; University of Strathclyde; 10.09.2012

[7] Klein, S. A. et al., TRNSYS – A Transient System Simulation Program, University of Wisconsin, Madison USA 1996

[8] Mathworks: MATLAB – The Language of Technical Computing, The MathWorks, Inc.; http://www.mathworks.de/products/matlab/; 10.09.2012

[9] Modelica: Modelica – A Unified Object-Oriented Language for Physical Systems Modeling; http://www.modelica.org, Modelica Association, 10.09.2012

[10] Glück, B., Dynamisches Raummodell zur wärmetechnischen und wärmephysiologischen Bewertung, http://berndglueck.de/raummodell.php, 10.09.2012

[11] DIN EN ISO 13791: Wärmetechnisches Verhalten von Gebäuden – Sommerliche Raumtemperaturen bei Gebäuden ohne Anlagentechnik – Allgemeine Kriterien und Validierungsverfahren, Deutsches Institut für Normung e. V. 2010

[12] Seifert, J., Zum Einfluss von Luftströmungen auf die thermischen und aerodynamischen Verhältnisse in und an Gebäuden, Tönning 2005

[13] Perschk, A., Gebäude-Anlagensimulation unter Berücksichtigung der hygrischen Prozesse in den Gebäudewänden, Dissertation TU Dresden, 2000

[14] Felsmann, C., Modell des langwelligen Strahlungsaustausches und Idealer Regler für das TRNSYS-Gebäudemodul TYPE-56, Forschungsbericht TU Dresden, 1997

[15] Felsmann, C., Ein Beitrag zur Optimierung der Betriebsweise heizungs- und raumlufttechnischer Anlagen, Dissertation TU Dresden, 2002

[16] Beausoleil-Morrison, I., Specification for Modelling fuel cell and combustion-based residential cogeneration devices with whole-building simulation, International Energy Agency, 2007

[17] Afjei, Th. et al., Kompressionswärmepumpe inklusive Frost- und Taktverluste, Forschungsbericht Zentralschweizerisches Technikum Luzern, 1996

[18] Oschatz, B., Zur Heiztechnik in Wohngebäuden mit verschärftem Wärmeschutz unter besonderer Berücksichtigung der Gas-Brennwerttechnik, Dissertation, TU Dresden 2000

[19] Seifert, J., Meinzenbach, A., Hartan, J., Mikro-Blockheizkraftwerke für den Gebäudebereich, Buchmanuskript, 2012

[20] Fluent: http://www.ansys.com/Products/Simulation+Technology/Fluid+Dynamics/ANSYS+Fluent, 30.07.2012

[21] CFX: http://www.ansys.com/Products/Simulation+Technology/Fluid+Dynamics/ANSYS+CFX/, 30.07.2012

[22] OpenFoam: http://www.openfoam.com/; 30.07.2012

[23] ParallelNS: ParallelNS User's Guide, Universität Göttingen, Technische Universität Dresden, 2001

[24] Oertel, H., Strömungsmechanik – Grundlagen, Grundgleichungen, Lösungsmethoden, Softwarebeispiele, Wiesbaden 2004, Seite 195 ff.

[25] Perschk, A., Vorlesungsskript Gebäude und Anlagensimulation, Technische Universität Dresden, 2012

[26] Gritzki, R., Perschk, A., Rösler, M., Richter, W., Gekoppelte Simulation zur Spezifikation von Heiz- und Kühlkörpern, Bauphysik Heft 1, Haan-Gruiten 2009, Seite 51–55

[27] Chrisoffer, J., Deutschländer, T., Webs, M., Testreferenzjahre von Deutschland für mittlere und extreme Witterungsverhältnisse TRY, Deutscher Wetterdienst 2010

[28] Perschk, A., Gebäude- und Anlagensimulation – Ein „Dresdner Modell", GI – Gesundheitsingenieur Haustechnik – Bauphysik – Umwelttechnik, Oldenburg Industrieverlag München 2010, Seite 178–183

[29] Richter, W., Handbuch der thermischen Behaglichkeit – Heizperiode, in: Schriftenreihe der Bundesanstalt für Arbeitsschutz und Arbeitsmedizin, Forschung Fb 991, 2003, Bremerhaven 2003

[30] Richter, W., Handbuch der thermischen Behaglichkeit – Sommerlicher Kühlbetrieb, Schriftenreihe der Bundesanstalt für Arbeitsschutz und Arbeitsmedizin, Forschung F 2071, 2007

[31] EnEV 2004: Verordnung über energiesparenden Wärmeschutz und energiesparende Anlagentechnik bei Gebäuden, Bundesregierung, 2004

[32] Seifert, J., Richter, W., Energetische Bewertung von Heizsystemen in Großräumen, Technische Universität Dresden, Forschungsbericht, 2006

[33] Glück, B., Vergleich von Strahlplatten-, Gasinfrarot- und Luftheizungen in Großräumen Teil 1, In: Heizung/Lüftung/Klima/Haustechnik, Bd. 55 (2004), Juni, Düsseldorf 2004, Seite 49–56

[34] Glück, B.: Vergleich von Strahlplatten-, Gasinfrarot- und Luftheizungen in Großräumen Teil 2, In: Heizung/Lüftung/Klima/Haustechnik, Bd. 55 (2004), Juli, Düsseldorf 2004, Seite 63 ff.

[35] Glück, B.: Vergleich von Strahlplatten-, Gasinfrarot- und Luftheizungen in Großräumen Teil 3, In: Heizung/Lüftung/Klima/Haustechnik, Bd. 55 (2004), August, Düsseldorf 2004, Seite 27 ff.

[36] Menge, K.: Einfluss des Strahlungsanteils auf den energetischen Aufwand von Deckenstrahlplatten, In: Heizung/Lüftung/Klima/Haustechnik, Bd. 56 (2005), Januar, Düsseldorf 2005, Seite 20–22

[37] DIN V 18599-5: Energetische Bewertung von Gebäuden – Berechnung des Nutz-, End- und Primärenergiebedarfs für Heizung, Kühlung, Lüftung, Trinkwarmwasser und Beleuchtung – Teil 5: Endenergiebedarf von Heizsystemen, DIN Deutsches Institut für Normung e. V., 2012

[38] Rosenkranz, J.; et al.: Gesamtanalyse Energieeffizienz von Hallengebäuden, Institut für technische Gebäudeausrüstung Dresden Forschung und Anwendung GmbH/Universität Kassel, Forschungsbericht, 2011

[39] EEWärmeG: Gesetz zur Förderung Erneuerbarer Energien im Wärmebereich (Erneuerbare-Energien-Wärmegesetz – EEWärmeG), Bundesregierung, 22.12.2011, Berlin

[40] DIN EN ISO 7730: Ergonomie der thermischen Umgebung – Analytische Bestimmung und Interpretation der thermischen Behaglichkeit durch Berechnung des PMV- und des PPD-Indexes und Kriterien der lokalen thermischen Behaglichkeit, Deutsches Institut für Normung e. V., Berlin, 2005

[41] Richter, W.: Anlagenplanung unter Berücksichtigung der thermischen Behaglichkeit – REHAU Seminar (Vortrag), 09.06.2008, Erlangen

4.8 Symbolverzeichnis

Lateinische Buchstaben

Zeichen	Bedeutung	Einheit
a	Temperaturleitfähigkeit	m^2/s
$a_0 \ldots a_6$	Koeffizienten des Modells	
A	Fläche	m^2
b	hydraulischer Widerstand	$Pa/(kg/s)^2$
$b_0 \ldots b_6$	Koeffizienten des Modells	
c_p	spezifische Wärmekapazität	$kJ/(kgK)$
DR	Zugluftrisiko (draft risk)	%
f	elliptischer Operator des $v'^2 - f$-Modells	$1/s$
f	Faktor	
g	Erdbeschleunigung (9,81 m/s²)	m/s^2
h	Wärmeübergangskoeffizient	$W/(m^2K)$
$\dot{H}$	stoffgebundener Enthalpiestrom	W
i	Laufvariabel	
k	Laufvariabel	
k	Wärmedurchgangskoeffizient	$W/(m^2K)$

k	Kinetische Energie der Turbulenz	m^2/s^2
m	Modulationsbereich	%
m	Laufvariabel	
$\dot{m}$	Massestrom	kg/s
n	Laufvariabel	
n	Luftwechsel	h^{-1}
p	Druck	Pa
P	elektrische Leistung	W
$\dot{q}$	spezifischer Wärmestrom	W/m^2
$\dot{Q}$	Wärmestrom	W
T	absolute Temperatur	K
u	Geschwindigkeitskomponente	m/s
v	Geschwindigkeitskomponente	m/s
v'^2	skalares Geschwindigkeitsmaß $v'^2 - f$-Modell	m^2/s^2
V	Volumen	l
$\dot{V}$	Volumenstrom	m^3/s
w	Geschwindigkeitskomponente	m/s
x, y, z	Koordinaten	

Griechische Buchstaben

Zeichen	Bedeutung	Einheit
β	Arbeitszahl	
ε	Emissionskoeffizienten	
ε	turbulente Dissipation	m^2/s^2
η	Wirkungsgrad	
ϑ	Temperatur	°C
κ	Teilwärmeübergangskoeffizient	$W/(m^2K)$
μ	dynamische Viskosität	$kg/(ms)$
λ	Wärmeleitfähigkeit	W/mK
σ_S	Stefan-Boltzmann-Konstante ($5{,}67 \cdot 10^{-8}$)	$W/(m^2K^4)$
ρ	Dichte	kg/m^3
τ	Zeit	s
ϕ	Einstrahlzahl	

Tief- und hochgestellte Zeichen

$°a$	bezogen auf den Außenzustand
$°ab$	abgegeben
$°aus$	ausströmend
$°AW$	bezogen auf die Außenwand
$°c$	konvektiv
$°ce$	bezogen auf die Wärmeübergabe
$°cplg$	bezogen auf die Kopplung
$°d$	bezogen auf die Wärmeverteilung
$°ein$	einströmend
$°el$	elektrisch
$°F$	bezogen auf das Fenster
$°g$	bezogen auf die Wärmeerzeugung
$°h$	heizen
$°H$	bezogen auf die Hilfsenergien
$°i$	bezogen auf den Innenzustand
$°inf$	bezogen auf Infiltration
$°I$	bezogen auf innere Wärmequellen
$°IW$	bezogen auf die Innenwand
$°Kon$	bezogen auf den Kondensator
$°l$	bezogen auf die Wärmeleitung
$°L$	bezogen auf die Luft
$°m$	Mittelwert
$°op$	operativ
$°r$	radiativ
$°R$	bezogen auf den Rücklauf/die Regelung
$°reg$	bezogen auf regenerativen Wärmeeintrag
$°res$	resultierend
$°sys$	bezogen auf das System
$°S$	bezogen auf die Strahlung/Speicherung
$°th$	thermisch
$°T$	bezogen auf die Transmission
$°TS$	bezogen auf die Teilstrecke
$°U$	bezogen auf die Umgebung

°vent	bezogen auf die Ventilation
°V	bezogen auf die Ventilation/volumenspezifisch
°V	bezogen auf den Vorlauf
°Ver	bezogen auf den Verdichter
°W	bezogen auf das Wasser
°WP	bezogen auf die Wärmepumpe

Abkürzung

ALD	Außenluftdurchlasselement
K	Knoten
max	maximal
min	minimal
NEH	Niedrigenergiehaus
PMV	Predicted Mean Vote
PPD	Percentage of Dissatisfied
SP	Strahlplatte
TRY	Testreferenzjahr
TS	Teilstrecke

Mathematische Symbole

Δ	Differenz
$\dfrac{\partial}{\partial \tau}$	Partielle Ableitung nach der Zeit

4.9 Anhang 1

Über den Ansatz von Fanger zur Beschreibung der thermischen Behaglichkeit hinaus gibt es ergänzende Vorschläge zur kombinatorischen Betrachtung der verschiedenen Behaglichkeitskriterien. Richter schlägt in [29] z.B. die Bildung einer summativen, thermischen Behaglichkeit vor. Der Ansatz ist dabei so gewählt, dass basierend auf den Komfortkategorien der DIN EN ISO 7730 [40] sich die Gesamtbewertung eines Raumes aus einem Vergleich der jeweiligen Teilbewertungen ergibt, wobei grundsätzlich verschiedene Wichtungen möglich sind. Einen Eindruck über die Vorgehensweise bei der Bildung der summativen, thermischen Behaglichkeit liefern Tabelle 9 sowie Bild 55.

Kriterium	Kategorie	Kombination	Kategorie
PMV, PPD	A	⇒ summative thermische Behaglichkeit	C
max. Strahlungsasymmetrie	B		
vert. Lufttemp.-Gradient	A		
Zugluftrisiko	C		

Tab. 9
Definition der summativen thermischen Behaglichkeit – Beispiel – (konservative Betrachtung, schlechteste Kategorie entscheidet über die Gesamtbewertung) nach [29]

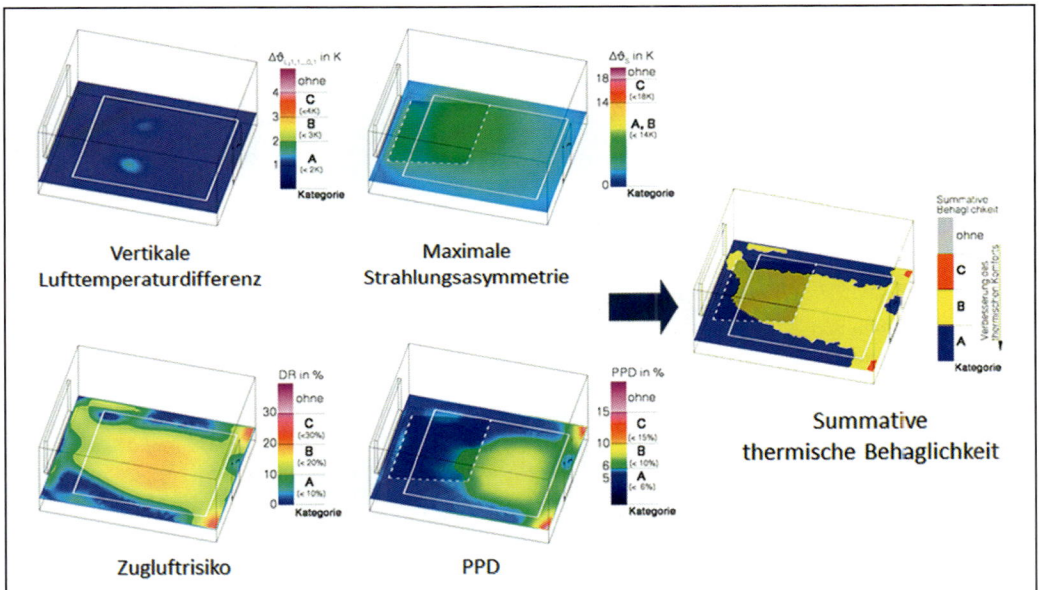

Bild 55
Beispiel für die Bildung der summativen thermischen Behaglichkeit nach [41]

Entscheidender Vorteil dieser Definition ist, dass es nunmehr nur noch ein Kriterium gibt und somit eine Einschätzung der wärmephysiologischen Raumsituation sehr schnell möglich ist. Nachteilig ist jedoch, dass aus dem kombinierten Kriterium bei Diskomfort keine Rückschlüsse über dessen Ursache gezogen werden können. Für eine schnelle Detektion in der Praxis hat sich die Darstellung von Richter [29] bewährt.

4.10 Anhang 2

Nachfolgend sind ausgewählte Grafiken aufgeführt, die eine Teilkompensation des Zugluftrisikos bei Installation einer Randzone bzw. eines optimierten Außenluftdurchlasselementes (ALD) zeigen.

Bild 56
Zugluftrisiko in einer horizontalen Ebene nach [29] – Variante Fußbodenheizung, NEH, $n = 0{,}25\,h^{-1}$ über ein ALD, ohne verstärkte Randzone

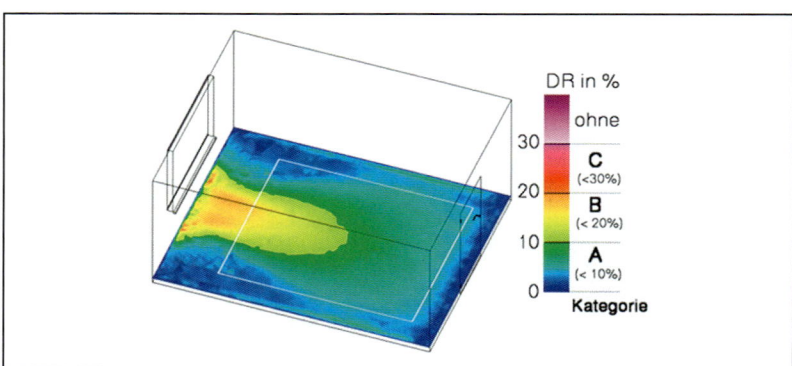

Bild 57
Zugluftrisiko in einer horizontalen Ebene nach [29] – Variante Fußbodenheizung, NEH, $n = 0{,}25\,h^{-1}$ über ein ALD, mit verstärkter Randzone

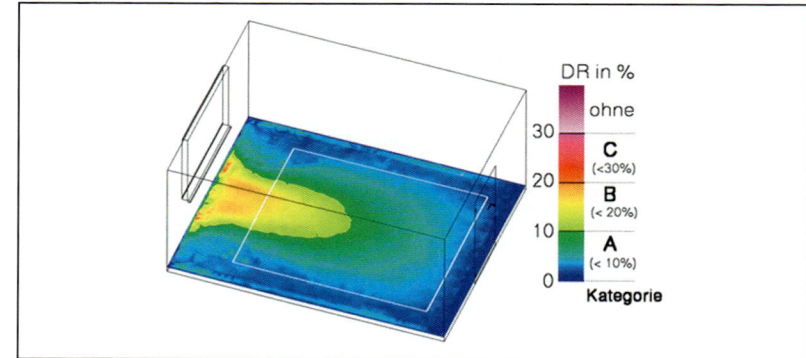

Bild 58
Zugluftrisiko in einer horizontalen Ebene nach [29] – Variante Fußbodenheizung, NEH, $n = 0{,}25\,h^{-1}$ über ein ALD, ohne verstärkte Randzone, optimiertes ALD

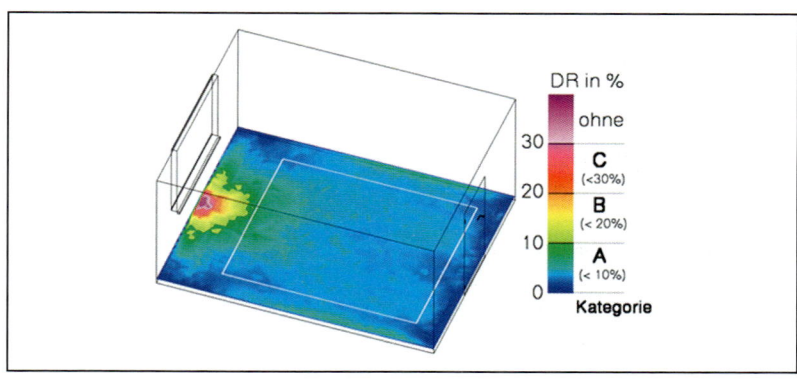

4.11 Anmerkungen

1 Vgl. hierzu die unterschiedlichen Berechnungsverfahren in der ISO 11855 [2]
2 Eine umfängliche Methodik zur Validierung von numerischen Simulationsprogrammen ist in [11] gegeben.
3 Die in Gleichung 4 verwendete Lufttemperatur stellt streng genommen eine örtliche Größe. Da die meisten thermischen Gebäudesimulationsprogramme jedoch mit nur einem Bilanzknoten für die Raumluft rechnen, soll in den nachfolgenden Ausführungen $\vartheta_{L,i}$ als Lufttemperatur der Bilanzzone verstanden werden.
4 $\vartheta_{Kond,aus}$ – Kondensatoraustrittstemperatur, $\vartheta_{Verd,ein}$ – Verdampfereintrittstemperatur
5 Die Koeffizienten $a_0 - a_6$ sowie $b_0 - b_6$ sind für jedes motorische BHKW individuell zu bestimmen.
6 CFD – computational fluid dynamics
7 Z. B. detaillierte Strömungssimulation in Kombination mit einer thermischen Gebäude- und Anlagensimulation
8 Ähnlich dem Testreferenzjahr haben in den USA sogenannte TMY (Typical meteorological year) Verbreitung gefunden, die in der Version von 2005 über 1020 Orte in den Vereinigten Staaten von Amerika repräsentieren.
9 Detaillierte Angaben zu den Testreferenzjahren (TRY) sind in [27] zu finden.
10 $\tau = 0$ entspricht dem Zeitpunkt, zu dem $\vartheta_{a,max}$ ermittelt wurde.
11 In der Praxis werden neben der Häufigkeitsverteilung sowie der Summenhäufigkeit auch andere Formen der Temperaturdarstellung verwendet. Zu nennen ist in diesem Zusammenhang z. B. ein Temperaturgang über eine ausgewählte Zeitperiode, wodurch es gleichfalls möglich ist, genaue Aussagen zur Unter- bzw. Überschreitung der Raumtemperatur vorzunehmen.
12 Eine detaillierte Beschreibung der Vorgehensweise zur Bestimmung der „summativen, thermischen Behaglichkeit" ist im Anhang zu finden.
13 ALD – Außenluftdurchlasselement
14 In der Praxis kann eine gewisse Kompensation des Zugluftrisikos durch eine Anordnung einer Randzone im Bereich der Außenwand erreicht werden (vgl. [29] bzw. Anhang 2).
15 Beide hydraulische Schaltungen sind in der Praxis anzutreffen, wobei sich die Einbindung mittels Reihenpufferspeicher durch eine vereinfachte Installation sowie geringere Investitionskosten auszeichnet. Alternativ zur dokumentierten hydraulischen Einbindung im Vorlauf kann der Pufferspeicher auch im Rücklauf angeordnet sein.
16 Messtechnische Analysen aus [38] zeigen, dass der Luftwechsel bei modernen Hallenbauten in einer Größenordnung von $n = 0,1 - 0,2\,h^{-1}$ liegt. Zusätzlich sollen jedoch auch Ergebnisse für einen Luftwechsel von $n = 0,5\,h^{-1}$ dokumentiert werden, da dies den Auslegungsfall repräsentiert (vgl. [32]).
17 Auf eine Schnittdarstellung der operativen Temperatur sowie des PMV-Indexes für die Variante V2 wird an dieser Stelle verzichtet, da die Ergebnisse nahezu identisch mit den Schnittdarstellungen der Variante V1 sind.

[18] Vergleicht man die Ergebnisse dieser Arbeit mit den Angaben in [33/34/35/36], so können diese tendenziell bestätigt werden.

[19] Die Ergebnisse der Tabelle 8 stellen nur einen Auszug der in [38] untersuchten anlagentechnischen Varianten dar, da eine ganze Reihe von Variationen hinsichtlich des Regelregimes sowie der wärmetechnischen Ausstattung der Halle vorgenommen wurde.

5 Konzepte der Wärme- und Kälteerzeugung mit erneuerbaren Energien

Seite

5.1	**TGA-Anlagenplanung im Einklang mit EnEV und EEWärmeG**	195
5.1.1	Einleitung	195
5.1.2	Allgemeine Anforderungen der EU-Richtlinie	196
5.1.2.1	Erneuerbare Energien im Sinne des Gesetzes	196
5.1.2.2	Geltungsbereiche	198
5.1.2.2.1	Neu errichtete Wohn- und Nichtwohngebäude	199
5.1.2.2.2	Regelungen und Ausnahmen für öffentliche Bestandsgebäude	199
5.1.2.3	Kälte aus erneuerbaren Energien	199
5.1.2.4	Nutzungspflichten	201
5.1.2.5	Ersatzmaßnahmen	205
5.1.2.5.1	Abwärme aus Prozessen	205
5.1.2.5.2	Abwärme aus der Wärmerückgewinnung von RLT-Anlagen	207
5.1.2.5.3	Nutzung von Wärme aus Kraft-Wärme-Kopplungsanlagen (KWK)	208
5.1.2.5.4	Maßnahmen zur Einsparung von Energie	208
5.1.2.5.5	Fernwärme und Fernkälte	210
5.1.3	Nachweis der Nutzungspflichten im EEWärmeG	210
5.1.3.1	Allgemeine Anforderungen an den Nachweis	211
5.1.3.2	Stichproben und Bußgeld	212
5.1.3.3	Beiblatt 2 von DIN V 18599 zum EEWärmeG	212
5.1.3.3.1	Anwendung der Kennwerte aus DIN V 18599	212
5.1.3.3.2	Bilanzierung und Nachweisgleichungen	213
5.1.3.3.3	Ergebnisdarstellung des Nachweises (Formblatt)	215
5.1.4	Beispiel-Berechnungen	217
5.1.4.1	Wohnungsbau	217
5.1.4.1.1	Einfamilienhaus – Solare Warmwasserbereitung und kontrollierte Wohnraumlüftung	217
5.1.4.1.2	Mehrfamilienhaus – Luft/Wasser-Wärmepumpe mit und ohne Warmwasserbereitung	218
5.1.4.2	Nichtwohngebäude	219
5.1.4.2.1	Heizen und Kühlen mit Geothermie und TABS	219
5.1.4.2.2	Beheizung von Logistik-, Werk- und Industriehallen	222
5.1.4.2.3	Exkurs: Abwärmenutzung in Industrie- und Gewerbegebäuden	225
5.1.5	Fazit	229
5.2	**Kälte-Wärme-Verbundsysteme für gewerblich genutzte Immobilien**	229
5.2.1	Einleitung	229

		Seite
5.2.2	Last und Leistung	230
5.2.2.1	Bauweise, Nutzung und Energiebedarf	230
5.2.2.2	Nutzenübergabe der Heizung	231
5.2.2.3	Nutzung gebäudeeigener Speichermassen	232
5.2.2.3.1	Thermisches Aktivieren	233
5.2.2.3.2	Thermoaktive Hybridsysteme	233
5.2.2.4	Raumlufttechnik als Hygienelüftung	234
5.2.3	Bedarfsanalyse, Energiekonzept und Systemwahl	234
5.2.3.1	Primärversorgung Raumheizung	234
5.2.3.2	Primärversorgung Raumkühlung	235
5.2.3.3	Luftkonditionierung	235
5.2.3.4	Sekundärsysteme	236
5.2.4	Gesamtenergiebilanz Gebäude	236
5.2.4.1	Analyse externer Energiequellen	236
5.2.4.2	Geothermische Energie	237
5.2.5	Strukturierter Planungsprozess für Energiequelle – Transformation, Verteilung und Nutzenübergabe	247
5.2.6	Energieeffizienzbewertung	248
5.2.6.1	EnEV 2009/2014 für Wohngebäude (Anlagenaufwandszahl nach DIN 4701-10)	248
5.2.6.2	EnEV 2009 für Nichtwohngebäude	249
5.2.7	Der Wärme-Kälte-Verbund (KWV)	250
5.2.7.1	Theorie	250
5.2.7.2	Praxislösungen	252
5.2.7.2.1	Bivalente Systeme	256
5.2.7.2.2	Lösung des Kälte-Wärme-Verbundes mit Erdwärmesonden und umschaltbarer Wärmepumpe für Bürogebäude	258
5.2.7.2.3	Quellenverbundlösung (QV) mit Geothermie und Wärmepumpe für Büro- und Lagergebäude	260
5.2.7.2.4	Quellenverbundlösung mit Geothermie und Wärmepumpe für eine Logistikhalle	261
5.2.7.2.5	Lösung des Kälte-Wärme-Verbundes mit Quellenverbund für Fachmarktcenter	263
5.2.7.2.6	Kälte-Wärme-Verbund – Latentspeicher, saisonale Prozesswärmenutzung	265
5.2.7.2.7	Lösungen des Kälte-Wärme-Verbundes im Lebensmittelhandel	266
5.2.7.2.8	Geothermisch gestützte KWV-Anlage für den Lebensmittelhandel	268
5.2.7.2.9	KWV-Anlage mit Latentspeicher für den Lebensmittelhandel	268
5.2.8	Fazit	269
5.3	**Literatur**	**270**

5.1 TGA-Anlagenplanung im Einklang mit EnEV und EEWärmeG

5.1.1 Einleitung

Mit der Energieeinsparverordnung EnEV in ihrer gültigen Fassung fordert der Gesetzgeber von den am Bau beteiligten Planern und Architekten grundsätzlich eine besondere energetische Qualität ihrer Neubaukonzepte in Wohn- und Nichtwohngebäuden ein. Sie spiegelt sich im Einsatz besonders energieeffizienter TGA-Anlagensysteme, aber auch in hohen Anforderungen an Wärmedämmung und Dichtheit der Gebäudehülle wider. Mit dem Erneuerbare-Energien-Wärmegesetz (EEWärmeG), das bereits am 1. Januar 2009 in Kraft trat, formulierte der Gesetzgeber darüber hinaus erstmals konkrete Nutzungspflichten für erneuerbare Energien in Neubauvorhaben.

Das EEWärmeG setzt damit die Anforderungen der EU-Richtlinie 2009/28/EG zur Förderung der Nutzung von Energie aus erneuerbaren Quellen um. Es folgt den Beschlüssen des Europäischen Rats von März 2007, um im Interesse des Klimaschutzes und der Minderung der Abhängigkeit von Energieimporten eine nachhaltige Entwicklung der Energieversorgung zu ermöglichen und die Weiterentwicklung von Technologien zur Erzeugung von Wärme und Kälte aus erneuerbaren Energien zu fördern (Bild 1).

Die EU-Richtlinie basiert somit auf den sogenannten „20/20/20-Klima Zielen" der Europäischen Union, die sich wie folgt zusammenfassen lassen:

- Reduzierung der Treibhausgase um mindestens 20 Prozent gegenüber 1990
- Steigerung der Energieeffizienz um 20 Prozent gegenüber marktüblicher Technik
- Steigerung des Anteils an erneuerbaren Energien auf 20 Prozent des Energieverbrauchs von 2004

Welche Form erneuerbarer Energien im konkreten Bauvorhaben genutzt werden soll, kann der Bauherr frei entscheiden. So wurde bei der Ausgestaltung des Gesetzes darauf geachtet, dass es jedem Gebäudeeigentümer möglich ist, eine individuelle, maßgeschneiderte und kostengünstige Lösung zu finden. Daher sind sowohl verschiedene Kombinationen erneuerbarer und fossiler Energieträger als auch Ersatzmaßnahmen zulässig.

Seit dem 1. Mai 2011 ist das EEWärmeG in novellierter Fassung in Kraft. Eine der wichtigsten Neuerungen ist die Gleichstellung von Wärme und Kälte als thermische Nutzenergie. Mit dieser Definition gelten nun auch für die Kälteerzeugung zur Raumkühlung konkrete Nutzungspflichten für erneuerbare Energien.

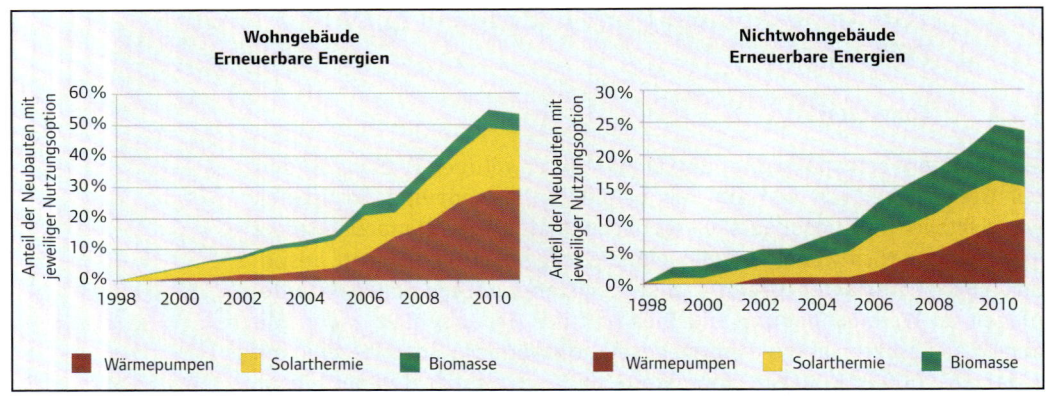

Bild 1
Entwicklung der Nutzungsoption erneuerbarer Energien in Wohn- und Nichtwohngebäuden

Betraf das erste EEWärmeG 2009 vorwiegend Neubauten, so gilt die Novelle nun auch für die umfassende Sanierung öffentlicher Gebäude. Der Beitrag soll einen Überblick über die gesetzlichen Anforderungen ermöglichen und zeigen, mit welchen Kombinationen aus erneuerbaren Energien und Ersatzmaßnahmen die Erfüllung der Anforderungen nachgewiesen werden kann. Darüber hinaus sollen anhand des Beiblatts 2 von DIN V 18599 der Nachweis von Anforderungen des EEWärmeG für die Nutzung von Wärme- und Kälteenergie in verschiedenen Gebäudetypen erläutert und Aspekte des wirtschaftlichen Bauens untersucht werden.

Die Baugenehmigungen 2010 nach sekundärer Heizenergie zeigen, dass in etwa 43 Prozent der Ein- und Zweifamilienhäuser, 27 Prozent der Mehrfamilienhäuser sowie 18 Prozent der Nichtwohngebäude ein sekundäres Heizsystem eingesetzt wird. Mit dem Gesetz zur Förderung erneuerbarer Energien soll dieser Anteil deutlich erhöht werden.

5.1.2 Allgemeine Anforderungen der EU-Richtlinie

5.1.2.1 Erneuerbare Energien im Sinne des Gesetzes

Die EU-Richtlinie zur Förderung der Nutzung von Energie aus erneuerbaren Energien verpflichtet die Regierungen der Mitgliedsländer, entsprechende Gesetze und Verordnungen zu erlassen, mit deren rechtlichen Rahmenbedingungen die Umsetzung der Klimaziele erreicht werden kann. In Deutschland trat daher das EEWärmeG 2009 in Kraft.

Ganz allgemein wurden in der EU-Richtlinie drei Stufen zum Ziel, nämlich eine Erreichung von 20 Prozent Deckung des Brutto-Endenergieverbrauchs mit erneuerbaren Energien und energieeffizienten Gebäuden, definiert. Der Drei-Stufen-Plan umfasst folgende Ziele:

Konzepte der Wärme- und Kälteerzeugung mit erneuerbaren Energien

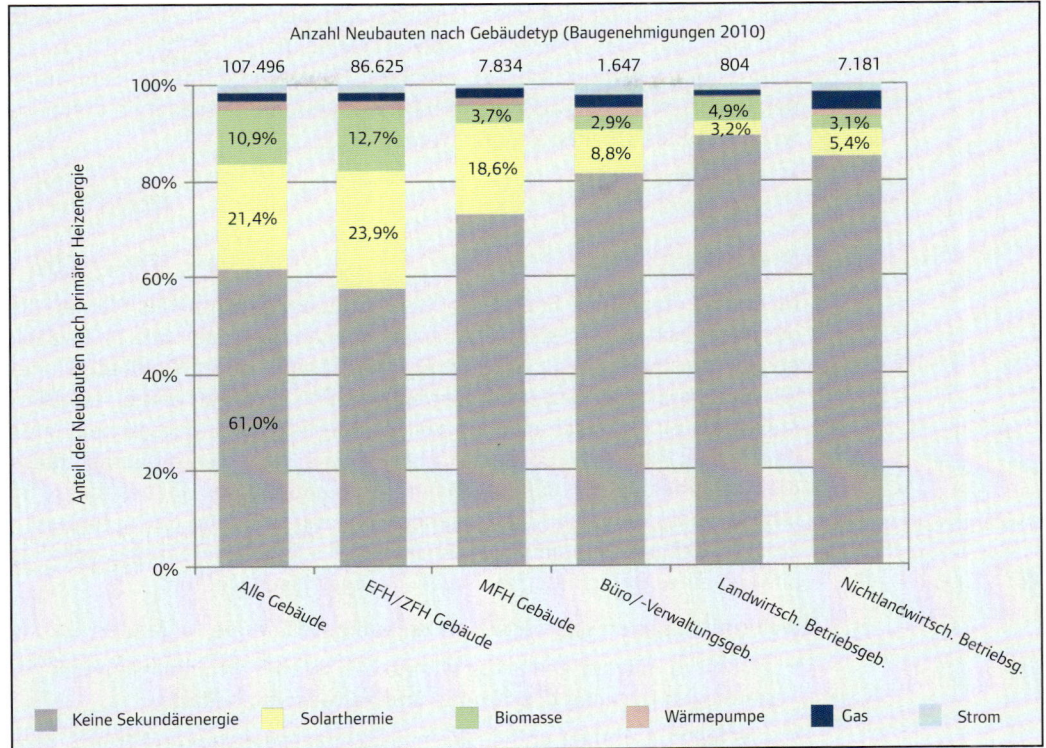

Bild 2
Baugenehmigungen 2010 nach sekundärer Heizenergie

1. Stufe: Erneuerbare Energien nutzen oder Energieeffizienz steigern!

Diese Stufe gilt seit Inkrafttreten des EEWärmeG 2009. Die Energieeffizienz soll alternativ zur Nutzung erneuerbarer Energien beispielsweise durch den Einsatz von Kraft-Wärme-Kopplung sowie durch Qualitätsanforderungen wie Passiv-, Niedrigenergie- oder Nullenergiehaus gesteigert werden.

2. Stufe: Öffentliche Gebäude nutzen erneuerbare Energien vorbildlich!

Die 2. Stufe gilt seit dem 1. Januar 2012 für neu erbaute Gebäude und wurde in Deutschland bereits mit dem EEWärmeG 2009 umgesetzt. Hinzu kommt die Vorbildfunktion öffentlicher Bestandsgebäude, die bei größeren Sanierungen erneuerbare Energien einsetzen, und zugleich sollen die Bürger darüber umfassend informiert werden.

3. Stufe: Erneuerbare Energien im Neubau und im sanierten Bestand einsetzen!

Die 3. Stufe soll nach dem Willen der EU-Richtlinie Ende 2014 greifen. So sollen ab 2015 alle Bestandsgebäude erneuerbare Energien nutzen, wenn sie umfassend saniert werden.

Das Gesetz verfolgt also ganz allgemein das Ziel, den Anteil erneuerbarer Energien am Endenergieverbrauch von Wärme (Raum-, Kühl- und Prozesswärme sowie Warmwasser) zu erhöhen. Erneuerbare Energien im Sinne des Gesetzes werden als erneuerbare Wärme- und Kälteenergie definiert, wenn folgende Quellen genutzt werden:

- Erdboden
- Luft
- Wasser

Nicht als erneuerbare Energie definiert ist dabei Abwärme als Wärme, die aus technischen Prozessen und baulichen Anlagen stammt. Dazu zählt etwa zurückgewonnene Wärme aus der Abluft eines Gebäudes oder Wärme, die aus Abwasserströmen entnommen wird. Auf den ersten Blick stellt dies eine Benachteiligung von Wärmerückgewinnungstechnologien dar. Schaut man sich das Gesetz aber genauer an, so wird deutlich, dass die Abwärmenutzung im Rahmen der Ersatzmaßnahmen, insbesondere im Industriebau, dennoch eine tragende Rolle zur Erfüllung der Anforderungen des Gesetzes einnimmt. Im Abschnitt 5.1.4 dieses Beitrages soll dies anhand eines Berechnungsbeispiels nachgewiesen werden.

Weiterhin definiert das Gesetz als erneuerbare Energie Folgendes:

- technisch nutzbar gemachte Wärme der solaren Strahlungsenergie zur anteiligen Deckung des Wärme- und Kälteenergiebedarfs,
- aus fester, flüssiger und gasförmiger Biomasse erzeugte Wärme.

Die Abgrenzung erfolgt nach dem Aggregatzustand zum Zeitpunkt des Eintritts der Biomasse in den Apparat zur Wärmeerzeugung.

Für die Definition von Biomasse gilt darüber hinaus:

- Biomasse im Sinne der Biomasseverordnung in der jeweils gültigen Fassung
- biologisch abbaubare Anteile von Abfällen aus Haushalten und Industrie
- Deponiegas
- Klärgas
- Klärschlamm im Sinne der Klärschlammverordnung in der jeweils gültigen Fassung
- Pflanzenölmethylester

5.1.2.2 Geltungsbereiche

Über die allgemeinen Ziele und Anforderungen hinaus formuliert das EEWärmeG gegenüber Bauherren von Wohn- und Nichtwohngebäuden ganz konkrete Nutzungspflichten, allerdings auch Ausnahmeregelungen. Daher zunächst ein Überblick, welche Gebäudetypen und -nutzungen vom Gesetz betroffen sind.

5.1.2.2.1 Neu errichtete Wohn- und Nichtwohngebäude

Die Nutzung erneuerbarer Energien müssen grundsätzlich nur Eigentümer neu errichteter Gebäude mit einer Nutzfläche > 50 m² nachweisen. Das gilt unabhängig davon, ob es sich um ein Wohn- oder ein Nichtwohngebäude handelt. Eigentümer von neu errichteten Gebäuden müssen den Bedarf an Wärme- und Kälteenergie durch eine anteilige Nutzung regenerativer Energien decken. Ausgenommen hiervon sind bestimmte Gebäudetypen und -nutzungen, die im § 4 des Gesetzes aufgelistet sind. Dazu zählen etwa Betriebsgebäude, Unterglasanlagen, Zelte und Wohngebäude, die für eine Nutzungsdauer von weniger als vier Monaten jährlich bestimmt sind, oder Gebäude, die auf eine Innentemperatur von weniger als 12 °C ausgelegt sind. Darüber hinaus sind Gebäude zur Tierhaltung, unterirdische Bauten, Traglufthallen, Kirchen und Ferienwohnungen von diesem Gesetz nicht betroffen.

Ebenfalls ausgenommen von den gesetzlichen Anforderungen sind seit Inkrafttreten der Novelle im Mai 2011 Gebäude der Bundeswehr. Begründet wird dies mit sicherheits- und wehrtechnischen Bedenken, die eine Nutzung erneuerbarer Energien ausschließen können.

Das EEWärmeG gilt zunächst nur für neu errichtete Gebäude und nicht bei Renovierungen und Modernisierungen von Bestandsgebäuden. Ausgenommen hiervon sind öffentliche Bestandsgebäude.

5.1.2.2.2 Regelungen und Ausnahmen für öffentliche Bestandsgebäude

Die Bundesregierung baut, wie zuvor schon bei der EnEV, auf die Vorbildfunktion öffentlicher Gebäude. Aus diesem Grund sollen Gebäude der öffentlichen Hand die Anforderungen auch bei größeren Modernisierungen einhalten.

Allerdings verhindert auch hier eine Vielzahl von Ausnahmeregelungen die flächendeckende Realisierung von Bestandssanierungen mithilfe erneuerbarer Energien. Die Vorbildrolle beschränkt sich damit auf einige Nichtwohngebäude, wenn die öffentliche Hand der Eigentümer oder Besitzer ist und die Gebäude für Gesetzgebung, vollziehende Gewalt und Rechtspflege genutzt werden oder als öffentliche Einrichtungen dienen. Solche Gebäude sind beispielsweise Ministerien, Rathäuser und Amtsgebäude, nicht aber Wohngebäude der öffentlichen Hand. Gebäude der Forstwirtschaft und solche zur Versorgung mit Energie und Wasser bleiben ebenfalls vom Gesetz unberührt.

5.1.2.3 Kälte aus erneuerbaren Energien

Eine der wesentlichen Änderungen der Novellierung des EEWärmeG, die im Mai 2011 in Kraft trat, ist die Gleichstellung von thermischen Energien zur Wärme- und Kältebereitstellung in Gebäuden. Dazu heißt es, „die im Gebäude benötigte Kühlenergie für raumlufttechnische Anlagen, Raumkühlung und Klimatisierung ist grundsätzlich zum Nachweis der Anforderungen mit zu bilanzieren".

Die Bedarfsdeckungsanteile durch erneuerbare Energien beziehen sich damit auf die Summe der benötigten Wärme- und Kälteenergien im Gebäude. Zur Deckung des Kälteenergiebedarfs können natürlich auch erneuerbare Energien eingesetzt werden. Diese definiert das Gesetz als erneuerbare Kälte, die entweder durch unmittelbare Kälteentnahme aus dem Erdboden, Grund- oder Oberflächenwasser oder durch thermische Kälteerzeugung mit Wärme aus regenerativen Energien technisch nutzbar gemacht wird.

Gemeint sind damit beispielsweise folgende Verfahren zur Nutzkälteerzeugung:
- freie Kühlung über Kühltürme
- Nutzung geothermischer Energie als Wärmesenke für Luft und Kühlwasser
- Grund- und Oberflächenwasserkühlung
- solare Kühlung über Absorptionskältemaschinen oder adsorptive Verfahren wie z. B. die Sorptionskühlung in DEC-Anlagen
- direkte und indirekte Verdunstungskühlung.

Bei Nutzung von Kälte aus regenerativen Energien wird die Nutzungspflicht dem Gesetz nach erfüllt, wenn der Kälteenergiebedarf mindestens in Höhe des Pflichtanteils der jeweils verwendeten regenerativen Energie gedeckt wird. Wird beispielsweise Kälte mittels einer Absorptions-Kältemaschine durch die Zufuhr von Wärme aus einer solarthermischen Anlage erzeugt, so ist die Nutzungspflicht bei Erreichen eines Deckungsanteils von 15 Prozent erfüllt. Auch hier gilt, dass verschiedene Arten von erneuerbaren Energien und Ersatzmaßnahmen kombiniert und addiert werden können, um den Anforderungen des Gesetzes insgesamt zu entsprechen und eine wirtschaftliche Bauweise zu ermöglichen. Als Ersatzmaßnahme anrechenbar wäre hier beispielsweise zusätzlich der Anteil der Kälterückgewinnung, der über den Wärmetauscher von Zentrallüftungsgeräten aus der Abluft zurückgewonnen werden kann.

Die Kälteerzeugung mit thermischen Kältemaschinen (Absorptions- und Adsorptionskältemaschinen sowie Sorptionsklimasysteme) ist mit verschiedenen Wärmequellen zum Antrieb dieser Systeme möglich. Die thermische Energie kann prinzipiell aus Solarkollektoren, Biomasseanlagen, KWK-Anlagen, Geothermie, Fernwärme oder Abwärme (zum Beispiel aus der Drucklufterzeugung) kommen. Bei der Bilanzierung ist darauf zu achten, dass sich der zu berechnende Regenerativanteil auf die Anteile der Kälteerzeugung bezieht und nicht auf die dazu notwendige Heizwärme, die deutlich größer sein kann als die verwendbare Nutzkälte. Wie bereits beschrieben, richtet sich der Deckungsanteil nach der Art der eingesetzten erneuerbaren Energie. Wird zur Bereitstellung dieser Wärme eine solarthermische Anlage eingesetzt, dann reicht zum Erfüllen des EEWärmeG ein Deckungsanteil von 15 Prozent aus. Werden als Wärmeerzeuger Biomassekessel oder BHKW-Anlagen und Fernwärme eingesetzt, muss ein deutlich höherer Deckungsanteil von 50 Prozent zur Erfüllung der Nutzungspflicht angesetzt werden [1].

Somit erlaubt das Gesetz vielfältige Systemvarianten und Kombinationen. Eine weitere Möglichkeit ist z. B. der Einsatz einer Sole-Wasser-Wärmepumpe (Wärmeerzeugung plus Nutzung der kühlen Sole im Sommer für die Betonkerntemperierung und zur Zuluftkühlung). Auch hier wird die Kälte unmittelbar durch Nutzung von Geothermie bereitgestellt. Entsprechend Tabelle 1 gilt auch hier ein Deckungsanteil von 50 Prozent des Wärme- und Kälteenergiebedarfs, um die Nutzungspflicht mit dieser Einzelmaßnahme gänzlich zu erfüllen. In Abschnitt 5.1.4 soll das Nachweisverfahren für verschiedene Anlagen- und Gebäudenutzungen an Berechnungsbeispielen detailliert erläutert werden.

5.1.2.4 Nutzungspflichten

In § 3 des EEWärmeG konkretisiert der Gesetzgeber erstmals die Anforderungen und nennt Mindest-Deckungsanteile für Wärme- und Kälteenergie (Nutzenergie) der verschiedenen regenerativen Energien. Diese Mindestanforderungen werden je nach Art der eingesetzten erneuerbaren Energie kombiniert mit weiteren Effizienzkriterien, für die der Bauherr ebenfalls einen Nachweis führen muss. So bestehen beispielsweise für den Einsatz von erdgekoppelten Wärmepumpen oder solarthermischen Anlagen zusätzliche Effizienzkriterien für die Gerätetechnik wie z. B. Zertifizierungen nach „Solar Keymark", „Euroblume" und Anforderungen an die Jahresarbeitszahlen von Wärmepumpen oder die Kesselwirkungsgrade von Biomasse-Zentralheizungsanlagen.

Der gesamte Wärme- und Kälteenergiebedarf zur Raum- und Prozesskühlung, Warmwasserbereitung und Heizwärmebereitstellung muss mit den in Tabelle 1 aufgeführten Anteilen regenerativer Energien gedeckt werden. Die Tabelle ermöglicht dem Planer einen schnellen Überblick über die Anforderungen an die einzelnen regenerativen Energiesysteme. Dabei stellt der Wärme- und Kälteenergiebedarf immer die Summe der zur Deckung des Wärmebedarfs für Heizung und Warmwasserbereitung jährlich benötigten Wärmemenge sowie der zur Deckung des Kältebedarfs für Raumkühlung jährlich benötigten Kältemenge, jeweils einschließlich des thermischen Aufwands für Übergabe, Verteilung und Speicherung, dar. Die Bedarfswerte werden nach DIN 4701-10 sowie nach DIN V 18599 entsprechend den Anforderungen der EnEV in der jeweils gültigen Fassung berechnet.

Mehrere Gebäude, die gemeinsam Wärme- und Kälteanlagen betreiben und nutzen, können im Hinblick auf die Erfüllung des EEWärmeG gesamtheitlich bilanziert werden.

Nutzung erneuerbarer Energien	Umsetzung der Anforderungen gem. EEWärmeG 2011	Pflichtanteil (PA) für Wärme- und Kälteenergie* und weitergehende Effizienzkriterien	
		Neubau	**Sanierung öffentl. Gebäude**
Geothermie und Umweltwärme	**Elektrisch betriebene Wärmepumpen:** Jahresarbeitszahlen nach VDI 4650: · Luft/Luft und Luft/Wasser · sonstige Wärmepumpen	PA ≥ 50 % ≥ 3,5 / 3,3** ≥ 4,0 / 3,8**	PA ≥ 15 % ≥ 3,3 / 3,1** ≥ 3,8 / 3,6**
	Mit fossilen Brennstoffen betriebene Wärmepumpen: Jahresarbeitszahlen nach VDI 4650:	≥ 1,2	≥ 1,2
	) Wenn die Warmwasserbereitung des Gebäudes durch die Wärmepumpe oder zu einem wesentlichen Anteil durch andere erneuerbare Energien erfolgt. **Weitere Anforderungen: Zertifizierungen: „Euroblume", „Blauer Engel", European Quality Label for Heat-Pumps Wärmemengen- und Stromzähler zur Berechnung der JAZ. Ausnahme: Vorlauftemperatur der Heizungsanlage ≤ 35 °C		
Erneuerbare Kälte	· Unmittelbar aus dem Erdboden, Grund- oder Oberflächenwasser technisch nutzbar gemachte Nutzkälte zur Raumkühlung (z.B. passive Kühlung über Erdsonden oder Körbe und Pfähle)	PA ≥ 50 %	PA ≥ 15 %
	· Indirekt aus Wärme erneuerbarer Energien technisch nutzbar gemachte Kälteenergie (z.B. Solarenergie bei DEC-Kühlung etc.) zur Raumkühlung. Umwandlung, Verteilung und Rückkühlung grundsätzlich in bester verfügbarer Technik.	PA_{solar} ≥ 15 % PA_{biogas} ≥ 30 % $PA_{biomasse}$ ≥ 50 % PA bezieht sich ausschließlich auf Nutz-Kälteenergie	
Solare Strahlungsenergie	Erfüllung bei Nutzung von solarthermischen Anlagen mit Flüssigkeiten als Wärmeträger, wenn die Anlage mit dem europäischen Prüfzeichen „Solar Keymark" zertifiziert ist. Als Ersatzmaßnahme weiterhin nur, wenn die solarthermische Anlage mit einer Aperturfläche von mindestens 0,06 m² je m² Nutzfläche ausgestattet ist.	**Nicht-Wohngebäude:** PA ≥ 15 % **Wohngebäude bis 2 WE:** ≥ 0,04 m² Aperturfläche je m² Nutzfläche **Mehr als 2 WE:** ≥ 0,03 m² Aperturfläche je m² Nutzfläche	PA ≥ 15 %

Tab. 1
Nutzungspflichten erneuerbarer Energien im Überblick

Konzepte der Wärme- und Kälteerzeugung mit erneuerbaren Energien

Nutzung erneuerbarer Energien	Umsetzung der Anforderungen gem. EEWärmeG 2011	Pflichtanteil (PA) für Wärme- und Kälteenergie* und weitergehende Effizienzkriterien	
		Neubau	Sanierung öffentl. Gebäude
Gasförmige Biomasse (Biogas)	• Nutzung von gasförmiger Biomasse in einer KWK-Anlage	PA ≥ 30 %	PA ≥ 25 %
	• Nutzung in einem Heizkessel in bester verfügbarer Technik		
	Die Nutzung von gasförmiger Biomasse, die nach dem EEG aufbereitet und in das Erdgasnetz eingespeist worden ist (Biomethan); Anrechnung erfolgt nur, wenn die Menge des entnommenen Biomethans im Wärmeäquivalent am Ende eines Kalenderjahres der Menge Biogas entspricht, die an anderer Stelle eingespeist wurde (Massenbilanz).		
Feste Biomasse	Die Nutzung fester Biomasse in Heizkesseln oder automatisch beschickten Biomasseöfen mit Wasser als Wärmeträger, wenn der berechnete Wirkungsgrad* folgende Werte nicht unterschreitet:	PA ≥ 50 %	PA ≥ 15 %
	• 86 % bei Anlagen zur Heizung oder Warmwasserbereitung (≤ 50 kW),		
	• 88 % bei Anlagen zur Heizung oder Warmwasserbereitung (> 50 kW),		
	• 70 % bei Anlagen, die nicht der Heizung oder Warmwasserbereitung dienen.		
	*) Ermittlung des Wirkungsgrades nach DIN EN 303-5 (1999-06); bei Biomasseöfen der nach DIN EN 14785 (2006-09) ermittelte feuerungstechnische Wirkungsgrad		
Flüssige Biomasse	Die Nutzung flüssiger Biomasse in Heizkesseln, wenn diese in „bester verfügbarer Technik" ausgeführt ist und die Anforderungen an den nachhaltigen Anbau, die Herstellung und das Treibhaus-Minderungspotenzial gem. der Biomassestrom-Nachhaltigkeits-Verordnung (BioSt-NachV) erfüllt sind.	PA ≥ 50 %	PA ≥ 15 %
	Nachweis Treibhausgas-Minderungspotenziale über Vergleichswert für Fossilbrennstoffe gemäß BioSt-NachV:		
	• für flüssige Biomasse, die zur Wärmeerzeugung verwendet wird; **77 g CO2eq/MJ**		
	• für flüssige Biomasse, die zur Wärmeerzeugung in Kraft-Wärme-Kopplung verwendet wird; **85 g CO2eq/MJ**		

Tab. 1
(fortgesetzt)

Bezüglich des Nutzungsumfangs und der Systemwahl sind beliebige Kombinationen von regenerativen Energiequellen bzw. Ersatzmaßnahmen möglich, wobei die Summe der jeweiligen Deckungsanteile 100 Prozent ergeben muss. Kombinationen von Regenerativanteilen können nach Gleichung 1 bestimmt werden. Gleichung 2 zeigt, wie die unterschiedlichen Systeme zur Bilanzierung addiert werden.

$$\sum_i EG_i = \left[\sum_i \frac{DG_i}{PA_i} + EG_{NFW} + EG_{FK}\right] \geq 1{,}0 \qquad (1)$$

$$\sum EG_i = \frac{DG_{sol}}{0{,}15} + \frac{DG_{geo}}{0{,}5} + \frac{DG_{bio,gas}}{0{,}3} + \frac{DG_{bio,fest}}{0{,}5} + $$
$$+ \frac{DG_{bio,fest}}{0{,}5} + \frac{DG_{WRG}}{0{,}5} + \frac{DG_{KWK}}{0{,}5} + \frac{DG_{FW}}{0{,}5} \geq 1{,}0 \qquad (2)$$

mit

EG_i Erfüllungsgrad der Einzelanforderung i nach EEWärmeG

DG_i der im Gebäude erreichte Deckungsgrad der Einzelanforderung i nach EEWärmeG

PA_i Pflichtanteil (Sollwert des Deckungsgrades) der Einzelanforderung i nach EEWärmeG

EG_{NFW} Erfüllungsgrad aus Nutzung erneuerbarer Energien in Nah- und Fernwärme

EG_{FK} Erfüllungsgrad aus Nutzung netzgebundener erneuerbarer Energien (Kälte und Wärme)

Der Quotient DG_i/PA_i entspricht jeweils dem tatsächlichen Deckungsanteil, den das Einzelsystem zur Erfüllung der Nutzungspflicht im jeweiligen Bauvorhaben beiträgt. Das soll ein einfaches Beispiel verdeutlichen. Ein Gebäude soll mit einer erdgekoppelten Wärmepumpe beheizt werden. Liegt die Jahresheizarbeit der Wärmepumpe über 50 Prozent des gesamten Nutzenergiebedarfs des Gebäudes, also einschließlich evtl. erforderlicher Kühlenergien, so ist die Nutzungspflicht (vorbehaltlich der Prüfung von Effizienzkriterien der verwendeten Wärmepumpe) bereits mit dieser Maßnahme erfüllt:

$$\sum EG_i = + \frac{DG_{geo}}{0{,}5} \geq 1{,}0 \qquad (3)$$

Liegt die Jahresheizarbeit jedoch unter 50 Prozent des Gesamtbedarfs, so müssen weitere erneuerbare Energien oder Ersatzmaßnahmen, wie die Verbesserung der Gebäudedämmung gegenüber den EnEV-Anforderungen umgesetzt werden, um die fehlenden Regenerativ-Anteile im Gebäude zu kompensieren. Wenn es also mit der für das Gebäude gewählten Anlagentechnik im ersten Schritt nicht gelingt, die Forderungen des EEWärmeG in Gänze zu erfüllen, so müssen weitere Ersatzmaßnahmen in die Bilanzierung einbezogen werden. Solche Ersatzmaßnahmen sind zum Beispiel die Berücksichtigung der Wärme-Kälte-Rückgewinnung in RLT-Anlagen, der Einsatz von Fernwärme oder von BHKWs. Einen Überblick über die im Gesetz genannten Ersatzmaßnahmen und deren Anforderungen an mögliche Ersatzmaßnahmen gibt das folgende Kapitel.

5.1.2.5 Ersatzmaßnahmen

Nicht jeder Eigentümer einer Immobilie kann erneuerbare Energien nutzen. Nicht immer ist der Einsatz erneuerbarer Energien technisch möglich oder wirtschaftlich einsetzbar. Deshalb erlaubt das EEWärmeG auch Ersatzmaßnahmen, die ebenso zur Verbesserung der energetischen Effizienz von Anlagensystemen oder Gebäudehüllen führen.

Solche Ersatzmaßnahmen im Sinne des Gesetzes sind folgende:
- Nutzung von Abwärme aus Prozessen oder die Wärmerückgewinnung aus Abluft
- Nutzung von Wärme aus Kraft-Wärme-Kopplungsanlagen (KWK-Anlagen)
- Unterschreitung der Anforderungen der EnEV (Jahres-Primärenergiebedarf und Wärmedämmung der Gebäudehülle) um mindestens 15 Prozent.

Die Anforderungen an Ersatzmaßnahmen sind im § 7 und dem Anhang des Gesetzes definiert. Nachfolgend sollen die wichtigsten Aspekte und Rahmenbedingungen näher erläutert werden.

5.1.2.5.1 Abwärme aus Prozessen

Abwärme ist Wärme, die bereits unter Einsatz von Energie gewonnen wurde. Deshalb kann Abwärme keine erneuerbare Energie sein. Dennoch ist die Rückgewinnung von Abwärme sinnvoll, weil Primärenergieressourcen damit geschont werden. Soll also in einem Gebäude die Erfüllung der Nutzungspflichten des EEWärmeG durch Abwärmenutzung erreicht werden, müssen mindestens 50 Prozent der Summe aus Jahresheiz- und Kühlarbeit aus Abwärme stammen. Dies ist in Industriegebäuden eine interessante Option zur Nutzung erneuerbarer Energien, stehen doch häufig große Mengen Abwärme auf technisch brauchbarem Temperaturniveau aus Prozessen wie z. B. der Drucklufterzeugung oder Trocknung zur Verfügung, um Gebäudeteile zu beheizen, Trinkwasser zu bereiten oder die Zuluft von RLT-Anlagen damit zu erwärmen.

In einer Studie des Fraunhofer-Instituts zur Nutzung industrieller Abwärme und deren technisch-wirtschaftlicher Potenziale wurden branchenspezifische Primärenergie-Einsparpotenziale ermittelt. So können in der kunststoff- oder metallverarbeitenden Industrie im Mittel 50 Prozent der eingesetzten Primärenergie zurückgewonnen werden. Die nutzbaren Potenziale sind riesig. So betrug der Endenergieeinsatz für industrielle Prozesswärme mit gut 1600 PJ im Jahre 2007 etwa zwei Drittel des Endenergiebedarfs der gesamten deutschen Industrie [2].

Die Rückgewinnung von Wärme aus Herstellungsprozessen wie der Trocknung, Drucklufterzeugung, Wärmebehandlung oder der Abwärme aus Schmelzöfen und Kühlanlagen kann wirtschaftlich zur Entlastung des Heizungssystems oder für die Wärmeversorgung benachbarter Hallengebäude verwendet werden.

Nahwärmenetze und wasserbasierte Flächenheiz- und Kühlsysteme können in Verbindung mit Wärmetauscher- und Speichersystemen oder auch Wärmepumpen für eine nachhaltigere und deutlich kostengünstigere Wärmeversorgung von Industriebauten beitragen, auch weil sie teure Ersatzmaßnahmen, wie die im EEWärmeG geforderte Verbesserung der Gebäudehülle gegenüber dem EnEV-Standard um 15 Prozent bei konventionellen Heiz- und Kühlsystemen, vermeiden helfen.

Bild 3 zeigt anhand der Wärmebilanz der Drucklufterzeugung, dass 94 Prozent der aufgenommenen Energie über den Ölkühler auf hohem Temperaturniveau (70 bis 80 °C) zurückgewonnen werden können.

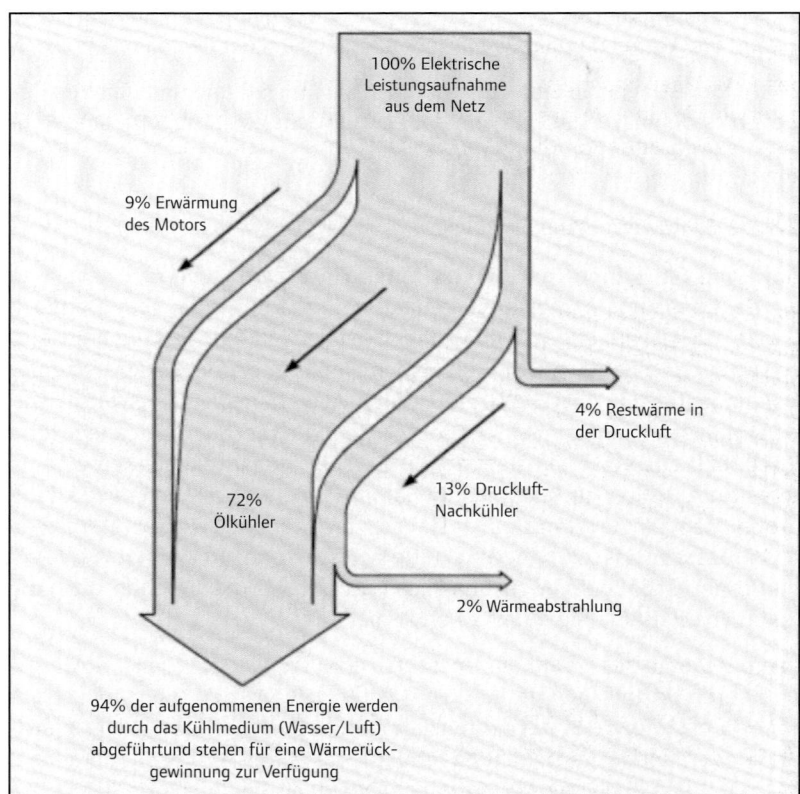

Bild 3
Wärmebilanz der Drucklufterzeugung
(Bildquelle: Kaeser)

Später sollen anhand eines Beispielgebäudes verschiedene Konstellationen unter dem Aspekt wirtschaftlichen Bauens mit dem EEWärmeG verglichen werden. Dabei wird auch ein Beispiel zur Abwärmenutzung erläutert.

5.1.2.5.2 Abwärme aus der Wärmerückgewinnung von RLT-Anlagen

Eine weitere mögliche Ersatzmaßnahme ist die Einbeziehung der Wärmerückgewinnung (WRG) der RLT-Anlage.

Bei der Berücksichtigung der Wärmerückgewinnung als Ersatzmaßnahme gem. EEWärmeG sind allerdings zwei wichtige Effizienzkriterien für das Anlagensystem Voraussetzung zur Anerkennung:
- Wärmerückgewinnungsgrad von mindestens 70 Prozent
- Leistungszahl ≥ 10

Die Leistungszahl ergibt sich dabei als Quotient aus der zurückgewonnenen Wärme der Abluft (bei $\Delta T = 20$ K), also dem Referenzbetriebszustand nach DIN EN 308, und der erforderlichen elektrischen Zusatzleistung, die von den Ventilatoren zur Überwindung des zusätzlichen Druckverlustes durch die Wärmerückgewinnung aufgebracht werden muss. Betrachtet man die im Wohnungsbau heute übliche Bauweise, so wird klar, dass die Wärmerückgewinnung aus der Abluft als alleinige Maßnahme zur Erfüllung des EEWärmeG nicht ausreicht und in jedem Fall mit weiteren Ersatzmaßnahmen wie einer Verbesserung des baulichen Wärmeschutzes gegenüber dem EnEV-Standard oder dem Einsatz einer solarthermischen Anlage kombiniert werden muss.

Der Nachweis des Regenerativanteils der Wärmerückgewinnung muss in zwei Schritten erfolgen. Aufgrund der Tatsache, dass der Bezugswert, nämlich die Erzeuger-Nutzwärmeabgabe des Gebäudes, durch den Einsatz der Wärmerückgewinnung direkt beeinflusst wird, ist die Berechnung des Anteils am Heizwärmebedarf nicht losgelöst vom Gebäude möglich. Das bedeutet, dass innerhalb des Nachweisverfahrens die Berechnung nach DIN V 18599 einmal mit und einmal ohne Wärmerückgewinnung durchgeführt werden muss, um den Anteil der Wärmerückgewinnung am Gesamtbedarf zu ermitteln. Der regenerative Anteil der Wärmerückgewinnung (WRG) kann nach Gleichung 4 berechnet werden.

$$f_{\text{reg, WRG}} = \frac{Q_{\text{H, outg, ohne WRG}} - Q_{\text{H, outg, mit WRG}}}{Q_{\text{H, outg, ohne WRG}}} \tag{4}$$

mit

$f_{\text{reg, WRG}}$ anzusetzender Deckungsanteil der Ersatzmaßnahme WRG

$Q_{\text{H, outg, mit WRG}}$ Erzeuger-Nutzwärmeabgabe des Gebäudes mit WRG

$Q_{\text{H, outg, ohne WRG}}$ Erzeuger-Nutzwärmeabgabe des Gebäudes ohne WRG

Im Falle ohne Wärmerückgewinnung ist die Lüftungsanlage mit den gleichen Parametern anzusetzen. Die Stromaufnahme für die Ventilatoren wird dann an dieser Stelle nicht berücksichtigt, da es sich hierbei um eine Nebenanforderung des EEWärmeG (Effizienzkriterium) handelt [3].

5.1.2.5.3 Nutzung von Wärme aus Kraft-Wärme-Kopplungsanlagen (KWK)

Wärme aus KWK-Anlagen kann je nach Art des eingesetzten Brennstoffs auf zwei Arten, nämlich als Ersatzmaßnahme oder als erneuerbare Energie wie folgt bilanziert werden.

- Wird das BHKW nachweislich (Brennstoffrechnung) über einen längeren Zeitraum mit Biomethan betrieben, so handelt es sich um einen regenerativen Deckungsanteil. Der Pflichtanteil (PA_{Biogas}) beträgt dann gem. Tabelle 1 30 Prozent.

- Werden fossile Energieträger eingesetzt, so kann die Kraft-Wärme-Kopplung aufgrund ihres Primärenergie-Einsparpotenzials auch als Ersatzmaßnahme angesetzt werden. Der geforderte Deckungsanteil (PA_{kWK}) zur Erfüllung der Nutzungspflichten nach EEWärmeG beträgt dann 50 Prozent.

Dabei gilt die Nutzungspflicht als erfüllt, wenn durch solche Anlagen technisch nutzbar gemachte Kälte genutzt wird, denen unmittelbar Wärme aus einer KWK-Anlage zugeführt wird. Ein Beispiel hierfür ist die Kälteerzeugung mithilfe einer Absorptionskältemaschine, die von einem BHKW gespeist wird.

Anlage VI des EEWärmeG konkretisiert hierzu die Effizienz-Anforderungen. So wird die Nutzung von Wärme aus Kraft-Wärme-Kopplung und der Erzeugung von Kälte aus der KWK-Abwärme nur dann als Ersatzmaßnahme anerkannt, wenn die KWK-Anlage hocheffizient ist. Diese zunächst unpräzise Formulierung bezieht sich auf das Primärenergie-Einsparpotenzial gemäß EU-Richtlinie 2004/8/EG für KWK-Anlagen. Demnach gelten KWK-Anlagen als hocheffizient, wenn ihr Primärenergie-Einsparpotenzial mindestens 10 Prozent höher ist als bei einer nicht gekoppelten Strom- und Wärmeenergiebereitstellung.

5.1.2.5.4 Maßnahmen zur Einsparung von Energie

Als weitere Ersatzmaßnahme zur Nutzung erneuerbarer Energien gelten auch Effizienzmaßnahmen wie die Verbesserung des Wärmeschutzes der Gebäudehülle sowie eine Minderung des Primärenergieverbrauchs gegenüber der gültigen EnEV. Die Verbesserung des Wärmeschutzes stellt nach derzeitigen Erkenntnissen die am häufigsten gewählte Form der Erfüllung der Anforderungen aus dem EEWärmeG dar [4]. Bild 4 zeigt den Anteil erneuerbarer Energien und Ersatzmaßnahmen im Neubau der Jahre 2009 bis

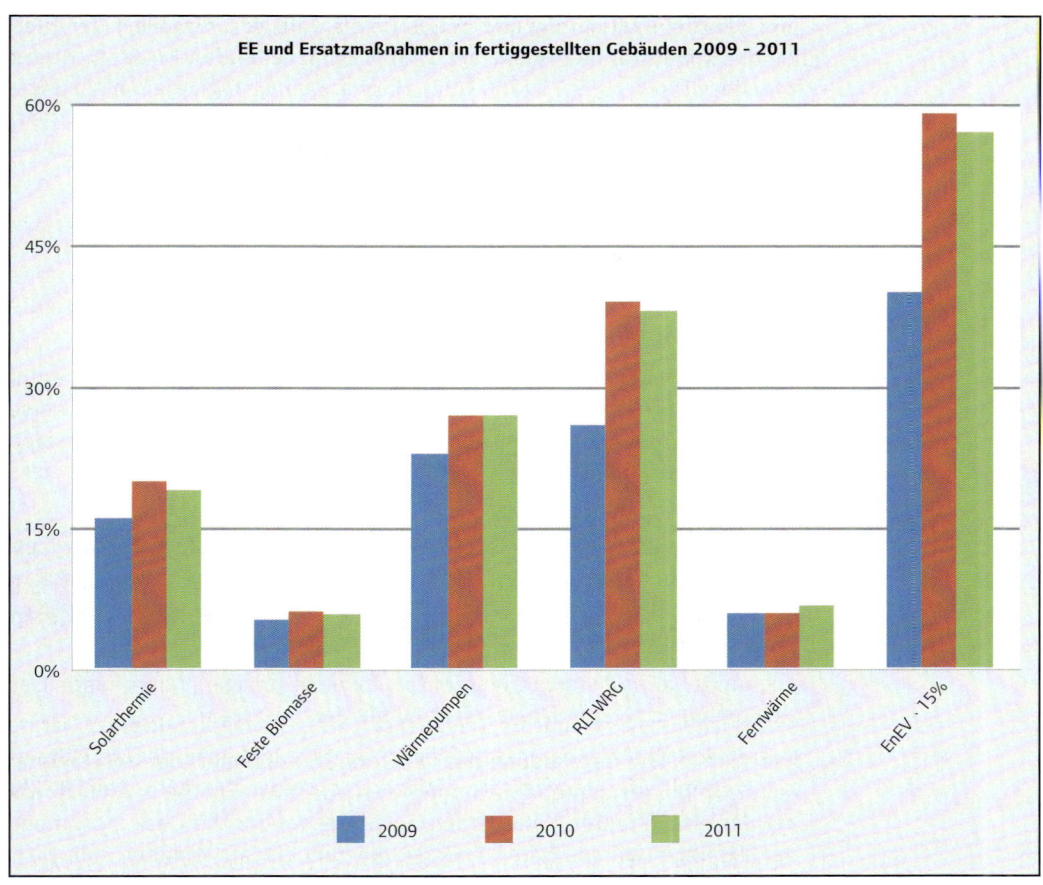

Bild 4
Umsetzung des EEWärmeG [Quelle: Ecofys et al.]

2011. Mit fast 60 Prozent Anteil liegt die energetische Verbesserung der Gebäudehülle derzeit weit vor dem Einsatz erneuerbarer Energien, wie beispielsweise dem Einsatz von Wärmepumpen (27 Prozent).

Allerdings gelten Energieeinsparmaßnahmen bei Neubauten nur dann als Ersatzmaßnahme, wenn dadurch der jeweilige Höchstwert des Jahres-Primärenergiebedarfs und die Wärmedämmung (U-Wert bzw. Transmissionswärme-Koeffizient H_T des Gebäudes) um je mindestens 15 Prozent niedriger sind als gemäß den jeweils gültigen EnEV-Anforderungen. Für den Neubau öffentlicher Gebäude gelten hier deutlich höhere Anforderungen. So ist eine Unterschreitung des Transmissionswärme-Transferkoeffizienten H_T' um 30 Prozent erforderlich.

Bei grundlegenden Renovierungen öffentlicher Gebäude muss der Transmissionswärmeverlust um mindestens 20 Prozent unterschritten werden. Dabei ist der Transmissionswärmetransferkoeffizient der spezifische, auf die wärmeübertragende Umfassungsfläche bezogene Transmissionswärmetransferkoeffizient des Referenzgebäudes gleicher Geometrie, Nettogrundfläche, Ausrichtung und Nutzung gem. Anlage 2, Tabelle 1 der Energieeinsparverordnung in der am 1. Mai 2011 geltenden Fassung. Dieser wird nach DIN V 18599-2 (2007-02), die wärmeübertragende Umfassungsfläche nach DIN EN ISO 13789 (1999-10), Fall Außenabmessung, ermittelt, sodass alle thermisch konditionierten Räume des Gebäudes von dieser Fläche umschlossen werden.

Als Nachweis der Energieeinsparmaßnahmen gilt der Energieausweis nach § 18 der Energieeinsparverordnung.

5.1.2.5.5 Fernwärme und Fernkälte

Bauherren können ihre Erneuerbare-Energien-Nutzungspflicht auch erfüllen, wenn ihr Gebäude Fernwärme oder Fernkälte bezieht, die teilweise aus erneuerbaren Energien, Abwärme oder hocheffizienten KWK-Anlagen stammt. Die Anforderungen werden dazu in Anlage VIII des Gesetzes konkretisiert.

Die Nutzung von Fernwärme oder Fernkälte gilt danach als Ersatzmaßnahme, wenn diese zu einem wesentlichen Teil aus regenerativen Energien oder zu mindestens 50 Prozent aus Anlagen zur Nutzung von Abwärme oder zu mindestens 50 Prozent aus KWK-Anlagen stammt.

Auch hier ist die Formulierung im Gesetz nicht präzise. Wann handelt es sich um einen wesentlichen Teil im Sinne des Gesetzes?

In der offiziellen Begründung des EEWärmeG bezieht sich der Gesetzgeber auf die in § 5 genannten Pflichtanteile erneuerbarer Energien. Ähnlich wie bei der erneuerbaren Kälte gelten auch hier wieder die Deckungsanteile der jeweiligen erneuerbaren Energie, die zum Einsatz kommen soll. Handelt es sich beispielsweise um ein Nahwärmenetz, das von einer Biogasanlage gespeist werden soll, sind 30 Prozent Deckungsanteil für eine vollständige Erfüllung der Nutzungspflicht anzusetzen. Wird das Nahwärmenetz aus solarthermischen Anlagen gespeist, gelten 15 Prozent Deckungsanteil zur Erfüllung der Nutzungspflicht.

Zur energetischen Bewertung der Fernwärme und zum Nachweis gegenüber dem Gesetzgeber hat die AGFW das Arbeitsblatt FW 309, Teil 5 herausgegeben. Eine Excel-Datei mit Musterbescheinigungen und Berechnungshilfen erleichtert den Nachweis der Anforderungen [3].

5.1.3 Nachweis der Nutzungspflichten im EEWärmeG

An den Nachweis der Nutzungspflichten des EEWärmeG sind sowohl für den Bauherrn als auch den TGA-Fachplaner einige interessante Fragen geknüpft. Wie ist der Nachweis der Einzelanforderungen zu führen und zu dokumentieren? Wer darf als Sachkundiger im Sinne des Gesetzes überhaupt einen Nachweis erstellen? Welche Nachweispflichten ergeben sich für den Bauherrn über die Errichtung des Gebäudes hinaus aufgrund der gewählten Anlagenkonzeption? Welche Termine sind einzuhalten, und was geschieht, wenn die Anforderungen nicht eingehalten werden? All dies regelt der Gesetzgeber in § 10 des EEWärmeG. Nachfolgend sollen die relevanten Aspekte herausgearbeitet werden.

5.1.3.1 Allgemeine Anforderungen an den Nachweis

Zunächst einmal ist der verpflichtete Gebäudeeigentümer aufgefordert, die entsprechenden Nachweise fristgerecht vorzulegen. Das beinhaltet nicht nur den Fall der Errichtung des Gebäudes, sondern auch dessen Betrieb. Fristgerecht heißt, dass die Erfüllung der Anforderungen innerhalb von drei Monaten ab dem Jahr der Inbetriebnahme der Heizungsanlage des Gebäudes und danach auf Verlangen der Behörde nachzuweisen ist. Darüber hinaus gelten Aufbewahrungsfristen, wenn die Nachweise nicht bei der Behörde archiviert sind. Mit der Erstellung der Nachweise wird der Bauherr in aller Regel die entsprechenden Planungsbeteiligten beauftragen. Zur Ausstellung von Nachweisen sind grundsätzlich Sachkundige berechtigt, die das Gesetz analog der EnEV definiert.

Dabei handelt es sich um den Personenkreis, der nach § 21 der EnEV berechtigt ist, Energieausweise auszustellen, oder gemäß Fortbildungsprüfungen der Handwerkskammern zertifiziert ist. Dazu können je nach Aus- und Weiterbildung Schornsteinfeger, Architekten, TGA- und Bauingenieure, Maschinenbauer und Elektrotechniker sowie Anlagenhersteller gehören.

Darüber hinaus werden im Rahmen des Nachweisverfahrens in der Regel Dokumente vom Anlagenhersteller, dem Anlagenbauer oder Fachhandwerker sowie des Betreibers von Wärmenetzen bzw. vom Lieferanten für den verwendeten Biomasse-Brennstoff erforderlich.

Eine besondere Regelung gilt in diesem Zusammenhang bei Verwendung von Biomasse: Hier verlangt das EEWärmeG den Nachweis der gelieferten Brennstoffe (Abrechnung der Brennstofflieferung) für die ersten 15 Jahre der Nutzung. Diese ist den Behörden jährlich, spätestens zum 30. Juni des Folgejahres vorzulegen und darüber hinaus aufzubewahren.

Sogar für den Fall, dass ein Bauherr die Anforderungen nicht erfüllen kann, gilt die Nachweispflicht. Wenn also andere öffentlich-rechtliche Pflichten entgegenstehen oder die technische Machbarkeit für das Gebäude nicht gegeben ist, hat der Gebäudeeigentümer zur Anzeige zu bringen, dass und aus welchem Grund ihm die Erfüllung der Anforderungen nicht möglich ist.

Von der Nachweispflicht ausgenommen ist einmal mehr die öffentliche Hand, die nach Meinung des Gesetzgebers aufgrund ihrer Vorbildfunktion über das Internet oder auf andere Art und Weise informieren und die Gesetzeskonformität ihrer Gebäude darstellen soll.

5.1.3.2 Stichproben und Bußgeld

Die zuständigen Landesbehörden müssen und können die flächendeckende Einhaltung des EEWärmeG nicht überprüfen. Jedoch fordert der Gesetzgeber, mindestens Stichproben durchzuführen. Neben der Prüfung von Unterlagen und Nachweisen sowie den Brennstoffdaten regelt das Gesetz auch die Vor-Ort-Prüfung. Hierzu dürfen die betrauten Personen Grundstücke und sogar Wohnungen betreten, um die Einhaltung der Anforderungen zu prüfen. Im Falle der Nichteinhaltung der Anforderungen bzw. für vorsätzliches oder leichtfertiges Handeln können Bußgelder verhängt werden. Dies betrifft ausdrücklich nicht nur den Gebäudebetreiber, sondern auch die am Bau beteiligten Planer, Fachbetriebe, Netzbetreiber und Brennstofflieferanten. Wer also falsche Angaben macht oder die Anforderungen nicht richtig oder nicht rechtzeitig nachweisen kann, dem droht ein Bußgeld in Höhe von bis zu 50.000 Euro [6].

5.1.3.3 Beiblatt 2 von DIN V 18599 zum EEWärmeG

Aufgrund der teilweise komplexen Anforderungen des Gesetzes und der Vielfalt möglicher Anlagenvarianten und Ersatzmaßnahmen stand der Nachweis der Erfüllung von Nutzungspflichten bislang insbesondere bei Nichtwohngebäuden in der Kritik. Erst im Juni 2012, also drei Jahre nach Inkrafttreten des Gesetzes, erschien ein entsprechendes Beiblatt zur Vornorm DIN V 18599, das ganz konkret mit Berechnungsbeispielen auf die Umsetzung der Anforderungen des EEWärmeG eingeht und somit erstmals Klarheit für das Nachweisverfahren liefert und den Fachplanern die erforderliche Planungssicherheit zurückbringt. Das Beiblatt 2, „Beschreibung der Anwendung von Kennwerten aus der DIN V 18599 bei Nachweisen des Gesetzes zur Förderung Erneuerbarer Energien (EEWärmeG)", beschreibt die Vorgehensweise bei der Berechnung der nachzuweisenden Kennzahlen, nicht jedoch das Gesetz mit allen Regelungen und Ausnahmetatbeständen. Anhand von Beispielen erläutert es die Erfüllung der Anforderungen bei Wärmepumpenanlagen, Biomasse-Heizkesseln, KWK-Anlagen sowie Aspekte der Anrechenbarkeit von Biogasgemischen. Darüber hinaus sind Erläuterungen zu lüftungstechnischen Aspekten wie die Wärmerückgewinnung einer RLT-Anlage oder von Nahwärmeanschlüssen enthalten. Einige Beispiele berücksichtigen dabei die Kombination von Erneuerbaren Energien und einer Unterschreitung der EnEV-Wärmedämmanforderungen der Gebäudehülle, sodass auch für komplexe Gebäude der Nachweis nachvollzogen werden kann.

5.1.3.3.1 Anwendung der Kennwerte aus DIN V 18599

Das Beiblatt beschreibt grundsätzlich die Anwendung der Kennwerte aus DIN V 18599 für den speziellen Anwendungsfall der Erstellung von Nachweisen für das EEWärmeG. Somit können die Erfüllungsgrade für die einzelnen Arten von erneuerbaren Energien bzw. der gewählten Ersatzmaßnahmen und deren Kombinationen anhand der nachfolgend beschriebenen Kennwerte bestimmt werden. Im Beiblatt 2 wird ausschließlich die bilanzielle Berücksichtigung der Erfüllungsgrade definiert. Weitergehende Anforderungen wie z. B. Effizienzkriterien von Wärmepumpen, Gütesiegel oder die Prüfung von Maßnahmen, die keiner Energiebilanzierung bedürfen (z. B. installierte Kollektoraperturfläche), bleiben davon unberührt.

Die Bezugsgröße für den Einsatz erneuerbarer Energien und der zulässigen Ersatzmaßnahmen ist die Summe der Jahreswerte für die Nutzenergieabgaben aller Erzeuger ($Q_{outg,EEWärmeG}$). Sie ist die Bemessungsgrundlage für die Ermittlung der erreichten Deckungsgrade erneuerbarer Energien und Ersatzmaßnahmen (Gleichung 5).

$$Q_{outg,EEWärmeG} = Q_{h,outg} + Q_{h^*,outg} + Q_{c,outg} \qquad (5)$$
$$+ Q_{c^*,outg} + Q_{w,outg} + Q_{m^*,outg} + Q_{rv,outg} + Q_{rc,outg}$$

Dabei sind die einzelnen Erzeuger-Nutzwärmeabgaben (Q_{outg}) aus der Energiebilanz des Gebäudes, jeweils ohne Einrechnung von Wärmerückgewinnungsmaßnahmen, die zur Erfüllung des EEWärmeG geltend gemacht werden sollen, folgendermaßen definiert:

$Q_{outg,EEWärmeG}$	Wärme- und Kälteenergiebedarf ohne Wärmerückgewinnung
$Q_{h,outg}$ und $Q_{h^*,outg}$	für Heizung und die RLT-Beheizung
$Q_{c,outg}$ und $Q_{c^*,outg}$	für Kühlung und die RLT-Kühlung
$Q_{w,outg}$	für Trinkwarmwasser
$Q_{m^*,outg}$	für die Befeuchtung
$Q_{rv,outg}$	für die Wohnungslüftung
$Q_{rc,outg}$	für die Wohnungskühlung

Tabelle 2 gibt einen Überblick über die Bilanzgrößen für die Nutzung erneuerbarer Energien und deren Herkunft (Rechenverfahren).

5.1.3.3.2 Bilanzierung und Nachweisgleichungen

Die Deckungsgrade DG der einzelnen erneuerbaren Energien und Ersatzmaßnahmen werden durch einfache Quotientenbildung des Anteils der betrachteten Energieform (z. B. Q_{Sol}) und der Summe der Jahreswerte für die Nutzenergieabgaben aller Erzeuger für Heiz- und Kühlenergiebedarf ermittelt ($Q_{outg,EEWärmeG}$) (Gleichung 6).

$$DG_{Sol} = \frac{Q_{Sol}}{Q_{out,\,ohne\,EE\text{-}WärmeG}} \qquad (6)$$

Erneuerbare Energie	Kenngröße aus der Energiebilanz des Gebäudes (Jahreswert)	Energetische Bewertung nach:	Bemerkung
Thermische Solarenergie	$Q_{h,\,sol}$ $Q_{w,\,sol}$ Q_{Sol}	DIN V 18599-5 DIN V 18599-8	Gebäudeheizung Warmwasserbereitung Gesamtsolarertrag
	$Q_{c,\,outg,\,sol}$	kein Rechenverfahren	solarer Anteil der Kälteerzeugung (z.B. Sorptionskühlung) als Jahreswert aus der Jahresheizzahl der Kältemaschine nach DIN V 18599-7
Gasförmige Biomasse mit KWK	$Q_{outg,\,CHP}$ $Q_{outg,\,CHP} + Q_{outg,\,HP}$	DIN V 18599-9 DIN V 18599-9	• für gasbetriebene Mikro-KWK • für gasbetriebene Mikro-KWK mit Spitzenlast-Wärmeerzeuger (in Geräteeinheit)
	$Q_{outg,\,Biogas}$		Der Anteil von $Q_{outg,\,CHP}$, welcher für eine sorptive Kühlung eingesetzt wird, darf nicht direkt addiert werden; er wird mit der Jahreseffizienz (Jahresheizzahl) der Kältemaschine AV nach DIN V 18599-7 zunächst bewertet; dies liefert die Nutzkälteabgabe. $Q_{c,\,outg,\,Bio,\,gas}$, die dem Anteil der KWK an der Kälteerzeugung zuzurechnen ist.
	$Q_{outg,\,gas,\,KWK}$	DIN V 18599-1	Die entstehende Summe wird für den Nachweis $Q_{outg,\,gas,\,KWK}$ benannt. Darüber hinaus ist, sofern es sich um Erdgas-/Biogas-/Biomethangemische handelt, der Biogas- bzw. Biomethananteil nach DIN V 18599-1 zu bestimmen.
Flüssige Biomasse mit Kesseln	$Q_{outg,\,Bio,\,Öl}$ $Q_{outg,\,Bio,\,fest}$	DIN V 18599-1 DIN V 18599-5/8	Bioanteil des Brennstoffs ist zu bestimmen
Wärmepumpen in Gebäuden	$Q_{outg,\,WP}$	DIN V 18599-1/5/6/8	
Regenerative Kühlung	$Q_{outg,\,reg,\,K}$	DIN V 18599-6 DIN V 18599-7	direkte Kühlung des Erdreichs, Grund- und Oberflächenwasser (Geothermie)
Unterschreitung EnEV	$Q_{P,\,Ist}$ und $Q_{P,\,Ref}$ **Wohnbau:** $H'_{T,\,Ist}$ und $H'_{T,\,max}$ **Nichtwohnbau:** $\bar{U}_{Ist}$ und $\bar{U}_{max}$	DIN V 18599	• der Primärenergiebedarf $Q_{P,\,Ist}$ sowie der zugehörige Anforderungswert $Q_{P,\,Ref}$ • der spezifische, auf die wärmeübertragende Umfassungsfläche bezogene Transmissionswärmeverlust $H'_{T,\,Ist}$ sowie der zugehörige Anforderungswert $H'_{T,\,max}$ Wärmedurchgangskoeffizienten der wärmeübertragenden Umfassungsfläche jeweils für das nachzuweisende Objekt $\bar{U}_{Ist}$ und die zugehörigen Höchstwerte $\bar{U}_{max}$

Tab. 2
Bilanzgrößen für den Nachweis erneuerbarer Energien im Überblick

Für die Ermittlung des Deckungsgrades für KWK aus Biogas-/Biomethannutzung im Gebäude:

$$DG_{Bio,\,gas,\,KWK} = \alpha_{Bio} \frac{Q_{outg,\,Gas,\,KWK}}{Q_{outg,\,ohne\,EE\text{-}WärmeG}} \quad (7)$$

Zum Nachweis der Deckungsgrade aus der Unterschreitung der EnEV-Anforderungen kann mit folgenden Formeln für den Wohnungs- und Nicht-Wohnungsbau gearbeitet werden:

$$DG_{EnEV} = 1 - \max\left[\frac{Q_{P,\,ist}}{Q_{P,\,Ref}}; \frac{H'_{T,\,Ist}}{H'_{T,\,max}}\right] \quad \text{für Wohnungsbau} \quad (8)$$

$$DG_{EnEV} = 1 - \max\left[\frac{Q_{P,\,ist}}{Q_{P,\,Ref}}; \frac{\bar{U}_{Ist}}{\bar{U}_{max}}\right] \quad \text{für Nichtwohnungsbau} \quad (9)$$

Die Gesamtbilanzierung erfolgt wie zuvor beschrieben nach Gleichung 1.

5.1.3.3.3 Ergebnisdarstellung des Nachweises (Formblatt)

Für eine übersichtliche Ergebnisdarstellung und Dokumentation des Nachweises hat der Gemeinschaftsausschuss NA 005-56-20 GA „Energetische Bewertung von Gebäuden" ein Formblatt erarbeitet, mit dem die Ergebnisdarstellung einheitlich ermöglicht werden soll. Tabellarisch werden darin die Energiemengen gelistet, die Bezugsgrößen für den Nachweis des EEWärmeG sind. In der Vornorm sind dies die Erzeugernutzenergieabgaben, deren Summe Grundlage für die Nachweisführung ist. Die Erträge der einzelnen regenerativen Energien sowie ihrer Ersatzmaßnahmen werden zusammengestellt und der erreichte Deckungsgrad als Prozentangabe bezogen auf die Erzeugernutzenergieabgabe dargestellt. So kann auf einfache Art und Weise geprüft werden, ob die gewählte Kombination aus Gebäudetechnik und Gebäudehülle dem EEWärmeG entspricht.

Das im Juni 2012 erschienene Beiblatt zur DIN V 18599 enthält erstmals ein Formblatt zur übersichtlichen Darstellung der Nutzungsanteile aus erneuerbaren Energien und kombinierter Ersatzmaßnahmen. Der Nachweis der Anforderungen wird damit deutlich vereinfacht (Bild 5).

Bild 5
Nachweis-Formular
EEWärmeG mit
Bezugnahme auf
DIN V 18599

Wärme- und Kälteenergiebedarf (Summe der Erzeuger-Nutzenenergieabgabe Qoutg)

für Heizung (stat. Heizung)	12.000 kWh/a
Für RLT-Heizung (dyn. Heizung)	2.289 kWh/a
für Kühlung	7.280 kWh/a
für RLT-Kühlung	934 kWh/a
für Trinkwarmwasser	8.345 kWh/a
für Wohnungslüftung	kWh/a
für Wohnungskühlung	kWh/a
für Luftbefeuchtung/Dampf	kWh/a
Summe:	**30.848 kWh/a**

Erfüllung aus Nutzung regenerativer Energien im Gebäude

Regenerative Energie oder Ersatzmaßnahme		Ertrag in kWh/a	erreichter Deckungsgrad DG in %	notwendiger Pflichtanteil in PA in %	Erfüllungsgrad EG=DG/PA in %
Solarthermie		1000	3,2	15	21,6
Wärme aus KWK	Biogasbetrieb		0,0	30	0,0
	anderer Brennstoff	1500	4,9	50	9,7
Wärme aus Heizkesseln	feste Biomasse		0,0	50	0,0
	flüssige Biomasse		0,0	50	0,0
Wärmepumpen		2567	8,3	50	16,6
Wärme- und Kälterückgewinnung		234	0,8	50	1,5
Regenerative Kälteerzeugung		756	2,5	50	4,9
Zwischenwert 1 (Summe)					**54,4%**

Erfüllung aus Verbesserung gegenüber EnEV-Anforderungen

Ergebnisse des EnEV-Nachweises			erreichter Deckungsgrad DG in %	notwendiger Pflichtanteil PA in %	Erfüllungsgrad ED=DG/PA in %
Hauptforderung	Verhältnis Primärenergie Ist / Referenz		0,89	11,0	15	73,3
Nebenforderung	Verhältnis HTIst/Max	bei Wohngebäuden				
	Verhältnis U Ist/Max	Nichtwohngebäude opake Bauteile	0,882	11,8	15	78,7
		Nichtwohngebäude transp. Bauteile	0,95	5,0	15	33,3
Zwischenwert 2 (Mindestwert)					**33,3%**

Erfüllung aus Nutzung regenerativer Energien über Wärme-/Kältenetze

Art der netzgebundenen Energie	gelieferte Energie in kWh/a	Anteil a an der Erzeuger-Nutzenenergieabgabe in %	Erfüllungsgrad des Netzmixes EDWärme bzw. EDKälte in %	a x EG(Wärme/Kälte)
Wärme	6023	19,5	120	23,4
Kälte				0,0
Zwischenwert 3 (Summe)				**23,4%**

Gesamtfüllung des EEWärmeG

Zwischenwert 1 (Nutzung Erneuerbarer Energien)	Zwischenwert 2 (EnEV-Überfüllung)	Zwischenwert 3 (EE über Wärme- und Kältenetze)	Summe
54,4%	33,3%	23,4%	111,2%

Ergebnis

Das Gebäude erfüllt die Anforderungen des EE-WärmeG

5.1.4 Beispiel-Berechnungen

Fachplaner müssen mit dem EEWärmeG bei ihrer Heiz- und Kühlsystemwahl neben der Einhaltung von Anforderungen an das Raumklima auch die Wirtschaftlichkeit ihrer Konzepte unter Einbeziehung erneuerbarer Energiequellen darstellen. So gibt es eine Fülle von Möglichkeiten, Nutzenergien im Gebäude mithilfe der Sonne, der Umweltwärme sowie der Geothermie und Biomasse-Nutzung, aber auch mit den im Gesetz genannten Ersatzmaßnahmen zu erfüllen. Bezüglich der Beheizung und Kühlung von Büro- und Verwaltungsbauten oder Hotels und anderer gewerblich genutzter Gebäude erwarten Investoren und Bauherren von den beauftragten Fachplanern und Architekten über die Erfüllung der Nutzungspflichten hinaus vor allem die für sie wirtschaftlichste Lösung.

Diese hängt neben den zu vereinbarenden Raumklimaanforderungen auch von den standortbezogenen Nutzungsmöglichkeiten erneuerbarer Energien oder Ersatzmaßnahmen sowie von der Architektur und der Nutzung des Gebäudes ab und lässt eine Vielzahl von Technologien zu. Nachfolgend sollen exemplarisch einige Beispiele für die Erfüllung der Nutzungspflichten des EEWärmeG im Wohnungs- und Nichtwohnungsbau erläutert werden. Der ganzheitlichen Betrachtung von Maßnahmen im Hochbau sowie der Anlagentechnik kommt dabei eine wichtige Rolle zu. Die Wirtschaftlichkeit der verwendeten Anlagentechnik kann nur im Zusammenhang mit der Gebäudehülle beurteilt werden, wie das Berechnungsbeispiel verschiedener Beheizungsarten einer Werkhalle zeigt.

5.1.4.1 Wohnungsbau

5.1.4.1.1 Einfamilienhaus – Solare Warmwasserbereitung und kontrollierte Wohnraumlüftung

Die nach dem Gesetz einfachste Form des Nachweises zur Erfüllung der Nutzungspflicht erneuerbarer Energien liegt in der Berücksichtigung einer solarthermischen Anlage zur Warmwasserbereitung in Einfamilienhäusern. Der Gesetzgeber macht es dem Häuslebauer hier besonders einfach, da jegliche Bilanzierung entfällt. Einziger erforderlicher Nachweis ist die erforderliche Aperturfläche von 0,04 m² je m² Nutzfläche und das Gütesiegel „Solar Keymark", „Euroblume" oder „Blauer Engel". Ein Einfamilienhaus mit 130 m² Nutzfläche kommt dabei mit 5,2 m² Solar-Kollektorfläche aus. Ob der effiziente Anlagenbetrieb wie bei Wärmepumpen messbar oder nachvollziehbar ist, interessiert den Gesetzgeber hier nicht. Eine Ungleichbehandlung, wie viele Kritiker des EEWärmeG meinen. Insbesondere dann, wenn man die Einsparpotenziale verschiedener Anlagentechniken und deren Würdigung im EEWärmeG miteinander vergleicht.

Ausgehend von einem KfW-70-Effizienzhaus-Standard, d. h. der Primärenergiebedarf des Gebäudes liegt bei 70 kWh/m² und Jahr, erspart die Warmwasser-Solaranlage dem Eigentümer etwa 1000 kWh/a, also rund

10 Prozent Primärenergie. Soll im gleichen Gebäude eine auch aus bauhygienischen Aspekten sinnvolle kontrollierte Wohnraumlüftung mit Wärmerückgewinnung eingebaut werden, die allen Effizienzkriterien des EEWärmeG entspricht, so ist deren Nachweis der Nutzungspflicht wesentlich aufwendiger, obwohl das Primärenergie-Einsparpotenzial mit etwa 25 Prozent (2.275 kWh/a) deutlich höher ist. Darüber hinaus ist der geforderte Deckungsanteil von 50 Prozent mit der WRG kaum zu erreichen, was weitere Ersatzmaßnahmen an der Gebäudehülle erfordert und den Einsatz dieser Technologie erschwert.

5.1.4.1.2 Mehrfamilienhaus – Luft/Wasser-Wärmepumpe mit und ohne Warmwasserbereitung

Ein weiteres Beispiel soll den Nachweis der Erfüllung von Nutzungspflichten mit einer Luft/Wasser-Wärmepumpe zeigen. Für ein neu zu errichtendes Mehrfamilien-Wohngebäude mit 25 Wohneinheiten wurden folgende Energiebilanzen aus der energetischen Bewertung nach DIN V 18599 ermittelt:

- Wärme- und Kälteenergiebedarf $Q_{outg, EEWärmeG}$ = 147.752 kWh/a
- Erzeuger-Nutzwärmeabgabe der Wärmepumpe für den Heizbetrieb $Q_{h,outg}$ = 65.078 kWh/a
- Erzeuger-Nutzwärmeabgabe der Wärmepumpe für die Trinkwarmwasserbereitung $Q_{w,outg}$ = 9.554 kWh/a

Zusätzlich zur Wärmepumpe soll ein gasbefeuerter Spitzenlast-Heizkessel die verbleibende Jahresheizarbeit decken.

Die gesamte Nutzwärmeabgabe der Wärmepumpe beträgt damit $Q_{outg, WP}$ = 74.632 kWh/a. Der Deckungsgrad der Wärmepumpe (DG,WP) am Pflichtanteil beträgt:

$$DG_{WP} = \frac{Q_{outg,WP}}{Q_{outg, ohne EE-WärmeG}} = \frac{74.632}{147.752} = 0{,}505$$

Der Pflichtanteil PA_{WP} für Wohngebäude beträgt 50 Prozent. Die Berechnung des Erfüllungsgrades ergibt sich somit zu:

$$\sum_i EG_i = \left[\sum_i \frac{DG_{WP}}{PA_{WP}} + EG_{NFW} + EG_{FK}\right] = \frac{0{,}505}{0{,}5} + 0 + 0 = 1{,}01 \geq 1$$

Die eingesetzte Luft/Wasser-Wärmepumpe erreicht den Pflichtanteil von 50 Prozent, sodass der bilanzielle Nachweis der Nutzungspflicht erfüllt ist.

Die nach VDI 4650 ermittelte JAZ der Wärmepumpe unter Berücksichtigung der Flächenheizung und Warmwasserbereitung beträgt 3,3. Die Wärmepumpe verfügt über das „European Heat Pump"-Gütesiegel. Die Effizienzkriterien sind damit allesamt erfüllt. Das Gebäude entspricht den Anforderungen des EEWärmeG ohne weitere Ersatzmaßnahmen.

Würde man im vorliegenden Fall die Wärmepumpe ausschließlich zum Heizbetrieb nutzen und die Trinkwasser-Erwärmung über dezentrale elektrische Durchlauferhitzer realisieren, würde der Pflichtanteil der erneuerbaren Energie von 50 Prozent selbst bei steigender JAZ (aufgrund des reinen Heizbetriebes) nicht erreicht.

$$DG_{WP} = \frac{Q_{outg,WP}}{Q_{outg,\,ohne\,EE\text{-}WärmeG}} = \frac{65.078}{147.752} = 0{,}44 \leq 0{,}5$$

Eine Vergrößerung der Wärmepumpen-Heizarbeit über den Bivalenzpunkt hinaus würde die JAZ stark absinken lassen, womit auch die Effizienzkriterien nicht mehr erfüllt würden. Ohne weitere Investitionskosten für Energieeinsparmaßnahmen, wie z. B. einer Verbesserung der Gebäudehülle gegenüber den EnEV-Mindestanforderungen, entspricht die Gebäudeplanung nicht mehr dem EEWärmeG.

Das Beispiel zeigt den Einfluss des EEWärmeG auf die Wirtschaftlichkeit von Gebäude- und TGA-Konzepten. TGA-Fachplaner und Architekten müssen deshalb zukünftig Auswirkungen nicht erreichter Pflichtanteile und erforderlich werdende Ersatzmaßnahmen ganzheitlich betrachten, um EnEV, EEWärmeG und das Wirtschaftlichkeitsgebot des Auftraggebers in den Griff zu bekommen.

5.1.4.2 Nichtwohngebäude

5.1.4.2.1 Heizen und Kühlen mit Geothermie und TABS

Für Gewerbegebäude mit Heiz- und Kühlenergiebedarf stellt die geothermische Energienutzung zur direkten oder passiven Kühlung und zur Beheizung mithilfe einer Wärmepumpe ein interessantes Konzept dar, das den Anforderungen des EEWärmeG nachkommt und eine besonders energieeffiziente Kühlung der Räume über thermisch aktivierte Bauteile (Betonkernaktivierung) oder Flächenheiz- und -kühlsysteme ermöglicht. Anhand eines Beispiels soll der Nachweis der Nutzungspflicht gem. EEWärmeG erläutert werden.

Ein Bürogebäude mit 2500 m² Nutzfläche verfügt über einen Gesamtenergiebedarf für Heizen, Kühlen und Warmwasserbereitung von 205.000 kWh jährlich. Darin ist ein jährlicher Energiebedarf für die sommerliche Kühlung von 65.000 kWh enthalten. Das Gebäude soll, wie in Bild 6 dargestellt, über eine erdgekoppelte Wärmepumpenanlage zur kombinierten Wärme- und Kälteversorgung versorgt werden. Die Auslegung des Sondenfeldes erfolgt für den Heizfall. Über passive Kühlung können dem Sondenfeld 85 Prozent der insgesamt benötigten Kälteenergie entzogen und zur Betonkernaktivierung sowie der Luftkonditionierung bereitgestellt werden.

Bild 6
Schematische Darstellung einer Wärmepumpenanlage mit Erdwärmesonden und TABS (Quelle: Bundesverband Wärmepumpen e.V.)

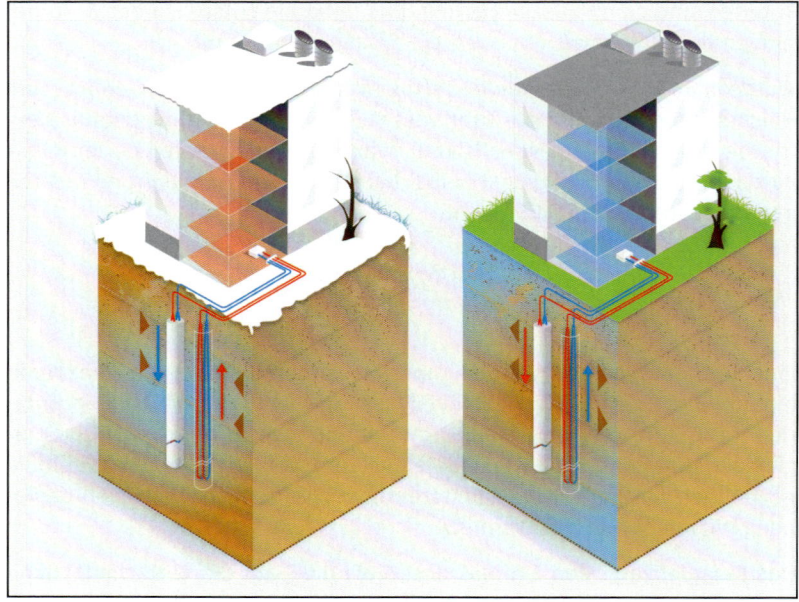

Wenn die Kälteversorgung ausschließlich über geothermische Systeme wie Erdsonden oder Energiepfähle erfolgt, so wird dieser Anteil im EE-WärmeG zu 100 Prozent als regenerativ angesetzt. Hilfsenergien für Pumpen sowie deren Regelung und so weiter bleiben dabei für die Bilanzierung unberücksichtigt. Es gilt allerdings der Vorbehalt der „Ausführung in bester verfügbarer Technik". Bei einer anteiligen geothermischen Kälteversorgung, beispielsweise bei zusätzlich erforderlicher Spitzenlastabdeckung sowie RLT-Klimakälte, müsste der regenerative Anteil der geothermischen Kühlung anhand von Jahresdauerlinien nachgewiesen werden. Für das Beispiel gilt Folgendes:

- Wärme- und Kälteenergiebedarf $Q_{outg,\ EEWärmeG}$ = 205.000 kWh/a
- Erzeuger-Nutzwärmeabgabe der Wärmepumpe für den Heizbetrieb $Q_{h,outg}$ = 95.000 kWh/a
- Erzeuger-Nutzwärmeabgabe für die Trinkwarmwasserbereitung mithilfe von dezentralen elektrischen Durchlauferhitzern $Q_{w,outg}$ = 12.000 kWh/a
- Erzeuger-Nutzkälteabgabe der freien Kühlung über Erdsonden = 65.000 kWh/a

Die gesamte Nutzwärmeabgabe der Wärmepumpe umfasst damit $Q_{outg,\ WP}$ = 107.000 kWh/a. Der Deckungsgrad der Wärmepumpe (DG,WP) am Pflichtanteil beträgt:

$$DG_{WP} = \frac{Q_{outg,WP}}{Q_{outg,\ EE\text{-}WärmeG}} = \frac{95.000}{205.000} = 0{,}46$$

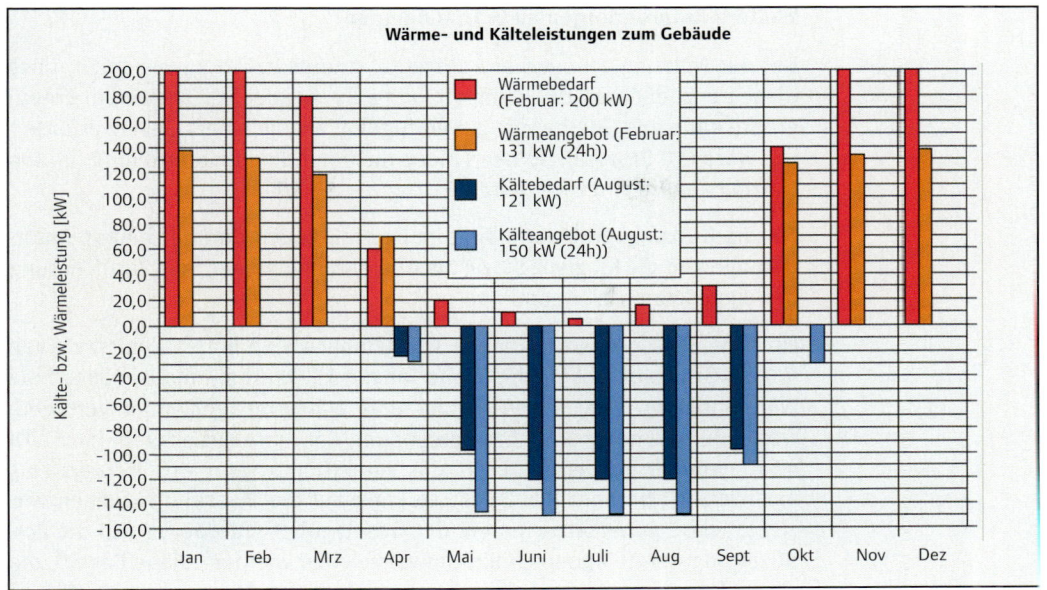

Der Pflichtanteil PA_{WP} beträgt 50 Prozent.

$$DG_{reg,Kälte} = \frac{Q_{c,outg,reg,Kälte}}{Q_{outg,EE\text{-}WärmeG}} = \frac{65.000}{205.000} = 0,32$$

Der Pflichtanteil $PA_{reg,\,Kälte}$ beträgt 50 %.

Die Berechnung des Gesamterfüllungsgrades ergibt sich somit zu:

$$\sum_i EG_i = \left[\sum_i \frac{DG_{WP}}{PA_{WP}} + \frac{DG_{reg,Kälte}}{PA_{reg,Kälte}}\right] = \frac{0,46}{0,5} + \frac{0,32}{0,5} = 1,56 \geq 1$$

Bild 7
Jahres-Simulation zur geothermischen Nutzung und Gegenüberstellung der Bedarfswerte eines Gebäudes (Quelle: Zent-Frenger Energy-Solutions)

Die eingesetzte Sole/Wasser-Wärmepumpe sowie die Bauteilkühlung in Verbindung mit der freien Kühlung über Erdsonden erreichen eine Übererfüllung der Anforderungen des EEWärmeG, sodass der bilanzielle Nachweis der Nutzungspflicht erfüllt ist.

Bild 7 zeigt die Jahres-Simulation zur geothermischen Nutzung und Gegenüberstellung der Bedarfswerte eines Gebäudes. Das Potenzial der freien Kühlung über Erdsonden deckt einen Großteil des Kühlenergiebedarfs und kann entsprechend zum Nachweis der Nutzungspflichten im EEWärmeG angesetzt werden. Kompressionskälte wird lediglich zur Spitzenlastabdeckung im Dual-Betrieb (Heizen und Kühlen) der Geozent-Energiezentrale benötigt.

Weitere Anforderungen an Wärmepumpen

Bei der Nutzung erneuerbarer Kälte ist grundsätzlich zu beachten, dass diese nur zum Zweck der Raumkühlung anrechenbar ist. Steht mehr erneuerbare Kälte aus Geothermie zur Verfügung, als nach dem Gesetz erforderlich wäre (50 Prozent), so kann diese nicht auf die Pflichterfüllung für den Heizfall angerechnet werden.

Für die Nutzungspflichterfüllung im Heizfall gelten darüber hinaus Anforderungen an die Effizienz sowie die Ausrüstung und auch die Zertifizierung der eingesetzten Wärmepumpe.

Für Sole/Wasser-Wärmepumpen gilt demnach eine Jahresarbeitszahl von 4,0 als Grundvoraussetzung (siehe Tabelle 1). Darüber hinaus müssen die Wärmepumpen über einen Strom- und Wärmemengenzähler verfügen, wobei deren Anordnung eine Berechnung der Jahresarbeitszahl nach VDI 4650 ermöglichen muss. Liegt die Vorlauftemperatur des Heizsystems nachweislich bei maximal 35 °C, so kann auf die Messeinrichtungen verzichtet werden. Zusätzlich stellt der Gesetzgeber Anforderung an die Zertifizierung der Anlagentechnik. Umweltzeichen wie der „Blaue Engel", die „Euroblume" oder die Erfüllung europäischer oder gemeinschaftlicher Normen sind entsprechend nachzuweisen.

5.1.4.2.2 Beheizung von Logistik-, Werk- und Industriehallen

Das nachfolgende Beispiel soll den Wirtschaftlichkeitsaspekt von Lösungen zur Beheizung von Gebäuden stärker in den Fokus rücken. Der Auftraggeber und Investor suchte im vorliegenden Fall nicht nur eine gesetzeskonforme Lösung, die den Anforderungen der EnEV und dem EE-WärmeG entspricht, sondern darüber hinaus eine Lösung zur wirtschaftlichen Beheizung des betrachteten Gebäudes.

Dabei handelt es sich um eine Flugzeug-Wartungshalle mit einer Grundfläche von 3200 m² und einer durchschnittlichen lichten Höhe von 17 Meter. Um die Frage zu klären, wie das Gebäude am wirtschaftlichsten zu beheizen ist und ob diese Lösung mit dem EE-WämeG konform ist, wurde ein Systemvergleich auf Grundlage der Nutzenergiebedarfswerte nach DIN V 18599 durchgeführt. Dabei wurden folgende drei Beheizungsarten untersucht:

1. Erdgas-Dunkelstrahler

2. Gas-Brennwert-Heizkessel in Verbindung mit einer Industrieflächenheizung

3. Luft/Wasser-Wärmepumpe in Verbindung mit einer Industrieflächenheizung

Für die energetische Bewertung der verschiedenen Beheizungsarten gelten die in Bild 8 dargestellten Randbedingungen.

Konzepte der Wärme- und Kälteerzeugung mit erneuerbaren Energien

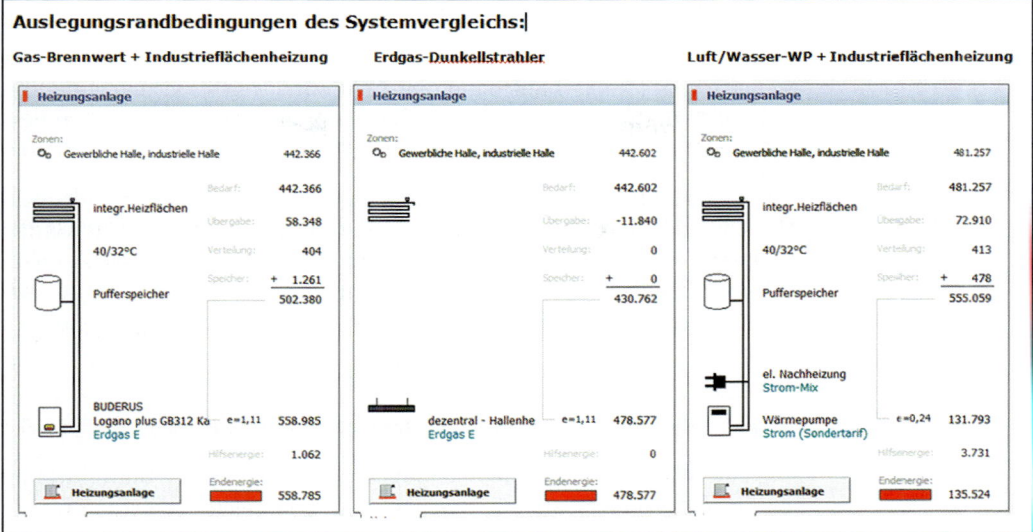

Bild 8
Auslegungsrandbedingungen für den Systemvergleich verschiedener Hallenbeheizungsarten

Nachweis der Nutzungspflichten gem. EE-WärmeG

1. Erdgas-Dunkelstrahler

Für die Beheizungsart ist nach EEWärmeG keine Anrechnung erneuerbarer Energien möglich. Als Ersatzmaßnahmen kommen nur Energieeinsparmaßnahmen an der Gebäudehülle in Betracht. Dies erfolgt über die Verbesserung der Wärmeübergangskoeffizienten U der Hüllflächenbauteile, um die EnEV-Anforderungen um 15 Prozent zu unterschreiten. Neben den Fassaden- und Dach-Sandwichelementen müssen hierzu auch die Fensterbänder-Stegplatten energetisch optimiert werden.

Um die geforderte EnEV-Unterschreitung am oben genannten Bauvorhaben zu erreichen, sind die in Tabelle 3 dargestellten Wärmeübergangskoeffizienten U zu berücksichtigen.

Die baulichen Mehrkosten für die Erreichung der EnEV-Unterschreitung der Flugzeugwartungshalle beziffern sich auf 84.400 Euro. Die damit erreichte Primärenergieeinsparung sowie die Investitionskosten gehen in den Systemvergleich ein.

Tab. 3
Optimierung der Hüllflächenbauteile für EnEV-Unterschreitung

Hüllflächenbauteil	EnEV-Ausführung	EnEV - 15%-Ausführung
Dach/Fassade-Sandwichelemente	6cm PUR / WLG 025 U = 0,389 W/(m².K)	16 cm PUR / WLG 025 U = 0,152 W/(m².K)
Fensterbänder	Makrolon-Stegplatten U = 2,00 W/(m².K)	Polycarbonatplatte m. Nanogelfüllung U = 0,98 W/(m².K)

2. Gas-Brennwert-Heizkessel und Industrieflächenheizung

Aufgrund der fehlenden erneuerbaren Energien erfolgt auch mit dieser Beheizungsart keine Anrechnung im EEWärmeG. Auch hier muss die Gebäudehülle wie oben beschrieben optimiert werden, um die Nutzungspflichten über die Ersatzmaßnahme zu erfüllen.

Vorteil dieser Beheizungsart gegenüber der Gasstrahlervariante ist jedoch, dass prinzipiell Abwärme z. B. aus der Drucklufterzeugung genutzt werden könnte. Dies ist in vielen Produktionsstätten möglich, sodass die zusätzlichen erforderlichen Wärmedämmmaßnahmen bei Erreichen eines Abwärmedeckungsanteils von 50 Prozent am Gesamtwärmebedarf entfallen können.

3. Luft/Wasser-Wärmepumpe und Industrieflächenheizung

Die Luft/Wasser-Wärmepumpe ermöglicht die Nutzung von Umweltwärme und ist damit im EEWärmeG anrechenbar. Der Jahresenergiebedarf für die Beheizung wird ausschließlich über die Wärmepumpe gedeckt. Damit liegt der regenerative Anteil deutlich über den geforderten 50 Prozent. Die Anforderungen des EEWärmeG an die Nutzungspflicht sind damit komplett erfüllt. Es sind keine weiteren Optimierungen an der Gebäudehülle erforderlich. Der mit dem EnEV-Standard und der Anlagenkonfiguration erreichte Primärenergiebedarf sowie die Investitionskosten gehen in den Systemvergleich ein.

Um die drei Beheizungsarten, die jeweils EnEV- und EEWärmeG-konform sind, auch nach wirtschaftlichen Kriterien vergleichen zu können, erfolgt eine Gegenüberstellung der Vollkosten. Grundlage für den Vollkostenvergleich ist die VDI 2067 und der ermittelte Endenergiebedarf jeder Beheizungsart nach DIN V 18599. Über eine Nutzungsdauer von TN = 15 Jahre werden alle Investitionskosten, Instandsetzungs- und Wartungskosten, verbrauchsgebundene und Kapitalkosten ermittelt und gegenübergestellt.

Bild 9 zeigt den Vollkostenvergleich der Beheizungsarten für die Flugzeugwartungshalle. Für alle Varianten besteht Konformität zu den Anforderungen des EEWärmeG.

Für die Luft/Wasser-Wärmepumpe und die betonintegrierte Industrieflächenheizung ergibt sich primärenergetisch eine Unterschreitung der EnEV-Mindestanforderung von 46 Prozent, die aufgrund des hohen Regenerativanteils des Wärmeerzeugers erreicht werden. Aufgrund der deutlich geringeren Verbrauchskosten sowie des Entfalls von Ersatzmaßnahmen ergibt sich für die Variante der Luft/Wasser-Wärmepumpe und Industrieflächenheizung die größte Wirtschaftlichkeit bei gleichzeitiger Konformität mit dem EEWärmeG.

Bild 10 verdeutlicht die kumulierten Vollkosten über den Betrachtungszeitraum für drei Beheizungsarten. Aufgrund der günstigen Verbrauchskosten

Konzepte der Wärme- und Kälteerzeugung mit erneuerbaren Energien

Variante	Einheit	Gas-Brennwert + Industrieflächenheizung + EnEV-15% (gem. EEWärmeG)	Gas-Dunkelstrahler + EnEV-15% (gem. EEWärmeG)	Luft/Wasser-WP + Industrieflächenheizung
Energiebilanzdaten		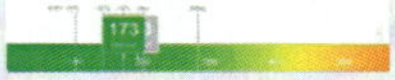		
EnEV 2009-Verbesserungsmaß:		14%	27%	46%
Nutzenergiebedarf:	kWh/m²	137,5	137,5	149,6
Anlagenverluste:	kWh/m²	36,6	11,3	
Endenergiebedarf (Brennstoffbedarf):	kWh/m²	174,1	148,3	42,1
Primärenergiebedarf:	kWh/m²	173	147,8	109,5
CO_2-Ausstoß:	kg/m²	38	31	26
Investitionskosten:		223.290	145.732	212.254
Gasanschluss	Euro	5.500	5.500	5.500
Wärmeerzeugung	Euro	36.236		110.000
Wärmeverteilung+Rohrleitungen	Euro	13.700	11.600	13.700
Wärmeübergabe	Euro	83.054	43.832	83.054
Mehrkosten für Dämmung	Euro	84.800	84.800	
verbrauchsgebundene Kosten:	Euro/a	31.882	27.262	17.936
Endenergie (Brennstoffbedarf)	kWh/a	560.080	477.081	
Erdgas	m³	48329	41127	
Arbeitstarif	Euro/m³	0,652	0.652	
Grundpreis	Euro/a	182	182	
Endenergie (elektr. Energie)				
Strom	kWh/a	1062	1642	135523
Arbeitstarif	Euro/kWh	0,131	0.131	0.131
Grundpreis	Euro/a	50	50	182
Betriebsgebundene Kosten:		1.517	2.975	1.950
Wartung	Euro/a	350	1.360	300
Instandsetzung	Euro/a	1.087	1.315	1.650
Inspektion/Schornsteinfeger	Euro/a	80	300	0

und des Entfalls von Ersatzmaßnahmen zur Verbesserung der Gebäudedämmung ergibt sich für die Variante der Luft/Wasser-Wärmepumpe und Industrieflächenheizung die größte Wirtschaftlichkeit.

Am Beispiel der Flugzeugwartungshalle wird die Notwendigkeit einer ganzheitlichen Betrachtung von Gebäudehülle und technischer Ausrüstung deutlich. Mit den im EEWärmeG formulierten Nutzungspflichten erneuerbarer Energien und der Möglichkeit der Kombination von Ersatzmaßnahmen müssen diese sorgfältig gegeneinander abgewogen werden, damit die wirtschaftlichste Lösung gefunden werden kann.

Bild 9
Vollkostenvergleich der Beheizungsarten für die Flugzeugwartungshalle

5.1.4.2.3 Exkurs: Abwärmenutzung in Industrie- und Gewerbegebäuden

Konstruktion und technische Ausrüstung von Gewerbegebäuden und Industriehallen geraten durch gesetzliche Bestimmungen in den Fokus der Energiewende. Investoren müssen heute mit dem EEWärmeG bauen, das konkrete Nutzungspflichten für erneuerbare Energien formuliert, und suchen zugleich eine wirtschaftliche Lösung für die Beheizung und Kühlung von Gebäuden über den Nutzungszeitraum.

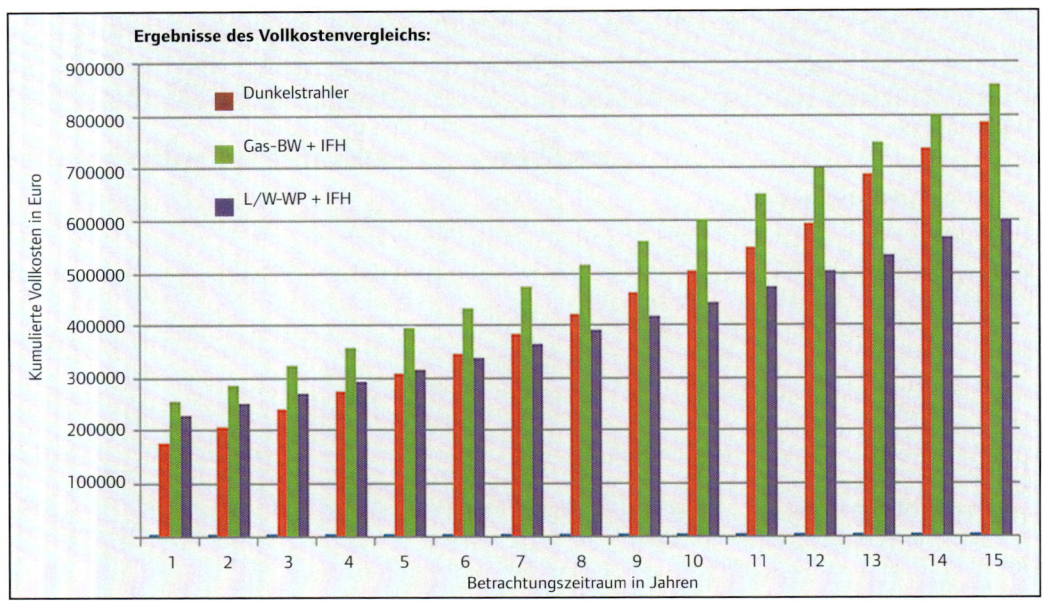

Bild 10
Kumulierte Vollkosten über den Betrachtungszeitraum für drei Beheizungsarten

Die Wärmerückgewinnung aus Abwärme stellt dabei einen nicht zu unterschätzenden Kostenvorteil für Unternehmen dar. In einer Studie des Fraunhofer-Instituts zur Nutzung industrieller Abwärme und deren technisch-wirtschaftlicher Potenziale wurden branchenspezifische Primärenergie-Einsparpotenziale ermittelt [2]. So können in der kunststoff- oder metallverarbeitenden Industrie im Mittel 50 Prozent der eingesetzten Primärenergie zurückgewonnen werden. Die nutzbaren Potenziale sind enorm. So betrug der Endenergieeinsatz für industrielle Prozesswärme mit gut 1600 PJ im Jahre 2007 etwa zwei Drittel des Endenergiebedarfs der deutschen Industrie.

Die Rückgewinnung von Wärme aus Herstellungsprozessen wie der Trocknung, Drucklufterzeugung, Wärmebehandlung oder der Abwärme aus Schmelzöfen und Kühlanlagen kann wirtschaftlich zur Entlastung des Heizungssystems oder für die Wärmeversorgung benachbarter Hallengebäude verwendet werden.

Gebäudetypen mit möglicher Abwärmenutzung sind Produktions- und Werkhallen sowie benachbarte Büro-, Verwaltungs- und Sozialgebäude. Insbesondere Automobilzulieferer-, Metall- und Pharmaindustrie sowie Kunststoffverarbeiter sind Branchen mit prozessbedingt hohem Abwärmeaufkommen.

Bezogen auf das aufgeführte Beispiel einer Industriehalle mit konventioneller Beheizung und fossilen Energieträgern ergeben sich mithilfe der Abwärmenutzung deutliche wirtschaftliche Vorteile aufgrund des Entfalls eines gegenüber EnEV-Standard um 15 Prozent verbesserten Wärmeschutzes und sehr geringer Verbrauchskosten.

Best Practice: Abwärmenutzung aus der Drucklufterzeugung

Am Beispiel des Automobilzulieferers H&B Electronic GmbH & Co. KG in Deckenpfronn, der konsequent auf die Nutzung von Abwärme aus der Drucklufterzeugung setzt, sollen Möglichkeiten und Potenziale der Abwärmenutzung verdeutlicht werden.

So sollen künftig alle Produktionsgebäude und das geplante Verwaltungsgebäude mit der Abwärme der Drucklufterzeuger versorgt werden. Bislang wurden jährlich etwa 40.000 l Heizöl für die Gebäude benötigt. Ziel des Bauherrn ist es dabei, möglichst kein Heizöl mehr zu verbrauchen. Die Kunststoff-Spritzgussmaschinen und die Metall bearbeitenden Maschinen haben einen sehr hohen Druckluftbedarf, der über drei Kompressoren mit zusammen 80 kW abgedeckt wird. Zum Heizen und Kühlen des zweigeschossigen Produktionsgebäudes mit etwa 3.500 m^2 wird die Abwärme aus der Drucklufterzeugung genutzt. Diese steht ganzjährig mit maximal 70 °C zur Verfügung. Über einen Plattenwärmetauscher wird das 60 °C heiße Wasser in den oberen Bereich des Pufferspeichers geleitet.

Wie Bild 11 verdeutlicht, ermöglichen wasserbasierte Flächenheiz- und -kühlsysteme in Verbindung mit einer Abwärmenutzung aus Produktionsprozessen eine deutlich kostengünstigere Wärmeversorgung von Industriebauten. Teure Ersatzmaßnahmen wie die im EEWärmeG geforderte Verbesserung der Gebäudehülle gegenüber dem EnEV-Standard um 15 Prozent bei konventionellen Heiz- und Kühlsystemen können vermieden werden.

Die entstehenden Wärmeüberkapazitäten wurden in zwei Langzeitwärmespeichern mit jeweils 100.000 l Fassungsvermögen gespeichert. Bis zu Beginn der Heizperiode wird der Puffer vollständig durchgeladen. Die ge-

Bild 11
Bauteilintegrierte Flächenheiz- und -kühlsysteme in Kombination mit Wärmepumpen und Abwärmenutzung

speicherte Wärme wird wieder im oberen Bereich des Pufferspeichers entnommen und über einen Wärmetauscher zur Versorgung der Industrieflächenheizung und der Lüftung in den zwei Geschossen genutzt.

Der Nachweis der Erfüllungspflicht nach dem EEWärmeG gestaltet sich in vorliegendem Beispiel denkbar einfach. Der Nachweis reduziert sich auf die Betrachtung des Deckungsgrades der Abwärmenutzung im Gebäude und des erforderlichen Pflichtanteils von 50 Prozent.

$$\sum_i EG_i = \left[\sum_i \frac{DG_i}{PA_i} + EG_{NFW} + EG_{FK}\right] \geq 1 \tag{10}$$

$$\sum EG_i = \frac{DG_{Abwärme}}{0,5} \geq 1 \tag{11}$$

Liegt die Jahresheizarbeit der Wärmepumpe über 50 Prozent des gesamten Nutzenergiebedarfs des Gebäudes – also einschließlich eventuell erforderlicher Kühlenergien –, so ist die Nutzungspflicht, vorbehaltlich der Prüfung von Effizienzkriterien der verwendeten Wärmepumpe, bereits mit dieser Maßnahme erfüllt:

$$\sum EG_i = \frac{DG_{geo}}{0,5} \geq 1 \tag{12}$$

Da die Jahresheizarbeit deutlich über 50 Prozent des Gesamtbedarfs des Gebäudes liegt, müssen keine weiteren erneuerbaren Energien oder Er-

Bild 12
Struktur der Wärmebereitstellung aus erneuerbaren Energien 2011 in Deutschland. (Quelle: Erfahrungsbericht zum EEWärmeG des BMU Dez. 2012)

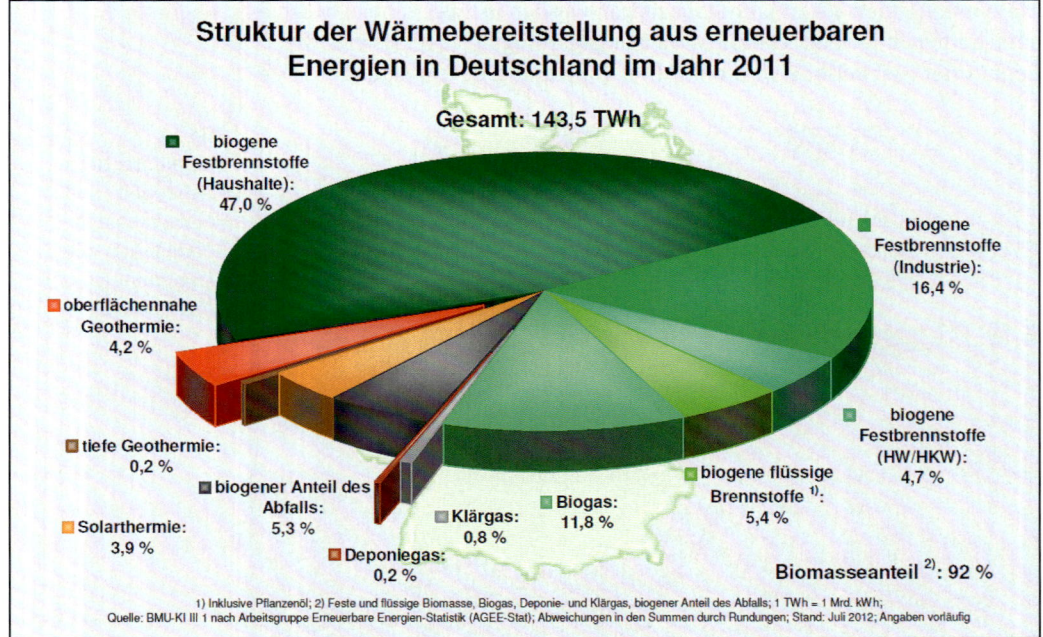

satzmaßnahmen vorgesehen werden. Das Gebäude erfüllt damit die Anforderungen des EEWärmeG. Damit wird ein Beitrag zur Wärmebereitstellung aus erneuerbaren Energien (Bild 12) erbracht.

5.1.5 Fazit

Die Nutzung von erneuerbaren Energien zur Deckung des Wärme- und Kältebedarfs ist für die Eigentümer der Gebäude zunächst häufig mit höheren Investitionskosten verbunden. Insbesondere im Neubau führt nach derzeitiger Einschätzung der Einsatz von erneuerbaren Energien im Vergleich mit fossilen Energien zu einer über den Nutzungszeitraum kostengünstigeren und verlässlicheren Versorgung des Gebäudes mit sauberer Energie. Vor dem Hintergrund der begrenzten fossilen Ressourcen ist in den nächsten Jahren mit einem weiteren Anstieg der Preise für fossile Brennstoffe zu rechnen. Nutzt der Eigentümer erneuerbare Energien zur Wärme- und Kälteversorgung seines Gebäudes, macht er sich von dieser Preisentwicklung zumindest teilweise unabhängig. Mit dem EEWärmeG will der Gesetzgeber diese Entwicklung unterstützen.

Deshalb formuliert das EEWärmeG konkrete Anforderungen zur Nutzung erneuerbarer Energien für die Deckung des Heiz- und Kühlenergiebedarfs von Gebäuden. Werden also im Neubau fossile Energieträger wie Öl, Gas oder Strom zur Beheizung und Kühlung eingesetzt, so müssen über Ersatzmaßnahmen Energieeinsparmaßnahmen an der Gebäudehülle realisiert werden. Hier gilt verpflichtend eine Unterschreitung des Primärenergiebedarfs und des Transmissionswärmeverlustes von 15 Prozent gegenüber den aktuellen EnEV-Anforderungen. Diese nicht unerheblichen Mehrinvestitionen für Ersatzmaßnahmen müssen zusätzlich in eine Vollkostenbetrachtung mit einbezogen werden und führen häufig zu wasserbasierten Heiz- und Kühlkonzepten, die eine Einbindung erneuerbarer Energien wie z. B. Geothermie in Verbindung mit TABS und passiver Kühlung erlauben. Dies ist insbesondere vor dem Hintergrund hervorzuheben, dass in 2014 die EnEV-Anforderungen nochmals um 12,5 Prozent angehoben werden und damit eine Unterschreitung der EnEV-Anforderungen im Bereich der Gebäudehülle kaum mehr wirtschaftlich darstellbar sein wird.

5.2 Kälte-Wärme-Verbundsysteme für gewerblich genutzte Immobilien

5.2.1 Einleitung

Die Energiewende macht deutlich, dass traditionelle Branchenstrukturen überwunden werden müssen, um das gesamte Potenzial an effizienten Lösungsansätzen für eine ganzheitliche Energieversorgung von gewerblichen Gebäuden wirksam ausschöpfen zu können. Schubladenlösungen sind vergleichsweise einfach, risikoarm und erfordern nur geringen Aufwand in der fortlaufenden beruflichen Qualifikation. Unter dem Druck der puren Notwendigkeit werden jedoch von der Gesellschaft Konzepte nachgefragt, die wesentlich weiter reichen und die Bereitschaft einfordern, angestammte Gewerkegrenzen zu überschreiten. Die treibende Kraft sind die unablässig steigenden Energiekosten, die zu einer immer höheren Belastung der Gewerbebetriebe werden, und der Gesetzgeber, der die Industrie verpflichtet hat, den Ausstoß des klimaschädlichen Kohlendioxids zu reduzieren und das klimaneutrale Gebäude zu entwickeln.

5.2.2 Last und Leistung

5.2.2.1 Bauweise, Nutzung und Energiebedarf

Mit den verschärften Bauvorschriften konnten sich innerhalb der letzten 20 Jahre Produkte im Markt etablieren, die zusammen mit konsequenter Bauweise eine wesentlich niedrigere flächenbezogene Heizlast zur Folge haben. Andererseits sind im selben Zeitraum die Kühllasten in Bürogebäuden deutlich angestiegen (Bild 13). Bemerkenswert ist auch die Entwicklung der durchschnittlichen Jahresheiz- und Jahreskühlarbeit für Gebäude. Besonders bei Büroimmobilien zeigt sich eine deutliche Tendenz zu einer ausgeglichenen Jahresbilanz. Für Gebäude mit hohem Glasflächenanteil und hohen internen Wärmebelastungen kann die Jahreskühlarbeit sogar den Betrag des flächenbezogenen Jahresheizbedarfs übersteigen.

Handelsimmobilien im Lebensmittelbereich weisen unter Berücksichtigung der meistens separat von der Gebäudetechnik betriebenen Gewerbekälteanlage eine ausgeprägt kühllastige Jahresbilanz auf. Logistikhallen, die nur beheizt werden, zeigen sich andererseits als deutlich heizlastig.

Bei Industriehallen ist eine ganzheitliche Betrachtung besonders wichtig, weil in der TGA-Planung der prozessbedingte Kühl- und Wärmebedarf mangels fehlender Informationen selten einbezogen wird.

Für die Erstellung eines ganzheitlichen Energiekonzeptes ist unbedingt auch die spätere Gebäudebewirtschaftung in Betracht zu ziehen. Dazu werden sämtliche Energieverbraucher zeitlich eingeordnet erfasst, die mit Wärme- oder Kälteenergie bedient werden sollen (Bild 14). Neben der dafür benötigten Energiemenge ist das jeweilige Temperaturniveau von

Bild 13
Entwicklung spezifischer Leistungsbedarf Heizen und Kühlen

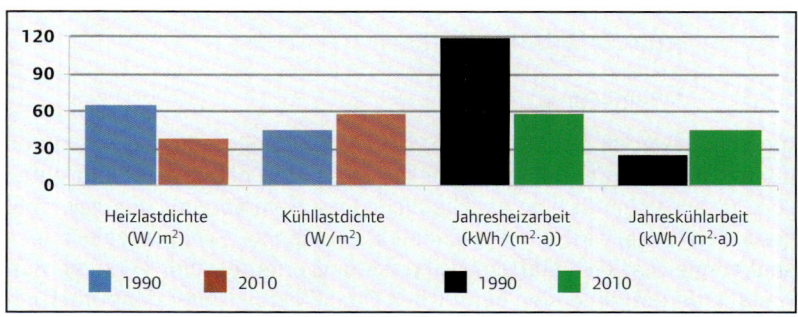

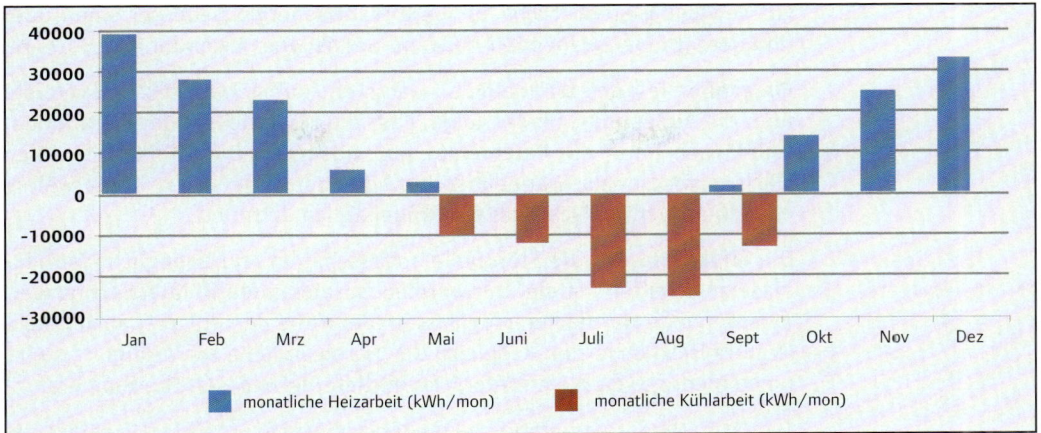

Bild 14
Typische monatliche Heiz- und Kühlarbeit eines Bürogebäudes

Bedeutung. Bei der Bilanzierung kann so zum Beispiel die verfügbare Abwärmeenergie aus Kühlprozessen mit dem Leistungsbedarf von Niedertemperatur-Heizsystemen verrechnet werden, wenn die Temperaturen zueinander passen. Wärmepumpen können Wärmeenergie von einem niedrigen auf ein höheres Temperaturniveau transformieren und entweder der Quelle oder der Senke zuführen. Bei Gewerbebauten können besonders während der Übergangszeiten duale Betriebsmodi auftreten, wenn gleichzeitig Wärme- und Kühlenergie auf verschiedenen Temperaturebenen zu bedienen sind.

In der üblichen Vorgehensweise werden zunächst die zu erwartenden Heiz- und Kühllasten berechnet und anschließend die Leistungen der Hauptkomponenten für die Wärme- und Kälteerzeugung bestimmt. Interne Wärmequellen und -senken bleiben unberücksichtigt, weil die Immobilie auch ohne nutzungsbedingte Einflüsse funktionsfähig sein muss. Dieser Weg mag zwar aus der Sicht einer nutzungsunabhängigen TGA-Planung und der bestehenden Normen geschuldet sein, führt jedoch zu überdimensionierten Anlagenauslegungen und unwirtschaftlicher Betriebsweise.

5.2.2.2 Nutzenübergabe der Heizung

Der Nutzen einer Heizungsanlage besteht bekanntermaßen darin, dass Wärmeverluste in Aufenthaltsräumen ausgeglichen werden und hinsichtlich der Temperaturen der Umschließungsflächen und Raumluft eine dem Menschen zuträgliche thermische Behaglichkeit (z. B. gemäß DIN EN 7730), möglichst ohne wahrnehmbare Luftgeschwindigkeiten, geschaffen wird.

Unter Nutzenübergabe ist zu verstehen, dass die von der Heizfläche an den Raum abgegebene Wärmeenergie tatsächlich im Umfeld des Nutzers zur Verfügung steht. Nicht nutzbare Wärmeenergie bedeutet einen über den Bedarf hinausgehenden Aufwand und ist Verschwendung.

Ein großer Teil des Wärmebedarfs entsteht durch Transmissionsverluste über die Außenhülle mit der Folge, dass die Oberflächentemperaturen der Hüllflächen unter die Raumtemperatur absinken. Die kühlen bis kalten Flächen wirken als Wärmeabsorber, die dem Menschen Körperwärme entziehen. Der Mensch fühlt sich unbehaglich und friert.

Die effektivste Art, die Störquelle auszuschalten und behagliche Verhältnisse zu schaffen, ist die, der wärmeabsorbierenden Hüllfläche eine wärmestrahlende Heizfläche, möglichst in der Nähe des Nutzers, anzubieten. Je mehr Heizfläche zum Ausgleich der Wärmeverluste zur Verfügung steht, umso niedriger ist die erforderliche mittlere Heizwasser-Übertemperatur.

Typische Niedertemperatur-Nutzenübergabesysteme für zu beheizende Aufenthaltsräume sind folgende:

- Betonkerntemperierung (TABS)
- Unterflurheizung
- Wandheizung
- Deckenheizung
- Industrieflächenheizungen

Alle aufgeführten Systeme können im Sommer auch zur Raumkühlung verwendet werden. Dann wirken die Flächen als Wärmeabsorber, die mit einer verhältnismäßig kleinen Temperaturdifferenz zur gewünschten Raumtemperatur auskommen. Bemerkenswert sind die autoregulativen Eigenschaften der Flächensysteme: Sinkt die Raumtemperatur unter die mittlere Wassertemperatur der Absorptionsfläche, dann besteht Heizbetrieb. Steigt die Raumtemperatur infolge interner oder externer Wärmequellen über die mittlere Wassertemperatur, dann befindet sich das System im Kühlbetrieb. In der Praxis sind je nach Betriebsfall mittlere Wassertemperaturen in der Bandbreite von 16 °C bis 30 °C üblich.

5.2.2.3 Nutzung gebäudeeigener Speichermassen

Die günstigen thermischen Eigenschaften außen gedämmter Gebäude werden noch verbessert, wenn gebäudeeigene Speichermassen wie massive Betondecken oder Wände möglichst unverkleidet bleiben. Die passive thermische Speicherfähigkeit von Bauteilen wirkt im Heiz- und Kühlbetrieb temperaturausgleichend, weil das speichernde Bauteil temporär Wärme aufnehmen und wieder abgeben kann. Die täglichen Temperaturamplituden verlaufen flacher, Lastspitzen beeinflussen den Raumtemperaturverlauf weit geringer als bei leichter Bauweise. Bild 15 verdeutlicht das Potenzial von TABS-Decken, indem der Änderung der mittleren Betontemperatur die verfügbare Speicherkapazität und infolge abrufbare Leistungsdichte während acht Stunden Nutzungszeit gegenübergestellt werden.

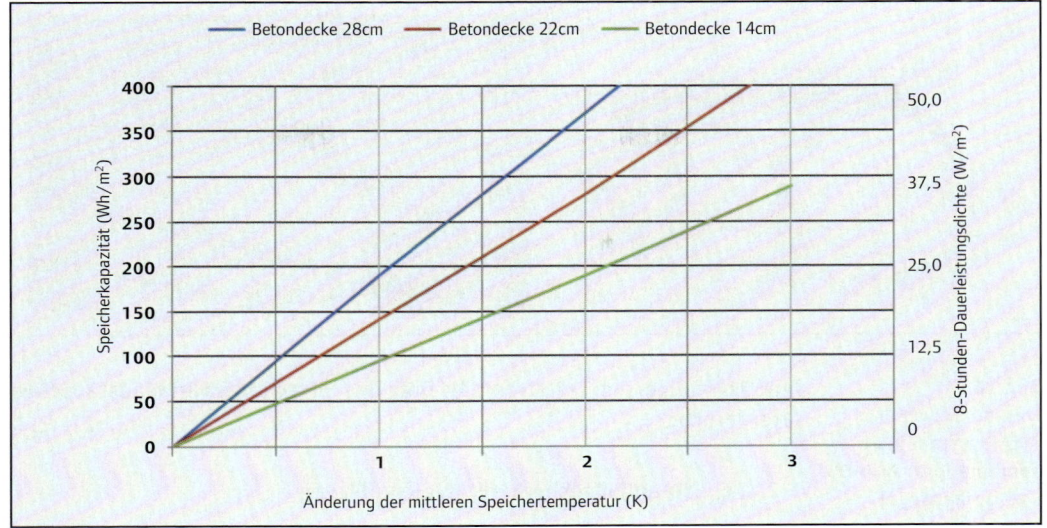

Bild 15
Thermische Speicherfähigkeit von Stahlbetondecken in Kapazität und Leistung

5.2.2.3.1 Thermisches Aktivieren

Werden vor dem Betonieren in Betondecken oder -wände Kunststoffrohre eingelegt und später mit Wasser durchströmt, wird von einer aktiven Nutzung der gebäudeeigenen Speichermassen gesprochen. Diese Methode ermöglicht eine zeitliche Entkopplung von Energiebereitstellung und Nutzenübergabe. Die Wärme wird zu Zeiten, wenn diese günstig bereitgestellt werden kann, in der Betondecke gespeichert. Die Nutzenübergabe erfolgt auf natürlichem Weg, wenn die Raumtemperatur absinkt und sich die Temperaturdifferenz zwischen Betonoberfläche und Umschließungsfläche vergrößert. Im umgekehrten Fall, dem Kühlbetrieb, wird der Speichermasse Wärme entzogen. Im Raum stellt sich automatisch eine je nach Speicherinhalt und den Lastverhältnissen entsprechende Raumtemperatur ein.

Je besser ein Gebäude gedämmt ist, umso einfacher funktioniert diese Technik. Wegen der ausgeprägten thermischen Trägheit sollten raumindividuelle Raumtemperaturwünsche mit einem flink reagierenden Zusatzsystem wie Randstreifenheizelemente, thermische Deckensegel, Heizkörper etc. realisiert werden. Nachtabsenkprogramme, Wochenendschaltungen oder schnelle Aufheizzeiten lassen sich mit diesem Temperierungskonzept meist nicht realisieren.

5.2.2.3.2 Thermoaktive Hybridsysteme

Die Kombination von TABS mit untergehängten Deckensegeln, die ebenfalls thermisch aktiviert werden können, wird als thermoaktives Hybridsystem bezeichnet (Bild 16). Zum Bestimmen der resultierenden Gesamtleistung sind umfangreiche Betrachtungen hinsichtlich des konvektiven

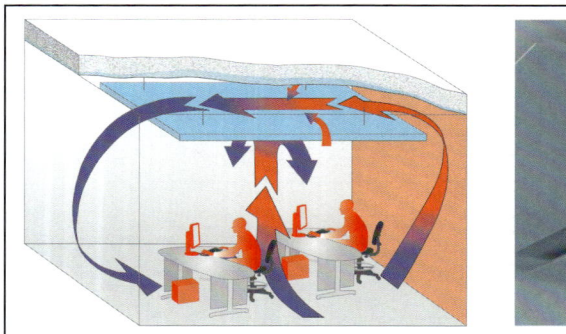
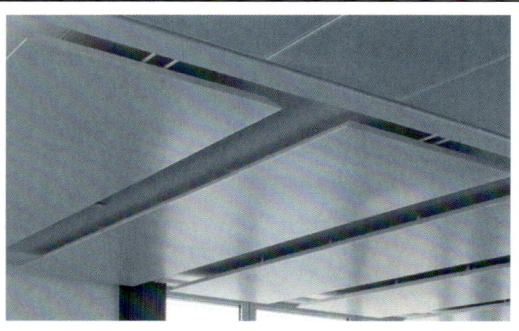

Bild 16
Thermoaktives Hybridsystem als Kombination von TABS und Deckensegel

Anteils infolge der Luftströmung und des Strahlungswärmeaustausches erforderlich.

5.2.2.4 Raumlufttechnik als Hygienelüftung

Raumlufttechnische Anlagen werden in Verbindung mit Flächensystemen zur Deckung des hygienisch erforderlichen Luftbedarfs oder zum Ausgleich von Fortluftmengen bemessen. Wenn die Luftkonditionierung mit einer leistungsfähigen Wärmerückgewinnung gekoppelt ist, kann bei einer entsprechenden Auslegung des Wärmeaustauschers die erforderliche Lufterwärmung oder -kühlung mit derselben Wassertemperatur erreicht werden wie für die Flächensysteme. Zuluft wird nur zum Lüften bereitgestellt, der Energietransport erfolgt wesentlich effizienter durch wasserführende Systeme.

5.2.3 Bedarfsanalyse, Energiekonzept und Systemwahl

Vor dem Festlegen eines nachhaltigen Energiekonzeptes für ein Gebäude, welches vorhandene Energieressourcen rationell einschließt und sich weitgehend auf erneuerbare Energien stützt, müssen eine Analyse und Typisierung der Gebäudenutzung und des Energiebedarfsprofils durchgeführt werden. Dazu sind die nachfolgend genannten Planungsschritte bzw. Hinweise abzuarbeiten.

5.2.3.1 Primärversorgung Raumheizung

- Berechnen der monatlich erforderlichen Heizarbeit zur Deckung der Wärmeverluste (Einheit kWh oder MWh)
- Bestimmen der Systeme zur Wärmeübertragung und der erforderlichen Heizwassertemperatur je Versorgungskreis
  - Hinweis: Wärmespeichernde Niedertemperatur-Flächenheizsysteme wie TABS und auch von Estrich umschlossene Fußbodenheizungen haben eine hohe Zeitkonstante. Die Wärmespeicher- und die Nutzen-

übergabe-Phase können um mehrere Stunden zeitversetzt sein. TABS erfordern zur individuellen Raumtemperaturregelung erfahrungsgemäß schnell reagierende Zusatzsysteme.

- Flexible Raumnutzungsanforderungen in Bürogebäuden, zum Beispiel Einzelbüros, Gruppenbüros, Kombibüros, Großraumbüros, Besprechungsräume, Konferenzzonen, erfordern meistens unterschiedliche und individuell veränderbare Raumtemperaturen.

- Wenn kein gemeinsames Temperaturniveau für alle Wärmeverbraucher festgelegt werden kann, dann ist ein zweites Temperaturniveau wirtschaftlicher als eine insgesamt höhere Temperatur. Es empfehlen sich unterschiedliche Regelungskreise. Eine optionale Möglichkeit besteht in der zeitlichen Umschaltung des Verteilnetzes für Niedertemperatur- und Hochtemperaturverbraucher (change over).

5.2.3.2 Primärversorgung Raumkühlung

- Vorausberechnen des monatlichen Bedarfs an Kühlenergie (erforderliche Kühlarbeit zur Einhaltung behaglicher Raumtemperaturen (Einheit kWh oder MWh))
- Heizen der Nutzräume mit Flächenheizsystemen mit der Option der sommerlichen Flächenkühlung
- Bestimmen der mittleren Kaltwassertemperatur, mit der im Kühlfall die Nutzenübergabesysteme versorgt werden.

5.2.3.3 Luftkonditionierung

- Außenlufterwärmung nach zentraler Wärmerückgewinnung (Niedertemperatur)
- Außenluftkühlung (sensibel) nach zentraler Wärmerückgewinnung (Kaltwassertemperatur 16 °C)
- Außenluftentfeuchtung in zentralen Lüftungsgeräten (Kaltwassertemperatur 6 °C bis 10 °C)

Tab. 4 Systemtemperaturen verschiedener Nutzenübergabesysteme

Systeme Nutzenübergabe	Systemtemperaturen Raumheizung	Systemtemperaturen Raumkühlung	Typische Systemspreizung
Betonkerntemperierung	20 °C...30 °C	18 °C...20 °C	4 K
Unterflurflächenheizung/-kühlung	20 °C...35 °C	18 °C...20 °C	4 K...10 K
Heiz-/Kühldecken	24 °C...35 °C	15 °C...20 °C	3 K...4 K
Wandheizung/-kühlung	24 °C...35 °C	18 °C...20 °C	3 K...4 K
Ventilatorkonvektoren	24 °C...35 °C	(*10 °C)...15 °C...20 °C	4 K
Unterflur-Konvektoren	40 °C...60 °C	-	10 K...15 K
Heizkörper	40 °C...60 °C	-	10 K...15 K

– Hinweis: Dezentrale Umluftkühlsysteme (fan-coil-units), die sensible (fühlbare) und latente (in Raumfeuchte gebundene) Wärme abführen, benötigen Kaltwassertemperaturen zwischen 6 °C und 10 °C. Für Systeme, die für die sensible Raumkühlung konzipiert sind, genügen mittlere Kaltwassertemperaturen im Bereich von 16 °C bis 18 °C.

5.2.3.4 Sekundärsysteme

- Ermitteln der monatlich bilanzierten Heiz- und Kühlarbeit sowie der Systemtemperaturen für Nutzenübergabe Heizen und Kühlen.
- Kühlen von IT-Serveranlagen oder kleinen Rechnerzentralen
- Kühlung im Rahmen von Produktionsprozessen
- Trinkwarmwassererwärmung

5.2.4 Gesamtenergiebilanz Gebäude

Im nächsten Schritt werden die monatlichen Energiemengen berechnet und bilanziert. Somit werden Heizarbeit und Energiegewinn durch Abwärmenutzung monatlich miteinander verglichen. Im Ergebnis erscheint der Nettoenergiebedarf des Gebäudes, der über externe Energiequellen/-senken zu decken ist (Bild 17).

5.2.4.1 Analyse externer Energiequellen

Die zahlreich bestehenden Möglichkeiten zur Deckung des thermischen Energiebedarfs sind kritisch bezüglich ihrer ökonomischen und ökologischen Eignung zu bewerten.

Entscheidungskriterien können, ohne Anspruch auf Vollständigkeit, wie folgt definiert werden:

- Erneuerbare Energien (EE) auf dem Grundstück des zu versorgenden Gebäudes
- Unabhängigkeit von importierten Energieträgern
- EE-Nutzbarkeit abhängig von der Jahres- oder Tageszeit oder der Wetterlage
- Nutzung von Abwärmequellen und/oder -senken
- Temporäre oder saisonale Energiespeicher auf oder im Nahbereich des Grundstücks
- CO_2-Emissionen insgesamt oder am Standort
- Nutzung von Wärme-Kälte-Verbundlösungen in der Immobilie oder im Nahbereich
- Fernwärme aus EE-Quellen

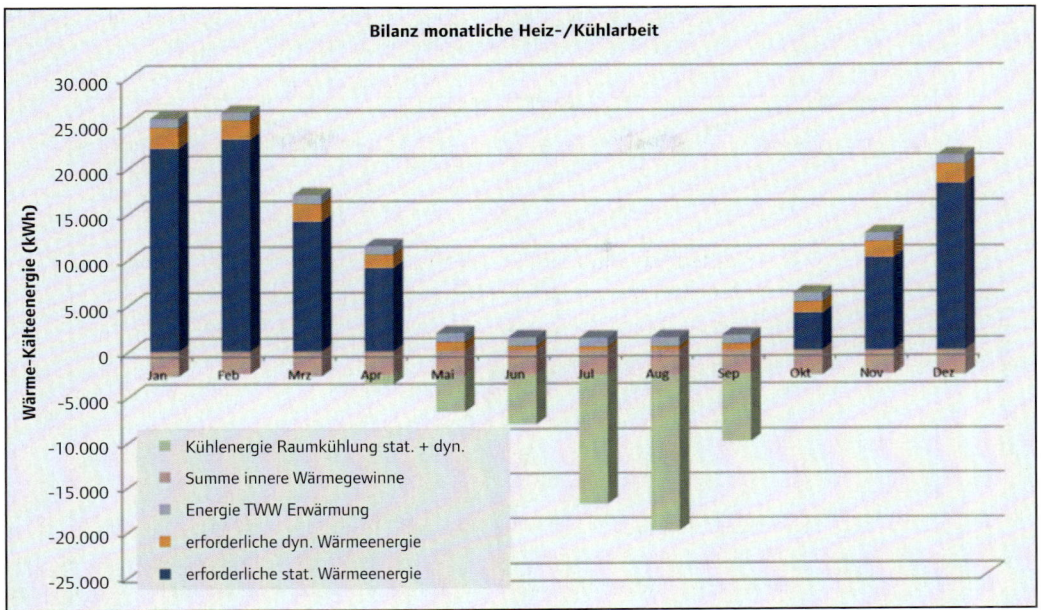

Bild 17
Gesamtenergiebilanz eines Industriegebäudes mit Prozessabwärme

5.2.4.2 Geothermische Energie

Geothermische Energie eignet sich besonders für gewerbliche Gebäude, weil sie saisonbezogen als Wärmequelle und zugleich Wärmesenke an vielen Standorten genutzt werden kann. Je nach Beschaffenheit der örtlichen Geologie kann der Untergrund als lokaler Saisonal-Pendel-Speicher für konduktiven Wärmetransport oder als konvektiv arbeitender Wärmeübertrager im fließenden Grundwasser genutzt werden. Als Transportmedium dient Wasser oder ein Gemisch aus Wasser-Glykol-Bestandteilen, das in geschlossenen Kreisläufen aus Kunststoffrohren zirkuliert. Der Wärmetransport erfolgt über den wärmeleitenden Kontakt des zirkulierenden Mediums über das Verfüllmaterial mit dem umgebenden Untergrund.

Bild 18 zeigt tiefenbezogen den saisonalen Einfluss auf die Temperaturen im ungestörten Erdreich.

In der Praxis werden dabei verschiedene Bauformen unterschieden. Für Nichtwohngebäude mit Heiz- und Kühlbedarf eignen sich in erster Linie Energiepfähle und Erdwärmesonden. Für reinen Heizbetrieb kommen auch Erdkollektoren und Erdwärmekörbe in Betracht. Sämtliche Systeme sollen noch einmal kurz vorgestellt werden.

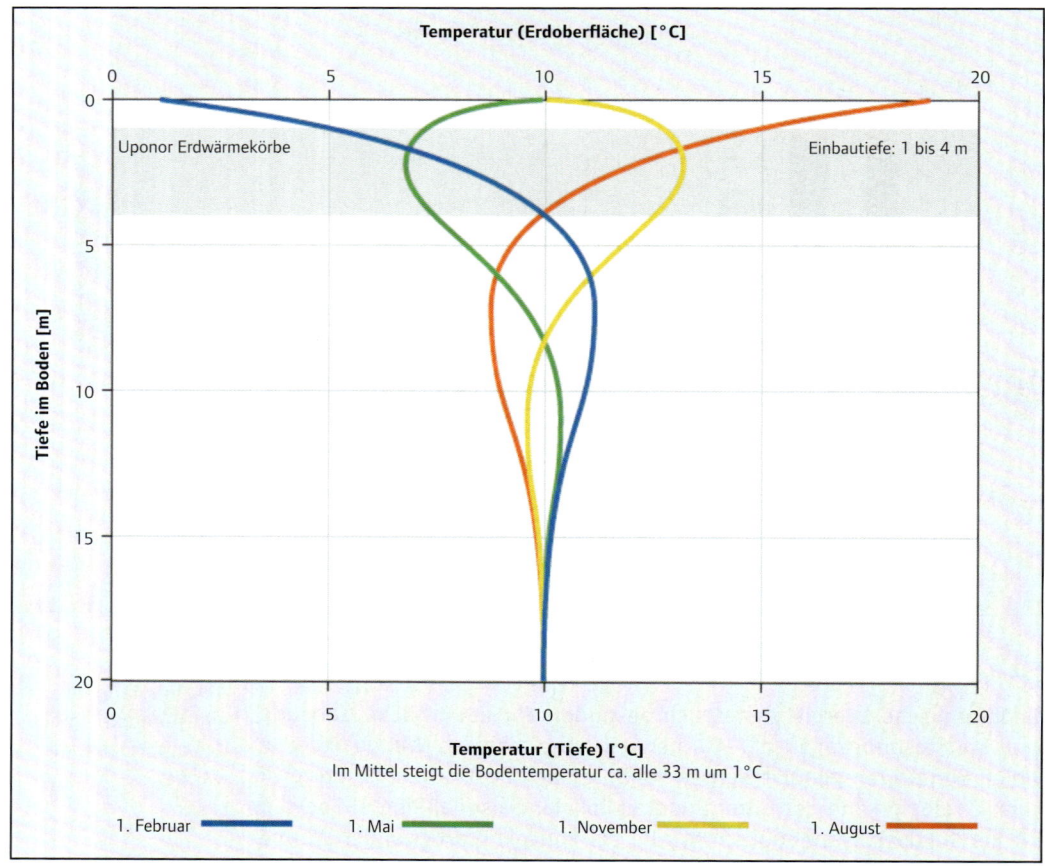

Bild 18
Temperaturen im ungestörten Erdreich

Energiepfähle

Eine bei Sondergründungen häufig angewandte Lösung nutzt die aus statischen Gründen geplanten Gründungspfähle als Erdwärmeaustauscher, deren Bewehrungskörbe vor dem Betonieren mit Kunststoffrohren mäander- oder spiralförmig ausgestattet und an einen zentralen Verteiler angeschlossen werden (Bilder 19 bis 21 sowie Tabelle 5). Der Wärmetransport zum umgebenden Erdreich erfolgt über die Manteloberfläche des thermisch aktivierten Gründungspfahls. Einzelheiten zur Berechnung und Herstellung von Energiepfählen werden in VDI 4640 beschrieben.

Ein Vorteil dieser Verfahrensweise ist, dass die Herstellkosten der Gründungspfähle den Baukosten zugerechnet werden und für die Aktivierung der Pfähle lediglich die Kosten für die Verrohrung zu veranschlagen sind. Weitere Anwendungsformen sind thermisch aktivierte Schlitzwände, Bohrpfahlverbauten, Fertigteilrammpfähle etc.

Konzepte der Wärme- und Kälteerzeugung mit erneuerbaren Energien

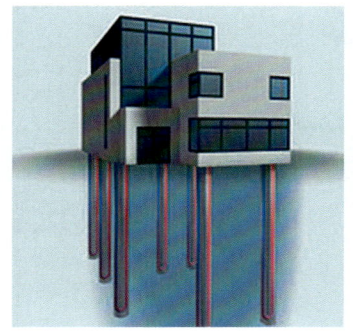 

Bild 19
Energiepfahlgründung eines Gebäudes und thermisch aktivierter Ortbetonpfahl

Pfahldurchmesser	Richtwerte für spezifische Entzugsleistung
Durchmesser 40 cm bis 60 cm	60 W/m aktive Pfahllänge
Durchmesser über 60 cm	45 W/m² Mantelfläche

Tab. 5
Richtwerte für die Entzugsleistungen von Energiepfählen

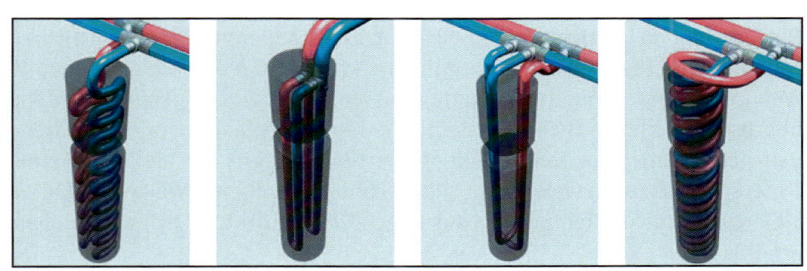

Bild 20
Rohrführung in Erdwärmesonden und Energiepfählen

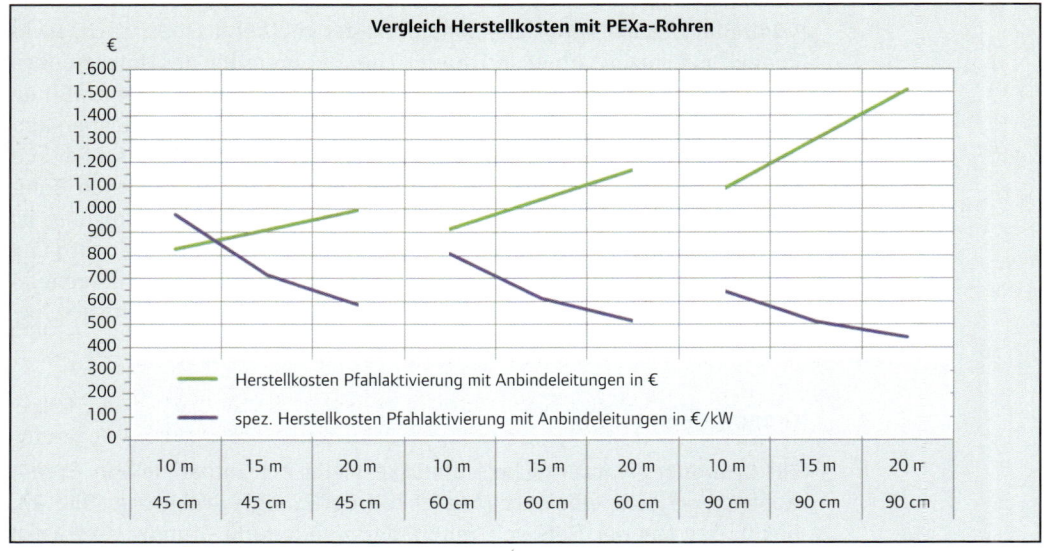

Bild 21
Herstellkosten von Energiepfählen

Bild 22
Erdwärmesonden als Wärmequelle und -senke

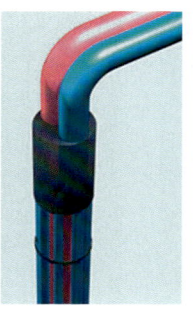

Erdwärmesonden

Diese Bauform von Erdwärmeaustauschern erfüllt im Vergleich zu den Energiepfählen keine statischen Funktionen (Bild 22). In die vertikal in den Untergrund getriebenen Bohrungen werden bis zu vier, paarweise verbundene, Kunststoffrohre eingebracht und mit einer aushärtenden Zement-Suspension wärmeleitend mit dem umgebenden Untergrund verpresst. Die Bohrung im Durchmesser zwischen 150 bis 200 mm wird nach örtlicher Geologie und thermischer Auslegung meist bis 200 Meter Tiefe abgeteuft. Weil gewerblich genutzte Gebäude meistens geheizt und gekühlt werden, beträgt die wirtschaftliche Sondenteufe wegen des fast überall herrschenden geothermischen Temperaturgradienten meistens 80 bis 120 Meter. Tiefere Sonden sind weniger zur Raumkühlung geeignet, weil je 30 Meter Tiefenzunahme die Temperatur des ungestörten Erdreichs sich um 3 Kelvin erhöht.

Für Anwendungen über 30 kW Entzugsleistung schreibt die VDI-Richtlinie 4640 Blatt 2 eine thermische Simulation der geothermischen Wechselwirkungen von Entzugsarbeit und thermischer Regeneration des Untergrundes vor. Zur geologischen Erkundung des Untergrundes werden je nach Situation von der zuständigen Wasserschutzbehörde oder vom Landesbergamt eine oder mehrere Probebohrungen vorgeschrieben, für die anschließend ein Thermal-Response-Test (TRT) zur Bestimmung des thermischen Bohrlochwiderstandes durchgeführt wird. Die spezifische Entzugsleistung ist im Wesentlichen von den geologischen Formationen, der Wassersättigung und der Wechselwirkung zwischen Benutzungsstunden und Regenerationspausen abhängig. In der VDI 4640 sind Näherungswerte für verschiedene Untergründe aufgelistet.

Grundwassernutzung

Für besonders wasserreiche Flurstücke bietet die Entnahme von Grundwasser eine sehr effiziente Möglichkeit der Energiegewinnung (Bild 23, links). Das aus der Tiefe von zehn Metern geförderte Grundwasser weist eine jahreszeitlich konstante Temperatur von etwa 10 °C auf und eignet sich für eine Wärmepumpe als Energiequelle als auch zur direkten Küh-

Untergrund	spezifische Entzugsleistungen	
	für 1800h	für 2400h
Allgemeine Richtwerte:		
Schlechter Untergrund (trockenes Sediment) ($\lambda < 1,5$ W/(m · K))	25 W/m	20 W/m
Normaler Festgesteins-Untergrund und wassergesättigtes Sediment ($\lambda = 1,5$-$3,0$ W/(m · K))	60 W/m	50 W/m
Festgestein mit hoher Wärmeleitfähigkeit ($\lambda > 3,0$ W/(m · K))	84 W/m	70 W/m
Einzelne Gesteine:		
Kies, Sand, trocken	<25 W/m	<20 W/m
Kies, Sand, wasserführend	65-80 W/m	55-65 W/m
Bei starkem Grundwasserfluss in Kies und Sand, für Einzelanlagen	80-100 W/m	80-100 W/m
Ton, Lehm, feucht	35-50 W/m	30-40 W/m
Kalkstein (massiv)	55-70 W/m	45-60 W/m
Sandstein	65-80 W/m	55-65 W/m
saure Magmatite (z.B. Granit)	65-85 W/m	55-70 W/m
basische Magmatite (z.B. Basalt)	40-65 W/m	35-55 W/m
Gneis	70-85 W/m	60-70 W/m
Die Werte können durch die Gesteinsausbildung wie Klüftung, Schieferung, Verwitterung erheblich schwanken.		

Tab. 6
Richtwerte für die Entzugsleistungen von Erdwärmesonden (Quelle: √DI 4640 Blatt 2 S. 16)

lung. Wegen der zu beachtenden Strömungsrichtung des Grundwassers müssen die Positionierungen des Saug- und Schluckbrunnens mit der zuständigen Behörde genau abgestimmt werden. Das Grundwasser kann erhebliche Anteile an verschiedenen Mineralen enthalten, die eine vorzeitige Brunnenalterung (Verockerung) oder Korrosion in den Wärmeaustauschern verursachen. Eine Wasserentnahme nach der obligatorischen Probebohrung mit Pumpversuch schafft Sicherheit in der Anlagenplanung.

Flusswassernutzung

Anwendungen mit Flusswasserwärmepumpen sind mit Grundwasser-Lösungen vergleichbar. In den meisten Fällen werden die nutzbare Temperaturdifferenz im Entzugsbetrieb und die maximal einleitbare Temperatur im Kühlbetrieb von der Behörde vorgeschrieben. Unterschreitet das fließende Gewässer im Winter 5 °C, dann darf die Wärmepumpe wegen der Einfriergefahr nicht mehr betrieben werden. Lösungen dieser Art eignen sich besonders für eine bivalente Betriebsweise.

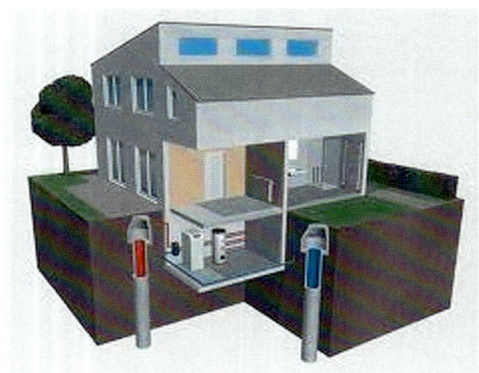 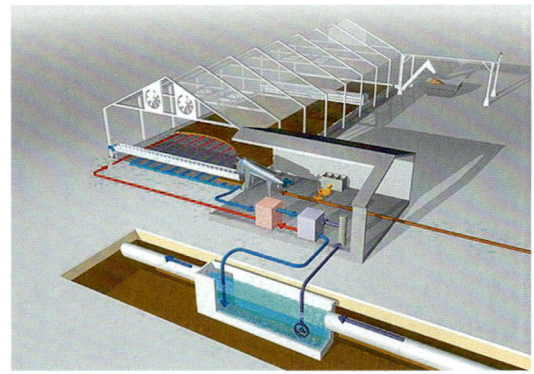

Bild 23
Wärmetechnische Grundwasser- und Abwassernutzung (rechts)

Abwassernutzung

Durch städtische Hauptsammler fließen große Mengen warmes Abwasser im Temperaturbereich zwischen 15 °C bis 25 °C, welches ungenutzt in die Kläranlagen gelangt. Diese Wärme kann auf einfache Weise gewonnen und mittels einer Wärmepumpe auf ein nutzbares Temperaturniveau gebracht werden. Dazu ist ein Wärmeaustauscher erforderlich, der in einen Abwasserkanal mit ausreichendem Abwasseraufkommen eingebracht wird. Über ein in einem Zwischenkreislauf zirkulierendes Wärmeträgermedium holt sich die Wärmepumpe die im Abwasserstrom enthaltene Wärmeenergie, indem dieser nur um wenige Kelvin abgekühlt wird. Im Sommer kann über dasselbe System Abwärme aus der Gebäudekühlung in den Abwasserstrom eingeleitet werden. Anwendungen dieser Art sind für größere Objekte und an ausreichend großen Abwassersammlern wirtschaftlich sinnvoll (Bild 23, rechts).

Erdkollektoren

Horizontale Kollektoren sind im Gewerbebau eine eher seltene Variante zur Gewinnung von erneuerbarer Energie (Bild 24). Wegen des großen Flächenbedarfs ist der Einbau einer genügend großen Absorberfläche in der Tiefe von etwa 1,5 Metern nur selten möglich. Überbauten Flächen fehlt die natürliche Regenerationsmöglichkeit durch solare Einstrahlung. Erschwerend kommt hinzu, dass der Grundwasserspiegel meistens tiefer liegt als die Einbauebene des Kollektors.

Die flächenbezogene Wärmeentzugsleistung steht in diesen Fällen in einem ungünstigen Verhältnis zum technischen Aufwand. Wirtschaftlicher sind Anwendungen im feuchten, wassergesättigten Untergrund oder gar im fließenden Grundwasser und für den Fall, dass das System im bivalenten Betrieb zur Spitzenlastabdeckung ausgelegt wird.

Eine Sonderform der Kollektoren oder Absorber sind Sohlplattenkühler (Bild 25), die auch im Sinn von thermoaktiven Sohlplatten als Wärmequelle

Konzepte der Wärme- und Kälteerzeugung mit erneuerbaren Energien

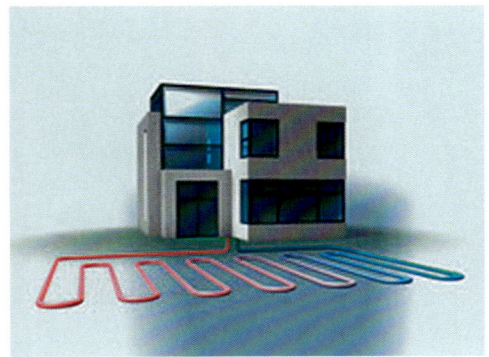
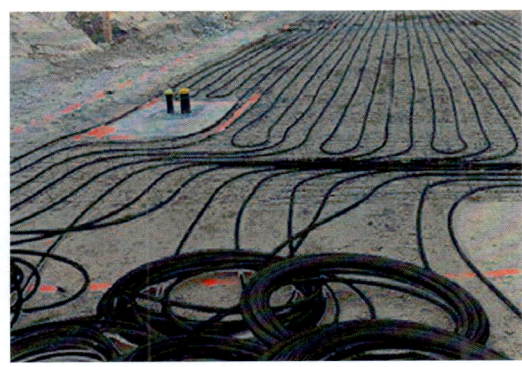

und -senke fungieren können. Hierzu werden Rohrregister im Betonfundament von Gebäuden montiert. Beim Betreiben der thermoaktiven Sohlplatten müssen ausreichende Betriebspausen zum Regenerieren des Erdreichs zugelassen werden. Erleichtert wird der Betrieb auch dadurch, dass ein Sohlplattenkühler zugleich als Horizontalabsorber für den Heizbetrieb genutzt wird. Damit wird der Gefahr einer allmählichen Aufheizung des Untergrundes entgegengewirkt. Wird der Sohlplatte allerdings Wärme entzogen, darf keinesfalls Frost zugelassen werden, der die Gebäudestatik negativ beeinflussen würde. Aus diesen Gründen sind sowohl die Entzugs- als auch die Eintragsleistungen dieser Wärmeübertragerflächen recht begrenzt. Die Betriebsführung der thermoaktiven Sohlplatte muss hinsichtlich der einzuhaltenden Grenzwerte stets kontrolliert werden.

Bild 24
Erdkollektoren

Erdwärmekörbe

Der Erdwärmekorb ist eine Sonderbauform der horizontalen Erdkollektoren (Bilder 26 und 27), die zum Einsatz kommt, wenn Erdwärmesonden nicht möglich oder Erdkollektoren nicht ausreichend sind. Erdwärmekörbe werden ausschließlich oberflächennah in einer Tiefe bis fünf Meter eingesetzt.

Bild 25
Sohlplattenkühler und Simulationsergebnisse für eine thermoaktive Bodenplatte

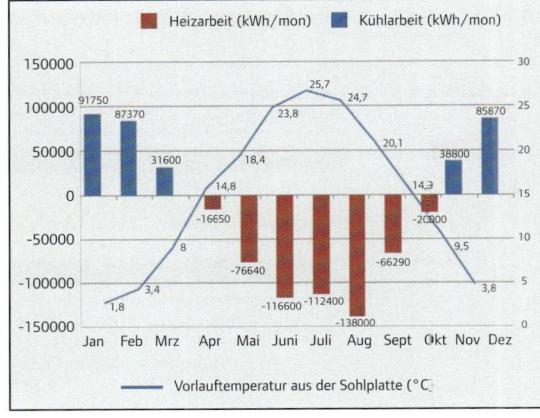

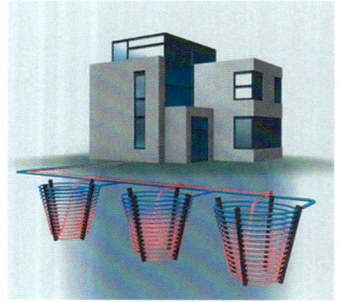  

Bild 26
Erdwärmekörbe

Durch die spiralförmig angeordneten PEXa-Kunststoffrohre des Korbes zirkuliert ein frostsicheres Wärmeträgermedium im Kreislauf mit einer Wärmepumpe. Wegen der geringen Einbautiefe der Erdwärmekörbe wird die Temperatur des Untergrundes auch von der Außentemperatur beeinflusst. Der Untergrund sollte sehr feucht bis wassergesättigt und mit guten Wärmeleiteigenschaften beschaffen sein. Eine zwischenzeitliche Regeneration durch solaren Wärmeeintrag verbessert die zeitliche Reichweite des Wärmeaustauschers. Der Erdwärmekorb ist für die Raumkühlung nur begrenzt geeignet.

Außenluftnutzung

Außenluft als erneuerbare Wärmequelle/Wärmesenke für luftgestützte Wärmepumpen kommt für Anwendungen in klimatisch wärmeren Gegenden, für kleinere Leistungen oder im bivalenten Betrieb zu wirtschaftlicher Verwendung (Bild 28). Bei tiefen Außentemperaturen und hoher Luftfeuchtigkeit nahe 0°C schaltet die Wärmepumpe häufig in den Abtaubetrieb, was die Energieeffizienz signifikant verschlechtert. Hinzu kommt die Antriebsenergie der Verdampferlüfter, die die Jahresarbeitszahl im Vergleich zu erdgekoppelten Systemen zusätzlich belasten. Im Sommerbetrieb entspricht die Arbeitszahl dieser Lösung der einer Standard-Kältemaschine. Besonders für kleinere Leistungsbedarfe bietet diese Variante wegen der günstigen Herstellkosten eine wirtschaftliche Lösung.

Bild 27
Richtwerte für die thermische Entzugsarbeit eines Erdwärmekorbes

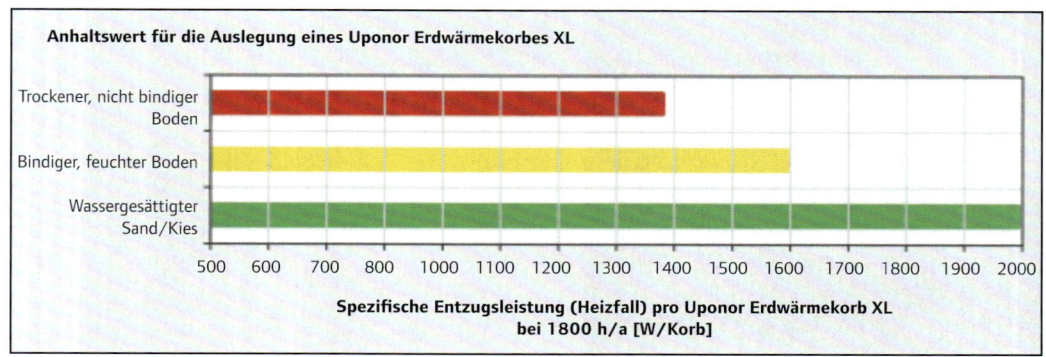

Konzepte der Wärme- und Kälteerzeugung mit erneuerbaren Energien   245

 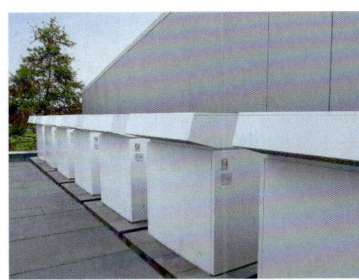

Bild 28
Luft-Wasser-Wärmepumpen (Fa. Stiebel-Eltron)

Löschwasserspeicher

Für gewerbliche Immobilien der Speditions- und Lagereiwirtschaft schreiben die zuständigen Brandschutzbehörden häufig die Bevorratung eines bestimmten Löschwasservolumens für Sprinkleranlagen vor, welches in Beton- oder Stahltanks in der Nähe des Gebäudes gespeichert wird (Bild 29). Der gespeicherte Wasservorrat sollte parallel zu seiner Brandschutzfunktion auch als Energiespeicher verwendet werden. Der für die Abnahme von Brandschutzanlagen zuständige Verband der Sachversicherer (VdS) erlaubt eine thermische Nutzungsspanne von +5 °C bis +40 °C. Mit dem gespeicherten Energievorrat können zum Beispiel Bedarfsspitzen gedeckt werden. Die Wärmeerzeugungsanlage kann entsprechend kleiner ausgelegt werden. Thermospeicher eignen sich auch zur Zwischenspeicherung von Prozessabwärme, temporärer solarer Wärmegewinne, Abwärme aus stromgeführten BHKW etc. und auch zur Speicherung von Kühlenergie.

Latentwärmespeicher

Der relativ hohe Energieinhalt von thermischen Wasserspeichern kann in einer weiteren Anwendungsform als Latentwärmespeicher (Eisspeicher) um ein Vielfaches erhöht werden (Bild 30). Beim Wechsel vom flüssigen zum festen Aggregatzustand des Wassers wird die Energiemenge von

Bild 29
Löschwasserspeicher aus Beton (Quelle: FUCHS Ingenieur Beton GmbH)

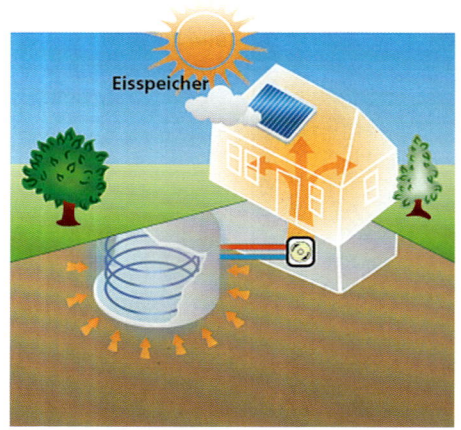

Bild 30
Latentwärmespeicher

Bild 31
Latentwärmespeicher und Prozessverläufe

93 kWh/m³ freigesetzt. Dies entspricht etwa der Energie, die 80 °C warmes Wasser abgeben kann, wenn es auf 0 °C abkühlt. Bild 31 zeigt den Prozess, in deren Phase C beim Übergang des Aggregatzustandes flüssig auf fest der bedeutende Teil des Energiespeicherns stattfindet.

Latentwärmespeicher werden für den Zweck der Energiespeicherung konzipiert. Sie finden ihre Hauptverwendung hauptsächlich als saisonale Thermospeicher für den Heiz- und Kühlbetrieb von Wohn- und Gewerbegebäuden. Im Speicher befinden sich getrennte Wärmeaustauscher aus Kunststoffrohren für den Wärmeentzug und Wärmeeintrag. Der aus Beton bestehende Behälter befindet sich entweder im Gebäude oder unterhalb der Geländeoberkante im Außenbereich.

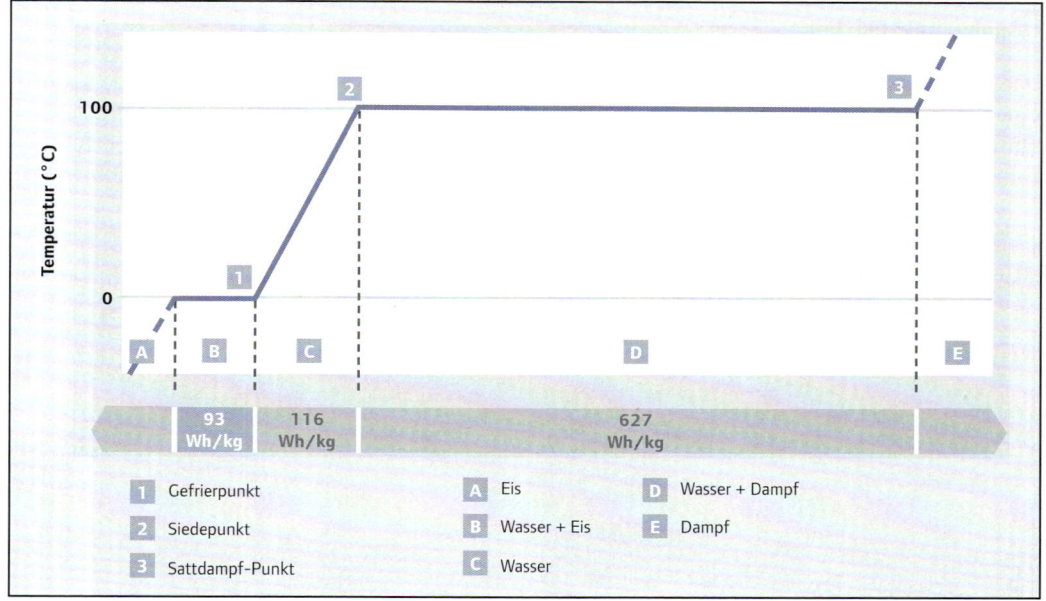

Für Wohnobjekte ist zur Regeneration des Speichers im Sommer die Zuschaltung von Solarkollektoren, die auch zur Trinkwarmwassererwärmung eingesetzt werden, erforderlich. In der gewerblichen Anwendung können verschiedene Betriebsmodi als Kälte-Wärme-Verbund, zur Raumkühlung oder als Prozesswärmesenke geschaltet werden.

5.2.5 Strukturierter Planungsprozess für Energiequelle – Transformation, Verteilung und Nutzenübergabe

Für ein effizientes Energiekonzept ist eine umfassende systematische Grundlagenplanung erforderlich (Tabelle 7). Das Jahres-Energie-Bedarfsprofil des geplanten Gebäudes ist mit dem Energieangebot aus den gebäudeeigenen und betriebsbedingten Quellen, eventuellen Speichermöglichkeiten und extern erforderlichen Energiequellen deckungsgleich abzustimmen. Je früher mit diesen Überlegungen begonnen wird, umso nachhaltiger ist das Ergebnis. Die Architektur und Bautechnik, die Gebäudetechnik und das Grundstück mit den Möglichkeiten zur Energiegewinnung oder -speicherung müssen in eine symbiotische „Lebensgemeinschaft" geführt werden.

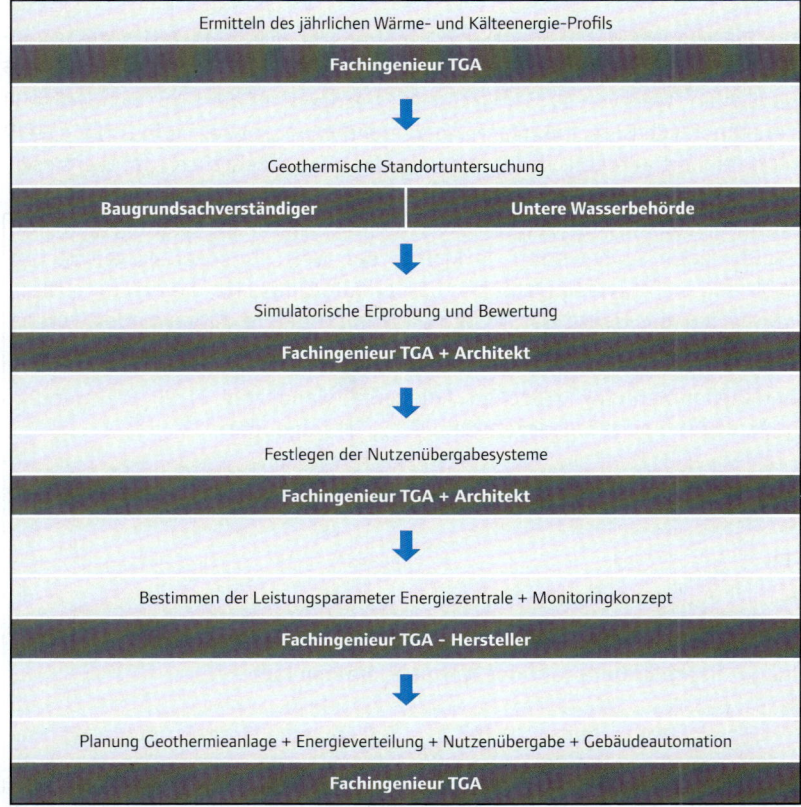

Tab. 7 Systematischer Planungsablauf für geothermische Anlagen

5.2.6 Energieeffizienzbewertung

5.2.6.1 EnEV 2009/2014 für Wohngebäude (Anlagenaufwandszahl nach DIN 4701-10)

Die seit 2002 geltende Energieeinsparverordnung schreibt bis heute für die Gebäudekonzeption eine Gesamtbetrachtung der Gebäudehülle und der gewählten Anlagentechnik vor. Die Bewertungsgrößen sind der Jahres-Primärenergiebedarf Q_P und der spezifische, auf die Umfassungsfläche bezogene Transmissionswärmeverlust H_T des Gebäudes. Für Wohngebäude darf nach EnEV 2009 der flächenbezogene Jahres-Primärenergiebedarf höchstens zwischen 70 und 150 kWh/(m²·a) betragen. Auch die Kühlung von Wohngebäuden kann in Abhängigkeit der Verfahrensweise berücksichtigt werden.

Der Jahres-Primärenergiebedarf Q_p ist der mit der Anlagenaufwandszahl e_p multiplizierte jährliche Wärmebedarf des Gebäudes für Beheizung Q_h und Trinkwarmwasser Q_{tw}. In der Anlagenaufwandszahl e_p ist der Primärenergiefaktor f_P enthalten (Gleichung 13).

$$Q_p = e_p \, (Q_h + Q_{tw}) \tag{13}$$

Die Berechnung des Jahres-Heizwärmebedarfs erfolgt nach DIN V 4108-6. Für Wohngebäude wird nach EnEV 2009 für die Trinkwassererwärmung ein pauschaler Wert von 12,5 kWh/(m²·a), bezogen auf die Nutzfläche, hinzugerechnet. Die Berechnung der Anlagenaufwandszahl e_P ist in DIN V 4701-10 detailliert geregelt. Die Norm zielt darauf ab, zusätzlich zum Wärmebedarf eines Gebäudes auch die Art der Energiequelle und Wärmeerzeugung sowie die Effektivität der Wärmeverteilung, Wärmespeicherung und Nutzenübergabe zu bewerten. Je kleiner der Wert, umso effektiver ist das System. Eine Aufwandszahl von 0,5 bedeutet, dass für die erzeugte Nutzwärme nur die Hälfte der Menge an Primärenergie aufgewendet werden muss.

Der Zusammenhang zwischen Anlagenaufwandszahl e_p für Wärmepumpenanlagen und Jahresarbeitszahl JAZ_{WP} ist folgender:

$$e_p = f_p / JAZ_{WP} \tag{14}$$

mit

e_p Anlagenaufwandszahl
f_p Primärenergiefaktor (für Strom gilt gegenwärtig $f_p = 2,6$)
JAZ_{WP} Jahresarbeitszahl der Wärmepumpenanlage

Bei einer Jahresarbeitszahl $JAZ_{WP} = 4,8$ für eine erdgekoppelte Wärmepumpenanlage mit Fußbodenheizung in einem Niedrigstenergiehaus ergibt sich die sehr geringe Anlagenaufwandszahl $e_p = 0,54$.

5.2.6.2 EnEV 2009 für Nichtwohngebäude

Zu errichtende Nichtwohngebäude sind so auszuführen, dass der Jahres-Primärenergiebedarf für Heizung, Warmwasserbereitung, Lüftung, Kühlung und Beleuchtung den Wert des Jahres-Primärenergiebedarfs eines Referenzgebäudes gleicher Geometrie, Nettogrundfläche, Ausrichtung und Nutzung einschließlich der Anordnung der Nutzungseinheiten der in der Anlage 2, Tabelle 1 zur EnEV angegebenen technischen Referenzausführung nicht überschreitet.

Zu errichtende Nichtwohngebäude sind so auszuführen, dass die Höchstwerte der mittleren Wärmedurchgangskoeffizienten der wärmeübertragenden Umfassungsfläche nach EnEV Anlage 2, Tabelle 2 festgelegte Grenzwerte nicht überschreiten.

Für das zu errichtende Nichtwohngebäude und das Referenzgebäude ist der Jahresenergiebedarf nach dem in der EnEV in Anlage 2, Nummer 2 oder 3 benannten Verfahren (DIN V 18599) zu bestimmen. Beide Gebäude sind nach demselben Verfahren zu berechnen.

Zu errichtende Nichtwohngebäude sind so auszuführen, dass die Anforderungen an den sommerlichen Wärmeschutz nach EnEV Anlage 2, Nummer 4 eingehalten werden.

EnEV und DIN V 18599 lassen auch zu, dass die Aufwendungen für die Gebäude- und Raumkühlung mit unterschiedlichster TGA einschließlich der Freien Kühlung berechnet werden können.

Für die Jahre 2014 und 2016 sind Novellierungen der EnEV 2009 geplant, die eine weitere Reduzierung des Primärenergieverbrauchs um jeweils 12,5 Prozent zum Ziel haben. Im Entwurf der EnEV 2014 ist auch die Neufestlegung des Primärenergiefaktors für Strom geplant. Der bisherige Wert wird von 2,6 auf 2,0 und in einem weiteren Schritt bis 2016 auf 1,8 abgesenkt. Für Systeme mit elektrisch betriebenen Wärmepumpen bedeutet dies eine signifikante Reduzierung des Primärenergiebedarfs, sodass die geplante schrittweise Verschärfung der EnEV praktisch keine Rolle spielt.

Bei der Aufstellung von aussagefähigen Wirtschaftlichkeitsvergleichen zwischen Heizungssystemen mit fossilen Energieträgern und Wärmepumpenlösungen sind parallel zu den jeweiligen Kosten für die Endenergie und den systembedingten Anlagenkosten unbedingt auch die unterschiedlichen Dämmstandards einzubeziehen, die zur Einhaltung des zulässigen Primärenergiebedarfs vorgeschrieben sind. Weil Wärmepumpenanlagen prinzipiell einen sehr geringen Primärenergiebedarf aufweisen, kann den ansonsten absurd teuren Aufwendungen für Gebäudedämmung spürbar entgegengewirkt werden. Außerdem ist zu berücksichtigen, dass das Erneuerbare-Energien-Wärmegesetz (EEWärmeG) Mindestdeckungsanteile erneuerbarer Energien vorschreibt oder Ersatzmaßnahmen fordert. Dazu zählt, dass dann sowohl die Anforderungen an den Primärenergiebedarf als auch an den Wärmeschutz des Gebäudes um 15 Prozent gegenüber der EnEV-Referenz verschärft werden. Allein die Mehrkosten der Wärmedämmung einer Industriehalle mit Niedertemperaturheiztechnik können sich in einer Höhe bewegen, dass alternativ die Finanzierung einer Wärmepumpenanlage möglich gewesen wäre, die als Voraussetzung für das Einsparen weiterer Betriebskosten gilt.

5.2.7 Der Wärme-Kälte-Verbund (KWV)

5.2.7.1 Theorie

Seit jeher kümmern sich unterschiedliche Berufszweige um die Erzeugung von Wärme und Kälte. Die viel ältere Heizungsbranche war immer schon auf die Verbrennung fossiler Rohstoffe, vorwiegend aus heimischer, später aus fremder Produktion, auf die Erzeugung von Wärmeenergie spezialisiert. Die traditionelle Kältetechnik, basierend auf einer Erfindung von Carl von Linde, hatte zunächst ausschließlich das Ziel, Bier und andere Lebensmittel zu kühlen. Wärmeenergie, ein Abfallprodukt bei der Kälteerzeugung, wurde ungenutzt an die Umwelt abgegeben, quasi „entsorgt".

Das unter Hochdruck stehende flüssige Kältemittel im Kältekreislauf kondensiert bei einer Wärmepumpe in einem Außenluft-Wärmeaustauscher (Kondensator) und überträgt die freiwerdende Wärmeenergie an die Umgebung (Bild 32). Die jeweils herrschenden Außentemperaturen bestimmen die Kondensationstemperatur des zu verflüssigenden Kältemittels. Bei niedrigen Außentemperaturen stellt sich eine entsprechend niedrige Kondensationstemperatur ein, was einerseits den Kälteprozess begünstigt und mit einer hohen Leistungszahl (COP) belohnt wird. Andererseits ist das Temperaturniveau der Kondensationswärme für Heizzwecke zu niedrig, um in eine Hochtemperaturheizungsanlage einspeisen zu können und deshalb kaum nutzbar. Weil die Sicherstellung des Kältebedarfs im Vordergrund steht, der im Winter meist geringer ist als in den Sommermonaten, fehlt einer Heizwärmeverwertung neben der Nutztemperatur auch die gewünschte Versorgungssicherheit.

Die Leistungszahl der Wärmepumpe (Heizbetrieb) wird bekanntermaßen als COP (Coefficient of Performance) bezeichnet und beinhaltet das Verhältnis der bereitgestellten Wärmeleistung zur eingesetzten elektrischen Energie (Gleichung 15).

$$COP_{WPH} = Q_c / P_{el} \qquad [kW_{th}/kW_{el}] \qquad (15)$$

mit

Q_c Kondensationsleistung

P_{el} elektrische Leistung Verdichter

Konzepte der Wärme- und Kälteerzeugung mit erneuerbaren Energien

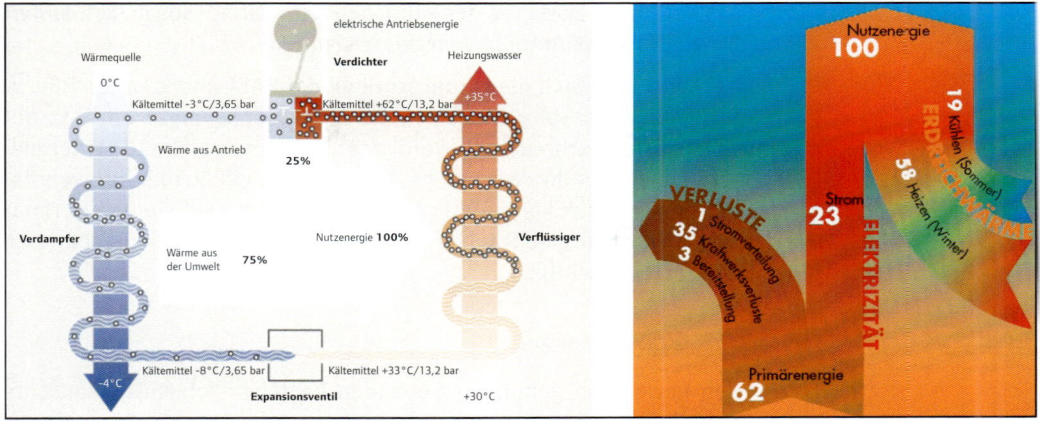

Bild 32
Wirkprinzip und Energieflussdiagramm einer Wärmepumpe

Die Leistungszahl der Wärmepumpe im Kühlbetrieb entspricht folgender Beziehung:

$$COP_{WPK} = Q_0/P_{el} \qquad [kW_{th}/kW_{el}] \qquad (16)$$

mit

Q_0 Verdampfungsleistung

P_{el} elektrische Leistung Verdichter

Der Kälte-Wärme-Verbund bedeutet Erzeugung von Kälteenergie bei gleichzeitiger Nutzung der bei der Kälteerzeugung anfallenden Wärmeenergie oder umgekehrt. Weil Heiz- und Kühlbedarf im Gebäude dem Zeitpunkt und der Größe nach selten deckungsgleich sind, befinden sich im Systemkreislauf weitere (eine oder mehrere) Energiequellen oder -senken. Das KWV-System kann den Wärmebedarf eines Gebäudes auch ohne gleichzeitigen Kältebedarf ebenso bereitstellen, wie es möglich ist, den Kältebedarf zu decken, ohne die Wärme verwerten zu müssen. Besonders effektiv arbeitet das System bei gemischter Nutzung.

Die Nutz-Leistungszahl COP_{KWV} einer KWV-Anlage im optimalen Betriebsfall errechnet sich wie folgt (Gleichung 17):

$$COP_{KWV} = (Q_0 + Q_c)/P_{el} \qquad [kW_{th}/kW_{el}] \qquad (17)$$

mit

Q_0 Verdampfungsleistung

Q_c Kondensationsleistung

P_{el} elektrische Leistung des Verdichters

Für die wirtschaftliche Beurteilung von Wärmepumpen oder Kälte-Wärme-Verbund-Anlagen ist die Jahresarbeitszahl JAZ aussagefähiger. Darunter wird das Verhältnis zwischen der jährlichen Nutzwärme- sowie -kältearbeit und der elektrischen Antriebsenergie verstanden.

Entsprechend der durch die Förderrichtlinie der BAFA anerkannten Bilanzgrenze für die Erfassung der elektrischen Antriebsenergie umfasst der gemessene Stromverbrauch die Verdichter, Quellenantriebe (Geothermie-Umwälzpumpe, Grundwasserpumpe, Notheizstab, ggf. Verdampferventilator). Die MSR-Technik kann außer Betracht bleiben, weil sie nicht primär zur Energieerzeugung beiträgt. Die Wärme- oder Kälteverteilungspumpen bleiben unberücksichtigt.

5.2.7.2 Praxislösungen

In vielen gewerblich genutzten Gebäuden bestehen folgende gemischte Energiebedarfsprofile:

- Wärmeenergie zum Heizen des Gebäudes
- Wärmeenergie zur Luftaufbereitung
- Wärmeenergie zur Trinkwassererwärmung
- Kälteenergie zur Raumkühlung
- Kälteenergie zur Serverkühlung
- Kälteenergie zur Prozesskühlung

Weil im Normalfall die geforderten thermischen Leistungen wie auch der Bedarfszeitpunkt sehr unterschiedlich sind, ist eine Kälte-Wärme-Verbundlösung (KWV) notwendig, die zusätzlich mit einer oder mehreren externen Energiequellen und Energiesenken gekoppelt ist.

Überschüssige Wärmeenergie aus dem kühllastigen Betriebsfall wird der Senke zugeführt, die sinnvollerweise als Thermospeicher ausgebildet sein sollte, aber nicht muss. Wenn jedoch ein höherer Wärmebedarf besteht, als Wärme aus der Kälteerzeugung zur Verfügung steht, dann holt sich der KWV die fehlende Wärmeenergie aus der externen Quelle.

Falls eine Quelle für die Energieversorgung nicht ausreichend ist, können mehrere Quellen unterschiedlicher Art parallel geschaltet werden. Zum Beispiel können Erdwärmesonden und Energiepfähle genauso kombiniert werden wie Latentwärmespeicher mit Außenluftkühler oder Löschwasserspeicher mit Erdsonden. Wichtig ist das im KWV integrierte Quellenmanagement, das die für jeden Betriebsfall optimale Quelle ansteuert. Löschwasserspeicher sind besonders peakfest, jedoch in ihrer Kapazität strikt begrenzt. Dagegen verhalten sich erdgekoppelte Wärmeaustauscher (Erdwärmesonden und Energiepfähle) bei Spitzenbelastungen eher empfindlich, sind jedoch bei gleichmäßiger Belastung sehr ausdauernd. Die meisten Quellensysteme eignen sich für direkte Kühlung ohne Kältemaschine, eine Betriebsform, die das KWV-System selbständig nutzt, wenn zum selben Zeitpunkt gerade kein Wärmebedarf besteht. Bild 33 zeigt das Herz einer KWV-Anlage, die Energiezentrale Zent-Frenger GEOZENT.

KONZEPTE DER WÄRME- UND KÄLTEERZEUGUNG MIT ERNEUERBAREN ENERGIEN

Bild 33
Energiezentrale Zent-Frenger GEOZENT – die KWV-Lösung für Gewerbegebäude

Die Arbeitsweise der GEOZENT kann im Wesentlichen in vier grundlegende Funktionen gegliedert werden (Bild 34):

- Ausschließlicher Heizbetrieb
- Ausschließlicher Kühlbetrieb (mechanisch)
- Naturalkühlbetrieb (direkte Kühlung)
- Dualbetrieb (gleichzeitiges Heizen und Kühlen)

Bild 34
Betriebsarten der GEOZENT

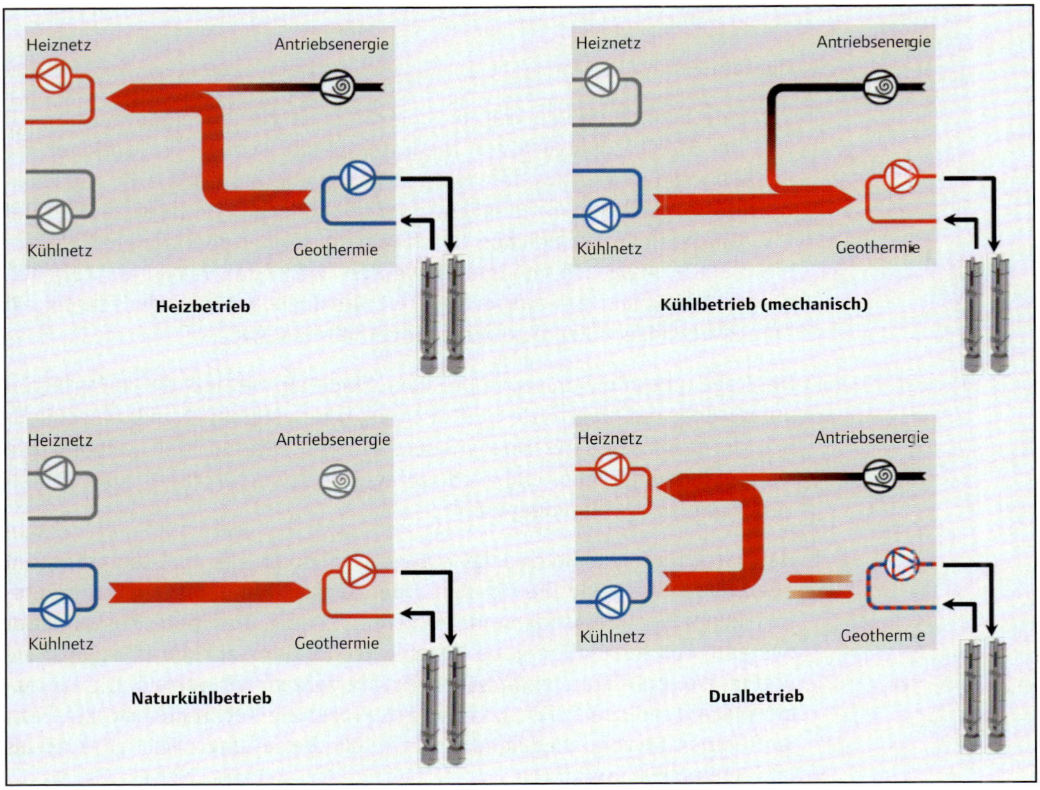

Heizbetrieb

Erzeugung von Wärmeenergie im Temperaturbereich 20 °C bis 55 °C, optional ist außer der Niedertemperaturschiene auch die Auskoppelung einer zweiten Temperaturschiene bis 60 °C möglich.

Mechanischer Kühlbetrieb

Erzeugung von Kälteenergie im Temperaturbereich 6 °C bis 20 °C. Energiesenken sind z. B. Eisspeicher, Löschwasserspeicher, Geothermie etc. Sind zwei unterschiedliche Temperaturen z. B. 6 °C für Luftentfeuchtung und 16 °C für Kühldecken oder TABS zu liefern, dann werden zwei unabhängige Kältekreisläufe parallel geschaltet.

Naturale Kühlung

Bereitstellung von ausschließlich direkt (natural) erzeugter Kälteenergie im Temperaturbereich der zur Verfügung stehenden Energiesenke, wie Eisspeicher, Löschwasserspeicher, Geothermie etc. Die Kälteverdichter sind dabei außer Betrieb. Ist das Temperaturpotenzial der Energiesenke für eine direkte Kühlung nicht mehr aufnahmefähig, dann schaltet die Maschine automatisch in den mechanischen Kühlbetrieb.

Dualbetrieb

Parallele Erzeugung von Wärme- und Kälteenergie im Temperaturbereich 6 °C bis 55 °C. Zusätzlich zur Niedertemperaturschiene ist optional die Auskoppelung einer zweiten Temperaturschiene bis 60 °C z. B. zur Trinkwarmwassererwärmung möglich. Energiequelle bzw. Energiesenke sind z. B. Geothermie, Eisspeicher, Löschwasserspeicher oder andere Quellen, die dann in Anspruch genommen werden, wenn das Verhältnis Kühlleistung zu Heizleistung unausgewogen ist. Die duale Betriebsweise bietet ein herausragendes Nutzen- zu Aufwandverhältnis (COP).

Die Regelung und Steuerung der verschiedenen Betriebsweisen erfolgen autark über die integrierte MSR-Technik, die Systemhydraulik einschließlich drehzahlregelbarer Hocheffizienzpumpen. Wärme- und Kälteenergie werden leistungs- und temperaturgeregelt in Pufferspeichern zur weiteren Verteilung zur Verfügung gestellt.

Der wirtschaftliche Betrieb ist maßgeblich durch die Nutztemperaturen beeinflusst. Während die Quellen- oder Senken-Temperaturen naturgegeben kaum beeinflussbar sind, kann durch eine überlegte Auswahl der Systeme zur Nutzenübergabe erheblicher Einfluss auf die Leistungszahl und im Weiteren auf die Jahresarbeitszahl genommen werden. Die Jahresarbeitszahl reduziert sich um etwa 2,6 Prozent je Kelvin abgesenkter Vorlauftemperatur. Bild 35 zeigt die prinzipielle Beziehung zwischen Quellen- und Senken-Temperaturen.

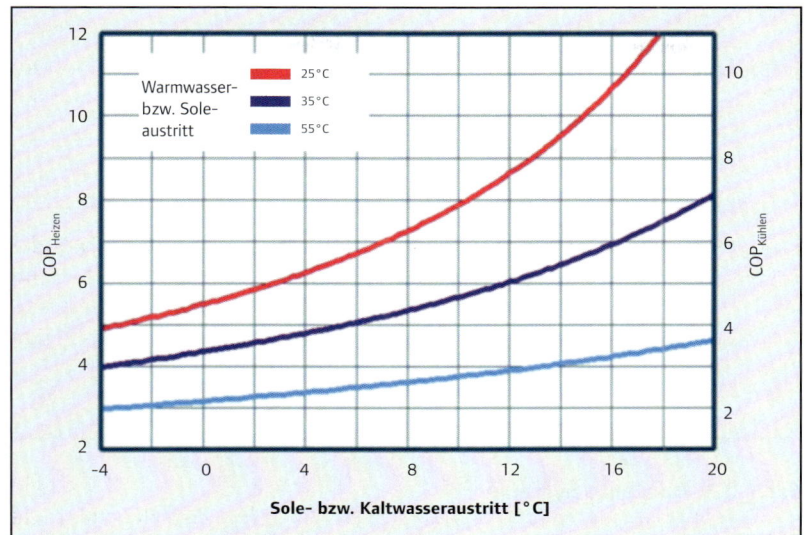

Bild 35
Leistungszahlen COP$_{Heizer}$ und COP$_{Kühlen}$ in Abhängigkeit der Systemtemperaturen

- Beispiel: Bei der Austrittstemperatur des Wärmeträgermediums aus der Maschine in die Quelle von 4 °C ergibt sich bei der Vorlauftemperatur von 55 °C ein COP von 3,2 und bei der Vorlauftemperatur von 35 °C ein COP von 4,8. Dies entspricht einer Verbesserung um 50 Prozent. Im Kühlbetrieb ergibt sich bei einer Temperatur im Vorlauf zur Wärmesenke von 35 °C und der Nutzkaltwassertemperatur von 6 °C ein COP von 4 und bei Nutzkaltwassertemperatur von 16 °C ein COP von 7, jeweils bezogen auf den reinen Heiz- oder Kühlanwendungsfall.

Im Rahmen des Forschungsprojektes „Monitoring, Evaluierung und modellbasierte Auswertung der Geothermieanlage am inHaus-2-Forschungszentrum in Duisburg" wurden in einem mehrjährigen Zyklus die Arbeitszahlen einer GEOZENT-Energiezentrale unter realen Betriebsbedingungen gemessen. Bild 35 verdeutlicht anschaulich die Energieeffizienz anhand des Verhältnisses von Aufwand zu Nutzen, ausgedrückt durch die dimensionsbehaftete Arbeitszahl AZ.

Bild 36
Gemessene Arbeitszahlen einer geothermisch gestützten KWV-Energiezentrale

Bild 37
Bestimmen des Bivalenzpunktes einer kombinierten Lösung mit Wärmepumpe und Gaskessel

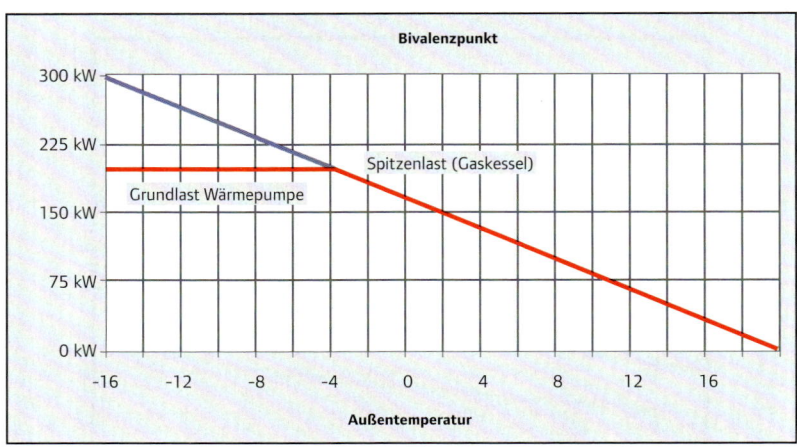

5.2.7.2.1 Bivalente Systeme

Ein effizientes Energiekonzept mit möglichst hohem Anteil erneuerbarer Energien orientiert sich an dem Nutzungsprofil des Gebäudes im Hinblick auf die gewünschten Raumtemperaturen im Winter- und Sommerbetrieb und der angestrebten Komfortklasse in den Aufenthaltsräumen. Die zweite Stufe der Überlegung gilt den auf dem Grundstück verfügbaren natürlichen Energieressourcen, ihrer zeitlichen Verfügbarkeit und Kapazität. Reicht eine Quellenart nicht aus, dann können mehrere Quellen parallel zu einem Quellenverbund geschaltet werden. Wenn eine monovalente Wärmepumpenlösung nicht möglich oder gewünscht wird, kann die Geothermie-gestützte Wärmepumpe im Grundlastbetrieb mit weiteren Wärmeerzeugungssystemen zu einer bivalenten Lösung kombiniert werden. Eine häufig bei großen Gebäuden angewandte Variante ist die geothermische Wärmepumpenanlage als Grundlastsystem, ergänzt mit einem gasbefeuerten Spitzenlastkessel.

Die Vorteile dieser Variante sind die höhere Medium-Temperatur während des Spitzenlastbetriebs, was besonders für renovierte Bestandsbauten mit Heizkörper oder Konvektoren wichtig sein kann, und die günstigen Investitionskosten für die kleinere Quellenanlage. Die Spitzenheizlast fällt außentemperaturbedingt nur an wenigen Stunden des Jahres an. Das Grundlastsystem übernimmt je nach Festlegung des Bivalenzpunktes den wesentlichen Teil der zu erbringenden Heizarbeit, während der Spitzenlastkessel an wenigen, sehr kalten Tagen die Leistungsspitze kompensiert (Bild 37).

Hotelanlagen, Beherbergungsbetriebe, Schwimmbäder, Altenheime, Krankenhäuser sind Objekte mit einem ganzjährigen Bedarf an Energie für den Spa- und Wellnessbereich und die Trinkwassererwärmung. Die Raumheizung und ggf. Raumkühlung erfolgt mit Niedertemperatur-Flächenheizungen.

Eine effiziente Lösung für diese Zielgruppe ist eine kombinierte geothermische Grundlastversorgung für die Niedertemperaturheizung und Vorer-

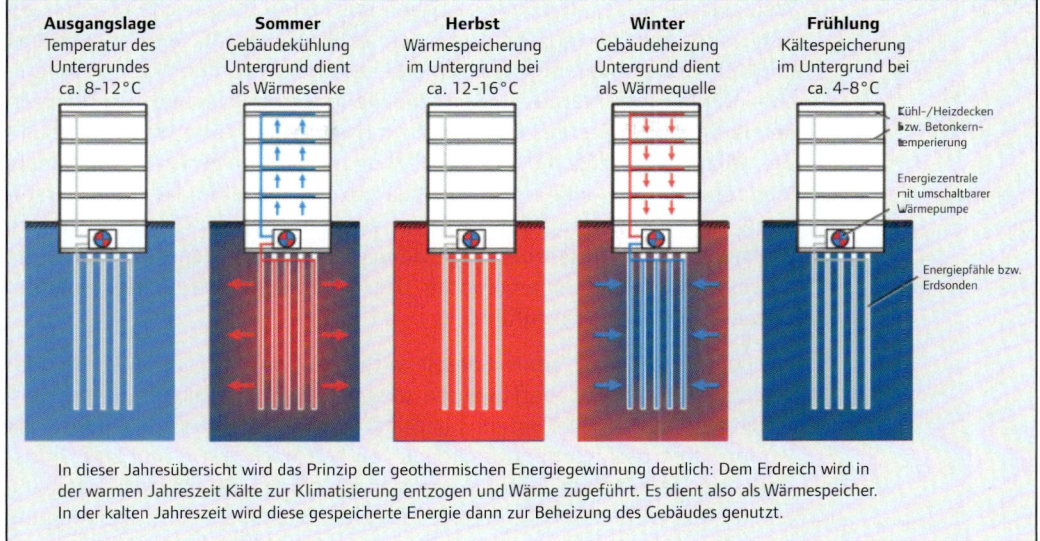

In dieser Jahresübersicht wird das Prinzip der geothermischen Energiegewinnung deutlich: Dem Erdreich wird in der warmen Jahreszeit Kälte zur Klimatisierung entzogen und Wärme zugeführt. Es dient also als Wärmespeicher. In der kalten Jahreszeit wird diese gespeicherte Energie dann zur Beheizung des Gebäudes genutzt.

Bild 38
Wirkprinzip der saisonalen Wärmespeicherung

wärmung des Trinkwarmwassers. Parallel dazu speist ein stromgeführtes BHKW den erzeugten Strom direkt in das Hausnetz und liefert die Hochtemperaturwärme zur Trinkwarmwassererzeugung und für den Spa-Bereich. Ein Gaskessel deckt die verbleibende Spitzenlast.

Für Bürogebäude mit geringer Kühlanforderung und niedriger Kühllast genügt eine Wärmepumpe mit Naturalkühlfunktion und einer geothermischer Quelle und Senke. In der Wärmeentzugsphase (Heizbetrieb) kühlt sich der Untergrund ab, und es bildet sich ein für die direkte Kühlung des Gebäudes nutzbares Wärmeaufnahmepotenzial.

Im Sommer wird zur Raumkühlung, beispielsweise über Flächensysteme, die absorbierte Wärmeenergie, ohne zusätzliche Kompressionsenergie aufwenden zu müssen, wieder dem Untergrund zugeführt, der sich auf natürliche Weise für die nächste Wärmeentzugsperiode regenerieren kann. Der Untergrund wird somit zum saisonalen Energiespeicher (Bild 38).

Für höhere Kühlanforderungen werden Wärmepumpen mit Umschaltung vom Heizbetrieb in den direkten (naturalen) und mechanischen Kühlbetrieb bevorzugt. Diese Ausführung ist auch dann noch in der Lage, Kühlenergie zu liefern, wenn das natürliche Kühlpotenzial des Untergrundes zur Raumkühlung erschöpft ist.

Die höchste Performance erreicht das Kälte-Wärme-Verbund-Konzept, das von Zent-Frenger für große Bürogebäude, Laborgebäude, Krankenhäuser, Produktionsbetriebe etc. entwickelt wurde, überall dort, wo verschiedene Betriebsfälle mit unterschiedlichen Leistungen und Temperaturen gleichzeitig auftreten können.

Wenn während der Heizperiode Zonen mit hohen thermischen Lasten gekühlt oder ganzjährig IT-Netzwerkrechner, Laborgeräte, Serverräume etc. mit Kühlmedium versorgt werden müssen, wenn während der sommerlichen Kühlperiode Wärme für Spa- und Wellnessbereiche und zur Trinkwassererwärmung bereitgestellt werden muss, ist der Kälte-Wärme-Verbund die effizienteste Lösung. Bei der Erzeugung von Heizwärme wird einem Medium Wärmeenergie entzogen. Das gekühlte Medium kann zur Versorgung der Kühlverbraucher verwendet werden. Umgekehrt gilt: Wenn die Wärmepumpe Kaltwasser erzeugt, dann wird die entzogene Wärmeenergie einem zweiten Medium angeboten, das die erzeugte Wärme den entsprechenden Verbrauchern zuführt.

Im Idealfall geht fast keine Energie verloren. Überschüssige Wärme oder zusätzlicher Wärmebedarf werden aus dem Quellen-Senken-System bereitgestellt. Das KWV-System benötigt lediglich elektrische Energie zur Veränderung des Temperaturniveaus von kalt nach warm und zum Transport der thermischen Energie von der jeweiligen Quelle zur jeweiligen Senke. Das ist deutlich geringerer Energieaufwand, als für die Erzeugung von Wärme aus fossilen Brennstoffen und zur Erzeugung von Kälteenergie aus einer luftgekühlten Kältemaschine notwendig wäre.

5.2.7.2.2 Lösung des Kälte-Wärme-Verbundes mit Erdwärmesonden und umschaltbarer Wärmepumpe für Bürogebäude

Die nachfolgenden Beispiele verdeutlichen Konzepte des Kälte-Wärme-Verbunds mit Erdwärmesonden und umschaltbarer Wärmepumpe für Büro- und Laborgebäude (Tab. 8 sowie Bilder 39 und 40).

Neubau Bürogebäude uniVersa Haus Freiburg		Renovierung Büro- und Laborgebäude Pfizer Freiburg	
Konzept		**Konzept**	
Monovalenter Heiz-/Kühlbetrieb, Erdsonden als Energiequelle und -senke, Energiezentrale GEOZENT, Betriebsfunktionen: Heizen, mechanisches Kühlen, naturales Kühlen, Dualbetrieb, TABS zur Abdeckung der Grundlast im Heiz- und Kühlfall, Randstreifenelemente als regelfähiges Zusatzsystem für individuelle Raumtemperaturregelung, integriertes Energiemanagement.		Heiz-/Kühlbetrieb mit Energiezentrale GEOZENT und zusätzlicher Spitzenlastkühlmaschine, Erdsonden als Energiequelle und -senke, Betriebsfunktionen: Heizen, mechanisches Kühlen, naturales Kühlen, Dauerkühlbetrieb für IT-Serverräume, Heiz-/Kühldecken in den Außenzonen, Kühldecken in den Innenzonen, integriertes Energiemanagement, Fernbedienung.	
Technische Daten		**Technische Daten**	
berechnete jährliche Heizarbeit	221 MWh/a	berechnete jährliche Heizarbeit	293 MWh/a
berechnete jährliche Kühlarbeit	180 MWh/a	berechnete jährliche Kühlarbeit	170 MWh/a
installierte Heizleistung	117 MWh/a	installierte Heizleistung	122 kW
installierte Kühlleistung	120 MWh/a	installierte Kühlleistung	110 kW
Anzahl Erdwärmesonden	15 St.	Anzahl Erdwärmesonden	25 St.
Erdwärmesondenlänge	120 m	Erdwärmesondenlänge	99 m

Tab. 8
TGA-Systemkonfiguration für Büro- und Laborgebäude (Best practice)

KONZEPTE DER WÄRME- UND KÄLTEERZEUGUNG MIT ERNEUERBAREN ENERGIEN 259

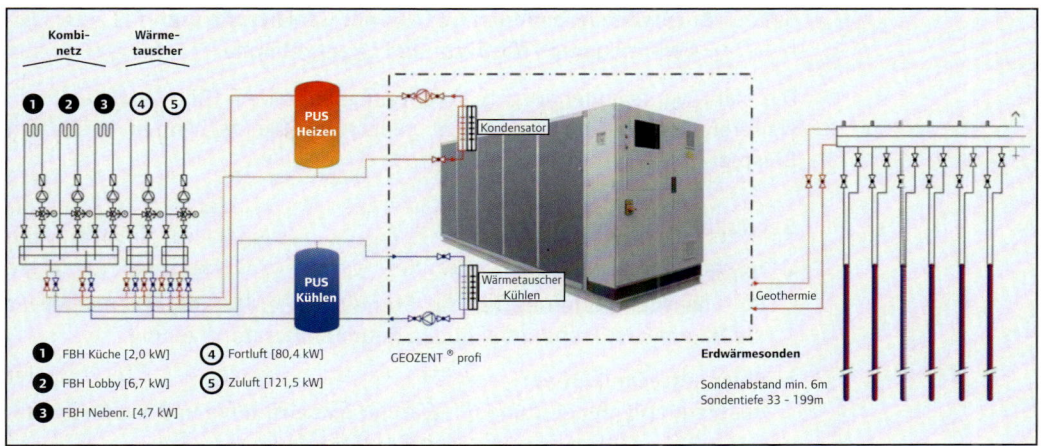

Bild 39
Funktionsschema Geothermische Energieversorgung – Neubau Bürogebäude uniVERSA Freiburg

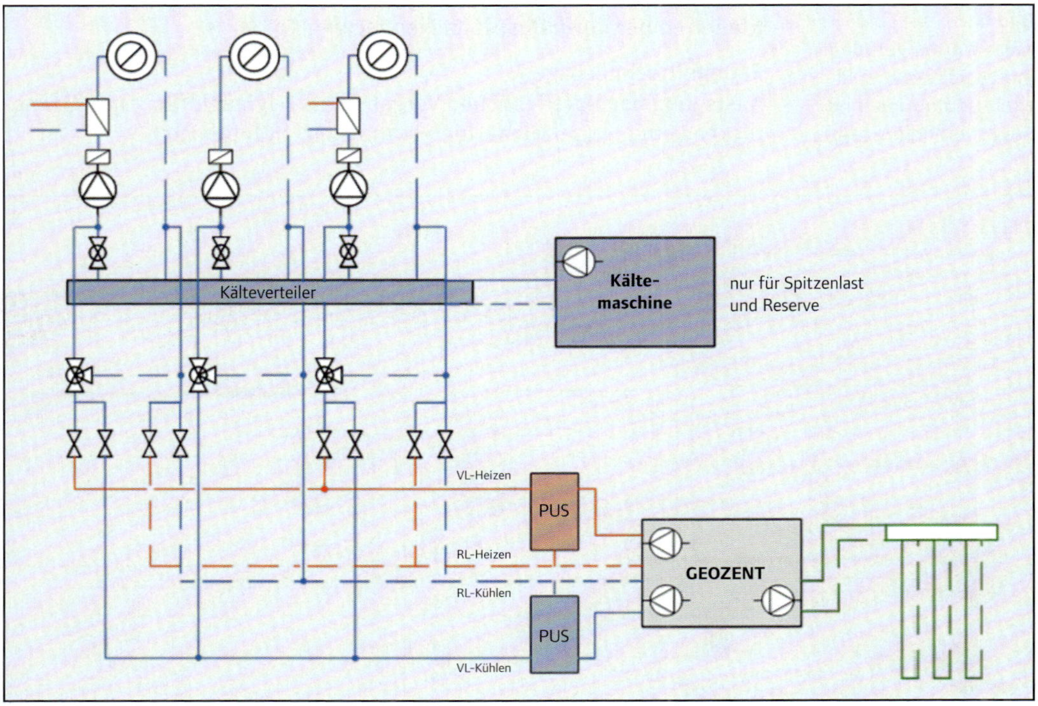

Bild 40
Funktionsschema Geothermische Energieversorgung – Sanierung Büro- und Laborgebäude Pfizer Pharma Freiburg

5.2.7.2.3 Quellenverbundlösung (QV) mit Geothermie und Wärmepumpe für Büro- und Lagergebäude

Die sehr verschiedenartigen Versorgungsaufgaben (Bild 41) in einem weiteren Beispiel eines gemischt genutzten Objekts werden in diesem Beispiel wie folgt gelöst:

Gebäude- und TGA-Charakteristik

- Bürogebäude
  Betonkerntemperierung für die Grundlast, Heiz-/Kühldeckensegel für die Raumakustik und individuelle Raumtemperaturregelung.

- Raumlufttechnik Büro
  Auslegung Hygienelüftung mit Wärmerückgewinnung und Niedertemperatur-Heiz-/Kühlregister zur Nachkonditionierung

- Casino
  Unterflurheizung/-kühlung

- Lagerflächen
  Niedertemperatur-Industrieflächenheizung

- Raumlufttechnik Lager
  Auslegung nach betrieblichen Vorgaben als Hygienelüftung mit Wärmerückgewinnung und Niedertemperatur-Heiz-/Kühlregister

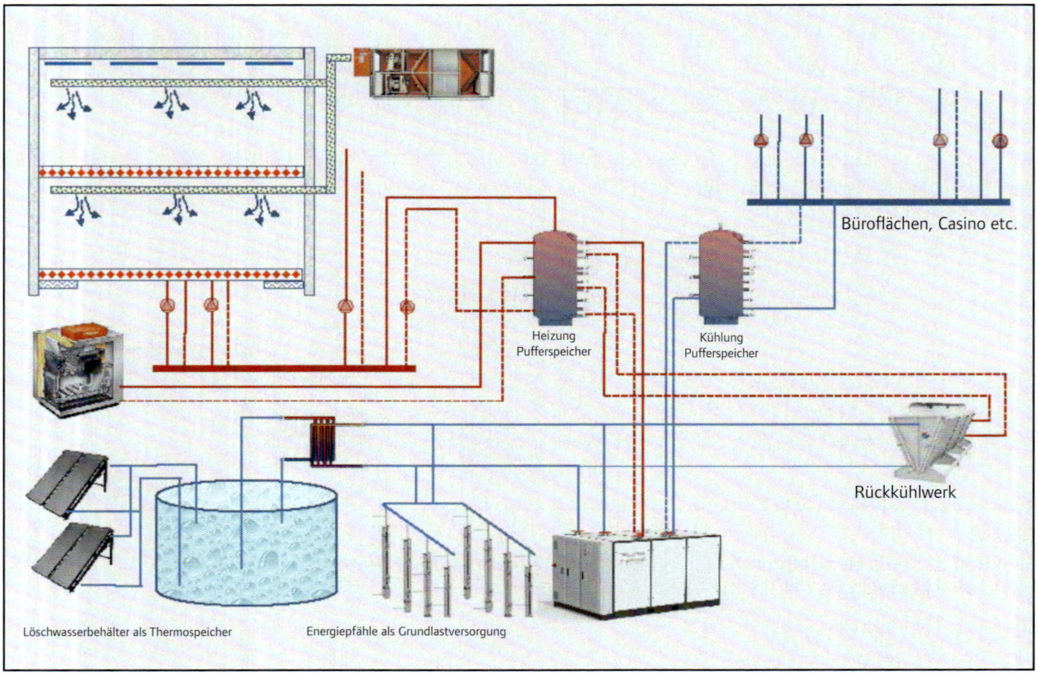

Bild 41
Kälte-Wärme-Verbund mit Löschwasserspeicher, Geothermie und Solarthermie (Prinzip)

- Quellenverbund
  thermisch aktivierte Gründungspfähle
  Zweitnutzung des Löschwasserspeichers als thermischer Pufferspeicher
  Solarthermie Kollektoren zur direkten Regeneration des Speicherinhalts
  Rückkühlwerk als zusätzliche Energiequelle und -senke
  Spitzenlastkessel
- Energiezentrale
  GEOZENT profi für das Bereitstellen der Wärmeenergie aus den erneuerbaren Energiequellen des Verbundes, das Organisieren des Quellenmanagements, Kompensieren des Kühlenergiebedarfs aus dem Quellenverbund
- Spitzenlastkessel   Zuschalten bei Überschreiten der Grundlast.

Technische Daten

Heizleistung gesamt	600 kW
davon Anteil Heizleistung GEOZENT	200 kW
Entzugsleistung Energiepfähle	100 kW
Kühlleistung	178 kW
Volumen Löschwasserspeicher	850 m³
nutzbare thermische Speicherkapazität maximal	30 MWh
Heizarbeit Quellenverbund, jährlich	313 MWh/a
Heizarbeit Spitzenlastkessel, jährlich	686 MWh/a
Kühlarbeit Quellenverbund, jährlich	115 MWh/a
Anteil erneuerbare Endenergie Heizbetrieb	31 %

Die Bilanz des monatlichen Heiz- und Kühlenergiebedarfes einschließlich der Deckungsbeiträge der Kälte-Wärme-Verbund-Anlage sind in Bild 42 dargestellt. Während der Übergangszeiten, wenn gleichzeitig Wärme- und Kühlenergiebedarf besteht, wird die Quellenverbundseite nur mit der Differenz in Anspruch genommen, weil die Energieverschiebung innerhalb der GEOZENT vorgenommen wird.

5.2.7.2.4 Quellenverbundlösung mit Geothermie und Wärmepumpe für eine Logistikhalle

Dieses Objekt soll nur mit Heizwärme versorgt werden. Der Erneuerbare-Energien-Anteil kommt aus Erdsonden, die Spitzenlastversorgung wird über einen Fernwärmeanschluss zur Verfügung gestellt (Bilder 43 und 44).

Gebäude- und TGA-Charakteristik:

- Lagerflächen
  Niedertemperatur-Industrieflächenheizung
- Torluftschleier
  Abschirmen des Kaltlufteinfalles bei Toröffnung

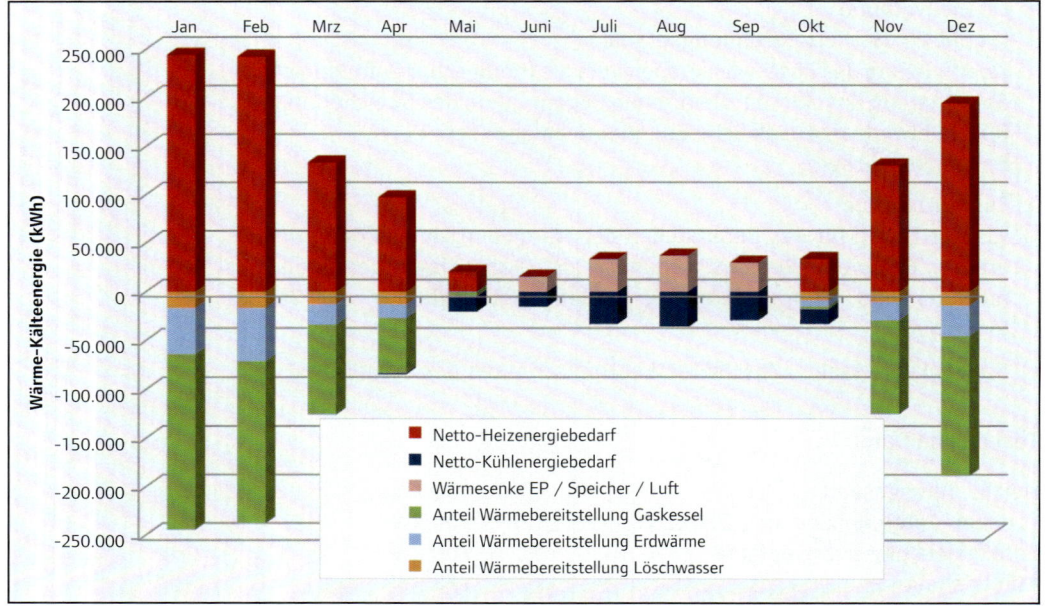

Bild 42
Wärme-Kälte-Energie im Vergleich von Bedarf und Deckungsanteilen des Systems

- Quellenverbund
  Erdsonden
  Zweitnutzung des Löschwasserspeichers als thermischer Pufferspeicher
  optional: Solarthermie-Rohrschlangen auf dem Hallendach zur Regeneration des Speichers
  Fernwärmeübergabe

- Energiezentrale
  GEOZENT basic, liefert Wärmeenergie aus der erneuerbaren Energiequelle

- Fernwärmestation
  Zuschalten bei Überschreiten der Grundlast.

Technische Daten

Heizleistung gesamt	638 kW
davon Anteil Heizleistung GEOZENT	281 kW
Entzugsleistung Energiesonden	225 kW
Löschwasserspeicher-Volumen	1200 m³
nutzbare thermische Speicherkapazität maximal	42 MWh
Erdwärmesondenlänge aktiv	5000 m
Heizarbeit Quellenverbund	556 MWh/a
Heizarbeit Fernwärmestation	576 MWh/a
Anteil erneuerbare Endenergie	49 %

Konzepte der Wärme- und Kälteerzeugung mit erneuerbaren Energien 263

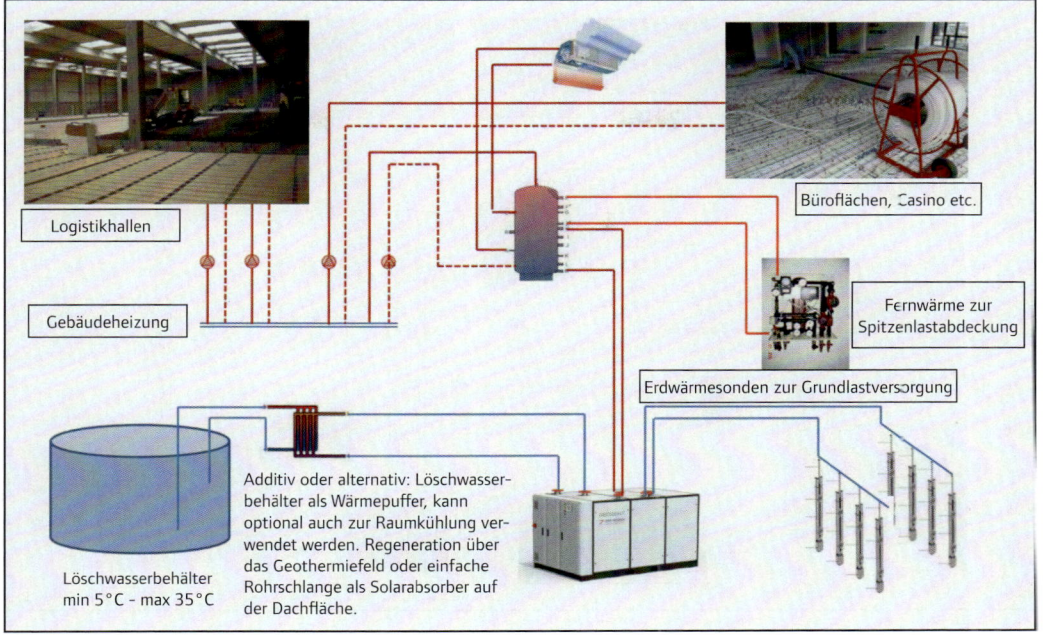

5.2.7.2.5 Lösung des Kälte-Wärme-Verbundes mit Quellenverbund für Fachmarktcenter

Typisch für Fachmarktcenter sind ausgeprägt kühllastige Jahres-Energieprofile. Hier ist nun ein Kälte-Wärme-Verbund besonders vorteilhaft, weil der überwiegende Heizbedarf aus der Abwärme gedeckt werden kann. Voraussetzung dazu ist zunächst die monatliche Bilanzierung des Heiz- und Kühlenergiebedarfs. Daraus errechnet sich die dem Gesamtsystem aus einer Quelle bzw. Senke hinzu- oder abzuführende Differenz der Energie. Ein Thermospeicher sorgt für genügend Sicherheit bei betrieblichen Ausnahmefällen. Die Systeme zum Heizen und Kühlen müssen hinsichtlich Wirkungsweise und Betriebsparameter aufeinander abgestimmt und über ein Energiemanagement miteinander verknüpft werden (Bild 44).

Bild 43
Kälte-Wärme-Verbund mit Löschwasserspeicher, Geothermie und Fernwärme (Prinzip)

Gebäude- und TGA-Charakteristik

- Verkaufsflächen
  Niedertemperatur-Industrieflächenheizung

- Lagerflächen
  Niedertemperatur-Industrieflächenheizung

- Türluftschleier
  Abschirmen des Kaltlufteinfalles bei Toröffnung

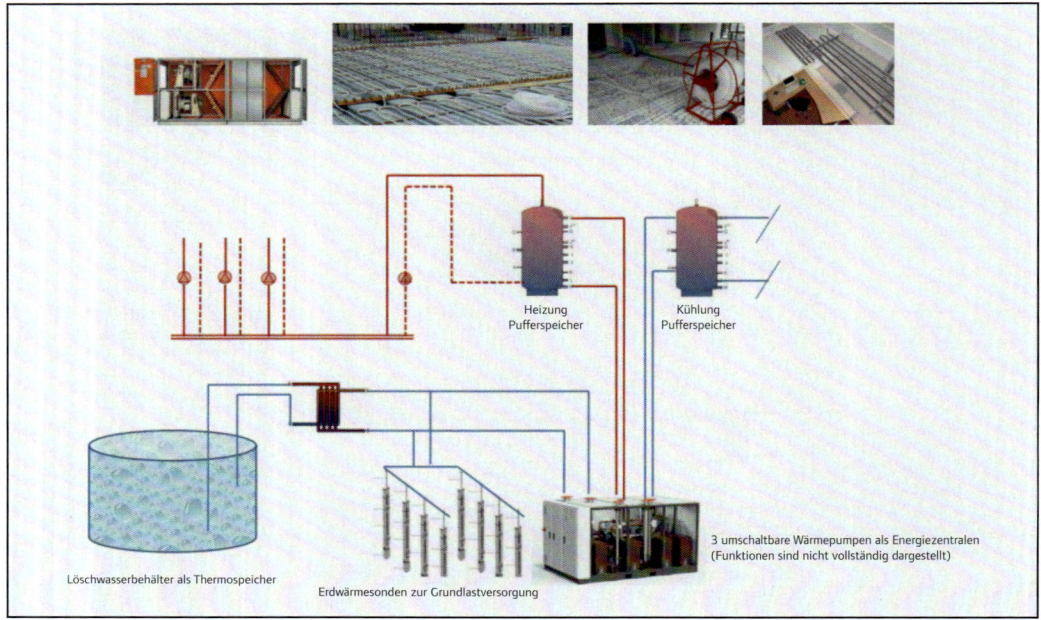

Bild 44
Funktionsschema monovalente Kälte-Wärme-Erzeugung, Löschwasserspeicher als temporärer Energiepuffer

- Lüftungstechnik
  Luftmengen entsprechend den hygienischen Anforderungen luftqualitätsgeführt geregelt (Volumenstrom)

- Cafeteria
  Unterflurheizung

- Büroräume
  Heiz-/Kühldecken

- Quellenverbund
  Erdsonden-Zweitnutzung des Löschwasserspeichers als thermischer Pufferspeicher
  optional: Solarthermie-Rohrschlangen auf dem Hallendach zur Regeneration des Speichers
  Fernwärmeübergabe

- Energiezentrale
  monovalente Energiebereitstellung auf Basis von drei GEOZENT profi, Energiezentralen für Wärme- und Kälteenergie aus dem Quellen-Senken-Verbund, keine zusätzliche Heiz- oder Kühlanlage.

Technische Daten

Heizleistung gesamt	960 kW
Heizleistung GEOZENT	3 x 300 kW
Kühlleistungsbedarf gesamt	720 kW

Konzepte der Wärme- und Kälteerzeugung mit erneuerbaren Energien

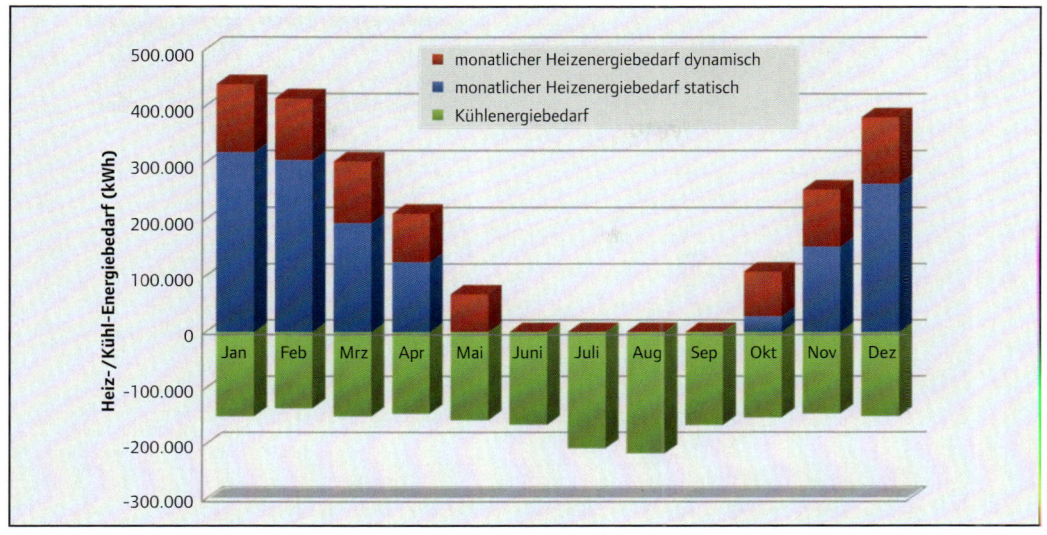

Entzugsleistung Erdwärmesonden	446 kW	**Bild 45**
Löschwasserspeicher-Volumen	1250 m³	Bilanz des monatlichen Kühl- und
nutzbare thermische Speicherkapazität maximal	42 MWh	Heizenergiebedarfs
Erdwärmesondenlänge aktiv	9990 m	eines Fachmarktcenters
Heizarbeit Quellenverbund, jährlich	985 MWh/a	
Kühlarbeit Quellenverbund, jährlich	10057 MWh/a	
Anteil Erneuerbare Energien	100 %	

5.2.7.2.6 Kälte-Wärme-Verbund – Latentspeicher, saisonale Prozesswärmenutzung

Für Gebäude mit ganzjährigem Kühlbedarf, wie beispielsweise Versuchslabore, Büros mit Servercluster, kühlbedürftige Produktionen etc., sind Kälte-Wärme-Verbundlösungen mit temporärem Thermospeicher besonders effizient. Die mittels Kühlkreisläufen abgeführte Prozesswärmeenergie wird einem großen Pufferspeicher zugeführt. Verfügt das Gebäude über einen Löschwasserspeicher, ist es sinnvoll, diesen zusätzlich zu seiner Brandschutzaufgabe auch als einphasigen Thermospeicher (Temperaturbereich +5 °C bis +40 °C) zu nutzen.

Eine sehr viel höhere Speicherkapazität bieten dagegen Speicher, die zweiphasig betrieben werden können. Durch den Wechsel des Aggregatzustandes des Speichermediums von Eis zu flüssigem Wasser oder umgekehrt steht bei vergleichbarem Speichervolumen eine sehr viel höhere thermische Kapazität als bei einphasigen Speichern zur Verfügung. Wenn die aus dem Kühlnetz gewonnene Wärmeenergie zur Deckung des Heizwärmebedarfes nicht ausreicht, steht der Wärmepumpe der durch Wärmeeintrag im Thermospeicher angelegte Energievorrat zur Verfügung. Ein intelli-

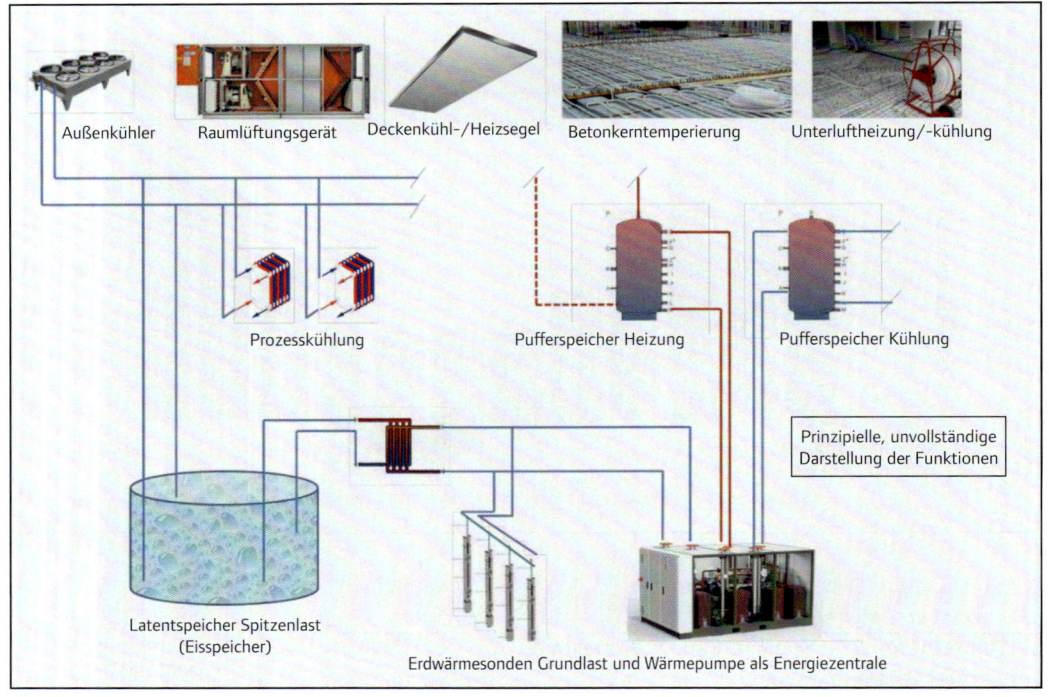

Bild 46
Schema Kälte-Wärme-Verbund mit Prozesskühlung und Latentspeicher

gentes Speichermanagement ist dafür verantwortlich, dass der Speicher rechtzeitig vor der Winterperiode auf maximale Kapazität geladen wird. Beim einphasigen Speicher muss der Wärmeentzug aus brandschutztechnischen Gründen bei +5 °C beendet werden.

Der zweiphasige Speicher (Latentspeicher) kann dagegen in die Vereisung geführt werden. Bei anhaltendem Wärmeentzug bildet sich um die Wärmetauscherrohre eine allmählich anwachsende Eisschicht. Die Wärmepumpe heizt mit der Erstarrungswärme. In der übrigen Jahreszeit kann der Speicher in der Funktion als Wärmesenke für die Gebäude- und Prozesskühlung sehr viel Wärme zum Abtauen des im Winter gebildeten Eises aufnehmen.

In Fällen mit unausgeglichener Energiebilanz (Sommer-, Winterbetrieb) kann ein zusätzlicher Außenkühler als zusätzliche Wärmesenke erforderlich werden, der in Zeiten mit niedrigen Nachttemperaturen die Speichertemperatur absenkt. Auch in der Wärmeentzugsphase kann eine Regeneration durch Zuführung externer Wärmeenergie, vorzugsweise aus erneuerbaren Energiequellen notwendig werden (Bild 46).

5.2.7.2.7 Lösungen des Kälte-Wärme-Verbundes im Lebensmittelhandel

Seit einigen Jahren ist eine Sonderform der Kälte-Wärme-Verbundtechnik bekannt, welche für die speziellen Anforderungen des Lebensmittelhan-

Konzepte der Wärme- und Kälteerzeugung mit erneuerbaren Energien

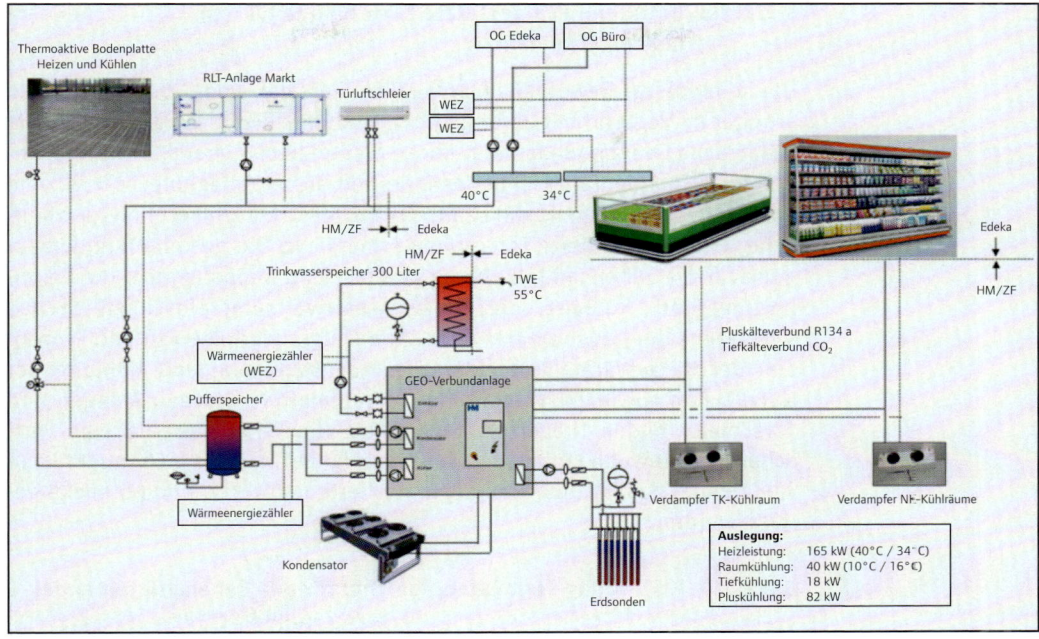

Bild 47
Kälte-Wärme-Verbund-Lösung mit Erdsonden für den Lebensmittelhandel

dels entwickelt wurde. Die Energiebilanz eines typischen Lebensmittelhandelsbetriebes zeigt einen deutlichen Überschuss an Abwärme aus der Kälteproduktion im Vergleich zum jährlichen Heizwärmebedarf der Immobilie. Jedoch reicht bei tiefen Außentemperaturen im Winter das aus der Gewerbekälteerzeugung verfügbare Wärmeangebot zur Beheizung des Gebäudes nicht aus. Deshalb werden die Handelsgebäude standardmäßig mit einer Heizungsanlage ausgestattet. Die meisten gewerblichen Kälteanlagen sind nach dem Kältebedarf geregelt. Deshalb ist die Kondensationstemperatur der Gewerbekälte bei niedrigen Außentemperaturen so niedrig, dass eine Wärmerückgewinnung keine ausreichende Temperatur für die Heizung zur Verfügung stellen kann. Zur Versorgungssicherheit liefert eine fossile Kesselanlage die Heizwärme für das Gebäude. Traditionell sind außerdem Wärme- und Kälteerzeugung in unterschiedlichen Ausführungsgewerken angesiedelt.

Das KWV-System nutzt die ganzjährig bei der Gewerbekälteerzeugung entstehende Abwärme zur Beheizung des Gebäudes, das neben dem Lebensmittelmarkt weitere Nutzflächen beinhalten kann. Nur an wenigen sehr kalten Tagen wird eine zusätzliche Wärmequelle zur Unterstützung zugeschaltet. Weil in der Jahresbilanz mehr Abwärme als Wärmebedarf zu Buche steht, hilft ein thermischer Speicher im KWV-Konzept, überschüssige Wärme temporär zu speichern und bei Bedarf wieder zur Verfügung zu stellen. Die standardmäßig eingeplante Heizwärmeerzeugungsanlage mit fossilen Brennstoffen ist nicht mehr erforderlich. Die Immobilie versorgt sich quasi durch effiziente Energieverwendung selbst.

5.2.7.2.8 Geothermisch gestützte KWV-Anlage für den Lebensmittelhandel

Die kombinierte Gewerbekälteanlage als Tiefkälte- und Pluskältekaskade arbeitet im Verbund mit einer geothermisch gestützten Wärmepumpe. Als zusätzliche Energiequelle oder -senke dienen überwiegend Erdwärmesonden oder Energiepfähle. Eine Besonderheit dieser Anlagentechnik ist eine integrierte MSR-Technik, die sämtliche Prozesse kontrolliert und ganzheitliche, energieoptimierte Funktionen ermöglicht. Die gesamte Kälteerzeugung für die Lebensmittelkühlung im Plus- und Minusbereich, die Raumheizung und -kühlung, die Trinkwassererwärmung einschließlich des Verwertens der Abwärme aus der Kälteerzeugung erfolgen zu 100 Prozent aus der Kälte-Wärme-Verbundanlage. Zur Beheizung und Kühlung der Nutzflächen sowie zur Versorgung der raumlufttechnischen Anlagen und Türschleier bilden Niedertemperatur-Heiz- und -Kühlsysteme eine wirtschaftlich sinnvolle Ergänzung. Zur Kühlung des Marktes im Sommer kann weitgehend das im Untergrund gespeicherte natürliche Kühlpotenzial genutzt werden.

5.2.7.2.9 KWV-Anlage mit Latentspeicher für den Lebensmittelhandel

Alternativ zur geothermisch gestützten Kälte-Wärme-Verbund-Lösung ist eine Weiterentwicklung mit einem Latentspeicherkonzept bekannt. Die KWV-Anlage mit Latentspeicher dient ebenfalls der Vollversorgung der Handelsimmobilie mit Gewerbekälte und Raumheizung und -kühlung. Der aus Ortbeton hergestellte, wassergefüllte Latentspeicher dient in Phasen mit Wärmeüberschuss als Wärmesenke und als Wärmequelle für die Deckung des Heizwärmebedarfes im Winterbetrieb. Die KWV-Anlage nutzt den Energiegehalt, der beim Phasenwechsel des im Speicher befindlichen Wasservolumens abgegeben oder aufgenommen wird. Die erforderliche Speichergröße errechnet sich unter Berücksichtigung des Abwärme-Angebotes aus dem aus der Gewerbekälteanlage zusätzlich erforderlichen Energiebedarf. Dies setzt allerdings genaue Kenntnisse über das Betriebsverhalten der Gewerbekälteanlage voraus. Eine im Kälte-Wärme-Verbund integrierte Wärmepumpenfunktion nutzt den Energiespeicher als Energiequelle, um die zusätzlich erforderliche Wärmeenergie zur statischen und dynamischen Beheizung der Nutzflächen bereitzustellen. Das Temperieren der Nutzflächen des Marktes erfolgt über die bereits benannten Niedertemperatur-Flächenheiz- und -kühlsysteme. Die Energie zur Kühlung des Marktes erfolgt aus dem im Winter gebildeten Kühlpotenzial des Eisspeichers. Das integrierte Monitoring-System liefert per Datenfernübertragung Betriebsdaten zur Überwachung und bedarfsgerechten Optimierung der Gesamtanlage. Der Latentspeicher kann zur weiteren Verbesserung der Versorgungssicherheit mit verschiedenen erneuerbaren Energiequellen wie Solarkollektoren, Erdwärmekollektoren, Erdwärmesonden, Kanalabwasserwärmetauschern, Regenwasserversickerung etc. kombiniert werden (Bild 48).

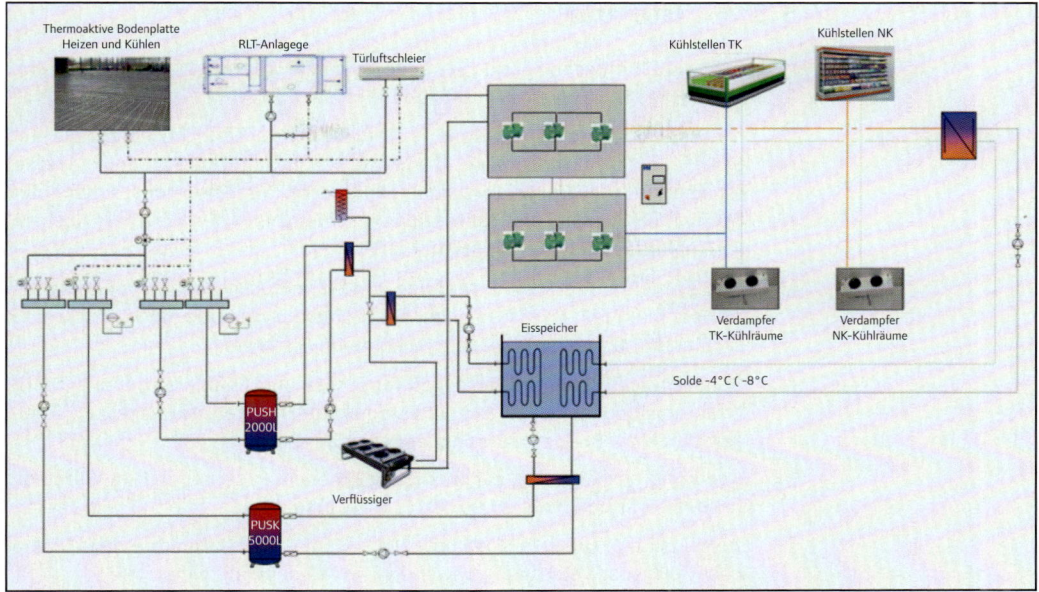

Bild 48
Funktionsschema Kälte-Wärme-Verbund-Lösung Tiefkälte, Pluskälte, Gebäudeheizung, Latentspeicher für den Lebensmittelhandel

5.2.8 Fazit

Wissenschaft und Technik haben in der TGA einen hohen Stand erreicht, sodass es zunehmend schwieriger wird, Einzelphänomene zu verändern oder Detaillösungen zu verbessern. Das größte Energieeinsparpotenzial liegt wahrscheinlich darin, wirkungsvolle komplexe Energiekonzepte zu entwickeln, die Bestandteile aufeinander abzustimmen, die Betriebsführung zu kontrollieren und Präzisierungen im Abgleich von Energiebedarf und Energiebereitstellung vorzunehmen.

Am Beispiel des Wärme-Kälte-Verbundes in unterschiedlichsten gewerblich genutzten Immobilien wurde gezeigt, wie Konzepte des simultanen Wärme- und Kälteerzeugens mit Speichertechniken kombiniert werden können. Niedertemperaturheiz- und Hochtemperaturkühlsysteme, ausgeführt als TABS oder Flächenheizungen und -kühlungen, sorgen dafür, dass neben der hohen Energieeffizienz eine sehr gute thermische Behaglichkeit des Nutzers in diesen Gebäuden erreicht wird.

Hohe ingenieurtechnische Fähigkeiten, die das strategische Konzipieren im Großen und Planen im Detail einschließen, sind die Voraussetzung dafür, diese komplexen Lösungen praktisch umzusetzen und nachhaltig erfolgreich zu betreiben. Möge dieses Kapitel dazu wertvolle Anregungen geben.

5.3 Literatur

[1] Heiz- und Kühltechniken für Gebäude gemäß EEWärmeG 2011, cci, Dipl.-Ing. Claus Händel, Fachverband Gebäude-Klima e.V. (FGK)

[2] Nutzung industrieller Abwärme – Technisch-wirtschaftliche Potenziale und energiepolitische Umsetzung, Dr. Martin Pehnt, Jan Bödeker, ifeu – Institut für Energie- und Umweltforschung Heidelberg, Marlene Arens, Fraunhofer-Institut für System- und Innovationsforschung, Prof. Dr. Eberhard Jochem, Farikha Idrissova IREES GmbH, Juli 2010.

[3] FGK-Statusreport 20, Die Bewertung von Wärmerückgewinnung und Regenerativen Energien in RLT-Anlagen für Nichtwohngebäude nach EEWärmeG, Fachinstitut Gebäude-Klima e.V., Bietigheim-Bissingen

[4] Bundesministerium für Umwelt, Naturschutz und Reaktorsicherheit (BMU), Erfahrungsbericht gem. § 18 zum Erneuerbare-Energien-Wärmegesetz, vorgelegt durch die Bundesregierung im Dezember 2012.

[5] Änderung des Gesetzes zur Förderung Erneuerbarer Energien im Wärmebereich, EE-WärmeG, vom 28.09.2010, www.bmu.de

[6] Tuschinski, M. (Hrsg.), EE-WämeG 2011 + EnEV, Kurz-Info und Praxis-Dialog: Energieeinspar-Verordnung anwenden, www.enev-online.de

[7] Nüßle, F., Innovative Energiekonzepte für den Lebensmitteleinzelhandel. (Der geothermische Kälte-Wärme-Verbund), Vortrag (Handout) IHK Schleswig-Holstein, 2013

[8] Nüßle, F., Innovative Kälte- und Wärmeversorgung für food-Logistik und Handelsflächen, BHKS Almanach 2010

[9] Nüßle, F., Ganzheitliche Konzepte für den Lebensmittelhandel. KI Kälte-Luft-Klimatechnik, Heft 11, 2010, S. 28

[10] Nüßle, F./Oehlert, St., Die geothermische Energiezentrale GEOZENT®profi. Geothermische Lösungen für gewerbliche Gebäude, Mdm Vortrag, Hamburg 2010

[11] Nüßle, F./Oehlert, St., Klima schützen – Kosten senken. Energie sparen bei Kälteanlagen im Lebensmittelhandel, Bayerisches Landesamt für Umwelt, 2006

[12] Kauffeld, M., Trends und Perspektiven für Supermarkt-Kälteanlagen. KI Kälte-Luft-Klimatechnik, Heft 4, 2008, S. 24

[13] Korn, D., Effizienter Betrieb von Kälteanlagen, Berlin/Offenbach 2011

[14] Korn, D., Kältetechnik, Siemens AG 2010

[15] Tamme, R., Speichertechnik nicht nur für Solarenergie, DLR – Institut für Technische Thermodynamik, 4. Solartagung Rheinland-Pfalz, 2008

[16] Urbaneck, T., Kältespeicher. Grundlagen Technik Anwendung, München 2012

[17] Lorbach, D., Kälteversorgung einer Produktionsanlage mit Hilfe eines innovativen Kälteträgers und eines Kältespeichers zur Spitzenglättung im Contracting Modell, Energy 2005, Hannover

[18] Lorbach, D., VDI 4640 Thermische Nutzung des Untergrundes. Blatt 3 Thermische Untergrundspeicher, 2001/2006

[19] Sasse, Chr. et al., Wärme- und Kältespeicherung im Gründungsbereich energieeffizienter Bürogebäude, ENOB Statusseminar, 2006

[20] Bauer, D., Zur thermischen Modellierung von Erdwärmesonden und Erdsonden-Wärmespeichern, Diss. Stuttgart 2011

[21] Zhiwei, L. et al., Analysis on energy consumption of water-loop heat pump system in China, Applied Thermal Engineering 25 (2005), S. 73–85

6 Energieeffiziente Raumluft- und Klimatechnik

		Seite
6.1	**Technische Voraussetzungen**	275
6.1.1	Grundsätzliche Aspekte	276
6.1.2	Behaglichkeit	280
6.1.2.1	Thermische Behaglichkeit	280
6.1.2.2	Hygienische Behaglichkeit	281
6.1.2.3	Akustische Behaglichkeit	282
6.1.3	Mindestaußenluftvolumenstrom	282
6.1.4	Lastberechnung	285
6.1.5	Energetische Forderungen	285
6.1.5.1	Reduzierung der Antriebsenergie	285
6.1.5.2	Wärmerückgewinnung	288
6.1.6	Freie (natürliche) Lüftung	291
6.1.6.1	Grundlagen	291
6.1.6.2	Fensterlüftung	295
6.1.6.3	Schachtlüftung	298
6.1.6.4	Dachaufsatzlüftung	299
6.1.7	Raumströmung (Luftführung im Raum)	300
6.1.7.1	Begriffe	302
6.1.7.2	Grundsätze	306
6.1.7.3	Luftführungsarten	309
6.1.8	Konditionierung der Außenluft	311
6.1.8.1	Gestaltung der Außenluftansaugung	311
6.1.8.2	Luftbrunnen, Thermolabyrinth	313
6.1.8.3	Adiabate Befeuchtung (Kühlung)	314
6.1.9	Kälte- und Wärmespeicherung	315
6.1.9.1	Latentspeicher	316
6.1.9.2	Eisspeicher	317
6.1.9.3	Erdreich	318
6.1.9.4	Schotterspeicher	319
6.1.9.5	Wasserspeicher	320
6.1.10	Kälteerzeugung und Kühlung	322
6.1.10.1	Allgemeines	322
6.1.10.2	Kälteerzeugung	323
6.1.10.3	Kühl- und Entfeuchtungsprozesse und Kühlverfahren	326
6.1.10.4	Wärmepumpen	336

		Seite
6.2	**Raum(luft)konditionierung**	336
6.2.1	Allgemeine Definitionen der Lüftungstechnik	336
6.2.2	Definitionen: Raum(luft)konditionierungsanlagen	344
6.2.3	Luft-Kälteanlagen (dezentrale Klimatisierung mittels VRF-Multisplittechnik)	346
6.2.3.1	Allgemeine Aspekte	346
6.2.3.2	Aufbau	348
6.2.3.3	Regelung	352
6.2.4	VRF-System als Wärmepumpe	353
6.3	**Lüftungsstrategien**	355
6.4	**Wohnungslüftung**	355
6.4.1	Allgemeine Aspekte	355
6.4.2	Natürliche Lüftung	357
6.4.3	Mechanische Lüftung ohne WRG	359
6.4.4	Mechanische Lüftung mit WRG	360
6.5	**Nichtwohngebäude**	364
6.5.1	Geschossbauten (Büroräume)	364
6.5.2	Gesellschaftsbauten	368
6.5.3	Industriebauten	374
6.6	**Lüftung und TABS (Thermoaktive Bauteilsysteme)**	377
6.7	**Schlussfolgerungen und Ausblick**	382
6.8	**Literatur**	384
6.9	**Anmerkungen**	386

6.1 Technische Voraussetzungen

Die moderne Technik des Lüftens, Heizens, Kühlens und Be- bzw. Entfeuchtens in Gebäuden ist und wird zukünftig bestimmt sein durch
- Anspruch auf optimale Behaglichkeit für den Nutzer,
- Gewährleistung nutzungsspezifischer Parameter,
- Minimierung des energetischen Aufwandes,
- Optimierung der Investitionskosten unter Berücksichtigung der Nachhaltigkeit und der Lebenszykluskosten (LCC),
- große Nutzungsvariabilität,
- rechnergestützte Berechnung von Lasten, Bedarf und Verbrauch,
- Berücksichtigung bauklimatischer Aspekte (d. h. dem bauklimatischen Lehrsatz „Erst klimagerecht bauen und dann bauwerksgerecht klimatisieren" [1] folgend) sowie
- integrale technische Lösungen unter Einbeziehung der Gebäudeautomation und Informationstechnologien.

Dabei wird es nicht „die technische Lösung", sondern immer „Systemlösungen" in Abhängigkeit vorgegebener Randbedingungen geben.

Geprägt werden die modernen Systeme vor allem durch
- Gewährleistung optimaler Nutzungsbedingungen unter Beachtung der Behaglichkeit und Raumströmung,
- Einsatz von Leistungselektronik,
- optimierte Gebäudeautomation,
- gesetzlichen Vorgaben zur Minimierung des Energieverbrauches (u. a. EPBD [2], EnEV [3], DIN V 18599 [4], EEWärmeG [5] sowohl gebäudeseits als auch anlagentechnischerseits,
- Nutzung regenerativer (erneuerbarer) Energien und der Wärmerückgewinnung,
- Kraft-Wärme-Kopplung (Wärmepumpen) und
- Nutzung der Speicherung im Gebäude, der Umwelt und in Systemen.

Wesentliche Voraussetzungen und Randbedingungen für die Systemlösungen werden in den folgenden Abschnitten behandelt. Sie dienen dem Verständnis der in den Kapiteln 2, 3 und 4 in grafischer Form dargestellten Lösungsansätze und vermeiden somit grundlegende Wiederholungen und Bezüge.

6.1.1 Grundsätzliche Aspekte

Unabhängig davon gelten physikalische, thermodynamische und strömungstechnische Grundprinzipien, die Basis für moderne TGA-Systeme sind, um insbesondere den energetischen Aufwand der TGA-Anlagen minimieren zu können.

Ziele sollten sein:

A beim Transport von Medien

- kleine Geschwindigkeiten v
- Volumenstrom reduzieren q_v
  - Minimierung der Last Φ
  - große Temperaturspreizung $\Delta\theta$ bzw. Enthalpiespreizung Δh
  - Transport über eine Flüssigkeit, da gilt:
    Wasser (20 °C): $\rho_W = 1.000\,\text{kg/m}^3$ und $c_W = 4,2\,\text{kJ/kg K}$
    Luft (20 °C): $\rho_L = 1,2\,\text{kg/m}^3$ und $c_L = 1,02\,\text{kJ/kg K}$
- geringe Rohrreibung und kleine Widerstandsbeiwerte ζ
- geringe Druckverluste Δp
- kleine Geschwindigkeiten (d. h. je kleiner die Geschwindigkeit v, umso geringer ist der Druckverlust und die notwendige Transportleistung P (d. h. bei Reduzierung der Geschwindigkeit z. B. um 50 Prozent, reduziert sich der Druckverlust auf 25 Prozent und die Leistung auf 12,5 Prozent))
- kleiner Volumenstrom (d. h. $P \cong q_v^3$ und $P_{SFP} = P_{vent}/q_v$ (spezifische Ventilatorleistung = SFP-Wert))

Dabei gelten folgende zu beachtende physikalische Beziehungen:

$$q_v = A \cdot v \qquad (1)$$

$$q_v = \Phi / \rho \cdot c \cdot \Delta\theta = \Phi / \rho \cdot \Delta h \qquad (2)$$

$$q_m = \Phi / c \cdot \Delta\theta = \Phi / \Delta h \qquad (3)$$

$$\Delta p = \sum R \cdot l + \sum \zeta \cdot \left(\rho/2\right) \cdot v^2 \qquad (4)$$

$$P = \frac{\Delta p \cdot q_v}{\eta_{Motor}} \qquad (5)$$

B beim Transport und Übertragung von Wärme (und in Analogie von Feuchte) im stationären als auch instationären Fall

- Transmissions**verluste**
  - Minimierung des Wärmedurchgangskoeffizienten U (EnEV [3])
  - Minimierung der Wärmeleitfähigkeit λ
  - Beachtung der physikalischen Grenzen der Wärmeübergangskoeffizienten im Raum ($\alpha_{Konv} \approx 1...3$ W/(m² K) und $\alpha_{Str} \approx 5....5,5$ W/(m² K))
- Transmissions**gewinne**
  - Maximierung des Wärmedurchgangskoeffizienten U
  - Maximierung der Wärmeleitfähigkeit λ (z. B. durch Feuchtigkeit)
  - Maximierung der Übertragungsfläche A
  - Maximierung des konvektiven Wärmeübergangskoeffizienten α_{Konv} als Funktion der Geschwindigkeit

  Dabei gelten folgende zu beachtende physikalische Beziehungen:

$$\Phi = U \cdot A \cdot \Delta \theta \qquad (6)$$

$$U = 1/(R_i + R_\lambda + R_e) \qquad (7)$$

$$\Phi = R_\lambda \cdot A \cdot \Delta \theta \qquad (8)$$

$$R_\lambda = \sum_1^n \left(\frac{\lambda}{s}\right)_n \qquad (9)$$

$$\Phi = \alpha \cdot A \cdot \Delta \theta \qquad (10)$$

C bei der Wärmespeicherung in Baustoffen bzw. in Stoffen (z. B. Erdreich) oder Wasser

- großes Wärmeleitvermögen λ
- große spezifische Rohdichte ρ
- große spezifische Wärmekapazität c
- Nutzung der Umwandlungsenergie (Latentspeicher)
- lange Speicherdauer, d. h. große Periodendauer τ_P der Temperaturschwankung (s. a. Abb. 1 nach [6] bzw. [7])

Bild 1
Speicherwirksame Schicht als Funktion der Periodendauer der Temperaturschwingung

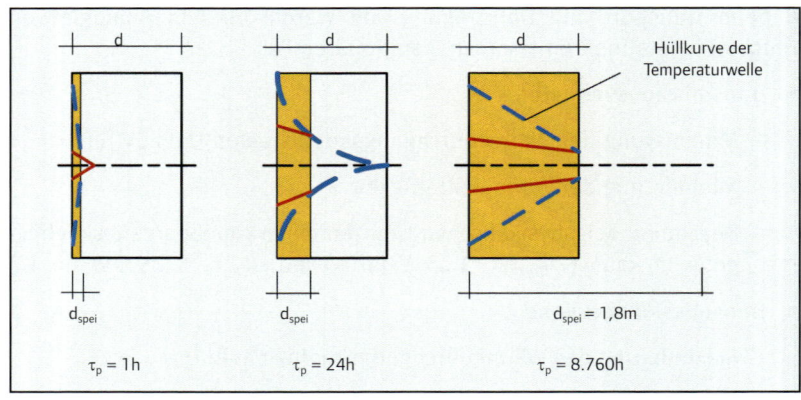

- große Zeitkonstanten τ (mit H als spezifischer Wärmeverlust)

Dabei gelten folgende zu beachtende physikalische Beziehungen:

$$b = \sqrt{\lambda \cdot \rho \cdot c} \tag{11}$$

$$C_{wirk} = \sum \rho \cdot c \cdot d_{spei} \cdot A \tag{12}$$

$$\tau = C_{wirk} / H \tag{13}$$

D Minimierung der Heiz- und Kühllasten Φ_{HL} bzw. Φ_{KL}
- durch bauliche Maßnahmen (s. a. EnEV [3]) und sommerlichen Wärmeschutz
- Anwendung von modernen EDV-Verfahren zur Berechnung und Simulation [8], [9]

E Berücksichtigung der Gesetzmäßigkeiten der „feuchten Luft" [10] und des tages-, monats- und jahreszeitlichen Verhaltens der Außenlufttemperatur
- Nutzung der „Freien Kühlung" mit Außenluft (s. a. Bild 2 bzw. Bild 57)
- Anwendung der adiabaten Befeuchtung zum Kühlen (s. a. Bild 3)
- Berücksichtigung des umgekehrt proportionalen Verhaltens der Dichte der Luft zur Temperatur (warme Luft ist leichter als kalte Luft bzw. bei konstanter Temperatur feuchte Luft leichter als trockene Luft)

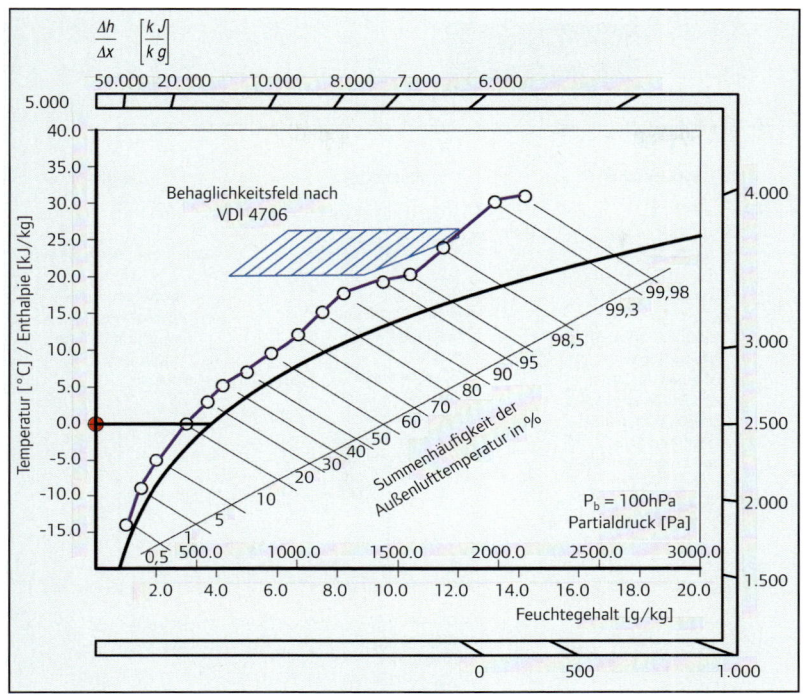

Bild 2
Summenhäufigkeit der Außenlufttemperatur (Potsdam) im h,x-Diagramm

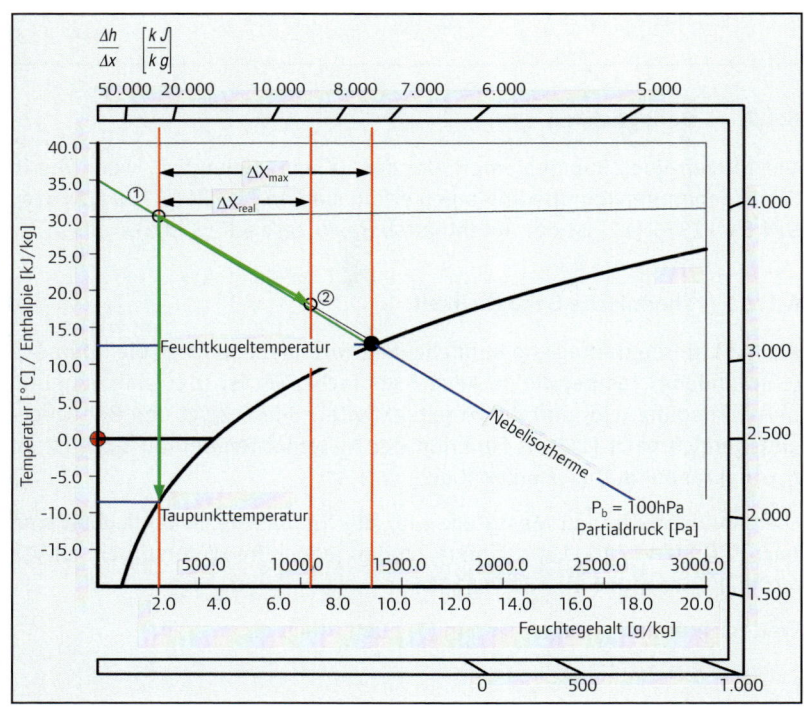

Bild 3
Adiabates Befeuchten (Kühlen), Feuchtkugeltemperatur t_F, Taupunkttemperatur t_S

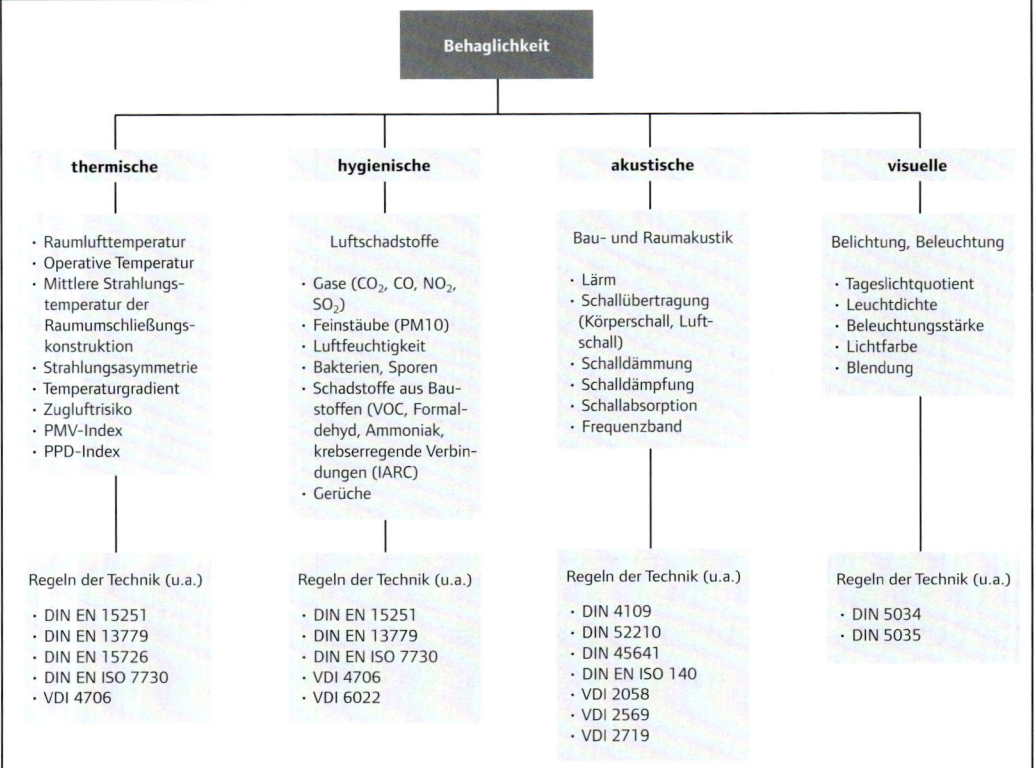

Bild 4
Übersicht zu Behaglichkeit, charakteristischen Begriffen und wichtigen Regeln der Technik

6.1.2 Behaglichkeit

Der Nutzer eines Raumes empfindet das „Klima" behaglich, wenn die in Bild 4 genannten Randbedingungen erfüllt sind. In DIN EN 13779 [11] bzw. DIN EN 12831 [12] ist der Aufenthaltsbereich geregelt (Bild 5).

6.1.2.1 Thermische Behaglichkeit

Als Maß für die thermische Behaglichkeit wird insbesondere die operative (empfundene) Temperatur in Ansatz gebracht. Sie ist u. a. eine Funktion der Bekleidung (clo) und der Arbeitsaktivität. Bild 6 zeigt den Behaglichkeitsbereich nach [14] als Funktion der Außenlufttemperatur bzw. ist im h,x-Diagramm im Bild 2 erkennbar.

Die charakteristischen Messstellen für die thermische Behaglichkeit sind nach DIN EN 15726 [13] definiert, stehen jedoch im Widerspruch zur VDI 4706 [14] bzw. DIN EN 15251 [15].

Weiterführende Aussagen sind in [7] ausführlich dargestellt.

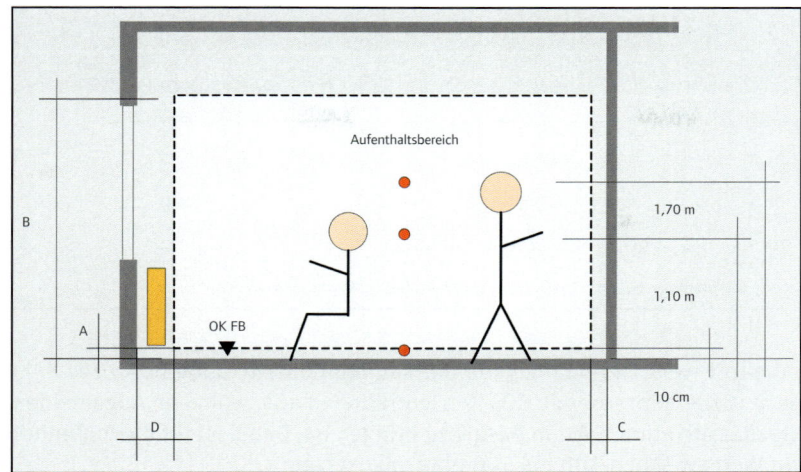

Bild 5
Aufenthaltsbereich nach [11] bzw. [12]; Standardwerte:
A = 0,05 m; B = 1,8 bis 2,0 m; C = 0,50 m, D = 1,0 m

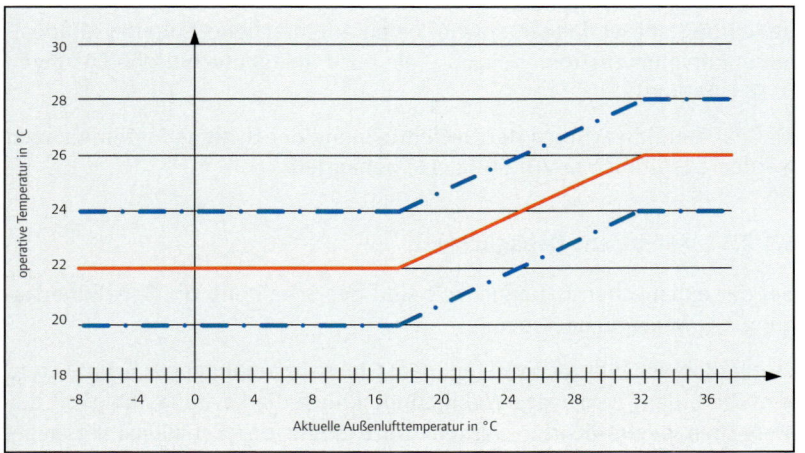

Bild 6
Zulässige bzw. empfohlene operative Temperatur als Funktion der aktuellen Außenlufttemperatur nach [14]

6.1.2.2 Hygienische Behaglichkeit

Die hygienische Behaglichkeit wird insbesondere durch Schadstoffe in der Luft (Außenluft, Raumluft) wie Gase (besonders CO_2), Luftfeuchte (Wasserdampf), Schadstoffe aus Baustoffen und von Menschen sowie Feinstaub geprägt.

Der CO_2-Belastung wird dabei schon seit fast 100 Jahren besondere Aufmerksamkeit gewidmet (Pettenkofermaßstab), da eine längere Konzentrationsüberschreitung von 1.000 ppm* (siehe Tab. 1 und S. 386) zu Müdigkeit und Konzentrationseinschränkungen führt. Aus diesem Maßstab leitet sich u. a. auch der dem Raum zuzuführende Mindestaußenluftvolumenstrom $q_{v,AUL,min}$ ab (s. a. Abschnitt 6.1.3).

Tab. 1
CO_2-Konzentration in Räumen nach [11]

Kategorie	CO_2-Konzentration höher als Konzentration der Außenluft in ppm*	
	Üblicher Bereich	Standardwert
IDA 1	≤ 400	350
IDA 2	400 bis 600	500
IDA 3	600 bis 1000	800
IDA 4	≥ 1000	1200

* 1 ppm (parts per million), $1\,cm^3/m^3 \cong mg/m^3$ (molare Masse/Molvolumen)

Tabelle 1 weist in Abhängigkeit der Raumluftklassifikation (IDA bzw. RAL) nach [11] entsprechende CO_2-Konzentrationen aus, wobei im Allgemeinen die Klassifikation IDA 2 in Ansatz zu bringen ist. Dabei ist für die Außenluft ein Wert zwischen 300 bis 500 ppm anzusetzen.

Die anderen eingangs genannten Schadstoffe gewinnen zunehmend an Bedeutung und verlangen sowohl einen entsprechend höheren Mindestaußenluftvolumenstrom $q_{v,AUL,min}$ als auch anlagentechnische Lösungen (z. B. Filterung).

Maßnahmen hinsichtlich der Gewährleistung der Hygiene in den Anlagen werden ausführlich in VDI 6022 [16] behandelt.

6.1.2.3 Akustische Behaglichkeit

Bei der akustischen Behaglichkeit sind der Schall und die Schallübertragung der wesentliche Aspekt.

Es gilt, den Schalldruckpegel (mit dem Ohr wahrgenommener Schall) so zu gestalten, dass weder das Wohlbefinden noch die Leistungsfähigkeit des Menschen beeinträchtigt werden. Dazu sollte der Schallleistungspegel (Körperschall, Luftschall) einer Schallquelle, hervorgerufen durch den Nutzer, die Nutzung oder Anlagen der TGA, weitestgehend minimiert werden oder durch akustische Maßnahmen (Schalldämpfer, Schallkompensatoren, Schallabsorptionsflächen im Raum) reduziert werden.

6.1.3 Mindestaußenluftvolumenstrom

Aus Gründen der hygienischen Behaglichkeit und der Minimierung des energetischen und investiven Aufwandes für die Lüftung (s. a. 6.1.1, Absatz A)) sollte im Allgemeinen einem Raum nur der Mindestaußenluftvolumenstrom $q_{v,AUL,min}$ zugeführt werden. Oft wird auch der Mindestaußenluftwechsel $n_{AUL,min}$ oder mit der unkorrekten Bezeichnung „Luftwechsel" n angegeben.

Die unterschiedlichen technischen Regeln [11], [15] weisen, vor allem mit Bezug auf die CO_2-Konzentration, einzuhaltende Mindestaußenluftvolumenströme aus, die auszugsweise den Tabellen 2 bis 4 entnommen werden können. Wenn keine entsprechenden Forderungen bzw. Vereinbarungen bestehen, ist von der Kategorie II auszugehen.

Bei der Belüftung von Wohnungen (DIN 1946-6 [16]) ist u. a. die Grundlage die zu gewährleistende Raumluftfeuchte bzw. das Vermeiden durch Tauwasserbildung bzw. das Vermeiden baulicher Schäden infolge Tauwasserbildung (z. B. Schimmelbildung; s. a. Kapitel 3 bzw. nach [15] Tabelle 1.3-4).

Kategorie	Erwarteter Prozentsatz Unzufriedener	Luftvolumenstrom je Person in (l/s)/Person
I	15	10
II	20	7
III	30	4
IV	> 30	< 4

Tab. 2
Erforderlicher Lüftungsvolumenstrom zur Abschwächung von Emissionen (biologische Ausdünstungen) von Personen $q_{V,P}$

Kategorie	Gebäude		
	sehr schadstoffarm	schadstoffarm	nicht schadstoffarm
I	0,5	1,0	2,0
II	0,35	0,7	1,4
III	0,3	0,4	0,8

Tab. 3
Spez. Lüftungsvolumenstrom $q_{V,B}$ für die Gebäudeemission in $(l/s)/m^2_{Grundfläche}$

Gebäude- bzw. Raumtyp	Kategorie	Grundfläche in m² je Person	$q_{V,P}$ bei Belegung	$q_{V,B}$ sehr schadstoffarme Gebäude	$q_{V,tot}$ sehr schadstoffarme Gebäude	$q_{V,B}$ schadstoffarme Gebäude	$q_{V,tot}$ schadstoffarme Gebäude	$q_{V,B}$ nicht schadstoffarme Gebäude	$q_{V,tot}$ nicht schadstoffarme Gebäude	Zugabe bei Rauchen
Einzelbüro	I	10	1,0	0,5	1,5	1,0	2,0	2,0	3,0	0,7
	II	10	0,7	0,3	1,0	0,7	1,4	1,4	2,1	0,5
	III	10	0,4	0,2	0,6	0,4	0,8	0,8	1,2	0,3
Großraumbüro	I	15	0,7	0,5	1,2	1,0	1,7	2,0	2,7	0,7
	II	15	0,5	0,3	0,8	0,7	1,2	1,4	1,9	0,5
	III	15	0,3	0,2	0,5	0,4	0,7	0,8	1,1	0,3
Konferenzraum	I	2	5,0	0,5	5,5	1,0	6,0	2,0	7,0	5,0
	II	2	3,5	0,3	3,8	0,7	4,2	1,4	4,9	3,6
	III	2	2,0	0,2	2,2	0,4	2,4	0,8	2,8	2,0

Tab. 4
Lüftungsvolumenstrom für Nichtwohngebäude bei einer Standardbelegungsdichte und bei unterschiedlichen Nutzungen in (l/s)/m² nach [15] (Anhang B)

Tab. 4
(fortgesetzt)

Gebäude- bzw. Raumtyp	Kategorie	Grundfläche in m² je Person	$q_{V,p}$ bei Belegung	$q_{V,B}$ sehr schadstoff- arme Gebäude	$q_{V,tot}$ sehr schadstoff- arme Gebäude	$q_{V,B}$ schadstoffarme Gebäude	$q_{V,tot}$ schadstoffarme Gebäude	$q_{V,B}$ nicht schadstoff- arme Gebäude	$q_{V,tot}$ nicht schadstoff- arme Gebäude	Zugabe bei Rauchen
Hör- bzw. Zuschauer- saal	I	0,75	15	0,5	15,5	1,0	16	2,0	17	
	II	0,75	10,5	0,3	10,8	0,7	11,2	1,4	11,9	
	III	0,75	6,0	0,2	6,2	0,4	6,4	0,8	6,8	
Restaurant	I	1,5	7,0	0,5	7,5	1,0	8,0	2,0	9,0	
	II	1,5	4,9	0,3	5,2	0,7	5,6	1,4	6,3	5,0
	III	1,5	2,8	0,2	3,0	0,4	3,2	0,8	3,6	2,8
Klassenraum	I	2,0	5,0	0,5	5,5	1,0	6,0	2,0	7,0	
	II	2,0	3,5	0,3	3,8	0,7	4,2	1,4	4,9	
	III	2,0	2,0	0,2	2,2	0,4	2,4	0,8	2,9	
Kindergarten	I	2,0	6,0	0,5	6,5	1,0	7,0	2,0	8,0	
	II	2,0	4,2	0,3	4,5	0,7	4,9	1,4	5,8	
	III	2,0	2,4	0,2	2,6	0,4	2,8	0,8	3,2	
Kaufhaus	I	7	2,1	1,0	3,1	2,0	4,1	3,0	5,1	
	II	7	1,5	0,7	2,2	1,4	2,9	2,1	3,6	
	III	7	0,9	0,4	1,3	0,8	1,7	1,2	2,1	

Kategorie	Spezifischer Lüftungsvolumenstrom[a]		Wohn- und Schlafzimmer, hauptsächlich Außenluft- volumenstrom		Fortluftvolumenstrom Küche	Fortluftvolumenstrom Bäder	Fortluftvolumenstrom Toiletten
	in (l/s)/m²	ach	(l/s)/Person[b]	(l/s)/m²	l/s	l/s	l/s
I	0,49	0,7	10	1,4	28	20	14
II	0,42	0,6	7	1,0	20	15	10
III	0,35	0,5	4	0,6	14	10	7

a) Die in (l/s)/m² und ach angegebenen spezifischen Lüftungsvolumenströme entsprechen einander bei einer Deckenhöhe von 2,5 m.
b) Die Anzahl der Personen in einer Wohnung kann anhand der Anzahl der Schlafzimmer abgeschätzt werden. Eventuell bestehende Annahmen auf nationaler Ebene sind anzuwenden; sie können bei Energie- und Raumluftqualitätsberechnungen abweichen.

Tab. 5
Lüftungsvolumenstrom für Wohnungen unter den Randbedingungen eines kontinuierlichen Betriebes der Lüftungsanlage während der Nutzungszeit und vollständiger Mischung der Luft im Raum in (l/s)/m² nach [15] (Anhang B)

6.1.4 Lastberechnung

Die Ermittlung der Heizlast Φ_{HL} für den Winterauslegungsfall [12] und der Kühllast Φ_{KL} für den Sommerauslegungsfall [8] sind die Grundlagen für die Dimensionierung der Heizungs- bzw. Lüftungs-/Klimaanlagen.

Die Forderungen der EPBD [2] und der EnEV [3], den Heizenergiebedarf durch bauliche und anlagentechnische Maßnahmen zu minimieren, führen zwangsläufig zu einer geringen Heizlast.

Auch aus energetischen Gründen sollte der Aufwand zur Kühlung ebenfalls reduziert werden. Die Kühllast wird vor allem durch die Strahlungslast Φ_S („heutige Glasarchitektur") und durch die nutzungsbedingte innere Last geprägt. Bild 7 gibt eine Übersicht über die Kühllast. Überschlägig werden die Größenordnungen der einzelnen Komponenten (der Flächenbezug in m² Fußbodenfläche) gezeigt und auf Ziele zur Minimierung hingewiesen.

Der Entwurf der Kühllastberechnung nach VDI 2078 [8] beinhaltet nicht nur den Auslegungsfall (Maximalwert), sondern in ihr sind auch unterschiedliche Anlagentechniken zur Kühlung, die Berechnung des Tagesganges der Raumlufttemperatur, die Berechnung des Jahresganges der Kühllast, die Ermittlung des Energiebedarfs für Heizung und Kühlung und die Berücksichtigung des Speicherverhaltens der Baukonstruktion und integrierter Systeme implementiert.

Insbesondere kann die Kühllast Φ_{KL} auch bei Lüftungs- und Klimaanlagen Ausgangspunkt zur Ermittlung des erforderlichen Zuluftvolumenstroms q_V sein (s. a. Gleichung 2).

6.1.5 Energetische Forderungen

6.1.5.1 Reduzierung der Antriebsenergie

Die Heizungs-, Lüftungs-/Klimaanlagen und Kälteanlagen werden für den Extremfall dimensioniert, der jedoch nur an wenigen Tagen im Jahr gegeben ist. Früher wurden die Anlagen im Teillastbetrieb mit einem konstanten Volumenstrom bzw. Massestrom betrieben, der sich aus dem Auslegungsfall ergab (s. a. Gleichungen 2 und 3), und die Anpassung an die Lastverhältnisse erfolgte durch die Änderung der Temperaturdifferenz, d. h. Raumlufttemperatur – Zulufttemperatur bzw. Vorlauftemperatur – Rücklauftemperatur.

Mit der Leistungselektronik ist es heute fast bei allen Transportvorgängen möglich, den Volumenstrom bzw. Massestrom der Luft, der Heiz- und Kühlflüssigkeit und des Kältemittels zu regeln. Dies spiegelt sich z. B. in den Bezeichnungen VAV (Variable Air Volumen) bzw. VVS (variables Volumenstromsystem) in der Lüftungstechnik oder in der dezentralen Klimatechnik in den VRF-Anlagen (Variable Refrigeration Flow) wider (s. a. Abschnitt 6.2.3).

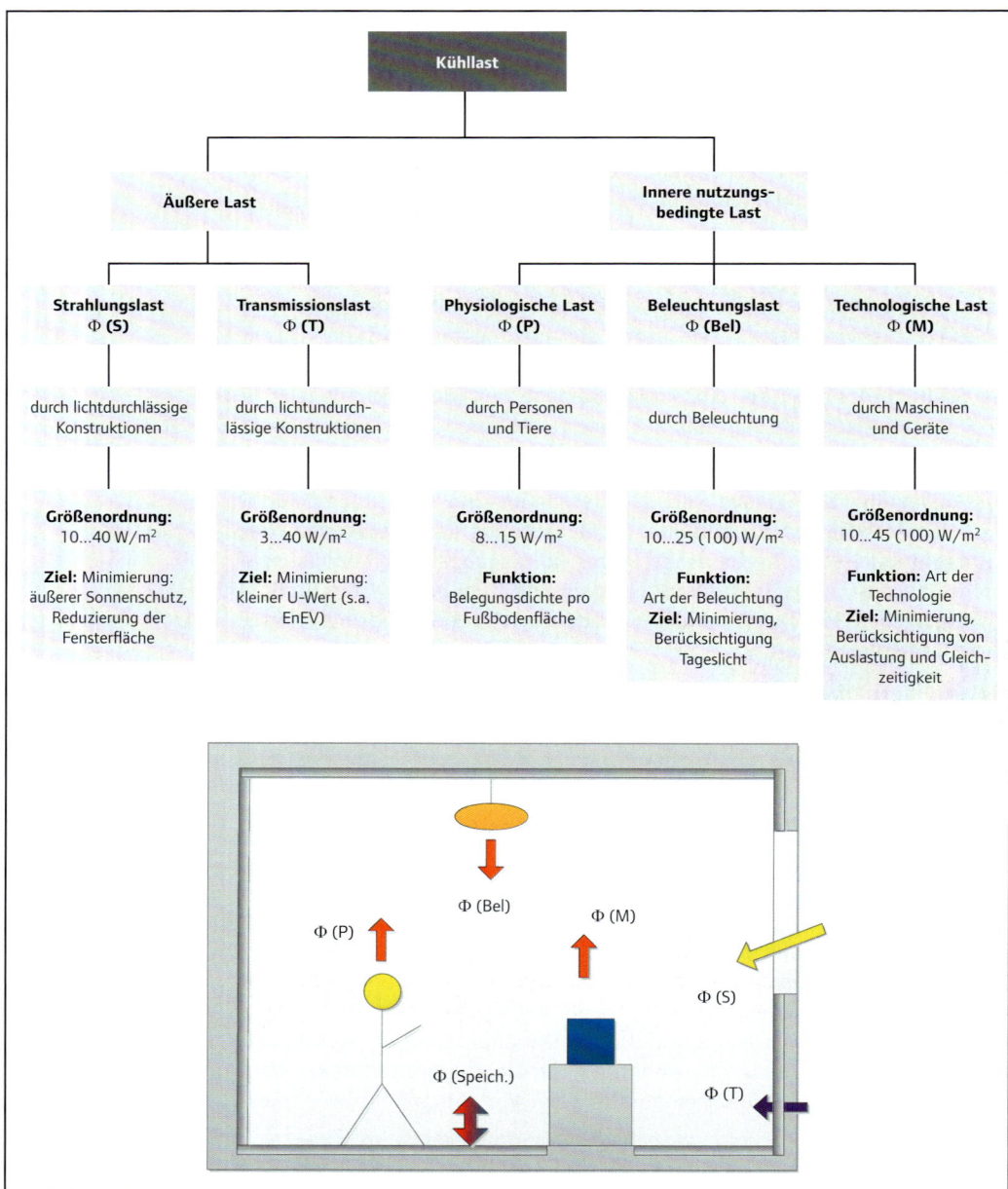

Bild 7
Übersicht über die Komponenten der Kühllast

Wie aus Gleichung 5 ersichtlich können damit die benötigte Antriebsenergie und somit der Elektroenergieverbrauch erheblich reduziert werden.

Weiterhin gilt es insbesondere in der Lüftungstechnik, den Anlagendruckverlust zu minimieren. Dies findet in den SFP-Kategorien P_{SFP} (Erläuterung zu Gleichung 5) seinen Niederschlag. Diese sind in Abhängigkeit der Anlagenkonfiguration sowohl in DIN EN 13779 [11] und DIN EN 15251 [15] als auch in der EnEV 2009 [3] determiniert. Orientierungswerte sind SFP-Kategorien zwischen 2 und 4 (s. a. Tabelle 6).

Kategorie	P_{SFP} in Ws/m³
SFP 1	< 500
SFP 2	500 – 750
SFP 3	750 – 1250
SFP 4	1250 – 2000
SFP 5	2000 – 3000
SFP 6	3000 – 4500
SFP 7	> 4500

Tab. 6
Klassifizierung der spezifischen Ventilatorleistung nach [11]

Luftvolumenstrom q_V		Anlagen ohne thermodynamische Luftbehandlung	Anlagen mit Lufterwärmung	Anlagen mit weiteren Luftbehandlungsfunktionen
m³/h	m³/s			
2.000 bis 10.000	0,56 bis 2,78	SFP 5	SFP 6	SFP 6
10.000 bis 25.000	2,78 bis 6,94	SFP 5	SFP 5	SFP 6
25.000 bis 50.000	6,94 bis 13,89	SFP 4	SFP 5	SFP 5
> 50.000	> 13,89	SFP 3	SFP 4	SFP 4

Tab. 7
Richtwerte elektrischer Leistungsaufnahmen für RLT-Anlagen nach [19]

Kategorie	P_{SFP} Ws/m³	Üblicher Bereich (farbig markiert) / Standardwert (x)			
		Zuluftventilator		Abluftventilator	
		Klimaanlage	Lüftungsanlage ohne WRG	Klimaanlage oder Lüftungsanlage mit WRG	Lüftungsanlage ohne WRG
SFP 1	< 500				
SFP 2	500 – 750				x
SFP 3	750 – 1.250		x	x	
SFP 4	1.250 – 2.000	x			
SFP 5	2.000 – 3.000				
SFP 6	3.000 – 4.500				
SFP 7	> 4.500				

Tab. 8
SFP-Kategorien und Standardwerte nach [20]

Tab. 9
Vergleich von
SFP-Kategorien nach
DIN 1946, DIN EN
13779 und DIN EN
15251 nach [21]

Lüftungsanlage mit WRG		Volumenstrom q_V (m^3/h)/Person	P_{SFP} Ws/m^3	Kategorie
DIN 1946 (1.000 Pa, η = 0,6)		40	1670	SFP 4
DIN EN 13779 [1-11]	IDA 1	72	3530	SFP 6
	IDA 2	45	1890	SFP 4
	IDA 3	29	1270	SFP 3
DIN EN 15251 [1-15] (Kategorie II)	nicht schadstoffarmes Gebäude	75	3760	SFP 6
	schadstoffarmes Gebäude	50	2135	SFP 5
	sehr schadstoffarmes Gebäude	36	1510	SFP 4

Tab. 10
SFP-Kategorien nach
EnEV 2007 [3]

Anlagenart	Zuluftventilator		Abluftventilator	
	P_{SFP} in Ws/m^3	Kategorie	P_{SFP} in Ws/m^3	Kategorie
Abluftanlage			1.250	SFP 3
Zu- und Abluftanlage ohne Nachheiz- und Kühlfunktion	1.600	SFP 4	1.250	SFP 3
Zu- und Abluftanlage mit geregelter Luftkonditionierung	1.600	SFP 4	1.250	SFP 3

6.1.5.2 Wärmerückgewinnung

Die Wärmerückgewinnung in der Lüftungstechnik ist Stand der Technik [17] und wird zumindest ab Luftvolumenströmen > 4.000 m^3/h [3] bzw. in der energetischen Bewertung nach DIN V 18599 [4] mit entsprechenden Übertragungsgraden vorgegeben. Detaillierte Aussagen zur WRG sind [7], [17] und [18] zu entnehmen. Da die WRG in den Systemlösungen anzutreffen ist, sollen im Folgenden in Abbildungen ein Überblick (Bild 8) gegeben und Systeme (Bilder 9 bis 14) dargestellt werden.

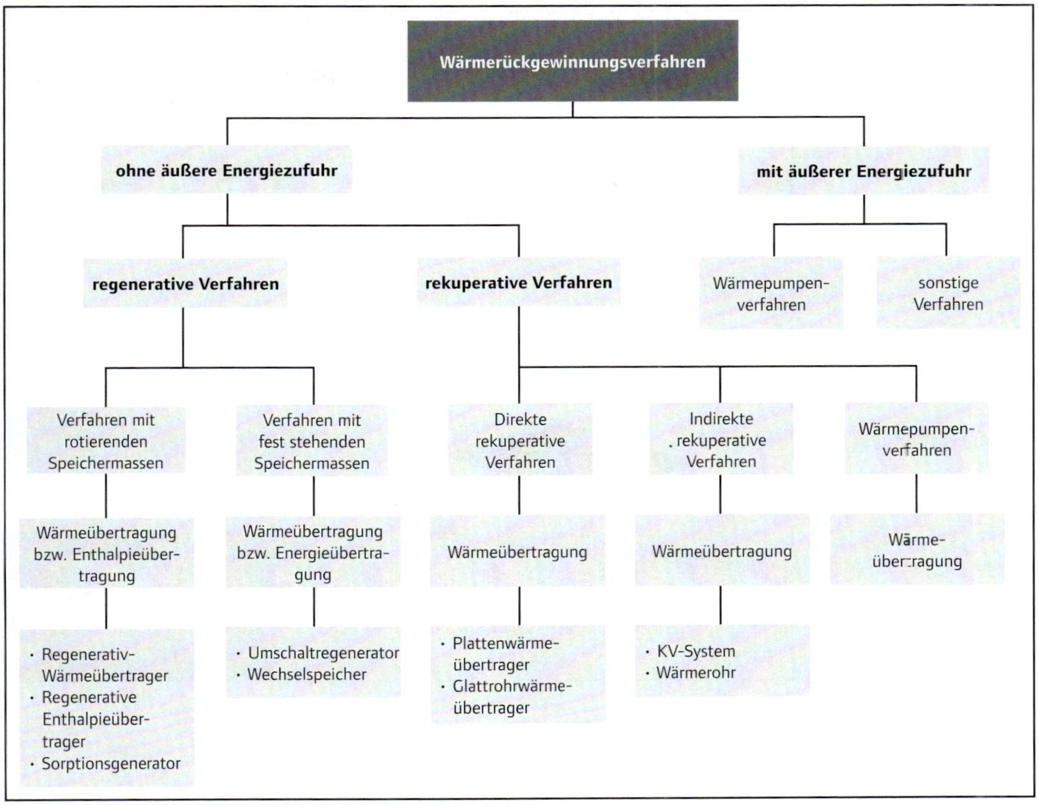

Energieeffiziente Raumluft- und Klimatechnik

```
                    Wärmerückgewinnungsverfahren
                    ┌──────────────────┴──────────────────┐
            ohne äußere Energiezufuhr              mit äußerer Energiezufuhr
            ┌──────────┴──────────┐                ┌──────────┴──────────┐
    regenerative Verfahren   rekuperative Verfahren   Wärmepumpen-    sonstige
                                                      verfahren       Verfahren
```

regenerative Verfahren		rekuperative Verfahren		mit äußerer Energiezufuhr
Verfahren mit rotierenden Speichermassen	Verfahren mit fest stehenden Speichermassen	Direkte rekuperative Verfahren	Indirekte rekuperative Verfahren	Wärmepumpenverfahren
Wärmeübertragung bzw. Enthalpieübertragung	Wärmeübertragung bzw. Energieübertragung	Wärmeübertragung	Wärmeübertragung	Wärmeübertragung
· Regenerativ-Wärmeübertrager · Regenerative Enthalpieübertrager · Sorptionsgenerator	· Umschaltregenerator · Wechselspeicher	· Plattenwärmeübertrager · Glattrohrwärmeübertrager	· KV-System · Wärmerohr	

Bild 8
Übersicht über WRG-Verfahren

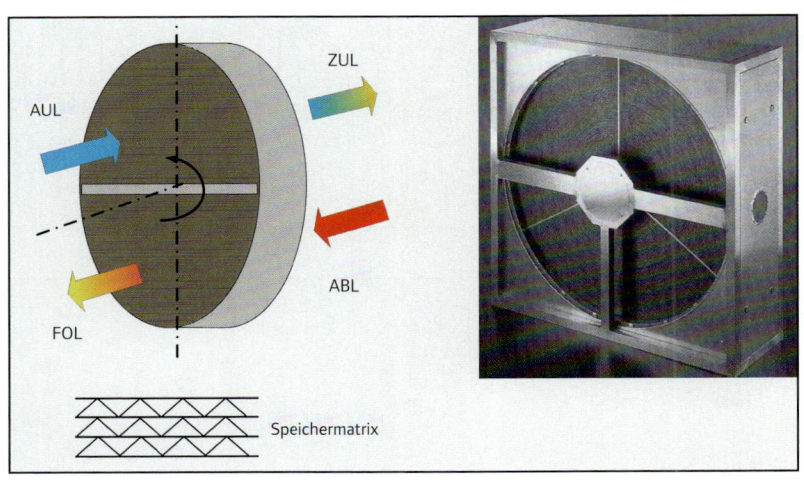

Bild 9
Regenerator

Bild 10
Umschaltregenerator/
Wechselspeicher

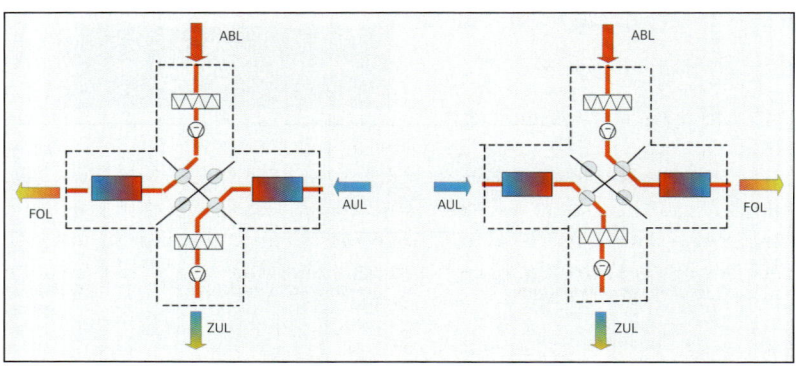

Bild 11
Plattenrekuperator

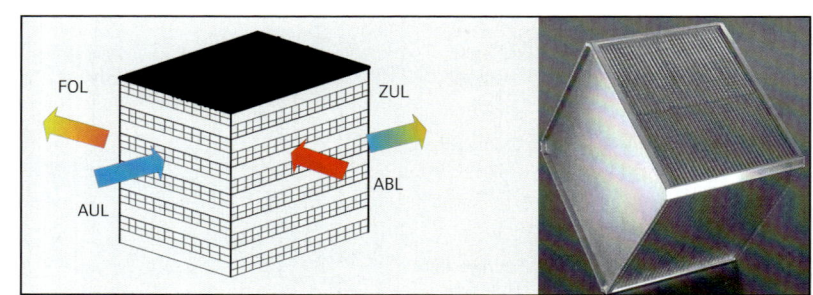

Bild 12 (links)
Gravitationswärmerohr

Bild 13 (rechts)
Kavitationswärmerohr

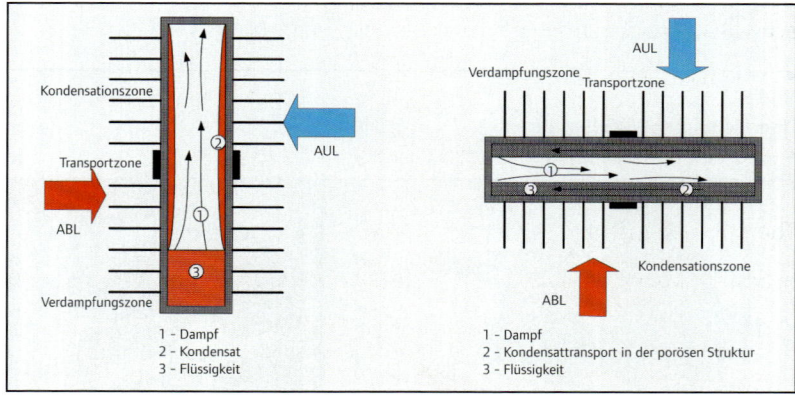

Bild 14
Kreislaufverbund-
system (KV-System)

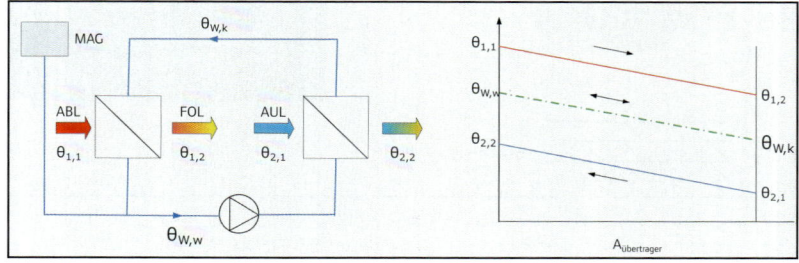

6.1.6 Freie (natürliche) Lüftung

6.1.6.1 Grundlagen

Die natürliche Lüftung oder auch als „Freie Lüftung" bezeichnet ist ein lüftungstechnisches Grundprinzip, das in vielfältiger Weise in der Natur vorkommt wie z. B. bei der Belüftung des unterirdischen Baus eines Präriehundes oder der eines Termitenbaus. Dieses Wirkungsprinzip ist vom Menschen erkannt worden und kommt noch heute überwiegend in südlicheren Ländern, aber auch in Mitteleuropa beim Bau von Wohngebäuden und Gebäudekomplexen zur Anwendung.

Gegenwärtig gibt es wieder bemerkenswerte Bestrebungen aus ökologischen und ökonomischen Gründen, diese natürlichen Lüftungsprinzipien unter Nutzung des vorhandenen technischen Potenzials anzuwenden. Dies setzt für die Planung (Vorentwurf, Entwurf) Kenntnisse zur „Freien Lüftung" voraus (s. a. [7]). Dabei ist festzustellen, dass Unklarheiten über die Größe der zu erreichenden Druckdifferenzen bestehen und diese selten im Zusammenhang mit den Strömungsvorgängen in den Öffnungen (z. B. Fenster, Überström- bzw. Ein- und/oder Ausströmöffnung), den effektiven Lüftungsflächen und den Strömungsgeschwindigkeiten gesehen werden. Oft werden nur „Extremfälle für die Außenlufttemperatur θ_e" (Sommer, Winter) dargestellt, dagegen jedoch kritische Bedingungen im „Übergangsbereich" und deren Häufigkeit kaum beachtet.

Bei den **Freien Lüftungssystemen** erfolgt die Förderung der Luft ausschließlich durch natürliche Druckunterschiede infolge

- von Temperaturdifferenzen (z. B. zwischen innen und außen): **thermischer Auftrieb (Auftriebsströmung)**
- von Wind: **Winddruck (Windströmung/Luv, Lee).**

Thermischer Auftrieb

In erster Näherung ergibt sich die Druckdifferenz des Auftriebes aus

$$\Delta p_A = g \cdot \Delta\rho \cdot \Delta h \quad \text{in (N/m}^2\text{, Pa bzw. bar)} \qquad (14)$$

wobei gilt, dass die Dichte der „Feuchten Luft" umgekehrt proportional zur Temperatur ist.

$$\rho_L \approx 351/T \qquad (15)$$

Dies bedeutet, dass mit steigender Temperatur die Dichte der Luft geringer wird und dass mit größerer Temperaturdifferenz ein größerer Dichteunterschied verbunden ist. Aus den thermodynamischen Gesetzmäßigkeiten der „Feuchten Luft" ergeben sich zwei Grundaussagen.

Bild 15
Strömungsverhältnisse bei einem voll geöffneten Drehflügelfenster

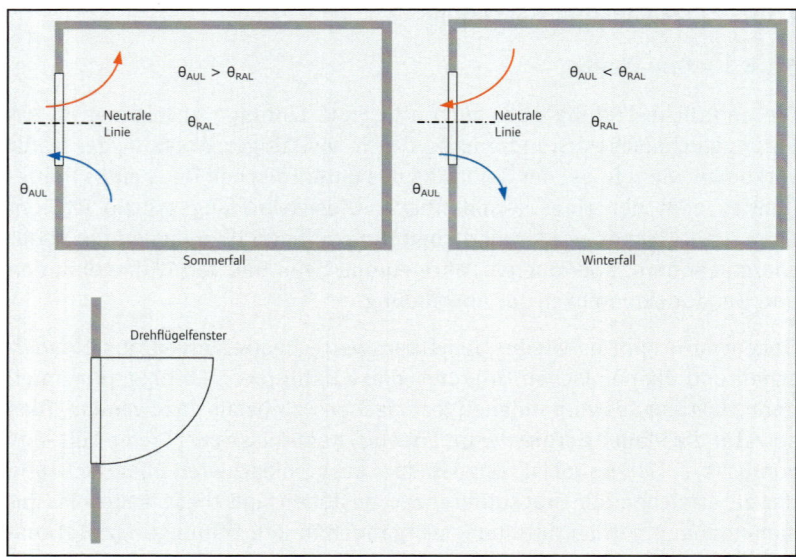

- Wärmere Luft ist leichter als kältere Luft, d. h., die Dichte der wärmeren Luft ist kleiner als die der kälteren Luft.

- Achtung: Bei gleicher Temperatur ist feuchtere Luft leichter als trockenere Luft, d. h., die Dichte der feuchteren Luft ist kleiner als die der trockeneren Luft.

Dichtedifferenzen und damit Druckdifferenzen entstehen im Allgemeinen durch Temperaturunterschiede z. B. zwischen

- der Raumluft und der Außenluft,

- benachbarten Räumen,

- Räumen und lüftungstechnischen Einrichtungen, wie Schächten, Kanälen,

- der Außenluft und lüftungstechnischen Einrichtungen (Kamineffekt) und

- in hohen Räumen durch die Änderung der Lufttemperatur in Abhängigkeit von der Raumhöhe.

Der Luftaustausch ist dort am größten, wo

- die Druckdifferenz Δp_A am größten ist, d. h. je weiter sich eine Öffnung von der „neutralen Linie" entfernt befindet.

Die Lage der neutralen Linie bzw. neutralen Fläche (NF) ist ausschließlich abhängig von

- der Anordnung,

- der Größe und
- der Form

der Bauwerksöffnung(en).

Eine **intensive** Lüftung durch thermischen Auftrieb wird erreicht, wenn:

- das Gebäude bzw. die Öffnung möglichst hoch ist,
- die Zu- bzw. Abluftöffnung sich an der höchsten bzw. tiefsten möglichen Stelle befindet und
- der Strömungswiderstand von Zu- und Abluftöffnungen und der luftseitige Druckverlust im „Strömungskanal" möglichst gering sind.

Grundsätzlich ist die Summe der Zuluftvolumenströme $\sum q_{V,ZUL} \equiv \sum q_{V,SUP}$ gleich der Summe der Abluftvolumenströme $\sum q_{V,ABL} \equiv \sum q_{V,ETA}$:

$$\sum q_{V,ZUL} = \sum q_{V,ABL}, \text{ d.h. } \sum_{i=1}^{n}(A_{k,ZUL} \cdot v_{ZUL})_i = \sum_{i=1}^{n}(A_{k,ABL} \cdot v_{ABL})_i \quad (16)$$

Druckdifferenz Δp_A

Im **Winter** ist die Temperaturdifferenz zwischen Innen- und Außenraum groß, und der Auftriebsdruck beträgt größenordnungsmäßig:

$$\Delta p_A \approx (0,8...1,7) \cdot \Delta h \quad \text{in Pa} \quad (17)$$

Dagegen verringert sich die Temperaturdifferenz im **Sommer**. Dies bedeutet, dass $\Delta p_A \Rightarrow 0$ bzw. sogar warme Luft aus dem Außenraum in den kühleren Innenraum strömen kann.

Deshalb erfordert die Nutzung und Anwendung des thermischen Auftriebes insbesondere unter sommerlichen Bedingungen

- eine Erhöhung der Temperatur an einer Stelle im Raum, z.B. durch Schaffung bzw. Anordnung zusätzlicher Wärmequellen Φ.

Die zusätzliche Wärmequelle Φ kann/können eine Kühllast durch Sonnenstrahlung Φ_S und/oder eine nutzungsbedingte innere Kühllast Φ_N sein.

Die **Wirkung der Wärmequellen** ist dann besonders günstig, wenn sie unter der Abströmfläche bzw. der Abströmöffnung angeordnet wird.

Die Wärmequelle ist auf eine kleine Fläche zu konzentrieren, damit so erwärmte Luft ohne maßgebliche Beeinflussung der Raumlufttemperatur abgeführt werden kann.

Winddruck

Wird ein Gebäude durch Wind angeströmt, so bildet sich

- auf der Anströmseite (Luvseite) **Überdruck (+)** und
- auf der Abströmseite (Leeseite) **Unterdruck (–)**

aus.

Daraus resultiert sowohl eine „Querlüftung" als auch „Übereckungslüftung" in einem Gebäude. Bei senkrechter Anströmung eines Gebäudes besteht an den Gebäudeflächen parallel zur Windrichtung ebenfalls ein Unterdruck. Bild 16 zeigt schematisch die Umströmung eines Gebäudes.

Der Widerstand, der bei der Gebäudeumströmung auftritt, wird durch einen Druckbeiwert (Gesamtdruckverlustbeiwert) ς beschrieben. Größenordnungsmäßig kann von

- Luvseite: $\varsigma_{LUV} = 0{,}8 ... 1{,}0$
- Leeseite: $\varsigma_{LEE} = 0{,}05 ... 0{,}25$

ausgegangen werden.

Die Ermittlung der Druckbeiwerte ς für konkrete Objekte und die sich einstellenden Anström- und Umströmungssituationen können nur unter Beachtung einer Vielzahl von möglichen Einflusskomponenten wie z. B.

- Lage und Form des Gebäudes,

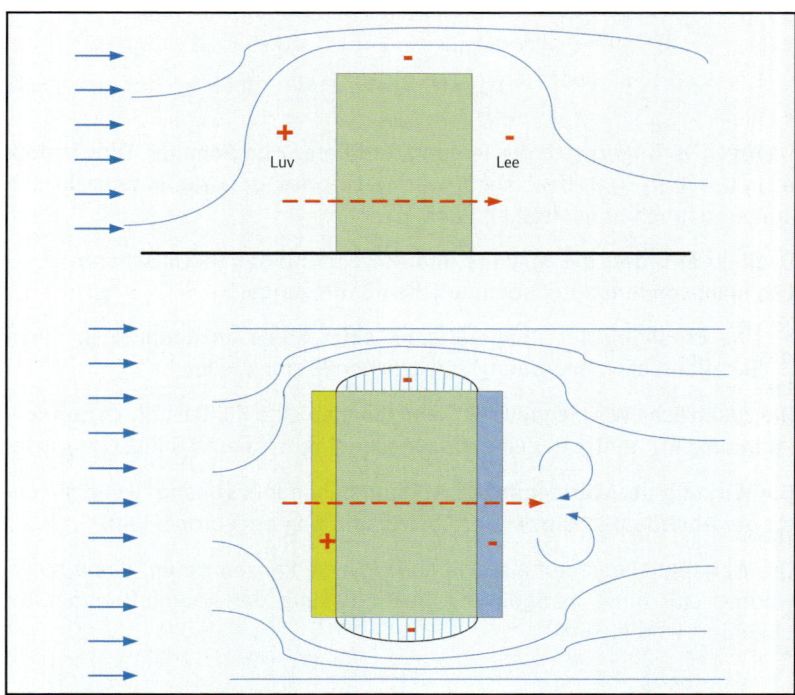

Bild 16
Umströmung eines Gebäudes im Seiten- und im Grundriss

- Einordnung zu umliegenden Hindernissen (Gebäude, Großgrün) und
- Windgeschwindigkeit und -richtung

experimentell in Strömungs- oder Windkanälen erfolgen. Die Übertragbarkeit der Ergebnisse auf andere ähnliche Objekte durch Analogiebeziehungen ist kaum gegeben.

Der **Winddruck** Δp_{Wind} ergibt sich zu

$$\Delta p_{Wind} = p_{LUV} - p_{LEE} \approx (0{,}8\ldots 1{,}2) \cdot (\rho_L / 2) \cdot v_{Wind}^2 \quad \text{in Pa} \qquad (18)$$

Im europäischen Binnentiefland liegt die Windgeschwindigkeit zwischen $v_{Wind} = 0 \ldots 20$ m/s, im Jahresmittel ist $v_{Wind} = 3 \ldots 4$ m/s. Bei einem frei stehenden Gebäude kann deshalb mit $\Delta p_{Wind} \approx 4$ bis 12 Pa gerechnet werden.

Der Winddruck überlagert den durch den thermischen Auftrieb verursachten Druck, d. h.

- auf der Luvseite verschiebt er die neutrale Linie nach oben und verstärkt im unteren Teil des Gebäudes die Luftzufuhr, und
- auf der Leeseite verschiebt er die neutrale Linie nach unten und verstärkt im oberen Teil des Gebäudes die Luftabfuhr.

Die Lüftung durch Winddruck

- ist kaum determinierbar, da Windrichtung und Windgeschwindigkeit sehr variabel und nicht vorhersagbar sind,
- muss den Lüftungseffekt unterstützen und darf den thermischen Auftrieb nicht behindern,
- kann nur zur Unterstützung des thermischen Auftriebes herangezogen werden und
- ist für die Bemessung der „Freien Lüftung" nicht mit einzubeziehen.

6.1.6.2 Fensterlüftung

Die Fensterlüftung ist die übliche Form der „Freien Lüftung". Sie beruht auf Temperatur- und Druckdifferenzen zwischen den Raumbedingungen und den äußeren Bedingungen. Die **Abkühlung** eines Raumes durch eine freie Lüftung erfordert immer, dass die Raumlufttemperatur θ_{RAL} größer ist als die Außenlufttemperatur θ_{AUL}:

$$\theta_{RAL} > \theta_{AUL}$$

Die Wirksamkeit der Fensterlüftung wird vor allem bestimmt durch

- die Fensterform und deren Lüftungseffektivität Ψ^2 (Tabelle 11),
- den effektiven freien Querschnitt A_k und
- die Höhe des Fensters H_w (H_F) bzw. Höhendifferenz zwischen zwei Lüftungsöffnungen Δh.

Der Wirkungsbereich der Fensterlüftung ist aus Bild 17 erkennbar. Er wird primär bestimmt durch die Lüftungseffektivität der Fensterkonstruktion, die aus der vorhandenen Druckdifferenz resultierenden Zuluftgeschwindigkeit $v_{O,ZUL} = v_{O,SUP}$ und dem sich daraus ergebenden Zuluftimpuls I_O. Der Primärwirbel hat eine elliptische Form, der Sekundärwirbel und folgende Wirbel haben Kreisform.

Tab. 11
Fensterform und deren Lüftungseffektivität Ψ^2 nach [7]

Fensterform	Ψ^2
Drehflügel	1,0
Wendeflügel	1,0
Kippflügel	0,20
Klappflügel	0,20
Schwingflügel	0,36
Kippflügel in 2 Ebenen, $\Delta h > 3$ Kippflügelhöhe	≈ 1,0

Bild 17
Schematische Darstellung der Raumdurchspülung bei $\theta_{RAL} > \theta_{AUL}$

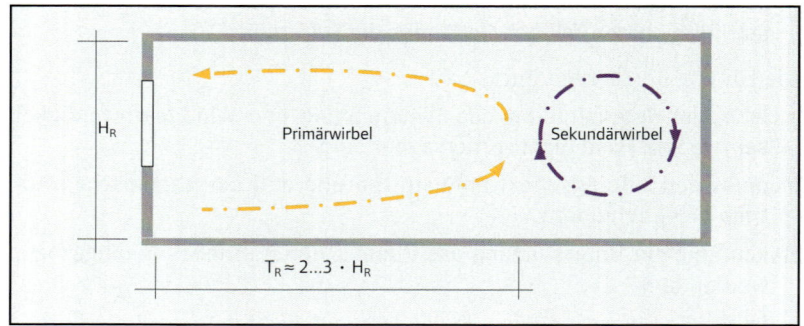

Einsatzgrenzen	Vorteile	Nachteile
• keine äußere Schadstoffbelastung • nur zulässig, wenn der Schallpegel im Innenraum durch den Schallpegel im Außenraum nicht unzulässig erhöht wird (Richtwert: Schallpegel innen: ca. 10 dB(A) niedriger als Schallpegel außen) • $\theta_{RAL} > \theta_{AUL}$ ⇒ Kühlung des Raumes • $\theta_{RAL} < \theta_{AUL}$ ⇒ Erwärmung des Raumes • Vorliegen entsprechender Druckverhältnisse am und im Gebäude • öffenbares Fensterelement • ausreichende Fensterhöhe	• flexibel und wechselnden Anforderungen gut anpassbar • energiewirtschaftlich dort günstig, wo kurzzeitig große Luftvolumenströme benötigt werden und in der übrigen Zeit kleine Luftvolumenströme erforderlich sind • keine Investitions- und Betriebskosten für RLT-Anlagen	• im fensternahen Bereich können Zugerscheinungen (besonders im Winter) auftreten • Energierückgewinnung ist nicht möglich • stark individuell geprägt durch die Nutzer

Tab. 12
Einsatzgrenzen, Vor- und Nachteile der Fensterlüftung

Es werden zwei Lüftungsarten unterschieden (Tabelle 13): **einseitige Lüftung und Querlüftung**.

Ein weiteres zu beachtendes Bewertungskriterium ist die Andauer der Lüftung (Öffnungszeit des Fensters $t_{Öffn}$). Unterschieden werden (Tabelle 14):

- **Dauerlüftung** oder
- **unterbrochene Lüftung**.

Der oft in mietvertraglichen Unterlagen verwendete Begriff „**ausreichende Lüftung**" ist nicht quantifizierbar. Für die Bemessung der notwendigen Lüftungsfläche bzw. des erforderlichen Luftvolumenstromes gibt es entsprechende Diagramme und Grenzwerte nach [22].

- Die Lüftungsfläche A_k muss mit der erforderlichen Fensterfläche A_w nach der Bemessung für den sommerlichen Wärmeschutz korrelieren.
- Sind größere Lüftungsflächen erforderlich, als nach den Bemessungsvorschriften für den sommerlichen Wärmeschutz zulässig, so ist eine mechanische Lüftung (Zwangslüftung) notwendig.

einseitige Lüftung	**Intensive Durchlüftung ist möglich bei:** • Raumtiefe $T_R \leq (2...3)\ H_R$, **eingeschränkte Durchlüftung** (Sekundärbereich) auf ca. 60 bis 70% bei • Raumtiefe $T_R > 3H_R$.
Querlüftung	**Querlüftung (Überecklüftung)** Fenster in gegenüberliegenden oder orthogonal angeordneten Außenwänden – der Raum wird annähernd vollständig durchspült.

Tab. 13
Einseitige Lüftung – Querlüftung

Lüftung	Gekennzeichnet durch:	Einflussgrößen auf die Effizienz
Dauerlüftung	Die Fenster sind während der gesamten Nutzungszeit des Raumes geöffnet.	• Lüftungsfläche/Fensterform (ψ^2) • Druckdifferenzen (Δ_p) • Fensterhöhe (H bzw. Δ_h) • innere Kühllasten ($\Phi_{N,m}$)
Unterbrochene Lüftung	mehrmaliges kurzzeitiges Öffnen des Fensters ($\approx$ 15 bis 25% der Nutzungszeit)	• Lüftungsfläche/Fensterform (ψ^2) • Druckdifferenzen (Δ_p) • Fensterhöhe (H bzw. Δ_h) • innere Kühllasten ($\Phi_{N,m}$) • Speicherverhalten der Raumumschließungskonstruktion • Öffnungszeit $t_{Öffn}$

Tab. 14
Dauerlüftung – Unterbrochene Lüftung

6.1.6.3 Schachtlüftung

Räume können unter Beachtung der brandschutztechnischen Regelungen (bzw. der jeweiligen länderspezifischen Regelungen) durch freie Schachtlüftung gelüftet werden (Bild 18). Diese Lüftungsform ist besonders in den Anfangsjahren des 20. Jahrhunderts zur Anwendung gekommen und findet unter dem Aspekt der Minimierung des technischen Aufwandes für die Lüftung in modifizierter Form Anwendung.

- Die Schachtlüftung ist wirkungslos,
  - wenn die Bauwerkstemperatur bzw. die Raumlufttemperatur θ_{RAL} kleiner als die Außenlufttemperatur θ_{AUL} ist und
  - wenn Windstille herrscht.
- Anwendung nur, wenn kurzzeitige Unterbrechungen der Lüftung zulässig sind.

Die Tabelle 15 enthält allgemeine Forderungen für die Ausbildung des Schachtes und die Anordnung der Mündung des Schachtes. Durch die Gewährleistung der baulichen Randbedingungen nach Tabelle 15 und Bild 18 wird erreicht, dass

- die Mündung des Sammelschachtes in der freien Windströmung liegt und durch den Wind die Saugwirkung erhöht wird und
- die Abgase mit den entstandenen Wirbeln, die sich hinter Strömungshindernissen abbilden, zwar in die bodennahe Strömung gelangen, aber nicht in den möglichen Aufenthaltsbereich des Menschen kommen.

Bild 18 Schema der Schachtlüftung

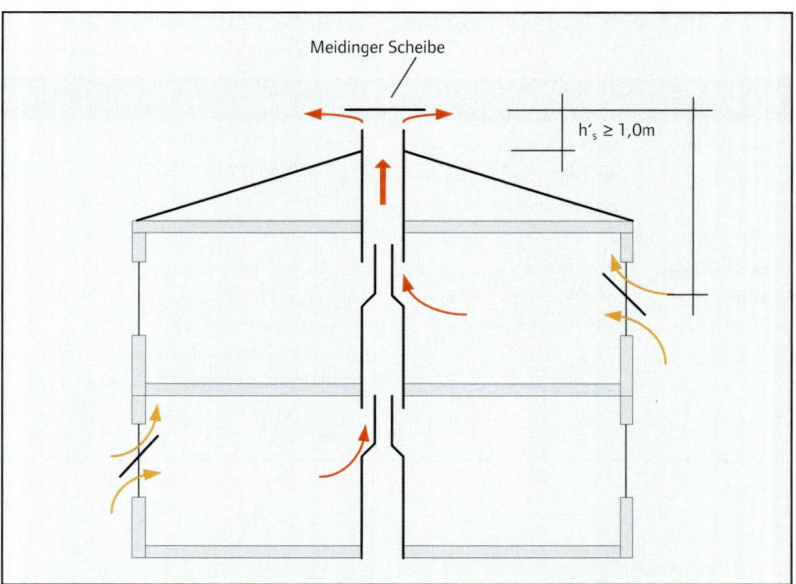

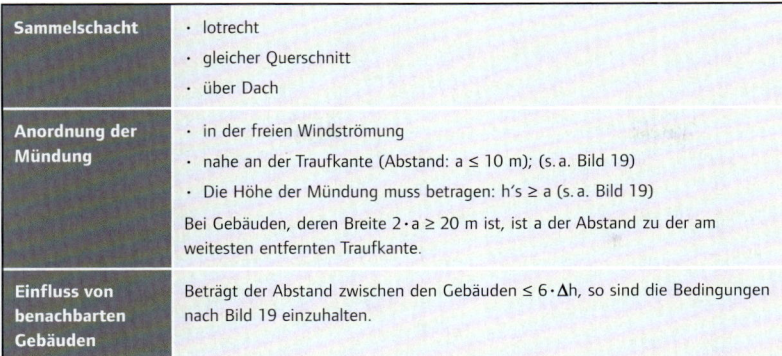

Tab. 15
Bauliche Hinweise für die Freie Schachtlüftung

Sammelschacht	• lotrecht • gleicher Querschnitt • über Dach
Anordnung der Mündung	• in der freien Windströmung • nahe an der Traufkante (Abstand: a ≤ 10 m); (s. a. Bild 19) • Die Höhe der Mündung muss betragen: h's ≥ a (s. a. Bild 19) Bei Gebäuden, deren Breite 2·a ≥ 20 m ist, ist a der Abstand zu der am weitesten entfernten Traufkante.
Einfluss von benachbarten Gebäuden	Beträgt der Abstand zwischen den Gebäuden ≤ 6·Δh, so sind die Bedingungen nach Bild 19 einzuhalten.

Der erforderliche Schachtquerschnitt $A_{Schacht}$ ergibt sich zu

$$A_{Schacht} = q_V / v \quad \text{in m}^2 \qquad (19)$$

mit

v Geschwindigkeit im Schacht in m/s

q_V Abzuführender Luftvolumenstrom, welcher sich aus der abzuführenden Belastung (Wärme- oder Schadstofflast) bzw. dem Luftwechsel n des zu belüftenden Raumes ergibt.

Die Unterdruckwirkung an der Schachtmündung kann verstärkt werden durch bauliche Lüftungsaufsätze, z. B. die „Meidinger Scheibe".

6.1.6.4 Dachaufsatzlüftung

Die Dachaufsatzlüftung hat sich im Allgemeinen in industriell genutzten Gebäuden mit großen inneren Kühllasten Φ_N, aber auch in großen verglasten Hallenkonstruktionen unter sommerlichen Bedingungen durchgesetzt. Der Dachaufsatz ist dabei die Abluftöffnung. Die Zuluft strömt über

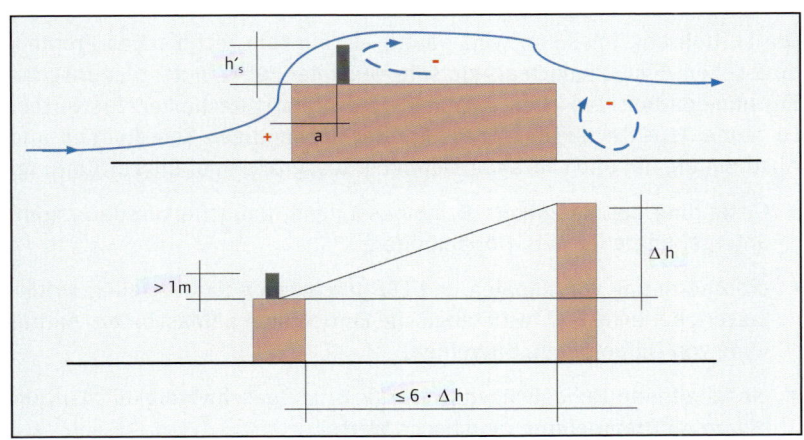

Bild 19
Maßskizze für die Anordnung von Lüftungsschächten

Bild 20
Prinzipskizze einer
Dachaufsatzlüftung

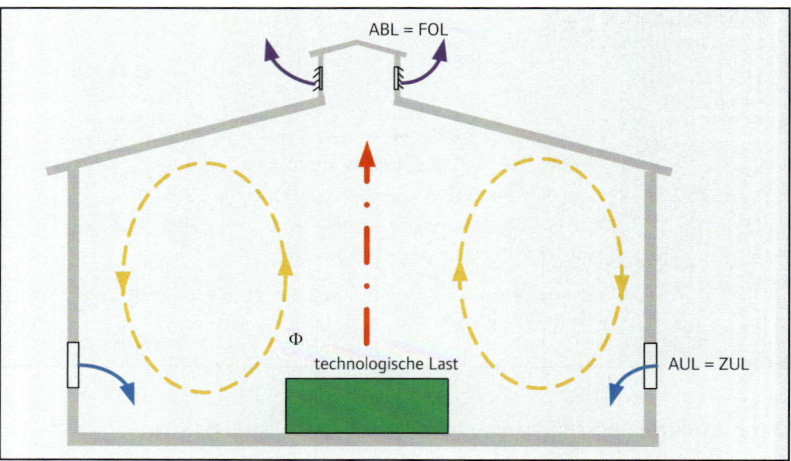

regelbare Öffnungen in der Außenwand (z. B. Fenster, Jalousienklappen; Bild 20) zu. Gegen negativ wirkende Windeinflüsse sollten Windabweiser am Dachaufsatz angeordnet werden.

Unter winterlichen Bedingungen ist der durch die Druckdifferenz geförderte Luftvolumenstrom durch Veränderung des Querschnittes der Lüftungsfläche zu reduzieren, um

- Zugerscheinungen und
- Durchfallen von **Kaltluftsträhnen**

zu vermeiden.

Bei den Zuluftöffnungen ist darauf zu achten, dass sie sich durch eine ausreichende effektive Fläche A_k und einen geringen Strömungswiderstand auszeichnen.

6.1.7 Raumströmung (Luftführung im Raum)

Die Luftführung im Raum wird häufig als ein rein technisches Problem angesehen. Sie ist jedoch als ein sehr sensibler Punkt in der planerischen Zusammenarbeit zwischen Architekt und Lüftungstechniker zu werten. Folgende Aspekte weisen auf Punkte der notwendigen Koordination und Abstimmung hin und charakterisieren Einflussgrößen auf die Luftführung:

- Gestaltung des Raumes (z. B. Abmessungen, bauliche Versperrungen, untergehängte Decken, Doppelböden)

- die Anordnung von Kanälen und Luftdurchlässen (Luftverteiler, Lufterfasser), bauliche und technologische Einrichtungen (Maschinen, Anordnung von Büromöbeln, Sitzreihen)

- einzuhaltende Behaglichkeitswerte (z. B. Luftgeschwindigkeit, Luftturbulenz, Lufttemperatur, akustische Werte)

Tab. 16
Einflussparameter auf die Raumströmung

Parameter des Zuluftstrahles	$v_0 \equiv v_{ZUL}$	Zuluftgeschwindigkeit
	$\Delta \theta_0$	Unter- oder Übertemperatur am Luftauslass
	m	Turbulenzfaktor bzw. Auslasskonstante $K = 1/m$
	$A_0(x,y)$	Form, Lage, Größe und Verteilung der Zuluftöffnungen
	x	Lauflänge
	I_0	Strahlimpuls $I_0 = p \cdot A_0 \cdot v_0^2$
Parameter des Raumes	B_R, L_R, H_R	geometrische Abmessungen des Raumes
	$h_{Ver}(x,y)$	Form, Lage und Größe von Versperrungselementen, z. B. bauliche und technologische Einrichtungen, Maschinen u. a. m.
	θ_{Wand} bzw. θ_w	Temperatur der Wände bzw. der Fenster
	$A_{ABL}(x,y)$	Lage und Verteilung der Abluftöffnungen
Parameter im Raum	$\Phi(x,y)$	Intensität; Lage, Form und Verteilung der Wärme- oder Schadstofflasten (-quellen)
	T_U	Raumturbulenz
	v_x	zulässige Geschwindigkeit in der Aufenthaltszone bzw. am Körper oder an Gegenständen
	θ_a und $\phi_{D,a}$	zulässige, durch die Behaglichkeit bestimmte Raumlufttemperatur und Raumluftfeuchte

- Beleuchtung (z. B. Anordnung von Lampen, Tageslicht (Fenster, Oberlichte, Brandschutz (Rauch- und Wärmeabzüge)))
- Anordnung von verglasten Flächen (Heizkörper, öffenbare Fensterflächen).

Aus Tabelle 16 können die Einflussparameter mit den zu verwendenden Formelzeichen entnommen werden.

Die Raumströmung vorher exakt zu berechnen, ist aufgrund ihrer Komplexität kaum eindeutig realisierbar. Für einfache Verhältnisse bzw. bei klar definierten Randbedingungen kann eine Berechnung sowohl manuell als auch über entsprechende numerische Simulationsprogramme erfolgen.

Zweckmäßig erscheinen bei etwas kritischeren Bedingungen Modellversuche (bis zur Nachbildung von 1:50- bzw. 1:1-Lösungen von Teilbereichen).

Nur eine gemeinsam abgestimmte, d. h. integrale Planung ergibt eine vom Nutzer akzeptierte Lösung.

Zu einer gelungenen Auslegung der Luftführung im Raum gehören grundlegende Kenntnisse der Strömung, praktische Erfahrungen aus ausgeführten Objekten und auch gestalterische Aspekte bei der Anordnung der Luftkanäle und Luftdurchlässe.

Begriffe, Grundsätze und Luftführungsarten werden kurz im Folgenden erläutert (s. a. [7]).

6.1.7.1 Begriffe

Freistrahl: Er entsteht bei Luftaustritt mit der Geschwindigkeit v_O aus einer beliebigen Öffnung, wenn die Strahlausbreitung frei und ohne Beeinflussung durch die Raumbegrenzung oder andere Störungen (z. B. Unterzüge, Beleuchtung, halbhohe Raumabtrennungen) erfolgt (Bild 21).

Wandstrahl: Er entsteht bei Luftaustritt in unmittelbarer Wandnähe. Er kann annähernd als halber Freistrahl betrachtet werden. Durch den Coanda-Effekt wird der Strahl an die Wand herangezogen (Bild 22).

Raumstrahl: Er weist Abweichungen vom Verhalten der Freistrahlen auf, z. B. infolge von einem begrenzten Raumvolumen, dem Einfluss von Raumbegrenzungswänden, Störfaktoren im Raum (Wärmequellen, Versperrungen; Bild 23).

Bild 21
Prinzipskizze für einen Freistrahl

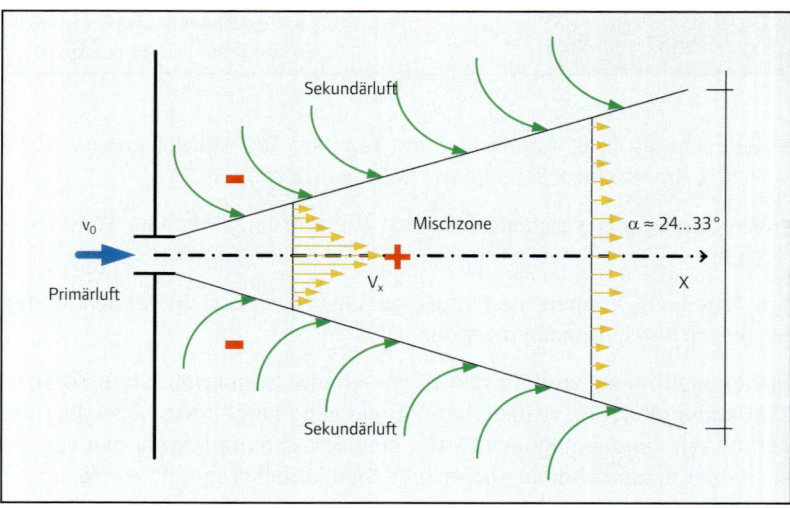

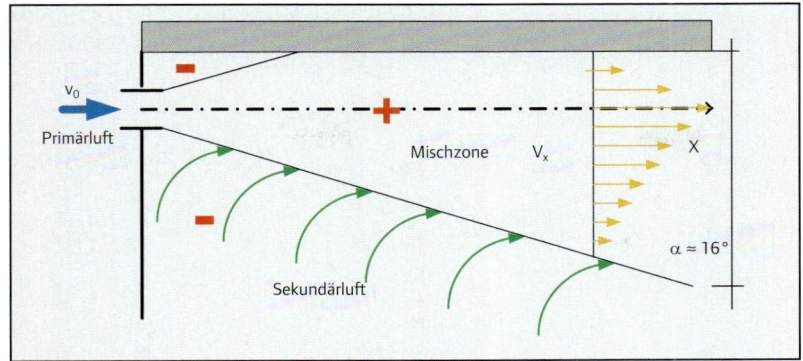

Bild 22
Prinzipskizze für einen
Wandstrahl

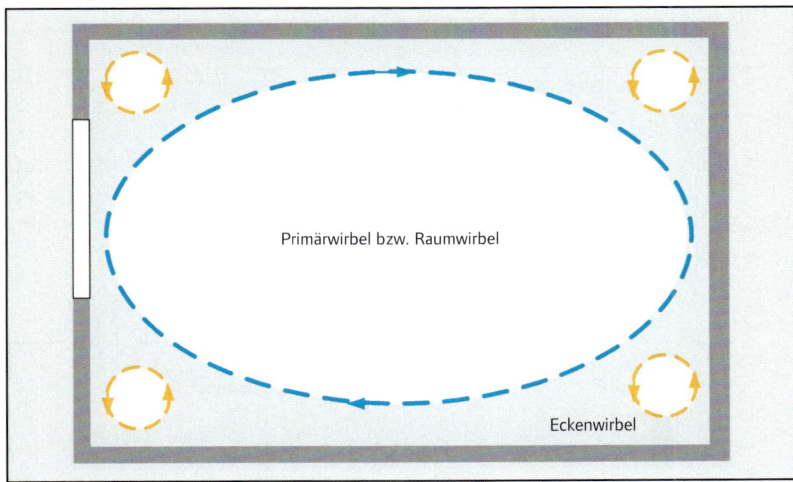

Bild 23
Prinzipskizze für einen
Raumstrahl mit der
Ausbildung von
Eckwirbeln in den
Ecken des Raumes

Strömungen infolge thermischer Kräfte

Sie sind vertikal orientierte Luftbewegungen erwärmter oder abgekühlter Luft, werden durch thermische Kräfte erzeugt und weisen ähnliche Eigenschaften wie mechanisch erzeugte Luftstrahlen auf:

- **Wärmequellen:** Φ_N und/oder Φ_S (Bild 24) oder durch Heizquellen (z. B. Heizkörper, Öfen bzw. Menschen oder technische Geräte; Bild 25)

- **Wärmesenken:** Sie können vor allem an kalten Flächen entstehen (Fenster, kalte Außenwand). Sie werden als Kaltluftfall bezeichnet (Bild 26). Dieser tritt mit hoher Wahrscheinlichkeit auf, wenn $\theta_{RAL} - \theta_{o,i} > 4...5\,K$ ist. Deshalb sollte u. a. auch der Heizkörper unter der kalten Fläche angeordnet werden (s. a. Bild 25).

Beim **Kaltluftfall** kommt es nur zu einer minimalen Zumischung von Raumluft als Sekundärluft. Diese Kaltluft verbleibt aufgrund ihrer höheren

Bild 24
Prinzipskizze für thermische Auftriebsströmungen durch Wärmequellen Φ_N und/oder Φ_S

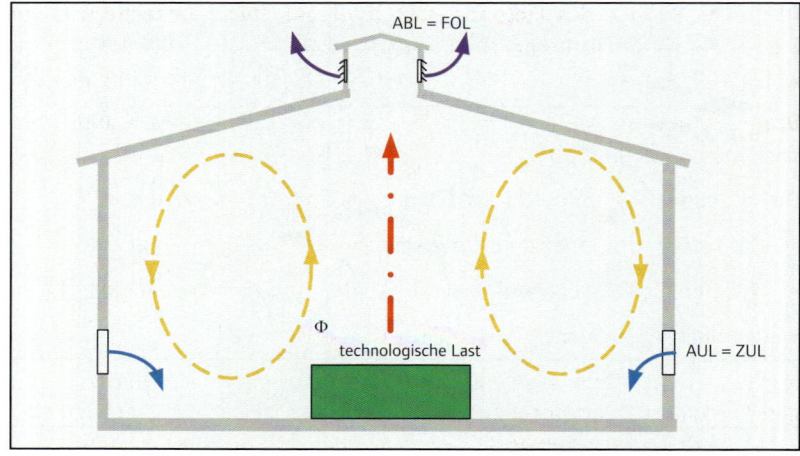

Bild 25
Prinzipskizze für thermische Auftriebsströmungen durch innere Wärmequellen

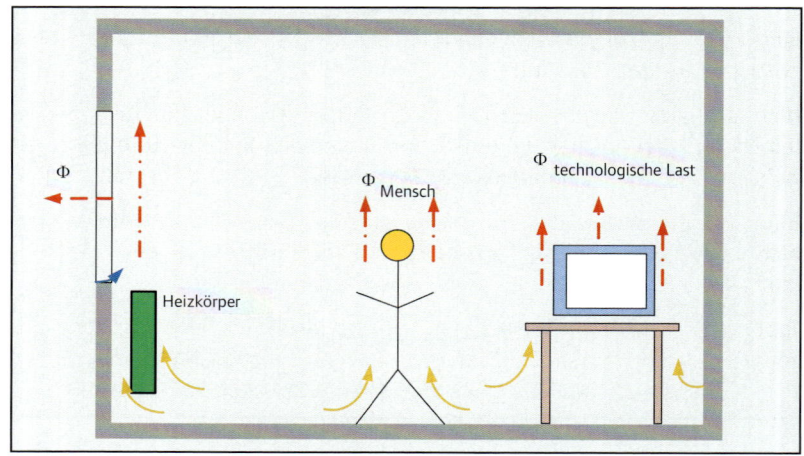

Bild 26
Prinzipskizze für den Kaltluftfall an einer kalten Fläche

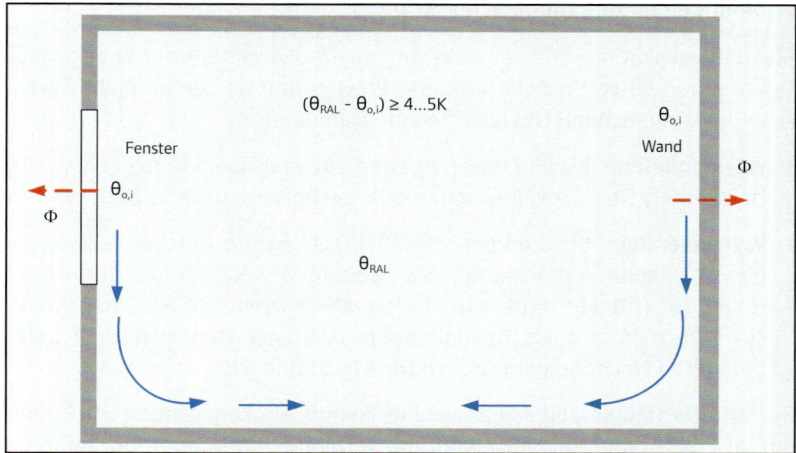

Dichte im Bereich des Fußbodens (Kaltluftsee). Diese Tatsache wird im Zusammenhang mit thermischen Auftriebskräften (innere Kühllasten Φ_N, wie z. B. Menschen Φ_P oder Maschinen Φ_M) für die **Quelllüftung** genutzt.

Drallstrahl: Er entsteht nach Zuluftöffnungen mit speziellen Drall- und Wirbeleinrichtungen (Bild 27).

Diese Sonderform eines „Freistrahles" zeichnet sich aus durch:

- einen großen Temperaturdifferenzabbau $\Delta\theta_O = |\theta_{RAL} - \theta_{ZUL}|$
- einen großen Geschwindigkeitsabbau der Zuluftgeschwindigkeit v_O
- eine hohe Turbulenz.

Nach einer Lauflänge von ca. $x = 1$ m ist schon eine Reduktion der Zuluftgeschwindigkeit und der Zulufttemperaturdifferenz um 75 % erfolgt, und somit können die Luftaustrittsbedingungen am Luftauslass v_O und $\Delta\theta_O$ größer sein als bei einem Freistrahl.

Isothermer Strahl: Er ist vorhanden, wenn kein Temperaturunterschied zwischen Zu- und Raumluft besteht.

Nichtisothermer Strahl: Er tritt bei allen lüftungstechnischen Anlagensystemen und der „Freien Lüftung" auf, wenn ein Temperaturunterschied zwischen Zu- und Raumluft $\Delta\theta_O = |\theta_{RAL} - \theta_{ZUL}| >$ bzw. < 0 besteht.

Bild 28 verdeutlicht, dass mit einem bezüglich des Luftaustrittswinkels nicht regelbaren Luftdurchlass die Funktionen „Luftheizen" und „Luftkühlen" bei der Strahlausbreitung entgegengesetzt wirken.

Tabelle 17 gibt Orientierungswerte für die Richtungsänderung von horizontalen und vertikalen Zuluftstrahlen bei gekühlter und beheizter Luft.

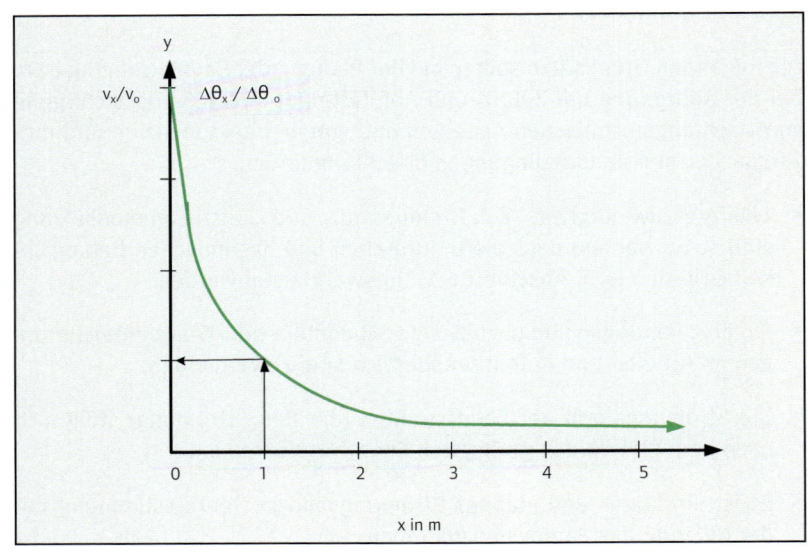

Bild 27
Schematische Darstellung des Temperaturdifferenz- und Geschwindigkeitsabbaus bei Drallstrahlen

Bild 28
Schematische Darstellung des Zuluftstrahlverlaufes bei Luftheizung und Luftkühlung

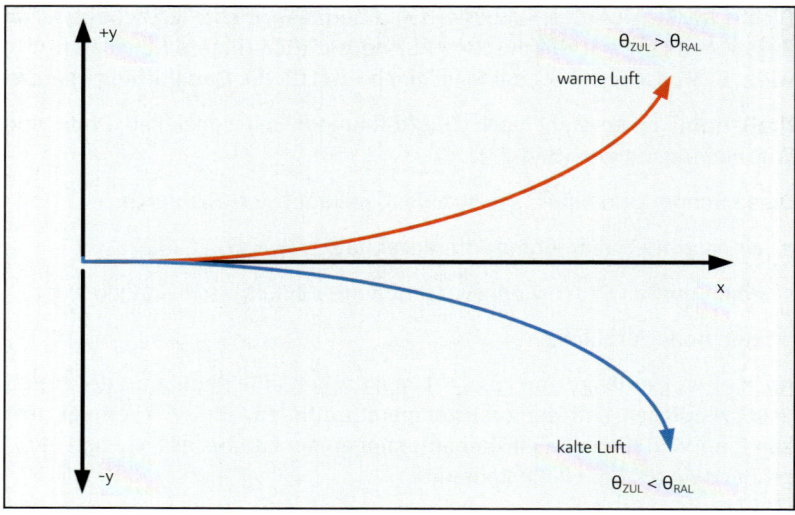

Tab. 17
Richtungsänderung des Zuluftstrahles bei Luftheizung und Luftkühlung

	$\theta_{ZUL} > \theta_{RAL}$	$\theta_{ZUL} > \theta_{RAL}$
Richtungsänderung	nach oben	nach unten
horizontaler oder schwach geneigter **Zuluftstrahl**	Ablenkung zur Decke	Ablenkung zum Fußboden
vertikaler Zuluftstrahl		
von oben nach unten	Verzögerung	Beschleunigung
von unten nach oben	Beschleunigung	Verzögerung

6.1.7.2 Grundsätze

Die folgenden Grundsätze sollten bei der Planung der Raumströmung bzw. bei der Anordnung der Zuluft- und Abluftöffnung unter Berücksichtigung von strömungstechnischen Aspekten und von architektonischen und nutzerspezifischen Randbedingungen Beachtung finden.

- Zuluftgeschwindigkeit, Zulufttemperatur und Luftzusammensetzung sind so zu wählen, dass die thermischen und hygienischen Behaglichkeitskriterien (s. a. Abschnitt 6.1.2) gewährleistet werden.

- Zugerscheinungen und unzulässige Schadstoff- oder Staubanreicherungen im Arbeits- und Aufenthaltsbereich sind zu vermeiden.

- Die Strömungsform der Zuluftstrahlen (der Raumströmung) stellt sich nach dem **Prinzip des geringsten Energieverlustes** ein.

- Es ist ein klares und stabiles Strömungsbild in Übereinstimmung mit der Nutzung des Raumes anzustreben.

		Hinweise
in niedrigen Räumen	mit Personen	· im Deckenbereich anordnen · Drehrichtung des Raumwirbels so wählen, dass die Personen weitestgehend von vorn angeströmt werden
in hohen Räumen	mit Personen	· horizontal in ca. 4 bis 6 m Höhe einblasen · i. Allg. Anwendung der Wurflüftung
in Räumen mit	hohen Kühllasten Φ	· im Fußbodenbereich · Quelllüftung (s. a. Bild 29)
	großen Fensterflächen	· teilw. Luftzuführung unter den Fenstern oder · Unterstützung von thermischen Auftriebsströmungen · zum Abfangen von Kaltluftströmen

Tab. 18
Orientierungshinweise für die Anordnung der Zuluftöffnung

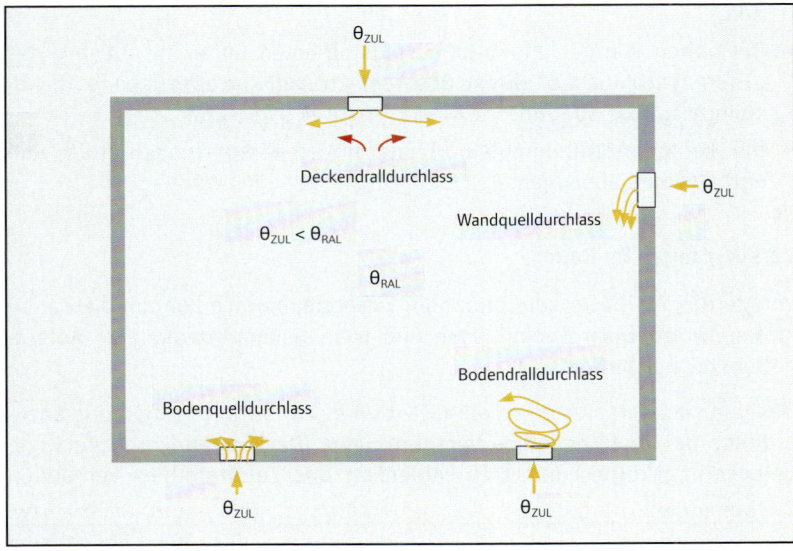

Bild 29
Schematische Darstellung von Zuluftdurchlassanordnungen

- Die Intensität der Raumdurchspülung ist eine Funktion des Zuluftimpulses $I_O = A_O \cdot \rho \cdot v_O^2$ und wird durch das Verhältnis des Zuluftimpulses zum Raumvolumen V_R bestimmt.
- Die Intensität der Kühllasten oder Schadstofflasten und/oder die Lage und Größe von baulichen oder nutzungsbedingten Versperrungen beeinflussen die Wahl des Luftführungssystems und die Raumströmung.

Zuluftöffnung

Durch die Lage und Anordnung der Zuluftöffnung im Raum und dem Zuluftimpuls wird im Allgemeinen die Raumströmung bestimmt. Tabelle 18 gibt Orientierungswerte für eine Anordnung.

Mögliche Anordnungen von Zuluftdurchlässen sind in Bild 29 dargestellt.

Abluftöffnung

Die Lage der Abluftöffnung ist bei intensiver Durchmischung des Raumes von untergeordneter Bedeutung, jedoch nicht bei Quelllüftungssystemen. Bei

- teilweiser Raumbelüftung,
- intensiven Wärme-, Schadstofflasten (-quellen) und
- induktionsarmer Raumdurchspülung

sind folgende **Grundsätze zu beachten**:

- Intensive Quellen am Ort der Entstehung absaugen.
- Schadstoffe entsprechend ihrer Dichte oben oder unten absaugen.
- Bei sehr hohen Räumen (z. B. Industriehallen, überdachte Atrien) und großen Wärmequellen die Abluftöffnung über der Wärmequelle anordnen.
- Bei hohen Wärme- und/oder Schadstofflasten unter Ausnutzung des „Thermikschlauches" direkt über der Entstehung absaugen (z. B. Küchen; s. a. Bild 30) und
- bei geringem Strahlimpuls und/oder hohen Versperrungen in der Aufenthaltszone absaugen.

Versperrungen im Raum

Versperrungen im Decken- und/oder Fußbodenbereich können die Raumströmung erheblich beeinflussen und u. a. Diskomfortzonen im Aufenthaltsbereich schaffen.

Deshalb sind Versperrungen möglichst längs zur Strömungsrichtung anzuordnen; bei querliegenden Versperrungen (Deckenbereich: Unterzüge, Beleuchtungskörper) muss ein Ablenken des Zuluftstrahles vermieden

Bild 30
Schematische Darstellung der Erfassung von thermischen Auftriebsströmungen

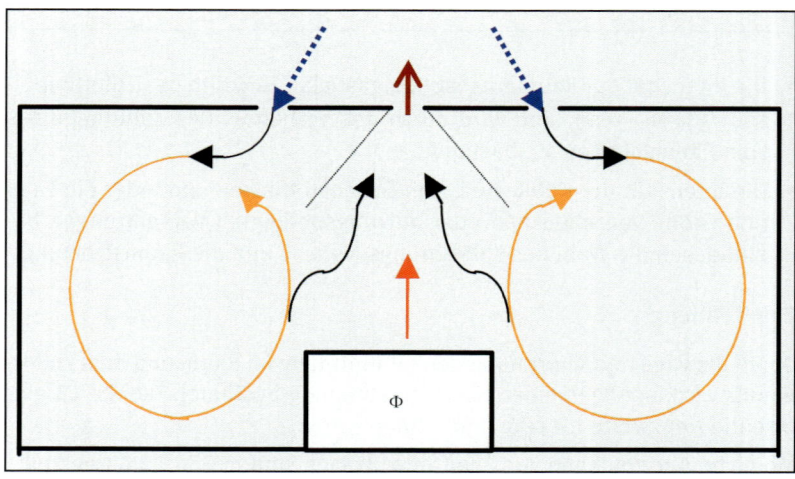

werden (Höhe der Versperrung h_{ver} < Abstand zwischen Zuluftauslass und Versperrung x_{ver}; $h_{ver} < 0{,}04 \cdot x_{ver}$).

6.1.7.3 Luftführungsarten

Es können folgende Luftführungsarten unterschieden werden [7]. Beispiellösungen in der Anwendung sind dem Kapitel 3 zu entnehmen:

- Lüftung nach dem Vermischungsprinzip
- Verdrängungslüftung
- Quelllüftung.

Diese Luftführungsarten können auch miteinander kombiniert werden.

Lüftung nach dem Vermischungsprinzip

Sie ist charakterisiert durch eine vorsätzliche, mithilfe von Freistrahlen erzielte Vermischung von Zuluft und Raumluft. Es ist relativ gleichgültig, ob

- die Luft im gesamten Raum („tangentiale" Luftführung, z. B. **Wurflüftung** (Wurflüftung mittels Düsen (Bild 31) bzw. „diffuse" Luftführung, z. B. **Drallströmung** mittels Drallstrahl)
- oder nur örtlich begrenzt vermischt wird (**lokale Klimagestaltung**; Bild 32),
- oder die Zuluftführung über die Fußbodenkonstruktion (Fußbodendrallauslässe, luftdurchlässiger Teppichboden; Bild 33) erfolgt.

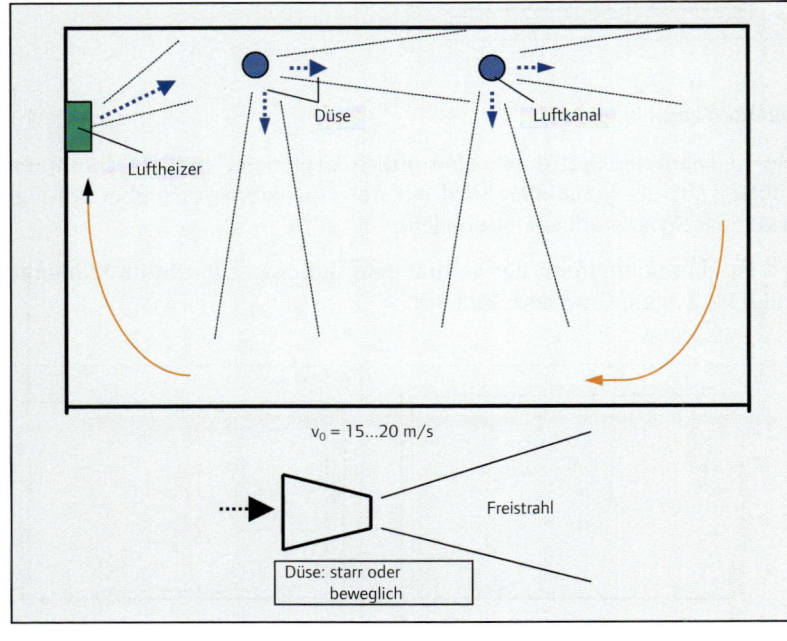

Bild 31a
Schematische Darstellung einer Wurflüftung mittels Düsen (DIRIVENT-System) zur Luftheizung großer Hallenkomplexe

Bild 31b
Detail: Düse – Anwendung von Freistrahlen

Bild 32 (links)
Schematische Darstellung einer lokalen Klimagestaltung bei einer Stuhllehnenbelüftung

Bild 33 (rechts)
Schematische Darstellung der diffusen Luftführung über den Teppichboden bzw. Fußbodendrallauslässe

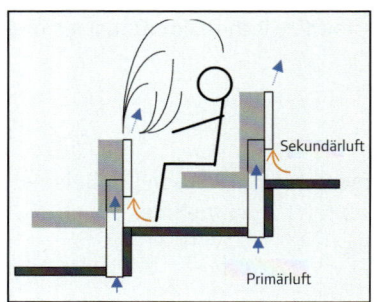
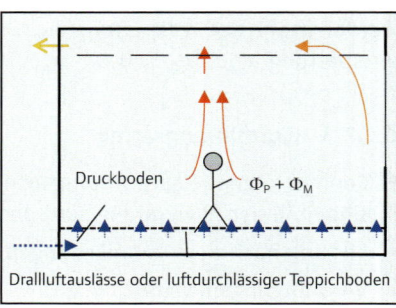

Verdrängungslüftung

Sie ist dadurch charakterisiert, dass es zu einer möglichst geringen Vermischung zwischen der Zuluft und der Raumluft kommt. Die kolbenartige, vermischungsfreie Verdrängung der Raumluft ist praktisch nur schwer realisierbar (Bild 34). Kleinste Störungen können diese Strömung stark beeinflussen.

Bild 34
Schematische Darstellung einer Verdrängungslüftung

Quelllüftung

Sie ist charakterisiert durch eine örtlich begrenzte, zugfreie Zuführung kühler Luft, die kombiniert wird mit der Eigenkonvektion über Wärme- und/oder Schadstofflasten (-quellen).

Sie ist eine Sonderform der Verdrängungslüftung, z. B. **„Stille Kühlung"** (Bild 35; System Gravivent; Bild 36).

Bild 35 (links)
Schematische Darstellung einer Quelllüftung

Bild 36 (rechts)
Schematische Darstellung der „Stillen Kühlung" (System Gravivent)

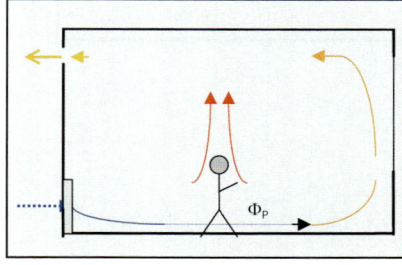
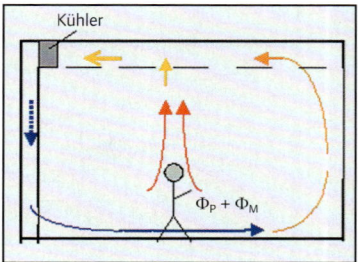

Diese Systeme werden immer häufiger angewendet, vor allem bei

- hohen inneren Kühllasten (auch in Kombination von Flächenkühlung an der Decke) und/oder
- hohen akustischen Forderungen im Raum.

Die Luftaustrittsgeschwindigkeit v_O sollte in einem Bereich $\leq 0{,}15...0{,}25$ m/s liegen, sodass die Austrittsfläche relativ groß wird. Die Kontur der Austrittsfläche kann vielgestaltig sein und u. U. auch als architektonisches Gestaltungselement genutzt werden.

Der Zuluftvolumenstrom $q_{V,ZUL}$ ist zu minimieren, d. h., er entspricht im Allgemeinen dem hygienisch bedingten Mindestaußenluftvolumenstrom $q_{V,AUL,min}$ (s. a. Abschnitt 6.1.3).

[7] enthält eine Übersicht über Anwendungsbeispiele der Luftführungsarten und spezieller charakteristischer Aspekte (wie z. B. Kühllast Φ bzw. ϕ, Wurfweite X, Raumhöhe H_R). Weitere Anwendungen sind dem Kapitel 3 zu entnehmen.

6.1.8 Konditionierung der Außenluft

6.1.8.1 Gestaltung der Außenluftansaugung

Die Außenluftansaugung und die Fortluftöffnungen (s. a. Bild 37) sollten möglichst so angeordnet werden, dass

- im angeschlossenen Luftleitungssystem der Druckverlust und somit der Energieaufwand gering sind,
- die Außenluft möglichst trocken, sauber und im Sommer kühl angesaugt werden kann und
- die Fortluft so ins Freie geführt wird, dass Gesundheitsrisiken oder schädliche Auswirkungen auf das Gebäude, die darin befindlichen Personen oder die Umwelt gering sind.

Außenluftansaugung

- Der horizontale Abstand zwischen der Außenluftansaugung und einer Schadstoffquelle wie z. B. Abfallsammelstellen, Parkplätzen, Fahrwe-

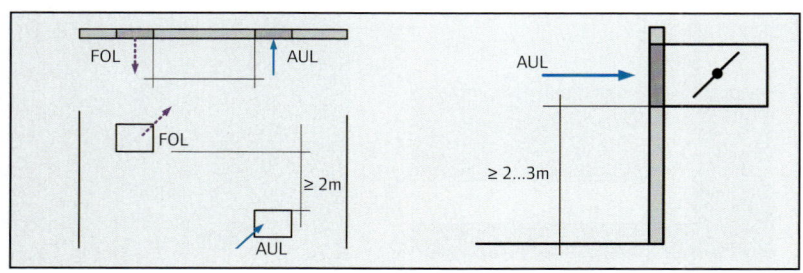

Bild 37
Schematische Hinweise zur Anordnung der Außenluftansaugung

gen, Kanalentlüftungsöffnungen, Schornsteinen sollte nicht geringer als 8 m sein.
- Keine Anordnung in der Hauptwindrichtung von Verdunstungs-Kühlanlagen oder in deren unmittelbarer Nähe.
- Nicht an Fassaden von belebten Straßen! Wenn nicht zu vermeiden, so hoch wie möglich über OK Erdreich bzw. Boden.
- Nicht an Stellen, wo eine Rückströmung von Fortluft oder Störung durch Verunreinigungen bzw. Geruchsemissionen zu erwarten ist.
- Nicht direkt über OK Erdreich, mindestens über das 1,5-Fache der Dicke einer zu erwartenden Schneehöhe positionieren.
- Möglichst nicht auf dem Dach, sondern in der bevorzugt vom Wind angeströmten Gebäudeseite.
- Möglichst nicht in Bereichen, deren Oberflächen im Sommer übermäßig erwärmt werden.
- Die maximale Strömungsgeschwindigkeit in der Öffnung sollte ≤ 2 m/s sein.
- Die Möglichkeiten der Reinigung und Wartung sollten berücksichtigt werden.

Die Anordnung der Fortluftführung ist so vorzunehmen, dass
- die Fortluftöffnung möglichst in der „freien ungestörten Strömung" liegt und
- es zu keinem Kurzschluss mit der Außenluftansaugung kommt.

Detaillierte Hinweise für die Anordnung und Gestaltung von Außenluftansaugung und Fortluftführung enthält [7].

Eine häufig genutzte Möglichkeit der Außenluftansaugung stellt ein Ansaugbauwerk dar (Bild 38), welches im Allgemeinen mit den Lösungen nach Abschnitt 6.1.8.2 verbunden ist.

Bild 38
Schematische Hinweise zur Anordnung eines Außenluftbauwerkes und Beispiel

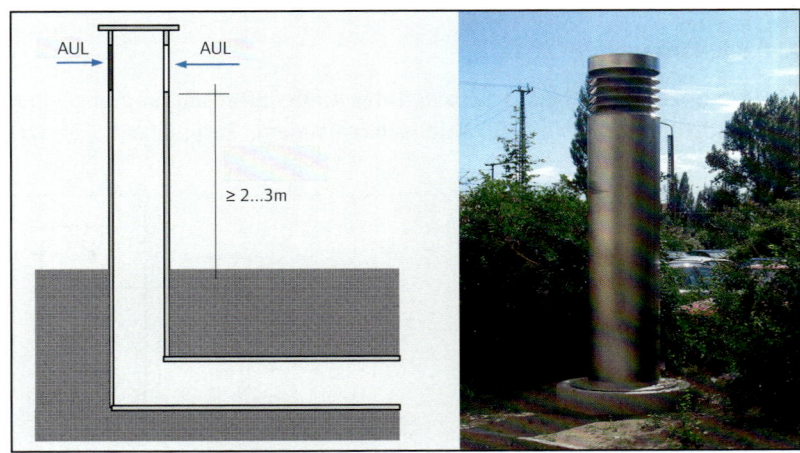

6.1.8.2 Luftbrunnen, Thermolabyrinth

Als energetisch und ökologisch günstig erweist sich die Ansaugung über Ansaugbauwerke und Luftführung über Erdkanäle (Luftbrunnen; Bild 39) oder Kanäle im Außenbereich des Kellers oder im Keller (Thermolabyrinth; Bild 41).

Beim Luftbrunnen mit Ansaugbauwerk wird die angesaugte Luft über einen im Erdreich verlegten Kanal geführt, der eine möglichst große Übertragungsfläche (Umfang) zum Erdreich haben sollte. Als zweckmäßiger Richtwert für die notwendige Kanaloberfläche ist von einem spezifischen Wert $A_{Kanaloberfl.} / q_V = 0{,}04$ m²/m³/h auszugehen Die Luftgeschwindigkeit im Kanal sollte zwischen 2 und 4 m/s liegen.

Da die Erdreichtemperatur, die sich ab 2 bis 3 m der Grundwassertemperatur ($\theta_{GW} = 8 \ldots 10\,°C$) hinreichend nähert, über das Jahr gesehen relativ konstant ist, kann das Erdreich als „Energiespeicher" genutzt werden.

Eine weitere Möglichkeit stellt die Einbindung eines Schotterspeichers in die Luftansaugung dar [23] (Bild 40).

Unter sommerlichen Bedingungen ergibt sich eine Vorkühlung und unter winterlichen Bedingungen eine Vorheizung der Außenluft, und dadurch sind zu beachtende energetische Einsparungen möglich.

Tabelle 19 gibt Orientierungswerte zur Dämpfung der Außenlufttemperatur und mögliche energetische Leistungseinsparungen [7].

Eine Sonderform des Thermolabyrinths bzw. der Bauteilaktivierung (TABS) stellt ein eingebettetes Flächenkühlsystem mit Luft der *Firma Kiefer* dar (s. a. [7]). Die Kühlrohre werden in der statisch neutralen Zone der Betondecke zwischen oberer und unterer Bewehrung verlegt (Bild 42).

Die Kühlrohre (Bild 43) bestehen aus gut wärmeleitendem Aluminium, wobei die Rohrinnenseite zur Verbesserung des inneren Wärmeübergangs

Bild 39 (links)
Schematische Darstellung eines Luftbrunnens

Bild 40 (rechts)
Schematische Darstellung eines Luftbrunnens unter Einbeziehung eines Schotterspeichers

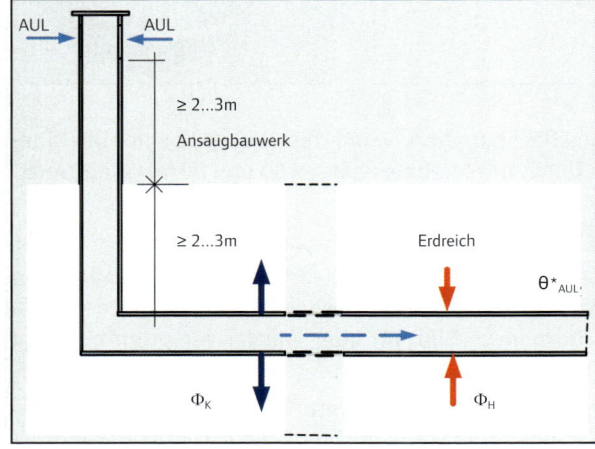
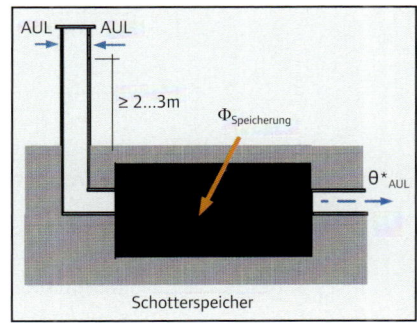

Bild 41
Schematische Darstellung eines Thermolabyrinths

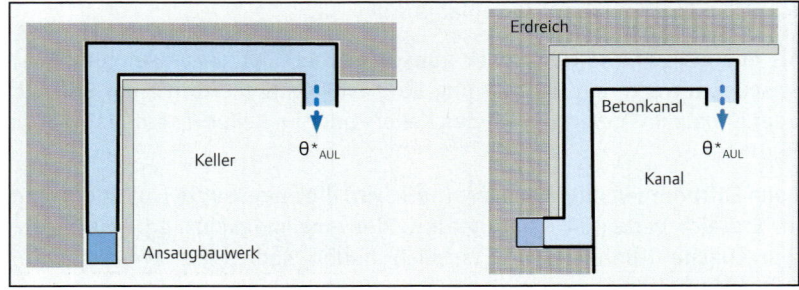

Tab. 19
Mögliche Effekte bei Anwendung von Luftbrunnen auf die angesaugte Außenlufttemperatur und die Einsparung von Aufbereitungsenergie

	Dämpfung	
	Mittelwert $\theta_{e,m}$	Amplitude $\hat{\theta}_e$
	in °C	in K
Sommer	0,2 ... 2	1 ... 8
Winter	0,2 ... 1	2 ... 4
	Einsparung	
	MWh/Monat	%
Kühlenergie	20 ... 60	25 ... 45
Heizenergie	10 ... 25	10 ... 17

Bild 42 (links)
Schematische Darstellung des Flächenkühlsystems

Bild 43 (rechts)
Kühlrohr nach [7]

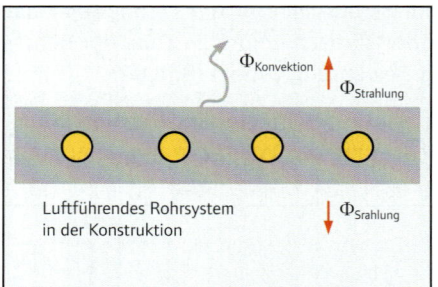
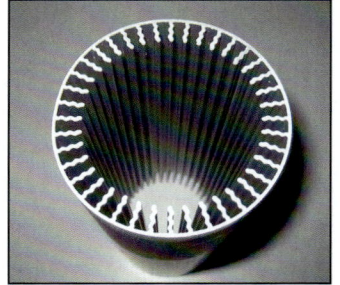

bzw. der Übertragungsfläche (nahezu vervierfacht) berippt sind. Die Kühlrohre werden in den Durchmesserabmessungen 60 und 80 mm eingesetzt.

6.1.8.3 Adiabate Befeuchtung (Kühlung)

Eine Möglichkeit, die angesaugte Außenluft vorher zu kühlen, kann darin bestehen, dass im Ansaugbereich Wasserflächen angeordnet werden (z. B. Hardenberghaus in Dortmund; Bild 44) oder Wasser versprüht oder auf Flächen verrieselt (Bild 45) wird.

Dieser Effekt, thermodynamisch als **adiabate Kühlung** (s. a. Bild 3) bezeichnet, kann eine Temperaturabsenkung von 2 bis 4 K hervorrufen.

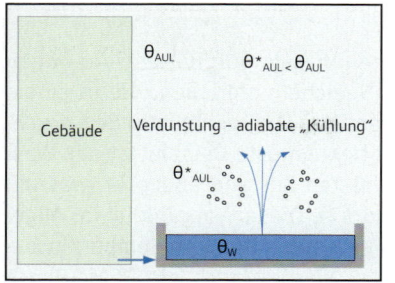 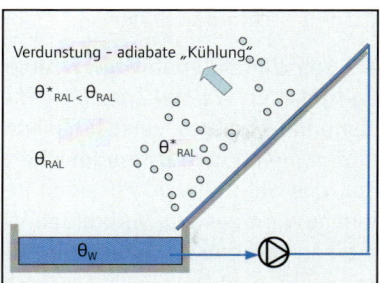

Bild 44 (links)
Schematische Darstellung der Verdunstungskühlung durch eine vorgelagerte Wasserfläche oder Versprühen von Wasser

Bild 45 (rechts)
Schematische Darstellung der Verdunstungskühlung durch Berieselung einer Bauteilfläche

Allerdings steigt bei diesem Vorgang der Feuchtegehalt der Luft (absolute Feuchte x und relative Feuchte ϕ_D) stark an, und diese feuchte Luft kann gegebenenfalls bei Kontaktierung mit kühlen Flächen Kondensaterscheinungen (Taupunktunterschreitung) bewirken.

6.1.9 Kälte- und Wärmespeicherung

Um zeitliche Unterschiede von Bedarf und Verbrauch an Kälte bzw. Wärme zu kompensieren, Spitzen bei der Dimensionierung von Kälte- und Wärmeerzeugern abzubauen und um Betriebskosten (Arbeits- und Leistungspreise für Elektro- bzw. Heizenergie) zu reduzieren, sind Speichersysteme notwendig.

Es sind die Phasen Speicherung (Beladung) und Entspeicherung (Entladung) zu unterscheiden (Bild 46). Der Verlauf entspricht im Allgemeinen einer Exponentialfunktion. Um einen Speicher effektiv nutzen zu können, sollte die Entspeicherung nahezu abgeschlossen sein. Bezüglich der Gesamtzeit (Speicherperiode $\tau_P = \tau_{Speich} + \tau_{Entspeich}$) wird in Tages-, Wochen-, Monats- und Jahresspeicher unterschieden. Für die Speicherung im Bauwerk und bei Einsatz von Speichermaterialien in klimatechnischen Prozessen wird im Allgemeinen davon ausgegangen, dass $\tau_P = 24\,\text{h}$ ist.

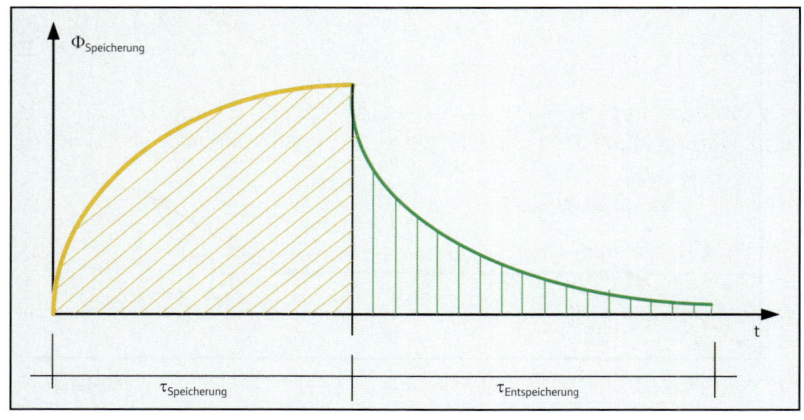

Bild 46
Schematische Darstellung von Speicherung und Entspeicherung

6.1.9.1 Latentspeicher

Als Speichermaterial wird im Allgemeinen Wasser aufgrund seiner hohen spezifischen Wärmekapazität genutzt. Speichermaterialien, die in einem Temperaturbereich einen Phasenwechsel des Aggregatzustandes durchlaufen, nennt man **Latentspeicher**. Das bekannteste Beispiel ist das Wasser, das bei 0 °C vom flüssigen in den festen Zustand übergeht, was mit einem Wärmeentzug verbunden ist (Bild 47). Dieser Vorgang ist im Allgemeinen reversibel. Materialien, die in einem bestimmten Temperaturbereich einen Phasenwechsel durchlaufen, werden auch als PCM (Phase Change Materials) bezeichnet (Bild 48). Die in der latenten Phase gespeicherte Energie kann eine zu beachtende Größenordnung erreichen, die in Abhängigkeit von der Speicherdichte Werte bis zu 200 kJ/kg erreichen kann.

Für den Einsatz von PCM in der Raumlufttechnik bzw. im Gebäude zur Erhöhung der thermischen Speicherfähigkeit der Raumumschließungskonstruktion ist vor allem die Temperatur des Phasenübergangs entscheidend, die in einer Größenordnung von 20 bis 22 °C liegen sollte. Viele schon bisher bekannte Latentspeicher wiesen Probleme auf, wie z. B. Entmischung bei Wasser-Salz-Gemischen, Hysterese von Erstarren und Schmelzen sowie Korrosivität, die einen großtechnischen Einsatz kaum erlaubten. Zurzeit stehen PCM in gekapselter Form oder als Verbundmaterial zur Verfügung, die einen verstärkten technischen Einsatz ermöglichen.

Bei dem Verbund mit Graphit wurde die Leitfähigkeit des Materials erheblich erhöht. Dieses Material findet auch Einsatz in RLT-Geräten (Bild 49).

Bild 47
Vergleich der Wärmespeicherung durch sensible und latente Wärme

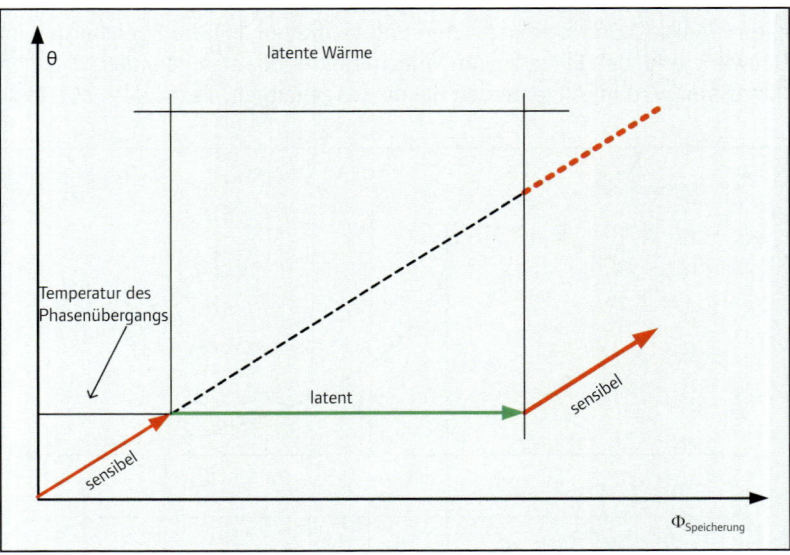

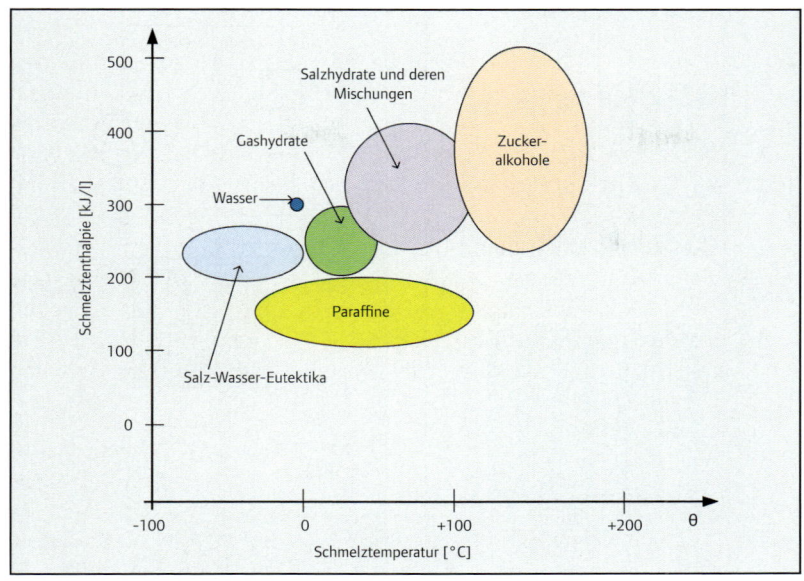

Bild 48
Typische volumenspezifische Schmelzenthalpien und die dazugehörigen Temperaturbereiche von PCM

6.1.9.2 Eisspeicher

Bei der **Eisspeicherung** wird Wasser in einem Behälter durch Kühlmittel oder Kältemittel so gekühlt, dass sich an den Rohren oder Platten Eis (Bild 50) bildet. Nach Aufladung, d. h. nach Erreichen einer bestimmten Eisdicke, kann durch Beaufschlagung des Speichers mit Kühlwasser das Eis wieder geschmolzen werden. Bei der Kopplung des Speichers an die Kälteerzeugung sind eine direkte und indirekte Lösung möglich (Bild 51).

Die im Allgemeinen vorgefertigten Speicherbehälter können sowohl im Gebäude (z. B. in der Technikzentrale, untergeordneten Räumen oder bauseitig erforderlichen Leerräumen) als auch im Außenbereich in der

Bild 49
PCM im Einsatz in einem dezentralen RLT-Gerät nach [7]

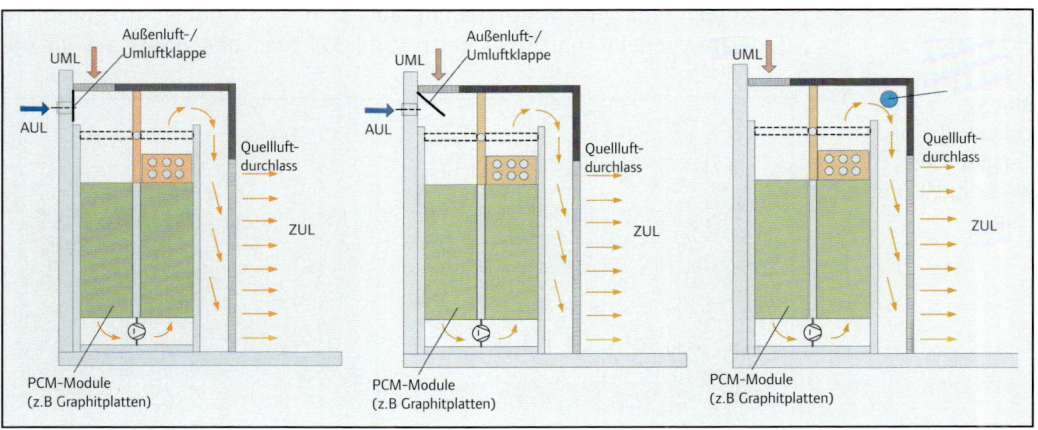

Bild 50 (links)
Wärmeübertrager zur Eisanlagerung

Bild 51 (rechts)
Direkte Einbindung der Kältemaschine an den Eisspeicher

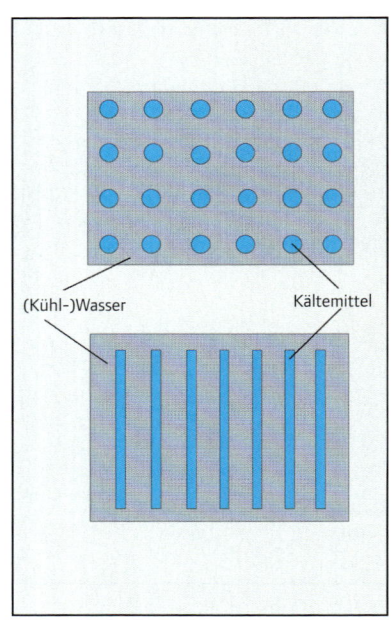
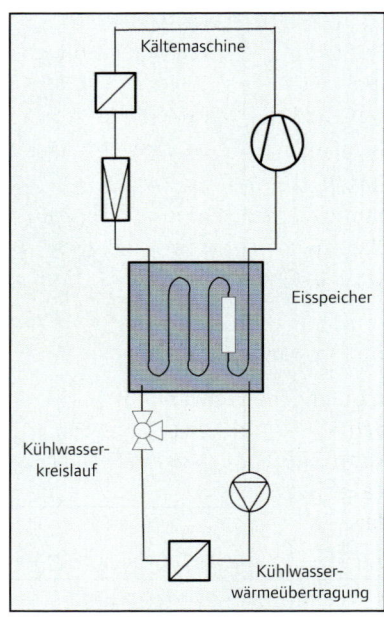

Erde untergebracht sein. Eine gewisse Zugänglichkeit zur Montage und Wartung ist zu gewährleisten.

6.1.9.3 Erdreich

Erdreich, insbesondere bei einem hohen Feuchteanteil, ist aufgrund einer guten Wärmeleitung ebenfalls als „Speicher" nutzbar.

Bei der Nutzung des **Erdreiches** als Speicher wird davon ausgegangen, dass einerseits die Außenklimaschwankungen ab einer Tiefe von 3 bis 5 m kaum signifikant sind und anderseits der Einfluss der Grundwassertemperatur mit ca. 7 bis 10 °C dominant ist. Besonders feuchte Erdstoffe zeichnen sich durch eine gute Wärmeleitung aus. Durch horizontal verlegte Rohre (Erdwärmekollektoren) im Erdreich (Bild 52) oder besonders bei für die

Bild 52
Erdkollektor und Erdsonde als Wärmequelle und -senke

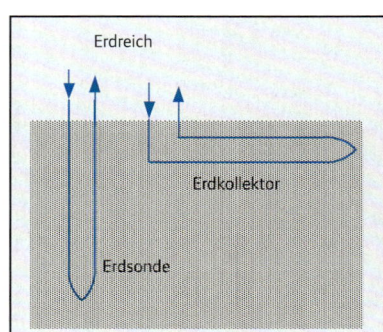
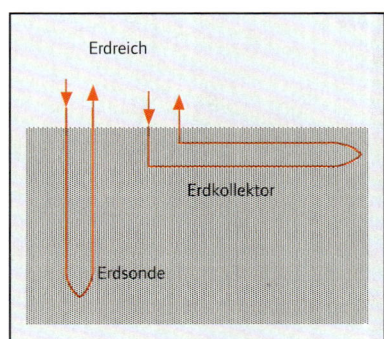

Standfestigkeit des Gebäudes erforderlichen Stützen, aber auch durch Betonkerne (Erdwärmesonden) kann das Erdreich als Wärme- bzw. Kältespeicher dienen (Bild 52). Das Erdreich als Speicher kommt im Zusammenhang mit Wärmepumpen zur Anwendung.

In Deutschland gibt es schon eine Reihe von Versuchsanlagen, wobei der Einsatz von Wärmesonden sowohl von wasserrechtlichen als auch bergbaurechtlichen Randbedingungen abhängig ist. Als Wärmeträger können Wasser, im Allgemeinen ein Wasser-Glykol-Gemisch, aber auch Kältemittel, wie z. B. Ammoniak, zum Einsatz gelangen.

6.1.9.4 Schotterspeicher

In praktischen Anwendungen, u. a. in [23] ausführlich dokumentiert, haben sich auch luftdurchströmte Schotterschüttungen als Speichermaterial bewährt. Sie stellen vor allem bei mittleren (ca. bis 10.000 m^3/h) und großen (ca. bis 100.000 m^3/h) Luftvolumenströmen einen geeigneten Kompromiss dar.

Die wesentlichen Vorteile sind:
- Vorwärmung im Winterbetrieb (reduziertes Frostrisiko an WRG)
- im Sommer Luftkühlung mit sporadischer Entfeuchtung.

Weitere Vorteile sind nach [23]:
- einfacher Aufbau und Integration in den Baukörper möglich
- in der Regel preisgünstige Erstellung
- hohe Energiegewinne, geringe energetische Aufwendungen für zusätzliche Lufttransporte.

Einen untersuchten Schotterspeicher (Bilder 53 und 54) beschreibt [23]: „Er besitzt eine quaderförmige Geometrie. Seine Größe ist abhängig vom Auslegungsvolumenstrom und der geforderten Speicherladedauer. Er be-

Bild 53
Herstellung eines Schotterspeichers nach [23]

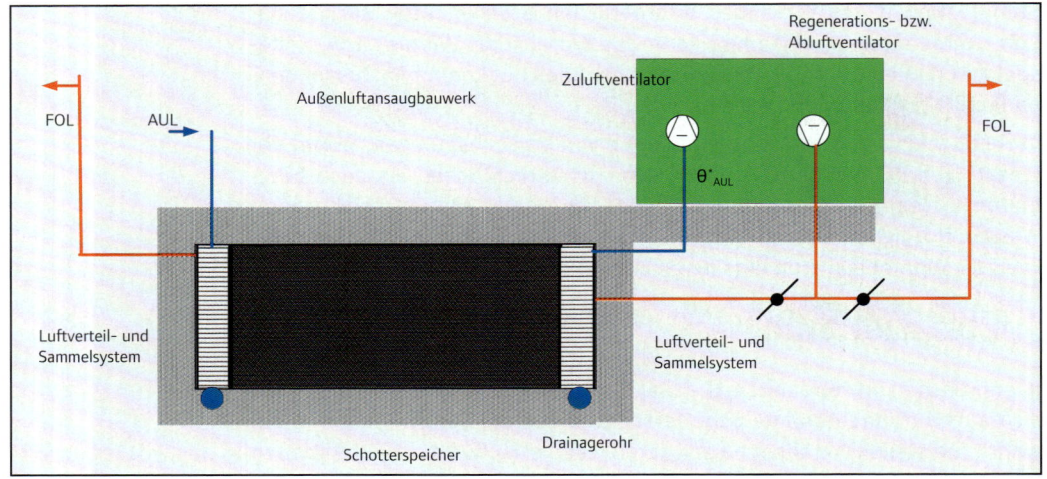

Bild 54
Prinzipieller Aufbau als Schnittdarstellung

findet sich regelmäßig unter der Geländeoberkante (GOK). Dabei ist darauf zu achten, dass das gesamte Speichervolumen oberhalb des höchsten zu erwartenden Grundwasserspiegels liegt. Der unterirdische Ausbau kann unter freiem Gelände, aber auch unter Gebäuden mit thermischer Entkopplung erfolgen.

Der Schotterspeicher wird an seinen Seitenflächen durch ein Luftverteil- bzw. -sammelsystem begrenzt. Auf der Oberseite ist der Schotterspeicher mit einer wasserundurchlässigen Folie gegen eindringendes Oberflächen- oder Sickerwasser zu schützen. Die zur Belüftung des Gebäudes benötigte Außenluft wird über eine Außenluftansaugung dem Luftverteilsystem zugeführt, durch die Schotterhohlräume geführt, am Austritt des Speichers als thermisch aufbereitete Außenluft gesammelt und über einen Lüftungskanal dem Lüftungsgerät im Gebäude zugeleitet. Der Zuluftventilator des Lüftungsgerätes kompensiert die Druckverluste. Für die Regenerierung des Schotterspeichers wird ein zusätzlicher Regenerationsventilator benötigt. Während der Speicherregeneration ist der Luftaustausch des Gebäudes über einen Bypass oder eine weitere Außenluftansaugung sicherzustellen. Die Regenerationsluft wird über die Betriebsaußenluftansaugung ins Freie geblasen. Eventuell eintretendes Schichtenwasser fließt im Schotter ab und wird am Boden des Schotterspeichers über Drainagerohre abgeleitet."

6.1.9.5 Wasserspeicher

Wasserführende Schichten, Brunnen, Aquifer

Die Nutzung des Erdreiches bzw. von **wasserführenden Schichten** oder **Brunnen** (Zapf- und Schluckbrunnen bei Wärmepumpenanlagen) zur Speicherung bedarf in Deutschland der Zustimmung durch die zuständige Wasserbehörde bzw. die zuständigen Wasserversorgungsunternehmen.

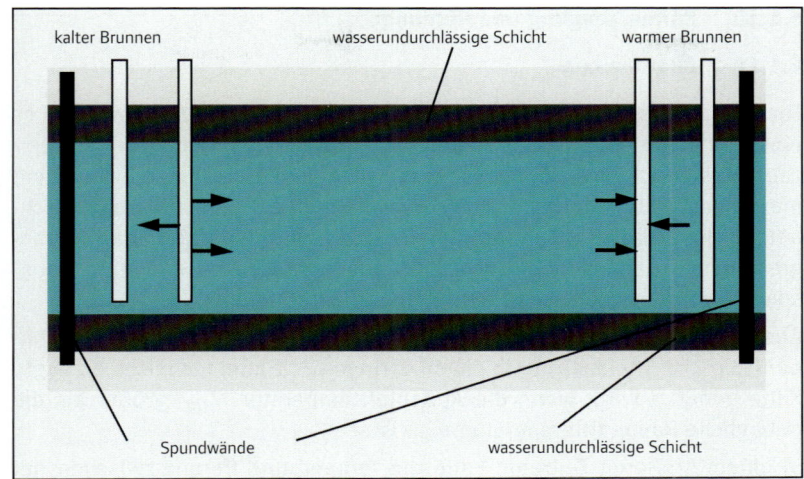

Bild 55
Beispiel eines Aquifers

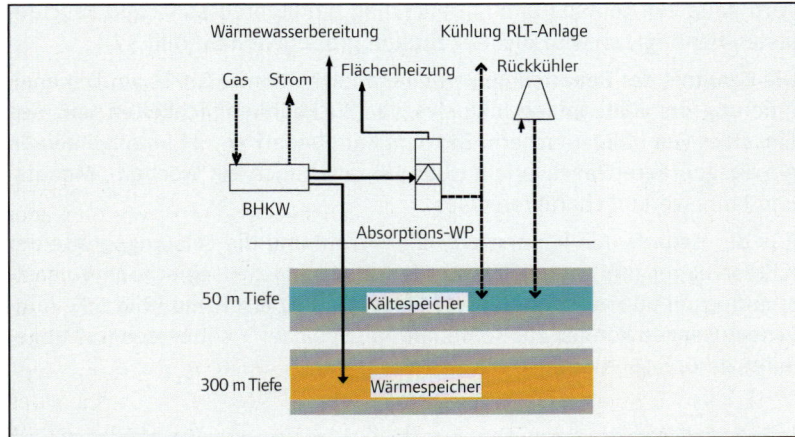

Bild 56
Nutzung von zwei Wasserspeichern für die heizungs- und kühltechnischen Anlagen im Reichstagsgebäude

Eine natürliche oder künstlich erstellte, abgesperrte wasserführende Schicht im Erdreich wird als **Aquifer** bezeichnet. Dieser horizontale Wasserspeicher wird sowohl als Kälte- als auch als Wärmespeicher genutzt (Bild 55). Erfahrungen im großtechnischen Bereich sind ungenügend bekannt, wobei die Realisierung vor allem abhängig von der Wirtschaftlichkeit (Investitionskosten, Energiekosteneinsparungen) ist.

Im Berliner Raum sind durch geologische Bedingungen zwei wasserführende Schichten vorhanden. Diese beiden Schichten werden für die Wärme- und Kältespeicherung der heizungs- und kühltechnischen Anlagen des Reichstages genutzt (Bild 56).

6.1.10 Kälteerzeugung und Kühlung

6.1.10.1 Allgemeines

Für Kühlprozesse wird „Kälte" benötigt. Für die Kälteerzeugung gibt es eine Reihe von technischen Lösungen. Die Dimensionierung der Kälteerzeugungseinrichtung ist insbesondere eine Funktion des zeitlichen und maximalen Kältebedarfes und der Anwendung (z. B. Klimatisierung, technologische Prozesse). Bei der Klimatisierung wird der Kältebedarf vorrangig durch die Kühllast und deren zeitlichen Verlauf (Tages- und Jahresgang) sowie die meteorologischen Bedingungen determiniert.

Ausgehend von der Summenlinie der Außenlufttemperatur θ_e ist erkennbar (s. a. Bild 57), dass nur in einem geringen Zeitraum technisch erzeugte Kälte benötigt wird, wenn die Außenlufttemperatur θ_{AUL} größer als die behagliche Raumlufttemperatur θ_{RAL} ist.

In einem größeren Zeitraum kann die Temperaturdifferenz zwischen der Raumluft und der Außenluft zur Kühlung („Freie Kühlung") genutzt werden. Wird Kälte zur Kühlung und Entfeuchtung bei inneren Kühl- und Feuchtelasten benötigt, so wird dieser Zeitraum größer werden (Bild 57).

Die Kenntnis der Bedarfslinien ist eine entscheidende Größe zur Dimensionierung der Kälteanlage inklusive der Rückkühlmöglichkeiten und des Einsatzes von Kältespeichern. Bei dem Kältebedarf Q_C ist im Allgemeinen ein ausgeprägter Tagesverlauf (Bild 58), aber auch ein Wochen-, Monats- und Jahresverlauf charakteristisch.

Aus der Bedarfslinie können z. B. die Anzahl und die Leistungsgröße der Kälteerzeuger (KM) abgeleitet werden, um möglichst eine hohe Volllaststundenzahl und einen großen Wirkungsgrad zu erreichen (Bild 59). Ähnliche Aussagen können zur Kombination „Speicher – Kälteerzeuger" abgeleitet werden (Bild 60).

Bild 57
Anwendungsbereiche für die Kühlung bzw. Kälteerzeugung

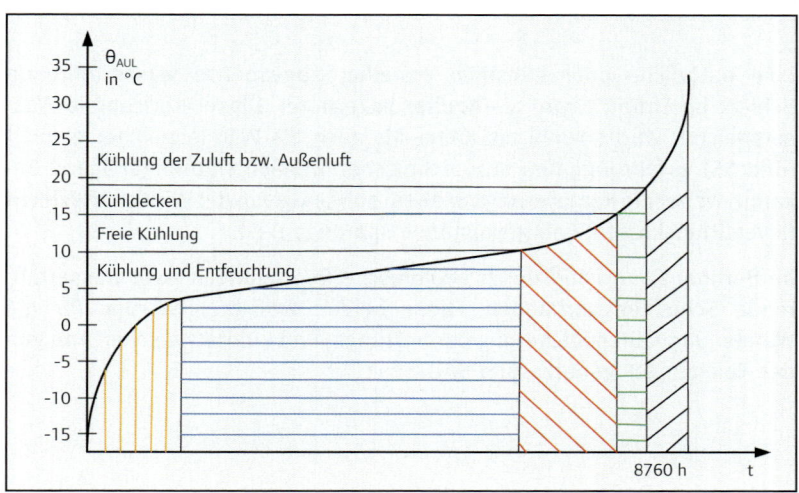

6.1.10.2 Kälteerzeugung

Bei der Kälteerzeugung wird mit einem thermodynamischen Rechtsprozess durch Zuführung von Energie einem Wärmepotenzial Energie entzogen (Kälte) und auf ein höheres Wärmepotenzial gehoben. Auf die Wirkungsweise dieses thermodynamischen Prozesses, auf Wärmequellen, auf die energetische Bewertung und auf die technische Beschreibung der Bauteile der Kältemaschine wird hier nicht näher eingegangen.

Für den Kälteprozess sind folgende Bestandteile notwendig: Verdichter, zwei Wärmeübertrager (Verdampfer, Kondensator), Expansionsventil und Kältemittel. Sie werden in einer konstruktiven Einheit, der Kältemaschine, zusammengefasst (Bild 61).

Nach dem Prinzip der Verdichtung wird in Kompressions- (Bild 62) und Absorptionskältemaschinen (Bild 63) und bei der Kompressionskältemaschine weiter nach der Art der Verdichtung (Kolben-, Schrauben-, Turboverdichter) unterteilt. Eine Sonderform stellt die Adsorptionskältemaschine (Bild 64) dar. Den Unterschied zwischen Adsorption (Anlagern) und Absorption zeigt Bild 65.

Die beiden Wärmeübertrager – der Verdampfer zur Übertragung der Kälte und der Kondensator zur Übertragung der Wärme – sind jeweils über eine geschlossene Rohrleitung mit Pumpe (Kühlkreislauf) an einen die Kälte oder Wärme übertragenden Wärmeübertrager (z. B. Oberflächenkühler, Rückkühler) angeschlossen (Bild 66). Je nach Rückkühlung unterscheidet man in luftgekühlte und wassergekühlte Kältemaschinen.

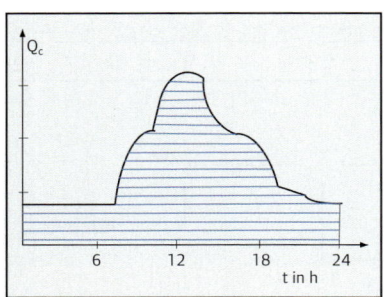
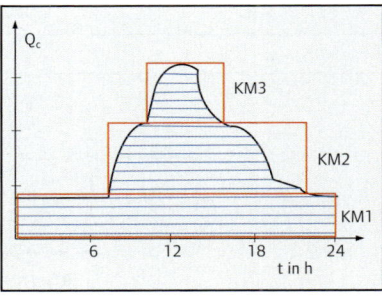

Bild 58 (links)
Tagesverlauf eines Kältebedarfes

Bild 59 (rechts)
Zuordnung von Kälteerzeugern (KM) zum Kältebedarf

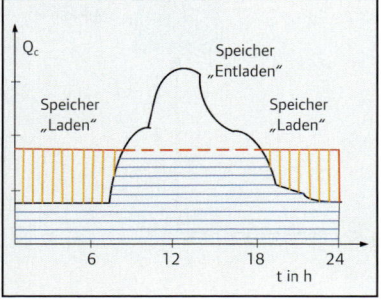
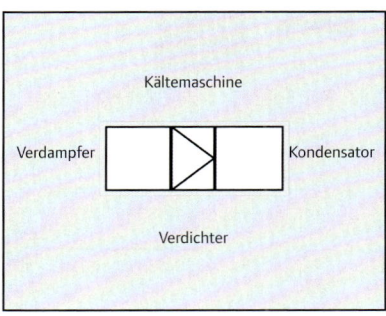

Bild 60 (links)
Zuordnung der Kälteerzeugung und des Kältespeichers zum Kältebedarf

Bild 61 (rechts)
Symbolschema einer Kältemaschine

Interessiert nicht die Erzeugung von Kälte bei der Kältemaschine, sondern die abzuführende Wärme am Kondensator, so spricht man von einer **„Wärmepumpe"**.

Der Begriff „reversible Wärmepumpe" ist irreführend und thermodynamisch „falsch", da bei der Wärmepumpe die „warme" Seite und bei der Kältemaschine die „kalte" Seite von technischem Interesse ist. Selbstver-

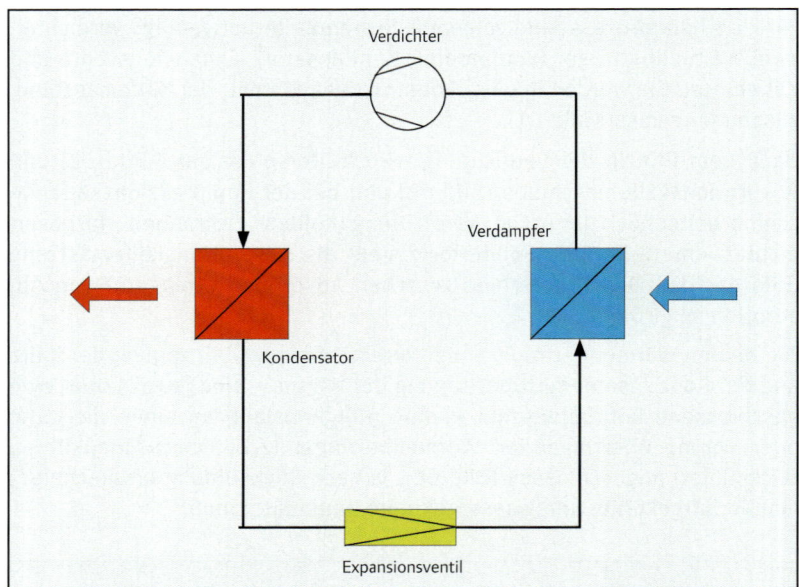

Bild 62
Symbolschema einer Kompressionskältemaschine

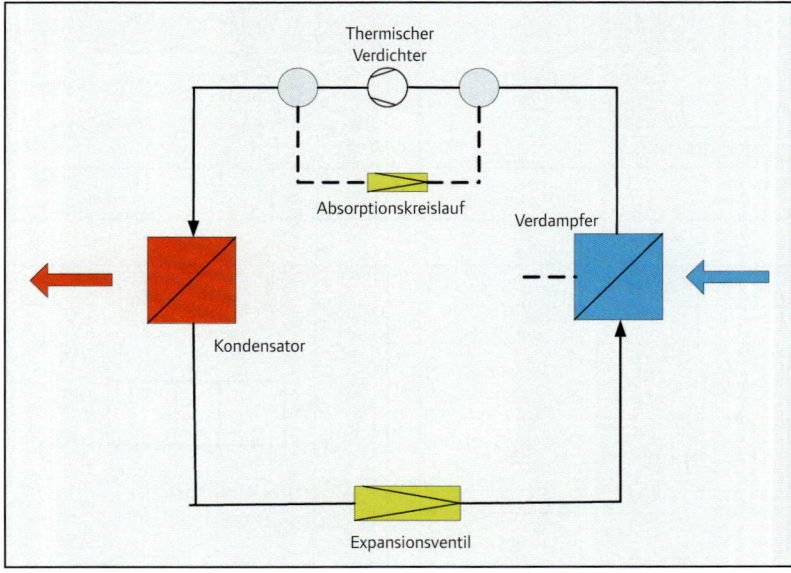

Bild 63
Symbolschema einer Absorptionskältemaschine

ständlich ist es möglich und heute oft angewendet, entweder die „warme" Seite für die Heizung oder die „kalte" Seite für die Kühlung zu nutzen (s. a. Abschnitt 6.1.10.4).

Als Kältemittel in der Kältemaschine können die unterschiedlichsten Sicherheitskältemittel, Ammoniak (NH_3), aber auch Wasser, eingesetzt werden. Im Kaltwasserkreislauf („kalte" Seite) und im Kühlwasserkreislauf („warme" Seite) wird im Allgemeinen Wasser verwendet.

Bild 64
Prinzipschema einer Adsorptionskältemaschine

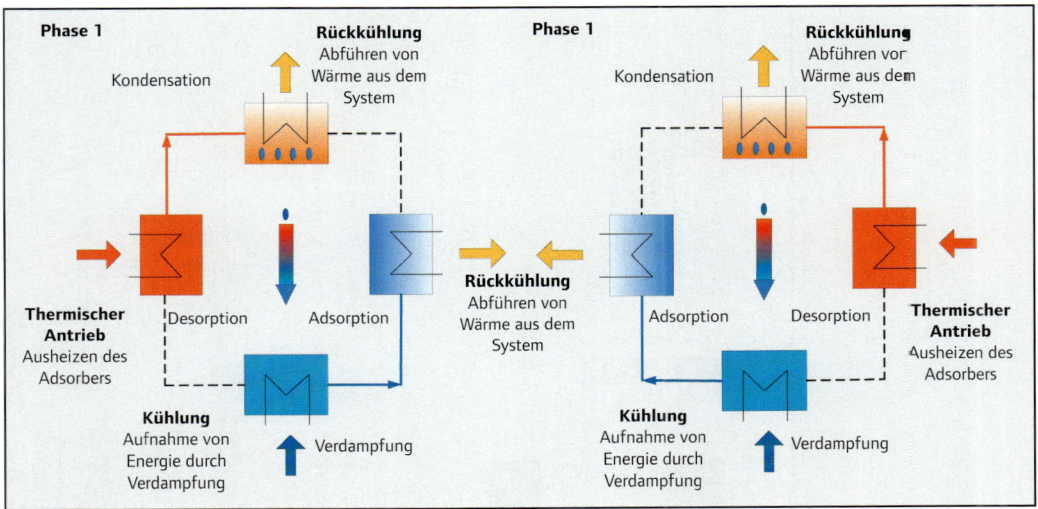

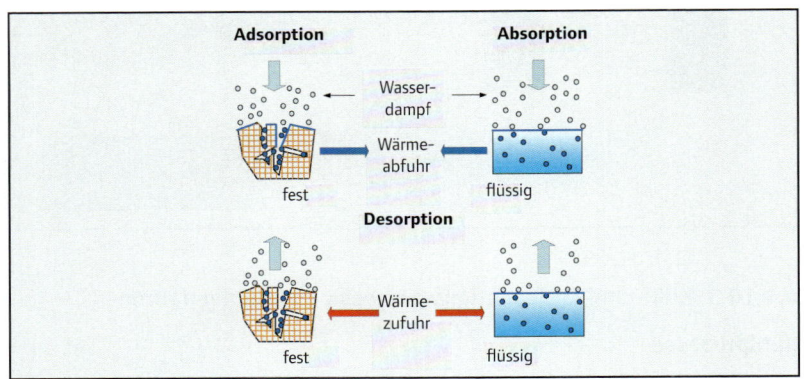

Bild 65
Gegenüberstellung Absorption und Adsorption

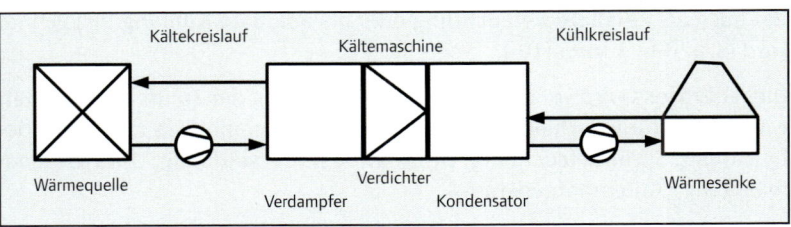

Bild 66
Wärmequelle – Kältemaschine – Wärmesenke

Bild 67
Übersicht Wärmequelle – Wärmesenke bei Kältemaschinen

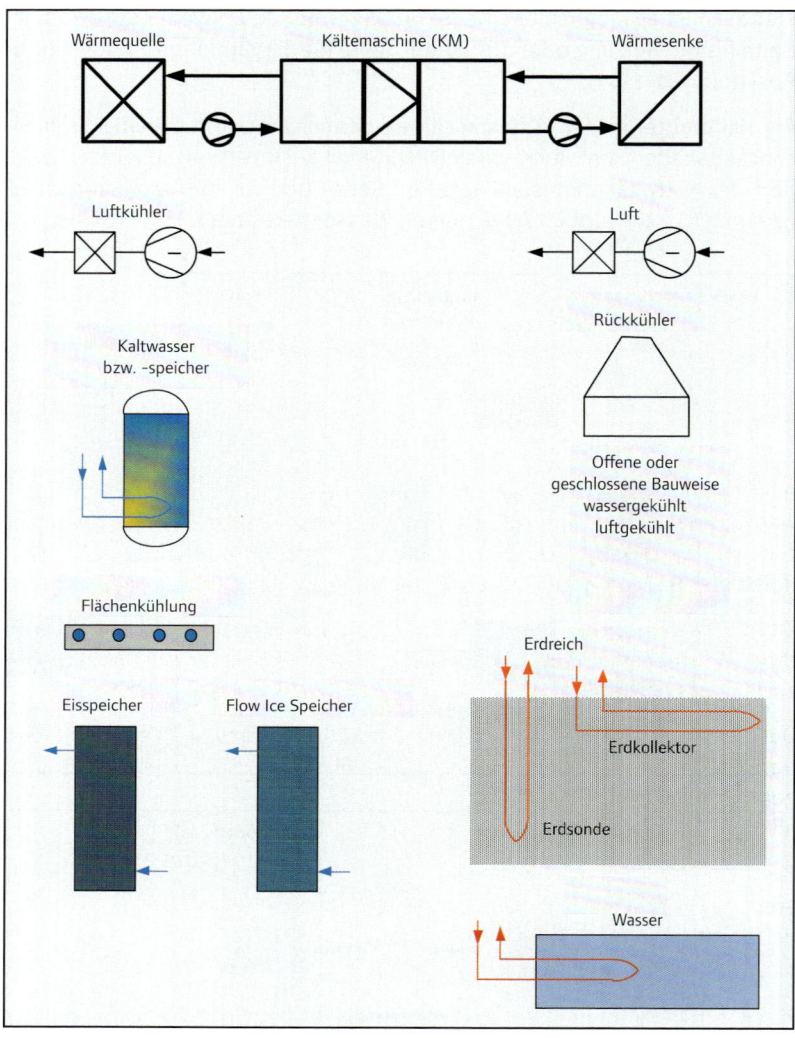

6.1.10.3 Kühl- und Entfeuchtungsprozesse und Kühlverfahren

Kühlprozesse

Mit der Verdunstung beim „Befeuchten von Luft" ergibt sich ein Kühleffekt, der auch als **adiabate Befeuchtung** oder als **adiabate Kühlung** bezeichnet wird (s. a. Bild 3 bzw. [10]).

Dieser Prozess wird vor allem bei der Aufbereitung der Zuluft angewendet, wobei es dafür verschiedene technische Verfahren gibt wie z. B. Rieselbefeuchtung, Sprühbefeuchtung, Druckluftdüsenzerstäubung, Ultraschallbefeuchtung (Kaltdampfgenerator).

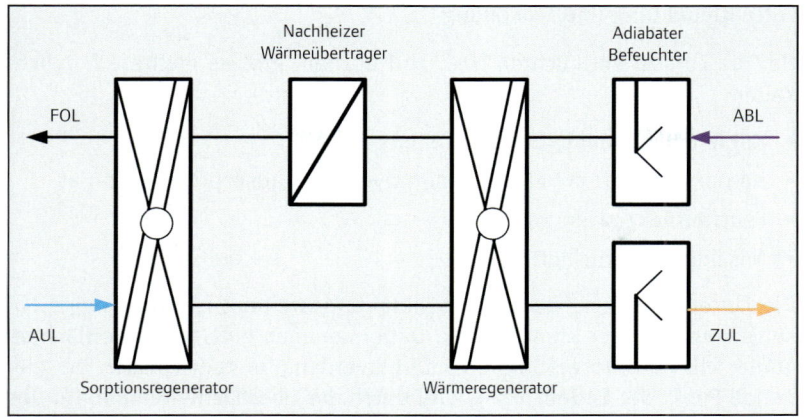

Bild 68
Schaltschema einer einstufigen DEC-Anlage

Auch außerhalb des Klimaprozesses ist dieser Prozess anzutreffen (in wärmeren Klimazonen wird die Druckluftdüsenzerstäubung genutzt, um z. B. vor Eingangsbereichen von Supermärkten oder in Ausstellungsgebäuden wie z. B. Expo in Sevilla lokal eine Kühlung der Luft zu erzeugen).

Zu bedenken ist, dass die Luft Feuchtigkeit aufnimmt, die Taupunkttemperatur θ_S ansteigt und es u. U. an Bauteilen oder Einrichtungsgegenständen zu Tauwasserbildung und möglichen baulichen Schäden kommen kann.

Durch eine sinnvolle Kopplung von Luftaufbereitungsverfahren kann mit der Nutzung von externer Wärme (z. B. Abwärme, Solarenergie) die Luft gekühlt werden und somit auf eine traditionelle Kälteerzeugung und vor allem auf den Rückkühler weitestgehend verzichtet werden.

Bei dem **DEC-Verfahren** (Desiccative and Evaporative Cooling; auch als **sorptionsgestützte Klimatisierung** (SGK) bezeichnet) [18] werden die Verfahren

- sorptive Luftentfeuchtung,
- Verdunstungskühlung und
- Wärmerückgewinnung

miteinander kombiniert. Bild 68 zeigt die Anordnung der Verfahrenseinheiten einer einstufigen DEC-Anlage.

Die Energie für den Nachheizer-Wärmeübertrager kann z. B. über eine thermische Solaranlage, einen Fernwärmeanschluss, einen Verdampfer einer Kälteerzeugung bereitgestellt werden. Die Vorlauftemperaturen des Heizmediums sollten dabei im Bereich zwischen 50 und 90 °C liegen.

Luftentfeuchtung und Trocknung

Um die Luft zu entfeuchten bzw. zu trocknen, gibt es mehrere Möglichkeiten:

- Kühlen mit Taupunktunterschreitung
- Kontakt der Luft mit einem absorptiven bzw. adsorptiven Material
- Feuchterückgewinnung
- Mischen mit Druckluft

Die Luftentfeuchtung durch Taupunktunterschreitung ist die gängige Lösung innerhalb der Klimatechnik. Dabei kommen entweder Oberflächenkühler mit Kaltwasser/Sole oder Direktverdampfer zum Einsatz. Der ziehende Punkt der Entfeuchtung wird durch die Oberflächentemperatur des Wärmeübertragers gegeben.

Die Oberflächentemperatur selber hängt wieder von der mittleren Kaltwassertemperatur ab. Die Wasserausscheidung findet im Wärmeübertrager in der Regel immer nur in Teilbereichen statt. Dabei kondensiert der Wasserdampf an der kalten Oberfläche und wird aus dem Bilanzraum ausgeschieden.

Die gesamte Zustandsänderung ergibt sich somit aus einer Mischung gekühlter und dabei entfeuchteter Luft mit nur gekühlter Luft zusammen.

Bild 69
Entfeuchtung durch Taupunktunterschreitung

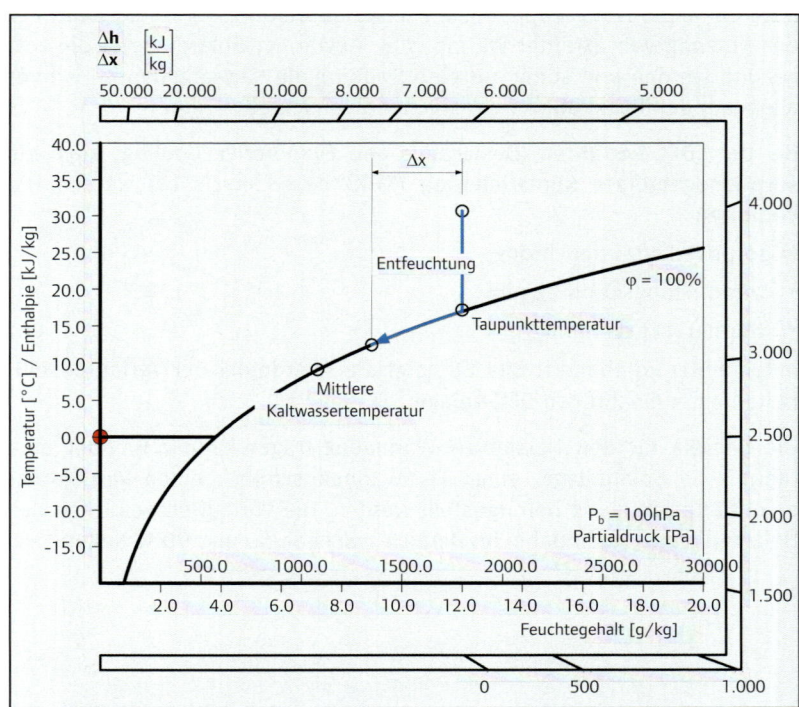

Bild 69 zeigt den Prozess im h,x-Diagramm für ein Luftmolekül, welches vom Eintritt in den Kühler zunächst bis zur Taupunkttemperatur gekühlt und anschließend entlang der Sättigungslinie bis zum Feuchtegehalt am Austritt entfeuchtet wird.

In der Praxis hängt der Verlauf der Zustandsänderung innerhalb des Wärmeübertragers von diversen Einflüssen ab. Bild 70 zeigt die möglichen Zustandsänderungen. Der Einfachheit halber wird häufig eine Gerade zwischen Ein- und Austritt verwendet. Je nach Konstruktion ist diese Zustandsänderung etwas gekrümmt.

Neben der Entfeuchtung durch Taupunktunterschreitung gibt es noch die Entfeuchtung mittels Sorption durch Kontakt mit absorptivem bzw. adsorptivem Material. Diese Art der Luftentfeuchtung basiert auf dem Einsatz hygroskopischer Materialien. Dabei wird der in der feuchten Luft enthaltene Wasserdampf aufgrund von Partialdruckunterschieden aus dem Luftstrom entfernt.

Solange der Partialdruck des Wasserdampfes in der Luft größer ist als an der Oberfläche (Grenzschicht) des hygroskopischen Materials, kommt es zu einem Partialdruckausgleich. In der Folge wird die Luft entfeuchtet.

Dieser Prozess funktioniert so lange, bis ein Gleichgewichtszustand zwischen dem Wasserdampf-Luft-Gemisch und dem hygroskopischen Material

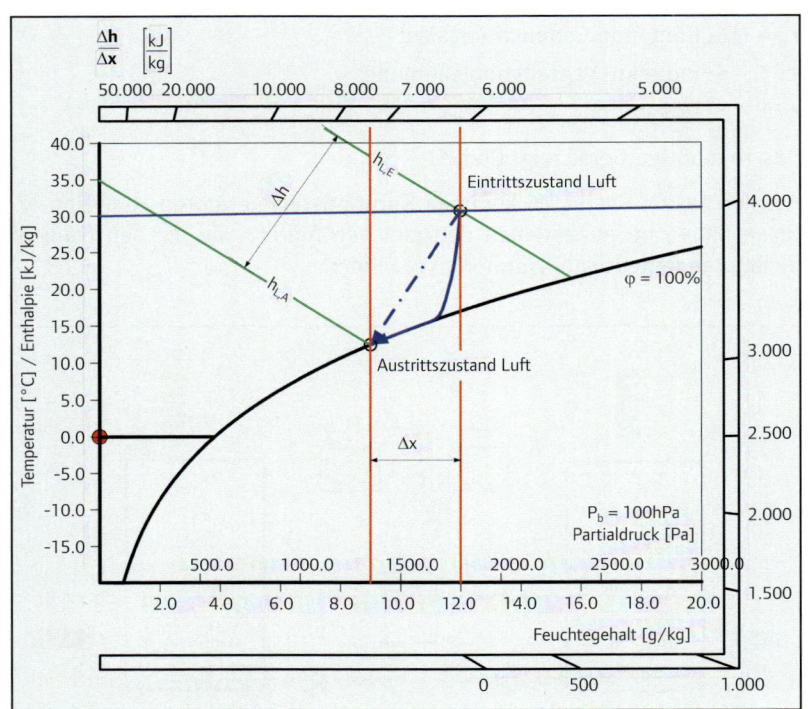

Bild 70
Prozessverlauf beim Kühlen und Entfeuchten

entstanden ist. Durch die Zufuhr von Wärme kann dieser Prozess umgekehrt werden, sodass Wasserdampf aus dem hygroskopischen Material an die Luft abgegeben wird.

Zum Einsatz gelangen dabei Sorptionsmittel wie z. B. Silicagel, Lithiumchlorid, Zeolithe u. a. m.

Je nach Bindung des Wasserdampfes wird von Ad- oder Absorption gesprochen (s. a. Bild 65).

In der technischen Realisierung gibt es feste und flüssige Systeme.

Die flüssigen Lösungen basieren häufig auf dem Kathabar-System (Bild 71). Der Vorteil der flüssigen Systeme besteht darin, dass die bei der Bindung des Wasserdampfes freigesetzte Wärme nicht zwangsläufig zu einer Temperaturerhöhung der Luft führt. Die Ursache liegt darin, dass je nach Temperatur und Massenstrom der flüssigen Lösung die Verdampfungs- und Bindungswärme zumindest in Teilen abgeführt wird. Dadurch erhöht sich auch die Entfeuchtungsbreite.

Einen beispielhaften Prozessverlauf zeigt Bild 72.

Folgende Einzelschritte sind dargestellt:
- 1 – 2: Absorption
- 2 – 3: Ventilatorwärme
- 3 – 4: Indirekte Verdunstungskühlung
- 4 – 5: Kühl- und Entfeuchtungslast
- 5 – 6: Indirekte Verdunstungskühlung
- 1 – 7: Desorption

Das zugehörige Gerät zeigt Bild 73.

Bei den festen Systemen kommen Sorptionsregeneratoren zum Einsatz. Diese haben im Allgemeinen den gleichen Aufbau wie die seit Langem bekannten Regenerativ-Wärmerückgewinner.

Bild 71
Flüssige Sorption

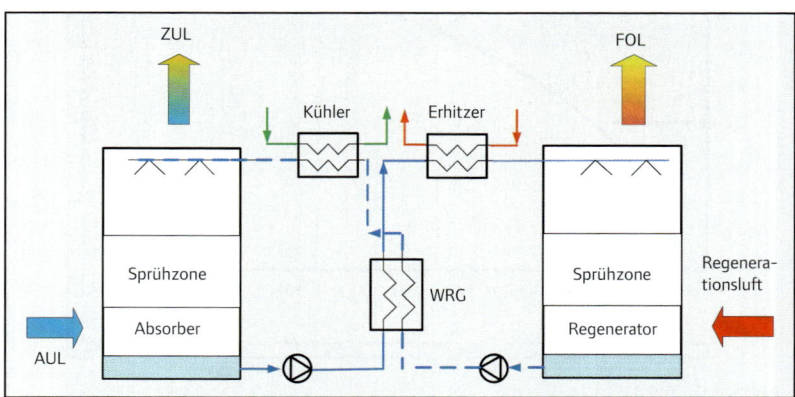

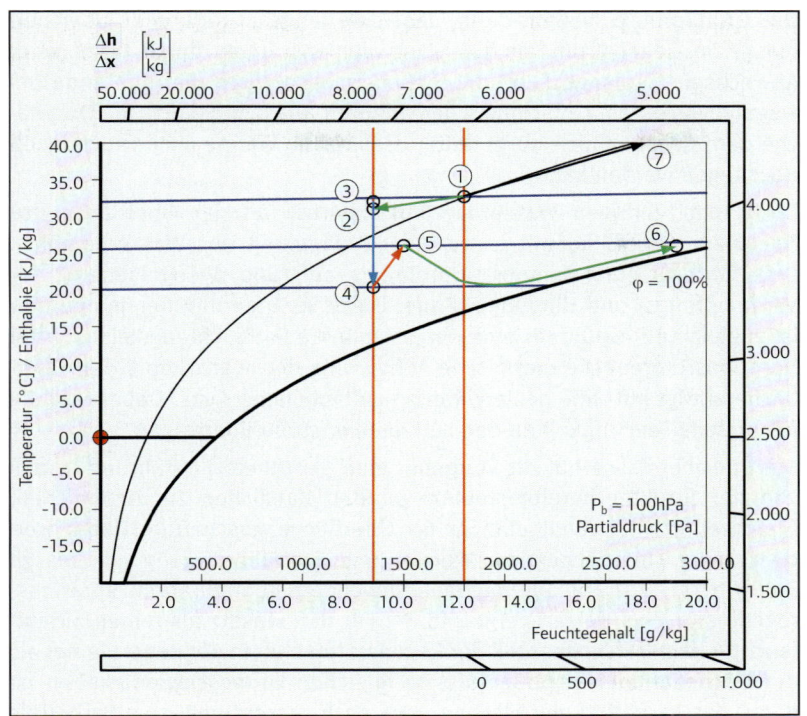

Bild 72
Verlauf der flüssigen Sorption (nach [10])

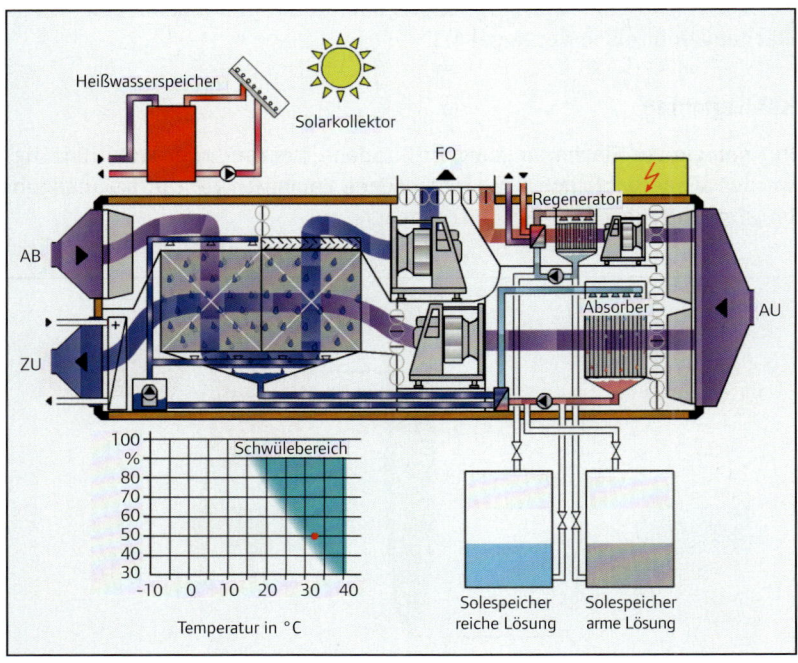

Bild 73
Geräteschema nach [7]

Das Grundprinzip besteht darin, dass eine langsam rotierende Speichermasse im Gegenstrom von zwei Luftvolumenströmen durchströmt wird. Abwechselnd gelangt dabei die Speichermasse durch die rotierende Bewegung von einem Luftstrom in den anderen. Die hygroskopische Oberfläche der Speichermasse sorgt dafür, dass neben Wärme auch Feuchtigkeit übertragen werden kann.

Durch den geringen Wasserdampfpartialdruck an der Oberfläche des Speichermaterials kommt es zu einer Anlagerung des Wasserdampfes. Dies führt zu einer Temperaturerhöhung aufgrund der Freisetzung der Verdampfungs- und Bindungswärme. Diese Veränderung der Temperatur ist zugleich der Grund für eine eingeschränkte Entfeuchtungsleistung der Sorptionsrotoren. Die thermische Aktivierung der hygroskopischen Oberfläche erfolgt mit Hilfe des erwärmten Luftvolumenstroms. Dabei wird die gebundene Feuchtigkeit an den Luftvolumenstrom übertragen.

Die Speichermasse hat die Aufgabe, eine geordnete Luftführung in den von der Struktur bereitgestellten geraden Kanälchen zu ermöglichen. Gleichzeitig wird damit eine große Oberfläche geschaffen. Dabei werden innere Oberflächen zur Wärme- und Stoffübertragung von bis zu 3.000 m²/m³ erreicht. Die minimal notwendige Konfiguration (Sorptionsregenerator plus Heizer) zeigt Bild 74. Für den Einsatz als reiner Luftentfeuchter ist der Flächenanteil der Regenerationsluft in der Regel kleiner als der Flächenanteil der Außenluft. Bei gleichen Luftgeschwindigkeiten ist damit das Verhältnis der Flächen etwa auch proportional zum Verhältnis der Massenströme.

Bei der Verwendung der Sorptionsregeneratoren in Klimaanlagen ist das Flächenverhältnis in der Regel 1:1.

Kühlverfahren

In Analogie zur Flächenheizung (Fußboden-, Decken- oder Wandheizung) werden diese baulichen bzw. technischen Lösungen zur „Strahlungskühlung" genutzt.

Bild 74
Sorptionsregenerator zur Luftentfeuchtung

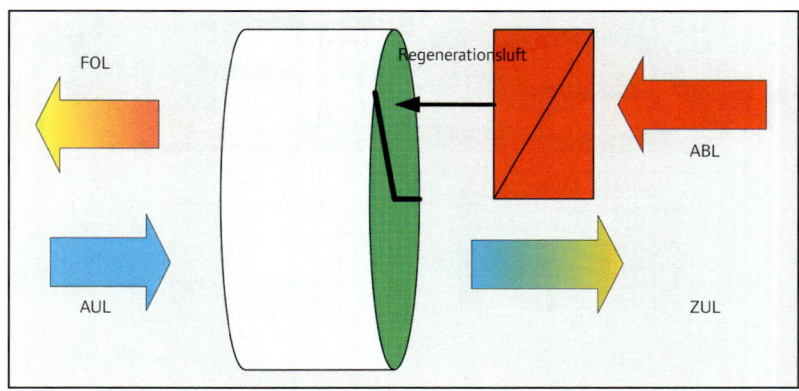

Bei dieser **Flächenkühlung** wird vorrangig in flächenmäßig geschlossene und offene Systeme unterschieden, wobei durch den zusätzlichen konvektiven Anteil bei den offenen die spezifische Kühlleistung größer ist.

Bild 75 gibt eine Übersicht über die möglichen Anordnungen der Kühlwasser führenden Leitungen und gekühlten Flächen im Deckenbereich. Die

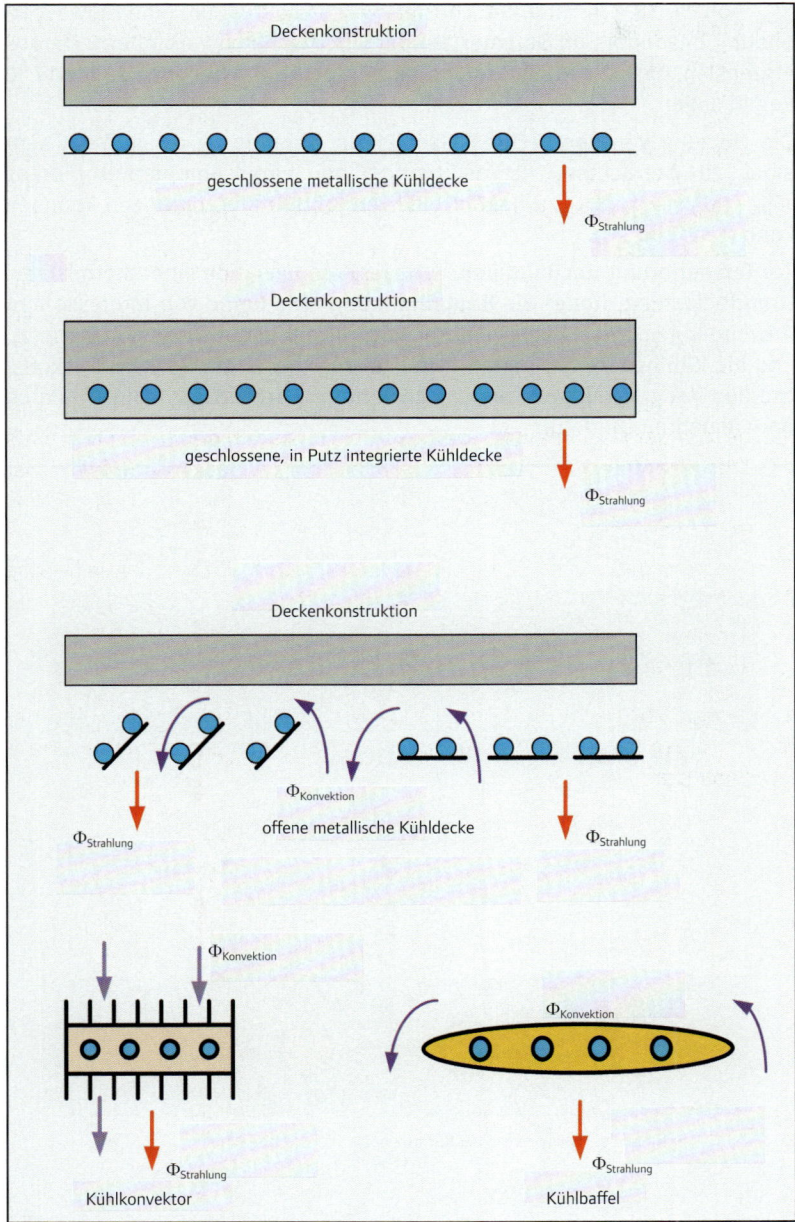

Bild 75
Geschlossene und offene Kühldeckenkonstruktionen

spezifische Kühlleistung kann herstellerabhängig zwischen 70 W/m² und 110 W/m² (offene Kühlflächen) liegen.

Bewährt hat sich auch die Nutzung des Fußbodenheizsystems zur Kühlung des Fußbodens, besonders in thermisch höher belasteten Räumen zur Ankühlung.

Zu beachten ist bei der Flächenkühlung, dass Oberflächentemperaturen $\theta_{O,i}$ von ca. 18 °C nicht unterschritten werden sollten, um eine Tauwasserbildung besonders im Sommer auf der Oberfläche zu verhindern. Daraus ergibt sich, dass die Kühlwasservorlauftemperaturen bei etwa 16 bis 17 °C liegen sollen.

Die Nutzung von senkrechten Flächen zur Kühlung ist als äußerst sensibel zu betrachten, da es bereits bei einer Temperaturdifferenz $(\theta_{RAL} - \theta_{O,i}) \geq 4...5\,K$ zu unkontrollierten Kaltluftfallströmungen kommen kann (s. a. Bild 26).

Zur Temperierung von Bauteilen, d. h. der Kompensation einer thermischen Grundbelastung, findet die **Bauteilkühlung** eine Reihe von interessanten Anwendungen ([24]). Als Kühlmittel wird vorrangig Kühlwasser eingesetzt, und die Kühlwasser führenden Leitungen werden in die Bewehrungskonstruktion integriert. Daraus ergibt sich vorrangig der Einsatz in horizontalen Bauelementen (Bild 76).

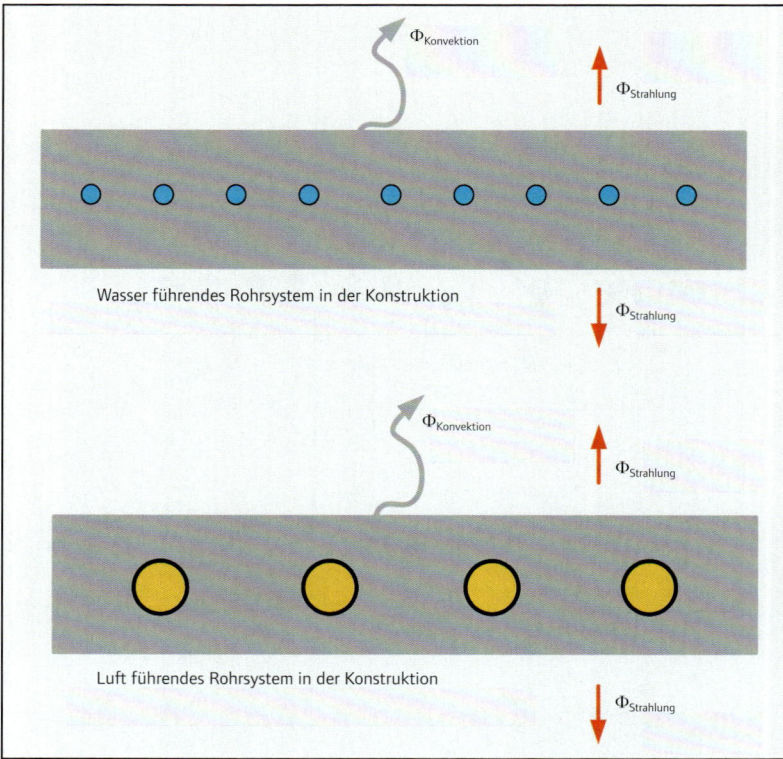

Bild 76
Bauteilkühlung mit Wasser bzw. Luft als Kühlmittel

Bei hohen inneren Wärmelasten (z.B. Fernsehstudios, PC-Kabinetten) und/oder hohen akustischen Nutzerforderungen ist die Anwendung der „**Stillen Kühlung**" bzw. „**Schwerkraftkühlung**" angebracht (Bild 77). Der Oberflächenkühler wird so angeordnet, dass durch eine gezielte Fallströmung eine Raumströmung induziert wird. Die Zuführung der gekühlten Luft geschieht in Form der „Quelllüftung".

Die kalte Luft wird dabei in einem Schacht geführt, dessen eine Begrenzung die Wand und dessen andere eine Vorwandkonstruktion oder auch eine Einbaumöblierung sein kann. Die Austrittsflächen für die kalte Luft sind großflächig zu gestalten, um geringe Luftaustrittsgeschwindigkeiten zu gewährleisten.

Es ist auch möglich, kühle Flächen im Raum zu platzieren (Bild 78) und durch gezielte Fallströmung eine Raumströmung und Kühlung der Raumluft bzw. eine Kompensation der Wärmelast zu erzielen, wobei dadurch die Variabilität der Raumnutzung nur wenig beeinträchtigt wird.

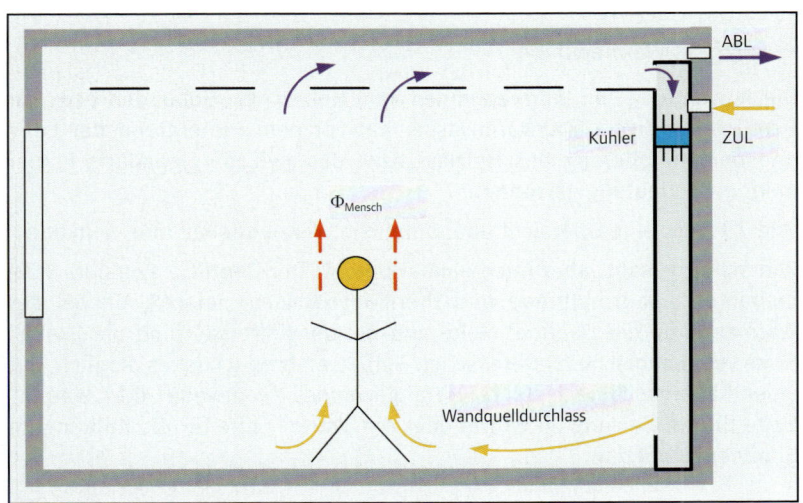

Bild 77
Prinzipskizze:
Schwerkraftkühlung
(„Stille Kühlung")

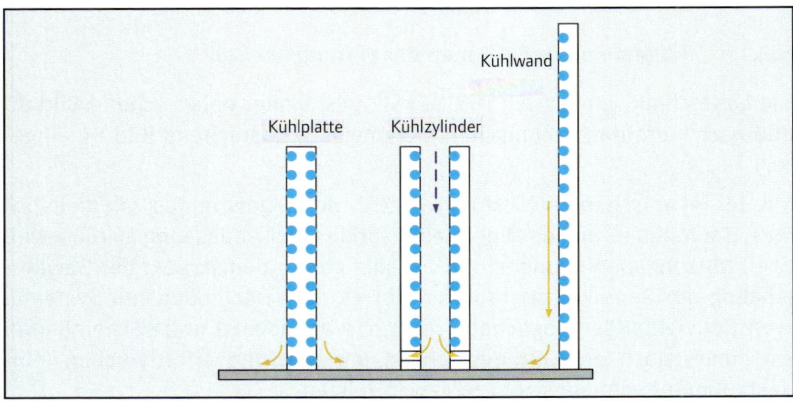

Bild 78
Prinzipskizze:
Schwerkraftkühlung
über senkrechte
Kühlflächen

Kühlverfahren und -systeme können miteinander und mit der konventionellen Kälteerzeugung verknüpft werden.

Eine weitere Möglichkeit der Kühlung stellt der Einsatz von latenten Speichermaterialien (PCM = Phase Change Materials) sowohl in RLT-Geräten (Brüstungsgeräten) als auch in Kombination mit Kühldecken der Lüftungswandelemente dar. Weiterhin können PCM auch in Baustoffe integriert werden, um die „Speicherfähigkeit" der Raumumschließungskonstruktion zu verbessern.

6.1.10.4 Wärmepumpen

Man spricht von einer **„Wärmepumpe"**, wenn die abzuführende Wärme am Kondensator für die Bereitstellung von Wärmeenergie von Interesse ist.

Es wird unterschieden in:
- Wasser/Wasser-WP bzw. Sole/Wasser-WP
- Luft/Wasser-WP
- Luft/Luft-Wärmepumpe

Die Anwendung von Wärmepumpen zum Heizen von Gebäuden bzw. zur Bereitstellung von Trinkwarmwasser hat vor dem Hintergrund der EnEV und der Minimierung des Heizlast bzw. des Heizenergiebedarfs immer mehr an Bedeutung gewonnen.

Bild 79 zeigt eine Übersicht über mögliche Wärmequellen und -senken.

Wie schon gesagt, aber noch einmal betont: Der Begriff „reversible Wärmepumpe" ist irreführend und thermodynamisch „falsch", da bei der Wärmepumpe die „warme" Seite und bei der Kältemaschine die „kalte" Seite von technischem Interesse ist. Selbstverständlich ist es möglich, mit einer Kältemaschine – heute oft angewendet – entweder die „warme" Seite für die Heizung im Winter oder die „kalte" Seite für die Kühlung im Sommer zu nutzen.

6.2 Raum(luft)konditionierung

6.2.1 Allgemeine Definitionen der Lüftungstechnik

Die Lufttechnik wurde nach DIN 1946-1 [25] bisher entsprechend Bild 80 und nach verfahrenstechnischen Merkmalen entsprechend Bild 81 eingeteilt.

Mit der technischen Entwicklung wie z. B. der Regelung des Volumenstromes, der Minimierung des Energieaufwandes, der Anpassung an die jeweiligen Nutzungsbedingungen und vor allem unter dem Aspekt der Gewährleistung der Raumklimaparameter gibt es die verschiedensten Systeme. Trotz der Vielfalt der möglichen Systeme (s. a. Bilder 81 und 82) beinhalten sie immer noch die Lüftungstechnik, um u. a. den erforderlichen Mindestaußenluftvolumenstrom zu gewährleisten.

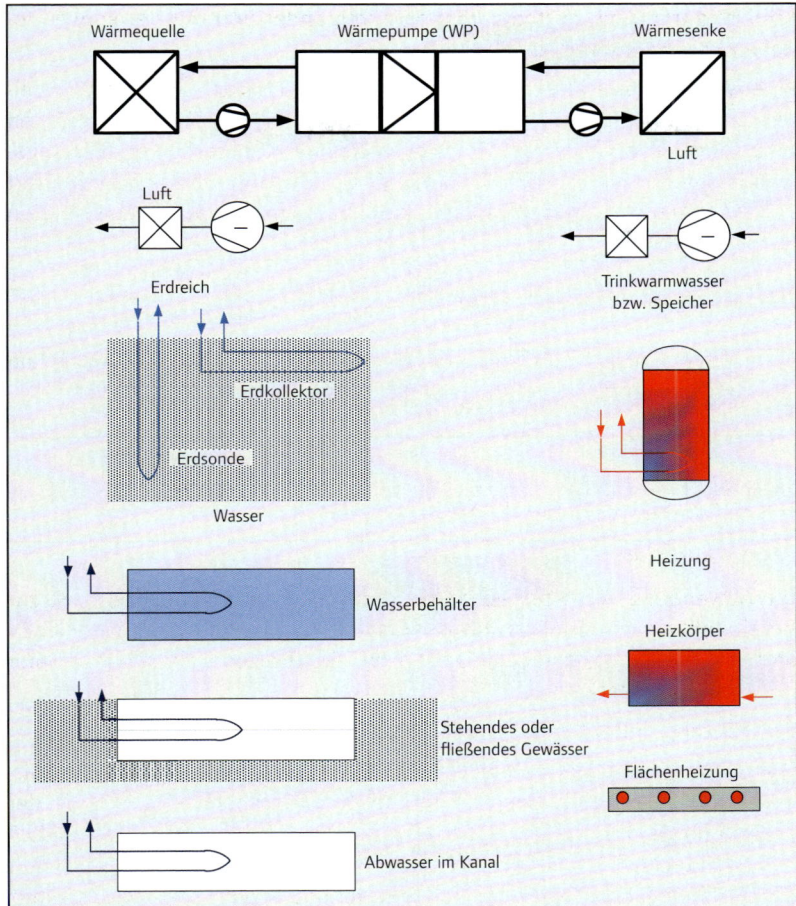

Bild 79
Übersicht Wärmequelle – Wärmesenke bei Wärmepumpen

Aufgabe der **Lüftung** ist die Gewährleistung
- einer hygienischen und/oder technologisch zulässigen Konzentration,
  - z. B. von Gasen (z. B. CO_2), gasförmigen Schadstoffen, Staub, Bakterien, Sporen, Feuchtigkeit
- von behaglichen bzw. technologisch erforderlichen Werten,
  - z. B. von Temperatur, Feuchtigkeit, Luftgeschwindigkeit und -turbulenz, Schall
- die Zuführung von notwendiger Verbrennungsluft.

Aufgabe der **Klimatisierung** ist die Gewährleistung von
- hygienisch und/oder technologisch geforderter Lufttemperatur und/oder Luftfeuchtigkeit durch die **thermodynamische Aufbereitung der Luft** mit den Prozessen

    „Heizen (H), Kühlen (K), Befeuchten (B) und Entfeuchten (E)"

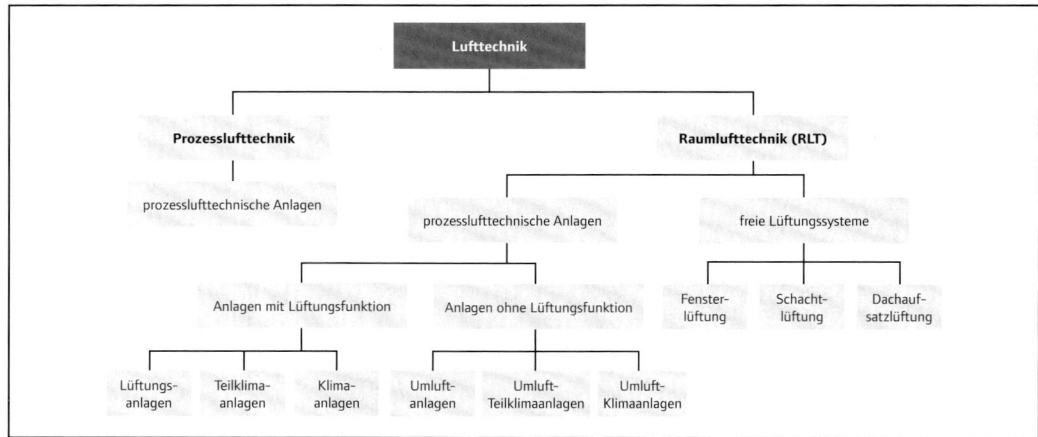

Bild 80
Einteilung der Lufttechnik nach DIN 1946-1 [25]

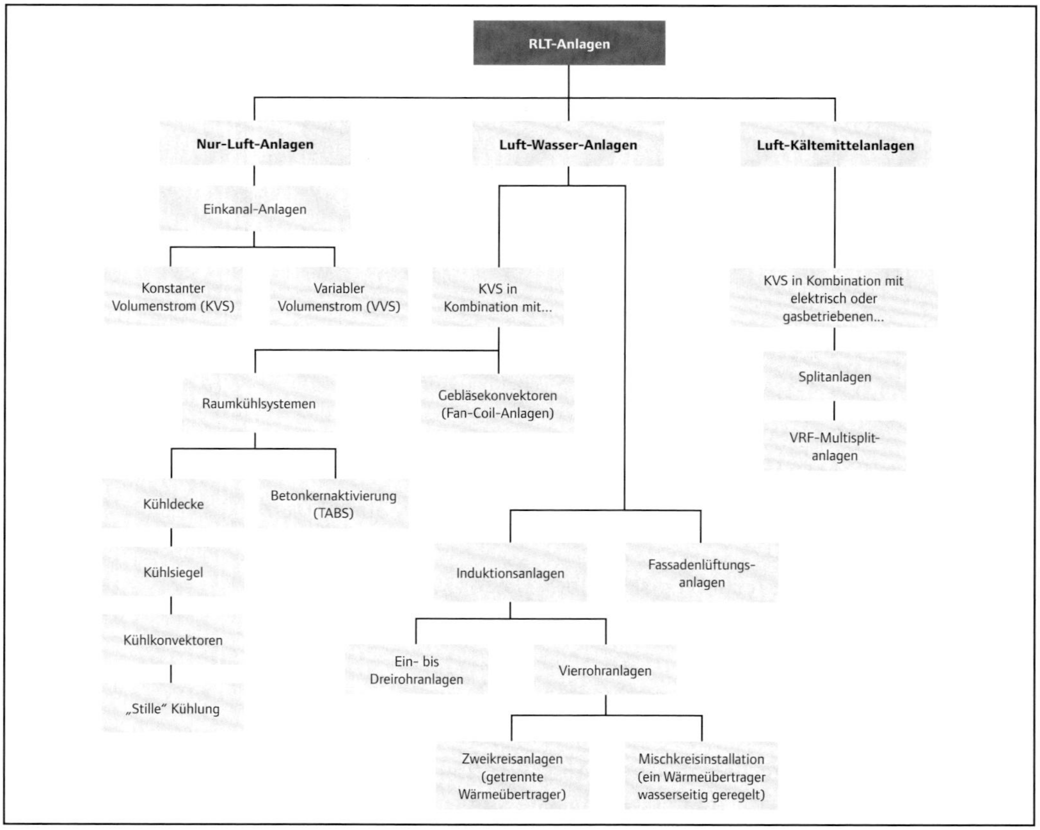

Bild 81
Einteilung der RLT-Anlagen (Klimaanlagen) nach [26] und [27]

Außer den genannten thermodynamischen Grundprozessen gibt es noch das **Mischen (MI)** und das **Energierückgewinnen (WRG)** und die technischen Behandlungen **Filtern (F)** und **Schalldämpfen (SD)**.

Eine weitere Systematisierung sieht VDI 3804 [29] (z. B. Bilder 83 und 84) vor, die die Raumlufttechnik für Bürogebäude beschreibt.

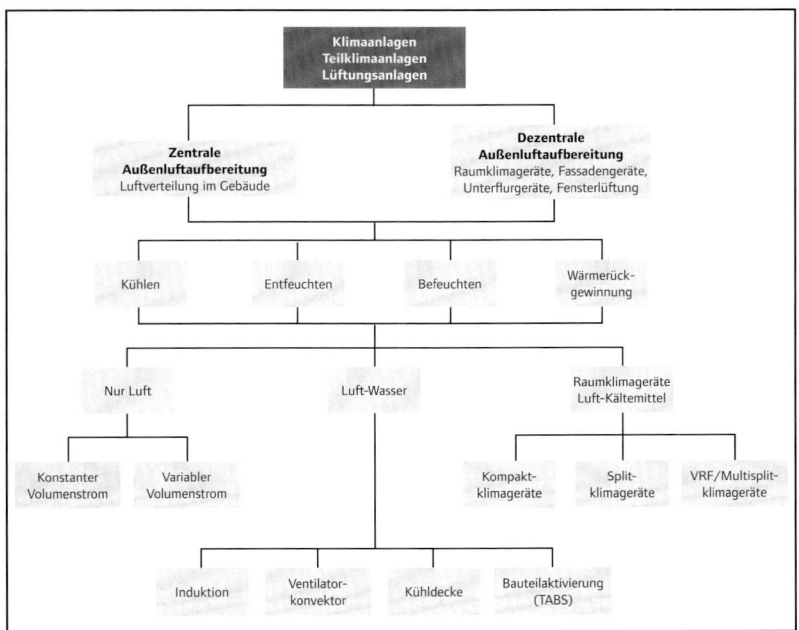

Bild 82
Einteilung der RLT-Anlagen auf Grundlage von [28]

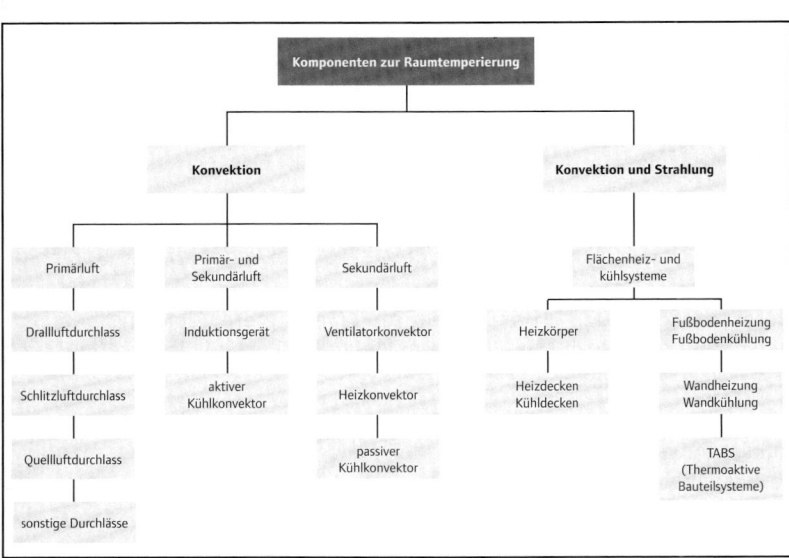

Bild 83
Übersicht der Komponenten zur Raumtemperierung von Nur-Luft-Anlagen nach [29]

Bild 84
Systemübersicht: Zentrale Nur-Luft-Anlagen nach [29]

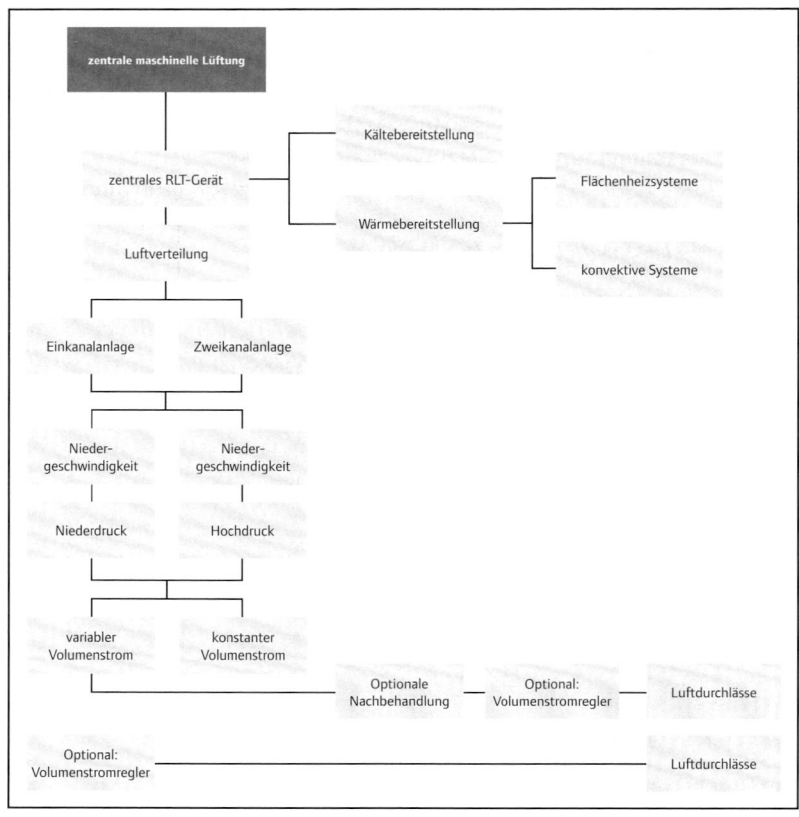

Die Unterteilung der RLT-Anlagen in Lüftungs-, Teilklima- und Klimaanlagen erfolgte bisher entsprechend der Luftaufbereitung nach [30] (s. a. Tabelle 20).

Je nachdem, wo im Gesamtsystem „Gebäude/Klimaanlage" die Luftaufbereitung erfolgt, wird in **zentrale** oder **dezentrale Klimatisierung** bzw. RLT-Anlagen unterschieden.

In der Fassung von DIN EN 13779:2005-05 [30] war bisher klar definiert, welche Grundarten von raumlufttechnischen Anlagen (Lüftungsanlage, Teil-Klimaanlage, Klimaanlage) entsprechend der möglichen Luftbehandlungsfunktionen existieren, und damit war ein einheitlicher Sprachgebrauch zwischen den Projektbeteiligten möglich. Die aktuelle Fassung der Norm von 09/2007 [31] legt weder die Art der thermodynamischen Luftbehandlung, noch die notwendigen Anlagenteile und deren Anordnung (z. B. Filter, Schalldämpfer) fest.

Stattdessen werden die Aufgaben der Lüftungs- und Klimaanlagen und Anlagentypen unter Punkt 6.3 in der neuen Fassung [31] ausschließlich verbal wie folgt beschrieben:

- *Lüftungs- und Klimaanlagen und Raumkühlsysteme haben die Aufgabe, die Raumluftqualität und die thermischen Bedingungen und die Feuchte im Raum so zu beeinflussen, dass im Voraus getroffene Festlegungen erfüllt werden [...]*

- *Lüftungsanlagen bestehen aus einer Zu- und Abluftanlage und sind gewöhnlich mit Filtern für die Außenluft sowie Heiz- und Wärmerückgewinnungseinrichtungen ausgerüstet [...] Die Grundkategorien der Anlagenart sind abhängig von der Möglichkeit, die Raumluftqualität zu beeinflussen sowie davon, auf welche Weise und wie sie die thermodynamischen Eigenschaften im Raum regeln [...]*

- *Mögliche Behandlungen der Luft zur Veränderung des hygrothermalen Umgebungsklimas (Raumklimas) sind: Heizen, Kühlen, Befeuchten und Entfeuchten. Für eine Klassifizierung ist eine Funktion nur dann gültig, wenn die Anlage in der Lage ist, diese Funktion so zu regeln, dass die vorgegebenen Bedingungen im Raum hinsichtlich der Grenzen erfüllt werden können (z. B. eine ungeregelte Entfeuchtung in einer Kühleinheit kann nicht als Entfeuchtung betrachtet werden).*

Die Anlagenfunktionen sind entsprechend ihrer Relevanz aufzulisten:

- Lüftung
- Heizung
- Kühlung
- Befeuchtung
- Entfeuchtung

Darüber hinaus erfolgt eine Zuordnung der Anlagen nach der Art der Regelung des Umgebungsklimas im Raum (Tabelle 21).

Eine Definition zur Klassifizierung von RLT-Anlagen in Anlehnung an Bild 81 enthält DIN EN 15243 [35], die in luftbasierte, wasserbasierte und Kompakt-Anlagen unterscheidet und damit eine Klassifizierung im Wesentlichen nach dem Verteil- und Übergabesystem vornimmt. Eine im allgemeinen Sprachgebrauch übliche und zur Kostenberechnung nach DIN 276 [36] erforderliche Klassifizierung entsprechend der Luftbehandlungsfunktionen ist europäisch damit nicht mehr vorgesehen.

Die in DIN EN 13779 [31] eingeführten Begriffe und deren Definitionen sorgen entgegen dem angestrebten Ziel einer einheitlichen europäischen Nomenklatur eher für weitere begriffliche Verunsicherung. Ein Beispiel dafür ist die Definition für ein Raumkühlsystem:

- *Raumkühlsystem:*
Vorrichtung, die in der Lage ist, die Behaglichkeitsbedingungen in einem Raum innerhalb eines definierten Bereichs zu halten.

Es wird dabei unterstellt, dass die Behaglichkeit im Raum allein durch ein Raumkühlsystem in einem definierten Grenzwertbereich einzuhalten ist, was allenfalls für die thermische Komponente der Behaglichkeit unter sommerlichen Bedingungen zutrifft. Die Raumluftfeuchte hingegen ist mit den meisten Raumkühlsystemen oft nicht gezielt beeinflussbar.

Bezeichnungen

Die unterschiedlichen Luftvolumenströme q_V werden durch Indizes entsprechend DIN EN 13779 [31] gekennzeichnet, die die Art der Zuführung bzw. Abführung der Luft zum betrachteten Raum charakterisieren (Bild 85). In [31] gibt es nur noch englischsprachigen Bezeichnungen, wobei nach VDI 4700 Bl. 2 [32] die deutschsprachigen Bezeichnungen verwendet werden können.

AUL = ODA	Außenluft	**ABL = ETA**	Abluft	**FOL = EHA**	Fortluft
MIL = MIA	Mischluft	**RAL = IDA**	Raumluft	**ZUL = SUP**	Zuluft
UML = RCA	Umluft				

Unter Einbeziehung dezentraler Systeme ergibt sich die Übersicht nach [31] (Bild 86).

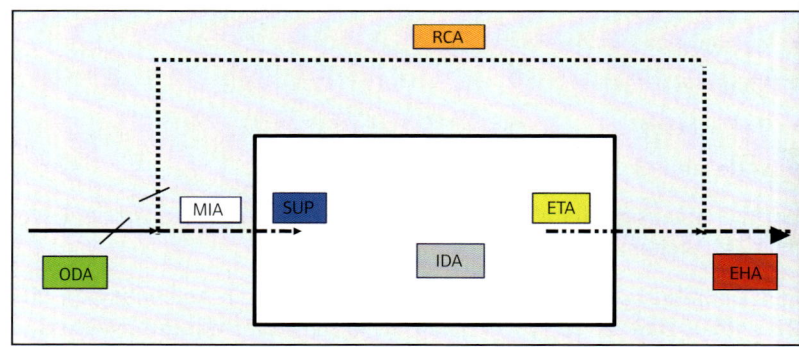

Bild 85
Bezeichnungen für thermodynamische und technische Luftbehandlung und für Luftvolumenströme

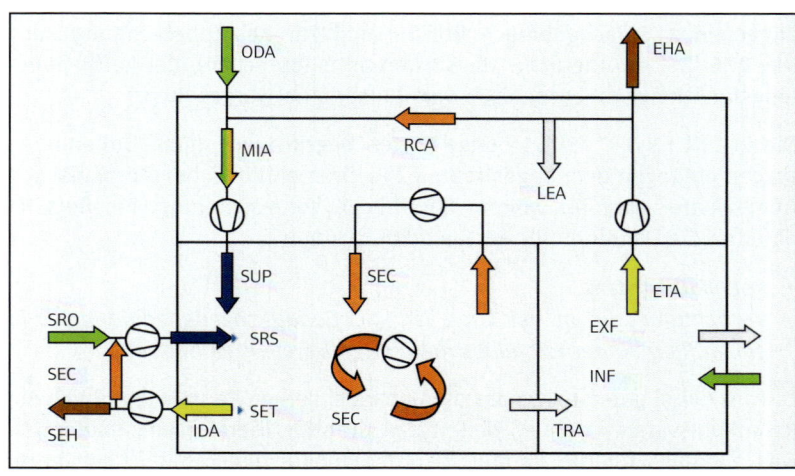

Bild 86
Darstellung der Luftarten nach [31]

Der Transport der Luft erfolgt entweder auf **natürlichem** (Freie Lüftungssysteme) oder **mechanischem** Weg (mechanische Lüftung) oder durch Kombination beider Systeme (Bild 87). Von Bedeutung sind die Außenluftzufuhr, die Fortluftabfuhr und die Luftführung im Raum (s. a. Abschnitte 6.1.7 und 6.1.8).

In Ergänzung zu [30] wurde im Zusammenhang mit der Inspektion von Klimaanlagen die ursprüngliche Einteilung nach Tabelle 20 in der DIN SPEC 13779 [33] wieder vorgenommen.

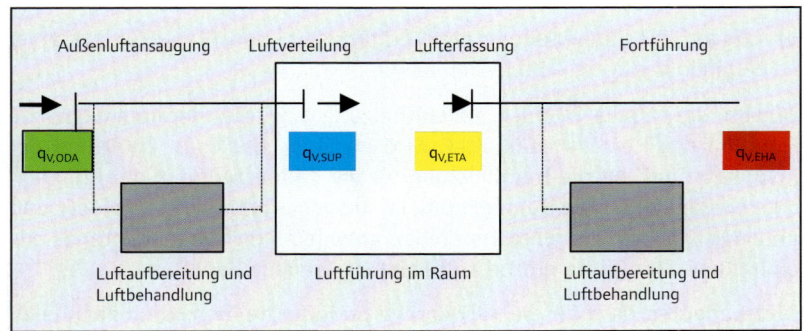

Bild 87
Schema für freie und mechanische Lüftungssysteme

Tab. 20
Grundarten von Anlagen entsprechend der Anlagenfunktion nach [30]

Kategorie	Anlagengeregelte Funktion					Name der Anlage	Farbcode für die Zuluft
	Lüftung	Heizung	Kühlung	Befeuchtung	Entfeuchtung		
THM-C0	x	–	–	–	–	reine Lüftungsanlage	Grün
THM-C1	x	x	–	–	–	Lüftungsanlage mit Heizung oder Luftheizanlage	Rot
THM-C2	x	x	–	x	–	Teil-Klimaanlage mit Befeuchtung	Blau
THM-C3	x	x	x	–	(x)	Teil-Klimaanlage mit Kühlung	Blau
THM-C4	x	x	x	x	(x)	Teil-Klimaanlage mit Kühlung und Befeuchtung	Blau
THM-C5	x	x	x	x	x	Raumklimaanlage	Violett
Es bedeuten:	–		von der Anlage nicht beeinflusst				
	x		durch die Anlage geregelt und im Raum sichergestellt				
	(x)		durch die Anlage bewirkt, jedoch im Raum nicht sichergestellt				
Die Kategorie THM-C5 ist nur anzugeben, wenn eine geregelte Entfeuchtung tatsächlich erforderlich ist.							

Tab. 21
Grundarten von Anlagen entsprechend den Möglichkeiten zur Regelung des Umgebungsklimas in einem Raum nach ([30], Tabelle 6)

Beschreibung	Name der Anlagenart
Regelung durch die Lüftungsanlage allein	nur Luftanlagen
Regelung durch die Lüftungsanlage in Verbindung mit anderen Einrichtungen (z. B. Heizvorrichtung, Kühldecken, Radiatoren)	kombinierte Systeme

Dabei unterscheidet DIN SPEC 13770 eine „Klimaanlage" in:

a) Anlagen mit Lüftungsfunktion (Lüftungs- und Klimaanlagen (s. a. Tabelle 20)) und

b) Anlagen zur Raumkühlung ohne Lüftungsfunktion (Raumkühlsysteme, Raumklimageräte, Kühldecken usw.).

Obwohl die Tabelle 20 auch die Luftheizung bzw. die thermodynamische Funktion des Heizens beinhaltet, wird im Sinne der EnEV 2009 und der Inspektion nur auf die Nennleistung für die Kälteerzeugung der Klimaanlage eingegangen. Die Nennleistung ist die vom Hersteller festgelegte und unter Beachtung des vom Hersteller angegebenen Wirkungsgrades als einhaltbar garantierte größte Kälteleistung (sensibel und latent) [34].

Dies bedeutet, dass für die notwendige periodische Inspektion nach EnEV 2009 folgende Anlagen nach [33] zu berücksichtigen sind:

1. Klimaanlagen mit einem Kälteerzeuger mit mehr als 12 kW Nenn**„kälte"**leistung (Summe je Nutzungseinheit oder je Gebäude)

2. andere maschinelle Systeme zur Temperaturabsenkung mit mehr als 12 kW Nenn**„kühl"**leistung (bezogen auf die Zuluft oder die Raumluft als Summe je Nutzungseinheit oder je Gebäude) wie z. B. direkte oder indirekter Verdunstungskühlung, freie Kühlung über Kühlturm, geothermische Kühlung, Grund- und Oberflächenwasserkühlung).

6.2.2 Definitionen: Raum(luft)konditionierungsanlagen

In [34] wurde aus dem Grund, dass die Heizlast neben der thermischen Gebäudeeigenschaft durch die baulich bedingte Infiltration **und/oder** den hygienisch erforderlichen Mindest-Außenluftvolumenstrom und die Kühllast durch die thermischen Gebäudeeigenschaften **und** den hygienisch erforderlichen Mindest-Außenluftvolumenstrom beeinflusst, eine gegenüber Bild 81 erweiterte Darstellung vorgeschlagen. Denn im Endeffekt haben sowohl die Lüftung bzw. Klimatisierung als auch die Heizung bzw. Kühlung die **primäre Aufgabe**, die entsprechenden zu vereinbarenden bzw. normativ vorgegebenen oder empfohlenen **Raum(luft)konditionen**, ihren zeitlichen Verlauf und die Änderungsgeschwindigkeiten zu garantieren.

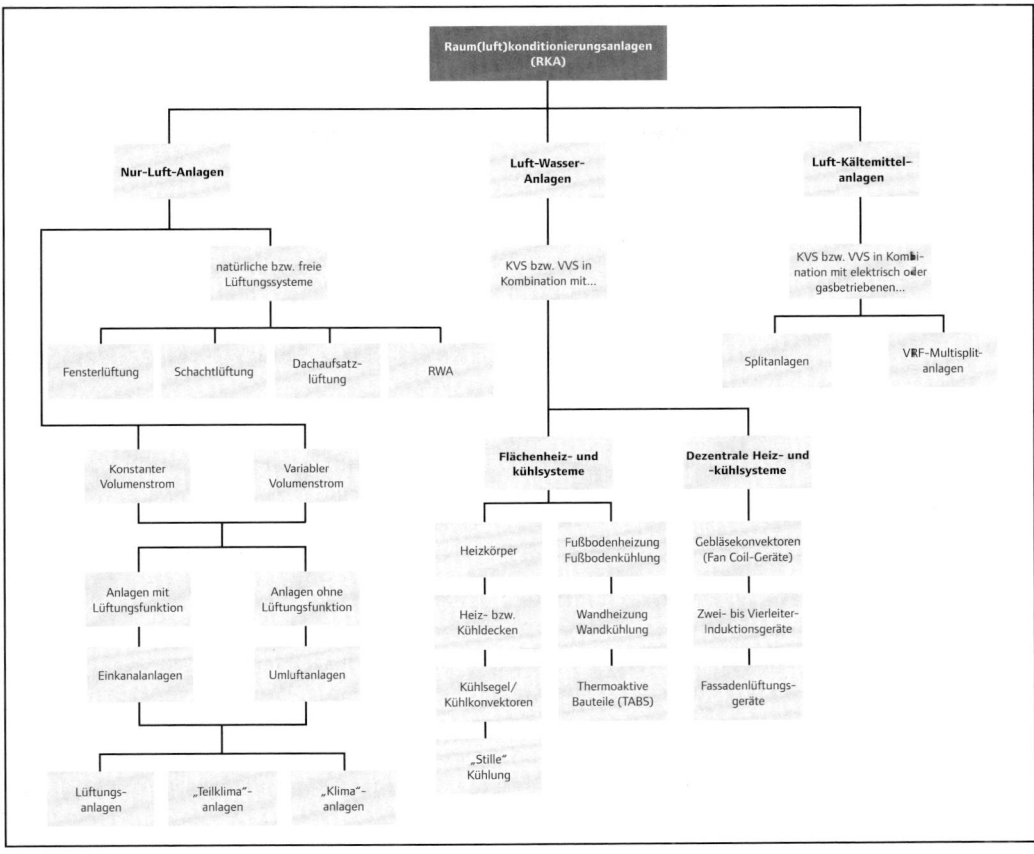

Bild 88
Übersicht über die Möglichkeiten der Raumkonditionierung nach [34]

Eine generelle Übersicht (Bild 88) über die möglichen Systeme erscheint sinnvoll und zweckmäßig, um die Vielfalt der Möglichkeiten zur Konditionierung eines Raum(luft)zustandes charakterisieren zu können.

Damit sollte die traditionelle Abgrenzung zwischen Heizen, Lüften, Klimatisieren entfallen, weil

- es nicht mehr „die Lösung" gibt,
- es verschiedene Kombinationen von technischen Lösungen gibt, um die Raumluftkonditionen zu erreichen, und
- es damit zukünftig offen ist, neue Lösungsansätze zu konzipieren.

Der Begriff **„Konditionierung"** wurde einerseits gewählt, weil er die Prozesse „Heizen, Kühlen, Befeuchten und Entfeuchten" in ihrer Gesamtheit einschließt und sich nicht nur auf eine „Temperierung" in Form von Heizen und/oder Kühlen konzentriert und weil er andererseits mit der englischen Version der Klimatisierung (Air Conditioning; abgekürzt: AC) eine gewisse Kongruenz verdeutlicht. Deshalb sollte zukünftig von Raum(luft)konditionierungsanlagen (RKA) gesprochen werden.

Der Hinweis auf die „Luft" soll verdeutlichen, dass

- im Allgemeinen dem Raum Außenluft (Mindestaußenluftvolumenstrom) zugeführt werden muss,
- durch den Nutzer die Qualität der Raumluft „empfunden" wird und
- die praxisrelevante Mess- und Regelgröße die Raum**luft**temperatur ist.

Auch unter dem Aspekt der notwendigen Zuführung von Außenluft bei der kontrollierten Wohnungslüftung infolge der energetischen und gesetzlichen Forderung der Dichtheit der Fensterkonstruktionen vor allem im Heizfall erscheint die vorgenommene Systematik plausibel und verdeutlicht, dass die Grenzen zwischen Heizungs-, Lüftungs-, Klima- und Kühltechnik kaum noch vorhanden sind.

6.2.3 Luft-Kälteanlagen (dezentrale Klimatisierung mittels VRF-Multisplittechnik)

6.2.3.1 Allgemeine Aspekte

Die VRF-Multisplitanlagen, bedeutendste Vertreter der Luft-Kältemittel-Anlagen, haben sich seit Mitte der 90er-Jahre als dezentrale Klimasysteme auch in Europa durchgesetzt. Mit der VRF-Technologie ist es gelungen, analog zur Massenstromregelung der Pumpen-Warmwasser-Heizung bzw. der Volumenstromregelung in der Lüftung den Massenstrom des Kältemittels energetisch effektiv an die jeweiligen Heiz- und Kühllasten des Gebäudes anzupassen. Detaillierte Aspekte zur VRF-Technologie sind in [37], [38] und [39] beschrieben.

Die VRF-Multisplittechnik setzt dort an, wo die Grenzen der „normalen" Splitklimatechnik erreicht sind. Sie erschließt der sogenannten „anderen Klimatechnik" neue Anwendungsfelder. Komplexe Klimatisierungslösungen sind äußerst wirtschaftlich realisierbar [39]. Die Verfahrensbasis der Splitklimatechnik ist die einstufige, luftgekühlte Kompressionskältemaschine, wodurch die **direkte Luftkühlung bzw. Luftheizung** (Luft-/Luft-Wärmepumpe) realisiert wird.

Zeitgemäße RLT-Anlagenkonzepte sollen sich optimal auf die vielfältigen Anforderungen moderner Büro- und Geschäftsgebäude, Hotels usw., wie z. B. Nutzungsänderungen, Miet- und Mieterwechsel, Gebäudemanagement, Einzelraumregelung etc., anpassen lassen. Hierbei ist insbesondere der Nutzbarkeit bzw. Variabilität eines Gebäudes, einzelner Bereiche oder Räume zukünftig ein wesentlich höherer Stellenwert beizumessen. Das bedeutet, die Funktionssicherheit der Flächen möglichst uneingeschränkt zu gewährleisten. Der Begriff „Nutzbarkeit" sollte deshalb weiter gefasst werden. Er muss neben den zu gewährleistenden Hygiene- und Behaglichkeitskriterien auch die Vielfalt der technischen und technologischen Randbedingungen stärker berücksichtigen. Beide Aspekte unterliegen mehr oder minder fortschreitenden kurzfristigen und langfristigen Änderungen.

Diese können z. B. begründet sein in

- den sich verändernden Nutzungsbedingungen eines Gebäudes (Lebensdauer) und in einem Gebäude und den daraus resultierenden klimatechnischen Forderungen,
- den veränderlichen sommerlichen Außenklimabedingungen,
- den veränderlichen Ansprüchen der Nutzer hinsichtlich der thermischen, hygienischen, visuellen und akustischen Behaglichkeit und
- oft fehlenden frühzeitigen und unzureichenden oder mangelhaften Informationen im Planungsprozess an und zwischen Auftraggeber, Planer, Architekt und Nutzer.

Das System kann u. a. durch folgende allgemeine Vorteile charakterisiert werden:

- Es erlaubt dem Architekten eine weitestgehende harmonische Eingliederung der Anlagenkomponenten in die moderne Gebäudegestaltung.
- Für den Planer bedeutet es ein sehr gutes RLT-System unter raumlufttechnischen Aspekten, d. h. z. B. der Gewährleistung thermischer Behaglichkeitsanforderungen, um auf veränderliche Nutzungsbedingungen in unterschiedlichen Räumen eines Gebäudes eingehen zu können.
- Es bietet für den Vermieter eines Gebäudes Möglichkeiten, Räume variabel vermieten zu können

Des Weiteren ergeben sich u. a. die folgenden technischen Vorteile. Heiz- und Kühllasten werden direkt (über umweltfreundliche, ungiftige und nichtbrennbare Kältemittel, Ozonschädigungspotenzial ODP = 0) durch im zu klimatisierenden Raum installierte lufttechnische Geräte (Inneneinheiten) abgeführt.

- Dezentrale Lastabführung und dezentrale Heiz- und Kühlenergiebereitstellung.
- Eine Anlage – 3 Luftbehandlungsfunktionen: Heizen, Kühlen, Entfeuchten.
- Nutzung der Luft-Luft-Wärmepumpe als Heizkomponente führt zu signifikanter Primärenergieeinsparung und Reduzierung der Schadstoffemission.
- Hohe Energieeffizienz, da Energietransport und -übertragung nur mit einem Wärmeträger erfolgen.
- Hohe Betriebssicherheit durch modularen Aufbau, optimierte Baugruppen und Komponenten sowie einen spezialisierten Anlagenbau.

- Die Anlagen bestehen aus Inneneinheiten (Wärmeübertragereinheiten) und elektrisch oder gasmotorisch angetriebenen Außeneinheiten (Wärmeübertrager/Kompressoreinheiten).
- Eine Außeneinheit kann bis zu 64 Inneneinheiten versorgen.
- Energietransport zwischen Innen- und Außeneinheiten über Kältemittelleitungen kleinen Durchmessers; keine großdimensionierten Luftkanäle erforderlich.
- Ausführung als Zwei- und Dreirohrsysteme (zeitgleiche Bereitstellung von Heiz- und Kühlleistung) mit Gesamtrohrnetzen von 300 bis 1100 m je Außeneinheit.
- Durchgängige dezentrale Bauweise (nicht nur dezentrale Anordnung der Inneneinheiten, sondern auch dezentrale Leistungsbereitstellung durch die Außeneinheiten) garantiert maximale Flexibilität bei Umnutzung der klimatisierten Flächen.
- Große Versorgungsleistungen werden durch regelungstechnische Verknüpfung einzelner, schnell reagierender Kältekreise bzw. Außeneinheiten problemlos erreicht.
- Dezentrale Anordnung der Außeneinheiten (dezentrale Bereitstellung der Heiz- und Kühlleistung) führt zur Optimierung und Minimierung der Leitungswege zu den Inneneinheiten.
- Außenluftzufuhr entweder dezentral oder zentral aufbereitet über kleine Luftkanalquerschnitte.
- Komfortable Bedienungs- und Gebäudeklima-Managementsysteme gehören zum Anlagen-Know-how.
- Einzelraumregelung und Energie-Einzelraumabrechnung für jede Inneneinheit sind Standardausrüstung.

6.2.3.2 Aufbau

Eine VRF-Anlage besteht aus einer bzw. u. U. mehreren Außeneinheiten sowie mehreren Innengeräten (Bild 89).

Ein Funktionsschema nach [37] ist auf Bild 90 dargestellt. Im Raum wird die warme Luft angesaugt und im Innengerät gekühlt (ggf. bei Taupunktunterschreitung entfeuchtet (wichtig ist Kondensatableitung)) und als kühle Zuluft dem Raum wieder zugeführt. Im Außengerät wird die im Innengerät aufgenommene Wärme an die Außenluft abgegeben.

Außeneinheiten

Hier werden zwei unterschiedliche Antriebssysteme eingesetzt, die das VRF-Prinzip „Energetisch effektive Anpassung des Kältemittelmassenstroms an die jeweilige Heiz- bzw. Kühlleistung" verwirklichen. Bild 91 zeigt beispielhaft Außeneinheiten.

ENERGIEEFFIZIENTE RAUMLUFT- UND KLIMATECHNIK 349

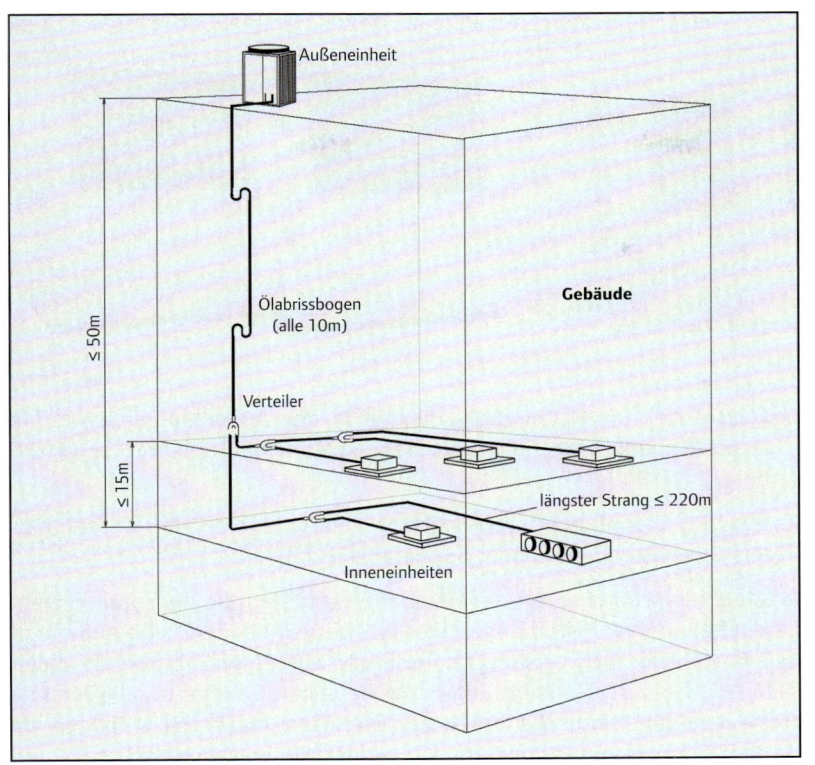

Bild 89
Kältetechnische Grundstruktur einer VRF-Multisplitanlage [38]

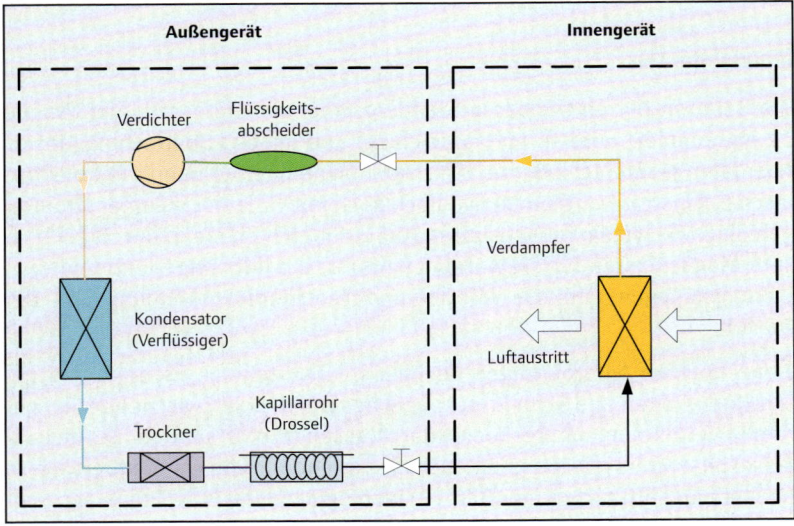

Bild 90
Funktionsschema einer Splitanlage nach [37]

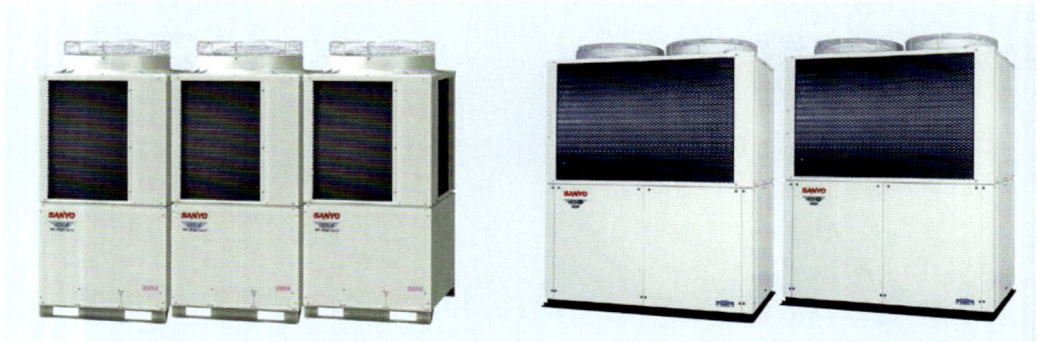

Bild 91
Außeneinheiten unterschiedlicher Bauart; rechts gasbetrieben: Kühlleistung 142 kW, links elektrisch betrieben: Kühlleistung 135 kW nach [7]

1. Elektro-VRF: Die Kältemittelverdichter in den Außeneinheiten werden elektrisch, überwiegend mittels Frequenzumrichter (Inverter), angetrieben.

2. Gas-VRF: Die Kältemittelverdichter in den Außeneinheiten werden mittels Gasmotor angetrieben. Sonderausführung mit Generator.

Je Kältekreis wird eine Außeneinheit eingesetzt, an die bis zu 64 einzeln geregelte Inneneinheiten angeschlossen werden können. Jede Außeneinheit besteht je nach Leistungsanforderung aus einem bis drei Modulen (Bild 91), wobei bei Ausführungen der neuesten Generation alle Module stetig regelbar sind. Die möglichen Nennleistungsbereiche liegen im Heizbetrieb zwischen 12 und 200 kW und im Kühlbetrieb zwischen 11 und 180 kW.

Inneneinheiten

Die Bauform der einsetzbaren Standard-Inneneinheiten kann der Tabelle 22 entnommen werden. Im Vergleich zur „normalen" Splittechnik gibt es Ausrüstungsunterschiede. So sind VRF-Inneneinheiten immer mit elektronischen Einspritzventilen und vielfach auch mit variabler Volumenstromregelung (VVS-System) ausgestattet. Außerdem bieten sie in der Regel bessere Möglichkeiten für die Außenluftzufuhr, die luftseitige Einbindung in Lüftungsanlagen und die Wärme- und Feuchterückgewinnung aus der Fortluft.

Wenn höchste Anforderungen bezüglich Luftverteilung, niedriger Luftgeschwindigkeiten und Schalldruckpegel bestehen, sind Zwischendeckengeräte in Verbindung mit Deckenluftdurchlässen (z. B. Drall- oder Schlitzauslässe) besonders gut geeignet. Auch die Einbindung von Wärmeübertragern bauseitiger Lüftungsgeräte (Bild 92) ist möglich. Eine Beispiellösung zeigt schematisch Bild 93.

Bauart	Kälteleistungs-bereich in kW
Wandmodell	2 ... 10
Standmodell	2 ... 14
Deckenmodell	2 ... 14
Kassettenmodell	2 ... 16
Zwischendecken-modell	2 ... 16
Kanaleinbaumodell	2 ... 28

Tab. 22
Bauartenüberblick der gebräuchlichsten Inneneinheiten im Kälteleistungsbereich von 2 bis 28 kW**
(siehe S. 386)

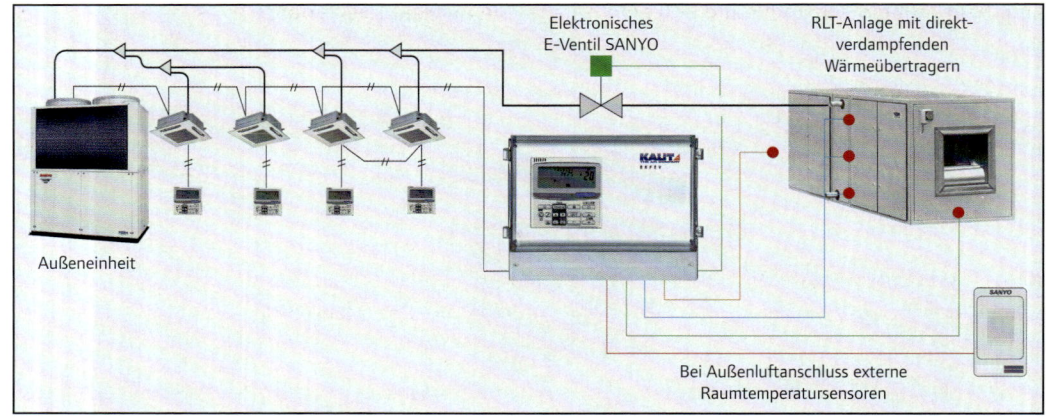

Bild 92
Einbindung externer Wärmeübertrager in das VRF-Multisplit-Konzept nach [7]

6.2.3.3 Regelung

Die Steuerung, Regelung und Überwachung von VRF-Multisplitanlagen basieren auf der Digitaltechnik, d. h. digitale Informationsverarbeitung mittels Mikrocomputer. Der in der Außeneinheit der VRF-Anlage eingebaute Mikrocomputer ist mit einem 32-bit-Mikroprozessor, der sogenannten Zentraleinheit (CPU = Central Processing Unit), ausgerüstet. Einige Ausführungen arbeiten mit Algorithmen der Fuzzy-Logic. Ein Installations-BUS verbindet den Mikrocomputer mit den anderen Komponenten des DDC-Systems wie elektronische Regler der Inneneinheiten, Bedienelemente usw. Dieses intelligente Konzept der Steuerung, Regelung und Prozessoptimierung kann auf die unterschiedlichsten Anwendungsfälle zugeschnitten werden. Auch nachträgliche Veränderungen und Anlagenerweiterungen

Bild 93
VRF-Multisplitanlage mit WRG-Komponente nach [7]
ODA – Außenluft
SUP – Zuluft
EHA – Fortluft
ETA – Abluft

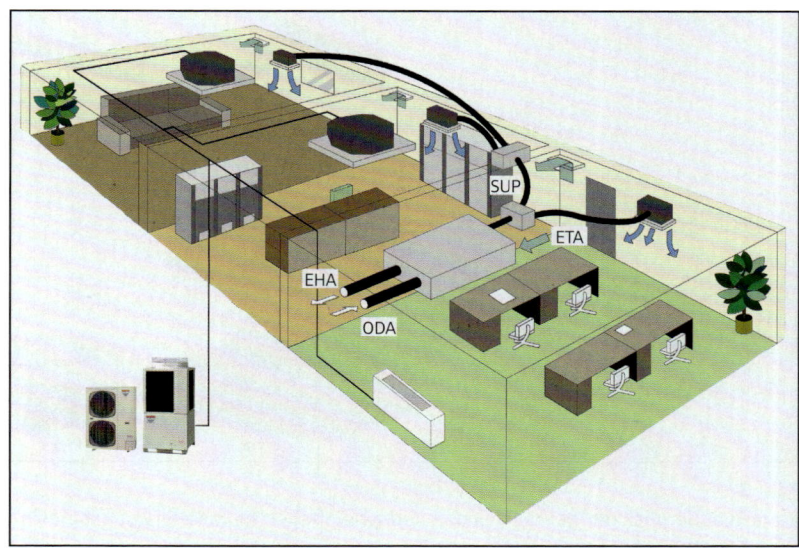

sind kein Problem. Nachfolgend soll eine prinzipielle Ausrüstungsvariante dargestellt werden (Bild 94).

Max. 240 Außeneinheiten (AE) und 512 Gruppen von Inneneinheiten (IE) können über Gateways verknüpft und mittels seriellem Interface auf einen IBM-kompatiblen, lokalen Personalcomputer (PC) geschaltet werden.

6.2.4 VRF-System als Wärmepumpe

Neue VRF-Systeme können auf den Betrieb als Luft-Luft-Wärmepumpe umgeschaltet werden. Dadurch ist es möglich, mit den Inneneinheiten wahlweise zu kühlen und zu heizen. Fälschlicherweise spricht man von „reversiblen" Wärmepumpen.

Nach [37] ist bei der Planung der Leistung der Anlage stets auf den ungünstigsten Betriebsfall abzustellen. Dies ist im Allgemeinen abhängig von der jeweiligen Heiz- bzw. Kühllast bzw. von den Auslegungstemperaturen und -feuchten am Verdampfer und Kondensator im Sommer- oder Winterbetrieb.

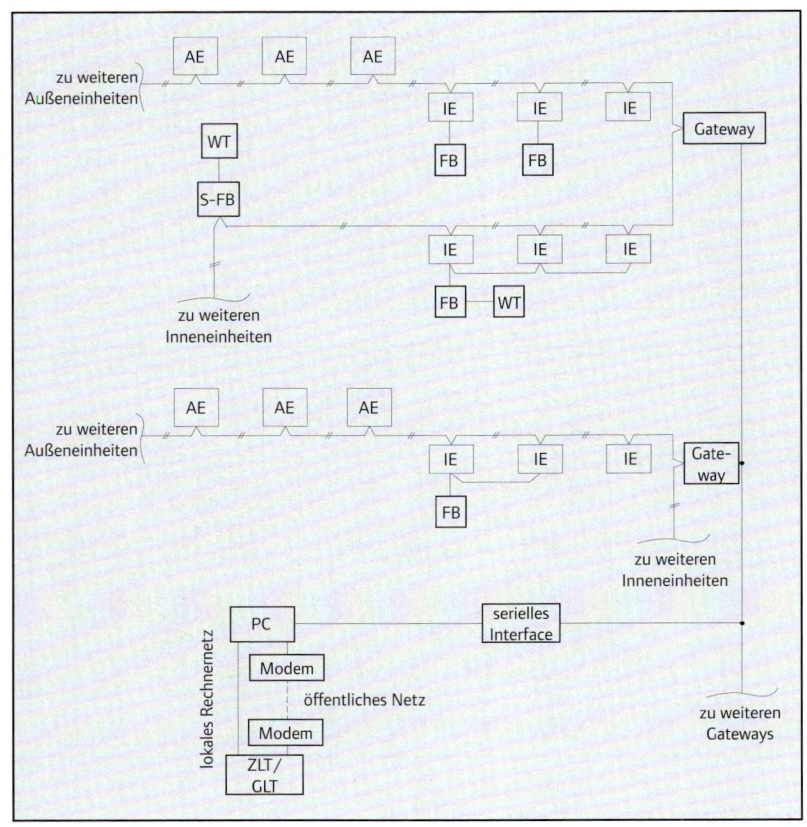

Bild 94
Steuerung, Regelung und Überwachung komplexer VRF-Multisplitsysteme (erweitertes Gebäudeklima-Management-System; s. a. [38])

AE = Außeneinheit
IE = Inneneinheit
FB = Fernbedienung für Einzel- oder Gruppenbedienung
WT = Wochen-Timer
S-FB = Systemfernbedienung

Es gibt zwei prinzipielle Möglichkeiten für den Wärmepumpenbetrieb, wobei sie sich vor allem im Hinblick auf Flexibilität, technischen Systemaufbau und der energetischen Effizienz des Gesamtsystems unterscheiden:

a) Umschaltung des komplexen Kreislaufes,

b) Umschaltung von Teilsystemen des Kreislaufes.

Bei a) arbeiten alle Inneneinheiten entweder im Kühl- oder Heizbetrieb. Die Umschaltung kann manuell oder automatisch erfolgen. Bei b) werden Gruppen von Räumen oder Zonen gebildet, in denen unabhängig ein Heiz- oder Kühlbetrieb möglich ist.

Es können bei b) nach [37] drei Betriebszustände unterschieden werden:

- VRF-System bei überwiegendem Kühlbetrieb (Bild 95)
- VRF-System bei etwa gleich großen Heiz- und Kühllasten im Gebäude (Bild 96)
- VRF-System bei überwiegendem Heizbetrieb (Bild 97).

Bild 95
VRF-System bei überwiegendem Kühlbetrieb

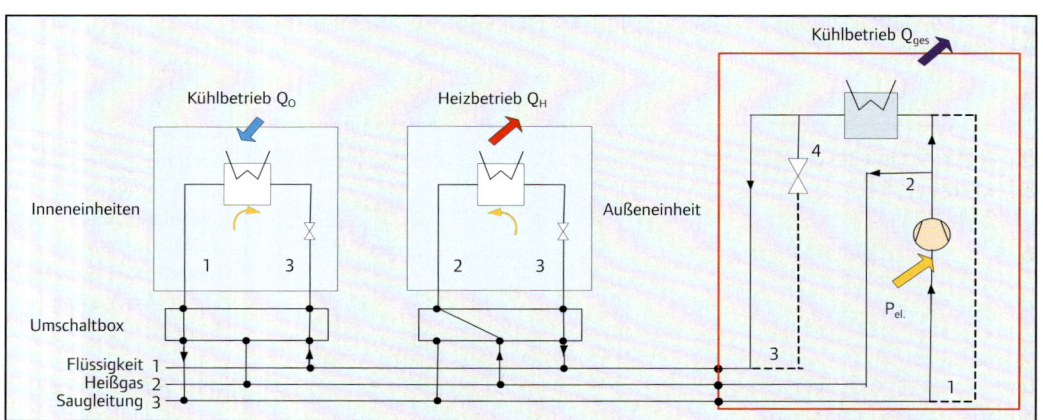

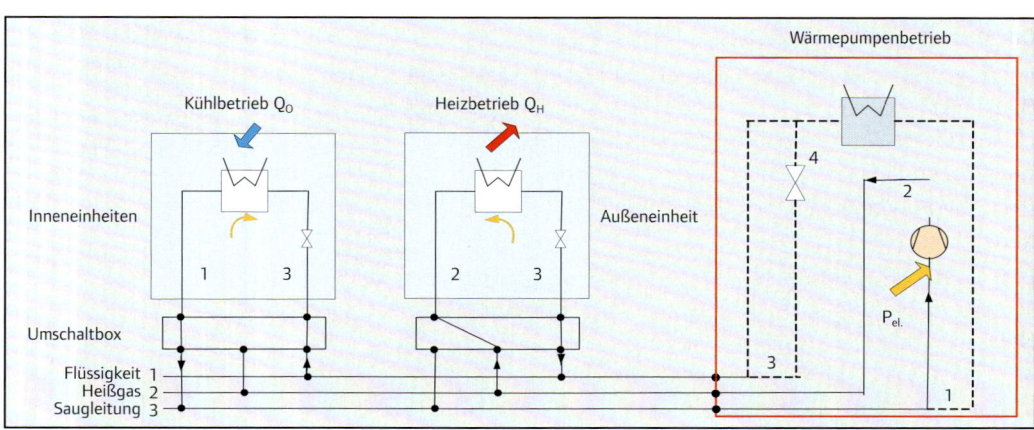

Bild 96
VRF-System bei etwa gleich großen Heiz- und Kühllasten im Gebäude

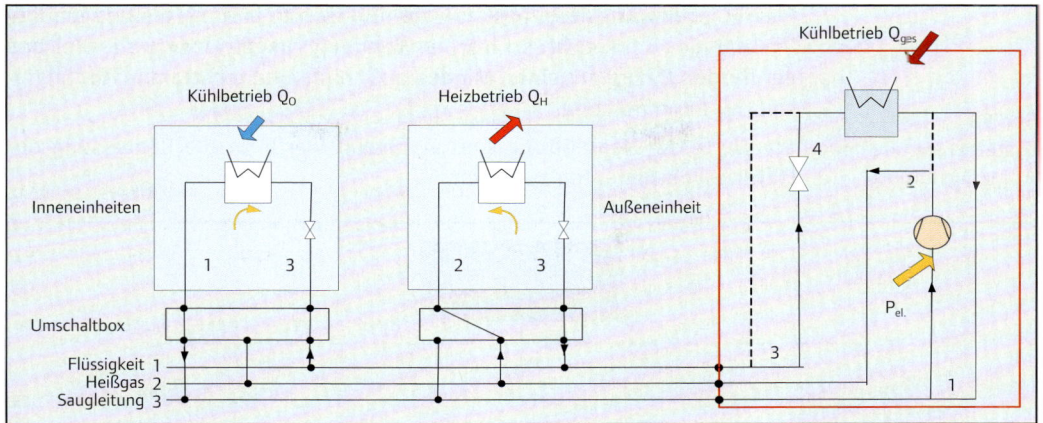

Bild 97
VRF-System bei überwiegendem Heizbetrieb

Weitere Aspekte zur Regelung und den Regelungskomponenten, der Kombination mit RLT-Anlagen sowie der Inbetriebnahme sind in [37] ausführlich beschrieben.

6.3 Lüftungsstrategien

Die vorgenommene Unterteilung in Wohngebäude und Nichtwohngebäude erfolgt in Analogie zur DIN V 18599 [41] bzw. EnEV.

6.4 Wohnungslüftung

6.4.1 Allgemeine Aspekte

Die Lüftung von Wohnungen ist eine gesundheitstechnische (hygienische) und bauphysikalische Notwendigkeit. DIN 1946-6 [40] behandelt sowohl die freie Lüftung (s. a. Abschnitt 6.1.6) über Fenster als auch die mechanische Lüftung. Die Wohnungslüftung wird aus energetischer Sicht in DIN V 18599-6 [41] bewertet.

Im Zusammenhang mit der aus energetischer Sicht immer luftdichteren Bauweise wird eine mechanische Lüftung zur Notwendigkeit und wird als „kontrollierte Wohnungslüftung" charakterisiert.

Die Bilder 98 bis 100 geben schematisch eine Übersicht über die Systematisierung der verschiedenen Aspekte und technischen Varianten der Wohnungslüftung.

[40] weist vier Grundlüftungsprinzipien aus und legt den notwendigen Mindestaußenluftvolumenstrom (s. a. Abschnitt 6.1.3) in Abhängigkeit der Nutzungsfläche A_{NE} der Wohnung fest:

- Lüftung zum Feuchteschutz (FL)
- Reduzierte Lüftung (RL)
- Nennlüftung (NL)
- Intensivlüftung (IL)

Positiv ist der Ansatz in [40] zu sehen, dass die Lüftung als notwendige Maßnahme zum Feuchteschutz der Wohnung ausgewiesen wird. Gleiches gilt für den Bezug auf einen Mindestaußenluftvolumenstrom in Abhängigkeit der Raumnutzung.

Die Werte der Nennlüftung sind als Bezugswerte für die Bemessung der Lüftungskomponenten zu sehen.

Bild 98
Systematisierung der Wohnungslüftung

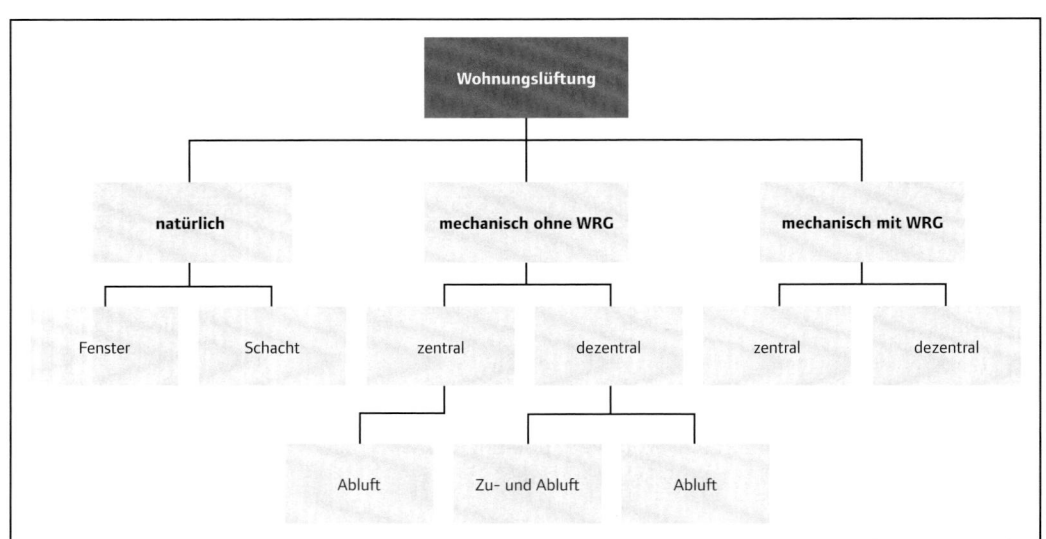

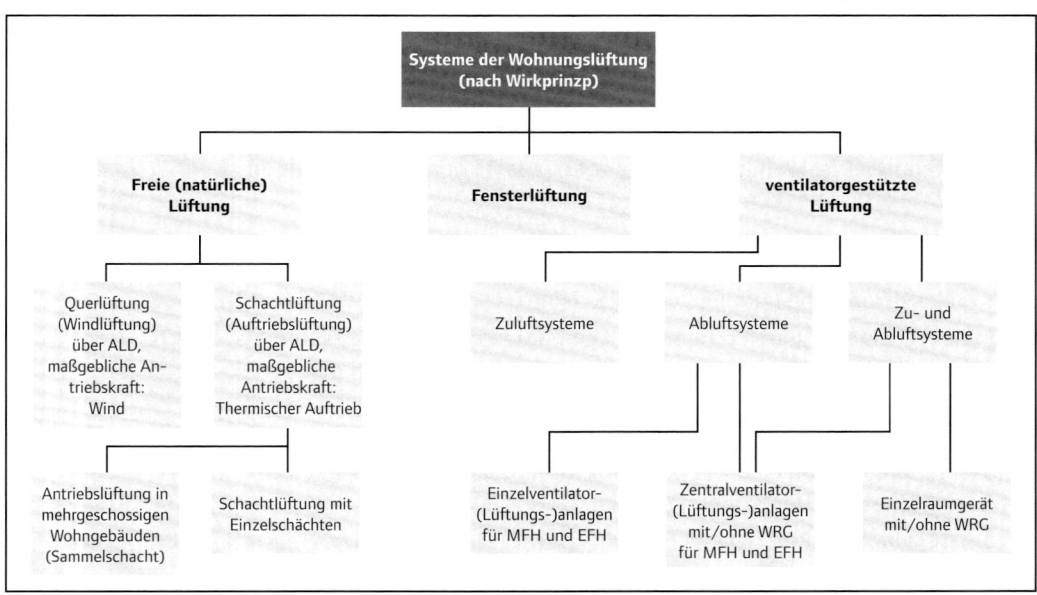

Bild 99
Systematisierung der Wohnungslüftung nach DIN 1946-6 [40]

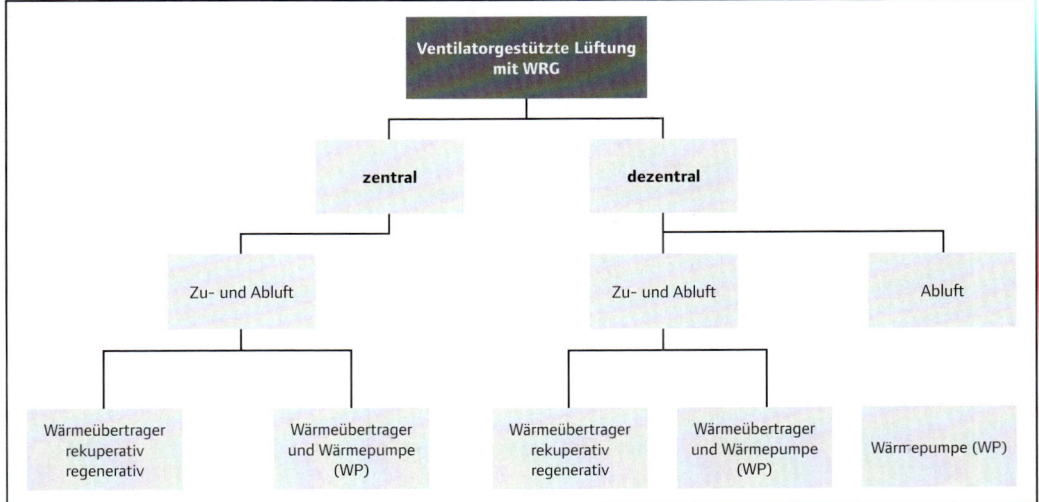

Bei den Gleichungen für die Nennlüftung (Bild 101) handelt es sich um eine zugeschnittene Größengleichung. Mit dieser Gleichung ist eine Interpolation der Tabellenwerte in [40] möglich.

Bild 100
Ventilatorgestützte Lüftung mit WRG

6.4.2 Natürliche Lüftung

Die natürliche Lüftung kann über Fensterlüftung (s. a. Abschnitt 6.1.6.2) oder über Schachtlüftung (s. a. Abschnitt 6.1.6.3) mit Außenluftdurchlasselementen (ALD) erfolgen, wobei der Mindestaußenluftvolumenstrom nachgewiesen werden muss.

Bild 101
Mindestaußenluftvolumenstrom für die vier Grundlüftungsprinzipien

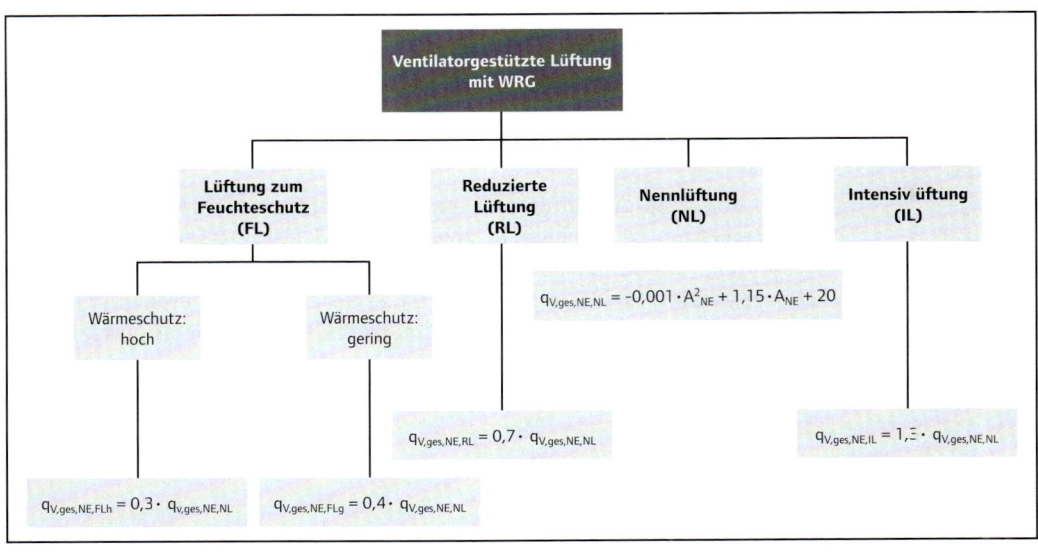

Bild 102
Freie Lüftung für ein EFH

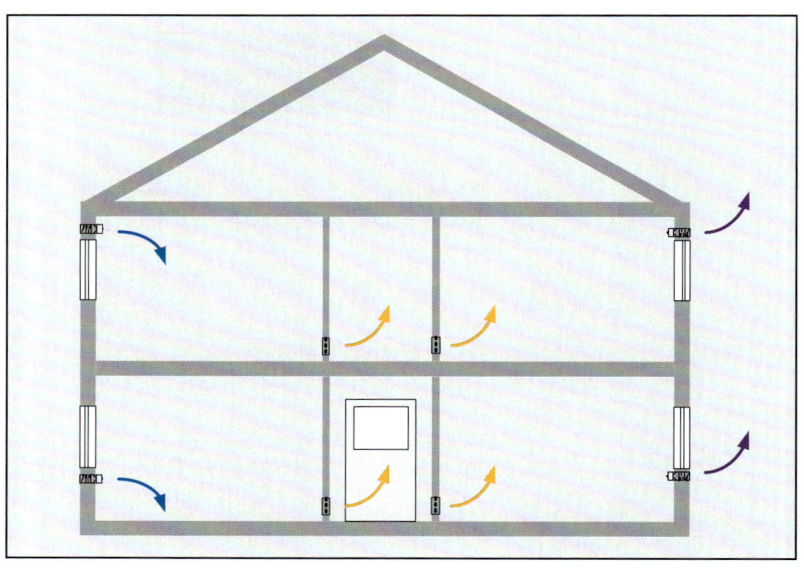

Bild 103a (links)
ADL

Bild 103b (rechts)
Überströmöffnung

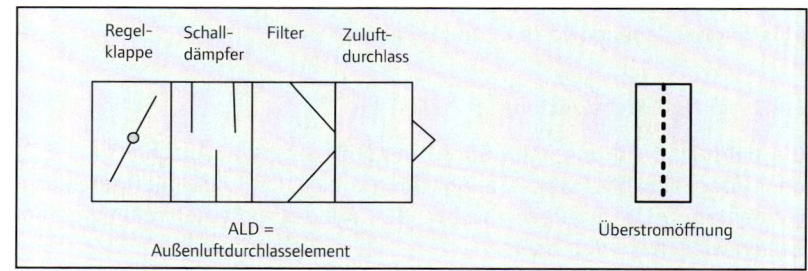

Anhang A von [40] weist Systemlösungen für Einfamilienhäuser (EFH) und Mehrfamilienhäuser (MFH) aus.

Bild 102 zeigt die Lüftung über Außenluftdurchlasselemente (Bild 103a) und Überströmöffnungen (Bild 103b) für ein Einfamilienhaus.

Bild 104 zeigt die Lüftung für ein Einfamilienhaus, wobei die Zuluft über Außenluftdurchlasselemente zugeführt wird (Bild 103a) und die Abluft über ein Abluftdurchlasselement je Raum (Bild 105a) und einen Schacht (s. a. Abschnitt 6.1.6.3) bzw. über einen Schacht mit Abluftventilator (Bild 105b) abgeführt wird. Die Überströmung erfolgt über Überströmöffnungen in der Tür (Bild 103b).

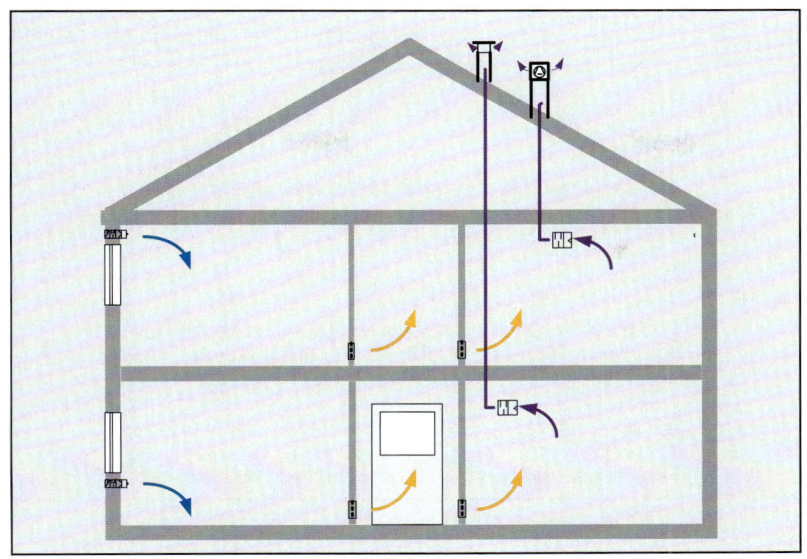

Bild 104
Freie Lüftung und Schachtlüftung für ein EFH

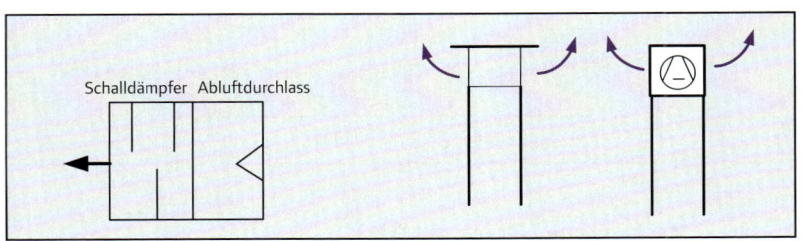

Bild 105a (links)
Abluftdurchlass

Bild 105b (rechts)
Schacht mit Meidinger Scheibe bzw. mit Abluftventilator

6.4.3 Mechanische Lüftung ohne WRG

Die mechanische Wohnungslüftung erfolgt in der Regel in Verbindung mit der Ablufterfassung innen liegender Bäder, WC und Küchen nach DIN 18017-3 [42]. Die bedarfsgerechte und witterungsbedingte Steuerung der Abluftventilatoren kann z. B. durch separate Schalter, Lichtschalter oder Feuchtefühler erfolgen.

Bild 108 zeigt die Lösung mit einer zentralen Ablufterfassung für ein MFH. Dabei sind grundsätzlich die jeweiligen Landesbauordnungen, Brandschutz- und Schallschutzvorschriften zu beachten. An jedem Abluftdurchlass sind sowohl Schalldämpfer als auch Brandschutzklappe notwendig (Bild 109a).

Die zentrale Ablufterfassung kann entweder im Dachgeschoss oder auf dem Abluftschacht angeordnet werden.

Bild 106
Freie Lüftung und dezentrale mechanische Ablufterfassung für ein EFH

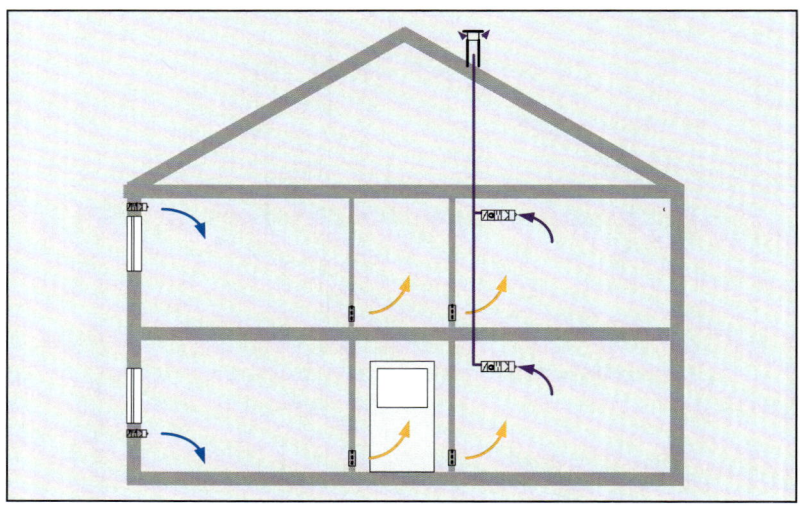

Bild 107
Dezentrale mechanische Ablufterfassung

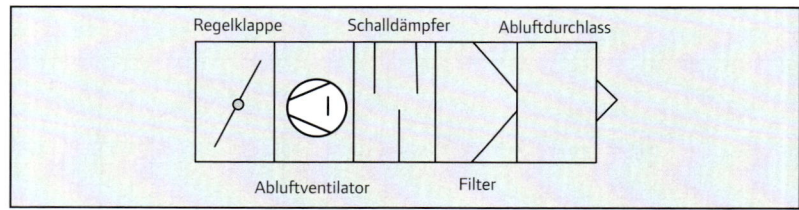

6.4.4 Mechanische Lüftung mit WRG

Diese Lüftungsform bietet neben einer definierten Lüftung zur Gewährleistung der Behaglichkeit (s. a. Abschnitt 6.1.2) und der Vermeidung von Feuchteschäden sowohl den Vorteil der Energierückgewinnung als auch einer definierten, z. T. vorkonditionierten Außenluft (s. a. Abschnitt 6.1.8) durch Nutzung von Speichereffekten (s. a. Bild 112).

Bild 110 zeigt eine zentrale Lüftungslösung für ein EFH, wobei das Gerät mit WRG (Bild 111) im Allgemeinen im Dachraum untergebracht wird. Die Außenluftansaugung über Dach ist als ungünstig einzustufen. Günstiger ist die Lösung nach Bild 112 anzusehen (s. a. Abschnitt 6.1.8.1).

Wichtig ist, dass die einzelnen Zu- und Abluftleitungen akustisch durch Schalldämpfer (Telefonieschalldämpfer) entkoppelt werden, um eine Luftschallübertragung zu minimieren.

Auch dezentrale Lösungen (Bilder 113 und 114) sind möglich, bei denen nur einzelne Räume gezielt belüftet, d. h. den jeweiligen Nutzungsbedingungen angepasst werden. Detaillierte Angaben zu diesen Geräten, so z. B. zum ClimaRad (NL) oder der Air-On AG (CH), sind [43] zu entnehmen.

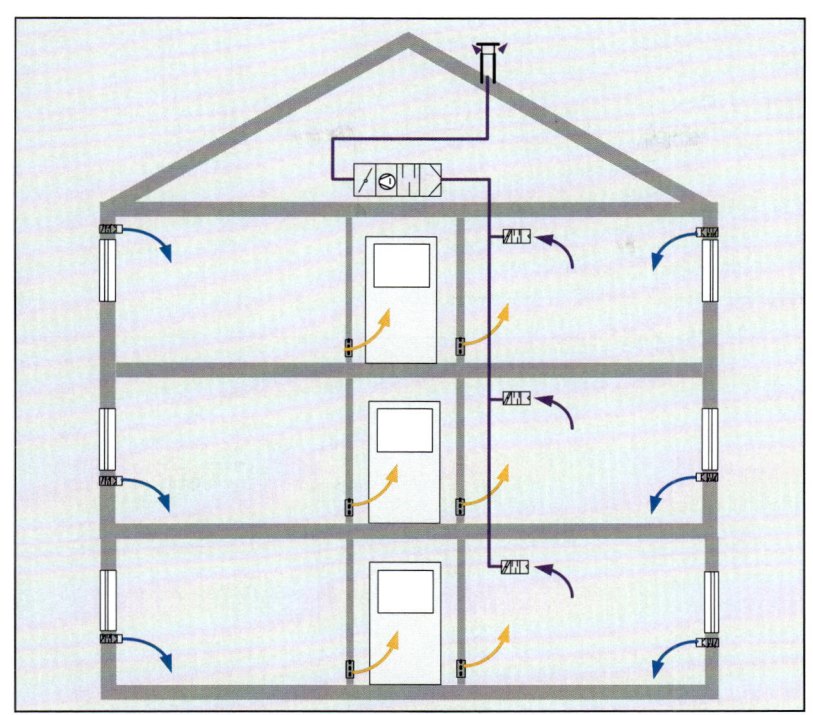

Bild 108
Zentrale mechanische
Ablufterfassung in
einem MFH

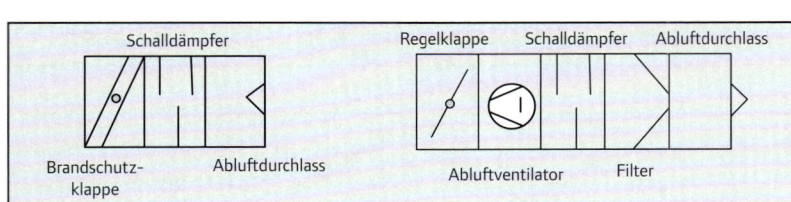

Bild 109a (links)
Dezentraler Abluft-
durchlass

Bild 109b (rechts)
Zentrales Abluftgerät

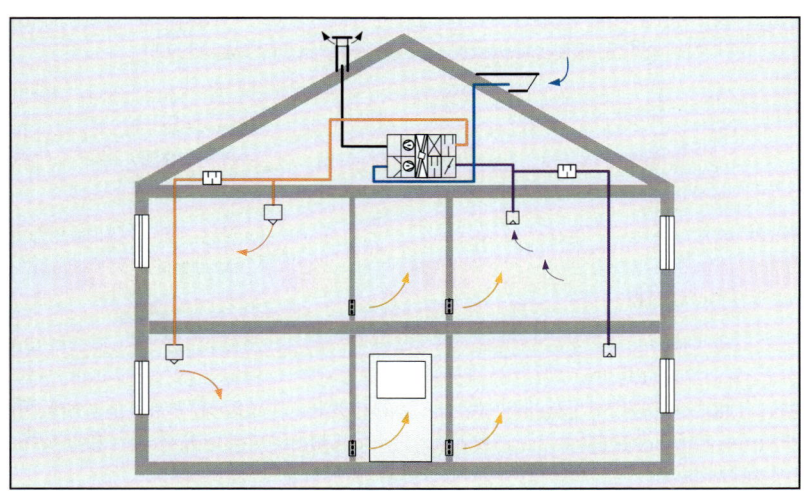

Bild 110
Zentrale mechanische
Lüftung mit WRG in
einem EFH

Bild 111
Zentrales Wohnungs-
lüftungsgerät mit WRG
(im Allgemeinen mit
Plattenwärmeüber-
trager)

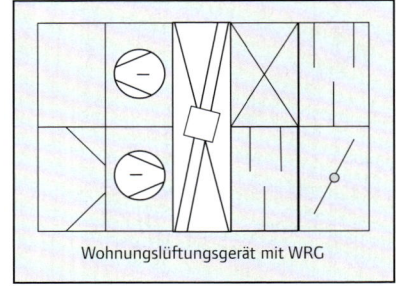

Bild 112
Zentrale mechanische
Lüftung mit WRG und
Ansaugung der
Außenluft über ein
Ansaugbauwerk und
im Erdreich verlegten
Kanal für ein EFH

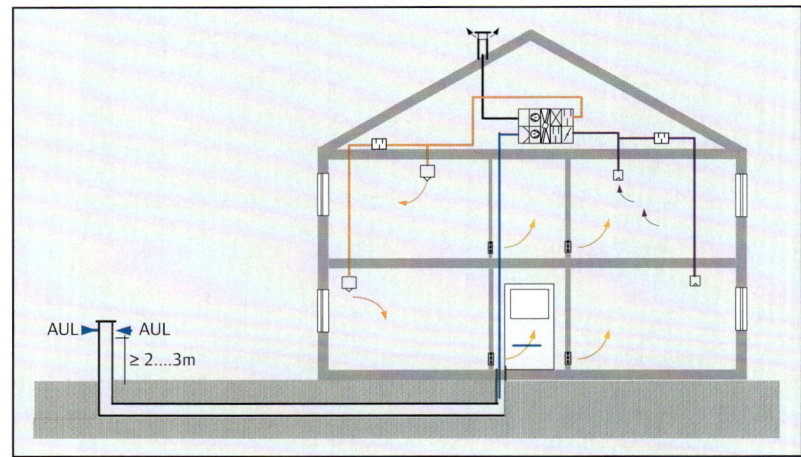

Bild 113
Dezentrale mechani-
sche Lüftung mit WRG
in einem EFH

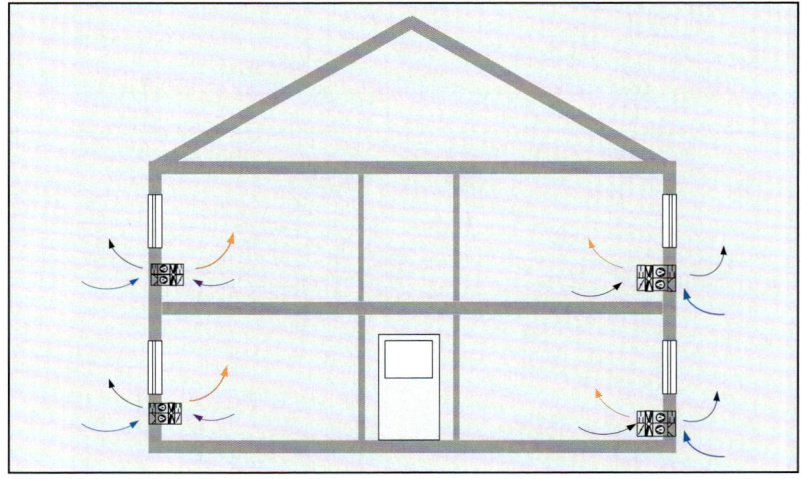

Bild 115 zeigt eine Lösung für ein MFH. Auf die akustische und brand-
schutztechnische (wenn notwendig) Entkopplung der einzelnen Bereiche
sei verwiesen.

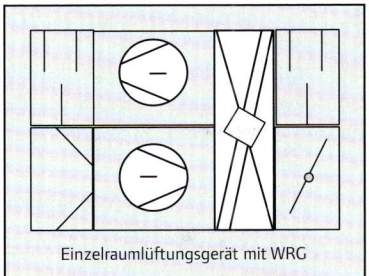

Bild 114
Dezentrales Wohnungslüftungsgerät mit WRG (im Allgemeinen mit Plattenwärmeübertrager)

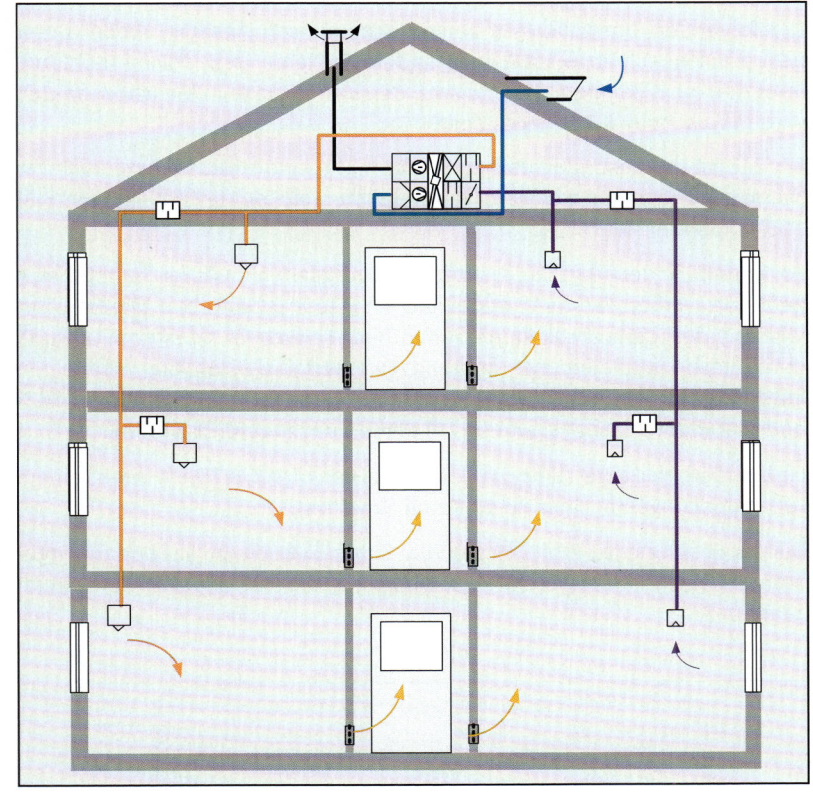

Bild 115
Zentrale mechanische Lüftung mit WRG in einem EFH

6.5 Nichtwohngebäude

Die folgenden Beispiele zeigen eine Auswahl von Lösungen (vor allem unter Einbeziehung der freien Lüftung), ohne jedoch den Anspruch auf Vollständigkeit zu erheben. Ergänzende Lösungen sind z. B. in [43] dargestellt.

6.5.1 Geschossbauten (Büroräume)

Bei den Geschossbauten wird sich vorrangig auf einzelne Büroräume, z. B. unter Bezug auf VDI 3804 [44], orientiert, wobei die Lösungen auf andere Nutzungen in diesen Gebäuden übertragen werden können.

Die folgenden Darstellungen zeigen schematisch Ansätze, wobei unter Bezug auf Abschnitt 6.1.10 auch andere Systeme (z. B. Flächenkühlung) integriert sein können. Der Einsatz der VRF-Technik in Geschossbauten wird in Abschnitt 6.2.3 dargestellt.

Für Räume mit besonders hohen Forderungen an die Akustik und auch die thermische Behaglichkeit (z. B. Rundfunkstudios) ist die Lösung nach Bild 116 empfehlenswert.

Für Räume, in denen geringe Luftgeschwindigkeiten im Aufenthaltsbereich gefordert werden, ist die Variante nach Bild 117 anzustreben. Die Gewährleistung der Behaglichkeit im Aufenthaltsbereich in Fensternähe kann durch Flächenkühlelemente unterstützt werden. Die Zuluft kann über einen luftdurchlässigen Teppichboden (z. B. alter Bundestag in Bonn) oder Fußbodendralldurchlässe (s. a. Bild 29) dem Raum zugeführt werden.

Eine andere Variante stellt Bild 118 dar. Hier wird die Zuluft direkt einem Fußbodenkonvektor über einen Kanal zugeführt.

Bei der Lösung nach Bild 119 wird die Zuluft über ein im Fußboden eingebettetes Flächenkühlsystem (s. a. Abschnitt 6.1.10, Bild 76) dem Raum zugeführt.

Bild 116
Einsatz der Quelllüftung (System Gravivent)

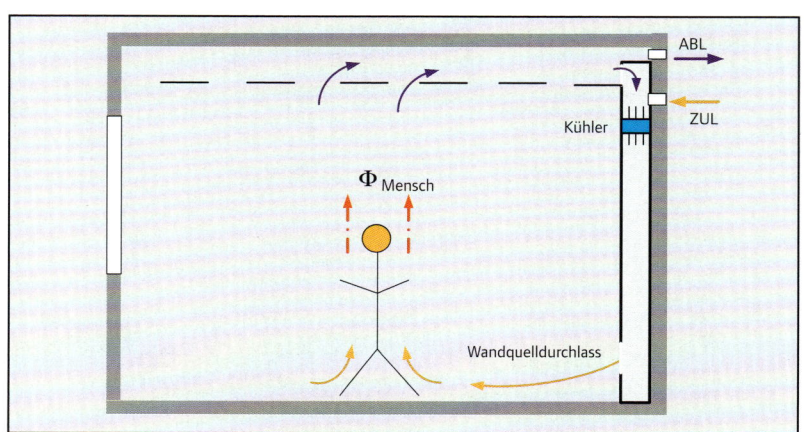

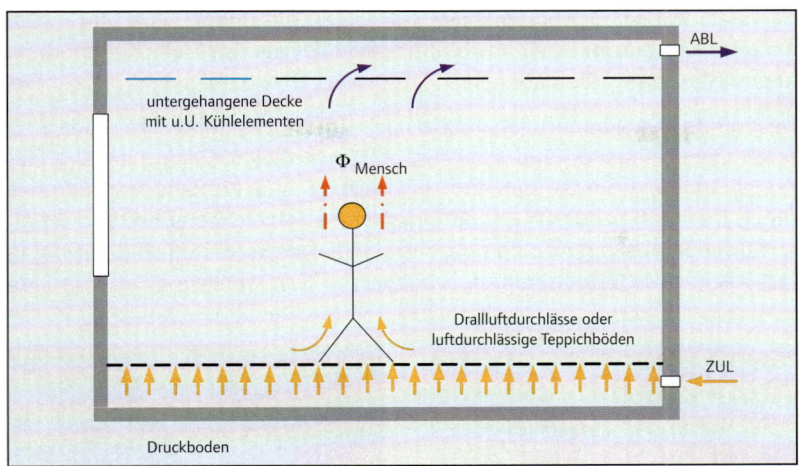

Bild 117
Zuluft über Druckboden (Einsatz Fußbodendralldurchlass, luftdurchlässiger Teppichboden)

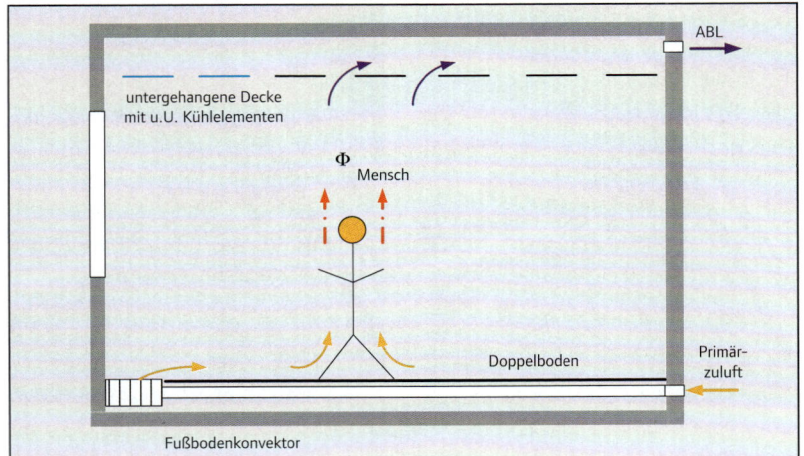

Bild 118
Zuluft über Fußbodenkonvektor

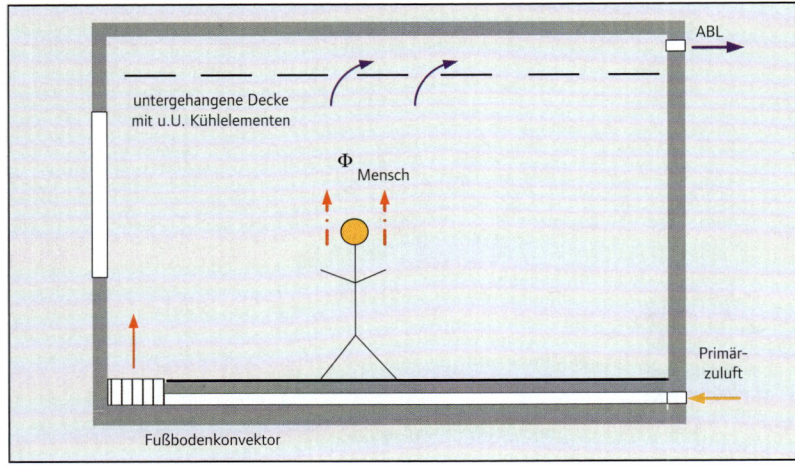

Bild 119
Zuluft über Fußbodenkonvektor und im Fußboden eingebettetes Flächenkühlsystem

Beispiele für den Fußbodenkonvektor zeigen die Bilder 120a und 120b, wobei diese Konvektoren sowohl an ein Heiz- als auch ein Kühlmedium angeschlossen werden können.

Dezentrale Fassadenlüftungsgeräte nach VDI 6035 [45] stellen einen weiteren Lösungsansatz (Bild 121) dar, wobei in dieser Lösung nur die Lüftungsfunktion Priorität hat und die Heizung und Kühlung des Raumes durch Flächenheiz- und/oder -kühlsysteme erfolgen. Detaillierte und weiterführende Aussagen zu den dezentralen Lüftungsgeräten sind sowohl in [45] als auch in [43] enthalten.

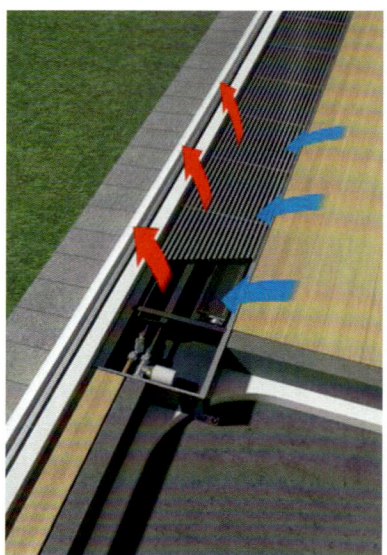
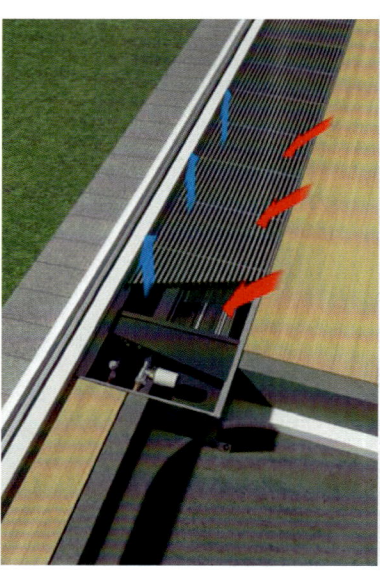

Bild 120a (links)
Fußbodenkonvektor – Prinzipskizze – Heizen und Lüften nach [7]

Bild 120b (rechts)
Fußbodenkonvektor – Prinzipskizze – Kühlen und Lüften nach [7]

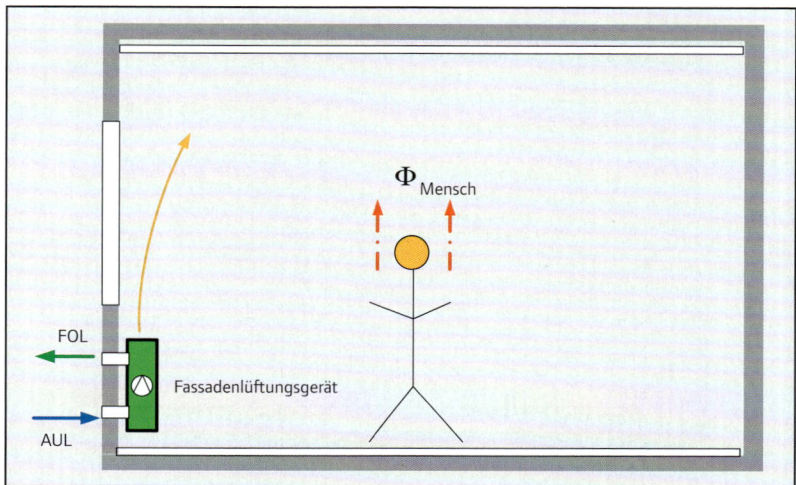

Bild 121
Einsatz eines dezentralen Fassadenlüftungsgeräts

Die Zuluftversorgung erfolgt dezentral (Bilder 122 bis 125), während die Abluft dezentral (Bilder 122 und 123) oder zentral (Bilder 124 und 125) abgeführt wird.

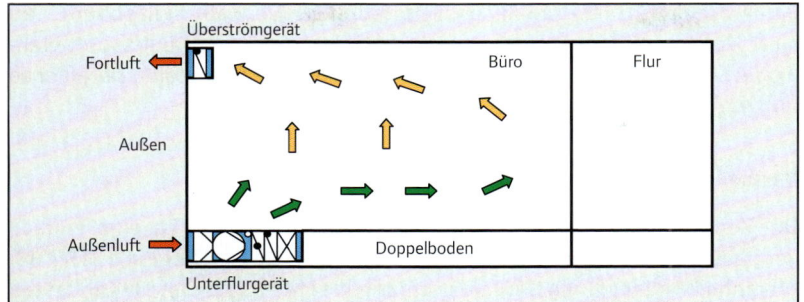

Bild 122
Dezentrale Zuluftversorgung durch Unterflur- oder Brüstungsgeräte ohne Ventilator – dezentraleAblufterfassung oberhalb der Fenster (Prinzipskizze nach [7])

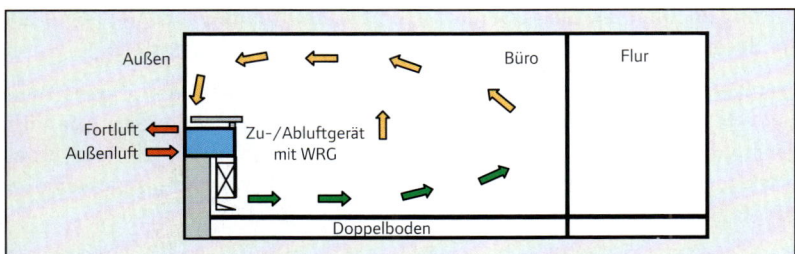

Bild 123
Dezentrale Zuluftversorgung und Abluftabtransport mittels Unterflur- oder Brüstungsgeräten mit zwei Ventilatoren (Prinzipskizze nach [7])

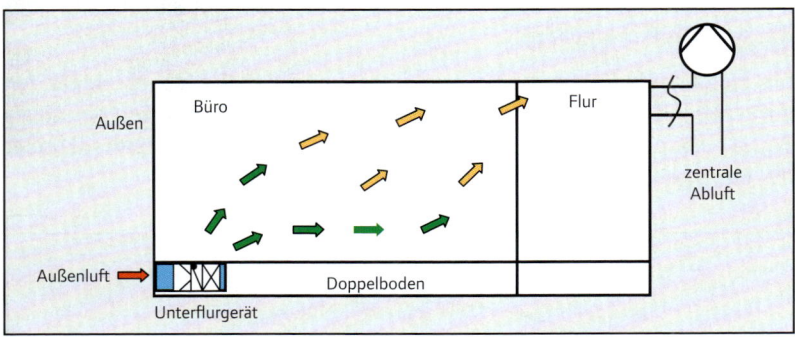

Bild 124
Dezentrale Zuluftversorgung durch Unterflur- oder Brüstungsgeräte ohne Ventilator – zentraleAblufterfassung (Prinzipskizze nach [7])

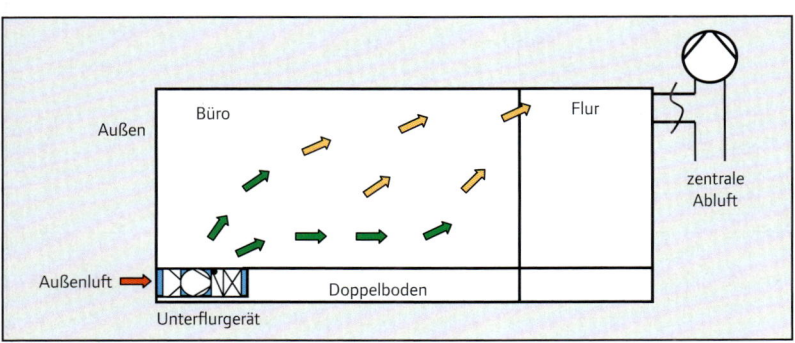

Bild 125
Dezentrale Zuluftversorgung durch Unterflur- oder Brüstungsgeräte mit Ventilator – zentraleAblufterfassung in den Fluren (Prinzipskizze nach [7])

6.5.2 Gesellschaftsbauten

Die folgenden Darstellungen zeigen realisierte Lösungen für unterschiedliche gesellschaftlich genutzte Gebäude wie Sporthallen, Kongresssäle, Einkaufszentren, Messehallen, Lehrgebäude, Verwaltungsgebäude. Es sind Kombinationen von Heizungs-, Kühlungs- und Lüftungsstrategien, wobei vor allem das Lüftungskonzept im Vordergrund steht. Detaillierte und ergänzende Aussagen enthält [43].

Messehalle

Der Zentralbereich der Neuen Messe Leipzig (Bild 126) ist eine einfach verglaste Glashalle (Breite: ca. 78 m, Höhe: ca. 30 m, Länge: ca. 180 m). Die hohe Kühllast durch Sonnenstrahlung Φ_S, aber auch innere Kühllasten durch Besucher ($\Phi_N = \Phi_M$) ermöglichen die Anwendung der Dachaufsatzlüftung im Sommer. Die Außenluft strömt über Öffnungen aus Glaslamellen im Bereich bis 2,5 m über Oberkante (OK) Fußboden in die Halle.

Zusätzlich kann durch die Umströmung und das Anströmen dieses Bauwerkes durch den Wind die „Freie Lüftung" unterstützt werden. Die sich einstellenden möglichen Strömungsbedingungen bei Windeinfluss, aber auch infolge des thermischen Auftriebes wurden zweckmäßigerweise in einem Strömungs- und Windkanal untersucht.

Da die thermische Belastung durch Sonnenstrahlung sehr groß ist, wurde der Fußboden gekühlt, indem die vorhandene Fußbodenheizung mit Kaltwasser beaufschlagt wird.

Die möglicherweise außerhalb des Behaglichkeitsbereiches liegenden auftretenden Raumlufttemperaturen θ_{RAL} bzw. operativen Temperaturen $\theta_{operativ}$ können nur dann akzeptiert werden, wenn die Aufenthaltsdauer der Personen im Allgemeinen unter 0,5 Stunden beträgt.

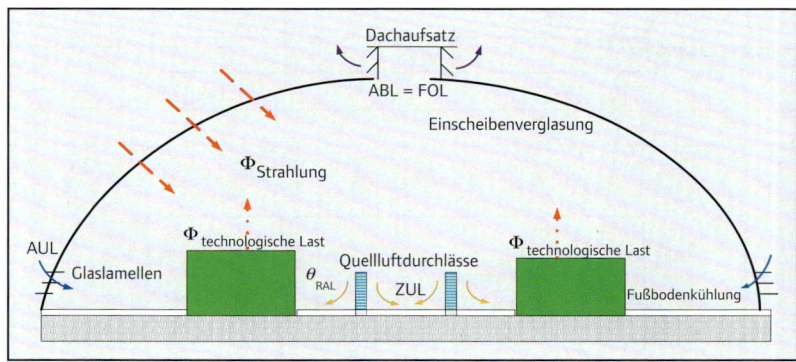

Bild 126 Heizungs-, Kühlungs- und Lüftungsstrategie für eine Messehalle (Leipzig)

Sporthalle

Die Systemlösung (Bilder 127 bis 129; Grundlage: System DIRIVENT) mit starren oder auch regelbaren Weitwurfdüsen (Bild 129) bietet u. a. den Vorteil, dass der Zuluftvolumenstrom in Abhängigkeit von der Belastung der Sportler (der erforderliche hygienische Mindestaußenluftvolumenstrom ist je nach Aktivität in Bezug auf 1.3 um den Faktor 3 bis 10 größer) variiert werden kann und

- die Zuluft nur einer Stelle im Raum zugeführt werden muss,
- das Luftkanalsystem relativ gering dimensioniert ist,
- die Zuluft über eine große Entfernung transportiert wird,
- sie gezielt in bestimmte Bereiche in die Aufenthaltszone gelenkt werden kann,
- die Leitungen durch einen einfachen Ballschutz geschützt und
- die u. a. in ihrer Strahlrichtung regelbaren Düsen dem Heiz- als auch dem Kühlfall angepasst werden können (s. a. Bild 28).

Die Beheizung der Halle ist sowohl über eine Fußbodenheizung als auch über eine Deckenstrahlheizung möglich.

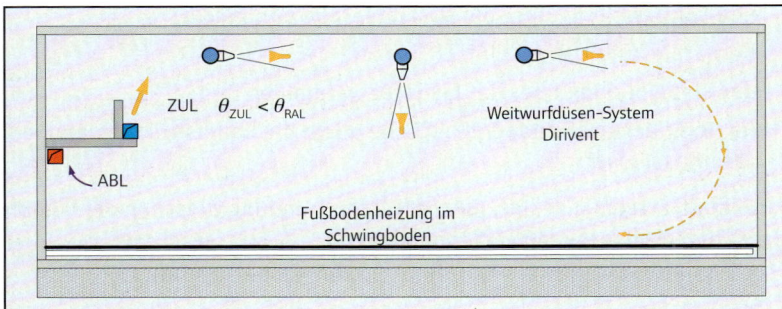

Bild 127
Heizungs- und Lüftungsstrategie für eine Sporthalle

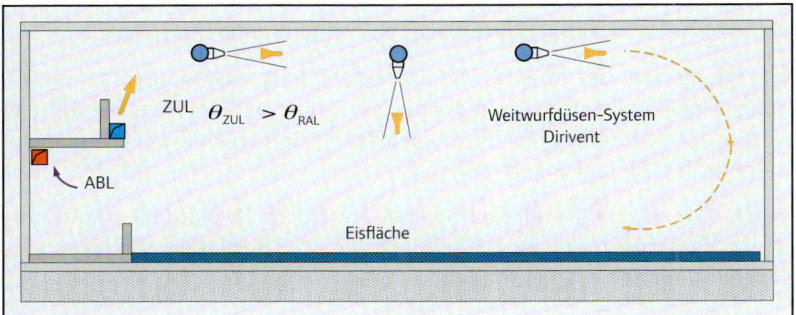

Bild 128
Heizungs- und Lüftungsstrategie für eine Eislaufhalle

Bild 129
Prinzipdarstellung Kombination: Düse – Luftleitung; die Düse kann verstellbar oder starr ausgeführt werden

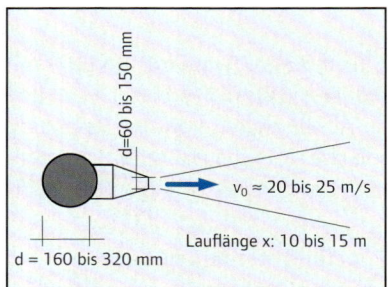

Eissporthalle

Das Weitwurfdüsen-System ist gut geeignet für die Beheizung und Belüftung von Hallen mit Eisflächen. Die Vorteile liegen u. a. darin, dass

- die warme Luft an der UK des Daches geführt und somit diese Fläche und im Dachbereich angeordnete Geräte erwärmt werden (dies ist notwendig, weil durch den Strahlungsaustausch mit der kalten Eisfläche eine Absenkung der Oberflächentemperatur so weit erfolgen kann, dass es zu keiner Taupunktunterschreitungen und damit u. U. zu Beschädigung der Dachtragkonstruktion (Entleimung von Holzbindern) kommt),
- eine Luftbewegung über die gesamte Halle ermöglicht,
- die warme Zuluft abgekühlt,
- eine Nebelbildung über der Eisfläche vermieden und
- die Oberflächenqualität der Eisfläche durch die Raumströmung minimal beeinflusst wird.

Vorteilhaft ist auch eine lüftungstechnische Trennung zwischen der Versorgung von Zuschauer- und Hallenbereichen.

Gebäude mit innen liegendem Atrium

In einem Gebäude, welches als Bibliothek genutzt wird (Bild 130), wurde der mechanische lüftungstechnische Aufwand minimiert.

Die Räume werden über Drehflügelfenster (mit einem begrenzten Öffnungswinkel und automatisch öffen- bzw. schließbar) belüftet. Die Öffnung wird u. a. in Abhängigkeit der hygienischen Behaglichkeit (CO_2) und der thermischen Behaglichkeit geregelt.

Durch die schwarz gestalteten Sonnenschutzlamellen wird eine Auftriebsströmung indiziert, die auch bei Windstille oder Außentemperaturen eine Durchlüftung der Räume ermöglicht.

Heizen und Kühlen der Räume erfolgt größtenteils über eine Bauteiltemperierung. Die Strahlungsbelastung ist durch eine entsprechend sinnvolle Gestaltung der Fenster (hoch und schmal, tiefe Fensterlaibung (horizontaler und vertikaler Sonnenschutz), spezielles Glas) gering gehalten.

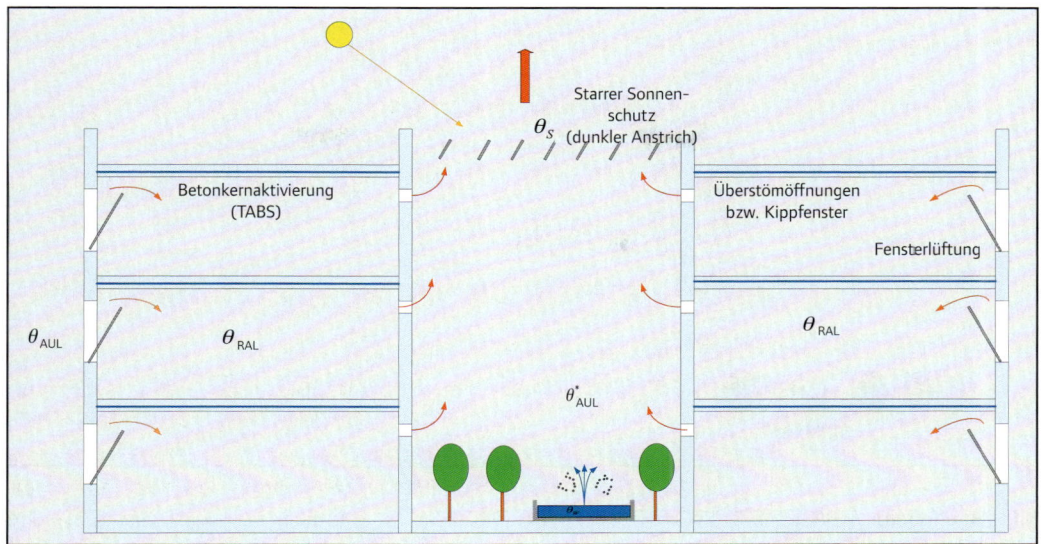

Bild 130
Lüftungs-, Kühlungs- und Heizungsstrategie in einem Gebäude mit innen liegendem Atrium

Das innen liegende Atrium könnte durch Personen genutzt werden, wenn der Effekt der adiabaten Befeuchtung (Kühlung; s. a. Bild 3 bzw. Abschnitt 6.1.8.3) genutzt wird.

Bei der Verknüpfung verschiedener Systeme durch die Gebäudeautomation ist es wichtig, eindeutige Prioritäten der jeweiligen Führungsgrößen für ein behagliches Raumklima festzulegen.

Gebäude mit Atrium als Eingangsbereich

Das als Forschungseinrichtung genutzte Gebäude (Bilder 131a bzw. 131b) wird über Fenster gelüftet.

Die Abluft wird über eine zentrale Abluftanlage abgeführt. Die Lüftung, d. h. Zuführung des Mindestaußenluftvolumenstromes, erfolgt in Abhängigkeit der Nutzung bzw. über Außenluftdurchlasselemente.

Um eine Überhitzung des Atriums zu vermeiden, werden sowohl der Auftriebseffekt (s. a. Lösungsansatz Kino) als auch die adiabate Befeuchtung genutzt.

Kino

Der Foyerbereich eines Kinos in Dresden (Bild 132) wurde vollständig in Glas ausgeführt. Die sich einstellenden hohen Kühllasten durch Sonnenstrahlung Φ_S bewirken ein Ansteigen der Raumlufttemperatur im oberen Bereich des Raumes. Mit der Anordnung einer großen öffenbaren Fläche im unteren Bereich und im Dach (wobei zusätzlich noch die RWA-Öffnungen genutzt werden können) ist eine ausreichende Belüftung bei unkritischen Luftgeschwindigkeiten im Aufenthaltsbereich an den frei stehenden Treppen und Zugängen zum Kinobereich gegeben.

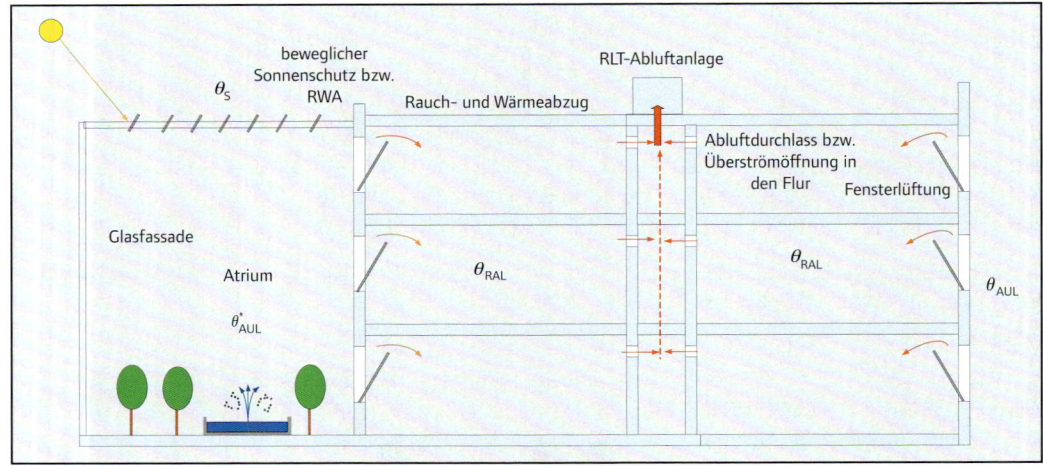

Bild 131a (oben)
Lüftungsstrategie in einem Gebäude mit Atrium als Eingangsbereich (Schnitt A – A)

Bild 131b (unten)
Lüftungsstrategie in einem Gebäude mit Atrium als Eingangsbereich (Grundriss)

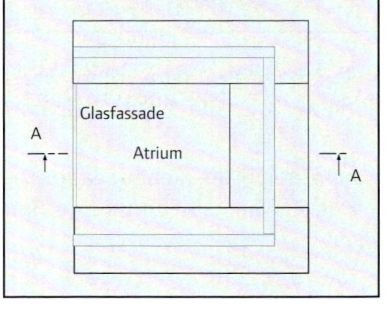

Bild 132
Lüftungsstrategie im Sommer in einem Kinofoyer

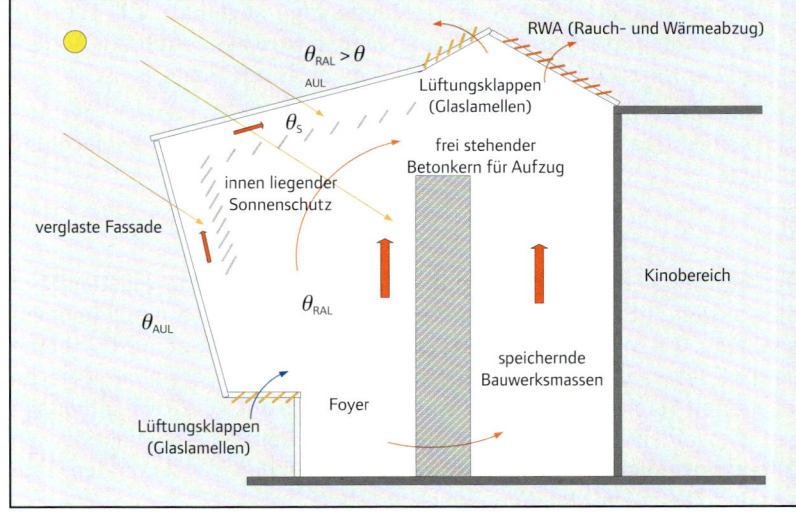

Die Zuluftöffnungen sind so angeordnet, dass auch außerhalb der Nutzungszeit die „Freie Lüftung" genutzt werden kann, ohne dass zusätzliche Sicherheitsmaßnahmen für das Gebäude erforderlich sind. Die eine Innenwand besteht aus Sichtbeton, und der Fußbodenbelag ist aus speicherndem Material ausgeführt. Zusätzlich besteht am Betonkern für den Aufzug ein Potenzial zur Speicherung von Wärme, sodass auch bei geringen Kühllasten durch die Entspeicherung eine ausreichende Temperaturdifferenz als treibende Kraft zur Verfügung steht.

Veranstaltungsraum (Theater, Hörsaal)

Veranstaltungsräume für mehr als 200 Personen müssen nach der Versammlungsstättenrichtlinie mechanisch gelüftet werden. Dabei sind die Anforderungen nach dem hygienischen Mindestaußenluftvolumenstrom pro Person zu erfüllen (s.a. Abschnitt 6.1.3). Aus raumströmungstechnischen Gründen waren bzw. sind oft größere Zuluftvolumenströme notwendig.

Als zweckmäßig und energetisch sinnvoll hat sich die Zuführung der Zuluft direkt in der unmittelbaren Umgebung der Person erwiesen, ob z. B. über einen Luftdurchlass in der Stuhllehne (Bild 133a), dem Stuhlfuß (Bild 133b) oder einen Stufendurchlass (Bild 133c). Voraussetzung ist dafür ein Druckboden, der unterschiedlich gestaltet sein kann.

Bild 133a (oben)
Stuhllehnenbelüftung

Bild 133b (u. links)
Stuhlfußdurchlassbelüftung

Bild 133c (u. rechts)
Stufendurchlassbelüftung

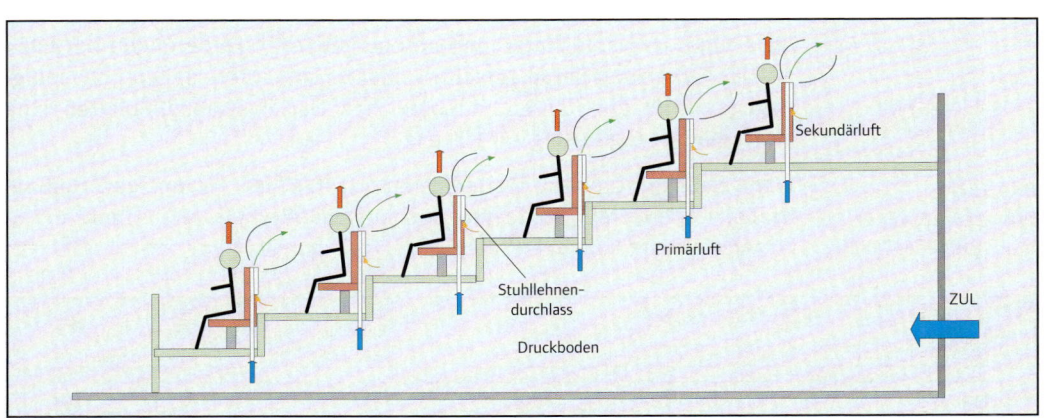

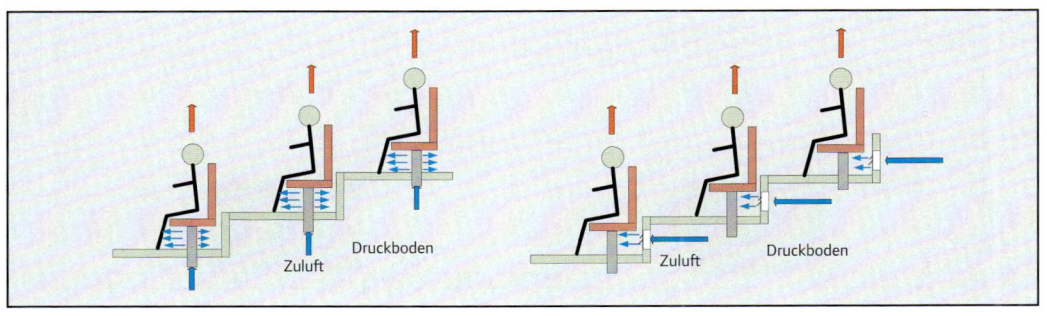

Ist nur eine geringere Aufbauhöhe (mindestens 0,10 bis 0,20 m) möglich, so ist die Anwendung von Fußbodendralldurchlässen oder Fußbodenquelldurchlässen (s. a. Bild 29) sinnvoll.

Ist kein Doppelboden möglich, so ist die Anwendung von Quellwandquelldurchlässen über der OK Fußboden anzustreben.

Die Abluft wird im Allgemeinen im Deckenbereich erfasst und nimmt kaum Einfluss auf die Strömungsverhältnisse und auf die sich einstellende Temperaturschichtung im Raum.

6.5.3 Industriebauten

Die Belüftung von industriell genutzten Gebäuden ist vielschichtig und hängt von den durch die Nutzung einzuhaltenden definierten Randbedingungen ab.

Da die Nutzung im Allgemeinen mit höheren inneren Wärmelasten $\Phi_{technol.Last}$ verknüpft ist, hat es sich als sinnvoll und zweckmäßig erwiesen, die Zuluft im Arbeitsbereich (z. B. Quellluftdurchlässe (Ausführungsbeispiele siehe [43])) zuzuführen (Bild 134) und die Abluft im Deckenbereich zu erfassen. Damit verläuft die sich einstellende Raumströmung adäquat zur Auftriebsströmung, die durch den konvektiven Anteil der inneren Wärmelast indiziert wird.

Auf Grund der bautechnischen und energetischen Forderungen der EnEV ist eine Beheizung (im Allgemeinen über Strahlplatten) selten notwendig, dagegen sind über Aufenthaltsbereichen Deckenstrahlkühlplatten eine zweckmäßige Ergänzung zur Lüftung.

Wenn sehr hohe innere Wärmelasten > 150 W/m² (Warm- und Heißbetriebe) vorherrschen, sollte eine Dachaufsatzlüftung (s. a. Abschnitt 6.1.6) zur Anwendung kommen (Bild 135).

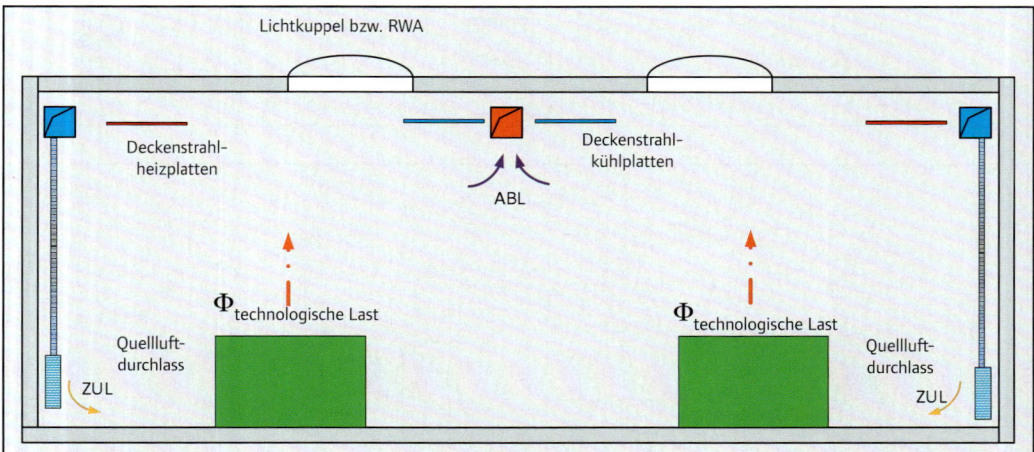

Bild 134 Prinzipskizze einer Industriehallenlüftung

In [46] wird eine Impulslüftung auf der Basis einer intermittierenden, instationären Raumlüftung vorgeschlagen und ein energetischer Vorteil gegenüber einer konventionellen, stationären Lüftung ausgewiesen. Der Vergleich ist in den Bildern 136, 137 und 138 dargestellt.

Ob es immer sinnvoll ist, einen entsprechenden Abluftstrang vorzusehen, sollte überlegt werden. Bei einer Impulslüftung und auch bei Quelllüftung ist es erfahrungsgemäß ausreichend, eine größere Ablufterfassung im Raum vorzunehmen, da durch die Abluftöffnung im Allgemeinen eine Raumströmung unwesentlich beeinflusst wird (s. a. Abschnitt 6.1.7).

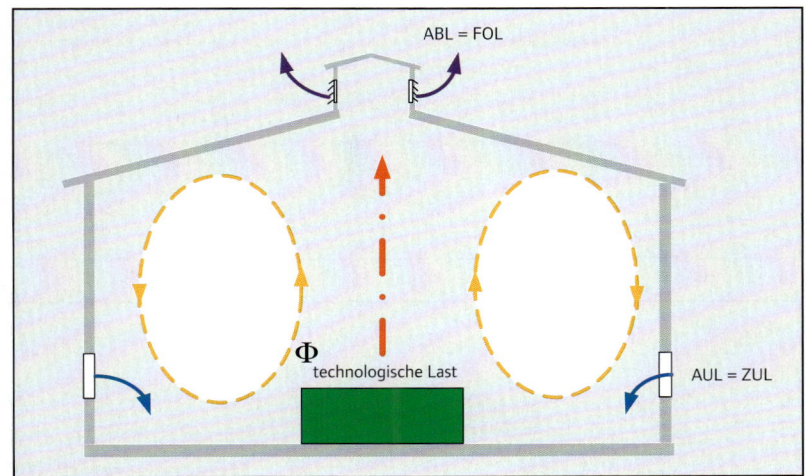

Bild 135
Prinzipskizze einer Dachaufsatzlüftung

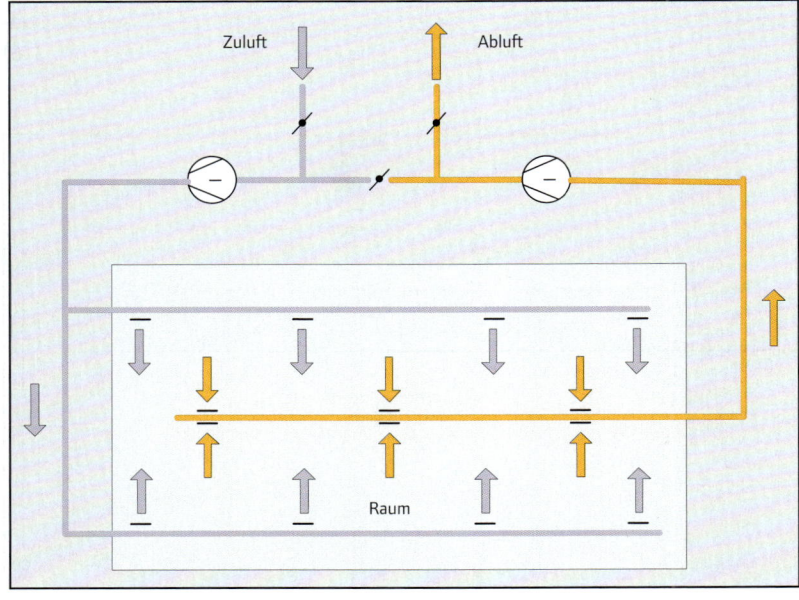

Bild 136
Konventioneller stationärer Betrieb nach [46]

Bild 137
Phase 1: Betrieb über Zuluftstrang 1 und Abluftstrang 2 nach [46]

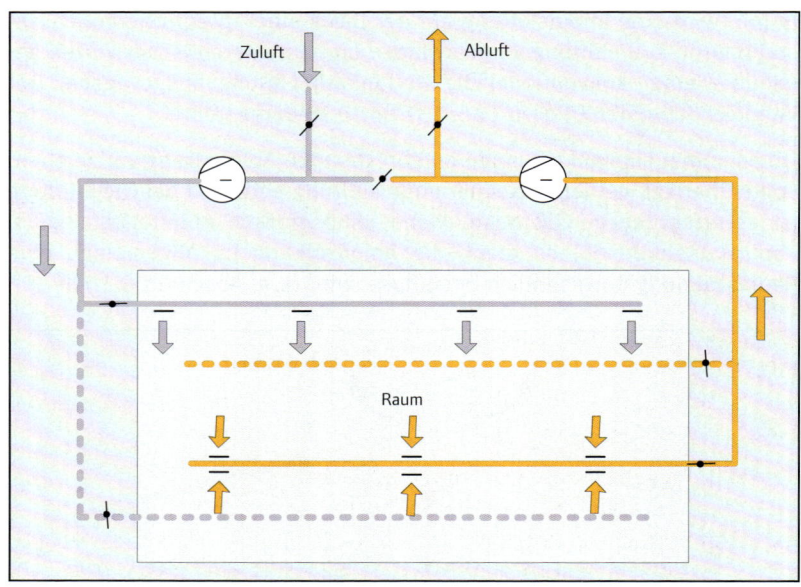

Bild 138
Phase 2: Betrieb über Zuluftstrang 2 und Abluftstrang 3 nach [46]

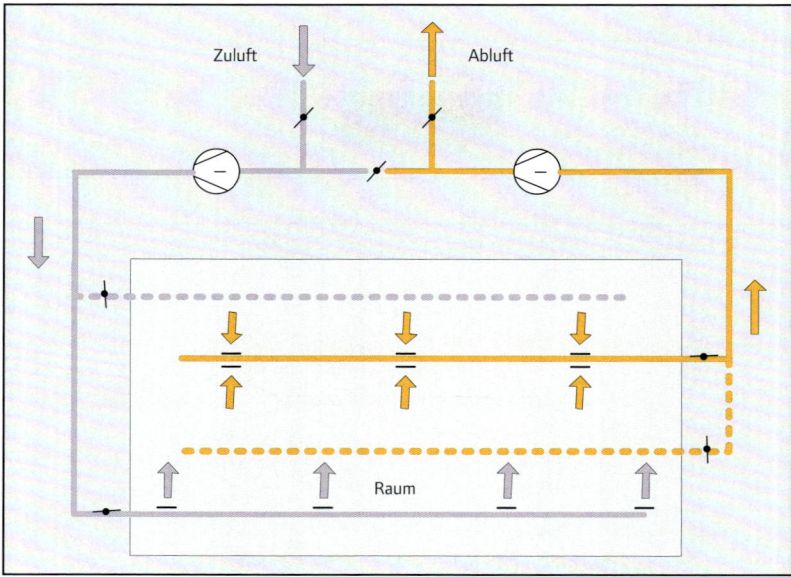

6.6 Lüftung und TABS (Thermoaktive Bauteilsysteme)

Zur Konditionierung eines Raumes bzw. Gebäudes kommen heute vor allem Luft-Wasser-Anlagen (Bild 139) zum Einsatz, d. h. Zuführung des hygienisch oder technologisch erforderlichen Mindestaußenluftvolumenstroms (s. a. Abschnitt 6.1.3) und notwendige Energiezu- bzw. -abfuhr über Flächenheiz- und -kühlsysteme zur Gewährleistung der thermischen Behaglichkeit (s. a. Abschnitt 6.1.2.1).

Beide Systeme sind technisch ausgereift und entsprechend z. B. in [43, 47] dokumentiert und beinhalten entsprechende charakteristische Regelungsstrategien auf der Luft- und Wasserseite, um die die gewünschten Raumluftkonditionen zu gewährleisten. Diese bedeutet, dass beim Zusammenwirken beide Strategien miteinander verknüpft werden sollten, um die einzuhaltenden Raumluftkonditionen zu gewährleisten.

Eine Führungsgröße könnte die operative Temperatur $\theta_O \approx 0{,}5 \cdot (\theta_{RAL} + \theta_r)$ im Aufenthaltsbereich sein, die sich aus Raumlufttemperatur und der mittleren Strahlungstemperatur der Raumumschließungskonstruktion ergibt. Es erscheint jedoch aus Sicht des Lüftungstechnikers sinnvoll, für beide Systeme gesonderte Führungsgrößen zu verwenden.

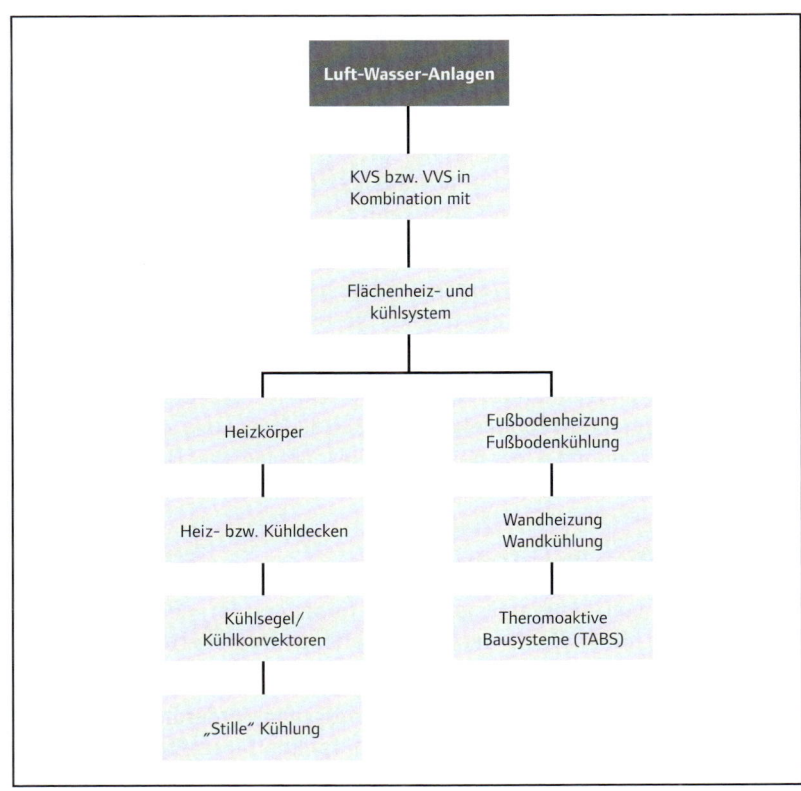

Bild 139
KVS bzw. VVS in Kombination mit Flächenheiz- und -kühlsystemen

Eine Möglichkeit wäre:

- Die Raumflächenheiz- und -kühlsysteme werden in ihrer Leistungsabgabe durch eine einzuhaltende Oberflächentemperatur begrenzt, definiert durch Behaglichkeitskriterien für den Fuß und den Kopf bzw. die Vermeidung von Kondensat im Kühlfall. Somit wäre eine von zeitlichen Schwankungen der Raumbelastungen nahezu unabhängige Grundtemperierung gegeben.

- Das Lüftungssystem, ob mit konstantem oder variablem Volumenstrom, kann einerseits relativ schnell auf sich zeitlich veränderliche Belastungen reagieren und hat andererseits die Möglichkeit, den aus Behaglichkeitskriterien abgeleiteten Bereich in seinem Spektrum auszuschöpfen. Die Führungsgröße wäre ausschließlich die Raumlufttemperatur θ_{RAL} bzw. eine korrelierende Zulufttemperatur θ_{ZUL}.

Wohngebäude

Bei der Lüftung von Wohngebäuden, in denen Raumflächenheiz- und -kühlsysteme eingesetzt werden, sollte man sich auf eine kontrollierte mechanische Wohnungslüftung (s. a. Abschnitte 6.1.3 und 6.1.4) orientieren.

Bei Anwendung der natürlichen Lüftung, z. B. Fensterlüftung, können die Zuluftbedingungen (im Allgemeinen Außenluft) nur unzureichend gewährleistet werden, und es kann bei gekühlten Flächen insbesondere unter sommerlichen Bedingungen zu partiellen Taupunktunterschreitungen kommen. Die sich bisher aus den sommerlichen Auslegungsparametern ($\theta_{AUL} = 32\,°C$, $\phi_{AUL} = 40\,\%$) der Außenluft ergebende Mindestoberflächentemperatur von $\approx 18\,°C$ (ergibt sich aus der Taupunkttemperatur θ_S des Außenluftzustandes; s. a. Bild 140) kann bei der sich abzeichnenden Klimaerwärmung schon Werte von 19 bis 20 °C erreichen.

Bei großflächig verglasten Außenwandflächen kann z. B. eine partielle Kühlung im Deckenbereich die thermische Behaglichkeit im Aufenthaltsbereich ermöglichen (Bild 141).

Auch kann bei unbehandelter Außenluft in einem Fassadenlüftungsgerät und einem Raum mit Fußbodenkühlung (Bild 142) es auch zu Taupunktunterschreitungen kommen, die bei einem Fliesenbelag eine Unfallgefahr mit sich bringen können.

Nichtwohngebäude (Industriehallen)

Die Belüftung von industriell genutzten Gebäuden ist vielschichtig und hängt von den durch die Nutzung einzuhaltenden definierten Randbedingungen ab.

Auf Grund der bautechnischen und energetischen Forderungen der EnEV ist eine Beheizung (im Allgemeinen über Strahlplatten) selten notwendig, dagegen sind über Aufenthaltsbereichen Deckenstrahlkühlplatten oder thermische aktive Bauteilelemente (TABS) zur Kühlung eine zweckmäßige Ergänzung zur Lüftung.

Dabei sind die bei Wohngebäuden beschriebenen Randbedingungen zu beachten.

Eine reine Luftheizung, im Allgemeinen über Umluftgeräte, sollte nur bei bestimmten technologischen Randbedingungen zum Einsatz kommen.

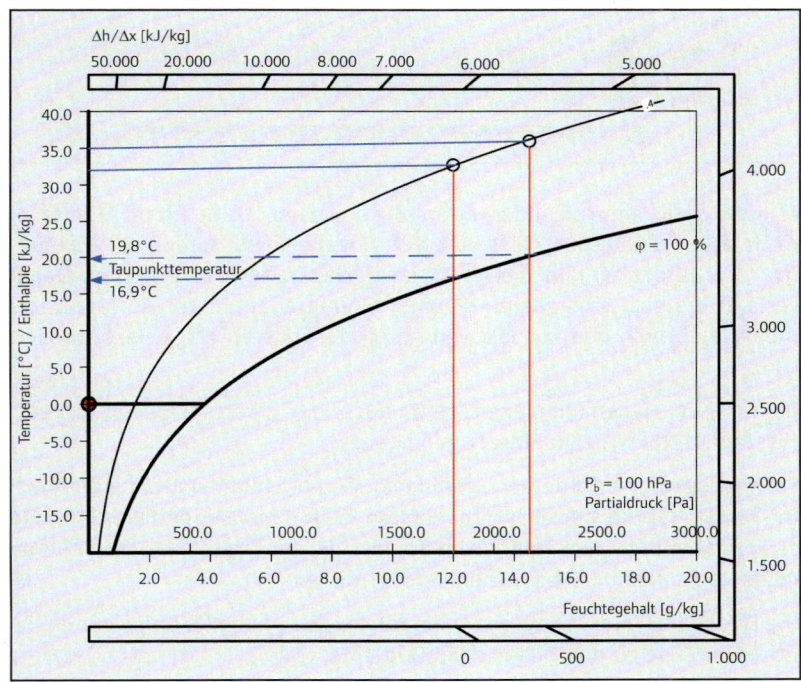

Bild 140
Taupunkttemperatur unter sommerlichen Bedingungen

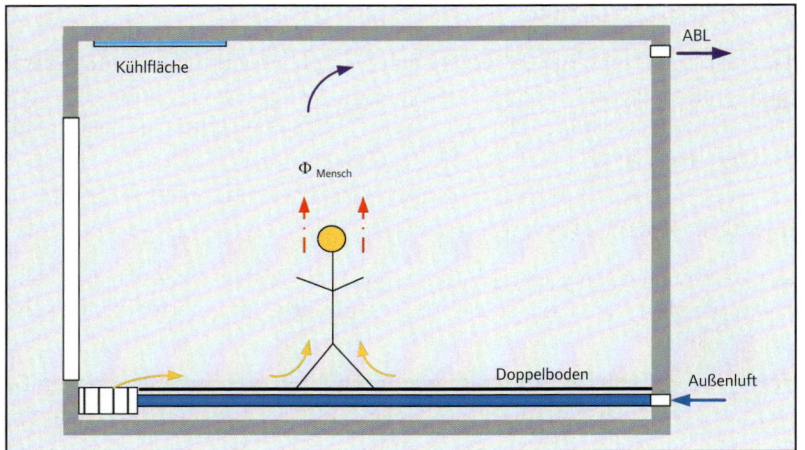

Bild 141
Lüftung über Fußbodenkonvektor mit partieller Deckenkühlfläche

Bild 142
Lüftung über Fassadenlüftungsgerät mit Fußbodenkühlung

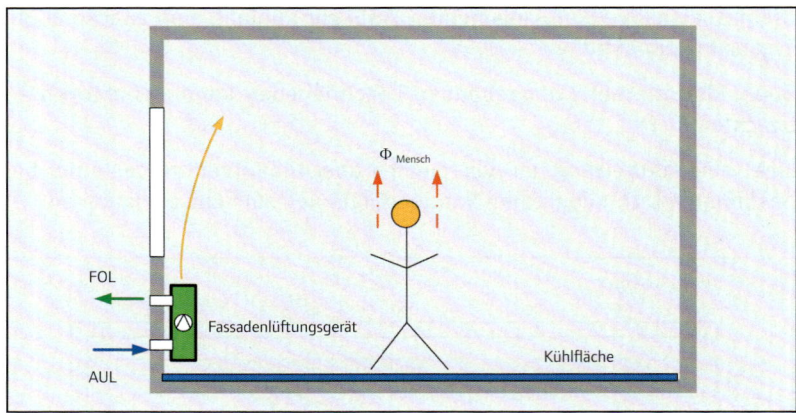

Es hat sich als sinnvoll und zweckmäßig erwiesen, die Zuluft im Arbeitsbereich (z. B. Quellluftdurchlässe (Ausführungsbeispiele siehe [43]) zuzuführen (s. a. Bild 133) und die Abluft im Deckenbereich zu erfassen. Damit verläuft die sich einstellende Raumströmung adäquat zur Auftriebsströmung, die durch den konvektiven Anteil der inneren Wärmelast indiziert wird.

Bei großen Hallenkomplexen kann auch ein „Weitwurfdüsen-System" (System DIRIVENT) zum Einsatz gelangen.

Es wird nur der erforderliche Mindestaußenluftvolumenstrom zugeführt. Die Kanäle für das Verteilsystem können klein dimensioniert werden, und es kommt somit kaum zu Kollisionen mit z. B. der Kranbahn oder anderen technologischen oder baulichen Versperrungen.

Die Bilder 143 und 144 zeigen schematisch die Systemlösung. Grundsätzliche Hinweise zu den Düsen zeigt Bild 145.

Die Basistemperierung sollte über TABS oder Flächenheiz- bzw. -kühlsysteme (Bild 146 und Bild 147) realisiert werden.

Bild 143
Prinzipdarstellung für ein Weitwurfdüsen-System in einer Produktionshalle

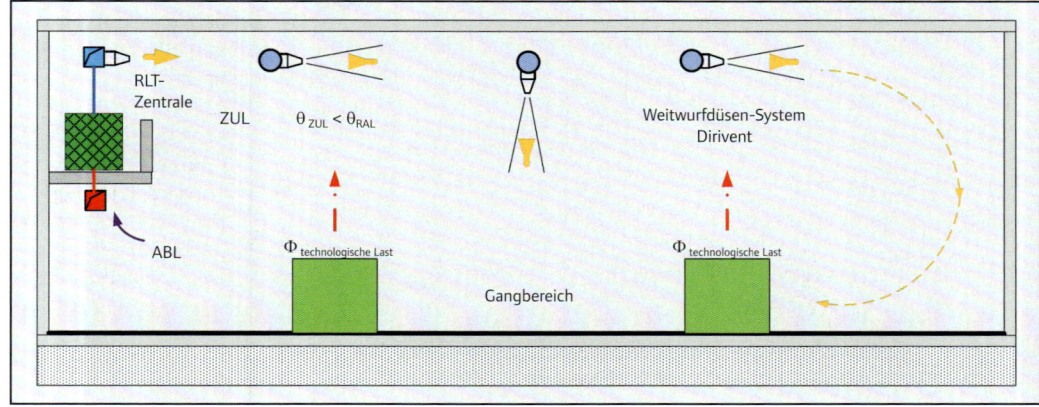

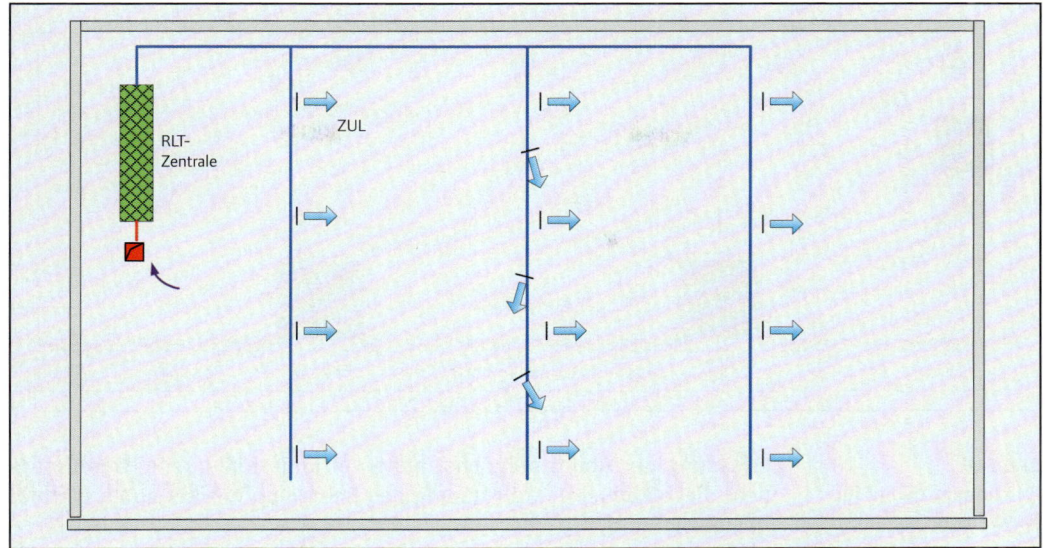

Bild 144
Prinzipdarstellung für die Anordnung des Luftverteilsystems (unter Bezug auf Bild 143)

Wenn das Lüftungssystem sowohl zur Kühlung als auch zur Heizung eingesetzt wird, sind unbedingt automatisch verstellbare Düsen notwendig.

Da es in Produktionshallen oft unterschiedliche Bereiche mit unterschiedlichen raumklimatischen Forderungen gibt, ist zweckmäßig und sinnvoll, auch diese unterschiedlich lüftungstechnisch bzw. heizungs- und kühltechnisch zu behandeln. Es sollten folgende Grundsätze verfolgt werden, wie sie schematisch im Bild 148 dargestellt sind:

- Minimierung des Zuluftvolumenstroms auf das hygienisch und technologisch erforderliche Maß bzw. dessen Anpassung an die Lasten durch Volumenstromregelung,
- Zuführung der aufbereiteten Zuluft möglichst im Aufenthaltsbereich (z. B. Quelllüftung),
- Luftführung von „unten nach oben" unter Nutzung des thermischen Auftriebs,
- Grundbeheizung und -kühlung über Flächenheizungs- oder -kühlsysteme oder TABS,

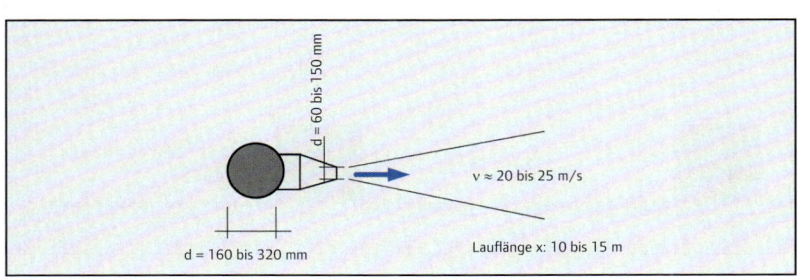

Bild 145
Prinzipdarstellung Kombination: Düse – Luftleitung; die Düse kann verstellbar oder starr ausgeführt werden

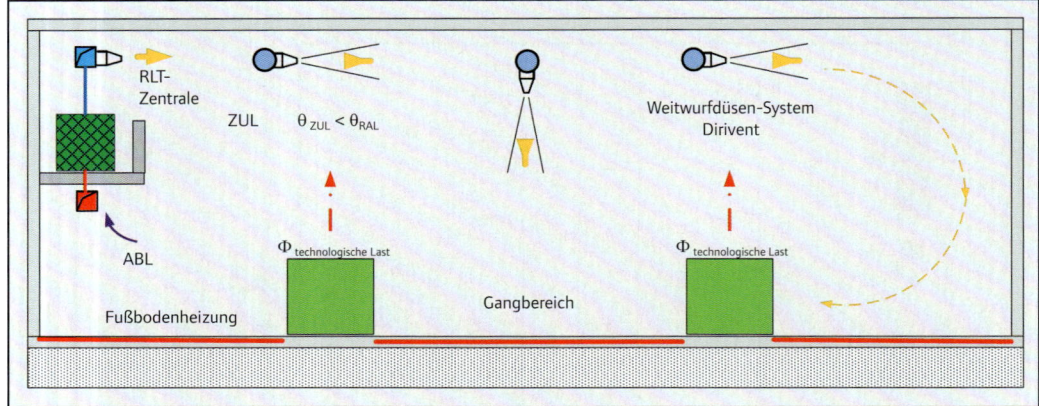

Bild 146
Prinzipdarstellung für ein Weitwurfdüsen-System in einer Produktionshalle mit Fußbodenheizung

- Erfassung der Abluft möglichst nahe der Emissionsquelle (wenn möglich, diese kapseln) und Nutzung des Energiepotenzials durch Wärmerückgewinnung,
- Erfassung der Abluft der allgemeinen Lüftung im Dachbereich und Minimierung des Aufwandes für das Kanalsystem und
- bei Bereichen, die relativ konstante Bedingungen (thermisch, schadstoffmäßig) aufweisen, sollte diese räumlich separiert werden und über ein Umluftsystem behandelt werden. Unter Umständen sollte sowohl durch Überdruck (mehr Zuluft als Abluft) als auch durch Abschottung (Schleusen) eine Verbindung zwischen Hallenluft und „Raumluft" vermieden werden.

Bild 147
Prinzipdarstellung für ein Weitwurfdüsen-System in einer Produktionshalle mit Fußbodenkühlung

6.7 Schlussfolgerungen und Ausblick

Die lüftungs- und klimatechnischen Anlagen stellen ein erhebliches Potenzial zur energetischen Optimierung dar.

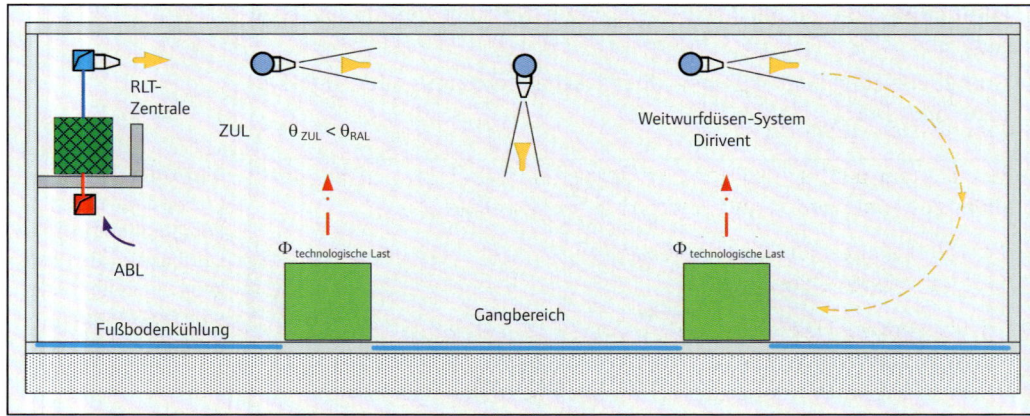

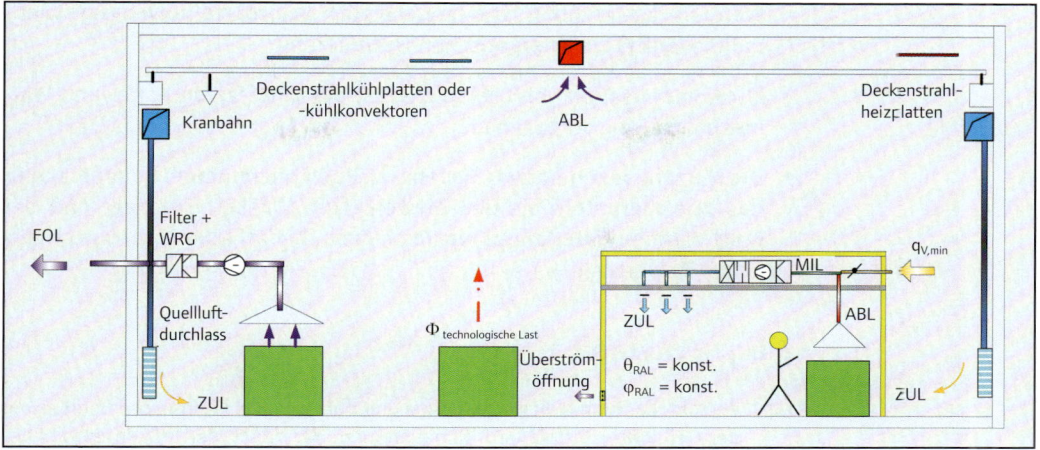

Bild 148
Vorschlag für eine energetisch zweckmäßige lüftungs- und klimatechnische Lösung

Einen generellen Lösungsansatz oder auch „die Lösung" gibt es kaum. Es sollten jedoch folgende Grundsätze Beachtung finden:

- Die Anlagenkonzeptionen sollten sich wechselnden Nutzungsbedingungen und technologischen Forderungen anpassen können und angepasst werden.

- Die Anlagen sollten grundsätzlich eine Regelung des Luftvolumenstroms oder des Kühlmittel- bzw. Heizmittelmassenstroms ermöglichen, da sich der Energieverbrauch der Ventilatoren bzw. Pumpen proportional zur dritten Potenz des Luftvolumen- bzw. Massenstroms verhält.

- Die Energiezufuhr zum Heizen bzw. Kühlen sollte möglichst nicht über die Luft erfolgen, wobei darauf orientiert werden sollte, nur den minimalen hygienisch oder technologisch erforderlichen Mindestaußenluftvolumenstrom dem Raum zuzuführen.

- Die notwendige Energiezufuhr zur Gewährleistung der thermischen Behaglichkeit oder technologisch erforderlicher Klimaparameter sollte zweckmäßigerweise über eine Strahlungsheizung bzw. -kühlung oder thermisch aktive Bauteile (TABS) erfolgen.

- Die Abluft von schadstoffbelasteten Bereichen ist möglichst nahe an der Emissionsquelle zu erfassen.

- Bereiche mit unterschiedlichen Bedingungen sollten räumlich voneinander getrennt werden und getrennt versorgt werden.

- Die Zuluft sollte möglichst im Aufenthaltsbereich der Personen zugeführt werden (Quelllüftung).

- Bei wärmeintensiven Bereichen kann die freie Lüftung genutzt werden, wobei im Sommer im Arbeitsbereich eine partielle Kühlung (Strahlungskühlung) und im Winter eine partielle Heizung notwendig wird.

- Wärmerückgewinnung ist eine gesetzlich geforderte notwendige Maßnahme (EnEV) zur energetischen Optimierung.

- Zur Kompensation von Lastspitzen ist der Einsatz von Kälte- und Wärmespeicherung vorzusehen.

- Die Nutzung regenerativer Systeme (z. B. Wärmepumpen, Solaranlagen), des Speicherpotenzials des Umwelt (Luft, Wasser, Erdreich) und der Kraft-Wärme-(Kälte-)Kopplung ist sinnvoll, bedarf aber einer wirtschaftlichen Bewertung.

6.8 Literatur

[1] Petzold, K., Raumklimaforderungen und Belastungen, Thermische Bemessung der Gebäude, Lüftung und Klimatisierung, Handbuch der Industrieprojektierung, Abschn. 5.4 bis 5.6, Berlin 1983

[2] EPBD 2010: Richtlinie über die Gesamtenergieeffizienz von Gebäuden des Europäischen Parlaments und Rates der Europäischen Union (Neufassung), 2009, 2010/31/EU, Brüssel

[3] EnEV 2009: Verordnung der Bundesregierung zur Änderung der Verordnung über energiesparenden Wärmeschutz und energiesparende Anlagentechnik bei Gebäuden – Energieeinsparverordnung (EnEV), 01.10.2009, Berlin

[4] DIN V 18599: Energetische Bewertung von Gebäuden – Berechnung des Nutz-, End- und Primärenergiebedarfs für Heizung, Kühlung, Lüftung, Trinkwarmwasser und Beleuchtung; Teile 1 bis 11, Entwurf, Berlin 12/2011

[5] EEWärmG: Gesetz zur Förderung Erneuerbarer Energien im Wärmebereich, 01/2009

[6] Petzold, K., Wärmelast, 2. Auflage Berlin 1980

[7] Trogisch, A., Planungshilfen Lüftungstechnik, 4. Auflage, Berlin/Offenbach 2011

[8] VDI 2078 (Entwurf): Berechnung von Kühllast und Raumtemperaturen von Räumen und Gebäuden (VDI-Kühllastregeln), Berlin 03/2012

[9] Trogisch, A., VDI-Kühllastregeln neu vorgelegt, TGA-Fachplaner 2012, H. 4, 78 f.

[10] Trogisch, A., Franzke, U., Feuchte Luft – h,x-Diagramm – Praktische Anwendungs- und Arbeitshilfen, 1. Auflage, Berlin/Offenbach 03/2012

[11] DIN EN 13779: Lüftung von Nichtwohngebäuden – Allgemeine Grundlagen und Anforderungen an Lüftungs- und Klimaanlagen, Berlin 07/2005

[12] DIN EN 12831: Heizungsanlagen in Gebäuden – Verfahren zur Berechnung der Normheizlast, Berlin 08/2003

[13] DIN EN 15726: Lüftung von Gebäuden – Luftverteilung – Messungen im Aufenthaltsbereich von klimatisierten/belüfteten Räumen zur Bewertung der thermischen und akustischen Behaglichkeit, Berlin 12/2011

[14] VDI 4706: Kriterien für das Raumklima, Berlin 04/2011

[15] DIN EN 15251: Eingangsparameter für das Raumklima zur Auslegung und Bewertung der Energieeffizienz von Gebäuden – Raumluftqualität, Temperatur, Licht und Akustik, Berlin 08/2007

[16] DIN 1946-6: Raumlufttechnik – Teil 6: Lüftung von Wohnungen – Allgemeine Anforderungen zur Bemessung, Ausführung und Kennzeichnung, Übergabe/Übernahme (Abnahme) und Instandhaltung, Berlin 05/2009

[17] VDI 3803 Bl. 5: Raumlufttechnik, Geräteanforderungen – Wärmerückgewinnungssysteme (VDI-Lüftungsregeln), Berlin 04/2011

[18] Heinrich, G., Franzke, U. (Hrsg.), Wärmerückgewinnung in lüftungstechnischen Anlagen, 1. Auflage, Heidelberg 1993

[19] VDI 3803 (E): „Raumlufttechnik" – Bauliche und technische Anforderungen an zentrale Raumlufttechnische Anlagen, Entwurf, Berlin 07/2008

[20] Trogisch, A., Mai, R., Die Planung von Lüftungs- und Klimatechnik unter Beachtung der europäischen Normung; KI – Luft- und Kältetechnik (2008), H. 5, 30–36 und H. 6, 16–22

[21] VDI 6022 Teil 1: Raumlufttechnik, Raumluftqualität – Hygieneanforderungen an Raumlufttechnische Anlagen und Geräte (VDI-Lüftungsregeln), Berlin 07/2011

[22] Lutz, P., Jenisch, R. u. a., Lehrbuch der Bauphysik, 4. Auflage, Stuttgart 1997

[23] Reichel, M., Effizienzerhöhung in RLT-Anlagen – Luftdurchströmte Schotterschüttungen, Teil 1: H. 5, 38–43; Teil 2: Anwendungsbeispiel, H. 6, 58–63, DIE KÄLTE + Klimatechnik, Stuttgart, 2011

[24] Trogisch, A., Günther, M., Planungshilfen bauteilintegrierte Heizung und Kühlung, Heidelberg 2008

[25] DIN 1946-1: Terminologie und graphische Symbole (VDI-Lüftungsregeln) Berlin 10/1988

[26] Steimle, F., Handbuch der haustechnischen Planung, Stuttgart/Zürich 2000, Abschn. 13

[27] Recknagel/Sprenger/Schrameck, Taschenbuch für Heizung + Klimatechnik, 70. Auflage München/Wien 2005/06

[28] DIN V 18599: Energetische Bewertung von Gebäuden – Berechnung des Nutz-, End- und Primärenergiebedarfs für Heizung, Kühlung, Lüftung, Trinkwarmwasser und Beleuchtung, Teil 7: Endenergiebedarf von Raumlufttechnik- und Klimakältesystemen für den Nichtwohnungsbau, Berlin 02/2007

[29] VDI 3804: Raumlufttechnik für Bürogebäude (VDI-Lüftungsregeln); Entwurf, Berlin 04/2008

[30] DIN EN 13779: Lüftung von Nichtwohngebäuden – Allgemeine Grundlagen und Anforderungen an Lüftungs- und Klimaanlagen, Berlin 07/2005

[31] DIN EN 13779: Lüftung von Nichtwohngebäuden – Allgemeine Grundlagen und Anforderungen an die Lüftungs- und Klimaanlagen, Berlin 09/2007

[32] VDI 4700 Bl. 2 (Entwurf): Festlegungen in der Bau- und Gebäudetechnik – Abkürzungen in der Raumlufttechnik, Berlin 01/2010

[33] DIN SPEC 13779: Lüftung von Nichtwohngebäuden – Allgemeine Grundlagen und Anforderungen für Lüftungs- und Klimaanlagen und Raumkühlsysteme – Nationaler Anhang zur DIN EN 13779 (2007-09), Berlin 12/2009

[34] Trogisch, A., Was ist eine Klimaanlage?, Sanitär- und Heizungstechnik (SHT), Leipzig 2011, H. 5, 50–55

[35] DIN EN 15243: Lüftung von Gebäuden – Berechnung der Raumtemperaturen, der Last und Energie von Gebäuden mit Klimaanlagen, Berlin 10/2007

[36] DIN 276-1: Kosten im Hochbau, Teil 1: Hochbau, Berlin 11/2006

[37] Stahl, M. (Hrsg.), VRF-Klima – Die stille Revolution, 1. Auflage, Karlsruhe 2009

[38] Trogisch, A., Planungshilfen Lüftungstechnik, 4. Auflage, Berlin/Offenbach 2011

[39] Iselt, P., Arndt, U., Die andere Klimatechnik, 2. Auflage, Heidelberg 2002

[40] DIN 1946-6: Raumlufttechnik – Teil 6: Lüftung von Wohnungen – Allgemeine Anforderungen zur Bemessung, Ausführung und Kennzeichnung, Übergabe/Übernahme (Abnahme) und Instandhaltung, Berlin 05/2009

[41] DIN V 18599: Energetische Bewertung von Gebäuden – Berechnung des Nutz-, End- und Primärenergiebedarfs für Heizung, Kühlung, Lüftung, Trinkwarmwasser und Beleuchtung; Teile 1 bis 11, Entwurf, Berlin 12/2011

[42] DIN 18017-3: Lüftung von Bädern und Toilettenräumen ohne Außenfenster – Lüftung mit Ventilatoren, Berlin 09/2009

[43] Trogisch, A., Planungshilfen Lüftungstechnik, 4. Auflage, Berlin/Offenbach 11/2011

[44] VDI 3804: Raumlufttechnik – Bürogebäude (VDI-Lüftungsregeln), Berlin 03/2009

[45] VDI 6035: Raumlufttechnik – Dezentrale Lüftungsgeräte – Fassadenlüftungsgeräte (VDI-Lüftungsregeln), Berlin 09/2009

[46] Kaup, C., Impulslüftung für bessere Luftqualität, TAB (Technik am Bau), Gütersloh 2012, H. 7-8, 54–59

[47] Trogisch, A., Günther, M., Planungshilfen bauteilintegrierte Heizung und Kühlung, Heidelberg 2008

6.9 Anmerkungen

* 1 ppm (parts per million), $1 cm^3/m^3 \cong mg/m^3$ (molare Masse/Molvolumen)

** Alle aufgeführten Bauarten sind von den namhaften Herstellern für Kühl- und Heizbetrieb lieferbar, hinzu kommen Systemkomponenten der Wärme- und Feuchterückgewinnung sowie Türluftschleier.

7 TABS-Design – Technologie, Raumakustik und Gebäudeautomation

		Seite
7.1	Einleitung	389
7.2	**Raumakustische Maßnahmen und Auswirkungen auf die Leistung von TABS**	394
7.2.1	Ausgewählte Grundlagen der Raumakustik	395
7.2.2	Thermische Auswirkung raumakustischer Maßnahmen	407
7.3	**Thermisch aktive Betonfertigteil- und Stahl-Flachdecken als Applikation der Betonkernaktivierung**	416
7.3.1	Einleitung	416
7.3.2	Thermisch aktive Fertigteildecken	417
7.3.2.1	Elementdecken	419
7.3.2.2	Thermisch aktive Spannbetondecken	424
7.3.3	Thermisch aktive Stahl-Flachdecken	430
7.4	**Prädiktives Steuern und Regeln von TABS**	433
7.4.1	Grundlagen von TABS	433
7.4.1.1	TABS-Arten	434
7.4.1.2	Energiequellen für TABS	434
7.4.1.3	TABS-Betriebsmodi	435
7.4.1.3.1	24-Stunden-Betrieb der Pumpe (Selbstregeleffekt)	435
7.4.1.3.2	Tag-Nacht-Betrieb	436
7.4.1.3.3	Taktbetrieb	436
7.4.1.4	Typische und zulässige TABS-Betriebstemperaturen	437
7.4.1.5	TABS-Zoneneinteilung	438
7.4.1.6	TABS-Hydraulik	439
7.4.2	Der Regelkreis und die Regelstrecke TABS	440
7.4.2.1	Grundlagen	440
7.4.2.2	Steuerung von TABS	443
7.4.3	Modellierung von TABS und Gebäuden	446
7.4.3.1	Grundlagen	447
7.4.3.2	Dynamische Simulationsprogramme	448
7.4.3.3	Verwendetes Simulationsmodell	449
7.4.4	Konventionelle TABS-Regelung	451
7.4.4.1	Dreipunktregelung in Abhängigkeit der Raumtemperatur	451
7.4.4.2	Vorlauftemperatur-Regelung in Abhängigkeit der Außentemperatur	452
7.4.4.3	Rücklauftemperatur-Regelung	453

Seite

7.4.4.4	Differenz zwischen Vor- und Rücklauftemperatur	453
7.4.4.5	Pulsweitenmodulation	453
7.4.5	Prädiktive TABS-Regelung	453
7.4.5.1	Konzept	454
7.4.5.2	Vorlauftemperatur-Regelung in Abhängigkeit der prognostizierten Außentemperatur	455
7.4.5.3	Multiple lineare Regression	455
7.4.5.3.1	Prädiktive Regelung der Vorlauftemperatur	457
7.4.5.3.2	Prädiktiver pulsierender Betrieb mit konstanten Vorlauftemperaturen	459
7.4.5.4	Modellbasierte prädiktive Regelung (MPC)	460
7.4.6	Bewertung der konventionellen und prädiktiven TABS-Strategien	462
7.4.7	Betriebserfahrungen mit prädiktiver TABS-Regelung	467
7.5	**Literatur**	470

7.1 Einleitung

Seit Ende der Neunzigerjahre werden zunehmend gewerbliche Bauten mit thermisch aktiven Bauteilsystemen (TABS) zum Heizen und Kühlen ausgestattet. Die früher sehr verbreiteten Begriffe Betonkernaktivierung oder Bauteilaktivierung wurden normbedingt in TABS geändert. Auch sind die Varianten des bauteilintegrierten Heizens und Kühlens bedeutend umfangreicher geworden, sodass dieser Begriff dafür ohne Zweifel gerechtfertigt ist.

In den vergangenen Jahren zeigten sich folgende Praxiserfahrungen und Entwicklungsrichtungen:

- **Heiz- und Kühllast von Gebäuden**
  - Raumkühlung: Zunahme der Kühllast aufgrund zunehmender Komfortansprüche, Technisierung und veränderter Klima- und Witterungsbedingungen (Bild 1)
  - Raumheizung: unverändert kleine und mittlere Heizlasten, nicht selten winterlicher Kühlbedarf

- **Heiz- und Kühlleistungen von TABS**
  - Ergänzen der statischen durch dynamische Betrachtungsweisen (z. B. Raummodell nach Glück und zeitlich differenzierte resultierende Leistungen von TABS (Bild 2))
  - Berücksichtigen des Rückwirkens von TABS auf die Kühllast von Gebäuden (VDI 2078:2012-03 (E))
  - Vorbemessen von TABS einschließlich Wärme- und Kälteerzeugung sowie Anschlussverrohrung nach DIN EN 15377-3

- **Komfortansprüche**
  - Einführen der Kenngröße Übertemperaturgradstunden in DIN 4108-2:2011-10 zum Entscheid über Maßnahmen gegen Überhitzungen (Tab. 1)
  - Systemkonfiguration in Zuordnung zu den Komfortklassen A-B-C nach DIN EN ISO 7720 und DIN EN ISO 15251 (Bild 3)
  - Zonieren in Süd-West und Nord-Ost, Sondersysteme für baubedingt oder nutzerseitig besonders exponierte Räume (z. B. Chef/in/Sekretär/in, Serverräume, Räume mit höherer Wärmebelastung)
  - Wunsch nach individueller Einflussnahme auf das Raumklima (Rohrregisteranordnung entsprechend den einzeln zu regelnden Räumen (Bild 4))
  - Verbesserte Raumakustik ohne relevante Beeinflussung der thermischen Leistung von TABS

- **Baukonstruktion**
  - Oberflächennahe Anordnung der Rohrregister (speziell in Eckräumen und vor den Fassaden (Bild 5))
  - Verteiler-/Sammler-Anordnung bei TABS mit Einzelraumregelung oder betonintegriertes Anschlussverrohren der TABS mit Zonenregelung
  - TABS in vorgefertigten Betonbauteilen
  - TABS in Spannbetondecken (Bild 6)
- **Anlagenkonzepte**
  - Geothermische Wärmepumpenanlagen (WPA) mit Erdsonden und Energiepfählen (Bild 7)
  - Thermische Speicher (im Besonderen Eisspeicher und Erdsondenfelder)
  - Zentrale und dezentrale Latentwärmespeicher (z. B. LowEx Projekt)
  - TABS mit Sekundärheiz- und -kühleinrichtungen (z. B. Kühlsegel)
- **Betriebsführung**
  - Entgegenwirken zur Tendenz zum winterlichen Überheizen und sommerlichen Unterkühlen
  - Monitoring der ausgeglichenen Heiz-und Kühlarbeit resp. geothermischer Wärmeentzugs- und -eintragsarbeit
  - Bauvorhabenbezogenes Festlegen eines Totbandes ohne Heizen und Kühlen
  - Vorausschauende (prädiktive) Steuerung von TABS unter Nutzung von Wetterprognosen
  - Online-Heiz- und -Kühllastberechnung und angepasste Betriebsführung (Bild 8)

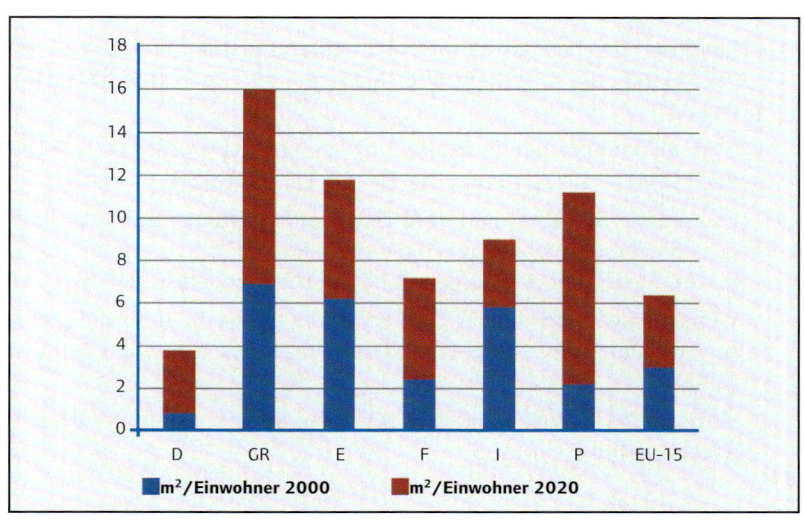

Bild 1 Prognostizierte Zunahme des Kältebedarfs von Nichtwohngebäuden

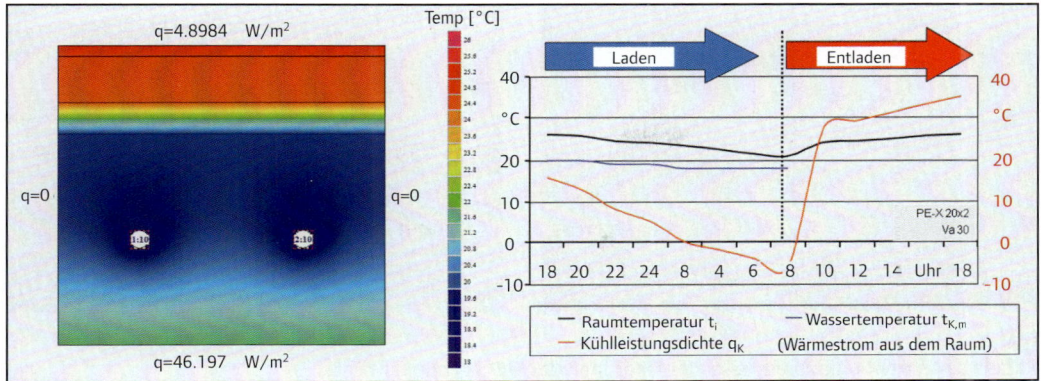

Bild 2
Statische und dynamische (rechts) Betrachtungsweise der TABS-Kühlleistungsdichte

Sommer-Klimaregion	Bezugswert $\theta_{b,op}$ der Innentemperatur	Anforderungswert Übertemperaturgradstunden Kh/a	
	°C	Wohngebäude	Nichtwohngebäude
A	25		
B	26	1200	500
C	27		

Tab. 1
Anforderungswert Übertemperaturgradstunden nach DIN 4108-2

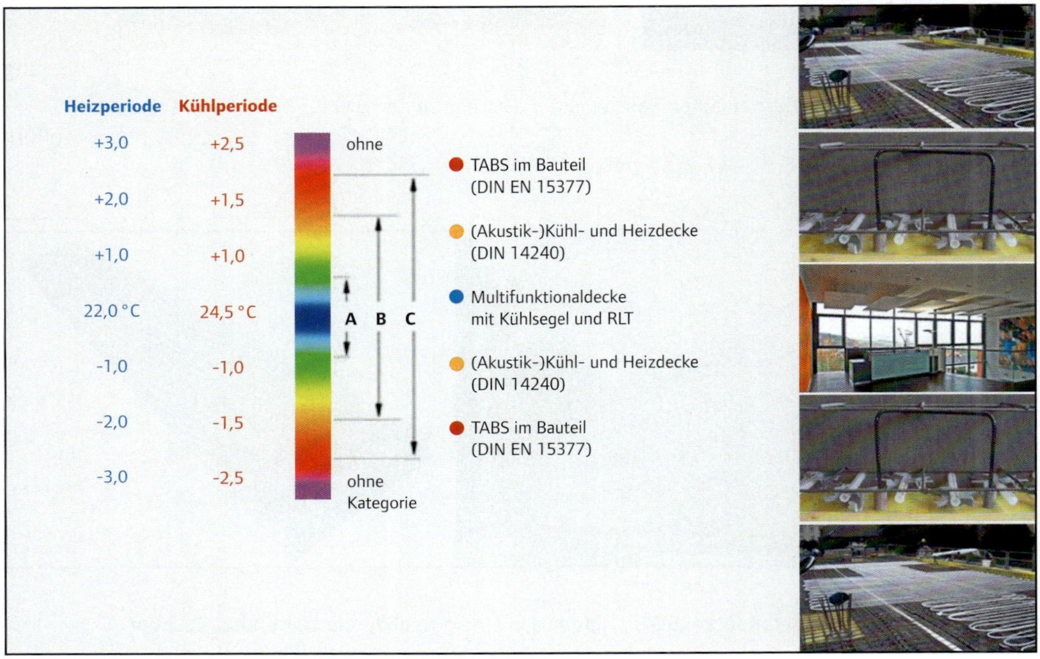

Bild 3
TABS-Konfiguration in Abhängigkeit der Komfortklassen A-B-C (DIN EN 15251)

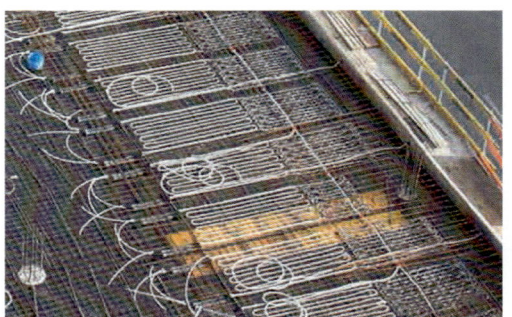 

Bild 4
Raumweises bzw. raumübergreifendes Anordnen der TABS-Module (rechts)

 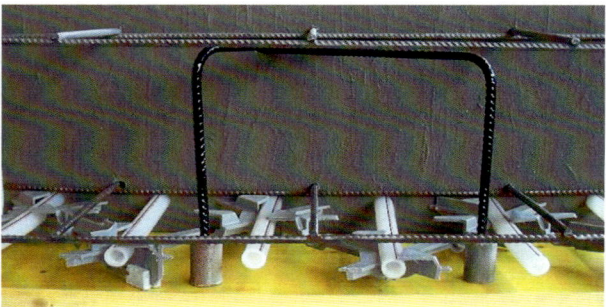

Bild 5
Betonfertigteile mit oberflächennahen Rohrregistern (Uponor Contec ON) für Decken von Eckräumen (BOB Dresden)

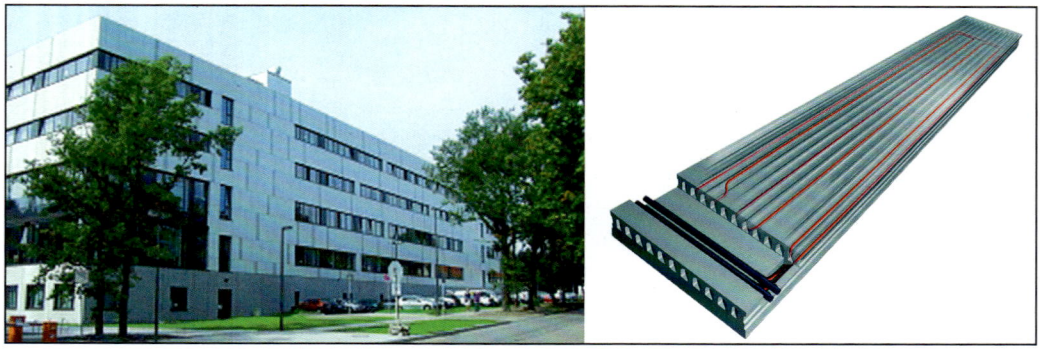

Bild 6
Thermisch Aktive Spannbetondecke (DWS – Uponor) in einem Neubau der Universität Bochum

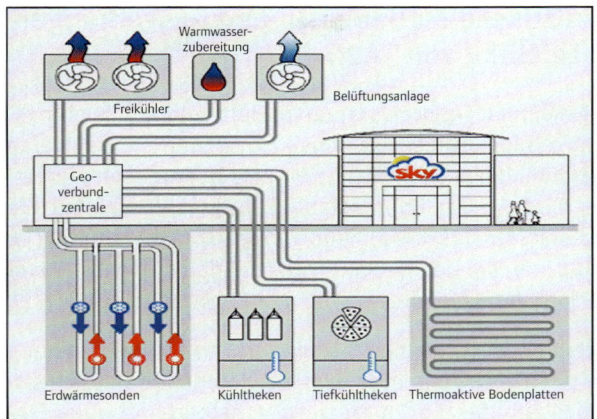 

Bild 7
Geothermischer Kälte-Wärme-Verbund mit TABS eines Lebensmittelmarktes (Zent-Frenger Energy Solutions)

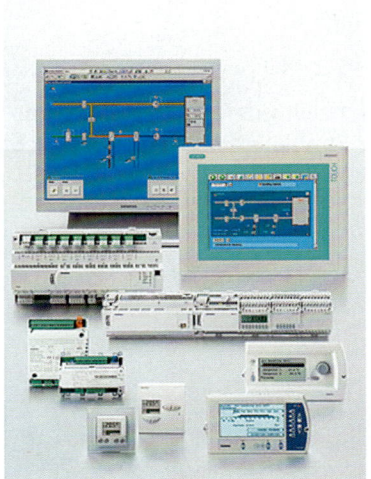 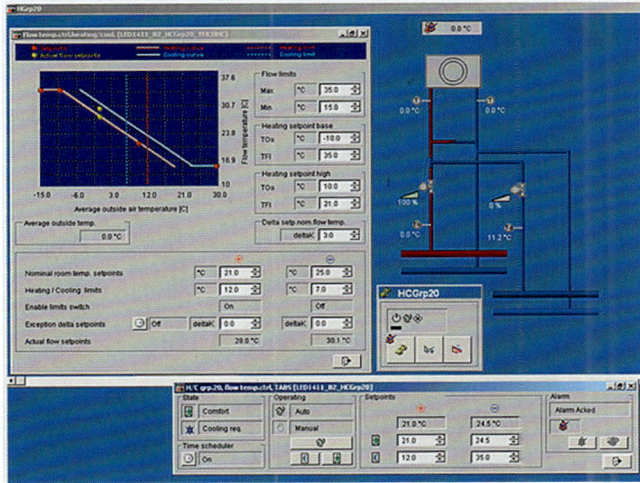

Die nachfolgenden Kapitel betrachten ausgewählte Entwicklungsrichtungen in der Weiterentwicklung der TABS. In diesem Zusammenhang werden die Auswirkungen raumakustischer Maßnahmen auf Leistung und Betriebsführung bauteilintegrierter Rohrregister zum Heizen und Kühlen erläutert.

Bild 8
Lastprognose-geführte Regelung von TABS (SIEMENS Desigo™ V4)

Ein weiterer Abschnitt widmet sich baukonstruktiv-technologischen Fragen und rückt vorgefertigte thermisch aktive Betonbauelemente in den Mittelpunkt der Betrachtung. Dazu werden auch planungsrelevante Fragen beantwortet.

7.2 Raumakustische Maßnahmen und Auswirkungen auf die Leistung von TABS

Zunächst werden noch einmal typische stationäre Heiz- und Kühlleistungsdichten von TABS abgebildet. Diese Leistungen beziehen sich auf eine Decke ohne jegliche raumakustisch wirksame Putze, Absorber, Verkleidungen oder Anbauten (Bild 9). Der Rohrabstand beträgt 300 mm. Auf die Rohbetondecke wird der Estrich schwimmend verlegt. Die Rohbetondecke hat eine Dicke von 200 mm, die Wärme- und Trittschalldämmung ist 22 mm und der unbeheizte Estrich 45 mm dick.

Aufgrund der im Beispiel vorgesehenen Wärme- und Trittschalldämmung sind die Leistungen des Fußbodens irrelevant. Nachfolgende Betrachtungen beziehen sich deshalb auf die Unterseite der Betondecke ohne Ein- oder Anbauten, wobei Sichtbetonqualität vorausgesetzt wird. Normativ wird von folgenden Wärmeübergangskoeffizienten ausgegangen:

- Kühlen, gesamt $\alpha_{g,K} = 11\ \mathrm{W/(m^2 \cdot K)}$
- Heizen, gesamt $\alpha_{g,H} = 6{,}5\ \mathrm{W/(m^2 \cdot K)}$
- Strahlungsanteil $\alpha_S = 5{,}5\ \mathrm{W/(m^2 \cdot K)}$

Es ist offensichtlich, dass zusätzliche Wärmeleitwiderstände (z. B. Deckenputz, Deckenanbauten) oder verringerte Strahlung und Konvektion (z. B.

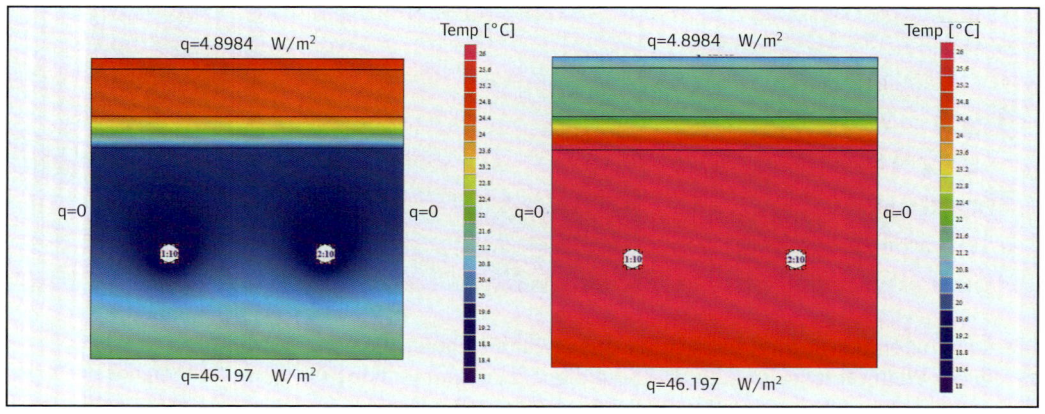

Bild 9 Typische stationäre Leistungsdichte für TABS im Kühl- und Heizbetrieb

Raumkühlung		Raumheizung
Stationäre Kühlleistungsdichte (W/m²)		Stationäre Heizwärmestromdichte (W/m²)
5	Fußboden	5
46	Decke	34
$t_v/t_R/t_i = 16\,°C\,/\,20\,°C\,/\,26\,°C$	Randbedingungen	$t_v/t_R/t_i = 30\,°C\,/\,26\,°C\,/\,20\,°C$

Oberflächenbehandlung, Abhängungen) die Leistungen vermindern. Davon sind raumakustische Maßnahmen betroffen, sofern diese an der Decke vorgenommen werden.

7.2.1 Ausgewählte Grundlagen der Raumakustik

Es ist nicht das Ziel dieses Kapitels, die umfangreichen Grundlagen zum Thema Schallentstehung, Schallausbreitung und Raumakustik wiederzugeben. Grundlegende Veröffentlichungen liegen hierzu vor u. a. von Maekawa [1], Lerch [2], Werner [3], Marshall [4], Fasold [5], Mommertz [6], Kutruff [7], Vorländer [8], Fuchs [9] und Lips [10].

Nachfolgende Empfehlungen werden aus der Sicht eines TGA-Fachplaners und Praktikers gegeben, damit prinzipielle Entscheidungen getroffen und grundsätzliche Fehler vermieden werden können. In vielen Fällen empfiehlt es sich, einen Bauphysiker zur Planung hinzuziehen.

Hinsichtlich der Raumakustik sind im Wesentlichen folgende Aspekte relevant:

1. Nachhallzeit infolge reflektierten Schalls
   - Nachhallzeit T_{60} bzw. Schalldruckpegel-Abnahme 60 dB (T_{30} für 30 dB)

2. Übertragungsqualität
   - Zeitliches „Verschmieren" des Signals
   - Deutlichkeitsgrad D_{50} bzw. Deutlichkeitsmaß C_{50} oder Schwerpunktzeit T_S
   - Schallpegel (Entfernung der Schallquelle)
   - geringe Variation des Schallpegels über die Hörfläche
   - schnelle Schallabnahme in Räumen mit Nahkommunikation

3. Raum-Eigenfrequenzen
   - Vielfache Reflexion
   - Eigenschwingungen in rechteckigen Räumen
   - Bedämpfung tiefer Frequenzen in den Raumecken

4. Fokussierungen
   - gekrümmte Raumumschließungsflächen
   - ungleichmäßige Verteilung der Schallenergie

Schallleistung und Schalldruck

Die Schallleistung bezieht sich in Bürobauten sicher sowohl auf die Sprache als auch auf die Geräusche von technischen Geräten. Aus der Schallleistung resultiert der Schalldruckpegel in Abhängigkeit der Schallausbreitung. Raumakustische Eigenschaften des Raumes und der Einbauten sowie die Entfernung von der Schallquelle bestimmen dann die Wahrnehmung

Tab. 2
Schalldruckpegel für Bildschirmarbeitsplätze

Schalldruckpegelbereich in dB(A)	Schalltechnische Arbeitsplatzqualifizierung (Bildschirmarbeitsplätze)
unter 30	optimal
30 bis 40	sehr gut
40 bis 45	gut
45 bis 50	gewerbliches Umfeld
50 bis 55	ungünstig
über 55	zu hohe Geräuschbelästigung

der Geräusche. Tabelle 2 enthält Richtwerte über den Schalldruckpegelbereich bei Bildschirmarbeitsplätzen.

Hinsichtlich der schalltechnischen Anforderungen an einen Raum sollte zunächst in jedem Fall unterschieden werden, wie der Raum genutzt wird. Ein Einzelbüro und ein Großraumbüro sollten im akustischen Sinne nicht gleich behandelt werden.

Schallausbreitung und Nachhallzeit

Für eine gute Raumakustik (DIN EN ISO 3382, DIN EN ISO 11690, DIN 18041, VDI 2569) ist die Nachhallzeit von großer Bedeutung. Diese ist definiert als die Zeit, in der ein im Raum eingeschwungenes Schallsignal nach dem Abschalten um 60 dB abgeklungen ist. Aus praktischen Gründen werden jedoch meist nur Messungen über 30 Minuten vorgenommen und die Ergebnisse auf 60 Minuten umgerechnet. Die Nachhallzeit T nach W. C. Sabine (Gleichung 1) bestimmt sich für ein diffuses Schallfeld wie folgt:

$$T = 0{,}163 \cdot V/A = 0{,}163 / (\alpha_m \cdot S_{ges}) \tag{1}$$

mit V Volumen des Raumes
A äquivalente Schallabsorptionsfläche
α_m frequenzabhängiger Beiwert (6 Oktaven)
S_{ges} tatsächlich belegte Fläche

Je nach Nutzungsart und Gebäudegröße definiert die DIN 18041 die optimale Nachhallzeit (wie diese für die meisten Menschen am angenehmsten empfunden wird (Tab. 3)). Entscheidend sind die sechs Oktavbänder für 125 Hz, 250 Hz, 500 Hz, 1000 Hz, 2000 Hz und 4000 Hz.

Diese Nachhallzeit sollte für eine optimale Raumakustik über den Frequenzbereich von 100 bis 4000 Hz in etwa gleich bleiben (Bild 10). Bei Räumen für Musikdarbietungen sollte dieser Wert bei Frequenzen unter 250 Hertz etwas ansteigen. Gleichungen 2 bis 5 verdeutlichen exemplarisch die Anforderungen an Schulräume unterschiedlicher Nutzung.

TABS-Design – Technologie, Raumakustik und Gebäudeautomation

Bürogebäude	Einzelbüro	0,6 ... 1,0
	Mehrpersonenbüro	0,6 ... 0,8
	Großraumbüro	0,4 ... 0,6
	Flur	0,8 ...1,0
	Kantine	0,6 ... 0,8
	Telefonzentrale	0,4 ... 0,6
Schulgebäude	Klassenzimmer (Sprache)	0,5 ... 0,7
	Sing- und Musiksaal	0,8 ... 1,1
	Rhythmiksaal	1,0 ... 1,5
	Musikübungszimmer, Handarbeitszimmer	0,4 ... 0,6
	Aula	0,9 ... 1,2
	Hallen	1,0 ... 1,5
Wohngebäude	Wohn- und Schlafzimmer	0,6 ... 1,0
	Treppenhaus	1,0 ... 1,5
Krankenhäuser	Krankenzimmer	0,8 ... 1,0
	Büro	0,6 ... 0,8
	Flur	0,6 ... 0,8
	Hallen	0,8 ... 1,0
Hotels und Restaurants	Hotelzimmer	0,8 ... 1,2
	Restaurants	0,6 ... 1,0
	Flur/Hallen	0,8 ... 1,0
TGA-Zentralen	Heizungsräume	0,5 ... 0,7
	Klimazentralen	0,5 ... 0,7

Tab. 3 Empfohlene Nachhallzeiten T (in s) für verschiedene Gebäude- und Raumtypen (Auswahl)

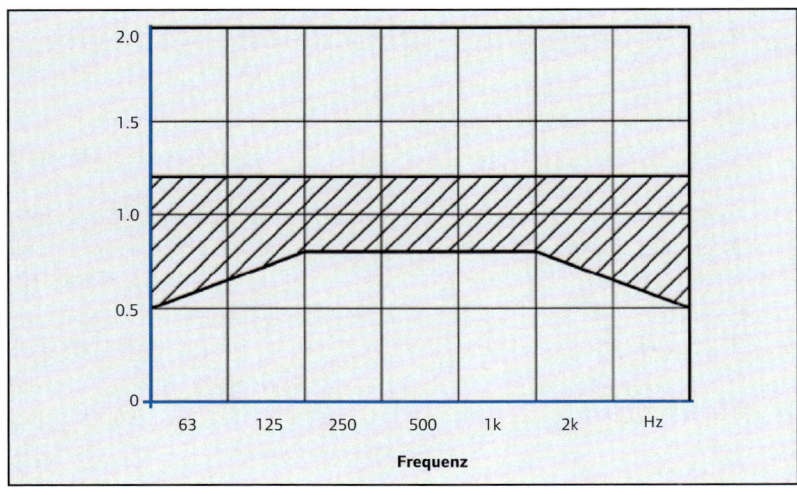

Bild 10 Empfohlene Nachhallzeit T einschließlich Toleranzbereich für Sprache in Abhängigkeit der Frequenzen

$$T_{soll} = \left(0,45 \lg \frac{V}{m^3} + 0,07\right) s \quad \textbf{Musik} \quad (2)$$

$$T_{soll} = \left(0,37 \lg \frac{V}{m^3} - 0,14\right) s \quad \textbf{Sprache} \quad (3)$$

$$T_{soll} = \left(0,32 \lg \frac{V}{m^3} - 0,17\right) s \quad \textbf{Unterricht} \quad (4)$$

$$T_{soll} = \left(1,27 \lg \frac{V}{m^3} - 2,49\right) s \quad \textbf{Sport 1} \quad (5)$$

$$T_{soll} = \left(0,95 \lg \frac{V}{m^3} - 1,74\right) s \quad \textbf{Sport 2} \quad (6)$$

Das Bewertungssystem Nachhaltiges Bauen (BNB) bezieht die raumakustische Beurteilung in die Methodik der Gebäudezertifizierung ein und benennt differenzierte raumakustische Forderungen (Tab. 4). Auf Wechselwirkungen mit den Bewertungskriterien Thermischer Komfort im Winter und Sommer sowie Schallschutz wird explizit hingewiesen.

Sind die für Raum und Nutzung ermittelten Nachhallzeiten zu hoch, ist die Ursache in schallharten Raumumfassungen zu suchen. Hallige, unbe-

Tab. 4
BNB-Kriterien für die Raumakustik in neu zu errichtenden Büro- und Verwaltungsgebäuden

Bewertungsmaßstab (%)	Einzel- und Mehrpersonenbüro < 40 m²	Mehrpersonenbüro > 40 m²	Besprechungsräume	Kantinen > 50 m²
	arithmetischer Mittelwert T_m im leeren, unmöblierten Zustand		arithmetisches Verhältnis der Nachhallzeit T/T_{soll} im eingerichteten und mit Personen besetzten Raum	
100	≤ 0,8	≤ 0,8	≤ 0,7	≤ 0,5
70	≤ 1,0		≥ 0,7 und ≤ 1,5	
60		≤ 1,0		
50				≤ 0,8
40	≤ 1,5			
0	> 1,5	> 1,0	> 1,5	> 0,8
+20 / +40	Bonus-Regelungen für Anordnungen der mittleren äquivalenten Schallabsorptionsfläche an der Decke (30 % oder 70 %)			
-20 / -40	Malus-Regelungen bei Überschreitung von Mittelwerten (30 % oder 50 %) in einem oder mehreren Oktavbändern			

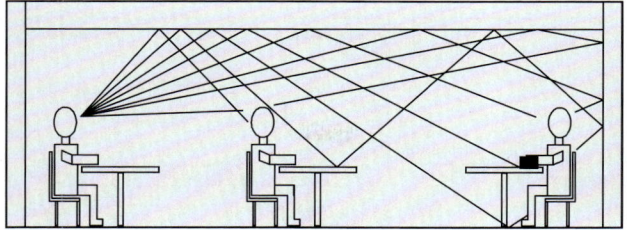  

Bild 11 Schallausbreitung einschl. Mehrfachreflexion, Akustikputz (Mitte) und Akustikspritzputz (Fa. Sto)

dämpfte Räume haben eine Nachhallzeit von etwa 3 s. Bild 11 zeigt die Mehrfachreflexion der Schallwellen, die die akustische Qualität negativ beeinflusst. Als Gegenmaßnahme werden schallabsorbierende Flächen benötigt. Dazu kann zunächst ein vollflächiger Akustikputz verwendet werden.

In vielen Räumen sind jedoch bereits Materialien vorhanden, die absorbierend wirken. Beispiele für Absorber in einem Raum sind z. B. Vorhänge, Teppichböden, Kleidung der Menschen und Polstersessel. Allerdings wirken diese Schallabsorptionsflächen nur in bestimmten Frequenzbereichen.

Das Planen raumakustischer Maßnahmen muss deshalb differenziert unter Berücksichtigung grundlegender Anforderungen (z. B. Nachhallzeit) und spezieller Zielstellungen (z. B. frequenzbezogene Wirkung der Maßnahmen) erfolgen.

Als Grundsatz gilt, dass das Positionieren kleinerer Schallabsorptionskörper oder -flächen wirtschaftlich günstiger ist als das vollflächige Verputzen. Schallabsorptionsflächen werden dabei vorrangig in Eckbereichen von Räumen und in Nähe schallemittierender Quellen positioniert. In diesen Ecken führt die Mehrfachreflexion zu einer hohen Schallabsorption. Das ist auch zu bedenken, sollten Deckensegel im Raum als Inseln ausgeführt werden. Diese mit schallabsorbierenden Körpern oder Flächen in den Wand-Decken-Anschlüssen zu ergänzen, verbessert die Raumakustik wesentlich. Bild 12 verdeutlicht die Schallwellenreflexion, die unter bestimmten geometrischen Verhältnissen zu einem Echo führen kann. Im Gegensatz zum Echo wirkt der Nachhall über kontinuierliche Reflexionen von Schallwellen.

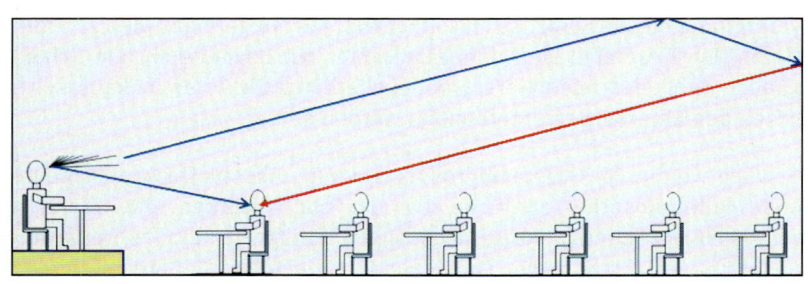

Bild 12 Schallquelle, -ausbreitung, -reflexion und Echo

Bild 13
Vorzugsvarianten des Anordnens von Schallabsorptionsflächen

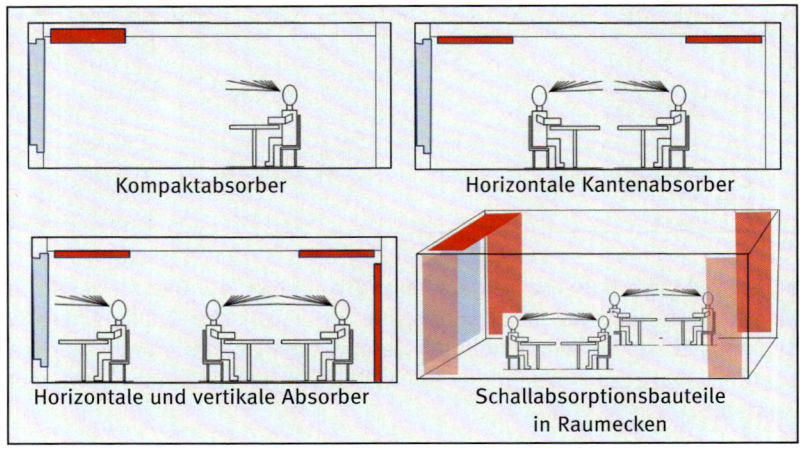

Werden schallabsorbierende Flächen vorwiegend an der Decke angeordnet, stellt das für TABS mit schallharten Decken zunächst ein Problem dar, da zusätzliche gut schallabsorbierende Materialien an der Decke im Regelfall schlechte Wärmeleiter sind. Um in einem Raum eine gute Nachhallzeit zu erzielen, ist es jedoch nicht erforderlich, beispielsweise die schallabsorbierenden Flächen komplett an der Decke anzuordnen und dann auf TABS zu verzichten. In den meisten Fällen reicht das Teilbelegen der Decke mit schallabsorbierenden Materialien vollkommen aus. Alternativ können Decken- und Wandrandbereiche genutzt werden, da der Schall in den Raumecken besser reflektiert wird als in den übrigen Bereichen (Bild 13).

Wie anfangs angesprochen, sollte die Raumakustik besonders unter Berücksichtigung des jeweiligen Bürotyps, dessen Nutzung und der Spezifik der Schallquelle betrachtet werden (Tab. 5). In Gruppenbüros beispielsweise ist es nicht nur wichtig, eine gute und angenehme Nachhallzeit zu erzeugen, sondern es geht auch darum, die Schallausbreitung zu mindern. Zunächst ist zu berücksichtigen, dass in Gruppenbüros die Kommunikation, speziell der Austausch von Informationenen zwischen den Angestellen erleichtert werden soll. Bei einer schlechten Raumakustik kann es aber dazu kommen, dass Unterhaltungen, selbst wenn sie nur in einem kleinen Bereich des Raumes stattfinden, für Mitarbeiter in anderen Bereichen deutlich hörbar sind und somit alle Kollegen stören. Daher gilt es hier, die Verbreitung dieses Sprachschalls möglichst auf ein geringes Maß zu reduzieren. Ein Extremfall sind dabei Callcenter mit unvermeidlichen Schallquellen durch das Telefonieren, wobei allerdings die Kommunikation zwischen den Mitarbeitern unterbunden werden soll.

Gewählt werden für Gruppenbüros Akustikputz, Akustik-Decken-Elemente oder Platten-Absorber, zu denen auch die Folienabsorber zählen. Bild 14 zeigt die nicht selten praktizierte Lösung, mit Hilfe von mobilen Trennwänden eine Verbesserung der Raumakustik zu erzielen. Außerdem werden

TABS-Design – Technologie, Raumakustik und Gebäudeautomation

Tab. 5
Kategorien von Büroräumen und raumakustische Maßnahmen

Bürotyp	Raumakustische Maßnahmen DA Deckenabsorber WA Wandabsorber eRT einfache Raumteiler gRT gekapselte Raumteiler RiR Raum-im-Raum-Segment AP Akustikputz		
	Beste Lösung	Gute Lösung	Alternative
Einpersonenbüros	DA		AP
Zweipersonenbüros	DA + 4 WA	DA + 2 WA	AP + 2 WA
Mehrpersonenbüros	AP + 4 WA		DA + 4 WA
Großraumbüros mit geringem Sprachaufkommen	AP + 4 WA		DA + 4 WA
Gruppenbüros mit mittlerem Sprachaufkommen	AP + eRT		DA + eRT
Gruppenbüros mit hohem Sprachaufkommen	AP + gRT		DA + gRT
Gruppenbüros mit Individualzonen	AP + RiR	AP + gRT	DA + RiR
Gruppenbüros mit Teamzonen	AP + RiR		DA + RiR
Gruppenbüros als Callcenter	AP + RiR	AP + gRT	DA + gRT
Konferenz- und Besprechungszimmer	AP + 4 WA		DA + 4 WA

Microsorber als Bespannungen von Möbeln eingesetzt. Allerdings gelingt es kaum, mit mobilen bzw. halbhohen Trennwänden die Schallausbreitung deutlich zu mindern. Horizontal wird der Sprachschall zwar weitestgehend absorbiert, jedoch über die schallharte Decke weiterhin reflektiert.

In Großraumbüros sollten daher zusätzlich an der Decke schallabsorbierende Maßnahmen getroffen werden. Dabei ist es nicht erforderlich, auf TABS vollständig zu verzichten. Das Anbringen einzelner Schallabsorber, z. B. in Form von abgehängten Segeln, kann einem Raum nicht nur das geeignete Schallabsorptionsmaß bringen und eine angenehme Nachhallzeit erzeugen, sondern auch die Schallausbreitung auf ein nicht störendes Maß reduzieren. Bilder 15 und 16 zeigen, wie der Schall an den Teilflächen

Bild 14
Akustisch wirksame Stellwände
(Fa. Samas)

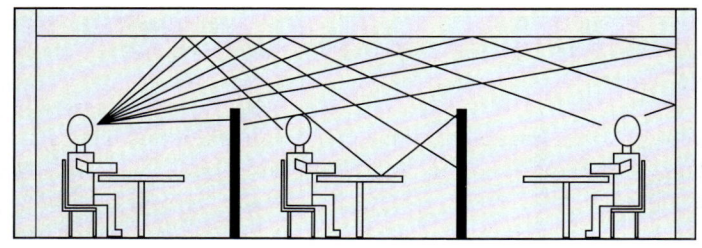

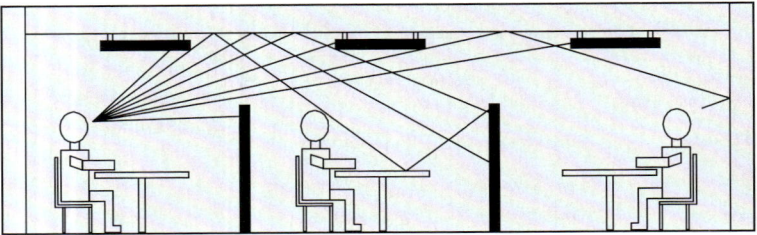

Bild 15
Akustisch wirksame Raumteiler und perforierte Deckenelemente

Bild 16
Innenarchitektonisch gelungene Deckenelemente (Paneele) als Absorptionsteilflächen (von links nach rechts: Fa. Ecophon, Fa. Sto, Fa. AixFOAM)

(schwarz) absorbiert, in Bereichen ohne Absorptionsflächen jedoch weiterhin reflektiert wird. Häufig werden Akustikdecken mit Trennwänden kombiniert. Das Klassifizieren erfolgt dann gemäß AC (Artikulationsklasse). Der AC-Wert wird entsprechend ASTM E 1110 (2001) bestimmt. Für die Anwendung eine Akustikdecke im Büro Bereich sollte der AC einen Wert von mindestens 180 haben.

Wenn die Schallausbreitung in einem Großraumbüro mit TABS jedoch nahezu vollständig reduziert werden soll, erweisen sich vertikal von der Decke hängende Schallabsorber (Akustikbaffeln bzw. Lamellendecke) als sehr geeignet. Einerseits steht dadurch genügend Absorptionsfläche zur Verfügung, andererseits wird die Schallausbreitung optimal gemindert. Die thermisch aktive Deckenfläche wird kaum verringert, sodass mit sehr geringen Leistungsminderungen zu rechnen ist (Bild 17).

Deckenan- und -einbauten wie z. B. Hochleistungsabsorber und Verbundplatten-Resonatoren (VPR) sind weitere Möglichkeiten, die Raumakustik zu verbessern (Bilder 18 und 19). Es gelingt damit vor allem, tiefe Frequen-

Bild 17
Lamellen bzw. Baffeln in Ergänzung der Raumteiler

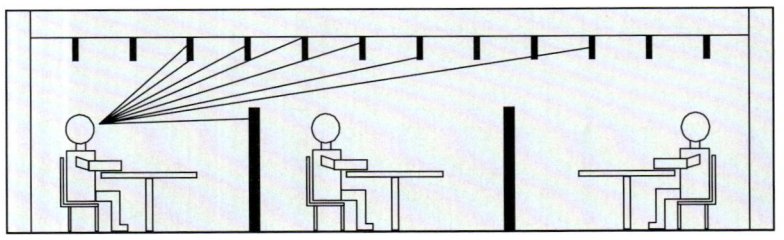

  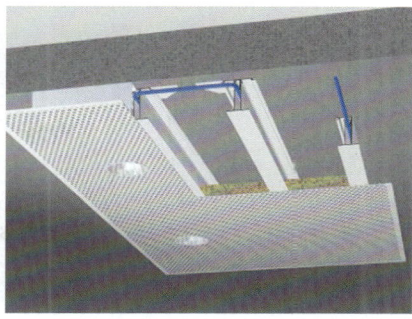

Bild 18
Platten-Resonatoren (links), Breitband-Kompaktabsorber BKA (Fraunhofer-Institut für Bauphysik (IBP), Mitte) und ATD AkustikTherm-Decke (rechts)

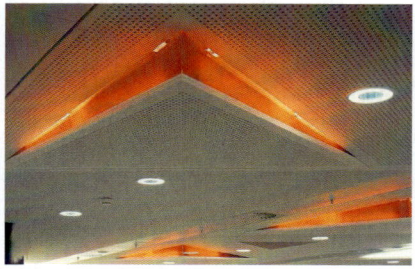 

zen zu bedämpfen. Diese sehr kompakten akustisch sehr wirksamen Bauteile beanspruchen wenig Platz und verringern deshalb die Leistungen der TABS nur gering. Zu dieser Gruppe zählen auch Akustik-Kühlsegel, die als Multifunktionalsegel auch Beleuchtungskörper enthalten können. Akustik-Kühlsegel wirken hinsichtlich TABS nicht leistungsmindernd, sondern können aufgrund einer höheren Konvektion als Leistungsreserve angesehen werden.

Bild 19
Akustikdecken und Akustiksegel als Ergänzung zu TABS (Fa. Knauf, links, Zent-Frenger Energy Solutions, rechts)

Deckenintegrierte Absorberstreifen (Forschungs- und Entwicklungsprojekt des Fraunhofer IRB) sind eine weitere Möglichkeit, die Nachhallzeiten positiv zu verändern (Bild 20). Als geeignete Materialien für die Absorberstreifen werden zwei Typen eingesetzt: poröse Absorber (PA, Faservlies oder poröser Glasschaum) und mikroperforierte Absorber (MPA). Sowohl die raumakustisch wirksamen als auch die thermischen Eigenschaften der Streifen sind sehr gut. Aufklärungsbedarf besteht allerdings noch hinsichtlich der praxisgerechten Montage und der Auswirkungen von Druck- und vor allem Biegezugbelastungen der Decke auf eine zu erwartende Fugenbildung.

Die planungsrelevante Kenngröße ist der Schallabsorptionsgrad α_S des Bauteils bzw. der Oberfläche. Der bewertete Schallabsorptionsgrad α_w wird mit EN ISO 11654 bestimmt. Messungen des Schallabsorptionsgrades erfolgen in einem sogenannten Hallraum gemäß DIN EN ISO 354 oder

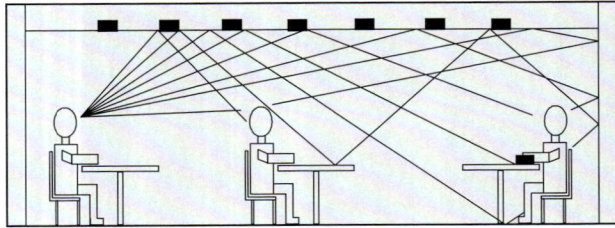

Bild 20
Betonintegrierte Schallabsorber in TABS

mithilfe der Kundt'schen Rohrmethode. Nachhallmessungen sind in DIN EN ISO 3382 beschrieben.

Das Messverfahren nach Norm DIN EN ISO 354 bildet in der Regel die Basis für gesicherte Produktinformationen. Wird der US-Standard ASTM C 423 zugrunde gelegt (Durchschnitt der Absorptionswerte von 250 Hz, 500 Hz, 1000 Hz und 2000 Hz mit anschließender Rundung auf 0,05), ergeben sich oft etwas höhere Werte.

Die Angabe mehrerer Werte für ein Material bzw. Bauteil erfolgt frequenzabhängig. Würde der Schallabsorptionsgrad α_S den Wert Null annehmen, ist das gleichbedeutend mit der vollständigen Reflexion der Schallwelle. Die vollständige Absorption ist mit einem Wert von 1 zu charakterisieren. Die Energie des eindringenden Schalls wird durch Reibung in den Fasern oder Poren in Wärme umgewandelt.

Wirksame Schall absorbierende Materialien enthalten zumeist Schichten aus faserigen (Textilien, künstliche Mineralfasern, Naturfasern usw.) oder offenporigen (Schaum-)Stoffen. Schaumstoffe mit geschlossenen Poren (z. B. Styropor) schlucken kaum Schall. Die Schichten müssen eine bestimmte Dicke haben, dünne Tapeten wirken nur für Ultraschall. Andere Materialien erfordern eine andere Oberflächenstruktur, damit die Schallwellen gebrochen und absorbiert werden. Hierfür sind gelochte Platten ein Beispiel.

Bild 21 zeigt die Anforderungen für ein Mehrpersonenbüro. Die akustische Planung von Räumen konzentriert sich im Allgemeinen auf den Frequenzbereich von 100 Hz bis 5000 Hz. Am sensibelsten und differenziertesten ist das menschliche Gehör im Frequenzbereich der menschlichen Sprache, zwischen 250 Hz und 2000 Hz. Die Nachhallzeiten eines Raumes aus Beton liegen übrigens zwischen 2 s und 3 s, mehr als doppelt so hoch im Vergleich zu den Anforderungen. Es ist offensichtlich, dass raumakustische Maßnahmen getroffen werden müssen.

Als relativ aussagekräftige Kenngrößen für die Produktwahl hinsichtlich der Schallabsorption gelten folgende Einzelwerte:

- arithmetischer Mittelwert $\alpha_{i,m}$
- Noise Reduction Coefficient NRC
- bewerteter Schallabsorptionsgrad α_W

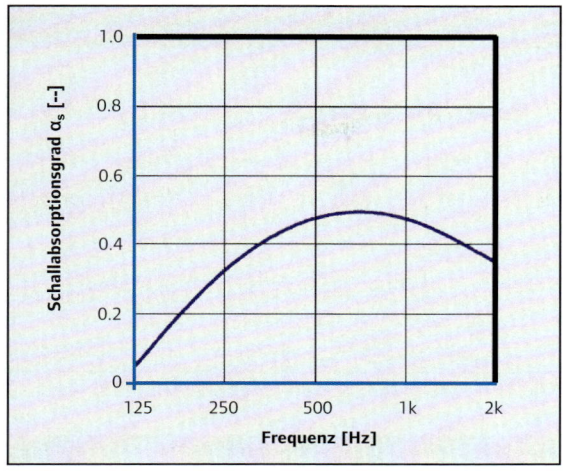

Bild 21
Anforderungen an die Schallabsorption für ein Mehrpersonenbüro

Der gewichtete Schallabsorptionsgrad α_W wird von allen Lieferanten abgehängter Deckenplatten innerhalb Europas angegeben, da dieser die Methode widerspiegelt, die als Norm der CE-Kennzeichnung für abgehängte Decken verwendet wird. Hierzu werden die Schallabsorptionskoeffizienten (α_S-Werte) im Standardfrequenzbereich einbezogen und mit einer Referenzkurve verglichen.

Tabelle 6 beinhaltet die Klassifizierung nach DIN EN ISO 11654, Tabellen 7a und b verdeutlichen die Werte für ausgewählte Materialien oder Bauteile. Die Unterschiede der frequenzabhängigen Werte bedeuten nicht, dass ein Material oder Bauteil weniger oder mehr geeignet ist, sondern ermöglichen das Planen objektbezogener Vorzugslösungen. Bei der Durchsicht der Materialien und Absorptionsgrade fällt auf, dass nur weniges geeignet ist, tiefe Frequenzen positiv zu beeinflussen. Dazu empfehlen sich Bassabsorber im Randbereich der Decken.

Schallabsorberklasse	α_w	Absorptionsklasse nach VDI 3755
A	0,90; 0,95; 1,00	höchstabsorbierend
B	0,80; 0,95	
C	0,60; 0,65; 0,70; 0,75	hochabsorbierend
D	0,30; 0,35; 0,40; 0,45; 0,50; 0,55	absorbierend
E	0,25; 0,20; 0,15	gering absorbierend
nicht klassifiziert	0,10; 0,05; 0,0	reflektierend

Tab. 6
Schallabsorberklassen nach DIN EN ISO 11654

Tab. 7a
Schallabsorberklassen nach
DIN EN ISO 11654
(Rohbau und Innenausstattung)

Material oder Bauteil	Absorptionsgrad α_s in Abhängigkeit von der Frequenz					
	125	250	500	1000	2000	4000
Rohbau und Innenausstattung						
Rohbeton	0,01	0,01	0,02	0,02	0,02	0,03
Veloursteppich (5 cm)	0,04	0,07	0,12	0,44	0,40	0,64
Vorhänge	0,05	0,10	0,25	0,30	0,40	0,50
Polstersitze unbes./bes.	0,20/0,40	0,40/0,60	0,60/0,80	0,70/0,90	0,60/0,90	0,60/0,90
Fensterglas	0,30	0,20	0,20	0,10	0,07	0,04

Tab. 7b
Schallabsorberklassen nach
DIN EN ISO 11654
(Akustikbauteile)

Material oder Bauteil	Absorptionsgrad α_s in Abhängigkeit von der Frequenz					
	125	250	500	1000	2000	4000
Putz						
Akustikputz	0,01	0,09	0,15	0,25	0,45	0,66
Akustikputzdecke (abgehängt)						
Luftabstand 0 mm, Dicke 15 mm	0,21	0,11	0,16	0,63	0,93	0,57
Doppelboden						
AGB Akustik-Doppelboden	0,60	0,56	1,00	0,95	0,58	0,61
Metallkassettendecke (Abhanghöhe 200 m) und Lichtsegel						
ungelocht	0,18	0,10	0,05	0,02	0,04	0,05
Loch 3 mm, Anteil 8 % Vlies	0,40	0,80	0,85	0,62	0,64	0,60
Loch 2,5 mm, Anteil 16 % Vlies + MiWo	0,39	0,55	0,62	0,83	0,90	0,90
Lichtsegel Typ A	0,80	1,10	0,90	0,80	0,50	0,40
Lichtsegel Typ B	0,80	1,10	1,40	1,30	1,20	1,20
Thermodeckensegel (bündig mit TABS-Decke)						
Vlies, Abhängehöhe 60 mm	0,03	0,08	0,90	1,00	0,80	0,70
Betondeckenintegrierte Absorberstreifen						
Glasschaum 100 mm	0,20	0,42	0,35	0,40	0,35	0,33

Material oder Bauteil	Absorptionsgrad α_s in Abhängigkeit von der Frequenz						Tab. 7b (fortgesetzt)
	125	250	500	1000	2000	4000	
Paneele, Platten- und Folienabsorber							
Holzpaneel	0,12	0,04	0,06	0,03	0,07	0,01	
Raumakustikmodul (Fa. Schako)	0,14	0,30	0,68	0,96	0,98	0,89	
Microsorber-Stellwand	0,03	0,05	0,25	0,65	0,50	0,30	
Microsorber-Spanndecke	0,02	0,15	0,60	0,68	0,45	0,45	
Microperforierter Absorber (MPA)	0,39	0,67	0,67	0,40	0,40	0,16	
Wandabsorber (45 mm Abstand)	0,17	0,85	1,28	1,36	1,15	0,96	
Raumabsorber (vertikale Lamellen)	0,25 ... 0,30	0,75 ... 0,83	0,85 ... 1,25	0,95 ... 1,46	1,00 ... 1,45	1,00 ... 1,46	
Hochleistungsabsorber							
Breitband-Kompakt-Absorber (BKA)	0,82	1,02	0,98	1,02	1,02	0,72	
Verbundplatten-resonator (VBR)	1,00	0,80	0,50	0,30	0,20	0,15	

7.2.2 Thermische Auswirkung raumakustischer Maßnahmen

Hinsichtlich der thermischen Auswirkung raumakustischer Maßnahmen muss wie folgt unterschieden werden:

- Minderung der thermischen Behaglichkeit
- Leistungsminderung im Heiz- oder Kühlbetrieb

Die thermische Behaglichkeit des Nutzers wird beeinflusst, wenn das Schallabsorptionselement die thermisch aktive Bauteiloberfläche verdeckt. Die Verschattungswirkung hält so lange an, bis das Schallabsorptionselement annähernd die Temperatur des thermisch aktiven Bauteils angenommen hat. Das Angleichen der Temperaturen ist dabei von folgenden Einflussgrößen abhängig:

- Material der Baustoffe, ausgedrückt durch deren Emissionskoeffizienten ε
- geometrischen Randbedingungen, ausgedrückt durch die Einstrahlzahl ϕ
- Oberflächentemperatur des Bauteils $t_{S,\,ob}$
- Dauer des Strahlungswärmeaustausches zwischen Bauteil und Schallabsorptionselement

Bild 22
Wirkung von Schallabsorptionselementen auf die thermische Behaglichkeit

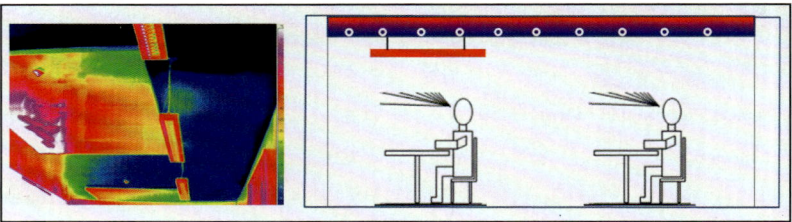

	Verschatteter Arbeitsplatz	Arbeitsplatz
Raumlufttemperatur $t_{L,m}$	26 °C	
Bauteiltemperatur über Kopf $t_{S,ob}$	26 °C	22 °C
Operative Temperatur t_o	26 °C	24 °C

Die Berechnung der operativen (empfundenen) Temperatur erfolgt so, dass die Strahlungstemperatur des oberen Halbraumes unter Berücksichtigung differenzierter Oberflächentemperaturen einschließlich des Schallabsorptionselementes bestimmt wird.

Bewegt sich der Nutzer aus der verschatteten Zone heraus, wirken natürlich andere mikroklimatische Bedingungen. Bild 22 verdeutlicht den Sachverhalt ohne detaillierte Betrachtungen zur exakten operativen (empfundenen) Temperatur. Nutzerverhalten, Raumluftströmung und -temperatur und Umgebungsbedingungen gleichen jedoch diese theoretischen Unterschiede des Mikroklimas aus.

Aufgrund des Zusammenhangs zwischen Temperatur, Dichte und resultierender Raumströmung muss beim Bestimmen der Leistungsminderung durch horizontale Schallabsorptionskörper zwischen dem Heiz- und Kühlbetrieb unterschieden werden.

Die Leistungen bzw. die Leistungsminderungen der Flächenheiz- und Kühlsysteme oder TABS ergeben sich aus der sogenannten Treibenden Temperaturdifferenz zwischen Bauteiloberfläche und Raum sowie den Wärmeübergangsbedingungen. Tabelle 8 enthält dafür die charakteristischen Werte unter den Voraussetzungen freier Oberflächen und einer freien (ungestörten) Raumluftströmung.

Tab. 8
Wärmeübergangskoeffizienten thermisch aktiver Oberflächen α_{TABS} (W/m²)

Nachfolgend sollen die zu erwartenden thermischen Auswirkungen im Zusammenhang mit verschiedenen akustischen Maßnahmen besprochen werden.

Bauteil	Decke			Wand			Fußboden		
	Strahlung	Konvektion	**gesamt**	Strahlung	Konvektion	**gesamt**	Strahlung	Konvektion	**gesamt**
Heizen	5,5	1,0	**6,5**	5,5	2,5	**8**	5,5	5,5	**11**
Kühlen	5,5	5,5	**11**	5,5	2,5	**8**	5,5	1,5	**7**

Bauteil	TABS-Decke			Deckensegel oder Microsorber vollfl.			Lamellen oder Baffeln		
	Strahlung	Konvektion	**gesamt**	Strahlung	Konvektion	**gesamt**	Strahlung	Konvektion	**gesamt**
Heizen	5,5	1,0	**6,5**	3,0	1,0	**4**	5,5	0,5	**6**
Kühlen	5,5	5,5	**11**	2,5	5,5	**8**	5,5	4,5	**10**

Raumakustische Maßnahmen in oder an der Decke sind in der Regel zunächst mit Leistungsminderungen der TABS verbunden (Tab. 9), die folgende Ursachen haben:

- zusätzlicher Wärmeleitwiderstand des Bauteils
- verringerter Strahlungsanteil an der Gesamtleistung durch Verschattung
- geminderter Konvektionsanteil durch gestörte An- oder Umströmung

Tab. 9
Wärmeübergangskoeffizienten α (W/m²) von TABS-Decken ohne und mit Schallabsorptionskörpern

Deckenputz auf TABS-Oberflächen

Bei einer geputzten Decke ist es relativ einfach, die Leistungsminderung gegenüber einer unverputzten Decke zu bestimmen. Da Gipsputz eine relativ geringe Wärmeleitfähigkeit aufweist (Wärmeleitkoeffizient λ_{GP} zwischen 0,2 bis 0,4 W/(m · K)), muss im Normalfall bei zunehmender Putzdicke mit relativ hohen Minderleistungen gerechnet werden. Hinzu kommt, dass eine Decke mit Gipsputz immer noch recht schallhart ist und raumakustisch nicht immer zufriedenstellen kann.

Die bessere Option für eine gute Raumakustik ist der Akustikputz. Ein Akustikputz bringt je nach Putzdicke und verwendetem Material akzeptable bis sehr gute Akustikwerte in einem Raum. In Verbindung mit TABS wirkt sich der Akustikputz auf die thermische Leistungsfähigkeit der Decke jedoch oftmals deutlich negativer aus. Das Problem liegt zum einen darin, dass ein Akustikputz im Vergleich zu normalen Putzen mit einer teils wesentlich niedrigeren Wärmeleitfähigkeit aufwartet und zum anderen im Normalfall auch noch in größeren Putzdicken aufgebracht wird.

Zu Beginn des Kapitels wurde bereits die Kühlleistungsdichte einer unverputzten Decke berechnet. Dieser Referenzwert wird nun mit den Ergebnissen für Gipsputz (Dicke s_{GP} = 20 mm, Wärmeleitkoeffizient λ_{GP} = 0,35 W/(m · K)) sowie Akustikputz (Dicke s_{GP} = 30 mm, Wärmeleitkoeffizient λ_{GP} = 0,12 W/(m · K)) verglichen (Bild 23).

Allgemeines zu Akustikbauelementen

Akustisch wirkende Rasterecken, Vertikallamellen, Deckensegel mit 30 bis 50 Prozent Belegungsanteil und Akustikdecken mit Wärmebrücken können die Kühl- und Heizleistung der thermisch aktiven Decke bei stationärer Betrachtung durchaus bis etwa 50 Prozent mindern. Jedoch zeigt sich, dass das fachkompetente Planen raumakustischer Maßnahmen lediglich

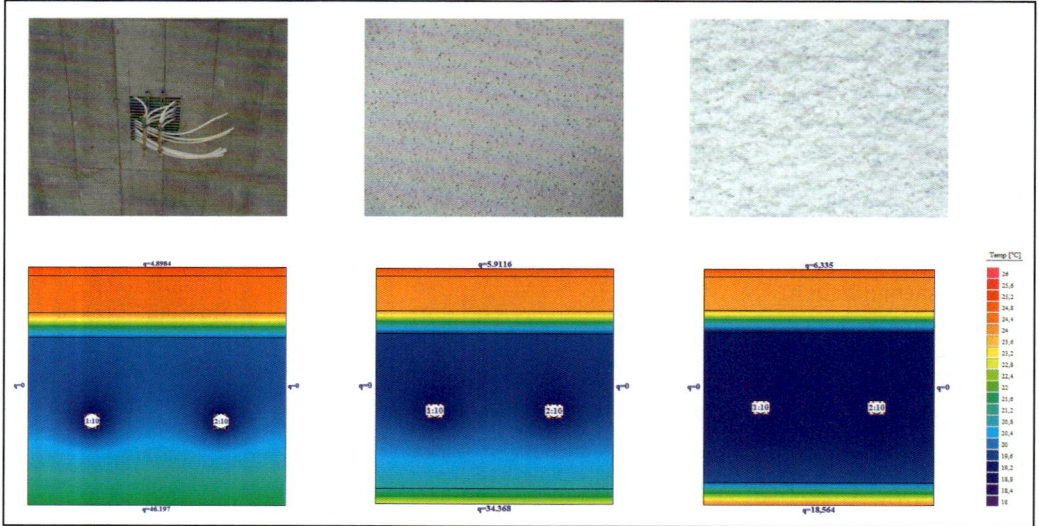

Bild 23
Minderung der Kühlleistungsdichte von TABS-Decken in Abhängigkeit des Putztyps

mit Leistungsminderungen von maximal 10 Prozent der TABS verbunden sein kann.

Nachfolgend werden die in Herstellerunterlagen und Fachberichten genannten Auswirkungen raumakustischer Maßnahmen auf die thermische Leistung von TABS-Decken zusammengefasst und kommentiert. Es werden besondere Empfehlungen ausgesprochen, damit TABS nicht planerisch ausgeschlossen werden müssen.

Horizontale Schallabsorptionskörper (Deckensegel)

Eine Nachhallzeit von $T_{60} < 0{,}9\,\text{s}$ wird erreicht, wenn etwa 30 Prozent der Deckenfläche absorbierend wirken. Wird diese Fläche verdoppelt, sinkt die Nachhallzeit in einem Büro auf ca. $T_{60} = 0{,}6\,\text{s}$. Dieser Wert kann aber auch erreicht werden, wenn das Deckensegel (30 Prozent) mit Wandabsorbern oder weiteren Alternativen kombiniert wird.

Die Leistungsminderung von TABS mit abgehängten horizontalen Schallabsorptionskörpern (Bild 24) resultiert aus dem zunächst geringeren Strahlungswärmeaustausch unterschiedlich temperierter Oberflächen mit

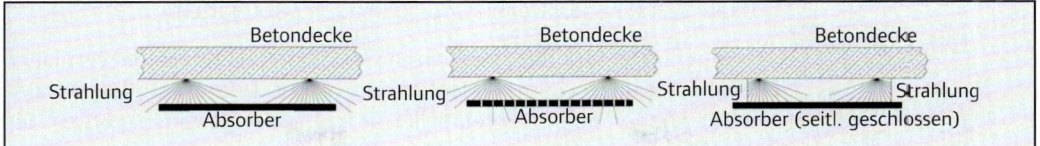

der Umgebung und insbesondere bei seitlich geschlossenen Absorbersystemen aus der reduzierten Konvektion. Dabei ist zu berücksichtigen, dass z. B. Absorberplatten in Abhängigkeit des Absorptionsgrades von Material oder Beschichtung zeitverzögert die Temperatur der TABS-Deckenunterseite annehmen können. Das gilt jedoch nicht, wenn beispielsweise eine Mineralwolle-Auflage eingebaut ist, die die tieffrequente Absorption verbessern soll.

Bild 24
Anordnung horizontaler Schallabsorptionsplatten

Inwiefern die Konvektionsluftströmung und damit die konvektive Wärmeabgabe der TABS-Decke beeinflusst werden, ist von deren Abstand zur Absorberplatte abhängig. Gleiches gilt prinzipiell auch für gelochte Platten, deren Schallabsorptionseigenschaften noch besser sind.

Leistungsminderungen von Kühldecken durch horizontale Schallabsorptionsplatten werden (leider nicht selten als verallgemeinerungsfähiger Pauschalwert) mit bis zu 50 Prozent angegeben. Bild 25 zeigt die Leistungsminderung einer Kühldecke (DIN 14240) in Abhängigkeit der verdeckten Fläche durch ein Deckensegel. Diese Differenz verringert sich bei längeren Betriebszeiten der Kühldecke und einem Deckenabstand der Absorber von mehr als 200 mm. Die geneigte Lage der Elemente kann zu einer größeren konvektiven Leistung führen. Außerdem kann ein Deckensegel gegenüber einer Betondecke die wärmeübertragende Fläche vergrößern.

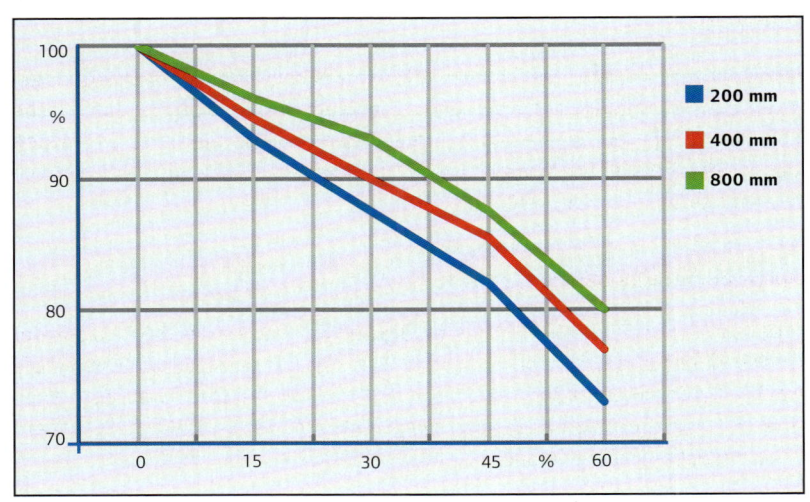

Bild 25
Minderung der Leistung von Kühldecken (%) in Abhängigkeit von Deckenbelegung (%) und Abhängehöhe (mm)

Vertikale Schallabsorptionskörper (Lamellen oder Baffeln)

Aussagen hinsichtlich der zu erwartenden Minderleistungen bei vertikalen Schallabsorptionskörpern, welche direkt an die Decke montiert werden (Bild 26), können qualitativ relativ leicht und sicher getroffen werden. Die Kontaktflächen der Lamellen mit der Decke sind als thermisch inaktive Teilflächen zu betrachten und somit von der thermisch wirksamen TABS-Deckenfläche zu subtrahieren.

Schwieriger sind das Beurteilen des Strahlungswärmeaustausches der TABS-Decke mit den Lamellen und die verringerte Konvektion aufgrund des veränderten Anströmens der Deckenunterseite. Die Zirkulation der Raumluft und damit der konvektive Wärmeübergangskoeffizient sind von Lamellenabstand und -höhe abhängig. Die Leistungsminderungen für TABS-Decken mit vertikalen Schallabsorptionskörpern liegen je nach Lamellenabstand zwischen 12 und 16 Prozent (Bild 27).

Microsorber (Folien)

Vollflächig unter die Decke gespannte Microsorber (Mikroperforation transparenter Folien) verringern die Kühlleistungsdichte um etwa 70 Prozent (zweilagig) bzw. 50 Prozent (einlagig). Die Minderung wird um etwa 15 Prozent geringer, wenn die Seiten offen bleiben und damit die Luftströmungen die Konvektion erhöhen. Geneigte Microsorber haben dabei nur noch eine Minderleistung im Kühlfall von etwa 25 Prozent [11].

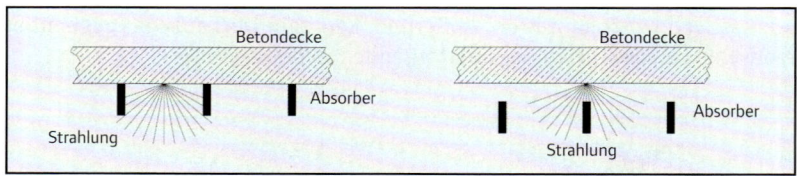

Bild 26 Lamellen als vertikale Schallabsorptionskörper

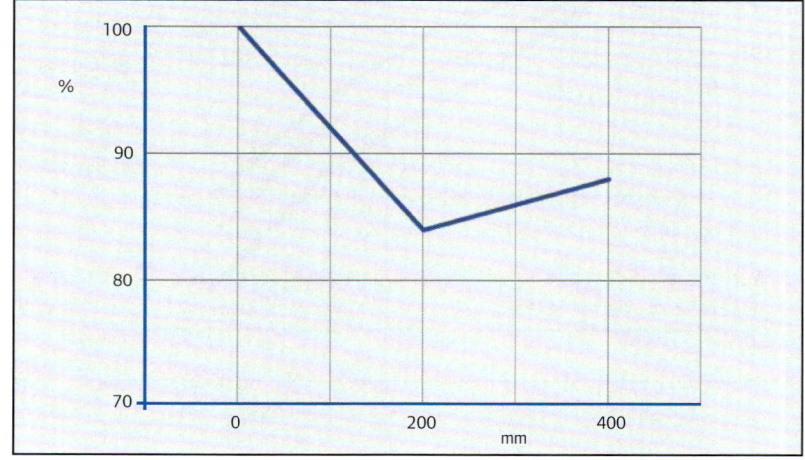

Bild 27 Minderung der Leistung von Kühldecken (%) in Abhängigkeit des Lamellenabstandes (mm)

Bauteilintegrierte Schallabsorptionsstreifen

Die Leistungsminderungen bauteilintegrierter Schallabsorptionsstreifen werden in Abhängigkeit der Absorberfläche und des Materials mit etwa 3 bis 9 Prozent (MPA Mikroperforierter Metallabsorber) und bis zu 50 Prozent (poröser Glasschaum) angegeben.

Thermisch aktive Akustikdecken und Lochblechkassetten

Fest mit der Decke verbundene, gut wärmeleitende Akustikdecken und Lochblechkassetten führen laut Herstellerangaben zu keiner oder nur einer sehr geringen Leistungsminderung der TABS-Decke von weniger als 5 Prozent. Werden diese Bauelemente selbst von Wasser durchströmt, kann sich deren Leistung noch bedeutend erhöhen.

Lichtsegel und Licht-Akustik-Kühlsegel

Die Leistungsminderung infolge eines unterhalb der TABS-Decke befindlichen Lichtsegels wird mit maximal 5 Prozent angegeben. Handelt es sich um ein (thermisch aktives) Akustik-Kühlsegel, überschreitet dessen Kühlleistungsdichte mit bis zu 150 W/m^2 (bei 15 K Temperaturdifferenz) die Leistung der TABS-Decke deutlich.

Praxiserfahrungen

Abschließend soll noch auf Publikationen hingewiesen werden, die sich mit dem raumakustischen Monitoring in Gebäuden mit TABS auseinandersetzen.

P. Weitzmann, E. Pitarello und B. W. Olesen [12] fassen umfangreiche theoretische und praktische Untersuchungen an TABS mit verschiedenen raumakustischen Maßnahmen wie folgt zusammen (Tab. 10, Bild 28):

- Die messtechnisch ermittelte Minderung der TABS-Kühlwirkung durch Schallabsorptionskörper und -flächen ist in praxi weit geringer als erwartet.

- Bis zu einer relativen Deckenbelegung von 50 Prozent durch Schallabsorptionskörper und -flächen ist keine relevante Minderung der TABS-Kühlwirkung nachweisbar.

- Weder das Material noch die horizontale oder vertikale Lage der Schallabsorptionskörper haben einen bedeutenden Einfluss auf die TABS-Kühlwirkung.

- Die Art der Wärmebelastung des Raumes ist hinsichtlich der operativen Temperatur entscheidender als die Kühlleistung der TABS einschließlich Schallabsorptionsmaßnahme.

Tab. 10
Schallabsorptions-
grade unterschiedli-
cher Raumakustik-
elemente in TABS-
Gebäude [12]

Layout	Number	125	250	500	1000	2000	4000	SAA
Without panels	0	0,77	1,33	1,5	1,41	1,34	1,05	0,015
100% covered	7	0,54	0,66	0,56	0,6	0,64	0,57	0,52
70% covered	6	0,66	0,69	0,61	0,62	0,66	0,58	0,46
35% covered	5	0,63	0,84	0,73	0,67	0,66	0,58	0,38
10 baffles	8	0,5	0,77	0,7	0,65	0,66	0,6	0,43
14 baffles	10	0,48	0,69	0,63	0,58	0,59	0,52	0,53
27 baffles	11	0,47	0,64	0,58	0,54	0,57	0,52	0,57

Hennings [13] konstatiert im Ergebnis raumakustischer Messungen in Räumen mit TABS Folgendes:

- deutliche „Halligkeit" in leeren Besprechungsräumen mit TABS ohne raumakustische Maßnahmen
- geringfügige Verbesserung bei Anwesenheit von Personen
- Nachhallzeit im Zweipersonenbüro ohne raumakustische Maßnahmen akzeptabel
- Bedämpfung insbesondere tiefer Frequenzen empfehlenswert

Als Vorzugsvariante wurde empfohlen, Plattenabsorber an den Seitenwänden, die auch als Pinnwände verwendbar sind, und einen zusätzlichen

Bild 28
Kühlkapazitätskoeffi-
zient U_{cc} von TABS in
Abhängigkeit der
Schallabsorptions-
maßnahme

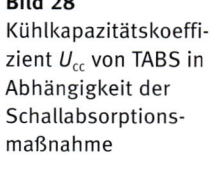

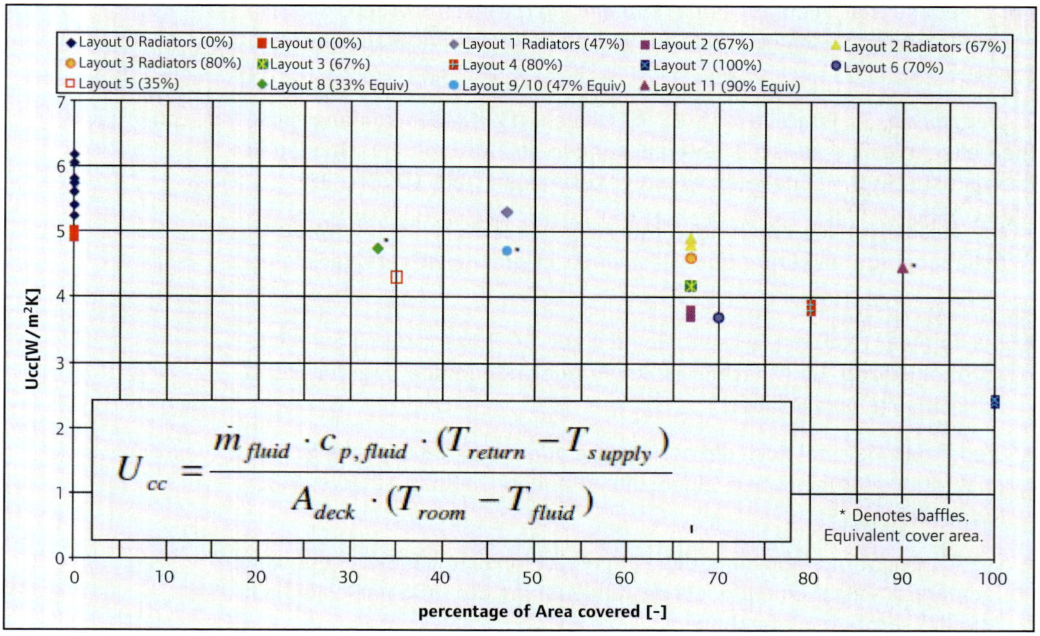

$$U_{cc} = \frac{\dot{m}_{fluid} \cdot c_{p,fluid} \cdot (T_{return} - T_{supply})}{A_{deck} \cdot (T_{room} - T_{fluid})}$$

* Denotes baffles. Equivalent cover area.

Plattenabsorber an der Stirnwand, der auch als Projektionsfläche dient, einzusetzen. Die Variante mit Verbundplatten-Resonatoren (VPR) und mikroperforierten Absorbern zeigt insgesamt geringfügig bessere Ergebnisse als die preisgünstigere Variante, in der konventionelle Plattenabsorber zum Einsatz kommen.

Fisch [14] veröffentlicht für verschiedene raumakustische Maßnahmen bei TABS-Decken im Ergebnis von Untersuchungen In-situ-Nachhallzeiten T_{60}, die zwischen 0,43 s und 0,85 s liegen (Bild 29). Damit werden die zu Beginn des Kapitels genannten Forderungen an die Raumakustik erfüllt, ohne dass die thermische Leistung der TABS-Decke bedeutend gemindert wird.

Für das Planen raumakustischer Maßnahmen stehen verschiedene professionelle und Vorbemessungs-Tools wie z. B. der Firmen Knauf, Renz, Eco oder OWA zur Verfügung. Soll die thermische Auswirkung der Schallabsorptionsflächen oder -körper sehr genau berechnet werden, sind thermische Simulationen in Kombination mit Strömungssimulationen (CFD) notwendig.

Abschließend wird als Praxistipp noch eine einfache Überlegung wiedergegeben, die sich jedoch schon oft als sehr hilfreich erwiesen hat. Für einen Büroraum mit 20 m² Nutzfläche war zunächst als Vorzugslösung eine TABS-Decke vorgesehen. Das raumakustische Konzept enthielt allerdings auch ein Deckensegel mit einer Breite von 3 und Länge von 2 m. Das Vorurteil einer pauschalen Minderleistung von 50 Prozent durch Deckensegel

Ecophon solo
mittlere Nachhallzeit T_m in Sekunden: 0,85 s

KaRo-Decke mit Akustikpanel
mittlere Nachhallzeit T_m in Sekunden: 0,43 s

Akustikbaffel
mittlere Nachhallzeit T_m in Sekunden: 0,60 s

Akustikwand
mittlere Nachhallzeit T_m in Sekunden: 0,68 s

Bild 29
Nachhallzeit T_{60} in Räumen mit TABS-Decken und raumakustischen Maßnahmen [13]

führte fast zum Verwerfen der Vorzugslösung. Beim genaueren Betrachten zeigt sich jedoch, dass das Deckensegel nur 33 Prozent der TABS-Deckenfläche verdeckt und die gesamte Kühlleistung nur um maximal 13 Prozent reduziert. Ist das Deckensegel seitlich offen, damit frei umströmt, und wird das Segel etwas geneigt, reduziert sich die Leistungseinbuße noch weiter.

Die Leistungsminderung der TABS-Decke von eventuell 33 W/m² auf 30 W/m² war nun kein Hinderungsgrund mehr, auf diese Variante der Deckenkühlung zu verzichten. Der Raumtemperatur-Sollwert von 26 °C wurde im Projektfall nicht überschritten. Und es wurde eine Nachhallzeit von 0,65 s erreicht, die zum akustischen Komfort führte.

7.3 Thermisch aktive Betonfertigteil- und Stahl-Flachdecken als Applikation der Betonkernaktivierung

7.3.1 Einleitung

Bereits seit den Dreißigerjahren werden Betonbauteile zum Heizen und Kühlen von Industrie- und Gewerbebauten genutzt. Zu Beginn der Neunzigerjahre wurde – vorrangig in der Schweiz – die Idee der Strahlungskühlung und -heizung mit dem Baukörper wieder aufgegriffen. Unter den Bezeichnungen „Betonkernaktivierung" und später „Thermisch Aktive Bauteilsysteme (TABS)" etablierten sich seitdem Systeme, die das Speichervermögen des Betons nutzen (Bild 30). TABS werden hinsichtlich Baukonstruktion und Wärmetechnik in DIN EN 15377-3 abgebildet.

Bei TABS handelt es sich meist um Decken- und Fußbodenbauteile, gelegentlich werden aber auch Wände thermisch aktiviert. Oftmals liegen bei diesen Systemen die Rohrregister im Kern des Bauteils, um das Speichervermögen auszunutzen. Daraus leitete sich in der Vergangenheit der Begriff Betonkernaktivierung ab. Werden Rohre und Rohrregister oberflächennah

Bild 30
Uponor Contec –
In-situ-Montage der
Rohrregister im Kern
einer Stahlbetondecke

in ein Bauteil integriert, sollte von „Bauteilheizung" bzw. „-kühlung" gesprochen werden. Auch der Begriff der Betonoberflächenaktivierung ist üblich. Der Begriff „Bauteiltemperierung" bezieht sich an sich auf Systemtemperaturen, die nahe der Raumtemperatur liegen. In beiden Fällen überwiegen bisher die Verarbeitungstechnologien der Rohrregistermontage in situ. Nach dem Verlegen der Module wird Ortbeton eingebaut, der die Rohre umschließt und unter Abgabe der Hydratationswärme abbindet. Jedoch gibt es auch andere Deckenkonstruktionen und Montagetechnologien.

Applikationen der allgemein üblichen TABS-Montage sind Thermisch Aktive Betonfertigteile (vorrangig Element- oder Spannbetondecken) als Halbfertig- und Fertigteile und Thermisch Aktive Stahldecken, die im Verbund mit Beton geringer Dicke ausgeführt werden. Beide Varianten der TABS sollen nachfolgend erläutert werden.

7.3.2 Thermisch aktive Fertigteildecken

Bei der Errichtung von kommerziell genutzten Gebäuden, bei denen vornehmlich TABS eingesetzt werden, besteht ein besonderes Interesse der Investorenseite, den Bauprozess effizient und zügig zu gestalten. Die frühe Baufertigstellung und Übergabe an den Nutzer garantieren entsprechende Einnahmen und beeinflussen die Rendite des Gebäudes positiv. Im Fall von Verzögerungen der Genehmigung oder Finanzierung des Bauvorhabens muss die verlorene Zeit zumeist aufgeholt werden, weil die neuen Mieter bereits ihre Bestandsverträge gekündigt haben und Schadenersatzforderungen an den Vermieter stellen wegen nicht rechtzeitiger Übergabe der neuen Räume. In diesem Zusammenhang besteht hinsichtlich der Rohbaukonstruktion das Interesse, den Bauprozess schnell, planbar und witterungsunabhängig zu gestalten. Die industrielle Vorfertigung von Bauwerkskomponenten kann hierbei eine sinnvolle Entscheidung sein ([15], Bild 31), zumal der vergleichsweise geringere Materialeinsatz zum Beispiel bei Spannbeton-Fertigdecken sich positiv auf Ökobilanzen auswirkt ([16], Bild 32).

Modern geplante und gefertigte Fertigdecken weisen folgende grundsätzliche Vorteile auf:

- CAD/CAM-Produktion ermöglicht individuelle Grundrissgestaltung bei absoluter Präzision.
- Detaillierte Verlegepläne sichern das fehlerfreie Auflegen der Decken.
- Vorfertigung verringert die Schalungsarbeiten auf der Baustelle.
- „Just-in-time"-Lieferung sichert den kontinuierlichen Baufortschritt.
- Fertigteile mit integrierter Bewehrung haben kein Fehlerpotenzial des Betonbaus in situ.
- Aussparungen für elektrische Installationen sind vorbereitet.
- Glatte Oberflächen ersparen das Verputzen.

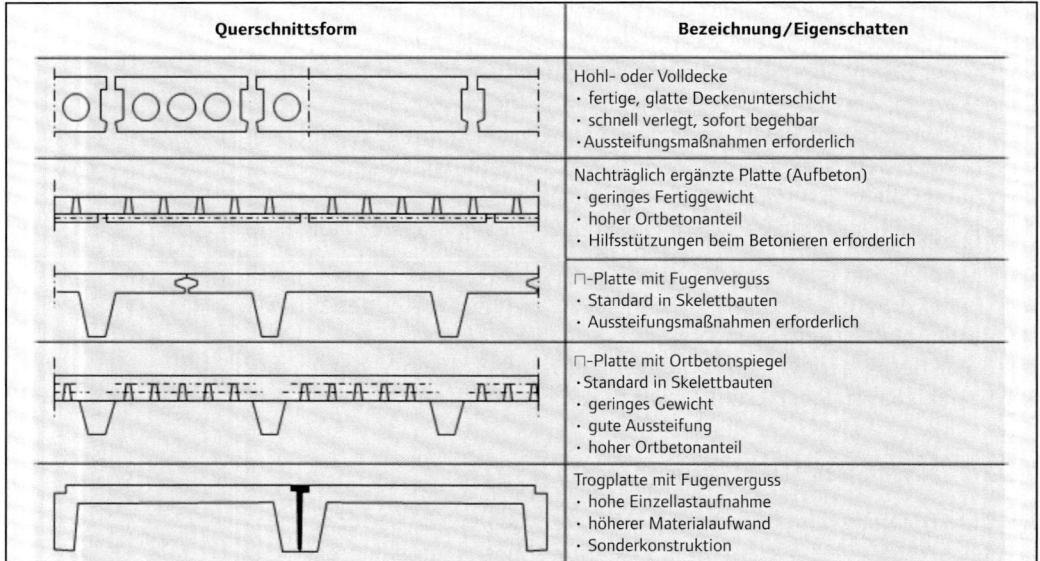

Bild 31
Querschnittsformen
von Fertigteildecken

Eine Studie aus den Jahren 2008/2009 zu verwendeten Baustoffen im Gewerbeneubau zeigt, dass bei einem gesamten Baustoffvolumen von 245 000 m³ bereits 184 000 m³ auf zementgebundene Baustoffe entfielen. Je nach Art der Bauten – wohnähnlicher Bau oder Industriebau – ist der Baustoffeinsatz sehr unterschiedlich. Mit 69 Prozent Anteil bei den Büro- und Verwaltungsgebäuden und 79 Prozent Anteil bei den Betriebsgebäuden sind die zementgebundenen Baustoffe in beiden Gebäudearten die wichtigsten Baustoffe. In den wohnähnlichen Gebäuden, zu denen z. B. Büro- und Verwaltungsgebäude zählen, haben die Decken mit 32 Prozent den größten Anteil am Baustoffverbrauch (Tab. 11).

Eine Betrachtung der Verteilung der einzelnen Baustoffe auf die Gebäudebestandteile verdeutlicht, dass Beton zu einem großen Teil im Geschossdeckenbereich verwendet wird.

Besonders Fertigteile machen einen großen Teil des Volumens aus. Lediglich 31 Prozent der Decken werden in Ortbeton ausgeführt.

Bauherren und Auftraggeber sehen in der Verwendung von fertigen Elementen einen Zeit- und Kostenvorteil gegenüber Ortbeton oder der Verwendung von Ziegelsteinen. Bei den hier betrachteten Betonfertigteilen handelt es sich um komplett fertige oder halbfertige Deckenerzeugnisse für den Hochbau, die vom Hersteller aus oder über den Baustoffhandel zur Baustelle geliefert werden. Es kann auf eine Schalung am Bau vollständig verzichtet werden. Neben einer gleichbleibenden Produktqualität des industriell gefertigten Erzeugnisses wird auch der Baufortschritt besser planbar und witterungsunabhängig. Hinzu kommen architektonische Argumente wie Säulenfreiheit und zulässige hohe Verkehrslasten. Die am

TABS-Design – Technologie, Raumakustik und Gebäudeautomation

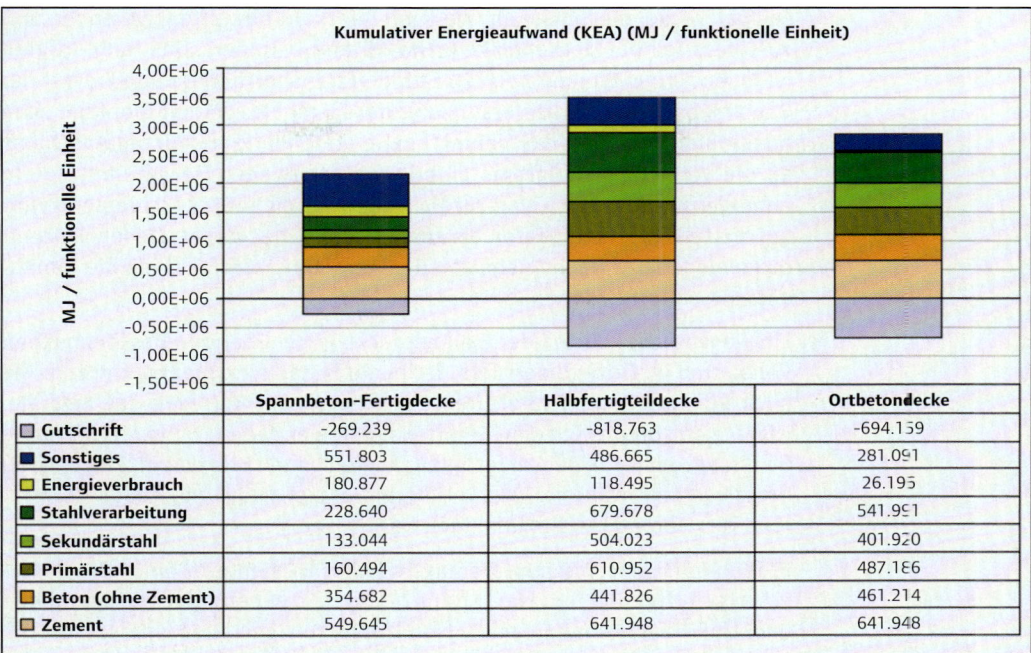

weitesten verbreiteten Deckenelemente, die vorproduziert auf die Baustelle gelangen, sind dabei Elementdecken und Spannbetondecken.

Bild 32
Beitragsanalyse für den kumulierten Energieaufwand verschiedener Decken [16]

7.3.2.1 Elementdecken

Elementdecken zählen zu den nachträglich mit Ortbeton ergänzten Deckenplatten und werden als halb vorgefertigte Systeme bezeichnet. Diese Ortbetonschicht wird als statisch mitwirkend angenommen. Die Ortbetonschicht muss zu diesem Zweck eine Mindestdicke von 50 mm aufweisen [17]. Anstelle der Bezeichnung Elementdecke wird zunehmend der Ausdruck Filigrandecke verwendet. Bei dieser Konstruktionsart wird der untere

Tab. 11
Entwicklung des spezifischen Baustoffverbrauches in m³/1000 m³

	1995	1999	2002	2004	2006	2009
Kalksandstein	12,3	24,5	21,4	22,1	17,2	29,2
Ziegel	8,6	18,2	19,1	19,2	11,1	23,6
Porenbeton	13,1	5,0	9,7	10,9	11,3	8,3
Betonstein	1,6	7,0	7,9	7,2	4,1	2,9
Ortbeton	87,2	80,2	77,9	61,4	82,5	49,4
Betonfertigteil	12,4	15,2	18,7	35,1	35,1	50,6
Beton insgesamt	(101,2)	(102,4)	(104,5)	(103,7)	(120,0)	(102,9)
Holz	1,0	4,9	7,8	5,7	3,4	1,4
insgesamt	136,2	154,9	162,3	161,6	164,7	165,4

Teil der Decke, die Schale, im Werk mit der Hauptbewehrung versehen und zu einem Teil der Deckendicke (etwa 60 mm) betoniert. Das Halbfertigteil ist in modernen Werken nach 24 Stunden transportbereit und wird auf der Baustelle verlegt. Zur Unterstützung der Elemente werden Montagejoche positioniert, die die als Schalung fungierende Platte tragen. Im Anschluss an die Verlegung erfolgt das Einbringen der zweiten Bewehrungslage in entgegengesetzter Richtung zur Hauptbewehrung [20]. Anschließend wird auf die Fertigdecke Ortbeton bis zum Erreichen der vorgesehenen Gesamtdicke eingebaut. Nach Aushärten des Aufbetons können dann die Montagejoche entfernt werden.

Ein wesentlicher Vorteil der Elementdecke gegenüber den herkömmlichen Vollplatten im Ortbeton besteht darin, auf Schalungsarbeiten und zum Teil auch Rüstarbeiten zu verzichten. Rüstungen zum Abtragen des Eigengewichtes des Betons vor dem Erhärten können entfallen, wenn die verlorene Schalung, auch das Deckenfertigteil, ausreichende Biegesteifigkeit besitzt, um diese Last während des vorübergehenden Belastungszustands während des Abbindens aufzunehmen [20].

Produktions- und transportbedingt werden Elemente in einer Breite von 2,5 m gefertigt. Die Stützweite kann bis zu 9,50 m betragen. Aussparungen und Überhänge können mit vielen Freiheiten gestaltet werden, da die Möglichkeit zur zusätzlichen Bewehrung vor Einbringung des Aufbetons besteht.

Baukonstruktiv werden grundsätzlich folgende zwei Varianten thermisch aktiver Fertigdecken unterschieden:

- Montage der Rohrregister auf den Elementdecken
- Bauteilintegrierte Rohrregister in den vorgefertigten Elementdecken

Von Betonkernaktivierung im Sinne eines Massivspeichersystems kann gesprochen werden, wenn die Rohrregister vom Ortbeton umschlossen sind. Dazu werden die Rohrregister auf die Elementdecke aufgelegt, wobei die Gitterträger zur Aufnahme der mittleren Bewehrung verkürzt werden. Uponor Contec ist hier das einzusetzende System (Bild 33).

Oberflächennah angeordnete Rohre in der Betonfertigdecke führen zu einer Kühl- und Heizdecke mit geringerer Speicherkapazität, aber höheren

Bild 33
Uponor Contec-Rohrregister auf einer Elementdecke im Ortbeton

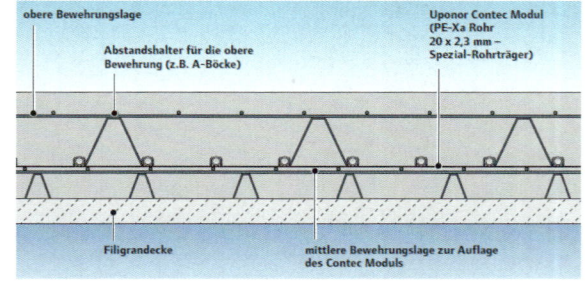

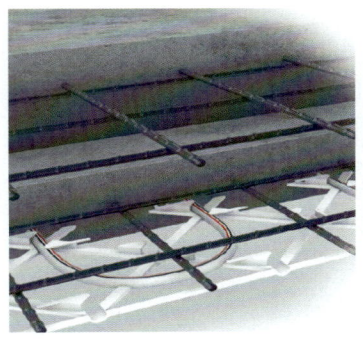
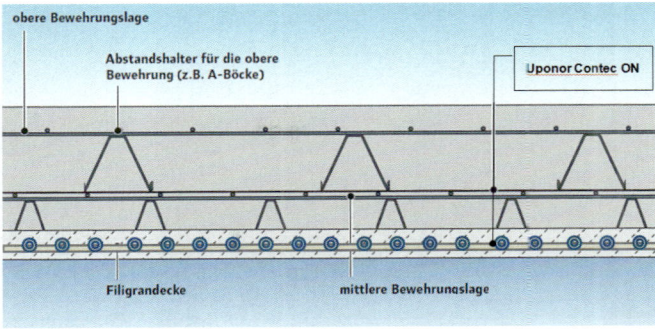

Leistungen und besserer Regelungsfähigkeit. Die Rohrregister werden dazu bereits im Betonwerk in die Elementdecken integriert. Es wird das System Uponor Contec ON eingesetzt, das integrierte Kunststoffhalterungen für die Rohre enthält (Bilder 34 und 35). Die Trägermatte dient dabei wie auch im Ortbeton als Abstandshalter für die untere Bewehrungslage. Nach Fertigstellung der Schale wird dann ein halbfertiges, thermisch voll funktionsfähiges Bauteil auf die Baustelle geliefert. Der Anschluss der Elemente zu einem System kann dann vor Einbringung der oberen Bewehrungslage und des Ortbetons durch den Heizungsbauer erfolgen.

Bild 34 Uponor Contec ON innerhalb einer vorgefertigten Elementdecke

Werden thermisch aktive Betonfertigteile bevorzugt, müssen frühzeitige Abstimmungen zwischen dem Architekten, den Bauingenieuren und den TGA-Fachplanern erfolgen. Vor dem Hintergrund des Planens und Bemessens der Halbfertigteile ist dieser Aspekt besonders wichtig, da die Deckenplanung elementierter Bauteile in endgültiger und freigegebener Form der haustechnischen Planung vorliegen muss.

Auf der Grundlage dieser TGA-Unterlagen werden die Hochleistungsmodule Uponor Contec ON, unter Berücksichtigung der vorgeschriebenen

Bild 35 Anschlussrohrleitungen einer Syspro-Uponor-Elementdecke mit schnellem Abkühlverhalten

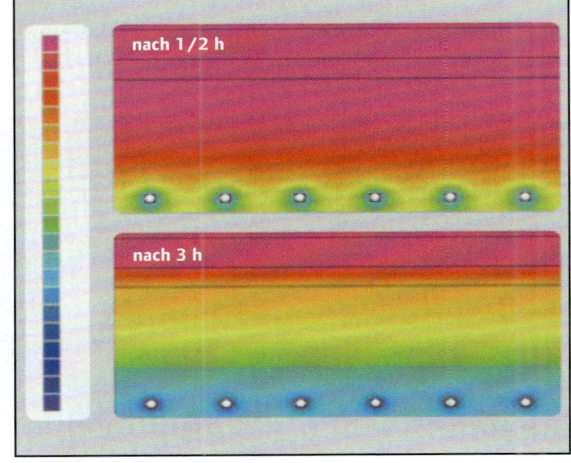

Bild 36
Uponor Contec ON-Modul auf dem Schalungstisch (links), Bewehrung und Gitterträger

Bild 37
Thermisch aktive Halbfertigdeckel – montiert, abgedrückt (links) und komplett mit Ortbeton

Freihalteabstände, in die einzelnen Deckenelemente eingeplant. Im Anschluss erfolgen das Planen und Bemessen der Anschlussrohrleitungen unter Berücksichtigung des Zonierens und Anschließens an Verteiler/Sammler oder Verteilrohrleitungen.

In modernen Fertigungsstraßen mit Umlaufverfahren werden die Positionen der Module zur Bauteilaktivierung computerbestimmt und auf der Schalung automatisch markiert. Durch die vorgegebenen Taktzeiten besteht die Herausforderung, die Hochleistungsmodule einzubringen, ohne den Umlauf der Anlage zu beeinträchtigen. Nach Positionierung der Bauteilaktivierung durchläuft die Produktionspalette normal die weiteren Stationen der Produktion wie Bewehrung, Betonierung und Aushärtung (Bilder 36 und 37).

Eine häufig gestellte Frage im Zusammenhang mit der Kombination von zwei Gewerken (in diesem Fall TGA und Betonbau) ist die nach dem Gewährleistungsübergang vom TABS-Rohrsystemhersteller auf den Betonfertigteilproduzenten. Da letztlich der Hersteller des thermisch aktiven Halbfertigteils auch gegenüber dem Auftraggeber haftet, muss er bei Auslieferung des fertigen Bauteils in der Lage sein, die Unversehrtheit der schon betonierten Rohrleitungen nachweisen zu können. Bei einer Ausführung im Ortbeton gilt die Montage als korrekt ausgeführt, wenn eine

Druckprüfung mit Manometer erfolgt ist. Diese Kontrolle muss analog auch bei Auslieferung einzelner Elemente zur Baustelle erfolgen. Um die Abnahme einfach und zügig zu gestalten, kann eine optische Kontrolleinrichtung auf den, unter Druckluft stehenden, Elementen im Beton erfolgen. Auf diese Weise kann verbindlich dokumentiert (und protokolliert) werden, dass das Betonfertigteilwerk ein unversehrtes Erzeugnis auf die Baustelle geliefert hat und die Gefahr auf den Rohbauunternehmer übergeht.

Hierzu abschließend sollen Hinweise zum Planungs- und Bauablauf am Beispiel thermisch aktiver Fertigplatten (System Syspro-Uponor [21], [22]) gegeben werden.

Der Verlegeplan enthält alle wesentlichen Angaben zum Bauteil, vor allem aber auch die Lage der Fertigplatten mit Positionsnummer im Grundriss, die Anordnung der Montageunterstützung und die Bewehrung der Stoßfuge.

Beladen des LKW und Transport der Fertigplatten erfolgen meist so, dass diese sofort vom LKW aus verlegt werden können, es sei denn, dass die Ausladung des LKW eine andere Reihenfolge bedingt.

Das Abladen der Fertigplatten erfolgt im Allgemeinen mit dem Baustellenkran vom LKW. Die Fertigplatten werden im gleichen Arbeitsgang verlegt. Beim Ablegen der Fertigplatten muss mit Ausgleichsgehängen gearbeitet werden. Dabei sollte ein Ausgleichsgehänge aus Stahlseilen/-ketten verwendet werden, sodass eine gleichmäßige Lastverteilung des Eigengewichts auf die Gitterträger gewährleistet ist. Bei einer Zwischenlagerung auf der Baustelle muss die Lagerfläche eben und tragfähig sein. Zum Schutz der Plattenunterseite werden zwei Kanthölzer als Aufleger gelegt, die so lang sind wie die Plattenbreite. Bis zu zehn Platten können direkt auf den Gitterträgern übereinander gestapelt werden.

Vor dem Verlegen der Fertigplatten wird **die Montageunterstützung** errichtet. Die Abstände der Montageunterstützung werden dem Verlegeplan entnommen. Dabei müssen die Joche immer quer zu den Gitterträgern stehen (auch Balkone). Unter bestimmten Bedingungen müssen Randjoche gestellt werden.

Die Auflagerung, speziell die Auflagertiefe der Fertigplatten, ist im Verlegeplan angegeben. Die Auflager auf Wänden und Jochen sind gut zu säubern. Unter bestimmten Voraussetzungen ist ein Mörtelbett notwendig. Es gelten besondere Abstandsregelungen für Fertigplatten bei Zwischenauflagern.

Das Verlegen der Fertigplatten erfolgt vorzugsweise direkt vom LKW aus. Alle Fertigteile sind mit den Positionsnummern auf dem Verlegeplan gekennzeichnet. Bei der Planung muss darauf geachtet werden, dass die Tragkraft des Krans bei der maximal vorkommenden Auslage ausreichend ist. Die Fertigplatten sind waagerecht auf die Auflager abzusetzen. Die

Anschlüsse für Verteilrohrleitungen sind zu beachten und sollten z. B. mit Polystyrolabdeckungen geschützt werden.

Über **die Fugen zwischen den Fertigplatten** werden als Stoßbewehrung entweder Streifen aus Betonstahlmatten oder Einzelstäbe gelegt. Die Dimension der Bewehrung ist im Verlegeplan angegeben. Eine Zusatzbewehrung wird in der Regel bei Auswechslungen, kreuzweise gespannten Platten u. a. vorgesehen. Die obere Bewehrung der Decke ist einem gesonderten Bewehrungsplan zu entnehmen. Sie ist als Stützbewehrung bei Durchlaufdecken, bei Kragplatten u. a. erforderlich.

Anschließend erfolgt **das Betonieren**. Bevor der Ortbeton aufgebracht wird, muss jedoch Folgendes kontrolliert werden:

- richtiges Verlegen der Fertigplatten (Spannrichtung, Aussparungen)
- korrekte Lage der Fertigplatten (ordnungsgemäß unterstützt, waagerechte Lage, Jochauflage)
- Nivellement der Fertigplatten (an den Stößen über die ganze Fugenlänge hinweg keine Höhenunterschiede in der Untersicht)
- Bewehrung über den Fugen, die Zusatzbewehrung und obere Bewehrung sowie die Installationsleitungen vorhanden (gegebenenfalls Abnahme der Bewehrung vor dem Betonieren durch den verantwortlichen Statiker)
- bestimmungsgemäße Lage aller Rohrleitungen und Anschlüsse

Ist die Oberfläche der Fertigplatte verschmutzt, muss diese gereinigt werden. Dadurch kann der erforderliche Verbund zwischen Fertigplatte und Ortbeton hergestellt werden. Der Beton muss in der vorgeschriebenen Güte und Konsistenz in einem Arbeitsgang aufgebracht und verdichtet werden. Die Bewehrung darf beim Betonieren nicht verschoben oder heruntergetreten werden. Außerdem muss während des Betonierens von unten kontrolliert werden, ob die Plattenstöße auch auf einer Höhe liegen. Um eventuelle Schäden durch Überlastung zu vermeiden, ist der Ortbeton gleichmäßig ohne Anhäufungen aufzubringen bzw. zu verteilen.

Die Nachkontrolle widmet sich der Ansicht der Fertigplatten. Die Untersicht der Platten soll planeben sein. Sind die Fertigplatten nicht ganz dicht verlegt worden, können Zementschlämme durch die Fugen laufen. Deshalb sollten die Fugen und Wandabschlüsse nach dem Betonieren gesäubert werden. Die Montageunterstützung kann erst dann entfernt werden, wenn der Beton ausreichend erhärtet ist. Die Bestimmungen von DIN 1045-1 sind dabei zu berücksichtigen.

7.3.2.2 Thermisch aktive Spannbetondecken

Bei Spannbeton-Fertigdecken oder Spannbeton-Hohlplatten (Hohlkörperdecken) wird das Prinzip der werksseitigen Vorspannung von Deckenelementen mit dem Vorteil der Gewichtseinsparung durch das Einbringen von

Hohlkammern erweitert. In den Benelux-Staaten und in Skandinavien ist diese Konstruktionsvariante für Decken weit verbreitet. In Deutschland ist der Anteil dieser Bauart im Vergleich zu klassischen Bauweisen allerdings geringer.

In der Vergangenheit war die Verwendung von Spannbeton-Fertigdecken fast immer ein gleichzeitiger Ausschluss der Nutzung einer Betonkernaktivierung. Weiterentwicklungen der klassischen Systeme führten dazu, dass nun auch Spannbetondecken thermisch aktiviert werden können. Diese Decken eignen sich hervorragend für Gewerbe- oder Industriegebäude aufgrund statischer Vorteile. Diese Bauweise reduziert außerdem die Bauzeit und die lohnintensiven Arbeiten beim Gießen der Decke.

Neben der Verlegung der Rohrregister im Ortbeton einer Decke hat sich mittlerweile auch die Anwendung des Systems in Spannbeton-Fertigdecken in der Baupraxis bewährt. Die Hohlkammer-Elemente sind 40 Prozent leichter als herkömmliche Betondecken und reduzieren damit die statische Belastung des Tragwerks und der Fundamente (Bild 38).

Damit ist eine wirtschaftliche Bauweise möglich, die schon bei vergleichsweise geringen Deckendicken Spannweiten bis zu 18 m ohne Stützen ermöglicht. Zu beachten ist, dass die Breite der einzelnen Betonelemente produktionsbedingt 1,20 Meter beträgt. So genannte Passplatten am Anfang und Ende der Etage können mit 0,3 m schmaler ausgeführt werden.

Bild 38
DWS Spannbeton-Fertigdecke als TABS-Bauteil

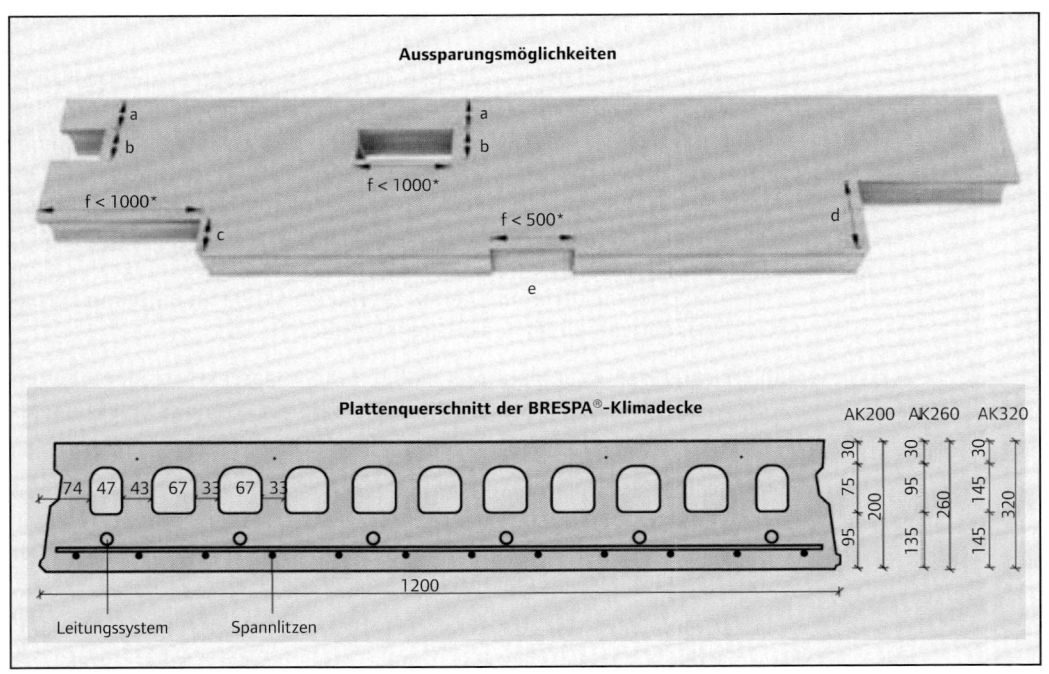

Bild 39
Fertigung von BRESPA Spannbeton-Fertigdeckenplatten (DW Systembau und Uponor)

Das Fertigteil ist in seiner geometrischen Gestaltung an beiden Plattenenden flexibel (z. B. Schrägschnitte), vorausgesetzt, alle statischen Anforderungen können erfüllt werden. Wie bereits angeführt, sind die Spannbeton-Fertigteile durch den Produktionsprozess in ihrer Breite festgelegt.

Abhängig von der gewünschten Spannweite und den erwarteten Verkehrslasten erfolgt die Berechnung der Deckendicke durch den Statiker. Das anschließende Elementieren der gesamten Geschossdecke wird vom Fertigteilhersteller übernommen. Auf Grundlage dieser von der Statik freigegebenen Betrachtung erfolgt die Planung der TABS-Rohrregister in Abstimmung mit dem TGA-Fachingenieur. Wie bereits bei den Halbfertigteilen mit oberflächennaher Rohrlage muss die Schnittstelle zwischen Statik/Tragwerk und Betonfertigteilhersteller und der TGA-Fachplanung koordiniert werden.

Bei Spannbeton-Fertigdecken werden die Rohrregister im Spannbetonwerk in den unteren Plattenspiegel der Fertigdecke integriert (Bild 39). Über die Verwendung von wasserführenden Leitungen in ausgesuchten Spannbeton-Fertigdecken existiert eine entsprechende Zulassung vom Deutschen Institut für Bautechnik in Berlin [19]. Die dann thermisch aktivierten Spannbetonelemente werden anschlussfertig „just-in-time" auf die Baustelle geliefert und von einem Fachbetrieb montiert. Gegenüber der klassischen Betonkernaktivierung liefern thermisch aktive Spannbeton-Fertigdecken weitgehend ähnliche Leistungen (Bild 40).

Bild 41 zeigt den Bauablauf des Einbaus thermisch aktiver Spannbeton-Fertigdecken. Prinzipiell besteht eine Analogie zur Montage von Elementdecken.

Der Anschluss der Spannbeton-Fertigdecken muss in Absprache zwischen TGA-Fachplaner und Architekt erfolgen. Hierzu stehen unterschiedliche Anschlussmöglichkeiten zur Verfügung, die auch die Vorfertigung der Bauteile beeinflussen können (Bilder 42 und 43).

Üblicherweise wird der Anschluss unterhalb der Decke im Tichelmann-Prinzip oder als klassisches 2-, 3- oder 4-Leiter-System vorgesehen. Der

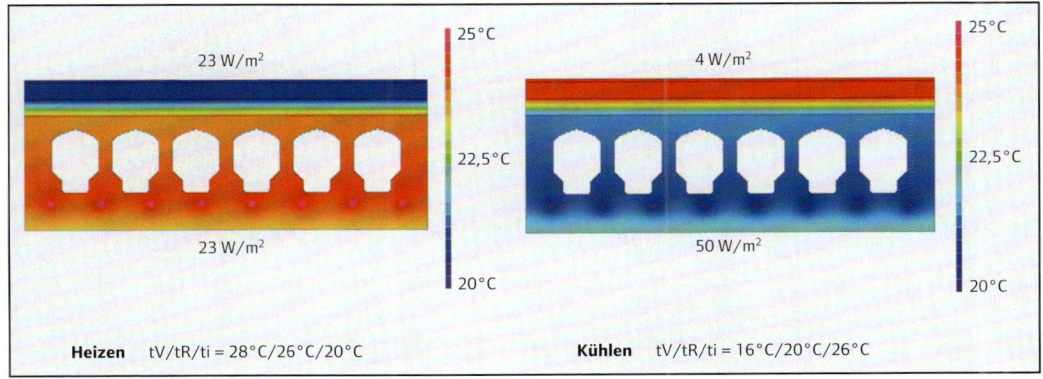

Bild 40
Thermisch aktive Spannbeton-Fertigdecke im Heiz- und Kühlbetrieb

hydraulische Abgleich unterschiedlicher Heiz- bzw. Kühlkreise muss ermöglicht werden. Das kann dadurch erleichtert werden, indem der Heiz-/Kühlkreis-Anschluss über Verteiler/Sammler erfolgt.

Anschlussrohrleitungen unterhalb der Decke werden durch eine abgehängte Decke verdeckt. Sollte ein Doppelboden vorgesehen sein, können diese Rohrleitungen auch dort montiert werden. Kernbohrungen werden nur nach Rücksprache mit dem Statiker zugelassen.

Interdisziplinäre Absprachen und Entscheidungen zum Planen, Bemessen und Ausführen thermisch aktiver Betonfertigteile müssen der in Bild 44 gezeigten und in Tabelle 12 genannten Vorgehensweise entsprechen.

Bild 41
Transport, Auflage und Anschluss der thermisch aktiven Spannbeton-Fertigdecke

Bild 42
Anschlussmöglichkeiten thermisch aktiver Deckenplatten

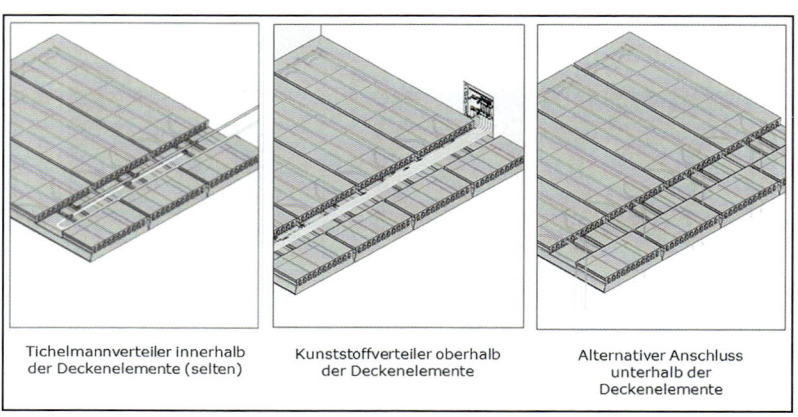

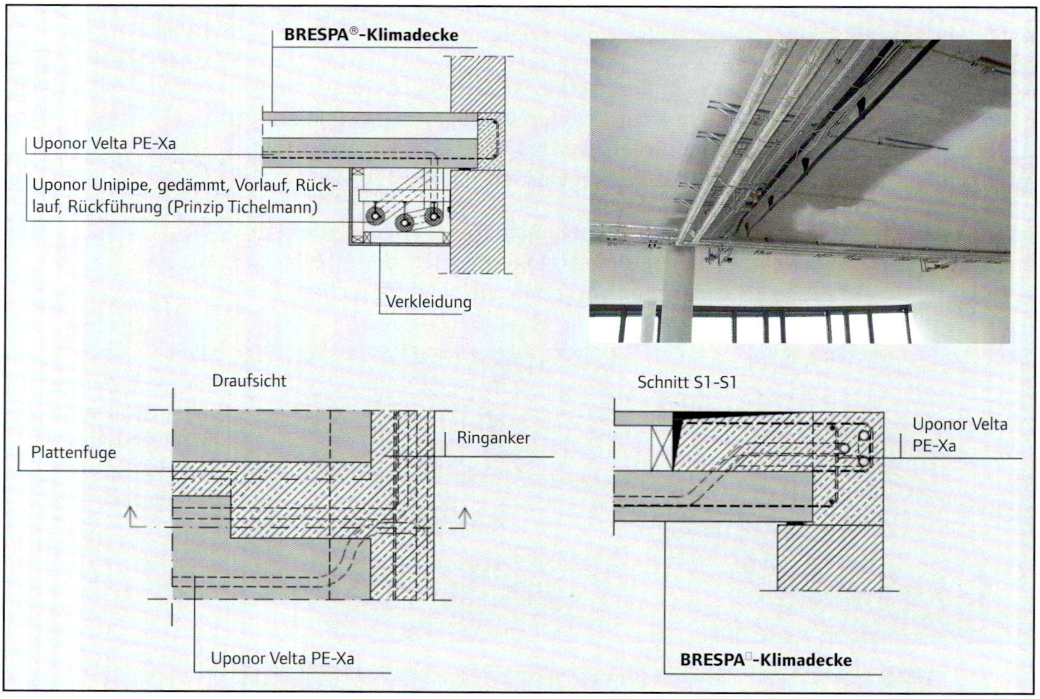

Tichelmannverteiler innerhalb der Deckenelemente (selten)

Kunststoffverteiler oberhalb der Deckenelemente

Alternativer Anschluss unterhalb der Deckenelemente

Bild 43
Anschlussvarianten der BRESPA-Klimadecke

TABS-Design – Technologie, Raumakustik und Gebäudeautomation

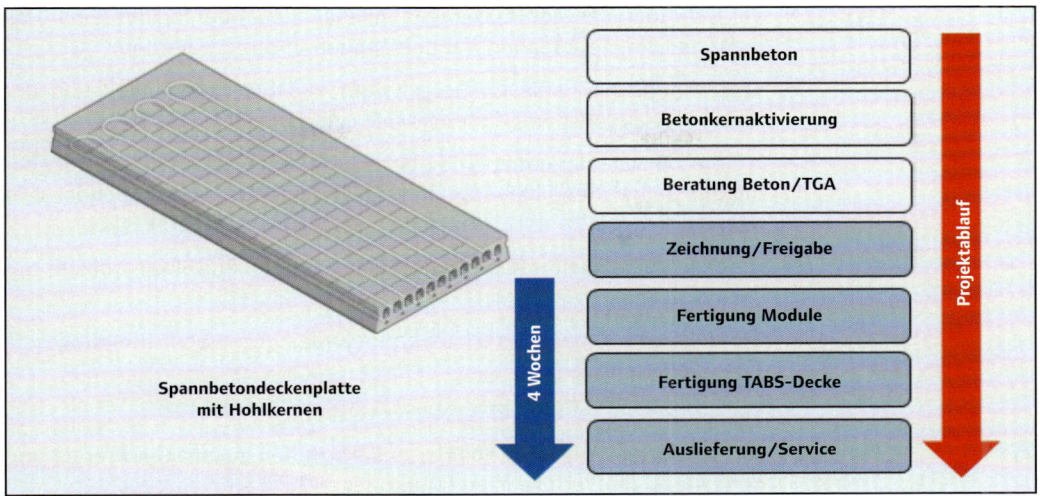

Bild 44
Projektablauf und Zeitplanung für TABS-Spannbeton-Fertigdecken

Schritt	Phase	Beschreibung
1	Grundsatzentscheidung Rohbaukonstruktion	Festlegung über die Konstruktionsvariante des Gebäudes, Berechnung der Statik, Entscheidung pro Spannbeton
2	Grundsatzentscheidung pro Bauteiltemperierung	In Abstimmung mit der TGA Fachplanung wird eine Bauteiltemperierung in der Rohbaukonstruktion vorgesehen
3	Elementierung der Decken	Auf Basis der Statik und Konstruktionsvariante wird die Decke für die Fertigteile elementiert
4	Einplanung Betonkerntemperierung	Auf Basis der freigegebenen Pläne der Decken werden die Module zur Temperierung eingeplant und zur Freigabe versandt
5	Freigabe und Fertigung	Planstand wird von TGA Planung freigegeben, Fertigung der Module erfolgt auftragsbezogen, Lieferdauer der fertigen, aktivierten Spannbetonelemente zur Baustelle ca. 3-4 Wochen
6	Verlegung der fertigen Decken	Montage der Spannbetonfertigdecken auf der Baustelle durch ein Spezialunternehmen. Betonierung der Fugen im Anschluss

Tab. 12 Phasen der Konzeptfindung, Planung und Ausführung von TABS-Fertigdecken

DW Systembau, Hersteller der BRESPA-Klimadecken, benennt die grundlegenden Anforderungen an den Einbau der TABS-Spannbeton-Fertigdecke wie folgt:

Lieferung, Lagerung und Verlegung

- Bei der Anlieferung ist zu kontrollieren, ob die Lieferung dem Abruf entspricht, die Kennzeichnung der Elemente stimmt und ob Transportschäden an den Elementen sichtbar sind. Kleinere Beschädigungen sind transportbedingt nicht immer auszuschließen und stellen daher keinen Mangel dar.

- Vor Gebrauch der Montagezangen müssen Zustand und Funktionstüchtigkeit sowie die Angaben auf den Zangen überprüft werden.
- Kranstandflächen müssen freigehalten und in Abhängigkeit von der Krangröße ausreichend dimensioniert werden.
- Für die Zwischenlagerung sind ebene, tragfähige Lagerflächen notwendig, die ausreichend befestigt und für LKW und Kran gut erreichbar sein müssen.
- Die Platten müssen immer an den Plattenenden auf Stapelhölzern absetzen werden.
- Stapelhölzer genau lotrecht übereinander! Eventuell überkragende Teile nicht belasten!
- Ruckartiges Anheben und Absetzen vermeiden!
- Die speziellen Vorgaben des Herstellers zu den zulässigen Kränen und den zulässigen Verlegearten (Montagegeschirr) sind zu beachten.

Auflager

- Die Auflager müssen plan bzw. den Vorschriften des Montageplanes entsprechend ausgebildet sein.
- Die Auflager müssen ausreichend erhärtet und tragfähig sein.
- Deckenplatten müssen im Endzustand in einem Auflagerbett aus Zementmörtel oder Beton liegen. Alternativ werden gleichwertige ausgleichende Zwischenlagen wie Auflagerstreifen verwendet.
- Es ist hilfreich, vor Montagebeginn auf den Auflagern die exakte Lage der Platten anzuzeichnen und an den Zwangspunkten (z. B. Treppenöffnungen) mit dem Verlegen zu beginnen.
- Randschalungen oder Abmauerungen für den Verguss können vor oder nach der Montage hergestellt werden. Bei Vergussarbeiten durch DW Systembau müssen alle Schalarbeiten vor Montagebeginn bauseits fertig gestellt sein.
- Bei einseitigen Montagen sind eventuellen Kippsicherungsmaßnahmen an den Auflagern erforderlich. Nachweise und Angaben zu den Kippsicherungsmaßnahmen sind vom Haupttragwerksplaner anzufordern.
- An Mittelauflagern verhindern wechselseitige Plattenmontagen das Kippen von Auflagerbalken.

7.3.3 Thermisch aktive Stahl-Flachdecken

Unter Slim-floor/slab-Systemen werden Konstruktionen verstanden, die vorgespannte Hohlplatten, Wing-Decken, Stahl-Flachdecken mit Betonverbund oder Elementdecken mit Unterzügen aus Stahl- oder Stahl-Verbundprofilen enthalten.

Trotz zahlreicher Vorteile ist der Stahl- und Verbundbau im Bereich von Büro- und Verwaltungsgebäuden in Deutschland mit einem geschätzten Marktanteil von nur etwa acht Prozent gegenüber dem Betonbau in Deutschland bisher deutlich unterrepräsentiert. In Großbritannien wird die Stahlbauweise dagegen sehr geschätzt, woraus sich ein Marktanteil von etwa 50 Prozent erklärt. Erschwerend kam hinsichtlich der Stahlbauweise in der Vergangenheit hinzu, dass deutsche Architekten ein neueres Argument heranführten, um die traditionelle Betonbauweise zu verteidigen: die Möglichkeit der Betonkernaktivierung zur Nutzung der vorhandenen Speichermasse, die im Stahlbau weitgehend fehlt.

Die in Bild 45 dargestellte thermisch aktive Stahl-Flachdecke (System „Slimdek") eines Berliner Bürogebäudes war zunächst als Aktivspeichersystem im Sinn der klassischen Betonkernaktivierung angesehen worden. Die Befürworter der Stahlbauweise sahen jedoch die Möglichkeit, erstmalig Rohrregister zum Kühlen und Heizen bei dieser Bauweise einzusetzen, die im Wettbewerb zu dem Betonbau (hohe Speichermasse) steht.

Während der Montage wurden die Rohrregister auf die tiefen Trapezprofile aufgelegt. Die Tiefsickenbleche erzeugen mit dem Aufbeton einen Flächenverbund, sodass außerdem eine gute Wärmeleitung zu verzeichnen ist. Die oberflächennahe Rohrlage garantiert im Zusammenwirken mit der Deckenkonstruktion hohe Kühlleistungsdichten, die mit der klassischen Betonkernaktivierung nicht erreicht werden können.

Die Berechnung der Kühlleistungsdichte mit Hilfe eines FEM-Programms (Bilder 46 und 47) zeigt sehr gut die Unterschiede in den Heiz- und

Bild 45
Thermisch aktive Stahl-Flachdecke „Slimdek" in einem Berliner Büro- und Sportzentrum mit Uponor Contec-Modulen

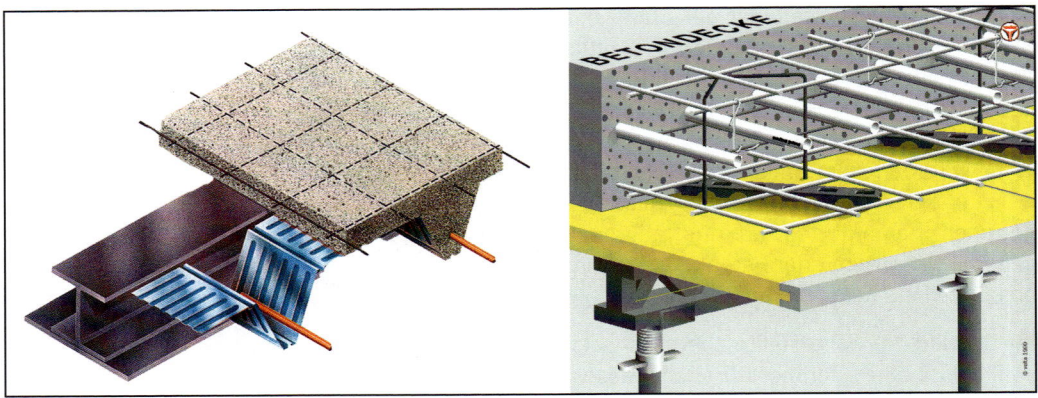

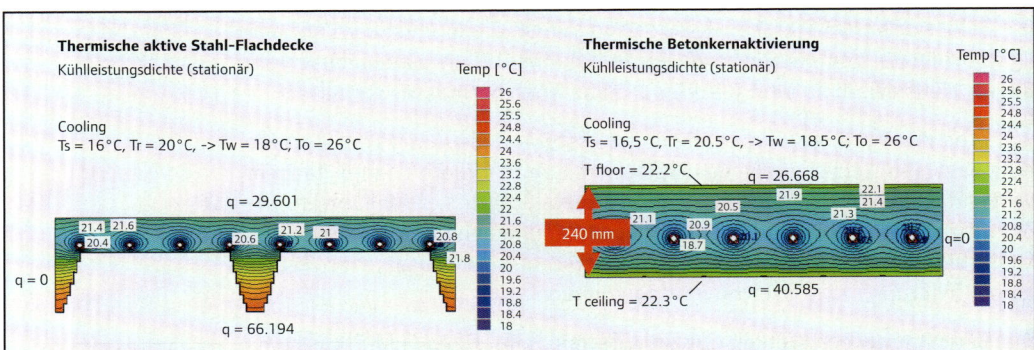

Bild 46
Thermisch aktive Stahl-Flachdecke und TABS (Betonkernaktivierung) im Vergleich

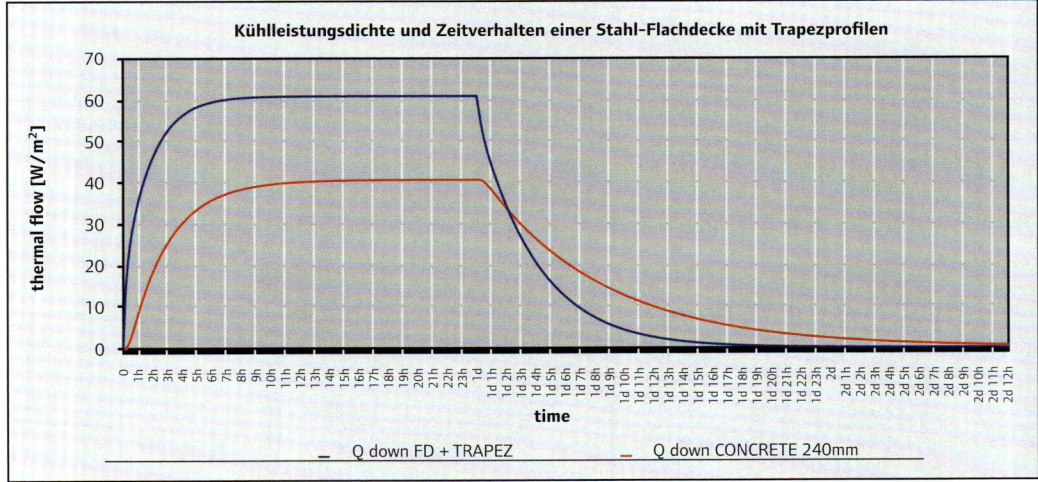

Bild 47
Kühlleistungsdichte und Zeitverhalten einer Stahl-Flachdecke mit Trapezprofilen im Vergleich zur Betondecke

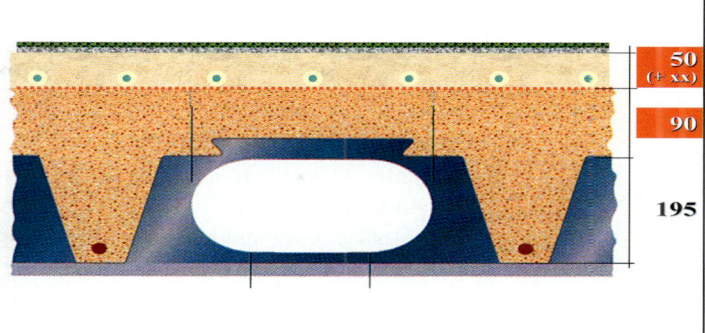

Kühlleistungen sowie dem Zeitverhalten der Flachdecke (12 cm) mit oberflächennahen Rohren im Vergleich zu einer dicker ausgeführten Decke (24 cm) mit Rohrregistern in der statisch neutralen Zone. Daraus ergeben sich Konsequenzen sowohl für die Planung als auch die Betriebsführung.

Bild 48
Rohrregister im Verbundestrich einer Stahlbetondecke

Im Vergleich zu einer massiven Betondecke mit Rohrregistern in der Deckenmitte führen die oberflächennahen Rohre bei einer Stahl-Flachdecke zu einer Zunahme der Kühlleistungsdichte von etwa 50 Prozent bei gleichen thermischen Randbedingungen.

Nach Abschalten der Wasserzirkulation kühlt die Stahl-Flachdecke jedoch wesentlich schneller aus. Ein nächtliches „Speichern" der Kühlkälte und ein Tag(RLT-Anlage einschl. Nachkühlung)-Nacht(Betonkernaktivierung)-Betrieb ist somit nur im geringeren Maß möglich.

Soll die Speicherkapazität der Betondecke einschließlich des Estrichs thermisch genutzt werden, kann die Rohrlage angepasst werden. Die Rohrregister liegen dann auf der Rohbetondecke innerhalb eines Verbundestrichs, der mit einer Haftbrücke fest mit dem Beton verbunden ist (Bild 48).

7.4 Prädiktives Steuern und Regeln von TABS

7.4.1 Grundlagen von TABS

Als thermoaktive Bauteilsysteme, kurz TABS, werden im Allgemeinen Temperierungssysteme bezeichnet, die die Gebäudemasse durch bauteilintegrierte wasserführende Rohrregister aktiv in die Klimatisierung von Räumen mit einbeziehen. Den Hauptunterschied zu konventionellen Heizkörpern bilden bei TABS die sehr viel größere Übertragungsfläche und die sehr viel geringeren Vorlauftemperaturen beim Heizen bzw. die höheren Temperaturen beim Kühlen. Meist werden diese Systeme in Fußböden oder Decken integriert. Auch die Integration in Wandelemente ist möglich, wird hier aber nicht näher betrachtet.

7.4.1.1 TABS-Arten

Grundsätzlich kann man thermoaktive Bauteilsysteme nach [27] in vier unterschiedliche Gruppen klassifizieren (s. Bild 49). Während sich die Position der wasserführenden Leitungen im Boden bzw. der Decke je Gruppe unterscheidet, bleibt der Aufbau der verschiedenen Materialschichten einer Wand der gleiche. Bei oberflächennahen Kapillarrohrsystemen befinden sich dünne Kapillarröhrchen in der obersten Schicht im Putz. Fußbodentemperierungen sitzen hingegen direkt unter dem Fußbodenbelag im Estrich. Mit solchen Systemen wird nur ein kleiner Teil der thermischen Masse des gesamten Strukturelementes aktiviert. Die Betonkerntemperierung nutzt einen weit größeren Anteil der thermischen Masse. Zwei-Flächen-Temperierungen aktivieren ebenfalls die gesamte thermische Masse der Decke, indem eine Rohrschlange direkt im Beton verlegt wird und ein zweites oberflächennahes Kapillarrohrsystem sich im Putz der Decke befindet. Alle Temperierungsvarianten unterscheiden sich außerdem in ihrer Reaktionszeit und damit in ihrer Systemträgheit. Je größer der Anteil der aktiv einbezogenen thermischen Masse ist, desto höher ist die Systemträgheit und umso schwieriger ist dieses System zu steuern und zu regeln. Die Betonkernaktivierung stellt aufgrund der hohen thermischen Masse eine besondere Herausforderung für die Regelung und Steuerung dar. Daher wird in den folgenden Simulationsbeispielen auf diese Art der Temperierung eingegangen.

Bild 49
Unterschiedliche Gruppierungen von thermoaktiven Bauteilsystemen (TABS): Oberflächennahe Kapillarrohrsysteme, Fußbodentemperierung, Betonkerntemperierung, Zwei-Flächen-Temperierung

7.4.1.2 Energiequellen für TABS

Je nachdem, ob mit thermoaktiven Bauteilsystemen gekühlt, geheizt oder beides gleichzeitig in unterschiedlichen Zonen realisiert werden soll, gibt es zahlreiche Möglichkeiten, die Rohre mit temperiertem Wasser zu versorgen. Besonders effizient sind solche Systeme jedoch in Verbindung mit natürlichen Wärmequellen (Heizfall) und Wärmesenken (Kühlfall). Dies hängt vor allem mit den großen beheizten Flächen und der daraus resultierenden geringen Temperaturdifferenz zwischen TABS und Raumtemperatur zusammen.

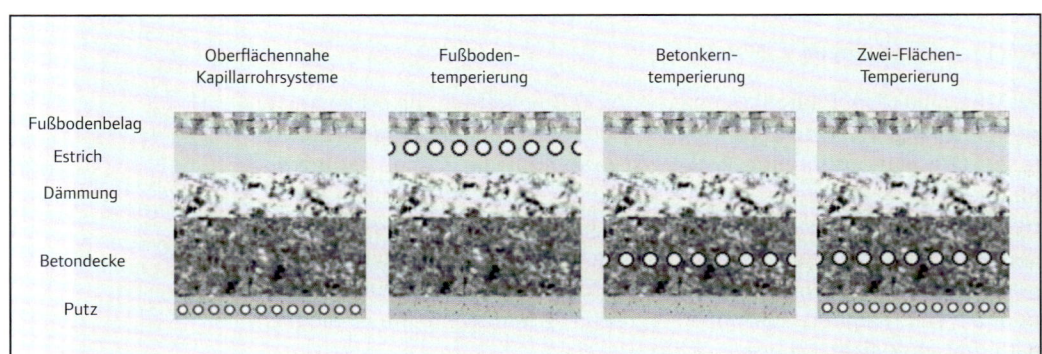

Hierbei eignen sich insbesondere Wärmepumpen in Verbindung mit regenerativen Energiequellen. Wärmepumpen sind thermodynamische Maschinen, die der Umwelt thermische Energie im Primärkreis entziehen und durch zusätzliche elektrische Energie das Temperaturniveau im Sekundärkreis erhöhen. Reversible Wärmepumpen können neben einer Anhebung des Temperaturniveaus für Heizzwecke auch im Kühlmodus und somit als Kältemaschine betrieben werden. Im Folgenden werden die gängigsten erneuerbaren Energiequellen für Wärmepumpen in Verbindung mit thermoaktiven Bauteilsystemen aufgelistet:

- Geothermie (Energiepfähle, Erdwärmesonden oder Erdkollektoren)
- Saug- und Schluckbrunnen
- Luft
- Solarthermie
- Fotovoltaik

Welche dieser Varianten gewählt werden kann, ist je nach örtlichen Gegebenheiten genau auf deren Eignung, Wirtschaftlichkeit und technische Umsetzung zu prüfen. Auch Kombinationen der regenerativen Energiequellen sind möglich, erhöhen jedoch die Komplexität des Gesamtsystems. Neben Wärmepumpen werden oft Maschinen zur Temperierung der TABS eingesetzt, die fossile Energiequellen verwenden. Dabei handelt es sich beispielsweise um Gas- und Ölheizkessel. Diese Energiequellen dienen außerdem oft zur Spitzenlastdeckung. Fernwärme- und Nahwärmenetze eignen sich ebenfalls für TABS im Heizmodus. Üblicherweise handelt es sich bei der Wärme um Abwärme von Kraftwerken mit einer Kraft-Wärme-Kopplung oder Blockheizkraftwerken.

7.4.1.3 TABS-Betriebsmodi

Der Betriebsmodus von TABS hängt von der gewählten Regelstrategie ab. Er definiert den Zeitpunkt und die Länge der Be- und Entladung von TABS und damit den Pumpenbetrieb innerhalb einer Zone. Grundsätzlich kommt bei konventionellen und prädiktiven Regelstrategien einer der folgenden Betriebsmodi zum Einsatz.

7.4.1.3.1 24-Stunden-Betrieb der Pumpe (Selbstregeleffekt)

Durch einen kontinuierlichen Betrieb der Pumpe und eine konstante Vorlauftemperatur von zum Beispiel 22 °C stellt sich bezüglich der Wärmeübergabe und -abgabe ein sogenannter Selbstregeleffekt ein. Sollte die Raumtemperatur diesen Wert überschreiten, wird dem Raum durch die aktiven Bauteile Wärme entzogen; sollte die Soll-Temperatur von 22 °C unterschritten werden, wird Wärme in den Raum übertragen. Grund hierfür ist die Gegebenheit, dass die Wärmeübertragung zwischen Bauteil und Raum eigenständig geregelt wird. Leider ist dieser Effekt nicht ausreichend

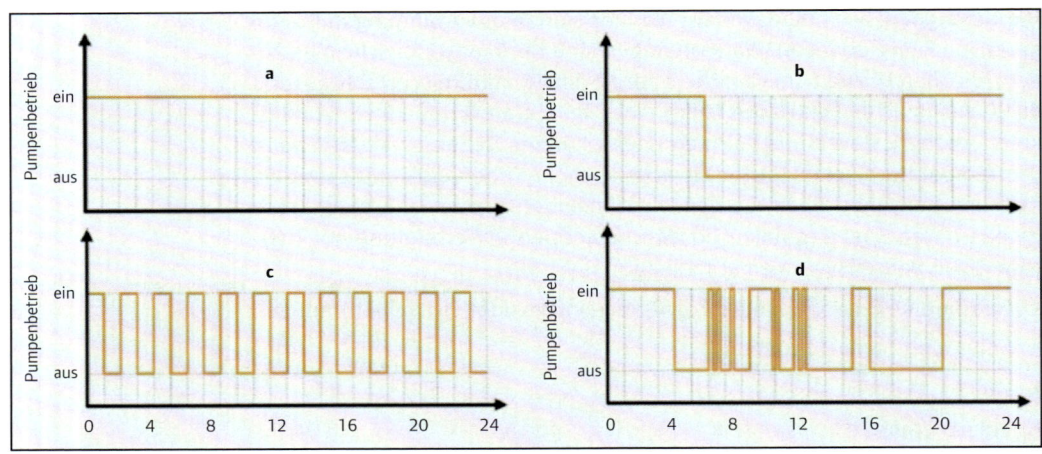

Bild 50
Unterschiedliche Betriebsmodi für thermoaktive Bauteilsysteme:
a) Dauerbetrieb der Pumpe, b) nächtlicher Pumpenbetrieb (Tag-Nacht-Betrieb), c) kontinuierlicher Taktbetrieb der Pumpe, d) diskontinuierlicher Taktbetrieb der Pumpe [28]

für eine bedarfsoptimierte und energieeffiziente Temperierung von Gebäuden. Aufgrund der niedrigen Temperaturdifferenzen zwischen Bauteiloberflächentemperatur und Raumtemperatur können nur geringe Wärmemengen übertragen werden. Die Umwälzpumpe ist im Dauerbetrieb und sorgt für einen kontinuierlichen Energieverbrauch.

7.4.1.3.2 Tag-Nacht-Betrieb

Beim Tag-Nacht-Betrieb wird die Speichermasse meist nachts mit Kälte- bzw. Wärmeenergie geladen, die dann über den Tag verteilt an den Raum abgegeben wird. Da bei dieser Betriebsweise die aktivierte Speichermasse eine große Rolle spielt und bei einer zu kleinen thermischen Masse nicht genügend Energie für die Abgabe am Tag bereitgestellt werden kann, ist dieser Betrieb nur bei einer Betonkerntemperierung und der Zwei-Flächen-Temperierung zu empfehlen. Um den optimal zuzuführenden Massenstrom und damit die Ein- und Ausschaltzeiten der Pumpe zu bestimmen, sind einfache Regeln, die beispielsweise Nutzungszeiten berücksichtigen, bis hin zu aufwändigen Berechnungsansätzen, welche Prognosen einbeziehen, vorstellbar.

7.4.1.3.3 Taktbetrieb

Beim Taktbetrieb werden die TABS in bestimmten Zeitintervallen beladen. Diese Betriebsweise wird angewandt, um die Wärmeübertragung zwischen den wasserführenden Leitungen und der umgebenden Speichermasse durch eine höhere Temperaturdifferenz zu verbessern. So wird die gleiche Energie wie beim Tag-Nacht-Betrieb über den Tag an den Raum abgegeben, elektrische Energie für die Pumpe kann jedoch eingespart werden. Der Taktbetrieb kann in zwei Gruppen unterteilt werden, den kontinuierlichen und den diskontinuierlichen Taktbetrieb. Beim kontinuierlichen Taktbetrieb besitzt das Zeitintervall über den Tag verteilt die gleiche Größe, im Gegensatz zum diskontinuierlichen Taktbetrieb, der die Pumpenlaufzeit innerhalb eines Tages anscheinend zusammenhanglos in einzelnen unterschiedlichen Zeitintervallen variiert.

7.4.1.4 Typische und zulässige TABS-Betriebstemperaturen

Theoretisch können TABS mit Temperaturen von knapp über 0 °C zum Kühlen bis hin zu über 100 °C heißem Wasser zum Heizen betrieben werden. Praktische Einschränkungen sind jedoch gegeben, da bei zu niedrigen Temperaturen die Taupunkttemperatur unterschritten wird und somit die Feuchte in der Luft am temperierten Bauteil zu kondensieren beginnt (Schimmelgefahr). Weitere praktische Einschränkungen sind vor allem bei Gebäuden gegeben, in denen sich Menschen befinden, und daher der thermische Komfort unbedingt eingehalten werden muss. Dieser thermische Komfort kann in zwei unterschiedlichen Modellen beschrieben werden:

Beim **Wärmebilanzmodell** (wird auch als statisches Modell bezeichnet) wird davon ausgegangen, dass der Körper ein thermisches Gleichgewicht herstellt, wenn die äußeren Bedingungen wie Lufttemperatur, Luftfeuchte, Luftgeschwindigkeit sowie Strahlungstemperaturen der Tätigkeit sowie der Bekleidung einer Person angepasst sind. Nach diesem Modell fühlt sich ein Mensch also wohl, wenn die Wärmeabgabe und die Wärmeaufnahme des Körpers im Gleichgewicht stehen. Das **Erwartungsmodell** (wird auch als adaptives Modell bezeichnet) berücksichtigt die menschliche Erwartung der Umgebungsbedingungen. Beispielsweise werden im Sommer in einem Gebäude höhere Temperaturen erwartet und im Winter niedrigere Temperaturen. Den größten Einflussfaktor haben physiologische und psychologische Aspekte, nämlich Eingriffsmöglichkeiten auf das Raumklima (können Fenster geöffnet werden, gibt es Einstellmöglichkeiten für die Raumtemperatur, kann der Sonnenschutz selbstständig bedient werden usw.).

Mehrere Normen und Richtlinien beschäftigten sich intensiv mit dem Thema „Thermische Behaglichkeit". Früher wurde oft die heute nicht mehr gültige **DIN 1946-2:1994-01** [29] herangezogen, welche maximale Raumlufttemperaturen in Abhängigkeit von Außenlufttemperaturen für Gebäude mit raumlufttechnischen Anlagen definierte. Dabei wurde die operative Raumtemperatur (auch Empfindungstemperatur genannt) vernachlässigt, die aus dem Mittelwert der Luft- und Strahlungstemperaturen berechnet wird. Somit konnte die Leistung von thermoaktiven Bauteilsystemen durch höhere (Heizen) bzw. niedrigere Vorlauftemperaturen (Kühlen) gesteigert werden, der Komfort wurde dadurch jedoch stark eingeschränkt.

Die **DIN EN ISO 7730:2006** [30] beschreibt ein Verfahren, wie thermischer Komfort für Menschen vorausgesagt werden kann. Grundlage hierfür sind das Wärmebilanzmodell und das PMV-Modell nach [31]. Dafür werden die Indizes „vorausgesagtes mittleres Votum" PMV (predicted mean vote) sowie der „Prozentsatz Unzufriedener" PPD (predicted percentage of dissatisfied) berechnet. Der PMV wird dabei in eine siebenstufige Skala unterteilt. Er ist eine Funktion aus dem Aktivitätsgrad, der Bekleidung, der operativen Raumtemperatur, der Luftgeschwindigkeit und der Luftfeuchte.

Grundlage für adaptive Komfortmodelle sind Nutzerbefragungen hinsichtlich des thermischen Komforts. In der **ASHRAE 55:2010** [32] (American Society of Heating, Refrigerating and Air-Conditioning Engineers) wurden in einer weltweit angelegten Studie Nutzerbefragungen ausgewertet.

In der niederländischen Richtlinie **ISSO 74, 2005** [33] wurden mehrere frühere Arbeiten zum Thema Komfort begutachtet und anhand dieser Grundlage wurden neue Modelle für die thermische Behaglichkeit entwickelt. Hier wurde das Monatsmittel der Außentemperatur als Bezugsgröße für die thermische Adaption gewählt.

Die europäische Norm **DIN EN 15251:2012-12** [34] wurde Ende des Jahres 2012 fertiggestellt und ist damit derzeitig die aktuelle Norm bezüglich thermischer Behaglichkeit. Es findet eine Unterscheidung zwischen natürlich belüfteten Gebäuden und Gebäuden, die klimatisiert werden, statt. Die Behaglichkeit wird in vier Kategorien unterteilt, wovon drei der internationalen Norm DIN EN ISO 7730:2005 zugeordnet werden können. Kategorie IV beschreibt alle Werte außerhalb der anderen Kategorien.

Die geplante Richtlinie **VDI 6018** beschäftigt sich ebenfalls mit der behaglichen Raumnutzung und betrachtet dabei Einflussgrößen wie Lufttemperatur, Luftgeschwindigkeit, Luftwechsel, Strahlungstemperaturen sowie das Wohlgefühl des Nutzers.

Die maximale und minimale Wassertemperatur von thermoaktiven Bauteilsystemen ist von vielen Faktoren abhängig. Daher können nur gewisse Empfehlungen für spezielle Gebäudetypen ausgesprochen werden. Für Bürogebäude werden Vorlauftemperaturen für **boden- und deckenintegrierte Systeme** von **maximal 29 °C** und **minimal 17 °C** empfohlen. Bei anderen Gebäudetypen müssen Minimal- und Maximaltemperaturen grundsätzlich im Vorhinein auf Grundlage der genannten Normen und Richtlinien bestimmt werden.

7.4.1.5 TABS-Zoneneinteilung

In vielen Fällen ist es für eine optimale TABS-Steuerung hilfreich und auch notwendig, unterschiedlich regelbare TABS-Zonen in einem Gebäude vorzusehen. Grundsätzlich muss dabei besonders auf die inneren und äußeren Lasten in einem Raum geachtet werden. Ist hier der Unterschied zu groß, werden aufgeteilte Zonen empfohlen. Es empfiehlt sich, bei der Zoneneinteilung vor allem auf folgende Parameter zu achten:

Externe Lasten:
- Orientierung des Raumes (Süden, Osten, Westen, Norden)
- Fensterflächenanteil je Orientierung
- Lage des Raumes (Eckraum oder innenliegender Raum)
- Verschattung der Sonneneinstrahlung durch andere Gebäude oder Bäume
- unterschiedliche Wärmedämmung der Wände

Interne Lasten:
- thermische Masse in einem Raum: Belegung mit Raumeinrichtungen, Regalen, Tischen usw.
- unterschiedlicher Aufbau der Wände (Leichtbau, Massivbau)
- Raumbelegung: Anzahl an Personen in einem Raum sowie deren Aufenthaltsdauer
- elektrische Geräte wie Computer, Lampen, Drucker usw. und ihre Ein- und Ausphasen

Unterschiedliche Komfortanforderungen: Befinden sich beispielsweise Büroräume und PC-Serverräume im gleichen Gebäude und haben diese unterschiedliche Komfortanforderungen, ist eine separate Zone auf jeden Fall vorzusehen.

7.4.1.6 TABS-Hydraulik

Es gibt zahlreiche Möglichkeiten, die Hydraulik für TABS zu gestalten. Am häufigsten werden Hydraulikvarianten verwendet, die in drei Kategorien eingeteilt werden können:
- Varianten mit zwei Verteilleitungen
- Varianten mit drei Verteilleitungen
- Varianten mit vier Verteilleitungen

Von der Wahl und der richtigen Auslegung der Hydraulik hängt viel ab. Hier wird nicht nur festgelegt, wie viel unterschiedliche Zonen ein Gebäude zur Klimatisierung besitzt, sondern ebenfalls, wie effizient das Gesamtsystem ist und ob nur geheizt, gekühlt oder beides gleichzeitig in unterschiedlichen Zonen verwirklicht werden kann. Somit können beispielsweise Zone 1 gekühlt (wenn hohe innere Lasten bestehen, wie es in Serverräumen der Fall ist) und Zone 2 beheizt werden (normale Büroräume im Winter). Varianten mit zwei Verteilleitungen haben den großen Nachteil, dass entweder nur gekühlt oder geheizt werden kann. Ab drei Verteilleitungen kann gleichzeitig warmes und kaltes Wasser zur Verfügung gestellt werden. Vier Verteilleitungen haben im Gegensatz zu drei Verteilleitungen einen separaten Rücklauf für warmes und kaltes Wasser. In Bild 51 werden schematisch die drei Hydraulikvarianten abgebildet. Bei der Zonenpumpe kann es sich entweder um eine stufenlos regelbare, eine mehrstufige oder um eine

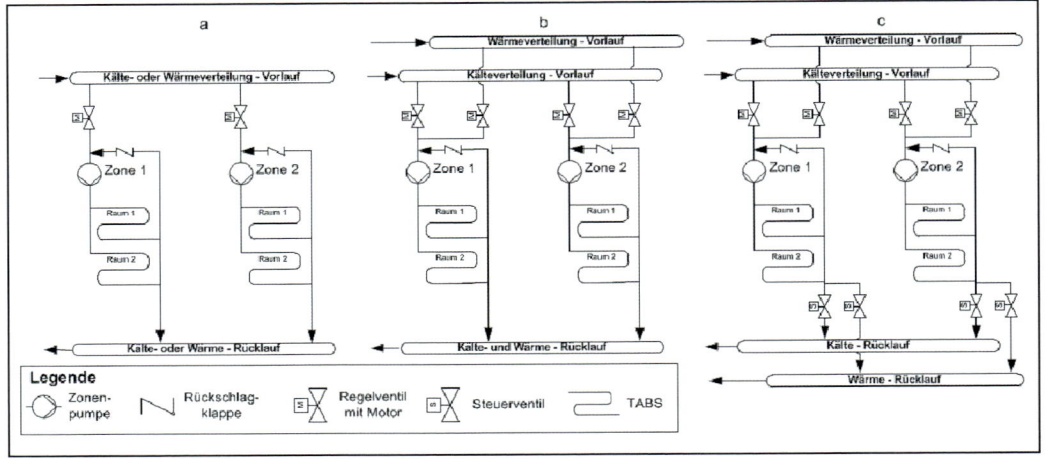

Bild 51
Häufigste Hydraulikvarianten zur Einbindung von TABS: a) zwei Verteilleitungen, b) drei Verteilleitungen, c) vier Verteilleitungen

zweistufige Pumpe handeln. Das Regelventil im Vorlauf sorgt durch seinen Hub für eine definierte Vorlauftemperatur. Der Rücklauf der Zone wird dazu dem Vorlauf beigemischt. Eine Rückschlagklappe verhindert Fehlzirkulationen. Bei vier Verteilleitungen befinden sich zusätzliche Steuerventile im Rücklauf der Zonen, damit der Zonenrücklauf dem Kälte- bzw. Wärmerücklauf zugeordnet werden kann.

Die Wahl zwischen drei und vier Verteilleitungen ist nicht einfach. Vier Leitungen haben den Nachteil von höheren Investitionskosten. Mischgewinne durch die Mischung des Rücklaufs aller Zonen können nicht genutzt werden, es kommt jedoch auch zu keinen Mischverlusten. Ob Mischverluste oder -gewinne in einem System dominieren, sollte im besten Fall durch vorherige Simulationen berechnet werden.

7.4.2 Der Regelkreis und die Regelstrecke TABS

7.4.2.1 Grundlagen

TABS sind in Wärmeverteilungssystemen für die sogenannte Nutzenübergabe verantwortlich. Analysiert man zunächst die physikalischen Vorgänge, so lässt sich Folgendes festhalten: Mit Hilfe von TABS wird in die Räume ein zusätzlicher Wärmestrom eingebracht, der entweder dem Raum Wärme zuführen kann (Gebäudeheizung) oder aus dem Raum Wärme entzieht (Gebäudekühlung). Dazu wird Wasser mit geringen Übertemperaturen (etwa 29 °C) im Heizfall bzw. geringen Untertemperaturen (etwa 17 °C) im Kühlfall durch Rohrregister zirkuliert, die in massiven Deckenelementen integriert sind.

Für das Übertragungsverhalten von Heizwasser in den Rohrregistern bis zur Temperatur im zu beheizenden Raum sind der Wärmeübergang α_W vom Register an die Betondecke, der Wärmedurchgang durch die Decke mit

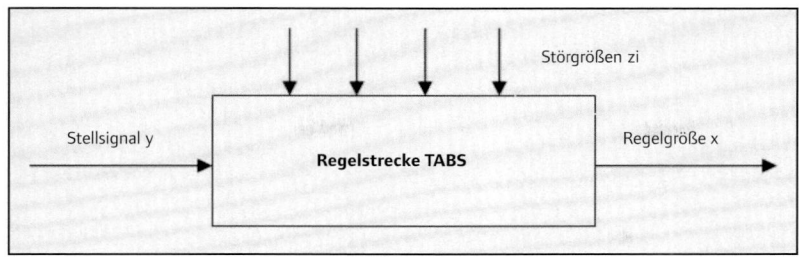

Bild 52
Wirkungsplan der Regelstrecke TABS

hoher Speicherkapazität und der Wärmeübergang von der Decke an die Raumluft α_L charakteristisch. Typische Werte hierfür sind in Tabelle 16 zu finden.

In Bild 52 ist die Regelstrecke TABS dargestellt. Mit dem Signal y wird dabei die Stellgröße bezeichnet, mit der ein Automationssystem (Regelgerät, Steuerung) so in ein TABS eingreift, dass die Regelgröße Raumtemperatur den gewünschten Sollwert einhält. Dabei hat die Automation die Aufgabe, den Einfluss der Störgrößen zi, nämlich Außenluft, solare Einstrahlung, innere Wärmequellen und Nutzung des Raumes, auf die Raumtemperatur auszugleichen.

Im Fall der Automatisierung von TABS kommt eine besondere Schwierigkeit hinzu: die enorme thermische Masse von TABS. Diese ist TABS-spezifisch und gewollt. Anders formuliert: Um mit TABS in das Raumklima einzugreifen, muss zunächst der thermische Speicher Betondecke geladen bzw. entladen werden, was die Unmittelbarkeit eines Regeleingriffes erheblich behindert.

Die Regelungstechnik charakterisiert dieses sogenannte Übertragungsverhalten von Strecken mit Hilfe der Sprungantwort. In Bild 53 ist beispielhaft die Sprungantwortfunktion für eine Betonkernaktivierung mit unterschiedlichen Betondicken sowie für ein oberflächennahes Temperierungssystem dargestellt.

Aus dem Verhältnis der Verzugszeit, der Totzeit und der Ausgleichszeit $(T_u + T_t)/T_g$ bzw. T_u/T_g wird in der Regelungstechnik der Schwierigkeitsgrad s einer Strecke ermittelt (bei TABS kann die Totzeit T_t, die durch Stofftransportvorgänge entsteht, vernachlässigt werden). Bei TABS ergeben sich, bedingt durch die großen T_g-Werte, für s Werte kleiner 0,1 (siehe hierzu Tabelle 13). Dies ist auf die enorme Speicherkapazität der TABS zurückzuführen. Damit gilt die TABS-Regelstrecke als „leicht regelbar", was die Dynamik der Regelung anbetrifft. Diese Aussage ist jedoch eher irreführend. Strecken mit s größer 0,3 werden in der Regelungstechnik als schwierig bezeichnet. Schwierig sind Strecken, wenn sie in Verbindung mit einfachen Regelalgorithmen im Regelkreis zum Überschwingen und Dauerschwingen der Regelgrößen neigen. Bei TABS ist jedoch eher das Gegenteil der Fall: Die enorme Trägheit verhindert jegliche Dynamik beim Ausregeln.

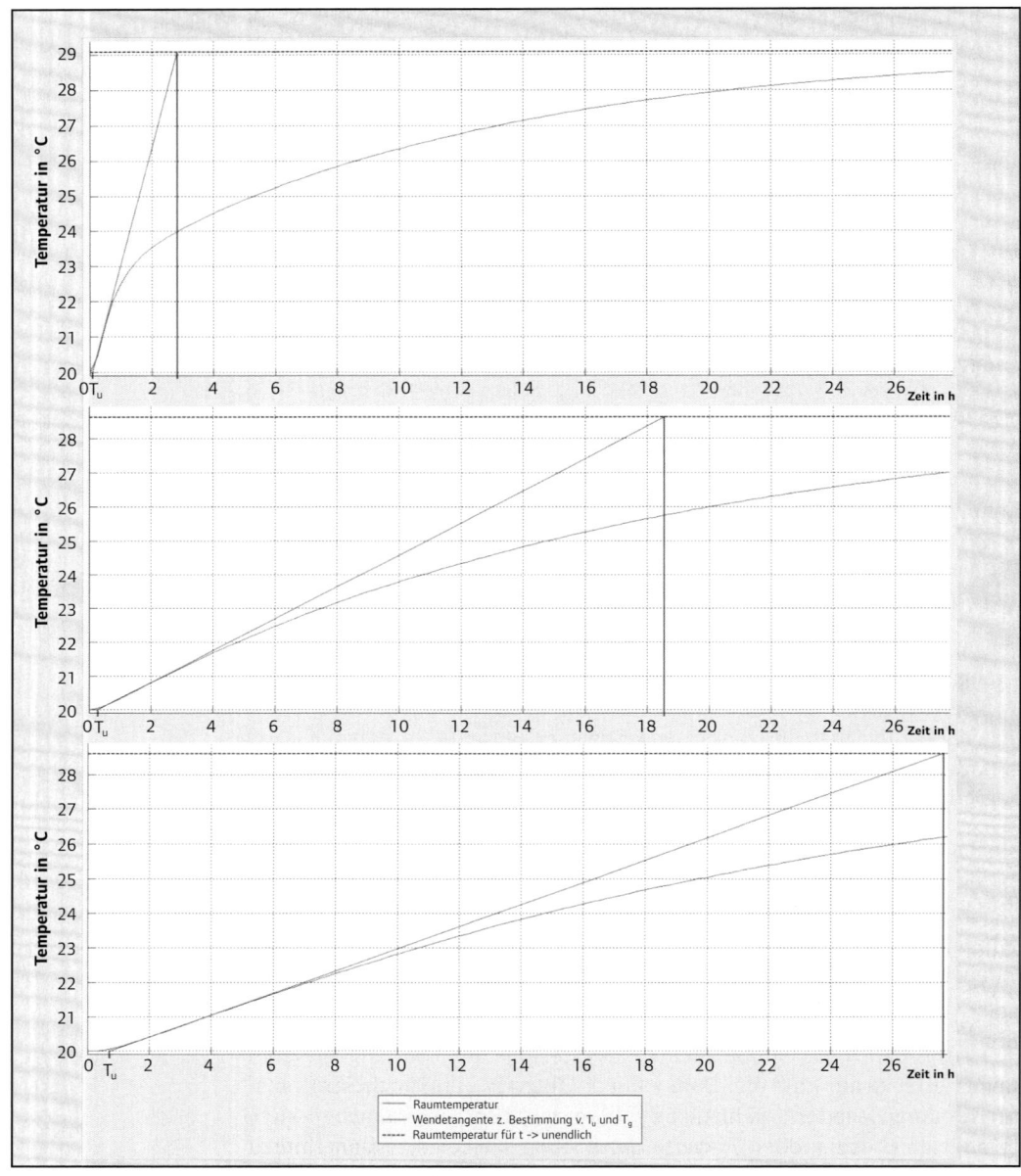

Bild 53
Simulierte Sprungantwort für thermoaktive Bauteilsysteme bei einem Sprung der Vorlauftemperatur von 20 °C auf 30 °C für unterschiedliche Systeme (von oben nach unten): 1. Oberflächennahes Temperierungssystem, 2. Betonkernaktivierung mit einer Gesamtbetondicke von 16 cm, 3. Betonkernaktivierung mit einer Gesamtbetondicke von 24 cm.

	Verzugszeit T_u	Ausgleichszeit T_g	T_u/T_g
Oberflächennahe Temperierung	0,08 h	2,73 h	0,029
Betonkernaktivierung (Dicke von 16 cm)	0,26 h	18,28 h	0,014
Betonkernaktivierung (Dicke von 24 cm)	0,7 h	26,93 h	0,026

Tab. 13
Vergleich unterschiedlicher Temperierungssysteme in Bezug auf Verzugszeiten und Ausgleichszeiten

Der Sollwert wird, wenn überhaupt, erst nach etlichen Stunden nach Aufgabe der Stellgrößen erreicht (in Bild 53 Fall 3 werden nach mehr als 100 Stunden 95 Prozent des Endwertes erreicht).

In der Regelungstechnik werden Regelstrecken klassifiziert. TABS können zu den Strecken mit Proportionalverhalten gezählt werden. Bedingt durch ihre enorme thermische Masse kann die Dynamik der Regelstrecke TABS mit Hilfe eines Verzögerungsgliedes zweiter Ordnung treffend wiedergegeben werden (s. Bild 53). Dieses Übertragungsverhalten lässt sich mit folgender Differenzialgleichung darstellen:

$$T_2^2 \frac{d\vartheta_R^2}{dt^2} + T_1 \frac{d\vartheta_R}{dt} + \vartheta_R = k_s \cdot y \tag{7}$$

Die für die Regelungstechnik wichtige Übertragungsfunktion lautet in diesem Fall:

$$G(s) = \frac{k_s}{(1 + T_1 \cdot s)(1 + T_2 \cdot s)} \tag{8}$$

T_1 und T_2 sind die Zeitkonstanten der Differenzialgleichung und k_s der Proportionalbeiwert der Strecke.

Aufgrund der enormen thermischen Trägheit macht es wenig Sinn, mittels TABS-Stellgrößen die Raumtemperatur unmittelbar zu regeln. Deshalb sollte in diesem Fall von TABS-Steuerung gesprochen werden (siehe Bild 54b).

Beachte: Einzelne Größen, wie die TABS-Vorlauf- oder -Rücklauftemperatur, lassen sich jedoch durchaus regeln. Man spricht hier von vorgeschalteten Regelkreisen, die nach dem Konzept der Störgrößenregelung arbeiten. Hier gelten die üblichen Einstellregeln für das Optimieren von Regelkreisen (siehe [35]).

7.4.2.2 Steuerung von TABS

Charakteristisch für das Automationskonzept Steuerung ist es, dass die Automation, also das Steuergerät, die Aufgabe hat, den Einfluss der Hauptstörgrößen zu antizipieren und durch entsprechende Steuereingriffe

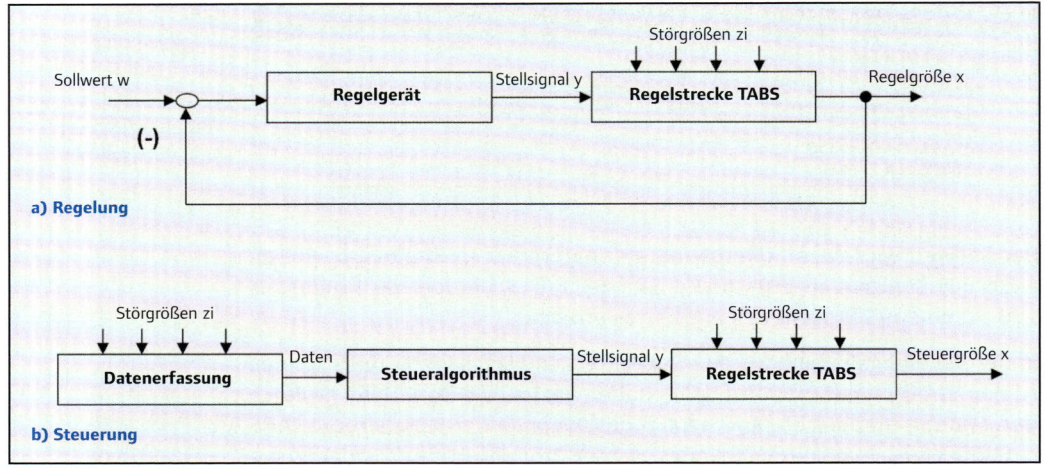

Bild 54
Vergleich der Wirkungspläne einer TABS-Regelung (a) und TABS-Steuerung (b). Im Unterschied zur Regelung finden bei der offenen Steuerung keine Rückführung der Steuergröße x und damit kein Soll/Ist-Vergleich statt. Dafür versucht die Steuerung, die Hauptstörgrößen messtechnisch oder als Prognose zu erfassen und im Steueralgorithmus zu berücksichtigen

deren unerwünschten Einfluss auf die Steuergröße auszugleichen (siehe Bild 54a). Im Falle von TABS sind die Hauptstörgrößen die Außentemperatur, die solare Einstrahlung, innere Wärmequellen und die Raumnutzung.

Ziel einer optimalen TABS-Steuerung ist es, im Raum eine komfortable Temperatur einzuhalten und dies bei einem minimalen Einsatz an Zusatzenergie. Das bedeutet jedoch auch, dass Störeinflüsse immer dann willkommen sind, wenn sie einen Beitrag zur Einhaltung der Raumtemperatur liefern können. In diesem Fall muss das TABS weniger oder möglicherweise keine Zusatzenergie für die Beheizung oder Kühlung eines Raumes bereitstellen.

Und genau an dieser Stelle liegt die Schwierigkeit der TABS-Steuerung. Im ungünstigsten Fall arbeitet das TABS kontraproduktiv zu den im Raum vorhandenen Energieströmen. Das heißt, die zuvor aufgeheizte Masse der Decke liefert Wärme in einen Raum, der zusätzlich durch die Sonne oder innere Wärmequellen aufgeheizt wird. Dadurch wird Überschusswärme im Raum freigesetzt, was zu einer unkomfortablen Raumtemperatur führt, die notfalls weggelüftet werden muss. Dies erzeugt enorme Energieverluste und Unzufriedenheit bei den Nutzern. Daraus lässt sich die Aufgabe einer TABS-Steuerung umformulieren: Die TABS-Steuerung muss die thermische Masse eines Gebäudes gerade so temperieren, dass sich abhängig von der jeweiligen Nutzung, der momentanen Außentemperatur, der solaren Einstrahlung und den internen Wärmequellen ein komfortables Raumklima ergibt. Eine optimal eingestellte TABS-Steuerung sollte also vorausschauend, prädiktiv genau denjenigen Energiebeitrag bereitstellen, der für die Einhaltung des Raumsollwertes erforderlich ist. Nicht mehr und nicht weniger!

Doch wie ist das im Fall von TABS zu bewerkstelligen? In Abschnitt 7.4.4 werden zunächst die derzeit gängigen Automationskonzepte, die im Bereich TABS eingesetzt werden, vorgestellt. Neuartige, prädiktive TABS-Steuerungen, wie sie an der Hochschule Offenburg entwickelt wurden, beziehen Prognosedaten für die Außentemperatur, die solare Einstrahlung sowie die Raumnutzung mit ein. Wetterdatenprovider stellen heute kostengünstig Prognosedaten für Außentemperatur und solare Einstrahlung bereit. Mittels Webservices lassen sich diese Werte via Internetanschluss in der Automatisierungsstation komfortabel abfragen und in Steueralgorithmen einbinden. Der Gebäudenutzer kann andererseits seine Nutzungspläne in die Steuerung eingeben, sodass die Belegung der Räume für die Steuerung ebenfalls absehbar ist. Das Auftreten der inneren Wärmequellen kann durch eine raumweise Erfassung der Geräteausstattung mit Hilfe der Belegungsdaten antizipiert werden.

Bei der Entwicklung der prädiktiven Steueralgorithmen werden Modellrechnungen verwendet, die auf Basis von Gebäudekenndaten und der prognostizierten Wetter- und Nutzungsdaten die zukünftigen Wärme- bzw. Kältebedarfe ermitteln. So ist es möglich, die für den Folgetag im Raum benötigten Wärme-/Kältebedarfe gerade so zu bemessen und bei Nacht den TABS zuzuführen, dass der Aufwand an Zusatzenergie minimal bleibt und die Komfortgrenzen für die Raumtemperatur eingehalten werden.

Abhängig von der Steuer- und Regelstrategie werden unterschiedliche Sensoren für die Automation von TABS benötigt, um eine Zone zu temperieren. Für konventionelle Strategien werden grundsätzlich folgende Sensoren benötigt:

- Außentemperatursensor
- Vorlauftemperatursensor
- Optional: Raumtemperatursensor und Volumenstromzähler

Als Stellgeräte lassen sich verwenden:

- das Regelventil des Kältevorlaufs
- das Regelventil des Wärmevorlaufs
- die TABS-Zonenpumpe: Sie kann entweder mit einem Zweipunktsignal (ein/aus) gesteuert oder drehzahlgeregelt werden, sodass ein individueller Volumenstrom für die entsprechende Zone eingestellt werden kann.
- weitere Steuerventile bei vier Verteilleitungen.

In Bild 55 wird ein Automationsschema nach VDI 3814 Blatt 6 beispielhaft für eine konventionelle Steuerung und Regelung eines TABS mit drei Verteilleitungen dargestellt. Die Zone kann durch zwei separate Vorlaufverteiler entweder geheizt oder gekühlt werden. Bei der Vorlauftemperatur-Regelung wird der Rücklauf aus der Zone mit Hilfe des Drosselventils in der Vorlaufleitung variabel beigemischt. Die Vorlauftemperatur der entsprechenden Zone wird anhand der Außentemperatur geführt und mit dem Ist-Wert der Vorlauftemperatur verglichen. Ein entsprechender P-, PI- oder

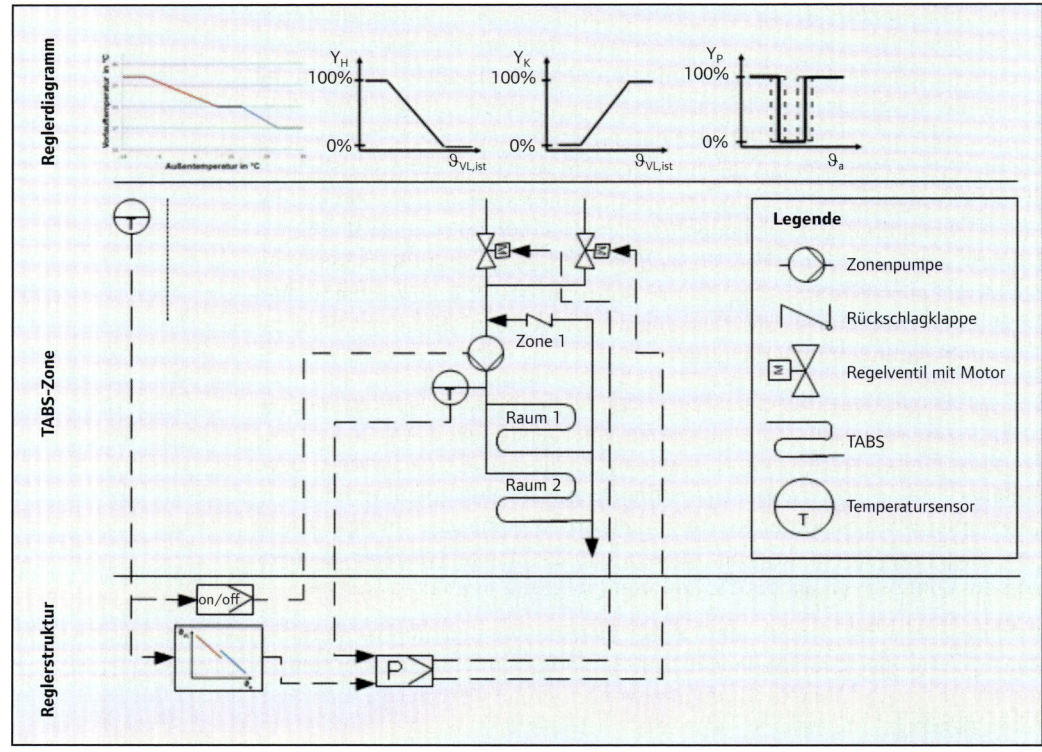

Bild 55
Automationsschema für eine außentemperaturgeführte Vorlauftemperatursteuerung für ein Drei-Leiter-System von thermoaktiven Bauteilsystemen, Sensoren: Außentemperatur ϑ_a, Vorlauftemperatur ϑ_{VL}

PID-Regler stellt den Hub des Regelventils gerade so ein, dass durch eine Beimischung des Rücklaufs der Zone der Soll-Wert der Vorlauftemperatur erreicht wird. Im Heizfall wird das Heizventil geöffnet und das Kühlventil bleibt geschlossen. Im Kühlfall bleibt das Heizventil geschlossen und das Kühlventil wird geöffnet. In diesem Beispiel wird die Pumpe gesteuert, und zwar in Abhängigkeit der Außenlufttemperatur. Befindet sich die Außentemperatur in einem definierten Bereich (Neutralzone), wird die Pumpe ausgeschaltet, ansonsten wird sie in einem Dauerbetrieb mit einer konstanten Drehzahl gefahren.

7.4.3 Modellierung von TABS und Gebäuden

In diesem Kapitel werden die Grundlagen der Interaktion zwischen äußeren klimatischen Bedingungen und dem Klima in einem Gebäude erläutert. Außerdem werden einige Programme zur dynamischen Simulation von Gebäuden und den damit gekoppelten Anlagen vorgestellt. Im letzten Teil dieses Kapitels wird auf das verwendete Simulationsmodell eingegangen, um eine Bewertung der unterschiedlichen Regelstrategien für TABS vornehmen zu können.

7.4.3.1 Grundlagen

In Bild 56 werden die Haupteinflussfaktoren auf das Raumklima dargestellt. Diese lassen sich aufteilen in äußere und innere Faktoren. Zu den wesentlichen äußeren Einflüssen auf das Raumklima zählen die Außentemperatur ϑ_{amb} sowie die solare Einstrahlung $\dot{Q}_{sol}$, die durch Fenster in der Fassade zu einem Wärmegewinn beitragen. Wenn das Sonnenlicht auf das Fenster trifft, werden die Strahlen zu einem gewissen Anteil reflektiert, absorbiert und transmittiert. Die Auswirkung der äußeren Einflüsse kann durch eine bessere Fassadendämmung, spezielles Wärmeschutzglas und Verschattungselemente verringert werden. Neben externen Wärmegewinnen tragen vor allem die internen Wärmegewinne zum Raumklima bei, die durch Personen und elektrische Maschinen (Computer, Bildschirme, Beleuchtung) verursacht werden. Letztendlich steuern Systeme zur Heizung, Lüftung und Kühlung zum Ausgleich dieser Gewinne und Verluste bei, damit im Raum der thermische Komfort eingehalten werden kann. Die internen Gewinne unterteilen sich in konvektive und radiative Wärmegewinne. Die Konvektion beschreibt den Wärmeaustausch abhängig von der Luftzirkulation und kann wiederum in die freie und die erzwungene Konvektion aufgeteilt werden. Freie Konvektion entsteht in einem Raum zwischen Körpern mit unterschiedlicher Temperatur aufgrund des Dichteunterschiedes der Luft. Erzwungene Konvektion wird durch maschinelle Druckdifferenzen erzeugt, wie sie bei Ventilatoren und Pumpen auftreten. Unter radiativen Wärmegewinnen versteht man einen Wärmeaustausch durch elektromagnetische Wärmestrahlung, wie sie beispielsweise von

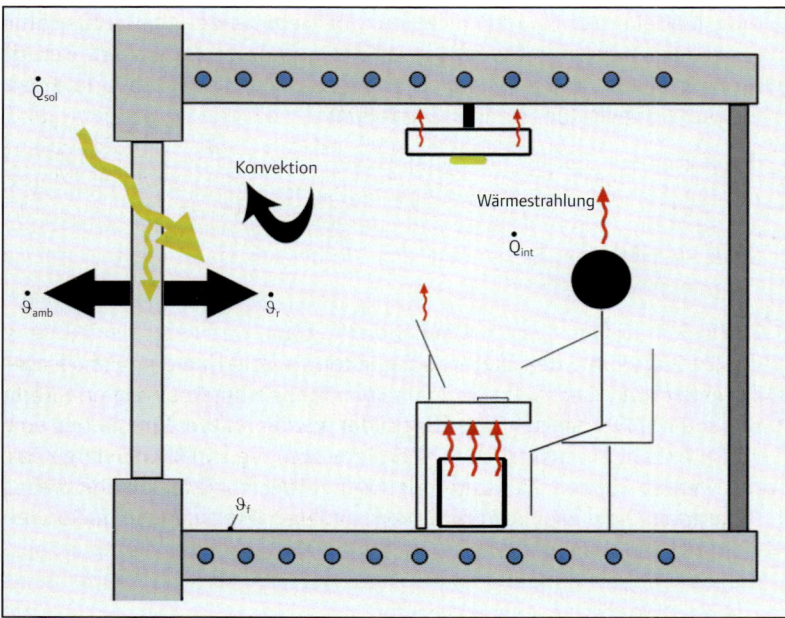

Bild 56
Schematische Darstellung eines Raumes mit thermoaktiven Bauteilsystemen zur Temperierung mit drei Störgrößen (Außentemperatur ϑ_{amb}, solare Einstrahlung $\dot{Q}_{sol}$ und interne Wärmegewinne $\dot{Q}_{int}$) und drei Messpunkten (Außentemperatur ϑ_{amb}, Raumtemperatur ϑ_r, Oberflächentemperatur ϑ_f)

einer Person aufgrund ihrer hohen Körpertemperatur ausgesendet wird. Der konvektive Anteil der Wärmeabgabe ist im Wesentlichen für den Temperaturanstieg im Raum verantwortlich.

7.4.3.2 Dynamische Simulationsprogramme

Dynamische Simulationen werden auf der Grundlage von mathematischen Modellen auf einem Computer durchgeführt. Bei den mathematischen Modellen handelt es sich meist um Differenzialgleichungen, die den zeitlichen Ablauf eines Systems abbilden können. Simulationen helfen dabei, das Verhalten von Systemen besser zu verstehen, diese im Vorhinein ausgiebig zu testen und Effizienzverbesserungen durchführen zu können. Für die Abbildungen von dynamischen Prozessen im Gebäudebereich gibt es zahlreiche Simulationsprogramme. Die am häufigsten verwendeten werden hier kurz vorgestellt. Alle genannten Programme haben die Möglichkeit, thermisch aktivierte Bauteilsysteme abzubilden.

- **EnergyPlus** ist eines der bekanntesten Simulationsprogramme für die dynamische Gebäudesimulation und die Simulationen der technischen Gebäudeausrüstung. Es sind Simulationszeitschritte von unter einer Stunde möglich sowie die Integration von textbasierten Wetterdaten.

- **DOE-2** ist ein kostenloses Gebäudeanalyse- und dynamisches Simulationsprogramm mit stündlicher Zeitauflösung. Es können zahlreiche gebäudetechnische Anlagen simuliert werden.

- **Modelica** ist sehr gut für die Entwicklung von neuen physikalischen Modellen geeignet und bietet von Haus aus bereits zahlreiche vorgefertigte Modelle an. Es wird nicht nur für Gebiete der Gebäudetechnik verwendet, sondern ebenfalls in diversen anderen Bereichen. Beliebt für Programmierer der dynamischen Prozesse in einem Gebäude ist die grafische Entwicklungsumgebung Dymola.

- **IDA-ICE** ist speziell für die dynamische Gebäudesimulation entwickelt worden. Es baut auf der IDA-Simulationsumgebung auf. Die Abkürzung ICE steht für „Indoor Climate and Energy". Es wird von der EQUA Solutions AG vertreten. Es handelt sich hierbei um eine objektorientierte Programmiersprache.

- **TRNSYS** (TraNsient System Simulation Program) wird bereits seit Anfang der Siebzigerjahre des letzten Jahrhunderts an der University of Wisconsin entwickelt. Gebäude sowie Anlagen können durch eine große Komponentenbibliothek sehr gut abgebildet werden. Außerdem gibt es eine große Anzahl an zusätzlichen Komponenten, die in TRNSYS eingebunden werden können. Ein weiterer großer Vorteil ist die Flexibilität dieses Programms, da es mit zahlreichen anderen Programmen gekoppelt werden kann. Beispielsweise wird für die hier gezeigten Optimierungsprozesse auf die Kopplungsmöglichkeit mit MATLAB des Unternehmens The MathWorks, Inc. zurückgegriffen.

Im Folgenden werden das Gebäudemodell sowie das TABS-Modell mit TRNSYS erstellt. Die konventionellen Regelstrategien werden ausschließlich mit TRNSYS abgebildet, während für die prädiktiven Verfahren MATLAB mit TRNSYS gekoppelt wird.

7.4.3.3 Verwendetes Simulationsmodell

Zu Demonstrationszwecken wurde in TRNSYS ein Beispielraum mit einem thermoaktiven Bauteilsystem in der Decke modelliert, auf den in den folgenden Kapiteln Bezug genommen wird. Die mittleren Maße des Raumes sowie die Orientierung sind Bild 57 zu entnehmen. Die aktivierte Decke hat die in Tabelle 14 angegebenen Wandschichten. Bei diesem Simulationsmodell handelt es sich um ein Normalbüro, das heißt, die Umgebungstemperaturen der Wände entsprechen den gleichen Temperaturen wie der Raumtemperatur. Einzig die Wand mit Verglasung ist in Kontakt mit den äußeren klimatischen Bedingungen. Eckbüros haben eine weitere Wand, die in direktem Kontakt zum äußeren Klima steht. Diese sind daher noch empfindlicher, was den Einfluss der Störgrößen Außentemperatur und der durch die Verglasung eindringenden solaren Strahlung angeht. Tabelle 15 gibt die Abmessungen der im Betonkern verlegten wasserführenden Rohre an.

Es wurden zusätzliche interne Gewinne für Wochentage simuliert. Diese setzen sich zusammen aus:

- Zwei Personen, die mit den in Bild 58 dargestellten Anwesenheitsfaktoren verrechnet wurden. Die Wärmegewinne der beiden Personen wurden mit dem typischen Aktivitätsgrad für Büros (sitzend, leichte Arbeit, schreibend) nach der DIN EN ISO 7730:2006 [30] gewählt.

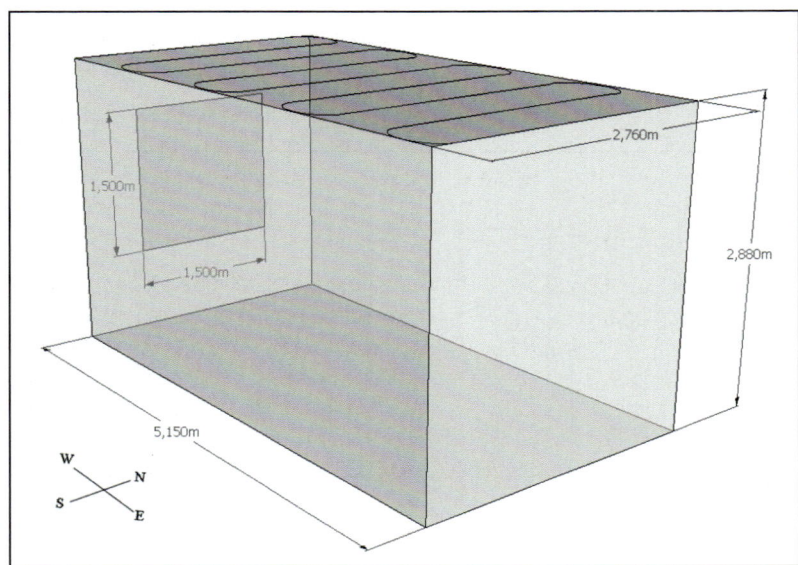

Bild 57
Abmessungen und Orientierung des Demonstrationsgebäudes mit thermisch aktivierter Betondecke

Tab. 14
Aufbau und Kennwerte der aktivierten Decke (anfangend beim Rauminneren) des Demonstrationsgebäudes

Material	Dicke in m
Gipsputz	0,01
Normalbeton	0,12
TABS	
Normalbeton	0,12
Polyurethan (Dämmung)	0,1
Gesamtdicke in m	0,27
U-Wert in W/(m²·k)	0,185

Tab. 15
Abmessungen der Rohre des thermoaktiven Bauteilsystems

Abstand zwischen den Rohren in m	0,2
Außendurchmesser der Rohre in m	0,02
Rohrwanddicke in m	0,002

- Zwei Computer mit Monitor und einer Gesamtleistung von jeweils 140 W (ebenfalls mit den in Bild 58 dargestellten Anwesenheitsfaktoren verrechnet).
- Wärmegewinnung aus Lichtquellen mit 5 W/m², das nur während der Anwesenheitszeiten eingeschaltet wird und zudem in Abhängigkeit der solaren Einstrahlung in den Raum ein- bzw. ausgeschaltet wird.

Die Undichtigkeiten des Raumes wurden mit einem Luftwechsel von 0,6 h⁻¹ angenommen. Bei den äußeren klimatischen Bedingungen handelt es sich um ein sogenanntes Standard-Referenzjahr des Ortes Freiburg.

Die internen Wände bestehen aus 8 cm dickem Beton, der umschlossen wird von jeweils 1,2 cm starkem Gips. Die externe Wand, in der auch das Fenster mit argongefülltem Wärmeschutzglas (U-Wert von 1,4 W/(m²·k)) integriert ist, besteht aus einer 10 cm dicken Ziegelschicht und Polyurethanisolierung sowie einer 1 cm dicken Gipsschicht.

Bild 58
Anwesenheitsfaktoren in Abhängigkeit der Tageszeit für Wochentage und Wochenenden

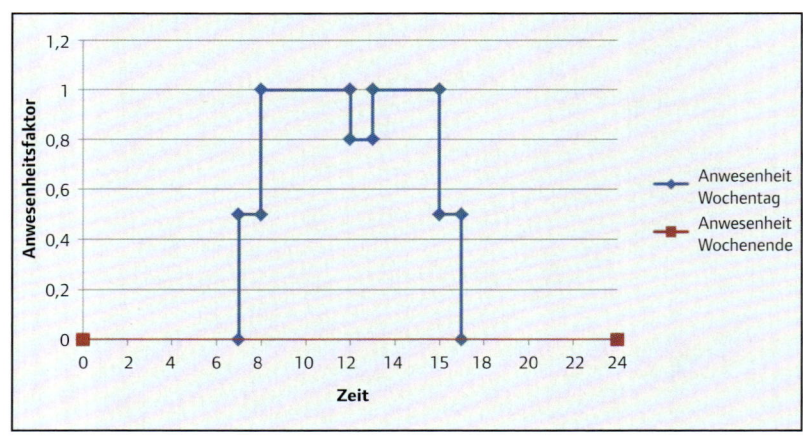

7.4.4 Konventionelle TABS-Regelung

In diesem Kapitel wird aufgezeigt, welche Steuer- und Regelstrategien in den meisten Gebäuden, die thermoaktive Bauteilsysteme zum Heizen und Kühlen verwenden, angewandt werden. Die Zonenpumpe wird dabei meist gesteuert, d. h., sie wird mit dem Binärsignal „EIN" und „AUS" angesteuert, und die TABS-Betriebstemperaturen werden geregelt. Die Auflistung dieser Strategien ist nicht vollständig, da dies den Rahmen dieses Kapitels sprengen würde. Es wird zunächst beschrieben, wie die Strategie grundlegend funktioniert. Am Ende werden diese Strategien im dynamischen Simulationsprogramm TRNSYS mit dem bereits beschriebenen Gebäudemodell implementiert, um eine allgemeine Bewertung vornehmen zu können.

7.4.4.1 Dreipunktregelung in Abhängigkeit der Raumtemperatur

Zur Regelung der TABS wird eine dreistufige Ein/Aus-Regelung (Dreipunktregelung) angewandt. Wenn ein bestimmter Temperaturwert eine Grenze überschreitet, schaltet die Pumpe aus, und sobald ein unterer Grenzwert erreicht wird, wieder ein (s. Bild 59). Die Vorlauftemperatur der TABS entspricht dabei immer der maximal möglichen Temperatur. Im Kühlfall bedeutet dies eine Vorlauftemperatur von 17 °C und im Heizfall eine Temperatur von 29 °C. Die kontrollierte Temperatur ist in diesem Fall die Raumtemperatur, die als Messwert durch einen Temperatursensor zur Verfügung stehen muss.

$T_{Soll,H}$ gibt die obere Sollwerttemperatur an, bis zu der geheizt wird. Wird diese Temperaturgrenze überschritten, bekommt die Pumpe den Schaltbefehl „Aus", so lange, bis die Raumtemperatur die untere Sollwerttemperatur $T_{Soll,K}$ unterschreitet.

Für die Simulation wurden folgende Parameter gewählt:

$T_{Soll,H} = 21\,°C$, $T_{Soll,K} = 23\,°C$, $x_K = x_H = 0$

→ $T_{Raum} < 21\,°C$ führt zu Heizen

→ $T_{Raum} > 23\,°C$ führt zu Kühlen

→ $21\,°C \leq T_{Raum} \leq 23\,°C$ führt zum Schaltbefehl „Aus" für die Pumpe und entspricht damit der neutralen Zone.

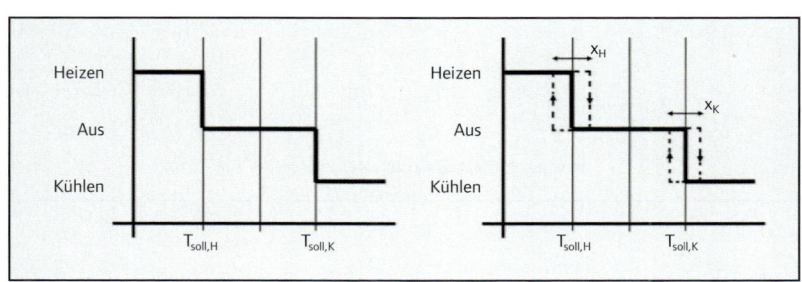

Bild 59
Schematische Darstellung einer Dreipunktregelung ohne und mit Hysterese x_H und x_K

7.4.4.2 Vorlauftemperatur-Regelung in Abhängigkeit der Außentemperatur

Die Vorlauftemperatur-Regelung in Abhängigkeit der Außentemperatur wurde in [36] vorgestellt. Schematisch wurde diese bereits in einem Automationsschema in Bild 55 dargestellt. Es gibt unterschiedliche Varianten dieser Regelung, jedoch ist die Vorlauftemperatur der TABS immer eine Funktion der gemessenen Außentemperatur. Es ist zu empfehlen, für den Heiz- und Kühlfall sowie bei Bürogebäuden für Arbeitstage und arbeitsfreie Tage (da sich an diesen Tagen die inneren Lasten stark unterscheiden) unterschiedliche Kennlinien zu definieren. Diese Kennlinien können im Vorhinein an das Gebäude durch entsprechende Planungstools oder dynamische Simulationsprogramme angepasst werden und sollten aufgrund von Erfahrungswerten während des Betriebes optimiert werden. Das Planungstool TABSDesign [36] ist eine Excel-Anwendung, welches den Planungs- und Auslegungsprozess von TABS vereinfachen soll und erste Einstellparameter für die Steuer- und Regelstrategie liefert. Die unterschiedlichen Varianten sind:

1. Die Vorlauftemperatur wird anhand der aktuellen Außenlufttemperatur geregelt.

2. Die Vorlauftemperatur wird als Funktion der mittleren Außenlufttemperatur der letzten 24 Stunden geregelt, wie es in Bild 60 dargestellt wird.

Prinzipiell können außerdem der gleitende Mittelwert der Außenlufttemperatur oder Mittelwerte aus unterschiedlichen Zeitspannen als Funktion der Vorlauftemperatur verwendet werden. Bei einer Außentemperatur innerhalb der neutralen Zone wird weder eine Kühlung noch eine Heizung benötigt.

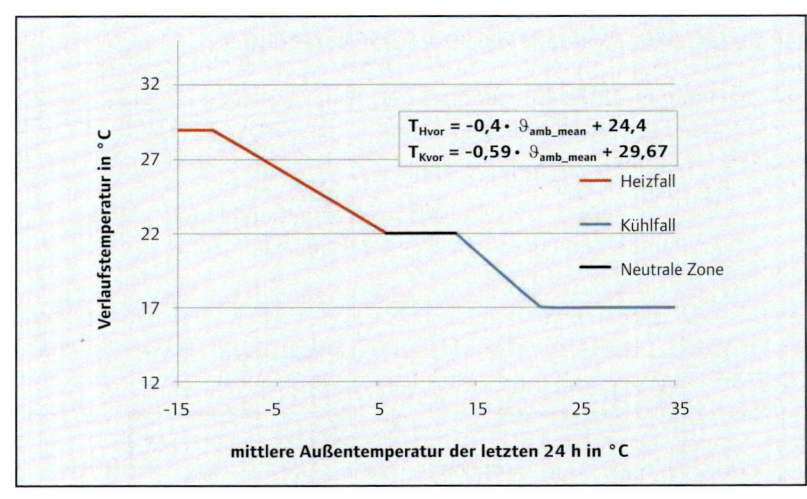

Bild 60
Kennlinie der Vorlauftemperatur in Abhängigkeit der mittleren Außentemperatur der letzten 24 Stunden

7.4.4.3 Rücklauftemperatur-Regelung

Anhand der Rücklauftemperatur können Aussagen über den Energiebedarf einer Zone gemacht werden. Somit können Störgrößen wie solare Einstrahlungen und interne Lasten einer Zone berücksichtigt werden. Auch hier werden Kennlinien in Abhängigkeit der Außentemperatur erstellt (ähnlich Bild 60), um die Rücklauftemperatur zu regeln. Die Varianten sind vergleichbar mit denen der Vorlauftemperatur-Regelung.

7.4.4.4 Differenz zwischen Vor- und Rücklauftemperatur

Bei dieser Regelung wird die Differenz zwischen TABS-Vorlauf- und TABS-Rücklauftemperatur als Steuergröße mit berücksichtigt. Je größer der Unterschied zwischen Vor- und Rücklauftemperatur ist, desto höher ist die Leistungsabgabe bzw. Leistungsaufnahme des TAB-Systems. Wird eine vorher definierte Differenz unterschritten, wird die Umwälzpumpe abgeschaltet. Sobald der Volumenstrom in einer Zone unterbrochen wird, kann allerdings keine Aussage über die Rücklauftemperatur gemacht werden. Daher ist sicherzustellen, dass in regelmäßigen Abständen eine Umwälzung des Wassers stattfindet. Bei Pumpen, die über ihre Drehzahl regelbar sind, kann bei Unterschreitung der Differenz der Volumenstrom stark reduziert werden, sodass weiterhin eine reale Rücklauftemperatur gemessen werden kann, ohne dass eine Taktung der Pumpe stattfinden muss.

7.4.4.5 Pulsweitenmodulation

Die Pulsweitenmodulation kann dem Betriebsmodus des Taktbetriebes zugeordnet werden (siehe Bild 50c und d). Sie ist eine Ergänzungsstrategie zu den bereits beschriebenen Steuer- und Regelstrategien und kann daher nicht ohne eine der bereits erwähnten Strategien angewendet werden. Ziel der Pulsweitenmodulation ist die Verringerung der elektrischen Hilfsenergie der Pumpen. Dies wird dadurch erreicht, dass der Temperaturunterschied zwischen Wassertemperatur und Bauteiltemperatur durch „Aus-Phasen" vergrößert wird und damit in kürzerer Zeit eine höhere Leistung übertragen werden kann im Vergleich zum Dauerbetrieb der Pumpen.

7.4.5 Prädiktive TABS-Regelung

Unter einer „prädiktiven" Betriebsweise versteht man einen vorausschauenden Betrieb. In diesem Kapitel wird auf eine vorausschauende Regelung für TABS eingegangen, die prognostizierte Werte in die Berechnungsalgorithmen einbeziehen. Typische Prognosewerte sind Wetterprognosen (Temperatur, Einstrahlung, Feuchte, Niederschlag usw.) sowie Belegungspläne von Räumen und Lastprognosen von elektrischen Anlagen.

7.4.5.1 Konzept

Bedingt durch die großen Verzögerungszeiten der Regelstrecke TABS kann eine unmittelbare TABS-Regelung nicht auf plötzlich auftretende Störgrößen reagieren, die zu schnellen Raumtemperaturänderungen führen. Bei herkömmlichen Heiz- und Kühlsystemen, die größere Leistungen übertragen können (Heizkörper oder raumlufttechnische Anlagen), können plötzlich auftretende Störgrößen mit P- oder PI-Reglern relativ gut ausgeregelt werden. Bei TABS müssen Störgrößen daher schon im Vorfeld erfasst und mit in die Steuerung der TABS einbezogen werden. Bei einer prädiktiven TABS-Regelung wird genau dies umgesetzt. Durch Wetterprognosen werden die Hauptstörgrößen wie solare Einstrahlungen, Außentemperaturen und innere Lasten in die Berechnung der zu erbringenden Heiz- bzw. Kühlleistung mit einbezogen. Konventionelle TABS-Regelstrategien arbeiten hingegen, wenn überhaupt, mit historischen Messwerten und aktuellen Messwerten.

Anhand der konventionellen Strategie des Dreipunktreglers (s. Bild 61) sollen die bereits beschriebenen Probleme bei der Steuerung und Rege-

Bild 61
Beispielhafte Änderung der Raum-, operativen und Oberflächentemperatur durch eine Dreipunktregelung unter Betrachtung der inneren und äußeren Lasten

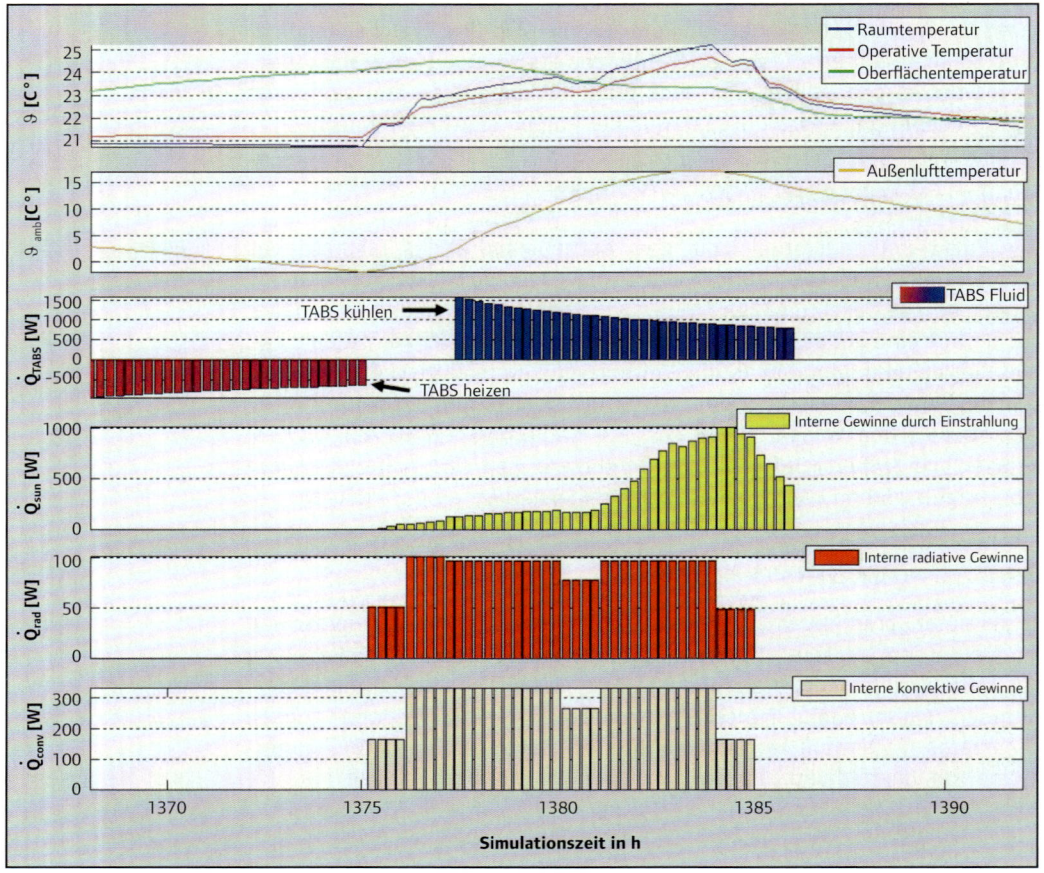

lung von TABS veranschaulicht werden. Hierbei soll gezeigt werden, wieso ein vorausschauender, prädiktiver Betrieb von TABS sinnvoll ist. Nachts fällt die Raumtemperatur so weit ab, dass der Grenzwert von 21 °C unterschritten und die Zone beheizt wird (negative Q_{TABS}-Werte). Da die umgebende thermische Masse als Speicher für diese Wärmeenergie dient, wird sie verzögert an den Raum abgegeben, obwohl dieser zu eben diesem Zeitpunkt bereits durch die internen radiativen und konvektiven Wärmequellen beheizt wird. Aufgrund der dadurch entstehenden Anhebung der Raumtemperatur wird der obere Grenzwert von 23 °C erreicht und überschritten. Dies hat zur Folge, dass innerhalb eines Tages nicht nur geheizt, sondern zudem gekühlt wird (positive Q_{TABS}-Werte). Interne Lasten, die extreme Änderung der Außentemperatur (von unter 0 °C auf über 15 °C) und die Gewinne durch solare Einstrahlungen konnten und wurden nicht berücksichtigt, was zu einem unnötig hohen Energieverbrauch führt. Dies macht deutlich, dass bei vorheriger Einbeziehung dieser Störgrößen ein Wechsel zwischen Heizen und Kühlen vermieden werden könnte und zudem der Energieverbrauch reduziert werden kann.

7.4.5.2 Vorlauftemperatur-Regelung in Abhängigkeit der prognostizierten Außentemperatur

Am schlüssigsten und einfachsten ist die Erweiterung der in Abschnitt 7.4.4.2 vorgestellten Vorlauftemperatur-Regelung. Anstatt die Vorlauftemperatur in Abhängigkeit der mittleren Außentemperatur der letzten 24 Stunden zu regeln, wird der Mittelwert der prognostizierten Außentemperatur der kommenden 24 Stunden zur Bildung der Vorlauftemperatur herangezogen.

7.4.5.3 Multiple lineare Regression

Die multiple lineare Regression gehört zur Gruppe der Regressionsanalysen. Im Gegensatz zur linearen Regression besitzt die multiple lineare Regression mehrere unabhängige Variablen. Diese Variablen entsprechen im Fall der prädiktiven TABS-Steuerung den zu berücksichtigenden Hauptstörgrößen. Das Gebäudemodell und die Optimierung sind in dieser Regression zusammengefasst.

Das hier gezeigte Verfahren wurde von der Hochschule Offenburg in einer Vorgängerversion das erste Mal in [37] vorgestellt. In diesem Projekt wurde das Verfahren nicht nur simulationstechnisch, sondern auch in der Praxis untersucht. Im nächsten Kapitel wird auf die Praxiserfahrung mit einer prädiktiven TABS-Regelung eingegangen.

In diesem Fall werden für die Regression die mittlere prognostizierte Außentemperatur und die mittlere prognostizierte Einstrahlung als unabhängige Variablen zur Berechnung des davon abhängigen Energiebedarfs für eine Raumtemperatur von 22 °C herangezogen. Die unbekannten Koeffizienten der Regressionsebene werden auf Basis historischer Außentemperatur-, Einstrahlungs- und Energiebedarfswerte ermittelt. Sie sind bei Änderungen von inneren Lasten oder geänderten Bürobelegungszeiten anpassungsfähig. Einige Regelungssysteme besitzen bereits Funktionsblöcke, die in der Lage sind, derartige Regressionen durchzuführen. Als Beispiel sei das SCADA-System „InTouch" der Firma Wonderware genannt, für das gemeinsam mit der Hochschule Offenburg eine solche Funktion entwickelt worden ist.

Die allgemeine Gleichung der Regressionsebene zur Prognose des täglichen Energiebedarfs lautet:

$$Q = a + b \cdot \vartheta_{PAL,mittel} + c \cdot I_{PGS,mittel} \tag{9}$$

wobei Q der tägliche Energiebedarf in kWh für eine Raumtemperatur von durchschnittlich 22 °C, $\vartheta_{PAL,mittel}$ die prognostizierte mittlere Außenlufttemperatur des Folgetages in °C, $I_{PGS,mittel}$ die prognostizierte mittlere globale Einstrahlung des Folgetages in kW/m², a der erste Koeffizient der Regressionsebene in kWh, b der zweite Koeffizient der Regressionsebene in kWh/°C und c der dritte Koeffizient der Regressionsebene in m²·h ist.

Die neutrale Zone (keine Heizung und keine Kühlung) wird im untersuchten Beispiel innerhalb des täglichen Energiebedarfs von $-1,5$ kWh $< Q <$ 1,5 kWh angenommen.

Bild 62 zeigt die Programmieroberfläche von TRNSYS zur Erstellung der Simulation mit einer Regressionsanalyse. Im Type 56 (Building) sind das Gebäudemodell sowie das TABS-Modell mit den entsprechenden Parametern integriert. Type 155 koppelt TRNSYS mit der für numerische Berechnungen sehr gut geeigneten Software MATLAB. Hier werden die Wetterprognosen für die Simulation erzeugt. Die Koeffizienten der Regressionsanalyse werden im Vorhinein berechnet und der Simulation als Konstanten hinzugefügt.

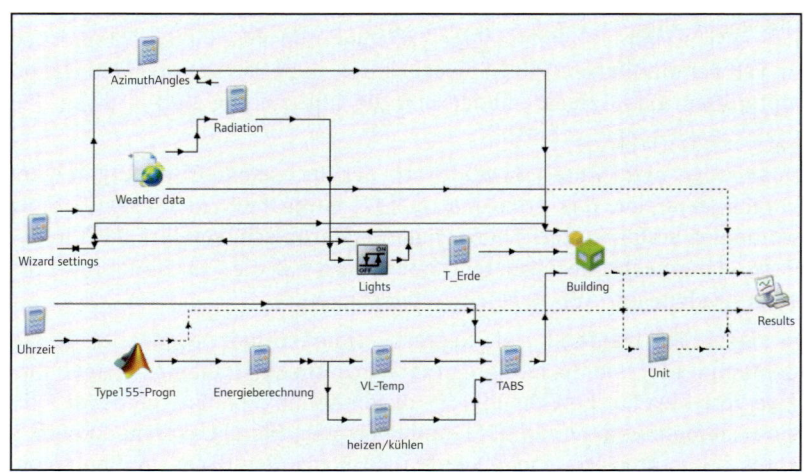

Bild 62
TRNSYS Simulation Studio Oberfläche für die Simulation von Gebäuden und thermoaktiven Bauteilsystemen mit der prädiktiven Regelstrategie der multiplen linearen Regression

7.4.5.3.1 Prädiktive Regelung der Vorlauftemperatur

Anhand des beschriebenen Simulationsmodells soll beispielhaft die prädiktive Regelung der Vorlauftemperatur von TABS mit dem Algorithmus der multiplen linearen Regression aufgezeigt werden.

$$Q = u \cdot A \cdot t \cdot (\vartheta_{Raum} - \vartheta_{VL}) \quad (10)$$

Die Umstellung der Gleichung 10 nach ϑ_{VL} ergibt:

$$\vartheta_{VL} = \vartheta_{Raum} - \frac{Q}{u \cdot A \cdot t} \quad (11)$$

wobei Q der tägliche Energiebedarf in kWh für eine Raumtemperatur von durchschnittlich 22 °C, A die Fläche des Wärmeübertragers in m², t die tägliche Laufzeit des Temperierungssystems in h, ϑ_{Raum} die Raumtemperatur in °C und ϑ_{VL} die Vorlauftemperatur in °C der TABS ist.

$$u = \frac{1}{\frac{1}{\alpha_W} + \frac{s_R}{\lambda_R} + \frac{s_B}{\lambda_B} + \frac{s_G}{\lambda_G} + \frac{1}{\alpha_L}} \quad (12)$$

wobei u der Wärmedurchgangskoeffizient in W/(m²·K), α_W der Mittelwert des Wärmeübergangskoeffizienten von strömendem Wasser in W/(m²·K), s_R die Dicke des Rohres im Betonkern in m, λ_R die Wärmeleitfähigkeit des Rohres in W/(m·K), s_B die Dicke des Betons in m, λ_B die Wärmeleitfähigkeit des Betons in W/(m·K), s_G die Dicke des Gipsputzes in m, λ_G die Wärmeleitfähigkeit des Gipsputzes in W/(m·K), α_L der Wärmeübergangskoeffizient von Luft ist.

Beispielrechnung

Die Fläche A ergibt sich aus der Fläche des Wärmeübertragers
→ $A = 14{,}21 \, m^2$

Der Wärmedurchgangskoeffizient u ergibt sich aus den in Tabelle 16 angegebenen Kennwerten.
→ $u = 4{,}51 \, W/(m^2 \cdot K)$

Die Zeit t ergibt sich aus der gewünschten Laufzeit des Systems von 0:00 Uhr bis 15:00 Uhr
→ $t = 15 \, h$

Die gewünschte Raumtemperatur ϑ_{Raum} soll bei durchschnittlich 22 °C liegen.

Für die Berechnung des täglichen Energiebedarfs Q wird die bereits beschriebene Gleichung 9 verwendet. Die gesuchten Koeffizienten ergeben

Material	Wasser	Rohr	Decke (Beton)	Decke (Gipsputz)	Luft
Dicke s in m		0,002	0,12	0,01	
Wärmeleitfähigkeit in W/(m·K)		0,35	2,1	0,35	
Wärmeübergangskoeffizient in W/(m²·K)	3500*				7,7

* Strömendes Wasser im Rohr hat laut [12] einen Wärmeübergangkoeffizienten von $\alpha = 2300\ldots4700$ W/(m²·K). Hier wird der Mittelwert von $\alpha = 3500$ W/(m²·K) angenommen.

Tab. 16 Kennwerte des aktivierten Bauteiles, des strömenden Wassers und der Luft

sich durch die Regressionsanalyse. Aufgrund von unterschiedlichen inneren Lasten an Wochentagen und Wochenenden erfolgen jeweils eine Regressionsanalyse für Wochentage und eine für Wochenenden.

Die in Bild 63 dargestellte Regressionsanalyse für Wochentage hat die folgenden Koeffizienten ergeben:

- $a = -3{,}6675$ kWh
- $b = 0{,}3477$ kWh/°C
- $c = 0{,}0094$ m²h

Bild 63 Regressionsebene (an Werktagen) in Abhängigkeit der mittleren Tagestemperatur sowie der mittleren globalen Einstrahlung zur Ermittlung des täglichen Energiebedarfs für eine Raumtemperatur von 22 °C

Der Energiebedarf ergibt sich aufgrund der mittleren angenommenen prognostizierten Temperatur von $\vartheta_{PAL,mittel} = 0{,}36$ °C und der mittleren angenommenen prognostizierten Einstrahlung von $I_{PGS,mittel} = 0{,}128$ kW/m² nach Gleichung 10 zu:

$\rightarrow Q = -3{,}54$ kWh

Ein negativer Energiebedarf bedeutet, dass geheizt werden muss. Ein positiver Energiebedarf deutet auf eine Kühlung hin. Daraus folgt eine Vorlauftemperatur von:

$$\rightarrow \vartheta_{VL} = 22\,°C - \frac{-3{,}54\text{ kWh}}{4{,}51\,\frac{W}{m^2 \cdot k} \cdot 14{,}21\,m^2 \cdot 15\,h} = 25{,}68\,°C$$

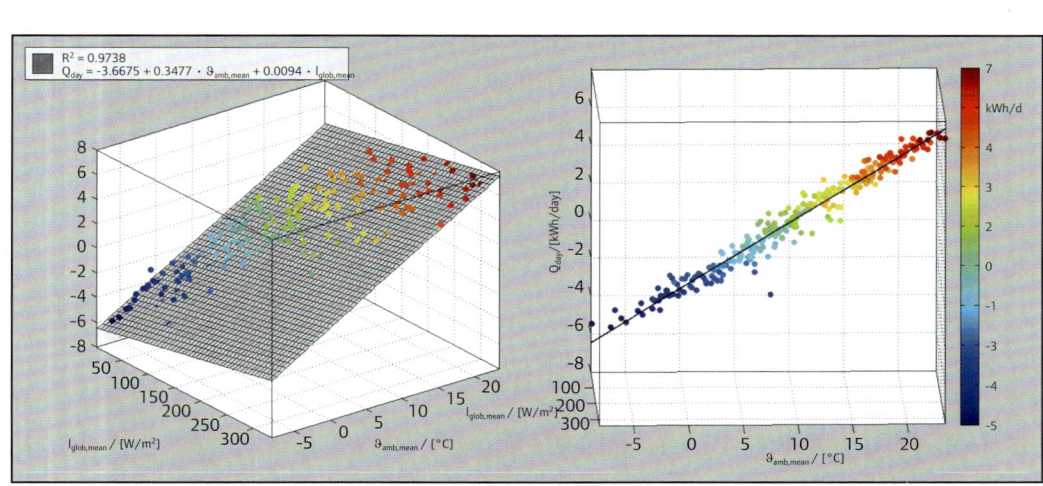

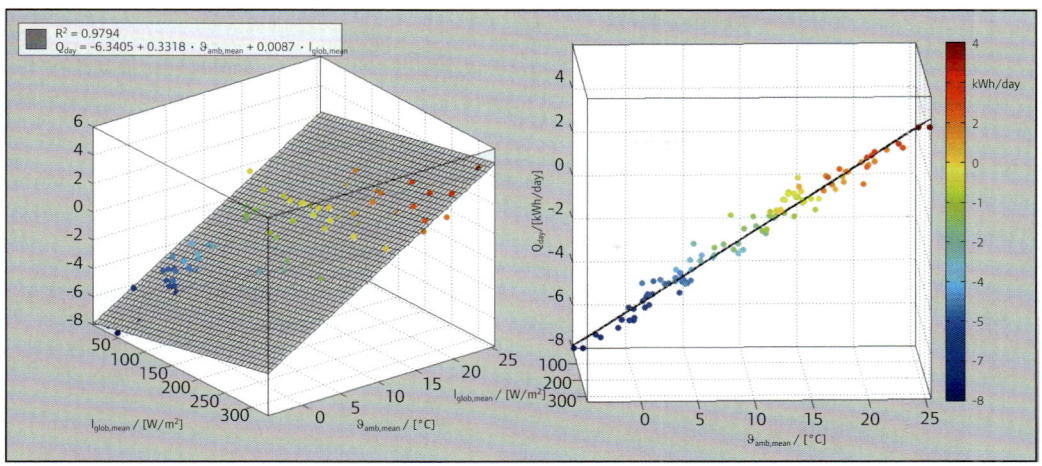

Bild 64
Regressionsebene (an Wochenenden) in Abhängigkeit der mittleren Tagestemperatur sowie der mittleren globalen Einstrahlung zur Ermittlung des täglichen Energiebedarfs für eine Raumtemperatur von 22 °C

7.4.5.3.2 Prädiktiver pulsierender Betrieb mit konstanten Vorlauftemperaturen

In diesem Konzept soll anstelle einer Variation der Vorlauftemperaturen zur Deckung des Energiebedarfs eines Gebäudes die Betriebszeit des TAB-Systems variiert werden. Dabei soll die Vorlauftemperatur im Heizfall bei konstant 29 °C und im Kühlfall bei 17 °C gehalten werden. Das prinzipielle Vorgehen entspricht dem bereits in Abschnitt 7.4.5.3.1 beschriebenen Vorgehen. Anstatt die Gleichung 10 nach der Vorlauftemperatur aufzulösen, wird die Gleichung nach der Zeit t umgestellt.

$$t = \frac{Q}{u \cdot A \cdot (\vartheta_{Raum} - \vartheta_{VL})} \quad (13)$$

Die Pumpe soll im Taktbetrieb betrieben werden. Zur Berechnung der Ein- und Ausschaltzeiten innerhalb einer Stunde wird Gleichung 14 verwendet:

$$x = \frac{\frac{1}{t_p} t}{t_{BZg}} \quad (14)$$

wobei x die Frequenz der Pumpenlaufzeit pro Stunde in $1/h$, t_{BZg} die gewünschte Betriebszeit des TABS über den Tag in h^2, t_p die Taktung der Pumpe in h und t die durch Gleichung 5.5 berechnete Zeit zur Deckung des Energiebedarfs des Raumes in h ist.

Beispielrechnung

In diesem Beispiel soll die Energie über den Tag verteilt von 0:00 Uhr bis 15:00 Uhr in den Raum eingebracht werden. Die Taktung wird auf 15 Minuten festgelegt.

$t_{BZg} = 15\,h$

$t_P = 15\,min = 0{,}25\,h$

Zur Deckung des täglichen Energiebedarfs von −3,54 kWh ergibt sich nach Gleichung 13 eine Zeit von t = 7,9 h.

$$\rightarrow \quad x = \frac{\frac{1}{0{,}25\,h} \cdot 7{,}9\,h}{15\,h^2} = 2{,}1\,1/h$$

Daraus folgt gerundet eine Laufzeit innerhalb einer Stunde von 2 · 15 min = 30 min.

7.4.5.4 Modellbasierte prädiktive Regelung (MPC)

Die Modellbasierte Prädiktive Regelung, die im Englischen unter dem Begriff „Model Based Predictive Control", kurz MPC, bekannt ist, kam in den späten Siebzigerjahren das erste Mal in der Prozessindustrie zur Anwendung. Unter diesem Begriff wird eine Klasse von Regelungsverfahren zusammengefasst, die unter Verwendung eines Modells und der Minimierung einer Kostenfunktion (auch Zielfunktion genannt) einen optimierten Stellgrößenverlauf vorhersagen können. Diese Methode kann für lineare und nichtlineare Prozesse angewendet werden.

Bild 65 zeigt den prinzipiellen Ablauf einer MPC in der Gebäudetechnik mit thermoaktiven Bauteilsystemen. Die Optimierungsaufgaben in der Gebäudetechnik sind immer nichtlineare dynamische Prozesse, weshalb auch dynamische Gebäude- und Anlagenmodelle benötigt werden. Hier ist die Optimierungsaufgabe meist die Minimierung von Energieverbräuchen und den damit verbundenen Energiekosten, das Erreichen von einem maximalen thermischen Komfort oder eine Kombination aus diesen Zielvorgaben. Dies wird durch die Formulierung einer meist quadratischen Kostenfunktion realisiert. Die Optimierung berücksichtigt Wetterprognosen und Vorhersagen über interne Gewinne, durch beispielsweise Belegungspläne und Arbeitszeiten, die mit in den Berechnungsalgorithmus einfließen. Die Optimierung arbeitet normalerweise zeitdiskret, das heißt, sie findet immer über einen definierten Prognosehorizont statt und wird bei jedem Zeitschritt erneut durchgeführt. Der neue Zustand des Systems, inklusive der relevanten Störgrößen, wird somit rückgekoppelt. Dieses Verfahren wird auch als „zurückweichender Horizont" bzw. „Receding Horizon Control" bezeichnet. Ziel der in Bild 65 gezeigten modellprädiktiven Regelung

TABS-Design – Technologie, Raumakustik und Gebäudeautomation

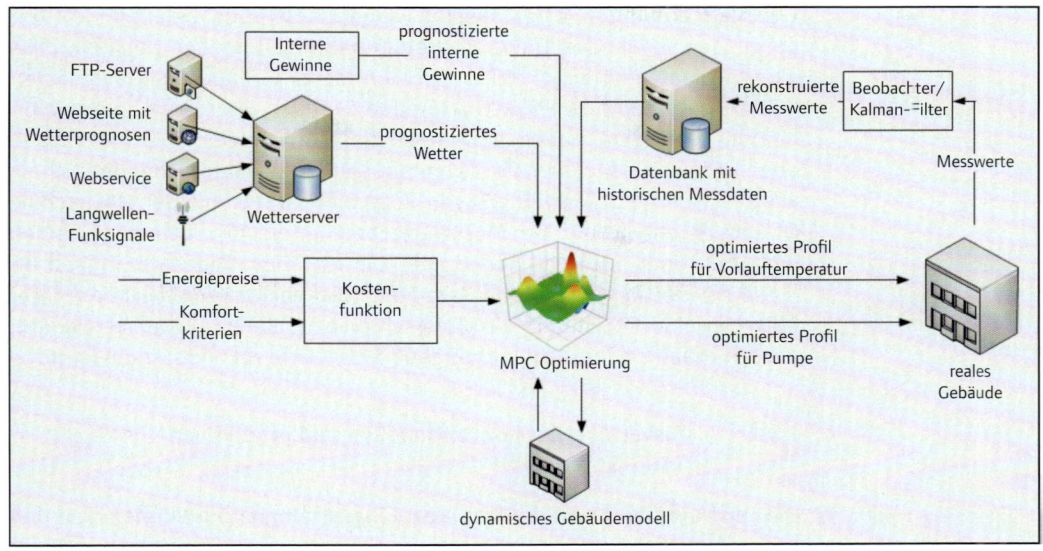

Bild 65
Schematische Darstellung einer modellbasierten prädiktiven Regelung für thermoaktive Bauteilsysteme unter Verwendung eines dynamischen Gebäudemodells

ist die Berechnung des optimierten Verlaufes der Stellgrößen Vorlauftemperatur sowie Pumpenbetrieb.

Eine der großen Herausforderungen bei einer MPC ist die Erstellung des Gebäudemodells. Hierfür gibt es grundsätzlich drei Möglichkeiten. **White-Box-Modelle** beruhen auf physikalischen Gleichungen, die durch eine genaue theoretische Analyse des Systems aufgestellt werden können. Die Empa – Swiss Federal Laboratories for Materials Science & Technology hat in [39] genau diese Untersuchung für thermoaktive Bauteilsysteme und Gebäude durchgeführt. Die dort entwickelten physikalischen Gleichungen sind Grundlage für zahlreiche dynamische Simulationsprogramme. Zwar können die Vorgänge im Gebäude und deren Temperierung mit TABS durch diese parametrischen Modelle mit einer hohen Genauigkeit wiedergegeben werden, der Aufwand zur Erstellung kann je nach Größe des Gebäudemodells jedoch sehr zeitaufwändig sein. Bei Änderungen im Gebäude muss außerdem das Gebäudemodell jedes Mal angepasst werden. **Black-Box-Modelle** sind datengetriebene Modelle, die ausschließlich aufgrund von experimentellen Analysen und historischen Messdaten auf Zusammenhänge zwischen Prozesseingängen und -ausgängen schließen können. Es ist keine theoretische Analyse des Systemverhaltens notwendig. Die Genauigkeit dieser nichtparametrischen Modelle ist abhängig von den zur Verfügung stehenden historischen Daten. **Grey-Box-Modelle** sind eine Mischung aus White- und Black-Box-Modellen. Gewisse physikalische Vorgänge sind bekannt. Deren Parameter werden durch Messdaten identifiziert.

Wetterprognosen werden auf verschiedene Arten übertragen und können von unterschiedlichen Anbietern stammen. FTP-Server, Webseiten und

Webservices werden in den meisten Fällen für die Übertragung der Wetterprognosen verwendet. Diese Methoden haben jedoch den Nachteil, dass eine Internetverbindung vorhanden sein muss. Gebäude, die aus sicherheitstechnischen oder infrastrukturellen Gründen über keine Internetverbindung verfügen, haben außerdem die Möglichkeit, Wetterprognosen über Langwellenfunksignale zu empfangen. Die entsprechende Technik wurde im Projekt „PräBV" [28] in Zusammenarbeit mit der Hochschule Offenburg entwickelt. Da Messwerte aus unterschiedlichsten Gründen fehlerhaft oder nicht vorhanden sein können, diese jedoch zwingend für diese Art der Regelung vonnöten sind, wird vor der Abspeicherung der Daten in eine Datenbank ein Beobachter bzw. Kalman-Filter verwendet, der fehlerhafte oder nicht vorhandene Messwerte rekonstruieren kann.

7.4.6 Bewertung der konventionellen und prädiktiven TABS-Strategien

Um die Vorteile der prädiktiven Regelungsstrategien im Vergleich zu den konventionellen Strategien belegen zu können, wurde ein einfaches Simulationsmodell, das in Abschnitt 7.4.3.3 vorgestellt wurde, erstellt. Die Temperierung des vorgestellten Raumes wird ausschließlich mit TABS durchgeführt. Der Massenstrom beträgt bei allen Varianten 130 kg/h und die Betriebszeit der Pumpe 24 h/Tag. Verglichen werden die folgenden konventionellen und prädiktiven Regelungsstrategien.

- **Konventionelle Strategie 1**: Dreipunktregelung in Abhängigkeit der Raumtemperatur unter Verwendung der in Abschnitt 7.4.4.1 gegebenen Parameter

- **Konventionelle Strategie 2**: Vorlauftemperatur-Regelung in Abhängigkeit der mittleren Außentemperatur der letzten 24 Stunden unter Verwendung der Heiz- und Kühlkurve aus Bild 60

- **Prädiktive Strategie 1**: Vorlauftemperatur-Regelung in Abhängigkeit der mittleren prognostizierten Außentemperatur der zukünftigen 24 Stunden, ebenfalls mit der in Bild 60 dargestellten Heiz- und Kühlkurve

- **Prädiktive Strategie 2**: Vorlauftemperatur-Regelung mit der multiplen linearen Regression der in Bild 63 identifizierten Koeffizienten

Ein Vergleich der unterschiedlichen Strategien ist schwer zu realisieren, da die Raumtemperatur sowie der Energiebedarf bei der konventionellen Strategie 2 und der prädiktiven Strategie 1 sehr von den Parametern der Heiz- und Kühlkurve abhängig sind. Um dennoch eine Bewertung vornehmen zu können, wurden die neutrale Zone (in der weder Heizen noch Kühlen stattfindet) sowie die Verteilung der Raumtemperaturen als Kriterium für die Parameter der Heiz- und Kühlkurve genommen. Anhand der Ergebnisse der multiplen linearen Regression und der dort definierten neutralen Zone (siehe Abschnitt 7.4.5.3) wurde die neutrale Zone der konventionellen Strategie 2 und der prädiktiven Strategie 1 gewählt. Die Auflösung der Gleichung 9 nach der mittleren Außenlufttemperatur $\vartheta_{amb,mittel}$ und dem Einsetzen einer durchschnittlichen globalen Strahlung $I_{GS,mittel}$ für den Winter- und Sommerfall führte zu einer neutralen Zone im Temperaturbereich $6\,°C \leq \vartheta_{amb,mittel} \leq 13\,°C$. Durch Probieren etlicher unterschiedlicher Steigungen wurde versucht, die prozentuale Aufteilung der aus der Simulation berechneten Raumtemperaturen zwischen der konventionellen Strategie 1 und der prädiktiven Strategie 2 anzupassen (siehe Bild 66). Letztendlich haben sich die in Bild 60 dargestellten Heiz- und Kühlkurven ergeben.

In den Bildern 66 und 67 wird die Raumtemperaturverteilung und deren prozentuale Aufteilungen einer gesamten Jahressimulation mit unterschiedlichen Regelstrategien dargestellt. Ziel war bei allen Strategien eine durchschnittliche Raumtemperatur von 22 °C, weshalb bei dieser Auswertung eine Raumtemperatur von 20 °C bis 24 °C den Komfortbereich darstellt. Der hohe Anteil an Raumtemperaturen unterhalb von 20 °C ist dadurch zu erklären, dass es keine Unterscheidung zwischen Wochenenden und Wochentagen bei den Regelungsstrategien gibt. Somit fehlen am Wochenende die inneren Lasten, und die eingebrachte Wärmeenergie ist für einen thermischen Komfort nicht ausreichend. Da sich zu diesen Zeiten keine Personen im Raum aufhalten, ist auch keine Raumtemperatur zwi-

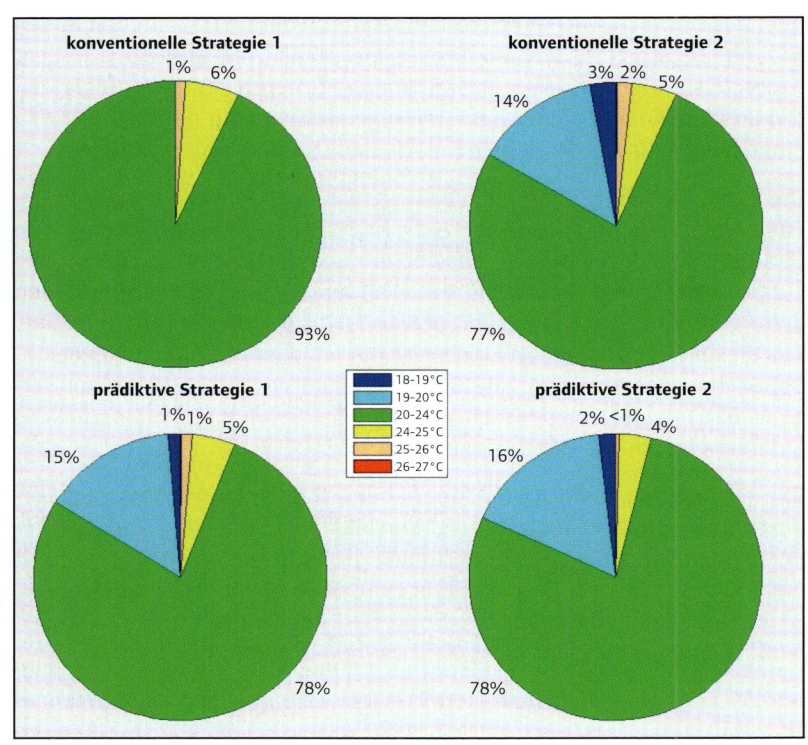

Bild 66
Raumtemperaturverteilung und deren prozentuale Aufteilung über das gesamte Jahr unter Verwendung unterschiedlicher Regelstrategien

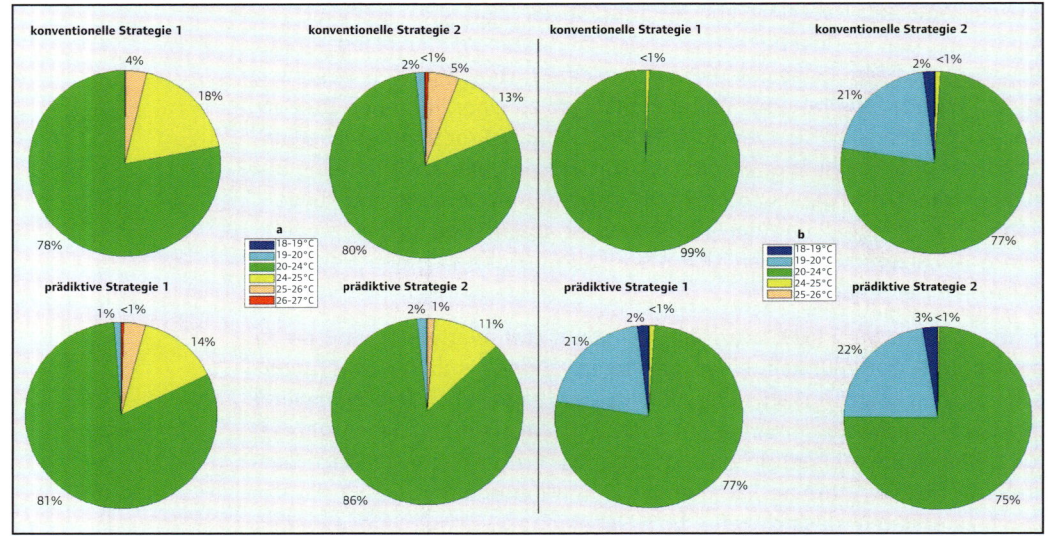

Bild 67
Raumtemperaturverteilung und deren prozentuale Aufteilung unter Verwendung unterschiedlicher Regelstrategien:
a) Raumtemperaturverteilung zu Zeiten, in denen der Raum genutzt wird,
b) Raumtemperaturverteilung zu Zeiten, in denen der Raum nicht genutzt wird

schen 20 °C und 24 °C notwendig. Deutlich ist diese Erklärung beim Vergleich von Bild 67a (Personen sind anwesend) mit Bild 67b (keine Personen anwesend) nachzuvollziehen. An Werktagen dominieren bei allen Strategien, abgesehen von den Temperaturen 20 °C bis 24 °C, die Temperaturen über 24 °C und an Wochenenden Temperaturen unter 20 °C. An den Bilden 66 und 67 ist gut zu erkennen, dass die prädiktiven Strategien helfen, besonders große Temperaturausreißer zu reduzieren und geringfügig den thermischen Komfort verbessern. Im Folgenden wird nur noch auf Bild 67a eingegangen, da die Strategien für Werktage parametrisiert wurden.

Die konventionelle Strategie 1 schafft es zwar in 78 Prozent des Jahres, die Raumtemperatur im Komfortbereich zu halten, unter Betrachtung von Bild 68 wird jedoch deutlich, dass dafür mehr als doppelt so viel Energie aufgewendet werden muss wie bei allen anderen Strategien. Der Grund dafür wurde bereits anhand von Abschnitt 7.4.5.1 und Bild 61 erläutert. Aus diesen Gründen wird im Folgenden nur auf die drei anderen Regelstrategien eingegangen. Die operativen Temperaturen sind im Verhältnis vergleichbar mit den Ergebnissen der Raumtemperaturen. Der thermische Komfort kann jedoch öfters eingehalten werden.

Bild 68 zeigt, dass durch die Einbeziehung von Wetterprognosen Energie eingespart werden kann. Zwar zeigt die prädiktive Strategie 2 keine Verringerung des Energiebedarfs beim Kühlen, jedoch kann dadurch in deutlich mehr Stunden des Jahres eine Überhitzung des Raumes verhindert werden. Beim Heizen kann die prädiktive Strategie 2 im Vergleich zu den anderen deutlich Energie einsparen und gleichzeitig den Komfort verbessern.

Bild 69 zeigt einen beispielhaften Raumtemperaturverlauf eines Wochentages mit Vorlauftemperaturen der drei Regelstrategien und der Außenluft-

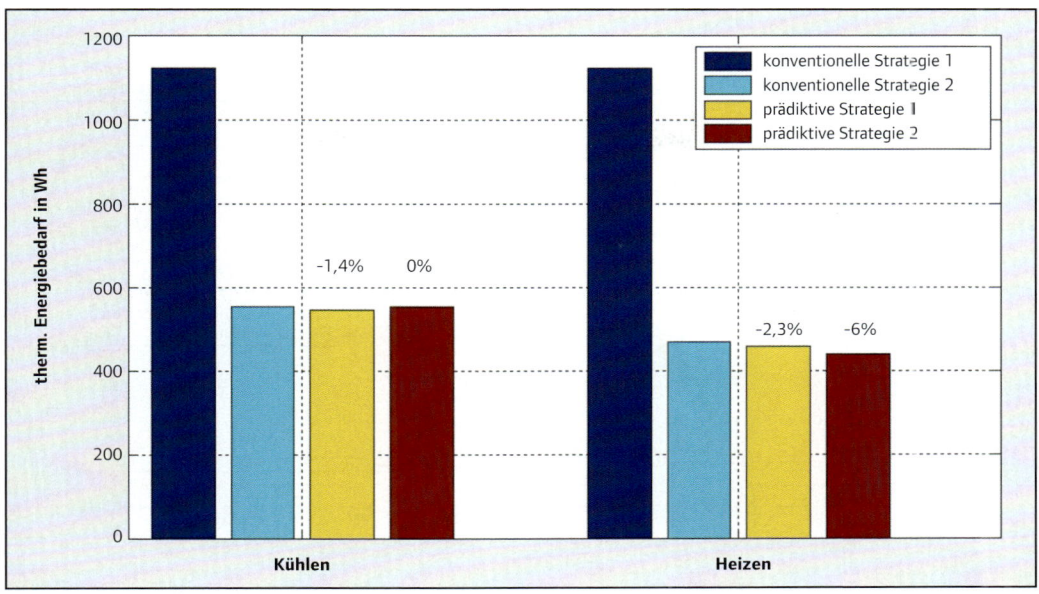

Bild 68
Thermischer jährlicher Energiebedarf unterteilt in Kühlen und Heizen für unterschiedliche Regelstrategien (Prozentangaben beziehen sich auf die konventionelle Strategie 2)

temperatur sowie der solaren Einstrahlung. Hier wird besonders am 4. Werktag der Woche deutlich, warum eine prädiktive Regelung vorteilhaft ist. Der Raumtemperaturverlauf ist bei allen Varianten ähnlich, die Vorlauftemperaturen unterscheiden sich jedoch. Die prädiktive Strategie 2 hat an diesem Tag die niedrigste Vorlauftemperatur, da im Vergleich zur prädiktiven Strategie 1 die hohe solare Einstrahlung berücksichtigt wird. Die prädiktive Strategie 1 hat aufgrund der höheren mittleren prognostizierten Außentemperatur ebenfalls eine geringere Vorlauftemperatur als die konventionelle Strategie 2. Je geringer die Vorlauftemperatur im Heizfall ist, desto mehr Energie kann eingespart werden. Gleiches gilt in umgekehrter Form für den Kühlfall.

In der Praxis gestalten sich die Ermittlung der optimalen Heiz- und Kühlkurven sowie der tägliche Energiebedarf in Abhängigkeit der mittleren Außentemperatur und der mittleren Strahlung schwieriger, als es bei einer einfachen Dreipunktregelung der Fall ist. Das resultierende Ergebnis zeigt jedoch, dass sich dieser Aufwand lohnt.

Es wurde deutlich, dass die Einbeziehung von Wetterprognosen in die Regelung von thermoaktiven Bauteilsystemen Verbesserungen im thermischen Komfort sowie beim Energiebedarf bewirken kann. Wird anstatt der Außentemperaturprognose ebenfalls die Strahlungsprognose berücksichtigt, können weitere Einsparpotenziale genutzt und die thermische Behaglichkeit gesteigert werden.

Die Pulsweitenmodulation verspricht weitere Einsparpotenziale hinsichtlich der elektrischen Hilfsenergie der Pumpe, besonders im prädiktiven

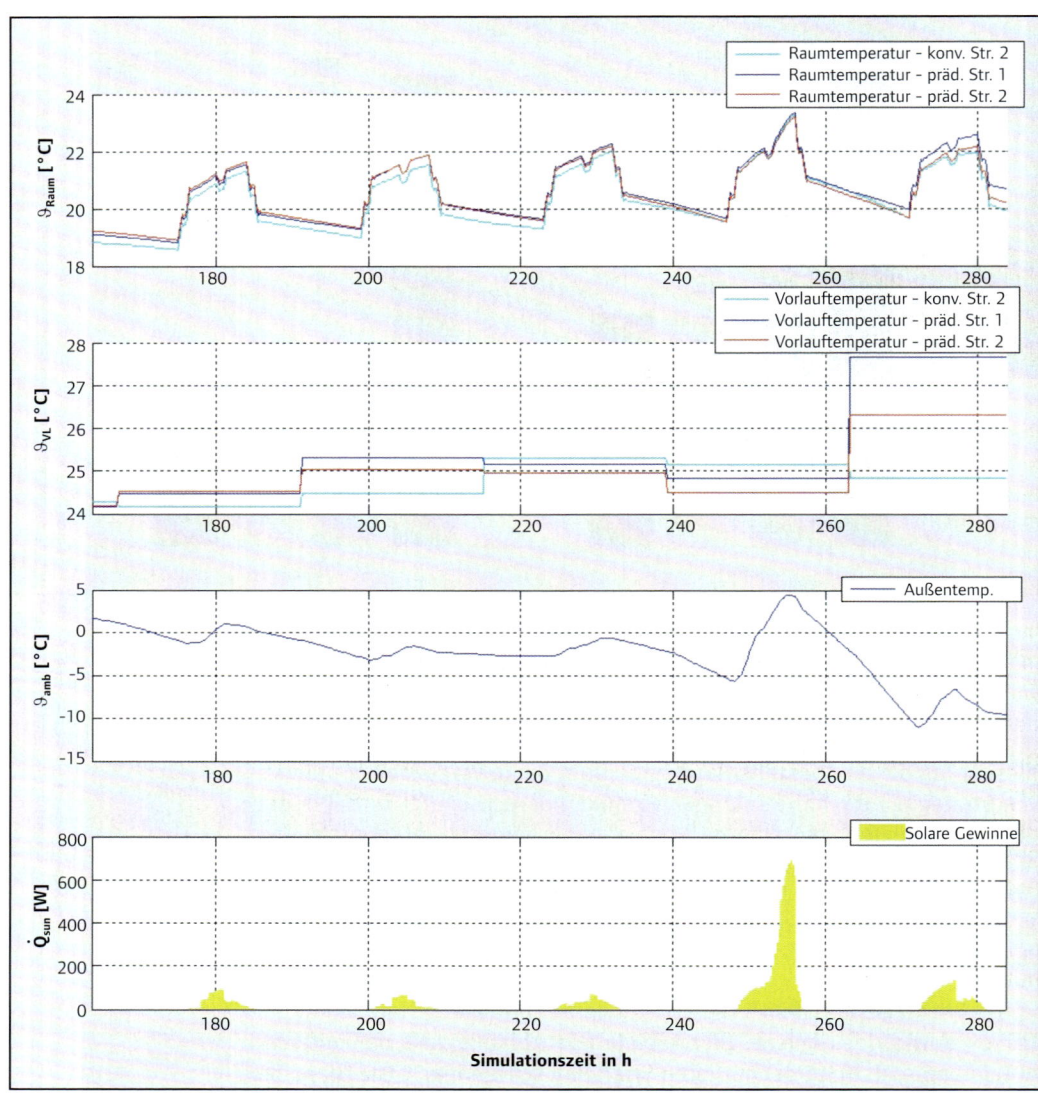

Bild 69
Beispielhafte Raum- und Vorlauftemperatur unter Berücksichtigung der Außenlufttemperatur und der solaren Einstrahlung mit verschiedenen Regelungsstrategien an fünf Werktagen

Betrieb. Diese Ergänzungsstrategie wurde hier nicht untersucht, da im folgenden Kapitel näher darauf eingegangen wird.

Die Genauigkeit der Temperatur- und Energiebedarfsprognosen ist neben den Wetterprognosen vor allem vom verwendeten Gebäudemodell abhängig. Bei den prädiktiven Strategien 1 und 2 werden keine bis stark vereinfachte Gebäudemodelle in Form einer linearen Regression verwendet. Je genauer die Raum- bzw. operative Temperatur geregelt werden muss, desto detailliertere und damit komplexere Gebäudemodelle müssen verwendet werden. Hier kommt nur eine Form der in Abschnitt 7.4.5.4 beschriebenen MPC in Frage. Komplexere Modelle bedeuten einen größeren

TABS-Design – Technologie, Raumakustik und Gebäudeautomation

Rechenaufwand. Übersteigt die Rechenzeit die Dauer eines Zeitschrittes, kann diese Art der Regelung nicht mehr in einer Echtzeitoptimierung (Online-Optimierung) verwendet werden. Es gilt also, eine Abwägung zwischen Genauigkeit und Rechenzeit zu finden.

Bild 70
Büroturm des Neubaus Elektror Airsystems und Segmentierung des 5. Obergeschosses [37]

7.4.7 Betriebserfahrungen mit prädiktiver TABS-Regelung

Im Rahmen des Projektes „Gebäudetechnik – Simulationsgestützte Automation für nachhaltige sommerliche Klimatisierung von Gebäuden" [37] wurde der in Bild 70 dargestellte Neubau der Firma Elektror Airsystems, in dem TABS in jedem Stockwerk in den Decken integriert wurden, untersucht.

Die Betonkerntemperierung wurde zunächst mit einer konventionellen Regelstrategie betrieben. Anhand des Mittelwertes der Außentemperatur der letzten 24 Stunden wurde die Betriebsart (Heizen, Kühlen oder Aus) bestimmt. Die Vorlauftemperatur der TABS wurde anhand der aktuellen Außentemperatur nach Bild 71 festgelegt. Die Heiz- und Kühlkurven müssen in der Praxis über ein Jahr durch geschultes Personal angepasst werden, um den thermischen Komfort im Gebäude zu erreichen und die Gebäudenutzer zufriedenzustellen. Durch das Fehlen von extremen Temperaturen

Bild 71
Heiz- und Kühlkurve der Betonkerntemperierung im konventionellen Betrieb des Bürogebäudes der Firma Elektror Airsystems [37]

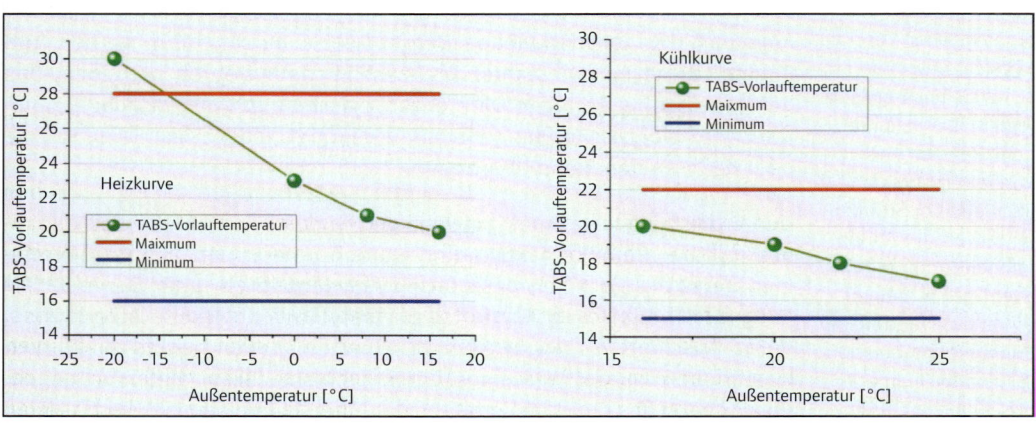

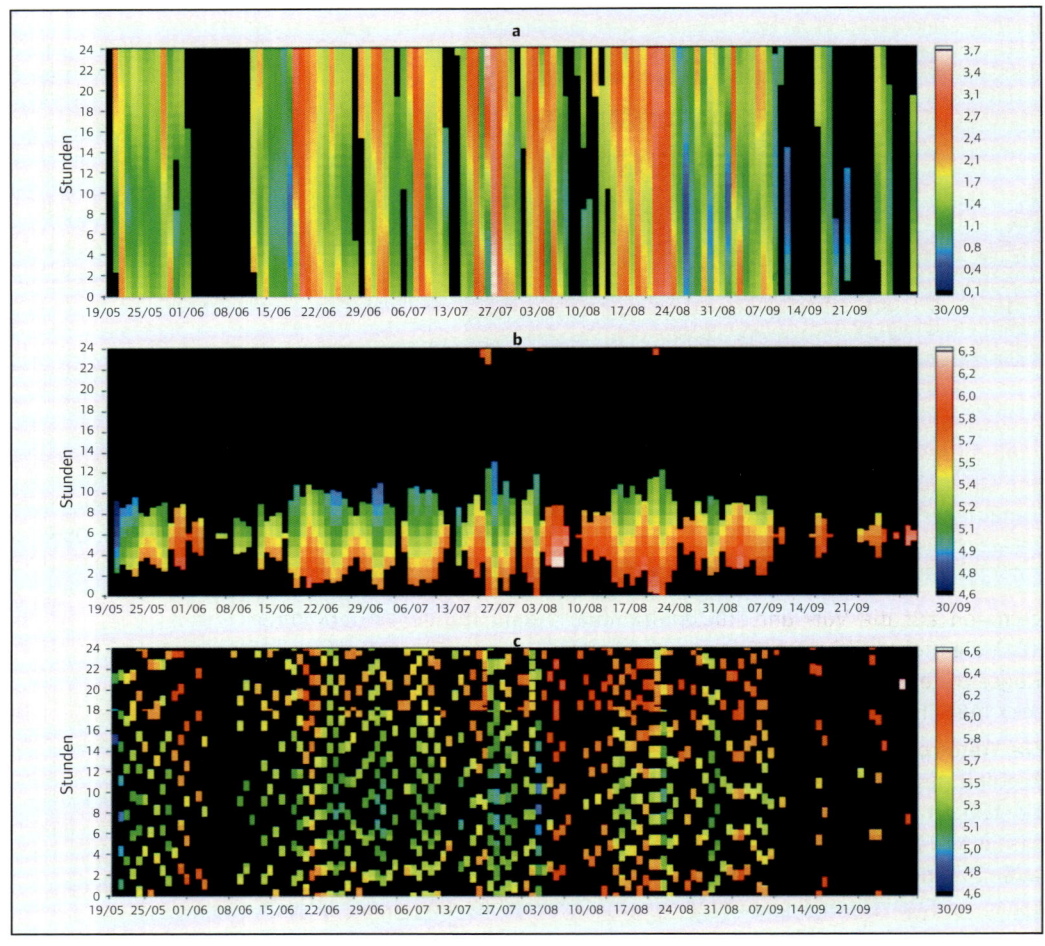

Bild 72
Simulationsergebnisse der Temperaturdifferenz zwischen Vor- und Rücklauf mit unterschiedlichen Regelstrategien: a) konventionelle Regelung der Vorlauftemperatur nach dem 24-Stunden-Mittelwert der Außentemperatur, b) prädiktiver Nachbetrieb, c) prädiktiver Betrieb mit Pulsweitenmodulation (Skalen für Temperaturdifferenzen sind unterschiedlich) [37]

im Sommer und Winter kann dieser Prozess noch mehr Zeit in Anspruch nehmen. Auch bei diesem Gebäude mussten häufige Korrekturen an der Regelung der konventionellen Betriebsweise durchgeführt werden. Die Pumpe wurde mit konstanter Drehzahl im Dauerbetrieb betrieben, das heißt, selbst bei geringen Differenzen zwischen Vor- und Rücklauftemperatur wird elektrische Pumpenenergie benötigt, jedoch fast keine Wärme oder Kälte an den Raum übertragen.

Durch die Erstellung eines aufwändigen Simulationsmodells des Gebäudes und der Betonkernaktivierung wurden unterschiedliche Regelstrategien getestet, die einen optimierten Anlagenbetrieb unter Berücksichtigung des thermischen Komforts zulassen. Der entwickelte Algorithmus, der in Abschnitt 7.4.5.3 in einer verfeinerten Version bereits ausführlich beschrieben wurde, war eines der Ergebnisse dieser Untersuchungen. Bild 72 zeigt das typische Verhalten der unterschiedlichen Regelstrategien

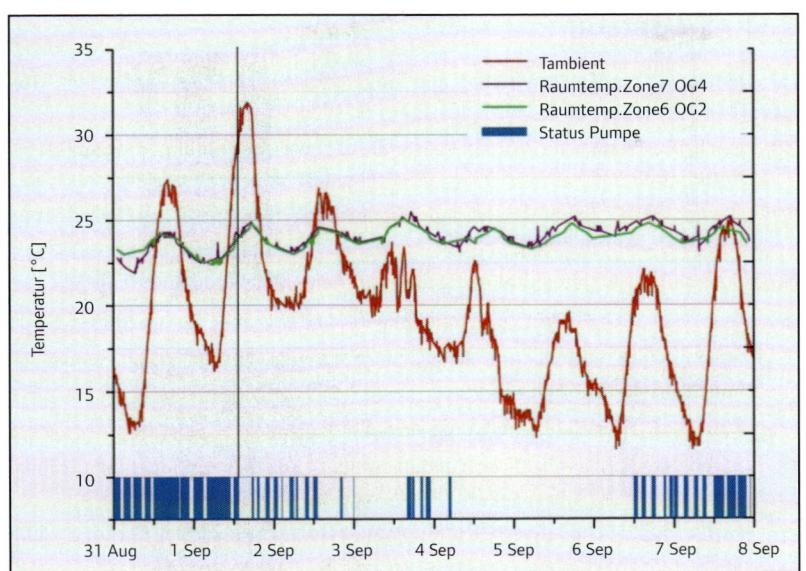

Bild 73
Messdaten des prädiktiven Betriebes der Betonkernaktivierung mit Pulsweitenmodulation [36]

bezogen auf die Vor- und Rücklauftemperaturen. Deutlich zu erkennen sind die viel niedrigeren Temperaturdifferenzen bei der konventionellen Regelstrategie von maximal 3,7 K, wobei die prädiktiven Betriebsvarianten maximale Temperaturdifferenzen von bis zu 6,6 K ermöglichen.

Die Wetterprognosen wurden durch einen Webservice, der in Zusammenarbeit mit der Firma Meteocontrol entwickelt wurde, an die Gebäudeautomation übertragen. Es konnten so Prognosewerte für einen Zeithorizont von bis zu 120 Stunden bereitgestellt werden. Der Abruf der Prognosen erfolgt alle 30 Minuten für Außentemperaturwerte und die Globalstrahlung.

Der prädiktive Algorithmus wurde Anfang Juli 2009 das erste Mal im realen Betrieb getestet. Zunächst wurden der prädiktive Nachtbetrieb und anschließend die prädiktive Pulsweitenmodulation im praktischen Einsatz beobachtet. Beide Betriebsvarianten haben sich von Anfang an bewährt. Bild 73 zeigt reale Messdaten unter Verwendung des prädiktiven Pulsweitenmodulations-Algorithmus zwischen dem 31. August und dem 8. September 2009. Die Tageshöchsttemperaturen variierten sehr stark von 32 °C bis hin zu 19 °C. Trotz der großen Wetteränderungen konnte die Raumtemperatur in den unterschiedlichen Zonen in einem engen Temperaturband gehalten werden. Gut zu erkennen ist zur Mittagszeit des 1. Septembers die frühzeitige Abschaltung der Pumpe, obwohl Raum- sowie die Außentemperatur weiterhin stiegen. Der Algorithmus berücksichtigt die Speicherfähigkeit des Gebäudes und kann so Energie einsparen.

Die Simulationsergebnisse konnten durch den Einsatz der prädiktiven Algorithmen **Einsparungen von 70 Prozent der elektrischen Pumpenenergie sowie 7 Prozent an thermischer Energie**, unter Verbesserung des thermischen Komforts im Vergleich zur konventionellen Strategie, nachweisen.

7.5 Literatur

[1] Maekawa, Z., Environmental and Architectural Acoustics, Abingdon (GB), 2. Aufl., 2011

[2] Lerch, R., Technische Akustik – Grundlagen und Anwendungen, Heidelberg/Berlin 2009

[3] Werner, U. J., Schallschutz und Raumakustik: Handbuch für Theorie und Baupraxis, Berlin 2009

[4] Marshall, L., Architectural Acoustics, Waltham, Mass. 2005

[5] Fasold, W., Schallschutz und Raumakustik in der Praxis, Berlin 2003

[6] Mommertz, E., Akustik und Schallschutz. Grundlagen – Planung – Beispiele. Müller-BBM, München 2008

[7] Kutruff, H., Akustik – Eine Einführung, Stuttgart 2004

[8] Vorländer, M., Auralization: Fundamentals of Acoustics, Modelling, Simulation, Algorithms and Acoustic Virtual Reality, Heidelberg/Berlin 2008

[9] Fuchs, H. V., Schallabsorber und Schalldämpfer, Heidelberg/Berlin, 3. Aufl. 2010

[10] Lips, W., Akustik für den Heizungs-, Lüftungs- und Klimaingenieur, Anhang A: Tabelle Schallabsorptionskoeffizienten, Luzern (Eigenverlag W. Lips), 13. Auflage, 2008

[11] Hausladen, G., Kaefer Microsorber. Untersuchung des Einflusses auf die Leistungsfähigkeit thermoaktiver Decken, München 2004

[12] Weitzmann, P./Pitarello, E./Olesen. B. W., The cooling capacity of the Thermo Active Building System combined with acoustic ceiling. Nordic Symposium on Building Physics, DTU, Copenhagen 2008

[13] Hennings, D., Raumakustisches Monitoring in passiv klimatisierten und Bauteilaktivierten Gebäuden, ENOB, TU München, 2007

[14] Fisch, N. M., Thermisch aktive Decken – was haben wir gelernt? Vortrag, TU Braunschweig/IGS, 2012

[15] Fertigteilkonstruktionen im Massivbau. Vorlesungsskript. Lehrstuhl und Institut für Massivbau, RWTH Aachen 2011

[16] Quack, D., Ökobilanz Betondecken. Eine vergleichende Analyse von Spannbeton-Fertigdecken mit Halbfertigteildecken und Massivdecken aus Ortbeton, Abschlussbericht, Öko-Institut e.V. Freiburg 2010

[17] Moro, J. L., Baukonstruktion – Vom Prinzip zum Detail: Band 3: Umsetzung, Stuttgart 2008

[18] Meierhans, R./Olesen, B. W., Betonkeraktivierung. D.F. Liedelt „Velta" GmbH & Co. KG, Norderstedt 1999

[19] Zulassung Z-15.10-300 des DIBt, Berlin über Spannbeton-Hohlplatten des Typs VMM Climadeck nach DIN 1045-1:2008-08, ausgestellt am 16.09.2010

[20] Meijs, M./Knaack U., Bauteile und Verbindungen: Prinzipien der Konstruktion, Berlin 2009

[21] SysproTec. Verlegeanleitung für Elementdecken, Werksschrift

[22] Zeitgemäß bauen – mit thermisch aktiven Betonbauteilen. Uponor GmbH und ABI Andernacher Bimswerk GmbH & Co. KG, Hassfurt 2009

[23] Trogisch, A./Günther, M., Planungshilfen bauteilintegrierte Heizung und Kühlung VBE, 2008

[24] Deecke, H./Günther, M./Olesen, B. W., velta contec-Betonkernaktivierung, Norderstedt 2003

[25] Günther, M., Abnahmeprüfung von Raumkühlflächen nach VDI 6031 (Qualitätssicherung der Betonkernaktivierung) 27. Internationaler velta Kongress, St. Christoph 2005

[26] Hemmersbach, M./Müntjes, M., Thermische Bauteilaktivierung. Möglichkeiten und Entwicklungstrends TAB Jg. 43, Nr.1, 2012, 56–59

[27] Pfafferott, J. und Kalz, D., Thermoaktive Bauteilsysteme – Nichtwohnungsbauten energieeffizient heizen und kühlen auf hohem Komfortniveau, FIZ Karlsruhe, BINE Themeninfo, Nr. I/2007, 2007

[28] Feldmann, T. et al., Verbesserung von Energieeffizienz und Komfort im Gebäudebetrieb durch den Einsatz prädiktiver Betriebsverfahren (PräBV), Offenburg, 2012

[29] DIN 1946-2:1994-01, Raumlufttechnik; Gesundheitstechnische Anforderungen (VDI-Lüftungsregeln)

[30] EN ISO 7730:2006, Ergonomics of the thermal environment – Analytical determination and interpretation of thermal-comfort using calculation of the PMV and PPD indices and local thermal-comfort criteria (ISO 7730:2005)

[31] Fanger, P., Thermal comfort. Analysis and applications in environmental engineering, 1970

[32] ASHRAE 55:2010, Thermal Environmental Conditions for Human Occupancy

[33] ISSO 74, Thermische behaaglijkheid. Eisen voor de binnentemperatuur in gebouwen, 2005

[34] DIN EN 15251:2012, Eingangsparameter für das Raumklima zur Auslegung und Bewertung der Energieeffizienz von Gebäuden – Raumluftqualität, Temperatur, Licht und Akustik

[35] Arbeitskreis der Professoren für Regelungstechnik in der Versorgungstechnik, Regelungs- und Steuerungstechnik in der Versorgungstechnik, Berlin 2010

[36] Tödtli, J., TABS Control, Zürich 2009, S. 190

[37] Eicker, U., Biesinger, A. et al., Gebäudetechnik. Simulationsgestützte Automation für die nachhaltige sommerliche Klimatisierung von Gebäuden. Teilaspekt B: Anpassung an Klimatrends und Extremwetter. Themenbereich Gebäudetechnik, Bundesministerium für Bildung und Forschung (Hrsg.), Stuttgart 2010

[38] Kuchling, H. (u. a. Hrsg.), Taschenbuch der Physik, München 2007, S. 711

[39] Koschenz, M. und Lehmann, B., Thermoaktive Bauteilsysteme tabs, Dübendorf: EMPA, 2000, S. 102

8 Einhaltung der Hygiene-Anforderungen in Trinkwasser-Installationen (TRWI)

Seite

8.1	Neuordnung der Technischen Regeln für Trinkwasser-Installationen – 10-2012 – Einhaltung der Hygiene in Trinkwasser-Installationen (TRWI)	478
8.1.1	Vorwort	478
8.1.2	Technische Regeln, normative Verweisungen und Betrieb von Anlagen	480
8.1.3	Gefahren in der Trinkwasser-Installation (TRWI)	483
8.1.3.1	Kaltwasserleitungen (PWC)	484
8.1.3.2	Warmwasserleitungen (PWH)	485
8.1.3.3	Anforderungen an das Handwerk	485
8.1.3.4	Rahmenbedingungen der Trinkwasserversorgung	486
8.1.4	Trinkwasserverordnung (TrinkwV)	487
8.1.4.1	Allgemeine Anforderungen	487
8.1.4.2	Blei im Trinkwasser	490
8.1.4.3	Technischer Maßnahmewert	490
8.1.5	Hygienische Anforderungen an Trinkwasser-Installationen (TRWI)	491
8.1.5.1	Vorbemerkungen	491
8.1.5.2	Legionellen	492
8.1.5.3	Pseudomonas aeruginosa	494
8.1.5.4	Biofilm	494
8.1.5.5	VBNC	496
8.1.6	Europäische Grundnormen und nationale Ergänzungsnormen	496
8.1.6.1	Struktur und Gültigkeit	496
8.1.6.2	Bestandsschutz	500
8.1.7	DIN EN 806-1: Technische Regeln für Trinkwasser-Installationen (TRWI)	500
8.1.7.1	Vorbemerkungen	500
8.1.7.2	Armaturen und Einrichtungen	502
8.1.7.2.1	Sicherungsarmatur	502
8.1.7.2.2	Sicherheitsarmatur	502
8.1.8	DIN EN 1717: Schutz des Trinkwassers vor Verunreinigungen in TRWI und allgemeine Anforderungen an Sicherungseinrichtungen zur Verhütung von TW-Verunreinigungen durch Rückfließen	504
8.1.8.1	Vorbemerkungen	504

Seite

8.1.8.2	Verunreinigungen in der Trinkwasser-Installation (TRWI)	505
8.1.8.3	Rückfließen und Sicherungsarmatur	505
8.1.8.4	Feststellung der Eigenschaften der Trinkwasser-Installation (TRWI)	506
8.1.8.4.1	Sicherungspunkte	506
8.1.8.4.2	Flüssigkeitskategorien	506
8.1.8.5	Sicherungseinrichtungen	507
8.1.8.5.1	Kategorisierung	507
8.1.8.5.2	Einbauort der Sicherungseinrichtungen	508
8.1.8.5.3	Abbildung der Sicherheitseinrichtungen (DIN EN 1717 – Anhang A (normativ))	508
8.1.8.5.4	Anforderungen an den Einbau	510
8.1.8.6	Schäden durch mangelnde oder unsachgemäße Wartung	510
8.1.9	DIN 1988-100: Technische Regeln für Trinkwasser-Installationen – Teil 100: Schutz des Trinkwassers, Erhaltung der Trinkwassergüte; Technische Regel des DVGW:2011-08	511
8.1.9.1	Vorbemerkungen	511
8.1.9.2	Flüssigkeitskategorien	512
8.1.9.3	Rückfließen von verunreinigtem Wasser	514
8.1.9.4	Stagnation	515
8.1.10	DIN EN 806-2:2005 Technische Regeln für Trinkwasser-Installationen (TRWI) – Deutsche Fassung Teil 2: Planung	517
8.1.10.1	Allgemeines	517
8.1.10.2	Vermeiden von Schäden durch Korrosion	520
8.1.11	DIN 1988-200 Technische Regel für Trinkwasser-Installationen – Installation Typ A (Geschlossenes System) – Planung, Bauteile, Apparate, Werkstoffe; Technische Regel des DVGW	521
8.1.11.1	Vorbemerkung	521
8.1.11.2	Begriffe	521
8.1.11.3	Werkstoffe	522
8.1.11.3.1	Allgemeines	522
8.1.11.3.2	Einsatzbereiche metallener Werkstoffe nach DIN 50930-6	525
8.1.11.4	Bauteile und Apparate	525
8.1.11.5	Kennzeichnung von Trinkwasserentnahmestellen	526

		Seite
8.1.11.6	Berechnungsdurchflüsse	526
8.1.11.7	Betriebstemperatur	527
8.1.11.8	Planungs- und Ausführungsunterlagen	528
8.1.11.9	Probennahmestellen	528
8.1.11.10	Technikzentralen	528
8.1.11.11	Installationsschächte und -kanäle	528
8.1.11.12	Zentrale Trinkwassererwärmer mit hohem Wasseraustausch	529
8.1.11.13	Zirkulationspumpen	529
8.1.11.14	Sicherheitsventile	529
8.1.11.15	Thermische Ablaufsicherung	529
8.1.11.16	Hydraulischer Abgleich	530
8.1.11.17	Wasserzähler	530
8.1.11.18	Desinfektion	530
8.1.11.19	Wasserbehandlungsanlagen	530
8.1.11.20	Wasserfilter	531
8.1.11.21	Rohrleitungen	532
8.1.11.22	Druckerhöhungsanlagen	532
8.1.11.23	Druckminderer	532
8.1.11.24	Kombinierte Trinkwasser- und Feuerlöschanlagen	532
8.1.11.25	Vermeiden von Schäden durch Korrosion	532
8.1.12	DIN EN 806-4:2010-06 Technische Regel für Trinkwasser-Installationen; Teil 4: Installation	532
8.1.12.1	Vorbemerkung	532
8.1.12.2	Kombination verschiedener Metalle	533
8.1.12.2.1	Allgemeines	533
8.1.12.2.2	Fließregel	533
8.1.12.3	Inbetriebnahme	534
8.1.12.3.1	Befüllung und hydrostatische Druckprüfung von Installationen innerhalb von Gebäuden für Trinkwasser	534
8.1.12.3.2	Spülen der Rohrleitungen	534
8.1.12.3.2.1	Spülen mit Trinkwasser	534
8.1.12.3.2.2	Spülen mit Wasser/Luft-Gemisch	535
8.1.13	DIN EN 806-5:2012-04 Technische Regeln für Trinkwasser-Installationen, Betrieb und Wartung	535
8.1.13.1	Vorbemerkungen	535
8.1.13.2	Inspektion und Wartung	538
8.1.14	DIN 1988-500:2011-2 Druckerhöhungsanlagen (DEA)	539

		Seite
8.1.14.1	Vorbemerkungen	539
8.1.14.2	Anwendungsbereich	541
8.1.14.3	Planungsgrundlagen	541
8.1.14.3.1	Allgemeines	541
8.1.14.3.2	Versorgungssicherheit und Hygiene	541
8.1.14.3.3	Förderstrom und Fließgeschwindigkeit	541
8.1.14.3.4	Förderdruck	542
8.1.14.3.5	Druckzonen	542
8.1.14.3.6	Anschlussarten	542
8.1.15	DIN 1988-600:2010-12 Trinkwasser-Installationen in Verbindung mit Feuerlösch- und Brandschutzanlagen	542
8.1.15.1	Grundlagen	542
8.1.15.2	DIN 14462:2012-09 Löschwassereinrichtungen – Planung, Einbau, Betrieb und Instandhaltung von Wandhydrantenanlagen sowie Anlagen mit Über- und Unterflurhydranten; Ausgabedatum: 2012-09	544
8.1.16	Schlussbetrachtung	545
8.2	**Ermittlung der Rohrdurchmesser für Kalt- und Warmwasserleitungen nach DIN 1988-300**	546
8.2.1	Vorbemerkungen	546
8.2.2	DIN 1988-300 im Überblick	547
8.2.2.1	Wesentliche Änderungen gegenüber DIN 1988-3	547
8.2.2.2	Anwendungsbereich	548
8.2.2.2.1	Bemessen der Trinkwasser-Installationen	548
8.2.2.2.2	Bemessen der Trinkwasser-Installation von Wohngebäuden bis sechs Wohneinheiten	548
8.2.2.3	Begriffe, Symbole und Einheiten	548
8.2.2.4	Grundlagen der Druckverlustberechnung in der Trinkwasser-Installation	553
8.2.2.4.1	Druckverluste in einem Rohrleitungssystem	553
8.2.2.4.2	Rohrreibungsdruckverluste	553
8.2.2.4.3	Einzelwiderstände und Druckverluste	555
8.2.2.5	Bemessen von Kalt- und Warmwasserleitungen	558
8.2.2.5.1	Berechnungsschritte nach DIN 1988-300	558
8.2.2.5.2	Berechnungsdurchflüsse und Mindestfließdruck der Entnahmearmaturen	558
8.2.2.5.2.1	Allgemeines	558
8.2.2.5.2.2	Absprachen mit dem Bauherren vor Planungsbeginn	560
8.2.2.5.3	Summendurchfluss	562

		Seite
8.2.2.5.4	Spitzendurchfluss	563
8.2.2.5.4.1	Allgemeines	563
8.2.2.5.4.2	Unterschiede des Spitzendurchflusses (DIN 1988-300 vs. DIN 1988-3)	564
8.2.2.5.4.3	Nutzungseinheit – Definition und Anwendungsbeispiele	564
8.2.2.5.4.4	Dauerverbraucher	569
8.2.2.5.4.5	Reihenanlagen	569
8.2.2.5.4.6	Sonderbauten, Gewerbe- und Industriegebäude	570
8.2.2.5.5	Verfügbares Druckgefälle für die Rohrreibung	570
8.2.2.5.5.1	Allgemeines	570
8.2.2.5.5.2	Mindestversorgungsdruck nach dem Wasserzähler	571
8.2.2.5.5.3	Druckverlust aus dem geodätischen Höhenunterschied	571
8.2.2.5.5.4	Druckverlust von Apparaten	572
8.2.2.5.5.5	Druckverlust bei Gruppen-Trinkwassererwärmern	572
8.2.2.5.6	Auswahl der Rohrdurchmesser für den hydraulisch ungünstigsten Fließweg	572
8.2.2.5.7	Druckverluste in der Stockwerksverteilung	574
8.2.2.5.7.1	Installationsvarianten bei der Stockwerksverteilung	574
8.2.2.5.7.2	Bemessung einer Ringleitung nach dem Hardy-Cross-Verfahren	577
8.2.2.6	Ermittlung der Rohrdurchmesser von Zirkulationsleitungen	584
8.2.2.6.1	Unterschiede zwischen DIN 1988-300 und DVGW-Arbeitsblatt W 553	584
8.2.2.6.2	Ermittlung der Wärmeverluste des zirkulierenden Systems	585
8.2.2.6.3	Ermittlung des Zirkulationspumpenvolumenstroms	587
8.2.2.6.4	Volumenstromteilung im Abzweig- und Durchgangsweg (Beimischgrad)	588
8.2.2.6.5	Berechnungsbeispiel mit und ohne Beimischgrad	589
8.2.2.6.6	Ermittlung der Durchmesser für die Zirkulationsleitung	592
8.2.2.6.7	Förderdruck der Zirkulationspumpe	593
8.2.3	Fazit	594
8.3	**Literatur**	595

8.1 Neuordnung der Technischen Regeln für Trinkwasser-Installationen – 10-2012 – Einhaltung der Hygiene in Trinkwasser-Installationen (TRWI)

8.1.1 Vorwort

Trinkwasser ist für den Menschen ein unverzichtbares Gut, das ihm für ein gesundes Leben zur Verfügung stehen muss. In mehr als 150 Jahren hat sich in Deutschland eine sichere und leistungsfähige zentrale Trinkwasserversorgung entwickelt. Trinkwasser muss grundsätzlich so beschaffen sein, dass durch seinen Genuss oder Gebrauch eine Schädigung der menschlichen Gesundheit, insbesondere durch Krankheitserreger, nicht zu besorgen ist. Darüber hinaus muss es genusstauglich und rein sein. Die deutsche Wasserwirtschaft liegt in Bezug auf Qualität und Sicherheit weltweit mit an der Spitze. Das Vertrauen der Verbraucher in das Lebensmittel Trinkwasser ist hoch.

Hierzu war es notwendig, einen verbindlichen rechtlichen Ordnungsrahmen zu schaffen (Bild 1). Für die Mitgliedsstaaten der Europäischen Union ist dies letztmalig in der EG-Trinkwasserrichtlinie 98/83/EG [1] des Rates über die Qualität des Wassers für den menschlichen Gebrauch vom 3. November 1998 geschehen, welche von den Mitgliedsstaaten binnen fünf Jahren in das jeweilige nationale Recht der Mitgliedsstaaten umzusetzen war. Für die Bundesrepublik Deutschland ist das Bundesministerium für Gesundheit (BMG) durch den § 38 Abs. 1 des Infektionsschutzgesetzes [2] ermächtigt, mit Zustimmung des Bundesrates eine entsprechende Verord-

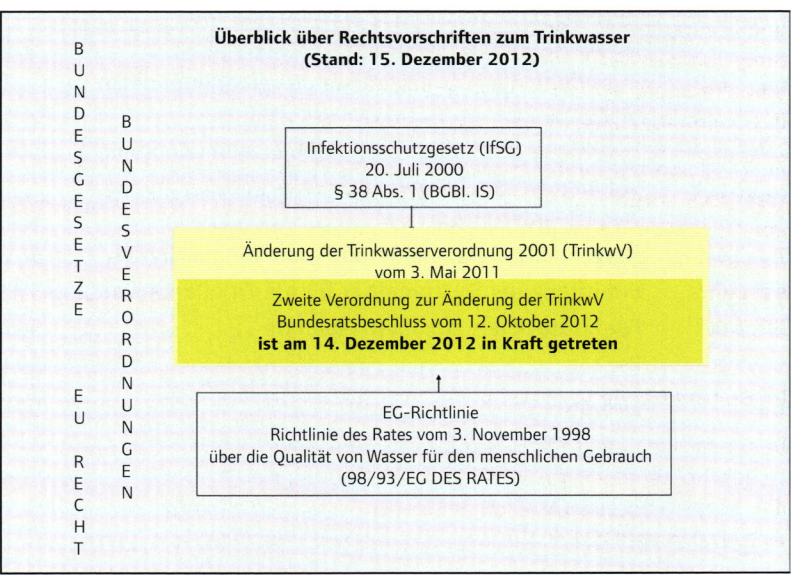

Bild 1 Überblick über Rechtsvorschriften zum Trinkwasser

nung zu erlassen. Dies geschah erstmalig mit der Veröffentlichung der Trinkwasserverordnung am 31. Januar 1975. Es folgten Novellierungen und Änderungen 1980, 1990, 2001 [3] und im Mai 2011. Ein halbes Jahr nach Verabschiedung durch den Bundesrat ist die „Erste Verordnung zur Änderung der Trinkwasserverordnung" am 1. November 2011 in Kraft getreten.

Die Änderung vom Mai 2011 wurde am 28. November 2011 [4] als Volltext veröffentlicht und durch Artikel 2 Absatz 19 des Gesetzes vom 22. Dezember 2011 in einem Punkt sowie nach einem weiteren Bundesratsbeschluss am 12. Oktober 2012 erneut in gleich mehreren Punkten geändert. Die Änderungen sind am 14.12.2012 in Kraft getreten. Die aktuelle Fassung der Trinkwasserverordnung ist seit dem 07.08.2013 im Bundesgesetzblatt veröffentlicht.

Eine wesentliche Zielsetzung des BMG bei den Änderungen der TrinkwV ab 2011 war u. a., diese insgesamt noch praktikabler zu gestalten, sie genauer an die Vorgaben der EG-Trinkwasserrichtlinie 98/83 anzupassen, Regelungslücken zu schließen und dabei den hohen Qualitätsstandard des Trinkwassers in Deutschland zu wahren und möglichst noch zu erhöhen, so insbesondere z. B. für die Versorgung mit erwärmtem Trinkwasser. Aber auch bei der Auswahl geeigneter Werkstoffe für die TRWI sind bestimmte Anforderungen der Trinkwasserverordnung zu berücksichtigen. Darüber hinaus rückte auch der Betrieb von Trinkwasseranlagen in den Fokus der Änderungen. Insbesondere Anforderungen im Zusammenhang mit der Vermeidung mikrobieller Infektionsmöglichkeiten wurden klarer formuliert, einige sind neu, andere wurden verschärft. Daneben gibt es neue Mitteilungs- und insbesondere Untersuchungspflichten für die Betreiber von gewerblich genutztem Wohnraum. Hierunter versteht man die unmittelbare (z. B. Trinken oder Waschen) oder mittelbare (z. B. Zubereitung von Speisen), zielgerichtete Trinkwasserbereitstellung im Rahmen einer Vermietung oder einer sonstigen selbstständigen, regelmäßigen und in Gewinnerzielungsabsicht ausgeübten Tätigkeit.

Im Vergleich mit Bestimmungen der Version aus 2001 haben sich für die Wasserversorger, Betreiber der Trinkwasser-Installation und die zuständigen Behörden – zumeist die örtlichen Gesundheitsämter – eine Reihe von Änderungen ergeben, worauf an verschiedenen Stellen noch näher eingegangen wird. In erster Linie wird in diesem Beitrag auf die Betreiberpflichten eingegangen.

Im Beitrag häufig verwendete Abkürzungen und Hinweise

Da die nationalen Ergänzungsnormen die jeweiligen Vorgaben der europäischen Spiegelnorm grundsätzlich einzuhalten haben, beziehen sich z. B. die Bezeichnungen (Abkürzungen und Farbe in Grafiken) der einzelnen Wasserarten auf die englischen Originalbezeichnungen.

Bezeichnung (deutsch)	Bezeichnung (englisch)	Farbe (Wassertyp)	Kurzzeichen
Trinkwasserleitung kalt	potable water cold	Grün	PWC
Trinkwasserleitung warm	potable water hot	Rot	PWH
Trinkwasserleitung warm-zirkulierend	potable water hot-circulating	Violett	PWH-C
Nichttrinkwasserleitung	non-potable water	Weiß	NPW

Tab. 1 Europäische Normung von Rohrleitungskennzeichnungen

Weitere häufig verwendete Abkürzungen im nachfolgenden Beitrag sind:

TrinkwV	Trinkwasserverordnung
TRWI	Trinkwasser-Installation
AVBWasserV	Verordnung über Allgemeine Bedingungen für die Versorgung mit Wasser
a. a. R. d. T.	allgemein anerkannte Regeln der Technik
VIU	Vertragsinstallateurunternehmen (Konzessionsinhaber)
WVU	Wasserversorgungsunternehmen

Allgemeiner Hinweis: In den nachfolgenden Kapiteln hat der Autor seine ergänzenden Anmerkungen zu einzelnen Ausführungen als „Hinweis:" kenntlich gemacht.

8.1.2 Technische Regeln, normative Verweisungen und Betrieb von Anlagen

Bei einer staatlichen Ordnung bedarf es für viele Bereiche einer gesetzlichen Regelung in Form von Bundes- oder Landesgesetzen. Gesetze gelten in der Regel nicht für den Einzelfall, sondern allgemein. Deshalb werden hierin auch keine zahlenmäßigen Festlegungen getroffen, die allgemeinen Veränderungen unterliegen, weil sonst ständig ein parlamentarischer Prozess in Gang gesetzt werden müsste (Bild 2). Die Bekanntgabe oder Festlegung von Grenz-, Richt- und neuerdings auch von Maßnahmewerten sowie Ausführungsanweisungen erfolgt deshalb in Rechtsverordnungen. Für die öffentliche Wasserversorgung sind eine Reihe von Wasser- und Umweltgesetzen des Bundes relevant wie das Wasserhaushaltsgesetz (WHG) [5], das z. B. die Wasserentnahme und Wasserschutzgebietsausweisung regelt, das Infektionsschutzgesetz, das Wasch- und Reinigungsmittelgesetz [6] sowie das Wassersicherstellungsgesetz. Neben den Gesetzen und Verordnungen haben technische Vorschriften wie die Verdingungsordnung für Bauleistungen (VOB) [7], Unfallverhütungsvorschriften (UVV) [8] sowie die AVBWasserV [9] eine besondere rechtliche Verbindlichkeit. Im Einklang mit den Gesetzen und Verordnungen gab es schon immer „Technische Regeln" und „Normen". Sie stellen eine Arbeitshilfe zur Einhaltung der Sorgfaltspflicht dar. In Deutschland sind Normen unter dem Begriff DIN bekannt. Nicht alle Bereiche werden durch Normen erfasst. So kennt man zusätzlich für das Gas- und Wasserfach das DVGW-Regelwerk mit seinen allgemein anerkannten Regeln der Technik (a. a. R. d. T.).

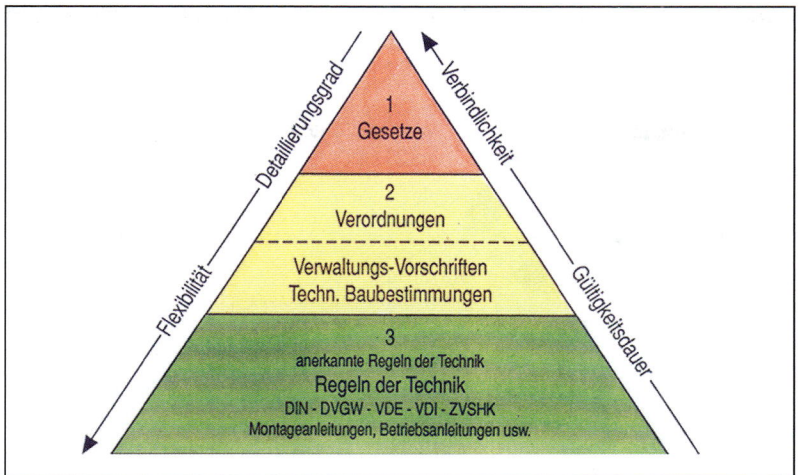

Bild 2
Hierarchie technischer Regeln und Vorschriften

Die „Allgemeinen Anforderungen" an die Technik legt die TrinkwV im § 4 in Anlehnung an das Infektionsschutzgesetz fest. Danach muss Trinkwasser so beschaffen sein, dass durch seinen Genuss oder Gebrauch eine Schädigung der menschlichen Gesundheit, insbesondere durch Krankheitserreger, nicht zu besorgen ist. Zudem muss es genusstauglich und rein sein. Weiter heißt es in § 4: Dieses Erfordernis gilt als erfüllt, wenn bei der Wassergewinnung, der Wasseraufbereitung und der Verteilung mindestens die a. a. R. d. T. eingehalten sind und das Trinkwasser den Anforderungen der §§ 5 und 7 der TrinkwV entspricht. Diese Vorschrift ist für Wasserversorgungsunternehmen (WVU), Hauseigentümer, Zulieferer- und Bauindustrie sowie VIU gleichermaßen von Bedeutung. Diesem Anspruch wird auch die AVBWasserV gerecht. Sie bestimmt u. a., dass Trinkwasseranlagen nur nach den a. a. R. d. T. errichtet, erweitert, geändert und unterhalten werden dürfen. Darüber hinaus legt sie fest, dass nur Materialien und Geräte in der TRWI verwendet werden dürfen, bei denen nachgewiesen ist, dass sie den a. a. R. d. T. entsprechen.

Grundsätzlich sind in den Bereichen Planung und Wahl des Werkstoffes, Verarbeitung und Betriebsbedingungen die jeweils speziell geltenden DIN-Vorschriften, die Regelungen der gültigen DVGW-Arbeitsblätter und die Herstellerhinweise einzuhalten.

In jüngster Zeit wurden wesentliche Gesetze und Verordnungen, die in einem unmittelbaren Zusammenhang mit der geänderten TrinkwV zu sehen sind, überarbeitet bzw. neu veröffentlicht. Hierbei wurde weiterhin dem hohen Verbraucherschutzziel eine besondere Bedeutung beigemessen.

Durch die immer schneller werdende Entwicklung immer neuer technischer Möglichkeiten entstehen in immer kürzeren Abständen neue Normen. Hinzu kommt die Umstellung von deutschen auf europäische Normen. Die WVU sollten ständig die Informationen über relevante Normungsvorhaben

Bild 3
Regelungen nach
AVBWasserV

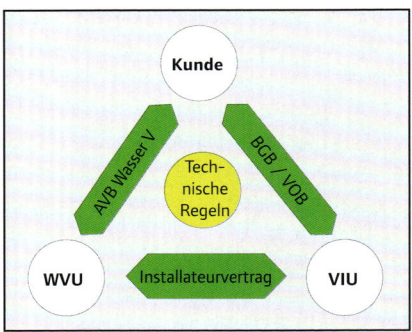

für die entsprechenden Gewerke bekannt geben, damit die erbrachten Leistungen des Handwerks den a.a.R.d.T. entsprechen. Auch muss der Unternehmer beachten, dass er die vertraglich zugesicherten Eigenschaften einhält. Gleichzeitig muss sein Gewerk mindestens für den gesamten Zeitraum der Gewährleistung objektiv mangelfrei sein (Bild 3).

Nach ständiger Rechtsprechung gelten die Regeln der Technik dann als allgemein anerkannt, wenn sie unter Beteiligung aller relevanten Kreise zustande gekommen und durch Veröffentlichung in angemessener Form allgemein zugänglich sind. Die Verweise auf solche Regeln gewährleisten somit eine im Sinne des Verbraucherschutzes hinreichende Sorgfalt des Handelns bezüglich der entsprechenden Verfahrensweisen und gleichzeitig die unverzichtbare Flexibilität zum einen insoweit, als zur erfolgreichen Lösung eines Problems mehrere unterschiedliche technische Ansätze in Frage kommen können. Zum anderen lehrt die Erfahrung, dass technische Regeln sich weiterentwickeln können, ohne dass deshalb stets die bestehenden Rechtsvorschriften geändert werden müssten. Diese Vorschriften bilden somit den verbindlichen Rahmen, der der Ausfüllung durch die entsprechenden technischen Detailregeln unterliegt.

Für TRWI sind als a.a.R.d.T. seit Jahrzehnten u.a. DIN 1988 [10] bzw. spätere europäische Folgenormen DIN EN 806 [11-15] anzuwenden. DIN 1988 erschien 1930 zum ersten und im Dezember 1988 zum fünften Mal. Die Fassung aus dem Jahre 1988 bestand aus acht Teilen und behandelte auf etwa 200 Seiten das Gebiet der TRWI sehr umfangreich und eingehend.

Im Oktober 2012 wurden die letzten der acht Teile der DIN 1988 endgültig zurückgezogen und durch nationale Ergänzungsnormen ersetzt – durch die „Hunderter-Reihe" von DIN 1988 [16-20]. Hierauf wird an anderer Stelle ausführlich in diesem Kapitel noch eingegangen.

Regeln der Technik haben normalerweise lediglich empfehlenden Charakter. Über die novellierte TrinkwV 2001, aber auch über die AVBWasserV, die auf Grund des Gesetzes zur Regelung des Rechts der Allgemeinen Geschäftsbedingungen erlassen wurden, sind sie für den Bereich der TRWI verbindlich. Die AVBWasserV ist eine bundesweit geltende Verordnung. In ihr wird – wie in den analogen AVB für Gas, Strom und Fernwärme – das Vertragsverhältnis zwischen den WVU und dem Verbraucher beschrieben. Es sind also primär wirtschaftliche Gesichtspunkte, die in der AVBWasserV behandelt werden. Dennoch sind einige Paragrafen für die Trinkwasserhygiene von großer Wichtigkeit. So ist im § 12 (2) AVBWasserV u. a. festgelegt, dass die TRWI ausschließlich nach den a. a. R. d. T. errichtet, erweitert, geändert und unterhalten werden dürfen. Auf Druck der EG wurde der § 12 (4) zuletzt am 13.01.2010 geändert. Danach dürfen nur Produkte und Geräte verwendet werden, die den a. a. R. d. T. entsprechen. Die Einhaltung der Voraussetzungen des Satzes 1 wird vermutet, wenn eine CE-Kennzeichnung für den ausdrücklichen Einsatz im Trinkwasserbereich vorliegt. Sofern eine CE-Kennzeichnung nicht vorliegt, wird dies auch vermutet, wenn das Produkt oder Gerät ein Zeichen eines akkreditierten Branchenzertifizierers trägt, insbesondere das DIN-DVGW-Zeichen oder DVGW-Zeichen. Der Kunde des WVU darf Arbeiten an der TRWI nur einem, bei einem WVU eingetragenen VIU übertragen. Der Grund dafür, dass in die AVBWasserV diese Regelung aufgenommen wurde, ist die Absicht, irgendwelche störenden Rückwirkungen von einer TRWI auf das öffentliche Netz oder andere TRWI zu verhindern. Im § 15 (1) der AVBWasserV wird daher gefordert, dass die TRWI so zu betreiben ist, dass Störungen anderer Kunden des WVU, störende Rückwirkungen auf Einrichtungen des WVU gegenüber Dritten oder Rückwirkungen auf die Güte des Trinkwassers ausgeschlossen sind. Die relevanten a. a. R. d. T. im Bereich der TRWI sind die Regelwerke des DIN, des VDI und des DVGW sowie die KTW-Empfehlungen [21] des Umweltbundesamtes (UBA). Dabei gehören zu den DIN-Normen auch die Europäischen Normen, die den Status einer Deutschen Norm haben (DIN EN). Bei Beachtung dieser Regeln kann davon ausgegangen werden, dass das Trinkwasser an der Entnahmestelle den Anforderungen der TrinkwV genügt.

8.1.3 Gefahren in der Trinkwasser-Installation (TRWI)

Grundsätzlich sollte Wasser, das über längere Zeit (z. B. während des Urlaubs, selten benutzte Entnahmestellen, Gartenentnahmestelle) in der TRWI (inkl. Trinkwassererwärmer) stagnierte, nicht für den menschlichen Gebrauch genutzt werden. Es empfiehlt sich, bei längerer Abwesenheit in Wohnungen die Stockwerksabsperrung, in Einfamilienhäusern die Absperrarmatur hinter der Wasserzähleranlage zu schließen und nach der Rückkehr das Wasser einige Minuten fließen zu lassen. Tabelle 2 enthält dazu detaillierte Angaben.

Bei längerer Abwesenheit oder bei Anlagen, die einer saisonalen Nutzung unterliegen (z. B. Campingplätze, Ferienhäuser bzw. -siedlungen), sollten die Hauptabsperrarmatur geschlossen, die Leitungen komplett entleert, getrocknet sowie bei der Wiederinbetriebnahme intensiv gespült werden. Schon bei der Planung, spätestens aber bei der Installation einer TRWI, sind durch entsprechende Leitungsführung Stagnationsmöglichkeiten zu

Dauer der Abwesenheit	Maßnahmen vor Antritt der Abwesenheit	Maßnahmen bei der Rückkehr
>3 Tage	Bei Einfamilienhäusern: Schließen der Absperrarmatur hinter der Wasserzähleranlage	Öffnen der Absperrarmatur, Wasser 5 Min. laufen lassen
	Bei Wohnungen: Schließen der Stockwerksabsperrung	Öffnen der Stockwerksabsperrung, Wasser 5 Min. laufen lassen
>4 Wochen	Bei Einfamilienhäusern: Schließen der Absperrarmaturen hinter der Wasserzähleranlage	Öffnen der Absperrarmatur, Spülen der Leitungsanlagen
	Bei Wohnungen: Schließen der Stockwerksabsperrung	Öffnen der Stockwerksabsperrung, Spülen der Leitungsanlagen
>6 Monate	Schließen der Hauptabsperrarmatur, Entleeren der Leitungen	Öffnen der Hauptabsperrarmatur, Spülen der Leitungen
>1 Jahr	Abtrennen der Anschlussleitungen an der Versorgungsleitung	Benachrichtigen von WVU oder Installateur

Tab. 2
Maßnahmen an der TRWI vor Antritt der Abwesenheit und bei Rückkehr

minimieren. Erreicht werden kann dies z. B. durch Verlegung von Ringleitungen oder auch Anordnung einer oft benutzten Zapfstelle hinter einer selten benutzen Entnahmestelle (z. B. Außenzapfstelle, Gäste-WC).

Treten generelle Probleme hinsichtlich der Trinkwassergüte an der Entnahmearmatur auf und ist sichergestellt, dass diese vor dem Wassermesser nicht vorhanden sind, sollte zuerst überprüft werden, ob die verwendeten Materialien und eingebauten Geräte den a. a. R. d. T. entsprechen, d. h. ein DIN- oder DVGW- oder ein entsprechendes CE-Prüfzeichen tragen. Im nächsten Schritt muss untersucht werden, ob die Ausführung der Installation den Anforderungen der a. a. R. d. T. genügt, insbesondere, ob keine Verbindung mit nicht trinkwasserführenden Leitungen vorliegt und ob die angeschlossenen Geräte mit den in den a. a. R. d. T. angegebenen Sicherungseinrichtungen abgesichert sind. Auch die Funktionsfähigkeit der Sicherungseinrichtungen ist dabei regelmäßig zu überprüfen. Äußerste Vorsicht ist bei medizinischen Einrichtungen geboten. Die erforderliche mikrobiologische und chemische Unbedenklichkeit kann nur durch geeignete Trinkwasseruntersuchungen nachgewiesen werden. Hierbei ist generell zwischen dem Wasser aus PWC und PWH sowie PWH-C zu unterscheiden.

8.1.3.1 Kaltwasserleitungen (PWC)

In PWC kann das Trinkwasser durch den Einsatz ungeeigneter Rohrleitungs- und Armaturenmaterialien unter Umständen so mit Schwermetallen (z. B. Blei, Kupfer, Nickel, Cadmium) belastet werden, dass der Genuss des Wassers zu gesundheitlichen Beeinträchtigungen führt. Darüber hinaus begünstigen fehlerhafte Installationen den Eintrag von Krankheitserregern und die Übertragung von Infektionskrankheiten.

Wird das Trinkwasser in freiem Auslauf aus Zapfhähnen zur manuellen Aufbereitung von Medizinprodukten oder anderen medizinischen Behandlungsverfahren verwendet, so sind an diesen Zapfstellen mikrobiologische

Untersuchungen auf E. coli, coliforme Keime, Koloniezahlen bei 22 °C und 36 °C, Pseudomonas aeruginosa und Enterokokken vorzunehmen.

Sofern in der ambulant operierenden Einrichtung Wasserentnahmestellen auch zur Nahrungsmittel- oder Getränkezubereitung verwendet werden, sind hier neben den o. g. mikrobiologischen Parametern exemplarisch auch die Schwermetalle Blei, Kupfer, Cadmium und Nickel zu erfassen.

An dieser Stelle soll ausdrücklich darauf hingewiesen werden, dass medizinische Geräte gemäß den Vorgaben der AVBWasserV, DIN 1988-200, DIN EN 806-2 und DIN EN 1717 [22] grundsätzlich nur mit entsprechenden Sicherheitseinrichtungen an das Trinkwassernetz angeschlossen werden dürfen.

8.1.3.2   Warmwasserleitungen (PWH)

Im Warmwasserversorgungssystem können sich im Temperaturbereich von 25 °C bis 56 °C Legionellen vermehren. Voraussetzung für die Bewertung des Warmwassersystems im Hinblick auf eine mögliche Verkeimung mit Legionellen ist eine sogenannte „orientierende Untersuchung" entsprechend den Empfehlungen des DVGW-Arbeitsblattes W 551 [23] bzw. eine systemische Untersuchung nach der UBA-Empfehlung vom 23. August 2012 [24]. Diese umfassen mindestens eine Untersuchung des Austritts der Trinkwassererwärmungseinheit(en), den Rücklauf der Warmwasserzirkulation (PWH-C) sowie relevante, endständige und repräsentative Warmwasserentnahmestellen. Sofern vorhanden, gilt dies generell aus Forderungen der allgemeinen Verkehrssicherungspflicht (BGB § 823), aus der Verkehrssicherungspflicht für Mitarbeiter auch nach der Arbeitsstättenverordnung sowie aus der Fürsorgepflicht der Arbeitgeber für Bereiche, die nur den Beschäftigten zugänglich sind, wie z. B. Personalduschen.

8.1.3.3   Anforderungen an das Handwerk

Mit der Festlegung, dass an allen Entnahmestellen der TRWI die Anforderungen der TrinkwV eingehalten werden müssen, sind neben dem WVU, den Hauseigentümern und Planern auch der ausführende SHK-Fachbetrieb (VIU) in der Verantwortung für die Trinkwasserqualität. Einige Versorger, aber auch geschäftstüchtige VIU haben hierin bereits seit mehreren Jahren eine neue Dienstleistung bzw. eine neues Aufgabengebiet entdeckt, indem sie ihren Kunden einen „Hygiene-Check" in Anlehnung an die VDI/DVGW 6023 [25] anbieten. Hierdurch soll auf der Grundlage der technischen Regeln die TRWI im Hinblick auf Hygiene, Gesundheit, Sicherheit, Funktionstüchtigkeit und Komfortansprüche überprüft werden. Zu den Grundaufgaben gehört z. B. die Überprüfung, ob in Leitungsendsträngen stagnierendes Wasser entstehen kann, ob die Werkstoffe für die bestehende Wasserbeschaffenheit geeignet sind, Fließgeräusche oder Druckschläge bei Betätigung von Armaturen entstehen und ob an den Warmwasserentnahmestellen nach dem Öffnen nach kurzer Zeit ausreichend warmes Wasser ansteht. Entsprechend soll geprüft werden, ob in der Kaltwasserleitung möglichst kühles Wasser (< 25 °C) vorliegt. Apparate zur Nachbehandlung von Trinkwasser (PWC) dürfen nicht in Räumen installiert werden, in denen eine Raumtemperatur von 25 °C überschritten wird, damit in Stillstandszeiten 25 °C im PWC nicht überschritten werden. Anzustreben ist, dass der Auftragnehmer für den Bau einer TRWI-Anlage bereits mit dem Auftrag zur Installation bzw. der Lieferung z. B. einer Trinkwasserbehandlungsanlage den Instandhaltungs- bzw. Wartungsauftrag für die zu errichtende oder erweiternde Trinkwasseranlage erhält.

Wichtige Hinweise zur Vermeidung von Fehlern bei Planung, Bau und Betrieb von TRWI sind neben der VDI 6023 [26] – ab April 2013 in der überarbeiteten Version einer VDI/DVGW 6023 [25] – auch den nachfolgend genannten Merkblättern des ZVSHK (Zentralverband Sanitär Heizung Klima, Sankt Augustin) zu entnehmen:

- Dichtheitsprüfung von TRWI mit Druckluft, Inertgas oder Trinkwasser [27]
- Spülen, Desinfizieren und Inbetriebnahme von TRWI [28]
- Dämmung von Sanitär- und Heizungsrohrleitungen [29]
- Technische Maßnahmen zur Einhaltung der Trinkwasserhygiene [30]
- Merkblatt TRWI [31]
- Fachinformation „Technische Maßnahmen zur Einhaltung der Trinkwasserhygiene" [32]

8.1.3.4 Rahmenbedingungen der Trinkwasserversorgung

Um einen ständigen Zugang zu sauberem Trinkwasser zu gewährleisten, bedarf es großer Anstrengung, die wissenschaftlichen und technischen Standards zu formulieren. Diese sind regelmäßig in neue Rahmenbedingungen der Trinkwasserversorgung entsprechend den neuen technischen und hygienischen Erkenntnissen anzupassen.

Hatte man zu Beginn des 19. Jahrhunderts standardmäßig eine Zapfstelle pro Wohnhaus, so verfügt heute fast jeder Haushalt über mehrere, verschiedenste Entnahmestellen, die zudem unterschiedlich intensiv genutzt werden. Laut Bundesinstitut für Bevölkerungsforschung (BiB) in Wiesbaden leben inzwischen vier Millionen Männer und Frauen zwischen 20 und 35 Jahren in Einpersonenhaushalten. 16 Millionen Menschen sind es insgesamt im Bundesgebiet, die offiziell allein wohnen. In der Statistik der großen Städte belegt z. B. Köln beim Anteil der Single-Haushalte – unabhängig vom Alter – Platz sechs. Nach Zahlen des Kölner Amtes für Stadtentwicklung und Statistik gab es zum 31. Dezember 2010 unter den insgesamt 537017 Haushalten 270055 „Einpersonen-Haushalte". Sie machen damit schon 50,3 Prozent aller Haushalte aus. In den 1970er-Jahren prognostizierten namhafte Institute den Pro-Kopf-Verbrauch für

Trinkwasser in Bezug auf die alten Bundesländer mit 220 Litern für 2010. Entgegen der Prognosen liegt der Pro-Kopf-Verbrauch 2010 lediglich bei 118 Litern / Tag und entspricht dem Verbrauch wie in 1970. Zu groß dimensionierte TRWI, aber auch Versorgungsleitungen des WVU sind heute bei Bestandsanlagen oft die Folge. Damit verbunden erhöht sich das Risiko mikrobieller Verunreinigungen durch lange Stagnationszeiten des Trinkwassers in den Systemen.

Die heute übliche Versorgung mit PWH macht eine komplette zweite TRWI erforderlich. Dies hat unter anderem bei der Überwachung der Trinkwasserqualität gemäß TrinkwV neben den sonst üblichen Untersuchungen auf Fäkalindikatoren nach dem Bekanntwerden neuer Krankheitserreger wie Legionella spec. und Pseudomonas aeruginosa eine Erweiterung der Untersuchungsprogramme zur Folge.

Künftig muss berücksichtigt werden, dass immungeschwächte Menschen, die z. B. nach einem Klinikaufenthalt wegen der sich auffallend ständig verkürzenden Liegezeiten immer früher in ihre häusliche Umgebung entlassen werden, auch in häuslicher Umgebung einem erhöhten gesundheitlichen Risiko ausgesetzt sind, wie man es bisher nur im Klinikum kannte [so Prof. Dr. Martin Exner, Direktor des Instituts für Hygiene und Öffentliche Gesundheit am Klinikum der Universität Bonn].

All diesen neuen Herausforderungen müssen sich heute Planer, VIU und die Betreiber von TRWI in Gebäuden stellen. Hierbei haben sie ein umfangreiches, sich laufend in Aktualisierung befindliches Regelwerk zu berücksichtigen, das auf gesicherte wissenschaftliche Erkenntnisse oder zumindest auf einen unter Experten konsensfähigen Kompromiss auf der Basis aktuellen Wissens aufbaut, den a. a. R. d. T.

8.1.4 Trinkwasserverordnung (TrinkwV)

8.1.4.1 Allgemeine Anforderungen

Die Anforderungen der Änderung der TrinkwV 2001 vom 3. Mai 2011, die am 1. November 2011 in Kraft getreten ist, sowie die zwischenzeitlich erfolgten Änderungen sind direkt oder indirekt Grundlage für die in diesem Kapitel behandelten Themen der Trinkwasserversorgung im Bereich der TRWI. Gem. § 3 Absatz 1 Nr. 2 der TrinkwV zählen zu Wasserversorgungsanlagen neben den zentralen Wasserwerken (Typ a) und dezentralen kleinen Wasserwerken (Typ b), Kleinanlagen zur Eigennutzung (Typ c) und mobilen Wasserversorgungsanlagen (Typ d) sowie zeitweiligen Wasserverteilungen (z. B. Campingplätze, Volksfeste; Typ f) insbesondere die Anlagen der TRWI (Typ e) in der Fassung aus 2001 noch „Hausinstallation" (Typ c) genannt. Hierzu zählen sämtliche, nach der ersten Hauptabsperrvorrichtung des Wasserversorgungsunternehmens befindliche TRWI, die der regelmäßigen oder unregelmäßigen Wasserverteilung an Verbraucher dienen. Die Formulierungen der TrinkwV wie auch der zahlreichen DVGW-

Regelwerke, DIN EN 1717, DIN EN 806 Teile 1–5, DIN 1988 Teile 100, 200, 300, 500 und 600 sowie VDI/DVGW 6023 umfassen die Gesamtheit der Rohrleitungen, Armaturen und Apparate, die sich zwischen dem Punkt des Überganges an die Nutzer und dem Entnahmepunkt von Trinkwasser (zumeist die Entnahme- oder Zapfstelle) befindet. Nach § 2 TrinkwV gelten die Bestimmungen bis zur ersten Sicherungseinrichtung (z. B. einer Entnahmearmatur mit Rückflussverhinderer).

In der zweiten Verordnung zur Änderung der TrinkwV vom 14. Dezember 2012 sind in Anlage 4 zu §§ 14 und 19 Umfang und Häufigkeit von Untersuchungen in Teil II b) aufgeführt. Wichtig dabei ist, dass die Untersuchung von TRWI nach § 14 Absatz 3 auf Legionella spec. mindestens einmal jährlich entsprechend den Vorgaben in § 14 Absatz 3 durchzuführen ist. TRWI, aus denen im Rahmen einer gewerblichen, nicht öffentlichen Tätigkeit Trinkwasser abgegeben wird, sind mindestens alle drei Jahre entsprechend den Vorgaben des § 14 Absatz 3 zu untersuchen. Die erste Untersuchung muss bis zum 31. Dezember 2013 abgeschlossen sein. Der Unternehmer und der sonstige Inhaber einer Wasserversorgungsanlage nach § 3 Nr. 2 Buchstabe e, in der sich eine Großanlage zur Trinkwassererwärmung befindet (Speichervolumen > 400 Liter bzw. > 3 Liter Leitungsvolumen ohne Zirkulationsleitung), hat unter Beachtung von Absatz 6, sofern sie Trinkwasser im Rahmen einer gewerblichen oder öffentlichen Tätigkeit abgeben, das Wasser durch systemische Untersuchungen gemäß Satz 3 an mehreren repräsentativen Probennahmestellen auf den in Anlage 3 Teil II festgelegten Parameter zu untersuchen oder untersuchen zu lassen. Bei der Untersuchung auf das Vorkommen von Legionellen in TRWI im Sinn der Trinkwasserverordnung geht es ausschließlich um die Feststellung, ob die TRWI in ihren zentralen Teilen mit Legionellen belastet ist. Dabei werden insbesondere Trinkwassererwärmungsanlagen und Speicher sowie die Rohrleitungen beprobt, in denen Trinkwasser zirkuliert. Technische Details, wie eine Übersicht über technisch sinnvolle Probennahmestellen,

Bild 4
Großanlage, definiert in DVGW W 551

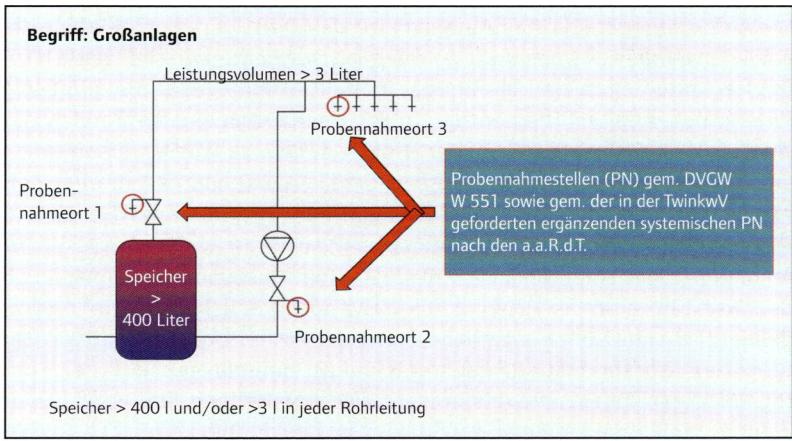

sind im DVGW-Arbeitsblatt W 551 beschrieben. Die Untersuchungspflicht nach Satz 1 besteht grundsätzlich nur für solche Anlagen, die Duschen oder andere Einrichtungen enthalten, in denen es zu einer Vernebelung des Trinkwassers kommt. Der Unternehmer und der sonstige Inhaber einer Wasserversorgungsanlage nach Satz 1 haben sicherzustellen, dass nach den a. a. R. d. T. geeignete Probenahmestellen an den Wasserversorgungsanlagen vorhanden sind. Die Proben müssen ebenfalls nach den a. a. R. d. T. entnommen werden.

Gemäß § 16 Absatz 3, Satz 5 gilt im Falle der Nichteinhaltung von Grenzwerten oder Anforderungen (z. B. bei der Überschreitung des technischen Maßnahmewertes oder Bleigehaltes) die Abgabe des Trinkwassers vom Zeitpunkt der Anzeige bis zur Entscheidung des Gesundheitsamtes nach §§ 9 und 10 bis zur Entscheidung über die zu treffenden Maßnahmen als erlaubt, wenn nicht nach § 9 Abs. 3 Satz 2 die Wasserversorgung sofort zu unterbrechen ist. Um den Verpflichtungen aus den Sätzen 1 bis 3 nachkommen zu können, stellen der Unternehmer und der sonstige Inhaber einer Wasserversorgungsanlage (USI) vertraglich sicher, dass die von ihnen beauftragte Untersuchungsstelle sie unverzüglich über festgestellte Abweichungen von den in den §§ 5 bis 7 festgelegten Grenzwerten oder Anforderungen sowie von einem Erreichen oder einer Überschreitung des technischen Maßnahmewertes in Kenntnis zu setzen hat. Nach § 16 Absatz 7 hat der Unternehmer oder sonstige Inhaber einer TRWI unverzüglich bei Bekanntwerden, dass der in Anlage 3 Teil II festgelegte technische Maßnahmewert für Legionellen überschritten wurde:

1. Untersuchungen zur Aufklärung der Ursachen durchzuführen oder durchführen zu lassen. Diese müssen eine Ortsbesichtigung sowie eine Prüfung der Einhaltung der a. a. R. d. T. einschließen,
2. eine Gefährdungsanalyse zu erstellen oder erstellen zu lassen,
3. Maßnahmen durchzuführen oder durchführen zu lassen, die nach den a. a. R. d. T. zum Schutz der Verbraucher erforderlich sind.

Weiterhin hat der USI einer Wasserversorgungsanlage dem Gesundheitsamt unverzüglich die von ihm ergriffenen Maßnahmen mitzuteilen. Hierüber sind Aufzeichnungen zu führen, diese zehn Jahre lang zur Verfügung zu halten und bei Anforderung dem Gesundheitsamt vorzulegen. Bei der Maßnahmendurchführung sind die Empfehlungen des UBA zu beachten. Das Umweltbundesamt hat hierzu eine Empfehlung für die Durchführung einer Gefährdungsanalyse gemäß Trinkwasserverordnung erarbeitet und am 17. Dezember 2012 veröffentlicht [33]. In dieser werden auch Hinweise auf Maßnahmen bei Überschreiten des technischen Maßnahmewertes gegeben, zu denen u. a. auch die weitergehenden Untersuchungen nach DVGW-Arbeitsblatt W 551 gehören. Über das Ergebnis der Gefährdungsanalyse und sich möglicherweise daraus ergebende Einschränkungen der Verwendung des Trinkwassers hat er unverzüglich die betroffenen Verbraucher zu informieren.

Gem. § 15 TrinkwV dürfen Untersuchungen einschließlich der Probennahme nur von solchen Untersuchungsstellen durchgeführt werden, die die Vorgaben nach Anlage 5 der TrinkwV einhalten (Spezifikationen für die Analyse der Parameter), nach den a.a.R.d.T. arbeiten, über ein System der internen Qualitätssicherung verfügen, sich mindestens einmal jährlich erfolgreich an externen Qualitätssicherungsprogrammen beteiligen, über Personal verfügen, das für die entsprechende Tätigkeit hinreichend qualifiziert ist, und durch eine nationale Akkreditierungsstelle eines Mitgliedsstaates der EU für Trinkwasseruntersuchungen akkreditiert sind. Der Zeitpunkt der Übermittlung der Untersuchungsergebnisse an das Gesundheitsamt ist mit dem Zusatz „innerhalb von zwei Wochen nach Abschluss der Untersuchungen" genauer gefasst worden.

Nach Ansicht der UBA-Empfehlung vom 23. August 2012 liegt die Verantwortung für die Durchführung der Probennahme und den Probentransport (Präanalytik) ausschließlich bei der Laborleitung des akkreditierten Labors. Die Laborleitung trägt dafür Sorge, dass hinsichtlich der Unabhängigkeit der Durchführung der Probennahme im Sinne der DIN EN ISO/IEC 17025:2005-08 [34] keine Zweifel bestehen.

8.1.4.2 Blei im Trinkwasser

Die oben aufgeführten und andere, immer wieder neu erlangte Erkenntnisse im Umgang mit Trinkwasser haben in den letzten Jahrzehnten dazu geführt, dass die a.a.R.d.T. regelmäßig angepasst wurden. Ein Beispiel dafür ist das Bleiverbot als TRWI-Werkstoff bzw. die kontinuierliche Herabsetzung des Blei-Grenzwertes im Trinkwasser von 0,04 mg/l bis 30.11.2003 auf 0,025 mg/l bis 30.11.2013 und < 0,01 mg/l ab 01.12.2013. Im § 21 der TrinkwV „Information der Verbraucher und Berichtspflicht" wird auf die Notwendigkeit der Einhaltung des neuen Grenzwertes noch einmal ausdrücklich hingewiesen. Gleichzeitig fordert der Gesetzgeber an gleicher Stelle in Absatz 1, dass ab dem 1. Dezember 2013 der Unternehmer und der sonstige Inhaber einer TRWI, sofern die Anlage im Rahmen einer gewerblichen oder öffentlichen Tätigkeit betrieben wird, die betroffenen Verbraucher zu informieren hat, wenn Leitungen aus dem Werkstoff Blei in der von ihnen betriebenen Anlage noch vorhanden sind, sobald er hiervon Kenntnis erlangt. Er hat darüber hinaus die ihm nach Satz 1 zugegangenen Informationen unverzüglich allen betroffenen Verbrauchern schriftlich oder durch Aushang bekannt zu machen. Diese Bekanntmachungspflicht gegenüber dem Verbraucher gilt gleichermaßen auch beim Einsatz von Trinkwasser-Aufbereitungsstoffen.

8.1.4.3 Technischer Maßnahmewert

Eine weiteres Bespiel für die Umsetzung neuer Erkenntnis ist die Bewertung von Legionellenbefunden. Da für den Parameter Legionella spec. bisher kein echter wissenschaftlich begründeter Grenzwert festgelegt werden kann, unterhalb dessen eine Gesundheitsgefährdung sicher ausgeschlossen werden kann, wurde mit der Änderung der TrinkwV 2011 ein „Technischer Maßnahmewert" von 100 Kolonien/100 Milliliter eingeführt. Dieser empirisch abgeleitete Wert wird erfahrungsgemäß bei Beachtung der a. a. R. d. T. und bei entsprechender Sorgfalt durch den Planer, Ersteller und Betreiber einer TRWI nicht überschritten. Die Meldepflicht für den oben genannten 2011 neu eingeführten Maßnahmewert für Legionellen wurde mit der 2. Änderung zur TrinkwV am 14. Dezember 2012 noch einmal konkretisiert. Danach macht eine Überschreitung des Maßnahmewertes also > 100 Kolonien/100 Milliliter eine Überprüfung der TRWI im Sinne einer in Abschnitt 4 genannten Gefährdungsanalyse erforderlich.

8.1.5 Hygienische Anforderungen an Trinkwasser-Installationen (TRWI)

8.1.5.1 Vorbemerkungen

Neue bzw. verbesserte mikrobiologische Untersuchungsverfahren sowie die aus zahlreichen epidemiologischen Studien gewonnenen Erkenntnisse über das Vorkommen und Verhalten von Krankheitserregern in TRWI und deren Eigenschaften haben in den letzten Jahren immer neue Forderungen an Planung, Bau und Betrieb von TRWI zur Folge gehabt.

Die früher klassischen mikrobiologischen Untersuchungen hatten sich in erster Linie auf Krankheitserreger fäkal-oralen Ursprungs konzentriert, die sich normalerweise in der Umwelt nicht vermehrten. Bei deren Entstehung waren zumeist die Rohwasserqualitäten, Querschlüsse zu nicht Trinkwasser führenden Leitungsabschnitten wie Eigenwasser-, Regenwasser-, Grauwasser oder gar Abwasserleitungen, aber auch die Verwendung ungeeigneter bzw. verunreinigter Materialien bzw. nicht sachgemäß verarbeitete Bauteile in der TRWI sowie ein nicht bestimmungsgemäßer Betrieb die Ursache. Auch schlecht oder gar nicht gewartete oder falsch betriebene TW-Behandlungs- und TW-Dosieranlagen sowie nicht gewartete Feinfilter können Grund für Beanstandungen sein.

Trinkwasser ist grundsätzlich nicht keimfrei. Mikroorganismen sind überall. Sterile Umgebungen sind nur mit extrem hohem Aufwand zu erreichen. Außerhalb bestimmter (z. B. klinischer) Bereiche ist Keimfreiheit weder für das Trinkwasser, noch für die meisten anderen Umfelder (z. B. Natur, Wohnraum, Kleidung, Lebensmittel) sinnvoll oder zweckmäßig. Der größte Anteil der in unserer Umwelt vorhandenen Mikroorganismen ist für die menschliche Gesundheit ungefährlich, ggf. sogar zuträglich für die Ausbildung eines entsprechend leistungsfähigen Immunsystems. Eine Gefährdung der menschlichen Gesundheit durch (möglicherweise) im Trinkwasser enthaltene und übertragbare Krankheitserreger muss jedoch ausgeschlossen werden, um die ansonsten epidemieartige Ausbreitung entsprechender Krankheiten zu verhindern. Die regelmäßige Untersuchung auf alle potenziellen Krankheitserreger im Trinkwasser ist mit vertretbarem Aufwand nicht realisierbar. Es werden über einige konkrete Gruppen (z. B. Legionellen) hinaus hauptsächlich Indikatorparameter (z. B. Koloniezahlen bei 22 °C und 36 °C, E. coli, coliforme Keime) untersucht.

8.1.5.2 Legionellen

Mit der 1977 gemachten Entdeckung eines neuen Bakteriums im Lungengewebe eines 1976 verstorbenen US-Legionärs, der im Juli 1976 am 58. Kongress der American Legion mit 4400 ehemaligen US-Soldaten in einem Hotel in Philadelphia teilnahm, von denen mehr als 200 erkrankten und 30 verstarben, wurden erstmals Mikroorganismen mit pathogenen Eigenschaften entdeckt, die Legionellen. Diese kommen zumeist in geringen Konzentrationen ubiquitär vor. In geringer Anzahl findet man sie in fast jedem Oberflächengewässer, aber auch in Salz- und Grundwasser wurden Legionellen schon gefunden. Die stäbchenförmigen Bakterien, die sich durch Geißeln bewegen, werden über das Trinkwasser in die TRWI eingespült. Hier können sie sich in den komplexen technischen Systemen, wie man heute sicher weiß, unter günstigen Bedingungen vermehren und solche Konzentrationen erreichen, die beim Menschen zu Erkrankungen führen. Derzeit sind etwa 50 Arten der Legionella bekannt. Der Typ Legionella pneumophila stellt im Hinblick auf menschliche Erkrankungen heute die wichtigste Spezies dar. Alle Arten sind als potenziell humanpathogen zu betrachten.

Die Vermehrung in wässrigen Systemen erfolgt bei Temperaturen von etwa 25 °C bis etwa 56 °C, das Wachstumsoptimum liegt bei etwa 35 °C bis etwa 42 °C, bei höheren Temperaturen ist das Wachstum gehemmt, bei Temperaturen > 60 °C erfolgt in der Regel rasches Absterben. Hierin liegt aber oftmals ein weiteres Problem, da oberhalb 55 °C die im Trinkwasser mehr oder weniger gelöste Karbonathärte ausfällt und die so gebildeten Inkrustierungen bzw. Kalkrückstände in Speichern bzw. Rohrsystemen das Legionellenwachstum noch begünstigen, was einen erhöhten Wartungsaufwand erforderlich macht. Legionellen sind grundsätzlich in kaltem Wasser (PWC) überlebensfähig. Eine wesentliche Vermehrung erfolgt im Biofilm (s. hierzu 8.1.5.4) an den Oberflächen wasserführender Systeme oder in Sedimenten. Sie profitieren vom Schutz des Biofilms und von Wirtsorganismen (z. B. Amöben). Sie sind weitgehend widerstandsfähig gegen Desinfektionsmittel sowie gegen Schwankungen von Temperatur, pH-Wert und Nährstoffangebot im Wasser. Gefördert wird die Vermehrung besonders durch stagnierendes, warmes bzw. sich erwärmendes Trinkwasser.

Der Kontakt mit legionellenhaltigem Wasser stellt nicht automatisch eine Gesundheitsgefährdung dar. Eine Infektion erfolgt beim Menschen in der Regel durch die direkte Aufnahme von Legionellen in entsprechend hoher Konzentration über lungengängige Aerosole. Somit besteht eine erhöhte Infektionsgefahr beim Duschen bzw. der Inhalation von vernebeltem

Warmwasser, wie es in Whirlpools je nach Intensität des Lufteintrages vorkommt. Weitere mögliche Infektionsquellen sind z. B. Klimaanlagen, Rückkühlwerke und Luftbefeuchter. Eine direkte Ansteckung von Mensch zu Mensch ist prinzipiell nicht möglich. Besonders gefährdet sind Personen mit geschwächtem oder noch nicht vollständig ausgebildetem Immunsystem (z. B. Kleinkinder, ältere Menschen, chronisch oder akut erkrankte Personen, Raucher). Eine Gefährdung besteht aber auch nach hohen oder ungewohnten körperlichen Belastungen (z. B. Leistungssport, klimatische Veränderungen auf Reisen). Der Krankheitsverlauf ist bekannt als Pontiac-Fieber. Es handelt sich dabei um grippeähnliche Beschwerden (Fieber, Husten, Kopf-, Brustkorb- und Gliederschmerzen), die oft bereits nach wenigen Tagen, ggf. nach Anwendung symptomatischer, jedoch nicht spezifischer Medikamente abklingen. Bei der Legionellen-Pneumonie (Legionärs-Krankheit) handelt es sich um eine schwere Lungenentzündung. Vorgenannte Symptome treten hier verstärkt auf, häufig zusätzlich begleitet von Schüttelfrost, Durchfall, Erbrechen und Verwirrtheit. Es wurde auch schon das Versagen einzelner oder mehrerer Organe beobachtet. Die Therapie erfolgt mit spezifischen Antibiotika. Bei unbehandelten oder fehlerhaft diagnostizierten Fällen besteht ein erhöhtes Todesrisiko. Legionellenerkrankungen treten zumeist als Einzelfälle auf. Jährlich werden etwa 500 bis 700 Legionellen-Infektionen dem Robert-Koch-Institut gemeldet. Man geht allerdings von einer hohen Dunkelziffer ($\approx 32\,000$ Erkrankungen pro Jahr, davon etwa 1900 Fälle mit Todesfolge) aus [so Prof. Dr. Martin Exner, Direktor des Instituts für Hygiene und Öffentliche Gesundheit am Klinikum der Universität Bonn].

In TRWI, die nach den a. a. R. d. T. geplant, errichtet, betrieben und gewartet werden, sind Probleme durch die unzulässige Vermehrung von Legionellen nicht zu erwarten. Die Komplexität vieler TRWI, insbesondere in größeren Liegenschaften nach Maßnahmen zur Erweiterung oder Änderung der Installationen, birgt die Gefahr, dass einzelne Anforderungen des technischen Regelwerks nicht (mehr) eingehalten werden. Daraus können hygienische Beeinträchtigungen der Trinkwasserqualität resultieren. Lokale Kontaminationen im Bereich der Entnahmestellen werden häufig durch das Nutzungs- und Abnahmeverhalten sowie durch Biofilm und Legionellenwachstum förderne Werkstoffeigenschaften verursacht. Insbesondere die wasserberührten Oberflächen von Schläuchen und Duschköpfen sind grundsätzlich zu bewerten.

Häufige Ursachen sind zudem Warmwasserbereitung mit zu niedrigen Temperaturen, Temperaturminderung durch Mischung im Rohrleitungssystem, Temperaturverlust bei der Verteilung durch fehlende oder unzureichende Isolierung der Rohrleitungen, Stagnation des Warmwassers durch Totstränge, überdimensionierte Leitungen, Wohnungsleerstand, häufige Abwesenheit der Nutzer, Nutzungsausfall oder Nutzungsänderungen in Teilen einer Liegenschaft, fehlende oder fehlerhafte Zirkulationssysteme, Erwärmung des Kaltwassers durch Stagnation, fehlende oder unzureichende Isolierung der Rohrleitungen sowie Biofilme, Ablagerungen, Sedimente und ungeeignete Werkstoffe.

Als Übergangslösung zur temporären Legionellenvermeidung bietet der Markt sogenannte „Legionellenfilter" an, die an die Entnahmearmatur angeschraubt bzw. vor einen Duschkopf angeschlossen werden können. Die maximale Einsatzdauer ist den einschlägigen Herstellerangaben zu entnehmen. Sie stellen weder eine Dauerlösung dar, noch ersetzen sie eine Gefährdungsanalyse, wie sie in der TrinkwV gefordert ist.

8.1.5.3 Pseudomonas aeruginosa

Pseudomonas aeruginosa (von lat. aerugo = Grünspan) ist ein gramnegatives, oxidasepositives Stäbchen der Gattung Pseudomonas. Es wurde im Jahr 1900 von Walter Migula entdeckt. Die Namensgebung bezieht sich dabei auf die blaugrüne Färbung des Eiters bei eitrigen Infektionskrankheiten.

Das Bakterium ist ein weitverbreiteter Boden- und Wasserkeim (Nasskeim), der in feuchten Milieus vorkommt. Neben feuchten Böden und Oberflächengewässern kann dieses auch in TRWI, Waschbecken, Duschen, Toiletten, Spülmaschinen, Dialysegeräten etc. existieren. In der Hygiene gilt es daher als bedeutender Krankenhauskeim (nosokomialer Keim). Es kann selbst in destilliertem Wasser oder einigen Desinfektionsmitteln überleben und wachsen, wenn kleinste Spuren von organischen Substanzen vorhanden sind.

Das Bakterium kann 2 bis 4 µm groß werden und besitzt Haftfimbrien, die es ermöglichen, dass es sich an Oberflächen festsetzt. Die optimale Vermehrungstemperatur liegt bei 37 °C. Eine Vermehrung findet aber auch schon bei niedrigeren Temperaturen (oberhalb 4 °C bis 41 °C) statt.

Eintragungswege ins Trinkwasser sind Rohwasser und unzulässige Querverbindungen zu Nichttrinkwasser führenden Systemen (Regen-, Grau-, Eigenwasserversorgungen). Aber auch bei unsachgemäßen Dichtheitsprüfungen und/oder Spülungen bzw. ungenügender Vorsicht in der Bauphase kann mit Pseudomonas aeruginosa kontaminierter Schmutz eingetragen werden. Besonders gefährdet sind Bereiche von Haut- oder Schleimhautwunden. So kann es bei lokal vorgeschädigter Haut oder Schleimhaut zu entsprechenden Infektionen nach intensivem Wasserkontakt kommen (Baden, Duschen).

8.1.5.4 Biofilm

Nahezu alle Oberflächen, die in ständigem Kontakt mit Wasser stehen, werden in unterschiedlichem Ausmaß von Mikroorganismen besiedelt. Zusammen mit den Ausscheidungen der Mikroorganismen und Ablagerungen aus der Trinkwasserversorgung bilden sie die sogenannten Biofilme,

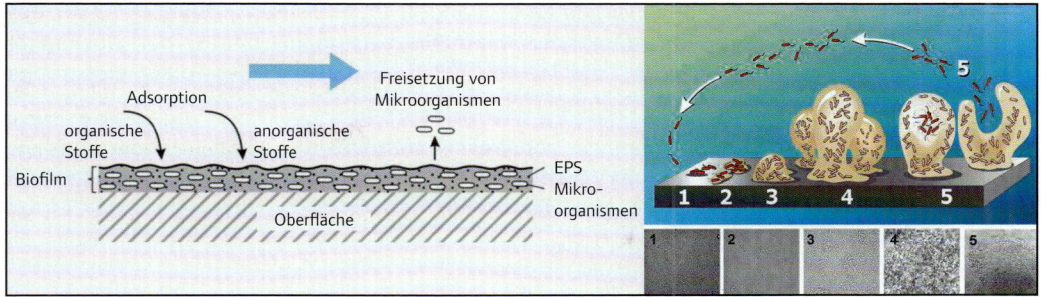

Bild 5
Entstehung eines Biofilms (Grafik / Fotos: Peg Dirckx and David Davies)

also eine durch Mikroorganismen aufgebaute Zellgemeinschaft, von der der wesentlich größere Anteil der Biomasse sich im Rohrnetz befindet und der sich an den Rohrwänden (TRWI) und nur ein vergleichsweise geringer Anteil in der Wasserphase befindet (Bild 5).

Biofilme können hygienisch relevante Organismen enthalten, die das Wasser kontaminieren. Die Materialeigenschaften stellen dabei einen entscheidenden Faktor dar. Angaben hierzu enthält DVGW-Arbeitsblatt W 270 [35].

Im störungsfreien Betrieb sind negative Auswirkungen auf die Trinkwasserversorgung durch Biofilme nicht zu erwarten. Durch Störfälle kann es jedoch zu ästhetischen oder hygienischen Beeinträchtigungen des Trinkwassers kommen; Indikatorkeime und möglicherweise auch Krankheitserreger können insbesondere dickere Biofilme besiedeln. Biofilme stehen in ständigem Kontakt mit der Wasserphase, und es findet ein stetiger Austausch mit dieser statt.

Durch die natürliche Entwicklung des Biofilms und insbesondere bei atypischen Veränderungen der Strömungsverhältnisse im Verteilungssystem (z. B. Druckstöße, Erhöhung der Fließgeschwindigkeit, Fließrichtungswechsel) werden Partikel von den Rohrwandungen gelöst und gelangen somit in die Wasserphase. Aber auch die Änderung äußerer Bedingungen wie Nährstoffangebot, Temperatur, pH-Wert oder auch Desinfektionsmittelzugabe kann zu Biofilmablösung führen, der so ins Trinkwasser gelangt. Auch in TRWI befinden sich etwa 95 Prozent aller Mikroorganismen in Biofilmen. Oftmals bildet sich schon innerhalb von ein bis zwei Wochen auf neuen Werkstoffen ein Biofilm aus, der nach weiteren sechs bis zehn Wochen, je nach Temperatur und Werkstoff, einen stationären Zustand erreicht. Als Prävention empfiehlt sich nach neuen Erkenntnissen eine Anfangs-Chlorung neu installierter Anlagenteile, so z. B. bei Trinkwasserrohren, von ca. 0,1 bis 0,3 mg/l freies Chlor. Für eine Abtötung und Entfernung etablierter Biofilme sind mehrere Milligram pro Liter freies Chlor (10 bis 50 mg/l, ggf. sogar höhere Konzentrationen) notwendig. Dabei ist zu beachten, dass Abtötung nicht gleich auch Reinigung bedeutet. Neue Forschungsergebnisse haben gezeigt, dass Abtötung auch eine Wiederverkeimung begünstigen kann [so Prof. Dr. Hans-Curt Flemming, Leiter des Instituts für Aquatische Mikrobiologie/Biofilm Centre der Universität Duisburg-Essen, und Dr. Jost Wingender, Leiter der Forschungsgruppe „Pathogene in Biofilmen" am selben Institut].

Auch die Anwendung von Wasserstoffperoxid in Konzentrationen bis ein Prozent ist häufig unwirksam [36]. Eine präventive Desinfektion kann auf Dauer zu Materialschäden führen.

8.1.5.5 VBNC

Lange glaubte man, dass eine Bakterienzelle tot sei, wenn sie nicht mehr auf geeigneten Kulturmedien wächst. Heute weiß man, dass sie unter bestimmten Umständen zwar ihre Kultivierbarkeit verlieren, aber trotzdem lebensfähig bleiben kann. Diesen verhältnismäßig neu entdeckten Zustand nennt man „Viable but non cultureable" (VBNC – lebensfähig, aber nicht kultivierbar).

Nach Wiedererweckung aus dem VBNC-Zustand werden die Bakterien wieder vermehrungsfähig. Neuere Untersuchungen zeigten, dass sowohl Legionella pneumophila als auch Pseudomonas aeruginosa in Biofilmen teilweise im VBNC-Zustand verharren und dem klassischen kulturellen Nachweis entgehen. Sie können aber wieder kultivierbar und infektiös werden. Daher ist eine sorgfältige Materialauswahl besonders wichtig. Für die TRWI sollten grundsätzlich nur geprüfte und geeignete Werkstoffe verwendet werden.

8.1.6 Europäische Grundnormen und nationale Ergänzungsnormen

8.1.6.1 Struktur und Gültigkeit

Das Europäische Komitee für Normung CEN hat vom Rat der Europäischen Union die Aufgabe erhalten, ein umfassendes und modernes System europäischer Normen für die Regelung des Binnenmarktes innerhalb der Mitgliedsstaaten zu erstellen. Die EU-Kommission räumt der europäischen Normung einen hohen Stellenwert ein beim Erreichen der vorgegebenen Ziele, wie einheitliche Rechtsordnungen, gleichwertige Lebensbedingungen und Angleichung an die industriellen Entwicklungen in den Mitgliedsstaaten.

Bei der Erarbeitung der technischen Regeln für die TRWI zeigte sich jedoch sehr schnell, dass die Experten aus den einzelnen Mitgliedsstaaten daran interessiert waren, möglichst viele ihrer eigenen nationalen Bestimmungen in die EU-Norm einzubringen, um ihre Fachkreise vor zu starken Veränderungen zu bewahren.

Die europäischen Normen (EN) in der TRWI erreichen in vielen Fällen nicht die für die deutschen Anwenderkreise erforderliche Normungstiefe. Des-

Bild 6
DIN 1988-100 als Ergänzungsnorm des europäischen Regelwerks

halb sind deutsche Ergänzungsnormen notwendig (DIN). Dies ist u. a. die Normenreihe DIN 1988 mit einer dreistelligen Nummerierung (Bild 6).

Eine a. a. R. d. T. ist eine Festlegung, deren Inhalt von der Mehrheit der Fachleute als zutreffende Beschreibung anerkannt wird. Dies ist bei technischen Festlegungen zu vermuten, die nach einem Verfahren zustande gekommen sind, das allen betroffenen Fachkreisen die Möglichkeit der Mitwirkung bietet. Das heißt, das DIN-DVGW-VDI-Regelwerk ist ein unentbehrliches Hilfsmittel für jedes Unternehmen im SHK-Bereich. Es vermittelt und ordnet Informationen und Kenntnisse, bildet die Grundlage für fachgerechtes Handeln und hat auch die tatsächliche Vermutung in sich, dass es a. a. R. d. T. ist, wonach diese Normen und Richtlinien bei der Konstruktion vorrangig zu berücksichtigen sind. Die Einhaltung a. a. R. d. T. stützt die Vermutung, dass das technisch Notwendige (im Vergleich mit „Stand der Technik" = das technisch Machbare) durch verantwortungsbewusstes Handeln erfüllt wurde.

Die Harmonisierung in Europa erfolgt, wie z. B. DIN EN 806-2 von 2005-06: „Planung" zeigt, nicht in einem Schritt. Wie fast sämtliche in der Tabelle 3 aufgeführten Normteile dieser Reihe ist sie im Ergebnis nur als Versuch

Tab. 3
Europäische Grundnormen und nationale Ergänzungsnormen

Europäische Grundnormen und nationale Ergänzungsnormen / Konzeption der Normen der TRWI						
	Europäische Grundlagen			Nationale Ergänzungen		
DIN EN 1717	Schutz des Trinkwassers	2001-08	DIN 1988-100	Schutz des Trinkwassers		2011-08
DIN EN 806	Teil 1 – Allgemeines	2001-12				
	Teil 2 – Planung	2005-06	DIN 1988-200	Planung		2012-05
	Teil 3 – Berechnung	2006-07	1988-300	Ermittlung der Rohrdurchmesser		
	Teil 4 – Ausführung	2010-06				
	Teil 5 – Betrieb und Wartung	2012-04		Betrieb und Wartung		2011-02
DIN EN 1988	Teil 5 – Druckerhöhung (gestrichen)		1988-500	Druckerhöhung mit drehzahlgeregelten Pumpen		2010-12
	Teil 6 – Feuerlöschanlagen (gestrichen)		1988-600	Feuerlöschanlagen		
	Teil 7 – Korrosion und Steinbildung			entfällt; ist z.T. in 1988-200 integriert		

anzusehen, die länderspezifischen Planungsregeln für TRWI zu vereinheitlichen.

Schließlich konnten die Arbeiten auf der Ebene der Europäischen Normungsorganisation CEN im Bereich der TRWI im Rahmen der Normenreihe DIN EN 806 im April 2012 mit dem Teil 5 „Betrieb und Wartung" abgeschlossen werden. Die Teile 1 bis 4 der DIN EN 806 zu den Themenbereichen „Allgemeines", „Planung", „Berechnung" und „Ausführung" sind bereits früher erschienen.

Eine Übersicht über die in den letzten Jahren erschienenen neuen Regelungen in Bezug auf TRWI gibt Tabelle 3.

Die über Jahrzehnte gewachsenen Kulturen in den einzelnen Mitgliedsstaaten und deren spezifische Regeln der landestypischen Baupraxis sowie die unterschiedlichen Ansprüche an die Sanitärtechnik spiegeln diese Normen wider. Als Folge hieraus bedurfte es zur Erhaltung unserer nationalen Schutzziele der Anforderungen der TrinkwV der Schaffung einer Ergänzungsnorm für Deutschland, der DIN 1988-200 von 2012-05: „Installation Typ A – Planung, Bauteile, Apparate, Werkstoffe". Auf europäischer Ebene konnte aufgrund der jeweiligen nationalen Besonderheiten nicht in jedem Punkt eine Einigung erzielt werden. Kein europäisches Land hatte vor Beginn der Arbeiten der EN 806 ein so in sich geschlossenes Normenwerk wie das der DIN 1988. Mit der Veröffentlichung der EN 806-5 im April 2012 verlor vereinbarungsgemäß im Oktober 2012 DIN 1988 Teile 1 bis 8 automatisch ihre Gültigkeit. Sie wurde danach durch die Summe aller Normteile der Tabelle 3 als neues Regelwerk abgelöst. Somit ergaben sich für fünf Anwendungsbereiche nationale Ergänzungsnormen, und zwar überall dort, wo eine entsprechende europäische Norm fehlt wie bei den Teilen 1988-500 und 1988-600 oder wo durch die aktuelle Fassung das hohe nationale Schutzniveau nicht bzw. nicht ausreichend abgesichert wird.

So erklärt sich, dass die übrig gebliebenen nationalen Besonderheiten, aber auch der inzwischen weiter erzielte technische Fortschritt in einem national ergänzenden Normen- und Regelwerk beschrieben werden mussten. Wenn auch zukünftig die Übersicht über die Anforderungen schnell verloren geht, so kann man die Ansprüche sowie den Sinn und Zweck der Regeln für eine ordnungsgemäße und sicher funktionierende und dem jeweiligen Komfortanspruch des Auftraggebers, Verbrauchers bzw. Kunden an die TRWI zusammenfassen als Sicherstellung, dass alle Entnahmestellen eines Gebäudes mit dem erforderlichen Mindestdurchfluss und der in der TrinkwV geforderten Qualität geplant, gebaut und betrieben werden können.

Der Anwender muss daher zukünftig aus einer Vielzahl der bestehenden Regelungen die richtige Auswahl treffen. Genau hier setzen die zu den wichtigsten technischen Regeln für TRWI neu erschienenen Kommentare wie z. B. die des DVGW, DIN und/oder ZVSHK an, die eine möglichst flächendeckende Information der Marktpartner (WVU, Planer, Behörden, VIU, Großhandel und Verbraucher) ermöglichen sollen. Darüber hinaus sollen sie dem Anwender aber auch die Möglichkeit einräumen, sich über wichtige Randbereiche wie etwa aktuelle Entwicklungen bei der TrinkwV umfassend zu informieren.

Doch längst nicht alle Anforderungen an die TRWI sind neu. Wie schon bisher, ergeben sich in Abhängigkeit vom Gebäudetyp unterschiedliche Anforderungen für Planung, Bau und Betrieb. Dabei kommt den in der VDI 6023 vom Juli 2006 beschriebenen Ausführungen bei zu planenden Gebäuden wie Sportstätten, Schulen mit längeren Nutzungsunterbrechungen in den Ferien, aber auch Hotels in typischen Ferienregionen mit jahreszeitlich stark schwankenden Belegungszahlen wichtige Bedeutung zu. Die neue DIN 1988-200 wie auch ein komplett überarbeitetes und im April 2013 als VDI/DVGW 6023 erschienenes Normenwerk werden dabei helfen, eine stärker auf die hygienischen Gesichtspunkte ausgelegte und in einem Raumbuch und Hygieneplan festgelegte bzw. dokumentierte Planung, Bau und Betriebsweise in Bezug auf die Erhaltung der Trinkwasserqualität in der TRWI sicherzustellen.

Nach Schulte [37] wird die Güte des Trinkwassers in einem Rohrleitungssystem maßgeblich durch die drei Faktoren beeinflusst, die in einem sogenannten Wirkdreieck grafisch dargestellt sind. Dies sind die Temperatur, der Wasseraustausch und die Durchströmung (Bild 7). Die Grafik berücksichtigt beim Wasseraustausch die unterschiedlichen Angaben zur Betriebsunterbrechung in DIN EN 806-2 von 2005-06 ($\geq$ 7 Tage) und DIN 1988-100 von 2008-11 ($\geq$ 3 Tage). Hygieniker tendieren zu noch kürzeren Betriebsunterbrechungszeiten als drei Tage.

Eine besondere Bedeutung kommt dabei der nach über 20 Jahren überarbeiteten alten DIN 1988 Teil 3 zu, die als DIN 1988-300 als eine der letzten aus der neuen Hunderter-Normreihe 1988 im Mai 2012 erschienen ist und ebenfalls die Anforderungen an die Hygiene in Trinkwassersystemen mit neuen Berechnungsverfahren behandelt. Auch DIN EN 806-3 enthält zum Teil nur vereinfachte und in wesentlichen Punkten nach der Meinung von in Fachkreisen tätigen Experten nicht nachvollziehbare Berechnungsverfahren. Aufgrund der hohen Bedeutung DIN 1988-300 für TGA-Fachplaner werden die Zusammenhänge in Abschnitt 8.2 ausführlich erläutert.

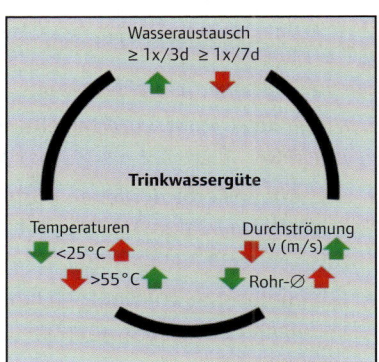

Bild 7
Wirkdreieck der Trinkwassergüte nach W. Schulte [37]

8.1.6.2 Bestandsschutz

Immer wieder kommt es aber auch zu der Frage, ob es für bestehende TRWI grundsätzlich einen Bestandsschutz gibt. Allgemein gilt, dass für TRWI grundsätzlich nur dann ein Bestandsschutz besteht, wenn zum Zeitpunkt der Errichtung der TRWI die seinerzeit geltenden gesetzlichen Vorschriften ebenso eingehalten worden sind wie die Maßgaben aus den a. a. R. d. T., wenn sich aus gesetzlichen Vorschriften oder Änderungen der a. a. R. d. T. nach Errichtungszeitpunkt keine Forderung auf Anpassung an den aktuellen Gesetzesstand oder die a. a. R. d. T. ergibt, wenn die TRWI unter den zum Zeitpunkt der Errichtung bestehenden Betriebs- und Umgebungsbedingungen, für die sie ausgelegt war, weiterhin betrieben wird und wenn an der TRWI keine Mängel bestehen, die eine Gefahr für bedeutende Rechtsgüter (Gefahr für Leben, Körper und Gesundheit) darstellen.

Nachfolgend soll auf einige wichtige Inhalte einzelner DIN-EN- und DIN-Normen eingegangen werden. Der Fokus richtet sich hierbei auf die Einhaltung des hohen Anforderungsprofils der TrinkwV.

8.1.7 DIN EN 806-1: Technische Regeln für Trinkwasser-Installationen (TRWI)

8.1.7.1 Vorbemerkungen

Die Europäische Norm DIN EN 806-1:2001-12 beschreibt die Anforderungen und gibt Empfehlungen für Planung, Installation, Änderung, Prüfung, Instandhaltung und Betrieb von TRWI innerhalb von Gebäuden und für bestimmte Anwendungen außerhalb von Gebäuden, aber innerhalb von Grundstücken.

Sie umfasst die Rohre, Anschlussstücke und angeschlossenen Geräte, die zur Versorgung mit Trinkwasser verlegt werden. Handelt es sich um eine private Trinkwasserversorgung innerhalb der Grundstücksgrenzen, so gilt diese Norm ebenfalls für die Installation ab Anschluss an die Eigen- oder Einzelwasserversorgung. Der Anwendungsbereich endet an den freien Ausläufen der TRWI. An dieser Stelle muss ein freier Auslauf (z. B. an einer Badewannenarmatur) oder eine Sicherungseinrichtung (z. B. an einer Armatur mit Schlauchverschraubung) vorhanden sein.

Die wesentlichen Ziele der Norm sind folgende:

- Vermeiden einer Verschlechterung der Trinkwasserqualität innerhalb der TRWI
- Sichern des erforderlichen Durchflusses und Druckes an den Entnahmestellen und an den Anschlussstellen für Apparate wie z. B. Wassererwärmer und Waschmaschinen
- Einhalten der Trinkwasser-Normen hinsichtlich der physikalischen, chemischen und mikrobiologischen Wasserbeschaffenheit an den Entnahmestellen

- Installation für die Zeit ihrer kalkulierten Lebensdauer ohne Gefährdung der Gesundheit und ohne Sachschaden
- Einhalten der funktionalen Anforderungen während der gesamten Lebensdauer
- Minimierung der Geräusche auf ein vertretbares Maß
- Vermeiden von Verunreinigungen des Trinkwassers aus der öffentlichen Wasserversorgung, Verschwendung, Verlusten und Missbrauch.

DIN EN 806-1 formuliert darüber hinaus Zuständigkeiten und Aufgaben für Planung, Bau und Betrieb. So ist die Planung von fachkundigen Personen auszuführen, z. B. Personen mit der entsprechenden Erfahrung, Qualifikation und mit Kenntnissen der a. a. R. d. T. und der jeweiligen Sicherheitsanforderungen.

Der Installateur ist für Errichtungs-, Änderungs- und Instandhaltungsarbeiten unter Beachtung der Anforderungen an die Qualifikation gemäß nationalen und lokalen Vorschriften zuständig und benötig hierfür die entsprechende Qualifikation (Konzessionsnachweis). Das WVU ist verpflichtet, die für die Planung und Ausführung erforderlichen Angaben (z. B. Versorgungsdruck, Wasserdargebot und die Trinkwasseranalyse an der Übergabestelle) bereitzustellen. Diese Daten muss sich der planende oder ausführende Betrieb vor Beginn der Arbeiten beim WVU beschaffen, und diese haben die Angaben aktuell vorzuhalten. Im Falle einer Versorgung mit Eigenwasser sind die entsprechenden Daten beim Betreiber der Eigen- oder Einzeltrinkwasserversorgung einzuholen. Der Betreiber, Besitzer oder Bewohner wiederum ist für die Sicherstellung eines sicheren Betriebes und Instandhaltung der TRWI verantwortlich; er sollte über die hierfür notwendigen Informationen verfügen.

DIN EN 806-1 erklärt zudem Begriffe wie Trinkwasser, Nichttrinkwasser, TRWI mit Anschlussleitungen, Verbrauchsleitungen, Wasserzähleranlagen, Verteilerleitungen, Sammelzuleitung und Steig(Fall-)Leitung, Stockwerksleitung und Einzelzuleitung sowie Zirkulations- und Löschwasserleitung. Prinzipielle Darstellungen sind im Anhang A der Norm abgebildet.

Grundsätzlich unterscheidet DIN EN 806-1 die zwei Installationstypen A und B. Beim Installationstyp A handelt es sich um ein – wie in Deutschland übliches – geschlossenes System, bei dem die TRWI unter dem Druck aus der Versorgungsleitung oder der Druckerhöhungsanlage steht (Bild 8).

Bei der Installation nach Typ B handelt es sich um ein offenes System. Das ist jener Teil einer Installation, welcher nicht unter dem Druck aus der Versorgungsleitung oder einer Druckerhöhungsanlage steht.

Hinweis: Der Installations-Typ B kommt immer noch in einigen Mitgliedsstaaten der EU zur Anwendung (z. B. England), ist für Deutschland aber unbedeutend.

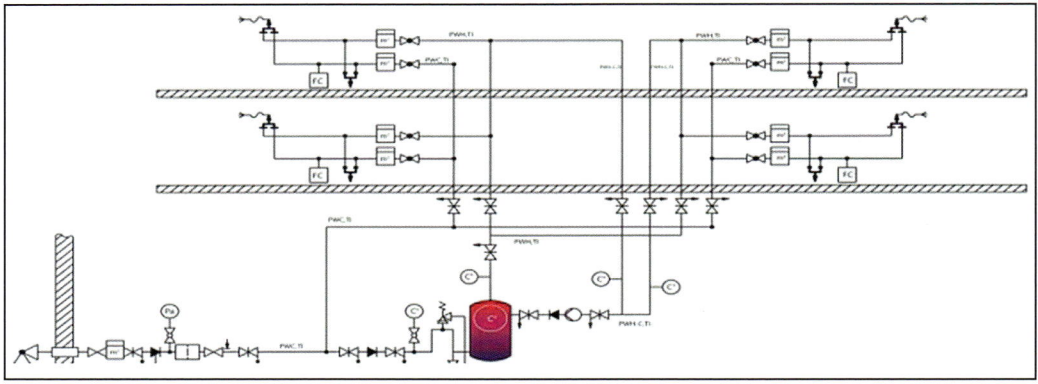

Bild 8
Beispiel eines typischen Schemas der Trinkwasser-Installation Typ A

Bei den Armaturen unterscheidet man nach DIN EN 806-1 zwischen einer Anschlussvorrichtung, einer Anschlussarmatur, einer Hauptabsperrarmatur und einer Wartungsarmatur. Weiter beschreibt die Norm Begriffe wie Drosselarmatur, Entnahmestelle mit Entnahmearmatur, Entleerungsarmatur, Sicherungsarmatur, Sicherheitsarmatur und Stellarmatur.

8.1.7.2 Armaturen und Einrichtungen

8.1.7.2.1 Sicherungsarmatur

Sicherungsarmaturen sind Vorrichtungen zum Schutz der Trinkwasserqualität (siehe hierzu auch Hinweise in DIN EN 1717:2011-8). Eine Sicherungsarmatur ist eine Einrichtung zum Schutz des Trinkwassers, z.B. Rückflussverhinderer, Rohrunterbrecher, Systemtrenner gegen Rückfließen, Rückdrücken und Rücksaugen von Wasser in die Versorgungsanlage.

8.1.7.2.2 Sicherheitsarmatur

Bei einer Sicherheitsarmatur handelt es sich um eine Kontrolleinrichtung zur Verhinderung gefährlicher physikalischer Betriebsbedingungen wie z.B. zu hoher Druck oder zu hohe Temperatur: z.B. Sicherheitsventil, Druckminderer und thermische Ablaufsicherung. In der mehrseitigen Tabelle 1 zur DIN EN 806-1 sind zahlreiche grafische Symbole und Kurzzeichen abgebildet und benannt (Bild 9).

Wenn die Sicherungseinrichtung durch ein Symbol dargestellt wird, ist dies ein Sechseck, welches jeweils einen Buchstaben für die Schutzgruppe und einen Buchstaben für den Typ innerhalb dieser Gruppe enthält. Nachfolgend wird dazu ein kleiner Auszug angegeben (Bild 10):

 Grundlegendes Symbol

AA: Ungehinderter freier Auslauf
AB: Freier Auslauf mit nicht kreisförmigem Überlauf (uneingeschränkt)
AD: Freier Auslauf mit Injektor

EINHALTUNG DER HYGIENE-ANFORDERUNGEN IN TRINKWASSER-INSTALLATIONEN

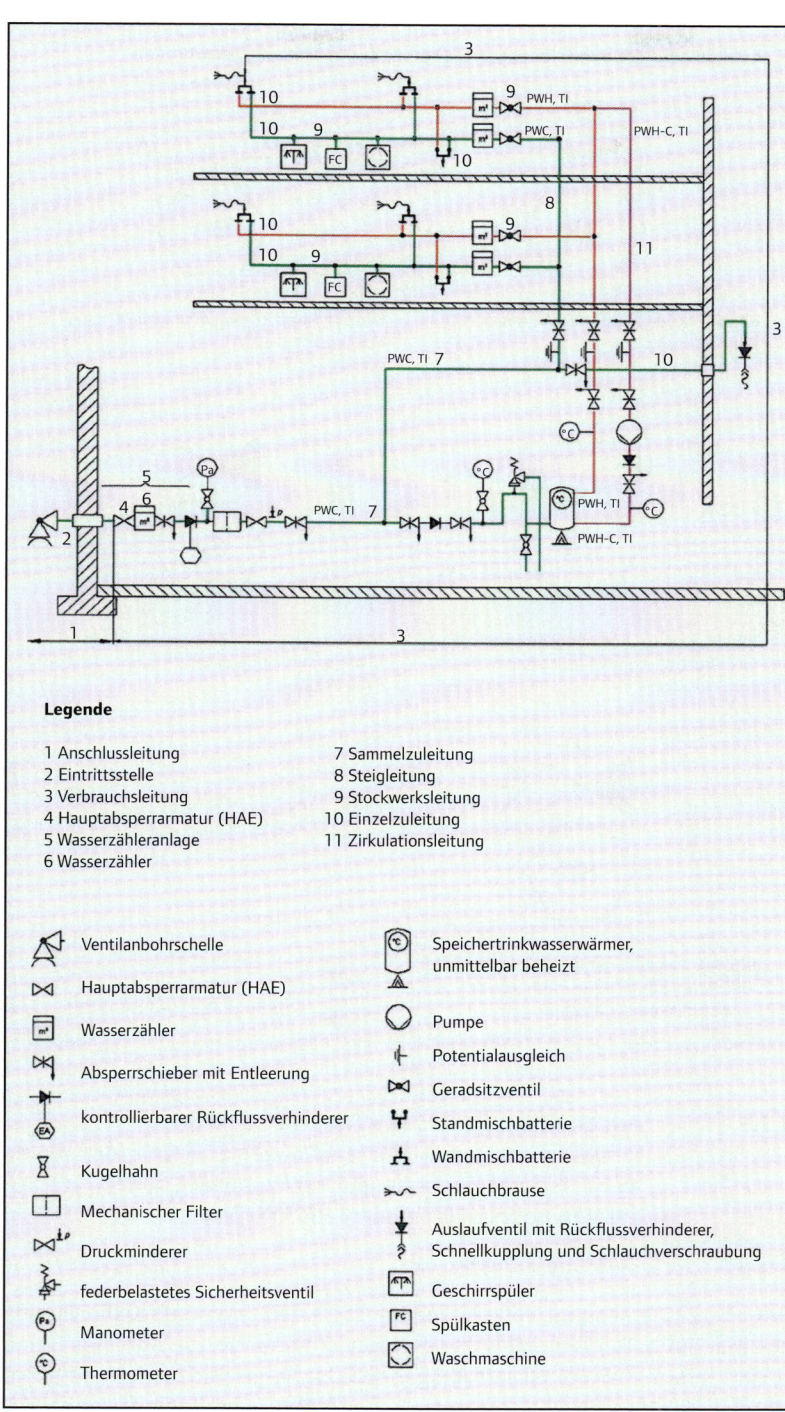

Bild 9
Strangschema mit Symbolen nach DIN EN 806-2

Bild 10
Beispiele für die Darstellung von Sicherungsarmaturen in Zeichnungen (aus DIN EN 806-1)

Beispiele für die Darstellung von Sicherungsarmaturen in Zeichnungen

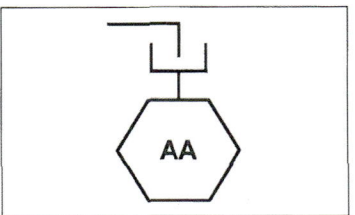

Bild 54: Ungehinderter Freier Auslauf AA
Tabelle 1, 6.6.5

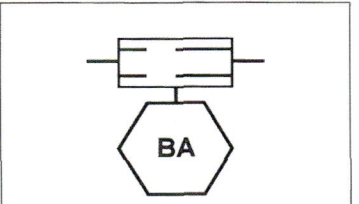

Bild 55: Rohrtrenner mit kontrollierbarer Mitteldruckzone BA
Tabelle 1, 6.6.5

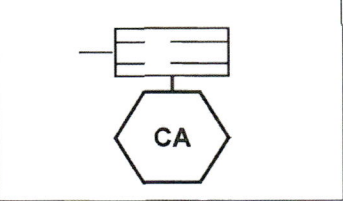

Bild 56: Rohrtrenner mit unterschiedlichen nicht kontrollierbaren Druckzonen CA
Tabelle 1, 6.6.5

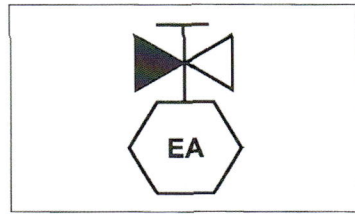

Bild 57: Absperrventil mit kontrollierbarem Rückflussverhinderer EA
Tabelle 1, 6.6.5

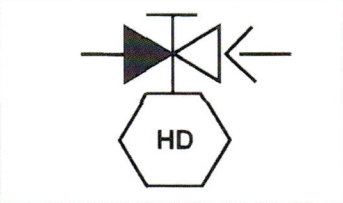

Bild 58: Rohrbelüfter für Schlauchanschlüsse kombiniert mit Rückflussverhinderer (Armaturenkombination) HD

8.1.8 DIN EN 1717: Schutz des Trinkwassers vor Verunreinigungen in TRWI und allgemeine Anforderungen an Sicherungseinrichtungen zur Verhütung von TW-Verunreinigungen durch Rückfließen

8.1.8.1 Vorbemerkungen

DIN EN 1717 erschien zuletzt im August 2011 neu und ersetzte die Version aus Mai 2001. Der Anhang A dieser Norm ist normativ, die Anhänge B und C sind informativ. Sie ist mit Ausgabedatum August 2011 neu aufgelegt worden, da das bisherige nationale Vorwort (informativ) aus Ausgabe Mai 2001 in den normativen Teil von DIN 1988-100 mit einigen Änderungen überführt wurde. Der Text aus DIN EN 1717 ist nahezu gleich geblieben. Es hat sich inhaltlich nichts geändert.

Die ebenfalls im August 2011 erschienene DIN 1988 Teil 100 ist nur zusammen mit der DIN EN 1717 anzuwenden und gibt Erläuterungen sowie Hinweise zur Anwendung der DIN EN 1717 in Deutschland. Der Anwender bekommt zudem eine Liste mit Beispielen für die Auswahl von Sicherungseinrichtungen in TRWI für den häuslichen und nicht häuslichen Bereich. Ersatzlos gestrichen wurde bei den Trinkwassererwärmern die Ausführungsart A (korrosionsgeschützt). Die im Anhang A aufgeführten Beispiele von Sicherungseinrichtungen für den häuslichen und nicht häuslichen Bereich wurden, analog zu den Flüssigkeitskategorien in DIN EN 1717:2011-08, abfallend sortiert.

Nachfolgend sollen auch nur einige aus Autorensicht wichtige Begrifflichkeiten noch einmal erwähnt werden.

8.1.8.2 Verunreinigungen in der Trinkwasser-Installation (TRWI)

Zwei Voraussetzungen müssen für ein Zustandekommen einer Verunreinigung erfüllt sein: die Möglichkeit zum Kontakt durch Vermischen von Trinkwasser und dem verunreinigenden Fluid sowie ein Druckunterschied an beliebiger Stelle in der TRWI, der eine Umkehr der bestimmungsgemäßen Fließrichtung verursacht.

Hinweis: Wenn eine gemeinsame Sicherung (Sammelsicherung) für mehrere Entnahmestellen und Apparate in einer TRWI geplant ist, so sind die Sicherungsmaßnahmen gegen das höchste vorkommende Risiko in der ungünstigsten Fluidkategorie für alle angeschlossenen Installationsteile anzusetzen.

8.1.8.3 Rückfließen und Sicherungsarmatur

Als Rückfließen wird das Strömen einer Flüssigkeit innerhalb einer TRWI entgegen der bestimmungsgemäßen Fließrichtung bezeichnet (Bild 11). Die Sicherungsarmatur gegen Rückfließen ist eine Vorrichtung, die dazu bestimmt ist, das Rückfließen des Trinkwassers zu verhindern. Das Rückdrücken entsteht durch einen Gegendruck, der aus einem Nicht-Trinkwasser-System kommt, in dem zeitweise ein höherer Druck herrscht als im Trinkwasser-System. Beispiele hierzu sind Regenwassernutzungsanlagen oder Eigenwasserversorgungssysteme. Rücksaugen kann durch einen teilweisen Unterdruck im öffentlichen Leitungsnetz verursacht werden. Das kann bei einem Rohrbruch, beim Betrieb von Druckerhöhungspumpen oder übermäßigem Wasserbedarf bei einem Notfall aus einem Löschwasserhydranten vorkommen.

Bild 11
Unterscheidung
zwischen Rücksaugen
und Rückdrücken

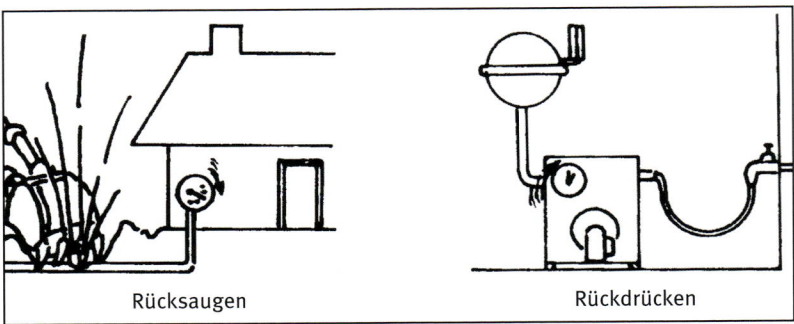

Rücksaugen   Rückdrücken

8.1.8.4 Feststellung der Eigenschaften der Trinkwasser-Installation (TRWI)

8.1.8.4.1 Sicherungspunkte

Für jede Leitungsführung in einem Apparat sind eine oder mehrere notwendige oder die existierenden Sicherungspunkte zu bestimmen. Falls dies nicht möglich ist, ist die Anschlussstelle des Apparates an die TRWI zu benennen. Der maximale Betriebswasserspiegel ist zu bestimmen. Es muss ermittelt werden, ob an dem tatsächlichen oder vorgesehenen Sicherungspunkt oder, wenn dies nicht möglich ist, an der Anschlussstelle des Apparates an die TRWI atmosphärischer Druck ($p_{ist} = p_{atm}$) oder ein höherer als der atmosphärische Druck ($p_{ist} > p_{atm}$) herrscht.

Hinweis: In der Schutzmatrix (Tabelle 2 der DIN EN 1717) wird der Fall $p_{ist} = p_{atm}$ als 0 dargestellt.

Den sogenannten „Kurzzeitigen Anschluss", wie er in DIN 1988 Teil 4 definiert war, gibt es nicht mehr. Alle Anschlüsse an die TRWI werden als ständige Anschlüsse angesehen.

8.1.8.4.2 Flüssigkeitskategorien

Nachfolgend wird die Einteilung der Flüssigkeitskategorien, die mit Trinkwasser in Berührung kommen oder kommen könnten, kurz erläutert.

Kategorie 1

Wasser für den menschlichen Gebrauch, das direkt aus einer TRWI entnommen wird.

Kategorie 2

Flüssigkeit, die keine Gefährdung der menschlichen Gesundheit darstellt. Flüssigkeiten, die für den menschlichen Gebrauch geeignet sind, einschließlich Wasser aus einer TRWI, das eine Veränderung in Geschmack, Geruch, Farbe oder Temperatur (Erwärmung oder Abkühlung) aufweisen kann (z. B. erwärmtes Trinkwasser, Cola, Säfte, Kaffee, Tee etc.).

Hinweis: Bei normalem Gebrauch werden Flüssigkeiten, die in Kontakt mit dem Trinkwasser sind oder kommen können, in fünf Kategorien eingeteilt. In Fällen, wo entweder unbedeutende Konzentrationen oder wesentliche Mengen von Stoffen auftreten, empfiehlt es sich, die Sicherungsmaßnahmen neu zu bestimmen.

Kategorie 3

Flüssigkeit, die eine Gesundheitsgefährdung für Menschen durch die Anwesenheit eines oder mehrerer weniger giftigen/r Stoffe/s darstellt (z. B. Heizungswasser ohne Inhibitoren).

Kategorie 4

Flüssigkeit, die eine Gesundheitsgefährdung für Menschen durch die Anwesenheit eines oder mehrerer giftigen/r oder besonders giftigen/r Stoffe/s oder einer oder mehrerer radioaktiver, mutagener oder kanzerogener Substanz/en darstellt (z. B. Heizungswasser mit Inhibitoren).

Die Abgrenzung zwischen Kategorie 3 und Kategorie 4 ist $LD_{50} = 200$ mg/kg Körpergewicht nach EU-Richtlinie 93/21/EG vom 27. April 1993.

Kategorie 5

Flüssigkeit, die eine Gesundheitsgefährdung für Menschen durch die Anwesenheit von mikrobiellen oder viruellen Erregern übertragbarer Krankheiten darstellt (z. B. Abwasser, Regenwasser, Grauwasser etc.).

Hinweis: In Fällen, wo entweder unbedeutende Konzentrationen oder andererseits wesentliche Mengen von Stoffen auftreten, empfiehlt es sich, die Sicherungsmaßnahmen neu zu bestimmen. Im Zweifelsfall ist das höchste Risiko anzunehmen

8.1.8.5 Sicherungseinrichtungen

8.1.8.5.1 Kategorisierung

Insgesamt stehen 23 Sicherungseinrichtungen zur Auswahl. Dazu zählen folgende:

- Familie A – freier Auslauf
- Familie B – kontrollierbare Trennung
- Familie C – nicht kontrollierbare Trennung
- Familie D – atmosphärische Belüftungseinrichtungen
- Familie E – Rückflussverhinderer
- Familie G – Rohrtrenner
- Familie H – Belüftungsarmaturen für Schlauchanschlüsse
- Familie L – druckbeaufschlagte Belüfter

Hinweis: Mit Überflutung ist nicht die Rückstauebene gemeint. Hiermit sind z. B. hochwassergefährdete Gebiete gemeint (Mosel, Elbe, Oder, Donau, Rhein u. a.).

8.1.8.5.2 Einbauort der Sicherungseinrichtungen

Die Sicherungseinrichtungen müssen im häuslichen Bereich Bestandteil der Entnahmearmaturen und Apparate sein. Sofern das aus bestimmten technischen Gründen nicht erfolgen kann, müssen diese an der Anschlussstelle in die TRWI eingebaut werden, um den Schutz des Trinkwassers sicherzustellen.

8.1.8.5.3 Abbildung der Sicherheitseinrichtungen (DIN EN 1717 – Anhang A (normativ))

Bild 12 vermittelt beispielhaft die grafischen Symbole von gebräuchlichen und nichtgebräuchlichen Sicherungseinrichtungen in Deutschland. Der ungehinderte freie Auslauf AA ist in Deutschland z. B. zu finden bei Einlochmischbatterien und kann vor Ort hergestellt werden. Alle anderen freien Ausläufe sind in Maschinen und Geräten integriert, so ist z. B. der freie Auslauf Typ AB in Wasch- und Geschirrspülmaschinen vorhanden.

Bild 12 Sicherheitseinrichtungen in DIN 1717

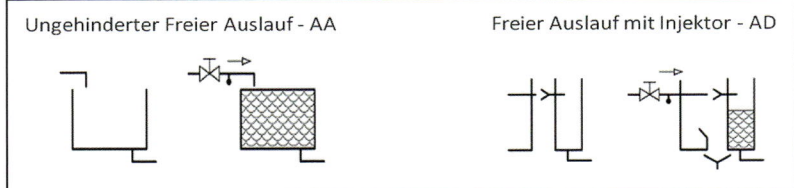

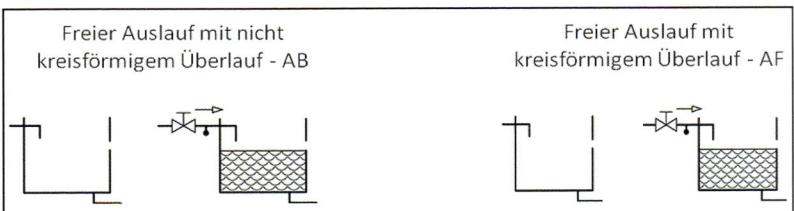

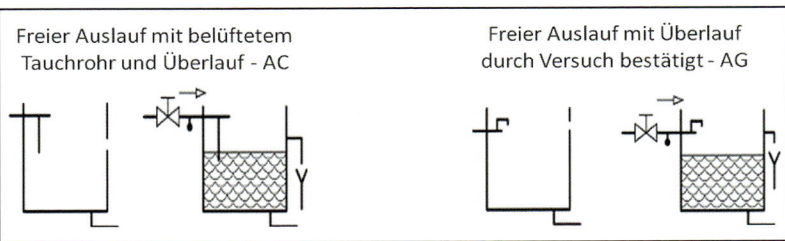

Einhaltung der Hygiene-Anforderungen in Trinkwasser-Installationen

Hinweis: Zu jeder Sicherungsarmatur, die im Anhang A aufgeführt ist, existieren europäische Produktnormen, in denen die mechanisch-hydraulischen Eigenschaften definiert sind, die diese Armaturen erfüllen müssen. Die freien Ausläufe AA, AB und AD sind für Kategorie 5 einsetzbar, die anderen nicht.

Hinweis: Der freie Auslauf mit belüftetem Tauchrohr und Überlauf Typ AC ist in Spülkästen zu finden. Er sichert die Kategorie 3 ab. Nach Anhang B der DIN EN 1717 ist Spülkastenwasser der Flüssigkeitskategorie 3 zugeordnet.

Im Anhang A zur DIN EN 1717 befindet sich zu jeder Sicherungsarmatur ein Datenblatt (Bild 13). Auf diesem Datenblatt ist Folgendes abgebildet:

- das grafische Symbol,
- die Sicherungseinrichtung, dargestellt als Hexagon und als Einzelkomponenten (in diesem Fall Absperrarmatur, Schmutzfangsieb, Systemtrenner BA mit freiem Auslauf über einem Entwässerungsgegenstand),
- das Aussehen einer prinzipiellen Konstruktion,
- die grundsätzliche Definition und die Eigenschaften einer Sicherungsarmatur.

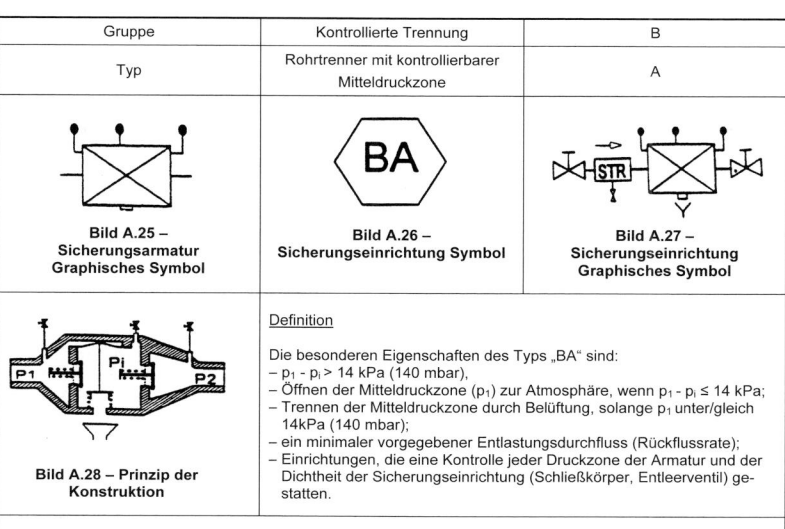

Bild 13
Beispiele für eine Sicherungseinrichtung BA gemäß Anhang A (normativ) der DIN EN 1717 für einen Rohrtrenner mit kontrollierbarer reduzierter Mitteldruckzone

8.1.8.5.4 Anforderungen an den Einbau

Jedes Schwimmerventil oder jede andere Einrichtung, die den Zufluss zu einem versorgten Behälter regelt, muss sicher und fest angebracht sein. Jede Zulaufleitung zu diesem Ventil oder Einrichtung muss in ihrer Lage fest verankert sein, um Bewegungen oder Verbiegen zu vermeiden. Der freie Wasserstrahl in den Behälter muss bei einem freien Auslauf „AA" bei atmosphärischem Druck abwärts durch die Luft fließen, dabei muss er nicht mehr als 15° von der Senkrechten abweichen. Der Abstand der freien Fließstrecke zwischen Austrittsöffnung Zulauf und dem maximalen Betriebswasserspiegel des versorgten Behälters zu Gegenständen muss mindestens dem dreifachen Durchmesser ($> 3 \cdot d$) der Zulaufleitung entsprechen.

Bei Vorliegen von nicht kreisrunden Leitungen wird als Durchmesser derjenige eines kreisrunden Rohres mit gleicher Querschnittsfläche angesetzt. Die Armatur darf nicht in Räumen untergebracht werden, wo eine Überflutung möglich ist.

Systemtrenner BA

Systemtrenner dieses Typs sind geeignet zur Absicherung von Trinkwasseranlagen gegen Rückdrücken, Rückfließen und Rücksaugen (Bild 14).

8.1.8.6 Schäden durch mangelnde oder unsachgemäße Wartung

Jede unzureichende oder nicht ordnungsgemäße Wartung der TRWI einschließlich der Sicherungseinrichtungen zum Schutz gegen Rückfließen kann eine Beeinträchtigung der Wasserbeschaffenheit hervorrufen. Eine regelmäßige Wartung der Sicherungseinrichtungen muss daher durchgeführt werden. Ihre ordnungsgemäße Funktion ist regelmäßig in Übereinstimmung mit nationalen oder regionalen Bestimmungen zu überprüfen.

Bild 14
Systemtrenner mit kontrollierbarer Mitteldruckzone

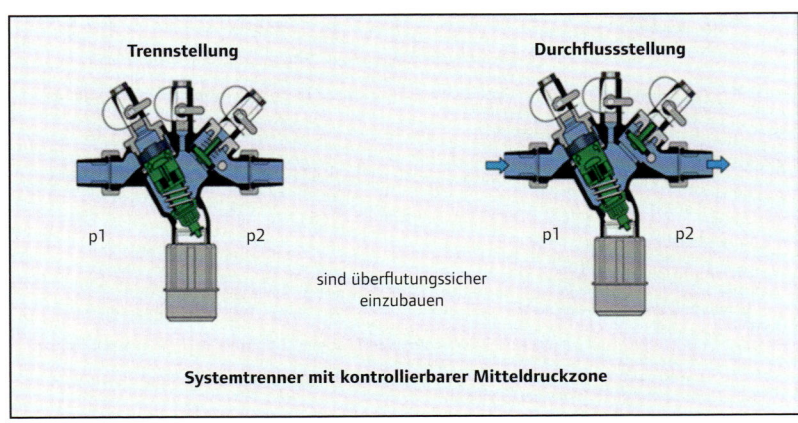

Hinweis: Sicherungsarmaturen sind zu warten, darauf geht die DIN EN 1717 explizit im Kapitel 4.6 ein. Dementsprechend sind Wartungsvereinbarungen zwischen Betreiber und Installateur bzw. Hersteller abzuschließen. (Hinweise hierzu in DIN EN 806-5 in Kap. 13 beachten.)

8.1.9 DIN 1988-100: Technische Regeln für Trinkwasser-Installationen – Teil 100: Schutz des Trinkwassers, Erhaltung der Trinkwassergüte; Technische Regel des DVGW:2011-08

8.1.9.1 Vorbemerkungen

Diese Norm hebt die bisherige Parallellösung von DIN EN 1717 „Schutz des Trinkwassers vor Verunreinigungen in TRWI und allgemeine Anforderungen an Sicherheitseinrichtungen zur Verhütung von Trinkwasserverunreinigungen durch Rückfließen – Technische Regel des DVGW" und DIN 1988-4 auf. DIN 1988-100 ist nur zusammen mit der zum gleichen Zeitpunkt neu veröffentlichten DIN EN 1717 anzuwenden und gibt Erläuterungen sowie Hinweise zur Anwendung von DIN EN 1717 in Deutschland. Sie beinhaltet Planungs- und Ausführungshilfen, wie sie in DIN 1988-4 enthalten waren, jedoch nicht in DIN EN 1717 aus Konsensbildungsgründen übernommen werden konnten. So sind z. B. entgegen den bisherigen Festlegungen im nationalen Anhang (NA) der DIN EN 1717:2001-05 Sammelsicherungen an Steigleitungen, bestehend aus Rückflussverhinderer und Rohrbelüfter Bauform D oder E nach DIN 3266-18 [38] und DIN 3266-2 [39], nicht mehr als Sicherungseinrichtungen vorgesehen (Bild 15).

Sammelsicherungen (bestehend aus Rückflussverhinderer hinter dem Wasserzähler und Steigestrangbelüfter), die bisher in DIN 1988-4 abgebildet wurden, gibt es in DIN EN 1717 nicht mehr. Erfahrungen mit hygienisch problematischen Altanlagen haben gezeigt, dass besonders die nicht durchflossenen Zuleitungen zu Rohrbelüftern von Sammelsicherungen idealen Lebensraum für Mikroorganismen bieten.

Weil die europäische Norm DIN EN 1717 nicht die Normungstiefe erreicht, die für deutsche Anwenderkreise erforderlich ist, ergab sich die Notwen-

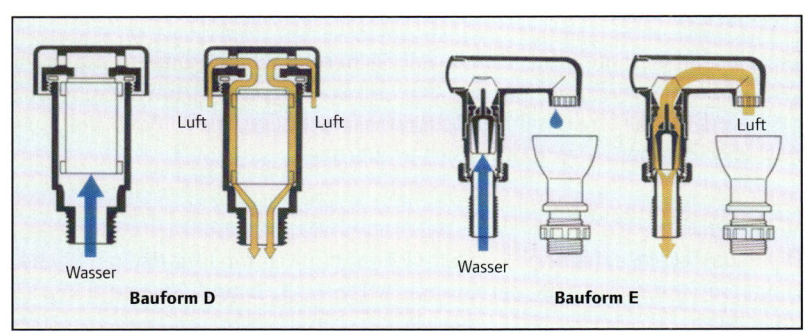

Bild 15
Nicht mehr zulässige Sicherungseinrichtungen (Werksbild Honeywell)

digkeit, im ersten Schritt einen nationalen Anhang zur DIN EN 1717 und im zweiten Schritt eine deutsche Ergänzungsnorm DIN 1988-100 „Schutz des Trinkwassers, Erhaltung der Trinkwassergüte" zu erarbeiten. Der erste Norm-Entwurf wurde im Juli 2008 als DIN 1988-400 veröffentlicht. Unter dem Aspekt der angestrebten Zuordnung der nationalen Ergänzungsfestlegungen zu den einzelnen Europäischen Normen wurde die Norm-Nummer in 1988-100 geändert. Der nationale Anhang von DIN EN 1717 wurde mit Erscheinen der DIN 1988-100 zurückgezogen.

Der Anwendungsbereich von DIN EN 1717 und DIN 1988-100 gilt in Verbindung mit der Normenreihe DIN EN 806 und den weiteren Ergänzungen der Normenreihe DIN 1988 für Planung, Errichtung, Änderung, Instandhaltung und Betrieb von TRWI in Gebäuden und auf Grundstücken.

Die einzubauenden Sicherungseinrichtungen für Entnahmestellen und Apparate sind nach dem Verfahren auszuwählen, wie in DIN 1988-100 im Teil 5 beschrieben. Die Sicherungseinrichtungen können in atmosphärische, mechanische und Kombinationen von atmosphärischen und mechanischen Funktionsprinzipien unterteilt werden. Nach diesen Funktionsprinzipien lassen sich die Sicherungseinrichtungen in eine Schutzmatrix wie nachfolgend aufgeführt einteilen:

8.1.9.2 Flüssigkeitskategorien

Flüssigkeitskategorien 1 und 2

Die Flüssigkeitskategorien 1 und 2 können mit Sicherungseinrichtungen, die mechanische Funktionsprinzipien haben, z. B. Gruppe E, Typ A, B, C, D, abgesichert werden (Tab. 4).

Flüssigkeitskategorie 3

Die Flüssigkeitskategorie 3 kann mit Sicherungseinrichtungen, die Kombinationen von atmosphärischen und mechanischen Funktionsprinzipien haben, z. B. Gruppe H, Typ D bei $p_{ist} = p_{atm}$ bzw. Gruppe L, Typ B bei $p_{ist} = p_{atm}$, abgesichert werden.

Flüssigkeitskategorie 4

Die Flüssigkeitskategorie 4 kann mit Sicherungseinrichtungen, die mehrere Funktionsprinzipien haben, sich selbst überwachen und regelmäßig inspiziert werden, z. B. mit der Gruppe B, Typ A; Gruppe D, Typ B bei $p_{ist} = p_{atm}$ und Gruppe G, Typ B, abgesichert werden.

Flüssigkeitskategorie 5

Die Flüssigkeitskategorie 5 lässt sich nur mit atmosphärischen Sicherungseinrichtungen, z. B. der Gruppe A Typ A, B, D und Gruppe D Typ C, absichern.

Einhaltung der Hygiene-Anforderungen in Trinkwasser-Installationen

	Sicherungseinrichtung	Flüssigkeitskategorie				
		1	2	3	4	5
A4	Ungehinderter freier Auslauf	·	●	●	●	●
AB	Freier Auslauf mit nicht kreisförmigem Überlauf (uneingeschränkt)	·	●	●	●	●
AC	Freier Auslauf mit belüftetem Tauchrohr und Überlauf, Mitlauf	·	●	●	—	—
AD	Freier Auslauf mit Injektor	·	●	●	●	—
AF	Freier Auslauf mit kreisförmigem Überlauf (eingeschränkt)	·	●	●	—	—
AG	Freier Auslauf mit Überlauf durch Versuch mit Unterdruckprüfung bestätigt	·	●	●	—	—
BA	Rohrnetztrenner mit kontrollierter Mitteldruckzone	●	●	●	●	—
CA	Rohrtrenner mit unterschiedlichen, nicht kontrollierbaren Druckzonen	●	●	●	●	—
DA	Rohrbelüfter in Durchgangsform	O	O	O	—	—
DB	Rohrunterbrecher mit beweglichen Teilen	O	O	O	—	—
DC	Rohrunterbrecher mit ständiger Verbindung zur Atmosphäre	O	O	O	O	O
EA	Kontrollierbarer Rückflussverhinderer	●	●	—	—	—
EB	Nicht kontrollierbarer Rückflussverhinderer	Nur für bestimmten häuslichen Gebraucht siehe (Abschnitt 6)				
EC	Kontrollierbarer Doppelrückflussverhinderer	●	●	—	—	—
ED	Nicht kontrollierbarer Doppelrückflussverhinderer	Nur für bestimmten häuslichen Gebraucht siehe (Abschnitt 6)				
GA	Rohrtrenner, nicht durchflussgesteuert	●	●	●	—	—
GB	Rohrtrenner, durchflussgesteuert	●	●	●	●	—
HA	Schlauchanschluss mit Rückflussverhinderer	●	●	O	—	—
HB	Rohrbelüfter für Schlauchanschlüsse	O	O	—	—	—
HC	Automatischer Umsteller	Nur für bestimmten häuslichen Gebraucht siehe (Abschnitt 6)				
HD	Rohrbelüfter für Schlauchanschlüsse, kombiniert mit Rückflussverhinderer (Sicherungskombination)	●	●	O	—	—
LA	Druckbeaufschlagter Belüfter	O	O	—	—	—
LB	Druckbeaufschlagter Belüfter, kombiniert mit nachgeschaltetem Rückflussverhinderer	●	●	O	—	—

Allgemeine Bemerkungen:

Einrichtungen mit atmosphärischer Belüftung (z.B. BA, CA, GA, GB...) dürfen nicht eingebaut werden, wenn die Gefahr einer Überflutung besteht.

- ● deckt das Risiko ab
- O deckt das Risiko nur ab wenn p = atm
- — deckt das Risiko nicht ab
- · trifft nicht zu

Tab. 4
Schutzmatrix der Sicherungseinrichtungen und der zugeordneten Flüssigkeitskategorien (DIN EN 1717)

Entnahmestellen und Apparate	Kategorie	Erlaubte Sicherungseinrichtungen
Entnahmestelle mit Brause an Waschbecken, Spülbecken, Dusche, Badewanne; ausgenommen WC und Bidet	5	Sicherungseinrichtungen geeignet für Kategorie 2 und EB, ED, HC
Badewanne mit Einlauf unterhalb der Oberkante[b]	5	Sicherungseinrichtungen geeignet für Kategorie 3
Entnahmearmaturen mit Schlauchverschraubung im häuslichen Bereich [a,b]	5	Sicherungseinrichtungen geeignet für Kategorie 3
Beregnungsanlage für Grünflächen; Unterfluranlage	5	Sicherungseinrichtungen geeignet für Kategorie 4

a Der Einbauort der Sicherungseinrichtung muss über dem maximalen Betriebswasserspiegel sein.
b Vorgesehen für Waschen, Reinigen oder Gartenbewässerung

Tab. 5
Zuordnung von
Entnahmestelle und
Sicherungseinrichtung
DIN EN 1717

Sicherungsarmaturen, die unter ständigem Betriebsdruck bzw. auch bei atmosphärischem Gegendruck die Funktion sicherstellen, einschließlich der freien Ausläufe, die keinem atmosphärischen Gegendruck ausgesetzt sein können, werden mit einem geschlossenen Kreis ● gekennzeichnet. Mit einem offenen Kreis ○ werden die atmosphärischen Funktionsprinzipien den Flüssigkeitskategorien zugeordnet. Sicherungseinrichtungen mit atmosphärischer Belüftung dürfen nicht in Bereichen eingebaut werden, die überflutet werden können oder bei denen die Umgebung der Armatur den Einflüssen von schädlichen Gasen oder Dämpfen ausgesetzt ist. Sicherungseinrichtungen nach Tabelle 5 sind ebenfalls zugelassen.

8.1.9.3 Rückfließen von verunreinigtem Wasser

Durch Einhaltung der Bestimmungen u. a. dieser Norm wird sichergestellt, dass die in der TrinkwV festgelegten Anforderungen an die Trinkwassergüte in der TRWI von der Übergabestelle bis zur Entnahmestelle erfüllt werden.

Bei nicht normgerechter Installation oder nicht bestimmungsgemäßem Betrieb kann das Trinkwasser verändert werden, sodass es zu einer Beeinträchtigung oder Gefährdung kommen kann. In DIN EN 1717 findet bei der Bewertung der Risiken keine Unterscheidung zwischen Beeinträchtigung und Gefährdung statt. Beeinträchtigung liegt bei einer Veränderung der Trinkwassergüte vor, die keine Gefährdung der Gesundheit bedeutet. Gefährdung liegt bei einer Veränderung der Trinkwassergüte vor, die dazu führen kann, dass eine Schädigung der Gesundheit zu besorgen ist.

Eine Gefährdung des Trinkwassers und damit des Nutzers ist z. B. immer dann gegeben, wenn Nichttrinkwasser aus einem defekten Apparat durch Rückdrücken oder Rücksaugen in die Installation zurückfließt und dann einem anderen Verbraucher als Trinkwasser geliefert wird, oder bei einer Veränderung des Trinkwassers, die dazu führt, dass eine Schädigung der Gesundheit zu befürchten ist.

Durch die Veränderungen des Trinkwassers kann es zu direkten oder indirekten Auswirkungen auf die Verbraucher kommen. Wenn z. B. Anlagen mit

Betriebs- oder Hilfsstoffen betrieben werden und an Trinkwasserleitungen angeschlossen sind, besteht die Möglichkeit, dass bei einem Schaden Stoffe aus diesen Anlagen in das Trinkwasser gelangen. Diese Stoffe können zu einer direkten Gefährdung des Verbrauchers führen, wenn das Nichttrinkwasser nach dem Verlassen der Anlage weiterhin als „Trinkwasser" genutzt wird.

8.1.9.4 Stagnation

Zur Minimierung von Beeinträchtigungen durch Stagnation ist bei der Planung insbesondere darauf zu achten, dass eine möglichst kurze Rohrleitungsführung und keine Überdimensionierung der Rohrquerschnitte (z. B. in der Wohnungsverteilung < 3 l Wasserinhalt; Rohrnetzberechnung nach DIN 1988-300) sowie eine Anordnung der überwiegend genutzten Entnahmestellen am Ende von Stichleitungen geplant und installiert werden, z. B. Spülkästen (alternativ Ringleitung). Die Auslegung der Warmwasserspeicher soll so klein wie möglich sein.

Das Sicherheitsventil ist weiterhin oberhalb des Speichers anzuordnen, die Stichleitung darf nicht länger als $10 \times DN$ sein (Bild 16). Können Bereiche der TRWI nach der Druckprobe und dem Spülen nicht kurzfristig in Betrieb genommen werden oder können sie nicht in gefülltem Zustand verbleiben, z. B. wegen Frostgefahr, ist die Befüllung zunächst zu unterlassen und eine „trockene" Dichtheitsprüfung mit ölfreier Druckluft oder Inertgas vorzunehmen.

Bei der Inbetriebnahme der TRWI ist der Betreiber auf die Notwendigkeit der regelmäßigen Entnahme von Trinkwasser an allen Entnahmestellen aufmerksam zu machen. Als Grundlage hierfür kann das ZVSHK-Merkblatt „Spülen, Desinfizieren und Inbetriebnahme von TRWI" dienen.

Im Anhang A zur 1988-100 (normativ) „Auflistung der Sicherungseinrichtungen" sind alle zulässigen Sicherungseinrichtungen nach Gruppen/Familien und Typ definiert und hinsichtlich ihrer Funktion sowie mit Anforderungen für den Einbau beschrieben.

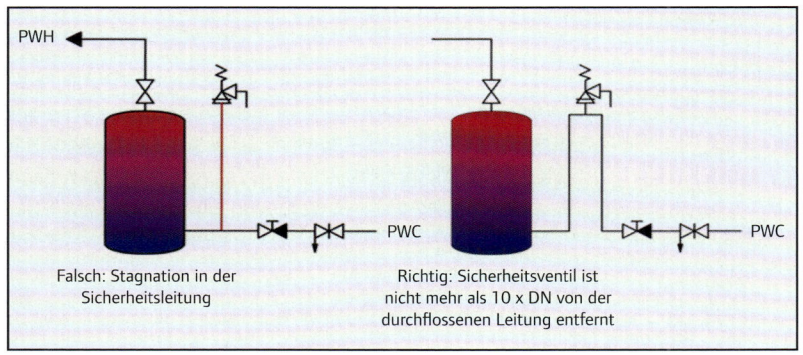

Bild 16
Stagnationsbereich beim Kaltwasseranschluss an den Trinkwassererwärmer DIN 1988-100

DIN 1988-100 gibt im Anhang A exemplarisch 65 Anwendungsbeispiele zur Auswahl geeigneter Sicherungseinrichtungen (Auszug, Tab. 6).

Tab. 6 Auswahl von Sicherheitseinrichtungen nach DIN 1988-100 (A.1)

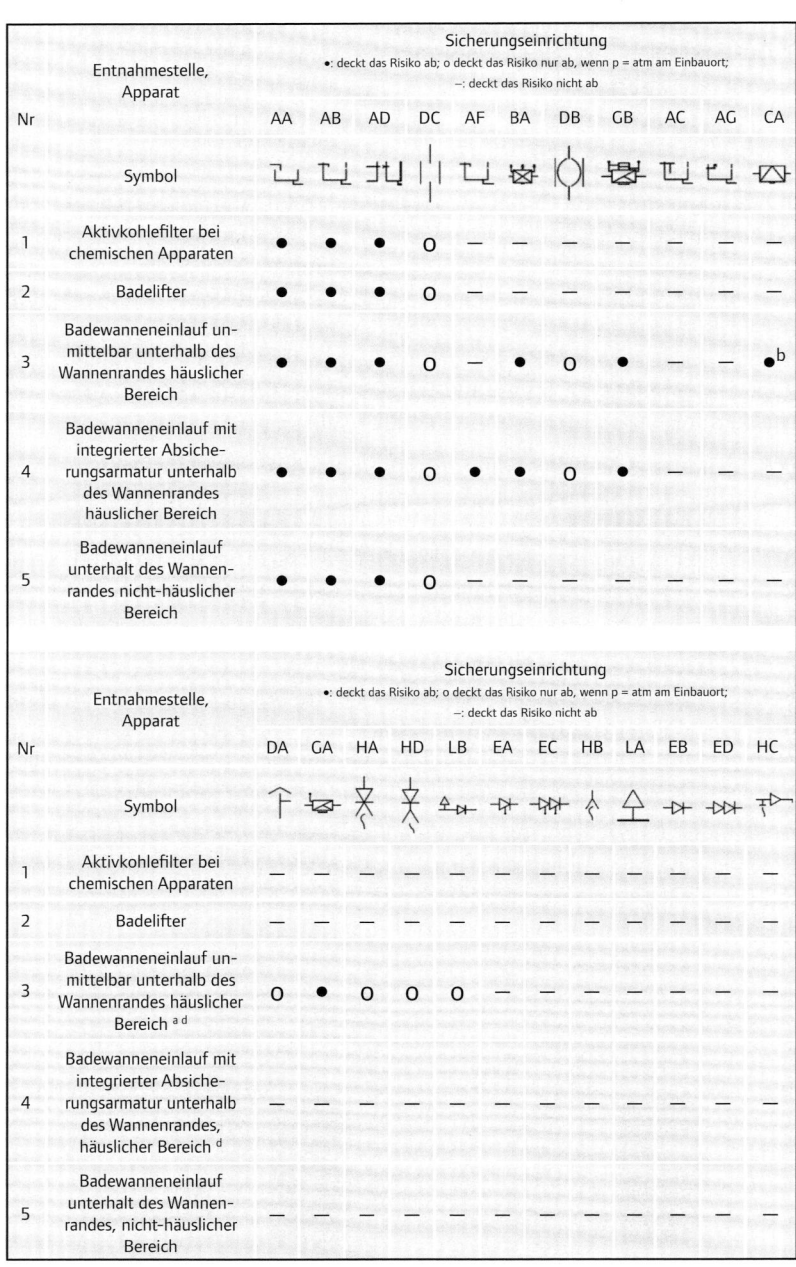

Nr	Entnahmestelle, Apparat	AA	AB	AD	DC	AF	BA	DB	GB	AC	AG	CA
1	Aktivkohlefilter bei chemischen Apparaten	•	•	•	o	—	—	—	—	—	—	—
2	Badelifter	•	•	•	o	—	—	—	—	—	—	—
3	Badewanneneinlauf unmittelbar unterhalb des Wannenrandes häuslicher Bereich	•	•	•	o	—	•	o	•	—	—	•[b]
4	Badewanneneinlauf mit integrierter Absicherungsarmatur unterhalb des Wannenrandes häuslicher Bereich	•	•	•	o	•	•	o	•	—	—	—
5	Badewanneneinlauf unterhalb des Wannenrandes nicht-häuslicher Bereich	•	•	•	o	—	—	—	—	—	—	—

Sicherungseinrichtung
•: deckt das Risiko ab; o deckt das Risiko nur ab, wenn p = atm am Einbauort;
—: deckt das Risiko nicht ab

Nr	Entnahmestelle, Apparat	DA	GA	HA	HD	LB	EA	EC	HB	LA	EB	ED	HC
1	Aktivkohlefilter bei chemischen Apparaten	—	—	—	—	—	—	—	—	—	—	—	—
2	Badelifter	—	—	—	—	—	—	—	—	—	—	—	—
3	Badewanneneinlauf unmittelbar unterhalb des Wannenrandes häuslicher Bereich [a d]	o	•	o	o	o	—	—	—	—	—	—	—
4	Badewanneneinlauf mit integrierter Absicherungsarmatur unterhalb des Wannenrandes, häuslicher Bereich [d]	—	—	—	—	—	—	—	—	—	—	—	—
5	Badewanneneinlauf unterhalb des Wannenrandes, nicht-häuslicher Bereich	—	—	—	—	—	—	—	—	—	—	—	—

EINHALTUNG DER HYGIENE-ANFORDERUNGEN IN TRINKWASSER-INSTALLATIONEN   517

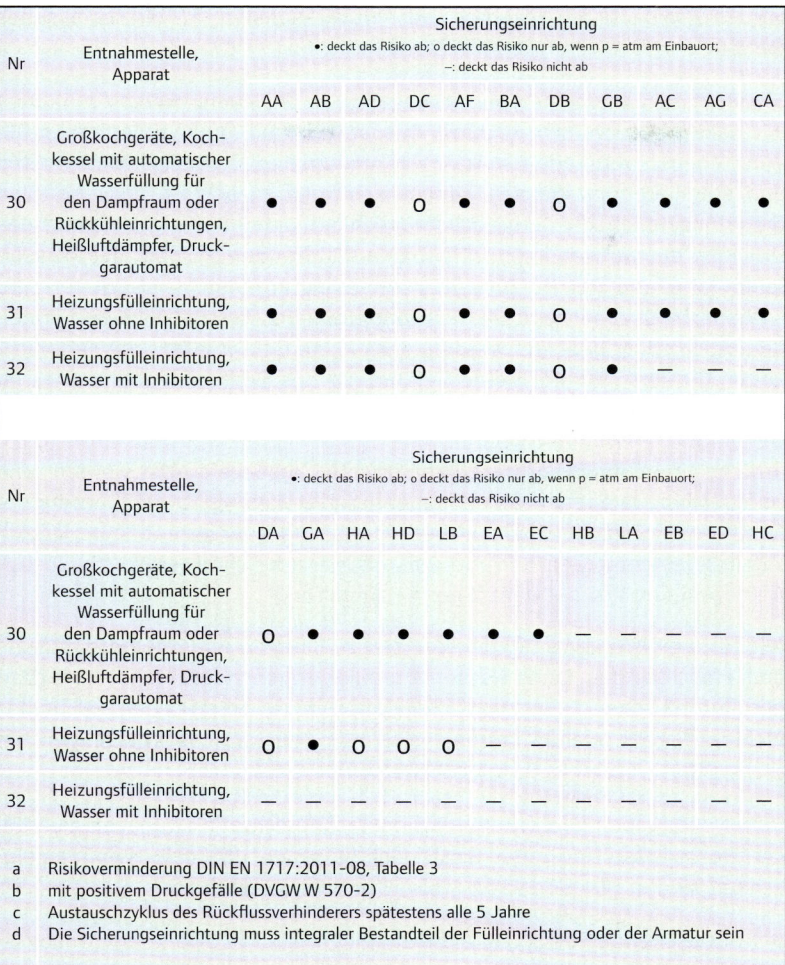

Tab. 6 (fortgesetzt)

8.1.10 DIN EN 806-2:2005 Technische Regeln für Trinkwasser-Installationen (TRWI) – Deutsche Fassung Teil 2: Planung

8.1.10.1 Allgemeines

DIN EN 806-2 war bei Erscheinen teilweise Ersatz für DIN 1988-2 und DIN 1988-5 jeweils in den Fassungen von Dezember 1988. Sie beschreibt die Anforderungen an die Planung von TRWI innerhalb von Gebäuden und für Leitungsteile außerhalb von Gebäuden, aber innerhalb von Grundstücken und ist anwendbar für Neuinstallationen, Umbau und Reparaturen. In DIN EN 806-2 wurde der Installationstyp B, „Offenes System", notwendigerweise aufgenommen, den es in einigen Mitgliedsländern (z. B. England) noch gibt, um dort die Akzeptanz für das Normenwerk sicherzustellen.

Für Deutschland ist Standard der Installationstyp A, „Geschlossenes System".

Sie stellt als allgemeine Anforderungen u. a., dass eine TRWI so zu planen ist, dass Wasserverschwendung, Missbrauch und Trinkwasserverunreinigung ebenso vermieden werden wie ungünstige Fließgeschwindigkeiten und stagnierendes Wasser. Zudem ist darauf zu achten, dass an allen Entnahmestellen die Gebrauchstauglichkeit unter Berücksichtigung des Druckes, der notwendigen Entnahmearmaturendurchflüsse, der Wassertemperatur und der Nutzung des Gebäudes ermöglicht ist. Weiter sind Lufteinschlüsse während des Füllvorgangs oder des Betriebs zu vermeiden. Auch sollte beachtet werden, dass keine Gefahr oder Unannehmlichkeiten für Personen noch eine Gefährdung des Gebäudes oder seines Inventars bestehen und Schäden wie z. B. durch Steinbildung, Korrosion und Degradation verhindert werden. Die Trinkwasserqualität darf nicht durch örtliche Umgebungseinflüsse beeinträchtigt oder gefährdet werden, und es ist sicherzustellen, dass ein ungehinderter Zugang für die Wartung der Apparate ermöglicht wird. Darüber hinaus sind Querverbindungen grundsätzlich zu vermeiden und die Entstehung von Schall (siehe hierzu DIN 4109 [40] und VDI 4100 [41]) gering zu halten.

Alle für die TRWI verwendeten Werkstoffe, Bauteile und Apparate müssen den einschlägigen Europäischen Produktnormen oder, wenn verfügbar, den Europäischen Zulassungen für Bauprodukte entsprechen. Ist beides nicht verfügbar, sollten nationale Normen oder örtliche Regelungen berücksichtigt werden (z. B. DIN/DVGW/VDI).

Hinweis: Angaben und Kriterien für die fachgerechte Auswahl von metallenen Rohrwerkstoffen unter Berücksichtigung der Korrosionswahrscheinlichkeit sind in DIN EN 12502-1 bis -5 [42 bis 46] enthalten.

Um ausreichende Festigkeit sicherzustellen, sind alle Teile der Trinkwasseranlage so zu planen, dass sie den Anforderungen für Druckprüfungen nach den örtlichen und nationalen Gesetzen oder Vorschriften entsprechen. In Deutschland geht man bei der Planung davon aus, dass Rohre und Rohrverbindungen in der TRWI unter der Berücksichtigung einer fachgerechten Wartung und angemessenen Betriebsbedingungen eine Lebensdauer von 50 Jahren haben. Des Weiteren gibt die DIN EN 806-2 auch wichtige Hinweise zum Einsatz von Bauteilen. So dürfen flexible Schläuche zum Ausgleich von Längen- und Winkeländerungen eingesetzt werden, wenn sie für die zu erwartenden Betriebsbedingungen ausgelegt wurden. Eine Absperrarmatur ist grundsätzlich in Strömungsrichtung unmittelbar vor dem Schlauchanschluss für einen Apparat einzubauen. Die Länge von Schläuchen sollte aber nicht mehr als 2,0 m betragen.

Hinweis: Es sind hierbei die KTW-Empfehlungen und DVGW-Richtlinien sind zu beachten.

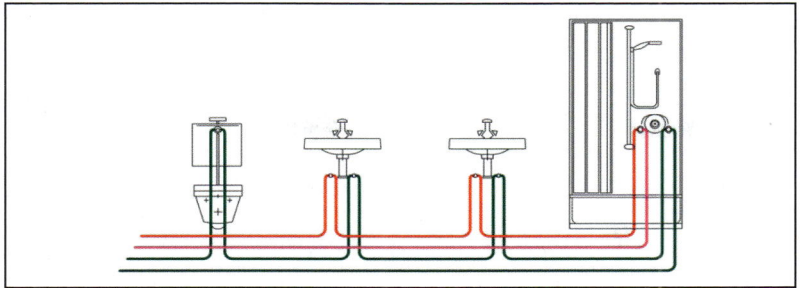

Bild 17
Vorschlag für Verteilung von kaltem Trinkwasser (PWC) nach DIN EN 806-2

Für die Verteilung von PWC gibt die Norm vor, dass Entnahmestellen für geringe Entnahmen oder seltene Nutzung nicht am Ende einer langen Leitung eingebaut werden dürfen.

Als eine Alternative wird die Planung einer Ringleitung vorgeschlagen.

Da, wo nationale oder örtliche Vorschriften für erdverlegte metallene Leitungen Isolierstücke vorschreiben, ist ein Isolierstück einzubauen. Es ist dafür Sorge zu tragen, dass dieses Isolierstück nicht unabsichtlich überbrückt werden kann. Zudem sind Potenzialausgleichsschienen einzubauen.

Für die Verteilung von PWH gibt die Norm vor, dass die Warmwasseranlage aus einem Trinkwassererwärmer, der notwendigen Ausrüstung für den sicheren Betrieb der Heizanlage und den Verbrauchsleitungen einschließlich Armaturen und Fittings besteht. Nationale oder örtliche Vorschriften zur Verhinderung des Wachstums von Legionellen sind zu beachten.

Im Zusammenhang mit Entnahmearmaturen und Mischbatterien ist zur Vermeidung von Verbrühungen darauf zu achten, dass Anlagen für PWH Trinkwasser so zu gestalten sind, dass das Risiko von Verbrühungen gering ist.

Hinsichtlich des Verbrühungsschutzes sind folgende Temperaturbegrenzungen zu beachten:

- in Krankenhäusern, Schulen: 43 °C
- in Duschanlagen, Kindergärten: 38 °C
- im Wohnungsbau: keine Vorgaben

Eine Druckerhöhung kann dann notwendig sein, wenn unter normalen Bedingungen der Versorgungsdruck für einen ausreichenden Druck an den Entnahmestellen (z. B. 1 bar) nicht ausreicht. Der Einsatz von Druckerhöhungspumpen sollte durch die optimale Nutzung so gering wie möglich gehalten werden, z. B. durch Versorgung der unteren Geschosse mit Versorgungsdruck und Versorgung über Druckerhöhungsanlage nur für jene Geschosse, wo der Versorgungsdruck nicht ausreicht. Kernaussagen hierzu sind der DIN 1988-500 in Kapitel 14 zu entnehmen!

Hinweis: Die Planung von Druckerhöhungsanlagen ist künftig nicht nach DIN EN 806-2 Abschnitt 15, sondern nach der nationalen Norm DIN 1988-500 vorzunehmen.

Bei Planung, Bau und Betrieb von Feuerlöschanlagen muss darauf geachtet werden, dass stagnierendes Wasser und Verunreinigung des Trinkwassers verhindert werden. Kernaussagen hierzu sind der DIN 1988-600 in Kapitel 16 zu entnehmen.

8.1.10.2 Vermeiden von Schäden durch Korrosion

In DIN EN 806-2 werden Hinweise zur Verhinderung oder Minimierung des Risikos von Schäden in der TRWI durch Korrosion gegeben. Man erhält hierin Informationen zu den Korrosionseigenschaften der verwendeten metallenen Werkstoffe, den Wassereigenschaften sowie Planung, Bau und Betriebsbedingungen der TRWI. Oftmals führt Korrosion zur Bildung einer Deckschicht (Schutzschicht) und nicht zwangsläufig zu einem Korrosionsschaden.

Zur Auswahl geeigneter Werkstoffe steht die Materialliste des Umweltbundesamtes (UBA) unter www.umweltbundesamt.de/.../liste_trinkwasserhygienisch_geeignete_metallene_werkstoffe_entwurf.pdf zum Download zur Verfügung.

Die Verwendung verschiedener Werkstoffe in einer TRWI hat den a. a. R. d. T. zu entsprechen. So können beispielsweise Kupferrohre, innenverzinnte Kupferrohre und Rohre aus nichtrostendem Stahl miteinander kombiniert werden. Die Kombination von Bauteilen und Rohren aus unterschiedlichen Werkstoffen kann jedoch die Korrosionswahrscheinlichkeit einzelner Komponenten beeinflussen. Es gelten hier die Anforderungen nach DIN EN 806-2 und DIN EN 806-4, auf die später noch näher eingegangen wird.

Hinweis: Es gilt zu beachten, dass in PWC und PWH Kupferbauteile niemals in Fließrichtung vor verzinktem Stahl oder innenverzinnten Stahlbehältern eingebaut werden. Die Kombination von Kupfer und Kupferlegierung wie Messing und Rotguss mit nichtrostendem Stahl sind in der Praxis unproblematisch.

8.1.11 DIN 1988-200 Technische Regel für Trinkwasser-Installationen – Installation Typ A (Geschlossenes System) – Planung, Bauteile, Apparate, Werkstoffe; Technische Regel des DVGW

8.1.11.1 Vorbemerkung

Diese Norm baut auf der Gliederung der entsprechenden Europäischen Norm DIN EN 806-2:2005-06 auf und gilt für die Planung von TRWI, Installation Typ A (Geschlossenes System) in Gebäuden und auf Grundstücken. Sie benennt die Planungsgrundlagen und die für die Errichtung der Anlagen geeigneten Bauteile, Apparate und Werkstoffe. Sie ergänzt DIN EN 806-2 und trifft zusätzliche Festlegungen zur Berücksichtigung nationaler Gesetze, Verordnungen und des deutschen technischen Regelwerks. Dabei wurden die Überschriften aus der EU-Norm übernommen. Die Nummerierung der Abschnitte kann sich allerdings geringfügig unterscheiden. Es wurden nur diejenigen zusätzlichen Anforderungen, die sich aus der ehemaligen DIN 1988-2, DIN 1988-5 und DIN 1988-7 und mit weiteren, in der Zwischenzeit sich ergebenden, dem Stand der Technik entsprechenden Kenntnissen festgelegt. Für Kleinanlagen gilt DIN 2001-1 [47], für nicht ortsfeste Anlagen gilt DIN 2001-2 [48].

Alle Anforderungen aus der zurückgezogenen DIN 1988-7 sind in den Normen DIN EN 806-2 und DIN 1988-200 vollständig enthalten. Das gilt bei der 1988-200 auch für die Dämmung von PWH.

Eine TRWI ist grundsätzlich so zu planen und auszuführen, dass an allen Entnahmestellen (kalt und warm) die in der TrinkwV geforderte Qualität ansteht und eine sparsame Wasserverwendung möglich ist (siehe VDI 6024 Blatt 1 [49]). Für die Erhaltung der Hygiene in TRWI siehe auch VDI/DVGW-6023. Neben den a. a. R. d. T. sind immer auch die Herstellerangaben zu beachten.

8.1.11.2 Begriffe

Kennzeichnung

Bauteile und Apparate müssen vom Hersteller mit einem Herstellerzeichen oder -namen gut lesbar und dauerhaft versehen sein, sodass eine Identifizierung des Produktes möglich ist.

Transport und Lagerung

Bei der Transportkette für die Anlagenteile ist zwingend darauf zu achten, dass Innenverschmutzungen durch Erde, Schlamm, Schmutzwasser, Regenwasser, Bauschutt etc. vermieden und die Transport- und Lageranleitungen der Hersteller eingehalten werden (Bild 18).

Bild 18
Schutz gegen Verunreinigungen der Rohrinnenoberflächen mittels Kappen
(Fa. Uponor)

Bestimmungsgemäßer Betrieb

Ein bestimmungsgemäßer Betrieb der TRWI liegt vor, wenn die regelmäßige Kontrolle auf Funktion sowie die Durchführung der erforderlichen Instandhaltungsmaßnahmen für den betriebssicheren Zustand unter Einhaltung der zur Planung und Errichtung zugrunde gelegten Betriebsbedingungen (Nutzungshäufigkeit, Entnahmemenge) vorliegen, gegebenenfalls durch simulierte Entnahme (manuelles oder automatisiertes Spülen).

Hinweis: Eine über einen längeren Zeitraum ($\geq$ 7 d nach DIN EN 806-5 bzw. $\geq$ 3 d nach 1988-200) nicht genutzte TRWI ist eine nicht bestimmungsgemäß betriebene TRWI.

Stagnation

Die Stagnation ist die Verlängerung der Verweilzeit des Trinkwassers in der TRWI bei fehlender Entnahme.

Hinweis: Bei längerem Aufenthalt kann die Trinkwasserbeschaffenheit durch in Lösung gehende Werk- und Betriebsstoffe sowie durch Vermehrung von Mikroorganismen beeinträchtigt werden.

Wasseraustausch

Als Wasseraustausch wird der vollständige Wechsel des in dem jeweiligen Leitungsabschnitt enthaltenen Wasservolumens durch Entnahme oder Ablaufenlassen verstanden.

Raumbuch

Ein Raumbuch ist ein mit allen Beteiligten (Betreiber, Architekt, Planer der TRWI usw.) abgestimmtes Dokument für ein Gebäude, welches die Nutzungsbeschreibungen der einzelnen Räume sowie den erforderlichen Umfang der TRWI unter besonderer Berücksichtigung der Bedarfsermittlung enthält.

Hygieneplan

Der Hygieneplan ist ein erweiterter Instandhaltungsplan, der Angaben und Hinweise für die erforderlichen Instandhaltungsmaßnahmen und Maßnahmen bei Störfällen enthält.

8.1.11.3 Werkstoffe

8.1.11.3.1 Allgemeines

Da alle mit Trinkwasser bestimmungsgemäß in Berührung kommenden Anlagenteile das in ihnen fließende Wasser beeinflussen können, ist zu prüfen, ob sich eventuelle Veränderungen im Rahmen der in der TrinkwV genannten Grenzen bewegen und die an der Entnahmestelle geforderte

Qualität einhalten (Tabellen 7 und 8). Der Planer und das VIU müssen also darauf achten, dass, wie in § 17 TrinkwV gefordert, nur Werkstoffe und Materialien verwendet werden, die in Kontakt mit Wasser Stoffe nicht in solchen Konzentrationen abgeben, die höher sind als nach den a. a. R. d. T. unvermeidbar. Hierzu müssen die örtlichen Erfahrungen, die ggf. beim WVU, den örtlichen VIU oder beim Rohrhersteller vorhanden sind, einbezogen werden. Da in einer TRWI fast immer Bauteile aus unterschiedlichen Werkstoffen verbaut sind, können einzelne Komponenten Einsatzbeschränkungen unterliegen. Zur Auswahl der geeigneten Werkstoffe ist zudem eine aktuelle Trinkwasseranalyse (z. B. nach DIN 50930-6 [50]) beim örtlichen Wasserversorger einzuholen.

Alle für die TRWI verwendeten Werkstoffe, Bauteile und Apparate müssen zusätzlich nationalen Normen oder Zertifizierungen (z. B. DVGW-Zertifizierungszeichen) entsprechen.

Grundsätzlich unterscheiden sich metallene Werkstoffe von denen aus Kunststoff durch die physikalischen Eigenschaften. Wichtige Auswahlkriterien bei der Systemwahl sind: Längenausdehnungskoeffizienten, hohe Temperaturen bei thermischer Desinfektion, hohe Chloridgehalte und niedrige pH-Werte.

Angaben und Kriterien für die fachgerechte Auswahl von metallenen Rohrwerkstoffen unter Berücksichtigung der Korrosionswahrscheinlichkeit sind in Reihe DIN EN 12502 Teile 1–5, in DIN 50930-6 und zusätzlich in Abschnitt 16 der DIN 1988-200 enthalten. Organische Materialien müssen den aktuellen Empfehlungen des UBA entsprechen und die mikrobiologischen Anforderungen nach DVGW W 270 erfüllen.

Material	Material	Auswahlkriterien
Edelstahl	1.4401, 1.4521 etc.	keine Einschränkung
Kupfer	innenverzinnt	keine Einschränkung
Kunststoffrohre	PE-X, PE-X/Al/PE-X, PVC, PP usw.	keine Einschränkung
Kupfer		$pH \geq 7,4$ **oder** $7,0 \leq pH < 7,4$ und $TOC \leq 1,5$ g/m^3
Stahl, schmelztauchverzinkt	Nur für PWC	$K_{BB,2} > 0,5$ mol/m^3 **und** $K_{S4,3} > 1,0$ mol/m^3

Tab. 7
Auswahlkriterien für Rohrwerkstoffe, bezogen auf die Wassereigenschaften

Fitting / Armatur	Rohr	Rohr	Rohr
	Nichtrostender Stahl	Verzinkter Stahl	Kupfer
Nichtrostender Stahl	+	s. Herstellerempfehlung	+
Verzinkter Stahl	-	+	-
Kupfer	+	s. Herstellerempfehlung	+
Kupferlegierungen	+	+	+

Tab. 8
Kombination metallener Bauteile in TRWI nach DIN EN 806-4

Werkstoffe für Neuinstallationen müssen grundsätzlich so ausgewählt werden, dass der Einsatz von Anlagen zur Behandlung von Trinkwasser nicht erforderlich ist.

In der 2. Änderung der TrinkwV vom 14. Dezember 2012 sind erhebliche Änderungen im § 17 vorgenommen worden. Nach § 17 (2) dürfen Werkstoffe und Materialien den nach der TrinkwV vorgesehenen Schutz der menschlichen Gesundheit weder unmittelbar noch mittelbar mindern, den Geruch oder Geschmack des Wassers nicht nachteilig verändern oder Stoffe in Mengen ins Trinkwasser abgeben, die größer sind, als dies bei Einhaltung der a. a. R. d. T. unvermeidbar ist. In § 17 (3) wurde eine Ausweitung der Befugnisse des UBA u. a. im Hinblick auf die Festlegung von Prüfvorschriften zur hygienischen Eignung von Werkstoffen und Materialien, Festlegung von Positivlisten der Ausgangsstoffe für Werkstoffe und Materialien sowie Beschränkungen des Einsatzes vorgenommen. Weiterhin erstellt und führt das UBA Werkstoff- und Materiallisten inklusive etwaiger Beschränkungen deren Einsatzes.

Festgelegte Bewertungsgrundlagen gelten zwei Jahre nach ihrer Veröffentlichung als verbindlich. Im Zusammenhang mit der Positivliste gilt künftig, dass für die Neuerrichtung und Instandhaltung nur solche Ausgangsstoffe oder Werkstoffe eingesetzt werden dürfen, die vom UBA entsprechend gelistet sind.

Sämtliche Rohrverbindungen in der TRWI müssen den einschlägigen Normen entsprechen und unter den wechselnden Materialspannungen während des Betriebes dauerhaft wasserdicht sein. Die Art der Verbindung kann metallisch oder nichtmetallisch dichtend, lösbar oder nicht lösbar sein. Es müssen grundsätzlich zugfeste Verbindungen verwendet werden. Bei erdverlegten Leitungen mit nicht zugfesten Rohrverbindungen sind an den Bögen und Abzweigungen ausreichend bemessene Widerlager vorzusehen.

Für Lötverbindungen sind grundsätzlich nur blei-, antimon- und cadmiumfreie Lote zu verwenden, außer sie sind durch nationale oder örtliche Vorschriften ausdrücklich zugelassen. Die Rohrverbindungen und Werkstoffe müssen den in Anhang A der DIN 1988-200 gemachten Vorgaben entsprechen.

Hilfsstoffe sind grundsätzlich nur zulässig, wenn sie technisch unvermeidbar und hygienisch unbedenklich sind. Sie müssen durch Spülen gem. DIN EN 806-4 entfernbar sein. Hierzu können die Informationen dem ZVSK-Merkblatt „Spülen, Desinfizieren und Inbetriebnahme von TRWI" entnommen werden.

Gewindeschneidmittel müssen den Prüfanforderungen nach DVGW W 521 [51], Gewindedichtmittel der DIN 30660 [52] und DVGW W 270 entsprechen. Für Lötverbindungen von Rohren sind nur Lote zum Hart- bzw. Weichlöten zu verwenden, die in DVGW GW 2 [53] aufgeführt sind.

Flussmittel zum Hart- bzw. Weichlöten müssen den Prüfanforderungen nach DVGW GW 7 [54] entsprechen und z. B. auf der Verpackung mit dem DVGW-Zertifizierungszeichen und der DVGW-Registriernummer gekennzeichnet sein.

8.1.11.3.2 Einsatzbereiche metallener Werkstoffe nach DIN 50930-6

Hier soll nur noch einmal kurz auf die Einsatzgrenzen für metallene Werkstoffe eingegangen werden. Ausführliche Betrachtungen hierzu wurden bereits im Praxishandbuch der Technischen Gebäudeausrüstung (TGA) 2009 vorgenommen und sind in Tabelle 7 noch einmal zusammengefasst.

Innenverzinntes Kupfer

Bei innenverzinnten Kupferrohren und Fittings gibt es keine Einschränkung hinsichtlich der Anwendung in TRWI.

Rotguss/Messing

Bauteile (Armaturen und Rohrverbinder) aus Rotguss (Kupfer-Zinn-Zink-Legierungen) und Messing (Kupfer-Zink-Legierungen), die den Anforderungen der DIN 50930-6 entsprechen, können ohne Einschränkungen in allen Trinkwässern eingesetzt werden.

8.1.11.4 Bauteile und Apparate

Als Absperrarmaturen sind nur strömungsgünstige Leitungsarmaturen wie Schrägsitzventile nach DIN EN 13828 [55] und DVGW W 570-1 [56] einzubauen. Ventile mit Geradsitz nach DIN EN 1213 [57] und DVGW W 570-1 dürfen bei ausreichendem Druck nur in Stockwerksleitungen eingebaut werden. Neben den Anforderungen nach DIN EN 806-2 müssen nach DIN 1988-200 Kompensatoren leicht zugänglich sein. Grundsätzlich sind die technischen Anweisungen der Hersteller zu beachten. Schläuche müssen dem Regelwerk DVGW W 534 [58] entsprechen. Nach DIN EN 802-2 darf die Schlauchlänge maximal 2 m betragen.

Entnahmearmaturen

Einzubauen sind nur Entnahmearmaturen nach DIN EN 200 [59], DIN EN 816 [60], DIN EN 817 [61], DIN EN 1111 [62] und DVGW W 574 [63]. Bei neben- bzw. übereinander angeordneten Entnahmearmaturen für PWC und PWH ist der Anschluss an die TRWI für PWH links bzw. oben anzuordnen. Die Warmwasserentnahmearmatur ist kenntlich zu machen. Die farbige Kennzeichnung von Trinkwasserleitungen ist der Tabelle 1 zu entnehmen. Schnellschlussarmaturen wie z. B. Kugelhähne oder Druckspüler sind nicht mehr zugelassen. Einhebelmischer sollten langsam geöffnet und geschlossen werden.

Sicherungsarmaturen

Um ein Rückfließen, Rückdrücken oder Rücksaugen von verunreinigtem Wasser in das Trinkwassernetz zu verhindern, sind alle die Trinkwasserbeschaffenheit gefährdenden Apparate und Einrichtungen mittels entsprechender Sicherungseinrichtungen bzw. -armaturen anzuschließen. Ursache für ein Rückfließen kann ein geodätischer Höhenunterschied sein, wenn der Druck in der Trinkwasseranlage absinkt.

Entsteht in einem Apparat ein höherer Druck als der Betriebsdruck, kann ein Rückdrücken in die TRWI die Folge sein. Rohrbrüche sind oftmals Ursache für Rücksaugen. Bei der Auswahl geeigneter Sicherungseinrichtungen und -armaturen sind die Anforderungen an den Einbau der DIN EN 1717 und DIN 1988-100 zu beachten.

Apparate

Als Apparate werden Vorrichtungen aller Art bezeichnet, die Teil der TRWI sind (z. B. Druckerhöhungsanlagen, Wasserbehandlungsanlagen, Trinkwassererwärmer etc.) oder ständig an diese angeschlossen werden (z. B. Getränkeautomaten, Geschirrspül- und Waschmaschinen etc.) Für die Absicherung sind geeignete Sicherungseinrichtungen und -armaturen einzubauen, die die Anforderungen der DIN EN 1717 und DIN 1988-100 erfüllen. Geschlossene Ausdehnungsgefäße mit Membranen müssen den Anforderungen und Auslegungs- und Instandhaltungsvorgaben der DIN 4807-5 [64] entsprechen.

Sind Ausdehnungsgefäße in Trinkwassererwärmungsanlagen zur Aufnahme von Ausdehnungswasser vorgesehen, sind diese in die PWC der Trinkwassererwärmer unter Beachtung der Herstellerangaben einzubauen. Zur Durchführung der regelmäßigen Wartung und Überprüfung des Gasvordruckes eines geschlossenen Ausdehnungsgefäßes mit Membranen ist eine gegen unbeabsichtigtes Schließen gesicherte Absperrarmatur mit Entleerungsmöglichkeit einzubauen. Der Einbau von geschlossenen Ausdehnungsgefäßen mit Membranen in Druckerhöhungsanlagen ist in DIN 1988-500 geregelt.

8.1.11.5 Kennzeichnung von Trinkwasserentnahmestellen

Nach der TrinkwV sind Leitungen unterschiedlicher Versorgungsanlagen, soweit sie nicht erdverlegt sind, farblich unterschiedlich mit einem Schild oder Band nach DIN 2403 [65] zu kennzeichnen (Tab. 9).

8.1.11.6 Berechnungsdurchflüsse

Die Durchflüsse für die Bemessung der Bauteile (Rohrleitungen, Apparate usw.) sind nach dem differenzierten Verfahren nach DIN 1988-300 zu be-

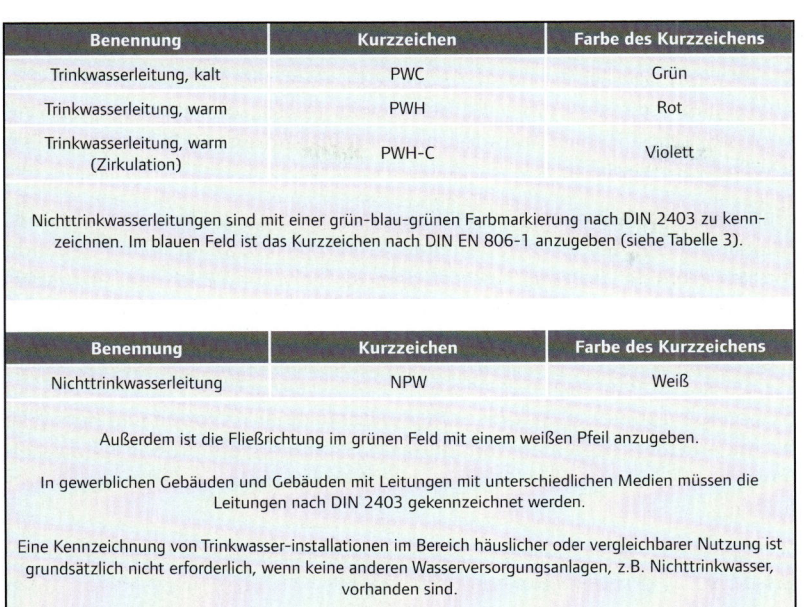

Tab. 9
Kennzeichnung von Rohrleitungen für Trinkwasser- und Nichttrinkwasseranlagen gem. DIN 1988-200 bzw. DIN 2403 [65]

Benennung	Kurzzeichen	Farbe des Kurzzeichens
Trinkwasserleitung, kalt	PWC	Grün
Trinkwasserleitung, warm	PWH	Rot
Trinkwasserleitung, warm (Zirkulation)	PWH-C	Violett

Nichttrinkwasserleitungen sind mit einer grün-blau-grünen Farbmarkierung nach DIN 2403 zu kennzeichnen. Im blauen Feld ist das Kurzzeichen nach DIN EN 806-1 anzugeben (siehe Tabelle 3).

Benennung	Kurzzeichen	Farbe des Kurzzeichens
Nichttrinkwasserleitung	NPW	Weiß

Außerdem ist die Fließrichtung im grünen Feld mit einem weißen Pfeil anzugeben.

In gewerblichen Gebäuden und Gebäuden mit Leitungen mit unterschiedlichen Medien müssen die Leitungen nach DIN 2403 gekennzeichnet werden.

Eine Kennzeichnung von Trinkwasser-installationen im Bereich häuslicher oder vergleichbarer Nutzung ist grundsätzlich nicht erforderlich, wenn keine anderen Wasserversorgungsanlagen, z.B. Nichttrinkwasser, vorhanden sind.

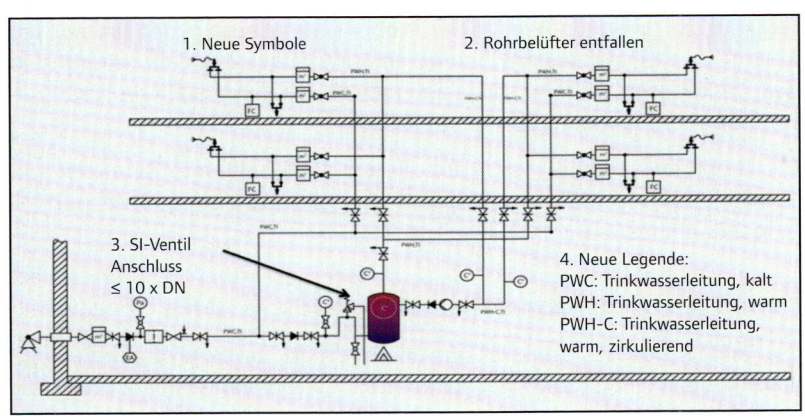

Bild 19
Vier Änderungen gegenüber DIN 1988 (ungültig gewordene Fassung)

rechnen. Normalinstallationen (z.B. in Einfamilienhäusern) dürfen auch nach dem vereinfachten Verfahren nach DIN EN 806-3 berechnet werden.

8.1.11.7 Betriebstemperatur

Maximal 30 Sekunden nach dem vollen Öffnen einer Entnahmestelle darf PWC 25 °C nicht übersteigen und PWH muss mindestens 55 °C erreichen. Eine Ausnahme bilden die Trinkwassererwärmer mit hohem Wasseraustausch und dezentrale Trinkwassererwärmer.

8.1.11.8 Planungs- und Ausführungsunterlagen

Die Planung von TRWI hat so zu erfolgen, dass die Bauteile aufeinander abgestimmt, die Betriebssicherheit gewährleistet, die hygienischen und korrosionschemischen Anforderungen erfüllt und ein wirtschaftlicher Betrieb gewährleistet sind.

Planungsanforderungen für Gebäude mit besonderer Nutzung wie z. B. Krankenhäuser, Seniorenwohnheime, Kindergärten, Schulen und Gebäude mit gewerblicher Nutzung sind mit dem Bauherrn und Betreiber abzustimmen. Für diese Gebäude ist ein Raumbuch zu erstellen. Dieses muss eine Nutzungsbeschreibung und eine Konzeption der TRWI enthalten.

Für den bestimmungsgemäßen Betrieb ist für diese Gebäude ebenfalls ein Hygieneplan zu erstellen. Dieser Hygieneplan muss Angaben und Hinweise für die erforderlichen Instandhaltungsmaßnahmen, die Probennahmestellen und die notwendigen Maßnahmen bei Fehlfunktion (Störungen) enthalten.

8.1.11.9 Probennahmestellen

Einrichtungen zur systemischen Probennahme sind nach DIN EN ISO 19458 [66] vorzusehen. Die Festlegungen und Lage der Probennahmestellen sind zu dokumentieren. Eine Probenserie muss immer Proben am Austritt des Trinkwassererwärmers, am Eintritt der Zirkulationsleitung in den Trinkwassererwärmer sowie an einer geeigneten Anzahl repräsentativer, peripherer Entnahmestellen umfassen.

Die Entnahmestellen in der Peripherie der TRWI sollten in Bereichen mit Vernebelung (z. B. Duschen) liegen, frei zugänglich sein und desinfizierbare Entnahmearmaturen aufweisen.

8.1.11.10 Technikzentralen

Die Temperatur des Trinkwassers in PWC darf in Technikzentralen mit Wärmequellen möglichst nicht auf über 25 °C gesteigert werden. Dies kann nur durch einen bestimmungsgemäßen Wasseraustausch erreicht werden.

8.1.11.11 Installationsschächte und -kanäle

Die Temperatur des Trinkwassers in Trinkwasserleitungen kalt darf in Installationsschächten und -kanälen mit Wärmequellen möglichst nicht auf eine Temperatur von über 25 °C gesteigert werden. Dies kann nur durch einen bestimmungsgemäßen Wasseraustausch und normgerechte Isolierung erreicht werden.

8.1.11.12 Zentrale Trinkwassererwärmer mit hohem Wasseraustausch

Zentrale Trinkwassererwärmer und Trinkwasserspeicher, z. B. in Ein- und Zweifamilienhäusern, oder Durchflusssysteme mit nachgeschaltetem Leitungsvolumen > 3 l müssen so geplant und gebaut werden, dass am Austritt aus dem Trinkwassererwärmer eine Warmwassertemperatur ≥ 60 °C und 55 °C am Zirkulationswassereintritt des Trinkwassererwärmers möglich ist.

Die Einstellung der Reglertemperatur am Trinkwassererwärmer ist auf 60 °C vorzusehen. Wird im Betrieb ein Wasseraustausch innerhalb von drei Tagen sichergestellt, können Betriebstemperaturen auf ≥ 50 °C eingestellt werden. Betriebstemperaturen < 50 °C sind zu vermeiden. Der Betreiber ist im Rahmen der Inbetriebnahme und Einweisung über das eventuelle Gesundheitsrisiko (Legionellenwachstum) zu informieren.

8.1.11.13 Zirkulationspumpen

Zirkulationspumpen können für maximal acht von 24 Stunden über Nacht abgeschaltet werden, sofern hygienisch einwandfreie Verhältnisse vorliegen.

8.1.11.14 Sicherheitsventile

Die Sicherheitsventile müssen gut zugänglich angeordnet sein und sollten sich in der Nähe des Trinkwassererwärmers befinden. Die Zuführungsleitung zum Sicherheitsventil ist mindestens in der Nennweite des Sicherheitsventils und mit einer Länge ≤ 10 × DN auszuführen.

8.1.11.15 Thermische Ablaufsicherung

Die Zuführungsleitung zur thermischen Ablaufsicherung ist mindestens in der Nennweite der thermischen Ablaufsicherung und mit einer Länge von ≤ 10 × DN auszuführen

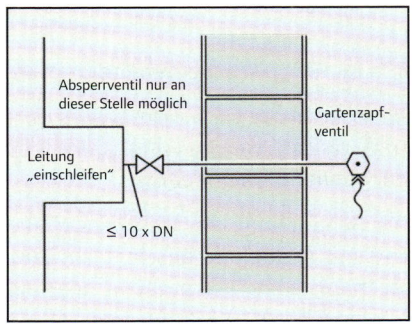

Bild 20
Beispiel für die „≤ 10 × DN-Regel" nach DIN 1988-100

8.1.11.16 Hydraulischer Abgleich

In einem verzweigten Zirkulationssystem stellen sich die berechneten Zirkulationsvolumenströme nur dann sicher ein, wenn die Zirkulationsanlage hydraulisch abgeglichen ist. Der hydraulische Abgleich setzt voraus, dass bei der angestrebten Volumenstromverteilung in jedem Zirkulationskreis die Summe der rechnerischen Strömungsverluste genauso groß ist wie die von der Pumpe erzeugte Druckdifferenz.

Da bei unterschiedlich langen Zirkulationskreisen das Gleichgewicht zwischen Pumpendruckdifferenz und Anlagendruckverlust nicht nur über die Strömungswiderstände in den Rohrleitungen und Rohreinbauten erreicht werden kann, müssen zusätzlich noch definierte Druckdifferenzen in manuellen bzw. thermostatischen Zirkulationsregulierventilen aufgebaut werden.

8.1.11.17 Wasserzähler

Die Auswahl des Wasserzählers erfolgt durch den Wasserversorger nach DVGW W 406 [67].

Bei Neuanlagen und bei Veränderung alter Anlagen sind Halterungen, z. B. Wasserzählerbügel, für Hauswasserzähler einzubauen. Wasserzähleranlagen sind so auszuführen, dass bei Wasserzählerwechsel austretendes Wasser aufgefangen oder abgeleitet werden kann. Die Wasserzähleranlage muss in dem gleichen Raum installiert werden, in den die Einführung der Anschlussleitung erfolgt. Umgehungsleitungen sind aus hygienischen Gründen nicht zulässig.

8.1.11.18 Desinfektion

Eine Desinfektion des Trinkwassers ist bei sachgerechter Planung, Ausführung und entsprechendem Betrieb prinzipiell nicht erforderlich.

Hinweis: Wichtige Informationen zur Desinfektion von TRWI sind der TrinkwV und dem Arbeitsblatt DVGW W 557 vom Oktober 2012 zu entnehmen.

8.1.11.19 Wasserbehandlungsanlagen

Hinweis: Der Autor möchte vorab ausdrücklich darauf hinweisen, dass ein Trinkwasser, welches die Anforderungen der TrinkwV erfüllt, keinerlei Nachbehandlung bedarf.

Die Behandlung von Trinkwasser aus der öffentlichen Wasserversorgung darf mit Ausnahme des in 1988-200 in Kapitel 12.4.1 vorgeschriebenen mechanischen Filters nur in begründeten, in 12.3 beschriebenen Fällen erfolgen. Nach 1988-200 muss sich die Wasserbehandlung nach den Anforderungen der vorgesehenen Wasserverwendung richten und ist nur

Calciumcarbonat-Massenkonzentration[a] mmol/l	Maßnahmen bei $\delta \leq 60\ °C$	Maßnahmen bei $\delta > 60\ °C$
< 1,5 (entspricht < 8,4 °dH)	Keine	Keine
≥ 1,5 bis 2,5 (entspricht ≥ 8,4 °dH bis < 14 °dH)	Keine oder Stabilisierung oder Enthärtung	Stabilisierung oder Enthärtung empfohlen
≥ 2,5 (entspricht ≥ 14 °dH)	Stabilisierung oder Enthärtung empfohlen	Stabilisierung oder Enthärtung

a Siehe § 9 Wasch- und Reinigungsmittelgesetz

Tab. 10 Wasserbehandlungsmaßnahmen zur Vermeidung von Steinbildung in Abhängigkeit von der Calciumcarbonat-Massenkonzentration und Temperatur (DIN 1988-200)

innerhalb des Ordnungsrahmens der TrinkwV zulässig. Für die Wasserbehandlung dürfen grundsätzlich nur Aufbereitungsstoffe und Desinfektionsverfahren nach der UBA-Liste gem. § 11 TrinkwV eingesetzt und verwendet werden. Daneben ist besonders die Informationspflicht an Verbraucher gem. § 21 TrinkwV zu beachten.

Die Auswahl geeigneter Behandlungsmaßnahmen hat unter Berücksichtigung der jeweiligen Wasserbeschaffenheit, der verwendeten Werkstoffe und vorgesehenen Betriebsbedingungen und unter Einhaltung der in § 5 (3) und § 6 (3) TrinkwV geforderten Minimierungsgebote zu erfolgen.

Die beschriebenen Behandlungsmaßnahmen für die Dosierung von Polyphosphaten, die Enthärtung durch Ionenaustausch und die Stabilisierung durch Kalkschutzgeräte haben im Kaltwasserzulauf zum Trinkwassererwärmer zu erfolgen. Die Herstellerangaben für Einbau, Betrieb und insbesondere Wartung sind zu berücksichtigen. Wasserbehandlungsanlagen müssen den a.a.R.d.T. entsprechen, was z.B. durch ein DIN/DVGW- bzw. DVGW-Zertifikat bekundet wird. Sie dürfen nur in frostfreien Räumen aufgestellt werden, in denen eine Umgebungstemperatur von über 25 °C nicht überschritten werden darf. Umfangreiche Forderungen und Hinweise zur Behandlung von Trinkwasser finden sich auch in DIN EN 806-2.

In Tabelle 10 sind für Trinkwassererwärmer Hinweise für Wasserbehandlungsmaßnahmen in Abhängigkeit von der Calciumcarbonat-Massenkonzentration des PWC sowie der mittleren Temperatur von PWH (Reglertemperatur) angegeben.

8.1.11.20 Wasserfilter

Unmittelbar hinter der Wasserzähleranlage ist ein mechanischer Filter einzubauen. Der Filter muss DIN EN 13443-1 [68] und DIN 19628 [69] entsprechen.

8.1.11.21 Rohrleitungen

In Verbindung mit Fußbodenheizungen ist die Verlegung von Kaltwasserleitungen im Fußbodenaufbau aus hygienischen Gründen möglichst zu vermeiden.

8.1.11.22 Druckerhöhungsanlagen

Druckerhöhungsanlagen mit drehzahlgeregelten Pumpen müssen die Anforderungen nach DIN 1988-500 einhalten.

8.1.11.23 Druckminderer

Druckminderer müssen DIN EN 1567 [70] und DVGW W 570-1 entsprechen.

8.1.11.24 Kombinierte Trinkwasser- und Feuerlöschanlagen

Bei Planung, Bau und Betrieb von Feuerlöschanlagen muss darauf geachtet werden, dass stagnierendes Wasser und Verunreinigung des Trinkwassers verhindert werden.

Für Planung, Errichtung, Betrieb, Änderung und Instandhaltung der TRWI von der Anschlussstelle bis zur Übergabestelle an die Feuerlösch- und Brandschutzanlage gilt DIN 1988-600. Für die Planung und Errichtung der Feuerlösch- und Brandschutzanlagen gilt insbesondere DIN 14462 [71].

8.1.11.25 Vermeiden von Schäden durch Korrosion

s. hierzu Ausführungen in DIN EN 806-2

8.1.12 DIN EN 806-4:2010-06 Technische Regel für Trinkwasser-Installationen; Teil 4: Installation

8.1.12.1 Vorbemerkung

Bei der Anwendung dieser Norm ist zu berücksichtigen, dass das hohe Ausbildungsniveau der deutschen Sanitärinstallateure nicht in allen europäischen Mitgliedsländern gegeben ist. Daher sind viele Anforderungen und Formulierungen in dieser Norm für den deutschen Installateur selbstverständlich und bedürfen keiner weiteren Erwähnung. Einige Aspekte sind jedoch in Bezug auf hygienische und korrosionschemische Anforderungen wichtig und sollen daher hier noch einmal kurz erklärt bzw. erwähnt werden.

Neben allgemeinen Vorgaben und Hinweisen behandelt dieser Teil der Normenreihe DIN EN 806 insbesondere Anwendungshinweise für die TRWI wie z. B. die Handhabung von Materialien. Danach sind Rohre, Fittings

(Formstücke) und andere Bauteile grundsätzlich zu schützen, sorgfältig zu behandeln und so zu lagern, dass keine Beschädigungen entstehen und der Eintrag von Verunreinigungen und sonstigem Fremdmaterial verhindert wird.

Die Hinweise der Hersteller in Bezug auf Verladung, Beförderung, Entladung und Lagerung der jeweiligen Produkte müssen befolgt werden. Dies ist besonders beim Transport der Rohre auf dem Dach von Betriebsfahrzeugen zu beachten.

8.1.12.2 Kombination verschiedener Metalle

Hinweis: Eines der wichtigsten Kapitel in dieser Norm bilden die Ausführungen unter Pkt. 5 „Kombination verschiedener Metalle".

8.1.12.2.1 Allgemeines

Unter bestimmten Umständen kann Kupfer bei anderen in der TRWI verwendeten Metallen Korrosion hervorrufen, weil es ein Edelmetall ist. Kupfer, Kupferlegierungen und nichtrostender Stahl werden häufig gemeinsam verwendet, ohne dass sich besondere Wirkungen einer Kontaktkorrosion zeigen, da sich ihre elektrochemischen Potenziale nur geringfügig voneinander unterscheiden (s. hierzu auch 8.1.11.3).

Es ist z. B. möglich, Kupferrohre mit Rohren aus nichtrostendem Stahl zu kombinieren (Tabelle 11).

Hinweis: Zahlreiche Aussagen waren bereits in der zurückgezogenen DIN 1988-7 enthalten, und daher sind die Ausführungen nicht neu.

8.1.12.2.2 Fließregel

In den Fällen, in denen verzinkter Stahl zusammen mit Kupfer in derselben TRWI verwendet wird, müssen die Produkte aus verzinktem Stahl in Durchflussrichtung vor dem Kupfer installiert werden, das heißt, das Wasser muss von den Produkten aus verzinktem Stahl zu den Bauteilen aus Kupfer fließen, und der direkte Kontakt zwischen Produkten aus verzinktem Stahl

Tab. 11
Kombination von Rohren und Fittings nach DIN 1988-200

Fitting (oder Armatur)	Rohr		
	Nichtrostender Stahl	Schmelztauchverzinkter Stahl	Kupfer
Nichtrostender Stahl	+	Siehe Empfehlungen des Herstellers	+
Schmelztauchverzinkter Stahl	-	+	-
Kupfer	+	Siehe Empfehlungen des Herstellers	+
Kupferlegierungen	+	+	+

+ möglich
- nicht möglich

und Kupfer muss verhindert werden, z. B. durch Fittings aus Messing oder aus Rotguss. Ebenso dürfen Produkte aus Kupfer und Produkte aus verzinktem Stahl nicht im selben Trinkwasser-Zirkulationssystem verwendet werden (s. auch DIN EN 12502-3).

Die übliche Verwendung von Armaturen aus Kupferlegierungen in Wasserverteilungssystemen ist in diesem Zusammenhang wegen der relativ geringen Oberfläche der Armaturen nicht kritisch.

8.1.12.3 Inbetriebnahme

8.1.12.3.1 Befüllung und hydrostatische Druckprüfung von Installationen innerhalb von Gebäuden für Trinkwasser

TRWI innerhalb von Gebäuden müssen einer Druckprüfung unterzogen werden. Dies kann entweder mit gefiltertem Trinkwasser erfolgen oder, sofern nationale Bestimmungen dies zulassen, darf wie in Deutschland auch ölfreie, saubere Luft mit geringem Druck oder Inertgas verwendet werden. Die mögliche Gefahr durch zu hohen Gas- oder Luftdruck im System ist zu beachten. Die Warm- oder Kaltwasser-Installation darf nur mit Trinkwasser gefüllt werden, das keine Partikel $\geq 150\,\mu m$ enthält.

Hinweis: Weitere Empfehlungen sind den in Kap. 3.3 genannten ZVSHK-Merkblättern zu entnehmen.

8.1.12.3.2 Spülen der Rohrleitungen

8.1.12.3.2.1 Spülen mit Trinkwasser

Die TRWI muss möglichst bald nach der Installation und der Druckprüfung sowie unmittelbar vor der Inbetriebnahme mit Trinkwasser gespült werden. Leitungen für kaltes und erwärmtes Trinkwasser müssen getrennt gespült werden. Für das Spülverfahren muss Trinkwasser verwendet werden. Es muss berücksichtigt werden, dass im Wasser enthaltene Partikel die Installation beschädigen können (Korrosion, Betriebsstörungen). Um dies zu verhindern, muss ein mechanisch wirkender Filter nach DIN EN 13443-1 (keine Partikel $\geq 150\,\mu m$) verwendet werden. Wird ein System nicht unmittelbar nach der Spülung in Betrieb genommen, muss es in regelmäßigen Abständen (innerhalb von drei bis spätestens sieben Tagen) gespült werden. In Abhängigkeit von der Größe der TRWI und der Anordnung der Rohrleitungen sollte das System abschnittsweise gespült werden. Das Spülen muss im untersten Stockwerk des Gebäudes beginnen und stockwerksweise nach oben fortgeführt werden. Die Mindestfließgeschwindigkeit beim Spülen der Installation muss 2 m/s betragen. In jedem Stockwerk müssen die Entnahmestellen vollständig geöffnet werden, wobei mit der Entnahmestelle zu beginnen ist, die am weitesten von der Steigleitung entfernt ist. Vom Spülverlauf müssen vollständige Aufzeich-

Größte Nennweite der Rohrleitung im gespülten Abschnitt, DN	25	32	40	50	65	80	100
Mindestvolumenstrom bei vollständig gefülltem Rohrleitungsabschnitt, in l/min	15	25	38	59	100	151	236
Mindestzahl der vollständig zu öffnenden Entnahmestellen mit DN 15 oder einer entsprechenden Querschnittsfläche	1	2	3	4	6	9	14

nungen (Spülprotokoll) erstellt und aufbewahrt werden; dem Eigentümer des Gebäudes muss ein Exemplar übergeben werden.

Hinweis: Das im Oktober 2012 erschienene DVGW-Arbeitsblatt W 557 beschreibt die Anforderungen an das Spülen und Desinfizieren von TRWI im Detail und wird als a. a. R. d. T. ab sofort das entsprechende ZVSHK-Merkblatt ersetzen.

Die in der DIN EN 806-4 allgemein behandelte Desinfektion von TRWI wird hier nicht behandelt, da sie nach Erscheinen des DVGW-Arbeitsblatts W 557 national ausführlich geregelt ist.

Tab. 12 Empfohlene(r) Mindestdurchfluss und Mindestanzahl von Entnahmestellen, die in Abhängigkeit vom größten Nenndurchmesser der Rohrleitung im gespülten Abschnitt für den Spülvorgang zu öffnen sind (für eine Mindestgeschwindigkeit von 0,5 m/s)

8.1.12.3.2.2 Spülen mit Wasser/Luft-Gemisch

Das nachfolgend beschriebene Verfahren stellt eine Alternative zum vorgenannten Verfahren dar. Das Rohrsystem kann mit einem Trinkwasser/Luft-Gemisch intermittierend mit einer Mindestfließgeschwindigkeit in jedem Rohrabschnitt von 0,5 m/s unter Druck gespült werden. Dazu muss eine bestimmte Mindestanzahl von Entnahmearmaturen geöffnet werden. Wenn in einem zu spülenden Abschnitt der Rohrleitung der Mindestvolumenstrom bei Vollfüllung der Verteilungsleitung nicht erreicht wird, sind ein Speicherbehälter und eine Pumpe für das Spülen zu verwenden (Tabelle 12).

Die aus Druckgasflaschen oder Kompressoren zugeführte Druckluft muss in ausreichender Menge und in einer hygienisch einwandfreien Qualität (z. B. ölfrei) mit einem Druck verfügbar sein, der mindestens dem statischen Druck des Wassers entspricht.

8.1.13 DIN EN 806-5:2012-04 Technische Regeln für Trinkwasser-Installationen, Betrieb und Wartung

8.1.13.1 Vorbemerkungen

DIN EN 806-5 legt Anforderungen an den Betrieb und die Wartung von TRWI innerhalb von Gebäuden und für Rohrleitungen außerhalb von Gebäuden, aber innerhalb von Grundstücken nach DIN EN 806-1 fest und gibt entsprechende Empfehlungen. Die in dieser Norm benutzte Terminologie steht im Einklang mit derjenigen in anderen Normen, z. B. verschiedenen

Produktnormen, und ist auf europäischer Ebene in eben diesen verschiedenen Bereichen unter den jeweils betroffenen Kreisen abgestimmt. Zu beachten ist, dass nach deutscher Instandhaltungsphilosophie der Begriff Betrieb dem Begriff Wartung als eine Einzeltätigkeit der Instandhaltung übergeordnet ist. Die deutsche Sichtweise war im europäischen Arbeitsgremium bislang nicht vermittelbar. Das nationale Spiegelgremium sah aus diesem Grund keinen Anlass, die Norm, die auf englischem Sprachgebrauch basiert, abzulehnen.

Da sich diese Norm ausschließlich an Fachleute richtet, stellt diese Sichtweise kein Hindernis dafür dar, TRWI im funktionstüchtigen Zustand zu halten und im Störfall die erforderlichen Maßnahmen (z. B. Inspektion, Wartung, Instandsetzung etc.) zur Wiederherstellung dieser Funktionstüchtigkeit zu ergreifen. Terminologische Festlegungen zur Instandhaltung enthält DIN 31051 [72].

Im Sinn der DIN EN 806-1 müssen TRWI so betrieben und gewartet werden, dass nachteilige Auswirkungen auf die Qualität des Trinkwassers, die Versorgung der Abnehmer und die Einrichtungen des WVU vermieden werden. Sie sind in regelmäßigen Abständen auf sichere Funktion und Mängelfreiheit zu kontrollieren. Hierzu sind angemessene Instandhaltungsmaßnahmen anzuwenden, um die Installation in einem betriebssicheren Zustand zu halten, der den Anforderungen nach DIN EN 806-2 und den einzelnen Produktnormen entspricht, auf die in Anhang A zur DIN EN 806-5 verwiesen wird. Die Anlage muss in Übereinstimmung mit den ursprünglichen Auslegungsbedingungen, z. B. Temperatur und Druck, betrieben werden. Die Verantwortung für Betrieb, Inspektion und Wartung unterliegt den örtlichen und nationalen Anforderungen (z. B. Fachpersonal).

Sämtliche für die TRWI relevanten Angaben müssen verfügbar sein, um den ordnungsgemäßen Betrieb und die korrekte Wartung zu ermöglichen. Ebenso müssen Herstellerunterlagen, z. B. technische Produktinformationen (TPI) in Bezug auf den Betrieb und die Wartung von angeschlossenen Geräten, verfügbar sein, aufbewahrt und angewendet werden. Das Übergabeprotokoll muss Teil der Unterlagen sein. Die Wartung ist so zu protokollieren, dass die Daten überprüfbar sind.

Anlagen und Verbrauchseinrichtungen sind grundsätzlich so zu betreiben, dass ihre zuverlässige Funktion sichergestellt ist. Soweit hierüber in den einschlägigen Betriebsanweisungen keine Angaben enthalten sind, gelten nachstehende Grundsätze:

Absperr- und Wartungsarmaturen sind vollständig zu öffnen oder zu schließen und zur Erhaltung der Funktionsfähigkeit von Zeit zu Zeit regelmäßig zu betätigen. Sämtliche Ersatzteile müssen stets verfügbar und einsatzbereit sein.

Es sind vorzugsweise originale Ersatzteile der Hersteller zu verwenden. Armaturen und Teile, die Schallschutzanforderungen unterliegen, dürfen nur durch mindestens akustisch gleichwertige Armaturen und Teile ersetzt werden. Entnahmearmaturen dürfen nicht zum Anschluss von Schlauchverbindungen verwendet werden, außer es handelt sich dabei um geeignete Sicherungseinrichtungen gegen Rückfließen (s. hierzu auch DIN EN 1717 in Kap. 8). Da der Anschluss von Geräten die Wasserqualität beeinflussen kann, wird empfohlen, dass jegliche Anschlüsse und Änderungen ausschließlich von fachkundigem Personal vorgenommen werden (s. auch AVBWasserV). Wasch- und Geschirrspülmaschinen müssen nach DIN EN 1717 so angeschlossen werden, dass sie gegen Rückfließen gesichert sind. Schlauchverbindungen (z. B. Gartenschläuche) dürfen nur an für diesen Zweck vorgesehenen Entnahmestellen angeschlossen werden, die speziell für Schlauchanschlüsse konstruiert und mit einer geeigneten Sicherheitseinrichtung gegen Rückfließen ausgestattet sind. Belüftungsöffnungen von Armaturen dürfen nicht verschlossen oder versperrt werden und müssen gegen mögliche Überflutung oder Verunreinigung geschützt sein. In nur selten genutzten Anlagenteilen (z. B. Zuleitungen zu Gästezimmern, Garagen- oder Kelleranschlüssen) enthaltenes Wasser muss in regelmäßigen Abständen erneuert werden, vorzugsweise wöchentlich (s. hierzu auch DIN 1988-100; Kap. 9 bzw. DIN EN 806-2 Kap. 10).

Trinkwasserleitungen dürfen keine äußeren Lasten tragen, die Temperatur des Wassers in Leitungen, Kaltwasserbehältern, Warmwasser-Speicherbehältern und im Ablauf von Entnahmearmaturen ist zu kontrollieren, um sicherzustellen, dass sie innerhalb der in DIN EN 806-2 angegebenen Grenzen liegt. Es ist insbesondere auf die Funktionsfähigkeit und Instandhaltung von Sicherheitsarmaturen und Sicherungseinrichtungen sowie auf die Anordnung von Absperrarmaturen zu achten. Den örtlichen und nationalen Bestimmungen muss entsprochen, hygienische Gesichtspunkte müssen beachtet werden, insbesondere dann, wenn Anlagen zur Behandlung von Trinkwasser eingebaut sind.

TRWI, die nach ihrer Fertigstellung nicht innerhalb von sieben Tagen in Betrieb genommen oder die länger als sieben Tage stillgelegt werden, sind entweder an der Hauptabsperrarmatur abzusperren und zu entleeren, oder das Wasser ist regelmäßig zu erneuern. Anschlussleitungen, die nach ihrer Fertigstellung nicht sofort benutzt oder vorübergehend stillgelegt werden, sind an der Versorgungsleitung abzusperren. Anschlussleitungen, die ein Jahr oder länger nicht benutzt werden, sind von der Versorgungsleitung abzutrennen (s. DIN EN 806-2, Tab. 2).

TRWI, die sich in Bereichen befinden, die Frosteinwirkungen unterliegen können und in denen Frostschutzmaßnahmen nicht vorhanden oder nicht funktionsbereit sind, müssen rechtzeitig entleert werden, um derartigen Schäden vorzubeugen. Um bei dauerhafter Abwesenheit mögliche Schäden durch Wasser und Wasserverlust zu vermeiden, empfiehlt es sich, die Anlage in Wohneinheiten abzutrennen und im Falle von Wohnungen an der Absperrarmatur in der Zuleitung zur Wohnung abzusperren. Nach Betriebsunterbrechungen genügt es üblicherweise, wenn bei Wiederinbetriebnahme die einzelnen Entnahmestellen jeweils für kurze Zeit (etwa fünf Minuten) vollständig geöffnet werden, um das in den Leitungen stagnierende Wasser ablaufen zu lassen.

Anlagen, die vorübergehend außer Betrieb genommen und entleert waren, sind bei der Wiederinbetriebnahme gründlich zu spülen; hierzu wird als Vorgehensweise empfohlen, zum Füllen der Anlage die Absperrarmaturen, beginnend an der Hauptabsperrarmatur, zu öffnen.

Um Druckstöße und Schäden in der Anlage zu vermeiden, sind die Leitungen durch langsames Öffnen der einzelnen Entnahmearmaturen vorsichtig und sorgfältig zu entlüften. Danach sind die Absperrarmaturen vollständig zu öffnen und die Leitungen zu spülen. Nachdem die Anlage gefüllt, gespült und, sofern erforderlich, desinfiziert wurde und sämtliche Entnahmearmaturen geschlossen sind, ist durch Kontrolle aller zugänglichen Leitungen, Anschlüsse und Verbrauchseinrichtungen die Anlage auf Dichtheit zu prüfen. Anlagen zur Behandlung von Trinkwasser mit einem Regenerationsprozess bei Enthärtungsanlagen (im Betriebszyklus) sind manuell wieder in Betrieb zu nehmen, bei anderen Anlagen zur Trinkwasserbehandlung ist entsprechend den Anweisungen des Herstellers zu verfahren. Alle Anlagen, die für längere Zeit stillgelegt waren, nicht in Betrieb genommen oder von der Anschlussleitung abgetrennt waren, dürfen nur durch das WVU selbst oder von einem qualifizierten VIU angeschlossen und/oder in Betrieb genommen werden.

Hinweis: Zu berücksichtigen sind auch die Angaben hierzu im DVGW-Arbeitsblatt W 557.

Weiterhin behandelt DIN EN 806-5 Schäden und Störungen durch Veränderungen der Wasserqualität und Wassermangel sowie Geräuschimmissionen. In weiteren Kapiteln geht es um Änderungen, Erweiterungen und Sanierung sowie die Zugänglichkeit von Anlagenteilen.

8.1.13.2 Inspektion und Wartung

Die routinemäßige Wartung von Rohrleitungen und Entnahmearmaturen, Absperrarmaturen und Apparaten muss entsprechend den jeweiligen Herstellerangaben erfolgen. Insbesondere müssen Sicherheitseinrichtungen und Rückflussverhinderer stets in einem betriebssicheren Zustand erhalten werden. Sind Anlagen zur Behandlung von Trinkwasser installiert, so sind besonders die hygienischen Gesichtspunkte zu berücksichtigen, um Bakterienvermehrung zu verhindern. Zur Wartung zählen eine Inspektion, d.h. eine regelmäßig Sichtprüfung der Anlage, sowie die routinemäßige Wartung. Arbeiten an Rohrleitungen und Entnahmearmaturen, Absperrarmaturen und Apparaten sind den Herstelleranweisungen entsprechend durchzuführen. Um den zuverlässigen Betrieb sicherzustellen, müssen Sicherheitseinrichtungen und Rückflussverhinderer in regelmäßigen Abständen kontrolliert und, soweit erforderlich, durch Austausch von Verschleißteilen (z. B. Dichtungen, Ventilsitze, Federn, Membranen) in einwandfreiem Betriebszustand erhalten werden. Die in Anhängen A, B und C angegebenen Anforderungen und Empfehlungen sind zu berücksichtigen. In den oben genannten Anhängen sind die Inspektions-, Wartungs- und Instandsetzungsmaßnahmen beschrieben, die an gewöhnlichen Ventilen, Apparaten und Anlagenteilen durchzuführen sind, und es werden Empfehlungen für die Häufigkeit dieser Arbeiten gegeben. Die Verfahren und Zeitabstände für Betrieb und routinemäßige Wartung sind den Herstelleranweisungen entsprechend einzuhalten.

In Anhang A sind Häufigkeiten für inspektions- und routinemäßige Wartungsmaßnahmen angegeben. Jegliche Abweichung muss begründet und protokolliert werden.

Abweichungen können von folgenden Einflussfaktoren abhängig sein:

- der Größe und Komplexität der TRWI,
- der Art der Wasserverwendung (Kochen, Trinken, Duschen, medizinische Zwecke usw.),
- den Verbrauchern (Empfindlichkeit, Sensibilität),
- der Betriebsweise der TRWI (ständig, intermittierend, saisonal usw.).

Behälter sind in regelmäßigen Zeitabständen zu inspizieren, um sicherzustellen, dass sie sauber sind, Überlauf- und Warnrohre frei und Abdeckungen angemessen und sicher befestigt sind und dass keine Anzeichen für Undichtheiten oder Schäden vorhanden sind, die zu größeren Undichtigkeiten führen können. Behälter, in denen Trinkwasser gespeichert ist, sind mindestens jährlich, besser in kürzeren Zeitabständen zu inspizieren, und das Wasser ist zu untersuchen, wenn eine Verunreinigung zu erwarten ist.

Häufigkeiten für Inspektion und Wartung sind in der Tabelle A1 im Anhang zur DIN EN 806-5 aufgeführt. Ein kleiner Auszug hieraus für die häufigsten Anlagenteile und Apparate ist Tabelle 13 zu entnehmen.

8.1.14 DIN 1988-500:2011-2 Druckerhöhungsanlagen (DEA)

8.1.14.1 Vorbemerkungen

Hinweis: Die nachfolgenden beiden Kapitel sollen nur einen kleinen Einblick in das neue Regelwerk zur DIN 1988-500 und DIN 1988-600 geben. Für konkrete Informationen sollten die einschlägigen Originaldokumente bzw. die entsprechenden Kommentare eingesehen werden.

Die Planung von Druckerhöhungsanlagen ist nicht nach DIN EN 806-2 Abschnitt 15, sondern nach der nationalen Norm DIN 1988-500 vorzunehmen.

Nr.	Anlagenbauteil und Einheit	Bezugs-dokument	Inspektion	Routinemäßige Wartung
1	Ungehinderter freier Auslauf (AA)	EN 13076	Halbjährlich	
2	Freier Auslauf mit nicht kreisförmigem Überlauf (uneingeschränkt) (AB)	EN 13077	Halbjährlich	
3	Freier Auslauf mit belüftetem Tauchrohr und Überlauf (AC)	EN 13078	Jährlich	
4	Freier Auslauf mit Injektor (AD)	EN 13079	Halbjährlich	
5	Freier Auslauf mit kreisförmigem Überlauf (eingeschränkt) (AF)	EN 14622	Jährlich	
6	Freier Auslauf mit kreisförmigem Überlauf mit Mindestdurchmesser (Nachweis durch Prüfung oder Messung) (AG)	EN 14623	Jährlich	
7	Systemtrenner mit kontrollierbarer druckreduzierter Zone (BA)	EB 12729	Halbjährlich	Jährlich
8	Systemtrenner mit unterschiedlichen nicht kontrollierbaren Druckzonen (CA)	EN 14367	Halbjährlich	Jährlich
9	Rohrbelüfter in Durchgangsform (DA)	EN 14451	Jährlich	
10	Rohrunterbrecher mit Lufteintrittsöffnung und beweglichem Teil (DB)	EN 14452	Jährlich	
11	Rohrunterbrecher mit ständig geöffneten Lufteintrittsöffnungen (DC)	EN 14453	Halbjährlich	
12	Kontrollierbarer Rückflussverhinderer (EA)		Jährlich	
13	Nicht kontrollierbarer Rückflussverhinderer (EB)	EN 13959	Jährlich	Austausch alle 10 Jahre
14	Kontrollierbarer Doppelrückflussverhinderer (ED)			Jährlich
15	Nicht kontrollierbarer Doppelrückflussverhinderer (ED)		Jährlich	Austausch alle 10 Jahre
16	Rohrtrenner, nicht durchflussgesteuert (GA)	EN 13433	Halbjährlich	Jährlich
17	Rohrtrenner, durchflussgesteuert (GB)	EN 13434	Halbjährlich	Jährlich
18	Schlauchanschluss mit Rückflussverhinderer (HA)	EN 14454	Jährlich	
19	Brauseschlauchanschluss mit Rohrbelüfter (HB)	EN 15096	Jährlich	
20	Automatischer Umsteller (HC)	EN 14506	Jährlich	

Tab. 13 Häufigkeit für Inspektion und Wartung nach DIN EN 806-5

Anfang der 90er-Jahre wurden elektronisch drehzahlgeregelte Pumpen entwickelt, die in einer Kaskade angeordnet wurden. Diese Form der Druckerhöhung hat in der TRWI die anderen Techniken nahezu vollständig abgelöst. Druckerhöhungsanlagen mit drehzahlgeregelten Pumpen nach DIN 1988-500 ermöglichen die Umsetzung der heutigen erhöhten Anforderungen an Komfort, Hygiene, Energieeffizienz und Wirtschaftlichkeit. Vor- und Enddruckbehälter sind in aller Regel nicht mehr notwendig und die Druckhaltung bleibt konstant. Festlegungen für Druckerhöhungsanlagen, die in der TRWI für Löschwassereinrichtungen installiert sind, werden in DIN 1988-600 geregelt. Druckerhöhungsanlagen für Feuerlösch- und Brandschutzanlagen werden für Löschwasser-Wandhydranten nach DIN 14462 und für Sprinkleranlagen nach DIN EN 12845 [73] bemessen. Die Themen Nachweis für den Einsatz von DEA, Förderstrom, Druckzonen, Anschlussarten, Druckregelung, Druckbehälter, Reservepumpen, Aufstellungsort sowie Inbetriebnahme und Wartung behandelt der Abschnitt 8 in der DIN 1988-500.

8.1.14.2 Anwendungsbereich

Diese Norm legt Kriterien für die Planung und Ausführung von Druckerhöhungsanlagen mit drehzahlgeregelten Pumpen (im Weiteren: Druckerhöhungsanlagen) in TRWI zur Sicherstellung eines störungsfreien und wirtschaftlichen Betriebes fest. Sie gilt nicht für Feuerlöschzwecke (s. hierzu DIN 1988-600).

8.1.14.3 Planungsgrundlagen

8.1.14.3.1 Allgemeines

Druckerhöhungsanlagen sind nur dann notwendig, wenn der Mindest-Versorgungsdruck kleiner ist als die Summe aus Druckverlust in der TRWI, Druckverlust aus dem geodätischen Höhenunterschied und Mindestfließdruck.

Der Nachweis ist durch eine differenzierte Berechnung der Druckverluste zu erbringen, wobei für die Reibung und die Einzelwiderstände ein wirtschaftliches Druckgefälle zu berücksichtigen ist (1 kPa/m bis 2 kPa/m für Reibung und Einzelwiderstände).

Hinweis: In DIN EN 806-2 Abschnitt 15 werden die Planungs- und Ausführungsgrundsätze für Druckerhöhungsanlagen mit Pumpen mit konstanter Drehzahl behandelt.

8.1.14.3.2 Versorgungssicherheit und Hygiene

Druckerhöhungsanlagen sind so auszulegen, zu betreiben und zu unterhalten, dass die ständige Betriebssicherheit der TRWI gegeben ist. Die öffentliche Wasserversorgung oder andere Verbrauchsanlagen dürfen nicht störend beeinflusst werden, und eine nachteilige hygienische Veränderung der Trinkwasserbeschaffenheit muss ausgeschlossen sein.

8.1.14.3.3 Förderstrom und Fließgeschwindigkeit

Der Förderstrom ist nach den spezifischen Anforderungen der zu versorgenden TRWI festzulegen. Bei unmittelbar angeschlossenen DEA muss der Förderstrom dem Spitzenvolumenstrom entsprechen. DEA bei einer Trinkwasser- oder Löschwasserversorgung ist nach dem Spitzenvolumenstrom von TRWI auszulegen.

Die Fließgeschwindigkeit in der Anschlussleitung darf nicht größer als 2 m/s betragen. Bei unmittelbar angeschlossenen Druckerhöhungsanlagen darf die Fließgeschwindigkeitsänderung beim Ein- und Ausschalten maximal 0,15 m/s, bei plötzlichem Druckabfall maximal 0,5 m/s betragen.

8.1.14.3.4 Förderdruck

Der Aufstellungsort für eine unmittelbar angeschlossene DEA darf nur so weit nach oben gelegt werden, dass am eingangsseitigen Anschlussstutzen der DEA der Mindestfließdruck $P_{Fl,vor}$ größer ist als 0,1 MPa (1 bar). Er sollte mindestens so hoch gewählt werden, dass $P_{Fl,nach} \leq 1$ MPa (10 bar) ist. Damit kann der zulässige Betriebsdruck in der TRWI (1 MPa) für Apparate, Absperr- und Entnahmearmaturen eingehalten werden. Gegebenenfalls müssen Druckminderer eingesetzt werden, um sicherzustellen, dass der Ruhedruck in Stockwerksleitungen aus Festigkeitsgründen 1 MPa und vor den Entnahmearmaturen aus Schallschutzgründen 0,5 MPa nicht übersteigt.

8.1.14.3.5 Druckzonen

Das Gebäude wird unmittelbar mit dem öffentlichen Wasserdruck versorgt, nur erforderliche Bereiche werden über eine DEA versorgt. Bei Einbau mehrerer DEA ist darauf zu achten, dass jeder Druckzone eine eigene DEA zugeordnet werden kann. Für jede Druckzone ist ein zentraler Druckminderer vorzusehen.

8.1.14.3.6 Anschlussarten

Druckerhöhungsanlagen können unmittelbar oder mittelbar angeschlossen werden. Aus trinkwasserhygienischen und energetischen Gründen ist der unmittelbare Anschluss dem mittelbaren Anschluss vorzuziehen.

8.1.15 DIN 1988-600:2010-12 Trinkwasser-Installationen in Verbindung mit Feuerlösch- und Brandschutzanlagen

8.1.15.1 Grundlagen

Thematisch sind die europäischen Grundsatznormen mit den nationalen Ergänzungsnormen zusammengefasst und kommentiert. Da jeder Teil separat ausgegeben wird, kann der Anwender individuell entscheiden, welche der jeweiligen Normen mit entsprechenden Kommentaren er für seinen Geschäftsbereich benötigt. Sicher wird sich nicht jeder SHK-Betrieb mit Feuerlöscheinrichtungen beschäftigen und die wichtigen Zusammenhänge rund um Löschwasserübergabestellen (LWÜ) kennen müssen.

Die entsprechende Norm einschließlich Kommentar zur DIN 1988-600 ist bereits aktuell veröffentlicht. Die darüber hinaus weiterführenden Grundlagen für Planung und Einbau von Löschwassereinrichtungen sind DIN 14462 zu entnehmen, die im September 2012 neu erschienen ist.

DIN 1988-600 findet im Bereich von Feuerlösch- und Brandschutzanlagen Anwendung, die mit Wasser aus dem Trinkwassernetz versorgt werden. Hierzu zählen insbesondere Wandhydrantenanlagen sowie Über- und Unterflurhydranten auf Grundstücken mit Anschluss an TRWI und der Anschluss von automatischen Löschanlagen, wie Sprinkleranlagen und

Anlagentyp Übergabestelle	Anlagen mit zusätzlicher Einspeisung von Nichttrinkwasser	Löschwasseranlagen „nass" mit Wandhydrant Typ F, Typ S, nach DIN 14462	Löschwasseranlagen „nasstrocken" mit Wandhydrant Typ F, Typ S nach DIN 14462	Trinkwasserinstallation mit Wandhydrant Typ S nach DIN 14462	Feuerlösch- und Brandschutzanlage mit offenen Düsen, z.B. nach DIN 14494, DIN 14495, DIN CEN/TS 14816, VdS 2109	Sprinkleranlage, z.B. nach DIN 14489, DIN EN 12845, VdS CEA 4001	Anlagen mit Unter- und Überflurhydranten
Freier Auslauf Typ AA, AB nach DIN EN 1717	x	x	x[b]	-	x	x	x
Füll- und Entleerungsstation nach DIN 14463-1	-	-	x[b]	-	-	-	x[b]
Füll- und Entleerungsstation nach DIN 14463-2	-	-	-	-	x[b]	-	-
Direktanschlussstation nach DIN 14464	-	-	-	-	x[a]	x[a]	-
Schlauchanschlussventil 1" mit Sicherungseinrichtung nach DIN 14461-3	-	-	-	x[c]	-	-	-
Über- und Unterflurhydranten nach DIN EN 14339 und DIN EN 14384	-	-	-	-	-	-	x[c]

a Einschränkungen nach 4.3 beachten
b Spitzenvolumenstrom in der Füllphase beachten
c Bei ausreichend durchflossenen Trinkwasserinstallationen geeignet, siehe 4.2.1

Sprühwasserlöschanlagen. Die Norm regelt dabei in erster Linie die Aspekte der Planung und Errichtung der TRWI von der Anschlussleitung des WVU bis zur LWÜ und gilt insofern ergänzend zu DIN EN 806 und DIN EN 1717 sowie weiteren Teilen der DIN 1988.

Tab. 14 Zuordnungstabelle für zulässige Anschlussarten an der LWÜ nach DIN 1988-600

DIN 1988-600 setzt eindeutige Akzente zur Sicherstellung einer hygienisch einwandfreien Trinkwasserversorgung. Konsequenterweise geht es nicht nur um die Aufrechterhaltung der Hygiene in den Trinkwasserrohrnetzen, sondern auch in der Hausanschlussleitung sowie in den Verteilungsleitungen im Gebäude. Vorgabe ist, die Dimensionierung der Rohrsysteme künftig für den Trinkwasserbedarf vorzunehmen. Hierdurch ergeben sich Einschränkungen bei der Sicherstellung der Löschwasserversorgung, wobei bewusst in Kauf genommen wird, dass die für den Brandschutz notwendigen Wassermengen im Zweifelsfall zu bevorraten sind.

Um den hohen Hygieneansprüchen gerecht zu werden, muss bei Planung, Bau und Betrieb von Feuerlöschanlagen darauf geachtet werden, dass stagnierendes Wasser und Verunreinigung des Trinkwassers verhindert werden.

Die Einzelzuleitungen zur LWÜ dürfen weder eine Länge von $10 \times DN$ noch ein Volumen von 1,5 l überschreiten. Ansonsten sind automatische Spüleinrichtungen vorzusehen.

Die Dimensionierung von Spüleinrichtungen sollte wie folgt geplant werden:

- $\leq$ DN 50 Fließgeschwindigkeit mindestens 0,2 m/s
- $>$ DN 50 Fließgeschwindigkeit mindestens 0,1 m/s

- Mindestens das 3-fache Wasservolumen der Einzelzuleitung ist wöchentlich auszutauschen.

Die LWÜ sollte möglichst nahe zu der Wasserzähleranlage installiert sein. Sie beginnt mit einer Absperrarmatur und darf nicht in Räumen untergebracht werden, in denen eine Überflutung möglich ist.

Entwässerungssysteme sind nach DIN EN 1717, DIN 1986-100 bzw. nach den Normen der Reihe DIN EN 12056 [74] zu planen.

DIN 1988-600 macht ergänzende Festlegungen zu den Anschlussarten (Bild 21).

Bild 21
LWÜ mit ausschließlich freien Ausläufen nach DIN EN 1717, Typ AA, AB

ungehinderter freier Auslauf   freier Auslauf mit nicht kreisförmigem Überlauf

Unter Füll- und Entleerungsstation versteht die Norm die Einrichtung nach DIN 14463-1 [75], die die TRWI von Löschwasserleitungen „nass-trocken" trennt und diese fernbetätigt im Bedarfsfall mit Wasser füllt und nach dem Gebrauch selbsttätig entleert.

Hinweis: Es besteht grundsätzlich kein Bestandsschutz für die TRWI, die in Verbindung mit einer Feuerlösch- und Brandschutzanlage steht, wenn die Anforderungen der TrinkwV nicht erfüllt sind. Bei Erweiterung, Sanierung und Instandsetzung bestehender Anlagen, die diese Anforderungen nicht erfüllen, müssen nicht nur die Anforderungen der TrinkwV, sondern auch die brandschutztechnischen Belange der Bauauflagen erfüllt werden.

Für die Ausführung der Löschwasserleitungen ab der LWÜ sowie auch hinsichtlich der brandschutztechnischen Planungsgrundlagen sind die in der Norm aufgeführten einschlägigen Brandschutznormen zu beachten, insbesondere DIN 14462. Hierin sind die Themen Brandschutzkonzept, LWÜ, Direktanschlussstation, Anschlussleitungen, Werkstoffe für Leitungsanlagen, Druckerhöhung, Füll- und Entleerungsstation, Fremdeinspeisungen, Behandlung von Anlagen im Bestand sowie die Inbetriebnahme ausführlich behandelt.

8.1.15.2 DIN 14462:2012-09 Löschwassereinrichtungen – Planung, Einbau, Betrieb und Instandhaltung von Wandhydrantenanlagen sowie Anlagen mit Über- und Unterflurhydranten; Ausgabedatum: 2012-09

Bei den Löschwasseranlagen im Sinn dieser Norm kann es sich um Anlagen handeln, die mit Betriebswasser versorgt werden, wobei in diesen Fällen DIN 14462 auf das gesamte System anzuwenden ist. Der typische Anwendungsfall sind jedoch Anlagen, die aus einer TRWI versorgt oder zumindest nachgespeist werden. Bei diesen Anlagen beginnt der Geltungsbereich der DIN 14462 mit der LWÜ, für die sowohl DIN 14462 als auch DIN 1988-600 anzuwenden ist. Für die vorgeschaltete TRWI findet die DIN 14462 keine Anwendung, dort gilt DIN 1988-600.

DIN 14462 deckt in der heutigen Ausführung den Bereich der nicht automatischen Löschwasseranlagen ab. Sie gilt sowohl für Anlagen mit angeschlossenen Wandhydranten als auch für Anlagen mit Überflurhydranten oder Unterflurhydranten. Für Sprinkleranlagen mit kombinierten Löschwasseranlagen sind DIN 14462 und DIN EN 12845 zu beachten. Der Bereich der Über- und Unterflurhydranten im nichtöffentlichen Bereich ist zusätzlich in DIN 14462 aufgenommen worden. Hierbei handelt es sich um Hydranten der nichtöffentlichen Löschwasserversorgung auf privaten Grundstücken, die in der Regel dem Objektschutz dienen, also dem Brandschutz für ein konkretes Gebäude oder eine Einrichtung, meist mit erhöhtem Brandrisiko.

DIN 14462 behandelt bzw. definiert die Themen bzw. Begriffe wie Grundschutz, Objektschutz, befähigte Person, Wandhydrant Typ S und Typ F, Füll- und Entleerungsstationen, Druckerhöhungsanlagen, Druckminderung, Kontrollbuch, Feuerlöschanlagen trocken, Abnahmeprüfungen und Instandhaltung.

8.1.16 Schlussbetrachtung

Hygiene ist die Lehre von der Verhütung von Infektionskrankheiten. Sie befasst sich mit der Gesunderhaltung des Menschen. Für die Erhaltung der Gesundheit ist es erforderlich, auch für den Bereich der TRWI bei Planung, Bau und Betrieb die hohen Ansprüche der seit 2011 bereits zweimal geänderten TrinkwV zu berücksichtigen, damit Krankheiten durch die TRWI weder verursacht noch begünstigt werden. Hierzu wurden ständig Schutzmaßnahmen für das Trinkwasser weiterentwickelt, um auch bei einer sich stetig ändernden Bevölkerungsstruktur und damit einhergehenden Verhaltensänderung der Betreiber zu reagieren, um Krankheitsgefahren abwenden zu können. Besonders für den Bereich der TRWI wurden immer sicherere Systeme entwickelt, die sowohl auf praktischen Erfahrungen als auch auf zahlreichen Forschungsergebnissen basieren und zur Anpassung bestehender bzw. neuer technischer Regeln führten. Teilweise wurden einzelne bestehende Regelwerke durch europäische Normen ersetzt. All dies wurde in den vergangenen Jahren umgesetzt und bildet heute die Grundlage für einen hohen Verbraucherschutz.

Für den Fachplaner, Installateur und Bauherren (Betreiber) ergeben sich somit rechtliche Verbindlichkeiten, die bei Planung, Bau und dem bestimmungsgemäßen Betrieb einer TRWI zu beachten sind. Genau diesen Gruppen soll dieser Beitrag eine Hilfe anbieten.

8.2 Ermittlung der Rohrdurchmesser für Kalt- und Warmwasserleitungen nach DIN 1988-300

8.2.1 Vorbemerkungen

Bisher erfolgte das Planen und Bemessen für Kalt- und Warmwasserleitungen im Wesentlichen nach DIN 1988 Teil 3. Diese Norm galt über 20 Jahre als Berechnungsgrundlage, um die Durchmesser von Trinkwasserleitungen zu ermitteln. Ziel der Berechnung war es, bei einer zu erwartenden Spitzenbelastung auch an den hydraulisch ungünstigsten Entnahmestellen die gewünschten Durchflüsse sicherzustellen. Dieses stand immer unter der Zielstellung, aus wirtschaftlichen Gründen den kleinstmöglichen Rohrdurchmesser auszuwählen und aus betriebstechnischen Gründen die höchstzulässigen Strömungsgeschwindigkeiten nicht zu überschreiten. Neue Erkenntnisse bei der Dimensionierung von Zirkulationsleitungen machten es dann allerdings notwendig, von dem Bemessungsverfahren nach DIN 1988 abzugehen. Mit dem Erscheinen des Arbeitsblatts DVGW W 553 im Jahr 1998 wurde dann ein aktuellerer Weg aufgezeigt, neben den wirtschaftlichen und betriebstechnischen Gesichtspunkten vor allem auch die hygienischen Belange bei der Bemessung zu berücksichtigen.

Im Zuge der europäischen Harmonisierung der Technischen Regeln für Trinkwasser-Installationen wurde zwischenzeitlich mit der Arbeit an der Normenreihe DIN EN 806 begonnen. Mit Erscheinen von DIN EN 806 Teil 3 im Juli 2006 wurde dann ein vereinfachtes Verfahren zur Ermittlung der Rohrdurchmesser auf der Basis von Belastungswerten erstellt, welches jedoch mit dem differenzierten Verfahren, wie es die DIN 1988 im Teil 3 aufgeführt hat, nicht vergleichbar ist.

Die erforderliche Normentiefe wurde in Deutschland mit dem Berechnungsschema nach DIN EN 806 Teil 3 für die Dimensionierung von Rohrleitungen nicht erreicht. Dem nationalen Vorwort der deutschen Fassung ist zu entnehmen, dass die Einführung einer differenzierten Berechnung nach DIN 1988-3 neben dem vereinfachten Verfahren leider im Normenausschuss gescheitert ist und daher bereits 2006, also beim Erscheinen von DIN EN 806-3, klar war, dass DIN 1988-3 überarbeitet werden musste.

Ziel der Normenreihe EN 806 war es jedoch, aufgrund der europäischen Harmonisierung DIN 1988 abzulösen. Die entstehende Lücke, die durch den Wegfall des differenzierten Berechnungsverfahrens nach DIN 1988-3 entstehen würde, konnte nur durch die Erstellung einer nationalen Ergänzungsfestlegung geschlossen werden. Möglich wurde dieses durch den Hinweis im informativen Anhang C von DIN EN 806-3, bei dem nationale Berechnungsverfahren zugelassen werden.

Damit stellte sich der Arbeitsausschuss NA 113-0407 AA „Häusliche Wasserversorgung" im Normenausschuss Wasserwesen (NAW) der Aufgabe, ein Konzept für die Erstellung eines umfassenden, in sich geschlossenen und widerspruchsfreien Nachfolgewerks zu entwickeln. Aus Gründen der Kontinuität wurde diese Normenreihe wieder unter der Nummer DIN 1988 erstellt, allerdings mit dreistelligen Teilnummern. Dieses hatte den Zweck, dem Fachpublikum deutlich aufzuzeigen, dass es sich hierbei um eine neue Reihe handelt.

Da im vorangegangenen Kapitel die unterschiedlichen neuen nationalen Anhänge bereits vorgestellt worden sind, soll hier nun der Teil 300 von DIN 1988 erläutert werden. Dabei werden vor allem die Besonderheiten und Änderungen in DIN 1988-300 gegenüber der vertrauten, aber zwischenzeitlich abgelösten DIN 1988-3 dargestellt.

8.2.2 DIN 1988-300 im Überblick

Da in den letzten Jahrzehnten mit den Berechnungsgängen aus DIN 1988-3 gute Erfahrungen gemacht wurden, wurde im Wesentlichen der Kern des differenzierten Berechnungsgangs für die Ermittlung der Rohrdurchmesser von Kalt- und Warmwasserleitungen auch in DIN 1988-300 beibehalten. Notwendig wurde allerdings, bestimmte Eckdaten für die Berechnungsgrundlage anzugleichen, um damit den aktuellen Stand vor allem auch unter hygienischen Gesichtspunkten besser abbilden zu können.

8.2.2.1 Wesentliche Änderungen gegenüber DIN 1988-3

Gegenüber DIN 1988-3 und dem Beiblatt 1 wurden dabei folgende wesentlichen Änderungen in DIN 1988-300 vorgenommen:

a) Absenken der Berechnungsdurchflüsse von Wasch- und Geschirrspülmaschinen

b) Anpassen der Spitzenvolumenströme an die aktuellen Gegebenheiten und die Einführung von Nutzungseinheiten zur besseren Erfassung der Spitzenbelastung am Strangende (z. B. im Stockwerksbereich)

c) Streichen eines vereinfachten Rechengangs

d) Nutzen von herstellerspezifischen Daten

e) Beginn der Bemessung der Rohrleitungen nach dem Wasserzähler

f) differenziertes Berechnen der Ringleitung in der Stockwerksverteilung von Nutzungseinheiten

g) modifiziertes Verfahren zum Berechnen für die Dimensionierung von Zirkulationssystemen

Diese wesentlichen Änderungen werden im Detail nachfolgend näher erläutert und ergeben dann ein Gesamtbild der überarbeiteten Norm.

8.2.2.2 Anwendungsbereich

8.2.2.2.1 Bemessen der Trinkwasser-Installationen

DIN 1988-300 gilt mit den Reihen der neuen nationalen Anhänge nach DIN 1988 und den Reihen nach DIN EN 806 für die Planung, Errichtung, Änderung und Instandhaltung von Trinkwasser-Installationen in Gebäuden und auf Grundstücken und dient zur Ermittlung der Rohrdurchmesser für die Kalt- und Warmwasserleitungen sowie zur Bestimmung der Bauteilgrößen (Zirkulationsleitungen, Pumpe, Drosselventile) für ein Zirkulationssystem.

Ziel der Dimensionierung von Kalt- und Warmwasserleitung nach DIN 1988-300 ist es, bei einer Spitzenbelastung des Systems mit dem kleinstmöglichen Innendurchmesser den Mindestdurchfluss an allen Entnahmestellen sicherzustellen. Dabei wird darauf verwiesen, dass das Berechnungsverfahren für alle Gebäudearten anzuwenden ist.

8.2.2.2.2 Bemessen der Trinkwasser-Installation von Wohngebäuden bis sechs Wohneinheiten

Als Anmerkung ermöglicht DIN 1988-300 für Wohngebäude mit bis zu sechs Wohnungen auch die Variante, den Rohrdurchmesser für Kalt- und Warmwasserverbrauchsleitungen nach DIN EN 806-3 zu bestimmen, wenn der Versorgungsdruck ausreichend und die Hygiene sichergestellt ist.

8.2.2.3 Begriffe, Symbole und Einheiten

Im Bereich der Begriffe, Symbole und Einheiten wurden in DIN 1988-300 gegenüber DIN 1988-3 neue Begriffe und Symbole aufgeführt, die in nachfolgender Tabelle dargestellt werden. Gewöhnungsbedürftig sind für den Praktiker sicherlich die Änderungen bei den Einheiten. Hier wurde bei den Druckangaben die Einheit Pascal und nicht mehr wie nach DIN 1988-3 Millibar verwendet, wobei jedoch die Angaben vornehmlich in hPa und MPa aufgeführt sind, was eine Umrechnung in Millibar erleichtert.

Tabelle 15 gibt einen Überblick über die aktuellen Begriffe, Symbole, Einheiten und Erklärungen, wie sie in DIN 1988-300, Tabelle 1 verwendet werden:

Benennung	Symbol oder Abkürzung	Übliche Einheit	Erklärung
Anteil der Druckverluste durch Einzelwiderstände	a	%	$a = \dfrac{\Delta p_E}{\Delta p_R + \Delta p_E}$
Querschnittsfläche eines Rohres	A	m²	$A = d_i^2 \pi / 4$
Konstante	a, b, c	-	Konstante für den Spitzendurchfluss
spezifische Wärmekapazität des Wassers	c_w	kJ/(kg·K)	Wärme für die Erwärmung von 1kg Wasser um 1K (4,18 kJ/(kg·K))
Rohraußendurchmesser	D	mm	Außendurchmesser einer gedämmten Warmwasserleitung
Rohraußendurchmesser	d_a	mm	Außendurchmesser einer Warmwasserleitung
Rohrinnendurchmesser	d_i	mm	-
Mindestinnendurchmesser	$d_{i,min}$	mm	Innendurchmesser, den ein Rohr bei einer bestimmten Nennweite mindestens haben muss
geodätischer Höhenunterschied	h_{geo}	m	Höhenunterschied zwischen zwei Punkten eines Rohrleitungszuges
Rohrrauigkeit	k	mm	Angenommene absolute Rauheit nach Norm der Rohrinnenwand im Gebrauchszustand
Rohrleitungslänge	l	m	Länge einer Teilstrecke
Rohrleitungslänge	l_w	m	Länge einer PWH-Teilstrecke; Länge der entferntesten Warmwasserleitung
Rohrleitungslänge	l_{wK}	m	Länge einer PWH-Teilstrecke im Keller
Rohrleitungslänge	l_{wS}	m	Länge einer PWH-Teilstrecke im Schacht
Rohrleitungslänge	l_{ges}	m	Leitungslänge von der Versorgungsleitung bis zur betrachteten Entnahmearmatur
Rohrleitungslänge	l_z	m	Länge der entferntesten Zirkulationsleitung
Durchfluss, Volumenstrom	$\dot{V}$	l/s l/h	Quotient aus Wasservolumen und Zeit; zum Abzweig geführter Volumenstrom
Abzweigstrom	$\dot{V}_a$	m³/h	Volumenstrom in der abgezweigten Teilstrecke (Zirkulation)
Durchgangsstrom	$\dot{V}_d$	m³/h	Volumenstrom im Durchgangsweg (Zirkulation)
gegebener Durchfluss im Apparat	$\dot{V}_g$	m³/h	Volumenstrom eines bekannten Betriebspunktes des Apparates
oberer Durchfluss	$\dot{V}_o$	l/s	Durchfluss der Entnahmearmatur bei 0,3 MPa
Förderstrom der Zirkulationspumpe	$\dot{V}_P$	m³/h	Von der Zirkulationspumpe geförderter Volumenstrom im Auslegungsfall

Tab. 15
Tabelle 1 DIN 1988-300 Begriffe, Symbole und Einheiten

Benennung	Symbol oder Abkürzung	Übliche Einheit	Erklärung
Mindestdurchfluss	$\dot{V}_{min}$	l/s	Durchfluss zur Gebrauchstauglichkeit der Entnahmearmatur
Dauerdurchfluss (Dauerverbraucher)	$\dot{V}_D$	l/s	Durchfluss an einer Entnahmearmatur bei Dauerverbrauch (Dauer der Entnahme > 15 min)
Nenndurchfluss des Filters	$\dot{V}_N$	m³/h	Durchfluss (auf dem Typenschild angegeben) des Filters bei einem Druckverlust von 0,02 MPa
Berechnungsdurchfluss	$\dot{V}_R$	l/s	Durchfluss der Entnahmearmatur für die Auslegung
Summendurchfluss	$\Sigma \dot{V}_R$	l/s	Summe aller Berechnungsdurchflüsse
Spitzendurchfluss	$\dot{V}_S$	l/s	Unter der Berücksichtigung der während des Betriebs auftretenden wahrscheinlichen Gleichzeitigkeit der Wasserentnahme für die hydraulische Berechnung maßgebender Durchfluss
Mindestfließdruck	p_{minFL}	hPa MPa	Erforderlicher statischer Überdruck am Abschluss einer Wasserentnahmearmatur bei ihrem Mindestdurchfluss
Mindestversorgungsdruck	p_{minV}	hPa MPa	Minimaler statischer Überdruck am Anschluss der Hausanschlussleitung an die Versorgungsleitung nach Angabe des zuständigen Wasserversorgungsunternehmens (im Weiteren: WVU)
Mindestdruck nach dem Hauswasserzähler	p_{minWZ}	hPa MPa	Minimaler statischer Überdruck unmittelbar nach dem Hauswasserzähler beim Spitzendurchfluss
gegebener Druck	Δp_g	hPa MPa	Druckverlust eines bekannten Betriebspunktes des Apparats
Druckverlust aus geodätischem Höhenunterschied	Δp_{geo}	hPa MPa	$\Delta p_{geo} = \rho \cdot h \cdot h_{geo}$
Förderdruck der Zirkulationspumpe	Δp_P	hPa MPa	Differenz der Drücke vor und nach der Zirkulationspumpe beim Pumpenförderstrom V_P (Auslegungspunkt)
Druckverlust in einem Apparat	Δp_{AP}	hPa MPa	z.B. Hauswasserzähler, Filter, Wohnungswasserzähler, Enthärtungsanlage, Dosierungsanlage, Gruppen-Trinkwassererwärmer
verfügbare Druckdifferenz	$\Delta p_{ges,v}$	hPa MPa	Für Rohrreibung und Einzelwiderstände verfügbare Druckdifferenz
Druckverlust durch Einzelwiderstände in einer Teilstrecke	$\Delta p = Z$	hPa MPa	$\Delta p_E = \Sigma \zeta (\rho/2) \cdot v^2$
Druckverlust durch Rohrreibung in einer Teilstrecke	Δp_R	hPa MPa	$\Delta p_E = R \cdot l$
Druckverlust in der Ringleitung der Stockwerksverteilung	Δp_{Ring}	hPa MPa	Ist bei der Ermittlung von R_V zu berücksichtigen
Druckverlust im Rückflussverhinderer	Δp_{RV}	hPa MPa	Wird wegen des Ansprechdrucks nicht über den Widerstandsbeiwert ζ erfasst

Tab. 15
(fortgesetzt)

Einhaltung der Hygiene-Anforderungen in Trinkwasser-Installationen 551

Benennung	Symbol oder Abkürzung	Übliche Einheit	Erklärung
Druckverlust im Zirkulationsregulierventil bei voller Öffnung	Δp_{ZRV}	hPa MPa	Herstellerangaben berücksichtigen!
Druckverlust im Wasserzähler	Δp_{WZ}	hPa MPa	Dieser ist beim Spitzendurchfluss nach DIN 1988-300 zu ermitteln
Druckverlust in der Hausanschlussleitung	Δp_{HAL}	hPa MPa	Von der Versorgungsleitung bis zum Wasserzähler auftretender Druckverlust beim Spitzendurchfluss nach DIN 1988-300
Druckverlust im Gruppen-Trinkwassererwärmer	Δp_{TE}	hPa MPa	Dieser ist für den Spitzendurchfluss im Trinkwassererwärmer zu bestimmen; Referenzwerte s. Tab. 5
Nutzungseinheit	NE	-	Ein Raum mit Entnahmestellen im Wohngebäude (z.B. Bad, Küche, Hausarbeitsraum) oder auch im Nichtwohngebäude, wenn von einer wohnungsähnlichen Nutzung auszugehen ist (Bäder im Hotel, Altenheim, Bettenhaus eines Krankenhauses u.Ä.). Die Nutzung ist dadurch charakterisiert, dass maximal zwei Entnahmestellen zugleich geöffnet sind.
spezifischer Wärmestrom	$\dot{q}_W$	W/m	Wärmeverlust der gedämmten Warmwasserleitung je Meter Rohr
Wärmeverlust der PWH-C-Teilstrecke nach dem Mischpunkt einer Abzweigung	$\dot{Q}_Z$	W	Dieser Wärmeverlust bestimmt maßgebend das Potential der Beimischung in der Zirkulationssammelleitung
Wärmeverlust im Abzweigweg	$\dot{Q}_a$	W	Wärmeverlust aller vom Zirkulationsumlauf betroffenen Warmwasser- und Zirkulationsleitungen, die an einer Stromtrennung abzweigen
Nenngröße des Wasserzählers (nach DIN EN 14154-1)	$\dot{Q}_R$	m³/h	Auch als Nenndurchfluss Q_n bezeichnet
Überlastungsdurchfluss des Wasserzählers (nach DIN EN 14151-1)	$\dot{Q}_4$	m³/h	Auch als größter (maximaler) Durchfluss Q_{max} bezeichnet
Wärmeverlust im Durchgangsweg	$\dot{Q}_d$	W	Wärmeverlust aller vom Zirkulationsumlauf betroffenen Warmwasser- und Zirkulationsleitungen, die an einer Stromtrennung durchgehen
Rohrreibungsdruckgefälle	R	hPa/m	längenbezogener Druckverlust aus Rohrreibung $$R = \frac{\Delta p_R}{l}$$
verfügbares Rohrreibungsdruckgefälle	R_V	hPa/m	In die Berechnung eingehender Orientierungswert für das Rohrreibungsdruckgefälle
Reynolds-Zahl	Re	-	strömungstechnische Kenngröße $$Re = \frac{v \cdot d_i}{v}$$
Trinkwasserleitung, kalt	PWC	-	Potable Water Cold
Trinkwasserleitung, warm	PWH	-	Potable Water Hot
Trinkwasserleitung, Zirkulation	PWH-C	-	Potable Water Hot, Circulating

Tab. 15
(fortgesetzt)

Benennung	Symbol oder Abkürzung	Übliche Einheit	Erklärung
Wärmedurchgangskoeffizient für das Rohr	U_R	$W/(m \cdot K)$	Wärmeverlust eines 1m langen gedämmten Warmwasserrohres bei einer Temperaturdifferenz zwischen dem Wasser und der Luft von 1 K
äußerer Wärmeübergangskoeffizient	α_a	$W/(m^2 \cdot K)$	Wärmeverlust einer 1m² großen Fläche bei einer Temperaturdifferenz zwischen Oberfläche und Luft von 1 K
Rohrreibungszahl	λ	-	Charakteristische strömungstechnische Kenngröße für die Reibung
Dichte des Wassers	ρ	kg/m^3	Quotient aus Masse und Volumen des Wassers bei gegebener Temperatur
Lufttemperatur in der Umgebung	ϑ_L	°C	-
Temperatur des Trinkwassers kalt	ϑ_K	°C	-
Temperatur des Trinkwassers warm	ϑ_W	°C	-
Speicheraustrittstemperatur	$\vartheta_{W,TE}$	°C	-
Temperaturdifferenz des Warmwassers in der PWH-Leitung	$\Delta\vartheta_W$	K	Temperatur des Warmwassers am Austritt des Wassererwärmers minus Temperatur des Warmwassers am Abgang der Zirkulationsleitung von der PWH-Leitung
Temperaturdifferenz des Warmwassers am Trinkwassererwärmer	$\Delta\vartheta_{TE}$	K	Temperatur des Warmwassers am Austritt des Wassererwärmers minus Temperatur des Warmwassers am Eintritt der Zirkulationsleitung in den Trinkwassererwärmer
Widerstandsbeiwert	ζ	-	Charakteristische strömungstechnische Kenngröße für den Einzelwiderstand
Zirkulations-Einzelleitung	-	-	Von einer (in der Regel) PWH-Strangleitung abzweigende Zirkulationsleitung
Zirkulations-Sammelleitung	-	-	Leitungsabschnitt, zu dem mindestens zwei Zirkulations-Einzelleitungen führen
Referenzwert	-	-	Der Referenzwert (häufig ein Wert für den üblichen, „normalen" Bedarf) ist ein Zahlenwert, auf den sich andere Werte (z.B. die gemessenen Werte für ein bestimmtes Bauteil) beziehen. Referenzwert für den Mindestfließdruck am Waschbecken nach DIN 1988-300: 0,1 MPa, Herstellerangabe für eine ausgeschriebene Armatur: 0,13 MPa. Bei dieser Abweichung vom Referenzwert muss beispielsweise geprüft werden, ob eine Systemauslegung mit dem Referenzwert noch zulässig ist.
Ringleitung	-	-	Trinkwasserleitung, ringförmig zusammengeschlossen, die über einen Zufluss und in der Regel über mehr als eine Entnahmestelle verfügt.

Tab. 15
(fortgesetzt)

8.2.2.4 Grundlagen der Druckverlustberechnung in der Trinkwasser-Installation

8.2.2.4.1 Druckverluste in einem Rohrleitungssystem

Neben den Druckverlusten durch den geodätischen Höhenunterschied, Druckverlusten durch Wasserzähler und Apparate entstehen beim Durchströmen einer Trinkwasserleitung auch ein Druckverlust durch Rohrreibung und sogenannte Einzelwiderstände durch Form- und Verbindungsstücke des Leitungssystems. Diese müssen nach DIN 1988-300 differenziert und getrennt voneinander für jede Teilstrecke ermittelt werden.

Eine Teilstrecke ist dadurch definiert, dass sich entlang des Strömungswegs (in Fließrichtung gesehen) weder der Innendurchmesser, der Summendurchfluss noch der Werkstoff ändert.

8.2.2.4.2 Rohrreibungsdruckverluste

Die entstehenden Druckverluste in geraden Leitungsabschnitten werden durch die Rohrreibung dargestellt. Das Rohrreibungsdruckgefälle R wird dabei in Abhängigkeit des Rohrleitungswerkstoffs den entsprechenden Tabellen entnommen oder über ein PC-Programm berechnet. Um eine Berechnung der Rohrreibungsdruckverluste durchzuführen, sind Angaben über den Werkstoff, den Innendurchmesser, den Volumenstrom sowie die Temperatur des Wassers notwendig.

In geraden Leitungsabschnitten wird der Rohrreibungsdruckverlust Δp_R aus dem Rohrreibungsdruckgefälle und der Länge des Leitungsabschnittes für jede Teilstrecke separat nach Gleichung 1 ermittelt.

$$\Delta p_R = R \cdot l \tag{1}$$

Das Rohrreibungsdruckgefälle R ist wie folgt zu berechnen (Glg. 2):

$$R = \lambda \cdot \frac{1}{d_i} \cdot \frac{\rho}{2} v^2 \tag{2}$$

mit:

R Rohrreibungsdruckgefälle
l Länge der Rohrleitung (einer Teilstrecke)
λ Rohrreibungszahl
d_i Innendurchmesser der Rohrleitung
ρ Dichte des Wassers in Abhängigkeit der Temperatur
v Strömungsgeschwindigkeit des Wassers

Die Stoffwerte des Wassers sind dabei temperaturabhängig einzusetzen. Für die PWC-Leitungen mit einer Wassertemperatur von 10 °C ist daher die Dichte des Wassers mit 999,70 kg/m³ einzusetzen, für PWH-Leitungen bei 60 °C Wassertemperatur beträgt die Dichte des Wassers 983,19 kg/m³.

Die Strömung innerhalb eines Rohres kann laminar (geschichtet) oder turbulent (verwirbelt) sein. Der Übergang von laminarer zur turbulenten Strömung wird durch die Reibung an der Rohrwandung, Geschwindigkeitsänderungen und weitere Faktoren beeinflusst. Der Umschlag von laminarer auf turbulente Strömung hängt von der Reynold'schen Kennzahl Re ab. Die dimensionslose Ähnlichkeitskennzahl Re wird mit Gleichung 3 ermittelt.

$$Re = \frac{v \cdot d}{\nu} \qquad (3)$$

mit:

Re Reynoldszahl
v mittlere Wassergeschwindigkeit
d Rohrdurchmesser
ν kinematische Zähigkeit des Wassers (temperaturabhängig)

Wie auch bei der Dichte ist die kinematische Zähigkeit des Wassers temperaturabhängig nach DIN 1988-300 einzusetzen. Bei einer Wassertemperatur von 60 °C beträgt die kinematische Zähigkeit des Wassers $0{,}475 \cdot 10^{-6}\,m^2/s$, für eine Wassertemperatur von 10 °C ist mit $1{,}307 \cdot 10^{-6}\,m^2/s$ zu rechnen.

Die Rohrreibungszahl λ ist nun wiederum abhängig von der Reynoldszahl und damit, ob das Wasser in geraden Rohren laminar oder turbulent strömt. Für Re > 2320 (praktisch > 3000) ist die Strömung in geraden Rohren immer turbulent, für Re < 2320 liegt ein laminarer Strömungszustand vor.

Bei laminarer Strömung berechnet sich dabei die Rohrreibungszahl λ nach Gleichung 4 wie folgt:

$$\lambda = \frac{64}{Re} \qquad (4)$$

Bei turbulenter Strömung hängt die Rohrreibungszahl λ zusätzlich von der relativen Rohrrauigkeit k des eingesetzten Rohrleitungswerkstoffs ab. Die DIN 1988-300 führt auf, dass folgende Rauigkeiten für handelsübliche Rohre eingesetzt werden können:

- für Kupferrohre und Rohre aus nichtrostendem Stahl $\quad k = 0{,}0015\,mm$

- für Kunststoffrohre und Verbundrohre
  (innen Kunststoff) $\quad k = 0{,}0070\,mm$

- für verzinkte Gewinderohre $\quad k = 0{,}1500\,mm$

Nach DIN 1988-300 wird die Rohrreibungszahl λ bei turbulenter Strömung nach Gleichungen 5, 6 und 7 berechnet, wobei zwischen hydraulisch glatt, Übergangsbereich und hydraulisch rau unterschieden wird:

a) hydraulisch glatt

$$\frac{1}{\sqrt{\lambda}} = 2\lg\left(\frac{\mathrm{Re}\sqrt{\lambda}}{2,51}\right) \qquad (5)$$

b) Übergangsbereich

$$\frac{1}{\sqrt{\lambda}} = -2\lg\left(\frac{2,51}{\mathrm{Re}\sqrt{\lambda}} + \frac{k}{3,71 d_i}\right) \qquad (6)$$

c) hydraulisch rau

$$\frac{1}{\sqrt{\lambda}} = 2\lg\left(\frac{3,71}{\frac{k}{d_i}}\right) \qquad (7)$$

Da der Rohrreibungsdruckverlust in geraden Leitungsabschnitten allgemein gültigen physikalischen Grundlagen entspricht, sind hier gegenüber DIN 1988-3 in DIN 1988-300 keine Änderungen vorgenommen worden. Die Ausnahme bildet jedoch das Berücksichtigen der Stoffwerte des Wassers, die temperaturabhängig in die Berechnungsgleichungen eingesetzt werden müssen. Bei der Dimensionierung über PC-Programme spielt das eine geringere Rolle, da hier die Stoffwerte über Algorithmen berechnet werden. Bei der manuellen Ermittlung bedeutet das jedoch, dass der Rohrreibungsdruckverlust sowohl für 10 °C als auch für 60 °C anzugeben ist und zukünftig zwei Tabellen zur Auslegung von Kalt- und Warmwasserleitungen zu verwenden sind.

Aufgrund der geringeren kinematischen Zähigkeit des Wassers bei 60 °C ist das Rohrreibungsdruckgefälle R einer mit Warmwasser durchflossenen Rohrleitung geringer als das einer Kaltwasserleitung. So ergibt sich bei gleicher Nennweite (z. B. 16 × 2 mm) und gleichem Volumenstrom von 0,15 l/s in der Kaltwasserleitung ein Rohrreibungsdruckgefälle R von 21,5 hPa/m, bei der Warmwasserleitung jedoch nur von 16,8 hPa/m. Der Unterschied ist nicht gravierend, muss aber beim Dimensionieren nach DIN 1988-300 berücksichtigt werden.

Bild 22 zeigt exemplarisch das Rohrreibungsdruckgefälle R sowie die entsprechenden Wassergeschwindigkeiten für ein Mehrschichtverbundrohr bei einer Wassertemperatur von 10 °C.

8.2.2.4.3 Einzelwiderstände und Druckverluste

Neben dem Druckverlust für die Rohrreibung sind auch die Druckverluste durch Einzelwiderstände in einer Teilstrecke für Form- und Verbindungstücke bei der Dimensionierung zu berücksichtigen. Diese Druckverluste entstehen durch Ablösungen und Querströmungen in den Umlenkungen.

$d_a \times s$ d_i V/l	14 x 2 mm 10 mm 0,078 l/m		16 x 2 mm 12 mm 0,11 l/m		18 x 2 mm 14 mm 0,15 l/m		20 x 2,25 mm 15,5 mm 0,19 l/m	
V_s l/s	v m/s	R mbar/m	v m/s	R mbar/m	v m/s	R mbar/m	v m/s	R mbar/m
0,01	0,13	0,51	0,09	0,22	0,06	0,11	0,05	0,07
0,02	0,25	1,61	0,18	0,69	0,12	0,34	0,11	0,21
0,03	0,38	3,19	0,27	1,36	0,19	0,66	0,16	0,41
0,04	0,51	5,21	0,35	2,21	0,26	1,07	0,21	0,66
0,05	0,64	7,62	0,44	3,23	0,32	1,56	0,26	0,97
0,06	0,76	10,43	0,53	4,41	0,39	2,13	0,32	1,32
0,07	0,89	13,59	0,62	5,75	0,45	2,78	0,37	1,72
0,08	1,02	17,12	0,71	7,23	0,52	3,49	0,42	2,16
0,09	1,15	20,99	0,80	8,86	0,58	4,29	0,48	1,91
0,10	1,27	25,20	0,88	10,63	0,65	5,13	0,53	3,17
0,15	1,91	51,07	1,33	21,49	0,97	10,35	0,79	6,39
0,20	2,55	84,56	1,77	35,52	1,30	17,08	1,06	10,54
0,25	3,18	125,23	2,21	52,55	1,62	25,24	1,32	15,56
0,30	3,82	172,79	2,65	72,43	1,95	34,76	1,59	21,41
0,35	4,46	227,01	3,09	95,07	2,27	45,59	1,85	28,07
0,40	5,09	287,69	3,54	120,39	2,60	57,70	2,12	35,52
0,45	5,73	354,68	3,98	148,33	2,92	71,05	2,38	43,72
0,50	6,37	427,86	4,42	178,83	3,25	85,62	2,65	52,67

Bild 22
Rohrreibungsdruckgefälle und Wassergeschwindigkeiten für ein Mehrschichtverbundrohr bei einer Wassertemperatur von 10 °C

Die Druckverluste der Einzelwiderstände werden nach Gleichung 8 berechnet:

$$\Delta p_E = \sum \varsigma \frac{\rho}{2} v^2 \qquad (8)$$

mit:

Δp_E Druckverlust durch Einzelwiderstände
ζ Widerstandsbeiwert durch Einzelwiderstände
ρ Dichte des Wassers
v rechnerische Strömungsgeschwindigkeit

Der Druckverlust durch Einzelwiderstände wie z. B. Bögen, T-Stücke und Reduzierungen wird durch den Widerstandsbeiwert ζ erfasst. Der Widerstandsbeiwert ist dabei eine dimensionslose Größe und wird durch Versuche an den jeweilig unterschiedlichen Form- und Verbindungsstücken ermittelt.

Nach DIN 1988-3 wurde hier lediglich auf die Widerstandsbeiwerte nach Tabelle 27 in dieser Norm verwiesen. Nach DIN 1988-300 sind die Widerstandsbeiwerte nach dem DVGW-Arbeitsblatt W 575 zu ermitteln und für das jeweilige Rohrsystem durch den Hersteller anzugeben. Ausnahmen bilden hier nur produktneutrale Ausschreibungen, bei denen die im Anhang in den Tabellen A2 bis A4 aufgeführten Werte verwendet werden dürfen. Bei nicht produktneutraler Ausschreibung muss daher mit den tatsächlichen Herstellerwerten gerechnet werden, um sicherzustellen, dass für die Auslegung die tatsächlichen Strömungsbedingungen berücksichtigt werden.

Leider wird allerdings bei den aufgeführten Werten z. B. in Tabelle A4 für Mehrschichtverbundrohre nicht gebührend auf die Installationspraxis hingewiesen, dass gerade bei diesem Rohrtyp ein Biegen der Rohre möglich und praxisüblich ist, was die Druckverluste gegenüber dem alternativen Einbau von Fittings deutlich reduziert.

Grundsätzlich können an einem T-Stück einer Dimension verschiedene Strömungssituationen entstehen, und daher müssen auch unterschiedliche Widerstandsbeiwerte ermittelt werden. Um in der Anwendung Klarheit zu haben, welcher Widerstandsbeiwert in Abhängigkeit der Fließrichtung gemeint ist, werden die Widerstandsbeiwerte nach DIN 1988-300 durch ein *v*, gefolgt von einem Strömungspfeil, gekennzeichnet.

Beispiel

Nach Herstellerangabe liegt der ζ-Wert für ein T-Stück 25 mm–25 mm–25 mm im Abzweig der Stromtrennung bei 5,6. Für eine Kaltwasserleitung von 10 °C soll nun der Druckverlust im Abzweig aus Einzelwiderständen ermittelt werden, wenn die Wassergeschwindigkeit bei 1,5 m/s liegt.

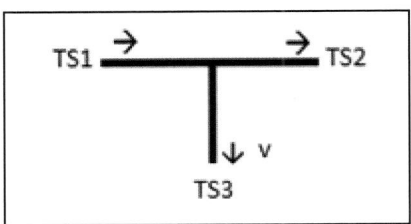

Bild 23
Teilstrecken an einem T-Stück (*v* für Stromtrennung)

Aus Gleichung 8 resultiert:

$$\Delta p_E = 5,6 \cdot \frac{999,7}{2} \cdot 1,5^2 \cdot \frac{1\,\text{hPa}}{100\,\text{Pa}} = 62,98\,\text{hPa} \approx 63\,\text{hPa}$$

Dieser Druckverlust von 63 hPa wird in diesem Fall der Teilstrecke TS 3 zugeordnet.

8.2.2.5 Bemessen von Kalt- und Warmwasserleitungen

8.2.2.5.1 Berechnungsschritte nach DIN 1988-300

Wie DIN 1988-300 in ihrem Vorwort erwähnt, wurden mit dem Berechnungsgang nach DIN 1988-3 in den letzten 20 Jahren gute Erfahrungen gemacht. Grundsätzlich beruht das Ermitteln der Rohrdurchmesser auf dem Berechnen des im Rohrleitungssystem entstehenden Druckverlustes für den jeweiligen Auslegungszustand. Nach dieser Vorgehensweise ist auch der Berechnungsgang nach DIN 1988-300 aufgebaut, bei dem jedoch aktualisierte Werte für die Berechnungs- und Spitzendurchflüsse, die Widerstandsbeiwerte der sogenannten Einzelwiderstände usw. verwendet werden.

Mit Einführung von DIN 1988-300 wurde der vereinfachte Berechnungsgang zum pauschalen Ermitteln des Druckverlustes abgeschafft. Das bedeutet, dass zukünftig eine Dimensionierung nur noch differenziert durchgeführt werden kann. Dem Anwender stehen dazu unterschiedliche PC-Programme wie z. B. das HSE-Programm der Firma Uponor zur Verfügung, um eine schnelle und normgerechte Auslegung zu ermöglichen.

Eine manuelle Auslegung ist dennoch möglich, bedarf allerdings eines erhöhten rechnerischen Aufwands.

Schematisch sollen in Bild 24 die Berechnungsschritte nach DIN 1988-300 dargestellt werden.

8.2.2.5.2 Berechnungsdurchflüsse und Mindestfließdruck der Entnahmearmaturen

8.2.2.5.2.1 Allgemeines

Der erste Schritt bei der Dimensionierung ist das Ermitteln der notwendigen Berechnungsdurchflüsse und Mindestfließdrücke aller Entnahmearmaturen. Der Mindestfließdruck p_{minFL} einer Entnahmearmatur charakterisiert den Druck, bei dem die Entnahmearmatur im voll geöffneten Zustand zuverlässig funktioniert und ihre Gebrauchstauglichkeit sichergestellt ist. Dieser sollte bei der Druckverlustberechnung möglichst genau ermittelt werden, damit bei Spitzenbelastung im System keine Druck- und Durchflussprobleme entstehen.

Der Mindestfließdruck steht im Zusammenhang mit dem Mindestdurchfluss, der bei dem hydraulisch ungünstigsten Fließweg bei Spitzenbelastung im System noch garantiert werden muss, damit die Entnahmearmatur gebrauchstauglich ist.

Der Berechnungsdurchfluss ist ein angenommener Durchfluss zum Ermitteln der Rohrdurchmesser und entspricht dem Entnahmedurchfluss an der Armatur. Dabei kann dieser dem Mindestdurchfluss an der Armatur entsprechen, aber auch wie z. B. bei Mischbatterien ein Mittelwert aufgrund der oberen und unteren Fließdruckbedingungen sein.

1. Berechnungsdurchflüsse $\dot{V}_R$ der Entnahmearmaturen ermitteln

2. Summendurchfluss $\sum \dot{V}_R$ ermitteln und den Teilstrecken zuordnen

3. Spitzendurchfluss $\dot{V}_S$ aus dem Summendurchfluss $\sum \dot{V}_R$ für jede Teilstrecke ermitteln

4. verfügbares Druckdifferenz $\Delta p_{ges,v}$ für Rohrreibung und Einzelwiderstände ermitteln

5. geschätzten Anteil der verfügbaren Druckdifferenz für die Einzelwiderstände abziehen

6. verfügbares Rohrreibungsdruckgefälle R_V berechnen

7. Rohrdurchmesser für den hydraulisch ungünstigen Fließweg wählen

8. Rohrdurchmesser, Fließgeschwindigkeit und Druckgefälle für jede Teilstrecke ermitteln

9. Druckverluste aus Einzelwiderständen über Widerstandsbeiwerte berechnen

10. Gesamtdruckverlust aus Rohrreibung und Einzelwiderstände Δp_{ges} ermitteln

11. Druckdifferenzen vergleichen und bei $\Delta p_{ges,v} \leq \Delta p_{ges}$ Durchmesser korrigieren

12. neues R_V für günstiger gelegene Fließwege ermitteln

13. für günstiger gelegene Strömungswege Schritte 7 bis 11 wiederholen

Der Berechnungsdurchfluss als Mittelwert ergibt sich nach Gleichung 9.

Bild 24
Berechnungsschritte nach DIN 1988-300

$$\dot{V}_R = \frac{\dot{V}_{min} + \dot{V}_O}{2} \qquad (9)$$

mit:

$\dot{V}_R$ Berechnungsdurchfluss

$\dot{V}_{min}$ Mindestdurchfluss

$\dot{V}_O$ oberer Durchfluss

Die Zusammenhänge von Durchfluss und Fließdruck an einer Entnahmearmatur können dabei aus Bild 25 entnommen werden.

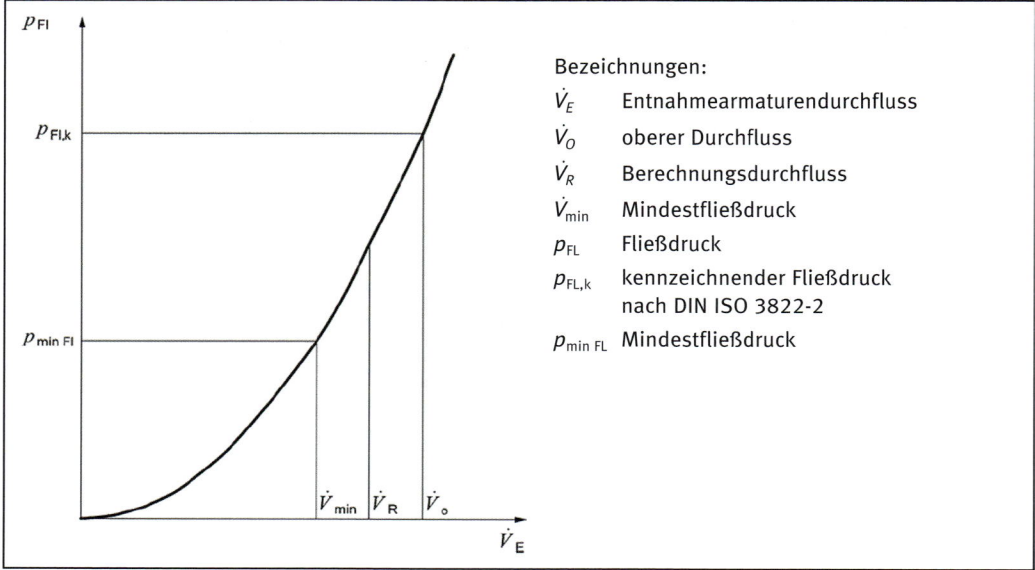

Bild 25
Zusammenhang von Durchfluss und Fließdruck an einer Entnahmearmatur nach DIN 1988-300

DIN 1988-300 listet in Tabelle 2 Referenzwerte der Berechnungsdurchflüsse gebräuchlicher Trinkwasserentnahmestellen auf. Grundsätzlich sind jedoch die Angaben der Hersteller bezüglich des Berechnungsdurchflusses und Mindestfließdrucks der Armaturen zu verwenden, da in der Praxis erhebliche Unterschiede zu den Referenzwerten auftreten können. Hier sollte bei der Planung sorgsam mit den tatsächlichen Berechnungsdurchflüssen umgegangen werden, damit nach Inbetriebnahme der bestimmungsgemäße Betrieb sichergestellt werden kann. Die Auswahl der Berechnungsdurchflüsse unterliegt den Hinweisen, die unterhalb der Tabelle 2 in DIN 1988-300 aufgeführt sind.

8.2.2.5.2.2 Absprachen mit dem Bauherren vor Planungsbeginn

Mit den Hinweisen unterhalb der Tabelle 2 fordert DIN 1988-300 eine Absprache zwischen Fachplaner und Bauherren. Hierbei geht es grundsätzlich bei den Hinweisen unter der Tabelle 2 in DIN 1988-300 um die Frage, ob die eingesetzten Armaturen (Herstellerangaben der IST-Armatur) einen höheren bzw. niedrigeren Mindestfließdruck und Berechnungsdurchfluss haben als die Referenzwerte, die in Tabelle 16 aufgeführt sind.

Sind die tatsächlichen Werte für den Mindestfließdruck und Berechnungsdurchfluss niedriger als die Referenzwerte nach DIN 1988-300, sind folgende zwei Optionen möglich:

1. Sollte die Trinkwasser-Installation aus hygienischen und wirtschaftlichen Gründen für die geringeren Werte bemessen werden, ist dieses mit dem Bauherren zu vereinbaren. Die niedrigeren Werte sind in die Berechnung aufzunehmen.

Einhaltung der Hygiene-Anforderungen in Trinkwasser-Installationen

Art der Entnahmestelle	DN	Mindestfließdruck P_{minFL} Mpa	Berechnungsdurchfluss $\dot{V}_R$ l/s
Auslaufventile			
ohne Strahlregler [a]	15	0,05	0,30
	20	0,05	0,50
	25	0,05	1,00
mit Strahlregler	10	0,10	0,15
	15	0,10	0,15
Mischarmaturen [b,c] **für**			
Duschwanne	15	0,10	0,15
Badewanne	15	0,10	0,15
Küchenspüle	15	0,10	0,07
Waschbecken	15	0,10	0,07
Sitzwaschbecken	15	0,10	0,07
Maschinen für Haushalte			
Waschmaschine (nach DIN EN 60456)	15	0,05	0,15
Geschirrspülmaschine (nach DIN EN 50242)	15	0,05	0,07
WC-Becken und Urinale			
Füllventil für Spülkasten (nach DIN EN 14124)	15	0,05	0,13
Druckspüler (manuell) für Urinal (nach DIN EN 12541)	15	0,10	0,30
Druckspüler (elektr.) für Urinal (nach DIN EN 15091)	15	0,10	0,30
Druckspüler für WC	20	0,12	1,00

Wichtige Hinweise:
Die Hersteller müssen den Mindestfließdruck und die Berechnungsdurchflüsse auf der Kalt- und auf der Warmwasserseite (bei Mischarmaturen) angeben. Grundsätzlich sind für die Bemessung der Rohrdurchmesser die Angaben der Hersteller zu berücksichtigen, die zum Teil erheblich von den in dieser Tabelle angegebenen Werten abweichen können.
Daher ist wie folgt vorzugehen:
Liegen die Herstellerangaben für den Mindestfließdruck und den Berechnungsdurchfluss unter den in der Tabelle genannten Werten, gibt es zwei Optionen:
Ist die Trinkwasser-Installation aus hygienischen und wirtschaftlichen Gründen für die geringeren Werte zu bemessen, muss dieses Vorgehen mit dem Bauherrn vereinbart und die Auslegungsvoraussetzungen für die Entnahmestellen (Mindestfließdruck, Berechnungsdurchfluss) in die Bemessung aufgenommen werden. Wird die Trinkwasser-Installation nicht für die geringeren Werte bemessen, sind die Tabellenwerte zu berücksichtigen. Liegen die Herstellerangaben über den in der Tabelle genannten Werten, muss die Trinkwasser-Installation mit den Herstellerwerten bemessen werden.

a Ohne angeschlossene Apparate (z.B. Rasensprenger)
b Der angegebene Berechnungsdurchfluss ist für den kalt- und den warmwasserseitigen Anschluss in Rechnung zu stellen
c Eckventile für z.B. Waschtischarmaturen und S-Anschlüsse für z.B. Dusch- und Badewannenarmaturen sind als Einzelwiderstände oder im Mindestfließdruck der Entnahmearmatur zu berücksichtigen.

Tab. 16
Mindestfließdrücke und Mindestwerte für den Berechnungsdurchfluss gebräuchlicher Trinkwasserentnahmestellen (DIN 1988-300, Tabelle 2)

2. Wird die Trinkwasser-Installation nicht nach den niedrigeren Werten bemessen, sind die Referenzwerte zu berücksichtigen.

Beide Vorgehensweisen sollten z. B. in einem Raumbuch aufgeführt werden, wie in DIN 1988-200 beschrieben. Damit kann bei einem späteren Austausch der Entnahmearmatur sichergestellt werden, dass das Rohrleitungssystem für die neue Armatur geeignet ist und die neu installierte Armatur zuverlässig funktioniert.

Sind jedoch die Mindestfließdrücke und Berechnungsdurchflüsse der eingesetzten Armaturen höher als die Referenzwerte nach DIN 1988-300, sind aus Gründen der Funktionssicherheit der Armatur die höheren Werte für das Dimensionieren einzusetzen.

Das bedeutet, dass im Vorfeld der Planung ein Informationsaustausch zwischen Fachplaner und Bauherrn über die eingesetzten Armaturen stattfinden muss. Leider ist in der Praxis jedoch während der Planungsphase und oft auch noch während der Installation durch den Bauherren nicht zu beantworten, welche Armatur eingesetzt wird. Daher sollte der Fachplaner bei der Auswahl der Berechnungsdurchflüsse sehr sorgfältig vorgehen und hygienische, wirtschaftliche, vor allem aber auch funktionstechnische Gründe berücksichtigen. Tabelle 16 enthält hierzu abschließend die Referenzwerte nach DIN 1988-300.

8.2.2.5.3 Summendurchfluss

Zur Ermittlung der Summendurchflüsse werden nun alle Berechnungsdurchflüsse der Entnahmearmaturen addiert. Das geschieht beginnend bei der entferntesten Armatur entgegen der Fließrichtung und endet in der Regel am Hauswasserzähler. Der Summendurchfluss wird dabei jeder Teilstrecke zugeordnet und muss für Kalt- und Warmwasserleitungen separat ermittelt werden.

Mit dem Summendurchfluss würde die Dimensionierung der Rohrleitung dann weiter durchgeführt werden, wenn alle angeschlossenen Armaturen gleichzeitig geöffnet würden. Dieses ist jedoch in der Praxis selten der Fall, kann aber bei Reihenentnahmearmaturen wie bei Duschen und Urinalen denkbar sein.

Da allerdings im Allgemeinen nicht damit zu rechnen ist, dass alle Armaturen gleichzeitig geöffnet werden, wird der Summendurchfluss durch die Gleichzeitigkeit der Wasserentnahme vermindert, um keine Überdimensionierungen der Rohrleitungen zu erhalten. Der Summendurchfluss unter Berücksichtigung der Gleichzeitigkeit wird dann Spitzendurchfluss genannt.

Gebäudetyp	Konstante		
	a	b	c
Wohngebäude	1,48	0,19	0,94
Bettenhaus im Krankenhaus	0,75	0,44	0,18
Hotel	0,70	0,48	0,13
Schule	0,91	0,31	0,38
Verwaltungsgebäude	0,91	0,31	0,38
Einrichtung für Betreutes Wohnen, Seniorenheim	1,48	0,19	0,94
Pflegeheim	1,40	0,14	0,92

Tab. 17
Konstanten für die Berechnung des Spitzendurchflusses (DIN 1988-300, Tabelle 3)

8.2.2.5.4 Spitzendurchfluss

8.2.2.5.4.1 Allgemeines

Der Spitzendurchfluss ist die Grundlage für die weitere Dimensionierung der jeweiligen Rohrleitungen in den Teilstrecken. Dieser wird nach DIN 1988-300 anhand Gleichung 10 ermittelt, die für den Geltungsbereich $0{,}2 \leq \sum \dot{V}_R \leq 500\,\text{l/s}$ anzuwenden ist.

$$\dot{V}_S = a\left(\sum \dot{V}_R\right)^b - c \tag{10}$$

Mit den Konstanten a, b und c führt DIN 1988-300 neue Werte ein, die abhängig vom jeweiligen Gebäudetyp zur Berechnung des Spitzenvolumenstroms verwendet werden (Tabelle 17).

Bild 26 zeigt die durch die Gleichung für den Spitzendurchfluss ermittelten Werte der unterschiedlichen Gebäudetypen:

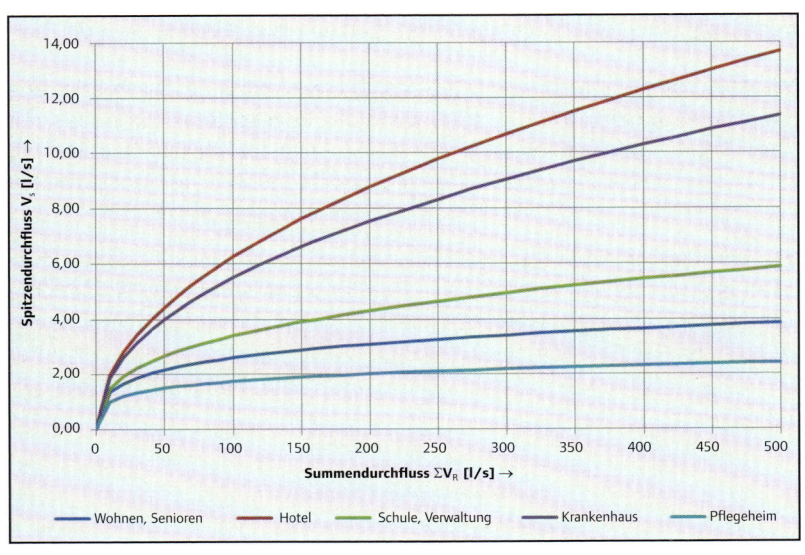

Bild 26
Grafische Darstellung des Spitzendurchflusses in Abhängigkeit des Summendurchflusses nach Gebäudetyp

8.2.2.5.4.2 Unterschiede des Spitzendurchflusses (DIN 1988-300 vs. DIN 1988-3)

Beim Vergleichen der Spitzendurchflüsse nach dem neuen Berechnungsschema nach DIN 1988-300 sowie DIN 1988-3 für z. B. Wohngebäude mit Entnahmearmaturen, die einen Berechnungsdurchfluss < 0,5 l/s haben, ist deutlich zu erkennen, dass die Gleichzeitigkeitsfaktoren für die Ermittlung des Spitzendurchflusses erheblich abgesenkt wurden. Das wurde notwendig, da die Wasserentnahme in den vergangenen 20 Jahren kontinuierlich abnahm und heute im Durchschnitt in Deutschland bei etwa 120 l pro Person und Tag liegt. Bild 27 verdeutlicht diese Unterschiede nach DIN 1988-3 und DIN 1988-300.

Die Absenkung des Spitzendurchflusses hat zur Folge, dass in Hausanschluss- und Verteilungsleitungen tendenziell kleinere Rohrnennweiten ausgewählt werden können, was wiederum der Trinkwasserhygiene zugutekommt. Wie aber auch in Bild 27 gut zu sehen ist, ist der Unterschied des Spitzenvolumenstroms nach DIN 1988-300 gegenüber dem nach DIN 1988-3 bei kleinen Summendurchflüssen, wie sie z. B. bei Etageninstallationen vorzufinden sind, nicht allzu groß. Erst ab etwa einem Summendurchfluss von 2 l/s sind die Unterschiede sichtbar. Dieses erforderte einen neuen Gleichzeitigkeitsansatz gerade für Anlagenteile am Ende der Versorgungsleitungen. Mit DIN 1988-300 wurde dieses über die sogenannten Nutzungseinheiten (NE) geregelt, die neu aufgenommen wurden.

8.2.2.5.4.3 Nutzungseinheit – Definition und Anwendungsbeispiele

Eine Nutzungseinheit ist in DIN 1988-300 dadurch definiert, dass es sich dabei um einen Raum in Wohngebäuden mit Entnahmestellen handelt wie z. B. Bad, Küche, Hausarbeitsraum oder auch in Nichtwohngebäuden, wenn von einer wohnungsähnlichen Nutzung auszugehen ist (wie bei-

Bild 27
Vergleich des Spitzendurchflusses für Wohngebäude nach DIN 1988-300 und DIN 1988-3

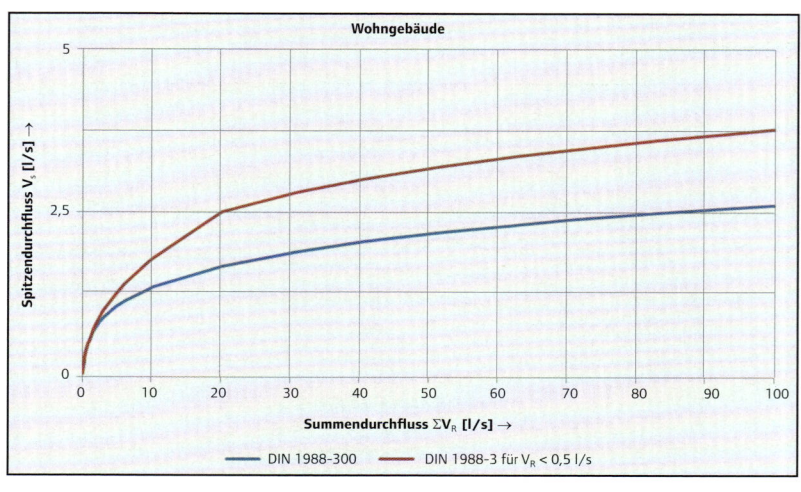

spielsweise Bäder im Hotel, Altenheim, Bettenhaus eines Krankenhauses etc.). Als Hauptkriterium charakterisiert die Nutzungseinheit, dass in ihr maximal zwei Entnahmestellen zeitgleich geöffnet sind.

Nach DIN 1988-300 gelten bei der Ermittlung des Spitzendurchflusses nach Gleichung 10 für Nutzungseinheiten allerdings Ausnahmen, die nachfolgend näher erläutert werden sollen.

Innerhalb einer Nutzungseinheit werden ein zweites Waschbecken, eine Duschwanne zusätzlich zur Badewanne, ein Sitzwaschbecken, ein Urinal oder Zapfventile im Vorraum von Toilettenanlagen bereits im Summendurchfluss nicht berücksichtigt.

Der Spitzendurchfluss in jeder Teilstrecke einer Nutzungseinheit entspricht dabei maximal dem Summendurchfluss der beiden größten an der Teilstrecke installierten Entnahmestellen. Dieses gilt grundsätzlich in einer Nutzungseinheit, auch wenn nach Gleichung 10 ein niedriger Spitzenvolumenstrom berechnet würde.

Treffen in einer Teilstrecke zwei Nutzungseinheiten aufeinander, wie dieses bei einer Stranginstallation der Fall ist, addieren sich die Spitzendurchflüsse der beiden Nutzungseinheiten, wenn nicht der daraus resultierende Spitzendurchfluss größer ist als der nach der Formel für den Spitzenvolumenstrom berechnete. Ist der Spitzenvolumenstrom bei der Berechnung über die Gleichung kleiner als derjenige der Summe der Nutzungseinheiten, ist dieser Wert zu verwenden.

Das bedeutet, dass bei mehreren Nutzungseinheiten immer ein Vergleich zwischen den Werten der Nutzungseinheit und den Werten der Gleichung zur Ermittlung des Spitzendurchflusses erfolgen muss. Dieses ist vor allem in der Praxis häufig vorzufinden, wenn z. B. innerhalb eines Badezimmers die Versorgungsleitungen zur Küche abzweigen.

Da dieses Vorgehen für den Anwender zunächst verwirrend ist, sollen folgende Beispiele die Regeln für die Nutzungseinheiten genauer erklären (Bilder 28 und 29).

Beispiel 1

Bild 28
Etageninstallation für Beispiel 1

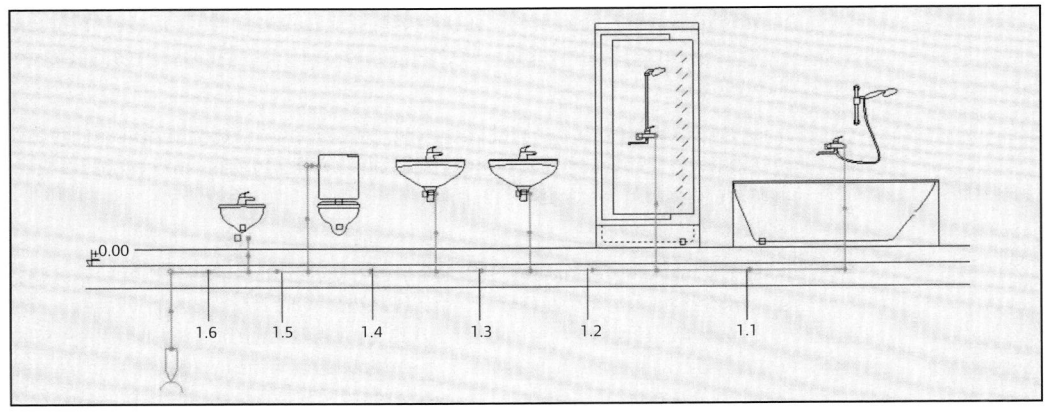

Tab. 18
Berechnungsdurchflüsse der in Beispiel 1 dargestellten Sanitärobjekte

Sanitärobjekt	Kurzbezeichnung	Berechnungsdurchfluss $\dot{V}_R$ [l/s]
Badewanne	BW	0,15
Duschwanne	DU	0,15
Waschtisch 1	WT 1	0,07
Waschtisch 2	WT 2	0,07
WC mit Spülkasten	WC	0,13
Bidet	BI	0,07

Im Beispiel 1 soll für eine Etageninstallation der Spitzendurchfluss für eine Kaltwasserleitung einer Nutzungseinheit nach DIN 1988-300 ermittelt werden. Hierzu ist eine Etageninstallation in einem Wohngebäude mit mehreren unterschiedlichen Verbrauchern in Bild 7 dargestellt. Alle Sanitärobjekte befinden sich in einer Nutzungseinheit und werden über eine Stockwerksinstallation mit kaltem Trinkwasser versorgt. Nach DIN 1988-300 (Tabelle 2) ergeben sich bei produktneutraler Ausschreibung folgende Berechnungsdurchflüsse der Entnahmearmaturen, wie in Tabelle 18 dargestellt.

Entgegen der Fließrichtung wird nun an der am weitesten entfernten Entnahmearmatur mit der Ermittlung des Spitzenvolumenstroms begonnen. Für dieses Beispiel ist es die Teilstrecke 1.1 (TS 1.1), an der die Badewanne angeschlossen ist.

Die TS 1.1 wird für die Badewanne (BW) mit einem Durchfluss von 0,15 l/s bemessen. In TS 1.2 kommt nun die Dusche hinzu, wird allerdings aufgrund der Regeln für die Nutzungseinheiten nicht berücksichtigt. Somit ist auch in TS 1.2 in der Berechnung mit einem maßgebenden Volumenstrom von 0,15 l/s weiterzurechnen. In TS 1.3 kommt nun der Waschtisch 1 (WT 1) mit einem Berechnungsdurchfluss von 0,07 l/s hinzu. In der Addition beider Volumenströme würden sich 0,22 l/s ergeben. Nach Gleichung 10 für den Spitzendurchfluss würden sich jedoch nur 0,17 l/s ergeben. Grundsätzlich ist aber nach DIN 1988-300 in einer Nutzungseinheit die Gleichung nicht anzuwenden. Wobei daher in TS 1.3 mit 0,22 l/s weitergerechnet wird.

In TS 1.4 kommt nun der Waschtisch 2 (WT 2) mit dazu. Hier gilt die Regel, dass ein zweiter Waschtisch innerhalb einer Nutzungseinheit nicht berücksichtigt wird. So wird auch in TS 1.4 mit dem Volumenstrom von 0,22 l/s weitergerechnet.

In TS 1.5 ist nun neben BW, DU, WT 1 und WT 2 auch das WC mit Spülkasten mit einem Berechnungsdurchfluss von 0,13 l/s angeschlossen. Hier wird nun nicht mit der einfachen Addition des Durchflusses weitergerechnet, sondern wie auch in TS 1.3 mit dem Summendurchfluss der beiden größten Entnahmestellen, die an dieser TS angeschlossen sind und gleichzeitig geöffnet sein könnten. Das wären in diesem Fall die Badewanne und das WC. So ergibt sich in TS 1.5 ein Spitzendurchfluss von 0,28 l/s und nicht nach einfacher Addition 0,35 l/s.

Auch hier würde sich nach Gleichung 10 ein geringerer Volumenstrom von 0,27 l/s ermitteln lassen, findet aber wie bereits beschrieben keine Anwendung, da hier die Ermittlung innerhalb einer Nutzungseinheit stattfindet. Abschließend wird in TS 1.6 noch das Bidet (BI) in die Installation integriert, wobei auch hier entsprechend der Vorgabe für die Nutzungseinheiten nach DIN 1988-300 das Bidet bei der Ermittlung des Summendurchflusses keine Berücksichtigung findet. So ist in TS 1.6 der Spitzenvolumenstrom von 0,28 l/s als maßgebender Volumenstrom anzusetzen und für die Ermittlung der Rohrdurchmesser zu wählen.

Wie bereits oben erwähnt, gibt es nach DIN 1988-300 bei der Verwendung von Nutzungseinheiten den Hinweis, wie der Spitzenvolumenstrom zu ermitteln ist, wenn z. B. bei einer Stranginstallation zwei Nutzungseinheiten aufeinandertreffen. Auch hier soll ein Beispiel die Vorgaben nach DIN 1988-300 näher erläutern.

Beispiel 2

Aus Gründen der Übersichtlichkeit wurde die Etageninstallation aus Beispiel 1 wiederverwendet und um zwei Etagen mit gleicher Sanitärobjektanordnung erweitert.

Die Spitzenvolumenströme mit 0,28 l/s je Nutzungseinheit in den TS 1.6, 2.6 und 3.6 sind gleich, da die Anordnung der Etageninstallation gleich gewählt und wie im zuvor genannten Beispiel ermittelt wurde. Es gilt anzumerken, dass der Spitzenvolumenstrom in den Teilstrecken der Etageninstallation durchaus von der darüber oder darunter liegenden Etage unterschiedlich sein kann, wenn die Anordnung und Anzahl der Sanitärobjekte auf den Etagen unterschiedlich wären. Dieses soll jedoch an dieser Stelle nicht weiter ausgeführt werden.

In TS 2.7 werden nun über die Stranginstallation zwei Nutzungseinheiten mit je 0,28 l/s versorgt. In der Addition der beiden Spitzenvolumenströme würde sich in TS 2.7 ein Volumenstrom von 0,56 l/s nach den Regeln der Nutzungseinheiten ergeben.

Nach DIN 1988-300 werden jedoch in dem Fall, bei dem an einer Teilstrecke (hier TS 2.7) zwei Nutzungseinheiten angeschlossen werden, die Spitzendurchflüsse der beiden Nutzungseinheiten nur dann addiert, wenn der sich ergebende Spitzendurchfluss kleiner ist als der nach Gleichung 10 ermittelte. Ist dieser ermittelte Spitzendurchfluss kleiner, ist dieser zu verwenden.

Um für die in Bild 29 dargestellte Stranginstallation den Spitzenvolumenstrom in Teilstrecke TS 2.7 nach Gleichung 10 zu ermitteln, muss zunächst

Bild 29
Stranginstallation für Beispiel 2

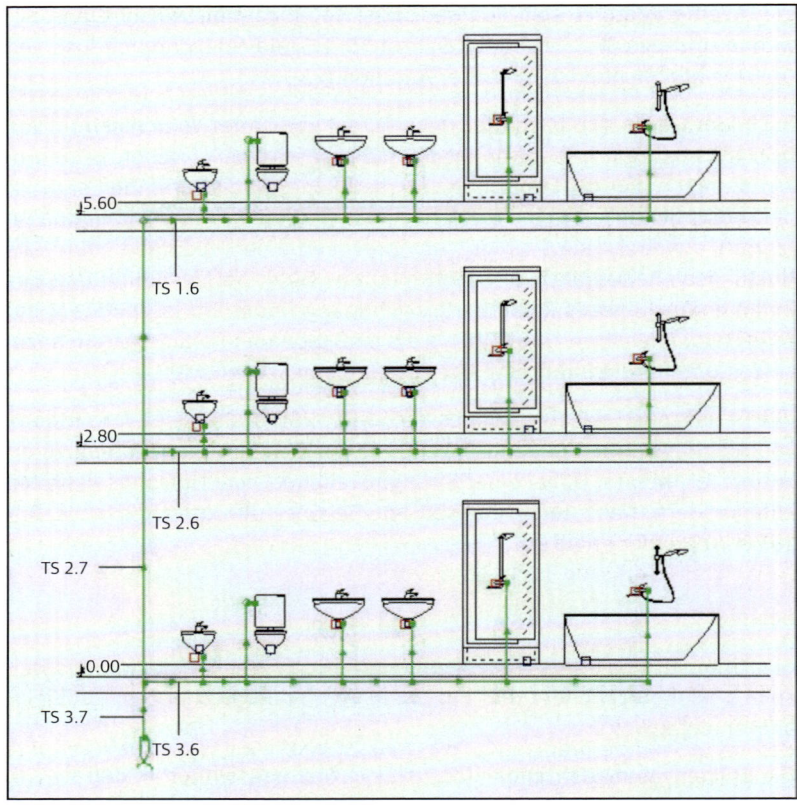

der gesamte Berechnungsdurchfluss ermittelt werden. Dieser ergibt sich unter Berücksichtigung der Ausnahmen für Nutzungseinheiten wie folgt:

$$\sum \dot{V}_R = \dot{V}_{R,BW} + \dot{V}_{R,WT1} + \dot{V}_{R,WC} = (0{,}15 + 0{,}07 + 0{,}13)\,\text{l/s} = 0{,}35\,\text{l/s}$$

Dieser Berechnungsdurchfluss gilt für eine Nutzungseinheit. Da die beiden Nutzungseinheiten identisch sind, addieren sich die beiden einzelnen Volumenströme:

$$\sum \dot{V}_R = (0{,}35 + 0{,}35)\,\text{l/s} = 0{,}7\,\text{l/s}.$$

Nach Gleichung 10 wird folgender Spitzenvolumenstrom ermittelt:

$$\dot{V}_S = a\left(\sum \dot{V}_R\right)^b - c = 1{,}48\left(0{,}7\,\frac{\text{l}}{\text{s}}\right)^{0{,}19} - 0{,}94 = 0{,}44\,\text{l/s}$$

Dieser Spitzenvolumenstrom ist kleiner als der nach einfacher Addition beider Nutzungseinheiten ermittelte Wert. Daher ist in TS 2.7 der niedrigere Wert von 0,44 l/s als maßgebender Volumenstrom einzusetzen und nicht der höhere Wert von 0,56 l/s.

Analog lässt sich so auch der Spitzenvolumenstrom für die Teilstrecke TS 3.7 ermitteln. In der Addition der Nutzungseinheiten würde sich ein Spitzenvolumenstrom von 0,84 l/s ergeben.

Die Kontrolle über Gleichung 10 ergibt jedoch einen Spitzenvolumenstrom von 0,55 l/s und ist damit kleiner als die Addition der Nutzungseinheiten.

Damit ist der kleinere Wert von 0,55 l/s in der TS 3.7 als maßgebender Volumenstrom und damit für die Dimensionierung der Rohrleitung zu verwenden.

In der Praxis findet häufig der Anschluss einer weiteren Nutzungseinheit innerhalb der ersten Nutzungseinheit statt, wenn z. B. bei Bild 28 aus Beispiel 1 an der Teilstrecke 1.2 eine Kücheninstallation angeschlossen wird. Hier wird bei der Auswahl des Spitzenvolumenstroms genauso verfahren wie in Beispiel 2, da die Küche eine zweite Nutzungseinheit darstellt und ab dem Anschluss der zweiten Nutzungseinheit ein Vergleich mit dem Formelwert nach Gleichung 10 erfolgen muss.

8.2.2.5.4.4 Dauerverbraucher

Neben der Einführung von Nutzungseinheiten und Regeln zur Anwendung dieser, werden nach DIN 1988-300 auch sogenannte Dauerverbraucher definiert. Dauerverbraucher sind danach Wasserentnahmen, die mit einer Dauer von mehr als 15 Minuten angesehen werden. Hierbei ist der Durchfluss des Dauerverbrauchers zum Spitzendurchfluss der anderen Entnahmestellen zu addieren. Typische Dauerverbraucher sind z. B. Zapfventile, über die eine Bewässerung des Gartens erfolgt.

8.2.2.5.4.5 Reihenanlagen

Wie oben bereits erwähnt, kann es bei Reihenanlagen durchaus denkbar sein, dass alle Entnahmestellen gleichzeitig geöffnet werden. Dabei sind die Entnahmestellen unmittelbar nebeneinander angeordnet und werden über eine gemeinsame Rohrleitung versorgt. Für eine Reihenanlage ist nach DIN 1988-300 die Grundlage eine Berechnung des Summendurchflusses. Grundsätzlich ist die Gleichzeitigkeit der Wasserentnahme mit dem Betreiber der Anlage festzulegen und im Raumbuch nach DIN 1988-200 aufzuführen. Die Spitzendurchflüsse aus der Reihenanlage und anderer Teilstrecken werden nach DIN 1988-300 im Gebäude addiert, wenn sie gleichzeitig auftreten können.

8.2.2.5.4.6 Sonderbauten, Gewerbe- und Industriegebäude

In DIN 1988-300 gibt es für Sonderbauten, die nicht in der Tabelle 3 aufgeführt sind, sowie für Gewerbe- und Industriegebäude den Hinweis, besondere Betrachtungen über die Gleichzeitigkeit der Wasserentnahme anzustellen. Hier sollte der Fachplaner besonderes Augenmerk walten lassen und kein pauschales Vorgehen bei der Auswahl der Gleichzeitigkeit anwenden.

Grundsätzlich ist nach DIN 1988-100 die Anforderung der Trinkwasser-Installation auf Basis der vorgesehenen Nutzung abzustimmen, was sicher auch auf die richtige und notwendige Auslegung von Entnahmestellen zu übertragen ist. Dabei ist bei Industrie-, Landwirtschafts-, Gärtnerei-, Schlachthof-, Molkerei- und Wäschereibetrieben, Großküchen, öffentlichen Gebäuden etc. der Spitzendurchfluss immer in Absprache mit dem Betreiber zu wählen und im Raumbuch zur späteren Kontrolle festzulegen. Dieses ergibt auf der einen Seite Sicherheit für den Fachplaner, auf der anderen Seite aber auch eine Nachverfolgbarkeit der angesetzten Werte bei Betriebsstörungen.

Messungen von Spitzendurchflüssen im Betrieb, wie sie z.B. von Betreibern größerer Krankenhäuser, aber auch von Hotels durchgeführt werden, helfen bei der Auswahl des anzusetzenden Spitzendurchflusses.

8.2.2.5.5 Verfügbares Druckgefälle für die Rohrreibung

8.2.2.5.5.1 Allgemeines

Für den Strömungsweg vom Hauswasserzähler bis zur jeweiligen Entnahmestelle sind für jeden Fließweg nun das verfügbare Druckgefälle R_V für die Rohrreibung und Einzelwiderstände mit Hilfe der verfügbaren Druckdifferenz $\Delta p_{ges,V}$ zu berechnen. Anschließend sind die Rohrdurchmesser für den Weg mit dem kleinsten verfügbaren Druckgefälle R_V zu bestimmen.

Das verfügbare Druckgefälle R_V wird nach Gleichung 11 ermittelt:

$$R_V = \frac{\left(1 - \dfrac{a}{100}\right)}{l_{ges}} \Delta p_{ges,V} \qquad (11)$$

Der Einzelwiderstandanteil a (in Prozent) wird hier mit 40 bis 60 Prozent als verfügbare Druckdifferenz für Rohrreibung und Einzelwiderstände zunächst nur geschätzt. Im Grunde kann diese Schätzung aber auch jeden anderen Wert annehmen, da er im späteren Verlauf der Berechnung nach DIN 1988-300 noch einmal differenziert berechnet wird.

Die Rohrleitungslänge l_{ges} ist dabei die Länge der Rohrleitung vom Hauswasserzähler bis zur jeweiligen Entnahmestelle.

Die verfügbare Druckdifferenz $\Delta p_{ges,V}$ ergibt sich aus Gleichung 12:

$$\Delta p_{\text{ges,V}} = p_{\text{min, WZ}} - \Delta p_{\text{geo}} - \sum \Delta p_{\text{Ap}} - \sum \Delta p_{\text{RV}} - p_{\text{min, Fl}} \quad (12)$$

mit:

$p_{\text{min, WZ}}$ Mindestdruck nach dem Wasserzähler
Δp_{geo} Druckverlust aus dem geodätischen Höhenunterschied
$\sum \Delta p_{\text{Ap}}$ Druckverluste in Apparaten
$\sum \Delta p_{\text{RV}}$ Druckverlust im Rückflussverhinderer
$p_{\text{min, Fl}}$ Mindestfließdruck

Sollte eine Stockwerksringleitung geplant werden, würde der Druckverlust des Rings Δp_{Ring} hier bei der Ermittlung der verfügbaren Druckdifferenz mit aufgeführt werden. Dies wird in Gleichung 14 in Abschnitt 8.2.2.5.7.1 sichtbar.

8.2.2.5.5.2   Mindestversorgungsdruck nach dem Wasserzähler

Gegenüber DIN 1988-3 wurde nach DIN 1988-300 der Startpunkt für die Berechnung verändert. Lag der nach DIN 1988-3 noch vor dem Wasserzähler, ist nun mit der Berechnung hinter dem Wasserzähler zu beginnen. Dazu ist vom örtlichen Wasserversorger der Mindestdruck $p_{\text{min, WZ}}$ nach dem Wasserzähler anzugeben, da in den Zuständigkeitsbereich des Wasserversorgers die Auslegung der Hausanschlussleitung und des Wasserzählers fällt.

Für die Berechnung ist daher die Angabe über den Mindest(fließ)druck nach dem Wasserzähler einzuholen bzw. durch den Wasserversorger zu leisten. Sollte bei größeren Gebäuden eine Druckerhöhungsanlage (DEA) zum Einsatz kommen, ist für die Bemessung der Rohrleitung nach der DEA der Nachdruck p_{nach} zu berücksichtigen.

Wird jedoch nur der Mindestversorgungsdruck $p_{\text{min,V}}$ vom örtlichen Wasserversorger für die Versorgungsleitung angegeben, oder es sind zur Bemessung des Mindestdrucks nach dem Wasserzähler keine verlässlichen Daten der Hausanschlussleitung vorhanden, wird bei der Auslegung der Druckverlust für Hausanschlussleitung und Wasserzähler pauschal erfasst. Dann ist der Druckverlust für die Hausanschlussleitung p_{HAL} mit 200 hPa und für den Druckverlust durch den Wasserzähler p_{WZ} mit 650 hPa anzusetzen. Daher kann der Fachplaner davon ausgehen, dass zusammen kein höherer Druckverlust von Hausanschlussleitung und Wasserzähler von 850 hPa bei Spitzenbelastung anfällt.

8.2.2.5.5.3   Druckverlust aus dem geodätischen Höhenunterschied

Der geodätische Höhenunterschied h_{geo} zwischen dem Berechnungsstartpunkt (Messstelle $p_{\text{min,V}}$ bzw. $p_{\text{min,WZ}}$) und der Entnahmearmatur (meist höher gelegen) bildet den Druckverlust aus dem geodätischen Höhenunterschied Δp_{geo}. Dieser wird mit $\Delta p_{geo} = 100 \cdot h_{geo}$ in hPa vereinfacht bei der Annahme ermittelt, dass 1 m Druckhöhe 100 hPa entspricht. Warum die Stoffwerte hier allerdings keine Anwendung finden, bleibt jedoch offen.

8.2.2.5.5.4 Druckverlust von Apparaten

Grundsätzlich sind in die Trinkwasser-Installation eingebaute Apparate mit den jeweiligen Apparatedruckverlusten bei der Ermittlung des verfügbaren Druckgefälles zu berücksichtigen. Nach DIN 1988-200 sind Apparate Vorrichtungen aller Art, die Teil der Trinkwasser-Installation sind (z. B. Druckerhöhungsanlagen, Wasserbehandlung, Trinkwassererwärmer) oder ständig an die Trinkwasser-Installation angeschlossen werden (z. B. Waschmaschinen, Geschirrspülmaschinen, Getränkeautomaten). Für die Sicherung der Apparate, aber auch der Trinkwasser-Installation, sind die Vorgaben nach DIN EN 1717 und DIN 1988-100 zu berücksichtigen.

Wie auch bei allen anderen Daten sind die Herstellerangaben bei Apparaten zu berücksichtigen. Wird vom Hersteller der Druckverlust des Apparats für einen Betriebspunkt angegeben, wird (wie auch schon nach 1988-3) der Druckverlust mit Gleichung 13 ermittelt:

$$\Delta p_{Ap} = \Delta p_g \left(\frac{\dot{V}_S}{\dot{V}_g}\right)^2 \quad (13)$$

mit:

Δp_{Ap} Apparatedruckverlust

Δp_{Ap} vom Hersteller angegebener Druckverlust für einen Betriebspunkt

$\dot{V}_S$ Spitzendurchfluss

$\dot{V}_g$ vom Hersteller angegebener Durchfluss für einen Betriebspunkt

8.2.2.5.5.5 Druckverlust bei Gruppen-Trinkwassererwärmern

DIN 1988-300 fordert auch hier unbedingt die Berücksichtigung der Herstellerangaben, da die in Tabelle 4 (hier Tabelle 19) der Norm aufgeführten Druckverluste erheblich von den Werten in der Praxis abweichen können. Nur bei produktneutraler Ausschreibung sind die Referenzwerte der Norm für die Druckverluste von Gruppen-Trinkwassererwärmern zu verwenden.

8.2.2.5.6 Auswahl der Rohrdurchmesser für den hydraulisch ungünstigsten Fließweg

Wie bereits erwähnt, wurde der vereinfachte Berechnungsgang zur Ermittlung beziehungsweise Auswahl der Rohrdurchmesser abgeschafft, sodass die Auswahl der Rohrdurchmesser nach DIN 1988-300 nur differenziert

Einhaltung der Hygiene-Anforderungen in Trinkwasser-Installationen

Geräteart	Druckverlust Δp_{TE} (hPa)
Elektro-Durchfluss-Wassererwärmer • hydraulisch gesteuert • elektronisch gesteuert	 1000 800
Elektro- bzw. Gas-Speicher-Wassererwärmer Nennvolumen bis 80 l	200
Gas-Durchfluss-Wasserheizer und Gas-Kombi-Wasserheizer nach DIN EN 297, DIN EN 625	800

Tab. 19
Referenzwerte für Druckverluste Δp_{TE} von Gruppen-Trinkwassererwärmern (DIN 1988-300, Tab. 4)

durchgeführt wird. Dabei ist die Rohrleitung zunächst für den hydraulisch ungünstigsten Fließweg, also für den mit dem geringsten zur Verfügung stehenden Druckgefälle, zu dimensionieren. Es wird für jede Teilstrecke der errechnete bzw. nach Nutzungseinheiten ermittelte Spitzenvolumenstrom für die Auswahl der Rohrdurchmesser gewählt.

Dabei soll das ermittelte Druckgefälle der Teilstrecke aus Rohrreibung und Einzelwiderständen dem Wert nach Gleichung 11 für das verfügbare Druckgefälle R_V möglichst nahekommen, ihn aber nicht überschreiten.

Nach Ermittlung des ungünstigsten Fließwegs werden die günstiger gelegenen Fließwege dimensioniert, bis alle Dimensionen ermittelt sind. Dabei sind die Druckverluste der bereits geplanten Teilstrecken zu berücksichtigen, was zum Teil vor allem in größeren Gebäuden bei Teilstrecken, die hydraulisch günstiger liegen, zu kleineren Nennweiten führen kann. Dies wird in DIN 1988-300 unter Abschnitt 5.6 als Strangabgleich gefordert und führt bei konsequenter Umsetzung zu einer Reduzierung der Wassermasseströme und damit zur Verbesserung der Hygiene.

Für die Auswahl der Rohrdurchmesser sind die maximalen Fließgeschwindigkeiten nach DIN 1988-300 nicht zu überschreiten (Tabelle 20). Die maximalen rechnerischen Fließgeschwindigkeiten haben dabei lediglich

Leitungsabschnitt	Maximal rechnerische Fließgeschwindigkeit bei Fließdauer [m/s]	
	< 15 min	≥ 15 min
Anschlussleitungen (Hausanschlussleitung)	2	2
Verbrauchsleitungen: Teilstrecken mit Widerstandbeiwerten ζ < 2,5 für die Einzelwiderstände [a]	5	2
Teilstrecken mit Widerstandbeiwerten ζ > 2,5 für die Einzelwiderstände [b]	2,5	2
a z.B. Kolbenschrieber, Kugelbahn, Schrägsitzventile b z.B. Gradsitzventile		

Tab. 20
Maximale rechnerische Fließgeschwindigkeit bei Fließdauer (DIN 1988-300, Tab. 5)

eine Begrenzungsfunktion und sind nicht der Dimensionierungsparameter. Ziel sollte es bei der Dimensionierung der Rohrdurchmesser immer sein, die verfügbare Druckdifferenz aufzubrauchen.

8.2.2.5.7 Druckverluste in der Stockwerksverteilung

8.2.2.5.7.1 Installationsvarianten bei der Stockwerksverteilung

Die Stockwerksverteilungsart sollte bei der Planung aus unterschiedlichen Gesichtspunkten gewählt werden. Hierzu zählt neben den hydraulischen und baulichen Anforderungen auch der zu erwartende Wasseraustausch.

In den vergangenen Jahrzehnten wurde bei der Stockwerksverteilung und damit bei dem Anschluss von Waschtischen, Badewannen, Duschwannen etc. auf der Etage häufig die T-Stückinstallation eingesetzt (Bild 30). Durch geringe Rohrleitungslängen und ein einfaches, standardisiertes Installations- und Planungsverfahren war bei vielen Installateuren und Fachplanern diese Installationsvariante gängige Praxis.

Unter hygienischen Gesichtspunkten ist gegen diese Installationsvariante im Grunde auch nichts einzuwenden, wenn der bestimmungsgemäße Betrieb, wie in DIN EN 806 Teil 5 gefordert, durch den Betreiber sichergestellt wird und z. B. eine regelmäßige Wasserentnahme an allen Entnahmestellen durchgeführt wird.

Diese Installationsart hat jedoch in der Vergangenheit dennoch immer wieder zu hygienischen Problemen geführt, weil bestimmte Entnahmestellen nicht oder nicht regelmäßig genutzt wurden und dadurch die Stagnation des Wassers zu den bekannten hygienischen Problemen geführt hat.

Eine weitere Installationsvariante auf der Etage ist der Anschluss jeder Entnahmestellen mit einer einzelnen Zuleitung, bei der von einem zentralen Verteiler die unterschiedlichen Entnahmestellen angeschlossen werden (Bild 31). Diese Installation wird sehr oft als Rohr-in-Rohr-Installation ausgeführt, wobei der Vorteil vor allem darin besteht, dass innerhalb des Fußbodenaufbaus keine Kreuzungspunkte von Warm- und Kaltwasserrohrleitungen entstehen. Dieses verhindert bei ausreichender Dämmung der Rohrleitung eine unzulässige Erwärmung des Kaltwassers und begünstigt die Einhaltung des vorgesehenen Fußbodenaufbaus, bedeutet aber einen höheren Rohrleitungsbedarf gegenüber der T-Stückinstallation.

Hygienisch gesehen ist diese Installationsvariante der T-Stückinstallation gleichzusetzen, da auch hier der bestimmungsgemäße Betrieb an allen Entnahmestellen sichergestellt sein muss. Hydraulisch sind jedoch die Druckverluste minimal, da der Formteilanteil bei dieser Etageninstallation sehr gering ist.

Eine Art T-Stückinstallation ohne Stichleitungen zu den Entnahmestellen ist die Installation der Anschlüsse als Reihenleitung. Diese auch als durch-

Einhaltung der Hygiene-Anforderungen in Trinkwasser-Installationen

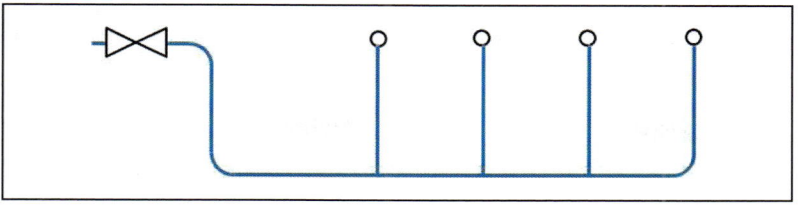

Bild 30
T-Stückinstallation als Stockwerksverteilung

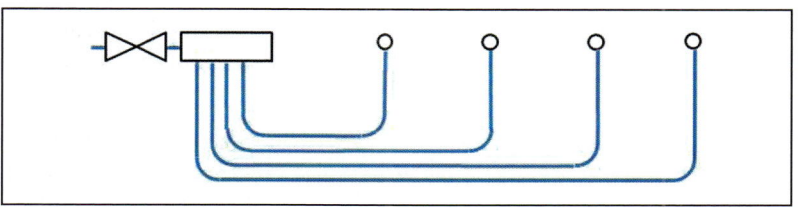

Bild 31
Anschluss jeder Entnahmestelle über einen zentralen Verteiler als Stockwerksverteilung

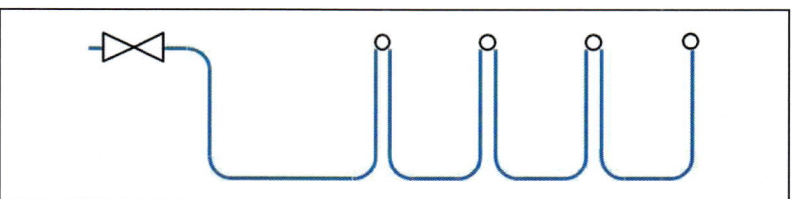

Bild 32
Reihenleitung als Stockwerksverteilung

schleifende Installation bekannte Variante wird oft mit Doppelwandscheiben (siehe Bild 33) ausgeführt, bei der die am meisten verwendete Entnahmestelle am Ende der Reihenleitung installiert wird. Diese Vorgehensweise fördert dann einen regelmäßigen Wasseraustausch in allen Rohrleitungsabschnitten und ist hygienisch gesehen sicher eine der besten Varianten. Wie auch bei der Installationsvariante mit zentralem Verteiler und Einzelzuleitung zu jeder Entnahmestelle ist hier gegenüber der T-Stückinstallation ein höherer Rohrbedarf nötig. Der Druckverlust in einer Reihenleitung addiert sich jedoch, was eventuell zu größeren Nennweiten führen kann.

Bild 33
Doppelwandscheibe
(Werksbild Uponor)

DIN 1988-200 fordert hier z. B. in Kapitel 8 bei Leitungen, die selten benutzt werden, einen Anschluss unmittelbar an der durchströmten Verteilungsleitung. Mit einer Reihenleitung könnte so die Gartenzapfstelle mit der Küche verbunden werden, bei der auch in den Wintermonaten ein regelmäßiger Wasseraustausch stattfindet.

Die Ringleitung ist als letzte hier vorzustellende Installation sicher die am meisten derzeit diskutierte Variante. Neben dem hygienischen Vorteil durch regelmäßigen Wasseraustausch in allen Leitungsteilen ist dabei auch der hydraulische Vorteil bei der Ringleitung zu nennen, da gegenüber der Reihenleitung die Entnahmestellen aus zwei unterschiedlichen Richtungen angeströmt werden. Im Grunde ist die Ringleitung eine Reihenleitung, bei der am Ende der letzen Entnahmestelle eine zusätzliche Ringleitung zum Anschluss zurückgeführt wird.

In DIN 1988-3 gab es bereits einen vereinfachten Berechnungsansatz, um eine Ringleitung zu dimensionieren, der jedoch zu nicht vertretbaren Ergebnissen kommt.

In DIN 1988-300 werden zur Ringleitung strömungstechnische Besonderheiten berücksichtigt. So wird für eine gleichmäßige hygienische Durchströmung der Ringleitung in DIN 1988-300 empfohlen, eine einheitliche Ringnennweite zu wählen.

Für den Druckverlust der Ringleitung bei der Stockwerksverteilung wird, wie auch bei der Bestimmung des Spitzenvolumenstroms einer Nutzungseinheit, der Druckbedarf Δp_{Ring} differenziert für eine gleichzeitige Entnahme an den beiden größten Entnahmestellen berechnet. So gilt dann, wie bereits in Abschnitt 8.2.2.5.5 aufgeführt, für die gesamte verfügbare Druckdifferenz Gleichung 14:

$$\Delta p_{ges,V} = p_{min,WZ} - \Delta p_{geo} - \sum \Delta p_{Ap} - \sum \Delta p_{RV} - p_{min,Fl} - \Delta p_{Ring} \quad (14)$$

Leider enthält DIN 1988-300 kein Beispiel zur differenzierten Berechnung einer Ringleitung und verweist im Anhang auf das Verfahren zur iterativen Berechnung nach Hardy Cross. Dieses Verfahren ist eine anerkannte Methode zur Berechnung der Volumenströme von Ringleitungen in verzweigten oder vermaschten Netzen, wie sie typisch für Versorgungsleitungen außerhalb von Gebäuden sind. Das Verfahren kann aber auch in der differenzierten Berechnung einer Ringleitung für eine Etageninstallation Verwendung finden. Rudat stellte dazu ein vereinfachtes Berechnungsschema auf, welches hier folgend näher beschrieben wird.

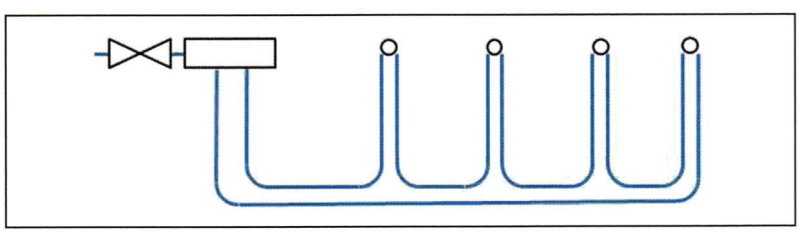

Bild 34
Ringleitung als Stockwerksverteilung

8.2.2.5.7.2 Bemessung einer Ringleitung nach dem Hardy-Cross-Verfahren

Hardy Cross entwickelte ein maschenbezogenes Verfahren, mit dem die Druckverluste einer Ringleitung als Stockwerksverteilleitung berechnet werden können.

Geht man davon aus, dass bei einer Stockwerksinstallation in einer Nutzungseinheit für Wohngebäude maximal zwei Entnahmestellen gleichzeitig geöffnet sind und bei wohnungsähnlicher Nutzung in Büro- und Verwaltungsgebäuden maximal drei Entnahmestellen, ist dieses Verfahren vereinfacht einsetzbar. Dabei wird das hydraulische System der Ringleitung in Form einer Masche mit einer Versorgungsleitung und z. B. drei Einzelanschlussleitungen an die Entnahmearmaturen beschrieben.

Bild 35 zeigt beispielhaft eine Ringleitung als Masche nach Hardy Cross mit den wichtigsten Größen.

Das Hardy-Cross-Verfahren ist ein maschenorientiertes Rohrnetzberechnungsverfahren, wobei die Strömung in einem vermaschten Netz zwei Bedingungen erfüllen muss.

So ist an den Knoten (in Bild 35 Doppelwandscheiben) die Summe der Zu- und Abflüsse (Volumenstrom $\dot{V}_i$) gleich null, wenn die Zuflüsse positiv und die Abflüsse negativ angenommen werden. Dieses wird auch Knotenbedingung genannt (Gleichung 15).

Es gilt somit folgende Knotenbedingung:

$$\sum_{i=0}^{n} \dot{V}_i = 0 \qquad (15)$$

Als zweite Bedingung gilt, dass die Summe der Druckverluste $\Delta p_{ges,i}$ aus Rohrreibung und Einzelwiderständen im geschlossenen Ring bzw. der geschlossenen Masche null ist, wenn die Druckverluste im Uhrzeigersinn positiv und in Gegenrichtung negativ eingesetzt werden. Diese zweite Bedingung wird auch Maschenbedingung genannt (Gleichung 16).

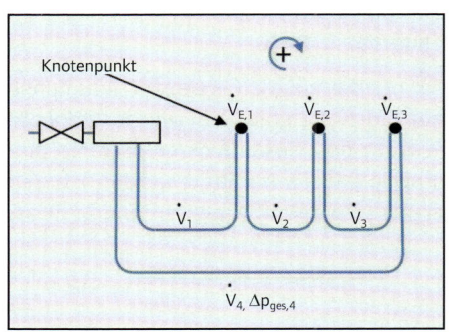

Bild 35 Ringleitung als Masche nach Hardy Cross mit den wichtigsten Größen

Bild 36
Vorgehensweise zum Abschätzen der Teilvolumenströme

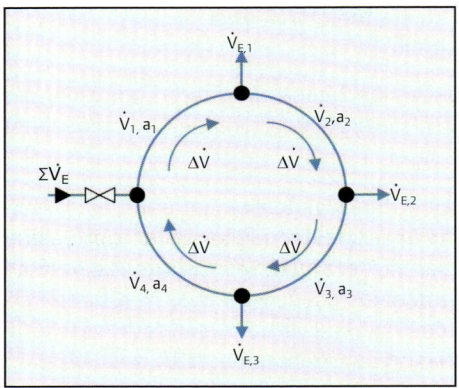

Es gilt somit folgende Maschenbedingung:

$$\sum_{i=0}^{n} \Delta p_{\text{ges},i} = 0 \tag{16}$$

Dieses algorithmische Verfahren nach Hardy Cross sieht vor, dass für die Druckverluste bzw. Volumenströme Anfangsschätzwerte eingesetzt werden, die durch iterative Korrekturen so lange verändert werden, bis sich der hydraulische Gleichgewichtszustand eingestellt hat. Es besteht die Möglichkeit, entweder mit dem Ausgleich der Druckverluste nach der Maschenbedingung oder aber mit dem Ausgleich der Volumenströme nach der Knotenbedingung zu rechnen. Da der Ausgleich der Volumenströme im Allgemeinen eine höhere Anzahl von Iterationsschritten bedeuten würde, ist das Ausgleichsverfahren der Druckverluste nach den Maschenverfahren zu bevorzugen und wird hier weiter vorgestellt. Dazu ist es notwendig, zunächst eine Schätzung für die Teilvolumenströme anhand der Knotenbedingung zu erstellen, um damit die Druckverluste zu berechnen. Anschließend werden die berechneten Druckverluste hinsichtlich der Maschenbedingung überprüft und bei Abweichungen ein Differenzvolumenstrom ermittelt, mit dem die Druckverluste erneut berechnet werden. Dieses erfolgt so lange, bis das hydraulische Gleichgewicht hergestellt bzw. die Maschenbedingung erfüllt ist. Bild 36 soll diese Vorgehensweise näher erklären.

Für die Aufteilung des Gesamtvolumenstroms am Eintritt in den Ring muss ein Startwert geschätzt werden. Hier bieten sich als guter Startwert 50 Prozent des Gesamtvolumenstroms an, über den dann die Teilvolumenströme jeweils ermittelt werden können. Für oben dargestelltes Beispiel ergibt sich dann für die Aufteilung des Gesamtvolumenstroms:

$$\dot{V}_1 = 0{,}5 \cdot \sum_{i=0}^{n} \dot{V}_{E.i} \tag{17}$$

$$\dot{V}_2 = \dot{V}_1 - \dot{V}_{E.1} \tag{18}$$

$$\dot{V}_3 = \dot{V}_1 - \dot{V}_{E.2} \tag{19}$$

$$\dot{V}_4 = 0{,}5 \cdot \sum_{i=0}^{n} \dot{V}_{E.i} \tag{20}$$

Nach der Ermittlung der Teilvolumenströme über die Schätzwerte (hier 50 Prozent) wird nun die Gesamtdruckdifferenz ermittelt. Eine Überprüfung mit der Maschenbedingung $\sum_{i=0}^{n} \Delta p_{ges,i} = 0$ wird vermutlich ergeben, dass diese nicht erfüllt ist. Demnach gilt:

$$\sum_{i=1}^{n} \Delta p_i = \sum_{i=1}^{n} a_i \cdot \dot{V}_i^2 \neq 0 \tag{21}$$

Daher wird für alle Teilvolumenströme ein Differenzvolumenstrom ermittelt, mit dem ein erneuter Berechnungsschritt durchgeführt werden muss, um die Maschenbedingung zu erfüllen. Dieser Differenzvolumenstrom lässt sich mit Gleichung 22 ermitteln:

$$\begin{aligned}&a_1 \cdot (\dot{V}_1^2 + \Delta \dot{V})^2 + a_2 \cdot (\dot{V}_2^2 + \Delta \dot{V})^2 \\ &+ a_3 \cdot (\dot{V}_3^2 + \Delta \dot{V})^2 - a_4 \cdot (\dot{V}_4^2 + \Delta \dot{V})^2 = 0\end{aligned} \tag{22}$$

Vereinfacht dargestellt bei Vernachlässigung von $(\dot{V})^2$ ergibt sich der Korrekturvolumenstrom unter Beachtung des Vorzeichens mit Gleichung 23:

$$\Delta \dot{V} = -\frac{\sum_{i=1}^{n} a_i \cdot \dot{V}_i \cdot |\Delta \dot{V}|}{2 \cdot \sum_{i=1}^{n} |a_i \dot{V}|} \tag{23}$$

Da jedoch die Gesamtdruckverluste für jede Teilstrecke bekannt sind, kann auch einfacher der Korrekturvolumenstrom mit Gleichung 24 dargestellt werden:

$$\Delta \dot{V} = -\frac{\sum_{i=1}^{n} \Delta p_{ges,i}}{2 \cdot \sum_{i=1}^{n} |a_i \dot{V}|} \tag{24}$$

Berechnungsbeispiel einer Ringleitung nach dem Hardy-Cross-Verfahren

Diese recht komplexe Herleitung des Korrekturvolumenstroms soll anhand folgenden Beispiels näher erläutert werden. Bilder 37 und 38 zeigen dazu eine typische Badezimmerinstallation, bei der die Entnahmestellen für WC, Waschtisch, Dusche, Badewanne und Waschmaschine dargestellt sind und über eine Ringleitung angeschlossen werden.

Im Strangschema in Bild 38 sind zu den jeweiligen Entnahmestellen die Berechnungsdurchflüsse nach DIN 1988-300, Tabelle 2 aufgeführt.

Zunächst wird entsprechend den Regeln für die Nutzungseinheiten mit den Berechnungsdurchflüssen der Spitzenvolumenstrom für diese Etagen-

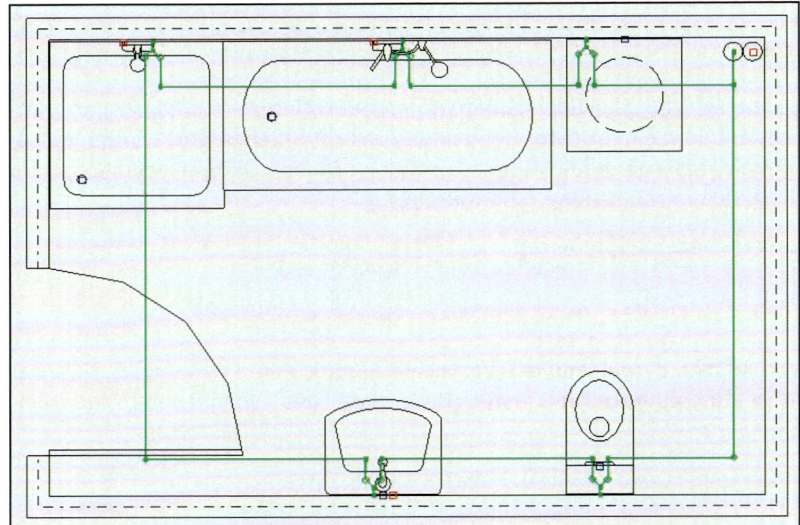

Bild 37
Badezimmerinstallation mit Ringleitung

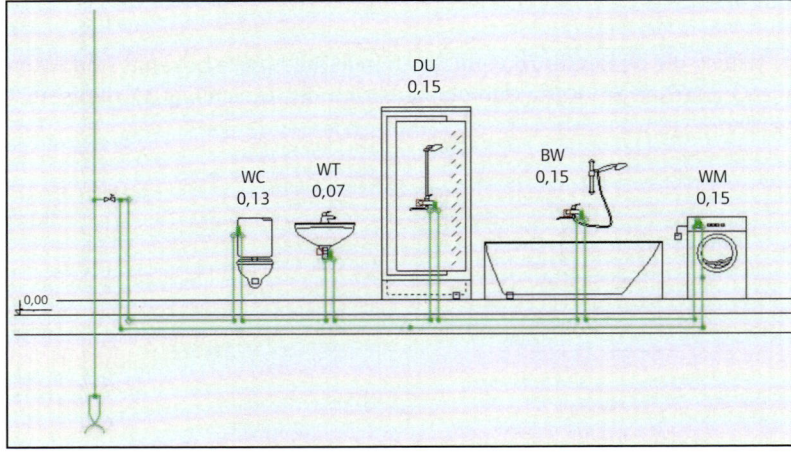

Bild 38
Etageninstallation mit Ringleitung als Strangschema

installation ermittelt. Da die Duschwanne zusätzlich zur Badewanne installiert ist, findet der Berechnungsdurchfluss der Dusche keine Berücksichtigung. Bei den restlichen Entnahmestellen werden die beiden größten Entnahmestellen (Badewanne $\dot{V}_{R,BW} = 0{,}15$; Waschmaschine $\dot{V}_{R,WM} = 0{,}15$) für die Ermittlung des Spitzendurchflusses verwendet.

Danach können die Teilstrecken für dieses Beispiel wie in Bild 39 gebildet werden.

Entsprechend DIN 1988-300 soll für eine gleichmäßige Durchströmung der Ringleitung eine Nennweite gewählt werden. Aufgrund des zu erwartenden Spitzenvolumenstroms von Badewanne und Waschmaschine mit $(0{,}15 + 0{,}15)$ l/s = 0,30 l/s wurde hier für die Ringleitung ein Mehrschichtverbundrohr der Nennweite 20 × 2,25 mm (DN 15) ausgewählt.

Wie bei der Herleitung der Teilvolumenströme bereits erwähnt, wird für die Ermittlung dieser in TS 1 bzw. TS 3 ein geschätzter Startvolumenstrom benötigt. Für dieses Beispiel soll er 50 Prozent des Spitzendurchflusses betragen. Es ergibt sich somit nach Gleichung 17:

$$\dot{V}_{TS1} = 0{,}5 \cdot 0{,}30 \, l/s = 0{,}15 \, l/s$$

Dementsprechend für TS 3:

$$\dot{V}_{TS3} = -0{,}15 \, l/s$$

Damit lässt sich der Teilvolumenstrom in der Teilstrecke TS 2 ermitteln. Er ergibt sich nach Gleichung 18:

$$\dot{V}_{TS2} = \dot{V}_{TS1} - \dot{V}_{R,BW} = 0{,}15 - 0{,}15 \, l/s = 0 \, l/s$$

Irreführenderweise ergibt sich hier in Teilstrecke TS 2 ein Teilvolumenstrom von 0 l/s, was jedoch auf den geschätzten Startvolumenstrom zurückzu-

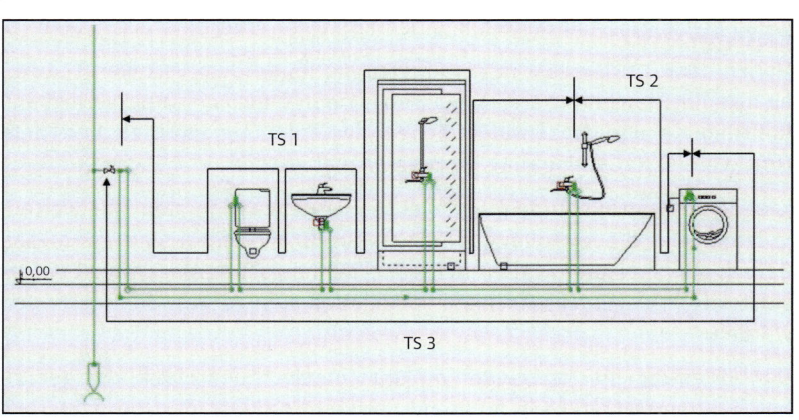

Bild 39
Teilstreckenzuordnung

führen ist. Wie in der nachfolgenden Iterationsberechnung in Tabelle 21 ersichtlich ist, war die Schätzung von 50 Prozent des Spitzenvolumenstroms zu hoch. Das wird bei der Ermittlung des Differenzvolumenstroms über die Iterationsberechnung allerdings wieder bereinigt.

Der Differenzvolumenstrom $\Delta \dot{V}$ wird nun für den ersten Iterationsschritt nach Gleichung 23 berechnet:

$$\Delta \dot{V} = -\frac{\sum_{i=1}^{n}\Delta p_{ges,i}}{2 \cdot \sum_{i=1}^{n}|a_i \dot{V}|} = -\frac{297\,l/s}{2 \cdot 3020} = -0{,}0491\,l/s$$

Dieser so ermittelte Differenzvolumenstrom wird nun im zweiten Iterationsschritt zu jedem geschätzten Teilvolumenstrom addiert. Für die Teilstrecke 1 ergibt sich somit ein neuer Teilvolumenstrom von:

$$\dot{V}_{TS\,1,\,2.\,Iteration} = \dot{V}_{TS\,1,\,1.\,Iteration} + \Delta \dot{V} = (0{,}15 + (-0{,}0491))\,l/s = 0{,}1009\,l/s$$

Für die Teilstrecke TS 2, für die ein geschätzter Teilvolumenstrom von 0 l/s ermittelt wurde, gilt:

$$\dot{V}_{TS\,2,\,2.\,Iteration} = \dot{V}_{TS\,1,\,1.\,Iteration} + \Delta \dot{V} = 0 + (-0{,}0491)\,l/s = -0{,}0491\,l/s$$

Mit diesen so ermittelten neuen Teilvolumenströmen wird wieder eine Druckverlustberechnung durchgeführt, bis die Maschenbedingung erfüllt ist. Hierbei ist darauf zu achten, dass die veränderten Vorzeichen (negativ oder positiv) konsequent mit berücksichtigt werden.

Der durch die Ringleitung erzeugte Druckverlust für den ungünstigsten Fließweg kann dabei im letzten Iterationsschritt (in Iterationsrechnung ist das Feld in Tabelle 21 gelb markiert) entnommen werden. Dieser beträgt für dieses Beispiel 159 hPa und muss, entsprechend der Maschenbedingung, gleich groß mit der Summe der negativen Druckdifferenzen sein.

Neben dem Druckverlust in der Ringleitung hinter dem Verteiler/T-Stück, an dem die Ringleitung angeschlossen ist, muss noch der Druckverlust aus Rohrreibung und Einzelwiderständen der Zuleitung ermittelt und dem Druckverlust der Ringleitung hinzugerechnet werden.

Tabelle 22 zeigt die in dem Beispiel verwendeten Widerstandsbeiwerte ζ je Teilstrecke, die im Anhang in DIN 1988-300 aufgeführt sind. Für dieses Berechnungsbeispiel wurden bei jeder Richtungsänderung Winkel eingesetzt, die in der Praxis für diese Installation weniger Anwendung finden würden.

Der Vorteil des hier verwendeten Mehrschichtverbundrohres, das gerade bei Richtungsänderungen aufgrund der Formstabilität des Rohrmaterials

1. Iteration

TS	V l/s	R hPa/m	l m	v m/s	Σζ	ΔpR (R*l) hPa	ΔpE (Σζ*ρ/2*v²) hPa	ΣΔpi = ΔpR+ΔpE hPa	a=ΣΔp/v² hPa/(l/s)²	(a*v) hPa/(l/s)	Δv l/s
1	0,15	6,40	13,9	0,80	90,5	89,0	286	375	16663	2500	-0,049
2	0,00	0,00	3,5	0,00	26,7	0,0	0	0	0	0	-0,049
3	-0,15	-6,40	1,2	0,80	22,3	-7,7	-70	-78	-3473	521	-0,049
								297		3020	-0,049

2. Iteration

TS	V l/s	R hPa/m	l m	v m/s	Σζ	ΔpR (R*l) hPa	ΔpE (Σζ*ρ/2*v²) hPa	ΣΔpi = ΔpR+ΔpE hPa	a=ΣΔp/v² hPa/(l/s)²	(a*v) hPa/(l/s)	Δv l/s
1	0,10	3,22	13,9	0,53	90,5	44,8	129	174	17112	1726	-0,005
2	-0,05	-0,94	3,5	0,26	26,7	-3,3	-9	-12	-5118	251	-0,005
3	-0,20	-10,48	1,2	1,06	22,3	-12,6	-124	-137	-3448	687	-0,005
								25		2664	-0,005

3. Iteration

TS	V l/s	R hPa/m	l m	v m/s	Σζ	ΔpR (R*l) hPa	ΔpE (Σζ*ρ/2*v²) hPa	ΣΔpi = ΔpR+ΔpE hPa	a=ΣΔp/v² hPa/(l/s)²	(a*v) hPa/(l/s)	Δv l/s
1	0,10	3,97	13,9	0,81	90,5	41,3	118	159	17183	1653	0,000
2	-0,05	-1,10	3,5	0,29	26,7	-3,9	-11	-15	-5206	280	0,000
3	-0,20	-10,92	1,2	1,08	22,3	-13,1	-131	-144	-3457	705	0,000
								0		2637	0,000

Tab. 21
Iterative Ermittlung der Druckverluste nach dem Hardy-Cross-Verfahren für eine Ringleitung

Bauteil	ζ-Wert	Anzahl	TS 1	Anzahl	TS 2	Anzahl	TS 3
Winkel	7,4	10	74	3	22,2	2	14,8
Doppel-Wandscheibe DG	4,5	3	13,5	1	4,5	1	4,5
Verteiler	3,0	1	3	0	0	1	3
Summe			90,5		26,7		22,3

Tab. 22
Im Beispiel verwendete Widerstandsbeiwerte ζ aus DIN 1988-300, Tabelle A4

Rohrdimensionen d_a x s [mm]	Biegeradius von Hand [mm]	Biegeradius mit Innenbiegefeder [mm]	Biegeradius mit Außenbiegefeder [mm]	Biegeradius mit Biegezange [mm]
14 x 2,0	(5 x d_a) 70	(4 x d_a) 56	(4 x d_a) 56	40
16 x 2,0	(5 x d_a) 80	(4 x d_a) 64	(4 x d_a) 64	46
18 x 2,0	(5 x d_a) 90	(4 x d_a) 72	(4 x d_a) 72	52
20 x 2,25	(5 x d_a) 100	(4 x d_a) 80	(4 x d_a) 80	80
25 x 2,5	(5 x d_a) 125	(4 x d_a) 100	(4 x d_a) 100	83
32 x 3	(5 x d_a) 160	(4 x d_a) 128	-	111

Bild 40
Minimale Biegeradien für Uponor Mehrschichtverbundrohre in mm; d_a = Außendurchmesser; s = Wanddicke

aus Installations- und Kostengründen gebogen wird, ist jedoch in der Auflistung in DIN 1988-300 Anhang A.4 nicht berücksichtigt worden. Die unter Einhaltung der Mindestbiegeradien ausgeführten Richtungsänderungen haben zwangsläufig wesentlich kleinere Widerstandsbeiwerte und würden je nach Dimension etwa einem Zehntel der hier aufgeführten Werte der Winkel entsprechen. Eine erneute Berechnung des hier aufgeführten Beispiels würde dann die Auswahl der Ringnennweite 16 × 2 mm erlauben.

Bild 40 listet die unterschiedlichen minimalen Biegeradien in mm auf, die jeweils mit unterschiedlichen Hilfsmitteln erstellt werden können.

Wie in diesem Beispiel dargestellt, bietet das Berechnungsverfahren nach Hardy Cross durchaus die Möglichkeit, mit geringen Mitteln den Druckverlust einer Ringleitung zu bestimmen. Computergestützte Programme helfen jedoch bei der Arbeit, wobei die iterative Ermittlung des Druckverlustes einfacher wird und nicht separat durchgeführt werden muss. So ist z. B. mit dem Kalkulationsprogramm Excel diese einfache iterative Berechnung durchgeführt worden.

8.2.2.6 Ermittlung der Rohrdurchmesser von Zirkulationsleitungen

8.2.2.6.1 Unterschiede zwischen DIN 1988-300 und DVGW-Arbeitsblatt W 553

Mit dem Erscheinen des DVGW-Arbeitsblatts W 553 im Dezember 1998 wurde ein Verfahren zur Ermittlung des Rohrdurchmessers von Zirkulationsleitungen veröffentlicht, welches den Volumenstrom aufgrund der Wärmeverluste des zirkulierenden Systems ermittelte. Dieses löste damit das Verfahren nach DIN 1988-3 ab, welches darauf beruhte, die Zirkulationsleitung im Durchschnitt um zwei Dimensionen kleiner zu dimensionieren als die Warmwasserleitung. Dieses Verfahren nach DVGW-Arbeitsblatt W 553 wurde im Kern in DIN 1988-300 übernommen.

Das Kurzverfahren für Ein- und Zweifamilienhäuser sowie das vereinfachte Verfahren mit vorgegebenen Wärmeverlustwerten für im Keller oder im Strang verlegte Leitungen wurden nicht übernommen.

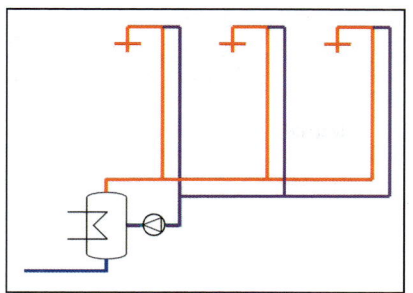
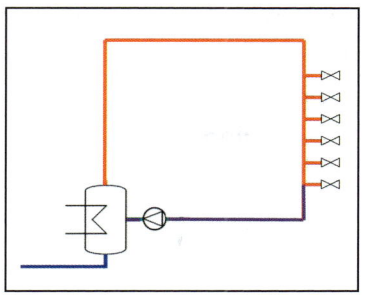

Bild 41 (links)
Zirkulationssystem mit unterer Verteilung

Bild 42 (rechts)
Zirkulationssystem mit oberer Verteilung

Somit steht dem Anwender für die Bemessung von Zirkulationsleitungen nur ein differenziertes Berechnungsverfahren zur Verfügung, welches gegenüber dem aus DVGW-Arbeitsblatt W 553 modifiziert und neuen Erkenntnissen angepasst wurde.

Nach diesem Verfahren sind aus hygienischen Gründen die Zirkulationsleitungen so zu bemessen, dass in keinem Leitungsabschnitt innerhalb des zirkulierenden Systems die Wassertemperatur um mehr als 5 K gegenüber der Speicheraustrittstemperatur abfällt. Der Förderstrom der Zirkulationspumpe wird über die entstehenden Wärmeverluste des Zirkulationssystems ermittelt und muss so hydraulisch verteilt werden, dass an keiner Stelle im Zirkulationssystem die Temperatur unter 55 °C sinkt.

Wie auch das DVGW-Arbeitsblatt W 553 unterscheidet die DIN 1988-300 dabei zwischen Zirkulationssystemen mit oberer und unterer Verteilung (Bilder 41 und 42).

8.2.2.6.2 Ermittlung der Wärmeverluste des zirkulierenden Systems

Die durch das zirkulierende System aus Warmwasserleitung (PWH) und Zirkulationsleitung (PWH-C) entstehenden Wärmeverluste sind neben dem Temperaturunterschied vom Wärmedurchgangskoeffizienten des gewählten, gedämmten Rohres und damit von der Nennweite und der Dämmstoffdicke abhängig. Konnten diese nach DVGW-Arbeitsblatt W 553 pauschal oder differenziert ermittelt werden, dürfen diese nun nach DIN 1988-300 nur differenziert bestimmt werden. Dafür ist es zunächst notwendig, den Wärmedurchgangskoeffizienten U_R des gedämmten Rohres zu ermitteln. Dieser lässt sich nach Gleichung 25 wie folgt berechnen:

$$U_R = \frac{\pi}{\frac{1}{2\lambda_D}\ln\frac{D}{d_a} + \frac{1}{\alpha_a D}} \qquad (25)$$

mit:

U_R Wärmedurchgangskoeffizient des gedämmten Rohrs

λ_D Wärmeleitfähigkeit der Dämmung
(n. DIN 1988-300: $\lambda = 0,035\,W/(m \cdot K)$, Referenztemperatur 40 °C)

α_a äußerer Wärmeübergangskoeffizient

D Außendurchmesser der gedämmten Warmwasserleitung

d_a Außendurchmesser der nicht gedämmten Rohrleitung

Die Wärmedurchgangskoeffizienten unterschiedlicher Nennweiten eines Mehrschichtverbundrohres sind in Tabelle 23 für eine 100-prozentige Dämmschichtdicke nach EnEV 2009 dargestellt. Diese Werte wurden für eine Dämmung mit einer Wärmeleitfähigkeit von $\lambda = 0{,}035\,\text{W}/(\text{m} \cdot \text{K})$ und einem äußeren Wärmeübergangskoeffizienten $\alpha_a = 10\,\text{W}/(\text{m}^2 \cdot \text{K})$ ermittelt.

Für die Ermittlung des Wärmeverlustes des zirkulierenden Systems sind neben dem Wärmedurchgangskoeffizienten auch die Lufttemperatur der Umgebung sowie die Temperatur des erwärmten Wassers notwendig. Die Lufttemperaturen der Umgebung werden in der Regel durch die Heizlastberechnung ermittelt oder sind, wenn vorhanden, dem Raumbuch zu entnehmen. DIN 1988-300 führt dazu Temperaturwerte auf, wie sie üblich vorzufinden sind:

- +25 °C für Leitungen im Schacht, in der Vorwand oder bei abgehängten Decken von beheizten Räumen,
- +10 °C für Leitungen, die im unbeheizten Keller verlegt sind.

Die Temperatur des erwärmten Wassers fällt aufgrund der Wärmeverluste entlang der Strömung zwar ab, kann aber praxisnah und damit konstant gleich der Wasseraustrittstemperatur des Wärmeerzeugers gesetzt werden. Am Wasseraustritt des Trinkwassererwärmers mit Zirkulation ist eine Temperatur von mindestens 60 °C aus hygienischen Gründen einzuhalten.

So kann nun für jeden Teilabschnitt der Warmwasserleitungen die spezifische Wärmeabgabe nach Gleichung 26 ermittelt werden:

Tab. 23 Wärmedurchgangskoeffizient eines nach EnEV 2009 gedämmten Mehrschichtverbundrohrs (100 %)

DIN	Außendurchmesser x Wandstärke [mm]	Außendurchmesser [mm]	Mindestdämmstärke [mm]	U_R-Werte [W/(m · K)]
10	14 x 2	14	20	0,201
12	16 x 2	16	20	0,219
15	20 x 2,25	20	20	0,253
20	25 x 2,5	25	20	0,296
25	32 x 3,0	32	30	0,284
32	40 x 4,0	40	30	0,333
40	50 x 4,5	50	41	0,325
50	63 x 6,0	63	51	0,336
65	75 x 7,5	75	60	0,344
80	90 x 8,5	90	73	0,345
100	110 x 10,0	110	90	0,347

$$\dot{q} = U_{R,w} \cdot (\vartheta_W - \vartheta_L) \quad (26)$$

Die Gesamtwärmeabgabe der Warmwasserleitung kann nach Gleichung 27 berechnet werden:

$$\sum \dot{Q}_W = \sum (l_W \cdot \dot{q}_W) \quad (27)$$

8.2.2.6.3 Ermittlung des Zirkulationspumpenvolumenstroms

Die Gesamtwärmeabgabe beziehungsweise der Gesamtwärmeverlust der Warmwasserleitung muss nun durch den Pumpenvolumenstrom der Zirkulationspumpe gedeckt werden. Der Volumenstrom der Zirkulationspumpe wird damit nach Gleichung 28 wie folgt ermittelt:

$$\dot{V}_P = \frac{\sum [l_W \cdot U_{R,w} \cdot (\vartheta_W - \vartheta_L)]}{\rho \cdot c_W \cdot \Delta \vartheta_W} \quad (28)$$

mit:
$\dot{V}_P$ Volumenstrom der Zirkulationspumpe
ρ Dichte des Wassers bei 60 °C (983,2 kg/m³)
c_W spezifische Wärmekapazität von Wasser bei 60 °C (4,18 kJ/kg · K)
$\Delta \vartheta_W$ rechnerische Temperaturdifferenz des Warmwassers in der Warmwasserleitung

Nach DIN 1988-200 sind Zirkulationsleitungen und -pumpen so zu bemessen, dass im Zirkulationssystem die Temperatur des Trinkwarmwassers um nicht mehr als $\Delta \vartheta_{TE} = 5\,K$ gegenüber der Trinkwassertemperatur am Austritt des Trinkwassererwärmers unterschritten wird. Das bedeutet, dass bei einer Trinkwasserspeicheraustrittstemperatur von 60 °C der Zirkulationseintritt in den Speicher nicht unter 55 °C absinken darf. Für die rechnerische Temperaturdifferenz (Abkühlung) zwischen Speicheraustritt und Abgang der Zirkulationsleitung von der Warmwasserleitung ist nach DVGW-Arbeitsblatt W 553 der Grenzwert mit 2 K vorgegeben worden. Nach DIN 1988-300 lässt sich die rechnerische Temperaturdifferenz nach Gleichung 29 ermitteln, wenn für die Temperaturdifferenz zwischen Speichereintritt und Speicheraustritt 4 bis maximal 5 K angenommen werden:

$$\Delta \vartheta_W = \frac{\Delta \vartheta_{TE}}{2} \quad (29)$$

Da bei Systemen mit oberer Verteilung die Warmwasserleitung gegenüber der Zirkulationsleitung deutlich länger ist, darf hier eine größere Abkühlung als 2 K angenommen werden. Dabei werden die Länge der Warmwasserleitung und die Länge der Zirkulationsleitung mit bei der Ermittlung der rechnerischen Temperaturdifferenz berücksichtigt. Es gilt Gleichung 30:

$$\Delta \vartheta_W = \frac{\Delta \vartheta_{TE}}{2} \cdot \frac{l_W}{l_Z} \qquad (30)$$

mit:

l_W Länge der Warmwasserleitung vom Speicheraustritt bis zum Anschluss der Zirkulationsleitung

l_Z Länge der Zirkulationsleitung vom Anschluss an der Warmwasserleitung bis zum Speichereintritt

8.2.2.6.4 Volumenstromteilung im Abzweig- und Durchgangsweg (Beimischgrad)

Wurde wie beschrieben der Gesamtvolumenstrom in Abhängigkeit der Wärmeverluste des zirkulierenden Systems ermittelt, muss bei verzweigten Zirkulationsnetzen an jedem Abzweig der Warmwasserleitung eine Berechnung der Abzweig- und Durchgangsvolumenströme erfolgen. Das muss immer vor dem Hintergrund geschehen, dass im zirkulierenden System die Wassertemperatur nicht unter 55 °C absinken darf (Bild 43).

Nach DVGW-Arbeitsblatt W 553 wurde dazu die Volumenstromteilung im Abzweigbereich von der Warmwasserleitung so bemessen, das in Abzweig- und Durchgangsleitung die gleiche Temperatur vorherrschen wird.

Vor dem Hintergrund, aus hygienischen Gründen kleinere Volumina anzustreben, führt die DIN 1988-300 mit dem Beimischverfahren eine neue Variante ein, um die Volumenstromteilung im Abzweig- und Durchgangsweg zu ermitteln.

Mit dem Beimischverfahren über den Beimischgrad η ermöglicht DIN 1988-300 eine energetisch optimale Auswahl der Zirkulationspumpe. Dabei kann der Beimischgrad η je nach höher beigemischtem Zirkulationswasser einen Wert von 0 bis 1 annehmen. Das bedeutet, dass im Vergleich zu dem Verfahren nach DVGW-Arbeitsblatt W 553 in Abzweig- und Durchgangsweg unterschiedliche Temperaturen vorkommen können, wenn $\eta > 0$ ist. Ist $\eta = 0$, findet keine Beimischung statt, und im Abzweig- und Durchgangsweg herrschen dieselben Temperaturen. Anstelle des Beimischverfahrens kann jedoch auch weiterhin das bekannte Verfahren nach DVGW-Arbeitsblatt W 553 genutzt werden kann.

Für die Ermittlung des Volumenstroms im Durchgang können zwei unterschiedliche Bedingungen gelten. Nach DIN 1988-300 wird für den Fall, dass der Wärmeverlust im Durchgang größer ist als die Summe aus Wärmeverlust im Abzweigweg und Zirkulationsteilstrecke, Gleichung 31 verwendet:

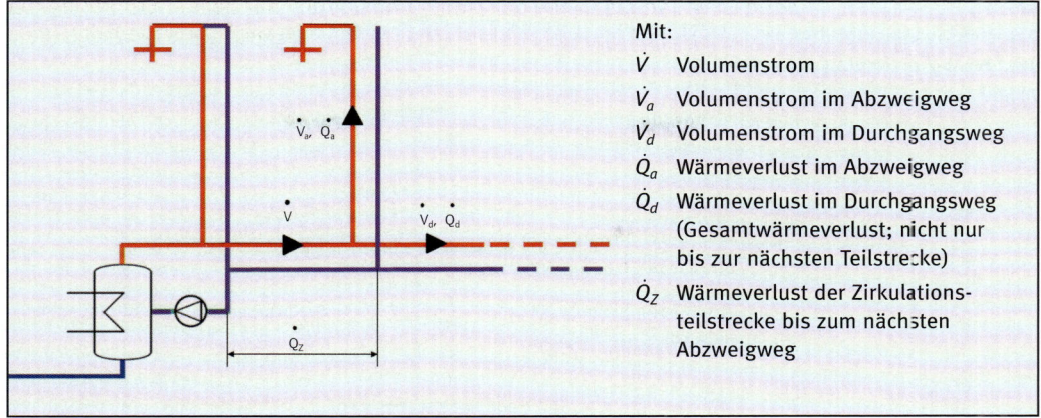

Bild 43
Volumenstromteilung im Durchgangs- und Abzweigweg

$$\dot{V}_d = \dot{V} \cdot \frac{\dot{Q}_d}{\dot{Q}_a + \dot{Q}_d + \eta \cdot \dot{Q}_z} \quad (31)$$

wenn gilt:

$$\dot{Q}_d \geq \dot{Q}_a + \dot{Q}_z$$

Andernfalls gilt Gleichung 32:

$$\dot{V}_d = \dot{V} \cdot \frac{\dot{Q}_d}{\dot{Q}_a(1-\eta) + \dot{Q}_d(1+\eta)} \quad (32)$$

wenn gilt:

$$\dot{Q}_d \leq \dot{Q}_a + \dot{Q}_z$$

Der Volumenstrom im Abzweig ergibt sich dann gemäß Gleichung 33:

$$\dot{V}_a = \dot{V} - \dot{V}_d \quad (33)$$

8.2.2.6.5 Berechnungsbeispiel mit und ohne Beimischgrad

Anhand des Berechnungsbeispiels 3 aus dem DVGW-Arbeitsblatt W 553 für die differenzierte Berechnung (Bild 44) soll hier das Beimischverfahren näher erläutert werden. Hierzu wurde die Berechnung der Zirkulationsleitung für ein Mehrfamilienhaus mit insgesamt 48 Wohneinheiten dargestellt. Für das folgende Beispiel wurden die ermittelten Wärmeverluste aus dem Arbeitsblatt übernommen, und es soll erläutert werden, wie das Beimischverfahren über den Beimischgrad η den Volumenstrom an dem Abzweig bzw. Knotenpunkt des 1. Stranges ändert.

Bild 44
Berechnungsbeispiel
aus DVGW-Arbeitsblatt
W 553

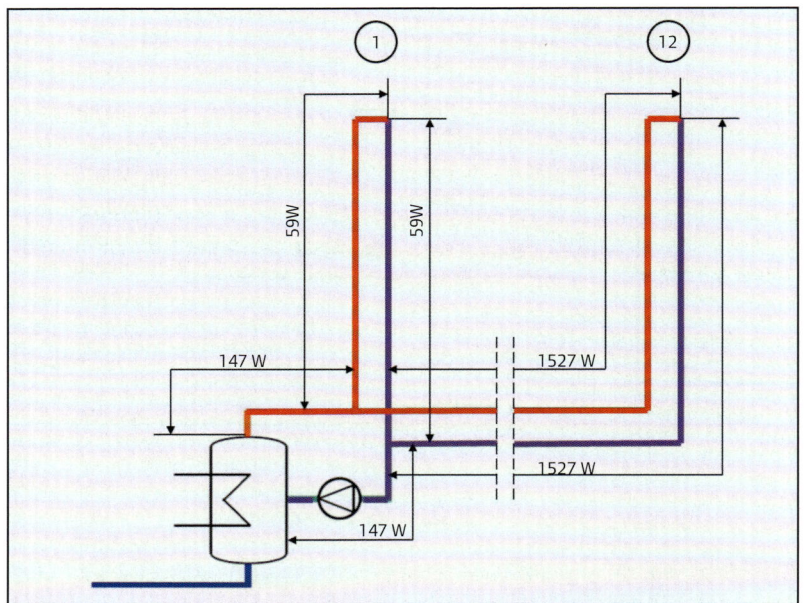

Zunächst wird die Gesamtwärmeabgabe der von der Wasserzirkulation betroffenen Warmwasserleitungen ermittelt. Hierbei findet nur der Wärmeverlust der Warmwasserleitung Berücksichtigung. Dieser ergibt sich nach Gleichung 25 wie folgt:

$$\sum \dot{Q}_W = \sum (l_W \cdot \dot{q}_W) = (147 + 59 + 1527)\,W = 1733\,W$$

Die rechnerische Temperaturdifferenz in der Warmwasserleitung, also die Abkühlung bis zum Anschluss an die Zirkulationsleitung, wird für $\Delta \vartheta_{TE} = 4\,K$ nach Gleichung 29 ermittelt:

$$\Delta \vartheta_W = \frac{\Delta \vartheta_{TE}}{2} = \frac{4}{2} = 2\,K$$

Der Startvolumenstrom am Austritt des Trinkwassererwärmers ist gleich dem Pumpenvolumenstrom der Zirkulationspumpe und ergibt sich aus Gleichung 28:

$$\dot{V}_P = \frac{\sum [l_W \cdot U_{R,W} \cdot (\vartheta_W - \vartheta_L)]}{\rho \cdot c_W \cdot \Delta \vartheta_W} = \frac{1733\,W}{983{,}2\,\frac{kg}{m^3} \cdot 4{,}18\,\frac{kJ}{kgK} \cdot 2\,K} \cdot \frac{3600\,s}{1\,h} \cdot \frac{1\,kW}{1000\,W}$$

$$= 0{,}759\,\frac{m^3}{h}$$

$$\dot{V}_P = 0{,}759\,\frac{m^3}{h} \cdot \frac{1000\,l}{1\,m^3} = 759\,\frac{l}{h}$$

Nach DVGW-Arbeitsblatt W 553 wurde hier für das Beispiel ein Pumpenvolumenstrom von 722 l/h ermittelt. Da in dem Arbeitsblatt jedoch die spezifische Wärmekapazität $c_w = 1{,}2$ Wh/(kg·K) und die Dichte $\rho = 1000$ kg/m³ angesetzt wurde, ist diese Differenz im Pumpenvolumenstrom zu begründen, da hier wie nach DIN 1988-300 gefordert mit den temperaturabhängigen Stoffwerten gerechnet wurde.

Der Gesamtwärmeverlust im Durchgangsweg wird aus den Wärmeverlusten der Warmwasserleitung und den Wärmeverlusten der Zirkulationsleitung ermittelt:

$$\dot{Q}_d = \dot{Q}_{d,\,Warmwasser} + \dot{Q}_{d,\,Zirkulation} = 1527\,W + 1527\,W = 3054\,W$$

Der Gesamtwärmeverlust im Abgangsweg $\dot{Q}_a$ wird ebenfalls aus der Summe der Verluste aus Warmwasser- und Zirkulationsleitung berechnet:

$$\dot{Q}_a = \dot{Q}_{a,\,Warmwasser} + \dot{Q}_{a,\,Zirkulation} = 59\,W + 59\,W = 118\,W$$

Mit den so ermittelten Wärmeverlusten im Abgangs- und Durchgangsweg kann überprüft werden, ob der Wärmeverlust im Durchgang größer oder kleiner als der der Summe aus den Wärmeverlusten von Zirkulation und Abgangsweg ist. In diesem Fall ergibt sich:

$$3054\,W \geq 118\,W + 147\,W$$

Ohne Beimischung (Beimischgrad $\eta = 0$) ergibt sich nun im Durchgangsweg ein Volumenstrom nach Gleichung 31 wie folgt:

$$\dot{V}_d = \dot{V} \cdot \frac{\dot{Q}_d}{\dot{Q}_a + \dot{Q}_d + \eta \cdot \dot{Q}_z} = 759\,\frac{l}{h} \cdot \frac{3054\,W}{(118\,W + 3054\,W) + (0 \cdot 147\,W)} = 731\,\frac{l}{h}$$

Für den Abgangsweg wird der Volumenstrom wie folgt berechnet:

$$\dot{V}_a = \dot{V} - \dot{V}_d = 759\,\frac{l}{h} - 731\,\frac{l}{h} = 28\,\frac{l}{h}$$

Mit maximaler Beimischung (Beimischgrad $\eta = 1$) ergibt sich nun im Durchgangsweg folgender Volumenstrom:

$$\dot{V}_d = \dot{V} \cdot \frac{\dot{Q}_d}{\dot{Q}_a + \dot{Q}_d + \eta \cdot \dot{Q}_z} = 759\,\frac{l}{h} \cdot \frac{3054\,W}{(118\,W + 3054\,W) + (1 \cdot 147\,W)} = 698\,\frac{l}{h}$$

Für den Abgangsweg gilt dann:

$$\dot{V}_a = \dot{V} - \dot{V}_d = 759\,\frac{l}{h} - 698\,\frac{l}{h} = 61\,\frac{l}{h}$$

Wie bei diesem Berechnungsbeispiel zu sehen ist, ergibt sich bei maximaler Beimischung ($\eta = 1$) ein deutlich größerer Volumenstrom im Abgangsweg als gegenüber der Berechnung ohne Beimischung. Dieser höhere Volumenstrom bewirkt, dass die Temperatur am Anschluss der Zirkulationsleitung aus Strang 1 an die Sammelleitung auch deutlich höher ist. Ohne Beimischgrad hätte die Zirkulation an diesem Punkt ca. 56,1 °C, mit maximaler Beimischung einen Wert von 58,2 °C. Mit dem Beimischverfahren wird also bewirkt, dass die Wärmeverluste der Zirkulationsleitung vor dem Eintritt in den Trinkwassererwärmer Berücksichtigung finden. Jedoch muss dieser Volumenstrom in der Praxis exakt eingestellt werden, um den zuvor ausgewählten Beimischgrad auch zu erreichen. Dieses sehen Kritiker des Beimischverfahrens eher als hinderlich und nicht praxisgerecht an, da ein punktgenaues Einstellen von Zirkulationsregulierventilen auf der Baustelle schlecht durchführbar ist.

Für dieses Beispiel wurden die Werte aus dem DVGW-Arbeitsblatt W 553 verwendet. In der Praxis sind jedoch zunächst die Wärmeverluste der Zirkulationsleitungen zu bestimmen. Diese können nur bestimmt werden, wenn die Dimensionen der Rohrleitungen bereits bekannt sind. Das bedeutet, dass zunächst mit einer iterativen Berechnungsmethode die Wärmeverluste und Volumenströme ermittelt werden müssen. Hier ist es vorteilhaft, als Startwerte für im Schacht verlegte Rohrleitungen eine Umgebungstemperatur von 25 °C und einen Wärmeverlust von 7 W/m sowie bei im Keller verlegten Leitungen eine Umgebungstemperatur von 10 °C und einen Wärmeverlust von 10 W/m anzunehmen. Die Starttemperatur am Trinkwasserspeicher sollte dabei mit 60 °C gewählt werden.

Die Berechnung der Volumenströme beginnt dabei grundsätzlich am Trinkwassererwärmer und ist für alle nachfolgenden Teilstrecken durchzuführen. Die so ermittelten Volumenströme im Durchgangs- und Abzweigweg der Warmwasserleitung müssen dabei auch durch die parallel laufende Zirkulationsleitung fließen. Nach durchgeführter Berechnung sind alle Volumenströme bekannt, und die Dimensionierung des Zirkulationssystems kann erfolgen.

8.2.2.6.6 Ermittlung der Durchmesser für die Zirkulationsleitung

Die Dimensionierung der Zirkulationsleitung sollte aufgrund von wirtschaftlichen und betriebstechnischen Gründen mit einer Strömungsgeschwindigkeit von 0,2 m/s bis 0,5 m/s erfolgen. Nach DIN 1988-300 darf diese bei Zirkulationspumpen mit großen Förderhöhen maximal 1,0 m/s betragen. Bei weitverzweigten Netzen kann es bei dem Abgleich des Systems sinnvoll sein, pumpennahe Leitungen mit höheren Geschwindigkeiten von 0,5 m/s bis 1,0 m/s und pumpenferne Rohrleitungen mit niedrigen Geschwindigkeiten von 0,3 m/s zu dimensionieren. Grundsätzlich ist ein Mindestinnendurchmesser nach DIN 1988-300 von 10 mm nicht zu unterschreiten.

8.2.2.6.7 Förderdruck der Zirkulationspumpe

Der Förderdruck der Zirkulationspumpe setzt sich nun aus den Druckverlusten aufgrund der Rohrreibung und der Einzelwiderstände des ungünstigsten Zirkulationswegs, bestehend aus Warmwasser- und Zirkulationsleitungen, zusammen. Der ungünstige Zirkulationsweg ist dabei meist der entfernteste Strang des zirkulierenden Systems. Hinzugerechnet werden müssen noch der Öffnungsdruck eines eingesetzten Rückflussverhinderers, entstehende Druckverluste durch Zirkulationsregulierventile in den Strängen sowie der Apparatedruckverlust, der z. B. durch einen Wärmeübertrager für das Zirkulationswasser entstehen kann.

Der Förderdruck der Zirkulationspumpe ergibt sich dabei nach Gleichung 34:

$$\Delta p_p = \sum(l \cdot R + Z) + \sum \Delta p_{RV} + \Delta p_{ZRV} + \Delta p_{AP} \qquad (34)$$

mit:

Δp_p Förderdruck der Zirkulationspumpe

$\sum(l \cdot R + Z)$ Summe aller Druckverluste im zirkulierenden System aufgrund von Rohrreibung und Einzelwiderständen

Δp_{RV} Druckverlust des Rückflussverhinderers

Δp_{ZRV} Druckverlust des Zirkulationsregulierventils bei voller Öffnung nach Herstellerangabe

Δp_{AP} Druckverlust eines Apparates (z. B. Erwärmer zur Deckung der Wärmeverlust im Zirkulationssystem)

Um bei Zirkulationssystemen mit mehreren Strängen, wie bei dem in diesem Kapitel aufgeführten Beispiel aus dem DVGW-Arbeitsblatt W 553, die geforderte Temperatur im zirkulierenden System nicht unter 55 °C absinken zu lassen, ist es zwingend notwendig, die einzelnen Stränge des Systems hydraulisch einzuregulieren. Dazu werden mit Hilfe von Zirkulationsregulierventilen die zuvor ermittelten Volumenströme, die zur Deckung der Wärmeverluste benötigt werden, vor Inbetriebnahme eingestellt. Dieses Verfahren wurde schon im DVGW-Arbeitsblatt W 553 aufgeführt und ist nach DIN 1988-300 übernommen worden. Danach ist jeder Zirkulationsstrang mit den voran genannten Strangregulierventilen zu versehen.

Da bereits im Uponor Praxishandbuch Band 1 die Vorgehensweise zur Einregulierung und damit auch die Auslegung der Zirkulationsventile eingehend beschrieben wurden, soll an dieser Stelle das Verfahren nicht weiter beschrieben werden, da sich gegenüber der Vorgehensweise nach DVGW-Arbeitsblatt W 553 und DIN 1988-300 hier keine Veränderungen ergeben haben.

8.2.3 Fazit

Mit DIN 1988-300 wird dem Fachpublikum ein Berechnungsgang zur Dimensionierung von Warm-, Kalt- und Zirkulationsleitungen an die Hand gegeben, der eigentlich im Kern bekannt ist und daher schnell umgesetzt werden wird. Betrachtet man jedoch die neue Norm genauer, fällt sehr schnell auf, dass an einigen Stellen die Norm viel Interpretationsspielraum zulässt und daher neben dieser Norm der Anwender gut beraten ist, auch die entsprechenden Kommentare zu berücksichtigen.

Leider vermisst der Anwender der Norm auch ein Berechnungsbeispiel, wie es im Beiblatt 1 zur DIN 1988-3 vorhanden war. Dieses würde die richtige Vorgehensweise erläutern und Interpretationsspielraum ausschließen.

Neben dem fehlenden Berechnungsbeispiel wurde auch nahezu komplett auf Formblätter verzichtet, die gerade in Berufs-, Fach- und Hochschulen sehr oft Verwendung finden, um hier den Schülern und Studenten die Berechnungen näher zu erläutern. Hier erhebt die DIN 1988-300 den Anspruch, dass gegenwärtig eine computergestützte Dimensionierung durchgeführt wird. Der Anwender sollte jedoch immer auch verstehen, was ein Computerprogramm gerade berechnet. Nur so können Ergebnisse der Software verstanden und auf Plausibilität geprüft werden.

Abzuwarten bleibt darüber hinaus, ob der Beimischgrad, wie er durch das Berechnungsschema nach DIN 1988-300 für die Zirkulationsleitung Anwendung findet, in der Praxis umgesetzt wird bzw. werden kann. Gerade hier sehen Kritiker des Verfahrens Probleme in der Praxis bei der exakten und damit zeitaufwändigen Einstellung von Zirkulationsregulierventilen von Hand, vor allem, wenn Zirkulationssysteme abweichend von der Planung installiert werden.

8.3 Literatur

[1] Richtlinie 98/83 EG des Rates vom 3. November 1998 über die Qualität von Wasser für den menschlichen Gebrauch; Amtsblatt der Europäischen Gemeinschaften L 330/32 vom 5.12.98

[2] Gesetz zur Verhütung und Bekämpfung von Infektionskrankheiten beim Menschen – IfSG – Ausfertigungsdatum: 20.07.2000: Infektionsschutzgesetz vom 20. Juli 2000 (BGBl. I S. 1045), zuletzt durch Artikel 1 des Gesetzes vom 28. Juli 2011 (BGBl. I S. 1622) geändert

[3] Verordnung zur Novellierung der Trinkwasserverordnung vom 21. Mai 2001; Bundesgesetzblatt Jahrgang 2001 Teil I Nr. 24, S. 959 ff.

[4] TrinkwV 2011 „Trinkwasserverordnung in der Fassung der Bekanntmachung vom 28. November 2011 (BGBl. I S. 2370), die durch Artikel 2 Absatz 19 des Gesetzes vom 22. Dezember 2011 (BGBl. I S. 3044) geändert worden ist"; neu gefasst durch Bek. v. 28.11.2011 I 2370; geändert durch Art. 2 Abs. 19 G v. 22.12.2011 I 3044

[5] Wasserhaushaltsgesetz vom 31. Juli 2009 (BGBl. I S. 2585), zuletzt durch Artikel 5 Absatz 9 des Gesetzes vom 24. Februar 2012 (BGBl. I S. 212) geändert

[6] Wasch- und Reinigungsmittelgesetz vom 29. April 2007 (BGBl. I S. 600), durch Artikel 2 des Gesetzes vom 2. November 2011 (BGBl. I S. 2162) geändert

[7] Vergabe- und Vertragsordnung für Bauleistungen, Teil A (DIN 1960), Teil B (DIN 1961), Teil C (ATV) Neuerscheinung 2012

[8] Unfallverhütungsvorschriften nach § 15 des Siebten Buchs des Sozialgesetzbuchs (SGB VII): Die Berufsgenossenschaften als Träger der gesetzlichen Unfallversicherung

[9] Verordnung über Allgemeine Bedingungen für die Versorgung mit Wasser vom 20. Juni 1980 (BGBl. I S. 750, 1067), zuletzt durch Artikel 1 der Verordnung vom 13. Januar 2010 (BGBl. I S. 10) geändert

[10] DIN 1988, Technische Regel des DVGW; Ausgabe: 1988-12; Teil 1: Allgemeines; Teil 2: Planung und Ausführung; Bauteile, Apparate, Werkstoffe; Technische Regel; Teil 3: Ermittlung der Rohrdurchmesser; Teil 4: Schutz des Trinkwassers, Erhaltung der Trinkwassergüte; Teil 5: Druckerhöhung und Druckminderung; Teil 6: Feuerlösch- und Brandschutzanlagen; Teil 8: Betrieb der Anlagen; Technische Regel des DVGW (komplett zurückgezogen 10-2012)

[11] DIN EN 806-1:2001-12 Titel (deutsch): Technische Regeln für Trinkwasser-Installationen – Teil 1: Allgemeines; Deutsche Fassung EN 806-1:2001 + A1:2001

[12] DIN EN 806-2:2005-06 Titel (deutsch): Technische Regeln für Trinkwasser-Installationen – Teil 2: Planung; Deutsche Fassung EN 806-2:2005

[13] DIN EN 806-3 Technische Regeln für Trinkwasser-Installationen – Teil 3: Berechnung der Rohrinnendurchmesser – Vereinfachtes Verfahren; Deutsche Fassung EN 806-3:2006 Ausgabedatum: 2006-07

[14] DIN EN 806-4:2010-06 Titel (deutsch): Technische Regeln für Trinkwasser-Installationen – Teil 4: Installation; Deutsche Fassung EN 806-4:2010

[15] DIN EN 806-5:2012-04 (D) Technische Regeln für Trinkwasser-Installationen – Teil 5: Betrieb und Wartung; Deutsche Fassung EN 806-5:2012

[16] DIN 1988-100:2011-08 Technische Regeln für Trinkwasser-Installationen – Teil 100: Schutz des Trinkwassers, Erhaltung der Trinkwassergüte; Technische Regel des DVGW

[17] DIN 1988-200:2012-05 Titel (deutsch): Technische Regeln für Trinkwasser-Installationen – Teil 200: Installation Typ A (geschlossenes System) – Planung, Bauteile, Apparate, Werkstoffe; Technische Regel des DVGW

[18] DIN 1988-300:2012-05 Titel (deutsch): Technische Regeln für Trinkwasser-Installationen – Teil 300: Ermittlung der Rohrdurchmesser; Technische Regel des DVGW

[19] DIN 1988-500:2011-02 Titel (deutsch): Technische Regeln für Trinkwasser-Installationen – Teil 500: Druckerhöhungsanlagen mit drehzahlgeregelten Pumpen; Technische Regel des DVGW

[20] DIN 1988-600:2010-12 Titel (deutsch): Technische Regeln für Trinkwasser-Installationen – Teil 600: Trinkwasser-Installationen in Verbindung mit Feuerlösch- und Brandschutzanlagen; Technische Regel des DVGW

[21] KTW-Empfehlungen (KTW = Kunststoffe und Trinkwasser); Gesundheitliche Beurteilung von Kunststoffen und anderen nichtmetallischen Werkstoffen im Rahmen des Lebensmittel- und Bedarfsgegenständegesetzes für den Trinkwasserbereich 1. und 2. Mitteilung ff., Bundesgesundheitsblatt 20 (1977), Heft 1, S. 10 ff.

[22] DIN EN 1717, Ausgabe: 2001-05 Schutz des Trinkwassers vor Verunreinigungen in Trinkwasser-Installationen und allgemeine Anforderungen an Sicherheitseinrichtungen zur Verhütung von Trinkwasserverunreinigungen durch Rückfließen – Technische Regel des DVGW; Deutsche Fassung

[23] DVGW-W 551 Merkblatt für Trinkwassererwärmungs- und -leitungsanlagen; Technische Maßnahmen zur Verminderung des Legionellenwachstums; Planung, Errichtung, Betrieb und Sanierung von Trinkwasserinstallationen, Hrsg. vom DVGW Deutsche Vereinigung des Gas- und Wasserfaches e.V. Ausgabe 04/2004

[24] Empfehlung vom 23. August 2012 Umweltbundesamt I Fachgebiet II 3.5 I Heinrich-Heine-Straße 12 I 08645 Bad Elster I www.umweltbundesamt.de / Systemische Untersuchungen von Trinkwasser-Installationen auf Legionellen nach Trinkwasserverordnung

[25] VDI/DVGW 6023:2013-04 Titel (deutsch): Hygiene in Trinkwasser-Installationen – Anforderungen an Planung, Ausführung, Betrieb und Instandhaltung

[26] VDI-6023 Blatt 1 Hygiene in Trinkwasser-Installationen – Anforderungen an Planung, Ausführung, Betrieb und Instandhaltung 2006-07; Hrsg. VDI-Gesellschaft Technische Gebäudeausrüstung

[27] ZVSHK-Merkblatt Dichtheitsprüfung von Trinkwasser-Installationen mit Druckluft, Inertgas oder Wasser (2004)

[28] ZVSHK-Merkblatt Spülen, Desinfizieren und Inbetriebnahme von Trinkwasser-Installationen (Oktober 2004)

[29] ZVSHK-Merkblatt Dämmung von Sanitär- und Heizungsrohrleitungen

[30] ZVSHK-Merkblatt Technische Maßnahmen zur Einhaltung der Trinkwasserhygiene

[31] ZVSHK-Merkblatt Trinkwasser-Installation

[32] ZVSHK-Fachinformation „Technische Maßnahmen zur Einhaltung der Trinkwasserhygiene" (September 2005)

[33] UBA-Empfehlungen für die Durchführung einer Gefährdungsanalyse gemäß Trinkwasserverordnung; Maßnahmen bei Überschreitung des technischen Maßnahmenwertes für Legionellen (vom 14. Dezember 2012)

[34] DIN EN ISO/IEC 17025:2005-08 Titel (deutsch): Allgemeine Anforderungen an die Kompetenz von Prüf- und Kalibrierlaboratorien (ISO/IEC 17025:2005); Deutsche und englische Fassung EN ISO/IEC 17025:2005

[35] DVGW W 270; Vermehrung von Mikroorganismen auf Werkstoffen für den Trinkwasserbereich – Prüfung und Bewertung; Ausgabedatum: 2007-11

[36] Benölken, J. K., Dorsch, T., Wichmann, K., Bendinger, B., Praxisnahe Untersuchungen zur Kontamination von Trinkwasser in halbtechnischen TRWI durch hygienisch relevante Mikroorganismen aus Biofilmen der Hausinstallation, IWW Schriftenreihe 54 (Mülheim 2010), S. 101–180
Kistemann, Th., Schulte, W., Rudat, K., Hentschel, W., Häußermann, D., Gebäudetechnik für Trinkwasser: Fachgerecht planen – Rechtssicher ausschreiben – Nachhaltig sanieren (VDI) 2012

[37] W. Schulte (2011): Maintaining water quality to the final point of use. Vortrag bei der World Plumbing Conference (WPC), http://www.worldplumbing.org/images/pdf/WorldPlumbingConference2011/wernerschulteviega.pdf

[38] DIN 3266-1:1986-07 [Achtung! Dokument wurde zurückgezogen]
Titel (deutsch): Armaturen für Trinkwasserinstallationen in Grundstücken und Gebäuden; Rohrunterbrecher, Rohrtrenner, Rohrbelüfter, PN 10; ersetzt durch DIN 3266:2009-05; DIN EN 14452:2005-08 und DIN EN 14453:2005-08

[39] DIN 3266-2:1987-12 [Achtung! Dokument wurde zurückgezogen]
Titel (deutsch): Armaturen für Trinkwasserinstallationen in Grundstücken und Gebäuden; Rohrunterbrecher, Rohrtrenner, Rohrbelüfter, PN 10; Prüfung; DIN 3266:2009-05; DIN EN 14452:2005-08 und DIN EN 14453:2005-08

[40] DIN 4109-1 Schallschutz im Hochbau – Teil 1: Anforderungen; Ausgabedatum: 2006-10

[41] VDI 4100 Schallschutz im Hochbau – Wohnungen – Beurteilung und Vorschläge für erhöhten Schallschutz; Ausgabedatum: 2012-10

[42] DIN EN 12502-1 Korrosionsschutz metallischer Werkstoffe – Hinweise zur Abschätzung der Korrosionswahrscheinlichkeit in Wasserverteilungs- und Wasserspeichersystemen; Deutsche Fassung EN 12502-1:2004

[43] DIN EN 12502-2 Korrosionsschutz metallischer Werkstoffe – Hinweise zur Abschätzung der Korrosionswahrscheinlichkeit in Wasserverteilungs- und Wasserspeichersystemen – Teil 2: Einflussfaktoren für Kupfer und Kupferlegierungen; Deutsche Fassung EN 12502-2:2004; Ausgabedatum: 2005-03

[44] DIN EN 12502-3 Korrosionsschutz metallischer Werkstoffe – Hinweise zur Abschätzung der Korrosionswahrscheinlichkeit in Wasserverteilungs- und Wasserspeichersystemen – Teil 3: Einflussfaktoren für schmelztauchverzinkte

Eisenwerkstoffe; Deutsche Fassung EN 12502-3:2004; Ausgabedatum: 2005-03

[45] DIN EN 12502-4 Korrosionsschutz metallischer Werkstoffe – Hinweise zur Abschätzung der Korrosionswahrscheinlichkeit in Wasserverteilungs- und Wasserspeichersystemen – Teil 4: Einflussfaktoren für nichtrostende Stähle; Deutsche Fassung EN 12502-4:2004; Ausgabedatum: 2005-03

[46] DIN EN 12502-5 Korrosionsschutz metallischer Werkstoffe – Hinweise zur Abschätzung der Korrosionswahrscheinlichkeit in Wasserverteilungs- und Wasserspeichersystemen – Teil 5: Einflussfaktoren für Gusseisen, unlegierte und niedriglegierte Stähle; Deutsche Fassung EN 12502-5:2004; Ausgabedatum: 2005-03

[47] DIN 2001-1 Trinkwasserversorgung aus Kleinanlagen und nicht ortsfesten Anlagen – Teil 1: Kleinanlagen – Leitsätze für Anforderungen an Trinkwasser, Planung, Bau, Betrieb und Instandhaltung der Anlagen; Technische Regel des DVGW

[48] DIN 2001-2 Trinkwasserversorgung aus Kleinanlagen und nicht ortsfesten Anlagen – Teil 2: Nicht ortsfeste Anlagen – Leitsätze für Anforderungen an Trinkwasser, Planung, Bau, Betrieb und Instandhaltung der Anlagen; Technische Regel des DVGW

[49] VDI 6024 Blatt 1:2008-09 Titel (deutsch): Wassersparen in Trinkwasser-Installationen – Anforderungen an Planung, Ausführung, Betrieb und Instandhaltung

[50] DIN 50930-6 Korrosion der Metalle – Korrosion metallischer Werkstoffe im Innern von Rohrleitungen, Behältern und Apparaten bei Korrosionsbelastung durch Wässer – Teil 6: Beeinflussung der Trinkwasserbeschaffenheit; Ausgabedatum: 2012-04

[51] DVGW W 521; Gewindeschneidstoffe für die Trinkwasser-Installation – Anforderungen und Prüfung; Ausgabedatum: 1995-12

[52] DIN 30660:1999-12 Titel (deutsch): Dichtungsmittel für die Gas- und Wasserversorgung sowie für Wasserheizungsanlagen – Nichtaushärtende Dichtmittel und Polytetrafluoroethylen (PTFE)-Bänder für metallene Gewindeverbindungen der Hausinstallation

[53] DVGW GW 2; Verbinden von Kupfer- und innenverzinnten Kupferrohren für Gas- und Trinkwasser-Installationen innerhalb von Grundstücken und Gebäuden; Ausgabedatum: 2012-05

[54] DVGW GW 7; Lote und Flussmittel zum Löten von Kupferrohren für die Gas- und Wasserinstallation; Ausgabedatum: 2002-09

[55] DIN EN 13828 Gebäudearmaturen – Handbetätigte Kugelhähne aus Kupferlegierungen und nicht rostenden Stählen für Trinkwasseranlagen in Gebäuden – Prüfungen und Anforderungen; Deutsche Fassung EN 13828:2003; Ausgabedatum: 2003-12

[56] DVGW W 570-1; Armaturen für die Trinkwasser-Installation – Teil 1: Anforderungen und Prüfungen für Gebäudearmaturen; Ausgabedatum: 2007-04

[57] DIN EN 1213; Gebäudearmaturen – Absperrventile aus Kupferlegierungen für Trinkwasseranlagen in Gebäuden – Prüfungen und Anforderungen; Deutsche Fassung EN 1213:1999; Ausgabedatum: 1999-12

[58] DVGW W 534; Rohrverbinder und Rohrverbindungen in der Trinkwasser-Installation; Ausgabedatum: 2004-05

[59] DIN EN 200; Sanitärarmaturen – Auslaufventile und Mischbatterien für Wasserversorgungssysteme vom Typ 1 und Typ 2 – Allgemeine technische Spezifikation; Deutsche Fassung EN 200:2008; Ausgabedatum. 2008-10

[60] DIN EN 816; Sanitärarmaturen – Selbstschlussarmaturen PN 10; Deutsche Fassung EN 816:1996; Ausgabedatum: 1997-01

[61] DIN EN 817; Sanitärarmaturen – Mechanisch einstellbare Mischer (PN 10) – Allgemeine technische Spezifikation; Deutsche Fassung EN 817:2008; Ausgabedatum: 2008-09

[62] DIN EN 1111; Sanitärarmaturen – Thermostatische Mischer (PN 10) – Allgemeine technische Spezifikation; Deutsche Fassung EN 1111:1998; Ausgabedatum: 1998-08

[63] DVGW W 574; Sanitärarmaturen als Entnahmearmaturen für Trinkwasser-Installationen – Anforderungen und Prüfungen; Ausgabedatum: 2007-04

[64] DIN 4807-5; Ausdehnungsgefäße – Teil 5: Geschlossene Ausdehnungsgefäße mit Membrane für Trinkwasser-Installationen; Anforderung, Prüfung, Auslegung und Kennzeichnung; Technische Regeln des DVGW; Ausgabedatum: 1997-03

[65] DIN 2403; Kennzeichnung von Rohrleitungen nach dem Durchflussstoff. Dieser Norm-Entwurf gilt für die Kennzeichnung nichterdverlegter Rohrleitungen nach dem Durchflussstoff, Ausgabedatum: 2013-01

[66] DIN EN ISO 19458; Wasserbeschaffenheit – Probenahme für mikrobiologische Untersuchungen (ISO 19458:2006); Deutsche Fassung EN ISO 19458:2006; Ausgabedatum: 2006-12

[67] DVGW W 406; Volumen- und Durchflussmessung von kaltem Trinkwasser in Druckrohrleitungen – Auswahl, Bemessung, Einbau und Betrieb von Wasserzählern; Ausgabedatum: 2012-01

[68] DIN EN 13443-1; Anlagen zur Behandlung von Trinkwasser innerhalb von Gebäuden – Mechanisch wirkende Filter – Teil 1: Filterfeinheit 80 μm bis 150 μm – Anforderungen an Ausführung, Sicherheit und Prüfung; Deutsche Fassung EN 13443-1:2002+A1:2007; Ausgabedatum: 2007-12

[69] DIN 19628; Mechanisch wirkende Filter in der Trinkwasser-Installation – Anwendung von mechanisch wirkenden Filtern nach DIN EN 13443-1; Ausgabedatum: 2007-07

[70] DIN EN 1567; Gebäudearmaturen – Druckminderer und Druckmindererkombinationen für Wasser – Anforderungen und Prüfverfahren; Deutsche Fassung EN 1567:1999; Ausgabedatum: 2000-01

[71] DIN 14462; Löschwassereinrichtungen – Planung, Einbau, Betrieb und Instandhaltung von Wandhydrantenanlagen sowie Anlagen mit Über- und Unterflurhydranten; Ausgabedatum: 2012-09

[72] DIN 31051; Grundlagen der Instandhaltung; Ausgabedatum: 2012-09

[73] DIN EN 12845; Ortsfeste Brandbekämpfungsanlagen – Automatische Sprinkleranlagen – Planung, Installation und Instandhaltung; Deutsche Fassung EN 12845: Ausgabedatum: 2009-07

[74] DIN EN 12056; Schwerkraftentwässerungsanlagen innerhalb von Gebäuden – Teil 1: Allgemeine und Ausführungsanforderungen; Ausgabedatum: 2001-01

[75] DIN 14463; Löschwasseranlagen – Fernbetätigte Füll- und Entleerungsstationen – Teil 1: Für Wandhydrantenanlagen; Ausgabedatum: 2007-01

[76] DIN 1988 Teil 300, Technische Regeln für Trinkwasser-Installationen – Teil 300: Ermittlung der Rohrdurchmesser, Technische Regel des DVGW, 05/2012

[77] DIN 1988 Teil 200, Technische Regeln für Trinkwasser-Installationen – Teil 200: Installation Typ A (geschlossene Systeme) – Planung, Bauteile, Apparate, Werkstoffe, Technische Regel des DVGW, 05/2012

[78] DIN 1988 Teil 100, Technische Regeln für Trinkwasser-Installationen – Teil 100: Schutz des Trinkwassers, Erhaltung der Trinkwassergüte, Technische Regel des DVGW, 08/2011

[79] DIN 1988 Teil 3: Technische Regeln für Trinkwasser-Installationen (TRWI), Ermittlung der Rohrdurchmesser, Technische Regel des DVGW, 12/1988

[80] Beiblatt 1 zur DIN 1988 Teil 3: Technische Regeln für Trinkwasser-Installationen (TRWI), Berechnungsbeispiele, Technische Regel des DVGW, 12/1988

[81] DIN EN 1717, Schutz des Trinkwassers vor Verunreinigungen in Trinkwasser-Installationen und allgemeine Anforderungen an Sicherungseinrichtungen zur Verhütung von Trinkwasserverunreinigungen durch Rückfließen, Deutsche Fassung EN 1717:2000, Technische Regel des DVGW, 08/2011

[82] DIN EN 806 Teile 1 bis 5: Technische Regeln für Trinkwasser-Installationen

[83] Rudat, K., Gebäudetechnik für Trinkwasser: Fachgerecht planen – Rechtssicher ausschreiben – Nachhaltig sanieren, Kapitel 3: Systemauslegung der Trinkwasser-Installation, Berechnungsmethoden und Kommentar, Berlin/Heidelberg 2012

[84] Overbeck, J., in: Praxishandbuch der technischen Gebäudeausrüstung (TGA): Installationssysteme, Flächenheiz- und -kühlsysteme, Vertragsrecht für Architekten und Ingenieure, Kapitel 20: Ermittlung von Rohrdurchmessern für Kaltwasserleitungen, Berlin 2009

[85] P. Reichert, Grundlagen zur Dimensionierung, Rohrdurchmesser nach DIN 1988-300, SBZ 14/15, 2012, S. 42–49

[86] Recknagel, H., Sprenger, E., Schramek, E.-R., Taschenbuch für Heizung und Klimatechnik, München (Ausg.) 2007, S. 248 f.

[87] Zentral-Verband Sanitär Heizung Klima; Ermittlung und Berechnung der Rohrdurchmesser – Differenziertes und vereinfachtes Verfahren, Kommentar zu DIN 1988-300 und DIN EN 806-3, Berlin 2013

[88] Uponor Gesamtkatalog 2012, Rohrreibungsdruckgefälle für Mehrschichtverbundrohre, S. 449

[89] DVGW-Arbeitsblatt W 553, Bemessung von Zirkulationsleitungen in zentralen Trinkwassererwärmungsanlagen, DVGW, 12/1998

[90] Neue Zirkulationsauslegung nach DIN 1988-300: Legen wir künftig nach dem Beimischverfahren aus? IKZ-Haustechnik Heft 20/2012, S. 12/13

[91] Analysis of flow in networks of conduits or conductors. University of Illinois Bull.-No. 286, 1986, zit. in: Brix, J., Heyd, H., Gerlach, E., Die Wasserversorgung, München 1963

9 Lebenszykluskostenanalyse von Gebäuden

Seite

9.1	**Grundlagen der Lebenszykluskosten**	603
9.1.1	Gliederung der Lebenszykluskosten	603
9.1.2	Kostenverteilung der Lebenszykluskosten	604
9.1.3	Detaillierte Betrachtung der Energie- und Instandhaltungskosten	605
9.1.4	Betrachtung der Hauptkostenarten	607
9.1.5	Vorhandene und zu beachtende Normen/Richtlinien	610
9.2	**Modell zur Berechnung der Lebenszykluskosten**	612
9.2.1	Finanzmathematische Grundlagen	612
9.2.2	Grundmodell zur Berechnung der Lebenszykluskosten	616
9.2.3	Betrachtungszeitraum	617
9.3	**Ermittlung der Errichtungskosten**	618
9.3.1	Kostenarten	618
9.3.2	Datenquellen	618
9.4	**Ermittlung der Nutzungskosten**	619
9.4.1	Kostenarten	619
9.4.2	Datenquellen	621
9.4.2.1	Grundlagen	621
9.4.2.2	Technisch-statistischer Ansatz – Benchmarkpools	621
9.4.2.3	Technisch-analytischer Ansatz – Berechnungsmethoden und Instrumente	622
9.4.2.3.1	DIN 18960	622
9.4.2.3.2	GEFMA 220	622
9.4.2.3.3	LZK-Berechnung nach DGNB/BNB	623
9.4.2.3.4	LZK-Berechnungssoftware	625
9.4.2.3.5	Gebäudenutzungskostenrechner (GNKR)	627
9.4.2.3.6	Bewertung der Berechnungsmethoden und Instrumente	628
9.4.2.4	Zwischenfazit zur LZK-Berechnung	629
9.5	**Ermittlung der Sanierungskosten**	629
9.5.1	Kostenarten	629
9.5.2	Datenquellen	630
9.6	**Ermittlung der Verwertungskosten**	631
9.6.1	Kostenarten	631
9.6.2	Datenquellen	632

		Seite
9.7	**Anwendungsbeispiele**	632
9.7.1	LZK-Berechnung in Architekturwettbewerben	632
9.7.1.1	Grundlagen	632
9.7.1.2	Umsetzung in Wettbewerben	633
9.7.2	LZK-Berechnung in Generalplanerwettbewerben	635
9.7.3	LZK-Berechnung bei der Auswahl von Architekten/Fachplaner (VOF-Verfahren)	635
9.7.4	LZK-Berechnung als Variantenberechnung Neubau oder Sanierung	636
9.7.5	LZK-Berechnung als Szenarioberechnung für mehrere Gebäude	639
9.7.6	LZK-Berechnung für einzelne Bauteile	640
9.8	**Notwendige Organisation zur Berechnung der Lebenszykluskosten**	640
9.8.1	Projektbeteiligte	640
9.8.2	Notwendige Basisdaten für die Berechnung	641
9.8.3	Zeitpunkt der Datenlieferung	641
9.9	**Lebenszykluskostencontrolling in der Betriebsphase**	641
9.10	**Chancen/Risiken der Lebenszykluskostenberechnung**	643
9.11	**Handlungsempfehlungen**	644
9.11.1	Exemplarische Dateneingangsliste Architekturwettbewerb	644
9.11.2	Checkliste LZK-Berechnung	646
9.12	**Kennzahlenübersicht**	648
9.12.1	Ausgewählte Kennzahlen Errichtungskosten	648
9.12.2	Ausgewählte Kennzahlen Nutzungskosten	649
9.12.3	Ausgewählte Kennzahlen Lebenszykluskosten	650
9.13	**Ausblick**	651
9.14	**Literatur**	652
9.15	**Anmerkungen**	654

9.1 Grundlagen der Lebenszykluskosten

9.1.1 Gliederung der Lebenszykluskosten

Der Begriff Lebenszykluskosten (LZK) bezeichnet nach Wübbenhorst „die totalen Kosten eines Systems während seiner gesamten Lebensdauer".[1] Diese generelle Definition wurde von der German Facility Management Association (GEFMA) in der Richtlinie GEFMA „Lebenszykluskosten-Ermittlung im FM" 220-1 (Ausgabe 2010-09) konkretisiert: „Die LZK stellen die Summe aller über den Lebenszyklus von Facilities anfallenden Kosten dar."[2] Der Kostenbegriff wurde somit auf den Betrachtungsgegenstand der Facilities begrenzt. Der Begriff Facilities bezeichnet Objekte wie bauliche und technische Anlagen und Einrichtungen, Ausstattungen, Geräte, Infrastrukturen, Arbeitsmittel, Energie, Hard- und Software.[3] Gleichfalls als Facilities gelten Objekte im Sinne der Definition nach § 3 Nr. 1 HOAI: Gebäude, sonstige Bauwerke, Anlagen, Freianlagen und raumbildende Ausbauten.[4]

Was in konkreten Berechnungen im Einzelnen „der Summe aller über den Lebenszyklus von Facilities anfallenden Kosten" hinzuzuzählen ist, ist allerdings nicht normiert. Eine Normung erscheint hier auch nicht praktikabel, da verschiedene Anwendungsfälle für eine LZK-Berechnung denkbar sind, die jeweils andere Zielsetzungen und Berechnungsschwerpunkte determinieren. Dies schlägt sich in den Berechnungsmodellen durch unterschiedliche Systemgrenzen und Berechnungsparameter nieder. Dies wird im Folgenden weiter ausgeführt.

Eine in der wissenschaftlichen Literatur häufig vorgenommene Unterscheidung kann in diesem Zusammenhang zwischen LZK im engeren Sinn und LZK im weiteren Sinn getroffen werden. Die LZK im engeren Sinn werden in der ISO/DIS 15686-5 als „life cycle cost" bezeichnet und beschränken sich als Betrachtungsgegenstand ausschließlich auf die Kostenseite. Die LZK im weiteren Sinn oder „whole life cost" nach ISO/DIS 15686-5 umfassen zusätzlich zu den LZK im engeren Sinne auch Erlöse und sind mit dem Lebenszyklus-Erfolg nach der GEFMA 220-1 identisch.[5] Im Folgenden wollen wir uns hier allerdings auf die reine Kostenseite und somit die LZK im engeren Sinn beschränken.

Bei der Ermittlung der LZK von Gebäuden erfolgt zumindest die Aufteilung in Errichtungs- und Nutzungskosten inklusive Sanierungskosten. Bei einer Betrachtung aus Projektentwicklerperspektive können Projektentwicklungskosten, die der DIN 276 nicht zuzuordnen sind, zusätzlich in die Berechnung mit einbezogen werden. Die Berücksichtigung der Verwertungskosten ist bei einer Barwertberechnung oftmals vernachlässigbar, da diese erst am Ende des Betrachtungszeitraums anfallen und durch die Abzinsung einen entsprechend geringen Gegenwartswert aufweisen. Eine Übersicht dieser ersten Einteilung der Lebenszykluskosten ist in Tabelle 1 dargestellt. Die dort genannten Beispiele deuten bereits darauf hin, dass sich weitere Gliederungsebenen der Kostenarten bilden lassen.

Begriff	Definition	Beispiele
Projektentwicklungskosten	Kosten für die Entwicklung der Immobilie, die vor dem Kauf des Objekts/Grundstücks anfallen und nicht in der DIN 276 erfasst werden.	· Kosten für die Standortsuche · Kosten für die Feststellung des Raumbedarfs · Kosten für Machbarkeitsstudien
Errichtungskosten	Kosten für Grundstück, Erschließung, Herstellung der Immobilie/des Gebäudes und Außenanlagen, einschließlich der anfallenden Nebenkosten (DIN 276).	· 100 Grundstück · 200 Erschließung · 300 Bauwerk · 400 Technische Anlagen
Nutzungskosten inkl. Sanierungskosten	Kosten, die für oder durch die Nutzung der Immobilie anfallen.	· Kapitalgebundene Kosten · Grundsteuer · Energiekosten · Instandhaltungskosten
Verwertungskosten	Kosten, die durch die Außerbetriebnahme und Verwertung der Immobilie anfallen.	· Abrisskosten · Entsorgungskosten · Maklergebühren

Tab. 1
Gliederung der Lebenszykluskosten von Gebäuden[6]

Der Betrachtungsgegenstand der LZK-Berechnung variiert ebenfalls je nach Anwendungsfall und kann von einzelnen Bauteilen über einzelne Gebäude bis hin zu Gebäudeensembles reichen.

9.1.2 Kostenverteilung der Lebenszykluskosten

In Bild 1 ist für verschiedene Nutzungsarten das Verhältnis von Errichtungs- zu Nutzungskosten über den Lebenszyklus abgebildet. Die Datengrundlage basiert auf den Kennzahlen der jährlichen Nutzungskosten (Mittelwerte) des fm.benchmarking Berichtes 2012/2013 (GEFMA 950) je Nutzungsart. Die Errichtungskosten orientieren sich an den Mittelwerten nach BKI.[7] Die Betrachtungszeiträume der LZK-Berechnungen entsprechen den Empfehlungen der Anlage 7 zur Wertermittlungsrichtlinie (WertR). Als Diskontierungszinssatz wurden analog zur GEFMA 220 und der LZK-Ermittlung in der Gebäudezertifizierung nach DGNB/BNB 3,5 Prozent gewählt. Die Preissteigerungsraten wurden gemäß Erhebungen des Statistischen Bundesamtes mit 2,1 für die allgemeine Preissteigerung und mit 4,9 Prozent für die Preissteigerung der Energiekosten angesetzt.

Bild 1
Kostenverteilung Errichtungs- und Nutzungskosten nach Nutzungsarten – Nutzungsdauern nach Anlage 7, WertR[8]

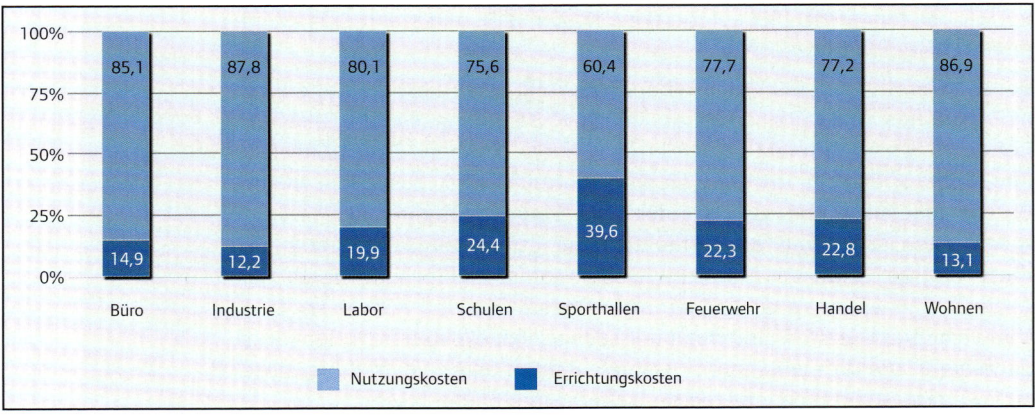

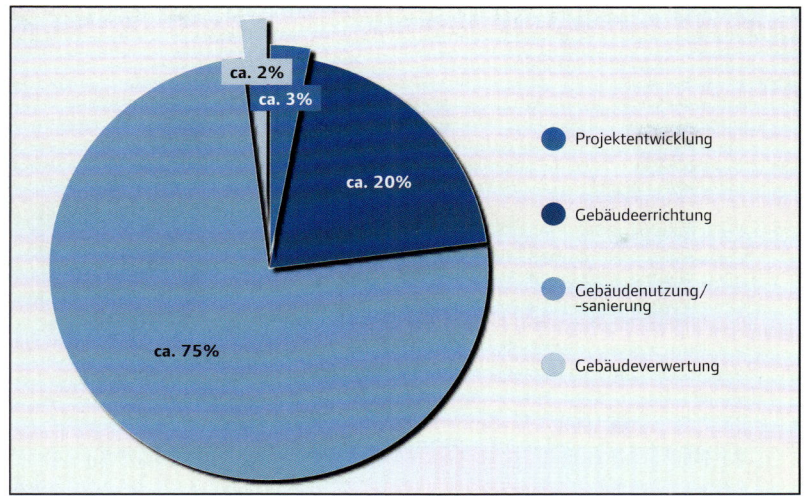

Bild 2
Übliche Kostenverteilung Bürogebäude
Barwerte 50 Jahre[9]

Auffällig ist, dass Nutzungskosten über den Lebenszyklus bei allen Gebäudearten ein Vielfaches der Errichtungskosten betragen. Entsprechend sollten Bauherren bei der Errichtung die gesamten LZK stärker im Blick haben. Dies liegt nicht nur im Interesse der Eigennutzer neu zu errichtender Immobilien. Gebäudenutzer, die Immobilien anmieten, reagieren zunehmend preissensibler auf die Nebenkosten ihrer Mietflächen und stellen Forderungen an die Eigentümer. Demzufolge nimmt auch der Wettbewerbsdruck auf Projektentwickler zu, im Unterhalt günstige Objekte zu realisieren, und eröffnet die Möglichkeit, dies als zusätzliches Vermarktungsargument zu nutzen. Die Lebenszykluskostenberechnung stellt hier das geeignete Instrument zur Verbesserung der Kostentransparenz dar.

Eine andere Darstellung der LZK ist in Bild 2 dargestellt. Hier wurden die Projektentwicklungskosten sowie die Verwertungskosten in die Berechnung mit einbezogen. Auf Grundlage von Projekterfahrungen verschiedener LZK-Berechnungen aus den Jahren 2007 (www.rotermundingenieure.de bis 2013 im Büro rotermund.ingenieure) können die üblichen Kostenanteile an der LZK bei Bürogebäuden (Barwerte, 50 Jahre) für die Projektentwicklung mit etwa 2 Prozent und die Verwertung mit 3 Prozent angenommen werden. Auch über diesen Betrachtungszeitraum und unter Hinzunahme von zwei weiteren Kostenarten machen die Nutzungskosten inkl. Sanierungskosten immer noch 75 Prozent der gesamten LZK aus.

9.1.3 Detaillierte Betrachtung der Energie- und Instandhaltungskosten

Die detaillierte Betrachtung der Energie- und Instandhaltungskosten auf Grundlage der aktuellen Daten des fm.benchmarking Berichtes 2012/2013 (www.fm-benchmarking.de) zeigt, dass die Kosten des technischen Ge-

Bild 3
TGM-, Instandhaltungs- und Energiekosten von Bürogebäuden[10]

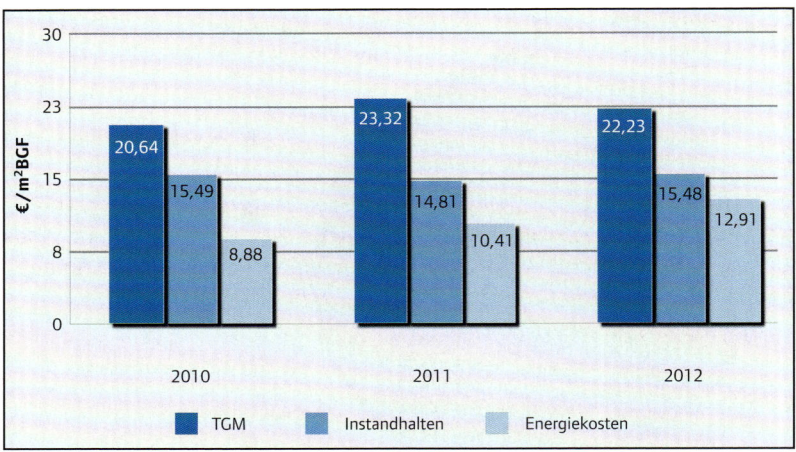

bäudemanagements die Energiekosten deutlich übersteigen. In Bild 3 werden hierfür die Daten von 1.453 Bürogebäuden mit einer gesamten Fläche von 8,82 Mio m²BGF des fm.benchmarking Berichtes 2012/2013 auf Basis der Mittelwerte gegenübergestellt. Selbst wenn für den Vergleich ausschließlich die Instandhaltungskosten den Energiekosten (Heizenergie + Elektroenergie) gegenübergestellt wurden, so liegen diese immer noch über den Energiekosten. In 2012 beträgt die Differenz etwa 20 Prozent.

Aus Lebenszykluskostensicht ist es somit notwendig, technische Maßnahmen zur Reduzierung des Energiebedarfs und der Energiekosten auf ihre Folgekosten hin zu überprüfen. Denn ein höherer Technisierungsgrad der Gebäude hat nicht nur erhöhte Investitionskosten zur Folge, sondern verursacht zusätzlich einen erhöhten Aufwand an Kosten für Betrieb und Instandhaltung. Hinzu kommen weitere Kosten für die Sanierung der Anlagen nach Überschreitung ihrer Nutzungsdauer. Somit sind auch bei angenommen Preissteigerungsraten von vier bis fünf Prozent für Energiekosten technische Maßnahmen zur Energieeinsparung in Sinne einer Kosten-Nutzen-Analyse zu überprüfen.

Erfahrungen aus zurückliegenden Projekten deuten zudem darauf hin, dass bei hochtechnisierten Gebäuden die in der Planung rechnerisch ermittelten Einsparpotenziale im Betrieb oft nicht erreicht werden. Als Grund hierfür ist häufig eine fehlende Beherrschbarkeit zur Bedienung der TGA oder fehlerhaftes Nutzerverhalten festzustellen. Insbesondere im Zusammenspiel von Gebäudeautomation, lufttechnischen und heiztechnischen Anlagen sowie deren Abstimmung auf die Nutzeranforderungen sind Effizienzverluste im Betrieb ermittelt worden.

Generell lässt sich ab einem gewissen Technisierungsgrad zudem der Effekt eines abnehmenden Grenznutzens des Einsatzes weiterer Gebäudetechnik beobachten. Deshalb sollten bei der Planung von Gebäuden Energieeinsparpotenziale bereits über baulich-passive Maßnahmen bei der Gestaltung der Gebäudehülle optimal ausgeschöpft und der Einsatz der TGA auf die Nutzeranforderungen und Lebenszykluskosten hin optimiert werden.

9.1.4 Betrachtung der Hauptkostenarten

In diesem Kapitel sollen die vorangegangenen Berechnungen weiter präzisiert werden. Dazu wird in einer detaillierteren Analyse die Situation eines einzelnen Bürogebäudes mit 8.000 m²BGF beleuchtet. Die Berechnungsparameter sind die gleichen wie in den Berechnungen zu Bild 1:

- Nutzungsdauer: 70 Jahre (Anlage 7, WertR)
- Diskontierungszinssatz: 3,5 %
- allgemeine Preissteigerungsrate: 2,1 %
- Preissteigerungsrate Energie (Strom, Brennstoffe/Wärmeträger): 4,9 %

In der Musterberechnung in Bild 4 wurden die LZK wie zuvor auf Grundlagen von Errichtungskosten nach BKI und der Nutzungskosten nach dem

Bild 4
Musterberechnung Lebenszykluskosten Bürogebäude[11]

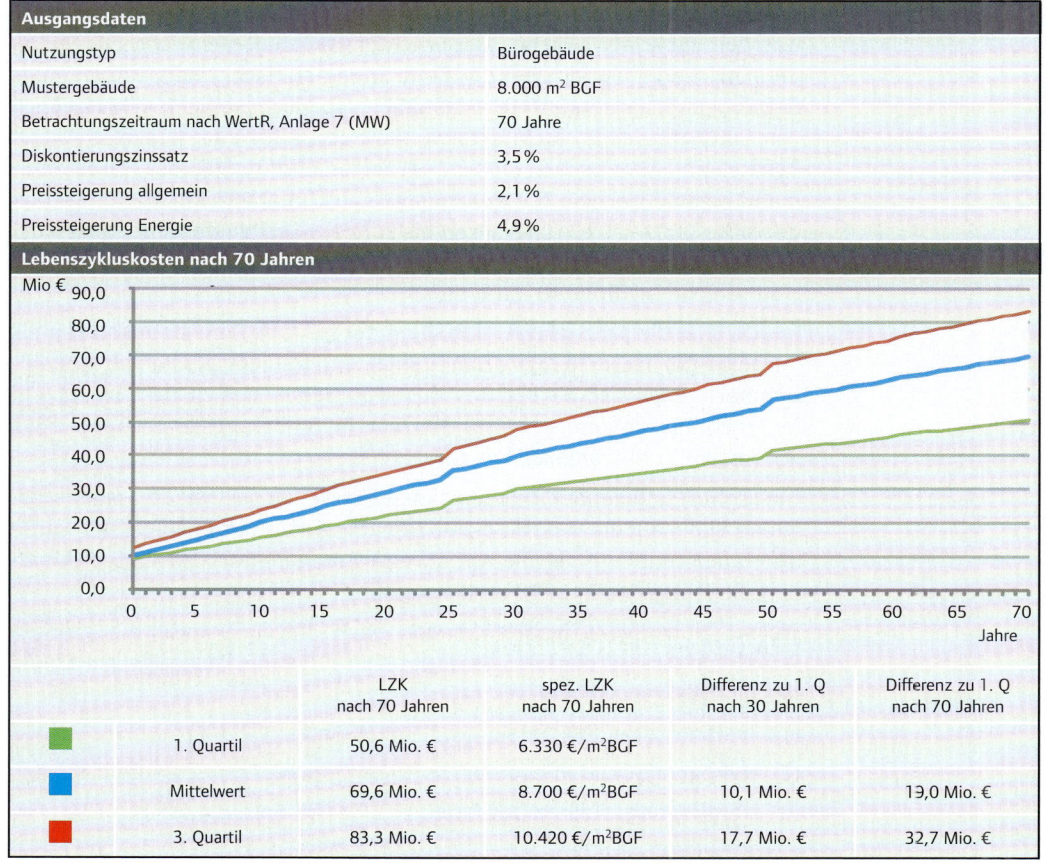

Bild 5
Prozentuale Aufteilung der Lebenszykluskosten Bürogebäude (Barwerte 70 Jahre)[12]

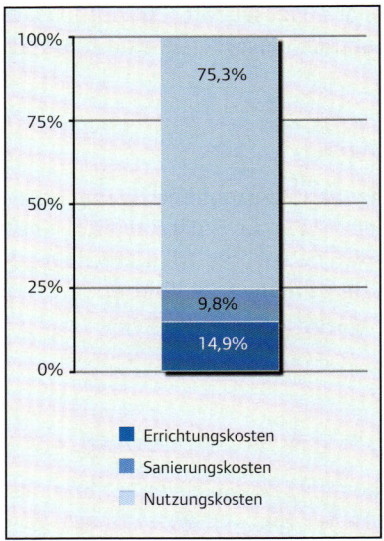

fm.benchmarking Bericht 2012/2013 berechnet. Über die Mittelwerte ergeben sich hier LZK von 69,5 Mio. € nach 70 Jahren. Das entspricht als Kennwert 8.700 €/m²BGF. Somit betragen im Bereich der Mittelwerte die gesamten LZK nach 70 Jahren das 6,7-Fache der Errichtungskosten. Selbst bei einer halbierten Nutzungsdauer von 35 Jahren entsprechen die LZK immer noch dem 4,2-Fachen der Errichtungskosten.

Aufschlussreich ist zudem die Gegenüberstellung der Berechnungsergebnisse auf Grundlage der 25%-Quartile und 75%-Quartile der Nutzungskosten des fm.benchmarking Berichtes 2012/2013. In diesem Vergleich ergibt sich eine Differenz von 32,7 Mio. € über 70 Jahre, was dem mehr als 3-Fachen der Errichtungskosten entspricht. Zugegebenermaßen ergeben sich bei der Betrachtung statischer Kennzahlen eines Gebäudepools größere Differenzen als beispielsweise beim LZK-Vergleich von Entwürfen eines Architekturwettbewerbers für eine konkrete Aufgabenstellung. Aber auch in diesem Fall zeigen Erfahrungen des Büros rotermund.ingenieure aus LZK-Berechnungen aus 36 Architekturwettbewerben der Jahre 2007–2013 Differenzen bis zum 1,8-Fachen der Errichtungskosten zwischen dem „günstigsten" und „teuersten" Entwurf bei einer Barwertberechnung über 40 Jahre auf.

In Bild 5 ist die prozentuale Aufteilung der LZK des Berechnungsbeispiels (Mittelwerte) in Errichtungs-, Sanierungs- und Nutzungskosten abgebildet. Demnach teilen sich die LZK des Musterbürogebäudes zu etwa 15 Prozent in Errichtungskosten, etwa 10 Prozent in Sanierungskosten und etwa 75 Prozent in Nutzungskosten auf.

Die jährlich anfallenden Nutzungskosten verteilen sich wiederum entsprechend Bild 6 auf die verschiedenen Nutzungskostenarten. Auch hier wurde als Datengrundlage auf die Mittelwerte Bürogebäude des fm.benchmarking Berichtes 2012/2013 zurückgegriffen.

Welche Nutzungskostenarten haben nach dieser Analyse die größten Auswirkungen auf die LZK? Es ergibt sich folgende Rangfolge auf Ebene der Analysekennzahlen:

(1) Instandhalten (NK-Anteil: 16,3%; LZK-Anteil: 12,3%)

(2) Reinigungs- und Pflegedienste (NK-Anteil: 10,7%; LZK-Anteil: 8,1%)

(3) Verpflegungsdienste (NK-Anteil: 6,2%; LZK-Anteil: 4,7%)

Strom (NK-Anteil: 6,2%; LZK-Anteil: 4,7%)

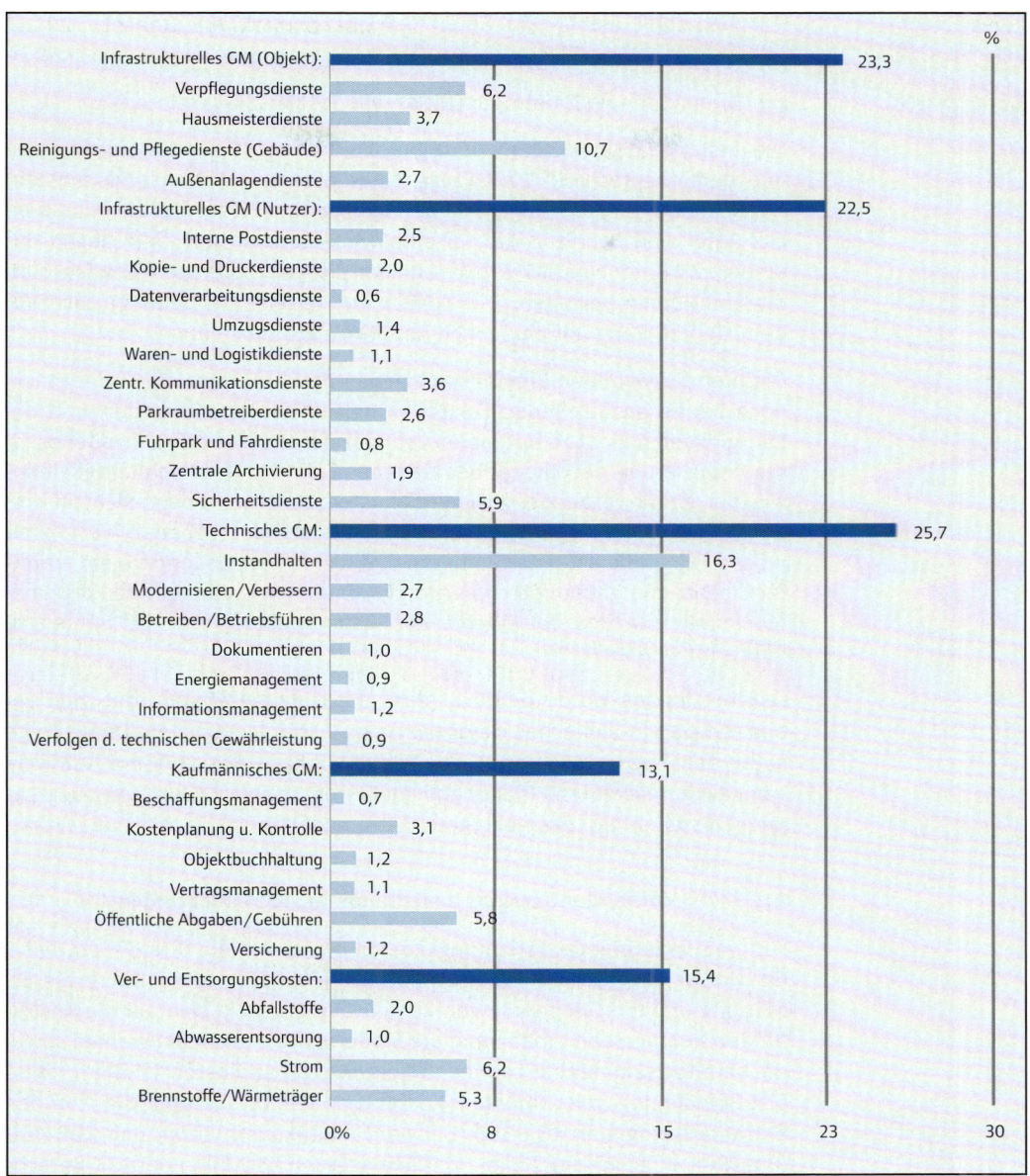

Bild 6
Prozentuale Aufteilung der jährlichen Nutzungskosten Bürogebäude[13]

(5) Sicherheitsdienste (NK-Anteil: 5,9 %; LZK-Anteil: 4,4 %)
(6) Öffentliche Abgaben/Gebühren (NK-Anteil: 5,8 %; LZK-Anteil: 4,4 %)
(7) Brennstoffe/Wärmeträger (NK-Anteil: 5,3 %; LZK-Anteil: 4,0 %)

Die Instandhaltungskosten betragen 16,3 Prozent der Nutzungskosten und dementsprechend 12,3 Prozent der gesamten Lebenszykluskosten. Auf dem zweiten Platz folgen die Reinigungs- und Pflegedienste mit einem LKZ-Anteil von 8,1 Prozent. Auf einem geteilten dritten Platz liegen mit einem LZK-Anteil von 4,7 Prozent die Verpflegungsdienste (Catering) und die Elektroenergiekosten. Die Kosten für Heizenergie befinden sich auf dem siebten Rang mit einem LZK-Anteil von 4,0 Prozent.

Die hier dargestellten Ergebnisse machen deutlich, dass die in der Praxis noch häufig anzutreffende Fokussierung auf den Energiebedarf und die Energiekosten nicht zu optimalen Lebenszykluskosten führt. Zweifellos ist die Reduzierung des Energiebedarfes aus Gründen der Nachhaltigkeit sowie der damit verbundenen Energiekosten auch aus Kostensicht erstrebenswert. Für eine ganzheitliche Optimierung der Lebenszykluskosten müssen aber alle Kostenarten betrachtet werden. Insbesondere ein erhöhter Einsatz von gebäudetechnischen Maßnahmen sollte auf die Folgekosten im Bereich des Betreibens, der Instandhaltung und der Sanierung überprüft werden.

Darüber hinaus wurde deutlich, dass die Nutzungskosten über den Lebenszyklus ein Vielfaches der Errichtungskosten ausmachen. Demzufolge sollte den Nutzungskosten in der Planungsphase eine größere Aufmerksamkeit zuteilwerden. Planungsbegleitende Lebenszykluskostenberechnungen stellen hier das geeignete Instrument dar.

9.1.5 Vorhandene und zu beachtende Normen/Richtlinien

Für die Gliederung der Errichtungskosten bietet sich die DIN 276 an. Teil 1 der Norm „gilt für die Kostenplanung im Hochbau, insbesondere die Ermittlung und die Gliederung von Kosten. Sie erstreckt sich auf die Kosten für den Neubau, den Umbau und die Modernisierung von Bauwerken sowie die damit zusammenhängenden projektbezogenen Kosten".[14] Die für eine LZK-Berechnung relevantesten Kostengruppen (KGR) sind die auf das Bauwerk bezogenen KGR 300 (Bauwerk – Baukonstruktion) und KGR 400 (Bauwerk – Technische Anlagen). Diese werden sowohl in der LZK-Berechnung der Zertifizierungssysteme DGNB/BNB, der GEFMA 220 als auch im Gebäudenutzungskostenrechner (GNKR) von rotermund.ingenieure verwendet.[15] Auch im fm.benchmarking Bericht 2011/2012 werden die Errichtungskosten über die DIN 276 in den KGR 300 und 400 erhoben.[16] Sollen über das Gebäude hinaus auch Außenanlagen mit in die Berechnung einfließen, so ist zusätzlich die KGR 500 mit einzubeziehen. Das Gleiche gilt für andere Kostenarten, die je nach Anwendungsfall eine Integration in die LZK-Berechnung erfordern.

Norm	Bezeichnung der Norm	Veröffentlichung
Gebäudeerrichtungskosten		
DIN 276-1	Kosten im Bauwesen - Teil 1: Hochbau	Dezember 2008
Gebäudenutzungskosten		
DIN 18960	Nutzungskosten im Hochbau	Februar 2009
DIN 31051	Grundlagen der Instandhaltung	Juni 2003
DIN 32736	Gebäudemanagement - Begriffe und Leistungen	August 2000
GEFMA 200	Kosten im Facility Management	Juli 2004
GEFMA 950, Ausgabe 2013	fm.benchmarking Bericht 2012/2013	Januar 2013
Ö-Norm B1801-2	Kosten in Hoch- und Tiefbau	April 2011
SIA D 0165	Kennzahlen im Immobilienmanagement	August 2000
VDI 2067	Wirtschaftlichkeit gebäudetechnischer Anlagen	September 2010
DIN EN 15221-7	Leistungs-Benchmarking	März 2011

Die zur Erfassung der Gebäudenutzungskosten relevanten Normen und Richtlinien sind in Tabelle 2 dargestellt. Im Februar 2008 erschien die novellierte DIN 18960 „Nutzungskosten im Hochbau". Die Zielsetzungen bei der Novellierung waren die Ergänzung der DIN 276 im Bereich der Nutzungskosten sowie die Positionierung als Kostenplanungsnorm für Kostenvorgabe und -controlling.[18] Analog zur DIN 276 sind auch hier die Kostenarten hierarchisch in drei Ebenen gegliedert:

Tab. 2 Relevante Normen und Richtlinien zur LZK-Berechnung[17]

- 100 Kapitalkosten
- 200 Verwaltungskosten
- 300 Betriebskosten
- 400 Instandsetzungskosten[19]

In Österreich kommt zudem die ÖNORM B1801-2 zur Anwendung. Die darin definierten Objekterrichtungskosten entsprechen in weiten Teilen der DIN 276 und die Objektnutzungskosten der DIN 18960.[20] In der Schweiz gilt ab August 2000 die Norm SIA D 0165 (Kennzahlen im Immobilienmanagement), „mit dem Ziel der Vereinheitlichung der Kostengliederung".[21]

Eine alternative Gliederung der Gebäudemanagementleistungen stellt die DIN 32736 dar. Sie definiert „Begriffe und beschreibt die Leistungen des Gebäudemanagements. Sie dient dem einheitlichen Sprachgebrauch und der Strukturierung von Leistungen".[22] Zu diesem Zweck wird ein Leistungskatalog mit einer Zuordnung von Inhalten zu den einzelnen Leistungsgruppen erstellt. Die vier Hauptgruppen umfassen:

- technisches Gebäudemanagement
- infrastrukturelles Gebäudemanagement
- kaufmännisches Gebäudemanagement
- Flächenmanagement[23]

Eine spezielle Begriffs- und Inhaltsdefinition von Instandhaltungsleistungen findet in DIN 31051 statt. Demzufolge kann die Instandhaltung „vollständig in die Grundmaßnahmen Wartung, Inspektion, Instandsetzung und Verbesserung unterteilt werden".[24]

Im Gegensatz zu den DIN-Normen erfolgt die Gliederung der GEFMA 200 entlang der in der GEFMA 100 definierten LzPh. Eine Kompatibilität zu den Kostengruppen der DIN 276 und der DIN 18960 ist in Teilen gegeben.[25] Auf der ersten Ebene gliedern sich die Leistungen wie folgt:

- 0.000 FM-Leitung
- 1.000 Konzeptionsphase
- 2.000 Planungsphase
- 3.000 Errichtungsphase
- 4.000 Vermarktungsphase
- 5.000 Beschaffungsphase
- 6.000 Betriebs- & Nutzungsphase
- 7.000 Umbau- & Sanierungsphase
- 8.000 Leerstandsphase
- 9.000 Verwertungsphase[26]

Ausschließlich zur „Berechnung der Wirtschaftlichkeit gebäudetechnischer Anlagen"[27] dient die Richtlinie VDI 2067. Neben Definitionen, Begriffs- und Anwendungsbeschreibungen sind Tabellen über die rechnerische Nutzungsdauer von gebäudetechnischen Anlagen sowie prozentuale Angaben über den Aufwand für deren Instandsetzung, Wartung und Bedienung Inhalte dieser Richtlinie.[28] Angaben zur Lebensdauer von Bauteilen der KGR 300 nach DIN 276 machen die vom BMVBS für das Bewertungssystem Nachhaltiges Bauen (BNB) entwickelten Tabellen im Leitfaden Nachhaltiges Bauen.[29]

Sowohl zum Aufbau einer Kostengliederungsstruktur sowie als Datenquelle für Gebäudenutzungskosten unterschiedlicher Gebäudekategorien dient die Richtlinie GEFMA 950. Unter dieser Bezeichnung wird der jährlich erscheinende fm.benchmarking Bericht herausgegeben.

9.2 Modell zur Berechnung der Lebenszykluskosten

9.2.1 Finanzmathematische Grundlagen

Für die LZK-Ermittlung stehen grundsätzlich die gängigen Investitionsrechenverfahren zur Verfügung. Eine Kategorisierung dieser nach Schulte (2008) ist in Tabelle 3 dargestellt.

Charakteristisch für die statischen Verfahren ist, dass diese die zeitliche Komponente nicht berücksichtigen und sich auf nur eine Betrachtungsperiode beschränken. Damit können methodisch keine längerfristigen Zah-

Investitionsrechnung		
Klassische Verfahren		**Moderne Verfahren**
Statische Methoden	**Dynamische Methoden**	**VoFi-Kennzahlen**
Kostenvergleichsrechnung	Kapitalwertmethode	Vermögensendwert
Gewinnvergleichsrechnung	Annuitätenmethode	Entnahme
Rentabilitätsrechnung	Interne Zinsfußmethode	VoFi-Rentabilität
Amortisationsrechnung	Payoff-Methode	VoFi-Amortisationsdauer

Tab. 3
Übersicht der Investitionsrechenverfahren nach Schulte (2008)[30]

lungsströme abgebildet werden. Aufgrund dieser Trivialität wird in der wissenschaftlichen Literatur zu Investitionsrechnungen von der Verwendung statischer Methoden für Investitionsentscheidungen abgeraten bzw. werden diese nur als Ergänzung zu dynamischen Methoden empfohlen.[31] Diese methodischen Restriktionen widersprechen auch dem Ziel einer monetären Betrachtung über den Lebenszyklus einer Immobile, sodass für die LZK-Berechnung statische Methoden ungeeignet sind.

Demgegenüber ist mit den dynamischen Methoden eine mehrperiodische Betrachtung von Zahlungsströmen möglich. Bei der Kapitalwertmethode geschieht dies mittels der Diskontierung zukünftiger Zahlungen über den Kalkulationszinssatz.[32] „So heben sich alle dynamischen Verfahren positiv von den statischen Verfahren ab, da bei der Dynamik, im Gegensatz zum Ansatz der statischen Verfahren, alle zahlungswirksamen Aktivitäten der Zukunft in der Gegenwart in absoluten Beträgen weniger wert sind als Aktivitäten, die die gleichen Zahlungswirkungen in der Gegenwart auslösen, da eine Einzeldiskontierung vorgenommen wird."[33] Durch die Diskontierung mit einem festgelegten Zinssatz liegt die dynamische Betrachtung also deutlich näher an der Realität als die statische Betrachtung. Zur Lebenszykluskostenermittlung bietet sich von den dynamischen Methoden die Kapitalwertmethode an. Denn als Vermögenswertmethode ist es möglich, im Betrachtungszeitpunkt den Gegenwartswert aller zukünftigen Zahlungen über den Lebenszyklus abzubilden, also die Lebenszykluskosten. Der Kapitalwert setzt sich aus der Anfangsauszahlung und dem Gegenwartswert der zukünftigen Zahlungen (Barwert bzw. Discounted Cash Flow) zusammen. Die Anfangsauszahlung stellt im Fall der LZK-Berechnung die Errichtungskosten dar, und die zukünftigen Zahlungen sind die Nutzungskosten. Die Kapitalwertermittlung zur LZK-Berechnung vollzieht sich in vier Schritten:

- Schätzung der zukünftigen Cashflows (bei LZK Nutzungskosten)
- Bestimmung der geforderten Mindestverzinsung (Discountierungs- oder Kalkulationszinssatz)
- Abzinsen der Cashflows auf den Gegenwartswert mit dem gewählten Kalkulationszinssatz
- Addition der diskontierten Zahlungssalden zu einem Barwert
- Einbeziehung der Anfangsauszahlung[34]

Die Frage, inwieweit Fremdkapital bei dem Aufbau der LZK-Berechnung berücksichtig werden soll, ist analog zu allgemeinen Überlegungen für Immobilien-Investitionsrechnungen zu beantworten: „Ob Zins- und Tilgungszahlungen auf das eingesetzte Fremdkapital veranschlagt werden und als Cashflow einbezogen werden müssen, hängt von der Kapitalperspektive der Rechnung ab. Soll der Kapitalwert auf das gesamte in dem Objekt gebundene Kapital berechnet werden (Anfangsauszahlung = Gesamtkosten = Eigenkapital + Fremdkapital), so haben Zins und Tilgung außen vor zu bleiben. Sie sind Teil der Verzinsung des gesamten Kapitals."[35] Soll der Kapitalwert sich dagegen lediglich auf das gebundene Eigenkapital beziehen (Anfangsauszahlung = Eigenkapital), „so sind die Zins- und Tilgungszahlungen aus der Perspektive des Eigenkapitals als Auszahlungen anzusehen und entsprechend mit anzusetzen".[36]

Die der Kapitalwertmethode zugrunde liegende Modellannahme eines gleichen Zinssatzes am Markt für kurz- oder langfristige sowohl Soll- als auch Habenzinsen ist jedoch eine stark vereinfachende Abbildung der Realität. Denn in der Regel wird Fremdkapital anders verzinst als Eigenkapital, und innerhalb dieser Gruppen gibt es je nach Fristigkeiten, Sicherheiten, Gläubigerstruktur usw. andere Verzinsungsansprüche.[37] Eine in dieser Hinsicht genauere Modellierung der Realität ist mit der Methode der vollständigen Finanzpläne (VoFi-Methode) möglich, in denen die Finanzierungsstrukturen wesentlich detaillierter abgebildet werden können. Ob das Anwendungsziel eine solche genauere und damit aufwändigere Modellierung des Finanzierungsaspektes erfordert, ist vor dem Aufbau einer LZK-Berechnung abzuwägen.

Wie alle Methoden der Investitionsrechnung dient auch die Kapitalwertmethode der Prüfung von Investitionsvorhaben auf ihre absolute und relative (verglichen mit anderen Investitionsalternativen) Vorteilhaftigkeit hin.[38] In Bezug auf eine kostenseitige LZK-Betrachtung ergibt allerdings nur die Prüfung der relativen Vorteilhaftigkeit einen Sinn, da keine positiven Cashflows vorhanden sind und der Kapitalwert deshalb immer negativ ist. Demzufolge kann eine rein kostenseitige LZK-Berechnung auch vereinfacht gestaltet werden. Wenn klar ist, dass nur Ausgaben betrachtet werden, kann auf eine buchhalterische Schreibweise in der Berechnung verzichtet werden, womit die LZK-Berechnung sich dann alleine aus positiven Zahlen zusammensetzt, die eben als Lebenszykluskosten zu interpretieren sind. Zudem wird die Unterscheidung zwischen Kapitalwert und Barwert irrelevant, da auf die Anfangsinvestition keine positiven Cashflows folgen, aus deren Differenz sich der Kapitalwert ermitteln ließe. Es bietet sich daher an, von den Lebenszykluskosten als Barwert aller Kosten über den Lebenszyklus zu sprechen.

Für komplexe Anwendungsfälle empfiehlt es sich unter Umständen, auf den VoFi als Methode zur Ermittlung der LZK zurückzugreifen. Der VoFi wird als moderne Methode bezeichnet. Er läuft auf die Ermittlung des Vermögensendwertes einer Investition unter Beachtung aller jährlichen Zahlungen über den Betrachtungszeitraum hinaus. Dabei werden unterschiedliche Soll- und Habenzinssätze angenommen, die den tatsächlichen Konditionen möglichst nahekommen sollen. Nach der Darstellung aller der Investition zurechenbaren Zahlungen in tabellarischer Form als „vollständigem Finanzplan" wird am Ende üblicherweise die Rentabilität des eingesetzten Eigenkapitals ermittelt.[39] Zudem ermöglicht die VoFi-Methode eine ausführliche Modellierung der Kapitalstruktur und Finanzierungsparameter einer Investition.[40] Damit eignet sich die VoFi-Methode auch für eine integrale Kosten- und Ertragsbetrachtung unter Einbeziehung verschiedener Finanzierungsszenarien, also für die vergleichsweise komplexe Modellierung einer Lebenszykluserfolgsberechnung.[41] Für eine ausschließlich kostenseitige Betrachtung aus Gesamtkapitalperspektive bietet sich aufgrund der einfacheren Handhabung dagegen die Berechnung der LZK als Barwert (bzw. Discounted Cash Flows) an.

In Tabelle 4 sind verschiedenen Anwendungsfällen einer LZK-Betrachtung jeweils die Barwertermittlung (Kapitalwertmethode) oder VoFi-Methode als empfohlenes Investitionsrechenverfahren zugeordnet worden.

Es wird deutlich, dass für die meisten Anwendungsfälle eine Barwertermittlung ausreichend ist. Für die komplexe Modellierung eines PPP-Projektes ist die VoFi-Methode zielführend. Die LZK-Berechnung für den Variantenvergleich Sanierung oder Neubau lässt sich dagegen über eine rein kostenseitige Betrachtung zur Ermittlung der günstigsten Alternative lösen.

Tab. 4
Für einzelne Anwendungsfälle empfohlene Investitionsrechenverfahren[42]

LzPh nach GEFMA 100-1	LZK-Anwendungsfall	Empfohlenes Investitionsrechenverfahren
(1) Konzeption		
(2) Planung	LZK-Berechnung zum Vergleich von Entwurfsvarianten	Barwertermittlung
	LZK-Berechnung in Architektur-, VOB- und Generalplanerwettbewerben	Barwertermittlung
(3) Errichtung	LZK-Controlling zur Kosten- und Qualitätssicherung	Barwertermittlung
(4) Vermarktung	Gebäudepass: LZK-Berechnung zur Darstellung von Kostentransparenz und -sicherheit	Barwertermittlung
(5) Beschaffung	Technische Due Diligence: LZK-Berechnung zur Ermittlung des Instandsetzungsaufwandes	Barwertermittlung
	Public Private Partnership / privatwirtschaftliche Lebenszyklus-Partnerschaftsmodelle	VoFi-Methode
(6) Betrieb und Nutzung	LZK-Berechnung zum Benchmarking	Barwertermittlung
(7) Umbau / Umnutzung und Sanierung / Modernisierung	LZK-Berechnung für den Variantenvergleich Sanierung oder Neubau	Barwertermittlung; VoFi-Methode
	LZK-Berechnung zur Überprüfung der Wirtschaftlichkeit von Modernisierungen (Capital Expenditures (CapEX))	Barwertermittlung; VoFi-Methode
(8) Leerstand		
(9) Verwertung		
Phasenübergreifend	LKZ-Berechnung zur Nachhaltigkeitszertifizierung	Barwertermittlung

Darüber hinaus kann zur Präzisierung in einem um Erlöse und Finanzierungen erweiterten Berechnungsmodell die Anwendung der VoFi-Methode sinnvoll erscheinen. Bei der LZK-Berechnung zur Überprüfung der Wirtschaftlichkeit von Modernisierungen beschränkt sich der Nutzen einer Barwertermittlung auf eine erste Kosteneinschätzung. Die grundlegende Wirtschaftlichkeitsbetrachtung sollte jedoch unter Einbeziehung von Erlösen und Finanzierungen mittels VoFi-Methode modelliert werden.

9.2.2 Grundmodell zur Berechnung der Lebenszykluskosten

Wie im vorangegangenen Kapitel beschrieben wurde, ist der Aufbau einer LZK-Berechnung also immer abhängig von dem konkreten Anwendungsfall und Berechnungsziel. Die Komplexität der Berechnung wird zudem durch den Betrachtungsgegenstand bestimmt. So kann die Berechnung zum Beispiel für ein Bauteil, ein einzelnes Gebäude oder eine Szenariobetrachtung über mehrere Gebäude erfolgen.

In der Regel besteht das Grundmodell einer LZK-Berechnung im engeren Sinn, also der rein kostenseitigen Betrachtung, aus einer Anfangsauszahlung sowie den jährlichen Zahlungsströmen über den Betrachtungszeitraum. Die Anfangsauszahlung besteht in jedem Fall aus den Errichtungskosten. Gegebenenfalls sind noch Projektentwicklungskosten hinzuzuziehen. Die jährlichen Zahlungsströme über den Betrachtungszeitraum setzen sich aus den laufenden, jährlichen Nutzungskosten zusammen sowie den Sanierungskosten. Die Sanierungskosten werden im Berechnungsmodell in der Regel als zyklisch anfallende Kosten angesetzt, entsprechend der Lebensdauer einzelner Bauteile. Darauf wird in Kapitel 5 näher eingegangen. Darüber hinaus können am Ende der Nutzungsdauer Verwertungskosten in die Berechnung mit einbezogen werden. In der Regel sind diese allerdings vernachlässigbar und weisen aufgrund der Abzinsung nur einen geringen Barwert auf.

Je nach Berechnungszeitpunkt unterscheidet sich die Informationsdichte der zur Verfügung stehenden Eingangsdaten. Dementsprechend differiert der Detaillierungsgrad der LZK-Berechnung mit unterschiedlicher Prognosegenauigkeit in der Folge. In Anlehnung an die Begriffe zur Kostengenauigkeit der DIN 276 führt die Richtlinie GEFMA 220-1 die in der Tabelle 5 wiedergegebenen Detailstufen auf.

Tab. 5
Detailstufen der LZK-Berechnung[43]

Detailstufe	LzPh nach GEFMA 100-1	Leistungsphase nach HOAI
LZK-Schätzung	(1) Konzeption	Vorplanung
LZK-Berechnung	(2) Planung	Entwurfsplanung
LZK-Anschlag	(6) Betrieb und Nutzung (nach den ersten zwei Betriebsjahren)	-
LZK-Feststellung	(9) Verwertung	-

9.2.3 Betrachtungszeitraum

Die Wahl des Betrachtungszeitraumes einer Berechnung variiert abhängig vom Anwendungszweck und Berechnungsziel. Während beispielsweise ein institutioneller Investor über einen Investitionszeitraum auch von weniger als zehn Jahren bis zu seinem Exit bzw. der Veräußerung des Objektes rechnet, gibt es in der Wertermittlung Betrachtungszeiträume von bis zu 80 Jahren. Bei einem zu kurzen Betrachtungszeitraum werden die Nutzungskosten allerdings nur untergewichtet abgebildet. Insbesondere finden die Sanierungskosten als Ersatzinvestitionen nach Ablauf der technischen Lebensdauer von Bauteilen und vor allem technischer Anlagen keinen ausreichenden Eingang in die Berechnung.[44] So wies Bahr (2008) in ihrer Diplomarbeit auf Grundlage einer Auswertung von 17 Schul- und Bürogebäuden nach, dass nach einer Nutzungsdauer von 30 Jahren die Instandhaltungs- und Sanierungskosten sprunghaft ansteigen.[45]

Berechnungen über sehr lange Nutzungsdauern von bis zu 80 Jahren, die sich an der WertR orientieren, erscheinen allerdings auch nur für bestimmte Anwendungsfälle, wie die langfristige Eigennutzung der Immobilie, zweckmäßig. Insbesondere bei Büro- und Einzelhandelsimmobilien haben sich aufgrund veränderter Nachfragepräferenzen seit Ende des 20. Jahrhunderts die wirtschaftlichen Nutzungszyklen der Immobilien verkürzt.[46] In Verbindung mit hohen Bodenwerten in den Ballungszentren führt dies dazu, dass die Gebäude häufig schon nach 30 bis 40 Jahren aus der Nutzung gehen und abgerissen werden. Daher ist in der Regel dieser Zeitraum für eine LZK-Berechnung zielführend.[47]

Zu beachten ist darüber hinaus, dass je länger der Betrachtungszeitraum gewählt wird und je ferner der Blick in die Zukunft reicht, umso größere Abweichungen von dem theoretisch errechneten Wert in der Zukunft erwartet werden können. Schließlich werden die LZK auf der Grundlage bisheriger Erfahrungswerte extrapoliert. Diese können sich im Laufe der zukünftigen Entwicklung allerdings verändern. Aus diesem Grund werden in langfristigen Verträgen, wie bei PPP-Projekten, Preisgleitklauseln vereinbart. Daraus folgt, dass sich für Zeiträume von fünf bis zehn Jahren die real erwartbaren LZK noch mit akzeptabler Genauigkeit prognostizieren lassen. Bei längeren Betrachtungszeiträumen dient die Berechnung dagegen in erster Linie dem Variantenvergleich unterschiedlicher Planungsalternativen, um diese aus LZK-Sicht zu bewerten. LZK-Berechnungen zur Kostenkalkulation sollten in ihren Eingangsdaten und Berechnungsparametern deshalb einer periodischen Prüfung unterzogen werden, um auf die sich verändernden Einflussgrößen reagieren zu können.

Generell ist es empfehlenswert, zu einem möglichst frühen Zeitpunkt die LZK-Berechnung über einen dem Anwendungsfall angemessenen Betrachtungszeitraum durchzuführen, um Fehlplanungen mit hohen Folgekosten zu vermeiden.

9.3 Ermittlung der Errichtungskosten

9.3.1 Kostenarten

Zur Gliederung der Errichtungskosten hat sich DIN 276 bewährt. Die Norm ist in der Praxis anerkannt und ihre Anwendung weit verbreitet. Die Kosten sind hierarchisch in drei Ebenen gegliedert. Auf der ersten Ebene erfolgt eine Einteilung in sieben Hauptgruppen:

- 100 Grundstück
- 200 Herrichten und Erschließen
- 300 Bauwerk – Baukonstruktionen
- 400 Bauwerk – Technische Anlagen
- 500 Außenanlagen
- 600 Ausstattung und Kunstwerke
- 700 Baunebenkosten[48]

9.3.2 Datenquellen

Die DIN 276 dient im originären Zweck der Zusammenstellung der Errichtungskosten und nicht deren Berechnung. Zur Ermittlung der Errichtungskosten gibt es aber zahlreiche verfügbare Tools und Werkzeuge. Die Daten der Kostenermittlung können dann für die Berechnung der LZK als Errichtungskosten herangezogen werden. Da entsprechend dem Projektfortschritt die Genauigkeit der Kostenermittlung über die Stationen Kostenschätzung, Kostenberechnung, Kostenanschlag und Kostenfeststellung präzisiert wird, können die Errichtungskosten mit steigender Genauigkeit in die LZK-Berechnung einfließen.

Als Datenquelle für die näherungsweise Abschätzung der Errichtungskosten stellen die Veröffentlichungen des Baukosteninformationszentrums (BKI) eine wertvolle Hilfe dar. Die jährlich erscheinenden Bücher enthalten entsprechende Kostenkennwerte für unterschiedliche Gebäudetypen in guter Qualität und weisen eine hohe Akzeptanz am Markt auf.

Für die LZK-Berechnung von Bestandsgebäuden kann auf Wiederbeschaffungswerte als Kosten einer Neuerrichtung zum Berechnungsstichtag zurückgegriffen werden. Datenquellen bilden in diesem Fall die ursprünglichen Gebäudeerrichtungskosten zuzüglich einer Indizierung oder entsprechende Annahmen nach den Normalherstellungskosten gemäß Anlage 7 zur WertR. Die Verwendung von Buchwerten, die aufgrund von Abschreibungen zum Teil weit unter den tatsächlichen Verkehrswerten liegen, ist für Kostenanalysen dagegen in der Regel ungeeignet. Basieren die Buchwerte dagegen auf aktuellen Verkehrswerten und stellen somit den gegenwärtigen Marktwert der Immobilie dar, können sie verwendet werden. Versicherungswerte eignen sich ebenfalls nur bedingt als Annahme des Wiederbeschaffungswertes, bieten sich allerdings aufgrund der einfachen Handhabung bei Ermangelung anderer Daten für eine erste Einschätzung an.

9.4 Ermittlung der Nutzungskosten

9.4.1 Kostenarten

Eine geeignete Gliederungsstruktur zu Erfassung der Gebäudenutzungskosten gibt der fm.benchmarking Bericht vor. In Tabelle 6 sind die im fm.benchmarking Bericht erhobenen Kostenarten den Normen DIN 18960, DIN 32736 und Ö-Norm B1801-2-2011 gegenübergestellt. Zudem ist angegeben, unter welcher Nummer die einzelnen Kostenarten unter § 2 der Betriebskostenverordnung eingeordnet werden können. Aufschlussreich ist die letzte Spalte der Tabelle. Hier ist dargestellt, welche Nutzungskosten in der LZK-Berechnung der Zertifizierungssysteme nach DGNB und BNB berücksichtigt werden. Dabei fällt auf, dass sowohl die Kosten des nutzungsbezogenen IGM als auch die Aufwendungen für das KGM in der Berechnung unberücksichtigt bleiben. Darüber hinaus gehen auch die TGM- und gebäudebezogenen IGM-Kosten nur teilweise in die LZK-Berechnung der Zertifizierungssysteme ein. Dies mag für eine Nachhaltigkeitsbewertung zweckmäßig erscheinen, verdeutlicht aber den partiellen Analysehorizont der Berechnungen. Die Ergebnisse bilden somit nicht die vollständigen LZK ab. Die im Anwendungsbeispiel der GEFMA-Richtlinie 220 dargestellte Musterberechnung bildet ebenfalls nur einen Teil der Nutzungskosten ab. Im Gegensatz zur LZK-Berechnung der Zertifizierungssysteme besteht hier für erfahrene Anwender allerdings die Variabilität, eigene Anpassungen vorzunehmen.

Tab. 6
Vergleich unterschiedlicher Gliederungen von Nutzungskosten[49]

fm.benchmarking Bericht 2012/2013	DIN 18960	DIN 32736	Ö-Norm B1801-2-1997	Ö-Norm B1801-2-2011	BetrKV § 2	LZK-Berechnung nach GEFMA 220	LZK-Berechnung nach DGNB/BNB
Infrastrukturelles GM-Gebäudebezogen	teils	teils	teils	teils	teils	teils	teils
Verpflegungsdienste	nein	ja	nein	6.5	nein	nein	nein
Hausmeisterdienste	210	ja	ja	1.1	Nr. 14	nein	nein
Reinigungs- und Pflegedienste (Gebäude)	330	teils	ja	4	Nr. 9	teils	teils
Unterhaltsreinigung	331	ja	ja	4.1	Nr. 9	ja	ja
Fassadenreinigung	333	ja	ja	4.3	Nr. 9	ja	ja
Glasreinigung	332	ja	ja	4.2	Nr. 9	ja	ja
Grundreinigung	339	ja	ja	4.4	Nr. 9	nein	nein
Schornsteinfeger	334	nein	ja	nein	Nr. 12	nein	nein
Sonderreinigung	334	nein	ja	4.4	Nr. 2-7	nein	nein
Schädlingsbekämpfung	339	nein	nein	nein	ja	nein	nein
Außenanlagendienste	340	nein	nein	ja	ja	nein	nein
Außenanlagenreinigung	341	ja	ja	4.6	Nr. 8/Nr. 10	nein	nein
Gärtnerdienste	342	ja	ja	4.7	Nr. 10	nein	nein
Winterdienste	341	ja	ja	4.5	Nr. 8	nein	nein
Infrastrukturelles GM-Nutzerbezogen	teils	ja	teils	ja	nein	teils	nein
Interne Postdienste	nein	ja	nein	6.1	nein	nein	nein
Kopie- und Druckerdienste	nein	ja	nein	6.4	nein	nein	nein
Datenverarbeitungsdienste	nein	ja	nein	6.2	nein	nein	nein

fm.benchmarking Bericht 2012/2013	DIN 18960	DIN 32736	Ö-Norm B1801-2-1997	Ö-Norm B1801-2-2011	BetrKV § 2	LZK-Berechnung nach GEFMA 220	LZK-Berechnung nach DGNB/BNB
Umzugsdienste	nein	ja	nein	6.3	nein	nein	nein
Waren- und Logistikdienste	nein	ja	nein	6.6	nein	nein	nein
Zentr. Kommunikationsdienste	nein	ja	nein	6.2	nein	nein	nein
Parkraumbetreiberdienst	nein	ja	nein	6.6	nein	nein	nein
Fuhrpark und Fahrdienste	nein	ja	nein	6.6	nein	nein	nein
Zentrale Archivierung	nein	ja	nein	6.6	nein	nein	nein
Sicherheitsdienste	360	ja	ja	5	nein	ja	nein
Technisches Gebäudemanagement	**teils**	**ja**	**teils**	**ja**	**teils**	**teils**	**teils**
Instandhalten	352-355/400	ja	ja	ja	teils	ja	ja
Inspektion und Wartung	352-355	ja	ja	2.2/2.3	Nr. 2-7	ja	ja
Instandsetzen	400	ja	ja	2.4	nein	ja	ja
Sanieren	nein	ja	ja	7.1	nein	nein	ja
Modernisieren / Verbessern	nein	ja	*	7.2	nein	nein	ja
Betreiben / Betriebsführen	351	ja	*	2.1	Nr. 2-7	ja	nein
Dokumentieren	200	ja	*	2.1	nein	ja	nein
Energiemanagement	200	ja	*	2.1	Nr. 4	ja	nein
Informationsmanagement	200	ja	*	2.1	nein	ja	nein
Verfolgen d. technischen Gewährleistung	200	ja	*	2.1	nein	ja	nein
Kaufmännisches Gebäudemanagement	**teils**	**teils**	**ja**	**teils**	**teils**	**teils**	**nein**
Beschaffungsmanagement	200	ja	ja	1.1	nein	ja	nein
Kostenplanung und Kontrolle	200	ja	ja	1.1	nein	ja	nein
Objektbuchhaltung	200	ja	ja	1.1	nein	ja	nein
Vertragsmanagement	200	ja	ja	1.1	nein	ja	nein
Öffentliche Abgaben / Gebühren	371	nein	ja	1.2	Nr. 1	nein	nein
Versicherung	372	nein	ja	1.2	Nr. 13	nein	nein
Kapitaldienst	100	nein	ja	nein	nein	nein	nein
Zinsen	111	nein	ja	nein	nein	nein	nein
AfA	130	nein	ja	nein	nein	nein	nein
Bürgschaften	112	nein	ja	nein	nein	nein	nein
Erbpachtzins	113	nein	ja	nein	nein	nein	nein
Dienstbarkeiten	114	nein	ja	nein	nein	nein	nein
Leasing	220	nein	ja	nein	nein	nein	nein
Mietkosten	220	nein	ja	nein	nein	nein	nein
Ver- und Entsorgung (Kosten)	**ja**	**nein**	**ja**	**ja**	**ja**	**ja**	**teils**
Abfallstoffe	322	nein	ja	3.3	Nr. 8	ja	nein
Abwasserentsorgung	321	nein	ja	3.2	Nr. 3	ja	ja
Strom	316	nein	ja	3.1	Nr. 2-15	ja	ja
Brennstoffe / Wärmeträger	312-315	nein	ja	3.1	Nr. 4-6	ja	ja
Wasser	311	nein	ja	3.2	Nr. 2	ja	ja

* kann sonstigen Kosten zugerechnet werden

Tab. 6
(fortgesetzt)

9.4.2 Datenquellen

9.4.2.1 Grundlagen

Zur Berechnung der Lebenszyklus- und Nutzungskosten müssen zwei grundlegend verschiedene Methoden unterschieden werden. Bei der technisch-statistischen Prognosemethode werden die Lebenszykluskosten über einen Benchmarking-Ansatz ermittelt. Zum anderen besteht die Möglichkeit, über die technisch-analytische Prognosemethode mittels einer konkreten Berechnung die Lebenszykluskosten zu ermitteln.[50] Der Berechnungsansatz über die Daten eines Benchmarking-Pools ist in Projekten sehr oft anzutreffen. Aus Sicht der Autoren ist dieses Verfahren allerdings nur bedingt zu empfehlen, da einzelne Aspekte der Gebäudeerrichtung und -nutzung nicht vollumfänglich berücksichtigt und somit nicht in die Berechnungen integriert werden. Eine Berechnung nach dem technisch-analytischen Ansatz bildet die LZK auf Grundlage der Charakteristik des zu untersuchenden Gebäudes ab. Zu beachten ist, dass der erforderliche Daten-Input zur LZK-Berechnung nicht zu umfangreich ist und die Projektbeteiligten nicht mit der Datenerhebung und -lieferung überfordert werden.

9.4.2.2 Technisch-statistischer Ansatz – Benchmarkpools

Oftmals wird in Bauprojekten oder Bestandsgebäuden nach Mittelwerten der Nutzungskosten gefragt, um eine LZK-Berechnung durchzuführen. Dies ist problematisch, da der Bezug auf nur eine statistische Messgröße (in diesem Fall der Mittelwert) die Streuung der Werte nicht berücksichtigt. Zudem werden oftmals wichtige Kostenarten der LZK wie zukünftige Sanierungsaufwendungen vernachlässigt. Somit sind über Benchmarks erhobene Kennwerte nicht geeignet, um LZK für einen Variantenvergleich verschiedener Entwürfe zu berechnen. Würden beispielsweise Kennwerte der Nutzungskosten nach Mittelwerten pro m²BGF zur Berechnung herangezogen, würde der um 2.000 m²BGF größere Gebäudeentwurf im Ergebnis schlicht die entsprechend linear extrapoliert höheren LZK aufweisen als ein kleineres Gebäude. Die inhaltlichen Unterschiede der Entwürfe können nach diesem statistischen Vorgehen nicht abgebildet werden.

Das Benchmarking ist zur Berechnung der Lebenszykluskosten dennoch eine wertvolle Hilfestellung, da mittels der zur Verfügung stehenden Benchmarks eine erste Abschätzung der Höhe der zu erwartenden Lebenszykluskosten erfolgen kann. Zudem bietet sich nach der durchgeführten LZK-Berechnung die Möglichkeit, die Berechnungsergebnisse mit den Markt-Benchmarks zu vergleichen. Zu diesem Zweck eignen sich Benchmarkpools über Gebäudenutzungskosten wie der jährlich erscheinende fm.benchmarking Bericht (GEFMA 950).[51] Für das Segment der Büronebenkosten können auch die Ergebnisse des Office Service Charge Analysis Report (OSCAR) von Jones Lang LaSalle herangezogen werden[52]. Zu beachten ist, dass die Nebenkosten ebenfalls nur einen Teil der Nutzungskosten abbilden.

9.4.2.3 Technisch-analytischer Ansatz – Berechnungsmethoden und Instrumente

9.4.2.3.1 DIN 18960

Die Zielsetzung bei der Novellierung der DIN 18960 im Jahr 2008 waren die Ergänzung der DIN 276 im Bereich der Nutzungskosten und die Positionierung als Kostenplanungsnorm für Nutzungskostenvorgabe und -controlling.[53] Die Vorteile der DIN 18960 liegen in einer umfassenden Abbildung der Nutzungskosten und einer strukturierten, am Markt etablierten Form der Kostenartengliederung. Allerdings bezieht sich die Norm ausschließlich auf gebäudebezogene Nutzungskosten. Darüber hinaus ist eine direkte LZK-Berechnung aus der DIN 18960 heraus auch nicht möglich, denn die Norm stellt kein Berechnungstool dar. Die Modellierung einer LZK-Berechnung und gegebenenfalls eine Erweiterung um nutzerbezogene Kosten hat der Anwender selber vorzunehmen.[54]

9.4.2.3.2 GEFMA 220

Die Richtlinie „GEFMA 220 – Lebenszykluskostenberechnung im FM" besteht aus zwei Teilen. Der erste Teil vermittelt die Einführung und Grundlagen zur Modellierung einer LZK-Berechnung. Dabei werden vor allem die für eine LZK-Berechnung je nach Zielsetzung zu treffenden Festlegungen erläutert wie Betrachtungszeitraum, Systemgrenzen, Prognoseansatz, Berechnungsmethoden und Berechnungsparameter sowie heranzuziehende Kennzahlen und Kennwerte. Der erste Teil der GEFMA 220 setzt also einen Rahmen, innerhalb dessen sich unterschiedliche LZK-Berechnungen durchführen lassen. Im zweiten Teil wird ein Anwendungsbeispiel der LZK-Berechnung zum Zweck des Benchmarkings modelliert. Für die Modellierung einer eigenen Berechnung kann die Beispielberechnung durchaus als Orientierungshilfe dienen. In dem Maß, wie Zielsetzung und Untersuchungsobjekt von dem Anwendungsbeispiel abweichen, müssen allerdings eigene Anpassungen an dem Berechnungsmodell vorgenommen werden. Des Weiteren ist zu beachten, dass die Berechnung auf einer vereinfachten Grundlage anhand einiger ausgewählter Kostenarten erfolgt und nicht alle relevanten Nutzungskostenarten einbezogen werden. Dies ist für den konkreten Anwendungsfall legitim, sollte bei der Interpretation des Ergebnisses aber bedacht werden.[55] Zur Gliederung der Nutzungskosten wird sich auf die Richtlinie GEFMA 200 bezogen, wodurch nicht alle Kostenarten zu Positionen der DIN 18960 kompatibel sind. Die neben den Errichtungskosten (KGR 300 + 400 DIN 276) eingehenden Nutzungskosten sind in Tabelle 7 aufgelistet. Zusätzlich sind Erläuterungen zur Berechnungssystematik angegeben.

Tab. 7
Berechnung der Nutzungskosten
GEFMA 220 – Teil 2[56]

KGR 6.100 GEFMA 200: Objektbetrieb managen
Für jede der acht Leistungspositionen: Stundenaufwand pro Jahr · Stundensatz = Kosten (€/a)
KGR 6.300 GEFMA 200: Objekt betreiben
Bestehend aus Bedienung, wiederkehrende Prüfungen, Inspektion + Wartung – zur korrekten Ermittlung muss eine Aufstellung über die relevanten Anlagen und Bauteile vorhanden sein
KGR 6.340 GEFMA 200: Objekt instand setzen
Instandsetzungskosten können über zwei Ansätze modelliert werden: jährliche Rücklage oder Ersatz der Bauteile am Ende der Lebensdauer
KGR 6.400 GEFMA 200: Objekt ver- und entsorgen
Wasser/Abwasser: Anzahl der Mitarbeiter > Verbräuche · Einheitspreise (EP) = Kosten (€/a) Heizenergiekosten: Endenergiebedarf pro m²NGF für Wasser und Heizung · NGF · EP = Kosten (€/a) Stromkosten: Endenergiebedarf pro m²NGF für Strom · NGF · EP = Kosten (€/a) Energiemanagement: Stundenaufwand pro Jahr · Stundensatz = Kosten (€/a) Entsorgen: jährl. Müllanfall nach Abfallfraktionen pro Mitarbeiter · Anzahl MA · EP Entsorgung = Kosten (€/a)
KGR 6.500 GEFMA 200: Objekt reinigen
Unterhaltsreinigung: Fläche pro Raumgruppe · Leistungszahl · Stundensatz · Intervall = Kosten (€/a) Glas-/Fassadenreinigung: Aufteilung in Flächen gleicher Reinigungsintensität · Intervall · Kostenkennzahl (Leistungszahl/Stundensatz) = Kosten (€/a)
KGR 6.600 GEFMA 200: Objekt schützen
Objektschutz / Werkschutz: Stundenaufwand pro Jahr für Besetzung Eingänge / Pforten · Stundensatz = Kosten (€/a) Revierwach- / Streifen- und Postendienste: Stundenansatz für Rundgänge pro Jahr · Stundensatz = Kosten (€/a)
KGR 6.700 GEFMA 200: Objekt verwalten
Für jede der acht Leistungspositionen: Stundenaufwand pro Jahr · Stundensatz = Kosten (€/a)

Die Vorteile der GEFMA 220 liegen also in einer vereinfachten Berechnung, die anschaulich dargestellt ist, flexibel anpassbaren Systemgrenzen sowie begleitenden Erläuterungen und Handlungsempfehlungen zur LZK-Berechnung. Grenzen finden sich in der Anwendbarkeit allerdings dahingehend, dass die Berechnung lediglich als Beispiel für einen konkreten Anwendungsfall (Benchmarking) dargestellt ist. Die Anpassung an andere Anwendungsfälle erfordert daher einen in der LZK-Berechnung erfahrenen Anwender.[57]

9.4.2.3.3 LZK-Berechnung nach DGNB/BNB

Die Berechnung der LZK in der Gebäudezertifizierung nach DGNB und BNB folgt den festgelegten Vorschriften in den jeweiligen Berechnungssteckbriefen der Zertifizierungssysteme. Bei der DGNB ist das der Steckbrief NBV09-16 (Neubau Büro- und Verwaltungsgebäude 2009 – Gebäudebezogene Kosten im Lebenszyklus). Beim BNB wird der Steckbrief 2.1.1 (Gebäudebezogene Kosten im Lebenszyklus) angewandt. Die Lebenszykluskostenberechnung wird ausschließlich zum Zweck der Gebäudezertifizierung durchgeführt und geht jeweils mit einer Gewichtung von 13,5 Prozent in die Gesamtbewertung ein. Zur korrekten Bewertung des Zielerfüllungsgrades im Kriterium LZK ist die LZK-Berechnung zur Bildung des Benchmarkwertes nach standardisierter Vorgabe auszuführen. Dies erfordert eine einheitliche Festlegung der berücksichtigten Kostenarten, Kostenkennwerte und Berechnungsparameter. Andere als direkt gebäudebezogene Kosten können aus Gründen der Vergleichbarkeit nicht berücksichtigt werden. Eine individuelle Anpassung z. B. nach Regionalfaktoren oder eine Einbeziehung der Außenanlagen ist somit im Rahmen der Zertifizierung nicht möglich.[58] Folgerichtig weist der DGNB in seinem Handbuch ausdrücklich darauf hin, dass eine LZK-Berechnung zur Zertifizierung sich von der Variabilität eines Planungsmodells entfernt: „Möglicherweise wird ein Planer oder Investor, der die Folgekosten seiner Entscheidungen abbildet, zu anderen Kostengrößen kommen als in der Zertifizierung."[60] Dies sollte für die korrekte Interpretation der Ergebnisse berücksichtigt werden.

Tab. 8
Berechnung der Nutzungskosten DGNB/BNB[59]

KGR 312-316 DIN 18960: Versorgung Energie
Die Berechnung der Energiekosten für die Versorgung mit Öl, Gas, festen Brennstoffen, Fernwärme und Strom erfolgt auf Grundlage des Bedarfs an Endenergieträgern für Raumheizung, Warmwasserbereitung, Hilfsenergie, Beleuchtung und Klimatisierung nach DIN V 18599. Die benötigten Energiemengen werden in Abhängigkeit der Energieträger in Brennstoffmengen umgerechnet und mit festgelegten Einheitspreisen multipliziert. Eine Möglichkeit zur individuellen Anpassung der Einheitspreise bzw. Energiepreise ist nicht möglich.
KGR 311 DIN 18960: Versorgung Wasser + KGR 321 DIN 18960: Entsorgung Abwasser
Die detaillierte Bestimmung der Wasserverbrauchsmenge erfolgt nach einem separaten Berechnungssteckbrief. Dabei wird der Wasserbedarf durch die im Gebäude beschäftigten Mitarbeiter abhängig vom Durchflusswert der installierten Anlagen ermittelt und mit dem Wasserbedarf für die Feuchtreinigung addiert. Die jährlichen Kosten für den Frischwasserbedarf ergeben sich über den ermittelten Verbrauchswert und dem festgelegten Einheitspreis von 2,01 €/m³. Neben dem Durchflusswert der installierten Anlagen ist eine mögliche Regen- oder Brauchwassernutzung die zweite Stellschraube für Kostenersparnisse, die auch das Abwasseraufkommen und die damit verbundenen Kosten reduziert.
KGR 331-333 DIN 18960: Reinigung
Die Reinigungskosten ergeben sich aus den Aufwendungen für Unterhaltsreinigung, Glasreinigung und Fassadenreinigung. Die Kosten in den einzelnen Reinigungskategorien werden über festgelegte Stundensätze, Reinigungsintervalle und Leistungswerte (m·/h) ermittelt. Eine Anpassung der Berechnungskennwerte auf unterschiedliche Service Level in der Reinigung ist aufgrund der gebotenen Vergleichbarkeit im Rahmen der Gebäudezertifizierung nicht möglich.
KGR 352-353 DIN 18960: Inspektion und Wartung
Die Berechnung der jährlichen Kosten für Inspektion und Wartung erfolgt nach festgelegten Prozentsätzen in Bezug auf die Herstellungskosten. Der mittlere jährliche Aufwand für Inspektion und Wartung beträgt für die Baukonstruktion (DIN 276, KG 300) 0,1 %. Die vorgegebenen Prozentsätze zu Ermittlung der jährlichen Kosten für die technischen Anlagen (DIN 276, KG 400) können den Beiblättern zur Berechnung entnommen werden und basieren auf AMEV/VDI 2067.
KGR 410-420 DIN 18960: Instandsetzung
Zur Ermittlung der Kosten für die Instandsetzung der Baukonstruktion und der technischen Anlagen müssen sowohl die regelmäßigen Zahlungen für die jährliche Instandsetzung als auch die unregelmäßigen Zahlungen für Ersatzinvestitionen nach Ablauf der angenommenen Nutzungsdauer der Bauteile und technischen Anlagen berücksichtigt werden. Die jährlichen Kosten ergeben sich aus festgelegten Prozentsätzen in Bezug auf die Herstellungskosten. Die Aufwendungen für Ersatzinvestitionen sind für das betreffende Jahr unter Beachtung vorgegebener Preissteigerungsraten wie Herstellungskosten anzusetzen. Die zugrunde gelegten Nutzungsdauern basieren auf AMEV und VDI 2067. Dabei ist auf eine vollständige Berücksichtigung der Ersatzinvestitionen für Bauteile und Komponenten der KG 300 und KG 400 nach DIN 276 mit einer geringeren Nutzungsdauer als dem Betrachtungszeitraum zu achten. Mit den Ersatzinvestitionen verbundene Dienstleistungskosten, z. B. für Planungsleistungen, Installation, Rückbau und Entsorgung der auszutauschenden Bauteile und Komponenten, werden in der Berechnung vernachlässigt.

Welche Kostenarten finden Eingang in die LZK-Berechnung nach DGNB und BNB? An Errichtungskosten werden die Kostengruppen KG 300 und KG 400 nach DIN 276 berücksichtigt. Dazu kommen in der Betriebs- und Nutzungsphase ausgewählte Nutzungskostenarten innerhalb bestimmter Kostengruppen nach DIN 18960. Diese sind inklusive einiger Hinweise zu ihrer Berechnung in der folgenden Tabelle 8 aufgeführt.

Die Bewertung der LZK-Berechnung nach DGNB und BNB lässt nur den Schluss zu, dass für andere Anwendungszwecke als für die Zertifizierung auch auf andere Berechnungsmodelle zurückgegriffen werden sollte. Denn erstens sollten die zu erwartenden Nutzungskosten möglichst vollständig in die Berechnung eingehen, und zweitens sollte das Berechnungsmodell eine möglichst hohe Flexibilität in der Anpassung auf das einzelne Untersuchungsobjekt bieten.

9.4.2.3.4 LZK-Berechnungssoftware

Zur Berechnung der LZK sind inzwischen verschiedene Softwareprogramme entwickelt worden. Tabelle 9 zeigt die im Markt bekanntesten Modelle LEGEP, OGIP, bauluna/bauloop und BUBI und vergleicht diese in ihren Eigenschaften. Signifikante Unterschiede bestehen in der modellhaften Erfassung des Untersuchungsobjektes. LEGEP und OGIP bauen ihr Modell auf der Basis von Bauelementen auf. bauluna und bauloop bilden das Bauwerk dagegen nach Konstruktionsschichten ab. BUBI basiert auf einer raumweisen Modellierung.[61]

Allen Softwaretools zur LZK-Berechnung gemein ist allerdings ihr Bottom-up-Ansatz, wonach erst eine Modellierung des Gesamtobjektes erfolgt, auf dessen Grundlage die späteren Nutzungskosten prognostiziert werden. Dies erfordert eine sehr detaillierte Dateneingabe des Anwenders, die in frühen Planungsphasen noch gar nicht geleistet werden kann. Zudem ist der Aufwand zur Erfassung und Eingabe dieser Daten sehr hoch. Erfüllt werden diese Anforderungen erst in späteren Planungsphasen, wenn die Positionen des Leistungsverzeichnisses über eine Datenschnittstelle eingebunden werden können. Dann ist auch eine Berechnung mit einer relativ hohen Genauigkeit möglich. Für den Variantenvergleich in frühen Planungsphasen sind die Softwaretools dagegen auf Grund der fehlenden Datenbasis nicht geeignet.

Bezeichnung	LEGEP	OGIP	bauluna und bauloop	BUBI
Gebäudetyp	alle	alle	alle	Bürogebäude
Modellierung				
Elemente/Bauteilschichten	Ja	Ja	Ja	Nein
Räumlichkeiten	Nein	Nein	Nein	Ja
Betriebswirtschaftliche Parameter				
Aufwand raumbezogen	Nein	Nein	Nein	Ja
Erlöse raumbezogen	Nein	Nein	Nein	Ja
Kosten aus Sicht des Unternehmers / Betreibers	Nein	Nein	Nein	Nein
Kosten aus Sicht des Investors	Ja	Ja	Ja	Ja
Berechnungsverlauf				
Phasenbetrachtung	Ja	Ja	Ja	Ja
Finanzmathematischer Ansatz	Kapitalwert	statisch	Kapitalwert	VoFi
Bildung von Renditekennzahlen	Nein	Nein	Nein	Nein
Berücksichtigung von Kosten - Elemente und Bauteilebene	Ja	Ja	Ja	Nein
Berücksichtigung von Kosten - Raumebene	Nein	Nein	Nein	Ja
Berücksichtigung von Erlösen mit Bezug auf die konkreten Flächen	Nein	Nein	Nein	Möglich
Änderung von Kosten und Erlösen im Betrachtungszeitraum				
Elementkosten	Möglich	Nein	Eingeschränkt	Ja
Kosten Räumlichkeiten	Nein	Nein	Nein	Ja
Nach Kostenarten getrennt	Nein	Nein	Nein	Nein
Erlöse Räumlichkeiten	Nein	Nein	Nein	Ja
Ergebnisdarstellung				
LZK	Ja	Ja	Eingeschränkt	Ja
Finanzierung	Möglich	Möglich	Möglich	Ja
Rendite-/Bemessungskennzahlen	Nein	Nein	Nein	Nein
Einsatz in der Betriebsphase				
Einsatz als Controllingwerkzeug	Nein	Nein	Nein	Nein
Wissensmanagement	Nein	Nein	Nein	Nein

Tab. 9
Vergleich von LZK-Berechnungssoftware[62]

9.4.2.3.5 Gebäudenutzungskostenrechner (GNKR)

Der Gebäudenutzungskostenrechner (GNKR) wurde vom Autor Prof. Rotermund im Zuge einer wissenschaftlichen Arbeit als Berechnungsverfahren entwickelt und wird fortlaufend anhand der Anforderungen in Praxisprojekten weiterentwickelt. Das Tool gibt dem Anwender und Nutzer die Möglichkeit, die Gebäudenutzungskosten einer Immobilie/eines Gebäudes mit Hilfe vorgegebener Eingangsdaten, Parameter und definierter Berechnungswege eigenständig zu berechnen. Das nachfolgende Bild 7 zeigt den prinzipiellen Ablauf der Gebäudenutzungskostenberechnung für ein Gebäude. Bei einer parallelen Untersuchung verschiedener Gebäude wird dieser Ablauf je Gebäude durchlaufen. Ein Beispiel: Die Berechnung der Fensterreinigungskosten erfolgt u. a. anhand der Fenster- und Rahmenfläche, der Zugänglichkeit und der Reinigungsleistung pro Mitarbeiter. Die geplante Fensterfläche wird bei den Teilnehmern abgefragt. Die Reinigungsleistung und Erschwernisse der Zugänglichkeit werden durch den Berechnenden anhand der vorliegenden Unterlagen sowie Erfahrungswerten festgelegt. Aus allen festgelegten Faktoren resultiert das Gesamtergebnis.

Für die Berechnung der Gebäudenutzungskosten fließen zunächst die wesentlichen Gebäudekenndaten ein, wie zum Beispiel:

- Brutto- oder Nettogrundfläche
- Reinigungsfläche
- Hüllfläche
- Außenanlagenfläche
- Gebäudeerrichtungskosten Hochbau
- Gebäudeerrichtungskosten technische Gebäudeausrüstung

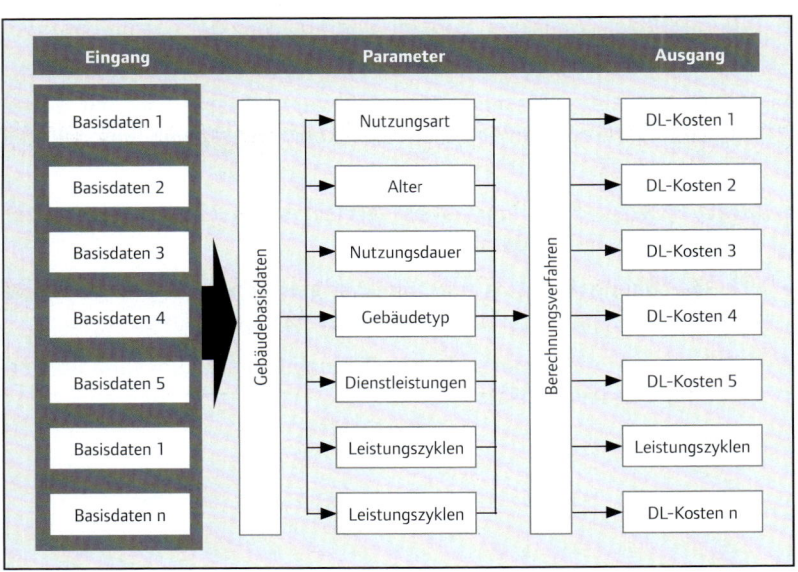

Bild 7
Schematische Darstellung der Funktionsweise des GNKR[63]

Für die Berechnungen sind ferner zahlreiche Parameter notwendig, wie aus der obigen Abbildung ersichtlich ist. Die Parameter werden beim Gebäudenutzungskostenüberschlag und der Gebäudenutzungskostenschätzung zunächst angenommen, da sie häufig noch nicht bekannt sind. Mit zunehmender Erwartungshaltung an die Genauigkeit der Berechnungsergebnisse ist eine flexible Eingabe der Parameter notwendig. Mit Hilfe der Gebäudekenndaten und der Parameter erfolgt dann die Berechnung der Gebäudenutzungskosten. Hierzu bedienen sich die Gebäudenutzungskostenrechner zuvor festgelegter Berechnungsalgorithmen. Diese Berechnungsalgorithmen und die Ergebnisse der Berechnungen werden kontinuierlich mit den Ergebnissen aus Benchmarkingpools und operativen Leistungsausschreibungen verglichen.

Mittels der LZK-Schätzung kann für Bauvorhaben eine zeitgleiche Ermittlung der Gebäudeerrichtungs- und Gebäudenutzungskosten erfolgen. Somit besteht die Möglichkeit der frühen Entscheidungsfindung auf einer belastbaren Basis. Die Stärke des GNKR besteht in der Fähigkeit, mit nur geringem Eingabeaufwand bereits in einer frühen Planungsphase eine umfassende LZK-Ermittlung vornehmen zu können. Ab etwa 2014 ist geplant, eine Version dem Markt zur Nutzung anzubieten.

9.4.2.3.6 Bewertung der Berechnungsmethoden und Instrumente

Die hier vorgestellten Modelle und Verfahren eignen sich unterschiedlich gut zur Prognose der Gebäudenutzungskosten und sind in Tabelle 10 noch einmal gegenübergestellt. Die Unterschiede beruhen insbesondere auf den verschiedenen Zielsetzungen, wofür die Instrumente konzipiert wurden:

- DIN 18960 zur Ermittlung, Vorgabe und Kontrolle der gebäudebezogenen Nutzungskosten

- GEFMA 220 als umfassende Richtlinie zur LZK-Ermittlung mit einem Berechnungsbeispiel in Teil 2 für den konkreten Anwendungsfall des Benchmarkings

- DGNB/BNB zur Ermittlung eines vergleichbaren LZK-Kennwertes zur Bewertung im Zertifizierungsprozess

- LZK-Berechnungssoftware zur möglichst genauen Berechnung der LZK auf Grundlage umfangreicher Eingangsdaten im Bottom-up-Ansatz

- GNKR zur LZK-Berechnung in frühen Planungsphasen zum Variantenvergleich im Top-down-Ansatz

	Zielsetzung	Vorteile	Nachteile
DIN 18960	Nutzungskostenermittlung und -controlling	• umfassende Abbildung der Nutzungskosten • strukturierte und am Markt etablierte Form der Kostenartengliederung	• Bezug ausschließlich auf gebäudebezogene Nutzungskosten • → Modellierung der LZK und ggf. Erweiterung um nutzerbezogene Kosten hat Anwender selber vorzunehmen
GEFMA 220	LZK-Berechnungsbeispiel für Anwendungsfall Benchmarking	• vereinfachte Berechnung anschaulich dargestellt • Systemgrenzen der LZK-Berechnung flexibel anpassbar • beinhaltet ausführliche Erläuterungen und Handlungsempfehlungen zur LZK-Berechnung	• Berechnungsbeispiel für einen konkreten Anwendungsfall (Benchmarking) • Anpassung auf andere Anwendungsfälle erfordert erfahrenen Anwender
LZK nach DNGB/BNB	LZK-Kennwertbildung zur Bewertung von Gebäuden bei der Zertifizierung	• hohe Vergleichbarkeit unterschiedlicher Gebäude • vereinfachte Berechnung	• bildet nicht die Gesamtheit der real zu erwartenden LZK ab • Anpassung auf andere Anwendungsfälle nicht möglich
LZK-Berechnungs-Software	möglichst genaue LZK-Berechnung basierend auf umfangreichen Eingangsdaten im Bottom-up-Ansatz	• hohe Genauigkeit, wenn Eingangsdaten in notwendiger Qualität vorliegen	• umfangreiche Datenerhebung und Dateneingabe erforderlich • → Daten erst in fortgeschrittener Planungsphase vorhanden
GNKR	• LZK-Schätzung in frühen Planungsphasen zum Variantenvergleich im Top-down-Ansatz • zunehmende Detaillierung und Projektfortschritt	• Anhand weniger Eingangsdaten bereits in frühen Planungsphasen umfassende LZK-Berechnung möglich • im Planungsfortschritt Steigerung der Prognosegenauigkeit über Ersatz der Berechnungsparameter durch Gebäudedaten	• Aufwand zur Anpassung an konkretes Gebäude

Tab. 10 Bewertung der Berechnungsmethoden und Instrumente[64]

9.4.2.4 Zwischenfazit zur LZK-Berechnung

Die Beeinflussbarkeit der LZK ist vor allem in den frühen Planungsphasen gegeben, bevor viele kostenbeeinflussende Parameter festgelegt werden. Aus diesem Grund ist die LZK-Berechnung in der frühen Phase der Projektplanung zur Prüfung der langfristigen Wirtschaftlichkeit des Entwurfes am wichtigsten. Zu diesem Anwendungszweck ist eine Berechnung im Top-down-Ansatz wie im GNKR zielführend. Die Berechnung kann dann in späteren Planungsphasen mit zunehmender Verdichtung der Datenlage sukzessive konkretisiert werden.

9.5 Ermittlung der Sanierungskosten

9.5.1 Kostenarten

Immer wieder zu Missverständnissen bei der Gliederung der Kostenarten führt die Definition der Instandhaltungskosten mit Abgrenzung zu den Sanierungskosten. Letztere sind als einzelner, dem technischen Gebäudemanagement zugeordneter Punkt in der DIN 32736 aufgeführt (vgl. Bild 8). Zur Definition des Leistungsbildes Instandhaltung empfiehlt sich die Ori-

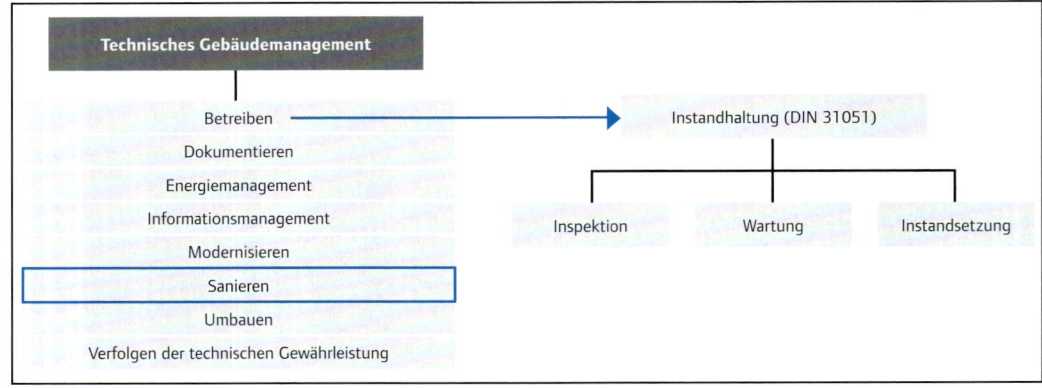

Bild 8
Empfehlung zur Separierung der Instandhaltung[65]

entierung an der DIN 31051. Als Kostengliederungspunkte sollten hier die Unterleistungen Inspektion, Wartung und Instandsetzung separat erfasst und aufgeführt werden. In Abgrenzung zu den jährlich anfallenden Instandhaltungskosten mit den Unterpunkten Inspektion, Wartung und Instandsetzung sind die periodisch anfallenden Sanierungskosten zu erheben. Sanierungen werden durchgeführt, wenn die technische Nutzungsdauer von Bauteilen abgelaufen ist und diese ersetzt werden müssen, wie in Bild 9 dargestellt ist.

9.5.2 Datenquellen

Den Idealfall als Datenquelle für die Sanierungskosten im Gebäudebetrieb stellt ein vorhandenes Instandhaltungs- und Sanierungskataster mit allen relevanten Anlagen und Bauteilen dar. Dies kann auf Grund der benötigten Informationsdichte allerdings erst in späteren Planungsphasen entstehen, wohingegen einen LZK-Berechnung bereits in frühen Planungsphasen durchgeführt werden sollte. Auch bei LZK-Analysen für Bestandsgebäude kann auf eine solche Datenbasis in der Praxis allzu oft nicht zurückgegriffen werden, da nur wenige Organisationen Daten in der Qualität vorhalten.

Bild 9
Platzierung der Sanierung im Lebenszyklus[66]

Wenn wie in den beschriebenen Fällen die Datenlage eine Kalkulation auf Anlagenebene nicht zulässt, so empfiehlt es sich, in einem vereinfachten Verfahren Schätzwerte für die Sanierungskosten anzunehmen. Dazu werden die Wiederbeschaffungswerte für den Ersatz der Anlagen am Ende ihrer technischen Lebensdauer angenommen. Die Wiederbeschaffungswerte

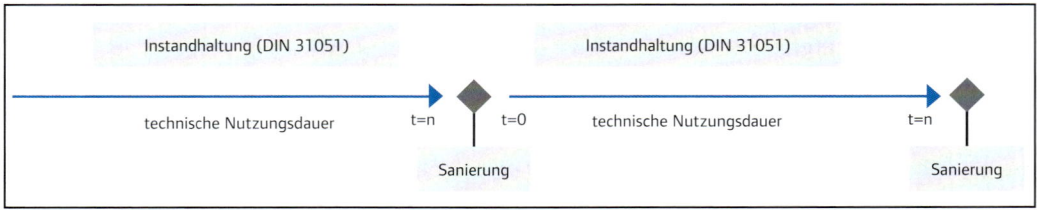

basieren idealerweise auf den kalkulierten (Neubau) oder ursprünglichen (Bestand) Errichtungskosten der Anlagen. Wenn diese auf Anlagenebene nicht vorliegen, dann bietet die DIN 276 eine gute Orientierung. Den Errichtungskosten auf zweiter Gliederungsebene der DIN 276 können auf Grundlage der Charakteristik des zu untersuchenden Gebäudes und von Erfahrungswerten Anpassungsfaktoren für die sanierungsrelevanten Errichtungskostenanteile je Kostengruppe zugeordnet werden. Die sanierungsrelevanten Errichtungskostenanteile werden dann auf jeweilige technische Nutzungsdauern bezogen. Daraus ergeben sich Sanierungszyklen, zu denen jeweils Sanierungskosten in Höhe der Wiederbeschaffungswerte zum Sanierungszeitpunkt anfallen. In der LZK-Berechnung mittels der Barwertmethode werden die Sanierungskosten wie alle anderen Nutzungskosten auf den Gegenwartswert zum Berechnungsstichtag abgezinst. Die Kostensammlungen des BKI stellen gute Datenquellen für die Ausgangsdaten der Errichtungskosten[67] oder der direkten Sanierungskosten[68] dar.

Hinweise zu technischen Nutzungsdauern liefern der Leitfaden Nachhaltiges Bauen des Bundesministeriums für Verkehr, Bau und Stadtentwicklung und die Richtlinie VDI 2067. Der Leitfaden nachhaltiges Bauen beinhaltet Nutzungsdauern im Bereich der KGR 300 nach DIN 276 und verweist für die KGR 400 auf die VDI 2067. Die VDI 2067 bezieht die Nutzungsdauern allerdings auf die Bauteilebene. Wenn die Ausgangsdaten allerdings nur gewerkeweise auf zweiter Ebene der DIN 276 vorliegen, fällt eine Zuordnung schwer und kann nur in Anlehnung an die genannten Werte erfolgen.

Grundsätzlich sollten Gebäudeeigentümer bestrebt sein, eigene Instandhaltungs- und Sanierungskataster aufzubauen und zu pflegen. Denn eine fundierte Datengrundlage ist die Voraussetzung für eine zielgerichtete Steuerung sowie Kosten- und Erfolgskontrolle der Instandhaltungs- und Sanierungsmaßnahmen an der eigenen Immobilie.

9.6 Ermittlung der Verwertungskosten

9.6.1 Kostenarten

Zu den Verwertungskosten sind alle Kosten zu zählen, die durch die Außerbetriebnahme und Verwertung der Immobilie anfallen. Dazu gehören Abrisskosten, Entsorgungskosten oder Maklergebühren. In der Regel kann bei einer Barwertberechnung über mehr als 30 Jahre auf die Berücksichtigung der Verwertungskosten verzichtet werden. Der Barwert der Verwertungskosten hat aufgrund der Abzinsung keinen großen Einfluss auf die LZK. Erfahrungen zeigen, dass der Barwert der Verwertungskosten bei einem Betrachtungszeitraum von 50 Jahren üblicherweise im Bereich von 2 bis 4 €/m²BGF liegt. Da die Fälligkeit der Verwertungskosten erst in der fernen Zukunft zum Ende der Lebensdauer erfolgt, ist die Prognose über die Annahme der Verwertungskosten zudem nicht sehr genau.

9.6.2 Datenquellen

Eine größere Bedeutung besitzen die Verwertungskosten bei der Kalkulation von Sanierungsmaßnahmen oder LZK-Berechnungen zum Variantenvergleich Sanierung oder Neubau. Denn in diesem Fall müssen Abriss- und Entsorgungskosten zu Beginn des Lebenszyklus berechnet werden, um das Grundstück frei zu machen. Da hier keine Abzinsung erfolgt, haben die Verwertungskosten in diesem Fall einen größeren Einfluss auf die LZK und sollten entsprechend genauer kalkuliert werden. Dazu bieten sich als Annäherung wiederum Erfahrungswerte an. Für eine größere Genauigkeit sollte dann auf konkrete Kostenkalkulationen zurückgegriffen werden.

9.7 Anwendungsbeispiele

9.7.1 LZK-Berechnung in Architekturwettbewerben

9.7.1.1 Grundlagen

Wettbewerbe bieten die hervorragende Möglichkeit, ästhetisch, funktional und ökonomisch optimierte Entwurfsansätze zu finden. In bislang durchgeführten Wettbewerben beschränkten sich die Betrachtungen zur Wirtschaftlichkeit mitunter allerdings noch allein auf die Baukosten. In vielen Wettbewerben werden einige energetische Aspekte, insbesondere die Erfüllung der EnEV-Anforderungen, mit untersucht und bewertet. Eine ganzheitliche, wirtschaftliche Betrachtung der eingereichten Entwürfe über den Lebenszyklus wurde bis Mitte 2008 nicht durchgeführt. Wesentliches Ziel bei der Einbindung der Lebenszykluskostenbetrachtung in Wettbewerbe ist, dass es dem Preisgericht ermöglicht wird, siegreiche Entwürfe zu prämieren, die neben einer hohen städtebaulichen, architektonischen und funktionalen Qualität auch eine langfristige Wirtschaftlichkeit sicherstellen.

Die Angemessenheit und Sinnhaftigkeit dabei verlangter Wettbewerbsleistungen, deren sachgerechte Vorprüfung und die Aufbereitung für das Preisgericht sowie die Beurteilung durch das Preisgericht standen in der jüngeren Vergangenheit jedoch häufig in der Kritik – vielfach wurde angesichts des frühen Projektstadiums über das beabsichtigte Ziel hinausgeschossen, und damit erzeugte man einen hohen Aufwand bei allen Beteiligten.

Vielfach hört man Stimmen, dass bei allen Wettbewerbsarbeiten die Nutzungskosten durch eine entsprechende Fachplanung später auf ein moderates Niveau gebracht werden können. Diese Aussage ist falsch und resultiert aus der häufigen These, dass Lebenszykluskosten = Energiekosten sind. Tatsache ist, dass durch den grundlegenden Entwurf bereits viele kostenbeeinflussende Parameter festgeschrieben werden; als Beispiele können die Flächeneffizienz und der Instandhaltungsaufwand genannt werden.

9.7.1.2 Umsetzung in Wettbewerben

Die Wettbewerbsregeln bieten vielfältige Möglichkeiten, in Abhängigkeit von den angestrebten Zielen das ideale Wettbewerbsverfahren zu wählen. Klare Zielsetzungen und ein abgestimmtes Wettbewerbsverfahren mit kompetenten Vertretern für die Aspekte der Nachhaltigkeit und des Lebenszyklus sind dabei grundsätzliche Voraussetzung. Dabei gelten folgende Grundsätze:

- Auslobung: In der Auslobung sind die Randbedingungen der Nutzung, die energetischen und ökonomischen Zielvorgaben deutlich darzustellen. Dabei muss das richtige Maß an Informationen vorgegeben werden.

- Wettbewerbsleistungen: Umfangreiche Berechnungen sollten kein Bestandteil der verlangten Leistungen sein. Sinnvoll sind Schnitte, Ansichts- und Grundrissausschnitte im Maßstab 1:50, aus denen u. a. energetische Aspekte, Komfort, Tageslichtnutzung, sommerlicher Wärmeschutz und technische Raumkonzepte/Technikintegration beurteilt werden können. Ergänzt wird dies durch sachgerechte Datenblätter mit wichtigen Angaben.

- Zur Beurteilung der Lebenszykluskosten ist ein interdisziplinärer Ansatz auf der Seite der Vorprüfer notwendig. Neben architektonischen Fachkenntnissen sind versorgungs- und gebäudetechnische Kenntnisse sowie Betriebserfahrungen notwendig. Somit muss das Team der Vorprüfer so aufgestellt sein, dass alle Aspekte hinreichend beurteilt werden können und dem Preisgericht eine gute interdisziplinäre Basis in knapper, informativer Darstellungsweise zur Entscheidungsfindung geliefert wird.

- Preisgericht: Die Aspekte Energieeffizienz und Lebenszykluskosten stehen gleichrangig neben architektonischen, städtebaulichen und funktionalen Kriterien. Sie werden im Preisgericht auch durch kompetente Fachingenieure beurteilt.

Wie oben geschildert, werden bei der Diskussion in Wettbewerben ausschließlich Gespräche hinsichtlich der zu erwartenden Energiekosten geführt. Der zukünftig durchgeplante und realisierte Entwurf muss mindestens den Anforderungen der gültigen Energieeinsparverordnung (EnEV) entsprechen, zusätzlich kommen Betrachtungen zum Erneuerbare-Energien-Gesetz (EEG) hinzu. Wenn diese Anforderungen erfüllt werden, so zeigen Berechnungsergebnisse, betragen die zukünftigen Energiekosten maximal 13 bis 25 Prozent der Lebenszykluskosten. Insofern müssen weitere Kostenarten betrachtet werden.

In vielen eingereichten Wettbewerbsarbeiten befindet sich in den Plandarstellungen und Erläuterungen eine Aufzählung einer Vielzahl von technischen Anlagen, im Wesentlichen aus dem Bereich der regenerativen Energien. Alle eingebauten Anlagen und Techniken ziehen einen Instandhaltungs- und Sanierungsaufwand nach sich. Somit muss bei der Betrachtung der Lebenszykluskosten eine Optimierung der Energiekosten immer mit einer Betrachtung der Instandhaltungs- und Sanierungskosten erfolgen.

In Wettbewerben sind bei der Berechnung der Lebenszykluskosten mindestens folgende Kostenarten zu berücksichtigen:

- Baukosten (Errichtungskosten)
- Nutzungskosten
- Sanierungskosten
- Verwertungskosten

Die Baukosten werden häufig als Kostenobergrenze festgelegt, bei den Teilnehmern in der Struktur der DIN 276 abgefragt und seitens der Vorprüfung auf Plausibilität geprüft. Die Nutzungskosten werden als größter Kostenblock separat durch die Vorprüfung berechnet. Die Abfrage der Nutzungskosten bei den Wettbewerbsteilnehmern hat zu nicht verwertbaren Ergebnissen geführt und ist daher zu vermeiden. Die im Lebenszyklus zu erwartenden Sanierungskosten sind ebenfalls durch die Vorprüfung zu ermitteln. Diese Ermittlung bereitet im Wettbewerb häufig Schwierigkeiten, da die eingesetzten Bauteile und Anlagen nicht vollumfänglich mit ihren Massen bekannt sind. Daher empfiehlt sich eine qualitative Bewertung des zu erwartenden Sanierungsaufwandes. Die Verwertungskosten in etwa 50 bis 70 Jahren spielen keine Rolle, da die Barwerte zum heutigen Bezugszeitpunkt sehr gering und somit aus finanzmathematischer Sicht vernachlässigbar sind. Ökologische Kriterien der Gebäudeverwertung sind selbstverständlich zu beachten.

Zur Ermittlung der Nutzungskosten ist die Erstellung einer Gebäudenutzungskostenberechnung zu empfehlen. In vielen Wettbewerben erlebt man (auf der Auslober- und Teilnehmerseite), dass die Nutzungskosten mittels eines Benchmarkingansatzes berechnet werden. „Nimm die Fläche und multipliziere mit Benchmark!", heißt der formale Ansatz. Dieser Ansatz ist aus Sicht der Autoren völlig falsch gewählt, da alle Wettbewerbsarbeiten mit nahe beieinanderliegenden Flächen in etwa ähnliche Nutzungskosten hätten. In der Praxis werden die Nutzungskosten immer von einer Vielzahl anderer Faktoren geprägt.

Die fachlich richtige Nutzungskostenberechnung in Wettbewerben ist so aufgebaut, dass von den Teilnehmern die wesentlichen Eingangsdaten abgefragt werden. Dies kann in Form einer einfachen Excel-Tabelle erfolgen. Zu beachten ist, dass die Teilnehmerseite nicht mit der Lieferung von Daten überfrachtet wird, der Aufwand zu hoch wird und der architektonische Ansatz völlig auf der Strecke bleibt. Hier ist ein gesundes Mittelmaß zu finden. Das durch den Autor Prof. Rotermund entwickelte Berechnungstool GNKR ist so aufgebaut, dass bereits mit wenigen Eingangsdaten (BGF, Hüll-, Fenster-, Fassadenflächen) gute Berechnungsergebnisse erzielt werden können. Neben den Eingangsdaten kommt den sogenannten Parametern eine große Bedeutung zu. Diese werden durch den Berechnenden festgelegt.

Aus zurückliegenden Architektur- und Generalplanerwettbewerben können folgende Feststellungen getroffen werden:

- Die Differenz zwischen „günstigster" und „teuerster" Wettbewerbsarbeit beträgt bei einer 40-Jahre-LZK-Berechnung bis zum 1,8-Fachen der Baukosten.
- Baukosten: 100.000.000 €
- LZK-Differenz teuerste – günstigste Wettbewerbsarbeit 180.000.000 €
- Die Nutzungskosten lassen sich in fast allen Wettbewerbsarbeiten optimieren, eine 10- bis 30-prozentige Optimierung ist möglich
- Die Teilnehmerdaten weichen extrem voneinander ab. Beispiel Flächenverhältnis NF/BGF in einem Wettbewerb NF = 40 – 70 % · BGF
- Seitens der Teilnehmer prognostizierte Primärenergieverbräuche sind zu plausibilisieren. Beispiel eines Wettbewerbs: min. 20 kWh/m²·a, max. 160 kWh/m²·a

Allein die oben genannten Beispiele machen deutlich, dass die Berechnung der Lebenszykluskosten durch die Teilnehmer zu verfälschten Ergebnissen führt. Dies muss eine Aufgabe der Vorprüfung sein.

Alle Berechnungen dienen der neutralen Ergebnisfindung des Preisgerichts, die Vorprüfung schafft die Voraussetzungen hierfür. Nach der Prämierung der Arbeiten und Festlegung der Preisträger und Ankäufe müssen die Betrachtungen zu den Lebenszykluskosten weitergeführt werden. Bei einem zweiphasigen Wettbewerb empfiehlt sich die Detaillierung der Berechnungen in der 2. Phase.

9.7.2 LZK-Berechnung in Generalplanerwettbewerben

Der Ablauf einer LZK-Berechnung in Generalplanerwettbewerben ist weitgehend identisch mit dem Vorgehen in Architekturwettbewerben. Der Unterschied besteht in der intensiven Einbindung von Fachplanungsteams sowie der Integration technischer Konzepte im Kontext zur Architektur.

9.7.3 LZK-Berechnung bei der Auswahl von Architekten/Fachplaner (VOF-Verfahren)

Sofern der Auslober nach dem Wettbewerb in VOF-Verhandlungsgespräche eintritt, empfiehlt es sich auch hier, eine weiterführende Berechnung durchzuführen, um schlussendlich den richtigen Auftragnehmer auch unter Einbeziehung dieses Kriteriums auszuwählen. Im Zuge der Planung sollten nach den HOAI-Phasen Entwurfs- und Ausführungsplanung detaillierte Berechnungen durchgeführt werden. Die Erstellung eines parallelen Betriebskonzeptes rundet die Betrachtungen zur Gesamtwirtschaftlichkeit ab.

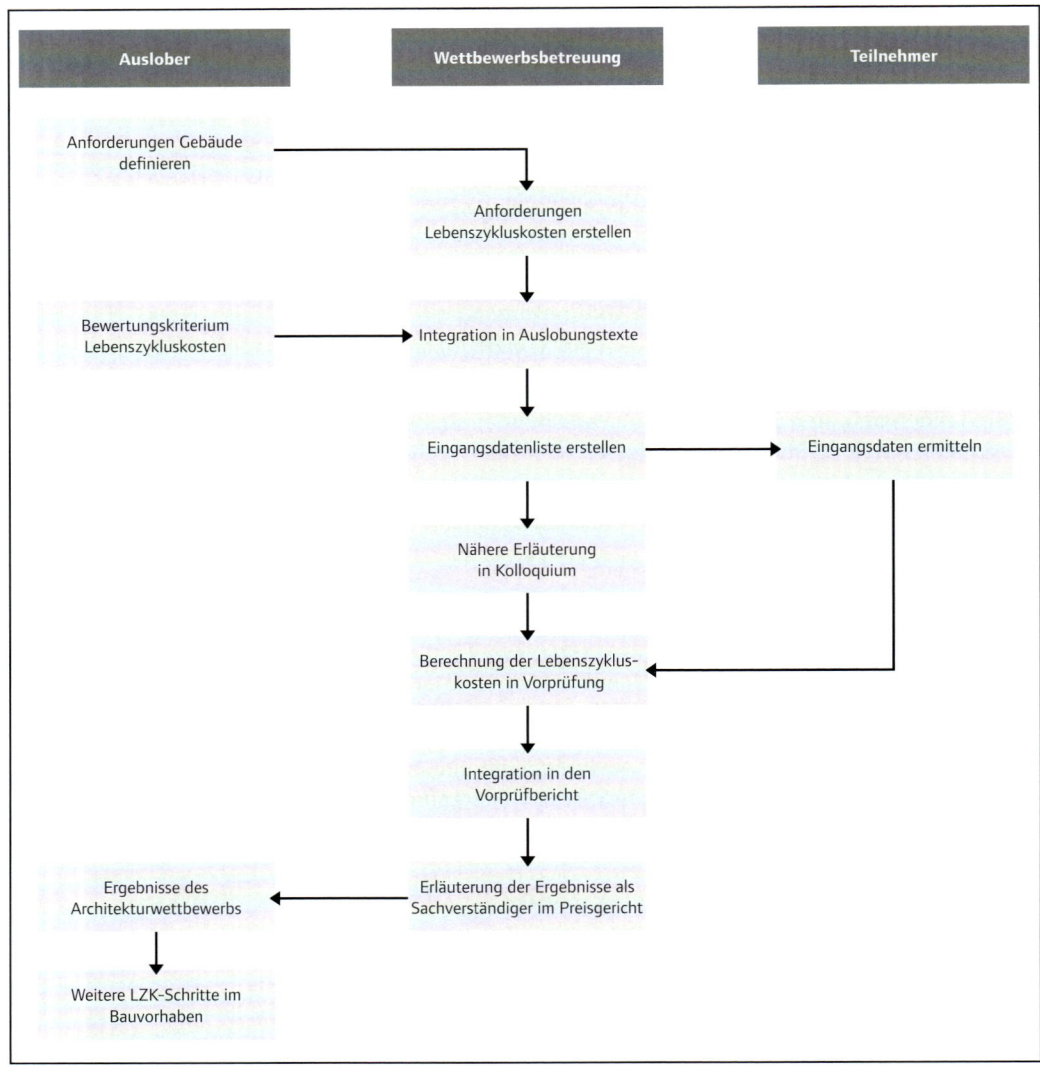

Bild 10
Ablauf der LZK-Berechnung in Architekturwettbewerben[69]

9.7.4 LZK-Berechnung als Variantenberechnung Neubau oder Sanierung

Als Entscheidungshilfe in einer Wirtschaftlichkeitsbetrachtung, ob die Sanierung eines bestehenden Gebäudes günstiger ist oder ein Abriss und Neubau, kann ebenfalls die LZK-Berechnung herangezogen werden. Der Komplexitätsgrad dieser Berechnungen liegt deutlich über LZK-Berechnungen von Neubauten. Der Detaillierungsgrad der Variantenuntersuchung entspricht der klassischen Grundlagenermittlung/Vorplanung nach HOAI. Als finanzmathematische Methode hat sich die Barwertberechnung be-

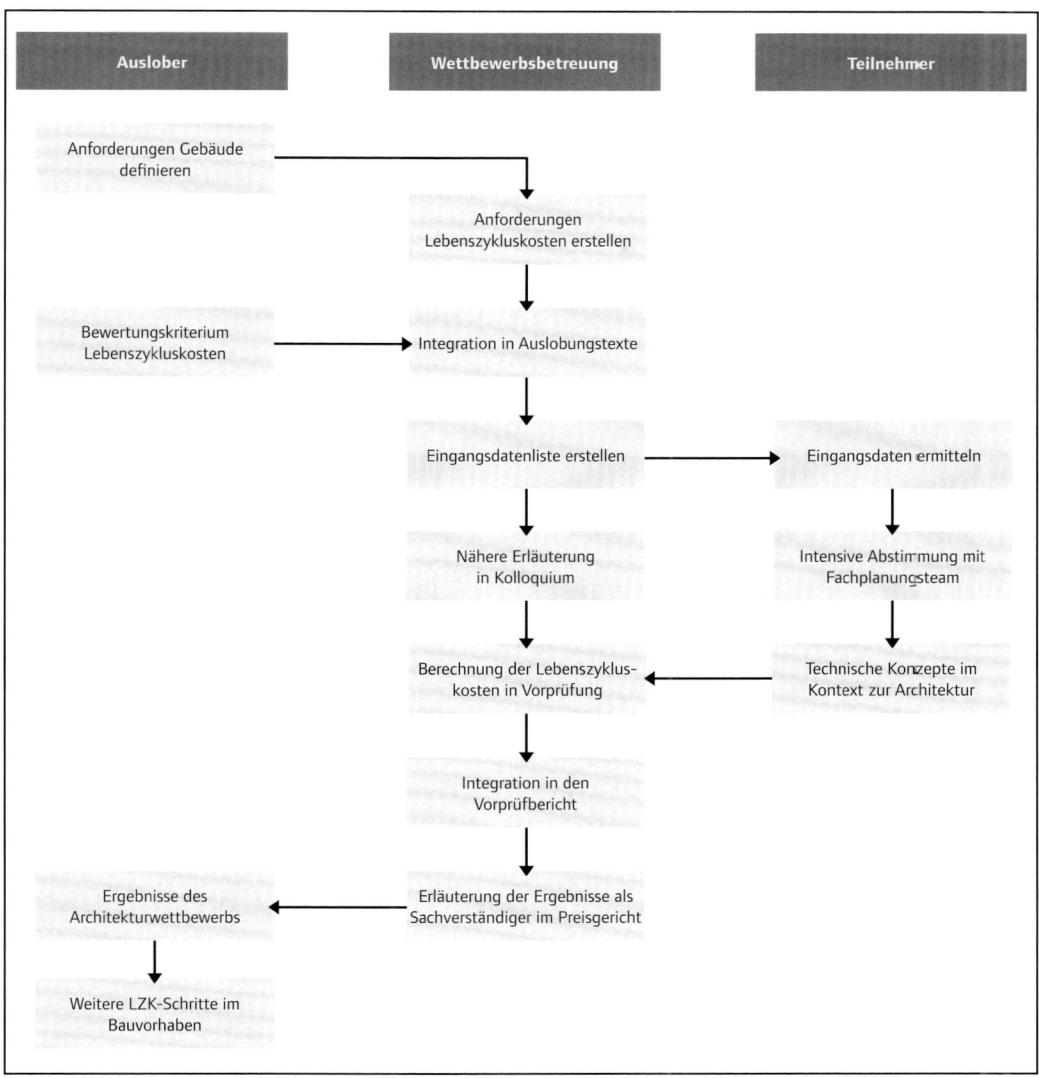

Bild 11
Ablauf der LZK-Berechnung in Generalplanerwettbewerben[70]

währt. Alternativ ist über die VoFi-Methode eine genauere Abbildung der Finanzierungsstrukturen möglich.

Zur Berechnung der Sanierungsvariante wird zunächst das Bestandgebäude in einer Technischen Due Diligence auf den Ist-Zustand der Gebäudesubstanz und der TGA hin überprüft. Im nächsten Schritt erfolgen eine Sachwertermittlung der Gebäudes sowie die Abschätzung der Sanierungskosten als Sofortmaßnahmen sowie weiterer über den Betrachtungszeitraum anfallender Sanierungskosten. Die kalkulatorischen Abschreibungen des Sachwertes ohne den Grundstückswert über die Restnutzungsdauer

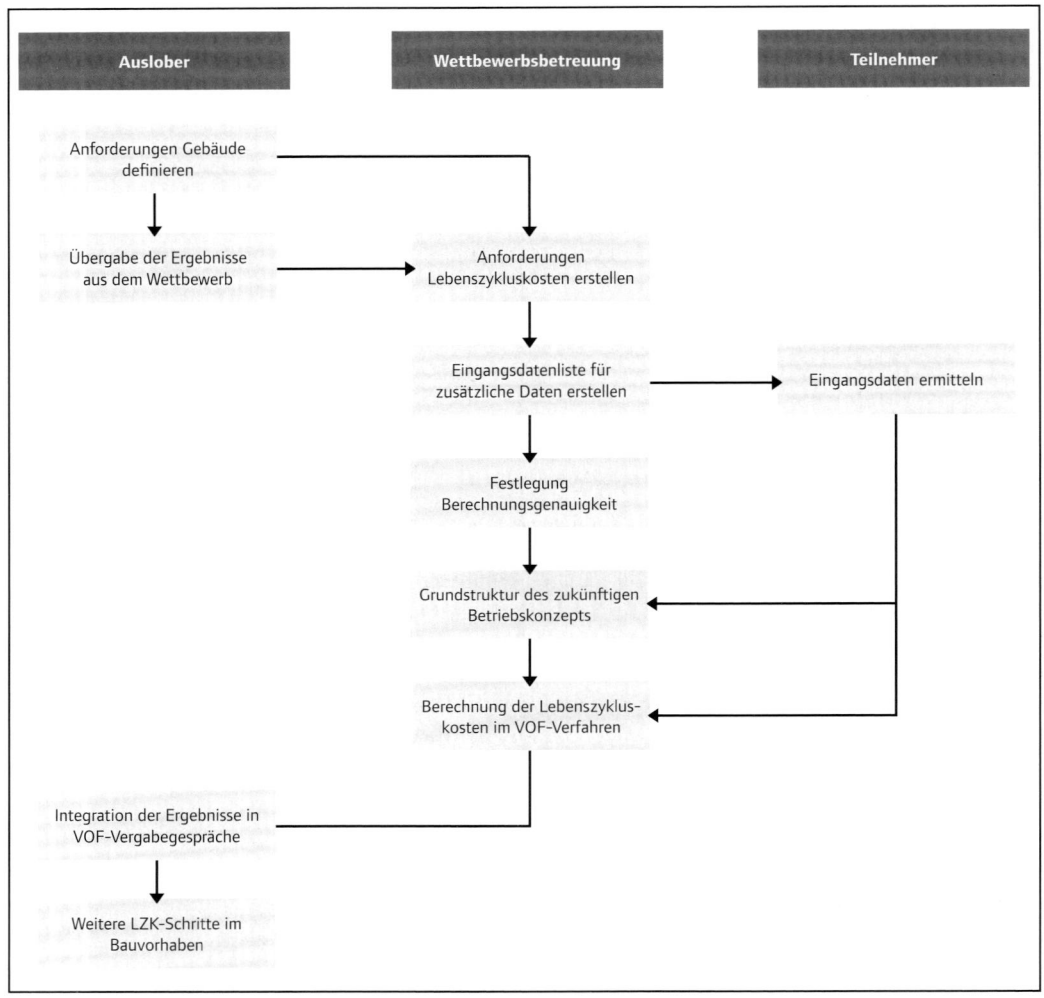

Bild 12
Ablauf der LZK-
Berechnung in
VOF-Verfahren[71]

zuzüglich der sofort notwendigen Sanierungskosten bilden das Äquivalent zu den Errichtungskosten der Neubauvariante. Die Nutzungskosten des Bestandgebäudes werden über eine Abfrage und Fortschreibung der Ist-Kosten ermittelt. Sinnvoll ist hier eine Plausibilitätsprüfung mit Markt-Benchmarks im Zuge der Datenerfassung. Die LZK für die Variante Sanierung setzen sich dementsprechend aus den kalkulatorischen Abschreibungen, den Sanierungskosten sowie den Nutzungskosten über den Betrachtungszeitraum zusammen.

Die Berechnung der Neubauvariante baut auf einer Massenkalkulation der benötigten Flächen auf. Dazu wird, abgeleitet von den Flächen des Bestandgebäudes, ein neues Raumprogramm aufgestellt. Die Errichtungskosten werden in diesem Detaillierungsgrad dann unter Berücksichtigung des gewünschten Ausstattungsstandards aus den BKI-Werten[72] hochgerechnet. Die Ermittlung der Sanierungs- und Nutzungskosten erfolgt, wie in den vorangegangenen Kapiteln beschrieben.

Aus der Gegenüberstellung der so errechneten LZK der beiden Varianten kann somit eine fundierte Investitionsentscheidung erfolgen. Beim Aufbau des Berechnungsmodells ist es darüber hinaus möglich, die ausgewiesenen Eingangsdaten und Berechnungsparameter im Sinne von Sensitivitätsanalysen und unterschiedlichen Berechnungsszenarien zu variieren.

9.7.5 LZK-Berechnung als Szenarioberechnung für mehrere Gebäude

Szenarioberechnungen für mehrere Gebäude sind im Grunde genommen eine modulare Zusammenstellung von LKZ-Berechnungen für Neubauten oder Sanierungen an unterschiedlichen Standorten. Als Aufgabenstellung ist beispielsweise die strategische Ausrichtung der Schulstandorte einer Kommune für die nächsten 30 Jahre zu analysieren. Ausgehend von einer Prognose zur Entwicklung der Schülerzahlen gilt es zu überlegen, an welchen Standorten und mit welchen Gebäuden der zukünftige Bedarf gedeckt werden soll. Neben generellen strategischen Überlegungen über die Beibehaltung, Zusammenlegung, Auflösung oder Neueinrichtung von Standorten stellt die LZK-Berechnung das geeignete Instrument zur Berechnung der Wirtschaftlichkeit verschiedener Entwicklungsszenarien dar. Als weitere Anwendungsfälle sind Wirtschaftlichkeitsberechnungen über die Entwicklung eines Firmen- oder Universitätscampus mit zugehörigem Streubesitz in der Stadt denkbar.

In der Ausgangsüberlegung werden Varianten je Gebäudestandort entworfen und zu Entwicklungsszenarien zusammengefasst, um der Bedarfsprognose über Schüler, Studenten oder Mitarbeiterentwicklungen zu begegnen. Nach der Zusammenstellung einer Vorauswahl aus strategisch und funktional sinnvollen Kombinationen der Varianten, können diese auf ihre LZK hin analysiert werden. Dazu erfolgt die Berechnung jeder Variante einzeln sowohl als Status quo sowie als infrage kommende Alternativvariante. Dies kann die Beibehaltung des Bestandgebäudes, eine Sanierung, ein Umbau bis hin zum Abriss und Neubau, eine Veräußerung oder eine Fremdvermietung sein. Zur Entscheidungsfindung, ob sich die Sanierung eines bestehenden Gebäudes lohnt, wird das Sanierungsszenario berechnet, so wie im vorangegangenen Kapitel beschrieben. Zusätzlich zur Betrachtung der Kostenseite kann in die Szenarioberechnung die Betrachtung von Erlösen aus Grundstücksverkäufen oder einer Fremdvermietung integriert werden.

9.7.6 LZK-Berechnung für einzelne Bauteile

Soll als Anwendungsziel die Wirtschaftlichkeit von Varianten verschiedener Bauteile untersucht werden, so ist auch hier der Einsatz der LZK-Berechnung möglich. Neben einer reduzierten Berechnung über das einzelne Bauteil an sich kann auch eine LZK-Berechnung des Gesamtgebäudes unter sonst gleichen Bedingungen in den das Bauteil betreffenden Parametern und Eingangsdaten variiert werden. Die Berechnung ist sowohl für Neubauten als auch Sanierungsvorhaben möglich. Demzufolge kann auch ein Variantenvergleich Neuerrichtung oder Sanierung über ein einzelnes Bauteil durchgeführt werden.

Als Beispiel ist ein Variantenvergleich von unterschiedlichen Fassadengestaltungen für einen Neubau denkbar. In diesem Fall sind in der Berechnung mindestens folgende Kostenarten zu berücksichtigen:

- Errichtungs-/Herstellungskosten
- Sanierungskosten über den Betrachtungszeitraum
- Nutzungskosten über den Betrachtungszeitraum wie Heizenergiekosten, Fassadenreinigungskosten, Instandhaltungskosten, Betriebsführungskosten

Der Betrachtungszeitraum sollte so gewählt werden, dass die Sanierungs- und Nutzungskosten in angemessenem Maß in den LZK abgebildet werden. Empfehlenswert ist darum ein Betrachtungszeitraum von 30 bis 50 Jahren. Die LZK werden dann über den Betrachtungszeitraum als Barwerte modelliert. Auf dieser Grundlage können Aussagen über die Wirtschaftlichkeit der unterschiedlichen Fassadenvarianten getroffen werden. Dieser Ansatz bietet sich auch gut an, um unterschiedliche Energiekonzepte auf ihre langfristige Wirtschaftlichkeit hin zu prüfen. Dazu können auch mehrere Varianten von Bauteilen und der TGA zu Szenarien kombiniert werden, die dann auf ihre LZK hin berechnet werden.

9.8 Notwendige Organisation zur Berechnung der Lebenszykluskosten

9.8.1 Projektbeteiligte

Die Berechnung der LZK erfordert einen Bauherren/Gebäudenutzer, der an der Optimierung der Lebenszykluskosten interessiert ist. Die alleinige Forderung „optimiertes Gebäude" ist nicht ausreichend.

Die Berechnung der LZK ist eine Aufgabe des Bauherren/Gebäudenutzers und sollte durch diesen maßgeblich geführt werden. Bei Bedarf sollten spezialisierte Fachleute hinzugezogen werden.

9.8.2 Notwendige Basisdaten für die Berechnung

Für die erste Berechnung und Optimierung der LZK sind nur wenige Basisdaten notwendig. Im normalen Planungsprozess werden diese Daten bereits durch die Architekten/Fachplaner ermittelt und es kann auf diese Daten aufgesetzt werden.

Mit zunehmendem Planungsfortschritt nimmt auch die Berechnungsgenauigkeit der LZK zu. Die Architekten/Fachplaner werden in ihren Verträgen zur Bereitstellung der notwendigen Basisdaten verpflichtet. Diese Leistungen sind erfahrungsgemäß nicht den besonderen Leistungen nach HOAI zuzuordnen.

9.8.3 Zeitpunkt der Datenlieferung

Die erste Datenlieferung sollte sehr frühzeitig erfolgen. Sehr empfehlenswert ist der Beginn im Architekturwettbewerb oder in den ersten Planungsphasen.

9.9 Lebenszykluskostencontrolling in der Betriebsphase

Wie bereits erläutert, ist die Berechnung der LZK bereits in frühen Planungsphasen von großer Bedeutung, da hier deren Beeinflussbarkeit noch am größten ist (vgl. Bild 13, idealtypische Darstellung).

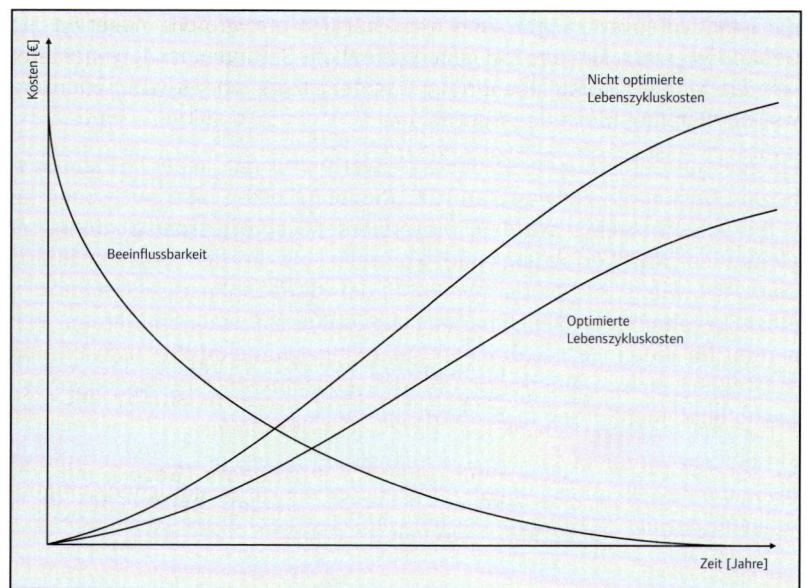

Bild 13
Beeinflussbarkeit der Lebenszykluskosten[73]

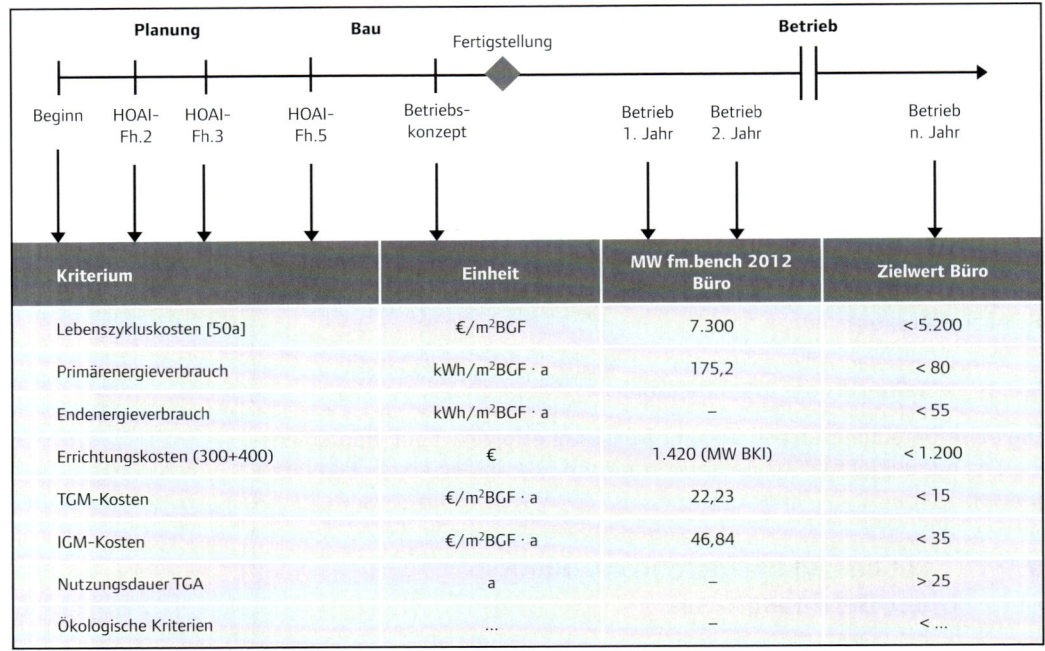

Bild 14
Zielwertmatrix[74]

Die Berechnung in der Planungsphase an sich gewährleistet allerdings noch keinen günstigen Betrieb einer Immobilie. Durch die Auswahl und Realisierung eines in Hinsicht der LZK günstigen Entwurfes werden aber die Grundvoraussetzungen zum wirtschaftlich erfolgreichen Betrieb des Gebäudes gelegt. Um das Ziel günstiger LZK im Betrieb umzusetzen, bietet sich ein lebenszyklusphasenübergreifender Prozess der Kostensicherung von der Planung bis in den Betrieb an.

Ein geeignetes Instrument stellt die Zielwertmatrix dar, in der zu Planungsbeginn bestimmte Zielwerte an LZK, Nutzungskosten oder auch Energieverbräuche festgelegt werden. Diese werden dann in einer planungsbegleitenden Nachverfolgung und Kontrolle bis in den Betrieb hinein überprüft, wie in Bild 14 dargestellt. In der Betriebsphase sollten dann in einem regelmäßigen Benchmarking die Ist-Kosten evaluiert werden. Elementar für einen wirtschaftlichen Gebäudebetrieb sind die Auswahl und Aufstellung eines zielführenden Betriebskonzeptes sowie dessen erfolgreiche Implementierung in der Start-up-Phase.

Mit diesem Vorgehen soll ein durchgängiger Prozess des LZK-Controllings bis in die Betriebsphase hinein erfolgen, um die wirtschaftlichen Optimierungspotenziale im Gebäudebetrieb wirklich ausschöpfen zu können.

Tab. 11 Chancen und Risiken der LZK-Berechnung[75]

Chancen	Risiken
· In frühen Planungsphasen ist bereits eine Betrachtung der langfristigen Folgekosten möglich.	· LZK-Berechnungen für Zeiträume über 10 Jahre sind aufgrund von Prognoseunsicherheiten kein Instrument zur exakten Kostenkalkulation.
· In frühen Planungsphasen ist bereits ein Variantenvergleich auf Grundlage der langfristigen Wirtschaftlichkeit möglich.	· LZK-Berechnungen müssen auf ihren Anwendungsfall angepasst werden. So sind z. B. Berechnungen in der Gebäudezertifizierung zur Ermittlung der Bewertungspunktzahl zweckmäßig, bilden die LZK aber nicht ganzheitlich ab.
· Förderung der integralen Planung – LZK-Bezeichnungen dienen als Instrument zur Überprüfung der Wirtschaftlichkeit von baulich-technischen Maßnahmen.	· LZK-Berechnungen sollten nicht zur Verhinderung spektakulärer Architektur führen. Beim Entwurf von repräsentativen Bauten sollte gestalterischen Aspekten weiterhin angemessenes Gewicht eingeräumt werden.
· LZK-Berechnungen können zur Vermeidung von Folgekosten verursachenden Planungsfehlern beitragen.	
· Durch lebenszyklusphasenübergreifendes LZK-Controlling ist eine Erfolgskontrolle der Wirtschaftlichkeitsziele bis in den Betrieb hinein möglich.	

9.10 Chancen/Risiken der Lebenszykluskostenberechnung

Zusammenfassend lässt sich festhalten, dass mittels einer LZK-Berechnung Planungsalternativen frühzeitig auf ihre langfristige Wirtschaftlichkeit hin überprüft werden können. Somit bietet der Einsatz der LZK-Berechnung zahlreiche Chancen, wie in Tabelle 11 dargestellt.

Bei einer Durchführung muss der Aufbau des Berechnungsmodells allerdings dem Anwendungsziel angepasst sein. Bei langen Betrachtungszeiträumen treten zudem die üblichen Risiken an Prognoseunsicherheiten auf. Somit ist die LZK-Berechnung eher als ein Instrument zum Variantenvergleich anzusehen als eines zur exakten Kostenfeststellung. Aufgrund der umfangreichen Chancen ist ein vermehrter Einsatz der LZK-Berechnung im Bauwesen wünschenswert.

9.11 Handlungsempfehlungen

9.11.1 Exemplarische Dateneingangsliste Architekturwettbewerb

Ein Produkt aus der Reihe
rotermund.lebenszyklus
Lebenszykluskostenrechner (LZKR)

rotermund.ingenieure

Zusatzinformationen Wettbewerbsarbeiten

Wettbewerb:	Musterwettbewerb
Auslober:	Musterstadt

Anmerkung: Zur Bewertung der Wirtschaftlichkeit ist es notwendig, weitere Informationen bzgl. der geplanten Ausführung des Wettbewerbsentwurfs abzufragen. Bitte füllen Sie die unten aufgeführten Punkt nach vorliegendem Informationsstand aus.
Sollten Ihnen bestimmte Angaben nicht oder nur teilweise vorliegen, können Sie auch Schätzungen oder prozentuale Angaben hinterlegen.

Wettbewerbsnummer:

Gebäudeflächen

	Angabe	
Bruttogrundfläche		m²
Nettogrundfläche		m²
Verkehrsfläche		m²
Technische Funktionsfläche		m²

Kostenschätzung

	Angabe	
Errichtungskosten KGR 200		€
Errichtungskosten KGR 300		€
Errichtungskosten KGR 400		€
Errichtungskosten KGR 500		€
Errichtungskosten KGR 600		€
Errichtungskosten KGR 700		€

Technische Daten (Schätzwerte auf Basis Wettbewerbsarbeit)

Wärmeanschlussleistung		kW
Versorgungsart	bitte wählen...	
Versorgungsart 2 (falls vorhanden)	bitte wählen...	
Kälteanschlussleistung (Sommer)		kW
Kälteanschlussleistung (ganzjährig)		kW
Elektroanschlussleistung		kVA
Primärenergiebedarf		kWh
Endenergiebedarf		kWh
Heizenergieverbrauch		kWh
Kälteenergieverbrauch		kWh
Allgemein Strom		kWh

Raumkonditionierung

Natürlich belüftete Fläche		m²NGF
Teilklimatisierte Fläche		m²NGF
Vollklimatisierte Fläche		m²NGF
Volumenstrom RLT-Anlagen		m³/h

rotermund.ingenieure   Seite 1 von 4

Ein Produkt aus der Reihe
rotermund.lebenszyklus
Lebenszykluskostenrechner (LZKR)   rotermund.ingenieure
Zusatzinfomationen Wettbewerbsarbeiten

Fassadenfläche — m²

	Beschr. Ausführung		
Fassade 1			m²
Fassade 2			m²
Fassade 3			m²
Fassade 4			m²
Fassade 5			m²

Dachfläche — m²

	Beschr. Ausführung	Anteil an Gesamtfläche - Dach	
Dachfläche 1			m²
Dachfläche 2			m²
Dachfläche 3			m²
Dachfläche 4			m²
Dachfläche 5			m²

Nutzflächen inkl. Verkehrsflächen — m²

	Beschr. Ausführung	Anteil an Gesamtfläche - NF u. VF	
Belagsart 1			m²
Belagsart 2			m²
Belagsart 3			m²
Belagsart 4			m²
Belagsart 5			m²

Außenanlagenfläche — m²

	Beschr. Ausführung		
Außenanlage 1			m²
Außenanlage 2			m²
Außenanlage 3			m²
Außenanlage 4			m²
Außenanlage 5			m²

Weiter Gebäudedaten

Brutto-Rauminhalt	m³_BRI
Mittlere Geschosshöhe	m
Wärmeübertragende Hüllfläche	m²
Anzahl Obergeschosse (EG und OGs)	Anz.
Anzahl der Untergeschosse	Anz.

Musterwettbewerb Musterstadt, rotermund.ingenieure 2012

rotermund.ingenieure   Seite 2 von 4

9.11.2 Checkliste LZK-Berechnung

Ein Produkt aus der Reihe

rotermund.lebenszyklus
Lebenszykluskostenrechner (LZKR)
Erforderlich Dokumente und Informationen zur Lebenszykluskosten Berechnung

Projektnummer :	wird von rotermund.ingenieure ausgefüllt
Projekttitel :	wird von rotermund.ingenieure ausgefüllt

Erläuterung

Zur Erstellung einer Lebenszykluskostenberechnung sind Informationen aus unterschiedlichen Fachbereichen erforderlich. Im diesem Dokument finden Sie eine Liste der nötigen Inhalten. Bitte geben Sie an, ob Sie die geforderten Informationen bereitstellen können.

Bitte geben Sie zunächst eine grobe Projektbeschreibung an

Interne Bezeichnung:

Grobe Beschreibung (max. ca. 250 Zeichen)

Ansprechpartner:
Telefon:
E-Mail:
Vorgesehene Nutzung des Gebäudes:
Anzahl der Gebäudeabschnitte oder Einzelgebäude:

Für die Berechnung benötigte Informationen und Unterlagen

Erläuterung

Im Folgenden finden Sie eine Liste der für die Lebenszykluskostenberechnung benötigten Informationen. Haken Sie die jeweiligen Checkboxen an, wenn Ihnen das Dokument oder die Informationen zur Verfügung stehen. Bei etwaigen Besonderheiten können Sie zu jedem Feld eine Anmerkung hinterlassen. **Übergeben Sie alle Unterlagen bitte in einem digitalen Format, tabellarische Daten wenn möglich bitte in Tabellenform (Excel o.Ä.).**

☐ **Planzeichnungen** (Lageplan, Grundrisse, Ansichten etc.)
Anmerkung rotermund.ingenieure
bisher keine Anmerkung ...

Anmerkung Kunde
hier können Sie Anmerkungen notieren...

☐ **Allgemeines Planungskonzept, Gebäudekonzept**
Anmerkung rotermund.ingenieure
bisher keine Anmerkung ...

Anmerkung
hier können Sie Anmerkungen notieren...

rotermund.ingenieure   Seite 1 von 2

Ein Produkt aus der Reihe
rotermund.lebenszyklus
Lebenszykluskostenrechner (LZKR)

Erforderlich Dokumente und Informationen zur Lebenszykluskosten Berechnung

☐ **Planungskonzept der Technischen Gebäudeausrüstung** (TGA / Geben Sie zur leichten Detailierung bitte folgende Werte an:)

Natürlich belüftete Fläche [grobe Angabe in %]
Teilklimatisierte Fläche [grobe Angabe in %]
Vollklimatisierte Fläche [grobe Angabe in %]

Anmerkung rotermund.ingenieure
bisher keine Anmerkung ...

Anmerkung
hier können Sie Anmerkungen notieren...

☐ **Flächenaufteilung und Bruttorauminhalt nach DIN 277** (Geben Sie zur Plausibilitätkontrolle bitte folgend die Gesamt-BGF und -BRI ihres Wettbewerbsbeitrags an.)

Brutto-Grundfläche [m²]:
Größe der Hauptnutzfläche [m²]:
Brutto-Rauminhalt [m³]:

Anmerkung rotermund.ingenieure
bisher keine Anmerkung ...

Anmerkung
hier können Sie Anmerkungen notieren...

☐ **Aufstellung der Fassaden und Hüllflächen** (Dachflächen, Fassadenfläche, wärmeübertragende Hüllfläche / Geben Sie zur Plausibilitätskontrolle und leichten Detailierung bitte folgende Werte an:)

Fassadenfläche [m²]:
Anteil Glasfassade [grobe Angabe in %]

☐ **Errichtungskosten nach DIN 276** (falls vorhanden, je nach Projektstand, detailliert in Kostenschätzung, Kostenberechnung etc.)

Anmerkung rotermund.ingenieure
bisher keine Anmerkung ...

Anmerkung
hier können Sie Anmerkungen notieren...

☐ **Energetische Berechnungen, EnEV-Berechnung, Schätzungen o.Ä.** (fals vorhanden)

Anmerkung rotermund.ingenieure
bisher keine Anmerkung ...

Anmerkung
hier können Sie Anmerkungen notieren...

rotermund.ingenieure

9.12 Kennzahlenübersicht

9.12.1 Ausgewählte Kennzahlen Errichtungskosten

Tab. 12 Ausgewählte Kennzahlen Errichtungskosten[76]

Kennzahl	Priorität	Häufigkeit
Errichtungskosten / Arbeitsplatz (€/AP)	Hoch	Niedrig
Errichtungskosten KGR300 / Arbeitsplatz (€/AP)	Mittel	Niedrig
Errichtungskosten KGR400 / Arbeitsplatz (€/AP)	Mittel	Niedrig
Errichtungskosten KGR500 / Arbeitsplatz (€/AP)	Mittel	Niedrig
Errichtungskosten KGR600 / Arbeitsplatz (€/AP)	Mittel	Niedrig
Errichtungskosten / Mitarbeiter (€/MA)	Hoch	Mittel
Errichtungskosten / Bruttogrundfläche (€/m²BGF)	Hoch	Hoch
Errichtungskosten KGR300 / Bruttogrundfläche (€/m²BGF)	Hoch	Hoch
Errichtungskosten KGR400 / Bruttogrundfläche (€/m²BGF)	Hoch	Hoch
Errichtungskosten KGR500 / Bruttogrundfläche (€/m²BGF)	Hoch	Mittel
Errichtungskosten KGR600 / Bruttogrundfläche (€/m²BGF)	Hoch	Mittel
Errichtungskosten / Bruttorauminhalt (€/m³BRI)	Mittel	Mittel
Errichtungskosten / Nutzfläche (€/m²NF)	Hoch	Mittel
Errichtungskosten KGR500 / Außenanlagenflächen (€/m²AF)	Mittel	Niedrig
Errichtungskosten KGR300 / Errichtungskosten Gesamt (€/€·100 %)	Hoch	Hoch
Errichtungskosten KGR400 / Errichtungskosten Gesamt (€/€·100 %)	Hoch	Hoch
Errichtungskosten KGR500 / Errichtungskosten Gesamt (€/€·100 %)	Hoch	Mittel
Errichtungskosten KGR600 / Errichtungskosten Gesamt (€/€·100 %)	Hoch	Mittel
Errichtungskosten KGR700 / Errichtungskosten Gesamt (€/€·100 %)	Hoch	Mittel
Errichtungskosten Gewerk / Errichtungskosten Gesamt (€/€·100 %)	Hoch	Niedrig

9.12.2 Ausgewählte Kennzahlen Nutzungskosten

Kennzahl	Priorität	Häufigkeit
Nutzungskosten / Bruttogrundfläche (€/m²BGF·a)	Hoch	Mittel
Nutzungskosten / Arbeitsplatz (€/AP·a)	Hoch	Niedrig
Nutzungskosten / Errichtungskosten ([€/€·a]·100 %)	Hoch	Mittel
Kennzahlen Nutzungskosten TGM		
TGM-Kosten / Bruttogrundfläche (€/m²BGF·a)	Hoch	Mittel
TGM-Kosten / Nutzungskosten ([€/€·a]·100 %)	Hoch	Mittel
Betreiben bzw. Betriebsführen / Bruttogrundfläche (€/m²BGF·a	Hoch	Niedrig
Verfolgen d. techn. Gewährleistung / Bruttogrundfläche (€/m²BGF·a)	Hoch	Niedrig
Instandhaltung / Bruttogrundfläche (€/m²BGF·a)	Hoch	Mittel
Instandhaltung KGR300 / Bruttogrundfläche (€/m²BGF·a)	Hoch	Niedrig
Instandhaltung KGR400 / Bruttogrundfläche (€/m²BGF·a)	Hoch	Mittel
Wartung und Inspektion KGR400 / Bruttogrundfläche (€/m²BGF·a)	Hoch	Hoch
Instandsetzen / Bruttogrundfläche (€/m²BGF·a)	Hoch	Mittel
Instandsetzen KGR300 / Bruttogrundfläche (€/m²BGF·a)	Hoch	Mittel
Instandsetzen KGR400 / Bruttogrundfläche (€/m²BGF·a)	Hoch	Mittel
Kennzahlen Nutzungskosten IGM-gebäudebezogen		
IGM-Kosten / Bruttogrundfläche (€/m²BGF·a)	Hoch	Niedrig
IGM-Kosten / Nutzungskosten ([€/€·a]·100 %)	Hoch	Niedrig
Reinigungs- und Pflegedienste / Bruttogrundfläche (€/m²BGF·a)	Hoch	Hoch
Unterhaltsreinigung / Bruttogrundfläche (€/m²BGF·a)	Hoch	Hoch
Fassadenreinigung (ohne Glasflächen) / Bruttogrundfläche (€/m²BGF·a)	Mittel	Mittel
Glasreinigung (außen u. innen) / Bruttogrundfläche (€/m²BGF·a)	Mittel	Mittel
Hausmeisterdienste / Bruttogrundfläche (€/m²BGF·a)	Hoch	Mittel
Außenanlagendienste / Bruttogrundfläche (€/m²BGF·a)	Hoch	Mittel

Tab. 13
Ausgewählte Kennzahlen Nutzungskosten[77]

Tab. 13
(fortgesetzt)

Kennzahl	Priorität	Häufigkeit
Kennzahlen Nutzungskosten IGM-nutzerbezogen		
Verpflegungsdienste / Bruttogrundfläche (€/m²BGF·a)	Hoch	Hoch
Sicherheitsdienste / Bruttogrundfläche (€/m²BGF·a)	Mittel	Niedrig
Kennzahlen Nutzungskosten KGM-nutzerbezogen		
KGM-Kosten / Bruttogrundfläche (€/m²BGF·a)	Hoch	Niedrig
KGM-Kosten / Nutzungskosten ([€/€·a]·100 %)	Hoch	Mittel
Kostenplanung + Kontrolle / Bruttogrundfläche (€/m²BGF·a)	Hoch	Niedrig
Versicherung / Bruttogrundfläche (€/m²BGF·a)	Mittel	Mittel
Kennzahlen Nutzungskosten Ver- und Entsorgung		
V+E-Kosten / Bruttogrundfläche (€/m²BGF·a)	Hoch	Hoch
V+E-Kosten / Nutzungskosten ([€/€·a]·100 %)	Hoch	Mittel
Elektroenergiekosten / Bruttogrundfläche (€/m²BGF·a)	Hoch	Hoch
Elektroenergieverbrauch / Bruttogrundfläche (kWh/m²BGF·a)	Hoch	Mittel
Kälteenergieverbrauch / Bruttogrundfläche (kWh/m²BGF·a)	Mittel	Niedrig
Brennstoff- u. Wärmeträgerkosten / Bruttogrundfläche (€/m²BGF·a)	Hoch	Hoch
Brennstoff- u. Wärmeträgerverbr. / Bruttogrundfläche (kWh/m²BGF·a)	Hoch	Mittel
Frischwasserkosten / Bruttogrundfläche (€/m²BGF·a)	Mittel	Hoch
Frischwasserverbrauch / Bruttogrundfläche (kWh/m²BGF·a)	Mittel	Hoch
Entsorgungskosten von Abfallstoffen / Bruttogrundfläche (€/m²BGF·a)	Mittel	Mittel
Abwasserentsorgungskosten / Bruttogrundfläche (€/m²BGF·a)	Mittel	Hoch

9.12.3 Ausgewählte Kennzahlen Lebenszykluskosten

Tab. 14
Ausgewählte
Kennzahlen LZK[78]

Kennzahl	Priorität	Häufigkeit
LZK / Arbeitsplatz (€/AP)	Hoch	Niedrig
LZK / Mitarbeiter (€/MA)	Hoch	Niedrig
LZK / Bruttogrundfläche (€/m²BGF)	Hoch	Niedrig
LZK / Nutzfläche (€/m²NF)	Hoch	Niedrig
Sanierungskosten / Bruttogrundfläche (€/m²BGF)	Hoch	Niedrig

9.13 Ausblick

Die Betrachtung der LZK erlangt durch verschiedene Entwicklungen eine zunehmende Bedeutung:

- Die angespannte finanzielle Situation in vielen öffentlichen Haushalten – insbesondere Kommunen – erfordert verlässliche Instrumente, mit denen Investitionsentscheidungen auf ihre langfristigen Folgekosten hin überprüft werden können. Da die LZK – bestehend aus Errichtungs-, Sanierungs- und Nutzungskosten – für ein Verwaltungsgebäude nach 35 Jahren mehr als das 4-Fache der Errichtungskosten ausmachen (vgl. Bild 4), ist eine Überprüfung bei solchen Beschaffungsentscheidungen unerlässlich. Die Einsparungen zwischen einem in den LZK „günstigen" Gebäude gegenüber einem „teuren" Gebäude können nach Erfahrungen aus der LZK-Berechnung in 36 Architekturwettbewerben der Jahre 2007 bis 2013 bis zum 1,8-Fachen der Errichtungskosten betragen, was in dem Berechnungsbeispiel in Bild 4 eine Ersparnis von über 17 Millionen € nach 30 Jahren bedeutet. Aus diesen Überlegungen heraus fand die Berechnung von LZK bereits Eingang in Vergabe-Erlasse der öffentlichen Hand.[79]

- Die Kosten des Gebäudebetriebs liegen inzwischen auch im Fokus der privaten Wirtschaft. So profitieren Eigennutzer direkt durch Einsparungen von Nutzungskosten ihrer Gebäude, die sich unmittelbar auf das Geschäftsergebnis auswirken. Ein zunehmender Handlungsdruck zur Optimierung der Betriebskosten ist allerdings auch bei institutionellen Immobilienunternehmen zu beobachten. Denn die Mieter und Nutzer der Gebäude entwickeln eine zunehmende Kostensensibilität in Bezug auf die Betriebskosten. Darüber hinaus verbleiben die Sanierungs- und Instandsetzungskosten beim Eigentümer. Insbesondere in diesem Bereich ist auf Grund der zunehmenden Technisierung der Gebäude in den letzten Jahren ein Kostenanstieg zu verzeichnen (vgl. Bild 3).

- Eine hohe Energieeffizienz ist heute eine Standardanforderung bei Sanierungen und Neuerrichtungen von Gebäuden. Völlig zu Recht ist die Reduzierung der Energieverbräuche und -kosten ein wichtiges Ziel. Aus LZK-Sicht ist aber die Optimierung aller Kostenarten von Bedeutung. So ergeben sich unterschiedliche LZK-Prognosen bei der Prüfung von Gebäudeentwürfen nicht zuletzt auf Grundlage unterschiedlicher Energiekonzepte. Bei den in den LZK „teuren" Entwürfen ist regelmäßig ein ungenügende Integration von passiven baulichen und aktiven technischen Maßnahmen gegeben. LZK-Berechnungen können hier zur Überprüfung der Wirtschaftlichkeit von Maßnahmen zu Verbesserung der Energieeffizienz eingesetzt werden. Auf dieser Basis ist dann eine sowohl aus energetischer als auch aus ökonomischer Sicht fundierte Entscheidungsfindung möglich.

- Die Berechnung von LZK wird auch in der Gebäudezertifizierung gefordert. Sowohl beim Zertifikat der Deutschen Gesellschaft für Nachhaltiges Bauen (DGNB) als auch beim Bewertungssystem Nachhaltiges Bauen (BNB) ist eine Bewertung der Lebenszykluskosten enthalten. Beide Zertifizierungssysteme messen den ökonomischen Qualitäten eines Gebäudes eine große Bedeutung bei, der Anteil des Kriteriensteckbriefes LZK beträgt bei beiden etwa 13 Prozent. BREEAM (Building Research Establishment's Environmental Assessment Method) bezieht die Berechnung der LZK ebenfalls in die Bewertung mit ein. Insofern sind geringe LZK eine wichtige Voraussetzung zur Erreichung eines hohen Zertifizierungsstandards mit einer entsprechenden Auszeichnung des Gebäudes.

Aus den genannten Gründen sollte die LZK-Berechnung bei Bauvorhaben standardmäßig analog zur Kostenschätzung der Errichtungskosten durchgeführt werden, um in Investitionsentscheidungen den Gebäudenutzungskosten ein angemessenes Gewicht zu geben.

9.14 Literatur

[1] Bahr, Carolin (2008): Realdatenanalyse zum Instandhaltungsaufwand öffentlicher Hochbauten – Ein Beitrag zur Budgetierung, Karlsruher Reihe Bauwirtschaft, Immobilien und Facility Management Band 2, Diss., Karlsruhe 2008

[2] Blecken, Udo; Meinen, Heiko (2009): Nutzungskosten: DIN 1860-2008, In: Facility Management, 1/2009, S. 34–36

[3] BKI Baukosteninformationszentrum (Hrsg.) (2012a): BKI Baukosten 2012 Teil 1 – Statistische Kostenkennwerte für Gebäude, Stuttgart 2012

[4] BKI Baukosteninformationszentrum (Hrsg.) (2012b): BKI Baukosten – Statistische Kostenkennwerte Altbau, Stuttgart 2012

[5] BMVBS – Bundesministerium für Verkehr, Bau und Stadtentwicklung (Hrsg.) (2011): Bewertungssystem nachhaltiges Bauen (BNB) – Neubau Büro und Verwaltungsgebäude-Steckbrief 2.1.1 – Lebenszykluskosten, Version BNB 2011_1 2.1.1

[6] Däumler, Klaus-Dieter (2003): Grundlagen der Investitions- und Wirtschaftlichkeitsberechnung, 11. Auflage, Herne 2003

[7] DIN 18960 (2008): Nutzungskosten im Hochbau, DIN Deutsches Institut für Normung e.V., 2008

[8] DIN 276-1 (2008): Kosten im Bauwesen – Teil 1: Hochbau, DIN Deutsches Institut für Normung e.V., 2008

[9] DIN 31051 (2003): Grundlagen der Instandhaltung, DIN Deutsches Institut für Normung e.V., 2003

[10] DIN 32736 (2000): Gebäudemanagement – Begriffe und Leistungen, DIN Deutsches Institut für Normung e.V., 2000

[11] Ermschel, Ulrich, Möbius, Christian, Wengert, Holger (2011): Investition und Finanzierung, 2. Auflage, Mannheim 2011

[12] Fritsch, Ulrich (2011): Lebenszykluskosten-Modelle: Einsatzmöglichkeiten in der Immobilienwirtschaft, in: Praxis-Check Architektur, 3/2011, S. 13-35

[13] GEFMA 100-1 (2004): Facility Management – Grundlagen, GEFMA e.V. Deutscher Verband für Facility Management, Entwurf 07/2004

[14] GEFMA 200 (2004): Kosten im Facility Management – Kostengliederungsstruktur zu GEFMA 100, GEFMA e.V. Deutscher Verband für Facility Management, Entwurf 07/2004

[15] GEFMA 220-1 (2010): Lebenszykluskosten-Ermittlung im FM – Einführung und Grundlagen, GEFMA e.V. Deutscher Verband für Facility Management, Ausgabe 09/2010

[16] ISO/DIS 15686-5 (2007): Buildings and constructed assets – Service life planning – Part 5: Life cycle costing, International Organization for Standardization/Draft International Standard, 2007

[17] Jones Lang LaSalle (Hrsg.) (2012): OSCAR – Office Service Charge Analysis Report – Büronebenkostenanalyse, 2012

[18] Kruschwitz, Lutz (2011): Investitionsrechnung, 13. Auflage, München 2011

[19] Kofner, Stefan (2010): Investitionsrechnung für Immobilien, 3. Auflage, Hamburg

[20] König, Holger, Kohler, Niklaus, Kreißig, Johannes, Lützkendorf, Thomas (2009): Lebenszyklusanalyse in der Gebäudeplanung, München 2009

[21] Ministerium für Wirtschaft, Mittelstand und Energie des Landes Nordrhein-Westfalen (2010): Berücksichtigung von Aspekten des Umweltschutzes und der Energieeffizienz bei der Vergabe öffentlicher Aufträge, Runderlass vom 12.04.2012

[22] ÖNORM B 1801-2 (2011): Kosten im Hoch- und Tiefbau – Objektdaten – Objektnutzung, Österreichisches Normungsinstitut, 2011

[23] Pelzeter, Andrea (2006): Lebenszykluskosten von Immobilien – Einfluss von Lage, Gestaltung und Umwelt, Diss., Köln 2006

[24] Perridon, Lois; Steiner, Manfred; Rathgeber, Andreas (2009): Finanzwirtschaft der Unternehmung, 15. Auflage, München 2009

[25] Poggensee, Kay (2011): Investitionsrechnung, 2. Auflage, Wiesbaden 2011

[26] Prof. Uwe Rotermund Ingenieurgesellschaft GmbH & Co. KG (Hrsg.) (2012): fm.benchmarking Bericht 2012/2013, Höxter 2012

[27] Rotermund, Uwe (2006): Entwicklung eines Gebäudenutzungskostenrechners, Wolfenbüttel 2006

[28] Rotermund, Uwe (2012): Lebenszykluskosten von Bauwerken – Berechnungsmethoden, Status und Ausblick, In: DETAIL 5/2012, S. 524–532

[29] Rotermund, Uwe, Nendza, Stefan (2011a): Berechnung der Lebenszykluskosten in der Gebäudezertifizierung – Modelle und Verfahren zur Lebenszykluskostenberechnung von Gebäuden (Teil 2), In: Facility Management, 3/2011, S. 25–28

[30] Rotermund, Uwe, Nendza, Stefan (2011b): Lebenszykluskostenberechnung nach GEFMA 220 – Modelle und Verfahren zur Lebenszykluskostenberechnung von Gebäuden (Teil 3), In: Facility Management, 5/2011, S. 31–33

[31] Rotermund, Uwe, Nendza, Stefan (2012): Lebenszykluskostenberechnung nach DIN 18960 – Modelle und Verfahren zur Lebenszykluskostenberechnung von Gebäuden (Teil 4), In: Facility Management, 3/2012, S. 34–37

[32] Rudloff, Raul, Schwarz, Jürgen (2010): Lebenszykluskalkulation mit einem Modul- und Prozessmodell, In: Zeitschrift für Immobilienökonomie, 1/2010, S. 47–67

[33] SIA D 0165 (2000): Kennzahlen im Immobilienmanagement, Schweizerischer Ingenieur- und Architektenverein, Zürich 2000

[34] Schulte, Karl-Werner (Hrsg.): Immobilienökonomie – Band I – Betriebswirtschaftliche Grundlagen, 4. Auflage, München 2008

[35] Trinius, Wolfram (2009): Lebenszykluskosten, In: DGNB (e.V.) (Hrsg.): DGNB Handbuch – Neubau Büro- und Verwaltungsgebäude, Version 2009, Teil 2

[36] VDI 2067 (2010): Wirtschaftlichkeit gebäudetechnischer Anlagen – Grundlagen und Kostenberechnung, Verein deutscher Ingenieure e.V., Entwurf 09/2010

[37] Wöhe, Günter, Döring, Ulrich (2010): Einführung in die Allgemeine Betriebswirtschaftslehre, 24. Auflage, München 2010

[38] Wübbenhorst, Klaus (1984): Konzept der Lebenszykluskosten, Diss., Darmstadt 1984

[39] Zehrer, H., Sasse, E. (Hrsg.) (2006): Handbuch Facility Management – Grundlagen – Arbeitsfelder, Landsberg am Lech 2006

9.15 Anmerkungen

1 Wübbenhorst (1984), S. 2

2 GEFMA 220-1 (2010), S. 3

3 Vgl. GEFMA 100-1 (2004), S. 3

4 Ebd.

5 Vgl. GEFMA 220-1 (2010), S. 3; König et al. (2009), S. 59; ISO/DIS 15686-5 (2007), S. 4; Pelzeter (2006), S. 35

6 Eigene Darstellung

7 BKI (2012a)

8 Eigene Darstellung – Datengrundlage: Mittelwerte fm.benchmarking Bericht 2012/2013 (Prof. Uwe Rotermund Ingenieurgesellschaft GmbH & Co. KG (2012))

9 Eigene Darstellung – Datengrundlage: Analyse Projekte rotermund.ingenieure 2007–2013

10 Eigene Darstellung – Datengrundlage: Mittelwerte aus 1.453 Bürogebäuden mit einer gesamten Fläche von 8,82 Mio. m^{2}BGF des fm.benchmarking Berichtes 2012/2013 (Prof. Uwe Rotermund Ingenieurgesellschaft GmbH & Co. KG (2012))

11 Eigene Darstellung nach fm.benchmarking Bericht 2012/2013 (Prof. Uwe Rotermund Ingenieurgesellschaft GmbH & Co. KG (2012))

12 Eigene Darstellung nach fm.benchmarking Bericht 2012/2013 (Prof. Uwe Rotermund Ingenieurgesellschaft GmbH & Co. KG (2012))

[13] Mittelwerte aus 1.453 Bürogebäuden mit einer gesamten Fläche von 8,82 Mio. m²BGF des fm.benchmarking Berichtes 2012/2013 (Prof. Uwe Rotermund Ingenieurgesellschaft GmbH & Co. KG (2012))

[14] DIN 276-1 (2008), S. 4

[15] Vgl. BNB (2011), Kriteriensteckbrief BNB 2011_1 2.1.1; DGNB (2011), Kriteriensteckbrief NBV09-16 v 2.0

[16] Vgl. Prof. Uwe Rotermund Ingenieurgesellschaft GmbH & Co KG (2012), S. 38

[17] Vgl. Rotermund (2012), S. 524

[18] Vgl. Rotermund/Nendza (2012), S. 34

[19] Vgl. DIN 18960 (2008), S. 8 f.

[20] Vgl. ÖNORM B1801-2 (2011)

[21] Vgl. SIA D 0165 (200), S. 4

[22] DIN 32736 (2000), S. 1

[23] Vgl. DIN 32736 (2000), S. 2

[24] DIN 31051 (2003), S. 2

[25] Vgl. GEFMA 200 (2004), S. 3 f.

[26] Vgl. GEFMA 200 (2004), S. A1 ff.

[27] VDI 2067 (2010), S. 2

[28] Vgl. Fritsch (2011), S. 18

[29] Vgl. BMVBS (2011)

[30] Vgl. Schulte (2008), S. 641

[31] Vgl. Ermschel et al. (2011), S. 30 f.; Däumler (2003), S. 195 f.; Kruschwitz (2011), S. 29 f.; Perridon et al. (2009), S. 48; Poggensee (2011), S. 38 f.; Wöhe/Döring (2010), S. 595

[32] Vgl. Ermschel et al. (2011), S. 44 f.; Kruschwitz (2011), S. 33; Perridon et al. (2009), S. 50 f.; Poggensee (2011), S. 108

[33] Poggensee (2011), S. 108

[34] Vgl. Kofner (2010), S. 126

[35] Kofner (2010), S. 79

[36] Ebenda

[37] Vgl. Perridon et al. (2009), S. 84 ff.; Poggensee (2011), S. 108

[38] Vgl. Kofner (2010), S. 126

[39] Vgl. Kofner (2010), S. 166

[40] Vgl. GEFMA 220-1 (2010), S. 8

[41] Vgl. GEFMA 220-1 (2010), S. 8

[42] Eigene Darstellung

[43] GEFMA 220-1, S. 3

[44] Vgl. Rotermund (2012), S. 524 f.

[45] Vgl. Bahr (2008), S. 83

[46] Vgl. Schulte (2008), S. 214

[47] Vgl. Rotermund (2012), S. 525

48 Vgl. DIN 276-1 (2008), S. 10

49 Eigene Darstellung nach fm.benchmarking Bericht 2012/2013 (Prof. Uwe Rotermund Ingenieurgesellschaft GmbH & Co KG (2012))

50 Vgl. Zehrer/Sasse (2006), S. 55

51 Vgl. fm.benchmarking Bericht 2012/2013 (Prof. Uwe Rotermund Ingenieurgesellschaft GmbH & Co KG (2012))

52 Vgl. Jones Lang LaSalle (2012)

53 Vgl. Blecken/Meinen (2009), S. 35

54 Vgl. Rotermund/Nendza (2012), S. 36

55 Vgl. Rotermund/Nendza (2011b), S. 31 f.

56 Rotermund/Nendza (2011b), S. 32

57 Vgl. Rotermund/Nendza (2012), S. 36

58 Vgl. Rotermund/Nendza (2011a), S. 25

59 Vgl. Rotermund/Nendza (2011a), S. 26 f.

60 Trinius (2009), S. 6

61 Vgl. Rudloff/Schwarz (2010), S. 49 ff.

62 Eigene Darstellung nach Rudloff/Schwarz (2010), S. 50

63 Eigene Darstellung nach Rotermund 2006, S. 47

64 Eigene Darstellung

65 Eigene Darstellung nach fm.benchmarking Bericht 2012/2013 (Prof. Uwe Rotermund Ingenieurgesellschaft GmbH & Co KG (2012))

66 Eigene Darstellung nach fm.benchmarking Bericht 2012/2013 (Prof. Uwe Rotermund Ingenieurgesellschaft GmbH & Co KG (2012))

67 BKI (2012a)

68 BKI (2012b)

69 Eigene Darstellung

70 Eigene Darstellung

71 Eigene Darstellung

72 BKI (2012a)

73 Eigene Darstellung

74 Eigene Darstellung

75 Eigene Darstellung

76 Eigene Darstellung

77 Eigene Darstellung

78 Eigene Darstellung

79 Vgl. Ministerium für Wirtschaft, Mittelstand und Energie des Landes Nordrhein-Westfalen (2010)

10 Best Practice – AURON München mit DGNB Gold

		Seite
10.1	**Planungsziele und Realisierung**	658
10.2	**DGNB-Gebäudezertifizierung: das Ergebnis für AURON München**	659
10.3	**Ausgewählte DGNB-Einzelkriterien (Steckbriefe) und planerische Empfehlungen**	661
10.3.1	Baukonstruktion, Bauphysik, Heiz- und Kühllast sowie thermische Simulation	661
10.3.2	TGA-Lösungen	663
10.4	**Literatur**	675

10.1 Planungsziele und Realisierung

Für eine erfolgreiche integrale Planung von Gebäude und TGA im Zusammenwirken mit der Gebäudezertifizierung gibt es viele herausragende Beispiele. Eines davon ist das Bürogebäude AURON München (Bild 1 und Tab. 1). Die DGNB-Zertifizierung führte zur Vergabe des Prädikats Gold.

Dieser Gebäudekomplex befindet sich im umgestalteten Stadtteil München-Laim und zeichnet sich dadurch aus, dass die Lehren sowohl des fernöstlichen Feng Shui ebenso konsequent befolgt wurden wie mitteleuropäische Zielstellungen hoher Funktionalität, Sicherheit, Energieeffizienz und Nachhaltigkeit. Das spiegelt sich in der mäanderförmigen Gebäudeform, harmonisch abgerundeten Raumformen und einer durchdachten Begrünung wider. Das Gebäude verfügt über einen hervorragenden Wärmeschutz, im Sommer als aktive äußere Verschattung in Verbindung mit der Tageslichtlenkung. Regenerative Energien wurden in das Energiekonzept eingebunden, indem die Grundwassernutzung für Heiz- und Kühlzwecke erfolgt. TABS und Sondersysteme der Flächenheizung und -kühlung sorgen für eine hohe thermische Behaglichkeit bei sehr niedrigen Energiekosten. Umweltverträgliche Baumaterialien sind eine Grundvoraussetzung dafür, dass beiden genannten Leitprinzipien entsprochen werden konnte ([1] bis [5]).

Bild 1
AURON München – ein mit DGNB Gold zertifizierter Bürogebäudekomplex in München

AURON München – Auftraggeber, Projektentwicklung, Fachplanung und Realisierung			
Bauherr	Employrion Immobilien GmbH & Co. KG, Weil	Architekt	KSP Jürgen Enge Architekten GmbH, München
Projektentwicklung	Accumulata Immobilien Development und LBBW Immobilien	TGA-Fachplanung	Ingenieurbüro Hammrich, München
DGNB-Zertifizierung	intep Integrale Planung GmbH, München	Bauphysik	PMI GmbH, Unterhaching
		Thermische Simulation	Transsolar, Stuttgart
		Generalunternehmer	Porr Deutschland GmbH, München
		TGA, Elektrotechnik und GA	YIT GmbH, München; Bauer Elektrounternehmen GmbH, Buchbach
Gebäudeangaben			
Gebäude	7 OG und 2 UG; 300 Tiefgaragenstellplätze; begrünter Innenhof mit Wasserspielen	Baukonstruktion	Fensterflächenanteil ca. 65 %; mittlerer Wärmedurchlasskoeffizient der Fassade $U_{F,m} = 1{,}0\ W/(m^2 \cdot K)$
BGF	56.000 m²	Verschattung	Äußerer aktiver Sonnenschutz und Tageslichtlenkung
Bürofläche	38.000 m² (je Einheit 400 m²)		Fernwärme zur Spitzenlastabdeckung
		TGA	Regenerative Energie: Grundwasserkühlung und nächtliche Außenluftrückkühlung
Bauzeit	18 Monate		RLT mit LW = 1,5 h^{-1} und WRG
Kosten	52 Mio. €		Multifunktional-Einzelraumregelung

10.2 DGNB-Gebäudezertifizierung: das Ergebnis für AURON München

Tab. 1
AURON München – Bauherr, Planungs- und Baubeteiligte sowie Angaben zum Gebäude [6]

Wie bereits beschrieben enthält die DGNB-Bewertungsmatrix Qualitäten, die in Hauptkriteriengruppen mit 61 Einzelkriterien beschrieben und nach folgendem Punkteschema beurteilt werden:

- Zielwert: zehn Bewertungspunkte
- Referenzwert: fünf Bewertungspunkte
- Grenzwert: ein Bewertungspunkt.

Zur Vergabe der DGNB-Prädikate in Gold, Silber und Bronze kommt es wie in Tabelle 2 beschrieben. Es müssen sowohl ein Gesamterfüllungs- als auch ein Mindesterfüllungsgrad überschritten werden, sodass keine Lücken in der komplexen Bewertung auftreten.

Tab. 2
DGNB-Gebäudezertifizierung und die Voraussetzung für die Verleihung der Prädikate

Bild 2
Einzelergebnisse der DGNB-Beurteilung des AURON München

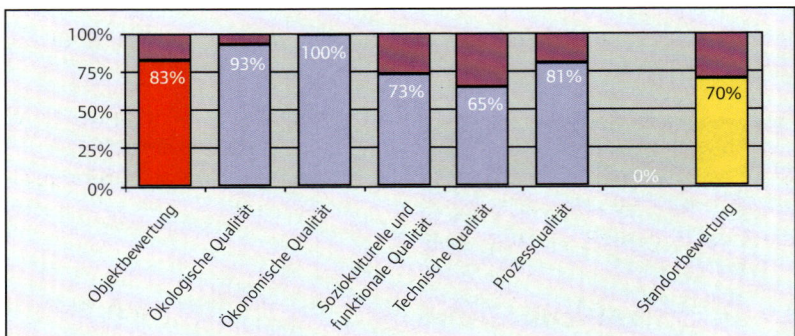

Gesamterfüllungsgrad (%)	Mindesterfüllungsgrad (%)	Auszeichnung
ab 50	35	DGNB Bronze
ab 65	50	DGNB Silber
ab 80	65	DGNB Gold

Bild 2 zeigt hierzu abschließend das Ergebnis der DGNB-Bewertung des AURON München. Dabei führen die Qualitäten einschließlich der Kriteriengruppen 1 bis 51 zur Objektbewertung. Die Standortqualität mit den Kriteriengruppen 56 bis 61 werden nicht für die Gesamtbewertung hinzugezogen, sondern separat beurteilt, damit einzelne Regionen entsprechend strukturpolitischen Zielen nicht benachteiligt werden.

AURON München erreichte mit 82,6 Prozent in der **Objektbewertung** eine hervorragende Einschätzung, die zum Prädikat DGNB Gold führte (Tab. 3). Dazu trugen besonders die erreichten ökologischen und ökonomischen Qualitäten bei. Hinsichtlich der Ökologie sind der niedrige Primärenergiebedarf des Gebäudes und die Nutzung regenerativer Energien bemerkenswert. Die Risiken für die lokale Umwelt werden als äußerst gering eingeschätzt. Die hohe Bewertung der **Ökonomischen Qualität** resultiert aus geringen Lebenszykluskosten und der hohen Wertstabilität der Immobilie.

Zur guten Einschätzung der **Soziokulturellen und funktionalen Qualität** trugen der thermische Komfort im Sommer und Winter und die Einflussnahme des Nutzers auf Gesundheit, Behaglichkeit und Nutzerzufriedenheit maßgeblich bei, was zunächst zu Mehrinvestitionen in die Gebäudeautomation führte, die sich jedoch später auszahlen werden. Auch kann sich in diesem Zusammenhang die Umnutzung von Raumgruppen wesentlich erleichtern (Kriteriengruppe Funktionalität – Kriterium 28: Umnutzungsfähigkeit).

Der Wert von etwa 65 Prozent der **Technischen Qualität** ist geringer, jedoch ist diese Kriteriengruppe fast immer mit Abstrichen in der Bewertung verbunden. Es ist sehr schwierig und kostenaufwändig, maximal mögliche Punktzahlen für komplexe Anforderungen und Systeme im Zusammenhang mit Brandschutz, Schallschutz, energetischer und feuchteschutztechnischer Qualität der Gebäudehülle, Reinigungs- und Instandhaltungsfreundlichkeit des Baukörpers sowie Rückbaubarkeit, Recycling und Demontagefreundlichkeit zu erreichen.

Die sehr gute Beurteilung der **Prozessqualität** ist vor allem darauf zurückzuführen, dass nicht nur die Planung, sondern auch die Vergabe und Ausführung der Bauleistungen einschließlich umweltverträglicher Arbeitstechniken und Materialien unter Berücksichtigung der Gebäudezertifizierung standen.

Natürlich sind München im Allgemeinen und München-Laim im Besonderen hervorragende Standorte für Immobilien. Image und Zustand des Standortes sowie die Verkehrsanbindung, berücksichtigt in DGNB-Einzelkriterien, können für AURON München nicht besser sein. Im Ergebnis wird die **Standortqualität** als gut eingeschätzt.

10.3 Ausgewählte DGNB-Einzelkriterien (Steckbriefe) und planerische Empfehlungen

Das Konzept für AURON München entstand um 2005, berücksichtigte den Stand von Wissenschaft und Technik und war hinsichtlich des Erreichens der mit der DGNB-Zertifizierung verbundenen Ziele wegweisend. Nachfolgend sollen dem Leser noch einige aktuelle Hinweise gegeben werden, die sich sowohl auf das konkrete Gebäude als auch auf Entwicklungstendenzen von Baukonstruktion und TGA beziehen.

10.3.1 Baukonstruktion, Bauphysik, Heiz- und Kühllast sowie thermische Simulation

Zum Bewerten der thermischen Behaglichkeit werden vor allem DIN EN ISO 7730, DIN EN 15251, VDI 3804 und DIN 33403 herangezogen. Es empfiehlt sich, künftig auch DIN 4108-2:2013-2 besonders zu berücksichtigen, die für den sommerlichen Wärmeschutz ein neues Kriterium nach Übertemperaturgradstunden vorsieht. Die zulässige Überschreitung (Einheit Kh/a) ist mit dem Auftraggeber zu besprechen und weiteren Planungen zugrunde zu legen. Außerdem können frühzeitig bereits Konzepte der passiven Kühlung einbezogen und bewertet werden.

Werden die Anforderungen an den sommerlichen Wärmeschutz nach DIN 4108-2:2013-2 mit den Zielstellungen der vorangegangenen Fassung verglichen, sind die Unterschiede prinzipiell nicht sehr groß. Allerdings erhöhen sich die Anforderungen an den sommerlichen Wärmeschutz von Eckräumen, sodass über eine spezielle thermische Fensterqualität oder (äußere) Verschattung befunden werden muss.

Diese baukonstruktive Maßnahme konkurriert mit den Kosten für das Errichten und Betreiben eines alternativ zulässigen Raumkühlsystems. Es gilt das Wirtschaftlichkeitsgebot in Anlehnung an das EnEG § 5.

Das Berechnen der Kühllast ist nach VDI 2078:2013-02 vorzunehmen. Der Vorteil besteht darin, frühzeitig die Auswirkungen der TGA auf Kühllast und Raumtemperatur zu erfassen. Außerdem erleichtert die VDI-Richtlinie VDI 6007:2012-03/04 als Ersatz für die Ausgabe von 2007 bzw. in Präzisierung von VDI 6020:2001-05 das Interpretieren der Ergebnisse thermischer Simulationen. Diese beiden relativ neuen, im Zusammenhang zu sehenden VDI-Richtlinien beinhalten Folgendes:

VDI 2078:2013-02 (E)

- Bestimmen von Lasten, Raumlufttemperaturen, operativen Temperaturen und des Jahresenergiebedarfs
    - Strahlungsheiz- und -kühlsysteme beeinflussen die operative Temperatur wesentlich, die als empfundene bzw. Raumtemperatur die Grundlage sowohl für Beurteilungen der thermischen Behaglichkeit als auch des Energiebedarfs bzw. -verbrauchs ist.
- Dynamische Betrachtungsweise unter Berücksichtigung veränderter Randbedingungen wie beispielsweise der Außentemperaturen
- TRY-Klimadaten zum Ermitteln des Jahresenergiebedarfs oder des Bestimmens von Überschreitungshäufigkeiten von Temperaturen
- Betrachten aperiodischer Auslegungsbedingungen mit „Cooling Design Period" (CDP) für die Auslegungsperiode und „Cooling Design Day" (CDD) für den Auslegungstag (der Sonderfall des eingeschwungenen Zustands kann mit Software-Lösungen nach wie vor betrachtet werden)
- Berechnen von Räumen ohne Kühlung, mit Fensterlüftung oder mit Flächenkühlung bzw. TABS
- Erfassen der tageslichtabhängigen Beleuchtungssteuerung
- Berücksichtigen unterschiedlichster Speicherprozesse
- Abschätzverfahren zum Betrachten von Wirkungen einzelner Einflüsse auf die Kühllast
- Angabe von 16 Validierungsbeispielen für Software-Lösungen in Übereinstimmung mit der ASHRAE-Validierung

VDI 6007:2012-03/04

- Neuer Rechenkern (2-K-Modell) mit modifiziertem Strahlungsmodell (Blatt 2)
    - Berechnen der Sonnendurchstrahlung winkelabhängig und getrennt für direkte und diffuse Strahlung bei Sonnenschutz
    - Neubewertung diffuser Strahlung bei leicht bewölktem Himmel anstelle des Betrachtens der Globalstrahlung
- Aktuelle Wetterdaten und künftige Entwicklungen

- Sehr differenzierte Betrachtungsweise unterschiedlichster Bauteilkonstruktionen (z. B. Wandaufbau)
- Modifiziertes Fenstermodell (Blatt 2) und präzisierte Betrachtung von Sonnenschutzeinrichtungen

10.3.2 TGA-Lösungen

TABS-System-Konfiguration

Zum Bewerten des thermischen Komforts wurde für AURON München eine thermische Simulation unter Berücksichtigung der Raumluftströmung für Zonen des Gebäudes beauftragt. Die Ergebnisse der Simulation führten beispielsweise zur Konfiguration von TABS und Kühlsegeln in den Eckbüros in Süd-West-Lage und waren eine hervorragende Grundlage zum Bewerten der DGNB-Kriterien 18 und 19 (thermischer Komfort im Sommer und Winter). Bild 3 zeigt hierzu exemplarisch die Raumtemperaturverteilung im Ausgangszustand und bei weiterer zusätzlicher Kühlung mit einer Kühlleistungsdichte von 20 W/m². Analysen der Energieeffizienz sind mit DIN V 18599-7:2011-12 möglich (Tab. 3).

Außerdem konnte die thermische Simulation genutzt werden, um den Heizwärme- und Kühlkältebedarf der Gebäudezonen zu bestimmen. In Verbindung mit Berechnungen zur Wärme- und Kälteerzeugung wurden auf diese Weise Aussagen zum Primärenergiebedarf möglich.

Hinsichtlich der Energieeffizienz schneidet AURON München hervorragend ab. Es werden Kennwerte eingehalten, die für Nichtwohnungsbauten neben den Anforderungen von EnEV und EEWärmeG meist wie folgt definiert werden ([1] bis [3]), wobei für den Passivhausstandard noch höhere Anforderungen bestehen:

- Primärenergiekennwert für Heizen, Kühlen, Lüften und Beleuchten max. 100 kWh/(m² · a)

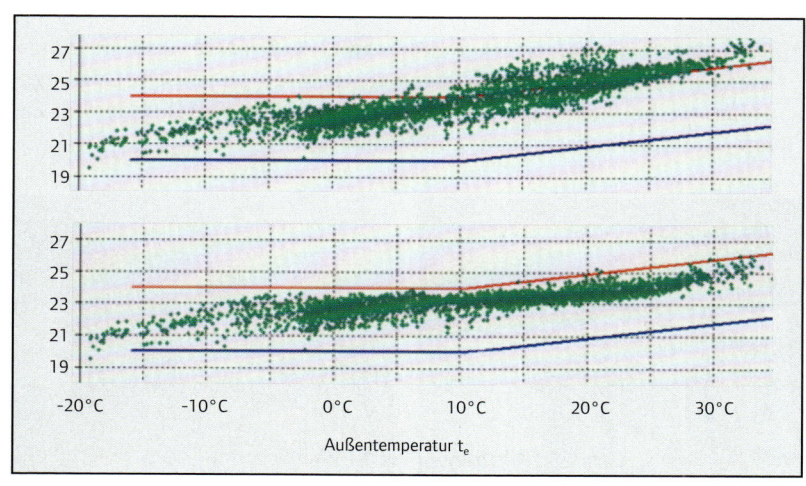

Bild 3 Raumtemperatur t_i in Abhängigkeit der Außentemperatur t_e für ein Eckbüro in Süd-West-Lage ohne und mit zusätzlicher Kühlung (unten; Anmerkung: blaue und rote Linie: Kategorie II nach DIN EN 15251 bzw. Komfortklasse A nach DIN EN ISO 7730)

Kältesystem	$\eta_{c,ce,sens}$	$\eta_{c,ce}$	$\eta_{c,d}$
Kaltwasser 6 °C/12 °C	0,87	1,00	0,90
Kaltwasser 8 °C/14 °C (z.B. Ventilatorkonvektor)	0,90	1,00	0,90
Kaltwasser 14 °C/18 °C (z.B. Ventilatorkonvektor, Induktion)	1,00	1,00	1,00
Kaltwasser 16 °C/18 °C (z.B. Kühldecke)	1,00	1,00	1,00
Kaltwasser 18 °C/20 °C (z.B. Bauteilaktivierung)	1,00	0,90	1,00
Direktverdampfung	0,87	1,00	0,90 = 1, wenn in der Maschine schon berücksichtigt

Tab. 3 Nutzungsgrad (Faktoren) der Raumkühlung für verschiedene Kältesysteme (DIN V 18599-7:2011-12)

- Heizenergiekennwert max. 40 kWh/(m²·a)
- Externe und interne Wärmelasten pro Tag max. 150 Wh/d, sinnvolle technische Ausstattung [4], [5]
- Maximaler Wärmedurchgangskoeffizient U für Außenwände U_{AW} = 0,25 W/(m²·K), Dächer U_D = 0,20 W/(m²·K) und erdberührte Bauteile U_B = 0,30 W/(m²·K)
- Fensterkennwerte: Wärmedurchlasskoeffizient U_F = 1,1 W/(m²·K), Energiedurchlassgrad g_F < 0,5, Lichttransmissionsgrad n_v > 0,6
- Sonnenschutz durch vorrangig äußere Verschattung (Gesamtenergiedurchlassgrad von Fenster und Sonnenschutz g_g < 0,15), Aktivierung bei einer Strahlungsintensität von 100 W/m² hinter dem Fenster
- Hohe Luftdichtheit mit n_{50} < 0,6 h^{-1} und Blower-door-Nachweis
- Niedertemperaturheizung und Hochtemperaturkühlung bevorzugt anwenden (Tab. 3)
- RLT-Anlagen mit Wärmerückgewinnung (Rückwärmzahl von Wärmeübertragern > 75 %) und hocheffizienten Ventilatoren (spezifische Leistungsaufnahme bei Abluftanlagen von maximal 0,15 W/(m³/h) oder bei Zuluft- und Abluftanlagen von 0,40 W/(m²/h))

Bild 4 TABS (Räume in Mittellage) und Kühlsegel in Räumen mit Ecklage (links)

- Hohe Tageslichtverfügbarkeit (sturzfreie Fenster, max. Raumtiefe sechs Meter, Lichtlenkung)
- Kunstlicht mit hoher Lichtausbeute von 80 lm/W, tageslichtabhängiges Dimmen
- Energiemonitoring und Anpassung der Betriebsführung in den ersten drei Jahren

Grundwassernutzung als Wärmequelle und -senke

Bild 5 verdeutlicht typische saisonale Ganglinien der Grundwassertemperatur in Abhängigkeit der Höhe und verdeutlicht ebenso die Eignung des Grundwassers für Kühlzwecke. Hinsichtlich der Systemgestaltung einschließlich der Grädigkeit des Wärmetauschers und der Temperaturzunahme im Rohrnetz eignet sich dafür Grundwasser bis zu einer maximalen Temperatur von etwa 17 °C. Wird eine W/W-Wärmepumpe angeschlossen, beträgt dafür die zulässige Mindesttemperatur meist 7 °C. Diese Temperatur wird nach etwa acht Metern Bohrtiefe im Erdreich bzw. Grundwasser erreicht.

Das Gebiet um München bietet hervorragende Bedingungen zur thermischen Nutzung des Grundwassers. So beinhaltet das neue 3D-Projekt ein einzigartiges Grundwassermanagement, indem Wärme- und Kälteanlagen schachbrettartig in das Energienetz der Stadt integriert und flächendeckend mit Grundwasser aus der kühlen Münchner Schotterebene versorgt werden. Durch ein umfangreiches Netz kann dabei Grundwasser im Temperaturbereich von 9 °C bis 18 °C sowohl für Kühl- als auch für Heizzwecke genutzt werden. Die Erkundung umfasste dabei 50 000 Bohrpunkte und 1000 Grundwassermessstellen und Brunnen.

Neben diesen Großprojekten gibt es allerdings eine Vielzahl kleinerer Anlagen, die nicht im Verbund betrieben werden. Dazu gehört auch die

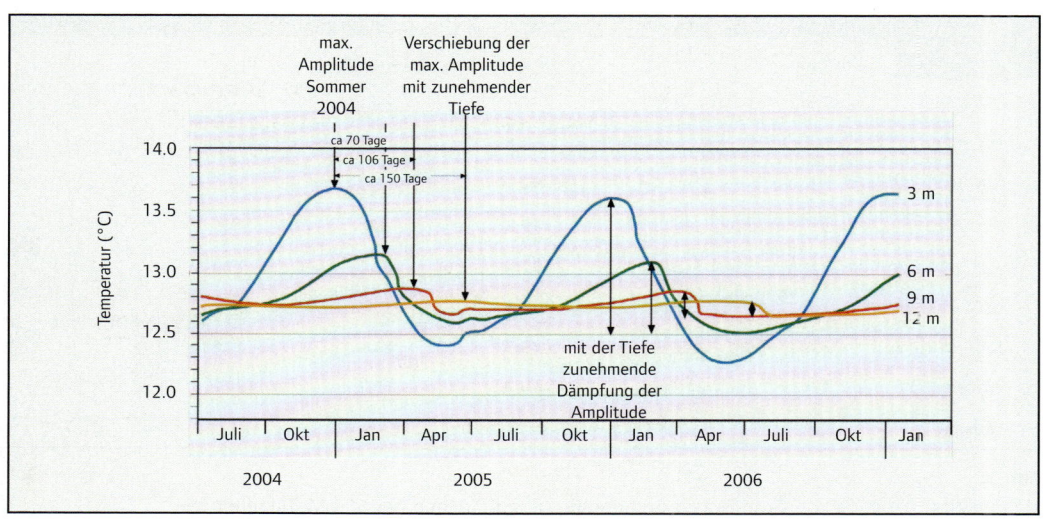

Bild 5
Ganglinien der Grundwassertemperatur in unterschiedlich tiefen Grundwassermessstellen eines oberflächennah liegenden Kluft- und Karstgrundwasserleiters [7]

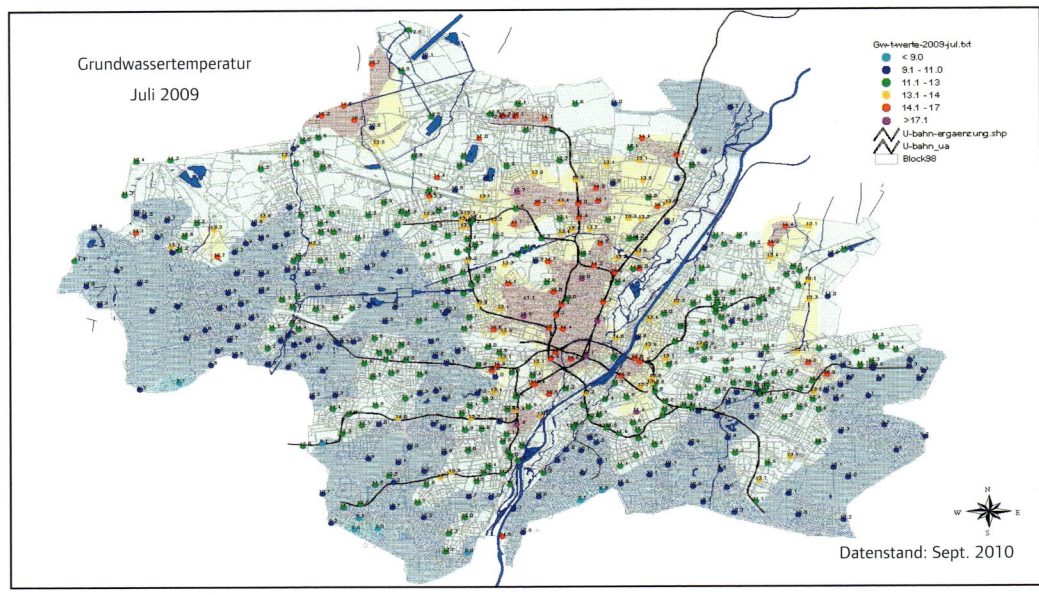

Bild 6
Grundwassertemperaturen im Juli 2009 in München [8]

W/W-Wärmepumpenanlage des AURON München. Im Ergebnis umfangreicher Messungen [8] zeigt sich, dass die Grundwassertemperaturen mehrheitlich zwischen 9 °C und 13 °C liegen und damit sowohl für den Heiz- als auch den Kühlbetrieb gut geeignet sind (Bilder 6 und 7 sowie Tab. 4). Jedoch sind auch die saisonalen Temperaturschwankungen zu beachten, die die Arbeitszahlen einer W/W-Wärmepumpe in Abhängigkeit der Laufzeiten beeinflussen können. Saisonale Grundwasserstandsschwankungen sind bei der Planung der Brunnendubletten zu beachten.

Temperatur in °C	Prozentwerte					
	</= 9	9 ... 11	11 ... 13	13 ... 14	14 ... 17	> 17
Juli 2009	1,5	29,1	47,1	11,1	9,9	1,3
Okt. 2009	0,7	12,8	33,8	14,2	33,8	4,7
Nov. 2009	1,5	19,0	52,1	12,0	13,1	2,2
Mrz. 2010	9,6	39,6	39,2	4,8	5,9	0,9
Apr. 2010	6,8	27,9	37,4	13,6	13,6	0,7
Juli 2010	1,4	32,5	45,3	8,5	10,6	1,6
Sep. 2010	1,4	22,3	45,5	13,9	14,8	2,1
Okt. 2010	1,3	17,8	40,1	12,7	24,2	3,8
Summe	**3,03**	**25,13**	**42,57**	**11,35**	**15,74**	**2,17**

Tab. 4
Häufigkeitsverteilung von Grundwassertemperaturen in München bei 600 Messstellen [8]

Kriterium	Richtwert	Kommentar (Gegenmaßnahmen)
pH-Wert	7,5 bis 9	Niedriger pH-Wert (sauer) / CO_2-Riesler zur Entsäuerung
Chloride (Cl^-)	300 mg/l	Metallkorrosion begünstigend
Sulfid (SO_3), freies Chlorgas (Cl_2)	1 mg/l	Biogene Schwefelsäure-Korrosion, Chlorkorrosion
Nitrat (NO_3) gelöst	100 mg/l	Spannungsrisskorrosion / Ionentauscher oder Umkehrosmose
Sulfat (SO_4^{2-})	70 mg/l	• in Kombination mit hoher Gesamthärte Kalzitausfällung und Verkrustung • vor allem bei Kühlsystemen zu berücksichtigen
Hydrogencarbonat (HCO^{3-})	70 bis 300 mg/l	Lochkorrosion bei niedriger Konzentration / säureneutralisierende Wirkung
freie aggr. Kohlensäure (CO^2)	5 bis 20 mg/l	Metallkorrosion, Betonaggressivität
Eisen, Mangan	0,5 mg/l* * Forderungen der Hersteller beachten (Eisen < 0,2 mg/l, Mangan < 0,1 mg/l)	Verockerung / UEE Unterirdische Enteisenung und Entmanganung / Unterwasser-Tauchmotor-Pumpen mit Exzenterschnecken
Sauerstoff	2 mg/l	Metallkorrosion begünstigend
elektrische Leitfähigkeit	10 bis 500 µS/cm	Korrosion (elektrische Spannungsreihe)
Gesamthärte	4,0 bis 8,5 °dH	Kalzitausfällung in Verbindung mit Sulfat
Schwebstoffe und Sand	ohne	Zusetzen des Wärmetauschers / Bohrlochsicherung / Filtertechnik

Konzeptionelle Entscheidungen über die Nutzung des Grundwassers als Wärmequelle (Heizbetrieb) und -senke (Kühlbetrieb) sind immer mit folgenden wesentlichen Überlegungen, Prüfungen und Nachweisen verbunden:

Tab. 5
Grundwasserinhaltsstoffe bzw. Wasserparameter (Richtwerte)

- Grundwasserdargebot und Grundwassernutzung am Standort (Poren-, Kluft- oder Karstgrundwasser)
- Bestandsaufnahme des Bodens (z. B. Rammkernsondierung, Schichtenverzeichnis, Bohrprofil) und Kornzusammensetzung des Grundwasserleiters
- Wasserrechtliche Genehmigung der Nutzung (WHG, Landeswassergesetz – in Bayern BayWG, aber auch BBergG, Lagerstättengesetz)
- Berücksichtigung zeitlich begrenzter Genehmigungen oder besonderer Auflagen (ggf. hybride Systeme planen bzw. Redundanzgrad festlegen)
- Eignung des Grundwassers (Stockwerk, Wasserqualität – hydrochemische Bestandsaufnahme, Temperaturen im Jahresgang, wechselnde Grundwasserströmungen, Einfluss von Flusswasser und anderen Zuströmungen)
- Umweltrechtliche Belange wie z. B. maximal zulässiger Temperaturunterschied zwischen Entnahme und Einleitung von ±6 K (VDI 4640)
- Zivilrechtliche Belange wie z. B. Begrenzung von Auswirkungen der Grundwassernutzung auf das eigene Grundstück

- Erfassen der Durchlässigkeitswerte und daraus abgeleitete Erfahrungswerte zur Ergiebigkeit der wichtigsten Porengrundwasserleiter
- Notwendigkeit einer Erkundungsbohrung (mit Kosten von etwa 3000 €)
- Pump- und Infiltrationsversuch über mindestens 24 Stunden einschließlich Grundwasserprobe in situ zum Bestimmen des Volumenstroms, des Wasserstands bei Intervallbetrieb, Dauerentnahme oder kurzzeitiger Spitzenentnahme sowie der Wasserqualität (DVGW W 111)
- Nachweise der Nachhaltigkeit für Zeiträume von 10 bis 30 Jahren (Brunnenalterung)
- Kontrolle und erlaubnispflichtige Brunnenregeneration mit chemischen Reinigungsmitteln.

Ingenieurtechnische Betrachtungen (VDI 4640, DIN 18302), Simulationen und Planungen müssen sich u. a. folgenden Aspekten der Grundwassernutzung widmen:

- Kleinanlagen-Planung mit Programm „Grundwasserwärmepumpen" (UM Baden-Württemberg, GWP-SF 09.05) oder GED Groundwater Energy Designer (BFE Schweiz)
- Großanlagen-Planung mit FEM/FDM-Simulationen (z. B. FEFLOW, MODFLOW/USGS, PMWIN/MODFLOW)
- Festlegen der Brunnenart (z. B. Vertikal- oder Horizontalbrunnen; DVGW W 113, 118 und 123) und des Bohrverfahrens
- Bestimmen der differenzierten Brunnentiefe (ideal zwischen etwa 10 m und 20 m, Tiefbrunnen bis 80 m, Höhenunterschied zwischen Brunnendublette möglichst maximal 7 m), des Brunnendurchmessers (meist zwischen 0,3 m bis 1,2 m), der Brunnenanzahl und der Brunnenentfernung (meist zwischen 10 m und 20 m)
- Vermeiden von Kurzschlüssen zwischen Entnahme und Einleitung des Wassers
- Analyse von möglichen Temperaturfahnen und -veränderungen in Erdreich und Grundwasser (detaillierte Temperaturfeldberechnung)
- Spezialplanungen der Brunnen bei gleichzeitigem Heiz- und Kühlbetrieb
- Bestimmen des Entnahmevolumenstroms unter Berücksichtigung von Leistungen und Temperaturdifferenzen (Richtwert: 0,25 m³/h pro 1 kW Verdampferleistung bei $\Delta T_{max} \pm 6$ K)
- Kontrolle des Entnahmevolumenstroms anhand der Vorgaben des Wärmepumpenherstellers hinsichtlich des Mindestdurchsatzes
- Einfriergefahr, insbesondere des Versickerungsbrunnens, vermeiden
- Bestimmen der elektrischen Leistungsaufnahme (Zähler) und -abgabe (Wellenleistung) mit P1 vom Netz entnommene Wirkleistung (Motorleistung), P2 vom Motor abgegebene Wellenleistung (Pumpenleistung)

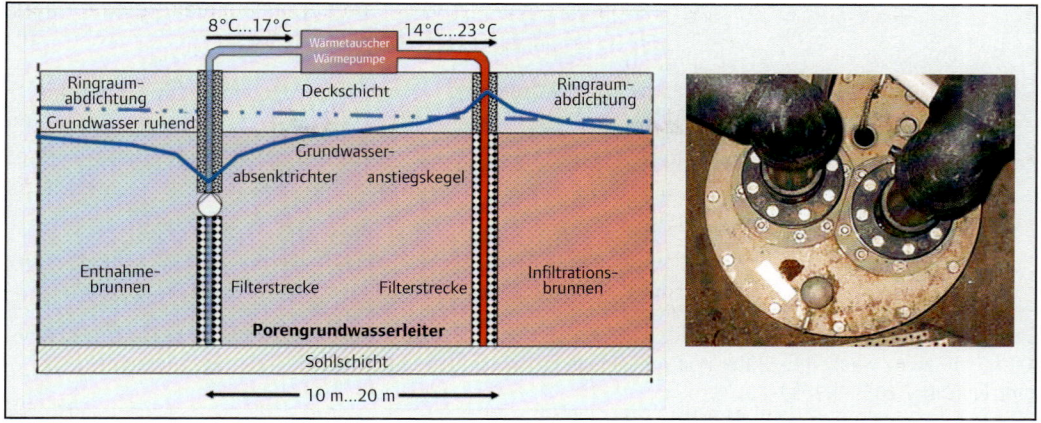

Bild 7
Entnahme- und Infiltrationsbrunnen einer Anlage mit Grundwasserkühlung (Prinzipdarstellung)

- Planen von Filterstrecken mit Filterrohren und -kiesschüttung mit Unter- und Überschüttungen (DVGW W 119), des Ringraums und der Ringraumabdichtung mit quellfähigen Tonformlingen

- Anordnen der Brunnenpumpe oberhalb der Filterstrecke unter Berücksichtigung der Grundwasserabsenkung (Einbautiefe der Pumpe in zweifacher Absenktiefe des Grundwassers)

- Planen sicherer Brunnenabschlussbauwerke mit besteigbaren Schachtringen (DN 2000), dichtem Brunnenkopf und einem Standardbrunnenschacht mit tagwasserdichtem Deckel

- Leistungsregelung der Grundwasserpumpe (Heiz-/Kühlbetrieb mit unterschiedlichen Leistungsanforderungen; Leistungsaufnahme Einzelpumpe meist 600 W (von 40 W bis 18,5 kW))

- Materialauswahl (Kupfer, Edelstahl, Kunststoff) unter Berücksichtigung der Wasserqualität (Tab. 5, ggf. Wasserbehandlung)

- Besondere planerische Sorgfalt hinsichtlich des Wärmetauschers (gelötet, geschraubt)

- Prüfen der Notwendigkeit eines Zwischenkreislaufes (Sole)

- Fachkundiges Planen und Bauen der Versickerungsbrunnen im Besonderen sowie ggf. weiterer Versickerungsanlagen wie Versickerungsschacht und Rigolen (unterirdischer Graben)

- Vergabe der Leistung Brunnenbau an einen zertifizierten Fachbetrieb nach DVGW W 120

- Vorlage des Bohrberichts beim Wasserwirtschaftsamt

- Fachkundige Bauleitung, Inbetriebnahme (Betriebstest), Betriebsführung und Monitoring

- Anfertigen aussagefähiger Revisionsunterlagen.

Kältemittel	Kühlwasser-ein/-austritts-temperatur °C	Kaltwasser-austritts-temperatur °C	Mittlere Verdampfungs-temperatur °C	Standardwert Nennkälteleistungszahl EER		
				üblicher Leistungsbereich		
				Kolben- und Scrollverdichter 10 kW bis 1500 kW	Schrauben-verdichter 200 kW bis 2000 kW	Turbo-verdichter 500 kW bis 8000 kW
R134a	27/33	6	0	4,0	4,5	5,2
		14	8	4,6	5,3	5,9
	40/45	6	0	3,1	2,9	4,1
		14	8	3,7	3,7	4,8

Tab. 6
Energieeffizienz wassergekühlter Kompressionskältemaschinen in Abhängigkeit der Systemtemperaturen (DIN V 18599: 2011-12)

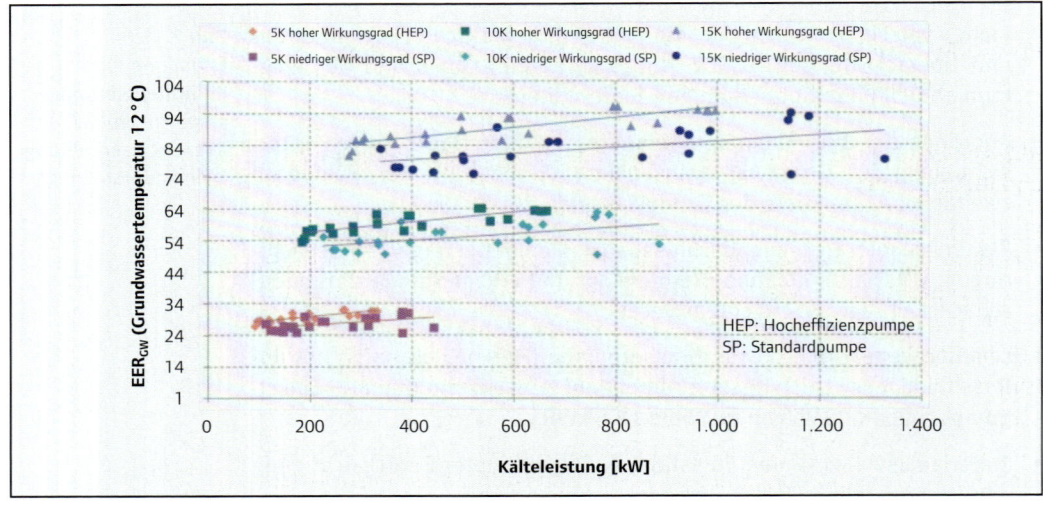

Bild 8
Nennleistungszahl bei Grundwassernutzung als Funktion der Kälteleistung für eine Förderhöhe von 40 Meter und einer Grundwasserentnahmetemperatur von 12 °C [9]

Erneuerbare Energien führen zu einem geringen **Primärenergiebedarf** nicht nur im Heizbetrieb und werden im Zusammenhang mit dem EEWärmeG auch für die Kühlung von Nichtwohnbauten gefordert. Tabelle 6 und Bild 8 vermitteln einen Überblick über die Energieeffizienz verschiedener Möglichkeiten der Kälteerzeugung unter Berücksichtigung der Nennkälteleistung EER und bestätigen das Konzept der Grundwassernutzung auch nachträglich für AURON München. Die Effizienz der Grundwasserkühlung ist dabei vom energiesparenden Betrieb der Grundwasserpumpe (mit Leistungsregelung, z. B. durch Invertertechnik) abhängig.

Innerhalb DIN V 18599-7 wird der energetische Aufwand für den Betrieb von Grundwassernutzungsanlagen wie folgt nach Gleichung 1 beschrieben:

$$w_{Z,GW} = \frac{Q_{C,Outg}}{EER_{GW} \cdot PLV_{GW}} \tag{1}$$

Temperaturspreizung im Wärmesenkenkreis [a] K	Grundwassernutzungsanlagen mit Standardpumpen	Grundwassernutzungsanlagen mit Hocheffizienzpumpen
5	28	30
10	55	60
15	83	89

[a] Die maximal zulässige Temperaturspreizung ist abhängig von der Wasserrechtlichen Genehmigung.

mit

$w_{Z,GW}$ elektrischer Aufwand für den Betrieb von Grundwassernutzungsanlagen für die Kühlung

$Q_{C,Outg}$ Nutzkälteabgabe der geothermischen Wärmesenke (kWh)

EER_{GW} Kälteleistungszahl der Grundwassernutzungsanlagen (DIN V 18599-7, Tab. 40; hier Tab. 7)

PLV_{GW} Teillastfaktoren von Grundwassernutzungsanlagen für geregelte oder ungeregelte Pumpen (DIN V 18599-7, Anhang A)

Tab. 7 Leistungszahlen EER_{GW} – Energieeffizienz der Grundwasserkühlung nach DIN V 18599

RLT-Anlage, Raumluftqualität sowie Spitzenlastkompensation im Heiz- und Kühlbetrieb

Eine sehr gute Raumluftqualität (DGNB-Kriterium 20) wird im AURON München durch einen spezifischen Zuluft- resp. Frischluftvolumenstrom von 4,4 (m³/h)/m² erreicht. Das entspricht bei einer personenbezogenen Nutzfläche von 10 m² und der üblichen Raumhöhe von etwa 2,5 Meter einer Zuluftvolumenstromdichte von 44 m³/h pro Person. Dieser Wert übertrifft die Zielgröße aus Kategorie I für schadstoffarme Gebäude nach DIN EN 15251 (Tab. 8). Es kann davon ausgegangen werden, dass die strenge Vorgabe hinsichtlich ökologischer Einbauten und Ausstattungen dazu geführt hat, dass es sich sogar um ein sehr schadstoffarmes Gebäude handelt, weil diese Materialien sehr wenig Chemikalien (Formaldehyd, PCB) aufweisen. Es wird empfohlen, hierzu die Bauproduktenordnung sowie Ökobilanzdateien heranzuziehen. Neben den TVOC-Werten (flüchtige organische Verbindungen) sollen auch die SVOC-Werte (schwer flüchtige organische Verbindungen), die identifizierbaren, nicht identifizierbaren und die mittels NIK-Werten 6 (NIK als Abkürzung für Niedrigste Interessierende Konzentration) bewertbaren Substanzen gesondert erfasst und beurteilt werden.

Tab. 8 DIN EN 15251 (Tabelle B.3) – Beispiele für empfohlene Lüftungsraten bei Nichtwohngebäuden für drei Kategorien der Verunreinigung durch das Gebäude selbst

Kategorie	Luftstrom je Person l/s/pers	Luftstrom für Verunreinigungen durch Gebäudeemissionen (l/s/m²)		
		Sehr schadstoffarme Gebäude	Schadstoffarme Gebäude	Nicht schadstoffarme Gebäude
I	10	0,5	1	2
II	7	0,35	0,7	1,4
III	4	0,2	0,4	0,8

Tab. 9
DGNB-Anforderungen an die Raumluftqualität

DGNB-Kriterium 20: Anforderungen an die Raumluft		
Raumluftkonzentration in **allen** untersuchten Räumen		
TVOC (µg/m³)	Formaldehyd (µg/m³)	Checklistenpunkte
≤ 500	≤ 60	50
≤ 1000	≤ 60	25
≤ 3000	≤ 120	10
> 3000	> 120	keine Zertifizierung möglich

Als hygienisch bedenklich gilt eine TVOC-Konzentration von mehr als 3000 µg/m³. TVOC-Raumluftkonzentrationen zwischen 1000 µg/m³ bis 3000 µg/m³ werden als auffällig empfunden und maximal für 12 Monate toleriert. TVOC-Werte zwischen 300 µg/m³ und 1000 µg/m³ gelten als noch unbedenklich. Langfristig, das heißt abgesehen von den ersten Monaten nach Fertigstellung oder Renovierung des Gebäudes, soll die TVOC Konzentration der Raumluft 300 µg/m³ unterschreiten. In diesem Falle kann hinsichtlich des TVOC-Wertes (Summe aller flüchtigen organischen Komponenten im Bereich zwischen C6 und C16) von einer guten bis sehr guten Raumluftsituation gesprochen werden. Unabhängig hiervon sollte durch den Zuluftvolumenstrom eine niedrige CO_2-Konzentration gewährleistet werden, sodass die Konzentrationsfähigkeit der Büronutzer nicht beeinträchtigt wird (Tab. 9).

Der Zuluftvolumenstrom in dieser Größe kann außerdem später möglich werdende Veränderungen der Raumluftqualität infolge Umnutzung (erhöhte anthropogene Schad- und Geruchsstoffe) kompensieren und unterstützt durch Nachheizung oder -kühlung den thermischen Komfort. Bild 9 verdeutlicht die Kühlleistungsdichte in Abhängigkeit des spezifischen Zuluftvolumenstroms und der Temperaturdifferenz zwischen Zu- und Abluft.

Bild 9
Kühlleistungsdichte $\dot{q}_k$ in Abhängigkeit des spezifischen Zuluftvolumenstroms $\dot{V}_Z / A_N$ und der Temperaturdifferenz zwischen Zu- und Abluft ΔT

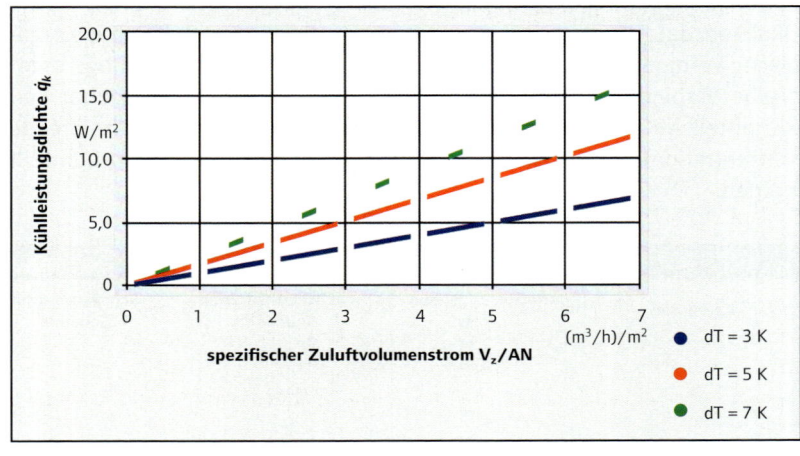

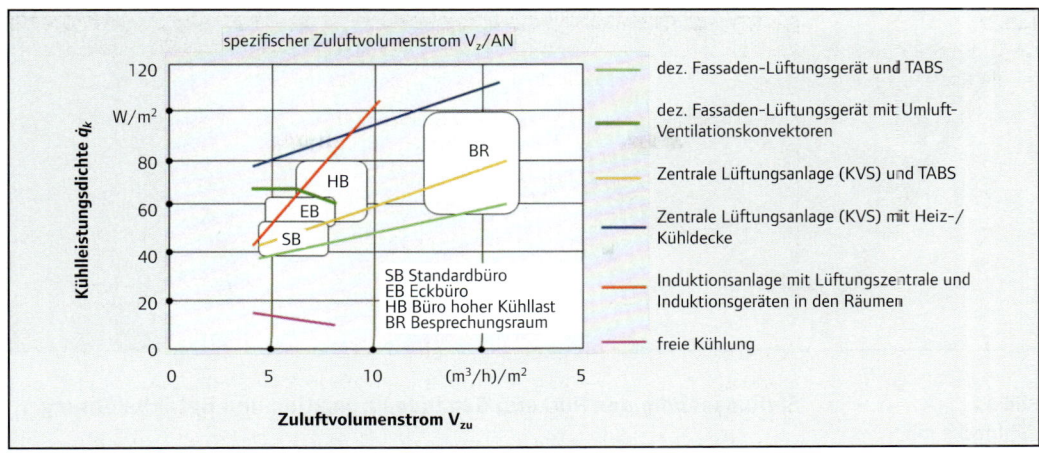

Bild 10
Kühllast von Büroräumen und Kühlleistungsdichte $\dot{q}_k$ von Kombinationen aus RLT-Anlagen und wasserführenden Kühlsystemen [10]

Mit dem Ziel sowohl der Leistungssteigerung als auch der individuellen Einflussnahme auf die thermische Behaglichkeit können Systeme kombiniert werden. Bild 10 zeigt für Kombinationen von RLT-Anlagen mit wasserführenden Heiz- und Kühlsystemen die erreichbaren Kühlleistungsdichten, bezogen auf eine Raumtemperatur von 26 °C. Ein weiteres Beispiel für Kombinationen ist das Ergänzen von TABS-Decken mit Kühlsegeln, die optional über thermische Steckdosen in das System integriert werden. Aber auch zusätzlich zu TABS betriebene Heizkörper sind gelegentlich eine Lösung, das Mikroklima zum Beispiel am fensternahen Arbeitsplatz zu verbessern.

Handelt es sich um erdgekoppelte Wärmepumpenanlagen in Kombination mit verschiedenen Heiz- und Kühlsystemen zur Grund- und Spitzenlastabdeckung, ist allerdings darauf zu achten, dass TABS im ausreichend langen Grundlastbereich sowohl während der Heiz- als auch der Kühlperiode mit annähernd gleicher Wärmeentzugs- und Eintragsarbeit betrieben wird. Dadurch kommt es zur erforderlichen Erdreichregeneration. Für den Fall der Grundwassernutzung kann in dieser Verfahrensweise ein Vorteil liegen, weil Entnahmevolumenströme und -temperaturen unabhängig vom Gebäudebetrieb sind.

Systemlösungen des Lüftens, Heizens und Kühlens müssen sich nicht nur sinnvoll ergänzen, sondern bieten auch die Möglichkeit, integrierte Produktlösungen anzubieten. Die in Bild 11 dargestellte Kombination aus Kühldecke und Quellluftauslass ist dafür ein Beispiel. Die Zuluft strömt über die Perforation der Deckenplatte mit geringen Geschwindigkeiten (quellluftähnlich) in den Raum. Durch die streifenförmige Ausblaskontur ergibt sich ein stabiles zugfreies Strömungsbild im Raum. Aber auch Betonbauteile eignen sich nicht nur für TABS-Anwendungen, sondern können für den Lufttransport genutzt werden. Bild 12 zeigt hierzu die Lösung einer Spannbetondecke, deren oberflächenbehandelter Hohlraum als Luftkanal fungiert.

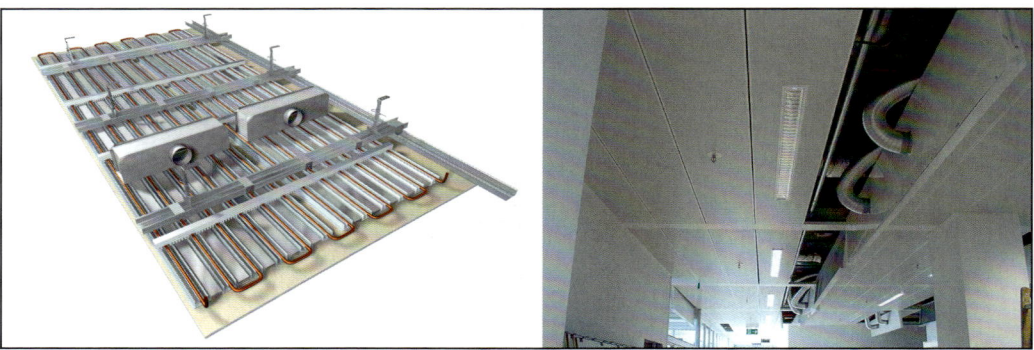

Bild 11
Kühldecke mit integriertem Lüftungssystem Quello (Zent-Frenger Energy Solutions)

Einflussnahme des Nutzers, Gebäudeautomation und Betriebsführung

Das Bewerten der Einflussnahme des Nutzers auf Gesundheit, Behaglichkeit und Zufriedenheit erfolgt mit dem DGNB-Steckbrief 23. AURON München verfügt über ein WAGO-I/O-System mit Einzelraumregelung und EnOcean-Raumbediengeräten für Beleuchtung, Belüftung, Verschattung und Temperatur. Dabei handelt es sich um batterielose Funksensorik. Es besteht ein Ethernet-Netzwerk für Systemverteiler mit einer offenen Schnittstelle zur Gebäudeleittechnik. Per Internetbrowser kann die in Controllern hinterlegte Weboberfläche aufgerufen werden, um Veränderungen der genannten Einzelraumregelungen zu veranlassen.

Raumtemperaturen lassen sich in Abhängigkeit der Außentemperatur in einem definierten Bereich verändern, der mit der Komfortkategorie nach DIN EN 15251 im Zusammenhang steht. Die hauseigene Wetterstation liefert Informationen über die Witterung, sodass die Außentemperatur in Verbindung mit weiteren Temperaturen für die Korrektur der Fahrkurven für den Heiz- und Kühlbetrieb herangezogen werden kann. Dabei werden Ein- und Ausschalttemperaturen für TABS und ein Totband ohne Heiz- und Kühlbetrieb definiert und überprüft. Das Aufteilen der TABS-Register nach den Fensterachsen war die Voraussetzung für die nutzerabhängige Raumtemperaturregelung (Bild 13).

Bild 12
Luftleitungen auf oder in einer Fertigdecke (Spannbetondecke DW Systembau, rechts)

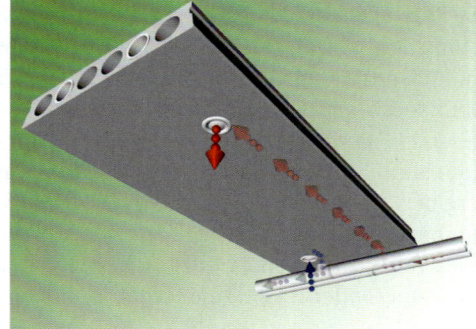

Bild 13
Raumweise angeordnete TABS-Register und drahtlose Funksensorik

Zusammenfassend kann gesagt werden, dass sich von der Absicht des Zertifizierens bis zur endgültigen DGNB-Zertifizierung des AURON München sämtliche Planungsprozesse an den Leitlinien des nachhaltigen Bauens orientierten. Im Mittelpunkt der Überlegungen standen Funktionalität, Sicherheit und Nutzerzufriedenheit in Verbindung mit der Feng-Shui-Lehre, die in Europa mit Harmonie und Ästhetik assoziiert wird.

Hinsichtlich hoher Energieeffizienz wurden hohe Anforderungen an den baulichen Wärmeschutz gestellt und standortbezogen die Möglichkeiten des sinnvollen Nutzens erneuerbarer Energien geprüft und erschlossen. Langlebige Baustoffe sowie Systeme und Produkte der TGA führen zu guten Ergebnissen in der Ökobilanzierung und vergleichsweise geringen Lebenszykluskosten.

Das Ergebnis: DGNB Gold.

10.4 Literatur

[1] Effiziente Energienutzung in Bürogebäuden. Planungsleitfaden. Bayerisches Landesamt für Umwelt, München 2008

[2] Auf dem Weg zum energieeffizienten Bürogebäude. Ein Leitfaden, Energieagentur NRW, Wuppertal 1999

[3] Hamburgische Klimaschutzverordnung (HmbKliSchVO) vom 11.12.2007

[4] Energieverbrauch von Bürogebäuden und Großverteilern. Erhebung des Strom- und Wärmeverbrauchs, der Verbrauchsanteile, der Entwicklung in den letzen 10 Jahren und Identifizierung der Optimierungspotentiale. BFE Bundesamt für Energie Schweiz, 2010

[5] Technische und rechtliche Anwendungsmöglichkeiten einer verpflichtenden Kennzeichnung des Leerlaufverbrauchs strombetriebener Haushalts- und Bürogeräte. Abschlussbericht, Fraunhofer ISI, FfE München, TU Dresden 2005

[6] Schuischel, I., AURON. Ein modernes, nachhaltiges Bürogebäude erstellt nach den Grundsätzen der Feng-Shui-Lehre, World of Porr 159/2011

[7] Leitfaden zur Nutzung von Erdwärme mit Grundwasserwärmepumpen. Umweltministerium Baden-Württemberg, 2009

[8] Dohr, F., Grundwassertemperaturen München. Messungen 2009–2010. Referat für Gesundheit und Umwelt, München 2011

[9] Mai, R., Berechnung des Energiebedarfes regenerativer Kühltechnologien. KI Kälte-Luft – Klimatechnik, Dezember 2011, S. 20 bis 24

[10] Roth, H. W., Neue Wege in der Raumklimatechnik. Handreichung, LTG Stuttgart 2002

11 Ausblick

> Prophezeiungen sollte man nur vorsichtig aussprechen, denn die Zukunft kann sich schnell ändern. Es braucht nur in sechs Monaten ein Meteorit ins Mittelmeer zu fallen, und Ligurien würde zu einem Unterwasserparadies, während sich Basel in den schönsten Strand der Schweiz verwandelt.
>
> *Umberto Eco*

Die wichtigsten Entwicklungstendenzen beim Planen und Bauen energieeffizienter Gebäude sind in den Kapiteln des Uponor Praxishandbuchs Band 2 deutlich geworden. In den kommenden Jahren werden nach Auffassung der Autoren folgende Aspekte stärker berücksichtigt werden müssen, ohne dass es sich dabei um Prophezeiungen handeln soll:

Stand von Wissenschaft und Technik sowie Methodik

- Grundlagenforschung zur Energiewende im Gebäude (z. B. Strom für Heizzwecke, Peltier-Effekt zur Kühlung)
- Bearbeitung komplexer Zusammenhänge (Einzelphänomene sind vielfach erforscht und treten in den Hintergrund)
- Dynamische anstelle stationärer Betrachtungsweise aufgrund vorhandener Rechenkapazitäten
- Rückführung zu umfangreich gewordener Vorgaben und Dokumentationen auf das Notwendige mit hoher Überschaubarkeit in Abhängigkeit der Projektphase (z. B. DIN V 18599-Extrakt)

Bauherren- und Nutzeranforderungen

- Komplexes Bewerten von Energieeffizienz und Behaglichkeit sowie Nachhaltigkeit (summative Bewertung mit hoher Transparenz)
- Verbinden von energetischen Berechnungen mit simultaner Wirtschaftlichkeitsanalyse bereits in der Vorplanung
- Mikroklimatisierung am Arbeitsplatz mit individuellerer Einflussnahme als bisher
- Vermeiden von Überhitzungen (sommerlicher Wärmeschutz und energieeffiziente Raumkühlung)
- Alters- und umnutzungsgerechte Bauweise, Systeme und Produkte
- Ökologische Baustoffe und Materialien nach Bauproduktenrichtlinie und Ökobaudatenbank

Gebäudekonstruktion und Baustoffe

- Effizienzhaus Plus Standard – hoher baulicher Wärmeschutz mit neuen Materialien als Voraussetzung für mit dem Gebäudetyp verbundene TGA- und Nutzerkonzepte (z. B. E-Mobilität)

- Schaltbare Wärmedämmkonstruktionen wechselnder Wärmetransportrichtung

- Komplexe Sanierungslösungen für den Gebäudebestand (z. B. aktive Wärmedämmung, Wärmedämmung mit integrierten Luftkanälen, kapillaraktive Baustoffe, elektrische Wärmebrückenheizung in denkmalgeschützten Gebäuden)

- Neue Oberflächen zur Minimierung der Reinigung und Instandhaltung sowie Materialkombinationen, die zu höherer Effizienz und Recyclingfähigkeit führen

- Material und Energie sparende Bauweisen (z. B. vorgefertigte Beton- und Holzbauteile, Dachbeschichtungen hoher Strahlungsreflexion)

Technische Gebäudeausrüstung

- Hybridsysteme zum Heizen, Lüften, Kühlen und Klimatisieren

- Wirtschaftliche Wärme- und Kälteerzeugung mit natürlichen (ökologischen) Arbeitsmitteln (z. B. Wasser R 718)

- Stärkere Verbindung von Bauteilen, Baukonstruktionen und Ausstattungen mit integrierten Systemen der TGA (z. B. PV-Modul: transparent in Fenstern, farblich in Vorhängen)

- Strom für Heizzwecke (z. B. zuschneidbare dünnschichtige Heizmatten für Tapeten und Fußbodenbeschichtungen)

- Adaptive Regelungs- und Steuerungssysteme mit Fehlererkennung und -kompensation (z. B. bei geothermischen Wärmepumpenanlagen zum Heizen und Kühlen, Hinterlegen des Nutzerprofils und adaptive Fahrweise der HLK-Anlage)

- Komplexes Monitoring mit Abbildungen der Energieströme sämtlicher Energiequellen, Energiewandler und Energieabnehmer sowie thermischer Zustände mit Hilfe von Monitoring-Bildschirmen im Gebäude, mobilen Endgeräten (beispielsweise Smartphones) und über einen Internetdienst

Energiemanagement

- Netzausbau und Strommanagement (externe Steuerung) hinsichtlich des Stromangebots und -bedarfs unter Berücksichtigung von Windkraftanlagen, BHKW und elektrischen Wärmepumpen
- Batterie- und Blockspeicher für Strom und Erdspeicher für Wärme
- Kalte Nahwärmesysteme und weitere Verbundlösungen (z. B. Erdwärmesondenfelder mit Ringleitungen zum Anschluss der Wärmepumpen in den Gebäuden (water loop))
- Wirtschaftlicher Einsatz von Strom- und Wärmespeichern innerhalb und außerhalb des Baukörpers
- Gebäudeautomation, Monitoring, automatische Korrektur der Betriebsführung und Computer Aided Facility Management (CAFM)
- Vernetzungslösungen in Quartieren, unterschiedlicher Nutzer und verschiedener Gewerke (z. B. Heizungsmarkt und Cloud-Computing-Markt durch vernetzte Server und deren Abwärmenutzung (Fa. AOTERRA))

Die Uponor Kongresse und Publikationen werden sich auch dieser Vorhaben annehmen und darüber berichten. Bis dahin wünschen alle Beteiligten dieses Fachbuchs dem Leser Erkenntnisgewinn und Wissen für die Praxis mit und nach dem Lesen des Uponor Praxishandbuchs Band 2.

12 Anhang

Abbildungsnachweis

Einleitung

Bild 1, 2 – Dr. Nitsch (Stuttgart, Institut für Thermodynamik) et al. [1]

Bild 3 – Uponor und Zent-Frenger

Kapitel 2 Gebäudezertifizierung – Mit Uponor-Systemen zu DGNB Gold

Logos (S. 11) – allg. Datenbanken (Internet)

Bild 1, 4, 8 – Autor

Bild 2, 5–7, 9, 11–15, 17–20, 22, 23, 28–33, 39–41, 45–50 – Uponor

Bild 3 – Fundus Uponor, Quelle unbekannt

Bild 10 – Passivhausinstitut

Bild 16, 35 – Prof. Dr. M. N Fisch (TU Braunschweig/IGS)

Bild 24, 25 – Ministerium für Umwelt, Klima und Energiewirtschaft Baden-Württemberg, Stuttgart

Bild 26, 27 – nach Lambauer [99]

Bild 34 – BINE

Bild 36 – Fa. Knauf (Partnerfirma von Uponor)

Bild 37, 38 – Fa. DW-Systembau (Partnerfirma von Uponor)

Bild 42 – Sächs. Landesamt für Umwelt, Landwirtschaft und Geologie, Dresden

Bild 43 – Geologischer Dienst NRW, Krefeld

Bild 44 – Dipl.-Geolog. Rüdiger Grimm (Uponor-Partner)

Kapitel 3 Sommerlicher Wärmeschutz und Nutzenergiebedarf von Gebäuden

Bild 1–9, 18–20, 23–31 – Autor

Bild 10, 11 – Ingenieurbüro Prof. Dr. Hauser GmbH: Abschlussbericht zum Aif-Forschungsvorhaben Nr. 12272: Wasserdurchströmte Bauteile zur Kühlung von Holzhäusern – Entwicklung konstruktiver Lösungen und Quantifizierung ihrer Wirkung, Baunatal 2001

Bild 12–15 – Hauser, G., Kaiser, J., Rösler, M. und Schmidt, D., Energetische Optimierung, Vermessung und Dokumentation für das Demonstrationsgebäude des Zentrum für Umweltbewusstes Bauen. Abschlussbericht des BMWA Forschungsvorhabens, Universität Kassel, Kassel 2004

Bild 16, 17 – DIN 4108-2 (2013)

Bild 21 – Institut für Wohnen und Umwelt IWU: Wohnen in Passiv- und Niedrigenergiehäusern. Teilbericht Bauprojekt, messtechnische Auswertung, Energiebilanzen und Analyse des Nutzereinflusses, Darmstadt 2003

Bild 22 – Hausladen, G., Wimmer, A., Kaiser, J., Technikakzeptanz im Niedrigenergiehaus – Abschlussbericht, Universität Kassel 2002

Kapitel 4 Numerische Simulationsmethoden – Gebäude-, Anlagen- und Strömungssimulation

s. Bildunterschriften

Kapitel 5 Konzepte der Wärme- und Kälteerzeugung mit erneuerbaren Energien

5.1

Sofern dort nicht anders angegeben, stammen die Abbildungen vom Verfasser.

5.2

Alle Bilder stammen von der Fa. Zent-Frenger bzw. Uponor bis auf die folgenden:

Bild 28 – Fa. Stiebel Eltron

Bild 29, 30 links, 32 – o.A., Internet

Bild 31 – Fa. Viessmann

Tab. 6 – VDI 4640

Kapitel 6 Energieeffiziente Raumluft- und Klimatechnik

Alle Abbildungen stammen, soweit dort nicht anders angegeben, vom Verfasser.

Kapitel 7 TABS-Design

Bild 1, 2, 12–15, 20, 31, 49, 51–69 – Autor, jeweils

Bild 3, 4, 5, 7 (Zent-Frenger), 9, 11 li, 17, 19 (Zent-Frenger), 22–27, 33, 34, 40, 44–48 – Uponor

Bild 6 – DW Systembau

Bild 8 – Siemens

Bild 11 – re. Fa. Sto

Bild 16 – ecophon, sto, aixFOAM

Bild 18 – Fraunhofer IRB und ATD Akustiktherm

Bild 19 – Fa. Knauf

Bild 28 – Weitzmann, Pitarello, Olesen [12]

Bild 29 – Prof. Dr. M. N. Fisch (TU Braunschweig/IGS)

Bild 32, 38, 39, 41–43 – DW Systembau

Bild 35–37 – Uponor und ABI Syspro

Tab. 13–16 – Martin Schmelas (M.Eng., Hochschule Offenburg)

Bild 50 – Clemens Bruder (B.Sc., Hochschule Offenburg)

Bild 70–73 – Dipl.-Ing. Thomas Feldmann (Hochschule Offenburg)

Kapitel 8 Einhaltung der Hygiene-Anforderungen in Trinkwasser-Installationen (TRWI)

8.1

Sofern dort nicht anders angegeben, stammen die Abbildungen vom Verfasser.

Tabelle 2 – H. Otto, Verantwortungsvolle Kunden sind gute Kunden, Neue DELIWA Zeitschrift, Heft 4/90, S. 148-152, und DIN 1988-100

Bild 8 – Seminarunterlage DVGW „Aktuelles zur Trinkwasserhygiene und Trinkwasser-Installation" (Februar 2012), S. 56, Folie 37 (nach Ing.-Büro Uhlig, Berlin)

Bild 11 – ibid. S. 59, Folie 42

Bild 12 – ibid. S. 65 f., Folie 55 f.

Bild 14 – ibid. S. 67, Folie 59

Bild 16 – ibid. S. 72, Folie 68

Bild 19 – ibid. S. 56, Folie 37, mit Ergänzungen

8.2

Alle Abbildungen stammen vom Autor (zum Teil mit Uponor HSE Planungsprogramm erstellt).

Kapitel 9 Lebenszykluskostenanalyse von Gebäuden

Soweit nicht dort jeweils anders angegeben, gilt für alle Abbildungen:

rotermund.ingenieure – Prof. Uwe Rotermund Ingenieurgesellschaft GmbH & Co. KG.

Kapitel 10 Best Practice – AURON München mit DGNB Gold

Bild 1, 3, 4, 13 – Uponor

Bild 2 – Autor/Internet (allg. Datenzugang), 7, 9

Bild 5 – Umweltministerium Baden-Württemberg, vgl. Literaturverzeichnis [6]

Bild 6 – Dohr, F., vgl. Literaturverzeichnis [8], Abb. 16

Bild 8 – Mai, R. (ILK Dresden), vgl. Literaturverzeichnis [9]

Bild 10 – Roth, H. W. (LTG Stuttgart), vgl. Literaturverzeichnis

Bild 11 – Zent-Frenger

Bild 12 – DW Systembau

Verzeichnis der Autoren nach Kapiteln

Einleitung. Energiewende in Bauwesen und TGA

Kapitel 2 Gebäudezertifizierung – Mit Uponor-Systemen zu DGNB Gold

Kapitel 10 Best Practice – AURON München mit DGNB Gold

Ausblick

Prof. Dr.-Ing. **Michael Günther**, Jahrgang 1956, erlangte seinen Abschluss als Dipl.-Ing. in der Grundstudienrichtung Maschinenbau an der TU Dresden. Anschließend arbeitete er an der Sektion Energieumwandlung in der Fachrichtung TGA der TU Dresden als Assistent sowie Oberassistent und promovierte 1987.

Heute arbeitet er als Schulungsingenieur, Anwendungstechniker und Referent der Academy bei der Uponor GmbH. Er ist Spezialist für TGA, Baukonstruktion und Energieberatung. Seit 1995 ist er Lehrbeauftragter an der Staatlichen Studienakademie Sachsen und wurde 2013 zum Honorarprofessor ernannt.

Darüber hinaus ist er Referent an der Architektenkammer Sachsen, der Sächsischen Energieagentur, des Hauses der Technik Essen e.V. und anderer Einrichtungen. Als Autor hat er mehr als 60 Fachpublikationen vorgelegt.

**Kapitel 3 Sommerlicher Wärmeschutz und Nutzenergiebedarf
            von Gebäuden**

Prof. Dr.-Ing. **Anton Maas**, geboren 1959, studierte nach seiner Ausbildung zum Gas- und Wasserinstallateur Versorgungstechnik an der Fachhochschule Bochum und anschließend Maschinenbau an der Ruhr-Universität Bochum. Seit 1990 wissenschaftliche Tätigkeit (und 1995 Promotion) an der Universität Gesamthochschule Kassel, Fachbereich Architektur, und an der TU München am Lehrstuhl für Bauphysik. 2007 übernahm er die Professur für Bauphysik im Fachbereich Architektur, Stadtplanung, Landschaftsplanung der Universität Kassel. Er ist stellvertretender Obmann der Normen-Ausschüsse „Energetische Bewertung von Gebäuden" und „Wärmetransport" und weiterhin Teilhaber eines Ingenieurbüros für Bauphysik.

Kapitel 4 Numerische Simulationsmethoden – Gebäude-, Anlagen- und Strömungssimulation

Dr.-Ing. habil. **Joachim Seifert**, Jahrgang 1976, studierte Maschinenbau mit dem Schwerpunkt Thermodynamik und TGA an der TU Dresden, wo er ab 2001 als wissenschaftlicher Mitarbeiter am Institut für Thermodynamik und TGA der TU Dresden tätig war. 2003 absolvierte er einen PhD-Kurs der Aalborg University Dänemark, 2003 und 2005 erfolgten Forschungsaufenthalte an der University of Hong Kong China Department of Mechanical Engineering. 2005 Promotion zum Dr.-Ing. mit dem Thema „Zum Einfluss von Luftströmungen auf die thermischen und aerodynamischen Verhältnisse in und an Gebäuden", 2009 Habilitation zum Thema „Ein Beitrag zur Einschätzung der energetischen und exergetischen Einsparpotentiale von Regelverfahren in der Heizungstechnik". Seit 2010 ist Dr. habil Seifert Bereichsleiter Gebäudeenergietechnik an der Professur für Gebäudeenergietechnik und Wärmeversorgung der TU Dresden.

Er ist Mitarbeiter in nationalen und internationalen Normungsvorhaben und -ausschüssen und Autor zahlreicher Veröffentlichungen, darüber hinaus Referent zahlreicher Vorträge.

Kapitel 5 Konzepte der Wärme- und Kälteerzeugung mit erneuerbaren Energien

5.1

Matthias Hemmersbach, geboren 1968, studierte Versorgungstechnik mit dem Schwerpunkt TGA an der Fachhochschule Gelsenkirchen. Danach arbeitete er für verschiedene Ingenieurbüros als Fachplaner, Bauleiter und Energieberater. Darüber hinaus war er Redakteur der Fachzeitschrift IKZ-Haustechnik. Seit 2011 leitet er das Marktsegment Planer innerhalb des Projektgeschäfts der Uponor GmbH in Hamburg.

5.2

Nach einer praktischen Berufsausbildung studierte **Fritz Nüßle**, Jahrgang 1948, im Fachgebiet Versorgungstechnik an der Hochschule für Technik in Esslingen. Nach Abschluss des Studiums zum Dipl.-Ing. (FH) folgten verschiedene leitende Tätigkeiten in der Industrie. In dieser Zeit wurden von Fritz Nüßle zahlreiche technische Innovationen entwickelt und erfolgreich im Markt eingeführt. Seit 1994 ist Fritz Nüßle geschäftsführender Gesellschafter der in Heppenheim ansässigen Zent-Frenger-Gruppe. Seit 2012 gehört die Zent-Frenger energy solutions zum Uponor Konzern. Als marktführendes Unternehmen für Strahlungs-Kühl-/Heizdeckentechnik für die Gebäudetemperierung und wärmepumpengestützte Energiebereitstellung aus oberflächennaher Geothermie ist das Unternehmen mit einem eigenen Produktportfolio auf den Gewerbebau spezialisiert.

Kapitel 6 Energieeffiziente Raumluft- und Klimatechnik

Prof. Dr.-Ing. **Achim Trogisch** lehrte an der Hochschule für Technik und Wirtschaft (HTW) Dresden Technische Gebäudeausrüstung. Er sammelte langjährige Erfahrungen auf dem Gebiet der Bauklimatik und Lüftungs- und Klimatechnik an der TU Dresden, dem ILK Dresden und der HL-Technik.

Geboren 1944 in Dresden, Studium und Promotion ebendort, lehrte er bis zu seiner Emeritierung im Jahr 2010 an der HTW Dresden in den Fachgebieten Klimatechnik, Heizungstechnik, Sanitärtechnik, Gastechnik, Planungsmanagement, Bauklimatik, z. T. Solartechnik. Er ist Autor unzähliger vielbeachteter Veröffentlichungen u. a. zur TGA und zur Normung.

Kapitel 7 TABS-Design

7.1, 7.2

Jörg Stette, Jahrgang 1969, ist Staatl. geprüfter Techniker und Meister der Handwerkskammer. Seine Studienschwerpunkte waren Heizungs-, Lüftungs- und Klimatechnik. Heute arbeitet er als Application Engineer Sonderanwendungen für Flächenheiz- und -kühlsysteme bei der Uponor GmbH mit den Schwerpunkten Thermische Bauteilaktivierung (TABS) und Kühldecken.

7.3

Martin Müntjes, Jahrgang 1982, studierte Europäische Wirtschaft an der Otto-Friedrich-Universität Bamberg und der Cracow University of Economics in Krakau. 2007 begann er bei der Uponor GmbH als Management Trainee im Bereich East&International. Seit 2009 leitet er innerhalb des deutschen Projektgeschäfts der Uponor GmbH in Hamburg das Marktsegment Gewerbebau.

7.4.1, 7.4.3 bis 7.4.7

Martin Schmelas (M.Eng.) studierte Verfahrenstechnik mit Schwerpunkt Energie an der Hochschule Offenburg. Seinen Master of Engineering hat er im Studiengang „Energie- und Gebäudetechnik" von der Hochschule Esslingen verliehen bekommen. Er ist Doktorand im kooperativen Promotionskolleg „Kleinskalige erneuerbare Energiesysteme – KleE".

7.4.2

Prof. Dr.-Ing. **Elmar Bollin** studierte Maschinenbau an der Technischen Hochschule Karlsruhe. Seit 1993 ist er Professor an der Hochschule Offenburg für die Regelungstechnik, die Gebäudeautomation und die Solartechnik. Heute leitet er das Institut für Energiesystemtechnik INES an der Hochschule Offenburg. Prof. Bollin ist hier Autor des Unterkapitels „Der Regelkreis und die Regelstrecke TABS".

Kapitel 8 Einhaltung der Hygiene-Anforderungen in Trinkwasser-Installationen (TRWI)

8.1

Dipl.-Ing. Chemie **Rainer Pütz** absolvierte sein Chemieingenieurstudium an der FH Aachen und arbeitete bis zu seiner Pensionierung bei der Firma RheinEnergie Köln AG als Leiter Kundenbetreuung und Labororganisation (Wasserlabor).

Seine Schwerpunkte sind Betreuung und Beratung von Wasserwerken, Ingenieurbüros und Firmen, Akquise von Roh-, Trinkwasser- und Badebeckenwasseranalysen und Bearbeitung von Korrosionsfragen und -problemen im Wasserbereich.

Er ist Dozent für Trinkwasser und Trinkwasserhygiene in der Wasser- und Rohrnetzmeisterausbildung beim DVGW/BEW in Duisburg sowie in der Meisterausbildung im SHK-Handwerk, Ausrichtung von DVGW-Probenehmerqualifizierungsmaßnahmen. Darüber hinaus fungiert er als Obmann im technischen Komitee „Armaturen und Apparate" im DVGW; er ist Mitglied im Lenkungskomitee „Armaturen" sowie in verschiedenen Projektkreisen im DVGW und Mitglied in diversen Arbeitskreisen des VDI/TGA.

8.2

Nach seiner Ausbildung zum Gas- und Wasserinstallateur studierte Dipl.-Ing. **Klaus Höfte** Versorgungstechnik mit dem Schwerpunkt TGA. Über Tätigkeiten bei verschiedenen Unternehmen kam er schließlich zur Uponor GmbH, wo er Beginn im Produktmanagement und Vertrieb tätig. Heute gibt er seine Erfahrungen bei der Uponor Academy als Referent weiter.

Er hat weit über zehn Jahre Erfahrung im Sanitär- und Heizungsbereich und verfügt über ein breites Praxiswissen in Handwerk und Industrie. Seine Schwerpunkte liegen in folgenden Bereichen: Installationssysteme (u. a. Trinkwasserhygiene, Bemessung, Installation, Betrieb), Heizen/Kühlen (u. a. Hydraulik, TABS, Auslegung, Installation) und Wärmeversorgung (flexible, vorgedämmte Rohrsysteme). Klaus Höfte ist Autor mehrerer Veröffentlichungen.

Kapitel 9 Lebenszykluskostenanalyse von Gebäuden

Prof. Dipl.- Ing. **Uwe Rotermund** M. Eng. ist als Experte für Lebenszykluskosten, Betriebskonzepte sowie FM-Ausschreibungen und Gesellschafter von rotermund.ingenieure in Höxter in vielfältigen Projekten der freien Wirtschaft und der öffentlichen Hand tätig. Seine Arbeitsschwerpunkte liegen in der Organisation von FM-Abteilungen, der Ausschreibung und dem Controlling von Service-Leistungen sowie in der Berechnung und Optimierung von Lebenszykluskosten von Immobilien.

Zuvor war er bei verschiedenen Unternehmen als Geschäftsführer, Projektleiter und Betreiber tätig. Parallel leitet Prof. Rotermund das verbandsoffene bundesweite Benchmarking 2011, u. a. in Kooperation mit der GEFMA und der RealFM. In diesem umfangreichen Benchmarking-Pool werden jährlich Gebäudenutzungskosten analysiert und bewertet.

Prof. Rotermund ist Stiftungsprofessor für Immobilien-Lebenszyklus-Management am Fachbereich Architektur der Fachhochschule Münster und Lektor an der Fachhochschule Kufstein/Tirol. Als öffentlich bestellter und vereidigter Sachverständiger (Ingenieurkammer Niedersachsen) erstattet er Gerichts-, Schieds- und Parteigutachten im Facility Management.

Stefan Nendza führt einen Titel als Dipl-Ing. und als M.A. Er studierte Raumplanung an der Technischen Universität Dortmund und der Cardiff University (Großbritannien) sowie Bau- und Immobilienmanagement an der HAWK Holzminden. Seit 2010 ist er bei der Prof. Uwe Rotermund Ingenieurgesellschaft mbh & Co KG in Höxter tätig. Seine Arbeitsschwerpunkte sind die Lebenszykluskostenberechnung von Immobilien, die Optimierung und das Benchmarking von Gebäudenutzungskosten und die Ausschreibung von Gebäudemanagementleistungen. Stefan Nendza ist Preisträger des aganda4-Wettbewerbes 2007.

Register

1. Einleitung
2. Gebäudezertifizierung – mit Uponor-Systemen zu DGNB Gold

BREEAM 13
Detailbewertung 11
DGNB 13
Gebäudezertifizierung 19
Komfort, thermischer 23
Lebenszykluskosten 39
LEED 13
Ökobilanzierung 53

Prozessqualität 58
Qualität, ökologische 51
Qualität, ökonomische 39
Qualität, soziokulturelle und funktionale 21
Recycling 55
Schallabsorptionsklassen 36
TABS 24, 31, 34
Wärmepumpenanlagen, geothermische 44, 59

3. Sommerlicher Wärmeschutz und Nutzenergiebedarf von Gebäuden

Abminderungsfaktor 97
Bauart 101
Effizienzhaus 130
Effizienzhaus-Standards 126
Energieeinsparverordnung 126
Fensterlüftung 111, 118
Gebäudeautomation 120
Heizleistung 124
Heizwärme- und Kühlkältebedarf 108
Klimadaten 82, 96, 122
Klimaregion 84
KfW-Förderung 133
Kühlung, passive 90
Luftwechsel, saisonaler 112

Mindestaußenluftwechsel 118
Nachtlüftung 88
Nebenanforderung 129
Niedrigstenergiegebäude 127
Nutzenergiebedarf 108, 116
Plusenergiehäuser 127
Raum-Solltemperatur 120
Referenzgebäudeverfahren 127
Simulation, dynamisch-thermische 81
Sohlplattenkühlung 90
Sonneneintragskennwert 86, 99
Testreferenzjahr-Daten 82
Übertemperaturgradstunden 83
Wärmeschutz, sommerlicher 81, 94

4. Numerische Simulationsmethoden

Anlagensimulation 145
Anwendungsbeispiele 159
Behaglichkeit, summative thermische 189
DOE-2 140
EnergyPlus 140
ESP 140
Gebäudesimulation, thermische 141
Gebäudesimulationsprogamm 140
Kopplungsmechanismen 152

MATLAB 140
Modellica 140
numerische Analysen 159
Pre- und post-processing 157
Randbedingungen (Simulation) 154
Strömungssimulation 150
Raummodell, dynamisches 140
TRNSYS 140
TRNSYS-TUD 158

5. Konzepte der Wärme- und Kälteerzeugung mit erneuerbaren Energien

5.1 Anlagenplanung im Einklang mit EnEV und EEWärmeG

Abwärme 205, 225
Erneuerbare Energie 213
Ersatzmaßnahmen (EEWärmeG) 205
Fernwärme und Fernkälte (EEWärmeG) 210
Formblatt (EEWärmeG) 215
Geltungsbereiche (EEWärmeG) 198

Geothermie (EEWärmeG) 219
Kälte (EEWärmeG) 199
KWK-Anlagen (EEWärmeG) 208
Nachweis (EEWärmeG) 211
Nutzungspflichten (EEWärmeG) 201

5.2 Wärme-Kälte-Verbund-Systeme

Bivalente Systeme 256
Dualbetrieb 254
Energiekonzept 234
Energiepfahl 238
EnEV 248
Erdkollektor 242
Erdwärmekorb 245
Erdwärmesonde 240
Gesamtenergiebilanz (Gebäude) 236

Grundwassernutzung 240
Heiz- und Kühlarbeit 231
Hybridsysteme, thermoaktive 233
Latentwärmespeicher 245
Luftkonditionierung 235
Naturalkühlbetrieb 254
Quellenverbundlösung 260
Wärme-Kälte-Verbund 250, 263
Wärmespeicherung, saisonale 257

6. Energieeffiziente Raumluft- und Klimatechnik

Außenluftkonditionierung 311
Befeuchtung, adiabate 314
Behaglichkeit 280
Dachaufsatzlüftung 299
Eisspeicher 317
Entfeuchtungsprozess 326
Erdreichspeicher 318
Fensterlüftung 295
Kälteerzeugung 322
Kälte- und Wärmespeicherung 315
Kühllast 286
Kühldecken 333
Kühlverfahren 332
Latentspeicher 316
Lastberechnung 285
Luftarten 342
Luftbrunnen 313
Luftentfeuchtung 328
Luftführungsarten 309
Luftkälteanlagen 346

Lüftung, freie 291
Lüftung, mechanische 359
Lüftung, natürliche 357
Mindestaußenluftvolumenstrom 282
Nur-Luft-Anlage 338
Quelllüftung 364
Raumströmung 300, 306
Raumluftkonditionierung 336, 342
Schachtlüftung 298
Schotterspeicher 319
Schwerkraftkühlung 335
Stuhllehnenbelüftung 373
Thermolabyrinth 313
Trocknung 328
VRF-Multisplittechnologie 346
Wasserspeicher 320
Wärmepumpe 336
Wärmerückgewinnung (RLT) 288, 360
Wohnungslüftung 355

7. TABS-Design

7.1 Einleitung

Kälte-Wärme-Verbund, geothermischer 393
Lastprognose geführte Regelung von TABS 390

Maßnahmen, raumakustische 389

7.2 Raumakustische Maßnahmen und Auswirkungen auf die Leistung von TABS

Akustikbauelemente 409
Akustikdecken 403
Akustikbaffel 412
Akustiksegel 403
Breitband-Kompaktabsorber 403
Deckensegel 410
Licht-Akustik-Kühlsegel 413
Maßnahmen, raumakustische 401
Microsorber 412
Nachhallzeit 396, 415

Platten-Resonator 403
Raumakustik (Grundlagen) 395
Raumakustik (BNB-Bewertung) 398
raumakustische Maßnahmen und thermische Auswirkungen 407, 414
Schallabsorptionsflächen 400
Schallabsorptionsklassen 405
Schallabsorptionsstreifen 404
Streifenabsorber 404

7.3 Thermisch aktive Betonfertigteil- und Stahlflachdecken als Applikation der Betonkernaktivierung

Anschlussmöglichkeiten 428
Betonkernaktivierung 416
Betonoberflächenaktivierung 416
Betonarten 417
Beton-Halbfertigteile 422
Elementdecke 419

Energieaufwand 419
Fertigteildecke 417
Spannbetondecke 424
Stahlflachdecke 430
TABS (Thermisch aktives Bauteilsystem) 416
Verbundestrich 433

7.4 Prädiktive Steuerung und Regelung von TABS

Adaptives Modell (thermische Behaglichkeit) 437
Ausgleichszeit 441
Automationsschema 446
Black-Box-Modelle 461
Dreipunktregelung 451
Echtzeitoptimierung 467
Einstellregeln 445
Erwartungsmodell (thermische Behaglichkeit) 437
Fehlzirkulation 440
FTP-Server 461
Grey-Box-Modelle 461
Heiz- und Kühlkurve 446, 451, 452, 467
Horizont, zurückweichender 460
Kalman Filter 461
Langwellenfunksignale 461

Neutralzone 451
prädiktiv 453
Proportionalbeiwert 443
Proportionalverhalten 443
Pulsweitenmodulation 453. 468
Regelgröße 441
Regelstrecke 440
Regelung, modellbasierte prädiktive 453, 460
Regression, multiple lineare 455
Regressionsanalyse 458
Rücklauftemperaturregelung 453
Schwierigkeitsgrad 411
Selbstregeleffekt 435
Simulation 448
Sollwert 443

Sprungantwort   442
Stellgröße   441
Steuerung (TABS)   443
Störgröße   441
Störgrößenregelung   441
TABS-Betriebsmodi   435
TABS-Hydraulik   439
TABS-Regelung   451. 453
TABS-Betriebserfahrungen   467
TABS-Zoneneinteilung   438
Taktbetrieb (Pumpe)   436
Tag-Nacht-Betrieb   436

Totzeit   441
Übertragungskoeffizient   441
Übertragungsverhalten   440, 441, 443
Verzögerungsglied   443
Verzugszeit   443
Vorlauftemperaturregelung   452, 455, 457
Wärmebilanzmodell (Behaglichkeit)   437
Webservice   446, 462, 468
Wetterprognose   464, 466. 469
White-Box-Modelle   461
Zielfunktion   460

8. Einhaltung der Hygiene-Anforderungen in Trinkwasser-Installationen (TRWI)

8.1 Neuordnung der TRWI – 02-2013 – Einhaltung der Hygiene in Trinkwasser-Installationen (TRWI)

Ablaufsicherung, thermische   529
Biofilm   494
Blei   490
Desinfektion (TRWI)   486, 530
Dichtheitsprüfung   486
Druckerhöhungsanlagen   539
Druckprüfung   534
Entnahmearmaturen   525
Feuerlöschanlagen   532, 542
Fließregel   533
Flüssigkeitskategorien   505, 512
Großanlage (TRWI)   488
Inspektion (TRWI)   538
Kennzeichnung (TRWI)   526
Korrosion (TRWI)   520, 532
Legionellen   492
Löschwasseranlagen   58
Maßnahmen (TRWI)   484
Maßnahmewert, technischer   490

Pseudomonas aeruginosa   494
Probenahmestellen   528
Rechtsvorschriften (TRWI)   478
Ringleitung   519
Rückfließen   504, 514
Sicherheitsarmatur   502, 504
Sicherheitsventil (TRWI)   529
Sicherungseinrichtungen   507
Spülen (TRWI)   486, 534
Stagnation   515
Systemtrenner   510
Trinkwasserinstallation   500
Trinkwasserverordnung   487
VBNC   496
Wartung (TRWI)   538
Wasserbehandlungsanlagen   530
Wasserfilter   531
Wasserzähler   530
Werkstoffe (TRWI)   522

8.2 Ermittlung der Rohrdurchmesser für Kalt- und Warmwasserleitungen nach DIN 1988-300

Apparate   572
Bauherrenabsprache   560
Beimischverfahren (Zirkulation)   588
Berechnungsdurchfluss   559, 561, 562

Dauerverbraucher   569
Doppelwandscheibe   575
Druckgefälle, verfügbares   570
Einzelwiderstand (TRWI)   558

Hardy-Cross-Verfahren 577
Mindestfließdruck 559, 561
Mindestversorgungsdruck 571
Nutzungseinheit 564
Reihenanlagen 569
Ringleitung 576, 580
Rohrdurchmesser (TRWI) 547, 572

Rohrreibungsdruckverlust 553
Spitzendurchfluss 559, 563
Stockwerksverteilung 574
Stranginstallation 568
Summendurchfluss 559, 562
Widerstandsbeiwert 583
Zirkulationsleitung 584

9. Lebenszykluskostenanalyse von Gebäuden

Anwendungsbeispiele 632
Aufteilung der Lebenszykluskosten 604
Barwertermittlung 614
Baukosten 634
Bauteile, einzelne 640
Benchmarking/Benchmarks/Benchmarkingpools 621
Berechnungsmethoden 613
Berechnungsparameter 616
Berechnungszeitpunkt 616
Betrachtungszeitraum 617
Betriebsphase 641
Büronebenkosten 619, 621
Checkliste (LZK) 646
Dateneingangsliste (LZK) 644
Datenquellen (LZK) 618
Detaillierungsgrad 616
DIN 276 610, 618
DIN 18960 611, 619, 622
DIN 31051 612
DIN 32736 611, 619
DGNB/BNB 612, 619, 623
Energie- und Instandhaltungskosten 605
Energiebedarf und Energiekosten 610
Errichtungskosten 604, 618
fm.Benchmarkingbericht 2012/2013 605
Fremdkapital 614
Gebäudemanagement, technisches 611
Gebäudenutzungskosten 619
Gebäudenutzungskostenrechner (GNKR) 627
GEFMA 603, 610, 612, 616, 619, 622
Gliederung der Lebenszykluskosten 603
Grundlagen, finanzmathematische 612
Hauptkostenarten 607

Investitionsrechenverfahren 613
Kapitalwertmethode 613
Kennzahlen (LZK) 648
Kostenverteilung der Lebenszykluskosten 604
Lebensdauer von Bauteilen 617, 621
Lebenszykluskosten 603
LZK in der Gebäudezertifizierung 619, 623
LZK-Anteil 623
LZK-Berechnung 623, 640
LZK-Controlling 641
LZK-Software 625, 644
Musterberechnung 607
NK-Anteil 604
Norm SIA D 0165 612
Normen/Richtlinien 611
Nutzungsdauer 607
Nutzungskosten (Bürogebäude) 604, 609, 619
Nutzungskostenarten 619
ÖNORM B1801-2 (Ö-Norm) 611, 619
Organisation zur Berechnung der LZK 640
Projektentwicklungskosten 604, 616
Sanierungskosten 629
SIA D 0165 (S-Norm) 611
Szenarioberechnung für mehrere Gebäude 639
Technisierungsgrad 606
TGM-Kosten 606, 642
VDI 2067 631
Variantenberechnung Neubau oder Sanierung 636
Verwertungskosten 604, 629, 631
OF-Verfahren 635
VoFi-Methode 614
Wiederbeschaffungswerte 631

10. Best Practice – AURON München mit DGNB Gold

DGNB-Zertifizierung 659
Funksensorik 675
Gebäudeangaben 659
Grundwassernutzung 665
Grundwasserinhaltsstoffe 667
Grundwasserkühlung (Leistungszahlen) 671

Kühldecke 674
Lüftungsraten 672
Raumluftqualität 672
Simulation, thermische 663
TABS-Konfiguration 663
TABS-Register 675